核与辐射安全监管实务

王　强　李小飞　张明东　郭娜娜　著

中国原子能出版社

图书在版编目（CIP）数据

核与辐射安全监管实务 / 王强等著. --北京：中
国原子能出版社，2024.8
ISBN 978-7-5221-3397-3

Ⅰ. ①核… Ⅱ. ①王… Ⅲ. ①核安全–辐射防护–研
究–中国 Ⅳ. ①TL7

中国国家版本馆 CIP 数据核字（2024）第 093288 号

核与辐射安全监管实务

出版发行	中国原子能出版社（北京市海淀区阜成路43号　100048）
责任编辑	刘　岩　杨　鹤
责任校对	冯莲凤
责任印制	赵　明
印　　刷	北京厚诚则铭印刷科技有限公司
经　　销	全国新华书店
开　　本	787 mm×1092 mm　1/16
印　　张	42.5
字　　数	973 千字
版　　次	2024 年 8 月第 1 版　2024 年 8 月第 1 次印刷
书　　号	ISBN 978-7-5221-3397-3　　　　定　价　**102.00**元

发行电话：010-68452845　　　　　　　版权所有　侵权必究

《核与辐射安全监管实务》

编委会

前　言

核安全是国家安全的重要组成部分。核与辐射安全有技术复杂性、事故突发性、处理艰难性、后果严重性、影响深远性以及高度的社会敏感性等特点。1986 年发生的切尔诺贝利核事故，给苏联带来沉重灾难；2011 年发生的福岛核事故，对日本政局产生较大影响。确保核与辐射安全，实现有效监管，是维护国家安全稳定的重要保障、转变经济发展方式的有力支撑、保障和改善民生的必然要求和树立良好国际形象的有效举措。

核与辐射安全监管要着力推进核与辐射安全高质量发展。监管措施既要符合宏观社会经济条件，又要满足技术标准的要求，既要具备科学性，又要具备系统性。只有多管齐下，才能做好核与辐射安全监管工作。核与辐射工作开展以来，我国相继颁布了《中华人民共和国核安全法》《中华人民共和国放射性污染防治法》《放射性同位素与射线装置安全和防护条例》《放射性废物安全管理条例》《放射性物品运输安全管理条例》等法律法规，发布了中国核与辐射安全管理体系。当前和今后一段时间，核与辐射安全监管工作要立足系统化、科学化、法治化、信息化和精细化的目标，实现监管体系和监管能力的现代化。

在目前核与辐射安全监管工作开展的基础上，对实践经验进行总结，以贴近监管实际的案例为核与辐射安全监管工作提供借鉴，是编写《核与辐射安全监管实务》的初衷。本书根据我国核与辐射安全监管工作开展实际，第一篇开篇介绍了核与辐射安全监管基础知识，后续篇章在此基础上展开。第二篇重点介绍了核与辐射安全监督检查，第三篇从监测方案、质量保证、辐射环境监测能力建设、辐射环境监测大比武等方面介绍了辐射环境监测内容，第四篇介绍了核与辐射事故应急，第五篇介绍了辐射类建设项目环境影响评价审评及辐射安全许可评估。每篇内容从基础知识和工作实践出发，辅以详尽案例。

本书第 1、3、4、5、8 章由王强完成，共计 15.1 万字；第 2、6、7、9、10、11 章由李小飞完成，共计 15 万字；第 12、13、15、16、17 章由侯军芳完成，共计 12.1 万字；第 20、23 章由郭娜娜完成，共计 8.3 万字；第 14、18、21、22 章由鲁刚完成，共计 8.1 万字；第 19、26、30 章由崔永鹏完成，共计 8.1 万字；第 27、28、29、31 章由邓万蓉完成，共计 8.1 万字；第 32 章由张明东完成，共计 12.1 万字。赵自成参与本书第 25、30 章的编制，共计 2 万字；俞亮山参与本书第 33、34 章的编制，共计 3.1 万字；白美琳、石亮、田冲涛、邱富国、相志强、卢瑞锟、李芳亮、陈宇泽、徐冰参与本书第 24、30 章的编制，在此一并表示感谢。

目 录

第一篇 核与辐射安全监管基础

1 核与辐射安全基础 ··· 3
  1.1 核与辐射安全内涵及相关规划简介 ······················ 3
    1.1.1 核安全 ··· 3
    1.1.2 辐射安全 ··· 5
    1.1.3 核与辐射安全规划 ··· 10
  1.2 核与辐射安全监管 ··· 13
    1.2.1 核与辐射安全监管基本情况 ···························· 13
    1.2.2 核与辐射安全监管领域信息公开 ······················ 18
    1.2.3 核与辐射安全监管工作意义 ···························· 20
    1.2.4 核与辐射安全监管工作坚持的原则 ···················· 21
    1.2.5 分级管理 ·· 22
  1.3 核安全观内涵 ··· 27
  1.4 核与辐射安全监管法律法规体系 ························· 28
2 我国核工业发展历程 ··· 30
  2.1 白手起家筑脊梁，巩固了新中国的国际地位（1955—1978 年） ··· 30
  2.2 开放合作谋发展，助推新中国富起来（1979—2012 年） ········ 31
  2.3 攻坚克难开新局，助推新中国强起来（2012 年以来） ·········· 31
3 我国核与辐射安全监管发展历程 ································ 33
  3.1 核与辐射安全监管机构 ···································· 34
    3.1.1 起步探索（1984.7—1998.2） ························· 34
    3.1.2 整合提高（1998.3—2008.2） ························· 37
    3.1.3 快速发展（2008.3—2014.4） ························· 39
  3.2 核与辐射安全监管职能 ···································· 41
    3.2.1 起步探索（1984.7—1998.2） ························· 41
    3.2.2 整合提高（1998.3—2008.2） ························· 41
    3.2.3 快速发展（2008.3—2014.4） ························· 42
  3.3 法规标准 ··· 43
    3.3.1 起步探索（1984.7—1998.2） ························· 43

   3.3.2 整合提高（1998.3—2008.2）……………………………………45

   3.3.3 快速发展（2008.3—2014.4）……………………………………46

  3.4 核与辐射安全管理制度………………………………………………48

   3.4.1 起步探索（1984.7—1998.2）……………………………………48

   3.4.2 整合提高（1998.3—2008.2）……………………………………50

   3.4.3 快速发展（2008.3—2014.4）……………………………………52

  3.5 核与辐射安全监管成效………………………………………………54

   3.5.1 起步探索（1984.7—1998.2）……………………………………54

   3.5.2 整合提高（1998.3—2008.2）……………………………………55

   3.5.3 快速发展（2008.3—2014.4）……………………………………58

  3.6 新时代的核与辐射安全监管…………………………………………61

   3.6.1 核与辐射安全监管四块基石……………………………………62

   3.6.2 核与辐射安全监管八项支撑……………………………………63

  3.7 核与辐射安全监管政府机构…………………………………………66

   3.7.1 国家核安全局组织架构…………………………………………66

   3.7.2 我国与核安全相关的政府机构…………………………………71

   3.7.3 地方相关核与辐射安全监管机构职责…………………………71

4 核与辐射安全管理体系相关介绍…………………………………………74

  4.1 核与辐射安全管理体系政策声明……………………………………75

  4.2 核与辐射安全管理文件的发布………………………………………78

  4.3 法规、导则等监管类文件编码………………………………………80

5 核与辐射安全监管治理体系和治理能力现代化…………………………83

  5.1 核与辐射安全监管体系和治理能力现代化的含义…………………83

  5.2 核安全治理能力现代化的重要意义…………………………………83

  5.3 有力提升核安全治理能力……………………………………………84

  5.4 打造核安全命运共同体………………………………………………86

   5.4.1 核安全命运共同体特征…………………………………………86

   5.4.2 核安全命运共同体内容…………………………………………87

   5.4.3 双碳背景下的核安全命运共同体………………………………88

  5.5 新时代核安全治理体系和治理能力现代化…………………………89

6 核安全文化…………………………………………………………………91

  6.1 核安全文化实践及成效………………………………………………91

  6.2 核安全文化政策声明…………………………………………………93

  6.3 典型核与辐射安全事故………………………………………………95

7 放射性物品运输及放射性废物监管………………………………………98

  7.1 放射性物品运输监管…………………………………………………98

  7.2 放射性废物监管………………………………………………………98

8 核与辐射安全监管信息化建设……………………………………………100

第二篇　核与辐射安全监督检查

9　核与辐射安全监督检查基础 ·· 123
　9.1　法律法规相关规定 ·· 123
　9.2　核与辐射安全监督检查要求 ·· 125
　9.3　监督检查规范性文件案例 ·· 128
　　9.3.1　某省辐射安全规范化管理实施方案案例 ··································· 128
　　9.3.2　某县明确辐射安全监管有关事项案例 ····································· 129
　9.4　中国核与辐射安全管理体系程序 ·· 131
　　9.4.1　程序清单 ·· 131
　　9.4.2　核与辐射安全监督检查工作指南 ··· 140
　9.5　监督检查大纲 ·· 146
　　9.5.1　某自治区监督检查大纲案例 ··· 147
　　9.5.2　某省核技术利用辐射安全监督检查大纲案例 ································· 151
　9.6　监督检查计划 ·· 168
　　9.6.1　某区核技术利用辐射安全监督检查计划案例 ································· 168
　　9.6.2　某省核技术利用辐射安全监督检查计划案例 ································· 169

10　核技术利用监督检查 ·· 171
　10.1　核技术利用监督检查基本要求 ·· 171
　　10.1.1　监督检查的实施 ··· 171
　　10.1.2　监督检查程序 ··· 173
　　10.1.3　监督计划与监督报告 ··· 173
　10.2　辐射监管分级隐患现场检查评分表 ··· 173
　10.3　电子辐照加速器专项检查案例 ·· 177
　10.4　城市放射性废物库检查案例 ··· 181
　10.5　某近地表处置场检查案例 ··· 182
　10.6　某重离子医院检查案例 ·· 187
　10.7　北山地下实验室检查案例 ··· 189
　10.8　钍基熔盐堆检查案例 ··· 192

11　伴生放射性矿及铀矿监督检查 ·· 195
　11.1　非铀矿产资源监督检查规定 ··· 195
　11.2　矿产资源开发利用辐射环境监督检查要求 ··· 195
　　11.2.1　矿产资源开发利用辐射环境监督检查范围 ··································· 195
　　11.2.2　加强伴生放射性矿开发利用辐射环境管理工作要求案例 ·························· 196
　11.3　铀矿监督检查案例 ·· 197
　　11.3.1　沽源铀业检查案例 ··· 197
　　11.3.2　本溪铀矿检查案例 ··· 198

11.3.3　铀矿冶项目辐射环境安全监督检查综合案例 ………………………… 199
11.4　伴生放射性固体废物环境风险隐患排查 ………………………………… 201
11.4.1　排查对象及范围 ………………………………………………… 201
11.4.2　排查内容 ………………………………………………………… 201
11.4.3　排查工作 ………………………………………………………… 202

12　电磁类建设项目监督检查 …………………………………………………… 215
12.1　监督检查的实施 …………………………………………………………… 215
12.2　监督计划与报告 …………………………………………………………… 217

13　放射性物品运输监督检查 …………………………………………………… 219
13.1　放射性物品运输监督检查实施 …………………………………………… 219
13.1.1　监督检查流程 …………………………………………………… 219
13.1.2　监督检查的模式及频度 ………………………………………… 220
13.2　放射性物品运输监督检查要求 …………………………………………… 223
13.2.1　监督检查通知案例 1 …………………………………………… 223
13.2.2　监督检查通知案例 2 …………………………………………… 224
13.3　放射性物品运输监督检查案例 …………………………………………… 225

14　核与辐射安全隐患排查及整改 ……………………………………………… 227
14.1　核与辐射安全隐患综合排查案例 ………………………………………… 227
14.2　辐射安全隐患限期整改通知案例 ………………………………………… 233

15　综合督查检查 ………………………………………………………………… 234
15.1　某综合监督检查要求 ……………………………………………………… 234
15.2　综合监督检查方案案例 …………………………………………………… 235
15.2.1　综合督查检查要求 ……………………………………………… 235
15.2.2　核燃料、放废、核技术利用和铀矿冶等专项检查要求 ……… 239
15.2.3　全国核与辐射安全大检查综合督查要求 ……………………… 242
15.3　督查报告案例 ……………………………………………………………… 243
15.4　整改方案案例 ……………………………………………………………… 245

16　核与辐射事故应急演习监督检查 …………………………………………… 249
16.1　某研究院演习检查案例 …………………………………………………… 249
16.2　某核电机组演习检查案例 ………………………………………………… 250

第三篇　辐射环境监测

17　辐射环境监测基础 …………………………………………………………… 255
17.1　辐射环境质量监测 ………………………………………………………… 256
17.1.1　陆地辐射环境质量监测 ………………………………………… 256
17.1.2　海洋辐射环境质量监测 ………………………………………… 257
17.2　辐射源环境监测 …………………………………………………………… 259

17.2.1　核设施 ·· 260
17.2.2　放射性废物暂存库和中低放射性处置场、处理设施 ···················· 266
17.2.3　核燃料后处理设施 ··· 272
17.2.4　铀转化、浓缩及元件制造设施 ··· 275
17.2.5　核技术利用辐射环境监测 ·· 277
17.2.6　伴生放射性矿开发利用 ··· 282
17.2.7　放射性物质运输 ·· 283
17.2.8　铀矿山及水冶系统 ··· 283
17.3　核与辐射事故应急监测 ·· 286
17.3.1　核事故应急监测 ·· 286
17.3.2　辐射事故应急监测 ··· 293
17.4　电磁辐射环境监测 ·· 299
17.4.1　一般要求 ··· 299
17.4.2　交流输变电工程 ·· 300
17.4.3　5G 移动通信基站 ··· 301
17.4.4　短波广播发射台 ·· 302
17.4.5　中波广播发射台 ·· 302
17.4.6　直流输电工程 ·· 303
17.5　职业照射监测 ··· 304
17.6　辐射环境监测相关标准规范 ··· 305
17.6.1　我国辐射环境监测标准体系 ··· 305
17.6.2　美国辐射环境监测标准体系 ··· 307
18　辐射环境监测方案案例 ··· 309
18.1　全国辐射环境监测方案 ·· 309
18.1.1　辐射环境质量监测 ··· 309
18.1.2　国家重点监管核与辐射设施监督性监测 ·· 310
18.1.3　核电基地周边海域海洋辐射环境监测 ··· 311
18.1.4　应急监测 ··· 312
18.1.5　研究性监测 ··· 312
18.2　某省辐射环境监测方案 ·· 317
18.2.1　陆域辐射环境质量监测 ··· 317
18.2.2　国家重点监管核与辐射设施监督性监测 ·· 319
18.2.3　重点监管核技术利用单位监督性监测 ·· 322
18.2.4　研究性监测 ··· 322
18.2.5　质量保证与质量控制 ·· 323
18.2.6　数据审核与报送 ·· 324
19　辐射环境监测质量保证 ··· 325
19.1　辐射环境监测质量保证要求 ·· 325

19.1.1 质量管理体系 ··· 325
19.1.2 质量保证计划 ··· 325
19.1.3 组织机构和人员 ·· 326
19.1.4 计量器具 ·· 326
19.1.5 样品的质量控制 ·· 326
19.1.6 分析测量中的质量控制 ·· 327
19.1.7 原始记录 ·· 328
19.1.8 数据处理和监测报告 ·· 328
19.1.9 质量保证核查 ··· 329
19.2 辐射监测技术人员持证上岗考核 ··· 329
19.2.1 考核程序 ·· 329
19.2.2 自认定要求 ··· 330
19.2.3 考核内容、方式和结果评定 ·· 330
19.3 辐射环境监测质量保证案例 ··· 330
19.3.1 资质认定 ·· 331
19.3.2 人员管理 ·· 331
19.3.3 监测方法 ·· 331
19.3.4 量值溯源 ·· 331
19.3.5 样品采集与处理 ·· 332
19.3.6 内部质量控制 ··· 334
19.3.7 外部质量控制 ··· 338
19.3.8 数据审核与报送 ·· 339
19.3.9 国控网沉降物采集和处理方法 ··· 349
19.3.10 国控网降水采集方法 ··· 350
19.4 2023 年国家辐射环境监测网样品外检案例 ····························· 350
19.4.1 样品外检点位和体系 ·· 350
19.4.2 样品外检结果 ··· 352
19.4.3 样品外检存在问题及结果建议 ··· 360
19.5 2023 年全国辐射环境监测质量考核和比对案例 ····················· 361
19.5.1 前期准备 ·· 362
19.5.2 考核和比对实施 ·· 363
19.5.3 考核和比对结果 ·· 364
19.5.4 结论与建议 ··· 368
20 辐射环境监测报告制度及案例 ··· 370
20.1 环境监测报告制度及环境质量报告书编写要求 ······················ 370
20.1.1 环境监测报告制度 ··· 370
20.1.2 环境质量报告书编写要求 ·· 372
20.2 某市辐射环境监测质量报告 ··· 373

20.2.1　重庆市相关概况 ··· 373

20.2.2　辐射环境质量监测概况 ·· 374

20.2.3　监测结果 ·· 377

20.2.4　结论 ··· 388

20.3　甘肃省"十三五"辐射环境质量报告 ······························· 389

20.3.1　甘肃省辐射环境概况 ··· 389

20.3.2　2016 年至 2020 年辐射环境质量状况 ······················ 390

20.3.3　辐射环境质量监测结果 ··· 395

20.3.4　辐射污染源监督性监测状况 ·· 405

20.3.5　小结 ··· 405

20.4　某地级市辐射环境质量报告 ··· 406

20.5　辐射环境监测质量季报 ·· 406

21　辐射环境监测案例 ·· 408

21.1　兰州重离子肿瘤治疗中心环评现状监测 ······················· 408

21.2　某市通信基站电磁辐射环境检测核查工作情况报告 ····· 412

22　辐射环境监测能力建设 ··· 415

22.1　全国辐射环境监测能力建设标准 ·· 415

22.1.1　人员编制及人员结构 ··· 415

22.1.2　工作经费 ·· 415

22.1.3　业务用房 ·· 416

22.1.4　基本仪器设备配置 ··· 416

22.1.5　核与辐射事故应急专用设备配置 ································ 418

22.1.6　专项辐射环境监测仪器配置 ·· 420

22.2　江苏省市级辐射环境监测能力建设标准 ·························· 420

22.3　辐射环境监测能力评估 ·· 421

22.3.1　评估程序 ·· 421

22.3.2　评估准则 ·· 424

22.3.3　评估流程 ·· 426

22.4　某典型辐射环境机构能力建设存在问题及改进建议 ····· 426

22.5　辐射环境现场监督性监测系统实例 ···································· 427

22.5.1　站址选址 ·· 427

22.5.2　前沿站 ··· 430

22.5.3　监督性监测子站 ·· 432

22.5.4　监督性监测流出物实验室 ··· 434

23　辐射环境监测网络运行管理 ·· 441

23.1　辐射环境监测网络建设方案 ··· 441

23.1.1　国家层面 ·· 441

23.1.2　地方层面 ·· 445

23.2 环境γ辐射剂量率自动监测技术要求 ·· 446
    23.2.1 现场监测子站技术要求 ·· 446
    23.2.2 省级数据处理中心技术要求 ···································· 447
    23.2.3 国家级数据处理中心 ·· 447
23.3 辐射环境自动监测系统技术要求 ···································· 448
23.4 辐射环境监测网络运行管理要求 ···································· 452
23.5 辐射环境监测网络数据发布要求 ···································· 453
    23.5.1 数据管理与报送 ·· 453
    23.5.2 数据实时发布要求 ·· 453
23.6 某省辐射环境自动监测系统社会化运维管理办法 ···················· 454
23.7 国控辐射环境空气自动监测站年检 ·································· 457
    23.7.1 监测和采样设备 ·· 457
    23.7.2 数据采集和传输系统 ·· 458
    23.7.3 站房和基础设施 ·· 458
    23.7.4 文档、数据和记录 ·· 459
    23.7.5 其他 ·· 459

24 辐射环境监测大比武 ·· 461
24.1 辐射环境监测大比武有关要求 ······································ 461
24.2 国家决赛技术方案 ·· 462
    24.2.1 理论知识考试 ·· 462
    24.2.2 实际操作 ·· 463
24.3 甘肃省辐射专项比武技术方案 ······································ 464
    24.3.1 理论知识考试 ·· 464
    24.3.2 实际操作 ·· 465

第四篇 核与辐射事故应急

25 辐射事故应急基础知识 ·· 469
25.1 核与辐射事故分类 ·· 469
25.2 核与辐射事故应急组织机构 ·· 470
25.3 核与辐射事故应急响应 ·· 471
    25.3.1 核设施核事故应急响应 ·· 471
    25.3.2 其他核事故应急响应 ·· 475
    25.3.3 辐射事故应急准备与响应 ······································ 475
25.4 核与辐射事故实施程序清单 ·· 479
26 核与辐射事故应急相关标准及知识产权情况 ···························· 481
26.1 相关标准、管理导则和技术文件 ···································· 481
26.2 国内专利、软件著作权及成果情况 ·································· 482

26.3　IAEA 核应急相关出版物简介 ···483

27　辐射事故应急监管 ···485

27.1　辐射事故应急预案 ···485

27.1.1　辐射事故应急预案（核技术利用单位） ·······················485

27.1.2　辐射事故应急预案（省级政府版） ·····························493

27.2　辐射事故应急实施程序 ··502

27.3　辐射事故应急演练 ···507

27.3.1　辐射事故应急演练基本内容 ·····································507

27.3.2　辐射事故应急演练实施方案案例 ·······························510

27.3.3　辐射事故应急演练自评估 ··517

27.3.4　辐射事故应急演练评估 ···521

27.4　核与辐射事故应急队伍建设 ···523

27.4.1　我国核事故应急救援队伍建设 ···································523

27.4.2　辐射事故应急预案队伍建设案例 ·······························524

27.5　辐射事故应急监测 ···527

27.5.1　巡测方案 ···527

27.5.2　初步监测方案 ··527

27.5.3　搜寻污染源方案 ··528

27.5.4　环境复测方案 ··529

28　辐射事故应急处理处置实例 ··530

28.1　γ 射线探伤作业违法违规造成辐射事故案件 ····························530

28.1.1　事故经过 ···530

28.1.2　调查处理情况 ··530

28.1.3　工作要求 ···530

28.2　放射源超剂量事故案例 ··531

28.2.1　事故基本情况 ··531

28.2.2　事故发生原因 ··531

28.2.3　事故处理情况 ··531

29　辐射应急监测物资储备库建设 ···532

29.1　区域核与辐射应急监测物资储备库建设 ····································532

29.1.1　华东、华南地区 ··532

29.1.2　西南地区 ···533

29.1.3　西北地区 ···534

29.2　辐射事故应急监测调度平台 ···534

29.2.1　建设情况 ···534

29.2.2　管理运维情况 ··535

30　辐射事故应急督查检查 ···536

30.1　辐射环境监测与应急工作评估指标 ··536

30.1.1　监测能力建设情况 …………………………………………… 536
30.1.2　国控网运行情况 ……………………………………………… 536
30.1.3　监测数据共享及公开情况 …………………………………… 537
30.1.4　核与辐射应急情况 …………………………………………… 538
30.2　辐射环境监测与应急自查评估报告 ……………………………… 538
30.2.1　2020年度辐射环境监测与应急工作评估整改情况 ………… 538
30.2.2　辐射环境监测与应急监管情况 ……………………………… 538
30.2.3　辐射环境监测能力建设情况 ………………………………… 539
30.2.4　国控网运行情况 ……………………………………………… 539
30.2.5　监测数据共享及公开情况 …………………………………… 540
30.2.6　核与辐射应急工作开展情况 ………………………………… 541
30.2.7　存在问题和应对措施 ………………………………………… 542
30.3　辐射环境监测与应急工作评估反馈问题整改方案 ……………… 542
30.3.1　整改目标 ……………………………………………………… 542
30.3.2　整改措施 ……………………………………………………… 542
30.3.3　工作要求 ……………………………………………………… 543
30.4　辐射环境监测与应急工作专项检查 ……………………………… 544
30.4.1　专项检查概况 ………………………………………………… 544
30.4.2　工作成绩 ……………………………………………………… 544
30.4.3　存在的问题 …………………………………………………… 545
30.4.4　工作要求 ……………………………………………………… 547
30.4.5　工作建议 ……………………………………………………… 547
30.5　核与辐射应急通信测试情况通报 ………………………………… 547
30.5.1　基本情况 ……………………………………………………… 547
30.5.2　存在问题 ……………………………………………………… 548
30.5.3　工作要求 ……………………………………………………… 548

第五篇　辐射类建设项目环境影响评价审评及辐射安全许可评估

31　辐射类建设项目环境影响评价分类及变动情形 ………………… 551
31.1　辐射类建设项目环境影响评价分类 ……………………………… 551
31.2　辐射类建设项目重大变动情形 …………………………………… 551
32　典型核与辐射类建设项目环境影响评价评估 …………………… 556
32.1　核技术利用类建设项目 …………………………………………… 556
32.1.1　审评依据 ……………………………………………………… 556
32.1.2　审评原则、基本要求和方法 ………………………………… 558
32.1.3　审评内容、要点和接收准则 ………………………………… 558
32.1.4　审评报告的编制 ……………………………………………… 580

32.1.5　典型案例 ··· 581

32.2　铀矿冶建设项目环境影响评价文件审评 ······················· 588

32.2.1　审评依据 ··· 588

32.2.2　审评方法与工作内容 ··· 589

32.2.3　审评内容、要点和接受准则 ·· 590

32.2.4　环评审查识别问题的报告与处理 ····································· 609

32.2.5　环评审评计划、审查记录与报告 ····································· 609

32.3　电磁类建设项目环境影响评价文件审评 ························· 610

32.3.1　审评依据 ··· 610

32.3.2　环境影响评价文件审评的要点 ·· 611

32.3.3　审评报告的编制 ·· 631

32.3.4　典型案例 ··· 632

32.4　环境影响评价文件批复案例 ······································· 637

33　核技术利用项目辐射安全审评 ································· 640

33.1　审查依据 ··· 640

33.2　审评原则 ··· 641

33.3　审评方法 ··· 641

33.4　辐射安全许可证审评的内容和要点 ································ 641

33.5　有条件豁免的审评内容和要点 ····································· 646

33.6　审评人员资质 ·· 647

33.7　辐射安全许可审评案例 ··· 652

33.7.1　审评过程 ··· 652

33.7.2　项目概况 ··· 652

33.7.3　审评中关注的主要问题 ··· 653

33.7.4　审评结论 ··· 656

34　辐射类建设项目环评文件质量评估及机构核查 ··········· 657

34.1　核与辐射建设项目环境影响报告书（表）质量评估 ··········· 657

34.2　辐射类环评文件核查典型案例 ····································· 660

第一篇　核与辐射安全监管基础

1　核与辐射安全基础

1.1　核与辐射安全内涵及相关规划简介

核与辐射安全包括了核安全和辐射安全。国际原子能机构将核安全、辐射安全、放射性废物安全和放射性物质运输安全统称为核安全。核与辐射安全作为一个综合性学科涉及十多个专业或学科，如核物理、放射化学、核材料、核设备、核仪表、辐射防护、核医学、地质、地震、气象、水文、法律、社会学、心理学等。核与辐射安全监管是核与辐射安全的重要内容。

1.1.1　核安全

按照《中华人民共和国核安全法》，核安全概念、适用范围、坚持原则、事故应急等内容具体如下。

（1）基本概念

广义的核安全是指对核设施、核活动、核材料和放射性物质采取必要和充分的监控、保护、预防及缓解等安全措施，防止由于任何技术原因、人为原因或自然灾害造成事故发生，并最大限度减少事故情况下的放射性后果，从而保护工作人员、公众和环境免受不当辐射危害。

狭义的核安全是指在核设施的设计、建造、运行和退役期间，为保护人员、社会和环境免受可能的放射性危害所采取的技术和组织上的措施的综合。

（2）适用范围

按照《中华人民共和国核安全法》，核安全是指对核设施、核材料及相关放射性废物采取充分的预防、保护、缓解和监管等安全措施，防止由于技术原因、人为原因或者自然灾害造成核事故，最大限度减轻核事故情况下的放射性后果的活动。

核设施，是指核电厂、核热电厂、核供汽供热厂等核动力厂及装置；核动力厂以外的研究堆、实验堆、临界装置等其他反应堆；核燃料生产、加工、贮存和后处理设施等核燃料循环设施；放射性废物的处理、贮存、处置设施。

核材料，是指铀-235材料及其制品；铀-233材料及其制品；钚-239材料及其制品；法律、行政法规规定的其他需要管制的核材料。

放射性废物，是指核设施运行、退役产生的，含有放射性核素或者被放射性核素污染，其浓度或者比活度大于国家确定的清洁解控水平，预期不再使用的废弃物。

（3）核安全观

国家坚持"理性、协调、并进"的核安全观，加强核安全能力建设，保障核事业健康发展。

（4）核安全原则

核安全工作必须坚持安全第一、预防为主、责任明确、严格管理、纵深防御、独立监管、全面保障的原则。

（5）核安全监管分工

国务院核安全监督管理部门负责核安全的监督管理。国务院核工业主管部门、能源主管部门和其他有关部门在各自职责范围内负责有关的核安全管理工作。国家建立核安全工作协调机制，统筹协调有关部门推进相关工作。

（6）核安全文化建设

国家制定核安全政策，加强核安全文化建设。国务院核安全监督管理部门、核工业主管部门和能源主管部门应当建立培育核安全文化的机制。核设施营运单位和为其提供设备、工程以及服务等的单位应当积极培育和建设核安全文化，将核安全文化融入生产、经营、科研和管理的各个环节。

（7）核安全精神

国家核安全局坚持立足自身，融合核工业近70年"事业高于一切，责任重于一切，严细融入一切，进取成就一切"的核工业精神，提炼出"核安全事业高于一切，核安全责任重于泰山，严慎细实规范监管，团结协作不断进取"的核安全精神，倡导"想干事、能干事、干成事"的良好风气，确保每一名监管人员成为一道有效可靠的安全屏障，为确保核安全、保障公众健康和生态环境安全作出应有的贡献。

（8）核安全相关制度

国家建立核设施安全许可制度，核设施营运单位进行核设施选址、建造、运行、退役等活动，应当向国务院核安全监督管理部门申请许可。

国家建立核设施营运单位核安全报告制度，具体办法由国务院有关部门制定。国务院有关部门应当建立核安全经验反馈制度，并及时处理核安全报告信息，实现信息共享。核设施营运单位应当建立核安全经验反馈体系。

国家建立放射性废物管理许可制度，专门从事放射性废物处理、贮存、处置的单位，应当向国务院核安全监督管理部门申请许可。

国家建立放射性废物处置设施关闭制度，放射性废物处置设施关闭前，放射性废物处置单位应当编制放射性废物处置设施关闭安全监护计划，报国务院核安全监督管理部门批准。

国家建立核事故应急准备金制度，保障核事故应急准备与响应工作所需经费。核事故应急准备金管理办法，由国务院制定。

国家建立核安全监督检查制度。国务院核安全监督管理部门和其他有关部门应当对从事核安全活动的单位遵守核安全法律、行政法规、规章和标准的情况进行监督检查。

（9）核事故应急

国家设立核事故应急协调委员会，组织、协调全国的核事故应急管理工作。省、自治区、直辖市人民政府根据实际需要设立核事故应急协调委员会，组织、协调本行政区域内的核事故应急管理工作。国务院核工业主管部门承担国家核事故应急协调委员会日常工作，牵头制定国家核事故应急预案，经国务院批准后组织实施。

国家对核事故应急实行分级管理。发生核事故时，核设施营运单位应当按照应急预案的要求开展应急响应，减轻事故后果，并立即向国务院核工业主管部门、核安全监督管理部门和省、自治区、直辖市人民政府指定的部门报告核设施状况，根据需要提出场外应急响应行动建议。

核材料、放射性废物运输的应急应当纳入所经省、自治区、直辖市场外核事故应急预案或者辐射应急预案。发生核事故时，由事故发生地省、自治区、直辖市人民政府负责应急响应。

（10）信息公开和公众参与

国务院有关部门及核设施所在地省、自治区、直辖市人民政府指定的部门应当在各自职责范围内依法公开核安全相关信息。核设施营运单位应当公开本单位核安全管理制度和相关文件、核设施安全状况、流出物和周围环境辐射监测数据、年度核安全报告等信息。

1.1.2　辐射安全

按照《中华人民共和国放射性污染防治法》《放射性同位素与射线装置安全和防护条例》等法律法规，辐射安全概念、放射源及射线装置分类、适用范围、事故应急等内容具体如下。

（1）辐射安全的概念

在物理上，辐射被认为是带能量的粒子或波动在空间传播的一种过程。由于辐射本身能量不同，其与物质相互作用的反应机理也不同，我们常常把辐射划分为电离辐射和非电离辐射两种类型。通常，非电离辐射又称为电磁辐射。

电离辐射对人体的危害，主要在于辐射的能量导致构成人体组织的细胞受到损伤。这种伤害可分为直接伤害和间接伤害。直接伤害就是辐射直接作用在生物分子上，造成生物分子的损伤；间接伤害是指细胞内的水吸收辐射的能量，水分子发生变化并会形成对染色体有害的化学物质，进而对生物分子造成伤害。细胞受到辐射损伤后可能导致细胞早期死亡、阻止或延迟细胞分裂以及细胞的永久性变形，并可能延续到子代细胞。在人体内，这些变化可能显示出临床症状，如放射性病、白内障或在以后较长时期内出现的癌。不过，小剂量的辐射照射引起的细胞内的各种损伤常会被细胞自身修复，不会对身体健康产生不良的影响。

电离辐射包括天然辐射和人工辐射。天然辐射是电离辐射的重要组成部分。我们人类自诞生之日起，就处在天然辐射的包围之中，包括宇生辐射和地生辐射。宇生辐射又称宇宙射线。地生辐射是指地球上天然存在的放射性核素放出的各类射线，包括土壤、岩石、道路、建筑物等发出的射线，但主要是伽马射线。宇宙射线是指来自地球以外的高能辐射，初级宇宙射线来自银河、地磁俘获和太阳，宇宙射线主要包括高能质子、α 粒子和一些重核组成，这些宇宙射线进入地球大气层后会和大气发生作用，产生许多产物，形成次级射线，并且不断倍增，有时一个初级宇宙射线能引起多达 10^8 个次级射线。在地球表面，次级宇宙射线是由介子（一种基本粒子）、电子、光子（γ 粒子）、中子和质子组成。宇宙射线在一定高度内越到高空强度越大，直至 20 km 的高空为最强（见表 1-1）。

表 1-1　人类生活方式和辐射剂量的关系

类型	剂量水平/（mSv/a）
看电视每天 2 h	<0.01
夜光表	0.02
乘飞机 2 000 km	0.005
吸烟每天 20 支（"钋弹"）	0.5～1.0
诊断 X 射线人均年有效剂量	0.3
CT 人均单次年有效剂量	8.6
火力发电厂带来的照射	0.005
核电站附近	0.001～0.02
核设施附近	0.001～0.2

电磁辐射与电离辐射不同，电磁辐射是向周围空间传播能量的电磁波。电磁辐射的能量大小与电磁波的频率高低有关，电磁波的频率越高，波长越短，其携带的能量就越大。电磁波的频率由低到高依次为：无线电波、微波、红外光、可见光、紫外光、X 射线、γ 射线。

按照《中华人民共和国放射性污染防治法》《放射性同位素与射线装置安全和防护条例》，辐射安全属于核技术利用的放射性污染防治范畴，生产、销售、使用放射性同位素和射线装置的单位，应当按照国务院有关放射性同位素与射线装置放射防护的规定申请领取许可证，办理登记手续。新建、改建、扩建放射工作场所的放射防护设施，应当与主体工程同时设计、同时施工、同时投入使用。

（2）放射源及射线装置分类

① 放射源分类

我国参照国际原子能机构的有关规定，按照放射源对人体健康和环境的潜在危害程度，从高到低将放射源分为Ⅰ、Ⅱ、Ⅲ、Ⅳ、Ⅴ类。

Ⅰ类放射源为极高危险源。没有防护的情况下，接触这类源几分钟到 1 小时就可致人死亡。

Ⅱ类放射源为高危险源。没有防护的情况下，接触这类源几小时至几天可致人死亡。

Ⅲ类放射源为危险源。没有防护的情况下，接触这类源几小时就可对人造成永久性损伤，接触几天至几周也可致人死亡。

Ⅳ类放射源为低危险源。基本不会对人造成永久性损伤，但对长时间、近距离接触这些放射源的人可能造成可恢复的临时性损伤。

Ⅴ类放射源为极低危险源。不会对人造成永久性损伤。

② 射线装置分类

根据射线装置对人体健康和环境的潜在危害程度，从高到低将射线装置分为Ⅰ类、Ⅱ类、Ⅲ类（见表 1-2）。

Ⅰ类射线装置：事故时短时间照射可以使受到照射的人员产生严重放射损伤，其安全与防护要求高；

Ⅱ类射线装置：事故时可以使受到照射的人员产生较严重放射损伤，其安全与防护要求较高；

Ⅲ类射线装置：事故时一般不会使受到照射的人员产生放射损伤，其安全与防护要求相对简单。

表 1-2　射线装置分类表

装置类别	医用射线装置	非医用射线装置
Ⅰ类射线装置	能量大于 100 MeV 的	生产放射性同位素的加速器（不含制备 PET 用放射性药物的加速器）
	医用加速器	能量大于 100 MeV 的加速器
Ⅱ类射线装置	放射治疗用 X 射线、电子束加速器	工业探伤加速器
	重离子治疗加速器	安全检查用加速器
	质子治疗装置	辐照装置用加速器
	制备正电子发射计算机断层显像装置（PET）用放射性药物的加速器	其他非医用加速器
	其他医用加速器	中子发生器
	X 射线深部治疗机	工业用 X 射线 CT 机
	数字减影血管造影装置	X 射线探伤机
Ⅲ类射线装置	医用 X 射线 CT 机	X 射线行李包检查装置
	放射诊断用普通 X 射线机	X 射线衍射仪
	X 射线摄影装置	兽医用 X 射线机
	牙科 X 射线机	
	乳腺 X 射线机	
	放射治疗模拟定位机	
	其他高于豁免水平的 X 射线机	

自屏蔽式 X 射线探伤机的界定说明如下。

（一）根据《射线装置分类》（环境保护部公告 2017 年第 66 号），工业用 X 射线探伤装置分为自屏蔽式 X 射线探伤装置和其他工业用 X 射线探伤装置，其中自屏蔽式 X 射线探伤装置的生产、销售活动按Ⅱ类射线装置管理，使用活动按Ⅲ类射线装置管理。

（二）自屏蔽式 X 射线探伤装置，应同时具备以下特征：一是屏蔽体应与 X 射线探伤装置主体结构一体设计和制造，具有制式型号和尺寸；二是屏蔽体能将装置产生的 X 射线剂量减少到规定的剂量限值以下，人员接近时无须额外屏蔽；三是在任何工作模式下，人体无法进入和滞留在 X 射线探伤装置屏蔽体内。

（三）在设备外加建屏蔽体、人员可进入探伤装置屏蔽体内的装置等不属于自屏蔽式 X 射线探伤装置的范围，应界定为"其他工业用 X 射线探伤装置"，按照Ⅱ类射线装置管理。

（3）适用范围

生产、销售、使用放射性同位素和射线装置，以及转让、进出口放射性同位素。

（4）监督管理

国务院生态环境主管部门对全国放射性同位素、射线装置的安全和防护工作实施统一监督管理。

国务院公安、卫生等部门按照职责分工和本条例的规定，对有关放射性同位素、射线装置的安全和防护工作实施监督管理。

县级以上地方人民政府生态环境主管部门和其他有关部门，按照职责分工和本条例的规定，对本行政区域内放射性同位素、射线装置的安全和防护工作实施监督管理。

（5）辐射安全许可

生产、销售、使用放射性同位素和射线装置的单位，应当取得辐射安全许可证。除医疗使用Ⅰ类放射源、制备正电子发射计算机断层扫描用放射性药物自用的单位外，生产放射性同位素、销售和使用Ⅰ类放射源、销售和使用Ⅰ类射线装置的单位的许可证，由国务院生态环境主管部门审批颁发。除国务院生态环境主管部门审批颁发的许可证外，其他单位的许可证，由省、自治区、直辖市人民政府生态环境主管部门审批颁发。

申请领取辐射安全许可证，应当具备以下条件：

有与所从事的生产、销售、使用活动规模相适应的，具备相应专业知识和防护知识及健康条件的专业技术人员；有符合国家环境保护标准、职业卫生标准和安全防护要求的场所、设施和设备；有专门的安全和防护管理机构或者专职、兼职安全和防护管理人员，并配备必要的防护用品和监测仪器；有健全的安全和防护管理规章制度、辐射事故应急措施；产生放射性废气、废液、固体废物的，具有确保放射性废气、废液、固体废物达标排放的处理能力或者可行的处理方案。

许可证主要包括以下内容：单位的名称、地址、法定代表人；所从事活动的种类和范围；有效期限；发证日期和证书编号。

（6）安全与防护

生产、销售、使用放射性同位素和射线装置的单位，应当对直接从事生产、销售、使用活动的工作人员进行安全和防护知识教育培训，并进行考核；考核不合格的，不得上岗。辐射安全关键岗位应当由注册核安全工程师担任。

生产、销售、使用放射性同位素和射线装置的单位，应当严格按照国家关于个人剂量监测和健康管理的规定，对直接从事生产、销售、使用活动的工作人员进行个人剂量监测和职业健康检查，建立个人剂量档案和职业健康监护档案。

生产、销售、使用放射性同位素和射线装置的单位，应当对本单位的放射性同位素、射线装置的安全和防护状况进行年度评估。发现安全隐患的，应当立即进行整改。

生产、销售、使用、贮存放射性同位素和射线装置的场所，应当按照国家有关规定设置明显的放射性标志，其入口处应当按照国家有关安全和防护标准的要求，设置安全和防护设施以及必要的防护安全联锁、报警装置或者工作信号。射线装置的生产调试和使用场所，应当具有防止误操作、防止工作人员和公众受到意外照射的安全措施。

放射性同位素应当单独存放，不得与易燃、易爆、腐蚀性物品等一起存放，并指定专人负责保管。

在室外、野外使用放射性同位素和射线装置的，应当按照国家安全和防护标准的要求划出安全防护区域，设置明显的放射性标志，必要时设专人警戒。

（7）辐射事故应急

县级以上人民政府生态环境主管部门应当会同同级公安、卫生、财政等部门编制辐射事故应急预案，报本级人民政府批准。辐射事故应急预案应当包括下列内容：应急机构和职责分工；应急人员的组织、培训，以及应急和救助的装备、资金、物资准备；辐射事故分级与应急响应措施；辐射事故调查、报告和处理程序。

生产、销售、使用放射性同位素和射线装置的单位，应当根据可能发生的辐射事故的风险，制定本单位的应急方案，做好应急准备。

发生辐射事故时，生产、销售、使用放射性同位素和射线装置的单位应当立即启动本单位的应急方案，采取应急措施，并立即向当地生态环境主管部门、公安部门、卫生主管部门报告。

（8）监督检查

县级以上人民政府生态环境主管部门和其他有关部门应当按照各自职责对生产、销售、使用放射性同位素和射线装置的单位进行监督检查。

县级以上人民政府生态环境主管部门在监督检查中发现生产、销售、使用放射性同位素和射线装置的单位有不符合原发证条件的情形的，应当责令其限期整改。

（9）辐射事故隐患排查

辐射安全与防护设施运行和管理，高风险移动放射源在线监控要求落实情况。重点排查安全防护设施日常运行维护管理情况，检查其设置是否符合相关法规标准要求并核实其有效性（同一单位多个同类装置/设施的现场核查可实行抽检的方式）。对伽马射线移动探伤单位还应结合省级高风险移动放射源在线监控平台建设工作，检查在线监控要求落实情况，并根据《关于进一步加强γ射线移动探伤辐射安全管理的通知》（环办函〔2014〕1293号）检查现场作业安全管理要求落实情况。

辐射事故应急响应和处理能力。重点排查辐射事故应急方案的合理性和可操作性，通信方式的可用性，应急物资准备及演练情况。对Ⅲ类射线装置使用等辐射事故风险很低的单位，相关要求可适当简化。

国家核技术利用辐射安全管理系统数据准确性。结合生态环境部（国家核安全局）已开展的系统数据核查工作，重点核实系统内的单位信息、许可信息、台账信息、人员信息等各类信息与实际情况的一致性。

法律法规执行及整改要求落实情况。重点排查法律法规要求的许可证是否申领、是否过期，审批、备案、环评、验收等手续履行情况，以及之前监督检查、行政处罚等提出问题和要求的整改落实情况。

废旧放射源和放射性"三废"管理。重点排查是否存在闲置、废弃放射源；放射性"三废"是否按规定处理（仅限生产、使用放射性同位素和可产生放射性污染的Ⅱ类以上射线装置的单位）。

1.1.3　核与辐射安全规划

《中华人民共和国放射性污染防治法》提出，县级以上人民政府应当将放射性污染防治工作纳入环境保护规划；《中华人民共和国核安全法》也提出，国务院核安全监督管理部门会同国务院有关部门编制国家核安全规划，报国务院批准后组织实施。"十三五""十四五"期间我国核与辐射安全从规划层面主要内容如下。

按照《核安全与放射性污染防治"十三五"规划及 2025 年远景目标》，"十三五"时期核与辐射安全主要包括 6 项目标、10 项重点任务、6 项重点工程和 8 项保障措施，包括提升核设施安全水平、核技术利用装置安全水平、放射性污染防治水平、核安保水平、核与辐射应急水平以及核与辐射安全监管水平等 6 项目标，明确了保持核电厂高安全水平、降低研究堆及核燃料循环设施风险、加快早期核设施退役及放射性废物处理处置等 10 项重点任务，以及核安全改进工程、核设施退役及放射性废物治理工程等 6 项重点工程。

结合核安全"十四五"时期面临的形势，核安全"十四五"规划按照"一二三四五六"展开，即围绕一个中心，聚焦两大战略目标，实现三项转变，提升四种能力，抓好五项重点工作，做好六项保障措施。

核安全"十四五"规划主要应围绕"治未乱"这一中心展开。习近平总书记在华盛顿全球核安全峰会上提出"要做到见之于未萌、治之于未乱"，意思是在事情未萌芽的时候就加以防范，在事情未乱的时候就加以治理。习近平总书记特别强调要增强忧患意识，提高防控能力，既要防微杜渐，又要洞察先机。一方面要居安思危，做好未雨绸缪的准备；另一方面又要明察秋毫，将危险消除于萌芽状态。核与辐射自身的特点决定了事故的突发性、影响的长期性、治理的艰巨性、结果的敏感性和极端的重要性，决定了必须将安全放在首位，"十四五"时期必须尽早全面识别可能导致核事故或放射性物质释放的因素，采取必要的措施，防止核事故的发生，并最大限度减少核事故造成的影响。

两大战略目标包括核安全治理体系和治理能力现代化、核与辐射安全监管体系和监管能力现代化。党的十九大报告提出，"构建政府为主导、企业为主体、社会组织和公众共同参与的环境治理体系"。核安全治理体系是环境治理体系的重要组成部分。核安全"十四五"规划通过依法治核、科学治核、文化治核、信用治核四种手段，实现核安全治理体系和治理能力现代化。依法治核就是完善法规体系，以落实《核安全法》为根本，以配套法律法规体系建设为抓手，以依法行政为手段，依法开展核设施选址、设计、建造、调试、运行、退役等各项核活动，推进科学立法、严格执法、全行业守法。科学治核就是尊重客观规律，在准确分析我国核安全面临的挑战的基础上，坚持最新的国际核安全标准，保障核安全、环境安全和公众健康，又不无限制提高安全要求，确保规划提出的各项目标和任务合理可行。文化治核就是充分认识核安全的重要性，增强对核安全的"敬畏感"，把核安全观作为核行业从业人员人生观、世界观、价值观外的"第四观"。树立文化自信，使每一位从业人员把自己视作核安全事业的建设者和参与者，把自己的每一项工作视作核安全事业的重要一环，具有我国的核安全水平不低于世界上任何国家的荣誉感和自信心。信用治核就是引导行业自律，建立全行业核安全信用平台，将企业和个人信用录入系统，优先采用信用等级高的设备、工程和服务单位，将违规操作和弄虚作假的企业和个人纳入黑名单，永远逐出核行业。实现核与辐射安全监管体系和监管能力现代化，就是传承"核安全事业高于一切，核安全责任重于泰山，严慎细实规范监管，团结协作不断进取"的核安全精神，坚持"安全第一、质量第一"的根本方针，持续践行"严、慎、细、实"的工作作风，坚持依法监管，坚持体制建设，加强能力建设，创新监管方式，坚持审评从严、许可从严、监督从严、执法从严，不断提高核与辐射安全监管水平。

三项转变主要体现在实现从保障建设项目安全向保障核设施持续安全运行转变、从全面提高安全水平向补齐核安全事业短板转变、从关注短期安全向关注长期安全转变。规划重心的转变首先是由我国核事业的发展状况决定的。预计"十四五"时期我国运行核电机组数量将远大于在建机组的数量，而且首次运行机组数量多。从运行情况看，新投运机组的运行事件较多，保障这些机组的安全运行尤为重要。新的研究堆也将在"十四五"时期投运。核安全"十四五"规划重心将由保障在建核设施的安全运行转向保障运行核设施的安全运行。规划重心的转变其次是由我国核安全的发展水平决定的。核安全"十二五"规划聚焦福岛事故的历史背景，主题是安全改造，着重提高我国的核安全水平；"十三五"规划聚焦我国核安全主要风险点，主题是风险防控，着重消除各类事故的安全风险；"十四五"规划聚焦治于未乱，着重未乱先治，补齐短板。而从整个核产业链来看，发展不平衡、不充分的矛盾仍然比较突出，乏燃料后处理和放射性废物处理处置发展严重滞后于核电发展，要着重补齐这块短板。规划重心的转变最后是由我国核安全的发展阶段决定的。通过实施"十二五"规划和"十三五"规划，解决了当时比较急迫的一些安全问题，与国际先进核安全水平相比，我国的核安全水平已经由"跟跑者"向"并跑者"转变。"十四五"规划将更关注长期安全，加强核安全发展趋势的分析研判，力争实现由"并跑者"向"领跑者"转变，引领未来国际核安全的发展方向。

核安全"十四五"规划要着重关注事故的预防和缓解能力、放射性废物处理处置能力、科技研发能力和监管能力四方面能力的提升。确保核安全首先要提升事故的预防和缓解能力，采取一切合理可行的技术和管理措施，确保多重屏障的可靠性，有效预防核事故的发生，一旦发生核事故时减轻其后果，确保将事故对公众和环境的影响降到最低。放射性废物尤其是高放废物的处理处置能力，已经成为核安全事业发展的瓶颈。"十四五"规划按照"新老并重、防治结合"的原则，通过积极推进早期核设施退役，开展历史遗留放射性污染治理，恢复和改善环境来多还旧账；同时按照新标准建设各类核设施，从源头防止或减少放射性废物产生，及时处理处置新产生的放射性废物以不欠新账。从核安全"十二五"和"十三五"规划的情况看，我国核安全科研主要还是以应用性科研为主，高水平研究较少、原始创新能力不足。"十四五"规划要更多开展战略性、全局性、前瞻性、公益性、基础性科技研发，开展高水平课题研究，突破一批核能科技关键项目，同时提高对交叉学科、新兴技术的关注。国家核与辐射安全监管技术研发基地土建工程基本完成，内涵建设亟待推进。"十四五"规划要进一步提高监管能力，加强国家核与辐射安全监管技术研发基地内涵建设，推进标准化审评，加强校核计算和试验验证能力。

抓好保障核设施安全稳定运行、持续降低辐射环境安全风险、高效应对重大核安全风险、从严开展核与辐射安全监管、大力强化核安全公众沟通五项重点工作是相较于"十二五""十三五"规划而言，核安全"十四五"规划要重点抓好的五个方面，具体包括以下内容。保障核电厂、研究堆、核燃料循环设施安全稳定运行。提高核电机组的运行能力，严格控制机组运行风险，控制新运行核电机组运行事件数量，优化仪控系统，增强对极端外部事件的设防，持续提升核电厂的安全业绩。加强长期停运研究堆老化管理，制定新型研究堆的审评原则。建立与核电发展水平相适应的乏燃料贮存能力。推动乏燃料后处理进程，及早打通核燃料闭式循环。加强放射源从生到死全过程管理，降低放射源辐射事故发生率，有效控制特别重大辐射事故发生，加强高风险移动放射源安全管理。加快推进早期核设施退役进程，加快推进历史遗留中低放废物处理处置。保障铀矿冶及伴生放射性矿辐射环境安全。建立与核事业发展水平相适应的应急能力。核应急工作是核安全的最后一道屏障，采取有效措施缓解和控制事故后果，最大限度控制、缓解或消除事故，避免对公众和环境造成不可接受的放射性危害。高效应对外部核安全风险对我国的影响，维护社会稳定。加强对重点核设施全生命周期的监管。加强基地的内涵建设，不断提高审评能力。加强现场检查和执法能力建设，不断提高监督能力。完善全国辐射环境监测、重要核设施监督性监测、核与辐射应急监测三张监测网络，不断加强监测能力。对弄虚作假事件从严从重处罚。提高公众在核设施选址、建造、运行和退役等过程中的参与程度。建立长效的公众参与机制，增强公众对核能与核技术利用安全的了解和信心。完善核安全突发事件公共关系应对体系，及时权威地发布相关信息，释疑解惑，消除不实信息的误导，维护社会稳定。

做好六项保障措，进一步完善核安全法规标准体系。出台《原子能法》《放射性废物处置法》等相关法律。做好《核安全法》相关配套性文件的制定、出台及相应的培训工作。确定核与辐射安全标准顶层设计的基本框架及内涵。不断完善核安全政策体系。尽快启动核电站乏燃料处理处置基金制度、核保险巨灾责任准备金制度、放射性废物清洁解控和最小化政策、研究堆审批立项阶段的设施运维和退役费用安排政策等各项政策的研究和制定工作。推进高风险放射源责任保险制度、国家放射性废物管理相关政策制度的出台。优化核安全体制机制。进一步厘清中央各部门之间的权力和责任，确保核与辐射安全治理体系高效运转。按照抓大放小的思路，进一步简政放权，划清中央和地方的权力和责任。进一步落实企业的主体责任。加强核安全文化建设。建立核安全文化培育工作机制，形成"培育—评估—持续改进"的良性循环模式。设立违规造假专项治理工作组，将违规造假防控评估纳入核安全文化评估。组织企业自行开展违规造假专项治理行动。加强核安全科技研发。开发更安全更经济的核电技术；提升我国核电设备、核电技术以及放射性废物处理技术等方面的自主创新能力；持续深入开展关键泵阀、通用设备及材料、电气仪控、核燃料、设计软件、运维技术与工具、核级焊材等重点领域的研发，不断增强国际竞争力。持续落实"推广国家核电安全监管体系"倡议；积极履行国际公约义务；加强与"一带一路"建设有关国家核安全合作；向国外推广先进核电运维一体化解决方案和全寿期技术服务能力，持续提升国际核安全领域影响力。

1.2　核与辐射安全监管

1.2.1　核与辐射安全监管基本情况

核与辐射安全有关的重要国际组织有国际原子能机构（IAEA）、国际放射防护委员会（ICRP）、经济合作与发展组织核能署（OECD/NEA）、联合国原子能辐射效应科学委员会（UNSCEAR）。IAEA 是联合国系统中的独立政府间组织，其宗旨是"原子用于和平与发展"。于 1954 年 12 月由第 9 届联大通过决议设立，并于 1957 年 7 月成立，总部设在维也纳。ICRP 前身是建立于 1928 年的国际放射学学会，后改名为国际 X 射线和镭防护委员会，1950 年重组并改为现名，其秘书处设在瑞典。OECD/NEA 于 1961 年由经济合作与发展组织从欧洲经济合作组织发展而来，核能署是它的一个专门机构，设于巴黎。UNSCEAR 于 1955 年根据联合国 913（X）决议而建立，宗旨是解决全世界关注的放射性对人类健康和环境的影响问题，其秘书处设在维也纳。

我国的核与辐射安全监管的主要依据是相关法律、核安全法规、环保法规、国家和行业标准以及核设施许可证条件等。为了在核设施的建造和运行过程中保证安全、保护环境，国家制定了相关的核安全法规、环保法规和国家标准，核行业主管部门也制定了相关行业标准，实行行业管理。

1984 年国家核安全局成立，1989 年国家核安全局并入国家环境保护总局，2001 年国家环境保护总局经批准对外加挂国家核安全局派牌子。2003 年 10 月《中华人民共和国放射性污染防治法》实施，明确授权环保部门对全国放射性污染防治实施统一监督管理；中央机构编制委员会办公室印发了《关于放射源安全监管部门职责分工的通知》（中央编办发〔2003〕17 号），对国务院环保、卫生、公安、商务、海关等各部门的放射源安全监管职责进行了明确分工，规定环保部门（核安全主管部门）负责放射源的生产、进出口、销售、使用、运输、贮存和处置安全的统一监管，结束了放射源分阶段、分部门多头管理的局面，理顺了国务院各部门对放射源的安全监管职责分工。

自 2004 年环境保护部门接手对放射源和射线装置辐射与防护的统一管理以来，环境保护部门不断创新监管模式，实现了放射源"从摇篮到坟墓"的全过程监管，与国际接轨的放射源监管体系。放射源和射线装置辐射安全监管工作不断深入，固有安全设施得以改进，辐射安全水平持续提高。近年来，全国辐射安全监管机构和队伍得到加强，监管能力逐步提高，各级生态环境部门积极应对并妥善处置辐射安全突发事件。及时消除了 2008 年汶川地震导致的放射源安全隐患；妥善处置 2009 年河南杞县、广东番禺 γ 辐照装置卡源事件；圆满完成北京奥运会、新中国成立 60 周年庆典等大型活动的辐射安全保障工作。

生态环境部对外保留国家核安全局牌子。国家核安全局作为国务院核与辐射安全监督管理部门，负责核与辐射安全的监督管理。拟订有关政策、规划、标准，牵头负责核安全工作协调机制有关工作，参与核事故应急处理，负责辐射环境重故应急处理工作。

监督管理核设施和放射源安全，监督管理核设施、核技术应用，电磁辐射、件有放射性矿产资源开发利用中的污染防治。对核材料管制和民用核安全设备设计、制造、安装及无损检验活动实施监督管理。

生态环境部（国家核安全局）内设核设施安全监管司、核电安全监管司、辐射源安全监管司，华北、华东、华南、西南、东北、西北 6 个地区核与辐射安全监督站作为派出机构实施区域核与辐射安全监督检查。生态环境部核与辐射安全中心、国家海洋环境监测中心、中国核安全与环境文化促进会、辐射环境监测技术中心等专业技术机构和社会团体，提供技术支持。另有苏州核安全中心、中机生产力促进中心、北京核安全审评中心、上海核安全审评中心等长期合作技术支持单位。

国家核安全局依据"三定"职责和有关政策法规，对我国核安全、辐射安全和辐射环境进行监管，对核设施、核材料、核活动以及放射性物质实施全链条、全生命周期、分阶段审评许可，对核设施和从事核活动的单位开展全过程监督执法，对辐射环境开展全天侯监测。监管对象主要包括：核电厂、核热电厂、核供热供汽厂等核动力厂及装置。核动力厂以外的研究堆、实验堆、临界装置等其他反应堆，核然料生产，加工、贮存和后处理设施等核燃料循环设施，放射性废物处理、贮存、处置设施，核材料管制活动，放射性物质运输活动，核技术利用项目，铀（钍）矿和伴生放射性矿，电磁辐射装置和设施，民用核安全设备设计、制造、安装及无损检验活动，核与辐射安全相关从业人员。

（1）核与辐射安全监管管理体系总要求

生态环境部（国家核安全局）依据中国法律法规，并参照国际通行实践，建立与 IAEA GSR Part2、GS-R-1 等相关安全标准相一致的中国核与辐射安全管理体系。该体系体现"过程方法"，落实监管理念，倡导核安全文化，对相关工作实行分类分级管理，优化可用资源，满足相关方的需求与期望，并为生态环境部（国家核安全局）全面履行核与辐射安全监管职责、高质量完成监管活动、提高监管有效性和权威性、完成监管使命提供方法和工具。

中国核与辐射安全管理体系建设的主要工作内容包括：

1）制定监管机构的愿景、使命、目标和规划；
2）倡导和培育核安全文化；
3）测评相关方的满意度；
4）对每个活动或过程设定责任和权限；
5）对管理体系现状进行评价；
6）制定管理体系的文件；
7）确定和描述监管活动涉及的所有基本过程；
8）制定和实施管理程序和工作程序；
9）开展管理体系的自我评价和独立评价。

中国核与辐射安全管理体系主要由四部分内容构成：管理责任、支持与保障、过程实施、评价与改进。管理体系涵盖了生态环境部（国家核安全局）的所有核与辐射安全监管活动（见图 1-1）。

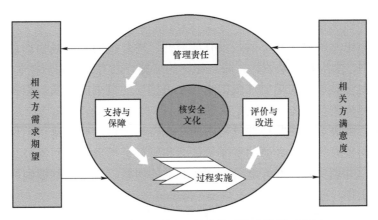

图 1-1　中国核与辐射安全管理体系构建模型示意图

1）管理责任

为实现组织的使命、愿景和核心价值，生态环境部（国家核安全局）发布核与辐射安全政策、使命、愿景、核心价值观、安全目标与监管原则以及管理承诺，制定组织战略和规划，明确组织机构及职责，倡导核安全文化，关注相关方的需要；负责管理体系的策划、建立和实施；提供所需资源；定期评估，自我完善。

2）支持与保障

充足的资源及其有效管理能为管理体系的执行、维护和改进提供强力支持与保障，能强化监管机构的能力建设，持续提高相关方满意度。这些资源包括基础设施和工作环境、人力资源、信息知识、国际合作、财务资源、科技研发以及供方与外部技术支持单位等。对各类资源进行适当策划，保证提供监管活动实施所必需的资源，提升监管能力。

3）过程实施

实施过程管理，对通用管理过程和核心工作过程进行策划、实施、控制和协调，确保各项工作的质量和有效性。对过程中相互联系的活动制定程序，规定活动如何在不同部门间过渡、衔接并最终完成，避免重叠、冲突或遗漏。

4）评价与改进

通过各级管理者自我评价、内外部独立评价和经验反馈，建立管理体系的监测评价系统和自我完善机制，构建学习型组织，及时识别管理体系存在的问题和不足，实现持续改进。

（2）电磁辐射管理情况

随着我国经济社会的不断发展，移动基站、广播电视发射设施和输变电工程等建设项目逐渐增多，公众越来越关心身边的电磁辐射环境和健康问题。

为保护电磁环境和公众健康，处理好社会经济发展与环境保护的关系，我国颁布实施了《环境评价法》《建设项目环境保护管理条例》《电磁辐射环境保护管理办法》（国家环境保护局 1997 年第 18 号令）《电磁辐射防护规定》（GB 8702—88）和《500 kV 高压送变电工程电磁辐射环境影响评价技术规范》（HJ/T 24—1998）等一系列法规和标准，初步建立了电磁辐射防护的法规标准体系。各级环保部门根据工作职责，通过严格执行建设项目环境影响评价审批和项目竣工环境保护验收，以及日常监督管理等工作，确保国家相关规定和标准得到落实。

电磁辐射与电离辐射性质不同，没有放射性，对环境的影响是物理量，不积累、不扩散，影响范围、大小和后果明确，防止超标的措施行之有效（如何控制距离）。目前绝大多数电磁辐射建设项目的辐射环境影响都在可接受的范围内，满足相关标准要求，我国的电磁辐射环境质量和公众健康是有保证的。

生态环境部将进一步规范环评过程中的公众参与工作，要求建设单位和环境影响评价单位，通过科普宣传以及必要的专家论证会和听证会等形式，回答公众关切的问题，传播科学知识，并切实解决好涉及公众切身利益的问题。我部将继续做好项目审批及验收的信息公开工作，强化社会监督。

（3）核与辐射安全监管体系运行成效

我国把保障核安全作为重要的国家责任，成立专门机构实施统一监管，建立独立、公开、法治、理性、有效的监管体系，加强技术保障和人才队伍建设，不断推进核安全监管体系和监管能力现代化，保障了核安全监管的独立性、权威性和有效性。

建立健全"三位一体"监管机构。实行核安全、辐射安全和辐射环境管理的统一独立监管，建立了总部机关、地区监督站、技术支持单位"三位一体"的核安全监管组织体系。1984年，中国成立国家核安全局，负责民用核设施安全监督管理，制定核安全政策、法规、标准和规划，实施核安全许可，统筹全国核安全监管工作。设置华北、华东、华南、西南、西北、东北6个地区核与辐射安全监督站，作为国家核安全局派出机构，实施区域核安全监督检查。设立核与辐射安全中心、辐射环境监测技术中心等专业技术机构，为安全审查、独立验证、监督执法、辐射环境评价等提供全方位支持。各级地方政府结合实际设立监管机构或配备专兼职监管人员，开展本地区辐射安全监管。

全链条实施审评许可。通过全链条安全许可和严格的技术审评，强化对核设施、核材料、核活动和放射性物质的安全管控。对核电厂、研究堆、核燃料循环设施以及放射性废物处理、贮存和处置等核设施的选址、建造、运行和退役活动，实施全生命周期的分阶段许可管理；对持有核材料的单位，实施核材料许可管理；对放射性同位素和射线装置生产、销售和使用单位，实施分级分类辐射安全许可管理；对放射性物品运输活动，实施运输审批和在线监控；对民用核安全设备设计、制造、安装、无损检验单位和放射性物品运输容器设计、制造单位，实施许可管理。建立实施以风险为指引、以问题为导向的审评方法体系，持续提升独立验证和校核计算、概率安全分析和风险评估能力。

全过程开展监督执法。坚持依法严格对核设施和从事核活动的单位进行监督检查，确保符合核安全法规标准和许可要求。对核设施营运单位、核安全设备制造和核技术利用单位开展常态化监督检查，覆盖设计、采购、制造、建造、运行、退役等与核安全有关的全部物项和活动，对重点核设施、核活动开展驻厂安全监督，及时督促违规企业整改，对违法企业依法处罚。开展专项行动，严肃处理重大质量问题，严厉打击违规操作和弄虚作假行为。建设全国统一的核电厂和研究堆经验反馈平台，交流经验、共享信息，有效保障核设施安全运行。

全天候监测辐射环境。建立国家、省和市三级辐射环境监测体系，建成全国辐射环境质量监测、重点核设施周围辐射环境监督性监测和核与辐射应急监测"三张网"，实现辐射环境全覆盖全天候监控。截至 2019 年 6 月，国家级辐射环境监测网络共有 1 501 个监测点，包括 167 个大气辐射环境自动监测站、328 个陆地点、362 个土壤点、477 个水体点、48 个海水点、85 个电磁辐射监测点、34 个海洋生物监测点，并建立 46 套重点核设施周围辐射环境监督性监测系统和食品放射性物质监测点。

提升核与辐射事故应急能力。成立国家核事故应急协调委员会，建立国家、省和核设施营运单位三级核应急组织管理体系，组织协调核事故和辐射事故应对。建立健全辐射事故应急管理体系和事故响应与处置机制，建设覆盖全国的应急监测调度平台，督导各省、自治区、直辖市全覆盖开展辐射事故应急实战演练，快速响应、妥善处置各类辐射事故。组建 300 人的国家核应急救援队和 25 支专业救援分队，设立 8 类国家级核应急专业技术支持中心，建立 3 个核电企业核事故快速支援基地，建有核辐射损伤救治基地 17 家，定期开展核应急联合演习，提升核事故应急准备和响应能力。

不断推进队伍建设。着眼于核事业发展和核安全监管需要，把队伍建设作为百年大计和基础工程，大力培养政治强、本领高、作风硬、敢担当、特别能吃苦、特别能战斗、特别能奉献的核安全"铁军"，逐步形成总部机关百人、中央本级千人、全国近万人的核与辐射安全监管队伍。推进核安全领军人才队伍建设，成立由 25 位中国科学院和中国工程院院士、100 余位行业内权威专家组成的国家核安全专家委员会。加强专业人才队伍建设，推行核安全专业人才资质管理制度，加强核设施操纵人员、核安全设备焊接人员和无损检验人员等特种工艺人员资质管理，对核安全关键岗位实施注册核安全工程师制度。建立健全高等院校、科研机构与企业互联互通的人才教育培训机制，积极拓宽人才培训渠道，加大核安全从业人才培养力度，不断提高核安全专业人才技术能力和安全素养。截至 2019 年 6 月，全国开办核工程类专业的大学共 72 家，其中专门设立核学院的有 47 家，每年招收核工程类专业本科人数约 3 000 人。

大力开展核安全技术研发。将核安全科研列入国家科技计划相关项目，加快推进战略性、基础性、公益性核安全科技研发，建成国家核与辐射安全监管技术研发中心，开展辐射环境监测和技术审评关键技术研究，创新审评监督技术手段。鼓励行业开发和推广应用先进、可靠的核安全技术，先进反应堆及系统的技术研发和示范工程建设取得重要成就，自主研发的核电厂数字化仪控系统首次在"华龙一号"示范工程得到应用，大型先进压水堆 CAP1400 取得重要科技成果，高温气冷堆、钠冷快堆示范工程顺利推进，小型反应堆在不同应用领域的技术研发进展顺利。持续推动核电装备国产化，不断提升核电装备制造能力，稳步提高百万千瓦级核电机组关键设备自主化、国产化水平，压力容器、蒸汽发生器、主管道、先进核燃料、核级焊材等核安全关键设备和材料的自主研发和国产化取得重大成果，实现自主安全发展。

全面实施核安全改进行动。日本福岛核事故发生后，中国政府组织专门力量对全国运行核电厂、在建核电厂、研究堆和其他重要核设施开展了历时 9 个多月的综合安全检查，结果表明，中国核设施在选址时充分考虑了地震、洪水、海啸等影响，由极端自然事件引发核事故的可能性极小。为进一步提升核设施安全水平，汲取日本福岛核事故教训，中国政府制定并实施了核设施短期、中期、长期安全改进计划，增强了核设施抵御外部事件、预防和缓解严重事故的能力。

（4）核与辐射安全监管存在不足

随着核技术利用发展，我国辐射安全管理在体制、机制和能力方面仍面临一系列问题，环保部门辐射安全监管机构的独立性和权威性需要强化；高风险放射源全过程监控技术亟待突破；废源收贮费用等筹措需要进一步推进和规范；废旧金属回收熔炼导致的辐射污染事件需要关注；有利于核技术利用产业健康发展的行业准入制度需要研究；公众宣传和教育亟待加强；辐射事故应急处置能力还需提高。

一是根据福岛核事故的教训，运行和在建核电厂预防和缓解严重事故能力有待进一步提高。部分早期建设的研究性反应堆和核燃料循环设施设计安全水平偏低，部分核设施需要尽快退役。放射源和射线装置应用广泛，安全监管任务繁重。

二是核安全科学技术研发体系尚不完整。现有资源还存在分散、人才匮乏、设施落后，研发能力不足等问题。

三是我国核事故应急管理体系需要进一步完善。核电集团公司在核事故应急工作中的职责和内部支援机制需要进一步细化，资源的储备和调配能力不足。地方政府应急能力总体较为薄弱。

四是核安全监管能力与核能发展的规模和速度不相适应。我国目前核电多种堆型、多种技术、多类标准并存的局面给安全管理带来一定难度；核安全监管缺乏独立的分析评价、校核计算和实验验证手段，现场监督执法装备尚不足。全国辐射环境监测体系尚不完善。核安全公众宣传和教育力量薄弱，核安全国际合作有待加强。

1.2.2 核与辐射安全监管领域信息公开

充分的信息公开是增强公众对核安全的信心，保障社会稳定的重要环节，公开透明是核安全监管的基本原则。国务院和各相关部门高度重视此项工作，制定了《政府信息公开条例》《环境信息公开办法（试行）》《环境保护部（国家核安全局）核与辐射安全监管信息公开方案（试行）》和《环境保护部信息公开的指南》等规定，并下发了《关于加强核电厂核与辐射安全信息公开的通知》等。环境保护部通过政府网站、行政服务大厅和其他相关媒体三种形式主动公开信息，同时受理依法申请公开。

根据国家对各级政府部门提出的政务公开要求，生态环境部（国家核安全局）制定了《核与辐射安全公众沟通工作指南》《核与辐射安全监管信息公开方案》，明确了信息公开的适用范围、职责分工、信息公开的内容、时机、方法和渠道等。

生态环境部（国家核安全局）办公厅是政务公开的牵头部门，核与辐射安全监管信息公开工作由生态环境部（国家核安全局）核一司归口管理，各业务司按职责分工，按要求办理本司业务相关的信息公开的审核、报批工作，撰写信息公开年度工作总结。

核设施所在地省级生态环境部门负责设施周围环境辐射监测数据的信息公开。辐射环境监测技术中心负责全国性或区域性环境辐射监测数据信息公开。核与辐射安全中心负责国家核安全局网站、微信的运维和信息发布工作。

（1）信息公开的原则和主要内容

信息公开遵循公正、客观、及时、便民的原则，按照相应批准程序和工作要求公开其职责范围内的有关核与辐射安全监管信息。信息公开内容分为社会公开、内部公开、不予公开三类。

社会公开：分为日常监管信息和敏感信息两类。日常监管信息主要内容包括：国家核与辐射安全法律、法规、导则、标准、政策和规划，核与辐射安全有关的行政许可，核设施项目建造阶段环境影响评价文件受理、拟批复及批复公示公告信息，核安全有关活动的安全监督检查报告，核设施总体安全状况，辐射环境质量，法律、行政法规规定的其他需公开信息。敏感信息公开前应排查、研判舆情风险；信息发布后，相应核与辐射安全监管业务司应按照核与辐射安全舆情监测和应对有关预案程序组织开展舆情收集和引导工作。敏感信息内容包括但不限于：项目审批信息，核设施安全事件信息，易引起舆论关注的核设施安全监督检查报告、经验反馈、事件评价或调查报告，其他高度敏感、公开后可能引起公众广泛关注的信息。

内部公开：除法律法规要求需向社会公开的信息之外，涉及监管工作重要过程的信息，例如重要节点、重点环节、重大事项、重要规划计划等，且不涉密、不敏感的，可在生态环境部内部公开。

不予公开：根据《生态环境部政府信息主动公开基本目录》《环境保护工作国家秘密范围的规定》，免予公开和属于国家保密范围的核与辐射安全监管信息不予公开。

（2）信息公开的方式和流程

信息公开主要通过国家核安全局网站、官方微博、官方微信公众号、中国环境报、公报、年报、行政服务大厅以及其他便于公众知晓的方式，依法、及时、准确地向社会公开相关信息。公民、法人和其他组织，可以依法向国务院核与辐射安全监管部门、核设施主管部门等部门及核设施所在地省级人民政府申请获取核安全相关信息。对核材料、核设施安全保卫等涉及国家秘密、商业秘密和个人隐私的政府信息公开按照国家有关规定执行。

（3）生态环境部（国家核安全局）要公示/公告的行政审批事项

① 民用核设施操纵人员执照核发；

② 民用核设施厂址选择审查意见书；

③ 民用核设施建造许可证核发；

④ 民用核设施运行许可证核发；

⑤ 民用核设施退役的审批；

⑥ 核与辐射类建设项目环境影响评价文件的审批；

⑦ 民用核材料许可证核准；

⑧ 民用核安全设备焊工资格证书核发；

⑨ 民用核安全设备设计制造安装和无损检验单位许可证核发；

⑩ 民用核安全设备境外单位注册登记确认书核发；

⑪ 民用核安全设备无损检验人员资格证书核发等。

（4）生态环境部（国家核安全局）对外公开发布的重要监管文件

① 核设施/核活动行政许可证件或执照的批准发放；

② 核与辐射安全标准、技术导则和规范的发布；

③ 核安全重大事件和事故的调查处理，以及按照法定程序对营运单位违反法规的行

为实施的行政处罚；

④ 核安全例行和非例行监督检查报告；

⑤ 核设施/核活动运行事件的分析评价报告；

⑥ 核安全与环境专家委员会、核安全局与营运单位的协调会、核与辐射系统相关单位联席会等重要会议纪要的印发。

⑦ 核设施/核活动的核安全行政许可的申请受理（不受理）通知，核与辐射安全许可证件；

⑧ 核安全审评的监督活动通知等。

有关沟通和信息公开的管理要求在 NNSA/HQ-00-ZG-AP-00《会议管理工作指南》、NNSA/HQ-00-ZG-AP-006 《内部信息报告工作指南》、NNSA/HQ-00-XG-MP-007《核与辐射安全公众沟通工作指南》有详细规定。

1.2.3　核与辐射安全监管工作意义

全国第七次环境保护大会上专门强调了核安全问题。一桩大的核事故，不仅会带来难以估量的损失，甚至会毁掉整个核事业。2011 年 3 月发生的日本福岛核事故，对我们是一个警示。我们一定要慎之又慎，丝毫不能放松警惕，坚持安全至上，组织力量对我国核电进行全方位评估和论证，抓紧编制核安全规划，确保核电安全万无一失。同时，要切实加强放射源管理，避免发生公共事件、祸及人民群众。我们一定要认真学习贯彻落实，深刻领会做好核与辐射安全工作的重大意义。

第一，确保核与辐射安全，是维护国家安全稳定的重要保障。人类利用核能不过短短几十年，在悠久的历史长河中不过匆匆一瞬。但就在这几十年里，已经留下了十分深刻的教训。1986 年发生的切尔诺贝利核事故，给苏联带来沉重灾难；2011 年发生的福岛核事故，对日本政局产生较大影响。迄今仅有的两起 7 级核事故，都引发了世界大国的政治风波。前车之覆，后车之鉴，不能不引起高度警惕。核事故之所以能够引起如此强烈的政局动荡，主要在于核与辐射安全体现了国家机器的掌控能力，牵动了公众对国家安全的信心。尽管我国的体制具有独特的优势，但同样难以承受核与辐射安全事故带来的严重冲击。尤其当前，我国正处于加速转型的历史阶段，更需要杜绝一切可能的安全隐患，在稳定中谋求发展。

第二，确保核与辐射安全，是转变经济发展方式的有力支撑。我国正处在工业化、城镇化快速发展进程，稳定可靠的能源供应必不可少，同时又面临着发展的资源环境代价过大的基本国情和现实问题，这是我国加快转变经济发展方式的重要出发点。核能作为目前唯一可大规模发展的替代能源，对于确保我国能源供应安全、优化能源结构、促进节能减排、应对气候变化都具有十分重要的意义。但任何技术的开发和利用，都不能明显增加公众的风险，核能与核技术的开发利用也必须以安全为基础和前提。这就要求我们不断加强监管，并妥善处理处置放射性废物，促进核能与核技术利用事业安全、健康发展，既为当前和未来的能源供应增添保障，又使得生态环境安全免受放射性的危害。

第三，确保核与辐射安全，是保障和改善民生的必然要求。近年来，人民群众对核安全问题越来越关注，对辐射环境质量也越来越关心。总体而言，群众对我国核与辐射安全状况是放心的，对我们核与辐射安全监管工作是满意的。但必须看到，一起核事故就可能导致数百平方公里土地变成荒坟；一罐放射性废物的泄漏可能污染一条江河，断绝无数人的水源；一枚放射源的丢失可能引起若干人员遭受辐照伤害甚至死亡。如果缺乏有效的监管，这些威胁群众健康的潜在风险，就有可能变成现实的危害。2009 年 7 月，河南杞县发生钴-60 放射源卡源事件，导致群众拖家带口外出避难。福岛核事故不仅引发日本民众的极大恐慌，甚至导致我国一些地方出现了"抢盐风潮"。这些就是例证。如果不能切实维护核与辐射安全，进而使广大群众的健康受到威胁，我们将无法向人民交代。

第四，确保核与辐射安全，是树立良好国际形象的有效举措。核能与核技术利用作为人类文明进步的优秀成果，成为少数有核国家综合实力的重要组成部分，成为当前国际社会博弈的焦点之一。对内提升核与辐射安全水平，对外积极稳妥参与国际合作，既有助于提升有核国家的形象，也牵扯到一些核心利益。正因为如此，福岛核事故发生后，日本政府曾在国际舞台的多个场合频繁道歉，反映了该国寻求谅解的迫切愿望。我国是核能与核技术利用大国，总机组数量和总装机容量均为世界第四，在建机组数量则是世界第一。我国核与辐射安全水平的高低，关系我国核能与核技术利用事业的发展空间，关系国家形象及在国际事务中的影响力和公信力。

1.2.4　核与辐射安全监管工作坚持的原则

相对于环境保护其他领域的工作，核与辐射安全监管既有共性，又有特殊性。必须深刻把握其特有规律，才能实施有效监管，收到良好成效。

第一，正确认识安全规律的可知性，树立确保核与辐射安全的坚定信心。1898 年 12 月 26 日，居里夫人宣告发现了"镭"元素，标志着人类认识自然规律的历史性跨越，再度证明了马克思主义的一条普遍真理，即自然规律是可以被认知和利用的。但时至今日，传统的观念在认识上仍然存在两个误区：一是认为核安全固若金汤、万无一失，不会出现问题，从而盲目乐观。抱有这种思想，工作就会麻痹大意，迟早会出问题；二是福岛核事故后，有人认为人类的道德水平和认知手段不能够有效驾驭核能，安全没有保障，这就犯了虚无主义的错误，导致对核事业前途没有信心，过于悲观。这两种思想都是不正确的，更是有害的，都应当摒弃。实际上，"核"并不可怕，按规律办事，核就是绵羊，可以为我所用；不按规律办事，它就是出笼猛虎，必然会伤人。对待核安全，既不能掉以轻心，也不能因噎废食。要树立信心，坚持以科学的方式、谨慎的态度开展工作，核与辐射安全就能够得到确保。

第二，正确处理安全保障与核事业发展的关系，努力除弊兴利。人类社会的任何一项文明成果，都是利弊共存。就核能与核技术利用而言，生产活动与安全问题总是如影随形、不可分割。要实现可持续发展，就必须在享受"核"带来的福利和便利的同时，又努力避免不可接受的安全风险。安全是商品，既有价值，又有使用价值，这就需要付出一定经济代价才能获得。在核安全方面，一定要舍得投入，千方百计提高安全水平。我们必须看到，随着公众对安全的要求更加严格，特别是福岛核事故后，社会舆论普遍认为"安全大于天"，要以压倒一切的态度予以重视。因此，在安全保障与核事业发展的矛盾中，必须正确处理两者之间的关系，理清工作思路，确保实现安全发展。

第三，正确对待人类认知的局限性，遵循纵深防御的根本原则。人类认知存在局限性，对于自然现象、规律乃至人类自身的行为，还有很多空白。必须采取纵深防御的原则和多重保护的手段，应对可能发生的各种安全问题。具体来说，在安全问题上，一定要做到有事没事，要当有事准备；一事多事，要当多事准备；小事大事，要当大事准备，只有这样才能有备无患。要把细节考虑得更多一些，把情况设想得更复杂一些，把防御措施设计得更完善一些，把安全裕量打得更充足一些，这样做尽管会提高一定的成本，但从全局、从长远来看是有益的，也是必要的。

第四，正确把握必然与偶然的关系，采取预防与缓解并重的应对措施。安全问题具有或然性，就是安全事故发生与否是概率问题，可高可低，但总会大于零。任何安全措施都只能降低事故发生的概率，而无法彻底消除事故发生的可能。这就要求我们做好两手准备，一方面要做好源头防范，进一步提高安全功能的保障能力和可靠性，尽一切可能降低事故发生的概率；另一方面要做好应急处置，一旦发生事故，要有切实可行的应对措施，有效缓解事故的负面影响，尤其是要让群众健康免受侵害、让社会稳定免受干扰、让资源环境免受污染、让公私财产免受损失。

第五，正确理解安全问题的短板效应，推动核与辐射安全监管向全过程延伸。安全问题具有系统性和普遍性，任何活动、任何环节都有可能产生安全问题。安全事故无孔不入，即使其他安全措施做得再好，一个细微不足都将成为短板，降低整个系统的安全水平。过去发生的许多震惊世界的安全事故，往往是一个螺丝、一个阀门上的疏忽或缺陷引发的。因此，必须从相关行业生产经营活动的全过程着手，做好核与辐射安全监管工作。采用系统性的方法，在设计、制造、建造、运行、退役的"全生命周期"加强监管，在技术研发、生产管理、建造监理、质量控制等所有领域与环节，弥补安全不足，强化安全保障。

总而言之，解决核与辐射安全问题，要在了解问题本质的前提下，把握其基本规律，采用科学的方法，在管理和技术两个层面上加强。所采取的措施既要符合宏观社会经济条件，又要满足技术标准的要求，既要具备科学性，又要具备系统性。只有多管齐下，才能做好核与辐射安全监管工作。

1.2.5 分级管理

为合理配置资源，提高使用管理体系的效果和效率，生态环境部（国家核安全局）各部门和单位要对其负责的工作过程及相关活动实施分级管理。针对已确定的过程/活动，规定相应的控制和验证的方法或水平，使重要度和风险度高的过程/活动得到高级别的管控，避免因资源配置不合理而导致监管不当或缺位。

1.2.5.1 分级原则与要求

对特定工作过程/活动进行分级时，主要考虑因素包括：被监管物项/活动在安全和可靠性方面的重要性，以及工作过程/活动对安全、健康、环境、安保和质量等方面的潜在风险、后果和危害程度。其他需考虑的因素有：人员、经验、技术信息的充分性和业绩史，物项/活动的复杂性、成熟度、独特性和标准化程度，物项/活动能通过检查和试验进行验证的程度，检查、试验、维修、正常操作的可达性等。

对特定工作过程/活动的分级管理，主要通过以下方面在法规、标准、管理体系文件中得到具体体现：

① 监管实施主体、层次和授权等级；

② 文件/活动的审查或验证的方式、深广度和审批权限；

③ 监督检查的方式、频度和深广度；

④ 程序和细则的需要范围和详细程度；

⑤ 人员培训、资格考核和授权要求；

⑥ 单位资质、许可范围和权限；

⑦ 需要提供和保存的记录类型和数量等。

1.2.5.2　主要分类分级方法

（1）对核设施的分类分级

《中华人民共和国核安全法》将核设施分为四类。针对各类核设施的重要度、风险度和安全状况的不同，合理分配监管资源。

① 核电厂、核热电厂、核供汽供热厂等核动力厂及装置；

② 核动力厂以外的研究堆、实验堆、临界装置等其他反应堆；

③ 核燃料生产、加工、贮存和后处理设施等核燃料循环设施；

④ 放射性废物的处理、贮存、处置设施。

a. 核动力厂的物项分类分级

对核动力厂，依据其物项对安全的重要度和潜在风险，将构筑物、系统和设备进一步划分为不同的安全等级和抗震类别。安全等级由高到低分为四级：即安全 1 级、安全 2 级、安全 3 级和非安全级。抗震类别分为抗震Ⅰ类和抗震Ⅱ类，抗震Ⅰ类的物项需承受安全停堆地震的荷载，抗震Ⅱ类的物项需承受运行基准地震的荷载。对高安全或抗震等级的物项，要求有更高的设计要求和安全裕量，在随后的制造、安装、调试和运行过程中也实施更为严格的质量控制和验证。

b. 对研究堆的分类分级

考虑潜在源项大小、安全特性和放射性释放后果，将研究堆分为三类。

Ⅰ类研究堆：对反应堆厂房无密封要求，即使在厂房倒塌或由于堆水池或其他包容结构的正常密封丧失造成堆芯或乏燃料裸露于空气，以及堆芯燃料重大破裂情况下也不违背《研究堆设计安全规定》（HAF 201）第 2.1 节安全目标要求的研究堆。

Ⅱ类研究堆：对反应堆厂房无密封性要求，只要求在厂房不倒塌、堆芯水池或容器或其他包容结构没有丧失正常的密封性、没有大的碎片掉落到燃料元件或堆芯上的情况下，就不会违背《研究堆设计安全规定》（HAF 201）第 2.1 节安全目标的研究堆。

Ⅲ类研究堆：只有在反应堆厂房或包容体、堆芯或容器或其他包容结构不丧失正常的完整性密封性的情况下，才能保证满足《研究堆设计安全规定》（HAF 201）第 2.1 节安全目标的研究堆。

c. 对核燃料循环设施的分类分级

根据放射性物质总量、形态和潜在事故风险或后果进行分类，按照合理、简化方法，将核燃料循环设施分为以下四类：

一类（高度风险）：具有潜在厂外显著辐射风险或后果，如后处理设施、高放废液集中处理、贮存设施等；

二类（中度风险）：具有潜在厂内显著辐射风险或后果，并具有高度临界危害，如离堆乏燃料贮存设施和混合氧化物（MOX）元件制造设施等；

三类（低度风险）：具有潜在厂内显著辐射风险或后果，或具有临界危害，如铀浓缩设施、铀燃料元件制造设施、中低放废液集中处理、贮存设施等；

四类（常规风险）：仅具有厂房内辐射风险或后果，或具有常规工业风险，如天然铀纯化/转化设施、天然铀重水堆元件制造设施等。

（2）对射线装置的分类分级

根据射线装置对人体健康和环境的潜在危害程度，从高到低将射线装置分为Ⅰ类、Ⅱ类、Ⅲ类。

① Ⅰ类射线装置：事故时短时间照射可以使受到照射的人员产生严重放射损伤，其安全与防护要求高；

② Ⅱ类射线装置：事故时可以使受到照射的人员产生较严重放射损伤，其安全与防护要求较高；

③ Ⅲ类射线装置：事故时一般不会使受到照射的人员产生放射损伤，其安全与防护要求相对简单。

（3）对放射源的分类分级

根据放射源对人体健康和环境的潜在危害程度，由高到低分为五类：

Ⅰ类（极高危险源）：在没有防护情况下，接触这类源几分钟到1小时就可致人死亡；

Ⅱ类（高危险源）：在没有防护情况下，接触这类源几小时至几天可致人死亡；

Ⅲ类（危险源）：在没有防护情况下，接触这类源几小时就可对人造成永久性损伤，接触几天至几周也可致人死亡；

Ⅳ类（低危险源）：基本不会对人造成永久性损伤，但对长时间、近距离接触这些放射源的人可能造成可恢复的临时性损伤；

Ⅴ类（极低危险源）：不会对人造成永久性损伤，其下限活度值为该种核素的豁免活度。

非密封源工作场所按放射性核素日等效最大操作量分为甲、乙、丙三级。甲级非密封源工作场所的安全管理参照Ⅰ类放射源。乙级和丙级非密封源工作场所的安全管理参照Ⅱ、Ⅲ类放射源。

（4）对放射性废物的分类分级

放射性废物分为极短寿命放射性废物、极低水平放射性废物、低水平放射性废物、中水平放射性废物和高水平放射性废物等五类，其中极短寿命放射性废物和极低水平放射性废物属于低水平放射性废物范畴。

极短寿命放射性废物：废物中所含主要放射性核素的半衰期很短，长寿命放射性核素的活度浓度在解控水平以下，极短寿命放射性核素半衰期一般小于 100 天，通过最多几年时间的贮存衰变，放射性核素活度浓度即可达到解控水平，实施解控。

极低水平放射性废物：废物中放射性核素活度浓度接近或者略高于豁免水平或解控水平，长寿命放射性核素的活度浓度应当非常有限，仅需采取有限的包容和隔离措施，可以在地表填埋设施处置，或者按照国家固体废物管理规定，在工业固体废物填埋场中处置。

低水平放射性废物：废物中短寿命放射性核素活度浓度可以较高，长寿命放射性核素含量有限，需要长达几百年时间的有效包容和隔离，可以在具有工程屏障的近地表处置设施中处置。近地表处置设施深度一般为地表到地下 30 米。

中水平放射性废物：废物中含有相当数量的长寿命核素，特别是发射 α 粒子的放射性核素，不能依靠监护措施确保废物的处置安全，需要采取比近地表处置更高程度的包容和隔离措施，处置深度通常为地下几十到几百米。一般情况下，中水平放射性废物在贮存和处置期间不需要提供散热措施。

高水平放射性废物：废物所含放射性核素活度浓度很高，使得衰变过程中产生大量的热，或者含有大量长寿命放射性核素，需要更高程度的包容和隔离，需要采取散热措施，应采取深地质处置方式处置。

（5）对放射性物品的分类分级

针对放射性物品运输及运输容器的设计、制造等活动，根据放射性物品的特性及其对人体健康和环境的潜在危害程度，将放射性物品分为三类：

一类放射性物品：Ⅰ类放射源、高水平放射性废物、乏燃料等释放到环境后对人体健康和环境产生重大辐射影响的放射性物品；

二类放射性物品：Ⅱ类和Ⅲ类放射源、中等水平放射性废物等释放到环境后对人体健康和环境产生一般辐射影响的放射性物品；

三类放射性物品：Ⅳ类和Ⅴ类放射源、低水平放射性废物、放射性药品等释放到环境后对人体健康和环境产生较小辐射影响的放射性物品。

（6）对核事件与放射性事件的分类分级

按照国际原子能机构《国际核事件与放射性事件分级表》的规定，基于事件对人和环境、放射性屏障和控制、纵深防御三方面的影响，将核与放射性安全事件共分为 7 级，其中 1 级至 3 级为事件，4 级至 7 级为事故。对没有涉及安全重要性的事件定为 0 级，用"偏差"表述。

1 级事件：异常。一名公众成员受到过量照射，超过法定限值。安全部件发生少量问题，但纵深防御仍然有效。低活度放射源、装置或运输货包丢失或被盗。

2 级事件：一般事件。一名公众成员的受照剂量超过 10 mSv。一名工作人员的受照剂量超过法定年限值。工作区中的辐射水平超过 50 mSv/h。设计中预期之外的区域内设施受到明显污染。安全措施明显失效，但无实际后果。发现高活度密封无监管源、器件或运输货包，但安全措施保持完好。高活度密封源包装不适当。

3 级事件：重大事件。受照剂量超过工作人员法定年限值的 10 倍。辐射造成非致命确定性健康效应。工作区中的辐照剂量率超过 1 Sv/h。设计中预期之外的区域内严重污染，公众受到明显照射的概率低。核电厂接近发生事故，安全措施全部失效。高活度密封源丢失或被盗。高活度密封源错误交付，并且没有准备好适当的辐射程序来进行处理。

4 级事故：局部区域的事故。放射性物质少量释放，除需要采取食物控制外，不太可能要求实施计划的应急措施。至少有一人死于辐射。燃料熔化或损坏造成堆芯放射性总量释放超过 0.1%。放射性物质在设施范围内明显释放，公众受到明显照射的概率高。

5 级事故：大范围区域事故。放射性物质有限释放，可能要求实施部分计划的应对措施。辐射造成多人死亡。反应堆堆芯受到严重损坏。放射性物质在设施范围内大量释放，公众受到明显照射的概率高，其发生原因可能是重大临界事故或火灾。

6 级事故：重大事故。放射性物质明显释放，可能要求实施计划的应对措施。

7 级核事故：特大事故。放射性物质大量释放，具有大范围健康和环境影响，要求实施计划的和长期的应对措施。

根据事故状态、后果及潜在危害，将核事故应急状态分为下列四级：

① 应急待命：出现可能导致危及核电厂核安全的某些特定情况或者外部事件，核电厂有关人员进入戒备状态；

② 厂房应急：事故后果仅限于核电厂的局部区域，核电厂人员按照场内核事故应急计划的要求采取核事故应急响应行动，通知厂外有关核事故应急响应组织；

③ 场区应急：事故后果蔓延至整个场区，场区内的人员采取核事故应急响应行动，通知省级人民政府指定的部门，某些厂外核事故应急响应组织可能采取核事故应急响应行动；

④ 场外应急：事故后果超越场区边界，实施场内和场外核事故应急计划。

（7）对放射性同位素和射线装置的辐射事故分类分级

根据事故源项、后果及危害，将辐射事故分为四个等级：

特别重大辐射事故：Ⅰ类、Ⅱ类放射源丢失、被盗、失控造成大范围严重辐射污染后果，或者放射性同位素和射线装置失控导致 3 人以上（含 3 人）急性死亡；

重大辐射事故：Ⅰ类、Ⅱ类放射源丢失、被盗、失控，或者放射性同位素和射线装置失控导致 2 人以下（含 2 人）急性死亡或者 10 人以上（含 10 人）急性重度放射病、局部器官残疾；

较大辐射事故：Ⅲ类放射源丢失、被盗、失控，或者放射性同位素和射线装置失控导致 9 人以下（含 9 人）急性重度放射病、局部器官残疾；

一般辐射事故：Ⅳ类、Ⅴ类放射源丢失、被盗、失控，或者放射性同位素和射线装置失控导致人员受到超过年剂量限值的照射。

（8）其他方面的分类分级

对管理体系活动的其他分类分级方法主要包括：

① 管理体系过程管理：分为通用管理过程和核心工作过程等，对核心工作过程给予重点关注，投入更多的人力和监管资源，实施更严格的管理控制；

② 文件管理与记录控制：根据监管所需文件的重要度不同，实施分级的审批控制；对监管活动的重要报告和相关记录，进行统一的归档管理；

③ 核安全设备活动单位：对重要的核安全设备设计、制造、安装和无损检验单位，生态环境部（国家核安全局）要进行许可管理；

④ 安全重要岗位人员资质：对核设施营运单位的操纵与运行、质量保证、辐射防护、辐射环境监测等安全重要岗位人员，要求经过注册核安全工程师的培训和资格授权；对反应堆操纵人员进行考核并颁发执照，对民用核安全设备焊接和无损检验人员进行资格考核并颁发证书。

1.3　核安全观内涵

2014 年 3 月，习近平主席在第三届全球核安全峰会上的主旨发言中表示："中国一向把核安全工作放在和平利用核能事业的首要位置，按照最严格标准对核材料和核设施实施管理。发展核能事业 50 多年来，中国保持了良好的核安全记录"，并明确提出了"发展和安全并重、权利和义务并重、自主和协作并重、治标和治本并重"的中国核安全观，指出要秉持以发展求安全、以安全促发展的理念，坚持理性、协调、并进的核安全观，把核安全进程纳入我国核能与核技术应用事业健康持续发展轨道。中国核安全观是对国际社会的价值倡导和庄严承诺，更为我国今后的核安全工作提出了纲领性的方针指引。

2014 年 4 月，习近平主席在中央国家安全委员会第一次会议上首次提出总体国家安全观，系统论述了包括核安全在内的集 11 种安全于一体的国家安全体系，强调走中国特色国家安全道路。总体国家安全观将核安全作为非传统安全纳入国家安全体系，使家安全的内涵更加丰富，内容更加全面，领域更加宽广。既体现了国家对安全形势的科学研判和安全战略思想的与时俱进，更体现了国家对核安全的高度重视和确保核安全的坚定信心。

在核事业蓬勃发展、党和国家对核安全高度重视的重要历史时期，核与辐射安全监管面临的挑战前所未有、肩负的责任前所未有、承载的使命也前所未有。面对党和国家的更高要求、核事业发展的客观需求和监管能力提升的不懈追求，核与辐射安全监管机构将按照习近平主席"坚定不移增强自身核安全能力，加强核安全政府监管能力建设"的总体部署，立足当前、着眼长远，夯实机构队伍、法规制度、技术能力、精神文化四块基石，强化审评许可、监督执法、监测应急、安全文化、技术研发、公共宣传、国际合作、基础保障八项支撑，构建核与辐射安全监管的"四梁八柱"，不断推动核安全监管体系与监管能力现代化。

为有效应对我国核安全面临的严峻形势和潜在风险，必须以核安全观为指引，坚持"安全第一、质量第一"的根本方针，落实"发展和安全并重、权利和义务并重、自主和协作并重、治标和治本并重"的指导思想，强化底线思维，加强纵深防御，做好持续改进，确保核安全。

（1）发展和安全并重，协调同步促进健康发展

"发展和安全并重"的核心思想是避免重蹈"重发展、轻安全"的覆辙、稳健安步"重发展、重安全"的新路。习近平主席指出，中国特色国家安全道路既重视发展问题，又重视安全问题，发展是安全的基础，安全是发展的条件。对核安全监管工作而言，即坚

持"安全第一、质量第一"的根本方针不动摇，坚持"稳就是快、慢就是快""严格监管就是对监管对象最大的支持"等基本理念不动摇。核安全是核事业发展的前提和基础，是核事业发展的生命线，必须在确保安全的前提下高效发展核能、核技术。核安全管理水平必须与产业发展保持同步，始终保持与国际安全标准一致的安全水平。必须从产生核与辐射安全问题的各个环节着手、做到"发展和安全并重"，才能让核事业发展之树常青。

（2）权利和义务并重，落实责任严格监督管理

"权利和义务并重"的核心思想是落实核安全责任，构筑"人人都是安全关"的防御体系。建立从政府主管部门到核安全监管部门、再到核活动实施单位的全方位核安全责任体系。国务院核行业主管部门、核电主管部门负责制定核事业发展规划，加强行业管理，推动核事业健康、可持续发展。核安全监管部门代表国家对核设施、核活动、核材料和放射性物质实施独立监管。做到"独立、公开、法治、理性、有效"，制定规范统一的核设施选址、设计、建造、运行、退役等相关法规标准，严格监督管理。涉核企事业单位的主要负责人是核安全的第一责任人，从事核活动的单位必须具备承担安全管理责任的能力，为所开展的核活动提供充足的条件，并承担法律要求的最终安全责任。

（3）自主和协作并重，提升能力参与全球治理

"自主和协作并重"的核心思想是共享经验，全面提升核安全水平。从国内层面上来看，我国核电发展的一些关键技术受到西方国家的严格限制。依靠技术引进来推动发展和提升安全水平难度很大，要掌握核心技术，必须立足自我。因此，国内各方应加强协作，不仅要加强监管系统内的信息共享，核工业界各企事业单位之间也要加强资源共享，加强联合攻关，共同提高国家核心实力。从国际层面来看，我国应积极开展核安全国际合作，提升国际话语权，推动和建立以全球最高核安全标准为目标的国际规则。通过参与国际合作，相互借鉴先进的技术与管理经验，建立广泛的信息共享机制，促进全球核安全水平的共同提高。

（4）治标和治本并重，解决体制机制关键问题

"治标和治本并重"的核心思想是要透过现象看本质，建立安全长效机制。既要做好正在开展的各项安全审评、安全改进工作，又要注重解决现实存在的深层次体制、机制问题，进一步完善政府管理体制，减少职能交叉。按照发展与监管相互独立的原则，统一由监管部门实施核设施、核活动、核材料和放射性物质的监督管理权；进一步完善核事故应急体系，将核事故应急纳入统一的国家突发事件应对体系；进一步明确放射性废物专业化处置制度，出台相应的配套措施，并由专业化的国有企业开展放射性废物的处理和处置工作，逐步消除体制机制障碍，提高全员的安全素养，为总体核安全水平的持续提高打下基础、留下后劲。

1.4 核与辐射安全监管法律法规体系

中国核与辐射安全监管法规体系包括法律、行政法规、部门规章、指导性文件、其他监管要求文件。

（1）法律

由全国人民代表大会和全国人民代表大会常务委员会制定，以主席令发布，具有高于行政法规和部门规章的效力。

（2）行政法规

由国务院根据国家法律制定，以国务院令发布，具有法律约束力。核与辐射安全行政法规规定了核与辐射安全监管范围、监管机构及其职权、监管原则及制度等重大问题。

（3）部门规章

由国务院有关部门根据法律和国务院行政法规在本部门权限范围内制定，以部令发布，具有法律约束力。

（4）指导性文件

由国务院有关部门制定并发布，用于说明或补充核安全规定以及推荐有关方法和程序。

（5）其他监管要求文件

由国务院有关部门或其委托单位制定并发布的其他核安全规范性文件和核安全技术文件，为核与辐射安全技术领域提供重要参考。

2 我国核工业发展历程

1955 年，国家开始发展核工业，经过近 70 年的奋斗，已经拥有原子弹、氢弹、核潜艇、"华龙一号""国和一号"三代核电、高温气冷堆四代核电、中国环流三号等大国重器，取得了举世瞩目的丰功伟绩，为国防建设和国民经济发展作出了突出贡献。

从创建之日起，中国核工业就以保障国家安全、巩固社会主义政权为己任，在创建和发展历程中，核工业人不断赓续和丰富共产党的精神谱系，锤炼鲜明的政治品格，打造国家名片，筑牢大国根基。

2.1 白手起家筑脊梁，巩固了新中国的国际地位（1955—1978 年）

新中国成立初期，国内一穷二白、百废待兴，新生社会主义政权遭到打压和遏制。1955年 1 月，为抵御帝国主义的武力威胁和打破大国的核讹诈、核垄断，尽快增强国防实力，保卫和平，以毛泽东同志为核心的党的第一代中央领导集体高瞻远瞩、审时度势，果断作出了发展原子能事业的伟大决策，中国核工业由此揭开了伟大的历史篇章。

一是"两弹一艇"研制成功。1964 年 10 月 16 日，我国第一颗原子弹爆炸成功，代表了中国科学技术的新水平，使我国成为世界上第五个拥有核武器的国家，打破了西方超级大国的核垄断和核讹诈。1967 年 6 月 17 日，我国第一颗氢弹空爆试验成功，距离第一颗原子弹爆炸成功，仅用了 2 年 8 个月，与美、俄等核大国相比，用时最短，赶在了法国的前面，震惊了世界。1970 年 12 月 26 日，我国自主研制的第一艘核潜艇艇体成功下水，我国由此成为世界上第五个拥有核潜艇的国家。艇上零部件有 4.6 万个，需要的材料多达 1 300 余种，全部自主研制，没有用国外一颗螺丝钉。邓小平曾这样评价："如果六十年代以来中国没有原子弹、氢弹，没有发射卫星，中国就不能叫有重要影响的大国，就没有现在这样的国际地位。"

二是核工业体系日臻完善。1958 年 5 月 31 日，时任中共中央委员会总书记邓小平批准了中国核工业第一批厂矿选点方案，涉及铀矿开采、水冶、铀浓缩、元件制造和核武器研制等，成为中国核工业体系的雏形。经过多年的发展，中国已成为世界上为数不多拥有铀矿冶、铀浓缩、核燃料元件、核电、乏燃料后处理放射性废物处理处置等完整核工业产业链的国家，为我国核能和平利用奠定了坚实基础。

三是核能发展提上日程。1970 年 2 月，周恩来总理在听取上海缺电情况汇报时指出，解决上海和华东地区的用电问题，要靠核电，二机部不能光是爆炸部，要和平利用核能，搞核电站。1970 年 2 月 8 日，上海市召开会议，传达周恩来总理的指示精神，动员部署上海核电研究和开发工作，并成立"728 工程"会战办公室。

2.2　开放合作谋发展，助推新中国富起来（1979—2012 年）

改革开放后，党中央对核工业转型发展提出了新的要求。邓小平指出，国防工业设备好，技术力量雄厚，要充分利用起来，加入到整个国民经济中去，大力发展民用生产。1997 年，江泽民强调，发扬自力更生艰苦奋斗精神，再创核能事业新业绩。在这一时期，中国核工业进入军转民发展期，核能和平利用为核工业规模化发展提供了更广阔的舞台。以核电为标志，中国核工业逐步向市场化迈进。1985 年 3 月 20 日，我国大陆第一座自主设计、自主建造、自主运营的秦山核电站开工建设，标志着我国和平利用核能迈出新步伐。1991 年 12 月 15 日，秦山核电站成功并网发电，实现中国大陆核电"零"的突破，被誉为"国之光荣"。16 天后，中巴两国在北京签订了合作建设巴基斯坦恰希玛核电站协议，标志着中国跨入核电出口国行列。

本世纪初，胡锦涛在调研核工业时指出，要发展核事业就必须提高自主创新能力，走自己的核工业发展道路。中国核工业在多年核电设计、制造、建设和运行的基础上，开启了新一代核电技术研发工作。2008 年，国家批准实施了"大型先进压水堆及高温气冷堆核电站科技重大专项"，通过引进、消化、吸收、再创新，充分汲取国际三代核电非能动安全的先进理念和运行经验反馈。2010 年，中国按照最先进的安全标准，组织开展了具有完全自主知识产权的三代核电技术"华龙一号"的研发设计工作，在实现三代核电自主化的进程中迈出了坚实步伐。

随着核电的发展，中国核工业的设计研发、核燃料加工生产、核安全与辐射防护，以及核仪器仪表等研发水平显著增强；核电规模日趋壮大，先后形成了浙江、广东大亚湾和江苏田湾三个核电基地；核燃料循环产业各环节能力水平大幅提升，为我国和平利用核能提供了物质保障；培养了一大批核领域高科技队伍，为我国核工业健康可持续发展提供了人才保障。

2.3　攻坚克难开新局，助推新中国强起来（2012 年以来）

党的十八大以来，以习近平同志为核心的党中央对核工业作出系列决策部署，中国核工业迎来了重大发展机遇期。特别是 2015 年，在我国核工业创建 60 周年之际，习近平总书记作出重要批示，要求核工业坚持安全发展、创新发展，坚持和平利用核能，全面提升核工业的核心竞争力，续写我国核工业新的辉煌篇章。

一是核心竞争力显著提升。核科技、核动力研发基地以及先进核燃料技术研发平台初见成效。中国先进研究堆、中国实验快堆、串列加速器、放射化学实验设施等一大批核科技研发设施先后建成投用。三代采铀技术实现工业规模化应用，铀浓缩技术实现升级换代，自主核电燃料元件实现工业应用。技术含量高、辐射范围广、产业带动能力强的高端核装备制造产业布局和能力基本形成。

二是核能发展进入世界前列。我国自主研制的三代核电技术"华龙一号"，安全性能达到国际最高水平，全球首堆福清核电 5 号机组和海外首堆巴基斯坦卡拉奇核电 2 号机组成功商运；引进三代核电技术 AP1000 全球首堆实现商运；高温气冷堆示范工程启动实施。截至 2024 年 1 月，我国现有在运核电机组 55 台，在建核电机组 26 台，在运核电装机容量位列世界第三，在建核电规模世界第一。

三是核技术应用日益广泛。我国核技术应用产业规模不断壮大，在材料改性、无损检测、辐照育种、食品农产品辐照加工、核医学等方面，形成较为完备的产业体系，年产值规模实现 20%以上增长，成为促进国民经济发展的新亮点。新冠病毒疫情暴发以来，核技术充分发挥独特优势，代替传统化学灭菌，将医用防护服灭菌时间由原来的 7～10 天缩短为 1 天，大大缓解了新冠疫情期间武汉等地区日需 10 万套防护服的燃眉之急。在疫情防控的吃紧关头，利用辐照技术对医用防护服进行灭菌处理，约占前期供给总量的 50%以上。

四是安全发展保障能力全面加强。我国新建核设施严格按照国际最高标准建造，老旧核设施本质安全度显著提升，安全隐患进一步消除；一批放射性废物处理处置设施建成投运，放射性废物治理能力体系基本形成；核设施实物保护系统不断优化，核安保能力不断加强，确保了核材料一件不丢、一克不少；国家、省、设施单位三级核应急管理体系和救援能力体系日趋完善，为核工业安全高效发展提供了坚强保障。

五是核领域国际治理成效日益凸显。核工业创建至今，我国先后与 30 多个国家和国际组织签署了政府间核能合作协议，多双边合作交流成果丰硕。铀矿开采、核燃料元件制造、具有自主知识产权的"华龙一号"三代核电走出国门。积极参与核领域国际规则制定，加强国际核事务管控与处理，严格履行防核扩散国际义务，成功完成加纳、尼日利亚微堆低浓化改造，进一步彰显负责任大国形象，得到了国际社会的高度赞誉和认可。

3　我国核与辐射安全监管发展历程

新中国的核能和核技术利用研究可以从 1949 年 11 月 15 日中央人民政府接管原北平研究院原子学研究所开始算起，以 1950 年 5 月 19 日中国科学院近代物理研究所的成立为标志。1955 年 1 月核工业创建后，以军工生产和研究为主。伴随着世界格局的调整，20 世纪 70 年代，我国核工业开始"保军转民"的政策转变，后明确为"军民结合"的方针，逐渐开始了核能的和平利用。

1979 年美国三哩岛核电厂堆芯熔化事故引起党和国家领导人对核安全的高度重视，核安全监管和技术审评成为核能开发利用的关注重点。1983 年 9 月 3 日，国务院核电领导小组成立，确立了我国核电发展的方针及技术路线。同年 10 月，国务院核电领导小组第一次会议将建设核电安全监管机构提上日程。1984 年 7 月，国家核安全局成立。为加强对核设施的安全监管，国家核安全局在我国核设施集中的地区设立了派出机构，分别于 1987 年初、1987 年 7 月、1990 年 1 月、1996 年底设立了上海核安全监督站、广东核安全监督站、成都核安全监督站和北方核安全监督站。同时，为对核电厂进行有效的技术审评，国家核安全局依托设计院、研究院和高校形成了若干个技术支持中心，并于 1989 年组建了直属的北京核安全中心，负责为国家核安全局提供全面的技术支持。

我国以放射性同位素、射线装置为主体的辐射安全监管起步于 20 世纪 50 年代末，由卫生、公安、环保等多个部门联合监管。辐射环境管理在 20 世纪 80 年代前，主要由污染源产生单位自行管理及其上级主管部门监管。1982 年城乡建设环境保护部增设辐射管理处，专门负责全国放射环境管理工作。

1985 年 3 月，中国自行设计、建造和运营管理的首座 300 MW 压水堆核电厂——秦山核电厂开工建设。1986 年国家核安全局开始对秦山核电厂进行厂址和建造的追溯性安全审评，1987 年 7 月发送秦山核电厂追溯性审评报告，并于 1991 年 8 月由国家科委副主任、国家核安全局局长周平在秦山现场正式颁发秦山核电厂首次装料批准书。同年 12 月，秦山核电厂并网发电成功，结束了中国大陆无核电的历史，实现了我国和平利用核能的重大突破。

1986 年，受苏联切尔诺贝利核事故的影响，香港发起"百万人反核签名"游行，要求停建、缓建大亚湾核电站。邓小平指出，中央对建设大亚湾核电站的决定没有改变，也不会改变，同时要求按照国际标准建设核电站，并实施严格的安全监管。

1986 年 10 月，国务院颁布了《中华人民共和国民用核设施安全监督管理条例》。这一条例是在参考国际原子能机构（IAEA）、美国、法国、英国、德国和日本等有关法律、法规的基础上，结合我国实际情况编制的我国第一部有关核设施安全的行政法规。

1987 年 8 月，中国首座大型商用核电厂——大亚湾核电站开工建设，并于 1996 年 9 月获得我国第一张核电厂运行许可证。1993 年 8 月，中国自行设计、建造的第一座出口商用核电厂——巴基斯坦恰希玛核电厂开工建设。同时依据中巴双方核安全合作协议，国家核安全局向巴基斯坦提供核安全技术咨询服务。

1994 年 4 月，IAEA 派团来华对中国核安全监管进行了同行评议，认为"中国的核安全管理已达到国际通常的标准，中国国家核安全局在其自身发展中采取的方法可以作为国际上其他发展核电国家的一个范例"。

经过多年的发展，国家核安全局作为我国独立行使核安全监管的政府部门，广泛吸收国际先进经验，努力探索，实现了我国核安全监管事业从无到有、高起点、跨越式发展，同时充分利用国际合作，培养了高素质的人才队伍。无论从组织机构及其人力、物力、法规，还是安全审评技术方面，国家核安全局均已具备了一定能力，满足了当时的核安全监管工作需求，为今后技术能力的提高，管理水平的提升，安全文化的培育奠定了坚实的基础。

3.1 核与辐射安全监管机构

3.1.1 起步探索（1984.7—1998.2）

国家核安全局建立及组织架构

我国核安全监管的历史可以一直追溯至核工业的开始。我国原子能事业自 20 世纪 50 年代起步于核军工，最早由中华人民共和国第二机械工业部（后更名为中华人民共和国核工业部，以下简称"核工业部"）负责实施核安全监管。我国核工业开始发展的二十多年安全状况总体良好。二机部（核工业部）积累的宝贵经验和培养的人才队伍为国家核安全局的创立打下了坚实的基础。

改革开放之初，经济快速发展对能源供给提出了更多需求，核能作为一种新型能源被广泛关注。1979 年 1 月中美正式建交，我国核工业的发展亦随着国际形势的缓和而面临转型调整，核能的和平开发利用被提上国家领导人的重要议事日程，建立独立核安全监管的必要性也逐渐成为共识。

核工业部在内部监督过程中曾制定了一部分规章制度，但总体上尚未形成体系。同样，在政府机构设置方面，我国尚没有一个能够代表国家、独立于核能发展部门的核安全监管机构，尤其是引进法国技术的大亚湾核电项目需要独立的核安全监管，因此成立独立的核安全监管机构势在必行。在这种共识下，国家科学技术委员会（为科学技术部前身，以下简称"国家科委"）和核工业部都向国务院提交了有关报告。国务院核电领导小组陆续征求了各有关部门的意见，于 1984 年 1 月 26 日召开会议，经讨论决定，为了保证和促进我国核能事业安全、顺利地发展，需要尽快成立国家核安全管理机构，由国家科委设国家核安全局。会上指派国家科委牵头，联合核工业部成立国家核安全局筹备小组。

1983 年，国家科委开始着手筹备工作。从筹建伊始，国家核安全局主要解决了三个方面的主要问题。一是，国家核安全局印章使用国徽的问题。国徽是国家的象征和标志，国家核安全局印章上应当设置国徽标志。经过筹备小组不懈地奔走呼吁，最终经国务院批准后报全国人大备案，同意国家核安全局印章设置国徽标志。二是人员管理问题。国家核安全局成立后，具有独立的人事管理权，时任核工业部副部长、后出任首任国家核安全局局长的姜圣阶同志积极协调，从核工业部和清华大学高校等单位调入骨干人员。三是经费来源问题。在筹备小组的努力下，由国家下拨专项资金，保证了国家核安全局经费的相对独立性。

1984 年 3 月 29 日，《关于组建国家核安全局的请示》（国科发〔1984〕277 号）提交至国务院，对关于国家核安全局的职责任务、编制、经费和干部来源等问题的方案进行了汇报。筹备小组参照了美国核管会（Nuclear Regulatory Commission，NRC）基本机构的设置，同时参考了德国、法国等国的情况，通过吸收国外监管机构运作的成功经验，再结合过去国内监管机构的工作状态，最后确定了三条组建原则：第一，和核能发展部门保持相对的独立性；第二，招收经验丰富的技术骨干，确保国家核安全局人才充裕；第三，保证独立的财政来源。

历经一年多紧张的前期筹备，1984 年 7 月 2 日，《国务院关于设立国家核安全局的批复》（国函字〔1984〕107 号）下达至国家科委。原文如下：

"国务院原则同意你委《关于组建国家核安全局的请示》。你委设国家核安全局，主要任务和职责是：根据党和国家的方针、政策和有关法令、法规对我国民用核设施进行核安全审查、监督和管理，以保证我国和平利用核能事业安全、顺利的发展。国家核安全局编制暂定四十人，所需专业技术干部原则上从核工业部等京内单位调配解决；同意从京外调进五人，由核工业部推荐"。

国务院办公厅《关于设立国家核安全局的通知》（国办发〔1984〕109 号）明确"为了工作需要，国家核安全局一般可以单独行文，也可以与有关部委联合行文。有关会议可请他们参加，有关文件、电报和资料可以直接发给他们，以利其更好地开展工作"。1984 年 10 月 10 日，国家核安全局正式挂牌办公。10 月 23 日，任命姜圣阶为国家核安全局局长，臧明昌、张育曼为副局长，林诚格为总工程师，许万金、董柏年为副总工程师并分别兼任审批监督处、条例法规处处长（国科发人字 1037 号）。10 月 31 日，国家核安全局召开成立大会，国家科委主任宋健、国家核安全局局长姜圣阶及有关人员参加了会议。次日，《人民日报》《光明日报》等媒体登载国家核安全局成立的消息。

1984 年 11 月 1 日，国家核安全局印章正式启用（国科发核字 1135 号）。根据核安全的方针、任务，国家核安全局下设审批监督处、条例法规处、科学研究处、办公室。至此，一个精干的中国国家核安全局出现在世界的视野之中，正式翻开了我国核安全监管事业的新篇章。

国家核安全局成立之初由国家科委管理，具有相对独立的人事，外事，财务权以及局机关行政管理、基建后勤等职能，后陆续设立上海、广东、成都和北方核安全监督站等派出机构，组建直属技术支持单位，逐步建立健全了一套与国际接轨的监管体系，形成了以局机关、派出机构和技术后援单位为主体的"三位一体"的组织构架。

（1）局机关

1984 年国家核安全局成立时，下设 9 个二级部门，批准编制 40 人，设局长 1 人，副局长 2 人，总工程师 1 人。后随着监管范围的扩大，增加民用核承压设备监管的职能。1988 年国务院机构改革时，按《国家科学技术委员会"三定"方案》（国机编〔1988〕28 号），增加到 10 个职能处室，分别为办公室、计划财务、政策法规、核电、核材料及核设施、技术审评、监管、科研、辐射防护和应急、行政基建，行政编制定为 75 人（含工勤人员），局领导职数定为 5 人（局长 1 名，副局长 4 名，其中一名副局长兼任总工程师）。机关在编人数由成立初期的 20 人左右逐步发展到 60 人左右。

（2）派出机构

根据《中华人民共和国民用核设施安全监督管理条例》，国家核安全局在核设施集中的地区可以设立派出机构，实施核安全监督。1987 年初，国家核安全局设立了我国第一个地区性核安全监督站——上海核安全监督站；同年 7 月 1 日，设立国家核安全局广东核安全监督站；1990 年 1 月 1 日设立国家核安全局成都监督站；1996 年底设立了北方核安全监督站。四个监督站的总人数为 50 人。

（3）技术支持单位

在国家核安全局成立之初，主要依托设计、研究单位以及高校完成核安全审评任务。

1987 年 2 月，李鹏副总理在国务院核电领导小组办公会上指示成立核安全后援机构。1987 年 7 月 14 日，经国家科委和水利电力部批准，成立苏州核安全中心作为国家核安全局的技术支持单位。该中心广泛参与我国核安全相关的法规导则建设、安全监督手册及文件编制、安全分析报告审评、调试监督审查、质量保证审评、核设施许可证取证安全审评等工作。1987 年 7 月 27 日，北京核安全审评中心正式成立，行政上隶属于核工业第二研究设计院（以下简称"核二院"），业务上受国家核安全局直接领导，承担国家核安全局下达的任务。

建局初期，由于急需机械行业领域的技术人员参与安全监管工作，机械科学研究院下属的可靠性技术研究中心以合同方式，向国家核安全局提供技术支持。该中心是当时机械行业唯一的可靠性研究机构，主要从事机械行业系统、设备和零部件等的可靠性研究及产品开发中的可靠性管理工作。1995 年，该中心正式命名为机械院核设备安全与可靠性技术研究中心，后更名为机械院核设备安全与可靠性中心，主要承担国家核安全局核承压设备的审评，民用核承压设备的设计、制造、安装活动单位的资格核准等工作。

1985 年，国家核安全局从美国购回一台西屋公司三回路压水堆 950 MW 核电厂模拟器，该模拟器拥有我国尚未具备的全套核电厂运行文件和设计文件。国家核安全局委托清华大学建立北京核电厂模拟培训中心，组织开展了对核电厂操纵人员、管理人员，核安全监管人员的培训和考核工作。1992 年 3 月，经协商，北京核电厂模拟培训中心移交清华大学管理。

1986 年苏联切尔诺贝利核事故后，经验反馈反映出独立与有效的核安全审评对保障核安全的关键作用，国家核安全局于 1989 年组建了国家核安全局北京核安全中心。该中心是由国家核安全局直接管理的副局级事业单位，为国家核安全局提供全面的技术支持，承担核安全管理中的技术保障，从事有关核安全的技术评价、验证、检验监测以及情报分析研究等工作。为适应核安全监管工作的需要，1994 年 11 月，国家核安全局北京核安全中心更名为国家科委核安全中心，转为国家科委直属事业单位，行政级别升格为正局级，国家科委委托国家核安全局对中心进行归口业务指导，为国家核安全局对我国的民用核设施实施安全监督管理提供全面的技术保障。

（4）核安全专家委员会

为制定我国核安全政策法规，对我国民用核设施核安全审查、监督和管理以及核安全科学开展研究，国家核安全局参照美国的管理经验，经国家科学技术委员会批准成立参谋和咨询组织——核安全专家委员会。

第一届核安全专家委员会成立于 1986 年，委员共 25 人，由政府部门和核设施设计、制造、运行单位及高校从事核安全工作并具有较高造诣的专家组成，任期三年。第一届委员会在 1986—1989 年期间共召开了四次会议，主要就核安全政策法规、"七五"核安全科技攻关计划、秦山核电厂和广东核电厂的安全审评进行了审议和咨询。此后历届委员会在任期内召开会议，就核安全政策法规、民用核设施的审评与监督、核安全科学研究等议题进行讨论和审议。

核安全专家委员会制度是我国核与辐射安全监管组织体系的重要构成部分，是我国核与辐射安全监管的主要制度之一。多年来，专家委员会在政策制定、研究规划确定、安全审评结果的审议以及重大安全问题的决断等方面，为国家核安全局提供了大量的咨询意见，做出了突出的贡献。

3.1.2　整合提高（1998.3—2008.2）

1998 年 3 月 10 日，九届全国人大一次会议审议通过了《关于国务院机构改革方案的决定》，将国家环境保护局升格为国家环境保护总局，为国务院直属单位。6 月 23 日国务院办公厅下文《国务院办公厅关于印发国家环境保护总局职能配置内设机构和人员编制规定的通知》（国办发〔1998〕80 号），将原国家科学技术委员会承担的核安全监督管理职能划入国家环境保护总局，国家核安全局连职能带机构、队伍整建制地并入国家环境保护总局，设立核安全与辐射环境管理司（国家核安全局），保留国家核安全局印章，履行国家核安全局职责。

国家核安全局并入国家环境保护总局后，人事、外事、财务、科研以及基建后勤等职能合并到国家环境保护总局相关职能司，核安全与辐射环境管理司设有综合处、核电处、反应堆处、核材料处、辐射环境管理与应急处、放射性废物管理处 6 个处。根据《关于印发国家环境保护总局机关行政机构与编制和核定方案的通知》（环发〔1998〕182 号），核安全与辐射环境管理司行政编制 29 人，设正、副司长共 3 人。承担核安全、辐射环境、放射性废物管理工作，拟定有关方针、政策和法规；参与核事故、辐射环境事故应急工作；对核设施安全和电磁辐射、核技术应用、伴生放射性矿产资源开发利用中污染防治的统一监督管理；对核材料管制和核承压设备实施安全监督；承担有关国际公约和双边合作协定的实施工作。

2003 年机构改革，国务院同意国家环境保护总局对外保留国家核安全局的牌子，由环境保护总局行使国家核安全局职能，国家核安全局局长由国家环境保护总局副局长兼任。根据《关于调整总局机关内设机构和编制的通知》（环发〔2003〕205 号）核安全与辐射环境管理司设立综合处、核电一处、核电二处、放射源处、放废处、核材料处、核反应堆处和核设备处 8 个处,行政编制 35 人,设正、副司长共 3 人。同年,国际司设立核安全国际合作处。2005 年,根据《关于总局内设机构行政编制调整的通知》(环办〔2005〕87 号),核安全管理司增加行政编制 3 名,行政编制总数由 35 名调整为 38 名。

此外核与辐射安全监管体系得到不断完善。2005 年 3 月 1 日,中央机构编制委员会办公室批复同意国家环境保护总局(国家核安全局)设立东北和西北核与辐射安全监督站,事业编制 14 名。8 月 3 日根据中央编办批复在国家环境保护总局核安全管理司加挂辐射安全管理司牌子,增加一名司级领导职位和 4 名行政编制。9 月 20 日,中编办批复同意国家环境保护总局核安全中心更名为国家环境保护总局核与辐射安全中心,增加了放射源、核设施环境影响评价等方面的职能,增加事业编制 70 名,总编制为 162 人;原国家环境保护总局上海、广东、四川和北方核安全监督站更名为国家环境保护总局上海、广东、四川、北方……核与辐射安全监督站,增加事业编制 52 名,6 个监督站均为正局级单位,总人数增至 100 人,并增加了对放射源监督的职能,其中北方核与辐射安全监督站还负责核安全设备方面的监督;增加浙江辐射监测技术中心作为全国辐射环境监测方面的技术支持单位,总人数为 128 人。至此,局机关、技术支持单位、地区监督站全部专职从事核与辐射安全监管的人员共计 438 人。

其他技术支持单位中,机械科学研究总院核设备安全与可靠性中心人员增至 25 人,苏州核安全中心人员增至 30 人、核二院北京核安全审评中心人员增至 30 人,还形成了包括中国辐射防护研究院、中国原子能科学研究院、清华大学、上海交大等十多所高校及科研院在内的长期稳定的技术支持队伍。

地方环保部门辐射环境管理机构和队伍得到同步发展。2004—2005 年各地方环保部门相继完成了全国放射源安全监管职能的移交工作,强化了环保部门统一监管的地位,加强了全国省级以上辐射安全管理队伍及其能力建设,实现了"整合职能、完善机制、设立机构、健全队伍、提高能力"的目标。

2006 年国家环境保护总局联合中编办等五部委下发了《关于印发〈加强核与辐射安全监管能力的请示〉的通知》(环发〔2006〕18 号),2007 年国家环境保护总局又下发了《全国辐射环境监测与监察机构建设标准》,国家和省两级管理、地市协管的管理体制逐步完善。截至 2008 年初,31 个省级环保部门均成立了辐射环境监管和监测机构,21 个省份设立独立的管理机构,部分市级(设区的)环保部门也设立机构或指定专人负责辐射安全监管工作。全国核与辐射安全监管队伍编制大幅增加,到 2004 年底全国各级环保部门从事核与辐射安全监管的行政和事业编制为 883 名,到 2008 年初达到 1 625 名,共增加行政编制 181 名,事业编制 561 名。

2006—2008 年,国家和地方不断加大在核与辐射安全监管能力建设方面的投入,累计达 5.93 亿元。重点开展了"一网络两中心"、城市废物库、环境预警、反恐应急等专项建设,并配置了监管工作必需的装备和监测手段,全国辐射环境监测网络体系初步形成。经过几年的努力,截至 2008 年 3 月,全国共建设了 36 个辐射环境自动监测站,设置了 332 个陆地监测点、108 个水体国控断面、175 个土壤监测点、84 个电磁辐射质量和污染监测点、28 个辐射安全预警站点,初步形成覆盖全国的监测网络并正式运行,为辐射环境监管提供了科学依据。各地辐射环境监测机构不断加强自身建设,技术支持能力不断提高，质量保证体系逐步完善，全国已有 23 个省级辐射环境监测机构实验室通过认可，辐射环境监测人员基本实现持证上岗。

重组专家咨询机构

20 世纪 80 年代中期，国家环境保护局、国家核安全局相继成立，同时也分别成立了核环境专家委员会、辐射安全环境专家委员会、核安全专家委员会。国家核安全局并入国家环境保护总局后，不仅在核设施安全与环境影响监管职能方面进行了整合，三个专家委员会也进一步合并。

2005 年，国家核安全局第五届核安全专家委员会、国家环境保护总局第四届核环境评审专家委员会均已届满，为整合资源、优化管理，三个委员会于 2005 年 9 月合并，成立了第一届核安全与环境专家委员会。新成立的委员会共计 123 名专家（包括 15 位院士），就核与辐射安全相关重大问题向国家环境保护总局（国家核安全局）提供独立的咨询意见，为监管机构重要决策提供支持，对保障我国核与辐射安全，促进核能与核技术利用事业安全、健康、可持续发展做出了重大贡献。

3.1.3　快速发展（2008.3—2014.4）

（1）监管队伍

2008 年 3 月，第十一届全国人民代表大会第一次会议决定国家环保总局升格为环境保护部，对外保留国家核安全局的牌子。核安全管理司加挂辐射安全管理司牌子，其内设 12 个处，即综合处、核电一处、核电二处、核电三处、核反应堆处、核燃料和运输处、放射性废物管理处、核安全设备处、核技术利用处、电磁辐射与矿冶处、辐射监测与应急处（核与辐射事故应急办公室）、核安全人员资质管理处。

2011 年，中央机构编制委员会办公室下发《关于调整环境保护部核安全监管机构有关事宜的批复》（中央编办〔2011〕142 号），撤销环境保护部（国家核安全局）核安全管理司（辐射安全管理司），增设核设施安全监管司、核电安全监管司、辐射源安全监管司等三个职能司。其中，核设施安全监管司（核与辐射安全监管一司）下设办公室、政策与技术处、辐射监测与应急处（核与辐射事故应急办公室）、人员资质管理处、核安全设备处等五个处；核电安全监管司（核与辐射安全监管二司）下设综合处、核电一处、核电二处、核电三处、反应堆处等五个处；辐射源安全监管司（核与辐射安全监管三司）下设综合处、核燃料与运输处、放射性废物管理处、核技术利用处、电磁辐射与矿冶处等五个处。

核与辐射安全监管有关人事、党务、信访、规划财务、政策法规、科技标准、国际合作、宣传教育、行政复议等事务由环境保护部相关部门负责归口管理。核与辐射安全国际合作业务由环境保护部国际合作司核安全国际合作处负责。

2010 年，中央机构编制委员会办公室下发了《关于增加环境保护部核安全监管人员编制等问题的批复》（中央编办复字〔2010〕40 号），批准核安全管理司新增编制 21 人，总编制达 59 人；核与辐射安全监督站编制增加 231 人，总编制达 331 人；核与辐射安全中心编制增加 438 人，总编制达 600 人；在环境保护部核与辐射安全中心加挂"环境保护部核安全设备监管技术中心"的牌子。

随着我国核能开发、核技术利用事业的快速发展，为适应工作需要，国家核安全局在 2008 年组织了核安全与环境专家委员会委员增补工作，在 2005 年的基础上补充了 30 多位委员。2009 年，为加强法规修改、制定过程中专家委员会的咨询审议的作用，国家核安全局在专家委员会框架内，成立了核与辐射安全法规标准审查专家委员会，规模为 60 人。

（2）核安全与环境专家委员会

2013 年 12 月 25 日，核安全与环境专家委员会换届会议召开。新一届专家委员会体现出一些新的特点：一是为适应当前核电规模化建设和新建机组陆续转入调试阶段的情况，增加了核设施建造与调试分委会；二是优化核与辐射安全专业咨询审议工作机制，决定将核与辐射安全法规标准委员会作为专家委员会的一个专业分委会；三是为便于各专业专家委员会同时开展工作、避免日程冲突，除法规标准分委会外，一名专家只参加一个专业分委会，法规标准分委会的委员则由各有关分委会委员兼任；四是对新一届委员的年龄作出要求；五是为确保专家委员会工作的连续性，第一届专家委员会中年龄符合要求、愿意并能参加专家委员会活动的委员原则上予以留任，最终产生了 148 名第二届专家委员会成员。专家委员会下设六个分委会，即核设施建造与调试分委会，核反应堆与系统分委会，核燃料循环、废物与厂址分委会，仪控电与机械设备分委会，辐射安全与应急分委会，法规标准分委会。每个分委会设主任委员一人，副主任委员二人。专家委员会秘书处设在核一司办公室，具体负责专家委员会全体活动及日常工作。

（3）地方监管机构

截至 2013 年底，我国除台湾省、香港特别行政区和澳门特别行政区以外的 31 个省（区、市）全部配备了独立的辐射安全监管机构，其中 4 个只成立了一个机构（江苏和宁夏为核安全局，天津、黑龙江为辐射所/站），实行"站处合一"的模式；重庆分设辐射处和辐射站合署办公；辽宁设核安全局和核与辐射监测中心；其他 25 个省则采取在环保厅内设辐射处并成立直属辐射站的模式，其中甘肃、陕西和四川由环保厅加挂了核安全局的牌子，北京、陕西成立了单独的放射性废物管理中心，山东则分设了辐射环境管理站和辐射安全监测中心。省本级机构总编制 1 451 人，其中最多的为浙江 106 人，最少的为湖南 15 人（省编办已同意在原辐射站 10 人编制的基础上增加到 50 人，随桃花江核电建设逐步到位）；省级核与辐射安全监管人员实有人数 1 370 人。

全国 31 个省的 445 个地市级行政区中，有 290 个成立了辐射安全监管机构，占比 65.2%；没有独立监管机构的地市中，还有 79 个有专职监管人员，占比 17.7%；其他 76 个则只有兼职监管人员，占 17.1%。成立了辐射安全监管机构的 290 个地市机构总编制数 1 457 人，实有人员 1 428 人；其他 155 个无专职机构的地市共有专职人员 128 人和兼职人员 322 人。地市级辐射安全监管人员总数 1 878 人。

除 4 个直辖市外，全国 27 个省、自治区共有区县级行政区 2 733 个，截至 2012 年年底，其中有 245 个成立了辐射安全监管机构，占比 9.0%。其他没有成立辐射安全监管机构的区县，大部分均有兼职监管人员。

此外，截至 2014 年，全国累计报考注册核安全工程师 17 280 人次，共有 3 129 人获得执业资格证书；共计 1 470 人持有核动力厂操纵人员执照，其中持《高级操纵员执照》543 人，持《操纵员执照》927 人次，共计 340 人持有研究堆操纵人员执照共计 340 人，其中持《高级操纵员执照》143 人，持《操纵员执照》197 人；全国民用核安全设备焊工焊接操作工约 6 400 人，无损检验人员约 6 600 人。

3.2　核与辐射安全监管职能

3.2.1　起步探索（1984.7—1998.2）

在这一阶段，由国务院确定的国家核安全局的主要职能包括：负责组织起草、制定有关民用核设施安全的规章和有关核安全法规的审查；对核设施实行严格的安全许可证、核事故应急等管理制度，保证核设施在选址、设计、建造、调试和运行等各阶段均满足核与辐射安全管理的要求，核准核材料许可证，并对反应堆操纵员实行执照管理；对全国民用核设施安全实施统一监督，独立行使核安全监督权，监督核设施活动满足法规和安全许可证所规定的条件，负责核燃料循环设施核安全监督管理，负责核事故应急措施审评和检查；负责核安全技术研究等。

随着核安全监管工作的不断深入，我国核安全监管范围逐步覆盖民用核设施和核活动，参照世界发达国家对核电厂的监管经验，采取了"中央政府直接监管""从生到死全过程监管""从业主的组织机构到具体设备的全范围监管"的监管模式，并通过立法明确了要求。国家核安全局要对每个核电厂的选址、设计、制造、建造、调试、运行、退役等进行连续深入的审查和监督。

3.2.2　整合提高（1998.3—2008.2）

1998 年以后，核与辐射安全监管工作得到加强和提高，被确立为环保工作的三大重点领域之一。除原职能外，国家核安全局新增加了如核设施环境影响报告书审评，辐射环境监测，以及注册核安全工程师职业资格考核和资格证书颁发等部分职能。2003 年 10 月《中华人民共和国放射性污染防治法》实施，明确授权环保部门对全国放射性污染防治实施统一监督管理。同年 12 月，中央机构编制委员会办公室印发了《关于放射源安全监管部门职责分工的通知》（中央编办发〔2003〕17 号），对国务院环保、卫生、公安、商务、海关等各部门的放射源安全监管职责进行了明确分工，规定环保部门（核安全主管部门）负责放射源的生产、进出口、销售、使用、运输、贮存和处置安全的统一监管，结束了放射源分阶段、分部门多头管理的局面，理顺了国务院各部门对放射源的安全监管职责分工。2005 年 12 月 1 日，《放射性同位素与射线装置安全和防护条例》施行，2006 年 1 月 18 日，国家环境保护总局局长周生贤签署国家环境保护总局令第 31 号，发布了《放射性同位素与射线装置安全许可管理办法》，标志着环保部门对核技术利用的统一监管的逐步机制化和规范化。

至此，我国民用核设施安全监管、辐射安全监管、辐射环境管理职能统一由国家环境保护总局（国家核安全局）履行。明确职能如下。

（1）核设施安全监管

负责对核设施核安全进行审评和监督，主要包括核设施选址、设计、建造、运行、退役许可证申请的审评，与安全相关的修改申请、特许申请和定期安全审查等，以及对核设施的环境影响评价报告书及应急响应计划的审评与监督等。

（2）核技术利用安全监管

负责拟定放射性同位素和射线装置的政策、法规和标准，对全国放射性同位素和射线装置生产、销售和使用的安全和环境影响实施统一监管。

（3）铀（钍）矿和伴生放射性矿开发利用管理

负责拟定铀矿和伴生放射性矿开发利用项目辐射安全和辐射环境管理的方针、政策、法规和标准，对全国铀矿冶设施的环境影响实施监管。

（4）辐射环境应急

负责拟定辐射环境事故应急的方针、政策、法规和标准，对拥有放射性同位素和射线装置单位、核燃料循环设施单位的应急准备和应急响应活动实施监督，协同有关部门进行核与辐射环境事故应急响应。

（5）放射性废物管理

负责城市放射性废物收贮，对核工业中低放废物实行区域处置管理，制定高放废物选址准则，对核设施流出物排放实施监管。

（6）电磁辐射污染防治与监管

负责拟定电磁辐射环境安全管理的方针、政策、法规和标准，对全国豁免水平以上辐射发射装置和高压输变电工程等的环境影响实施管理。

（7）辐射环境监测

负责拟定辐射环境监测的方针、政策、法规和标准，对全国辐射环境质量进行监测，对全国各类核设施、重点辐射源、铀矿和伴生放射性矿开发利用项目实施监督性监测。

（8）核安全设备监督管理

监管对象和监管活动涉及所有核安全机械设备、核安全电气设备的设计、制造、安装和无损检验单位及其活动；对进口核安全设备，实行设计制造单位备案和进口设备的制造现场监督及口岸安全检验。

通过机构改革和一系列职能整合，加强了环境保护总局（国家核安全局）对全国核与辐射安全的统一监管，有利于统筹协调核安全与辐射安全、辐射环境的监管职能，加强监管力度，提高监管效能。相对完备的法规体系、统一协调的管理体系和严格有效的监督机制，有利于进一步保障我国的核与辐射环境安全。

3.2.3　快速发展（2008.3—2014.4）

2008年机构调整后，环境保护部将原环境影响评价管理司输变电设施和线路的涉及辐射项目的环境影响评价职责并入核安全管理司（辐射安全管理司）。

2011年机构扩编后，总体职能范围未发生大范围调整，核安全管理司（辐射安全管理司）职能拆分到三个核与辐射安全监管司，各司职能按照监管对象明确划分，强调专业化和针对性，同时强化了对核与辐射安全事故和事件的调查处理，同时增加了职能部门之间的综合协调以及对地方环保部门的业务督查职能。

核设施安全监管司（核一司）主要职能包括：组织拟定核与辐射安全政策、规划、法律、行政法规、部门规章、制度、标准和规范。组织辐射环境监测和对地方环保部门辐射环境管理的督查。组织核与辐射事故应急准备和响应，参与核与辐射恐怖事件的防范和处置。负责核与辐射安全从业人员资质管理和相关培训。负责核材料管制和核安全设备设计、制造、安装和无损检验活动的行政许可和监督检查。组织协调全国核与辐射安全监管业务考核。归口联系核与辐射安全中心、地区核与辐射安全监管机构的内部建设和相关业务工作。负责三个核与辐射安全监管司有关工作的综合协调。

核电安全监管司（核二司）主要职能包括：负责核电厂、研究型反应堆、临界装置等核设施的核安全、辐射安全、辐射环境保护的行政许可和监督检查。负责相关核设施事件与事故的调查处理。

辐射源安全监管司（核三司）主要职能包括：负责核燃料循环设施、放射性废物处理和处置设施、核设施退役项目、核技术利用项目、铀（钍）矿和伴生放射性矿、电磁辐射装置和设施、放射性物质运输的核安全、辐射安全和辐射环境保护的行政许可和监督检查。负责放射性污染治理的监督管理。负责相关核设施和辐射源事件与事故的调查处理。

3.3　法规标准

3.3.1　起步探索（1984.7—1998.2）

（1）核安全法规

我国秦山核电厂和大亚湾核电站在国家核安全局成立前已开工建设或完成选址，因此，尽快建立监管的法律基础和符合国际水平的监管模式，最快、最合理地对已开工的核电工程实施监督，是新成立的国家核安全局面临的最重要、最紧迫的任务之一。国家核安全局成立后，积极贯彻"立法为先"的精神，对中国核安全规章体系的编制进行全面规划，并根据国务院的指示着手组织起草原子能法。

国外核电厂的安全法规、导则和标准是在大量科学实验和多年工程实践经验的基础上建立起来的。中国必须借鉴国际先进经验，结合自身实际，建立我国的核安全法规、标准体系。经过多种方案的研究、比较和尝试，最终选用 IAEA 的安全标准为主要蓝本。IAEA 从 1974 年开始用了 12 年的时间聘请了数百名各国著名专家，总结了各核电先进国家的经验，制定了 5 套共 62 本法规和导则，所表达的核安全要求系统、严谨，因而取得国际上的广泛承认。

早在 1982 年，核工业部就组织三个院所研究和改编 IAEA 的核电厂安全法规，有关专业人员逐本逐章逐条的消化、比较和开展国内适应性评价，形成了"核电厂选址、设计、运行和质量保证"安全标准，经过 3 年多的反复审查修改，1985 年 1 月，以部标准形式在部内颁布试行，后经国家核安全局组织修改和全国性的审定，于 1985 年 7 月，经国务院批准发布实施《核电厂厂址选择安全规定》《核电厂设计安全规定》《核电厂运行安全规定》《核电厂质量保证安全规定》四个安全规定（国函〔1986〕86号）。

1986年10月，国务院批准颁布的《中华人民共和国民用核设施安全监督管理条例》，是我国首部有关核电厂安全的行政法规，规定了"在民用核设施的建造和营运中，保证安全、保障工作人员和群众的健康，保护环境，促进核能事业顺利发展"的宗旨；建立了国家核安全监管体制；确定了以核电厂等大型民用核设施为监管对象；规定了核设施营运单位承担全面安全责任，建立核设施建造、运行许可证制度和运行人员的执照制度。这部行政法规综合性地规定了核安全监督管理的各主要方面，为核安全监管部门实施核安全监督管理奠定了法律基础。

1987年6月，国务院批准发布了《中华人民共和国核材料管制条例》，系统地规定了核材料监督管理的目的和范围，明确了核材料管制的办法，规定了监管机构和核行业主管部门的职责及营运单位的法律责任。1993年国务院发布了《核电厂核事故应急管理条例》，其宗旨是控制和减少核事故危害，实行"常备不懈、积极兼容、统一指挥、大力协同、保护公众、保护环境"的方针。条例规定了国家、当地省级政府以及核电厂三级应急机制；应急计划和应急准备的要求、对策、措施、终止、恢复、资金及物资保障等措施。

在上述3个条例的基础上，我国建立了一系列核安全规定及其导则，包括核设施厂址、设计、运行、质量保证、放射性废物管理等5个安全规定及51个配套安全导则。

为加强核承压设备的质量管理，保障核设施的建造质量和安全运行，1992年3月国家核安全局联合机械电子工业部和能源部发布了《民用核承压设备安全监督管理规定》。从事核承压设备的设计、制造、安装、检验、在役检查、维修等活动的单位以及为制造核承压设备提供关键承压材料及零、部件的生产厂都必须遵守该规定。该规定后于2008年被《民用核安全设备设计制造安装和无损检验监督管理规定》替代而废止。

标准、规范的制定在当时属于国家工业、技术标准体系，由国家标准局统一颁布，国家核安全局仅对与核安全直接有关的标准进行认可。从核安全审评角度看，已公布的法规标准在广度和深度上尚不能满足当时的需要，因此，国家核安全局要求，对从国外引进的核电厂，在遵守我国核安全法规的前提下，可使用设备供应国核安全监管机构批准的在引进当时有效的标准和规范，对国内自行设计和制造的核电厂可自行选用标准和规范，但需报国家核安全局审定。

到1998年初，国家核安全局基本建立了一套核安全法规、导则、部门规章等，其范围覆盖核电厂，核电厂以外的其他反应堆，核燃料生产、加工、贮存及后处理设施，放射性废物的处理和处置设施等方面，使各类民用核设施的选址、设计、建造、运行和退役基本做到了有法可依。

（2）放射性同位素与射线装置法规标准

为保障放射性工作人员和广大居民的健康与安全，促进放射性同位素工作的健康发展，1960年国务院批准发布了《放射性工作卫生防护暂行规定》，以及与之配套的三个标准和规章，即《电离辐射的最大容许量标准》《放射性同位素工作的卫生防护细则》《放射性工作人员的健康检查须知》。1979年2月国务院批准了《放射性同位素工作卫生防护管理办法》，由卫生部、公安部、国家科委联合发布。

1989 年，为了进一步加强对放射性同位素与射线装置放射防护的监督管理，保障从事放射工作的人员和公众的健康与安全，保护环境，促进放射性同位素和射线技术的应用与发展，国务院于 10 月 24 日发布《放射性同位素和射线装置放射防护条例》，同时废止《放射性同位素工作卫生防护管理办法》。在管理实践中，卫生部门发布了一系列标准。

（3）辐射环境管理法规标准

经过十几年的努力，辐射环境管理在法规方面，除有环境保护法之外，制定了放射环境管理办法和电磁辐射环境保护管理办法；在标准方面，制定了几十项标准，包括管理准则、通用标准和方法标准.

① 放射环境管理法规标准

放射环境管理法规和标准的制定是放射环境管理工作的重要内容，也是实施管理的依据和准绳。1979 年颁布的《环境保护法（试行）》建立了环境影响评价制度，1981 年发布的《基本建设项目环境保护管理办法》专门对环境影响评价的基本内容和程序作了规定，要求对建设项目的放射性废物进行环境影响评价。1984 年，国家环保局组织全国有关单位修订《放射防护规定》，并在 1984—1988 年期间，组织制定了 26 项放射环境管理技术标准。

1985 年 4 月 11 日，国家环境保护局发（85）环放字第 088 号文《关于组织"核污染防治法"编制起草工作的通知》，开启了《放射性污染防治法》的制定。1990 年 5 月 28 日，国家环保局颁布了《放射环境管理办法》，同时组建核环境审评专家委员会，为核设施环境影响评价报告的审批提供技术咨询。

我国电离辐射防护基本安全标准与国际接轨，1988 年乡建设环境保护部根据国际放射防护委员会（ICRP）发布的《国际放射防护委员会建议书》（26 号出版物），颁布了《辐射防护规定》（GB 8703—88）。

② 电磁辐射法规标准

1988 年 3 月 11 日《电磁辐射防护规定》（GB 8702—88）发布。该标准给出了射频段电磁辐射标准，其规定的安全标准限值对于保护工作人员身体健康、防止电磁干扰、防止环境污染起到了积极作用，推动了电磁辐射环境影响评价工作。

1989 年 12 月 26 日，第七届全国人大常委会第十一次会议通过《中华人民共和国环境保护法》，把防治电磁辐射污染列为环境保护的内容之一，但是没有明确电磁辐射污染的具体规定，以及法律责任的问责和追究。1997 年 3 月 25 日，国家环保局第十八号令发布《电磁辐射环境保护管理办法》，规定对电磁辐射建设项目和设备通过环境保护申报登记和环境影响报告书的审批进行管理，并要求环境保护设施与主体工程同时设计、同时施工、同时投产使用，明确了电磁辐射环境管理的审批制和"三同时"的原则，使电磁辐射环境管理迈出了坚实的一步。

3.3.2 整合提高（1998.3—2008.2）

国家核安全局并入国家环境保护总局后，一些法律和行政法规的制定取得了重大进展，核与辐射安全法规体系进一步完善。

2003 年 10 月 1 日，《中华人民共和国放射性污染防治法》实施，其以国家法律的形式，从放射性污染防治的角度对核设施、核技术利用、铀（钍）矿和伴生放射性矿开发利用、放射性废物管理等领域的监管职能予以明确和规范。

2005 年 9 月 14 日，《放射性同位素与射线装置安全和防护条例》颁布，授权国家环保部门对全国放射性同位素、射线装置的安全和防护工作实施统一监督管理。与其相配套的《放射性同位素与射线装置安全许可管理办法》《放射源分类》《射线装置分类》等多项规章制度相继出台。

2007 年 7 月 11 日，《民用核安全设备监督管理条例》颁布，在原有《民用核承压设备安全监督管理规定》的基础上扩大了监管范围，监管内容延伸到所有核安全相关机械、电气设备；监管对象包括国内、国外的所有相关单位；监管活动扩展到焊接、无损检验人员资质管理。

此外，国家核安全局 2004 年颁布了《核动力厂设计安全规定》《核动力厂运行安全规定》两项核安全法规修订版，《放射性物质安全运输规程》国家标准及四个核安全技术导则。根据《行政许可法》，国家核安全局还编写完成了二十多个行政许可审批程序。一些地方政府也制定了有关辐射安全监管的规定。

除国家法律和国务院条例外，其他核与辐射安全领域的国家标准、技术导则、部门规章等也不断建立和完善，并与国际接轨。例如我国 2003 年 4 月起施行的《电离辐射防护与辐射源安全基本标准》（GB 18871—2002），主要参考了 IAEA 等六个国际组织 1996 年共同发布的《国际电离辐射防护和辐射源安全的基本安全标准》，并结合我国国情制定。

至此，以一部法律为首、五个条例、一系列规章制度和导则标准为支撑的法律法规体系基本健全。

3.3.3 快速发展（2008.3—2014.4）

（1）核与辐射安全法规体系日趋完善

国务院 2009 年 9 月 14 日颁布了《放射性物品运输安全监管条例》，2011 年 12 月 20 日颁布了《放射性废物安全管理条例》。截至 2014 年 4 月，我国核安全法规体系包括 1 部法律、7 部行政法规、27 部部门规章以及 89 部导则，形成了以《放射性污染防治法》为顶层的金字塔结构。至此核与辐射安全法规体系基本完善。

在此基础上，根据核与辐射安全监督管理工作的适用范围，形成了 10 个法规子系列：

0. 通用系列
1. 核动力厂系列
2. 研究堆系列
3. 非堆核燃料循环设施系列
4. 放射性废物管理系列
5. 核材料管制系列
6. 民用核安全设备监督管理系列
7. 放射性物品运输管理系列
8. 同位素和射线装置监督管理系列
9. 辐射环境系列

2009 年，国家核安全局成立了标准审查委员会，分为核安全和辐射安全两个专业小组。2010 年经该委员会审议，国家核安全局发布了《核与辐射安全法规体系（五年规划）》，加强了标准建设的统筹和指导。此后四年，国家核安全局共召开了 20 次标准审查会，审查了 173 项次标准，发布了 19 项核与辐射安全规定和标准，其中规定 16 项，标准 3 项。标准审查委员会在其中发挥了重要作用，提高了编审工作的机制化和参与度，促进了规定和标准质量的提升。此外，国家核安全局密切跟踪和参与福岛核事故后国际原子能机构安全法规修订行动计划，积极研究对策，并形成动态报告机制。

（2）《核安全法》着手起草

核安全是核能发展的基础、前提和生命线。要把核安全工作做好，就一定要坚持法治，依法监管。尽管我国已经形成了较为完整的核安全法规体系，但是令人遗憾的是国内至今尚缺乏一部规范核安全活动的基本法，这与当前我国的核电发展形势和公众要求不相适应，甚至引起了国内外有关专家的质疑。2010 年国际原子能机构对我国核与辐射安全监管体系进行的综合安全评估中也建议我国加快核安全立法工作。日本福岛核事故后，公众对核安全日益关注，对核安全的要求日益提高，参与诉求日益强烈，进一步推动了制定一部全面规范核能开发利用活动的《核安全法》的进展。

国家核安全局于"十一五"期间就开始了《核安全法》构思和筹备工作。2012 年全国两会期间，60 位全国人大代表联名提出了制定核安全法的建议。2012 年，国务院两次召开常务会议，审议《核安全与放射性污染防治"十二五"规划及 2020 远景目标》，其中明确提出要抓紧研究制定《核安全法》。2013 年 9 月 2 日，党中央批复了全国人大党组提交的全国人大五年立法规划，《核安全法》被列为需要抓紧工作、条件成熟时提请审议的二类立法项目。

全国人大常委会十分重视《核安全法》的立法工作，全国人大环资委专门成立了起草领导小组，制定了立法工作的相关规划并开展了前期的准备工作，力争尽快制定并出台《核安全法》。

（3）核与辐射安全地方立法发展迅速

地方性核与辐射安全法规性文件是我国核与辐射安全法律体系的重要组成部分，具体包括立法性文件（地方性法规、自治条例、单行条例或规章）和其他具有约束力的非立法性文件。根据监管职责，其主要集中于放射源监管、放射性废物运输以及核与辐射事故应急等领域。其中地方性法规、自治条例、单行条例等分别由省、自治区、直辖市的人民代表大会及其常务委员会制定。例如，浙江省人大常委会通过的《浙江省核电厂辐射环境保护条例》（2002 年），吉林省人大常委会通过的《吉林省辐射污染防治条例》（2004 年），江苏省人大常委会通过的《江苏省辐射污染防治条例》（2007 年），重庆市人大常委会通过的含有核与辐射安全方面内容的《环境保护条例》（2007 年），内蒙古自治区人大常委会通过的含有核与辐射安全方面内容的《内蒙古自治区环境保护条例》（2012 年），山东省人大常委会通过的《辐射污染防治条例》（2014 年）等。此外也有较大的市的人民代表大会及其常务委员会制定的，如深圳市人大常委会通过的《大亚湾核电厂周围限制区安全保障与环境管理条例》（2012 年修正）。地方政府还颁布了一些有关核与辐射安全的规章，如广东省政府制定的《广东省核电厂环境保护管理规定》（1996 年），天津市政府制定的《天津市放射性废物管理办法》（2012年修正），山东省政府制定的《山东省核事故应急管理办法》（2012年）。地方政府职能部门还出台了一些具体的规范性文件，如湖北省环境保护厅制定了《湖北省放射性同位素与射线装置分级分类管理办法（试行）》（2013年）等。

截至2014年3月，我国除台湾省、香港特别行政区和澳门特别行政区以外的31个省、自治区和直辖市都制定了不同层次的核与辐射安全方面的地方性规范文件，其中现行有效的共166部。

3.4　核与辐射安全管理制度

3.4.1　起步探索（1984.7—1998.2）

随着对核设施、核活动及辐射源监管的深入开展，法规标准逐步实施，我国参考国际实践、借鉴发达国家管理经验以及国际组织的建议，初步形成了一系列管理制度。

（1）核安全许可证制度

我国对核设施的核安全监管主要实行核安全许可证制度。国家核安全局针对不同的监管对象和监管领域，建立起一套严格的核安全许可证制度并付诸实施。核安全许可证制度在设计上，体现了责任与权力的统一，明确了许可条件和要求，确认了由许可部门对违规行为从严处罚的准则。国家核安全局审批颁发或核准颁发的许可证件包括：① 核设施建造许可证；② 核设施运行许可证；③ 核设施操纵人员执照；④ 核设施厂址选择审查意见书、核设施首次装料批准书及核设施退役批准书等其他文件；⑤ 核材料许可证；⑥ 核承压设备设计、制造、安装许可证。国家环保局还对核设施各阶段的环境影响评价文件进行审批。

上述各类许可证的颁发，均以详细、严格的安全审评和深入的安全监督检查作为依据。申请人必须提交申请书、安全分析报告和环境影响评价文件及其他法规规定的有关文件，经国家环保局、国家核安全局审评批准后，方可进行相应的核活动。国家核安全局在审批过程中，应该向国务院有关部门以及核设施所在省、自治区、直辖市政府征询意见。国家核安全局在取得技术审评结果，并征询国务院有关部门和地方政府的意见，经核安全专家委员会咨询审议后，独立做出是否颁发许可证的决定，同时规定必要的许可证条件，并依法进行监管。

（2）核安全监督检查制度

开展核安全监督的法律依据是《民用核设施安全监督管理条例》实施细则之二《核设施的安全监督》，目的是通过检查核安全管理要求和许可证件规定条件的履行情况，督促纠正不符合核安全管理要求和许可证件规定条件的事项，必要时经国家核安全局授权可采取强制性措施，以保障核设施的安全。地区监督站作为国家核安全局的派出机构，负责派驻区域核设施在选址、设计、建造、调试、运行和退役各阶段与核安全有关的全部物项和活动的核安全监督，对重大事项，及时向国家核安全局报告，并提出采取执法行动的建议，经授权后采取执法行动。

核安全检查的范围主要是许可证条件中所规定的范围，以及在审批许可证过程中确定需要检查的范围。核安全检查可分为日常的、例行的和非例行（特殊）的检查。非例行的检查可以是事先通知或事先不通知的。事先通知的检查一般在检查前一个月通知营运单位和/或有关单位，以便做好准备和安排。

核安全检查由核安全检查组、核安全监督员或受委托人员进行。核安全检查的主要方法包括文件检查，现场观察，座谈和采访，测量或试验。营运单位按照核安全报告制度，定期及时报告核电厂的情况、质量、不符合项、异常事件和违反许可证条件的事件等。

在贯彻核设施许可证制度中，国家核安全局逐步建立起系统的安全监督方法和文件体系，并根据实践经验不断加以完善和改进，促进了核安全监管的程序化、规范化。

（3）放射工作许可登记制度

《放射性同位素和射线装置放射防护条例》规定了国家对放射工作实行许可登记制度，许可登记证由卫生、公安部门办理，环保部门负责环境影响评价文件的审批。

任何单位在从事生产、使用、销售射线装置前，必须向省、自治区、直辖市的卫生行政部门申请许可；在从事生产、使用、销售放射性同位素和含放射源的射线装置前，必须向省、自治区、直辖市的卫生行政部门申请许可，并向同级公安部门登记；涉及放射性废水、废气排放和固体废物产生的，还必须先向省、自治区、直辖市的环境保护部门递交环境影响报告表（书），经批准后方可申请许可登记，领得许可登记证后方可从事许可登记范围内的放射工作。

（4）辐射环境管理制度

20世纪80年代环保部门负责放射环境、电磁辐射环境管理职能以来，根据法律授权，结合放射环境管理特点，国家环保局逐渐建立了辐射环境管理制度。辐射环境管理实行国家和省、自治区、直辖市（下称省级）两级管理。国家环境保护局对全国的辐射环境保护工作实施统一监督管理，负责拟定辐射环境管理的政策和法规，制定辐射环境标准并监督实施；负责核设施环境影响报告书的审批和指导省级环境保护行政主管部门的辐射环境管理工作。省级人民政府环境保护行政主管部门对本辖区的辐射环境保护工作实施统一监督管理。新建、改建、扩建和退役的伴有辐射项目执行环境影响报告书（表）审批制度。对于伴有辐射项目的环境保护设施，需要执行与主体工程同时设计、同时施工，同时投产使用。针对伴有辐射项目环境影响状况的监督性监测和常规管理由省级环境保护行政主管部门负责实施。

此外，《电磁辐射环境保护管理办法》还明确了电磁辐射申报登记制度，申报登记是对污染源单位进行管理的必要手段。对1997年3月25日前已建成或在建的尚未履行环保手续的项目，或已购置的设备，凡列入电磁辐射建设项目和设备名录中（含豁免水平以下）的，都必须补办环境保护申报登记手续；对新、改、扩建和技术改造项目，更要严格执行申报登记制度；建立申报档案，分行业、分类别进行层次化管理，以期形成不同的、有针对性的管理模式。

（5）核事故应急管理制度

核事故应急作为纵深防御的最后一道防线，对于保障核安全具有至关重要的作用。

1986年发生的切尔诺贝利核事故的经验再次突出了核事故应急计划与准备的重要性，应急工作也因此成为国家核安全局监管工作的重点，1987年国家核安全局成立了应急处，迅速开展核事故应急计划与准备的相关工作。

我国核事故应急相关法规导则的制定以 IAEA 相关文件为依据，又符合我国核电建设初期应急工作的需要，迅速实现了与国际先进水平的接轨。1989年国家核安全局制定核安全导则《核动力厂营运单位的应急准备》，此后很快又连续发布了一系列关于场内应急计划和应急准备的技术导则，并据此对秦山、广东核电厂场内应急计划及应急设施进行了全面审查，并对不满足项提出了整改要求。

1991年8月根据李鹏总理的指示，在国务院核电领导小组的基础上适当扩大，成立了国家核事故应急委员会。国家核安全局作为主要的监督和技术支援部门，负责对民用核设施从选址到退役全过程各阶段的应急响应行动实施审评、监督和检查，包含应急文件审查、日常应急准备、应急演习、应急响应、应急人员培训、应急设施设备检查等内容，实现了对全国民用核设施应急准备与响应的有效监管。

1992年，国家环保局成立了核事故应急办公室。1993年，国务院发布《我国核电厂核事故应急管理条例》，正式明确了我国核事故三级应急管理体系，即国家、地方和核设施营运单位三级管理。1995年，国家核事故应急协调委员会成立，负责研究制定核事故应急准备和救援方面的政策措施，统一组织协调全国核事故应急准备和救援工作。国家核事故应急协调委员会的日常工作由国家计委国家核事故应急办公室承担。1996年，《国家核事故应急计划》颁布实施；1997年，国家环保局颁布实施了《国家环保局核事故和辐射应急响应计划》，并组织浙江、广东两省环保局建设了秦山、大亚湾两个核电厂外围的放射性监测系统和监测站。

3.4.2 整合提高（1998.3—2008.2）

在这一阶段，国家环境保护总局（国家核安全局）根据《放射性污染防治法》的原则要求和《电离辐射防护与辐射源安全基本标准》的具体技术要求，修改、起草或制定有关的配套行政规章和部门规章，复核所有已经发布及正在制定的放射防护标准，修订并保证其与基本安全标准一致，贯彻全过程、全范围的监管要求，进一步完善了核与辐射安全监管制度。除进一步执行已有五项基本安全制度以外，在下列制度方面进一步丰富完善。

（1）安全许可证制度

在核安全方面，通过《放射性污染防治法》进一步明确了《核设施厂址选择审查意见书》《核设施首次装料批准书》《核设施退役批准书》的审批程序，加强了对核设施的全过程监管。

在辐射安全方面，对放射源、射线装置和非密封工作场所建立了分级、分类管理的辐射安全许可制度，对建设项目进行环评分类管理，并对核技术利用单位实行"两级发证、四级监管"。明确了生产、销售、使用放射性同位素与射线装置的单位，应当依照规定取得辐射安全许可证；转出、转入放射性同位素的单位应当向其所在地省、自治区、直辖市人民政府环境保护主管部门登记备案；进、出口放射性同位素须取得国家环境保护总局的审查批准。在许可分级颁发方面，生产放射性同位素、销售和使用Ⅰ类放射源等高风险单位由国家环境保护总局发证，其他低风险单位则规定由省级发证。在日常监管中，按照属地管理的原则，国家、省、市、县四级环保部门均履行监管职责，但发证部门负主要监管职责，而市、县级环保部门对上级发证单位则主要是督促落实发证机关的检查意见。为了保证放射源的全寿期安全，新的监管体系对放射源的所有转移环节用审批和备案方式进行控制，实行"从摇篮到坟墓"的全寿期跟踪管理制度。通过审批、备案程序及对单位放射源台账的管理，我国实现了对源头、转移和最终去向三个环节的有效控制。环保部主抓源头和国外去向的事前审批，即管理生产单位和负责进出口审批，省级环保部门则主要负责国内转让的事前审批，并管理所有的事后备案。此外，还按照法规要求和统一领导、分类管理、属地为主、分级响应的工作原则，建立一套新的辐射事故应急管理体系。

民用核安全设备设计、制造、安装和无损检验单位应当依照规定申请领取许可证，并明确禁止委托未取得相应许可证的单位进行民用核安全设备设计、制造、安装和无损检验活动。申请领取民用核安全设备制造许可证或者安装许可证的单位，还应当制作有代表性的模拟件。

（2）环境影响评价制度

2003年颁布的《环境影响评价法》对我国环境影响评价制度进行了更为详细完整的规定。同年施行的《放射性污染防治法》专门针对核与辐射设施环境影响评价进行法律规范，对从事放射性污染活动中有关环境影响评价的范围、内容、编（填）报和审批环境影响报告书的程序等方面作出了规定。主要包括：对核设施的选址、建造、运行、退役阶段分别进行环境影响评价；对开发利用或关闭铀（钍）矿以及开发利用伴生放射性矿的环境影响评价；对放射性固体废物处置场所选址规划的环境影响评价。《放射性污染防治法》环境影响评价制度明确规定上述活动都必须编制环境影响报告书，对活动产生污染对环境的影响进行全面、详细的评价，报国务院环境保护行政主管部门或省（区、市）环境保护行政主管部门审批，并明确了违反环境影响评价制度的法律责任。

生产放射性同位素和非医疗使用Ⅰ类放射源等高风险项目被纳入报告书范畴，销售Ⅰ至Ⅲ类放射源等中等风险项目纳入报告表范畴，Ⅳ类、Ⅴ类放射源和Ⅲ类射线装置等低风险项目则纳入登记表范畴。

此外，《放射性污染防治法》进一步明确了，与核与辐射设施相配套的放射性污染防治设施，应当与主体工程同时设计、同时施工、同时投入使用，放射性污染防治设施应当与核设施主体工程同时验收，验收合格的，主体工程方可投入生产或者使用；新建、改建、扩建的放射工作场所的放射防护设施应当与主体工程同时设计、同时施工、同时投入使用。

（3）辐射环境监测制度

《放射性污染防治法》从法律层面强化了辐射环境监测制度。监测包括一般环境质量监测、针对重要污染源的监督性监测、事故应急监测，为此国家组建了广泛的辐射环境监测网络。

该法规定国务院环境保护行政主管部门会同其他有关部门组织环境监测网络，对放射性污染实施监测管理。规定国家对从事放射性污染防治的专业人员实行资格管理制度；对从事放射性污染监测工作的机构实行资质管理制度。规定核设施营运单位应当对核设施周围环境实施监测，并定期向政府环境保护行政主管部门报告监测结果，环境保护行政主管部门负责对重要核设施实施监督性监测。规定铀（钍）矿开发利用单位应当对铀（钍）矿的流出物和周围的环境实施监测，并定期向政府环境保护行政主管部门报告监测结果。

《放射性污染防治法》的辐射环境监测制度是在总结我国辐射监测实践经验的基础上做出的规定，具有核设施营运单位自行监测与国家监督性监测相结合的特点，兼具环境质量监测和污染监督性监测两个方面，并实现了环境监测网络化。

（4）人员资质管理制度

根据《环境保护法》和《中华人民共和国民用核设施安全监督管理条例》对人员管理的有关规定，2002年人事部与国家环境保护总局联合出台《注册核安全工程师执业资格制度暂行规定》，正式实行注册核安全工程师执业资格制度，并纳入国家专业技术人员职业资格证书制度，实行统一规划管理。根据暂行规定，核与辐射安全关键岗位的从业人员首先满足人事部、国家环境保护总局规定的条件，通过人事部组织的注册核安全工程师执业资格考试，才能取得《注册核安全工程师执业资格证书》。注册核安全工程师注册有效期为两年。这一制度对加强全国核与辐射安全队伍的管理，提高相关专业技术人员的素质和水平具有十分重要的意义。2008年《民用核安全设备监督管理条例》实施，要求民用核安全设备制造、安装、无损检验单位和民用核设施营运单位，应当聘用取得民用核安全设备焊工、焊接操作工和无损检验人员资格证书的人员进行民用核安全设备焊接和无损检验活动。民用核安全设备焊工、焊接操作工由国务院核安全监管部门核准颁发资格证书。民用核安全设备无损检验人员由国务院核行业主管部门按照国务院核安全监管部门的规定统一组织考核，经国务院核安全监管部门核准，由国务院核行业主管部门颁发资格证书。无损检验结果报告经取得相应资格证书的无损检验人员签字方为有效，民用核安全设备无损检验单位和无损检验人员对无损检验结果报告负责。对于聘用未取得相应资格证书的人员进行民用核安全设备焊接和无损检验活动的单位，处10万元以上50万元以下的罚款，逾期不改正的，或暂扣或者吊销许可证，民用核安全设备焊工、焊接操作工违反操作规程导致严重焊接质量问题的，由国务院核安全监管部门吊销其资格证书。民用核安全设备无损检验人员违反操作规程导致无损检验结果报告严重错误的，由国务院核行业主管部门吊销其资格证书，或者由国务院核安全监管部门责令其停止民用核安全设备无损检验活动并提请国务院核行业主管部门吊销资格证书。

3.4.3 快速发展（2008.3—2014.4）

按照中央关于编制第十二个五年规划的总体要求，核安全规划列入由国务院批准的专项规划之一。2011年3月16日，国务院针对福岛核事故召开147次常务会议，要求充分认识核安全的重要性和紧迫性，抓紧编制核安全规划。环境保护部会同有关部门立即组织精干力量，全面推进核安全规划编制工作。编制工作经过规划资料收集、整理和分析形成了征求意见稿，先后两次大范围征求各有关部门、相关企事业单位和地方环保部门的意见，并与国家发展和改革委员会、财政部、国家能源局、国防科工局、解放军环保局等部门分别召开座谈会，就规划范围、体制机制、投资金额等进行了深入沟通并达成共识。2012年9月，国务院批复了《核安全与放射性污染防治"十二五"规划及2020年远景目标》（以下简称《核安全规划》）。该规划的颁布和实施对于推动我国核能开发和核技术利用事业安全、健康、可持续发展具有十分重要的意义，是指导我国核能开发核技术利用事业安全健康可持续发展的一份纲领性文件。其总结了我国过去在核与辐射安全方面所做的工作和取得的成绩，明确了我国今后一个时期核安全与放射性污染防治工作的指导思想、基本原则和工作目标，全面覆盖核与辐射安全的各个领域、各个环节，对提高我国核安全水平，保障环境安全和公众健康，推动核能与核技术利用事业安全、健康、可持续发展具有积极的意义。

核安全与放射性污染防治工作的基本原则是预防为主，纵深防御；新老并重，防治结合；依靠科技，持续改进；坚持法治，严格监管；公开透明，协调发展。

《核安全规划》确定的总体目标是进一步提高核设施与核技术利用装置安全水平，明显降低辐射环境安全风险，基本形成事故防御、污染治理、科技创新、应急响应和安全监管能力，保障核安全、环境安全和公众健康，辐射环境质量保持良好。同时提出了在核设施安全水平提高、核技术利用装置安全水平提高、辐射环境安全风险降低、事故防御、污染治理、科技创新、应急响应、安全监管8个方面的具体目标。

在核设施安全水平提高方面，运行核电机组安全性能指标保持在良好状态，并达到国际中上等水平，避免发生2级事件，确保不发生3级及以上事件和事故；新建核电机组具备较完善的严重事故预防和缓解措施，每堆年发生严重堆芯损坏事件的概率低于十万分之一，每堆年发生大量放射性物质释放事件的概率低于百万分之一；消除研究堆、核燃料循环设施重大安全隐患，确保运行安全。

在核技术利用装置安全水平提高方面，放射性同位素和射线装置100%落实许可证管理；放射源辐射事故年发生率低于每万枚2.0起；有效控制重特大辐射事故的发生。

在辐射环境安全风险降低方面，基本消除历史遗留中、低放废液的安全风险；完成部分早期核设施退役；基本完成铀矿冶环境综合治理。

在事故防御方面，完成运行和在建核电厂、研究堆、核燃料循环设施的安全改造，提高核设施抵御外部事件、预防和缓解严重事故的能力。

在污染治理方面，建设与核工业发展水平相适应的、先进高效的放射性污染治理和废物处理体系，基本建成与核工业发展配套的中、低放废物处置场。

在科技创新方面，完善核安全与放射性污染防治科技创新平台，培养一批领军人才，突破一批关键技术。

在应急响应方面，强化各级政府和有关单位的应急指挥、应急响应、应急监测、应急技术支持能力建设，形成统一调度的核事故应急工程抢险力量，充实应急物资及装备配置。

在安全监管方面，基本建成国家核与辐射安全监管技术研发基地，构建监管技术支撑平台，初步具备相对独立、较为完整的安全分析评价、校核计算和实验验证能力；建成全国辐射环境监测网络，国家、省级辐射环境监测能力100%达到能力建设标准。

《核安全规划》描绘了核安全与放射性污染防治工作 2020 年远景目标：运行和在建核设施安全水平持续提高，"十三五"及以后新建核电机组力争实现从设计上实际消除大量放射性物质释放的可能性。全面开展放射性污染治理，早期核设施退役取得明显成效，基本消除历史遗留放射性废物的安全风险，完成高放废物处理处置顶层设计并建成地下实验室。全面建成国家核与辐射安全监管技术研发基地和全国辐射环境监测体系。形成功能齐全、反应灵敏、运转高效的核与辐射事故应急响应体系。到 2020 年，核电安全保持国际先进水平，核安全与放射性污染防治水平全面提升，辐射环境质量保持良好。

《核安全规划》全面部署了 9 项重点任务，包括：一是强化纵深防御，确保核电厂运行安全；二是加强整改，消除研究堆和核燃料循环设施安全隐患；三是严格安全管理，规范核技术利用；四是加强铀矿冶治理，保障环境安全；五是加快早期设施退役和废物治理，降低安全风险；六是强化质量保证，提高设备可靠性；七是推动科技进步，促进安全持续升级；八是完善应急体系，有效应对突发事件；九是夯实基础能力，提升监管水平。

为实现规划目标，《核安全规划》部署实施安全改进、污染治理、科技创新、应急保障和监管能力建设等 5 项重点工程。为提高重点工程实施效果，环境保护部会同有关部门建立重点项目库，实行动态管理，由各相关部门按职能分工指导各地区分别在年度计划中予以落实。各级政府按照事权划分，重点对公益性科研教育设施的核安全改进、应急保障和核安全监管能力建设、环境放射性污染治理、核安全科技研发等方面给予资金支持。

3.5　核与辐射安全监管成效

3.5.1　起步探索（1984.7—1998.2）

（1）辐射环境管理

1983 年城乡建设环境保护部组织开展天然放射性调查，之后又开展了全国放射性污染源调查工作。通过调查基本掌握了全国放射性本底和放射性污染源的数量及其行业与地区分布，重点放射源的种类、放射性"三废"排放方式、对环境的污染情况与治理的现状，发现了以往管理中存在的问题并为监督管理提出了对策和建议。针对污染源的情况，1987 年 7 月国家环保局颁发了《城市放射性废物管理办法》，为城市放射性废物库建成后的运行提供了准则。

我国从 1990 年起逐步开展辐射环境质量监测工作。到 1997 年底，全国有 26 个省市对辖区内重点城市实施了辐射环境质量监测工作，90%以上的省市编制了辐射环境质量年报。1997 年 9 月，浙江省放射性监测站受国家环境保护局核环境管理办公室委托，首次编写并出版了《1996 年度全国辐射环境质量报告书》，并完成了《"九五"全国辐射环境质量报告书》编制等，对全国辐射环境质量状况及变化趋势进行了初步分析。

（2）核安全研究

国家"六五"计划期间（1981—1985 年），根据我国民用核能发展的需要，国家科委将核安全技术研究列入"六五"能源开发研究攻关项目计划中，拨专款组织实施，并特别注意大型核电厂的安全问题。

"七五"计划期间（1986—1990 年），随着我国核电事业的发展，核安全问题更为突出，国家计委和国家科委决定，将"核安全技术研究"列入"七五"国家重点科技攻关计划，投资 1 761 万元，由国家核安全局主持实施。国家核安全局分别与中国核工业总公司、机电部、国家教委、中科院、中国人民解放军、建设部、农业部等 14 个部门的 38 个单位签订了 91 个"七五"科研攻关技术合同，组织、调动地方和军队 800 多名中、高级科技人员协同攻关，在我国核安全法规、核安全分析技术、核安全审评技术和核电厂监督技术中的主要关键技术等领域取得了一批成果，满足了我国核电发展当时阶段对核安全监督管理技术的需要。

"八五"计划期间（1991—1995 年），国家核安全局重点主持开展了《600 MW 核电站关键技术和成套装备研制》《低温核供热堆综合技术研究》两项国家重点攻关项目的 47 个专题的研究，机械工业部、中国核工业总公司、化工部等部门所属 18 个研究院所、大专院校承担了攻关任务。"八五"科技攻关的成果在核电厂的设计、运行和低温核供热堆的设计、审评中得到了充分应用，同时为制定核供热堆的安全法规奠定了基础。

"九五"计划期间（1996—2000 年），国家核安全局加大了对运行核设施的安全研究的力度，围绕《核设施运行安全监督管理技术》课题开展了 15 个专题的研究，主要包括《核电厂运行经验反馈系统》《核电厂停堆工况下的安全评价》《核电厂换料安全评价》《堆外临界安全》《核燃料循环概率安全分析》《研究堆设计基准事故和严重事故》等，为国家核安全局加强对运行核设施的安全管理，确保运行核设施的安全提供了有力的支持。此外，列入"863 计划"的高温气冷堆安全管理研究课题的开展，为高温气冷堆的核安全管理提供了基础。

3.5.2 整合提高（1998.3—2008.2）

（1）辐射环境管理

1998 年以后，辐射环境管理职能得到了统一和整合，包括放射环境管理和电磁辐射管理。国家核安全局对辐射环境管理的主要手段包括环境影响评价、建设项目竣工环境保护验收、辐射环境监测及监督执法。国家核安全局不断完善全国辐射环境监测网络建设，对重点核设施进行流出物监测和辐射环境监督性监测，对全国辐射环境质量进行监测，使我国辐射环境监测工作从弱到强，得到了比较全面的发展。

依据《中华人民共和国放射性污染防治法》，国家环境保护总局对全国的放射性污染防治工作依法实施统一监督管理，不断健全全国辐射环境监督体系，全面开展了辐射环境监测工作。部分省级环保部门建立了核电厂外围连续监测系统，加强了对重点辐射污染源及其流出物的监督性监测，浙江、广东和江苏省辐射监测站分别对秦山、大亚湾和田湾核电厂周围环境连续进行了监督性监测，对核电厂液态流出物进行不定期抽样监测，为监管部门决策提供技术支持，为公众提供可靠可信的环境监测信息；北京、辽宁、内蒙古、江苏、浙江、四川、甘肃等省、市、自治区对其他核设施和伴生放射性矿物资源开发利用企业亦开展了监督性监测。

2002—2005 年，国家环境保护总局组织开展了总投资为 1.07 亿元的全国辐射环境监测 "一网络两中心项目"即全国辐射环境监测网络、辐射环境监测技术中心、核与辐射事故应急技术中心的建设，推进了我国辐射环境监测体系性建设，监测能力得到大幅度提高。2005 年，国家环境保护总局辐射环境监测技术中心 5 800 m² 的实验室投入使用，配置了约 150 台（套）电离、电磁辐射监测仪器设备，各项工作全面展开；国家环境保护总局核与辐射事故应急技术中心项目 2006 年 2 月投入使用；31 个一级站（省、市、自治区）和 2 个二级站（包头和青岛）初具规模，构成了全国辐射环境监测网络；投资 0.7 亿元的反恐和污染事故应急能力建设项目（涉及核与辐射安全）得到实施。自 2006 年开始，全国辐射环境监测继续得到国家财政专项资金支持，通过项目实施，国家辐射环境监测网络体系得到进一步完善，能够及时掌握区域内辐射环境的动态水平及其变化并预警辐射污染事故。其中，"辐射环境质量监测"第一批国控点包括 25 个辐射环境自动监测站、318 个陆地辐射监测点、70 个水体监测点、175 个土壤监测点。"重点核与辐射设施周围核环境安全预警"辐射环境监测主要对象为包括秦山核电基地在内的 8 个综合核基地、2 个微型反应堆、5 座铀矿山、4 个核燃料加工处理设施、2 个国家放射性废物处置场以及各省市核技术利用项目中的Ⅰ类放射源和Ⅰ类射线装置、甲级实验室等。

大部分省级环保部门建立了辐射事故应急监测队伍，编制了相关应急方案，在处理北京、辽宁、吉林、内蒙古、广东、湖北、甘肃、云南、四川、贵州、新疆等省、市、自治区发生的放射源丢失事故、进口废钢材放射性污染事件中，辐射应急监测队伍及时提供监测数据，为妥善处理辐射事故，维护社会安定、促进核技术应用事业健康发展作出了重要贡献。

（2）辐射安全

在核技术利用产业快速发展、放射性同位素与射线装置应用不断增长的情况下，各级环保部门依据《放射性同位素与射线装置安全和防护条例》，以环境影响评价和辐射安全许可为切入点，不断加强对放射性同位素和射线装置的安全监管，涉源单位的辐射安全管理得到持续改善，取得了显著成绩。主要包括：补充制定了一批部门规章、法规标准及规范性文件；开展了清查放射源专项行动，摸清了全国放射源底数，发现了安全隐患，并提出了整改要求；建立了七个辐射安全培训中心，开展了辐射安全与防护知识培训；建立健全了中央和省级监管机构，加强了辐射安全监督检查；辐射事故发生率较前期有明显降低。

中央机构编制委员会办公室将放射源的统一监管的职能划归环保部门后，为摸清全国放射源的底数，在 2004 年 4 月至 12 月期间，国家环境保护总局（国家核安全局）会同卫生部、公安部在全国范围内开展"清查放射源，让百姓放心"专项行动。此次专项行动达到了"查清底数，收贮废源，消除隐患"的预期目的，取得了"调整职能，建章立制，健全机构，提高能力"的效果。

专项行动期间，通过现场检查，查找和消除了放射源安全隐患，对存在严重安全隐患的单位责令进行了限期整改，对违反国家有关规定的单位实施行政处罚。专项行动促进了放射源综合监管职能从卫生部门向环保部门的顺利交接，为建立新的放射源管理机制提供了数据支持，加强了辐射环境监管队伍的建设，提高了公众对放射源的科学认识，解决了放射源安全管理的突出问题，减少了使公众受放射源伤害的风险，基本实现了"让百姓放心"的目标，是辐射安全管理的一次重要举措。

（3）核与辐射事故应急

为做好核与辐射事故应急准备与响应工作，国家环境保护总局（国家核安全局）按照"常备不懈、积极兼容、统一指挥、大力协同、保护公众、保护环境"的核应急管理方针，不断完善核应急方面的法律法规，编制印发了《国家环境保护总局核事故应急预案》和《国家环境保护总局辐射事故应急预案》，修订了《核动力营运单位的应急准备》、和《民用核燃料循环设施应急计划》两个核安全导则，强化了对民用核设施应急准备与响应工作的监督检查，加强了核事故应急基础能力建设。

2006年10月，东北亚发生紧急核事件，国家环境保护总局（国家核安全局）核应急领导小组宣布针对该事件进入二级应急状态，国家核安全局随即启动技术专家组、常设组以及后勤保障组，要求各应急响应组织按照各自职责与分工立即开展工作，为党中央、国务院决策提供第一手测量分析数据。

（4）放射性废物管理

国家核安全局根据《放射性污染防治法》制定了配套的"放射性废物管理法规标准体系"，并完成放射性废物处理和处置"十一五"规划草案。国家批复投资5.5亿元的全国城市放射性废物库新建、改建、扩建工程，建设内容包括：新建23座、扩建5座、改造4座放射性废物库；新建24个、改造3个配套实验室；对各省市区已经收贮的放射源及放射性废物进行最终处置；添置仪器装备等。到2008年初，北京、天津、新疆等3市、区已完成放射性废物库建设，山西、黑龙江、浙江、湖南、重庆、四川、青海、宁夏等8省（区、市）的废物库和国家最终处置库已开工建设；浙江、北京、天津、安徽、四川等省市的24 895枚废源和383.5 m³放射性废物已安全运至西北国家处置库；天津、黑龙江、上海、青海四省市实验室建设已完工；山西、辽宁、安徽、福建、江西、湖南、重庆、四川、贵州、甘肃等10省市实验室已开工建设。对核工业中低放废物处置场新址选址工作正在进行；对高放废物处置场选址的前期准备工作全面开展。

此外，全国十四个省市自治区开展了铀矿冶放射性污染防治专项行动，加强了对核工业企业、研究院所、高等院校放射性废物处理处置设施，核设施退役活动等的监测和监管。

（5）人员资质管理

2002年11月颁布的《注册核安全工程师执业资格制度暂行规定》标志着注册核安全工程师制度的正式建立。为了保证该制度的顺利实施，2003年，核与辐射安全中心设立了核安全执业资格注册办公室，随后制定了《注册核安全工程师执业资格考核认定办法》《注册核安全工程师执业资格注册管理暂行办法》《注册核安全工程师执业资格关键岗位和职责的暂行规定》等规范性文件。2004年6月25日《全国注册核安全工程师执业资格考试大纲》经人事部审定、国家环境保护总局批准出版发行。2004年11月20日至21日，首次注册核安全工程师执业资格考试顺利举行，标志着注册核安全工程师执业资格制度进入全面实施阶段，从而强化了核安全监管机构对核与辐射安全关键技术岗位人员资质的管理。

2008 年依据《民用核安全设备监督管理条例》，国家核安全局开始核准颁发民用核安全设备焊工、焊接操作工资格证书。

3.5.3 快速发展（2008.3—2014.4）

（1）基本健全辐射环境管理格局

辐射环境监测是核与辐射安全监管的基础性工作，是核与辐射应急决策的有力支撑。随着经济、社会与科技等方面不断发展，辐射环境监测工作面临新的机遇和挑战，辐射环境质量监测和监督性监测、应急监测与应急响应、监测结果评价与信息公开等工作需回应新的要求。因此国家对辐射环境监测工作也愈加重视。中央政府不断加大对核与辐射安全监管能力建设的投入力度，整合技术支持单位力量，2012 年浙江省辐射环境监测站挂牌为环境保护部辐射环境监测技术中心，人员编制从原来的 65 个加到 100 个，升格为副厅级单位，接受环保部和浙江省环保厅双重管理，实现了"改名、增编、升格、双管"历史性跨越。同时对核与辐射事故应急技术中心（核与辐射安全中心）进行了升级改造，进一步充实和加强了对地区监督站的支持，推进了地方环保部门辐射环境管理机构的建设。

全国辐射环境监测网络包括环境保护部辐射环境监测技术中心、环境保护部核与辐射应急技术中心、环境保护部 6 个地区监督站、31 个省市自治区辐射环境监测机构、青岛市环境监测中心站共 40 个单位，106 个地市级的辐射环境监测监管机构，形成了国家、省（市）及部分地市组成的三级辐射环境监测管理体系。环境保护部辐射环境监测技术中心负责全国辐射环境监测网络管理和日常运行的技术支持；环境保护部核与辐射安全中心承担环境保护部核与辐射事故应急以及反恐应急监测工作；6 个地区监督站负责由环境保护部直接监管的核设施和核技术利用项目辐射监测工作的监督及必要的现场监督性监测；31 个省级辐射环境监测机构负责辖区内省级辐射环境监测网络的管理。截至 2012 年底，全国 31 个省（区、市）均设置了独立的省级辐射环境监测机构（以下简称"辐射站"），并有 106 个地市设立了专门的辐射站，也承担了辖区内辐射污染源的监督性监测和辐射环境质量监测。

应急监测方面，核与辐射突发事件预警和应急监测系统建设得到加强，完成重要核设施共 21 个在线预警监测点和 4 个数据汇总中心的建设，初步形成重要核设施辐射环境预警监测网络。加强核与辐射事故情况下现场监测和核素分析能力，为部分地区核辐射安全监督站和省辐射站配置了现场应急监测车和车载移动实验室。

经过近 30 年的努力，我国辐射环境监测和管理工作取得了长足的进步，建立了全国辐射环境监测体系，获得了大量监测数据，基本掌握了我国辐射环境现状。全国辐射环境监测网"组织网络化、管理程序化、技术规范化、方法标准化、装备现代化、质量保证系统化"的总体目标正在逐步实施。

（2）推广使用辐射安全管理系统

IAEA 于 1998 年 9 月在法国召开了放射源安全和放射性物质安全保障国际会议，将加强放射源及核技术应用中的安全管理列为 IAEA 支持成员国辐射防护基础结构的优先发展项目和示范项目，明确指出建立辐射源管理信息数据库是加强辐射源及核技术应用中的辐射安全管理的重要内容，并开发了"辐射源监管信息系统"（Regulatory Authority Information System，RAIS）。国家核安全局于 2004 年 7 月委托核安全中心进行了试用、汉化，并在 2004 年"清查放射源，让百姓放心"专项行动后开始全面使用该系统，RAIS 系统为我国环保部门在辐射源管理初期提供了很好的工具和手段。

但由于使用环境、管理内容、功能设计及单机操作等原因，RAIS 在应用过程中逐渐难以满足我国辐射源安全监管的实际需求。针对我国核技术利用辐射源监管存在的问题，环境保护部发布了"十一五"国家科技支撑计划重点项目"放射源监管和处置若干关键技术研究"，其中，"网络化放射源监管系统"作为其子课题之一，其目的是开发符合我国管理需求、采用大型数据库为基础、具有网络化管理功能的监管系统。该系统于 2008 年开始建设，2010 年 6 月正式上线在全国推广运行。该系统对我国的核技术利用单位以及放射源生产、销售、转让、进出口、异地使用、回收、收贮等各个环节的动态跟踪管理发挥了重要的作用，切实提高了辐射安全监管效率和水平，实现了辐射安全动态、全寿期监管。

（3）持续推进放射性废物暂存及处置设施建设

在前一段工作基础上，全国城市放射性废物库建设项目全面完成。新建 23 座、扩建 5 座、改造 4 座放射性废物库；新建 24 个、改造 3 个配套实验室；对各省市区已经收贮的放射源及放射性废物进行最终处置和添置仪器装备。至 2012 年，全国城市放射性废物库已全部完成建设，通过验收并获得许可后投入运行。

2011 年，向西北低、中放废物处置场，北龙低、中放废物处置场颁发了运行许可证，2012 年对飞凤山低、中放射性废物处置场批复了建造阶段环评报告并颁发建造许可证。

（4）及时有效开展核与辐射应急响应

2008 年 5 月 12 日，四川汶川发生 8.0 级特大地震后，环境保护部（国家核安全局）第一时间启动了核与辐射事故应急预案，国家核安全局动员和调动各方面力量，统一指挥，群策群力，开展核与辐射应急响应。立即开展重点核设施周围环境监测，及时了解和掌握地震灾区各核设施的辐射装置情况，并现场指导有关单位加强民用核设施、辐照装置与放射源安全和应急响应。对四川地震受灾 6 州市的 228 家放射源使用单位、2 195 枚放射源进行了全面排查，并对放射源的安全状况进行了评估，紧急收贮了存在重大安全隐患及需要紧急集中收贮的放射源。积极部署灾后重建，开展了地震后在川核设施和辐照装置的安全评估和安全检验，掌握地震后在川核设施的安全状况。

为及时、高效、妥善处置北京奥运会期间可能发生的核与辐射恐怖袭击事件、确保奥运场馆和重要部位的辐射环境安全，环境保护部（国家核安全局）制定了《环境保护部北京奥运会期间处置核与辐射恐怖袭击事件应急实施方案》。2008 年 1—8 月，国家核安全局指导奥运相关城市做好奥运反"核恐"环境应急准备工作，在北京、天津、河北等地组织核与辐射安全中心、辐射监测技术中心等单位进行了多次单项和综合应急演习，并在 7—9 月组织应急车辆与人员在北京应急待命。同期，核安全管理司对运行的 6 个核电厂和 18 个在役运行研究堆进行了实体保卫和反"核恐"应急落实情况检查，进一步强化了核设施和反"核恐"应急能力。

2009 年 5 月，环境保护部（国家核安全局）核与辐射事故应急办公室针对东北亚地区发生的核事件召开了紧急会议，根据应急预案的规定，宣布辐射应急响应进入二级应急状态，本次应急响应工作全面展开。生态环境部核与辐射安全应急技术中心前方应急监测组当日携带必要的便携式监测设备赶赴山东省威海市，立即实施监测。各监测组的监测结果，核事件未对我国环境造成影响，依据应急预案，应急状态降低为三级。6 月 22 日，环境保护部（国家核安全局）核与辐射事故应急办公室宣布此次应急响应终止。

针对 2010 年上海世博会，国家核安全局开展了核与辐射反恐的督导检查和技术支撑等工作。世博会期间，由上海核与辐射安全监督站牵头，建立了华东六省一市区域核与辐射反恐应急协调机制，组织编制了《上海世博会辐射事故应急监测方案》。调配辐射环境应急监测车及监测组分别入驻上海等地执行了为期近七个月的应急备勤任务。在具体工作中，注重舆情信息收集研判，强化报告制度，加强应急值守和应急演练，有效应对各类核与辐射突发事件，圆满完成了重大活动的反恐安保备勤任务。

2010 年 4 月青海玉树地震后，以及 8 月甘肃舟曲泥石流灾害发生后，国家核安全局分别及时响应、协调指导核与辐射应急救援工作，切实保障受灾地区核与辐射安全。

2011 年 3 月 11 日，日本东北部发生 9.0 级地震，引发大规模海啸导致发生福岛核事故，环境保护部（国家核安全局）组织相关单位迅速开展了辐射环境应急监测工作，及时向党中央、国务院汇报情况，积极开展公开信息、公众宣传工作，圆满完成了监测和应急任务。

2013 年 2 月，国家核安全局针对东北亚地区核事件，迅速启动预案，组建前沿指挥部。指挥和协调相关省环保部门及核与辐射安全中心、辐射环境监测技术中心、东北监督站等单位，开展了辐射环境应急监测、信息公开和舆论引导等相关工作，有效缓解了我国边境区域民众的紧张情绪，为广大人民群众安静祥和过春节提供了坚实保障，得到了党中央、国务院的充分肯定。

（5）积极推进研发基地建设

国家核与辐射安全监管技术研发基地（以下简称"核安全研发基地"）建设是环境保护部、国家核安全局发展战略之一，是加强核与辐射安全监管能力建设的重要举措，是保障我国核能开发和核技术利用事业安全健康可持续发展的客观需要。

2011 年，国务院在《关于加强环境保护重点工作的意见》中明确指出，要"推动国家核与辐射安全监管技术研发基地建设，构建监管技术支撑平台"。2011 年 12 月，国务院下发《国家环境保护"十二五"规划》（国发〔2011〕42 号），将核与安全研发基地建设作为"十二五"环境保护重点工程之一。2011 年和 2012 年，国家核安全局先后与中核集团和房山区政府签署《关于加强核与辐射安全研究开发战略合作协议》和《国家核与辐射安全监管技术研发基地落地协议》。截至 2014 年 4 月，核安全基地整体建设项目已正式获得环保部立项批复，核安全研发基地建设子项目已获得国家发改委的立项批复。

基地位于北京市房山区长阳镇，建设项目占地约 218 亩。2013 年 2 月，基地整体项目建议书获得国家发改委批准，批复总建筑面积为 92 957 m^2，基本建设投资 74 886 万元，取得了阶段性突破。核安全基地计划新建 6 大科研验证实验室与 4 项共用配套设施等 10

个重点工程项目，涉及核设施、核安全设备、核技术利用项目、铀（钍）矿伴生放射性矿、放射性废物、放射性物品运输、电磁辐射装置和电磁辐射环境监管以及核材料管制与实物保护等主要方面，覆盖选址、设计、建造、调试、运行、退役等所有环节。

项目实施后，将形成独立分析和实验/试验验证、信息共享、交流培训三大平台，具备为法规标准制定、技术审评、应急响应反恐、监测、监督等活动提供独立、科学、公正支撑的能力，加强核安全相关基础性、先导性、前瞻性技术的研究与应用，加强核设施与核安全设备等监管能力建设，加强核安全应急响应能力建设，加强核与辐射安全监管专业人才培训与技术交流，努力打造国家级核与辐射安全监管技术研发战略基地，为我国核与辐射安全监管能力达到国际先进水平，为我国核能和核技术利用事业走向世界奠定安全、坚实的基础。

（6）不断加强公众沟通

公众的理解与支持是核能、核技术利用可持续发展的重要保障。国家核安全局一直稳步推进核与辐射安全公众沟通工作，尤其是福岛核事故后，以徐大堡核电厂为试点积极推进新建核电厂公众沟通工作，积极促进我国公众理性客观科学地认识核能与核安全，并倡导建立中央督导、地方主导、企业作为、社会参与的核与辐射安全公众沟通体系，健全沟通协调、信息收集与反馈、信息主动发布、专家解读等工作机制。

2011—2012 年，国家核安全局陆续发布《核与辐射安全监管信息的公开方案》《关于加强核电厂核与辐射安全信息公开的通知》《关于加强核与辐射安全公众宣传与信息公开工作的通知》等文件，并制订了相应的工作程序和办法，基本构建起核与辐射安全监管系统信息公开工作体系。同时，国家核安全局组织开展了一系列务实有效的公众沟通活动。

2014 年，第十二届全国人民代表大会常务委员会第八次会议最新修订的《环境保护法》创新性地首次将"信息公开与公众参与"单独成章，列为新法七章之一，国家对公众环境权益的日趋重视，将进一步推动环境保护公众参与机制逐渐完善。

3.6　新时代的核与辐射安全监管

在中央财经领导小组第六次会议上，习近平总书记就我国能源安全战略指出，能源安全是关系国家经济社会发展的全局性、战略性问题，对国家繁荣发展、人民生活改善、社会长治久安至关重要。面对能源供需格局新变化、国际能源发展新趋势，保障国家能源安全必须推动能源生产和消费革命。要着力发展非煤能源，形成煤、油、气、核、新能源、可再生能源多轮驱动的能源供应体系。

我国已是世界上最大的能源生产国和消费国，随着现代化建设深入推进和人民生活不断改善，未来相当长一段时间内，我国能源需求将呈刚性增长，核电的稳定性、经济性和高能量密度的特点使其成为增加电力供应、调整能源结构、优化化石资源利用的重要选项。

在核事业蓬勃发展、党和国家对核安全高度重视的重要历史时期，核与辐射安全监管面临的挑战前所未有、肩负的责任前所未有、承载的使命也前所未有。面对党和国家的更高要求、核事业发展的客观需求和监管能力提升的不懈追求，核与辐射安全监管机构将按照习近平主席"坚定不移增强自身核安全能力，加强核安全政府监管能力建设"的总体部署，立足当前、着眼长远，夯实机构队伍、法规制度、技术能力、精神文化四块基石，强化审评许可、监督执法、监测应急、安全文化、技术研发、公共宣传、国际合作、基础保障八项支撑，构建核与辐射安全监管的"四梁八柱"，不断推动核安全监管体系与监管能力现代化。

3.6.1　核与辐射安全监管四块基石

机构队伍、法规制度、技术能力、精神文化是核安全监管大厦的四块基石。只有四块基石扎根牢固、稳如磐石，监管大厦才能屹立不倒、坚不可摧。未来必须一如既往地持续、努力夯实四块基石，不断推动核安全监管体系与监管能力的现代化建设。

（1）夯实机构队伍基石

致力于建立隶属于环境保护部的相对独立的国家核安全监管机构，赋予其相对独立的人事权、财务权，为独立开展核安全监管做好保障。完善"三位一体"的监管组织体系，加强部机关的领导协调作用，发挥地方监督站的信息反馈、监督检查和执法作用，提高技术支持单位的技术支撑作用，尤其要加强技术审评、经验反馈、应急响应、技术研发、政策研究、法规标准研究等领域的组织机构体系建设，发挥支撑作用，并为后续发展打下组织基础。

（2）夯实技术能力基石

核安全监管责任由中央政府监管部门直接承担。这就要求中央本级的核安全监管工作要进行微观管理，具有极强的专业技术性，监管机构要直接对核设施的设计和运行参数进行独立分析、计算和验证。地区核与辐射安全监督站实时监控具体核设施的系统、设备、参数和工序，对具体核设施的核安全状况进行密切监视，确保核安全。这就要求国家核安全局不断提升技术能力，以完成法律赋予的监管责任。

通过建设核与辐射安全监管技术研发基地项目，形成独立分析和实验验证、信息共享、交流培训三大平台，为法规标准制定、技术审评、应急响应、反恐、监测、监督等活动提供独立、科学、公正的技术支撑。

（3）夯实法规制度基石

完善以《原子能法》《核安全法》和《放射性污染防治法》为统领的涉核领域法律法规顶层设计。现有的《放射性污染防治法》从环境保护的角度对核安全做出了规定；制定《核安全法》，作为核安全领域的基础性法律；制定《原子能法》，作为核工业发展领域的基础性法律。三部法律分别从环境保护、核安全管理和产业发展的不同角度，形成有机整体，统领我国涉核法律法规体系。

以《核安全法》为龙头，推动条例、规章、导则等各层次规范性文件的制修订工作，进一步完善核安全法规体系。改变以往法规的制修订模式，我国核安全法规不再随国际原子能机构（IAEA）安全标准的修改而进行"推倒重来"式的修订，而是要深入研究 IAEA 安全标准修改的实质，以现有法规为基础，总结、归纳、吸收 IAEA 最新安全标准要求，采用局部修订的方式对核安全法规进行升版。

建立起法规和标准相互协调的核安全法规标准体系。为此，需要厘清两套体系的关系，确定两套体系的界限，形成协调、完善的核安全法规标准体系。

（4）夯实精神文化基石

核安全监管系统的精神文化内涵丰富、意义重大，是整个核安全队伍长盛不衰的保障。精神文化基石的核心是坚持理性、协调、并进的核安全观，倡导和培育科学、理性的全社会核安全文化。核安全首先是科学范畴的问题，是可以被认知和把握的，要防止对核安全的盲目乐观态度，也要防止对核安全失去信心的武断否定错误。要坚持全面的协调，处理好各方面的关系，做到协调并存；要坚持持久的并进，让各种积极因素共同发挥作用，持续改进、同步提高。

核安全监管部门要培育核安全文化，倡导核安全文化，逐步提升安全意识。核安全文化强调人的作用，人才是核安全的基础和根本。核安全文化是涉核企业管理文化的灵魂，是涉核企业健康发展的源泉，是核设施安全运行的生命线。核安全文化的核心是制度、理念、态度和作风，要求每个人都要做到认真、严谨、怀疑、保守。要把加强核安全文化教育和建设作为企业的重点工作，努力把"安全第一"转变为从业人员的自觉行动和要求，全面提高核安全相关人员的核安全文化素养，使每一个从事核安全相关工作的从业者都成为核安全的一道屏障。

3.6.2 核与辐射安全监管八项支撑

探索核与辐射安全监管新思路，必须进行理念创新。我国核与辐射安全监管近 40 年的发展历程，承载着核与辐射安全监管从业人员丰富的实践经验、理论成果和优良传统。我国核与辐射安全监管法规体系、模式机制等方面都借鉴了国际先进经验，充分发挥了"后发优势""洋为中用"，加强研究外部经验做法与中国国情的相适性。要做到打破成规、力求突破，建设适合我国核与辐射安全监管的大厦，还必须构筑并强化以下八项支撑。

（1）审评许可支撑

许可证制度是我国核安全监管的基本制度，是明确核安全要求、落实核安全责任的根本制度。许可证涉及核安全有关的各类活动，如核设施选址、制造、建造、调试、运行、退役、核材料持有、使用、生产、储存、运输和处置等。近年来，我国核电进入高速发展时期，由于投资主体的多元化和运营的专业化，核电厂的实际运营管理存在多种模式。由于核安全问题贯穿核电厂的选址、设计、建造、运行、退役等整个寿期，不同阶段的核安全问题可能会相互影响，因此，必须有一个明确的核安全责任承担者，确保落实全过程的核安全责任，保证核电厂建造、运行的质量与安全。需要对当前的许可证管理模式进行深入的研究探索、机制创新，确保监管与实际发展相适应，切实保障核安全。

审评是许可的前置条件，是核安全许可的重要环节。要借鉴国际标准审查大纲，建立适合我国核安全监管的审评方法体系。采取有效措施，着力提高独立验证与校核计算、核设施概率安全分析、核电厂安全性能试验、研究堆安全评价、核设施反恐应急和事故后果评价预测等各项能力。

（2）监督执法支撑

国家核安全局及其派出机构向核电厂选址、制造、建造和运行现场派驻监督组（员）执行核安全监督任务。在监督过程中要不断优化监督检查方法，提高监督检查覆盖范围和结果的代表性；进一步推动监督检查大纲和程序的标准化；进一步完善监督机制、加大监督检查力度，争取及时、全面地发现各种不利于安全的因素，不放过任何安全隐患；进一步完善反馈机制，实现监督经验共享；密切跟踪技术输出国的监管技术发展，研究开发适应新型反应堆的监督检查方式和方法。加强核安全设备监督、放射性物品运输安全监督、放射性废物安全监督、核技术利用安全监督等能力建设。

加强执法能力建设，建立完善的执法工作程序，强化执法人员的执法培训，配备合适的执法装备。在执法过程中要坚持依法从严的原则。执法的严肃性是工作有效性的保证，一定要在查清事实的基础上依法依规处理，对于带有主观故意倾向的违法行为，除了对所在单位予以行政处罚外，还必须落实责任、处理到人。

（3）监测应急支撑

加强全国辐射监测能力，完善全国辐射环境质量监测、核设施监督性监测及辐射环境应急监测体系，具备全面掌握全国辐射环境质量水平并开展评价的能力，具备应对核事故的辐射环境应急监测能力。

完善应急体系，有效应对突发事件。根据"常备不懈、积极兼容、平战结合"原则，完善应急管理体系，建立综合协调、功能齐全、反应灵敏、运转高效的应急准备和响应体系。加强严重事故应急准备和响应的研究，完成各级各类核事故应急计划（预案）的修订及评估工作。提高核事故的监测、预警、信息分析、后果评价、决策和指挥能力，加强核应急支援体系建设，建立统一指挥、调度的核事故应急响应专业队伍，进一步提高核事故应急响应能力，完成国家核与辐射事故应急物资及装备配置需求研究，完成相关配备，"十二五"末建成核电机组事故工况下堆芯损伤状况的实施评价专家系统。合理规范核电厂核事故应急计划区范围。强化地方政府的应急指挥、应急响应、应急监测、应急技术支持能力建设，制定并实施应急能力建设标准，配备必要的应急物资及装备，提高地方政府的应急水平。明确核电集团公司的应急职责，完善集团公司内部的应急支援制度。建立和完善集团公司应急支援制度。完成企业集团公司核应急资源储备和调配能力建设。

（4）文化培育支撑

坚持倡导和培育核安全文化，建立核安全文化评价体系，开展核安全文化评价活动；强化核能与核技术利用相关企事业单位的安全主体责任；大力培育核安全文化，提高全员责任意识，使各部门和单位的决策层、管理层、执行层都能将确保核安全作为自觉的行动。所有核活动相关单位都要建立并有效实施质量保证体系，按照核安全重要性对物项、服务或工艺进行分级管理，使所有影响质量和安全的活动得到有效控制。

加强文化传承，开展经验反馈体系建设。截至2014年上半年，我国运行核电厂经验反馈体系建设工作基本完成，基本具备上线试运行条件；在建核电厂建造事件管理和经验反馈信息系统已经建成并开始上线。下一步要积极开展经验反馈信息平台和建造质量事件信息管理系统的建设工作，并进行网络运行；编制《核电厂事件评价指南》；开发核电厂性能指标体系的公众版，制定核电厂性能指标向公众公开的实施方案；开展其他领域经验反馈体系研究并快速推进系统建设。

（5）技术研发支撑

加强政策引导，形成以国家投入为牵引、企业投入为主体的核安全技术创新机制。加大研究费用投入力度，纳入国家科技发展管理体系。鼓励企业开展核安全技术创新，加强新技术和新工艺的开发和使用，不断提高核设施安全水平。支持核安全技术科研单位的基础能力建设，充分整合、利用现有科研资源和重大专项渠道，在此基础上建立一批核安全相关技术研发平台。建立核与辐射安全监管技术研发基地，建设相关实验室、研究开发平台及各类程序软件库，增强监管技术支撑体系的专业性和权威性。

有针对性地开展核安全技术研发，集中力量突破制约发展的核安全关键技术，提升我国整体核安全水平。积极推进大型压水堆、高温气冷堆和乏燃料后处理重大专项安全技术科学研究和成果应用。重点开展反应堆安全、严重事故的预防与缓解、核电厂厂址安全、核电厂防止和缓解飞行物撞击措施、核安全设备质量可靠性、核燃料循环设施安全、核技术利用安全、放射性物品运输和实物保护、核应急与反恐、辐射环境影响评价及辐射照射控制、放射性废物治理和核设施退役安全等领域的技术研究，加强核安全管理技术和法规标准研究。

（6）公共宣传支撑

核安全公共宣传是保障公众环境权益实现的重要途径，也是持续增强公众对核安全信心的有效手段。做好公共宣传工作，对于创新核安全监管体系、促进核事业健康安全发展、建设生态文明具有重要的现实意义。

要在新形势下加强核安全公共宣传工作，要走融合发展、创新发展之路。工作思路上，要把公共宣传融合到国家安全、能源发展、社会稳定的大局中，融合到整个核安全工作中，融合到地方政府的宣传工作中，融合到企业的日常工作中。工作方法上要突出公共宣传、信息公开、公众参与、信息收集与反馈"四位一体"，全面开展和重点推进相结合，试点建设和总结提升相结合，事前准备和事后应对相结合。工作措施上，政府、企业、社会、公众各层面要齐抓共管，着力推进核安全公共宣传的规范化、机制化建设，完善法规制度，强化能力建设，整合各类资源，创新公共宣传的方式、方法和手段。

构建公开透明的信息交流平台，增加行业透明度。制定核设施信息公开制度，明确政府部门和营运单位信息发布的范围、责任和程序。提高公众在核设施选址、建造、运行和退役等过程中的参与度。在基础教育中增加核安全科普知识。建立长效的核安全教育宣传机制，满足公众对核安全相关信息的需求，增强公众对核能与核技术利用安全的了解和信心。完善核安全突发事件公共关系应对体系，及时权威发布相关信息，释疑解惑，消除不实信息的误导，维护社会稳定。

（7）国际合作支撑

加强国际合作，借鉴先进经验。密切跟踪国际核安全发展趋势，汲取国外先进的核安全管理和监督经验，促进我国核安全管理水平不断提高。加强合作研究、信息共享、经验反馈、培训交流、同行评估、应急响应与援助等领域的国际合作；加强核安全技术引进与合作开发；积极参与国际核安全标准的研究与制定，参照执行国际原子能机构制定的《核安全行动计划》。积极开展双边、多边和区域核安全交流与合作。积极履行《核安全公约》和《乏燃料管理安全和放射性废物管理安全联合公约》等相关国际公约。

（8）基础保障支撑

加强管理体制建设，倡导制度创新，优化和强化协调有效的核安全监管体系运转机制，实现体系运转的制度化、规范化、程序化。加强政策研究，继续完善以许可证制度为核心的制度体系，加快推进放射性废物处理处置、核设施退役等重点领域的政策研究和制定。加强人才培养，加大人才培养力度，加强在岗培训和人员交流，加大技术支持单位的技术培训力度，提倡人才竞争，形成良好的人才选拔、管理和考核机制，让人人争先、追求卓越，让有能力和优秀的人彰显成绩，让"南郭先生"无处藏身。加强基础能力建设，加快核安全技术研发基地建设，提升监管能力，充实审评、监督、监测等工作的设施和装备，提高监管效能。加大经费投入，充分发挥政府导向作用，建立有效的经费保障机制，加大对核安全的财政投入。

当前国际、国内核能与核技术利用发展的新形势给核与辐射安全监管事业带来了前所未有的发展机遇，同时也提出了严峻挑战。国家核安全局只有通过不断奋斗与创新，夯实四块基石、强化八项支撑，才能构筑起一道牢不可破的核与辐射安全监管的防线，才能真正落实"理性、协调、并进"的核安全观，为确保核安全、总体国家安全观履行自己的职责与义务。

3.7　核与辐射安全监管政府机构

3.7.1　国家核安全局组织架构

国家核安全局由局机关、六个地区核与辐射安全监督站和技术支持单位组成。

局机关业务部门由三个业务司与一个国际合作处组成。核设施安全监管司、核电安全监管司、辐射源安全监管司既是生态环境部的内设机构，也是国家核安全局的内设机构，其中核设施安全监管司承担核与辐射安全法律法规草案的起草，拟订有关政策、规划、标准，负责核安全工作协调机制有关工作，组织辐射环境监测，承担核与辐射事故应急工作，负责核材料管制和民用核安全设备设计、制造、安装及无损检验活动的监督管理。核电安全监管司负责核电厂、研究型反应堆、临界装置等核设施的核安全、辐射安全、辐射环境保护的监督管理。辐射源安全监管司负责核燃料循环设施、放射性废物处理和处置设施、核设施退役项目、核技术利用项目、铀（钍）矿和伴生放射性矿、电磁辐射装置和设施、放射性物质运输的核安全、辐射安全和辐射环境保护、放射性污染治理的监督管理。

核设施安全监管司内设 6 个机构，具体如下。

① 办公室。承担司内文电等综合性事务和综合协调工作。组织协调全国核与辐射安全监管业务考核。组织对地方生态环境部门辐射环境管理的督查。归口联系核与辐射安全中心、地区核与辐射安全监督机构的内部建设和相关业务工作。承担三个核与辐射安全监管司有关工作的综合协调。

② 核安全协调处（国家安全协调处）。承担核安全工作协调机制、涉核项目环境社会风险防范化解等国家安全工作和核与辐射安全有关政策规划拟定、信息公开、科普、宣传等工作。

③ 政策与技术处。承担核与辐射安全法规、规章、标准和规范拟订并监督执行工作，负责重大核与辐射安全事项调查，归口协调管理核与辐射安全科研和核安全文化建设。

④ 辐射监测与应急处（核与辐射事故应急办公室）（简称监测应急处）。承担辐射环境监测、核与辐射事故应急、核与辐射恐怖事件防范处置、核材料管制等工作。

⑤ 人员资质管理处（简称人员资质处）。承担核与辐射安全相关人员的业务培训和资质管理等工作。

⑥ 核安全设备处。承担核安全设备监管和进口核安全设备安全检验等工作。

核电安全监管司内设 6 个机构，具体如下。

① 综合处。承担司内文电等综合性事务和综合协调工作。

② 运行安全与质量保证处（简称经验反馈处）。承担有关核设施建造质保、运行安全综合评价、事件独立调查及经验反馈等工作。

③ 核电一处。承担广东、广西、海南等华南地区核电厂、核热电厂、核供热供汽装置选址、建造、运行阶段的核安全、辐射安全和环境保护的行政许可和监督检查。

④ 核电二处。承担福建、浙江等华东部分地区核电厂、核热电厂、核供热供汽装置选址、建造、运行阶段的核安全、辐射安全和环境保护的行政许可和监督检查。

⑤ 核电三处。承担江苏、山东等华东其他地区和辽宁核电厂、核热电厂、核供热供汽装置选址、建造、运行阶段的核安全、辐射安全和环境保护的行政许可和监督检查。

⑥ 反应堆处。承担研究型反应堆、临界装置、带功率运行的次临界装置、小型示范型核动力装置选址、建造、运行阶段的核安全、辐射安全和环境保护的行政许可和监督检查。

核电安全监管司内设 5 个机构，具体如下。

① 综合处。承担司内文电等综合性事务和综合协调工作。

② 核燃料与运输处（简称核燃料处）。承担核燃料循环设施、放射性物质运输的核安全、辐射安全和环境保护的行政许可和监督检查，承担相关事件与事故的调查处理。

③ 放射性废物管理处（简称放废处）。承担放射性废物处理、贮存和处置设施、核设施退役项目的核安全、辐射安全和环境保护的行政许可和监督检查，承担放射性污染治理的行政许可和监督检查，承担相关事件与事故的调查处理。

④ 核技术利用处（简称核技处）。承担核技术利用项目的辐射安全和环境保护的行政许可和监督检查，承担相关事件与事故的调查处理。

⑤ 电磁辐射与矿冶处（简称电磁矿冶处）。承担电磁辐射装置和设施、铀（钍）矿项目环境保护的行政许可和监督检查，承担伴生放射性矿辐射环境保护的行政许可和监督检查，承担相关事件与事故的调查处理。

六个地区核与辐射安全监督站分别是华东、华南、西南、华北、东北、西北核与辐射安全监督站。技术支持单位主要包括生态环境部核与辐射安全中心、国家海洋环境监测中心、中国核安全与环境文化促进会、辐射环境监测技术中心、苏州核安全中心、核设备安全与可靠性中心、北京核安全审评中心、上海核安全审评中心等。生态环境部（国家核安全局）业务指导省级生态环境部门开展辐射安全监管和辐射环境监测等相关工作，同时设立了国家核安全专家委员会作为国家核安全局的决策咨询机构。

以生态环境部（国家核安全局）西北核与辐射安全监督站为例，主要职责如下：

根据法律法规授权和生态环境部委托，负责陕西、甘肃、青海、宁夏、新疆五省（自治区）区域内的核与辐射安全监督工作，主要职责为：负责核设施核与辐射安全的日常监督和控制点释放。负责核设施辐射环境管理的日常监督。负责由生态环境部直接监管的核技术利用项目辐射安全和辐射环境管理的日常监督。负责铀矿冶辐射环境管理的日常监督。负责由生态环境部直接监管的核设施、核技术利用项目和铀矿冶的辐射环境监测工作的监督及必要的现场监督性监测、取样与分析。负责对生态环境部核准的核材料许可证持证单位的相关监督检查。负责辐射安全许可证延续、增项的技术核查和现场检查，以及核技术利用项目退役的现场检查。负责对核设施及生态环境部直接监管的其他涉核单位核应急准备、应急演练、应急响应的监督与评估，督导与评估省级辐射事故应急培训与演练，负责事故现场应急响应的监督。负责组织国控辐射环境自动站、核设施监督性监测系统选址与运行的监督检查。负责对地方生态环境部门辐射安全和辐射环境管理工作的督查，参与中央生态环境保护督察。负责管辖区域内核设施现场民用核安全设备安装活动的日常监督和民用核设施进口核安全设备检查、试验的现场监督。负责民用核设施厂内放射性物品运输活动的监督。对违法违规行为组织开展调查取证，提出处理建议并监督落实。推动地区核与辐射安全公众沟通工作，督促地方生态环境部门和被监督单位开展科普宣传、信息公开、舆情应对、公众参与等工作。承办生态环境部交办的其他事项。

生态环境部（国家核安全局）西北核与辐射安全监督站内设5个机构，具体如下。

① 办公室。承担文电、会务、接待、国际合作、档案、信息、保密、财务、资产、合同、消防、安全、后勤，以及站内监督工作的质量保证、经验反馈、能力建设等综合性事务和综合协调工作。负责考勤和请销假管理工作，站领导因公（私）外出请示报告。负责误餐补助的统计、报销和发放。站内未明确职责的其他行政工作。

② 党委办公室（人事处）。承担党务、纪检监察、群团、人事、离退休人员管理等工作。承担站文明单位创建日常工作。统筹站内职工培训工作。开展同行交流与技术合作，为核与辐射安全监管人员业务培训提供技术支持。站党建和人事的综合管理部门，承担站党务、纪检监察日常工作。统筹站精神文明建设工作，

③ 核设施监督处。承担核设施的核与辐射安全、辐射环境管理的日常监督和控制点释放。承担核设施现场民用核安全设备安装活动的监督和民用核设施进口核安全设备检查、试验的现场监督。承担民用核设施厂内放射性物品运输活动、操作人员资格考核、核设施营运单位公众沟通工作的监督。负责生态环境部核准的许可证持有单位（核设施）的核材料管制工作的监督。负责民用核设施核应急准备、应急演练、事故现场应急响应的监督与评估。负责核设施营运单位辐射监测工作的日常监督，配合监测应急与督查处开展核设施营运单位辐射环境监测的监督。受国家核安全局委托对违法违规行为组织开展调查取证，提出处理建议并监督落实。负责核设施安全监管经验交流。受国家核安全

局委托对辖区内核设施一类放射性物品运输进行监督检查。对民用核设施操纵人员资质管理进行监督检查。推进核设施营运单位核安全文化建设。受国家核安全局委托制修订核与辐射监督大纲、程序等文件。对辖区内核设施场内进口民用核安全设备的开箱见证检查、抽查复验以及安全性能实验监督检查。对辖区内核设施现场内民用核安全设备安装活动进行监督检查（包括焊接人员和无损检验人员资质核查）。

④ 核技术利用监督处。承担核技术利用项目辐射安全和辐射环境管理的日常监督。负责铀矿冶辐射环境管理的日常监督。承担核技术利用单位厂内放射性物品运输活动、核技术利用单位公众沟通工作的日常监督。负责核技术利用项目辐射安全许可证的延续、增项的技术核查和现场核查，以及核技术利用项目退役的现场检查。

统筹辖区内核材料管制工作的监督管理，负责对辖区内生态环境部核准的核材料许可证持有单位（非核设施）的核材料管制工作进行监督。承担核技术利用项目和铀矿冶的辐射环境监测及应急工作的监督，监督检查结果及时通报监测应急与督查处。受国家核安全局委托对违法违规行为组织开展调查取证，提出处理建议并监督落实。对国家核技术利用辐射安全管理系统中辖区内持证单位（生态环境部颁发辐射安全许可证的单位）的信息进行维护。对辖区内 I 类放射源使用单位增源、废旧放射源返回、退役放射源移送、送贮等倒源活动进行现场监督。负责核技术利用及铀矿冶工作经验交流。受国家核安全局委托制修订核与辐射监督大纲、程序等文件。推进核技术利用及铀矿冶单位核安全文化建设。

⑤ 监测应急与督查处。统筹应急工作的管理。统筹核设施、核技术利用单位、铀矿冶的辐射环境管理。承担辐射环境监测工作的监督及必要的现场监督性监测、取样与分析。承担对地方生态环境部门辐射安全和辐射环境管理的督查工作，参与中央生态环境保护督察。负责组织国控辐射环境自动监测站、核设施监督性监测系统选址与运行的监督检。

以生态环境部（国家核安全局）核与辐射安全中心为例，主要职责如下：

全面负责我国核与辐射安全监管的技术支持，是我国核与辐射安全的技术审评中心、技术研发中心、信息交流中心和人才培养基地。主要职责为：

① 开展国家核安全协调机制和核与辐射安全政策、规划、核安全文化、法律、法规、标准、规范以及科学技术研究，并提供技术咨询和服务；

② 承担生态环境部核安全专家委员会日常运作、协调管理、技术支持等工作；

③ 承担民用核设施选址、建造、调试、运行和退役各个阶段的许可证申请相关技术文件的安全审评，承担核设施各个阶段环境影响评价报告的审评；

④ 承担核电厂运行安全监管技术支持工作；

⑤ 承担核动力厂老化与寿命管理、在役检查、在役试验和在役监督，运行核动力厂设计变更、修改和改造，核动力厂调试等方面的审评与监督技术支持；

⑥ 承担核与辐射安全技术、方法研究、独立校核计算和试验验证、安全分析软件评价等科学研究任务；

⑦ 承担核安全设备的设计、制造、安装和无损检验活动的技术审评以及进口核安全设备的安全检验；

⑧ 承担核技术利用项目、铀（钍）矿、伴生放射性矿、放射性废物、放射性物品运输、电磁辐射装置、电磁辐射环境监管以及核材料管制与实物保护方面技术审评；

⑨ 承担生态环境部（国家核安全局）及其六个区域核与辐射安全监督站组织的核设施、核设备和核技术利用项目现场监督检查的技术支持；

⑩ 承担民用核设施场内应急预案的审评和应急准备与应急演习的监督技术支持；

⑪ 承担核与辐射应急日常准备、应急响应、调查处理的技术支持以及应急预案中规定的相关工作，参与核与辐射恐怖事件的防范与处置；

⑫ 承担辐射环境监测和核设施、重点辐射源和排放源的监督性监测及应急监测；

⑬ 承担放射工作人员个人剂量监测和职业照射管理与研究；

⑭ 承担注册核安全工程师执业资格、核设备特种工艺人员资格管理技术性、事务性工作。承担反应堆操纵人员资质管理的技术支持及相关申请的技术文件审查；

⑮ 承担核与辐射安全宣传、教育培训和公众沟通等工作；

⑯ 开展国内外技术交流与合作、承担核与辐射安全国际公约履约技术支持；承担核电厂多国设计评价计划（MDEP）项目技术支持；参与全球核安全与安保网（GNSSN）建设和运行；

⑰ 承担核与辐射安全监管技术档案管理、信息系统开发、运行和维护；

⑱ 承担有关核与辐射安全技术类报告和刊物的编辑、出版、发行工作；

⑲ 协助开展核与辐射安全军民融合项目的技术支持工作；

⑳ 承办生态环境部（国家核安全局）交办的其他事项。

生态环境部核与辐射安全中心（生态环境部核安全设备监管技术中心）内设办公室、党群办公室、纪检监察与内部审计办公室、人事处、预算与财务处、科研与计划处、总工程师办公室、反应堆与安全分析部、核燃料与运输安保部、乏燃料与放射性废物部、系统设备材料部、老化评估与安全改造部、厂址与土建部、辐射防护与环境影响评估部、辐射源部、电磁辐射部、总体运行与质量保证部、事件评价与经验反馈部、核与辐射应急部、辐射环境监测部、核安全设备监管技术部、进口核安全设备注册检验办公室、核与辐射安全研究所、校核计算与独立验证研究所、政策法规研究所、核安全执业资格注册办公室、信息研究所、对外交流合作部、事业发展部等二十九个机构。

国家核安全专家委员会依据《核安全法》设立，为我国核安全决策提供独立咨询意见，是国家核安全监管组织体系的重要组成部分。国家在制定核安全规划和标准，进行核设施重大安全问题技术决策及相关重要行政许可，应当咨询核安全专家委员会的意见。

本届国家核安全专家委员会成立暨第一次全体会议于 2019 年 7 月 25 日召开。专家委员会由来自我国政府部门、科研、设计、生产、制造、营运单位及高等院校等的核科学相关领域资深委员和委员组成。主席由生态环境部副部长、国家核安全局局长担任，秘书长由生态环境部（国家核安全局）核安全总工程师担任，副秘书长由核设施安全监管司、核电安全监管司、辐射源安全监管司司长及核与辐射安全中心主任担任。秘书处设在生态环境部核与辐射安全中心，负责专家委员会日常运作、协调管理、服务保障等工作。

专家委员会下设核安全战略与政策、核设施设计建造运行、核燃料循环废物与厂址、仪控电与机械设备、应急与辐射安全、核设施安全分析与软件评价等 6 个专业分委会。专家委员会不仅为核安全监管科学决策提供全面技术咨询，也为国家核安全工作协调机制、核安全国际合作、履行国际义务等战略决策提供决策咨询服务，为我国核事业安全健康可持续发展发挥了重要作用。

3.7.2　我国与核安全相关的政府机构

我国与核安全相关的政府机构包括国务院核安全监督管理部门、国务院核工业主管部门、国务院能源主管部门和其他有关部门。

（1）国务院核安全监督管理部门负责核安全的监督管理

国家核安全局是国务院核安全监督管理部门，负责核安全和辐射安全监督管理。具体职责包括：拟订有关政策、规划、标准，牵头负责核安全工作协调机制有关工作，参与核事故应急处理，负责辐射环境事故应急处理工作。监督管理核设施和放射源安全，监督管理核设施、核技术应用、电磁辐射、伴有放射性矿产资源开发利用中的污染防治。对核材料管制和民用核安全设备设计、制造、安装及无损检验活动实施监督管理。

（2）国务院核工业主管部门、能源主管部门和其他有关部门在各自职责范围内负责有关的核安全管理工作

国务院能源主管部门是指国家能源局。国家能源局负责核电管理，拟订核电发展规划、准入条件、技术标准并组织实施，提出核电布局和重大项目审核意见，组织协调和指导核电科研工作，组织核电厂的核事故应急管理工作。

国务院核工业主管部门是指国防科工局。国防科工局按分工承担核工业的行业管理有关工作，负责核工业建设和管理，负责核领域政府间及与国际组织的交流与合作，牵头负责国家核事故应急管理工作，承办国家原子能机构的有关工作。

其他有关部门包括国务院公安、卫生、生态环境、交通、自然资源等部门，这些部门在各自的职责范围内分别对与核设施、核材料和放射性物质有关活动的安全保卫、卫生应急、辐射监测、运输管理和放射性矿产资源开发等事项实施监督或者管理。

3.7.3　地方相关核与辐射安全监管机构职责

（1）甘肃省

甘肃省生态环境厅（甘肃省核安全局）核与辐射安全职责：

负责核与辐射安全的监督管理。贯彻执行国家有关政策、规划、标准，牵头负责核安全工作协调机制有关工作，参与核事故应急处理，负责辐射环境事故应急处理工作。监督管理核设施和放射源安全，监督管理核设施、核技术应用、电磁辐射、伴有放射性矿产资源开发利用中的污染防治。参与对核材料管制和民用核安全设备设计、制造、安装及无损检验活动实施监督管理。

内设核与辐射安全监管处。起草核与辐射安全地方性法规和省政府规章草案。监督管理核设施安全、放射源安全，负责核安全工作协调机制有关工作，组织辐射环境监测。参与核事故应急工作，承担辐射事故应急工作。参与对核材料管制和民用核安全设备设

计、制造、安装及无损检验活动实施监督管理。

（2）北京市

北京市生态环境局（简称市生态环境局）是市政府组成部门，为正局级。

负责本市辐射安全的监督管理。拟订辐射安全相关政策、规划、标准。负责辐射环境事故应急处置，参与核事故应急处理。监督管理核技术利用、电磁辐射、伴有放射性矿产资源开发利用中的污染防治。对废弃的放射源、放射性废物处置进行监督管理。参与核安全管理工作。

负责本市辐射安全和光污染防治的监督管理。负责起草辐射环境保护、放射安全防护、电磁辐射防护和光污染防治等方面的地方性法规草案、政府规章草案，拟订有关政策、规划、标准，并组织实施。组织开展辐射环境监测和重点辐射源的监督性监测。参与有关核安全管理工作。组织开展辐射事故的应急、调查处理、定性定级工作。

（3）广东省

根据法律的有关规定，省政府确定生态环境厅主要职责如下。

负责民用核与辐射安全的监督管理。拟订有关政策、规划，牵头负责核安全工作协调机制有关工作，负责核应急管理和辐射环境事故应急处理工作。协助国家监督管理核设施安全，监督管理放射源安全，监督管理民用核设施、核技术应用、电磁辐射、伴有放射性矿产资源开发利用中的污染防治。

核与辐射安全管理处：

① 负责全省民用核与辐射安全监督管理及核应急管理工作。

② 组织辐射环境监测。

③ 负责核电厂、研究型反应堆、临界装置等核设施事故场外应急准备、响应和辐射环境事故调查处理工作。

④ 承担放射源单位辐射安全许可证的审批及放射性同位素转让、转移的审批和备案工作。

⑤ 承担核技术应用、电磁辐射、伴生放射性矿物资源开发利用项目环评文件审批及其日常监管工作。

⑥ 监督管理辐射环境及核技术应用中的污染防治工作。

⑦ 承担省核应急委员会日常工作。

（4）深圳市

负责民用核与辐射安全的监督管理。负责核技术利用和辐射环境污染防治监督管理。负责辐射事故应急处理工作，参与民用核设施应急处理。

核与辐射安全管理处（市核与辐射安全监管局、市核应急管理办公室）负责民用核与辐射安全的监督管理。拟订民用核安全监管有关政策、规划并组织实施。组织开展核与辐射环境监测工作。统筹民用核设施事故场外应急工作，负责辐射环境事故应急处理。负责核与辐射相关许可审批及备案工作，承担核技术应用、电磁辐射、伴生放射性矿物质资源开发利用项目环评文件审批及其日常监管，监督管理辐射环境及核技术应用中的污染防治等。按照分工承担核与辐射信访投诉处理和行政执法，统筹协调和监督指导各辖区管理局开展核与辐射安全监管等相关工作。

（5）浙江站

浙江省辐射环境监测站为浙江省生态环境厅所属公益二类事业单位，机构规格为副厅级，挂生态环境部辐射环境监测技术中心牌子。主要职责如下所述。

① 承担全省核与辐射安全和辐射环境监管的科学研究与技术支撑工作。研究起草全国辐射环境监测政策、法规草案，承担辐射环境监测技术、方法的科学研究，以及相关技术支撑和技术服务工作。

② 承担全省辐射环境监测网管理工作。承担国家辐射环境监测网络的建设、管理和技术支持；开展全国辐射环境监测技术培训，以及对各省辐射环境监测机构进行指导、协调和服务；负责与全国环境监测网的接口工作。

③ 组织开展全省辐射环境质量监测以及核设施、放射性同位素与射线装置、电磁辐射项目等污染源的监督性监测。承担全国辐射环境质量监测、重点核设施监督性监测以及有关信息发布的技术支撑工作。

④ 承担全省核设施事故场外应急监测工作。承担全省核与辐射事故、核与辐射恐怖袭击事件的应急监测和事故后果评价工作。承担全国核事故、特别重大辐射环境事故、核与辐射恐怖袭击事件的应急监测技术支撑工作。

⑤ 承担省城市放射性废物库运行管理的具体工作，按国家规定要求收储全省放射性废物。建立并保持各类环境介质放射性监测能力。承担特殊需求的辐射环境监测工作。

⑥ 承担全省辐射环境自动监测站的建设、运行和管理工作。

⑦ 开展全国和全省辐射环境质量状况、变化趋势的分析评价，编写辐射环境质量报告和其他专题报告。

⑧ 研究起草全国海洋放射性监测规划、总体方案。负责全国海洋放射性监测的技术指导、质量保证和数据汇总分析等工作。

⑨ 负责全国辐射环境监测系统的质量保证管理工作。开展辐射环境监测与分析测试技术的国际交流与合作。

⑩ 承担国家审批的辐射类建设项目环境影响评价工作的技术支撑工作。

⑪ 完成生态环境部、浙江省生态环境厅交办的其他任务。

4 核与辐射安全管理体系相关介绍

生态环境部（国家核安全局）于 2014 年启动管理体系总论及配套文件的编制工作，旨在构建既符合中国实际、又与国际接轨的现代管理体系，在整个核安全监管系统内部统一思想认识，规范工作要求，协调部门行动，使从业者能协调一致、优质高效地开展各项工作，履行党和人民所赋予的使命和职责。截至目前，基本完成管理体系构建任务，推进核与辐射安全管理体系的系统化、科学化、法治化、精细化、信息化水平，向核安全监管体系现代化和监管能力现代化迈出了一大步。

依照《核安全法》、我国相关法律法规、"十三五" 核安全规划、IAEA 安全标准、现有监管文件体系及监管实践等，构建核与辐射安全管理体系框架。覆盖生态环境部（国家核安全局）承担的核与辐射安全监管职能和管理体系所有相关要素，覆盖核与辐射安全监管系统所有相关部门/单位及其工作人员，包括总部机关、地区监督站和技术支持单位。综合考虑安全、健康、环境等相关要素，妥善解决各种决策中的冲突，确保在监管活动实施中，始终贯彻"安全第一"的方针，将核安全摆在最重要地位。

核与辐射安全管理体系建设由生态环境部（国家核安全局）高层管理者牵头组织实施，监管系统中高层管理者和技术骨干全程参与，对现行程序制度和监管实践进行全面调查和梳理，整体策划、分阶段实施，总结经验，查遗补缺，对各阶段成果充分讨论和审核，前后历时 3 年多，圆满完成了预定目标和任务。

依托现实基础，结合当前及未来需求，对管理体系及体系文件进行顶层设计。将各层级文件的编写要求标准化、规范化，同时保证一定的灵活度。加强各层级之间、各业务司之间、总部机关与派出机构和直属单位之间的文件接口协调，尽量减少重叠、差异、冲突或遗漏。

编制发布了《中国核与辐射安全管理体系——总论》（以下简称"《总论》"）和 50 份工作指南和技术管理大纲，对第三层级近千份程序制度进行了梳理和优化，形成系统完整、统一规范、层级分明、协调自治、详略适当、可操作性强的程序制度框架。对现行管理体系存在的问题和薄弱环节，从制度上予以解决。所有体系建设参与人员也经历了一场深刻的管理体系教育培训，澄清了许多模糊认识，达成一致理解，锻炼了一批管理体系建设运行的业务骨干。

2016 年，IAEA 对中国核与辐射安全监管体系开展了国际同行跟踪评估，对管理体系建设成果给予了较高评价，并在后续的 IAEA 区域技术支持活动中，向新兴核能国家宣传介绍中国的核与辐射安全管理体系。

2021 年，中国核与辐射安全管理体系第三层级程序文件通过国家核安全局局长办公会审议，标志着中国核与辐射安全管理体系已全面建成，核安全治理体系现代化建设取得显著成果。

党的十八大以来，生态环境部（国家核安全局）坚决贯彻习近平总书记提出的总体国家安全观和核安全观，深入落实党的十九届四中全会精神和党中央、国务院关于核安全的重要决策部署，落实落细《关于构建现代环境治理体系的指导意见》工作要求，将建立健全中国核与辐射安全管理体系作为加快推进核安全治理现代化的有力举措和重要内容。部领导亲自指导、大力推动，核与辐射安全监管各部门（单位）历时多年，精准锚定管理体系作用定位，科学论证管理体系框架，梳理、归纳和总结 30 余年实践经验，参考国际原子能机构（IAEA）最新安全标准，结合我国核安全事业发展趋势和监管需求，建立起集中统一、分工合理、资源整合、流程优化、上下协同、科学高效的中国核与辐射安全管理体系。

中国核与辐射安全管理体系综合考虑了安全、健康、环境、安保、质量、人员、组织、社会、经济等相关要素，覆盖生态环境部（国家核安全局）承担的核与辐射安全监管全部职能工作，共由三个层级程序文件构成。其中，《总论》为第一层级，完整描述了生态环境部（国家核安全局）的政策理念、目标规划，组织机构和管理责任等内容；《工作指南和技术管理大纲》为第二层级，包括《综合管理工作指南》《业务管理工作指南》《通用技术管理大纲》共计 49 份文件，覆盖核与辐射安全监管职能和管理体系所有相关要素；第三层级程序是对第二层级程序文件的进一步细化，包括工作细则、工作程序、专项大纲及适用规章制度等共计 713 份文件，明确了具体工作流程和规范要求。

中国核与辐射安全管理体系全面阐述了生态环境部（国家核安全局）的管理理念和监管政策，系统描述了生态环境部（国家核安全局）的使命、愿景、核心价值观和目标，明确了管理和技术活动的施工路线和工作流程，确保生态环境部（国家核安全局）在监管活动实施中，始终贯彻"安全第一，质量第一"的方针，将核安全摆在最重要地位，使各项工作的策划、管理、实施、评价和改进更加系统、更加规范、更加高效，向国际社会全面展示我国为确保核与辐射安全作出的承诺和不懈努力，树立中国核与辐射安全监管者的良好品牌形象，已成为生态环境部（国家核安全局）的组织文化手册、员工培训教材、现场监管"工具箱"和对外宣传沟通的名片，为依法从严规范监管提供有力制度保障，为推进全球核安全治理贡献了中国智慧和中国方案。目前，生态环境部（国家核安全局）正针对中国核与辐射安全管理体系开展全覆盖培训，并在部专网和局官网设置专栏予以公布。

4.1　核与辐射安全管理体系政策声明

根据国家核安全管理体系，国家核安全局发布核与辐射安全管理体系政策声明。

1984 年，国务院决定成立国家核安全局，并赋予其监督管理中国民用核设施安全的职责和重任。从此，中国核与辐射安全监管从无到有，历经风霜雨雪，不断发展壮大，成为世界核与辐射安全领域不可忽视的一支重要力量。

三十多年来，中国核与辐射安全监管走过了一段不平凡的路程。通过不断探索、学习、实践和创新，中国建立了一套既与国际接轨，又符合中国国情的核与辐射安全监管体系，塑造了一支事业心强、业务精干的核与辐射安全监管队伍。

国家核安全局作为独立的核安全监管机构，始终倡导一种文化——核安全文化，贯彻一项方针——"安全第一、质量第一"的方针，遵循"独立、公开、法治、理性、有效"的监管原则，秉承"严之又严、慎之又慎、细之又细、实之又实"的监管作风，传承弘扬"核安全事业高于一切，核安全责任重于泰山，严慎细实规范监管，团结协作不断进取"的核安全精神，有效履行核安全监管职责。

核安全与放射性污染防治事关公众健康、事关环境安全、事关社会稳定，党中央、国务院对核安全与放射性污染防治工作高度重视，将核安全纳入国家安全体系，上升为国家安全战略，建立核安全工作协调机制，统筹协调有关部门推进相关工作。我国是核能核技术利用大国，三十多年来，我国核能与核技术利用事业始终保持良好安全业绩，核电安全达到国际先进水平，研究堆和核燃料循环设施保持良好安全记录。

上述成绩的取得，关键在于发扬优良传统，总结先进经验，形成有效机制，做到以下十大坚持。

坚持文化引领。正确的观念、认识是正确行动的前提。始终重视核安全文化的引领作用，用文化的精神感召力、形象影响力、道德约束力，来深化从业人员以及社会大众对安全的理解，并落实为自觉行动。通过努力，核安全文化从国际引入国内，在我们系统和行业，甚至全社会生根发芽。

坚持依法行政。重视法律法规的约束性作用，坚持将安全重要活动纳入依法管理范畴，确保监管活动始终依法开展；坚持依法行政，确保所有监管行为均得到法律授权。严格依靠法制开展监管。

坚持依靠机制。立足监管实际，建立了一套审评、监督、执法、监测、应急机制，充分发挥机制作用，使各方力量、各种要素达到协调一致，确保了监管效率，提高了监管效能。全过程监督、全天候监测、审评 AB 角等有效机制，都为监督、审评工作的高效开展提供了有效保障。

坚持接轨国际。参照国际标准，我国建立了一套接轨国际、立足国情的核与辐射安全法规体系；借鉴国际做法，构建了全面、有效的核与辐射安全监管模式，确保了我国核安全水平始终与国际先进水平保持一致。发挥"后发优势"，学会"拿来主义"，充分吸收国际先进经验，为我所用。

坚持问题导向。开展风险识别、风险源管理，制定分级管理措施。注重经验反馈，广泛汲取事故、事件教训，提出安全改进措施，并督促落实。注重事件、事故的调查处理，把事件、事故作为契机，努力发现并解决问题，深挖根源，消除隐患。

坚持从严管理。牢固树立"严"的意识，坚持从严管理，严就是对被监管者最大的支持，安全就是最大的效益。坚持审评从严、许可从严、监督从严和执法从严，做到源头严防、过程严管、后果严惩。

坚持持续创新。创新驱动，通过理论创新推动体制创新、机制创新、方法创新和技术创新，破解监管瓶颈。用改革创新思路推动历史遗留放射性污染、公众沟通、能力建设等难点、热点和焦点问题的解决。

坚持夯实基础。以人为本，培育一支专业分工明确、年龄结构合理的监管人员队伍；致力于培养审评许可、监督执法、辐射监测、事故应急、经验反馈、技术研发、公众沟通和国际合作等综合能力；注重独立验证和校核计算软件的配套，注重安全试验验证平台和辐射环境监测网络的建设。

坚持团结协作。始终倡导"一家人、一件事、一条心"的和谐理念，构建坚强、和睦、活泼的工作氛围。第一是"严"，做到纪律严明，作风严谨，监管严格；第二是"和"，做到和睦相处，和气待人，和谐发展。第三是"进"，做到工作进步，能力进步，队伍进步。

坚持从我做起。从现在做起，监管机构自身做好表率，严格自我约束，凡是要求被监管方做到的，自己首先做到；追求卓越，当好榜样，带动全行业持续改进。抓铁有痕、踏石留印，认定的事坚定不移，一抓到底，咬定青山不放松。

步入"十三五"，核与辐射安全又开始新的征程。2017年2月，国务院批准发布《核安全与放射性污染防治"十三五"规划及2025年远景目标》（以下简称《规划》）。《规划》明确了6项目标、10项重点任务、6项重点工程和8项保障措施，包括提升核设施安全水平、核技术利用装置安全水平、放射性污染防治水平、核安保水平、核与辐射应急水平以及核与辐射安全监管水平等6项目标，明确了保持核电厂高安全水平、降低研究堆及核燃料循环设施风险、加快早期核设施退役及放射性废物处理处置等10项重点任务，以及核安全改进工程、核设施退役及放射性废物治理工程等6项重点工程。

《中华人民共和国核安全法》于2017年9月1日通过，2018年1月1日起施行，作为核安全领域的顶层法律，是国家安全法律体系的重要组成部分，是我国充分借鉴国际先进经验、全面总结三十多年来核安全监管良好实践的成果，对保障核事业安全健康可持续发展，维护国家安全，推进"一带一路"建设和"核电走出去"战略具有重要意义。

2018年3月，十九届三中全会通过了党和国家机构改革的决议，全国人大批准组建生态环境部，将原环境保护部的全部职能和其他部委的污染防治和生态保护相关职能进行整合。生态环境部对外保留国家核安全局牌子。从环境保护部到生态环境部，是党中央全面深化改革的一个重大举措，也是生态文明建设的一场深刻变革和巨大进步。

2018年全国生态环境保护大会上习近平总书记强调，生态文明建设是关系中华民族永续发展的根本大计。核与辐射安全是生态文明建设的重要领域，是国家安全的重要组成部分。十八届三中全会和十九大均提出要推进国家治理体系现代化和国家治理能力现代化，核与辐射安全监管作为国家治理体系的组成单元，也确立了"核与辐射安全监管体系和监管能力现代化"的目标。具体而言，就是要深入贯彻习近平新时代中国特色社会主义思想，认真落实党中央、国务院决策部署，统筹推进"五位一体"总体布局和协调推进"四个全面"战略布局，牢固树立和贯彻落实创新、协调、绿色、开放、共享的发展理念，坚持理性、协调、并进的核安全观，坚持"安全第一、质量第一"的根本方针，以风险防控为核心，以依法治核为根本，以核安全文化为引领，以改革创新为驱动，以能力建设为支撑，落实安全主体责任，持续提升安全水平，保障我国核能与核技术利用事业安全高效发展。要实现监管体系和监管能力的现代化，首先需要实现监管者自身管理理念、管理方法和管理过程的现代化，其核心是监管工作的系统化、科学化、法治化、信息化和精细化。为此，生态环境部（国家核安全局）依据国际原子能机构（IAEA）的最新安全标准和国际同行的良好实践，结合自身监管实践及发展需求，建立并维护一个集中统一、分工合理、资源整合、流程优化、上下协同、运转高效的核与辐射安全管理体系。

通过夯实"四块基石",强化"八项支撑",形成法规体系健全、组织机构完整、技术能力强大、精神文化丰富的核与辐射安全监管体系,具备完善的核安全审评许可能力、监督执法能力、辐射监测能力、事故应急能力、经验反馈能力、技术研发能力、公众沟通能力和国际合作能力,为中国从核大国向核强国转变提供有力支撑。

近年来,民众对核安全的关切日益增加,涉核舆情不断涌现。党中央、国务院对核安全工作更加重视,指示批示明显增加,数量之多、关注问题之具体,前所未有。同时,我国核能核技术利用发展迅速,放射性废物不断累积,传统的核与辐射风险有所增加,核恐怖袭击、涉核项目"邻避"问题、朝核环境安全等非传统安全风险此起彼伏,核与辐射安全监管工作要求更高、任务更重、转型发展的需求更迫切。

面对新形势,核与辐射安全监管工作需要实现跨越式发展,在工作重心上面临"三个转变":在工作内容上,从建设项目审评监督向保障核设施持续运行安全转变;在工作模式上,从经验式监管向标准化规范化监管转变;在工作方法上,从抓顶层设计向抓全面落实转变。其中,工作模式的转变最为基础、最为关键、也最为紧迫,管理体系建设是其中的重中之重。管理体系建设是形势所需、当务之急,对自身能力提升、对事业长远发展、对提高安全水平具有重要作用。

核与辐射安全管理体系建设及有效运行是一项长期的工作,需要首先落实领导责任。领导层高度重视和推动,带头学习、带头研究、带头落实,发挥示范作用,把思想统一到优化内部管理、提高监管效能、建立长效机制上来。加强过程管控,强化制度执行,将管理体系执行落实情况纳入年度工作目标责任体系,定期对工作进展情况进行督查、调度、考核,发现问题及时改进,确保管理体系要求落到实处、不打折扣,保障各项工作高标准、高质量、高效率完成。

核与辐射安全管理体系的维护和有效运行也需要每位核安全监管从业者的积极参与和贡献。通过开展全员管理体系培训,充分认识管理体系的重要性和必要性,深刻领会程序制度的科学性、专业性和严肃性,提高全系统人员对核与辐射安全管理工作职责、业务流程和规范要求的认识和理解,强化责任意识和规矩意识,做到知责、履责、尽责。

4.2 核与辐射安全管理文件的发布

生态环境部(国家核安全局)以国家核安全局证件、文件、函和办公室函等四种文种发布有关文件,即国核安证〔×××〕×号、国核安发〔×××〕×号、国核安函〔×××〕×号和国核安办函〔×××〕×号。

以生态环境部名义发证、发文的主要有生态环境部环境影响报告书审批文件、生态环境部函、生态环境部办公厅文件、生态环境部办公厅函、生态环境部司函等文种。辐射安全许可证和放射性同位素进、出口审批意见经生态环境部领导批准均以证书或表格形式核发和审批,即国环辐证〔×××××〕、国环辐审〔×××〕×号。

以不同文种发文的核与辐射安全监管工作的业务范围如下。

① 以"生态环境部"名义发文的行政审批项目

环审〔×××〕×号：审批核与辐射建设（改造、退役）项目环境影响报告书（表）。

② 生态环境部函

环函〔×××〕×号：与国务院各有关部委、直属机构或各有关省、自治区、直辖市人民政府商洽工作；其他需要以生态环境部名义行文的有关事项。

③ 生态环境部办公厅文件

环办〔×××〕×号：向国务院办公厅请示和报告工作；有关辐射环境安全管理工作以生态环境部办公厅名义向各省、自治区、直辖市环境保护厅（局）、国务院直属单位行文，或印发工作计划、工作安排等普发性文件。

④ 生态环境部办公厅函

环办函〔×××〕×号：有关辐射环境安全管理工作以生态环境部办公厅名义向各有关省、自治区、直辖市环境保护厅（局）或直属单位发非普发性文件；有关辐射环境安全管理工作与国务院有关部委、直属机构的办公厅（室）或其他同级机构联系商洽业务工作或回复问题；其他需要以生态环境部办公厅名义发函的有关事项。

⑤ 生态环境部司函

环核设/电/辐函〔×××〕×号：在本司职责范围内，与环保系统各有关单位进行非指令性、非普发性的业务工作联系，与不相隶属的同级机关及企事业单位商洽或回复一般性业务工作。司函的文种限于"函"。

⑥ 以"国家核安全局"名义发证

核电厂、研究堆、核燃料循环设施、放射性废物处理和处置设施、放射性物品运输、核安全设备活动等核安全行政许可证件的批准发放。辐射安全许可证的批准发放和放射性同位素进、出口（转让）审批，以生态环境部名义发放。

⑦ 以"国家核安全局"名义发文

技术导则和规范的发布。

核电厂、研究堆、核燃料循环设施、放射性废物处理和处置设施、放射性物品运输、核材料管制、应急计划（预案）、核安全设备活动等核安全行政许可证的颁发通知。

核电厂、研究堆操纵人员执照的批准发放。

有关核电厂、研究堆、核燃料循环设施、放射性废物处理和处置设施、放射性物品运输、核材料管制、应急计划（预案）、核安全设备活动的重要变更申请和特许申请的批复。

核电厂换料和事故停堆后的再次临界申请的批复，核设施控制点的释放。

核安全重大事件和事故的调查处理；按照法定程序对营运单位违反法规的行为实施的行政处罚。

其他需要以国家核安全局文件形式发文的事项。

⑧ 以"国家核安全局"名义发函

核材料许可证核准意见。

有关核设施的质保大纲、在役检查大纲、调试维修大纲和场内应急计划、预案的认可等。

核电厂、研究堆、核燃料循环设施、放射性废物处理和处置设施、放射性物品运输、核材料管制、应急准备与响应、核安全设备活动的核安全例行和专项监督检查报告。

有关核电厂、研究堆、核燃料循环设施、放射性废物处理和处置设施、放射性物品运输、核材料管制、核安全设备活动运行事件的分析评价报告。

有关核设施、放射性物品运输、核材料管制、应急准备与响应、核安全设备活动的一般性变更、修改申请的复函。

以"国家核安全局"名义召开的重要会议以及核安全与辐射环境专家委员会、核安全局与营运单位的协调会、核与辐射系统相关单位联席会会议纪要的印发。

×××担任核安全监管项目官员的通知。

其他需要以国家核安全局函形式发文的事项。

⑨ 以"国家核安全局办公室"名义发函

核电厂、研究堆、核燃料循环设施、放射性废物处理和处置设施、放射性物品运输、核材料管制、应急准备与响应、核安全设备活动的核安全行政许可的申请受理（不受理）通知。

核安全审评的监督活动通知。

4.3 法规、导则等监管类文件编码

国家核安全局系统监管类文件包括核与辐射安全法规（代号 HAF）、核与辐射安全监管规范性文件（代号 HAG）、核与辐射安全导则（代号 HAD）、核与辐射安全技术文件（代号 HAJ）。

（1）核与辐射安全法规

核与辐射安全法规（HAF）文件的分类按其所覆盖的技术领域划分成 10 个系列。具体的编码标准格式为：HAFxxx/yy/zz-nnnn，其中："HAF"是"核与辐射安全法规"的汉语拼音的缩写；"xxx"的第一位为各系列的代码，第二、三位为顺序号；"yy/zz"是核安全条例或规定的相应的实施细则及其附件的代码；"nnnn"是批准发布的年份。法规各系列的编排分别是：

- HAF0xx/yy/zz-nnnn——通用系列
- HAF1xx/yy/zz-nnnn——核动力厂系列
- HAF2xx/yy/zz-nnnn——研究堆系列
- HAF3xx/yy/zz-nnnn——非堆核燃料循环设施系列
- HAF4xx/yy/zz-nnnn——放射性废物管理系列
- HAF5xx/yy/zz-nnnn——核材料管制系列
- HAF6xx/yy/zz-nnnn——民用核安全设备监督管理系列
- HAF7xx/yy/zz-nnnn——放射性物品运输管理系列

（2）核与辐射安全监管规范性文件

核与辐射安全监管规范性文件（代号 HAG）是指由国家核安全局在其法定职责范围内依照法定程序，针对核安全管理相对人就安全技术要求、安全管理要求制定、发布的，

具有普遍约束力，能够反复适用的管理性文件的通称。如政策声明、管理办法、管理程序、管理要求、实施细则、意见、见解、行动指南、技术路线、许可文件、资质类审批文件等。

核与辐射安全监管规范性文件的分类按其所覆盖的技术领域划分成 10 个系列，与核安全法规相对应。核与辐射安全监管规范性文件具有时效性，因此此类文件的发布、执行、修订、废止等应在相应的平台（年报或网站等）公告。

核与辐射安全监管规范性文件的具体编码标准格式为：HAGxxx/yy-nnnn，其中："HAG"是"核与辐射安全监管规范性文件"的汉语拼音的缩写；"xxx"是所对应的相应的上位核与辐射安全法规的代码；"yy"为顺序号；"nnnn"是批准发布的年份。

HAG0xx/yy-nnnn——通用系列

HAG1xx/yy-nnnn——核动力厂系列

HAG2xx/yy-nnnn——研究堆系列

HAG3xx/yy-nnnn——非堆核燃料循环设施系列

HAG4xx/yy-nnnn——放射性废物管理系列

HAG5xx/yy-nnnn——核材料管制系列

HAG6xx/yy-nnnn——民用核安全设备监督管理系列

HAG7xx/yy-nnnn——放射性物品运输管理系列

HAG8xx/yy-nnnn——放射性同位素和射线装置监督管理系列

HAG9xx/yy-nnnn——辐射环境系列

（3）核与辐射安全导则

核与辐射安全导则（HAD）文件位于核与辐射安全法规（HAF）文件体系的下一层次。核与辐射安全导则的编码原则与核与辐射安全法规的编码原则相对应，也是按技术领域归类，分为 10 个系列，具体的编码标准格式为：HADxxx/yy-nnnn，其中："HAD"是指核与辐射安全导则的汉语拼音缩略语首字母，"xxx"是所对应的相应的上位核与辐射安全法规的代码；"yy"为顺序号；"nnnn"是批准发布的年份。

HAD0xx/yy-nnnn——通用系列

HAD1xx/yy-nnnn——核动力厂系列

HAD2xx/yy-nnnn——研究堆系列

HAD3xx/yy-nnnn——非堆核燃料循环设施系列

HAD4xx/yy-nnnn——放射性废物管理系列

HAD5xx/yy-nnnn——核材料管制系列

HAD6xx/yy-nnnn——民用核安全设备监督管理系列

HAD7xx/yy-nnnn——放射性物品运输管理系列

HAD8xx/yy-nnnn——放射性同位素和射线装置监督管理系列

HAD9xx/yy-nnnn——辐射环境系列

（4）核与辐射安全技术文件

核与辐射安全技术文件（HAJ）包括核安全法规技术文件及核与辐射安全专业技术文件，如技术程序、技术指南、技术评价、技术标准格式与内容、技术手册、技术见解、设计准则、安全准则、技术报告等。

核与辐射安全法规技术文件作为国家核安全局在核安全技术上的指导性文件，一般是以国际原子能机构或其他机构的技术出版物作为蓝本，借鉴国外核安全技术方面的资料，并结合我国的具体工程与管理实践而编制的技术上的指导性文件。核安全专业技术文件是国家核安全局在核安全监督审评活动中产生的专业性技术文件，是对具体核设施安全监管实践中的程序、方法、实践经验等的总结和描述。

核安全技术文件的编码方法如图 4-1 所示。对文件流水号，0XXX 代表法规类技术文件，1XXX 代表专业类技术文件。例如，NNSA-HAJ-0001-2015 表示国家核安全局核安全技术文件法规类 2015 年第 1 号文件。

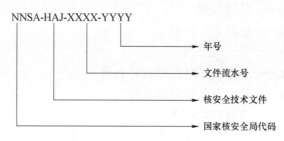

图 4-1 核安全技术文件的编码说明

5　核与辐射安全监管治理体系和治理能力现代化

　　《中共中央关于坚持和完善中国特色社会主义制度推进国家治理体系和治理能力现代化若干重大问题的决定》提出，要坚持总体国家安全观，增强国家安全能力，提高防范抵御国家安全风险能力。核安全是国家安全的重要组成部分，核安全治理能力是确保核安全的重要基础和有力支撑。我国核与辐射安全工作坚持以总体国家安全观为指导，以核安全观为遵循，坚持预防为主、纵深防御，夯实基础、强化支撑，大力推进核安全治理能力现代化，为国家核安全提供坚实保障。

5.1　核与辐射安全监管体系和治理能力现代化的含义

　　核与辐射安全监管体系和监管能力现代化，就是要深入贯彻习近平新时代中国特色社会主义思想，认真落实党中央、国务院决策部署，统筹推进"五位一体"总体布局和协调推进"四个全面"战略布局，牢固树立和贯彻落实创新、协调、绿色、开放、共享的发展理念，坚持理性、协调、并进的核安全观，坚持"安全第一、质量第一"的根本方针，以风险防控为核心，以依法治核为根本，以核安全文化为引领，以改革创新为驱动，以能力建设为支撑，落实安全主体责任，持续提升安全水平，保障我国核能与核技术利用事业安全高效发展。

　　要实现监管体系和监管能力的现代化，首先需要实现监管者自身管理理念、管理方法和管理过程的现代化，其核心是监管工作的系统化、科学化、法治化、信息化和精细化。为此，生态环境部（国家核安全局）依据国际原子能机构（IAEA）的最新安全标准和国际同行的良好实践，结合自身监管实践及发展需求，建立并维护一个集中统一、分工合理、资源整合、流程优化、上下协同、运转高效的核与辐射安全管理体系。通过夯实"四块基石"，强化"八项支撑"，形成法规体系健全、组织机构完整、技术能力强大、精神文化丰富的核与辐射安全监管体系，具备完善的核安全审评许可能力、监督执法能力、辐射监测能力、事故应急能力、经验反馈能力、技术研发能力、公众沟通能力和国际合作能力，为中国从核大国向核强国转变提供有力支撑。

5.2　核安全治理能力现代化的重要意义

　　核安全治理能力现代化，是国家治理能力现代化在核安全领域的集中体现。保障核安全，必须深刻把握核安全治理能力现代化的重要意义和作用。

　　推进核安全治理能力现代化，是贯彻总体国家安全观的必然要求。党的十八大以来，习近平总书记围绕防范化解重大风险、提升国家安全能力提出了全面系统的部署要求。

疫情当前，习近平总书记强调，要将生物安全纳入国家安全体系，全面提高依法防控依法治理能力，提高处理急难险重任务能力，提高应对突发重大公共卫生事件的能力水平。核安全是习近平总书记亲自确立的国家安全领域之一，核安全治理能力是国家安全能力的重要组成部分。要坚持总体国家安全观，全面提高依法治核、风险防控和应急响应能力，为确保国家核安全提供强有力保障。

推进核安全治理能力现代化，是落实核安全观的必然要求。习近平总书记高度重视核安全治理能力建设，亲自出席第三届、第四届全球核安全峰会，提出理性、协调、并进的核安全观，强调构建核安全能力建设网络，加强核安全政府监管能力建设，提高核安全应急能力，提升危机应对能力，帮助有需要的国家提升安全监管能力。习近平总书记的重要论述，既为我们推进核安全治理能力建设提供了行动指南，也向国际社会阐明了我国确保核安全的决心和信心。要不折不扣落实总书记要求，全方位提升我国核安全监管与核应急能力。

推进核安全治理能力现代化，是确保核安全治理体系落地见效的必然要求。习近平总书记指出，制度的生命力在于执行。有效的制度执行力，是将制度优势更好转化为治理效能的重要保证。当前，我国核安全治理体系日趋健全，构建了党中央领导、部门联动、军民融合的决策指挥体系，接轨国际、符合国情的法规标准体系，分工明确、资源整合、上下协同的核与辐射安全管理体系，中央督导、地方主导、企业作为、公众参与的公众沟通体系。当前工作的重中之重，是提升核安全治理体系配套的管理能力、技术能力和队伍能力，确保核安全治理体系有效运转、落到实处。

推进核安全治理能力现代化，是推动依法治核的必然要求。《中华人民共和国核安全法》明确要求，国家加强核安全能力建设；国务院核安全监督管理部门和其他有关部门应当加强核安全监管能力建设，组织开展核安全监管技术研究开发，保持与核安全监督管理相适应的技术评价能力；核安全监督检查人员应当具备与监督检查活动相应的专业知识和业务能力，并对核设施营运单位的安全评价、资源配置、财务保障、应急响应等能力提出了具体要求。推进核安全治理能力建设，既是我国法律的明确要求，也是确保法律有效落实、推进核安全法治化建设的重要保证。

5.3 有力提升核安全治理能力

有力提升核安全治理能力，就要始终坚持以风险防控为核心，以依法治核为根本，以核安全规划为抓手，全面推进规划各项重点任务、重点工程和保障措施落实，有力提升核安全治理能力。

一是依法治核能力。始终将依法治核作为核安全治理的重要依托，全面提升核安全监管部门与核行业的法治化能力与水平。开展"核安全法实施年""规范管理年""推进现代化建设年"活动，推动成立全国核安全标准化技术委员会，推进覆盖中央本级所有监管人员的核与辐射安全管理体系宣贯培训，面向各地区监督站和地方生态环境部门开展依法行政和法规标准专项培训，提高核安全监管标准化规范化水平。推行核安全专业人才资质管理制度，加强核设施操纵人员、核安全设备焊接人员和无损检验人员等特种工艺人员资质管理，对核安全关键岗位实施注册核安全工程师制度，为核行业打造法治化、专业化人才队伍。截至 2019 年底，我国共有核设施操纵人员 2 586 人、核安全设备焊接人员 9 758 人、核安全设备无损检验人员 6 223 人，注册核安全工程师 4 467 人。

二是风险防控能力。坚持立足于防，提升核安全风险监测评估、预警分析和趋势研判能力。建成全国辐射环境质量监测、重点核设施周围辐射环境监督性监测和核与辐射应急监测"三张网"，国家级辐射环境质量监测点达 1 597 个，重点核设施周围辐射环境监督性监测系统达 46 套。有效运转国家核安全工作协调机制，推进省级协调机制能力建设，强化跨部门信息沟通、风险评估和联防联控，运用信息化手段强化分析研判和经验反馈。反馈国际核安全典型事件和国内安全生产重大事故教训，多次开展全国核与辐射安全综合检查，举一反三，排查风险，消除隐患。

三是应急响应能力。坚持底线思维，强化核与辐射事故应急、涉核反恐防范等能力建设，全面提升核与辐射应急处置能力。在核事故应急协调委员会领导下，建立国家、省和核设施营运单位三级核应急组织管理体系，建设覆盖全国的应急监测调度平台，组建 300 人的国家核应急救援队和 25 支专业救援分队，设立 8 类国家级核应急专业技术支持中心，建立 3 个核电集团核事故快速支援基地。强化辐射事故应急能力建设，督导各省、自治区、直辖市全覆盖开展辐射事故应急实战演练，做到关键时刻拉得出、上得去、打得赢。加强重大活动期间涉核反恐应急值守和安保备勤，强化涉核舆情跟踪监测和科学引导，确保新中国成立 70 周年、第二届国际进口博览会等重大活动期间核与辐射安全，妥善应对洪水、地震、强台风等风险挑战。

四是技术支持能力。坚持夯实基础，强化对核安全战略决策、审评许可、监督执法的技术支撑。成立由 25 位中国科学院和中国工程院院士、100 余位行业内权威专家组成的国家核安全专家委员会，为核安全战略研究与重要决策提供科学支撑。将核安全科研列入国家科技计划相关项目，推动国家核与辐射安全监管技术研发基地建成投运，推进独立验证、校核计算、概率安全分析等安全审评关键技术能力建设。强化以风险为指引、以问题为导向的核安全技术支持体系建设，推动联合攻关、力量融合和资源共享。

五是协同治理能力。坚持共建共享，持续加强核安全文化建设、公众沟通和国际合作，打造全行业、全社会、全球共同维护核安全的命运共同体。发布《核安全文化政策声明》，开展核安全文化宣贯推进专项行动，推进核安全文化评估，将核安全文化有效融入企业生产、经营、科研、管理等各环节，转化为从业人员的自觉行动。依法加强公众沟通，强化核安全信息公开、媒体定期交流和重大政策信息解读，组织开展"全民国家安全教育日""公众开放日（周）""核安全文化进校园、进社区"等各类核科普活动，将核安全纳入领导干部培训和青少年教育体系，引导公众了解、参与和维护核安全。对外发表《中国的核安全》白皮书，全面介绍我国核安全状况。积极履行核安全国际义务，建立广泛多元的核安全多双边合作机制，在进口核安全设备监管、核应急、公众沟通等领域加强政策交流、经验共享和务实合作，展现负责任核大国形象。

习近平总书记在党的十九届四中全会上指出，制度更加成熟更加定型是一个动态过程，治理能力现代化也是一个动态过程，不可能一蹴而就，也不可能一劳永逸。我们将认真落实习近平总书记重要指示精神，始终坚持总体国家安全观和核安全观，科学化系统化常态化推进核安全治理能力建设,强化以下三个方面内容。

一是强化核安全规划统筹作用。开展核安全"十三五"规划终期评估,科学编制核安全"十四五"规划,聚焦核与辐射安全重点难点问题,研究提出一批重要政策、重大工程、重点项目,为"十四五"核安全治理能力建设提供路线图、施工图。综合分析国际核安全态势变化及对我国影响,研判经济、社会、核行业发展等对核安全影响,强化风险导向,有针对性地提升核安全治理能力。

二是强化核安全科研支撑作用。以加强核与辐射安全中心能力建设为重点,积极推进国家核与辐射安全监管技术研发基地内涵建设,加快预警监测信息化平台、辐射监测实验室等重点项目建设,提升核安全技术水平。拓宽核安全科技研发项目资金渠道,加强核安全学术交流和资源共享,加快推进战略性、基础性、公益性核安全科技研发。

三是强化核安全铁军保障作用。强化核安全人才分级分类培训,建立健全高等院校、科研机构与企业互联互通的人才教育培训机制,拓宽人才培养渠道,不断提高核安全专业人才技术能力和安全素养。坚持"严慎细实"作风,弘扬"核安全事业高于一切,核安全责任重于泰山,严慎细实规范监管,团结协作不断进取"的核安全精神,培养政治强、本领高、作风硬、敢担当,特别能吃苦、特别能战斗、特别能奉献的核安全铁军。

5.4   打造核安全命运共同体

习近平总书记在第四届核安全峰会上倡议积极开展核安全学术研究。习近平总书记的讲话对引导世界化解当前核安全危机具有重要启示意义。面对当前错综复杂的国际核安全形势,人类只有构建核安全命运共同体,才能从根本上化解当前的核安全困境,形成核安全秩序。

国际核安全问题本质上表征了国家之间交往关系的内在痼疾以及狭隘国家中心主义的弊端。核安全命运共同体意涵着主体与客体二元对立思维的消解,它是建立在对话和协商基础上的依存性共同体、互惠性共同体与交互性共同体的统一。核安全命运共同体以对话和协商的正确义利观化解利益纠纷,能够超越狭隘的国家中心主义。正如习近平总书记所言,发展核能是各国自主选择,确保核安全是各国应尽之责。核安全是世界人民的普遍愿景,也是拥核国家的责任所在。有核国家应该带头建设核安全命运共同体,打造共生共享共建的核安全秩序,积极有效地防范核安全风险。

5.4.1   核安全命运共同体特征

首先,核安全命运共同体注重安全共生。习近平总书记强调,"核安全事件的影响超越国界。在互联互通时代,没有哪个国家能够独自应对,也没有哪个国家可以置身事外"。随着世界历史的发展与交往关系的加强,世界日益成为一个"你中有我、我中有你"的依存性共同体,我们的生存依赖于他者的存在。核科学技术的发展使现代社会处于风险包围之中,核军备竞赛、核扩散、核恐怖主义、核泄漏等问题正在威胁人类的价值与尊严,人类应增强共生性关系来应对核安全挑战和维护安全感。共生才能确立自我的本体性安全,共生与安全是我们与他者和谐存在的内外两个方面。核安全命运共同体能够弥合主客二分思维的缺陷，使主体与客体成为主客合一的共生关系。核安全命运共同体认识到当前核安全领域交往关系的异化状态是由人类核实践活动的畸形发展所造成的。核安全命运共同体所内含的交往关系，引导主体在复杂的情境下用正确的行动完成善的谋划，既遵循国际经济政治的客观规律，又始终将人当作发展的目的，主体与客体统一于实践之中。核安全命运共同体并不把核实践的对象当作确定性世界，而是从可能性世界来把握核风险的不确定性。核实践的过程就是从可能性到达现实性的过程，因此构建核安全命运共同体能较好应对核安全风险的不确定性。

其次，核安全命运共同体促进安全共享。习近平总书记指出，"要以国际原子能机构为核心，协调、整合全球核安全资源，并利用其专业特长服务各国"。核时代由于人类掌握了巨大的物质力量，人类成了必须同舟共济、和平共处、相互合作的"地球村"公民，不然就难以驾驭具有巨大能量与风险的核力量。国际核安全问题的产生，根源在于狭隘国家中心主义使核技术权利分配不均衡这一结构性矛盾激化，致使主体难以抵制巨大核物质力量的负面影响而沦入极端的自我中心主义。在国际社会中，国家除了追求行为利益的最大化，在政治外交、军事安全与文化交流上还存在其他利益关系。如果主体以国家中心主义片面追求经济利益的最大化，那么其他方面的利益就会受到损害，最终难以实现自身利益的最大化。核安全命运共同体秉持正确的义利观，能够超越狭隘的国家中心主义。核安全命运共同体强调个体利益与共同利益的协调兼顾，强调以人类命运共同体为基本的价值视角共享互惠性的核安全。核安全命运共同体把人类的可持续发展与美好生活当作自身的发展目标，纵使在当前复杂多变的国际核安全局势下，它也主张自觉担当人类责任，为核时代人类共享核安全提供价值指引。

最后，核安全命运共同体主张安全共建。习近平总书记强调："在尊重各国主权的前提下，所有国家都要参与到核安全事务中来，以开放包容的精神，努力打造核安全命运共同体。"核安全命运共同体不是抽象的概念，它是在实践中不断生成的开放性体系。核安全命运共同体强调实践主体的平等互惠和平等权利，用平等开放的方式构建人类的核安全共识。因此，安全共建就是通过个体利益与整体利益的协商整合形成安全伦理共识与规范。在共建核安全命运共同体的过程中，各国建立良好的协商机制，这就为核安全伦理的共识奠定了基础。一方面，核安全命运共同体理念虽然由我国首先倡议提出，但中国并不是构建核安全命运共同体的主导者，而是积极的参与者、推动者、贡献者。构建核安全命运共同体绝不是以一个中心代替另一个中心的新的核秩序，而是多个中心点联结成的交互性关系。另一方面，安全共建是去强制化的过程。它反对用强力来贯彻意志，主张在不同的价值体系与文化传统之间实现奠基于对话的话语平等与协商。构建核安全命运共同体需要主体间的平等的交互性关系，需要通过安全共建来构建主体间的关系，这样就可以减少主体间的意志冲突，减少诱发核安全问题的可能性。

5.4.2　核安全命运共同体内容

根据《中国的核安全》白皮书提出，核安全没有国界，确保核安全是全人类共同的美好愿景。世界各国、政府相关部门、行业相关单位、社会各界都应携手共进、精诚合作，推进核安全共建共治共享，打造核安全命运共同体。

和平开发利用核能是世界各国的共同愿望，确保核安全是世界各国的共同责任。中国倡导构建公平、合作、共赢的国际核安全体系，坚持公平原则，本着务实精神推动国际社会携手共进、精诚合作，共同推进全球核安全治理，打造核安全命运共同体，推动构建人类命运共同体。

忠实履行国际义务和政治承诺。中国批准了核安全领域所有国际法律文书，严格执行联合国安理会决议，支持和参与核安全国际倡议。先后加入《及早通报核事故公约》《核事故或辐射紧急情况援助公约》《核材料实物保护公约》《核安全公约》《制止核恐怖主义行为国际公约》《乏燃料管理安全和放射性废物管理安全联合公约》等国际公约，认真开展履约活动。中国积极参与《维也纳核安全宣言》的制定和落实，中国代表分别担任 2011 年《核安全公约》缔约方第五次审议会议和 2012 年第二次特别会议主席，为推动全球核安全治理贡献中国力量。

支持加强核安全的多边努力。中国支持国际原子能机构（IAEA）在核安全国际合作中发挥核心作用，从政治、技术、资金等方面，为机构提供全方位支持。中国持续向机构核安全基金捐款，用于支持亚洲地区国家核安全能力建设。加强核不扩散国际合作，加入桑戈委员会、核供应国集团等多边机制和国际组织；颁布实施《核出口管制条例》《核两用品及相关技术出口管制条例》，发布《核出口管制清单》《核两用品及相关技术出口管制清单》。深化打击核恐怖主义国际合作，与国际刑警、核安全问题联络小组、打击核恐怖主义全球倡议等国际组织与多边机制密切合作。

加强核安全国际交流合作。中国重视国家间的核安全政策交流与务实合作，与法国、美国、俄罗斯、日本、韩国等国家及"一带一路"核电新兴国家密切沟通，签订 50 余份核安全合作协议，加强高层互访、专家交流、审评咨询、联合研究等全方位合作；建立中美核安全年度对话机制，与美国合作建成核安全示范中心和中国海关防辐射探测培训中心；与俄罗斯举行中俄海关防范核材料及其他放射性物质非法贩运联合演习；建立中日韩核安全监管高官会机制，共享监管经验。加强与经济合作与发展组织核能署、欧盟、世界核电运营者协会等国际组织交流合作，积极参加核安全国际同行评估，对标国际，共同提高，持续参加全球核安全与安保网络、亚洲核安全网络框架下的各项活动，拓展国际合作平台，提升中国核安全能力。中国为世界贡献智慧和力量，推广中国核安全监管体系，分享先进技术和经验，共享资源和平台；参与核电厂多国设计评价机制，推动建立"华龙一号"专项工作组；依托国家核与辐射安全监管技术研发中心，持续帮助发展中国家开展核安全人员培训、技术演练等活动，支持其提高监管能力，为提高全球核安全水平提供更多公共产品。

5.4.3　双碳背景下的核安全命运共同体

最近 20 年，全球变暖、冰川融化、海平面上升、雾霾等一系列极端天气现象表明温室效应带来的气候变化正严重影响着人类的生存环境。2016 年正式实施的《巴黎协定》提出要将全球平均气温较前工业化时期的上升幅度控制在 2 ℃以内。随着双碳战略的推进和核能技术的不断发展，"核电＋"将成为一种核能应用的新发展模式。核能将不仅仅扮演提供电力的角色，在核能制氢、区域供热、海水淡化等多种非电综合利用领域都将发挥功能，这些领域将成为核能行业的新蓝海。双碳背景下，持续打造核安全命运共同体显得尤为迫切和重要。

一要打造全行业核安全命运共同体。核工业是一个整体，一荣俱荣，一损俱损。要凝聚安全发展共识，同舟共济共同推进自主化标准体系建设，携手打造世界领先的核安全舰队。要确保产业全链条安全，营运单位、设计单位、建设单位、设备供应商、各级供货商都要各负其责、追求卓越，以最高标准设计研发、最高质量建设制造、最严要求运行管理。要加强行业交流合作，合力解决核能高质量发展面临的突出矛盾和重难点问题，齐头并进提升核安全管理能力和技术水平。

二要打造全社会核安全命运共同体。高水平的公众沟通是核能高质量发展的内在要求。要进一步加强核科普宣传，做强做优宣传品牌，拓展创新符合全媒体时代特征的公众沟通方式，让核安全和核科学知识走进公众。要强化信息公开，积极回应公众对核安全的关切，保障公众对核安全知情权、参与权、监督权。要广泛开展公众参与，推动形成科学认识核能、理性看待核安全、人人维护核安全的良好氛围，增强人民群众对核安全的获得感、幸福感、安全感。

三要打造全球核安全命运共同体。核安全是全球性课题，核安全水平的提升离不开密切的国际合作。要与我国在国际核电界日益提高的地位相适应，以更积极的态度、更有效的作为参与和推动国际核治理体系建设，分享中国经验、发出中国声音、展现中国形象。要继续深入推进核安全领域国际交流合作，吸纳借鉴国际先进经验，持续提升我国核安全治理水平。要加大向国际原子能机构等国际组织推送人才的力度，不断培养国际化人才，扩大我国在核安全领域的国际话语权。

5.5　新时代核安全治理体系和治理能力现代化

我国始终坚持以安全为前提发展核事业，不断推动核安全与时俱进、创新发展，构建了既接轨国际又符合国情的核安全制度。当前，核安全事业进入高质量高水平发展的新时期，必须持续坚持和完善核安全制度，着力固根基、扬优势、补短板、强弱项，提高制度执行能力，推进核安全治理体系和治理能力现代化。

一是坚持和完善政府监督管理制度，坚持依法从严，提升技术能力。健全部门分工协作、联管联防联控的国家核安全工作协调机制，推进省级协调机制建设，构建纵向到底、横向到边的核安全工作格局。完善核安全法配套法规标准体系，一体化推进行业遵法教育、社会普法活动和监管人员执法培训。完善核与辐射安全管理体系宣贯培训、贯彻执行和效果评估制度，强化体系的执行反馈和更新维护，形成体系建设与规范监管双向互动。健全风险指引型监管模式，充分运用概率安全分析、区块链与大数据分析等手段，强化风险综合评估与分类分级施策，优化监管资源配置。完善核电厂、研究堆经验反馈体系，跟踪、筛选和分析国内外重要事件和异常，强化典型事件和共性问题的调查处理、原因分析和反馈改进。

二是坚持和完善行业责任落实制度，加强力量统筹，强化行业自律。健全企业核安全领导责任落实制度，落实企业主要负责同志安全与发展"一岗双责"，将核安全事项列入企业党委（组）议事日程，融入党建工作制度，以上率下，发挥确保核安全的"头雁"效应。完善常态化监测预警、隐患排查和风险防范制度，推动核设施、铀矿冶、核技术利用营运单位和核设备制造单位主动发现和解决问题，让企业安全、质量和环保等内部监督力量充分发挥作用。健全企业核安全文化建设和评估考核机制，纳入国家企业信用评级体系，基于《核安全文化特征》分领域开展评估，推动企业核安全相关信息对监管部门高度透明，对弄虚作假和违规操作行为"零容忍"，并根据评估结果实施分级监管。完善行业基础研究联合攻关制度，以核安全规划为抓手，强化战略性、基础性、公益性核安全科技研发联合攻关，发挥行业智慧力量，推进制定一系列重要战略决策、重大课题研究、重点领域监管政策。健全核与辐射事故应急资源力量统筹制度，依托企业集团核事故应急救援基地，充分发挥专业设备、物资储备、人才队伍等方面优势，补齐公共领域辐射事故应急处理短板，实现核与辐射事故应急全覆盖、无死角。

三是坚持和完善社会共治共享制度，加强社会监督，提升公众信心。完善核安全信息公开制度，政府定期开展座谈交流和信息解读，及时发布许可审评、监督执法、总体安全状况等信息；企业依法公开核安全管理规章制度、核设施安全状况等重要信息，积极回应公众对核安全的关切。健全社会监督机制，规范核安全信访举报处理程序，畅通信访举报渠道，营造人人有责、人人参与的良好氛围。完善核安全宣传教育制度，做强做优"全民国家安全教育日""公众开放日（周）""核安全文化进校园、进社区"的核安全科普宣传品牌，加大核安全纳入领导干部培训和青少年教育的力度，引导公众了解和维护核安全。搭建地方政府、涉核企业和公众沟通交流的良好平台，因地制宜做好公众沟通和利益补偿，防止造谣传谣，维护社会稳定。

四是坚持和完善国际交流合作制度，强化多元合作。在忠实履行国际义务和政治承诺、加强核安全国际交流合作的基础上，立足对国际核安全形势判断，着重加强两方面制度建设。完善核电安全监管体系推广制度，依托国家核与辐射安全监管技术研发基地，强化对发展中国家的核安全人员培训和技术演练，帮助其提高监管能力。健全更加广泛多元的核安全合作制度，适应全球疫情扩散蔓延新形势，健全核安全设备多渠道供应保障机制；加强与"一带一路"倡议沿线国家核电技术与安全合作，推动核安全与核电一起"走出去"。

6　核安全文化

核安全文化的理念起源于国际原子能机构对苏联切尔诺贝利核事故根本原因的深刻总结，随着核能与核技术利用事业的发展，逐步受到国际社会的普遍重视，日本福岛核事故又一次敲响了核安全文化弱化会导致严重后果的警钟，国际社会进一步加深了对核安全文化的建设与研究。

核安全文化是文化在核行业的集中体现，着重强调"人"的安全价值观和行为准则对安全的重要作用，是确保核安全的灵魂。核安全文化具有鲜明核行业特性，同时又很好地满足了核行业特需，国际原子能机构将之与质量保证和经验反馈并列为保证核安全的 3 个基本要素。与其他行业相比，核安全事关国家安危、人民健康、社会稳定、经济发展及大国地位，核行业始终强调安全第一，确保安全是所有核行业从业人员义不容辞的责任。

核安全文化强调四个"凡事"："凡事有章可循，凡事有人负责，凡事有据可查，凡事有人监督"。① 凡事有章可循，所做的工作、所要求的内容和建立的管理制度要落实到明确的规定和文件，形成实实在在的制度文件，在开展各项工作、执行各类操作的时候都能够找到相关的文件进行指导。② 凡事有人负责，不仅要在现有业务部门结构的基础上建立起安全管理的组织结构和组织人员，还需要对包括安全部门和安全的岗位在内的各个部门和岗位建立明确安全职责，确保每项工作都能够找到明确的负责人。③ 凡事有据可查，所做的各项工作和操作都需要形成记录，这些记录应当详细地记录工作时间、工作内容和工作结果等信息，确保工作情况被详细记录，这些信息保存起来可以为之后开展的检查工作提供输入。④ 凡事有人监督，要建立起完善的监督、检查和审计机制，制定明确的监督人员、岗位，制定详细的监督、检查和审计内容，通过开展监督、检查和审计，确保建立的安全管理制度、组织以及所实施的各项保护被有效和正确地执行

习近平总书记高度重视核安全文化建设工作。在核安全峰会上，提出理性、协调、并进的核安全观，承诺我国坚持培育和发展核安全文化，营造共建共享氛围，并指出"法治意识、忧患意识、自律意识、协作意识是核安全文化的核心，要贯穿到每位从业人员的思想和行动中，使他们知其责、尽其职"。

6.1　核安全文化实践及成效

加强政策引导。政府部门有效发挥政策引导和监督作用，大力倡导"核安全事业高于一切，核安全责任重于泰山，严慎细实规范监管，团结协作不断进取"的核安全精神。将核安全文化的相关要求纳入《中华人民共和国核安全法》《核动力厂管理体系安全规定》《核动力厂调试和运行安全规定》等法律法规，为核安全文化建设奠定了法律基础。通过

思想教育、制度规范、环境熏陶等方式，积极培育和发展核安全文化，充分调动和激发人的积极因素。发布《核安全文化政策声明》《核安全文化特征》，开展核安全文化宣传贯彻推进专项行动，建立核安全文化评估机制，让核安全文化内化于心、外化于行，转化为从业人员的自觉行动。从最初的安全意识，到引入国际安全文化理念，到消化吸收再创新，全行业结合中国实际不断探索核安全文化建设方法，形成了既接轨国际、又聚焦中国实践的核安全文化建设成果，为保障核能安全提供了重要支撑。核安全监管部门通过对监管经验的总结，确定了"独立、公开、法治、理性、有效"的核安全监管原则，形成了"坚持文化引领"的核与辐射安全监管重要经验，并通过监督检查、规章制度建设以及人员培训等多方面措施，有效促进核安全文化建设不断深入。

落实安全承诺。涉核企事业单位、研究机构、行业协会等高度重视、积极培育核安全文化，设置专门机构或配置专职人员，积极探索创新核安全文化建设的方式方法，加强质量管理、学习培训、经验反馈、评估改进，将核安全文化有效融入生产、经营、科研、管理等各环节，形成了"凡事有章可循、凡事有人负责、凡事有人验证、凡事有据可查""以核为先、以合为贵、以和为本"等优秀核安全文化理念。在不断探索中，核电企业借鉴国际经验开展核安全文化专项学习，完善安全管理制度，建立了一套贯穿核安全文化的安全管理体系，参照国际标准开展核安全文化评估，聚焦共性问题，推广良好实践，并结合发生的运行事件不断反馈优化，促使核安全文化建设水平不断提升。

培育全社会核安全文化。国务院新闻办发布中国政府白皮书——《中国的核安全》，组织开展"核安全文化进校园、进社区"活动，回应社会公众普遍关切，增进全社会对核安全的认识，引导公众了解核安全、参与核安全、维护核安全。

中国坚持不懈加强核安全文化建设，建立中央督导、地方主导、企业作为、公众参与的核安全公众沟通机制，规范和引导从业人员的思想行为，发动社会公众广泛参与，营造人人有责、人人参与，全行业全社会共同维护核安全的良好氛围。

政府引领推动。政府部门有效发挥政策引导和监督作用，大力倡导"核安全事业高于一切，核安全责任重于泰山，严慎细实规范监管，团结协作不断进取"的核安全精神。积极培育和发展核安全文化，通过思想教育、制度规范、环境熏陶等方式，将法治意识、忧患意识、自律意识、协作意识的核心价值观，贯穿到从业人员的思想和行动中，充分调动和激发人的积极因素。发布《核安全文化政策声明》，开展核安全文化宣传贯彻推进专项行动，建立核安全文化评估机制，让核安全文化内化于心、外化于行，转化为从业人员的自觉行动。依法加强政务公开，建立新闻发言人制度和媒体定期座谈交流制度，开展核安全重大政策信息解读，及时发布许可审批、监督执法、总体安全状况、辐射环境质量、事故事件等权威信息，增强政府工作透明度，保障公众知情权、参与权、监督权。通过全局性的引领带动工作，中国核安全文化建设进入了快速发展阶段，核安全文化建设主体扩充为政府、企业以及社会三方，核安全文化推广也由核电厂、核设备领域，扩充至核技术利用以及核燃料循环领域，影响对象也由行业从业人员、研究人员扩展至社会公众，营造了百花齐放、百家争鸣的建设氛围。

行业积极作为。涉核企事业单位、研究机构、行业协会等高度重视、积极培育核安全文化，设置专门机构或配置专职人员，积极探索创新核安全文化建设的方式方法，加强质量管理、学习培训、经验反馈、评估改进，将核安全文化有效融入生产、经营、科研、管理等各环节，形成了"凡事有章可循、凡事有人负责、凡事有人验证、凡事有据可查""以核为先、以合为贵、以和为本"等优秀核安全文化理念。依法公开核安全管理规章制度、核设施安全状况、流出物和周围环境辐射监测数据、年度核安全报告等重要信息，积极回应公众对核能、核安全的关切。行业各单位纷纷制定核安全文化建设规划，建立核安全文化专门负责机构，培养专业人员，形成一大批核安全文化评估、培训专家。单位内部主要领导率先带头垂范，管理人员积极践行，全员立足自身岗位主动学习实践，全行业安全意识明显增强，违法违规事件逐步减少。同时，各单位核安全文化建设新思路、新方法不断涌现，核安全文化专项训练营、领导论坛，防人因失误工具、视频教程、人员行为分析系统，每日安全信息学习活动等举措层出不穷，有效促进了核安全文化理念落地生根。

社会广泛参与。组织开展"全民国家安全教育日""公众开放日（周）""核安全文化进校园、进社区""科普中国、绿色核能"等各类核科普活动，通过研讨交流、实地体验、媒体宣传等形式，增进全社会对核安全的了解和认识。坚持平等、广泛、便利原则，建立公众广泛参与机制，通过问卷调查、听证会、论证会、座谈会等形式，就事关公众利益的重大核安全事项充分征求意见。在全社会广泛开展核安全宣传教育，搭建科普网络及新媒体平台，建设国家级核科普教育基地，积极开发公众宣传设施和工业旅游项目，纳入领导干部培训和青少年教育体系，引导公众了解核安全、参与核安全、维护核安全。

6.2　核安全文化政策声明

在核安全观的指引下，国家核安全局联合国家能源局、国防科工局发布《核安全文化政策声明》，为引领全行业核安全文化建设提供了指导，凝聚了核安全文化建设力量。具体内容如下：

核能与核技术利用是人类社会现代科技文明发展的成果，给人类带来福祉的同时也伴随着风险。核安全是核能与核技术利用事业发展的生命线，是国家安全的重要组成部分。中国始终坚持在确保安全的前提下发展核能与核技术。

为贯彻国家安全战略，落实"理性、协调、并进"的中国核安全观，履行国家核安全责任和国际核安全义务，大力培育和发展核安全文化以提升核安全水平，保障核能与核技术利用事业安全、健康、可持续发展，特发布核安全文化政策声明。

政策声明旨在阐明对核安全文化的基本态度，培育和实践核安全文化的原则要求。国家核安全监管部门和相关部门、各核能与核技术利用单位、工程和服务单位及利益相关单位应共同遵守和践行本政策声明中的态度、立场和原则，强化法治意识、责任意识、风险意识和诚信意识，营造重视核安全、守护核安全、珍惜核安全的文化氛围。

中国重视核安全文化建设，并在各个管理环节不断践行核安全文化的理念和原则，坚持以现行的国家核安全法规和最新核安全标准，以及国际最高安全要求对核能与核技术利用活动实施监管。面对当前中国核电发展不断加快与公众安全诉求不断增长的形势，中国将更加积极地倡导、培育和传播全社会核安全文化，持续提高核安全文化素养。

（1）核安全与核安全文化

核安全是指对核设施、核活动、核材料和放射性物质采取必要和充分的监控、保护、预防和缓解等安全措施，防止由于任何技术原因、人为原因或自然灾害造成事故，并最大限度地减少事故情况下的放射性后果，从而保护工作人员、公众和环境免受不当的辐射危害。

核安全文化是指各有关组织和个人以"安全第一"为根本方针，以维护公众健康和环境安全为最终目标，达成共识并付诸实践的价值观、行为准则和特性的总和。

中国奉行"理性、协调、并进"的核安全观，其内涵核心为"四个并重"，即"发展和安全并重、权利和义务并重、自主和协作并重、治标和治本并重"，它是现阶段中国倡导的核安全文化的核心价值观，是国际社会和中国核安全发展经验的总结。

（2）核安全文化的培育与实践

核安全文化需要内化于心，外化于行，让安全高于一切的核安全理念成为全社会的自觉行动；建立一套以安全和质量保证为核心的管理体系，健全规章制度并认真贯彻落实；加强队伍建设，完善人才培养和激励机制，形成安全意识良好、工作作风严谨、技术能力过硬的人才队伍。

① 决策层的安全观和承诺。决策层要树立正确的核安全观念。在确立发展目标、制定发展规划、构建管理体系、建立监管机制、落实安全责任等决策过程中始终坚持"安全第一"的根本方针，并就确保安全目标做出承诺。

② 管理层的态度和表率。管理层要以身作则，充分发挥表率和示范作用，提升管理层自身安全文化素养，建立并严格执行安全管理制度，落实安全责任，授予安全岗位足够的权力，给予安全措施充分的资源保障，以审慎保守的态度处理安全相关问题。

③ 全员的参与和责任意识。全员正确理解和认识各自的核安全责任，做出安全承诺，严格执行各项安全规定，形成人人都是安全的创造者和维护者的工作氛围。

④ 培育学习型组织。各组织要制定系统的学习计划，积极开展培训、评估和改进行动，激励学习、提升员工综合技能，形成继承发扬、持续完善、戒骄戒躁、不断创新、追求卓越、自我超越的学习气氛。

⑤ 构建全面有效的管理体系。政府应建立健全科学合理的管理体制和严格的监管机制；营运单位应建立科学合理的管理制度。确保在制定政策、设置机构、分配资源、制订计划、安排进度、控制成本等方面的任何考虑不能凌驾于安全之上。

⑥ 营造适宜的工作环境。设置适当的工作时间和劳动强度，提供便利的基础设施和硬件条件，建立公开公正的激励和员工晋升机制；加强沟通交流，客观公正地解决冲突矛盾，营造相互尊重、高度信任、团结协作的工作氛围。

⑦ 建立对安全问题的质疑、报告和经验反馈机制。倡导对安全问题严谨质疑的态度；建立机制鼓励全体员工自由报告安全相关问题并且保证不会受到歧视和报复；管理者应及时回应并合理解决员工报告的潜在问题和安全隐患；建立有效的经验反馈体系，结合案例教育，预防人因失误。

⑧ 创建和谐的公共关系。通过信息公开、公众参与、科普宣传等公众沟通形式，确保公众的知情权、参与权和监督权；决策层和管理层应以开放的心态多渠道倾听各种不同意见，并妥善对待和处理利益相关者的各项诉求。

（3）核安全文化的持续推进

核安全文化的培育是一个长期过程，应持续不断推进。

从业人员要对自身严格要求，养成一丝不苟的良好工作习惯和质疑的工作态度，避免任何自满情绪，树立知责任、负责任的责任意识，形成学法、知法、守法的法治观念，持续提升个人的核安全文化素养。

核能与核技术利用单位要做出承诺，构建企业自身的核安全保障机构，将良好核安全文化融入生产和管理的各个环节，做到凡事有章可循，凡事有据可查，凡事有人负责，凡事有人监督；加大培育核安全文化的资源投入力度，定期对本单位的核安全文化培育状况、工作进展及安全绩效进行自评估，保证核安全文化建设在本单位得到有效落实。

核安全监管部门和政府相关部门要加强政策引导、制定鼓励核安全文化培育的相关政策，加大贯彻实施力度；继续秉持"独立、公开、法治、理性、有效"的监管理念和严谨细实的工作作风；坚持科学立法、依法行政，确保政府监管的独立、权威和有效。

推行同行评估，鼓励开展核安全文化培育和实践的第三方评估活动，学习借鉴成功经验，及时识别弱项和问题，积极纠正和改进。同时倡导提升核安全文化的良好实践，开展全行业核安全文化经验交流，推广良好实践案例和成功经验，让核安全文化成为所有从业人员的职业信仰。

核安全文化是核能与核技术利用实践经验的总结，是核安全大厦的基石，是社会先进文化的组成部分，必将随着核事业与核安全事业的不断发展进一步得到弘扬、创新和发展，为确保核安全，保障公众健康和环境安全发挥作用。

中国政府将继续深化与世界各国、国际组织在核能包括核安全领域的交流和合作，切实履行已签署的各项核能公约义务，践行核安全多边、双边承诺，与国际社会一道共同预防和化解核安全风险，为提升全球核安全水平作出积极贡献。

6.3 典型核与辐射安全事故

（1）切尔诺贝利核事故

1986年4月26日，苏联的切尔诺贝利核电厂4号反应堆机组检修后重新启动过程中，堆芯发生超瞬发临界，堆芯熔化，高温产生大量的氢气和蒸汽发生爆炸，引发大火并散发出大量高能辐射物质至大气层。事故致使31人在数周内死亡（包括非放射性致死3人），参加事故清理人员20万人，平均辐射量100 mSv。据估计，切尔诺贝利核事故给乌克兰和白俄罗斯造成的直接经济损失在2 350亿美元以上。该事故被认为是核电历史上最严重的事故，也是国际核与辐射事件分级表（INES）中首例被评为第7级（最高级）的事故。

事故发生后，苏联政府立即组建了国家事故调查委员会，调查事故产生的原因。事故发生的直接原因是该核电站采用石墨沸水堆，自身设计缺陷多，加之试验操作不当导致反应堆功率急剧上升，产生大量蒸汽，致使反应堆堆芯压力急剧升高，最后产生爆炸事故。根本原因是反应堆堆芯设计和控制保护系统设计存在缺陷（正气泡反应性系数、无安全壳、落棒慢等）以及核安全文化欠缺。切尔诺贝利核事故使人类真正认识到核电厂系统的复杂性和安全的重要性。

（2）日本福岛核事故

2011 年 3 月 11 日，日本发生 9.0 级地震，核反应堆保护系统及时发挥作用使反应堆自动停堆，但电网供电系统及交通受到全部破坏，地震引起的强烈海啸，进一步摧毁了电站内应急电源，导致反应堆冷却系统功能完全丧失余热无法排出，堆芯燃料融化，引发氢气爆炸（并非核爆炸），加上抢险工作不力，最终导致放射性物质从损坏的建筑物排放至外界环境。

日本福岛第一核电站从 20 世纪 70 年代初开始运营，从事故原因来说，福岛核事故的直接罪魁祸首显然是地震引发的海啸。因为核电站的基础设施被毁，外部电力丧失，海啸又摧毁了备用柴油发电机，反应堆堆芯融化和乏燃料池温度过高产生大量的氢气和蒸汽。为避免发生更大的核泄漏事故，只得释放压力容器中带有放射性物质的蒸汽，大量冷却水泄漏，导致环境污染致使大量居民疏散。另外，日本国会"福岛核事故调查委员会"发布的调查报告指出，虽然地震和海啸是引发核事故的直接原因，但是事故的根本原因是政府高层和东京电力公司没有及时采取措施。同时东京电力公司与作为监管部门的日本原子能安全委员会没有做出必要的防灾准备。

（3）三哩岛核事故

1979 年 3 月 28 日，位于美国宾夕法尼亚州的三哩岛压水堆核电站二号堆由于反应堆堆芯失水及操作失误，导致了三分之二的堆芯严重损坏、反应堆最终陷于瘫痪的严重事故，是压水堆核电站运行历史上最大的一次事故。在这次事故中，由于主要的工程安全设施都自动投入，同时由于反应堆安全屏障安全壳的包容作用，释放到环境中的放射性物质不多，人员无一伤亡，在事故现场，只有 3 名工作人员受到了略高于半年的容许剂量的照射。核电站附近 80 千米以内的公众，由于事故，平均每人受到的剂量不到一年内天然本底的百分之一。因此，三哩岛事故对公众未造成任何辐射伤害，对环境的影响极小。该事故为核事故分级的第五级。但事故的教训深刻，促使核电在安全方面进一步改进。

（4）γ射线移动探伤作业辐射事故

李某某借用宁夏冠唯工程检测技术有限公司探伤资质和辐射安全许可证，借用宁夏志杰检测工程有限公司γ射线探伤机（内含一枚Ⅱ类铱-192 放射源），并通过互联网雇佣未受任何辐射安全培训的陈某某、刘某某和樊某某，为宁夏钢铁集团有限责任公司炼铁厂 3#高炉富氧管道改造项目进行探伤。2020 年 6 月 14 日 13 时起陈某某、刘某某及樊某某进行探伤作业，15 日凌晨 6 时结束作业整备探伤机时发现放射源源辫不在探伤机中，刘某某随即用手钳将源辫安装回探伤机。

6 月 15 日开始，陈某某、刘某某感到身体不适，出现恶心、呕吐及乏力症状，樊某某无明显症状。24 日左右，3 人均出现手部红肿、疼痛等症状。29 日开始，受照 3 人分别在宁夏、河北及北京进行检查治疗。诊断结论为：三人受照剂量均严重超过国家标准规定的剂量限值；陈某某左手急性放射性皮肤损伤Ⅲ度；刘某某左手拇指、食指急性放射性皮肤损伤Ⅳ度，左手中指、无名指及小指急性放射性皮肤损伤Ⅲ度；樊某某左手急性放射性皮肤损伤Ⅰ-Ⅱ度。

（5）江苏南京γ探伤放射源丢失致人员受照事故

2014 年 5 月，天津某探伤公司在江苏省南京市作业期间，违法雇用无资质人员进行γ射线移动探伤作业，使用的放射源出厂活度为 3.77×10^{12} Bq，现存活度为 9.6×10^{11} Bq（约 26 Ci），属于 Ⅱ 类放射源。

2014 年 5 月 7 日凌晨 3 点，该公司 2 名工作人员完成在南京中石化五公司管道车间内的 γ 射线探伤作业，回收放射源时违反操作规程，两名工作人员同时操作，一人摇动放射源驱动装置，另一人负责拆卸导管。在源辫回到贮存位前，工作人员手动解除探伤机的安全闭锁，卸下导源管，导致源辫子与驱动钢丝绳脱钩。其后，负责拆卸导管的工作人员发现驱动导管无法从探伤机上拆卸下来，怀疑源辫子未回收到位，便使用辐射监测仪对探伤机表面进行测量，以便核实放射源是否已回收到探伤机内。当操作人员发现辐射监测仪读数升高时，便认为放射源已被回收到位。实际上放射源处于脱落状态，监测仪的读数升高是由于探伤机贫化铀屏蔽体和放射源裸露在外共同导致。为了进一步检查放射源是否脱落，一名操作员手持导源管中部，将导源管拖到车间门口处，抖动导源管，结果未发现源辫子，其实，脱落的源辫子在其拖动导源管的途中可能已从导源管中滑落。经过上述监测和检查后，2 名操作人员没有再做进一步检查确认，经向现场探伤负责人（在宿舍休息，未在现场）报告后，直接将探伤机（连同未拆卸下来的驱动导管一起）装车，回到距该车间约 1 km 的宿舍休息。

5 月 7 日晚上，2 名工作人员再次来到该车间探伤。8 日早上，工作人员发现探伤胶片未曝光，以为设备故障，便联系设备厂家前来维修。8 日傍晚，设备厂家维修人员确认放射源已丢失。探伤公司工作人员在探伤作业区寻找，未发现放射源，于是向该公司领导报告。该公司又派人寻找，结果也未找到。5 月 9 日凌晨，该公司才开始向当地公安部门及南京市环保局报告。

5 月 9 日上午，公安人员通过监控录像，将进入厂区的所有人员集中询问。经调查，5 月 7 日 7:00 左右，中石化五公司工人上班，有 20 人在探伤作业区周围工作，其中有一人发现源辫子，捡起看了看，便将其丢弃。8:00 左右，该公司工人王某路过源辫子丢弃处，发现并捡起源辫子，装入工作服的右侧口袋，回休息室及附近休息。9:00 王某带着源辫子在厂区仓库门口搬工件，一直工作到 11:30，随后带着源辫骑车回家，并将源辫子从口袋中取出，放在自家后院杂物堆的一个编织袋中。

（6）山东济宁放射源超剂量照射事故

济宁市金乡华光辐照厂位于济宁市金乡县高河乡，是一私营企业。该辐照厂始建于 1994 年，为自行建造的静态堆码式辐照装置，辐照源为钴-60，1994 年加源 7.2 万 Ci，1999 年 5 月又加源 4.4 万 Ci，现活度为 3.8 万 Ci。

2004 年 10 月 21 日下午，由于该辐照装置的铁网门安全联锁、降源限位开关、踏板降源装置、三道防人员误入辐照室的光电联锁等六个安全装置及拉线开关全部失灵，放射源未正常回落到井下安全位置，2 名工作人员未经监测进入辐照室工作。待发现撤出辐照室时，两名工作人员前后受照时间达 10 分钟左右，受照人员距离放射源 0.8～1.7 m，造成两人受超剂量误照射。受照后不久便出现呕吐症状，受照剂量较大者目前全身红肿、口干、腹部疼痛、视物不清，白细胞下降明显，临床初步判断受照剂量大于 10 Gy。

7　放射性物品运输及放射性废物监管

7.1　放射性物品运输监管

放射性物品是指含有放射性核素，并且其活度和比活度均高于国家规定的豁免值的物品。通俗地讲，放射性物品就是含有放射性核素，并且物品中的总放射性含量和单位质量的放射性含量均超过免于监管的限值的物品。目前国家规定的豁免值是指不超过国家标准《放射性物品安全运输规程》中表1放射性核素的基本限值。此豁免值以下的含有放射性核素的物品，不属于本条例规定的放射性物品运输安全监管的范围。

放射性物品运输监管相关法律法规标准有《放射性物品运输安全管理条例》《放射性物品运输安全监督管理办法》《放射性物品运输安全许可管理办法（2021年修正）》《放射性物品安全运输规程》《放射性物品运输容器设计安全评价（分析）报告的标准格式和内容》《放射性物品运输核与辐射安全分析报告书标准格式和内容》等。

放射性物品运输安全管理的基本思路是实行分类管理。主要原因是放射性物品种类繁多，不同放射性物品的特性和潜在环境风险不同，只有通过分类管理，才能实现科学、高效的监管。为此，条例规定，根据放射性物品的特性及其对人体健康和环境的潜在危害程度，将放射性物品分为一类、二类和三类。实践中，常见的一类放射性物品如辐照用钴-60放射源、γ刀治疗机、高水平放射性废物等，二类放射性物品如测井用放射源、中等水平放射性废物等，三类放射性物品如爆炸物检测用放射源、低水平放射性废物、放射性药品等。为了分类管理措施的落实，条例还要求国务院核安全监管部门会同国务院有关主管部门制定放射性物品的具体分类和名录。同时，条例对放射性物品运输容器设计、制造和放射性物品运输的管理规定了有针对性的措施。

对放射性物品运输的核与辐射安全监管主要依据《放射性物品运输安全管理条例》等法规，主要是按照分级分类原则管理控制放射性物品运输特殊安全问题，主要制度有：放射性物品运输容器设计许可、备案管理，放射性物品运输容器制造许可、备案管理，一类放射性物品运输活动审批，启运前监测等。管理中面对的主要有乏燃料运输、核电厂新燃料运输、六氟化铀运输、放射源运输、放射性废物运输、放射性沾污仪器设备运输等。

7.2　放射性废物监管

放射性废物安全管理事关人体健康和环境安全，也直接关系到核能和核技术利用事业的健康发展。为确保放射性废物的安全，2003年制定的《放射性污染防治法》对放射性废物管理作了原则规定。为增强法律的可操作性，保障法律制度的实施，需要将法律的原则规定具体化，包括：进一步完善放射性固体废物贮存、处置许可制度，明确许可的条件、程序等规定；进一步强化对放射性废物处理、贮存、处置活动的安全监管措施，保证处理、贮存、处置活动全过程的安全；进一步明确处置设施的选址建造、安全条件和关闭后的安全监护等要求，确保处置设施的长久安全；进一步细化相关违法行为的法律责任等。

根据《放射性废物分类》，放射性废物分为极短寿命放射性废物、极低水平放射性废物、低水平放射性废物、中水平放射性废物和高水平放射性废物等五类，其中极短寿命放射性废物和极低水平放射性废物属于低水平放射性废物范畴。原则上极短寿命放射性废物、极低水平放射性废物、低水平放射性废物、中水平放射性废物和高水平放射性废物对应的处置方式分别为贮存衰变后解控、填埋处置、近地表处置、中等深度处置和深地质处置。

放射性废物安全管理包括排放、处理、贮存、处置、运输、应急等多个环节。其中，排放在《放射性污染防治法》中已有比较完整的规定；运输、应急已有相关法律、行政法规（《放射性物品运输安全管理条例》《突发事件应对法》《核电厂核事故应急管理条例》《放射性同位素与射线装置安全和防护条例》）作了规定。为此，条例主要对放射性废物的处理、贮存、处置作了规定，对运输、应急这两块内容在附则中作了衔接性规定，对排放未再重复《放射性污染防治法》的规定。从广义上看，贮存、处置都可以理解为一种处理，但放射性废物安全管理专业术语中的"处理"特指贮存、处置前的改变废物的属性、形态或者体积的一些活动，包括净化、浓缩、固化、压缩、包装等，其目的是满足运输、贮存、处置的要求。打个比方，处理就是对一些杂乱的东西进行整理以便于保管的过程，而贮存、处置就是保管整理好的东西。另外，贮存与处置二者的共同点都是存放放射性废物，区别在于贮存是一段时间内暂时的存放（时间长短不一），是一个中间环节，而处置是永久存放，是最终环节。贮存相当于处置的一个中转站，因为大部分核技术利用单位比较分散，废物也不多（如医院），从技术条件和经济合理性角度考虑，不可能要求每个单位都将废物直接送到处置单位去。为此，有必要建一些专门的贮存设施，将分散的废物集中起来，积累到一定数量或者满一定期限后，再按规定进行清洁解控或者送处置单位最终处置。

根据《中国的核安全》白皮书，我国放射性废物分类安全处置成效明显。推行放射性废物分类处置，低中水平放射性废物在符合核安全要求的场所实行近地表或中等深度处置，高水平放射性废物实行集中深地质处置。核设施营运单位、放射性废物处理处置单位依法对放射性废物进行减量化、无害化处理处置，确保永久安全。各省、自治区、直辖市全部建成城市放射性废物库，集中贮存并妥善处置核技术利用放射性废物。推进乏燃料安全贮存处理，加快放射性废物处理处置能力建设，持续实施已关停铀矿冶设施的退役治理和环境恢复，规范铀矿冶废石、废水、尾矿（渣）的环境管理，确保辐射环境安全。

8 核与辐射安全监管信息化建设

按照《"十四五"生态环境监测规划》，"十四五"期间将推动监测数据智慧应用。一是提升大数据监测水平。按照统一架构、分级建设、规范安全、开放共享的原则，制定生态环境监测大数据和智慧创新应用技术指南，开展全国生态环境智慧监测试点，打造国家—省—市—县交互贯通的会商系统和智慧监测平台，"一张图"展示全国生态环境质量状况。组织各级各类监测数据全国联网，规范数据资源共享与服务，加快实现跨地域、跨部门互联互通，提升数据集成、共享交换和业务协同能力。研究推动监测、监管、许可数据联通与工作联动。二是强化数据挖掘与综合评价。整合唤醒各类生态环境监测及关联数据资源，推进算力提升及算法创新，开发环境质量预测预警与模拟、污染溯源追因、政策措施评估等场景，开展联合研究和应用示范，探索一批可推广可复制的成果经验，充分释放监测数据价值。健全生态环境监测评价、排名、预警和公开制度，改进空气、地表水等环境质量评价排名技术规定，激励和督促地方政府落实生态环境保护主体责任。研究构建适应我国国情、符合生态文明愿景、群众接受度高、反映获得感强的生态环境质量综合评价方法，使评价结果与实际情况和人民群众感受更加一致。

IAEA 于 1998 年 9 月在法国召开了放射源安全和放射性物质安全保障国际会议，将加强放射源及核技术应用中的安全管理列为 IAEA 支持成员国辐射防护基础结构的优先发展项目和示范项目，明确指出建立辐射源管理信息数据库是加强辐射源及核技术应用中的辐射安全管理的重要内容，并开发了"辐射源监管信息系统"（Regulatory Authority Information System，RAIS）。国家核安全局于 2004 年 7 月委托核安全中心进行了试用、汉化，并在 2004 年"清查放射源，让百姓放心"专项行动后开始全面使用该系统，RAIS 为我国环保部门在辐射源管理初期提供了很好的工具和手段。

但由于使用环境、管理内容、功能设计及单机操作等原因，RAIS 在应用过程中逐渐难以满足我国辐射源安全监管的实际需求。针对我国核技术利用辐射源监管存在的问题，环境保护部发布了"十一五"国家科技支撑计划重点项目"放射源监管和处置若干关键技术研究"，其中，"网络化放射源监管系统"作为其子课题之一，其目的是开发符合我国管理需求、采用大型数据库为基础、具有网络化管理功能的监管系统。该系统于 2008 年开始建设，2010 年 6 月正式上线在全国推广运行。该系统对我国的核技术利用单位以及放射源生产、销售、转让、进出口、异地使用、回收、收贮等各个环节的动态跟踪管理发挥了重要的作用，切实提高了辐射安全监管效率和水平，实现了辐射安全动态、全寿期监管。

近年来，随着信息技术的飞速发展，我国核与辐射监测监管领域信息化应用场景不断涌现，简单介绍如下。

核与辐射安全宣传多媒体信息平台。主要有科普知识介绍、多媒体信息展示以及互动交流三大功能，通过前沿动态、热点专题、科普园地、监测信息、政策法规、网上图书馆等栏目可以随时获取核与辐射安全知识和信息；通过 3D 展厅、视频点播、FLASH 动画、游戏和测试等新颖的宣传方式可以直观了解核能和核技术产业的发展；通过热点专题、有奖竞答、留言咨询、会员论坛、等栏目进行广泛的公众互动交流

电磁环境自动监测网络平台。包含变电站工频电磁环境在线监测子站、射频电磁环境在线监测子站、电磁环境质量综合在线监测子站、车载式电磁环境监测子站和电磁环境在线监测系统平台。有助于全面了解区域的电磁环境质量，初步具备实时掌握电磁环境水平数据、总结电磁环境变化规律的能力，而且为普及电磁相关知识，消除公众对电磁的"恐慌"心理，推进 5G 基站和变电站的正常建设起到积极作用。

国家辐射环境监测网（全国空气吸收剂量率发布系统）。为确保公众健康和辐射环境安全，2007 年原国家环境保护总局建立了国家辐射环境监测网（以下简称"国控网"），包括全国辐射环境质量监测、国家重点监管的核与辐射设施周围环境监督性监测和核与辐射事故应急监测。主要布设了地级以上城市、部分口岸、海岛、核电周边区县等辐射环境空气自动监测站，重点核设施周围核环境安全预警监测点，主要江河流域、重点湖泊、地下水、饮用水水源地水、海水等水体监测点，还包括陆地、空气、土壤、生物样品监测点以及电磁辐射监测点等。所有运行核电厂均建立了大气辐射环境实时监测系统，对设施周边大气辐射环境全天候实时监控。国控网监测工作在生态环境部的组织、指导和监督下，主要由 31 个省级辐射环境监测机构和青岛生态环境监测中心共 32 家成员单位承担。省级辐射环境监测机构负责辖区内辐射环境监测，生态环境部辐射环境监测技术中心受生态环境部委托，承担全国辐射环境监测管理技术支持工作，包括国控网运行和管理的技术工作、质量保证、人员培训，负责收集国控网监测数据，编写全国辐射环境质量报告。依据《核安全信息公开办法》，在生态环境部（国家核安全局）网站上发布年度全国辐射环境质量报告，向公众公开。在生态环境部（国家核安全局）及辐射环境监测技术中心网站上通过全国辐射环境自动监测数据发布系统实时发布辐射环境自动监测站空气吸收剂量率监测数据。

核技术利用辐射安全监管系统。据《放射性同位素与射线装置安全和防护条例》《放射性同位素与射线装置安全许可管理办法》《放射性同位素与射线装置安全和防护管理办法》，环境保护部建立国家核技术利用辐射安全管理系统。全国联网运行使用，包括国家核技术利用辐射安全监管系统（以下简称"监管系统"）和全国核技术利用辐射安全申报系统（以下简称"申报系统"）。管理系统各项业务办理及其操作按照"国家核技术利用辐射安全管理系统使用技术细则"（以下简称"使用细则"）进行。

职业照射信息系统。国际原子能机构（IAEA）的医疗、工业和研究领域职业照射信息系统（Information System on Occupational Exposure in Medicine, Industry and Research, ISEMIR）是一个以优化职业辐射防护为宗旨的在线网络信息系统。这个系统目前有两个专题领域模块，一个是工业射线探伤领域模块（ISEMIR-IR），另一个是介入性心脏学领域模块（ISEMIR-IC）。目前 IAEA 正在全球多个成员国内对该系统进行推广。ISEMIR 的主要参与人员为进行工业射线探伤的无损检测的公司和从事介入性治疗的医疗机构中

的职业照射工作、管理者或者辐射防护人员。上述人员可以通过访问 ISEMIR 的网站（https：//nucleus.iaea.org/isemir）找到该系统，注册后就可以免费进入系统进行数据提交。参与系统的公司或者机构所选定的协调员将会提交单位年度集体剂量和个人有效剂量到 ISEMIR。经过核实验证，这些数据将可以被用来进行基准测试。同时协调员还可以为员工提供访问 ISEMIR 的权限，以让员工将自己的照射信息与他人的数据进行对比。IAEA 建立 ISEMIR 的主要目标主要有：① 改善职业工作人员的辐射防护；② 有效地收集和维护职业照射和辐射实践的相关数据；③ 使用收集的数据分析个体的职业照射剂量；④ 让无损检测公司和介入性心脏学医疗机构将本公司或机构的个体的数据与全球或区域性数据进行对比；⑤ 帮助相关单位制定后续行动方案，以解决已查明的差距问题，同时宣传所吸取的经验教训。国内按照《国家辐射职业照射信息系统管理与使用规范（试行）》的要求，有效运维管理国家辐射职业照射信息系统。

监督性监测系统。以三门核电监督性监测系统为例，三门核电厂辐射环境监督性监测系统设置了 10 个监测子站，监测数据的采集通过子站软件及 PLC 实现，采集获取的数据在本地工控机进行存储后通过 NSTP 专网（在专网断开情况下采用 3GVPDN 无线网络传输，前沿站也可以通过卫星进行数据的传输）发往杭州数据汇总服务器，数据汇总中心软件实现 10 个监测子站的数据汇总、处理以及存储，监测数据的统计分析通过汇总中心服务器上的统计分析软件实现。子站及数据汇总中心软件采用客户端模式，统计分析软件采用 WEB 界面模式。杭州数据汇总中心用于接收三门监测子站采集的实时数据，并对其进行存储、处理和分析，然后通过图表实时反映各监测子站的实时数据和监测子站的运行状况。

核与辐射事故应急决策技术支持系统。为了加强环境保护部（国家核安全局）的核与辐射事故应急准备与应急响应能力，实现应急准备常态化和应急决策技术支持的信息自动化目标，环境保护部核与辐射安全中心岳会国研究员主持开发了环境保护部核与辐射事故应急决策技术支持系统.通过建立统一的数据交换技术规范（XML Schema）及基于 XML Schema 的应用编程接口（API），在数据交换技术规范的基础上开发核应急基础数据库.在基础数据库之上，建立包括完整的事故预测与后果评价模式链并集成多种评价方式的核与辐射事故应急决策技术支持系统。

移动放射源在线监控系统。按照生态环境部《核安全与放射性污染防治"十三五"规划及 2025 年远景目标》和《关于加强核与辐射安全监管能力建设工作的通知》要求，各地陆续建设了高风险移动放射监控系统，实现了区域放射源在线监控全覆盖无死角。该系统搭建了省、市两级管理平台，汇聚全省涉源单位的视频点位，实现了实时视频预览调阅、30 天内录像查询下载、放射源监控异常报警、设备在离线统计及数据导出、电子地图、权限精细化管理等功能。系统的运行丰富了放射源安全监管手段，由单一人工现场检查方式升级为人工巡查与科技助力相结合的监管方式，有效提升辐射安全监管能力，确保放射源辐射环境安全。

乏燃料和放射性废物信息管理系统。乏燃料和放射性废物信息系统载有关于国家乏燃料和放射性废物管理计划、乏燃料和放射性废物存量和设施以及相关法律法规、政策、计划和活动的信息。乏燃料和放射性废物信息系统使各国专家能够充分知晓和了解本国以及全球乏燃料和放射性废物管理方面的情况。

国家核技术利用辐射安全与防护培训平台。国家核技术利用辐射安全与防护培训平台（以下简称"培训平台"）是生态环境部开展"互联网＋培训"的重要实践，以保障环境、公众的辐射安全和辐射从业人员的职业健康为目的，鼓励核技术利用辐射从业人员开展自我培训。培训平台提供 2 门公共科目（基础和法律）和 9 门专业科目共计 23 个小时的视频培训内容。辐射从业人员可根据自身工作需要选择对应的科目进行学习，报考医学其他和非医学其他专业的学员可根据自身需要从 9 门专业科目中选择自身相关的专业科目进行学习。培训平台提供 11 个科目的应知应会文档资源，供学员在线学习与下载。培训平台还提供专业实操、辐射科普、经典案例等拓展类学习资源，并将在常见下载中增加核技术利用法律法规和标准类学习资源。

附件：

一、核与辐射安全监管适用法律法规、标准

1. 法律

（1）《中华人民共和国行政许可法》

（2）《中华人民共和国行政处罚法》

（3）《中华人民共和国突发事件应对法》

（4）《中华人民共和国环境保护法》

（5）《中华人民共和国放射性污染防治法》

（6）《中华人民共和国环境影响评价法》

（7）《原子能法（暂缺）》

（8）《核安全法》

（9）《中华人民共和国职业病防治法》

2. 行政法规

（1）《中华人民共和国民用核设施安全监督管理条例》

（2）《核电厂核事故应急管理条例》

（3）《中华人民共和国核材料管制条例》

（4）《民用核安全设备监督管理条例》

（5）《放射性物品运输安全管理条例》

（6）《放射性同位素与射线装置安全和防护条例》

（7）《放射性废物安全管理条例》

3. 部门规章

3.1 通用系列

（1）HAF 001 实施细则之一：核电厂安全许可证件的申请和颁发（HAF 001/01—1993）

附件一：核电厂操纵人员执照颁发和管理程序（HAF 001/01/01—1993）

（2）HAF 001 实施细则之二：核设施的安全监督（HAF 001/02—1995）

附件一：核电厂营运单位报告制度（HAF 001/02/01—1995）

附件二：研究堆营运单位报告制度（HAF 001/02/02—1995）

附件三：核燃料循环设施的报告制度（HAF 001/02/03—1995）

（3）HAF 001 实施细则之三：研究堆安全许可证的申请和颁发（HAF 001/03—2006）

（4）HAF 002 实施细则之一：核电厂营运单位的应急准备和应急响应（HAF 002/01—1998）

（5）核电厂质量保证安全规定（HAF 003—1991）

（6）核与辐射安全监督检查人员证件管理办法（HAF 004—2013）

3.2 核动力厂系列

（1）核电厂厂址选择安全规定（HAF 101—1991）

（2）核动力厂设计安全规定（HAF 102—2016）

（3）核动力厂运行安全规定（HAF 103—2004）

（4）核电厂运行安全规定

附件一：核电厂换料、修改和事故停堆管理（HAF 103/01—1994）

3.3 研究堆系列

（1）研究堆设计安全规定（HAF 201—1995）

（2）研究堆运行安全规定（HAF 202—1995）

3.4 核燃料循环系列

（1）民用核燃料循环设施安全规定（HAF 301—1993）

3.5 放射性废物系列

（1）放射性废物安全监督管理规定（HAF 401—1997）

（2）放射性固体废物贮存和处置许可管理办法（HAF 402—2013）

3.6 核材料管制系列

（1）中华人民共和国核材料管制条例实施细则（HAF 501/01—1990）

3.7 民用核安全设备系列

（1）民用核安全设备设计制造安装和无损检验监督管理规定（HAF 601—2007）

（2）民用核安全设备无损检验人员资格管理规定（HAF 602—2007）

（3）民用核安全设备焊工焊接操作工资格管理规定（HAF 603—2007）

（4）进口民用核安全设备监督管理规定（HAF 604—2007）

3.8 放射性物品运输系列

（1）放射性物品运输安全许可管理办法（HAF 701—2010）

（2）放射性物品运输安全监督管理办法（HAF 702—2016）

3.9 放射性同位素与射线装置系列

（1）放射性同位素与射线装置安全许可管理办法（HAF 801—2008）

（2）放射性同位素与射线装置安全和防护管理办法（HAF 802—2011）

3.10 辐射环境系列

（1）电磁辐射环境保护管理办法（HAF 901—1997）

4. 核安全导则

4.1 通用系列

A. 核事故应急

（1）核动力厂营运单位的应急准备和应急响应（HAD 002/01—2010）

（2）地方政府对核动力厂的应急准备（HAD 002/02—1990）

（3）核事故辐射应急时对公众防护的干预原则和水平（HAD 002/03—1991）

（4）核事故辐射应急时对公众防护的导出干预水平（HAD 002/04—1991）

（5）核事故医学应急准备和响应（HAD 002/05—1992）

（6）研究堆应急计划和准备（HAD 002/06—1991）

（7）核燃料循环设施营运单位的应急准备和应急响应（HAD 002/07—2010）

B. 核电厂质量保证

（1）核电厂质量保证大纲的制定（HAD 003/01—1988）

（2）核电厂质量保证组织（HAD 003/02—1989）

（3）核电厂物项和服务采购中的质量保证（HAD 003/03—1986）

（4）核电厂质量保证记录制度（HAD 003/04—1986）

（5）核电厂质量保证监查（HAD 003/05—1988）

（6）核电厂设计中的质量保证（HAD 003/06—1986）

（7）核电厂建造期间的质量保证（HAD 003/07—1987）

（8）核电厂物项制造中的质量保证（HAD 003/08—1986）

（9）核电厂调试和运行期间的质量保证（HAD 003/09—1988）

（10）核燃料组件采购、设计和制造中的质量保证（HAD 003/10—1989）

4.2　核动力厂系列

A. 核动力厂选址

（1）核电厂厂址选择中的地震问题（HAD 101/01—1994）

（2）核电厂厂址选择的大气弥散问题（HAD 101/02—1987）

（3）核电厂厂址选择及评价的人口分布问题（HAD 101/03—1987）

（4）核电厂厂址选择的外部人为事件（HAD 101/04—1989）

（5）核电厂厂址选择的放射性物质水力弥散问题（HAD 101/05—1991）

（6）核电厂厂址选择与水文地质的关系（HAD 101/06—1991）

（7）核电厂厂址查勘（HAD 101/07—1989）

（8）滨河核电厂厂址设计基准洪水的确定（HAD 101/08—1989）

（9）滨海核电厂厂址设计基准洪水的确定（HAD 101/09—1990）

（10）核电厂厂址选择的极端气象事件（不包括热带气旋）（HAD 101/10—1991）

（11）核电厂设计基准热带气旋（HAD 101/11—1991）

（12）核电厂的地基安全问题（HAD 101/12—1990）

B. 核动力厂设计

（1）核电厂设计中总的安全原则（HAD 102/01—1989）

（2）核电厂的抗震设计与鉴定（HAD 102/02—1996）

（3）用于沸水堆、压水堆和压力管式反应堆的安全功能和部件分级（HAD 102/03—1986）

（4）核电厂内部飞射物及其二次效应的防护（HAD 102/04—1986）

（5）与核电厂设计有关的外部人为事件（HAD 102/05—1989）

（6）核电厂反应堆安全壳系统的设计（HAD 102/06—1990）

（7）核电厂堆芯的安全设计（HAD 102/07—1989）

（8）核电厂反应堆冷却剂系统及其有关系统（HAD 102/08—1989）

（9）核电厂最终热阱及其直接有关输热系统（HAD 102/09—1987）

（10）核电厂保护系统及有关设施（HAD 102/10—1988）

（11）核电厂防火（HAD 102/11—1996）

（12）核电厂辐射防护设计（HAD 102/12—1990）

（13）核电厂应急动力系统（HAD 102/13—1996）

（14）核电厂安全有关仪表和控制系统（HAD 102/14—1988）

（15）核动力厂燃料装卸和贮存系统设计（HAD 102/15—2007）

（16）核动力厂基于计算机的安全重要系统软件（HAD 102/16—2004）

（17）核动力厂安全评价与验证（HAD 102/17—2006）

C. 核动力厂运行

（1）核动力厂运行限值和条件及运行规程（HAD 103/01—2004）

（2）核电厂调试程序（HAD 103/02—1987）

（3）核电厂堆芯和燃料管理（HAD 103/03—1989）

（4）核电厂运行期间的辐射防护（HAD 103/04—1990）

（5）核动力厂人员的招聘、培训和授权（HAD 103/05—2013）

（6）核动力厂营运单位的组织和安全运行管理（HAD 103/06—2006）

（7）核电厂在役检查（HAD 103/07—1988）

（8）核电厂维修（HAD 103/08—1993）

（9）核电厂安全重要物项的监督（HAD 103/09—1993）

（10）核动力厂运行防火安全（HAD 103/10—2004）

（11）核动力厂定期安全审查（HAD 103/11—2006）

（12）核动力厂老化管理（HAD 103/12—2012）

4.3 研究堆系列

A. 研究堆设计

（1）研究堆安全分析报告的格式和内容（HAD 201/01—1996）

B. 研究堆运行

（1）研究堆运行管理（HAD 202/01—1989）

（2）临界装置运行及实验管理（HAD 202/02—1989）

（3）研究堆的应用和修改（HAD 202/03—1996）

（4）研究堆和临界装置退役（HAD 202/04—1992）

（5）研究堆调试（HAD 202/05—2010）

（6）研究堆维修、定期试验和检查（HAD 202/06—2010）

（7）研究堆堆芯管理和燃料装卸（HAD 202/07—2012）

（8）研究堆定期安全审查（HAD 202/08—2017）

（9）研究堆长期停堆安全管理（HAD 202/09—2017）

4.4　非堆核燃料循环设施系列

（1）铀燃料加工设施安全分析报告的标准格式与内容（HAD 301/01—1991）

（2）乏燃料贮存设施的设计（HAD 301/02—1998）

（3）乏燃料贮存设施的运行（HAD 301/03—1998）

（4）乏燃料贮存设施的安全评价（HAD 301/04—1998）

4.5　放射性废物管理系列

（1）核电厂放射性排出流和废物管理（HAD 401/01—1990）

（2）核电厂放射性废物管理系统的设计（HAD 401/02—1997）

（3）放射性废物焚烧设施的设计与运行（HAD 401/03—1997）

（4）放射性废物的分类（HAD 401/04—1998）

（5）放射性废物近地表处置场选址（HAD 401/05—1998）

（6）高水平放射性废物地质处置设施选址（HAD 401/06—2013）

（7）γ辐照装置退役（HAD 401/07—2013）

（8）核设施放射性废物最小化（HAD 401/08—2016）

（9）核技术利用放射性废物库选址、设计与建造技术要求（试行）（HAD4XX—2004）

4.6　核材料管制系列

（1）低浓铀转换及元件制造厂核材料衡算（HAD 501/01—2008）

（2）核设施实物保护（HAD 501/02—2018）

（3）核设施周界入侵报警系统（HAD 501/03—2005）

（4）核设施出入口控制（HAD 501/04—2008）

（5）核材料运输实物保护（HAD 501/05—2008）

（6）核设施实物保护和核材料衡算与控制安全分析报告格式和内容（HAD 501/06—2008）

（7）核动力厂核材料衡算（HAD 501/07—2008）

4.7　民用核安全设备监督管理系列

（1）民用核安全机械设备模拟件制作（试行）（HAD 601/01—2013）

（2）民用核安全设备安装许可证申请单位技术条件（试行）（HAD 601/02—2013）

4.8　放射性物品运输管理系列

（1）放射性物品运输容器设计安全评价（分析）报告的标准格式和内容（HAD 701/01—2010）

（2）放射性物品运输核与辐射安全分析报告书标准格式和内容（HAD 701/02—2014）

4.9　放射性同位素和射线装置监督管理系列

（1）城市放射性废物库安全防范系统要求（HAD 802/01—2017）

5. 核与辐射安全标准文件

序号	标准号	标准名称
		第 0 部分：通用系列
1	GB 15847—1995	核临界事故剂量测定
2	GB/T 17680.1—2008	核电厂应急计划与准备准则　第 1 部分：应急计划区的划分
3	GB/T 17680.2—1999	核电厂应急计划与准备准则　场外应急职能与组织
4	GB/T 17680.3—1999	核电厂应急计划与准备准则　场外应急设施功能与特性
5	GB/T 17680.4—1999	核电厂应急计划与准备准则　场外应急计划与执行程序
6	GB/T 17680.5—2008	核电厂应急计划与准备准则　第 5 部分：场外应急响应能力的保持
7	GB/T 17680.6—2003	核电厂应急计划与准备准则　场内应急响应职能与组织机构
8	GB/T 17680.7—2003	核电厂应急计划与准备准则　场内应急设施功能与特征
9	GB/T 17680.8—2003	核电厂应急计划与准备准则　场内应急计划与执行程序
10	GB/T 17680.9—2003	核电厂应急计划与准备准则　场内应急响应能力的保持
11	GB/T 17680.10—2003	核电厂应急计划与准备准则　核电厂营运单位应急野外辐射监测、取样与分析准则
12	GB/T 17680.11—2008	核电厂应急计划与准备准则　第 11 部分：应急响应时的场外放射评价准则
13	GB/T 17680.12—2008	核电厂应急计划与准备准则　第 12 部分：核应急练习与演习的计划、准备、实施与评估
14	HJ 844—2017	核燃料循环设施应急相关参数
15	HJ 843—2017	研究堆应急相关参数
16	HJ 842—2017	压水堆核电厂应急相关参数
		第 4 部分：放射性废物系列
17	GB 11928—1989	低、中水平放射性固体废物暂时贮存规定
18	GB 11929—2011	高水平放射性废液贮存厂房设计规定
19	GB 14569.1—2011	低、中水平放射性废物固化体性能要求 水泥固化体
20	GB 12711—1991	低、中水平放射性固体废物包装安全标准
21	GB 13600—1992	低、中水平放射性固体废物的岩洞处置规定
22	GB 14500—2002	放射性废物管理规定
23	GB 14569.3—1995	低、中水平放射性废物固化体性能要求 沥青固化体
24	GB 16933—1997	放射废物近地表处置的废物接收准则
25	GB 9132—1988	低、中水平放射性固体废物的浅地层处置规定
26	GB 14586—1993	铀矿冶设施退役环境管理技术规定
27	GB 14585—1993	铀、钍矿冶放射性废物安全管理技术规定
28	GB 11217—1989	核设施流出物监测的一般规定
29	GB/T 15950—1995	低、中水平放射性废物近地表处置场环境辐射监测的一般要求

续表

序号	标准号	标准名称
30	GB 11216—1989	核设施流出物和环境放射性监测质量保证计划的一般要求
31	GB/T 14588—2009	反应堆退役环境管理技术规定
32	HJ/T 5.2—1993	核设施环境保护管理导则放射性固体废物浅地层处置环境影响报告书格式与内容
33	HJ/T 23—1998	低、中水平放射性废物近地表处置设施的选址
第 7 部分：放射性物品运输系列		
34	GB 11806—2004	放射性物质安全运输规程
35	GB/T 15219—2009	放射性物质运输包装质量保证
36	GB/T 17230—1998	放射性物质安全运输　包装的泄漏检验
37	GB/T 9229—1988	放射性物质包装的内容物和辐射的泄漏检验
第 8 部分：放射性同位素和射线装置系列		
38	GB 10252—2009	γ辐照装置的辐射防护与安全规范
39	GB 11930—2010	操作非密封源的辐射防护规定
40	GB 14052—1993	安装在设备上的同位素仪表的辐射安全性能要求
41	GB 15849—1995	密封放射源的泄漏检验方法
42	GB 4075—2009	密封放射源　一般要求和分级
43	GB 5172—1985	粒子加速器辐射防护规定
44	HJ 785—2016	电子直线加速器工业 CT 辐射安全技术规范
第 9 部分：辐射环境系列		
45	GB 18871—2002	电离辐射防护与辐射源安全基本标准
46	GB 8702—2014	电磁环境控制限值
47	GB 6249—2011	核动力厂环境辐射防护规定
48	GB 11215—1989	核辐射环境质量评价一般规定
49	GB 8999—1988	电离辐射监测质量保证一般规定
50	GB 12379—1990	环境核辐射监测规定
51	HJ/T 21— 1998	核设施水质监测采样规定
52	HJ/T 22— 1998	气载放射性物质取样一般规定
53	HJ/T 61—2001	辐射环境监测技术规范
54	HJ/T 5.1—1993	核设施环境保护管理导则研究堆环境影响报告书格式与内容
55	HJ 10.1—2016	辐射环境保护管理导则核技术利用建设项目环境影响评价文件的内容和格式
56	HJ/T 10.3—1996	辐射环境保护管理导则电磁辐射环境影响评价方法与标准
57	HJ/T 10.2—1996	辐射环境保护管理导则电磁辐射监测仪器和方法
58	HJ 24—2014	环境影响评价技术导则输变电工程
59	HJ 705—2014	建设项目竣工环境保护验收技术规范输变电工程
60	HJ 681—2013	交流输变电工程电磁环境监测方法（试行）

序号	标准号	标准名称
61	HJ 808—2016	环境影响评价技术导则核电厂环境影响报告书的格式和内容
62	HJ 53—2000	拟开放场址土壤中剩余放射性可接受水平规定
63	GB/T 15444—1995	铀加工及核燃料制造设施流出物的放射性活度监测规定
64	GB/T 17567—2009	核设施的钢铁、铝、镍和铜再循环、再利用的清洁解控水平
65	GB/T 17947—2008	拟再循环、再利用或作非放射性废物处置的固体物质的放射性活度测量
66	GB/T 23728—2009	铀矿冶辐射环境影响评价规定
67	GB 27742—2011	可免于辐射防护监管的物料中放射性核素活度浓度
68	GB 15848—2009	铀矿地质勘查辐射防护和环境保护规定
69	GB 20664—2006	有色金属矿产品的天然放射性限值
70	GB 23726—2009	铀矿冶辐射环境监测规定
71	GB 23727—2009	铀矿冶辐射防护和环境保护规定
72	HJ 840—2017	环境样品中微量铀的分析方法
73	GB/T 30738—2014	海洋沉积物中放射性核素的测定　γ能谱法
74	GB/T 16145—1995	生物样品中放射性核素的γ　能谱分析方法
75	GB 11222.2—1989	生物样品灰中锶-90 的放射化学分析方法离子交换法
76	GB/T 16141—1995	放射性核素的α能谱分析方法
77	GB/T 16698—2008	α粒子发射率的测量　大面积正比计数管法
78	GB/T 11743—2013	土壤中放射性核素的γ　能谱分析方法
79	GB/T 14583—1993	环境地表γ辐射剂量率测定规范
80	GB/T 14582—1993	环境空气中氡的标准测量方法
81	GB/T 14584—1993	空气中碘-131 的取样与测定
82	GB 11214—1989	水中镭-226 的分析测定
83	GB 11218—1989	水中镭的α放射性核素的测定
84	GB 11224—1989	水中钍的分析方法
85	GB 11338—1989	水中钾-40 的分析方法
86	GB 12375—1990	水中氚的分析方法
87	GB/T 14502—1993	水中镍-63 的分析方法
88	GB/T 15220—1994	水中铁-59 的分析方法
89	GB/T 15221—1994	水中钴-60 的分析方法
90	GB/T 16140—1995	水中放射性核素的γ能谱分析方法
91	HJ 841—2017	水、牛奶、植物和动物甲状腺中碘-131 的分析方法
92	HJ 816—2016	水和生物样品灰中铯-137 的放射化学分析方法
93	HJ 815—2016	水和生物样品灰中锶-90 的放射化学分析方法
94	HJ 814—2016	水和土壤样品中钚的放射化学分析方法
95	HJ 813—2016	水中钋-210 的分析方法

6. 其他监管要求文件

（1）《国家环境事件应急计划（包括辐射应急）》

（2）《国家突发环境事件应急预案》

（3）《国家核事故应急预案》

（4）《核安全文化政策声明》

（5）《核电厂严重事故管理政策声明》

（6）《核电厂概率安全分析技术应用政策声明》

（7）《新建核电厂设计要求》

（8）《第二代改进型核电项目安全审评原则》

（9）《CAP1400 示范工程若干审评问题的技术见解》

（10）《福岛核事故后核电厂改进行动通用技术要求》

（11）《运行核电厂经验反馈管理办法》

（12）《核电集团公司核电厂核事故场内应急快速救援队伍建设技术要求》

（13）《核电厂辐射环境现场监督性监测系统建设具体技术要求》

（14）《研究堆安全分类》

（15）《对利用研究堆进行运行人员培训的核安全管理要求》

（16）《民用核安全设备目录（第一批）》

（17）《关于进一步明确部分民用核安全设备类别许可范围的通知》

（18）《关于明确民用核安全设备焊工焊接操作工若干管理要求的通知》

（19）《民用核安全设备调配管理要求》

（20）《民用核燃料循环设施分类原则与基本安全要求（试行）》

（21）《放射性废物分类》

（22）《放射源分类办法》

（23）《射线装置分类》

（24）《环境监测管理办法》

（25）《建设项目环境影响评价分类管理名录》

（26）《矿产资源开发利用辐射环境监督管理名录（第一批）》

（27）《矿产资源开发利用辐射环境影响评价专篇格式与内容》

（28）《电磁辐射建设项目和设备名录》

7. 核安全法规技术文件

（1）《核电厂厂址选择中的剂量评价》HAF J0001

（2）《含有有限量放射性物质核设施的抗震设计》HAF J0002

（3）《微震观测在核电厂选址中的应用》HAF J0003

（4）《防止和减缓放射性泄漏造成的地下水污染》HAF J0004

（5）《研究堆选址》HAF J0005

（6）《单一故障准则的应用手册》HAF J0006

（7）《核电应急电力系统的安全评价》HAF J0007

（8）《运行安全审评队指南》HAF J0008

（9）《安全重要系统和部件维修手册》HAF J0009

（10）《轻水堆水化学的安全作用》HAF J0010

（11）《质保人员培训、资格考核和发证手册》HAF J0011

（12）《核电厂物项和服务质保大纲的恰当选择》HAF J0012

（13）《核电厂厂址查勘、评价和核实中的质量保证》HAF J0013

（14）《质保大纲履行情况的核安全检查》HAF J0014

（15）《核动力厂核材料衡算管理技术报告》HAF J0015

（16）《铀转换及元件制造厂核材料衡算管理》HAF J0016

（17）《研究单位设施核材料衡算管理技术报告》HAF J0017

（18）《动力堆核燃料后处理厂核材料衡算管理》HAF J0018

（19）《核供热厂安全分析报告的标准格式和内容》HAF J0019

（20）《核电厂设计安全规定应用于核供热厂设计的技术文件》HAF J0020

（21）《核电厂运行安全规定应用于核供热厂运行的技术文件》HAF J0021

（22）《核保障术语》HAF J0039

（23）《核燃料后处理厂安全分析报告的标准格式和内容》HAF J0040

（24）《易裂变放射性物质 B 型包装许可证申请的标准格式和内容》HAF J0041

（25）《核电厂安全分析报告的格式和内容第十八章人因工程与控制室》HAF J0042

（26）《核事件分级手册》HAF J0043

（27）《核电厂仪表、控制、电气设备安装和调试质量保证手册》HAF J0044

（28）《质量保证分级手册》HAF J0045

（29）《非计划停堆和紧急停堆的安全问题》HAF J0046

（30）《核电厂安全有关的计算机软件质量保证手册》HAF J0047

（31）《核电厂运行质量管理有效性的评价》HAF J0048

（32）《对核电厂内部监督活动的审评》HAF J0049

（33）《乏燃料后处理厂设计安全准则》（国家核安全局 1995 年 8 月）HAF J0050

（34）《乏燃料后处理厂潜在事故的假设》（国家核安全局 1995 年 8 月）HAF J0051

（35）《乏燃料停堆水池安全设计准则》（国家核安全局 1995 年 8 月）HAF J0052

（36）《核设备抗震鉴定试验指南》（国家核安全局 1995 年 10 月）HAF J0053

（37）《核电厂人因工程与控制室的安全审评大纲》HAF J0054

（38）《核电厂控制室设计的人因工程原则》（国家核安全局 1995.10）HAF J0055

（39）《设置操纵员支持系统改善核电厂安全-操纵员支持系统选择指南》HAF J0056

（40）《核电厂运行质量管理手册》HAF J0057

（41）《水堆辐照后燃料无损检验指南》HAF J0058

（42）《低温核供热堆厂址选择安全准则》HAF J0059

（43）《低温核供热堆运行辐射防护安全准则》HAF J0060

（44）《低温核供热堆核事故应急准备安全准则》HAF J0061

（45）《低温核供热堆放射性废物管理安全准则》HAF J0062

（46）《核设施退役的方法和技术》HAF J0063

（47）《陆上核反应堆退役有关的因素》HAF J0064

（48）《关于源项重新评定的一些实用结论》HAF J0065

（49）《压水堆核电厂物项分级的技术见解》HAF J0066

（50）《核电厂可行性研究阶段厂址安全分析报告的格式和内容》HAF J0067

（51）《核电厂安全重要设备老化控制的方法》HAF J0068

（52）《压水堆核电厂低水位运行的核安全问题》HAF J0069

（53）《核电厂应急运行程序编制的发展》HAF J0070

（54）《核电厂火灾危害性分析评价》HAF J0071

（55）《研究堆退役安全分析报告的格式和内容》HAF J0072

（56）《研究堆应急计划标准审查大纲》HFB J0073

（57）《核电厂事故管理大纲—严重事故的预防与缓解》HFB J0074

（58）《放射性物质安全运输的质量保证》HFB J0075

（59）《低中放废物包接受的要求和方法》HFB J0076

（60）《核设施退役的管理》HFB J0077

（61）《废物包质量保证》HFB J0078

（62）《核燃料后处理设施的验收、检查和运行前试验》HFB J0079

（63）《核电厂在役检查指南》HFB J0080

（64）《研究堆老化管理》HFB J0082

（65）《研究堆核安全分类》HFB J0083

（66）《研究堆防火准则》HFB J0084

（67）《核电厂工程建造进展报告格式和内容》HFBJ0085

（68）《常压堆海水淡化厂设计准则》HFB J0086

（69）《研究堆安全分析报告标准审查大纲》HAB J0087

（70）《核动力厂概率安全评价报告的标准格式和内容》HAF J0088

（71）《研究堆安全关闭　HAF J0090》

8. 相关国际公约及审议规则

（1）《核安全公约》

（2）《乏燃料管理安全和放射性废物管理安全联合公约》

（3）《核材料实物保护公约》

（4）《及早通报核事故公约》

（5）《核事故或辐射紧急情况援助公约》

二、国际原子能机构安全标准

序号	编码	标准名称
1	SF-1	基本安全原则 Fundamental Safety Principles
2	GS-R-2	核或放射应急的准备与响应 Preparedness and Response for a Nuclear or RadiologicalEmergency

续表

序号	编码	标准名称
3	GSR Part1	促进安全的政府、法律和监管框架 Governmental, Legal and Regulatory Framework for Safety
4	GSR Part2	Leadership and Management for Safety 安全领导和管理
5	GSR Part3	辐射防护与辐射源安全：国际基本安全标准 Radiation Protection and Safety of Radiation Sources： International Basic Safety Standards
6	GSR Part4	设施和活动的安全评价 Safety Assessment for Facilities and Activities
7	GSR Part5	放射性废物的处置前管理 Predisposal Management of Radioactive Waste
8	GSR Part6	核设施的退役 Decommissioning of Facilities
9	GSG-1	放射性废物分类 Classification of Radioactive Wastes
10	GSG-2	核或放射应急响应和准备的实用准则 Criteria for Use in Preparedness and Response for a Nuclear or Radiological Emergency
11	GSG-3	放射性废物处置前管理的安全案例和安全评价 The Safety Case and Safety Assessment for the Predisposal Management of Radioactive Waste
12	GSG-4	监管机构外部专家的使用 Use of External Experts by the Regulatory Body
13	GSG-5	包括非医学人类影像的实践正当性 Justification of Practices, including Non-Medical Human Imaging
14	GS-G-1.1	核设施监管机构的组织和人员编制 Organization and Staffing of the Regulatory Body for Nuclear Facilities
15	GS-G-1.2	监管机构对核设施的审查和评估 Review and Assessment of Nuclear Facilities by the Regulatory Body
16	GS-G-1.3	监管机构对核设施的监管检查和执法 Regulatory Inspection of Nuclear Facilities and Enforcement by the Regulatory Body
17	GS-G-1.4	核设施监管使用的文件 Documentation for Use in Regulating Nuclear Facilities
18	GS-G-1.5	辐射源的监管控制 Regulatory Control of Radiation Sources
19	GS-G-2.1	核或放射应急准备的安排 Arrangements for Preparedness for a Nuclear or RadiologicalEmergency
20	GS-G-3.1	设施和活动的管理系统的应用 Application of the Management System for Facilities and Activities
21	GS-G-3.2	辐射安全技术服务的管理系统 The Management System for Technical Services in Radiation Safety
22	GS-G-3.3	放射性废物处理、搬运和贮存的管理系统 The Management System for Processing, Handling and Storage of Radioactive Waste
23	GS-G-3.4	放射性废物处置的管理系统 The Management System for Disposal of Radioactive Waste
24	GS-G-3.5	核设施的管理体系 The Management System for Nuclear Installations

序号	编码	标准名称
25	GS-G-4.1	核电厂安全分析报告的格式和内容 Format and Content of the Safety Analysis Report for Nuclear Power Plants
26	RS-G-1.1	职业辐射防护 Occupation Radiation Protection
27	RS-G-1.2	放射性核素摄入所致职业照射的评价 Assessment of Occupational Exposure Due to Intakes of Radionuclides
28	RS-G-1.3	外部辐射源所致职业照射的评价 Assessment of Occupational Exposure Due to External Sources of Radiation
29	RS-G-1.4	关于辐射防护和辐射源安全使用的能力建设 Building Competence in Radiation Protection and the Safe Use of Radiation Sources
30	RS-G-1.5	电离辐射医疗照射的辐射防护 Radiological Protection of Medical Exposure to Ionizing Radiation
31	RS-G-1.6	原材料开采与处置过程中的职业辐射防护 Occupational Radiation Protection in the Mining and Processing of Raw Materials
32	RS-G-1.7	排除、豁免和解控的概念运用 Application of the Concepts of Exclusion，Exemption and Clearance
33	RS-G-1.8	用于辐射防护目的环境监测和辐射源监测 Environmental and Source Monitoring for Purposes of Radiation Protection
34	RS-G-1.9	放射源的分类 Categorization of Radioactive Sources
35	RS-G-1.10	辐射发生器和密封放射源的安全 Safety of Radiation Generators and Sealed Radioactive Sources
36	WS-G-1.2	在采矿与冶炼过程中放射性废物管理 Management of Radioactive Waste from the Mining and Milling Ores
37	WS-G-2.2	医学、工业和研究设施的退役管理 Decommissioning of Medical，Industrial and Research Facilities
38	WS-G-2.3	放射性环境释放的监管控制 Regulatory Control of Radioactive Discharge to the Environment
39	WS-G-2.5	低中水平放射性废物的处置前管理 Predisposal Management of Low and Intermediate Level Radioactive Wastes
40	WS-G-2.6	高水平放射性废物的处置前管理 Predisposal Management of High Level Radioactive Wastes
41	WS-G-2.7	放射性物质在医疗、工业、农业、研究和教学应用中产生的废物的管理 Management of Waste from the Use of Radioactive Material in Medicine，Industry，Agriculture，Research and Education
42	WS-G-3.1	过去的活动和事故影响区域的补救过程 Remediation Process for Areas Affected by Past Activities and Accidents
43	WS-G-5.1	实践结束后场址监管控制的解除 Releases of Sites from Regulatory Control on Termination of Practices
44	WS-G-5.2	利用放射性物质的设施的退役安全评价 Safety Assessment for the Decommissioning of Facilities Using Radioactive Material
45	WS-G-6.1	放射性废物的贮存 Storage of Radioactive Waste
46	NS-R-3	核设施的场址评估 Site Evaluation for Nuclear Installation
47	NS-R-4	研究反应堆安全 Safety of Research Reactors

序号	编码	标准名称
48	SSR-4	核燃料循环设施安全 Safety of Nuclear Fuel Cycle Facilities
49	NS-G-1.1	对核电厂安全有重要意义的计算机软件支持系统 Software for Computer Based Systems Important to Safety in Nuclear Power Plants
50	NS-G-1.3	对核电厂安全有重要意义的仪表和控制系统 Instrumentation and Control Systems Important to Safety in Nuclear Power Plants
51	NS-G-1.4	核电厂燃料搬运和贮存系统的设计 Design of Fuel Handling and Storage Systems in Nuclear Power Plants
52	NS-G-1.5	核电厂设计中除地震以外的外部事件 External Events Excluding Earthquakes in the Design of NPP
53	NS-G-1.6	核电厂设计与考核 Design and Qualification for Nuclear Power Plants
54	NG-G-1.7	核电厂火灾和爆炸的防护设计 Protection Against Internal Fires and Explosions in the Design of Nuclear Power Plants
55	NS-G-1.8	核电厂应急动力系统的设计 Design of Emergency Power Systems for Nuclear Power Plants
56	NS-G-1.9	核电厂反应堆冷却剂系统和相关系统的设计 Design of Reactor Coolant System and Associated Systems in Nuclear Power Plants
57	NS-G-1.10	核电厂反应堆安全壳系统的设计 Design of Reactor Containment System for Nuclear Power Plants
58	NS-G-1.11	除火灾和爆炸之外的核电厂内部事件的防护设计 Protection against Internal Hazards other than Fires and Explosions in the Design of Nuclear Power Plants
59	NS-G-1.12	核电厂反应堆芯的设计 Design of the Reactor Core for Nuclear Power Plants
60	NS-G-1.13	核电厂设计的辐射防护方面 Radiation Protection Aspects of Design for Nuclear Power Plants
61	NS-G-2.1	核电厂运行中的火灾安全 Fire Safety in the Operation of Nuclear Power Plants
62	NS-G-2.2	核电厂运行限值和条件及运行程序 Operational Limits and Conditions and Operating Procedures for Nuclear Power Plants
63	NS-G-2.3	核电厂的改进 Modifications to Nuclear Power Plants
64	NS-G-2.4	核电厂的营运单位 The Operating Organization for Nuclear Power Plants
65	NS-G-2.5	核电厂的堆芯管理和燃料搬运 Core Management and Fuel Handling for Nuclear Power Plants
66	NS-G-2.6	核电厂的维护、监护和在役检查 Maintenance, Surveillance and In-Service Inspection in Nuclear Power Plants
67	NS-G-2.7	核电厂运行中的辐射防护和放射性废物管理 Radiation Protection and Radioactive Waste Management in the Operation of Nuclear Power Plants
68	NS-G-2.8	核电厂工作人员的招聘、资质和培训 Recruitment, Qualification and Training of Personnel for Nuclear Power Plants
69	NS-G-2.9	核电厂调试 Commissioning for Nuclear Power Plants

续表

序号	编码	标准名称
70	NS-G-2.11	核设施事件的经验反馈系统 A System for the Feedback of Experience from Events in Nuclear Installations
71	NS-G-2.12	核电厂的老化管理 Aging Management for Nuclear Power Plants
72	NS-G-2.13	现有核设施的地震安全评价 Evaluation of Seismic Safety for Existing Nuclear Installations
73	NS-G-2.14	核电厂的运行实施 Conduct of Operations at Nuclear Power Plants
74	NS-G-2.15	核电厂严重事故管理程序 Severe Accident Management Programs for Nuclear Power Plants
75	NS-G-3.1	核电厂场址评估中的外部人因事件 External Human Induced Events in Site Evaluation for Nuclear Power Plants
76	NS-G-3.2	核电厂场址评价中关于放射性物质在空气和水中弥散的评价以及对居民分布的考虑 Dispersion of Radioactive Material in Air and Water and Consideration of Population Distribution in Site Evaluation of Nuclear Power Plants
77	NS-G-3.6	核电厂厂址和地基的岩土工程评价 Geotechnical Aspects of Site Evaluation and Foundations for Nuclear Power Plants
78	NS-G-4.1	研究堆的调试 Commissioning of Research Reactors
79	NS-G-4.2	研究堆的维修，定期试验与检查 Maintenance，Periodic Testing and Inspection of Research Reactors
80	NS-G-4.3	研究堆的堆芯管理与燃料装卸 Core Management and Fuel Handling for Research Reactors
81	NS-G-4.4	研究堆的运行限值和运行条件及运行规程 Operational Limits and Conditions and Operating Procedures for Research Reactors
85	NS-G-4.5	研究堆的运行组织和招聘、培训和人员资质认定　　　　　　　The Operating Organization and the Recruitment，Training and Qualification of Personnel for Research Reactors
86	NS-G-4.6	研究堆设计与运行中的辐射防护与放射性废物管理 Radiation Protection and Radioactive Waste Management in the Design and Operation of Research Reactors
87	WS-G-2.1	核电厂和研究堆的退役 Decommissioning of Nuclear Power Plants and Research Reactors
88	WS-G-2.3	放射性向环境排放的监管控制 Regulatory Control of Radioactive Discharge to the Environment
89	WS-G-2.4	核燃料循环设施的退役 Decommissioning of Nuclear Fuel Cycle Facilities
90	WS-G-2.5	低中水平放射性废物的处置前管理 Predisposal Management of Low and Intermediate Level Radioactive Wastes
91	WS-G-2.6	高水平放射性废物的处置前管理 Predisposal Management of High Level Radioactive Wastes
92	WS-G-3.1	受以往活动和事故影响区域的补救过程 Remediation Process for Areas Affected by Past Activities and Accidents
93	WS-G-5.1	实践终止后场址监管控制的解除 Releases of Sites from Regulatory Control on Termination of Practices
94	WS-G-5.2	利用放射性物质的设施的退役安全评价 Safety Assessment for the Decommissioning of Facilities Using Radioactive Material

序号	编码	标准名称
95	WS-G-6.1	放射性废物的贮存 Storage of Radioactive Waste
96	WS-R-5	利用放射性物质的设施的退役 Decommissioning of Facilities Using Radioactive Material
97	TS-G-1.2（ST-3）	放射性物品运输事故应急响应的计划和准备 Planning and Preparing for Emergency Response to Transport Accidents Involving Radioactive Material
98	TS-G-1.3	放射性物品运输的辐射防护大纲 Radiation Protection Programmes for the Transport of Radioactive Material
99	TS-G-1.4	放射性物质安全运输管理体系 The Management System for the Safe Transport of Radioactive Material
100	TS-G-1.5	放射性物质安全运输的遵章保障 Compliance Assurance for the Safe Transport of Radioactive Material
102	TS-G-1.6	IAEA 放射性物质安全运输管理规定目录 Schedules of Provisions of the IAEA Regulations for the Safe Transport of Radioactive Material（2009 Edition）
103	SSG-1	放射性废物的钻孔处置设施 Borehole Disposal Facilities for Radioactive Waste
104	SSG-2	核电厂确定性安全分析 Deterministic Safety Analysis for Nuclear Power Plants
105	SSG-3	核电厂一级概率安全评价的开发和应用 Development and Application of Level 1 Probabilistic Safety Assessment for Nuclear Power Plants
106	SSG-4	核电厂二级概率安全评价的开发和应用 Development and Application of Level 2 Probabilistic Safety Assessment for Nuclear Power Plants
107	SSG-5	转化设施和铀浓缩设施的安全 Safety of Conversion Facilities and Uranium Enrichment Facilities
108	SSG-6	铀燃料生产设施的安全 Safety of Uranium Fuel Fabrication Facilities
109	SSG-7	铀钚混合氧化物燃料制造设施的安全 Safety of Uranium and Plutonium Mixed Oxide Fuel Fabrication Facilities
110	SSG-8	伽马、电子和 X 射线辐照设施的辐射安全 Radiation Safety of Gamma，Electron and X Ray Irradiation Facilities
111	SSG-9	核设施厂址地震危害评估 Seismic Hazards in Site Evaluation for Nuclear Installations
112	SSG-10	研究堆的老化管理 Aging Management for Research Reactors
113	SSG-11	工业射线照相的辐射安全 Radiation Safety in Industrial Radiography
114	SSG-12	核设施的许可过程 Licensing Process for Nuclear Installations
115	SSG-13	水冷核电厂的化学大纲 Chemistry Programme for water cooled Probabilistic Safety Assessment for Nuclear Power Plants
116	SSG-14	放射性废物的地质处置设施 Geological Disposal Facilities for Radioactive Waste
117	SSG-15	乏核燃料的贮存 Storage of Spent Nuclear Fuel
118	SSG-16	核电项目计划安全基础设施的建立 Establishing the Safety Infrastructure for a Nuclear Power Programme

序号	编码	标准名称
119	SSG-17	无监管源和金属回收生产行业中的其他放射性物质 Control of Orphan Sources and Other Radioactive Material in the Metal Recycling and Production Industries
120	SSG-18	核设施厂址气象和水文危害的评价 Meteorological and Hydrological Hazards in Site Evaluation for Nuclear Installations
121	SSG-19	关于对无监管源恢复控制，对易受攻击源改进控制的国家战略 National Strategy for Regaining Control over Orphan Sources and Improving Control over Vulnerable Sources
122	SSG-20	研究堆的安全评估与安全分析报告的编制 Safety Assessment for Research Reactors and Preparation of the Safety Analysis Report
123	SSG-21	核设施厂址火山危害评估 Volcanic Hazards in Site Evaluation for Nuclear Installations
124	SSG-22	分级方法在研究堆安全要求中的运用 The Use of Graded Approach in the Application of the Safety Requirements for Research Reactors
125	SSG-23	放射性废物处置的安全案例和安全评价 The Safety Case and Safety Assessment for the Disposal of Radioactive Waste
126	SSG-24	研究堆利用和改造的安全 Safety in the Utilization and Modification of Research Reactors
127	SSG-25	核电厂定期安全评审 Periodic Safety Review for Nuclear Power Plants
128	SSG-26	IAEA 有关放射性材料安全运输规定的建议材料 Advisory Material for the IAEA Regulations for the Safe Transport of Radioactive Material（2012 Edition）
129	SSG-27	易裂变材料操作中的临界安全 Criticality Safety in the Handling of Fissile Material
130	SSG-28	核电厂的调试 Commissioning for Nuclear Power Plants
131	SSG-29	放射性废物的近地表处置 Near Surface Disposal Facilities for Radioactive Waste
132	SSG-30	核电厂概率安全评估中的构筑物、系统与部件的安全分级 Safety Classification of Structures, Systems and Components in　Probabilistic Safety Assessment for Nuclear Power Plants
133	SSG-31	放射性废物处置设施的监测与监视 Monitoring and Surveillance of Radioactive Waste Disposal Facilities
134	SSG-32	保护公众免受氡和其他辐射源所致室内照射 Protection of the Public Against Exposure Indoors due to Radon and Other Natural Sources of Radiation
135	SSG-35	Site Survey and Site Selection for Nuclear Installations
136	SSG-38	Construction for Nuclear Installations
137	SSG-41	Predisposal Management of Radioactive Waste from Nuclear Fuel Cycle Facilities
138	SSG-42	Safety of Nuclear Fuel Reprocessing Facilities
139	SSG-43	Safety of Nuclear Fuel Cycle Research and Development Facilities
140	SSR-2/1	核电厂安全：设计 Safety of Nuclear Power Plants：Design
141	SSR-2/2	核电厂安全：调试和运行 Safety of Nuclear Power Plants：Commissioning and Operation
142	SSR-5	放射性废物的处置 Disposal of Radioactive Waste
143	SSR-6	放射性物质安全运输条例 Regulations for the Safe Transport of Radioactive Material，2012 Edition

第二篇　核与辐射安全监督检查

9　核与辐射安全监督检查基础

9.1　法律法规相关规定

核与辐射安全监督检查是核与辐射安全监管工作的重要内容，相关法律的规定和要求如下。

▶《中华人民共和国放射性污染防治法》相关规定。

国务院环境保护行政主管部门和国务院其他有关部门，按照职责分工，各负其责，互通信息，密切配合，对核设施、铀（钍）矿开发利用中的放射性污染防治进行监督检查。县级以上地方人民政府环境保护行政主管部门和同级其他有关部门，按照职责分工，各负其责，互通信息，密切配合，对本行政区域内核技术利用、伴生放射性矿开发利用中的放射性污染防治进行监督检查。监督检查人员进行现场检查时，应当出示证件。被检查的单位必须如实反映情况，提供必要的资料。监督检查人员应当为被检查单位保守技术秘密和业务秘密。对涉及国家秘密的单位和部位进行检查时，应当遵守国家有关保守国家秘密的规定，依法办理有关审批手续。

▶《放射性同位素与射线装置安全和防护条例》相关规定。

第四十六条　县级以上人民政府生态环境主管部门和其他有关部门应当按照各自职责对生产、销售、使用放射性同位素和射线装置的单位进行监督检查。

被检查单位应当予以配合，如实反映情况，提供必要的资料，不得拒绝和阻碍。

第四十七条　县级以上人民政府生态环境主管部门应当配备辐射防护安全监督员。辐射防护安全监督员由从事辐射防护工作，具有辐射防护安全知识并经省级以上人民政府生态环境主管部门认可的专业人员担任。辐射防护安全监督员应当定期接受专业知识培训和考核。

第四十八条　县级以上人民政府生态环境主管部门在监督检查中发现生产、销售、使用放射性同位素和射线装置的单位有不符合原发证条件的情形的，应当责令其限期整改。

监督检查人员依法进行监督检查时，应当出示证件，并为被检查单位保守技术秘密和业务秘密。

第四十九条　任何单位和个人对违反本条例的行为，有权向生态环境主管部门和其他有关部门检举；对生态环境主管部门和其他有关部门未依法履行监督管理职责的行为，有权向本级人民政府、上级人民政府有关部门检举。接到举报的有关人民政府、生态环境主管部门和其他有关部门对有关举报应当及时核实、处理。

▶《民用核设施安全监督条例》相关规定。

第四章 核安全监督

第十六条 国家核安全局及其派出机构可向核设施制造、建造和运行现场派驻监督组（员）执行下列核安全监督任务：（一）审查所提交的安全资料是否符合实际；（二）监督是否按照已批准的设计进行建造；（三）监督是否按照已批准的质量保证大纲进行管理；（四）监督核设施的建造和运行是否符合有关核安全法规和《核设施建造许可证》、《核设施运行许可证》所规定的条件；（五）考察营运人员是否具备安全运行及执行应急计划的能力；（六）其他需要监督的任务。核安全监督员由国家核安全局任命并发给《核安全监督员证》。

第十七条 核安全监督员在执行任务时，凭其证件有权进入核设施制造、建造和运行现场，调查情况，收集有关核安全资料。

第十八条 国家核安全局在必要时有权采取强制性措施，命令核设施营运单位采取安全措施或停止危及安全的活动。

第十九条 核设施营运单位有权拒绝有害于安全的任何要求，但对国家核安全局的强制性措施必须执行。

▸《放射性同位素与射线装置安全和防护管理办法》相关规定。

第五章 监督检查

第三十八条 省级以上人民政府环境保护主管部门应当对其依法颁发辐射安全许可证的单位进行监督检查。

省级以上人民政府环境保护主管部门委托下一级环境保护主管部门颁发辐射安全许可证的，接受委托的环境保护主管部门应当对其颁发辐射安全许可证的单位进行监督检查。

第三十九条 县级以上人民政府环境保护主管部门应当结合本行政区域的工作实际，配备辐射防护安全监督员。

各级辐射防护安全监督员应当具备 3 年以上辐射工作相关经历。

省级以上人民政府环境保护主管部门辐射防护安全监督员应当具备大学本科以上学历，并通过中级以上辐射安全培训。

设区的市级、县级人民政府环境保护主管部门辐射防护安全监督员应当具备大专以上学历，并通过初级以上辐射安全培训。

第四十条 省级以上人民政府环境保护主管部门辐射防护安全监督员由环境保护部认可，设区的市级、县级人民政府环境保护主管部门辐射防护安全监督员由省级人民政府环境保护主管部门认可。

辐射防护安全监督员应当定期接受专业知识培训和考核。

取得高级职称并从事辐射安全与防护监督检查工作 10 年以上，或者取得注册核安全工程师资格的辐射防护安全监督员，可以免予辐射安全培训。

第四十一条 省级以上人民政府环境保护主管部门应当制定监督检查大纲，明确辐射安全与防护监督检查的组织体系、职责分工、实施程序、报告制度、重要问题管理等内容，并根据国家相关法律法规、标准制定相应的监督检查技术程序。

　　第四十二条　县级以上人民政府环境保护主管部门应当根据放射性同位素与射线装置生产、销售、使用活动的类别，制定本行政区域的监督检查计划。

　　监督检查计划应当按照辐射安全风险大小，规定不同的监督检查频次。

　　▶《核与辐射安全监督检查人员证件管理办法》相关规定。

　　为做好辐射安全监督工作，生态环境部下发了《核与辐射安全监督检查人员证件管理办法》（部令第 24 号），核与辐射安全监督检查人员证件是核与辐射安全监督检查人员依法开展核与辐射安全监督检查资格和身份的证明，分为《核安全监督员证》和《辐射安全监督员证》。《核安全监督员证》发放范围为环境保护部（国家核安全局）及其派出机构从事核安全监督检查工作的人员。

　　《辐射安全监督员证》发放范围为县级以上环境保护主管部门从事辐射安全监督检查工作的人员。

　　持有《核安全监督员证》的人员有权进入核安全相关现场进行监督检查。持有《辐射安全监督员证》的人员有权进入辐射安全相关现场进行监督检查

9.2　核与辐射安全监督检查要求

　　（1）监督检查对象

　　核燃料循环设施、放射性废物处置设施、研究对民用核设施选址、设计、建造及运行阶段的核与辐射安全监督，取得辐射安全许可证并使用放射性同位素的企业和使用射线装置的医院监督。

　　（2）监督检查内容

　　① 监督检查依据

　　《中华人民共和国环境影响评价法》《中华人民共和国放射性污染防治法》《中华人民共和国核安全法》《建设项目竣工环境保护验收管理办法》《放射性同位素与射线装置安全和防护条例》《放射性物品运输安全管理条例》《放射性同位素与射线装置安全许可管理办法》《放射性废物安全管理条例》和相关安全技术规范、标准。

　　② 许可证有效期限及范围

　　许可证是否在有效期内，发生变更是否按规定及时办理变更手续；许可证是否超范围使用；作业人员资格证件，人员数量、项目；作业人员培训教育和持证上岗情况。

　　③ 安全管理

　　射线装置和放射性同位素的管理体系运行情况，管理制度、责任制度和操作规程等制度执行情况。事故应急措施和救援预案和演练记录。射线装置和放射性同位素设备自行检查记录。

　　④ 设备管理

　　主要设备、设施是否符合现场操作、使用的许可条件。检验检测设备、仪器、仪表是否满足自行检验检测的要求。泄漏报警和自动切断装置。

⑤ 是否存在转让、买卖、出租、出借等情况

（3）检查方式

对放射性同位素与射线装置安全防护、电磁辐射环境保护实施检查可分为现场监督检查和组织自查评估两种方式。

① 现场监督检查

环境保护主管部门依据有关法律和程序对放射性同位素、射线装置、电磁辐射设施的安全管理情况进行的现场监督检查。可分为例行检查和非例行检查。例行检查是对重点辐射工作单位定期进行的检查，为每年一次；非例行检查是事先不通知业主，可随时进行的检查。

② 组织自查评估

根据法律法规规定，每年 12 月份组织业主对本单位放射性同位素和射线装置执行环境保护法律法规、内部管理制度和落实安全防护措施情况进行的检查、评估，并于下一年 1 月 31 日前向相关部门上报年度安全评估报告，并接受检查。

监督检查还包括日常监督检查、年度检查、证后监督抽查等。日常监督检查：专项整治检查、节假日检查、重大社会活动检查、上级交办事项的检查以及举报投诉检查等。年度检查：环保部门每年对使用放射性同位素和射线装置的单位进行一年两次年度监督检查。实施全面检查时，发现被检查单位存在其他违法、违规问题，并作为全面检查的增加内容记录在案。

（4）检查程序

① 查阅档案记录

查阅被检查单位辐射安全管理档案记录，明确检查的重点，增强检查的针对性。

② 制定检查计划

1）确定待查单位。

2）确定检查人员。检查组由二人以上组成，指定负责人，持证上岗。

3）确定检查重点。（尤其是对出现过时间、事故的单位或常见、易出差错的环节）。

4）明确检查人员的分工，做到责任明确。

5）确定检查时间。

6）根据检查内容规定检查记录表。

③ 准备监测仪器

根据不同的检查对象，准备监测仪器和取证设备，并保持良好状态。

④ 书面通知

将有关检查事宜书面通知业主，告知检查时间、内容、程序及涉及人员等。通知的内容应包括：检查的依据和背景、时间、程序、重点和业主所要做的准备和报告的主要内容。

检查人员应当遵守被检查单位的安全管理规章制度，保证自身和被检查单位生产经营活动的安全。检查人员应当将检查的项目、内容、发现的问题等及时作出记录，填写

《核技术应用辐射安全综合检查表》，制作《核技术利用单位自查表》、《年度评估报告》。综合检查表应当由被检查单位参加人员和检查人员双方签字。

（5）检查的实施

① 表明身份说明来意。首先由检查组负责人向业主表明检查人员身份并出示监察证，说明检查目的、检查程序和内容。

② 业主报告。由业主报告辐射安全管理和环境保护工作制度，特别是书面通知中所要求的内容。

③ 档案检查。按档案检查部分的要求逐项进行。

④ 现场检查。根据分工，参检人员按照检查记录表的内容逐项（或抽样）进行检查，做好记录，检查双方签字

⑤ 制作笔录。现场检查结束后，检查组进行讨论，交换意见，并制作检查笔录。

⑥ 检查结束后，双方可在会议中充分交换意见，检查组将检查笔录交被检查单位代表人阅读后当场签字，检查组长宣布检查情况并尽可能当场宣布检查结果，对存在的问题当场下达限期整改通知书，对违法情况进行现场处罚，对情况复杂的重大疑难问题可由环保主管部门研究决定后再形成处理意见（如通报批评、行政处罚直至追究刑事责任）。

⑦ 对存在问题的单位应随时跟踪其整改情况，并在一定期限内进行复查。

⑧ 对检查情况通过信息渠道进行政务公开。

（6）监督检查处理

① 有证据表明使用放射性同位素的企业和使用射线装置的医院设备或者其主要部件安全技术规范的要求，或者在用设备存在严重事故隐患的，应当当场提出整改、暂停使用等要求。

② 检查时发现有违反《中华人民共和国环境影响评价法》《中华人民共和国放射性污染防治法》《中华人民共和国核安全法》《建设项目竣工环境保护验收管理办法》《放射性同位素与射线装置安全和防护条例》《放射性物品运输安全管理条例》等安全技术规范的行为，或发现在用设备存在事故隐患的，检查人员应当下达辐射安全限期整改通知书，责令被检查单位立即或者限期采取必要措施予以改正或者消除事故隐患。

③ 检查提出整改要求的，检查人员应当在整改期限届满后3个工作日之内对隐患整改情况进行复查。

④ 经检查不合格的，按照放射性同位素与射线装置安全和防护等相关法律法规责令单位整改，并可依法作出行政处罚等处理。

⑤ 发现被检查单位或者人员涉嫌构成犯罪的，应当按照《中华人民共和国放射性污染防治法》《放射性同位素与射线装置安全和防护条例》《放射性物品运输安全管理条例》等法律法规，移送公安机关调查处理。

9.3 监督检查规范性文件案例

9.3.1 某省辐射安全规范化管理实施方案案例

为深入贯彻执行《中华人民共和国放射性污染防治法》《中华人民共和国核安全法》《放射性同位素与射线装置安全和防护条例》等法律法规，确保我省辐射安全，特制订本方案：

一、完善辐射安全管理能力建设

各级环保部门根据《河北省贯彻核安全与放射性污染防治"十三五"规划及 2025 年远景目标实施方案》（冀环辐〔2018〕411 号）以及《关于切实加强辐射环境管理机构能力建设的紧急通知》（冀环垂改办〔2017〕8 号）文件要求，健全机构、配齐人员、配足设备，保障辐射安全管理各项职能正常运转。

各核技术利用单位按照各项法律法规及辐射管理的各项要求，按照机构、人员、制度、应急等方面的要求落实辐射安全管理。

二、规范辐射安全检查程序及内容

（一）检查频次

省环保厅：辐射处总牵全省辐射环境安全管理及监督检查工作，负责制订全省年度监督检查计划，每年组织开展专项检查（督查）不少于 2 次。省辐射环境管理站按照年度监督检查计划，对省发证的核技术利用单位，每年现场检查实现全覆盖。

市以下环保部门（含雄安新区、定州市、辛集市）：每年对辖区内放射源、射线装置现场检查实现全覆盖。在此基础上，对正在作业的高风险移动放射源每月检查一次；对关、停、间歇性生产单位每月检查一次；对非作业状态的高风险移动放射源每季度检查一次；重大节日及活动期间应加密检查频次，落实辐射安全日报制度。

核技术利用单位：每天对放射源及射线装置进行现场巡检，并做好记录和交接班手续。对存在的问题，应立即做好记录并及时整改。

（二）行为规范

现场检查应遵循监督检查行为规范，按照规范行为开展现场检查工作。现场检查采取纸介质填写和现场录入"国家辐射安全监管系统"同时进行的方式，对存在的问题，要明确整改要求和期限，以备后督查。

（三）检查内容

环保部门监督检查应严格按照《辐射安全监督检查技术程序（2012 版）》的内容，对核技术利用单位每一项内容进行逐项核实。除此之外，还应查检查"国家核技术利用辐射安全管理系统"的使用及维护情况。

三、档案管理

1. 环保部门：对辖区内的核技术利用单位档案管理实行"一企一册"，内容包括：

（1）辐射安全管理年度评估报告；

（2）日常检查及专项检查时填写的现场检查记录；

（3）问题整改相关记录、文件；

（4）违法行为处罚情况（案卷复印件）；

（5）环保部门后督查记录、文件。

2. 核技术利用单位：由专人负责管理本单位的辐射安全相关文件，并进行统一归档，内容包括：

（1）辐射安全许可证正、副本；

（2）有效的辐射建设项目环评审批和竣工验收文件，原件或复印件；

（3）辐射安全风险隐患点自查材料；

（4）放射性同位素备案手续；

（5）辐射安全管理年度评估报告；

（6）各级环保部门现场检查时填写的检查资料；

（7）放射性同位素与射线装置安全防护管理制度；

（8）针对自身风险点编制的辐射事故应急预案；

（9）辐射安全检测及防护设备台账及检测仪器检定校准证；

（10）辐射环境水平监测年度报告；

（11）从业人员上岗证及个人辐射剂量档案。

四、考核评估

我厅将根据年度工作要点、年度监督检查计划，参考各市日常监管、系统使用、省级专项行动掌握的情况等，制订本年度的考核标准，综合评估并进行打分。

9.3.2　某县明确辐射安全监管有关事项案例

一、关于现场监督检查和《辐射安全许可证》审核管理

根据《××市环境保护局关于进一步加强核与辐射监督管理工作的通知》（自环发〔2014〕160号）分工要求，对使用Ⅰ、Ⅱ、Ⅲ类放射源和Ⅰ、Ⅱ类射线装置的核技术应用单位及使用Ⅲ类射线装置或Ⅳ、Ⅴ类放射源的市管企业，由市环保局负责日常现场监督管理工作，各区县环境保护局协助管理；按属地管理原则，各区县环境保护局负责对辖区内仅使用Ⅲ类射线装置或Ⅳ、Ⅴ类放射源的核技术应用单位依法开展现场监督检查工作，同时对电磁辐射项目开展监管工作，市环保局对上述工作提供技术支持。各区县级环境保护局要加强对辖区内仅使用Ⅲ类射线装置或Ⅳ、Ⅴ类放射源的核技术利用单位的现场监督检查工作，并按照《四川省核技术利用辐射安全监督检查大纲（2016）》的要求开展检查并做好记录；对存在辐射安全隐患和违法违规行为的，应及时做出处置和处理。

对核技术利用单位未经许可新增使用射线装置，且新增的辐射工作场所不涉及土建施工的，区县级环境保护局应按照《放射性同位素与射线装置安全和防护条例》第五十二条的规定予以处理。

按照《辐射安全许可证》的审批流程及行政许可和备案规定，辖区环保局负责辐射安全许可事项的初级审核，自受理申请之日起 10 个工作日完成审查，符合条件的出具初审意见，通知单位上报市环保局；不符合条件的，书面通知申请单位并说明理由。市环保局自受理申请之日起 10 个工作日内完成审查，符合条件的，颁发许可证，并予以公告；不符合条件的，书面通知申请单位并说明理由。

二、关于暂时停产停业的核技术利用单位的监督管理

对于核技术利用单位因市场经营等原因需要暂停开展辐射作业活动的，区县级环境保护局仍需对此类单位开展监督检查，并责成相关单位做好以下工作。

（一）及时向当地环境保护主管部门提交停产停业报告和停产停业期间辐射安全保障措施的说明及相关承诺，并经当地环境保护主管部门确认后上报发证机关。

（二）对于使用放射源的单位，要加强放射源的安全保卫工作，定期巡查、巡测并记录备查，确保放射源安全。

（三）做好辐射工作场所各项辐射安全设施（设备）的维护、检修，确保其安全有效，同时要做好辐射安全相关资料档案的保存和管理。

（四）认真编制并按时提交《辐射安全和防护状况年度自查评估报告》；涉及辐射环境监测和个人剂量监测的报告可根据当年度停产停业的实际情况进行相应说明。

（五）预计不再使用的放射源，须立即返还原生产厂家或送四川省城市放射性废物库收贮。

（六）核技术利用单位需恢复辐射作业活动的，应在恢复作业前 20 个工作日内向所在地县级环保主管部门提交书面报告，经当地环境保护主管部门监督检查合格并上报发证机关同意后方可重新开展辐射作业活动。

三、关于宣布破产的核技术利用单位的监督管理

对于宣布破产、关停或倒闭的核技术利用单位，区县环保主管部门应责成相关单位做好以下工作。

（一）涉及放射源的单位，应立即将放射源返还原生产厂家或送四川省城市放射性废物库收贮。区县环境保护主管部门要责成相关单位切实落实放射源收贮（返还）前的辐射安全主体责任，确保放射源暂存期间的安全，防止放射源丢失、被盗等辐射事故发生。

（二）射线装置需要报废处理前，应对其实施去功能化处理，并做好相关处理过程资料档案的记录。

（三）及时报告发证机关，并办理《辐射安全许可证》的注销手续。

四、关于许可证有效期延续和注销违法行为处理

各区县环境保护主管部门要进一步强化许可证的全过程监管，检查督促相关核技术利用单位切实做好许可证届满的延续或注销手续办理工作，并加大执法力度，严处违法行为。

对于许可证有效期届满未按规定办理许可证延续手续的，应依据《放射性同位素与射线装置安全和防护条例》第五十二条的相关规定进行查处；对于未按规定办理许可证注销手续的，应依据《放射性同位素与射线装置安全和防护条例》第五十四条的相关规定进行查处。

五、关于辐射工作人员个人剂量的管理

各级环境保护主管部门要进一步严格核技术利用单位辐射工作从业人员个人剂量的监管，详查个人剂量检测报告，并结合检测结果，督促相关单位做好以下工作。

（一）当辐射工作从业人员任何一季度的个人剂量数值超过 1.25 mSv 时，核技术利用单位应及时开展调查核实，形成调查报告备查，必要时应采取适当措施，确保个人剂量满足安全要求。

（二）当辐射工作人员全年的个人剂量数值超过本单位的辐射剂量约束限值（根据环评文件确定）时，核技术利用单位应立即组织调查并采取措施，并将有关情况及时报告发证机关。

（三）当辐射工作人员全年的个人剂量数值超过《电离辐射防护与辐射源安全基本标准》（GB 18871—2002）标准限值时，核技术利用单位应立即报告当地卫计和环境保护主管部门。

9.4　中国核与辐射安全管理体系程序

9.4.1　程序清单

表 9-1　中国核与辐射安全管理体系程序清单

序号	编号	程序名称
第一层级		
1-1		总论
第二层级		
2-1	NNSA/HQ-00-ZG-AP-001	组织机构与职责分工
2-2	NNSA/HQ-00-ZG-AP-002	会议管理工作指南
2-3	NNSA/HQ-00-ZG-AP-003	文件管理工作指南
2-4	NNSA/HQ-00-ZG-AP-004	记录与档案管理工作指南
2-5	NNSA/HQ-00-ZG-AP-005	采购控制与合同管理工作指南
2-6	NNSA/HQ-00-ZG-AP-006	内部信息报告工作指南
2-7	NNSA/HQ-00-ZG-AP-007	基础设施与工作环境综合管理工作指南
2-8	NNSA/HQ-00-ZG-AP-008	人力资源管理工作指南

序号	编号	程序名称
2-9	NNSA/HQ-00-ZG-AP-009	知识管理与信息化建设工作指南
2-10	NNSA/HQ-00-ZG-AP-010	国际交流合作与外事管理工作指南
2-11	NNSA/HQ-00-ZG-AP-011	财务资源管理工作指南
2-12	NNSA/HQ-00-ZG-AP-012	核与辐射安全科研管理工作指南
2-13	NNSA/HQ-00-ZG-AP-013	评价与改进工作指南
2-14	NNSA/HQ-00-FG-MP-001	核与辐射安全法规制修订工作指南
2-15	NNSA/HQ-00-SP-MP-002	核与辐射安全行政审批和许可管理工作指南
2-16	NNSA/HQ-00-JD-MP-003	核与辐射安全监督检查工作指南
2-17	NNSA/HQ-00-FG-MP-004	核与辐射安全标准制修订工作指南
2-18	NNSA/HQ-00-JD-MP-005	核与辐射安全行政执法工作指南
2-19	NNSA/HQ-00-JC-MP-006	全国辐射监测工作指南
2-20	NNSA/HQ-00-XG-MP-007	核与辐射安全公众沟通工作指南
2-21	NNSA/HQ-00-ZG-MP-008	核与辐射安全经验反馈工作指南
2-22	NNSA/HQ-00-YJ-MP-009	核事故应急预案
2-23	NNSA/HQ-00-YJ-MP-010	辐射事故应急预案
2-24	NNSA/HQ-00-XX-MP-011	核材料衡算与实物保护工作指南
2-25	NNSA/HQ-00-PZ-MP-012	核与辐射安全监管人员业务培训工作指南
2-26	NNSA/HQ-00-PZ-MP-013	核安全特种人员资质管理工作指南
2-27	NNSA/HQ-01-JD-PP-001	核动力厂建造阶段监督检查大纲
2-28	NNSA/HQ-01-JD-PP-002	核动力厂调试监督检查大纲
2-29	NNSA/HQ-01-JD-PP-003	核动力厂运行阶段监督检查大纲
2-30	NNSA/HQ-01-SP-PP-004	核电厂安全分析报告标准审查大纲
2-31	NNSA/HQ-02-JD-PP-005	研究堆核安全监督检查大纲（运行阶段）
2-32	NNSA/HQ-01-SP-PP-006	核设施环境影响评价文件标准审评大纲
2-33	NNSA/HQ-06-SP-PP-007	民用核安全设备许可审评大纲
2-34	NNSA/HQ-06-JD-PP-008	民用核安全设备监督检查大纲
2-35	NNSA/HQ-03-SP-PP-009	铀浓缩设施安全审评大纲
2-36	NNSA/HQ-03-JD-PP-010	核燃料循环设施监督检查大纲
2-37	NNSA/HQ-03-SP-PP-011	铀燃料元件制造设施安全审评大纲
2-38	NNSA/HQ-03-SP-PP-012	后处理设施安全审评大纲
2-39	NNSA/HQ-04-SP-PP-013	放射性废物处置设施安全审评大纲

续表

序号	编号	程序名称
2-40	NNSA/HQ-04-JD-PP-014	放射性废物处置设施监督检查大纲
2-41	NNSA/HQ-07-SP-PP-015	放射性物品运输安全审评大纲
2-42	NNSA/HQ-07-JD-PP-016	放射性物品运输监督检查大纲
2-43	NNSA/HQ-08-SP-PP-017	核技术利用项目辐射安全审评大纲
2-44	NNSA/HQ-10-SP-PP-018	电磁类建设项目环境影响评价文件审评大纲
2-45	NNSA/HQ-10-JD-PP-019	电磁类建设项目环境保护监督检查大纲
2-46	NNSA/HQ-08-JD-PP-020	核技术利用辐射安全和防护监督检查大纲
2-47	NNSA/HQ-08-SP-PP-021	核技术利用类建设项目环境影响评价文件审评大纲
2-48	NNSA/HQ-09-SP-PP-022	铀矿冶环境影响评价文件审评大纲
2-49	NNSA/HQ-09-JD-PP-023	铀矿冶辐射环境安全监督检查大纲
第三层级		
3-1	NNSA/HQ-XX-HP-IP-001	核与辐射建设项目环境影响报告书（表）编制监督检查技术程序
3-2	NNSA/HQ-01-JD-IP-601	核电厂应急准备能力维持检查程序
3-3	NNSA/HQ-01-JD-IP-602	核电厂应急演习评估程序
3-4	NNSA/HQ-01-JD-IP-505	核材料衡算检查程序
3-5	NNSA/HQ-01-JD-IP-506	实物保护检查程序
3-6	NNSA/HQ-01-JD-IP-410	核电厂操纵员监督检查程序
3-7	NNSA/HQ-01-JD-IP-106	重要厂房、重要场地巡视程序（建安阶段）
3-8	NNSA/HQ-01-JD-IP-801	核电厂选址阶段监督检查程序
3-9	NNSA/HQ-01-JD-IP-201	核电厂基坑验槽检查程序
3-10	NNSA/HQ-01-JD-IP-202	核电厂建造阶段土建施工监督检查程序
3-11	NNSA/HQ-01-JD-IP-203	核电厂建造阶段设备安装监督检查程序
3-12	NNSA/HQ-01-JD-IP-204	核电厂役前检查监督检查程序
3-13	NNSA/HQ-01-JD-IP-205	核电厂建造阶段通用技术参考程序
3-14	NNSA/HQ-01-JD-IP-802	核电厂核岛 FCD 前控制点核安全检查程序
3-15	NNSA/HQ-01-JD-IP-803	核电厂主管道焊接控制点核安全检查程序
3-16	NNSA/HQ-01-JD-IP-301	核电厂调试程序体系检查程序
3-17	NNSA/HQ-01-JD-IP-302	核电厂调试试验监督程序
3-18	NNSA/HQ-01-JD-IP-303	核电厂调试质量保证监督检查程序
3-19	NNSA/HQ-01-JD-IP-304	核电厂调试结果监督检查程序
3-20	NNSA/HQ-01-JD-IP-305	AP1000 核电厂调试试验监督检查程序（详见附表 1）

序号	编号	程序名称
3-21	NNSA/HQ-01-JD-IP-306	EPR 核电厂调试试验监督检查程序（详见附表 2）
3-22	NNSA/HQ-01-JD-IP-307	"华龙一号"核电厂调试试验监督检查程序（暂缺）
3-23	NNSA/HQ-01-JD-IP-804	核电厂反应堆首次临界控制点核安全检查程序
3-24	NNSA/HQ-01-JD-IP-805	核电厂调试期间低功率试验控制点核安全检查程序
3-25	NNSA/HQ-01-JD-IP-806	核电厂调试期间功率试验控制点核安全检查程序
3-26	NNSA/HQ-01-JD-IP-101	主控室巡视程序
3-27	NNSA/HQ-01-JD-IP-102	重要厂房巡视程序（运行阶段）
3-28	NNSA/HQ-01-JD-IP-103	设备配置巡检程序
3-29	NNSA/HQ-01-JD-IP-104	换料大修启停堆过程监视程序
3-30	NNSA/HQ-01-JD-IP-105	定期试验监督检查程序
3-31	NNSA/HQ-01-JD-IP-107	人员访谈程序
3-32	NNSA/HQ-01-JD-IP-108	文件记录审查程序
3-33	NNSA/HQ-01-JD-IP-109	质保监查监督程序
3-34	NNSA/HQ-01-JD-IP-110	维修监督检查程序
3-35	NNSA/HQ-01-JD-IP-111	风险评价与紧急控制程序
3-36	NNSA/HQ-01-JD-IP-112	单项应急演习监督程序
3-37	NNSA/HQ-01-JD-IP-114	问题鉴定和处理现场监督程序
3-38	NNSA/HQ-01-JD-IP-115	乏燃料干式储存设施日常监督程序（运行阶段）
3-39	NNSA/HQ-01-JD-IP-401	核电厂问题诊断与处理检查程序
3-40	NNSA/HQ-01-JD-IP-402	核电厂运行性能和功能审查程序
3-41	NNSA/HQ-01-JD-IP-403	核电厂恶劣天气防护检查程序
3-42	NNSA/HQ-01-JD-IP-404	核电厂防水淹措施检查程序
3-43	NNSA/HQ-01-JD-IP-405	核电厂部件设计基准检查程序
3-44	NNSA/HQ-01-JD-IP-406	核电厂系统检查程序
3-45	NNSA/HQ-01-JD-IP-407	核电厂热阱检查程序
3-46	NNSA/HQ-01-JD-IP-408	核电厂修改管理检查程序
3-47	NNSA/HQ-01-JD-IP-409	核电厂防火专项检查程序
3-48	NNSA/HQ-01-JD-IP-411	核电厂运行安全性能指标核查专项检查程序
3-49	NNSA/HQ-01-JD-IP-412	核电厂在役检查监督检查程序
3-50	NNSA/HQ-01-JD-IP-501	核电厂辐射环境监测检查程序
3-51	NNSA/HQ-01-JD-IP-502	核电厂流出物管理检查程序

序号	编号	程序名称
3-52	NNSA/HQ-01-JD-IP-503	核电厂放射性固体废物管理检查程序
3-53	NNSA/HQ-01-JD-IP-504	核电厂辐射防护专项检查程序
3-54	NNSA/HQ-01-JD-IP-701	不符合项管理监督检查程序
3-55	NNSA/HQ-01-JD-IP-702	承包商管理检查程序
3-56	NNSA/HQ-01-JD-IP-703	纠正措施与经验反馈检查程序
3-57	NNSA/HQ-01-JD-IP-704	人员资格和培训管理检查程序
3-58	NNSA/HQ-01-JD-IP-705	现场设计变更监督检查程序
3-59	NNSA/HQ-01-JD-IP-706	采购、接收和贮存检查程序
3-60	NNSA/HQ-01-JD-IP-707	文件和记录检查程序
3-61	NNSA/HQ-01-JD-IP-708	运行程序体系检查程序
3-62	NNSA/HQ-01-JD-IP-709	核电厂自我评估（管理部门审查）检查程序
3-63	NNSA/HQ-01-JD-IP-807	核电厂运行许可证颁发前综合检查程序
3-64	NNSA/HQ-01-JD-IP-808	核电厂运行许可证有效期延续批准后首次临界控制点核安全检查程序
3-65	NNSA/HQ-01-JD-IP-809	核电厂发生超过安全限值事故停堆后再启动控制点核安全检查程序
3-66	NNSA/HQ-01-JD-IP-810	核动力厂年度核安全检查程序
3-67	NNSA/HQ-01-JD-IP-113	进口民用核安全设备安全检验监督程序
3-68	NNSA/HQ-02-JD-MP-001	研究堆运行阶段日常核安全监督检查实施程序
3-69	NNSA/HQ-02-JD-MP-002	研究堆运行阶段例行核安全监督检查实施程序
3-70	NNSA/HQ-02-JD-MP-003	研究堆试验监督点管理程序
3-71	NNSA/HQ-02-JD-MP-004	研究堆长期停堆监督检查实施程序
3-72	NNSA/HQ-02-JD-IP-001	Ⅰ、Ⅱ类研究堆辐射防护监督检查技术程序
3-73	NNSA/HQ-02-JD-IP-002	Ⅰ、Ⅱ类研究堆应急准备监督检查技术程序
3-74	NNSA/HQ-02-JD-IP-003	Ⅰ、Ⅱ类研究堆安全重要物项修改监督检查技术程序
3-75	NNSA/HQ-02-JD-IP-004	Ⅰ、Ⅱ类研究堆维修、定期试验和检查监督检查技术程序
3-76	NNSA/HQ-02-JD-IP-005	Ⅰ、Ⅱ类研究堆质量保证监督检查技术程序
3-77	NNSA/HQ-02-JD-IP-006	Ⅰ、Ⅱ类研究堆防火监督检查技术程序
3-78	NNSA/HQ-02-JD-IP-007	Ⅰ、Ⅱ类研究堆放射性废物管理监督检查技术程序
3-79	NNSA/HQ-02-JD-IP-008	Ⅰ、Ⅱ类研究堆核材料衡算监督检查技术程序
3-80	NNSA/HQ-02-JD-IP-009	Ⅲ类研究堆应急准备监督检查技术程序
3-81	NNSA/HQ-02-JD-IP-010	Ⅲ类研究堆安全重要物项修改监督检查技术程序
3-82	NNSA/HQ-02-JD-IP-011	Ⅲ类研究堆维修、定期试验和检查监督检查技术程序

序号	编号	程序名称
3-83	NNSA/HQ-02-JD-IP-012	Ⅲ类研究堆质量保证监督检查技术程序
3-84	NNSA/HQ-02-JD-IP-013	Ⅲ类研究堆防火监督检查技术程序
3-85	NNSA/HQ-02-JD-IP-014	Ⅲ类研究堆放射性废物管理监督检查技术程序
3-86	NNSA/HQ-02-JD-IP-015	Ⅲ类研究堆辐射防护监督检查技术程序
3-87	NNSA/HQ-02-JD-IP-016	Ⅲ类研究堆核材料衡算监督检查技术程序
3-88	NNSA/HQ-02-JD-IP-017	研究堆实物保护监督检查技术程序
3-89	NNSA/HQ-02-JD-IP-018	研究堆操纵人员考核监督检查技术程序
3-90	NNSA/HQ-02-JD-IP-019	研究堆核应急综合演习监督评估技术程序
3-91	NNSA/HQ-02-JD-IP-020	研究堆倒换料监督检查技术程序
3-92	NNSA/HQ-02-JD-IP-021	研究堆放射性物品场内运输监督检查技术程序
3-93	NNSA/HQ-03-JD-MP-001	核燃料元件制造设施日常核安全监督检查实施程序
3-94	NNSA/HQ-03-JD-MP-002	核燃料元件制造设施例行核安全监督检查实施程序
3-95	NNSA/HQ-03-JD-MP-003	核燃料元件制造设施 H 控制点释放管理程序
3-96	NNSA/HQ-03-JD-MP-004	铀浓缩设施运行阶段监督检查实施程序
3-97	NNSA/HQ-03-JD-MP-005	铀纯化/铀转化设施运行阶段日常核安全检查程序
3-98	NNSA/HQ-03-JD-MP-006	铀纯化/铀转化设施运行阶段例行/非例行核安全检查程序
3-99	NNSA/HQ-03-JD-MP-007	后处理设施日常核安全监督检查程序
3-100	NNSA/HQ-03-JD-MP-008	后处理设施例行/非例行核安全监督检查程序
3-101	NNSA/HQ-03-JD-IP-001	核燃料循环设施维修监督检查技术程序
3-102	NNSA/HQ-03-JD-IP-002	核燃料循环设施安全重要变更或修改监督检查技术程序
3-103	NNSA/HQ-03-JD-IP-003	核燃料元件制造设施运行阶段质量保证监督检查技术程序
3-104	NNSA/HQ-03-JD-IP-004	核燃料元件制造设施核临界安全监督检查技术程序
3-105	NNSA/HQ-03-JD-IP-005	核燃料元件制造设施辐射防护监督检查技术程序
3-106	NNSA/HQ-03-JD-IP-006	核燃料元件制造设施放射性废物管理监督检查技术程序
3-107	NNSA/HQ-03-JD-IP-007	核燃料元件制造设施实物保护监督检查技术程序
3-108	NNSA/HQ-03-JD-IP-008	核燃料元件制造设施核材料衡算监督检查技术程序
3-109	NNSA/HQ-03-JD-IP-009	核燃料元件制造设施防火监督检查技术程序
3-110	NNSA/HQ-03-JD-IP-010	核燃料元件制造设施定期试验监督检查技术程序
3-111	NNSA/HQ-03-JD-IP-011	核燃料元件制造设施应急准备监督检查技术程序
3-112	NNSA/HQ-03-JD-IP-012	核燃料元件制造设施核应急综合演习监督评估技术程序
3-113	NNSA/HQ-03-JD-IP-013	核燃料元件制造质量保证监督检查技术程序

序号	编号	程序名称
3-114	NNSA/HQ-03-JD-IP-014	核燃料元件制造设施建造质量保证监督检查技术程序
3-115	NNSA/HQ-03-JD-IP-015	铀浓缩设施运行质量保证监督检查技术程序
3-116	NNSA/HQ-03-JD-IP-016	铀浓缩设施核临界安全监督检查技术程序
3-117	NNSA/HQ-03-JD-IP-017	铀浓缩设施辐射防护（包括流出物控制）监督检查技术程序
3-118	NNSA/HQ-03-JD-IP-018	铀浓缩设施应急准备监督检查技术程序
3-119	NNSA/HQ-03-JD-IP-019	铀浓缩设施放射性废物管理监督检查技术程序
3-120	NNSA/HQ-03-JD-IP-020	铀浓缩设施核材料衡算监督检查技术程序
3-121	NNSA/HQ-03-JD-IP-021	铀浓缩设施实物保护监督检查技术程序
3-122	NNSA/HQ-03-JD-IP-022	铀浓缩设施核事故综合应急演习监督检查技术程序
3-123	NNSA/HQ-03-JD-IP-023	铀浓缩设施防火（设计基准相关）监督检查技术程序
3-124	NNSA/HQ-03-JD-IP-024	铀纯化/铀转化设施运行阶段运行安全管理例行核安全检查程序
3-125	NNSA/HQ-03-JD-IP-025	铀纯化/铀转化设施运行阶段辐射防护和放射性废物管理例行核安全检查程序
3-126	NNSA/HQ-03-JD-IP-026	铀纯化/铀转化设施运行阶段核材料管制例行核安全检查程序
3-127	NNSA/HQ-03-JD-IP-027	铀纯化/铀转化设施运行阶段应急准备例行核安全检查程序
3-128	NNSA/HQ-03-JD-IP-028	后处理设施质量保证监督检查技术程序
3-129	NNSA/HQ-03-JD-IP-029	后处理设施核临界监督检查技术程序
3-130	NNSA/HQ-03-JD-IP-030	后处理设施辐射防护监督检查技术程序
3-131	NNSA/HQ-03-JD-IP-031	后处理设施放射性废物管理监督检查技术程序
3-132	NNSA/HQ-03-JD-IP-032	后处理设施核材料衡算监督检查技术程序
3-133	NNSA/HQ-03-JD-IP-033	后处理设施实物保护监督检查技术程序
3-134	NNSA/HQ-03-JD-IP-034	后处理设施防火防爆监督检查技术程序
3-135	NNSA/HQ-03-JD-IP-035	后处理设施应急准备与演习监督检查技术程序
3-136	NNSA/HQ-03-JD-IP-036	后处理设施定期试验监督检查技术程序
3-137	NNSA HQ-04-JD-MP-001	放射性废物（近地表）处置设施运行阶段日常核安全检查程序
3-138	NNSA HQ-04-JD-MP-002	放射性废物（近地表）处置设施运行阶段例行/非例行核安全检查程序
3-139	NNSA HQ-04-JD-IP-001	放射性废物（近地表）处置设施运行阶段运行安全管理例行核安全检查程序
3-140	NNSA HQ-04-JD-IP-002	放射性废物（近地表）处置设施运行阶段辐射防护管理例行核安全检查程序
3-141	NNSA HQ-04-JD-IP-003	放射性废物（近地表）处置设施运行阶段应急准备例行核安全检查程序
3-142	NNSA HQ3-08-JD-MP-001	核技术利用监督检查实施程序

序号	编号	程序名称
3-143	NNSA HQ3-08-JD-MP-002	核技术利用监督重大问题管理程序
3-144	NNSA HQ3-08-JD-MP-003	核技术利用监督文件管理程序
3-145	NNSA HQ3-08-JD-MP-004	核技术利用监督人员管理与培训
3-146	NNSA HQ3-08-JD-MP-005	国家核技术利用辐射安全管理系统使用管理程序
3-147	NNSA HQ3-08-SP-MP-001	辐射安全许可证延续及增项审查工作程序
3-148	NNSA HQ3-08-JD-IP-001	密封源生产线 I 监督检查技术程序
3-149	NNSA HQ3-08-JD-IP-002	密封源生产线 II 监督检查技术程序
3-150	NNSA HQ3-08-JD-IP-003	放射性药物生产线监督检查技术程序
3-151	NNSA HQ3-08-JD-IP-004	医疗植入用放射源生产线监督检查技术程序
3-152	NNSA HQ3-08-JD-IP-005	甲级非密封放射性物质操作场所监督检查技术程序
3-153	NNSA HQ3-08-JD-IP-006	乙级非密封放射性物质操作场所监督检查技术程序
3-154	NNSA HQ3-08-JD-IP-007	丙级非密封放射性物质操作场所监督检查技术程序
3-155	NNSA HQ3-08-JD-IP-008	加速器生产放射性同位素场所监督检查技术程序
3-156	NNSA HQ3-08-JD-IP-009	自屏蔽式加速器生产放射性药物场所监督检查技术程序
3-157	NNSA HQ3-08-JD-IP-010	γ 辐照装置监督检查技术程序
3-158	NNSA HQ3-08-JD-IP-011	自屏蔽式 γ 辐照器监督检查技术程序
3-159	NNSA HQ3-08-JD-IP-012	刻度用 γ、n 源场所监督检查技术程序
3-160	NNSA HQ3-08-JD-IP-013	城市放射性废物库监督检查技术程序
3-161	NNSA HQ3-08-JD-IP-014	放射性同位素销售单位监督检查技术程序
3-162	NNSA HQ3-08-JD-IP-015	γ 射线货物车辆检查系统监督检查技术程序
3-163	NNSA HQ3-08-JD-IP-016	工业 γ 射线探伤监督检查技术程序
3-164	NNSA HQ3-08-JD-IP-017	固定式 III、IV 和 V 类源使用场所监督检查技术程序
3-165	NNSA HQ3-08-JD-IP-018	移动式非探伤放射源使用场所监督检查技术程序
3-166	NNSA HQ3-08-JD-IP-019	含放射源仪器生产场所监督检查技术程序
3-167	NNSA HQ3-08-JD-IP-020	非医用中高能加速器监督检查技术程序
3-168	NNSA HQ3-08-JD-IP-021	科研用低能加速器监督检查技术程序
3-169	NNSA HQ3-08-JD-IP-022	电子辐照加速器监督检查技术程序
3-170	NNSA HQ3-08-JD-IP-023	加速器生产调试场所监督检查技术程序
3-171	NNSA HQ3-08-JD-IP-024	II 类非医用 X 线装置监督检查技术程序
3-172	NNSA HQ3-08-JD-IP-025	中子发生器应用场所监督检查技术程序
3-173	NNSA HQ3-08-JD-IP-026	III 类非医用射线装置监督检查技术程序

续表

序号	编号	程序名称
3-174	NNSA HQ3-08-JD-IP-027	γ射线远距治疗装置监督检查技术程序
3-175	NNSA HQ3-08-JD-IP-028	立体定向γ射线外科治疗装置监督检查技术程序
3-176	NNSA HQ3-08-JD-IP-029	近距离γ射线治疗装置监督检查技术程序
3-177	NNSA HQ3-08-JD-IP-030	非密封放射性物质医学应用场所监督检查技术程序
3-178	NNSA HQ3-08-JD-IP-031	医用放射性核素发生器利用场所监督检查技术程序
3-179	NNSA HQ3-08-JD-IP-032	质子（重离子）加速器治疗场所监督检查技术程序
3-180	NNSA HQ3-08-JD-IP-033	医用电子直线加速器使用场所监督检查技术程序
3-181	NNSA HQ3-08-JD-IP-034	医用治疗 X 射线机监督检查技术程序
3-182	NNSA HQ3-08-JD-IP-035	数字减影血管造影 X 射线装置（DSA）监督检查技术程序
3-183	NNSA HQ3-08-JD-IP-036	Ⅲ类医用射线装置监督检查技术程序
3-184	NNSA HQ3-08-JD-IP-037	废旧金属熔炼企业放射性监测工作监督检查技术程序
3-185	NNSA HQ3-08-JD-IP-038	散裂中子源场所监督检查技术程序
3-186	NNSA HQ3-08-JD-IP-039	医用一类源设备销售安装调试维修单位监督检查技术程序
3-187	NNSA HQ3-08-JD-IP-040	γ辐照装置倒源活动监督检查技术程序
3-188	NNSA HQ3-08-JD-IP-041	天然铀化合物贮存库监督检查技术程序
3-189	NNSA HQ3-08-JD-IP-042	核技术利用项目退役活动监督检查技术程序
3-190	NNSA HQ3-08-JD-IP-043	磁约束聚变实验装置监督检查技术程序
3-191	NNSA/HQ1-00-JC-MP-001	辐射环境与流出物抽样核查监测管理程序
3-192	NNSA/HQ-00-JD-IP-001	核设施辐射环境与流出物监测监督检查程序
3-193	NNSA/HQ3-09-JD-MP-001	铀矿冶辐射环境安全监督检查管理程序
3-194	NNSA/HQ3-09-JD-IP-001	铀矿冶辐射环境安全监督检查技术程序
3-195	NNSA HQ-06-JD-MP-001	民用核安全设备设计许可证持证单位及其活动监督检查程序
3-196	NNSA HQ-06-JD-MP-002	民用核安全设备制造许可证持证单位及其活动监督检查程序
3-197	NNSA HQ-06-JD-MP-003	民用核安全设备无损检验许可证持证单位及其活动监督检查工作程序
3-198	NNSA HQ-06-JD-MP-004	民用核安全设备重大质量问题审查和监督工作程序
3-199	NNSA HQ-06-JD-MP-005	民用核安全设备持证单位监督检查总结工作程序
3-200	NNSA HQ-06-JD-MP-006	民用核设施核安全设备监督总结工作管理程序
3-201	NNSA/HQ-00-JD-AP-001	核与辐射安全调查取证工作管理程序
3-202	NNSA/HQ-00-JD-AP-002	核与辐射安全谈话与通报工作管理程序

9.4.2 核与辐射安全监督检查工作指南

（1）目的

为规范核与辐射安全监督检查的组织和管理，促进核与辐射安全监督检查的规范化，提升核与辐射安全监管的有效性，根据有关行政法规、部门规章以及生态环境部（国家核安全局）的有关规定，结合核与辐射安全监管综合管理体系手册中的相关要求，制定本工作指南。

（2）适用范围

本工作指南适用于生态环境部（国家核安全局）机关、地区核与辐射安全监督站（以下简称"地区监督站"）对监管对象组织开展的核与辐射安全监督检查活动，但不包括行政处罚（执法）所需的调查取证、重大事件的调查处理、用于经验反馈的典型事件现场调查等。

（3）术语和定义

监督检查实施单位：指有权直接开展核与辐射安全监督检查的组织，具体包括生态环境部（国家核安全局）及其派出单位。

监管对象：指经许可从事核设施的建造和运行，或生产、销售、使用放射性同位素和射线装置，或持有核材料，或从事民用核设备设计、制造、安装和无损检验等的单位。

核与辐射安全监督检查（简称"监督检查"）：指监管机构对监管对象核与辐射安全领域的物项、服务、活动和管理等开展的监督性活动，包括与环境领域行政许可相关的监督检查活动。其目的是通过监督检查核与辐射安全管理要求和许可证条件的履行情况，判断监管对象的核与辐射安全管理能力和核设施或核活动的安全性能，督促纠正不符合核与辐射安全管理要求和许可证条件的事项，必要时可采取强制性措施，以保障核与辐射安全。

（4）组织机构与职责分工

① 生态环境部（国家核安全局）机关

生态环境部（国家核安全局）机关负责统筹协调监督检查活动，开展系统性的监督检查人员培训，通过制定通用性监督检查大纲和程序，规范和指导监督检查活动。其直接开展的监督检查活动包括核与辐射安全许可前的现场综合性检查、许可证条件确定的控制点检查、重要异常情况调查以及针对异常的非计划的重要事件的响应性检查等。必要时，通过强制性措施和其他监管措施向监管对象提出监管要求。

核与辐射安全监管一司指导并组织民用核安全设备活动、核材料管制、人员资质管理、应急准备等领域的监督检查活动。

核与辐射安全监管二司指导并组织核动力厂和研究堆领域的核与辐射安全监督检查活动。

核与辐射安全监管三司指导并组织核燃料循环设施、放射性废物贮存和处置设施、放射性物品运输、核技术利用、铀矿冶、电磁辐射等领域的核与辐射安全监督，并按照分级管理的原则指导县级以上生态环境部门开展核技术利用、电磁辐射等领域的监督检查活动。

② 地区监督站

地区监督站按照监督检查大纲的规定组织开展监督检查活动，必要时采取适当的监管措施对监管对象提出要求；参与生态环境部（国家核安全局）组织的监督检查活动。地区监督站在核电厂等重要核设施、重要核设备活动单位派驻现场监督组执行监督检查任务。

③ 技术支持单位

根据监督检查实施单位的要求或请求，选派合适的相关专业人员参与监督检查活动，或对监督检查过程中发现的问题提供技术支持。

（5）指导思想和工作思路

通过不断完善核与辐射安全监督检查工作机制，阐明监督检查工作的相关重要事项，保证核安全监管人员对监督检查理念、方式和过程等方面认识的统一，做到严格按照法规标准全程有效的开展监督检查，推进核与辐射安全监督检查工作的系统化、科学化、规范化、信息化和精细化，为核与辐射安全监管体系现代化和监管能力现代化建设提供制度保障。

在依照相关法律法规的基础上，充分吸收我国核与辐射安全监督检查的实践，并以核与辐射安全监管综合管理体系手册和程序制度总体设计为指引，参照程序制度的格式和内容，开展此项程序制度的编制。

（6）监督检查的基本规范

① 监督检查的依据

监督检查的依据主要包括两个部分，一是通用性要求，即相关核与辐射安全法律、行政法规、部门规章、国家标准以及安全导则等文件的规定；二是特征性要求，即与监管对象直接相关的要求，如监管对象的申请文件及有关书面承诺、核与辐射安全管理要求等。

② 监督检查的范围和任务

监督检查的范围主要是核与辐射安全许可证件规定条件中所规定的范围，以及在审批许可证过程中确定需要检查的范围。由核与辐射安全许可证件以及核与辐射安全行政审批和监督检查过程中的书面文件所确定。

监督检查的具体任务可以包括：

a. 审查所提交的安全资料是否符合实际；

b. 监督是否按照已批准的设计进行建造；

c. 监督是否按照已批准的质量保证大纲进行管理；

d. 监督核设施的建造和运行、有关核活动是否符合有关核与辐射安全法规和核与辐射安全许可证所规定的条件；

e. 考察运行组织和人员是否具备安全运行及执行应急计划的能力；

f. 其他授权开展的监督检查任务。

监督检查以涉及核与辐射安全的构筑物、系统和部件（SSCs）、核与辐射安全管理制度和程序为主要关注点。对与核与辐射安全不相关或非核与辐射安全监管领域的工业安全、危险化学品管理、常规岛消防等，如已暴露明显的管理缺失或薄弱环节，可督促监管对象完善安全管理制度，必要时可以向有关主管部门通报。

③ 监督检查人员

监督检查人员应持有核与辐射安全监督检查人员证件，具备与履行监督检查任务相适应的专业技术能力和行政管理能力；在执行监督检查任务时，应当出示核与辐射安全监督检查人员证件，详见《核与辐射安全监督检查人员证件管理办法》。未持有核与辐射安全监督检查人员证件的受邀技术支持人员可以专家身份参与检查活动。

（7）主要工作过程

① 监督检查文件和计划的制定

a. 监督检查大纲和程序

生态环境部（国家核安全局）根据各监管领域监督检查活动的特点，组织制定针对性的通用监督检查大纲和监督检查程序，推进监督检查的规范化和科学化。监督检查大纲主要确定监督检查实施单位、明确监督检查方式、规范监督检查范围（包括监督检查项目及其频度）。监督检查程序是针对某一类具体检查活动制定的程序，例如综合现场检查、控制点检查、定期试验见证监督、安全重要修改情况监督检查程序等。

地区监督站作为生态环境部（国家核安全局）的派出机构，应结合监管对象以及本单位的实际情况，根据通用监督检查大纲的有关规定，制定监督检查实施大纲；对于具体的监督项目或者监督活动，还可以根据通用监督检查程序，制定相应的工作程序；对于某些特殊情况，通用监督检查程序不能完全覆盖，可以补充制定相关内容。

b. 年度检查计划

地区监督站根据各领域（如每个核设施等）监督检查大纲的要求，制定相应的年度检查计划，明确本年度日常检查的主要内容、形式和频度，例行检查的主要内容和时间等。

生态环境部（国家核安全局）对地区监督站编制的年度检查计划进行审查，并补充计划直接开展的监督检查活动，形成完整的年度监督检查计划。

② 监督检查的方式及其实施

监督检查的方式包括日常检查、例行检查和非例行（特殊）检查。有关规定参见《民用核设施安全监督管理条例实施细则之二——核设施的安全监督》。

一些专项（或称专题）检查或综合检查，可以以适当方式开展组织工作。例如，针对安全系统的定期试验的监督检查，根据实际需要，可采取日常检查或例行检查的方式；根据性质的不同，一些专项检查可以是例行的，也可以是非例行的。

③ 日常检查

日常检查是指地区监督站开展的现场巡查、专题调查、异常或不符合项管理的审查、活动见证、定期报告审查、会议参与等日常性活动。对于重要核设施或核设备活动单位，日常检查主要由现场监督组（员）完成。

对于监督检查中发现的问题，监督检查人员应与监管对象进行核实；对于重要问题，应填写监督检查记录单。

地区监督站可以通过日常监管措施向监管对象反馈监督发现，提出监管要求。

地区监督站通过定期监督报告（如周报、月报、年报等）以及重要监管信息向生态环境部（国家核安全局）汇报日常检查情况，总结监督发现，提出监管建议。

进行日常检查活动时一般要有 2 名或 2 名以上持有核与辐射安全监督检查人员证件的人员参加；进行专题调查时应至少有 2 名持有核与辐射安全监督检查人员证件的人员参加。

④ 例行检查

例行检查是针对监督检查大纲或者年度监督检查计划中已经确定的检查项目，并按照确定的程序开展的监督检查活动。按照监督检查实施单位，可以分为生态环境部（国家核安全局）组织的例行检查和地区监督站组织的例行检查。

按照监督检查活动的类别，例行核安全检查包括综合检查、控制点检查和专项检查。

⑤ 检查前准备

检查负责人（如项目官员或主监督员）在检查前确定检查目的、内容、要求、参加人员、日期和日程安排等，并起草检查通知，经批准后发送监管对象，并抄送有关部门。

检查负责人通知参加检查单位和人员做好准备工作，尤其是技术准备工作，如查阅有关资料、编写检查程序、准备检查提问单及检查表格等。

检查人员到达现场后，检查负责人组织检查组全体成员召开检查前准备会议，听取地区监督站或现场监督员的情况介绍以及检查人员的准备情况，确定具体检查要求、方式和分工等。

⑥ 检查前会议

在检查开始时召开会议，检查负责人向监管对象宣布检查的具体目的、检查内容、检查方式和日程安排等；检查组成员听取监管对象汇报有关情况，并开展质询和讨论。

⑦ 检查的现场实施

检查人员根据检查程序和提问单进行检查，包括查阅资料、现场人员座谈、进行现场检查，必要时进行测量和试验。进行现场检查时应至少有 2 名持有核与辐射安全监督检查人员证件的人员参加。对于检查中发现的重要问题，检查人员应与监管对象进行核实，并填写监督检查记录单。

检查负责人组织召开检查组内部会议，沟通、汇总检查组意见，主持问题讨论，编写检查报告。其他核与辐射安全监督检查报告可参照执行。

⑧ 检查后会议

检查结束后，检查组召开检查后会议，向监管对象口头通报检查结果。

⑨ 检查报告

检查负责人应在检查工作结束后十个工作日内完成检查报告，经批准后，印发监管对象，并抄送有关单位。

⑩ 后续工作

如有必要，后续监督检查实施单位可依据检查结果对监管对象提出监管要求，监管要求须正式印发监管对象（附检查报告），并抄送有关单位。

检查负责人督促监管对象按照监管要求的完成时限，提交监管要求落实情况的报告。

地区监督站负责对监管对象执行监管要求进行跟踪、核实。

检查负责人负责对检查相关文件进行归档，并将信息输入相关信息化平台。

⑪ 非例行检查

非例行检查是指监管机构根据工作需要进行的检查，是对意外的、非计划的或异常的情况或事件的响应。

非例行检查应根据检查项目具体情况，可以事先通知或事先不通知。事先通知的检查可参照例行检查的程序实施。事先不通知的检查，可采用"四不两直"（不发通知、不打招呼、不听汇报、不用陪同接待、直奔基层、直插现场）的方式，以便快速准确掌握和了解情况。非例行检查实施的流程可参见例行检查。进行现场检查时应至少有 2 名持有核与辐射安全监督检查人员证件的人员参加。

⑫ 监督检查的结果及其管理

地区监督站可以向生态环境部（国家核安全局）就监督检查的有关问题提出书面建议或请示。生态环境部（国家核安全局）相关职能部门应按照行政程序研究提出处理意见，并予以回复。

监督检查实施单位应及时将监督检查报告或相关结果通过信息化平台（如核电厂经验反馈平台）进行报送，以便集中存储、及时共享信息，开展经验反馈。监督检查实施单位应负责相应文件的归档管理。

⑬ 监督检查发现问题的监管要求

对于监督检查中发现的问题，监督检查实施单位必要时提出监管要求。监督检查实施单位督促监管对象按照监管要求的完成时限，提交监管要求落实情况的报告。同时，监督检查实施单位应及时将监管要求输入信息化平台（如国家核安全局经验反馈平台），并跟踪监管对象输入的落实情况，定期统计相关监管要求的落实状态。

地区监督站负责监督监管对象是否落实针对检查结果所提出的监管要求或检查中的承诺，技术支持单位负责对监管要求落实情况的技术审评。监督检查实施单位确认监管要求落实情况满足要求时，可关闭监管要求；对于不能按期完成或落实情况不满足要求的监管要求，监督检查实施单位应要求监管对象说明理由，督促其落实，并做好后续跟踪工作直至监管要求关闭。

⑭ 监督检查中的监管措施

a. 强制性措施

我国核与辐射安全法律和行政法规规定的监管部门的处罚措施包括警告、罚款或没收非法所得、限期改进、停工或者停业整顿、吊销核安全许可证件等。监管机构在必要时有权采取强制性措施，命令监管对象采取安全措施或停止危及安全的活动。

地区监督站处理违反核安全管理要求和许可证件规定条件的事项时，对重大事项，及时向生态环境部（国家核安全局）报告，并提出采取执法行动的建议，经生态环境部（国家核安全局）授权可采取执法行动。

现场监督检查人员有权要求监管对象停止明显违反核安全管理要求和许可证件规定条件的行为以及紧急危及核安全的活动，并必须立即报地区监督站和生态环境部（国家核安全局）追认核准。

b. 日常监管措施

在日常检查中，地区监督站或其现场监督组需要与监管对象进行沟通交流，对有关事项进行问询，必要时提出监管要求。具体采用以下方式。

监管问询单——针对日常检查中发现的监管对象在核与辐射安全管理方面存在的可疑事项或者需要报送的信息，现场监督员可以通过监管问询单要求监管对象通报、解释或澄清相关事项。监管问询单由处长或现场监督组负责人签发。

监管要求单——对于日常检查中发现的问题，通过监管要求单向监管对象通报发现的安全问题或薄弱环节，提醒监管对象予以重视，并按照核安全法规的相关规定，提出相关监督要求。

对话及纪要——采取定期或不定期方式与监管对象进行对话沟通，就监管发现进行交流沟通或澄清，并确定下一步工作内容、方式及时限等。

谈话及通报——就日常监督检查中发现的突出或普遍问题及隐患，通过组织与相关企业相关负责人谈话，以及在相应企业范围内通报问题等方式，向企业反馈监管中发现的问题，提出改进建议，督促企业尽快整改。

（8）监督检查的评价

生态环境部（国家核安全局）定期对监督检查管理制度进行评估，并广泛及时听取监管系统内部以及监管对象的意见和建议。核与辐射安全监管一司、核与辐射安全监管二司、核与辐射安全监管三司按照其分工及时修订监督检查大纲，完善监督检查程序，并审阅地区监督站针对核设施和核活动的监督检查计划，必要时对地区监督站的监督检查工作进行督查。

地区监督站应结合监督检查组织实施，及时反馈相关意见和建议，尤其在监督检查的机制性安排等方面；同时根据监督检查的需求，提出增补或完善相关监督检查大纲和程序的具体建议，共同促进监督检查体系的完备性和自洽性。

技术支持单位应积极配合监管机构并在监督检查方面开展技术支持工作，尤其是对监督检查中技术内容、技术手段提供建议或支撑，促进监督检查技术能力和水平的提高。

（9）需收集和保存的文档

作为核与辐射安全监管活动有效实施的客观证据，并确保工作的可追溯性，对核与辐射安全监督检查中形成或收集的材料，各部门/单位应分别在各自职责范围内完整整理和保存。对重要的文档资料，在总部机关由办公厅归档管理，在地区监督站和技术支持机构由档案管理部门统一归档和管理。需收集的详细文档清单和保存部门如

表 9-2 所示。

表 9-2 需收集的文档清单及保存部门

序号	文档类别	责任部门	档案部门	办公厅
1	通用监督检查大纲	保存	—	保存
2	通用监督检查程序	保存	—	保存
3	监督检查实施大纲	保存	保存	—
4	监督检查工作程序	保存	保存	—
5	年度检查计划	保存	保存	保存
6	地区监督站定期监督报告（如周报、月报、年报等）	保存	保存	—
7	地区监督站重要监管信息	保存	保存	—
8	监督检查通知	保存	保存	国家核安全局组织的监督检查需要保存
9	监督检查报告	保存	保存	
10	检查报告落实情况的报告	保存	保存	
11	监督检查记录单	保存	保存	
12	监管问询单	保存	保存	—
13	监管要求单	保存	保存	—

（10）参考文件

《核安全法》

《放射性污染防治法》

《环境影响评价法》

《建设项目环境保护管理条例》

《中华人民共和国民用核设施安全监督管理条例》

《核电厂核事故应急管理条例》

《放射性废物安全管理条例》

《中华人民共和国核材料管制条例》

《民用核安全设备监督管理条例》

《放射性物品运输安全管理条例》

《放射性同位素和射线装置安全和防护条例》

《民用核设施安全安全监督管理条例实施细则之二——核设施的安全监督》

《环境行政处罚办法》

9.5 监督检查大纲

按照《放射性同位素与射线装置安全和防护管理办法》监督检查的规定，省级以上人民政府环境保护主管部门应当制定监督检查大纲，明确辐射安全与防护监督检查的组织体系、职责分工、实施程序、报告制度、重要问题管理等内容，并根据国家相关法律法规、标准制定相应的监督检查技术程序。

9.5.1 某自治区监督检查大纲案例

（1）职责分工与要求

① 自治区生态环境部门、各地市生态环境部门对宁夏回族自治区生态环境厅审批的核技术利用项目及颁发辐射安全许可证的单位实施监督管理。

② 各地市生态环境部门、县级生态环境部门对各地市生态环境局颁发辐射安全许可证的单位实施监督管理。

③ 在一个自然年度内，按照本大纲要求，各级生态环境部门对辖区内核技术利用单位及场所开展"双随机、一公开"监管。对使用Ⅲ类以上放射源单位、乙级非密封放射性物质工作场所、伴生放射性矿开发利用单位、移动式 X 射线探伤使用单位、电子加速器辐照装置使用单位至少开展 1 次监督检查，对高风险移动放射源使用单位至少开展 2 次监督检查，适时开展探伤现场夜查，对其他核技术利用单位按照不少于 50%的比例进行抽查，对存在辐射安全隐患的单位应增加监督检查频次。

④ 监督性监测是生态环境部门对核技术利用单位开展监督检查中的必要方式和手段。监督性监测的频次由各级生态环境部门根据核技术利用单位辐射安全风险大小并结合监督检查频次确定。对重点监管单位和存在安全隐患的单位，在监督检查的同时开展现场监测。

⑤ 市级生态环境部门应当制定辐射安全监督检查年度计划，于每年 3 月 1 日前报上自治区生态环境厅。

⑥ 市级生态环境部门应积极开展"双随机、一公开"监管工作，并按季度将"双随机、一公开"监管情况报自治区生态环境厅。

⑦ 自治区生态环境厅对各地市生态环境部门辐射安全监督管理工作进行监督和指导。

（2）监督检查人员

① 各级生态环境部门应当配备辐射安全监督检查人员，开展现场监督检查和执法工作，并配置相应的辐射安全与防护设备、监测仪器和执法工具等。

② 监督检查人员应依法定期接受培训和考核。

③ 现场检查时，监督检查人员不得少于两人，并携带必要的辐射监测仪器，做好个人防护。

（3）监督检查一般程序

① 监督检查准备

a. 确定监督检查对象，制定监督检查方案。

b. 确定检查人员，必要时可邀请专家作为技术支持。

c. 发出检查通知。

② 监督检查实施

检查组按照分工采取调阅档案、查看资料、现场核实、现场监测等方式，对核技术利用单位的辐射安全与防护设施运行情况、规章制度制定与执行情况、法律法规执行情况开展检查。在现场检查的同时，检查组应填写《宁夏回族自治区放射性同位素与射线装置安全和防护监督检查技术程序》，检查组和被检查单位双方应在记录表上签字确认。现场监督检查完成后，检查组形成检查意见，与被检查单位交换意见，现场宣布监督检查结论，对检查中发现的问题提出整改要求，并明确整改完成时限，由辖区所在地生态环境部门督促落实。

（4）监督检查内容和基本要求

① 许可证有效性

a. 核技术利用单位应持有效的《辐射安全许可证》，所从事的活动须与许可的种类和范围一致。

b. 新（改、扩）建核技术利用项目应及时开展环评和执行"三同时"制度。

c. 单位名称、法定代表人与地址变更后应及时向《辐射安全许可证》发证机关申请变更《辐射安全许可证》。

② 机构和人员

a. 核技术利用单位应建立辐射安全管理机构或配备专（兼）职管理人员，落实了部门和人员全面负责辐射安全管理的具体工作。

b. 辐射工作人员（包括管理和操作人员）应参加与其从事活动种类相适应的辐射安全与防护考核，取得合格证后方可上岗，严禁无证人员从事辐射工作活动。培训合格证书的有效期为 5 年，有效期届满应再次参加考试。仅从事Ⅲ类射线装置销售、使用活动的辐射工作人员无须参加集中考核，由核技术利用单位自行组织考核。已参加集中考核并取得成绩报告单的，原成绩报告单继续有效。自行考核结果有效期五年，有效期届满的，应当由核技术利用单位组织再培训和考核。

③ 放射性同位素和射线装置的台账

a. 应建立动态的台帐，放射性同位素与射线装置应做到帐物相符，并及时更新。

台账的内容应该包括：放射性同位素名称、初始活度、放射源编码、购买时间，收贮时间；射线装置型号、管电压、管电流，购买时间，报废时间；放射性同位素与射线装置使用或保管的部门、责任人员、目前的状况（使用、检修、闲置、暂存、收贮或销售）；放射性同位素与射线装置转让单位名称及《辐射安全许可证》持证情况、有效日期等内容。

b. 放射性同位素的转让、收贮以及跨省转移等活动，必须办理相关审批、备案手续，并将审批、备案手续存档备查。

④ 管理制度和档案资料

核技术利用单位应根据使用放射性同位素和射线装置的情况，及时修订和完善规章制度，并按照档案管理的要求分类归档放置。

a. 档案分类

辐射安全档案资料可分以下十大类："制度文件""环评及验收资料""许可证资料""放射源和射线装置台账""监测和检查记录""个人剂量档案""培训档案""辐射应急资

料"和"审批和备案资料"。

b. 需建立的主要规章制度

1）辐射安全与防护管理机构设置文件；

2）辐射安全管理规定；

3）放射源、射线装置或非密封放射性物质操作规程；

4）辐射安全和防护设施维护维修制度；

5）辐射工作人员岗位职责；

6）放射源与射线装置台账管理制度；

7）辐射工作场所和环境辐射水平监测方案；

8）监测仪表使用与校验管理制度；

9）辐射工作人员培训与考核制度；

10）辐射工作人员个人剂量管理制度；

11）辐射事故应急预案。

⑤ 辐射安全与防护措施

a. 通过查阅年度监测报告和核技术利用单位自我监测结果，核实辐射工作场所辐射屏蔽防护措施的有效性。

b. 辐射工作场所应设置醒目的电离辐射警示标志，出入口应具有工作状态显示、声音、光电等警示措施。

c. 辐射工作场所应合理分区，并设置相应适时有效的安全联锁、视频监控和报警装置。

⑥ 放射性"三废"处理

a. 核技术利用单位应对其在辐射作业活动中产生的放射性废气实施相应处理后达标排放。

b. 辐射工作产生的含短寿命放射性核素的废水，应采取衰变池方式处置，放射性废水衰变及排放设施应设置相应的放射性警示标识。

c. 放射性固体废物贮存场所（设施）应具备"六防"（防火、防水、防盗、防丢失、防破坏、防射线泄漏）措施。短寿命半衰期医用放射性废物在专用贮存容器内分类贮存并有放射性标识和放射性核素名称、批号、物理形态、出厂活度及存放日期等相关信息。

d. 妥善处置放射性废物。对废弃不用三个月以上的放射源，应按有关规定退回原生产厂家或送宁夏放射性废物库贮存。短半衰期医用放射性废物存放衰变经监测合格后作为医疗废物处置。

e. 射线装置在报废前，应采取去功能化的措施（如拆除电源或拆除加高压零部件），确保装置无法再次通电使用。

⑦ 监测设备和防护用品

核技术利用单位应配备与其从事活动相适应的辐射剂量监测仪、个人剂量仪、个人剂量报警仪以及防护用品（如铅衣、铅帽、眼镜和移动铅屏风等）。核技术利用单位自行配备的辐射监测仪器应每年进行比对或刻度。

⑧ 监测和年度评估

a. 日常自我监测

1）定期开展辐射工作场所和环境的辐射水平监测，并记录备查。

2）短寿命放射性医疗固体废物经存放十个半衰期后，应监测后方可作为一般医疗垃圾进行处置。

3）核技术利用单位也可以委托有资质的单位定期开展场所的日常辐射监测。

b. 委托监测

1）核技术利用单位应委托有资质单位对辐射工作人员开展个人剂量监测，并于每季度将个人剂量片送交有资质的检测部门进行检测，辐射工作人员个人剂量年度检测结果应录入至全国核技术利用辐射安全申报系统。对于每季度检测数值超过 1.25 mSv 的，要进一步开展调查，查明原因，撰写调查报告并由当事人在调查报告上签字确认。

2）每年委托有资质的机构对辐射作业场所及周围环境至少进行 1 次辐射监测。该辐射监测报告应作为《安全和防护状况年度评估报告》的重要组成内容一并提交给发证机关。

c. 安全和防护状况年度评估报告

核技术利用单位应于每年 1 月 31 日前向发证机关提交上年度的《放射性同位素与射线装置安全和防护状况年度评估报告》，并将年度评估报告上传至全国核技术利用辐射安全申报系统。

⑨ 辐射事故应急管理

a. 辐射单位应针对可能发生的辐射事故风险，制定相应辐射事故应急预案报所在地人民政府生态环境主管部门备案，并及时予以修订。辐射事故应急预案的主要内容应包括：应急组织结构，应急职责分工，辐射事故应急处置（最大可信事故场景、应急报告、应急措施和步骤、应急联络电话），《辐射事故初始报告表》，应急资源调查，应急保障措施，应急演练计划。

b. 辐射事故应急应纳入本单位安全生产事故应急管理体系，定期组织演练。

c. 核技术利用单位应做好与从事活动相匹配的辐射事故应急物资（装备）的准备，如使用放射源应急处理工具（如长柄夹具等）、放射源应急屏蔽材料或容器、灭火器材等。

⑩ 高风险移动放射源在线监控措施落实

高风险移动放射源使用单位按要求安装在线监控终端，放射源暂存库安装监控中心机，监控终端应始终保持有电状态，各项数据按要求实时传输至宁夏高风险移动放射源在线监控平台。

⑪ 全国核技术利用辐射安全申报系统信息完整性

a. 单位基本信息。辐射安全许可证应在有效期内，统一社会信用代码符合编码规则，涉源部门信息完整，行业分类、种类和范围符合实际情况。

b. 种类和范围符合核技术利用具体情况，且与放射源、射线装置台账相对应。

c. 台账明细内容完整，符合种类范围内容。

d. 监测仪器和防护用品信息完整，原则上一个辐射工作场所至少配备一台便携式辐射监测仪，个人剂量计配备数量应与辐射工作人员一致。

e. 辐射安全管理机构信息完整。

f. 辐射工作人员信息完整，有辐射安全与防护培训（考核）记录，且培训（考核）均在有效期内，工作人员对应的个人剂量档案信息完整。

g. 年度评估报告按时上传。

9.5.2 某省核技术利用辐射安全监督检查大纲案例

（1）职责分工与要求

① 省级环境保护部门、市（州）环境保护部门对四川省环境保护厅审批的核技术利用项目单位实施监督管理。

② 市（州）环境保护部门、县级环境保护部门对市（州）环境保护局审批的核技术利用项目单位实施监督管理。

③ 各级环保部门所属具有辐射监测能力的机构承担监督性监测工作；受环保部门委托可以承担辐射安全监督检查工作。

④ 在一个自然年度内，按照本大纲要求，对辖区内核技术利用单位及场所每年至少开展一次监督检查。对使用 II 类以上放射源单位、乙级以上非密封放射性物质工作场所、从事探伤作业单位和生产射线装置单位可增加年度监督检查的频次。

⑤ 监督性监测是环保部门对核技术利用单位开展监督检查中的必要方式和手段。监督性监测的频次由各级环保部门根据核技术利用单位辐射安全风险大小并结合监督检查频次确定。有条件的，在监督检查的同时开展现场监测。

⑥ 环保部门应当制定辐射安全监督检查年度计划，于每年 3 月 1 日前报上一级环保部门。

⑦ 省级环境保护部门对下级环境保护部门监督管理工作进行监督和指导。

（2）监督检查人员

① 各级环保部门应当配备辐射安全监督检查人员，开展现场监督检查和执法工作，并配置相应的辐射安全与防护设备、监测仪器和执法工具等。

② 监督检查人员应依法定期接受培训和考核，取得监督检查和执法资格。

③ 现场检查时，监督检查人员不得少于二人，应出示有效执法证件，并携带必要的辐射监测仪器，做好个人防护。

（3）监督检查一般程序

① 监督检查准备

a. 确定监督检查对象，制定监督检查方案。

b. 确定检查人员，必要时可邀请专家作为技术支持。

c. 发出检查通知。

② 监督检查实施

检查组按照分工采取调阅档案、查看资料、现场核实、现场监测等方式，对核技术利用单位的辐射工作场所辐射安全措施和规章制度执行情况开展检查。

在现场检查的同时，检查组应填写《四川省核技术利用单位辐射环境安全现场监督检查表》（见附件 1），检查组和被检查单位双方应在记录表上签字确认。

需要监测 X-γ 辐射剂量率的辐射工作场所，在现场检查的同时可开展监测，并填写《核技术利用单位辐射工作场所 X-γ 辐射剂量率现场检查监测记录表》。

现场监督检查完成后，检查组形成检查意见，与被检查单位交换意见，现场宣布监督检查结论，对检查中发现的问题提出整改要求，并明确整改完成时限，由辖区所在地环保部门督促落实。

（4）监督检查内容和基本要求

① 许可证有效性

a. 核技术利用单位应持有效的《辐射安全许可证》，所从事的活动须与许可的种类和范围一致。

b. 新（改、扩）建核技术利用项目应及时开展环评和执行"三同时"制度。

c. 放射源与射线装置、工作场所以及单位法人与地址等变更后应在《辐射安全许可证》上及时变更。

② 机构和人员

a. 核技术利用单位应建立辐射安全管理机构或配备专（兼）职管理人员，落实了部门和人员全面负责辐射安全管理的具体工作。

b. 辐射工作人员（包括管理和操作人员）应参加与其从事活动等级相适应的辐射安全与防护培训并考核合格持证上岗，严禁无证人员从事辐射工作活动。培训合格证书的有效期为 4 年，有效期届满应参加复训。

③ 放射性同位素和射线装置的台账

a. 应建立动态的台帐，放射性同位素与射线装置应做到帐物相符，并及时更新。

台账的内容应该包括：放射性同位素名称、初始活度、放射源编码，购买时间，收贮时间；射线装置型号、管电压、管电流，购买时间，报废时间；放射性同位素与射线装置使用或保管的部门、责任人员、目前的状况（使用、检修、闲置、暂存、收贮或销售）；放射性同位素与射线装置转让单位名称及《辐射安全许可证》持证情况、有效日期等内容。

b. 放射性同位素的转让（购买）、销售、收贮以及跨省转移等活动，必须在四川省人民政府政务服务中心环保窗口办理备案手续。

野外（室外）跨市（州）使用放射性同位素和Ⅱ类以上射线装置的活动，应到使用地市（州）环保局办理备案手续。

④ 管理制度和档案资料

核技术利用单位应根据使用放射性同位素和射线装置的情况，及时修订和完善规章制度，并按照档案管理的要求分类归档放置。

a. 档案分类

辐射安全档案资料可分以下十大类："制度文件""环评资料""许可证资料""放射源和射线装置台账""监测和检查记录""个人剂量档案""培训档案""辐射应急资料""野外探伤一事一档"和"废物处置记录"。

b. 需建立的主要规章制度

1)《辐射安全与环境保护管理机构文件》；

2)《辐射安全管理规定（综合性文件）》；

3）《辐射工作设备操作规程》；

4）《辐射安全和防护设施维护维修制度》；

5）《辐射工作人员岗位职责》；

6）《放射源与射线装置台账管理制度》；

7）《辐射工作场所和环境辐射水平监测方案》；

8）《监测仪表使用与校验管理制度》；

9）《辐射工作人员培训制度（或培训计划）》；

10）《辐射工作人员个人剂量管理制度》；

11）《辐射事故应急预案》；

12）《质量保证大纲和质量控制检测计划》（使用放射性同位素和射线装置开展诊断和治疗的单位）。

c. 需上墙的规章制度

1）《辐射工作场所安全管理要求》《辐射工作人员岗位职责》《辐射工作设备操作规程》和《辐射事故应急响应程序》应悬挂于辐射工作场所。

2）上墙制度的内容应字体醒目，简单清楚，体现现场操作性和实用性，尺寸大小应不小于 400 mm×600 mm。

⑤ 辐射安全与防护措施

a. 通过查阅年度监测报告和核技术利用单位自我监测结果，核实辐射工作场所辐射屏蔽防护措施的有效性。

b. 辐射工作场所应设置醒目的电离辐射警示标志，出入口应具有工作状态显示、声音、光电等警示措施。

c. 辐射工作场所应合理分区，并设置相应适时有效的安全联锁、视频监控和报警装置。

⑥ "三废"处理

a. 核技术利用单位应对其在辐射作业活动中产生的放射性废气实施相应处理后达标排放。

b. 辐射工作产生的含短寿命放射性核素的废水，应采取衰变池或衰变桶等方式存放。放射性废水须经有资质单位监测，确认达标后方可排放。放射性废水衰变及排放设施应设置相应的放射性警示标识。

c. 放射性固体废物贮存场所（设施）应具备"六防"（防火、防水、防盗、防丢失、防破坏、防射线泄露）措施。短寿命半衰期医用放射性废物在专用贮存容器内分类贮存并有放射性标识和放射性核素名称、批号、物理形态、出厂活度及存放日期等相关信息。

d. 妥善处置放射性废物。对废弃不用三个月以上的放射源，应按有关规定退回原生产厂家或送四川省城市放射性废物库贮存。短半衰期医用放射性废物存放衰变经监测合格后作为医疗废物处置。

e. 废显（定）影液（危险废物）暂存场所应防渗漏、防雨水和防倾倒等措施，存放容器上应有危废标识和危废类别、存放时间、责任人及处置单位等相关信息。危险废物应送交有相应资质的单位处置并有危险废物转移联单。

f. 射线装置在报废前，应采取去功能化的措施（如拆除电源或拆除加高压零部件），确保装置无法再次通电使用。

⑦ 监测设备和防护用品

核技术利用单位应配备与其从事活动相适应的辐射剂量监测仪、个人剂量仪、个人剂量报警仪以及防护用品（如铅衣、铅帽和铅眼镜、移动铅屏风等）。

核技术利用单位自行配备的辐射监测仪器应每年进行比对或刻度。

⑧ 监测和年度评估

a. 日常自我监测

1）按照环评文件要求制定监测方案，开展辐射工作场所和环境的辐射水平监测，并记录备查。

2）短寿命放射性医疗固体废物经存放十个半衰期后，应监测后方可作为一般医疗垃圾进行处置。

3）核技术利用单位也可以委托有资质的单位定期开展场所的日常辐射监测。

b. 委托监测

1）核技术利用单位应于每季度将个人剂量片送交有资质的检测部门进行检测。对于每季度检测数值超过 1.25 mSv 的，要进一步开展调查，查明原因，撰写调查报告并由当事人在调查报告上签字确认。

2）每年委托有资质的机构对辐射作业场所及周围环境至少进行 1 次辐射监测。该辐射监测报告应作为《安全和防护状况年度评估报告》的重要组成内容一并提交给发证机关。

3）放射性废水排放前应委托有资质的单位开展监测。

c. 安全和防护状况年度评估报告

核技术利用单位应于每年 1 月 31 日前向发证机关提交上年度的《放射性同位素与射线装置安全和防护状况年度评估报告》。

⑨ 辐射事故应急管理

a. 辐射单位应针对可能发生的辐射事故风险，制定相应辐射事故应急预案报所在地人民政府环境保护主管部门备案，并及时予以修订。

辐射事故应急预案的主要内容应包括：应急组织结构，应急职责分工，辐射事故应急处置（最大可信事故场景，应急报告，应急措施和步骤，应急联络电话），应急保障措施，应急演练计划。

b. 辐射事故应急应纳入本单位安全生产事故应急管理体系，定期组织演练。

c. 核技术利用单位应做好与从事活动相匹配的辐射事故应急物资（装备）的准备，如使用放射源应急处理工具（如长柄夹具等）、放射源应急屏蔽材料或容器、灭火器材等。

⑩ 辐射信息网络

a. 核技术利用单位必须在"全国核技术利用辐射安全申报系统"（网址 http://rr.mep.gov.cn/）中实施申报登记。申领、延续、变更许可证，新增或注销放射源和射线装置以及单位信息变更、个人剂量、年度评估报告等信息均应及时在系统中申报。

b. 野外（室外）使用Ⅰ类、Ⅱ类、Ⅲ类放射源，应当建立放射源在线监控系统。

（5）典型辐射工作场所监督检查要点

对典型的辐射工作场所的监督检查，除满足上述基本要求的内容外，在检查中还应重点关注以下内容：

① 野外（室外）使用放射性同位素和射线装置活动

按照四川省环境保护厅下发的最新、有效关于野外（室外）使用放射性同位素与射线装置的文件要求开展监督检查。

a. 市（州）环保局对野外（室外）跨市（州）使用放射性同位素和Ⅱ类以上射线装置作业活动实施备案管理，审查核技术利用单位在开展现场作业前提交的使用计划和作业方案，并通知项目所在地县级环保部门。

b. 核技术利用单位首次开展作业活动时，环保部门应对核技术单位许可资质、人员培训、两区划分及警戒措施、监测记录、安保措施、辐射事故应急等内容开展现场监督检查，填写《四川省野外（室外）使用放射源与射线装置单位辐射安全现场监督检查表》（附件3），提出检查意见。

c. 核技术利用单位在作业期间做好公众沟通工作，妥善处理群众投诉，维护当地社会稳定；在活动结束后应向转入地市（州）环境保护主管部门提交辐射安全评估报告。

d. 对辖区内从事γ、X射线野外（室外）探伤的核技术利用单位，重点检查内容：

1）放射源与射线装置台账。

2）已完成和正在完成野外作业项目清单。

3）野外作业的一事一档，包括跨区备案资料，环保部门现场检查记录、辐射监测报告及现场作业辐射安全措施的影像资料等。

4）个人剂量检测报告。

5）人员培训情况。

② 使用γ射线装置开展室内探伤作业场所

a. 操作台控制：防止非工作人员操作的锁定开关、源位置显示，紧急回源装置，停机后源不能返回"贮存"位的报警，对曝光室有电视监控装置。

b. 曝光室应有迷道（铅房除外）。曝光室内有固定式辐射监测仪。剂量率水平要显示在控制室内。

c. 曝光室门要与出源联锁（门-机联锁），与固定式辐射剂量监测仪联锁（门-剂量联锁），与工作状态显示联锁（门-灯联锁）。

d. 配置便携式辐射监测仪，应具有报警功能，应与防护门钥匙、探伤装置的安全钥匙串接在一起。

e. 曝光室内墙、控制台应设有紧急停止开关并有中文标识，停电或意外中断照射时应有自动回源装置。曝光室迷道出口处门内应设置紧急开门按钮并有中文标识。

f. 探伤室工作人员入口门外和被探伤物件出入口门外应设置固定的电离辐射警告标志和工作状态指示灯箱。探伤作业时，应由声音警示，灯箱应醒目显示"禁止入内"。

g. 探伤作业时，至少有两名操作人员同时在场，每个操作人员应正确佩戴个人剂量计和个人剂量报警仪。

h. 探伤室的各项安全措施必须定期检查，并做好记录。

i. 对场所定期开展自我监测，并做好记录。

j. 贮存放射源场所的安保措施。

k. 废显（定）影液、废胶片应根据危险废物管理要求妥善贮存和处置。

③ 使用 X 射线装置开展室内探伤场所

a. 操作台控制：防止非工作人员操作的锁定开关，有钥匙控制，曝光室安装视频监控系统。

b. 新建曝光室必须具备迷道（铅房除外），曝光室门要与探伤设备联锁（门-机联锁），与工作状态显示联锁（门-灯联锁）。

c. 曝光室内墙、控制台应设有紧急停止开关并有中文标识，曝光室迷道出口处门内应设置紧急开门按钮并有中文标识。

d. 曝光室工作人员和工件门出入口处应设置固定的电离辐射警告标志和工作状态指示灯。探伤作业时，应有声光警示，灯箱应醒目显示"禁止入内"。

e. 探伤作业时每个操作人员应正确佩戴个人剂量计和个人剂量报警仪。

f. 曝光室的各项安全措施必须定期检查，并做好记录。

g. 对场所定期开展自我监测，并做好记录。

h. 废显（定）影液、废胶片应根据危险废物管理要求妥善贮存和处置。

④ 使用 I 类医疗放射源场所

a. 操作台控制：防止非工作人员操作的锁定开关、停机后源不能返回"贮存"位的报警，对治疗室电视监控和对讲装置，具有源的位置显示。

b. 治疗室应有迷道，治疗室内有固定式辐射监测仪，治疗室门要与出源联锁（门-机联锁），与固定式辐射剂量监测仪联锁（门-剂量联锁），与工作状态显示联锁（门-灯联锁）。

c. 治疗室内墙、治疗床以及控制台应设有紧急停止开关并有中文标识，停电或意外中断照射时应有自动回源装置。治疗室迷道出口处门内应设置紧急开门按钮并有中文标识。

d. 治疗室内通风设施良好。

e. 治疗室的各项安全措施必须定期检查，并做好记录。

f. 对场所定期开展自我监测，并做好记录。

g. 转让含 I 类放射源的二手放射诊疗设备，转入单位应提供设备原生产厂家出具的该二手设备当前状态的证明文件，包括：辐射防护安全达标、安全联锁齐全有效、设备可达到原出厂时的指标要求。

h. I 类放射源换源时，应有专业技术人员实施现场剂量监测，环保部门实施现场监督。

⑤ 使用医用电子直线加速器场所

a. 操作台控制：防止非工作人员操作的锁定开关、对治疗室电视监控和对讲装置。

b. 治疗室应有迷道，治疗室内有固定式辐射监测仪，治疗室门要与出束联锁（门-机联锁），与固定式辐射剂量监测仪联锁（门-剂量联锁），与工作状态显示联锁（门-灯联锁）。

c. 治疗室内墙、治疗床以及控制台应设有紧急停止开关并有中文标识。治疗室迷道出口处门内应设置紧急开门按钮并有中文标识。

d. 治疗室内通风设施良好。

e. 治疗室的各项安全措施必须定期检查，并做好记录。

f. 对场所定期开展自我监测，并做好记录。

g. 能量高于 10 MV 的加速器退役存在感生放射性"三废"应妥善处置。

⑥　非密封放射性物质医学应用场所

a. 对于单独的非密封放射性药品生产、使用工作场所，应有相对独立、明确的监督区和控制区的划分和标识；工艺流程连续完整；有相对独立的辐射防护措施。

b. 具备负压和过滤的工作箱或通风柜（乙级以上场所）。

c. 应有非密封放射性药品生产、购入、使用、保管登记记录。使用的核素种类和年最大使用量应与辐射安全许可证副本内容一致。

d. 接收放射性核素诊疗的患者在留置观察和治疗期间，应有专门病房、独立场所或屏蔽区域，直至患者体内的放射性活度符合国家规定的标准。配有病人专用卫生间。

e. 对场所定期开展自我监测，并做好记录。

f. 应建立放射性废物暂存间，并有放射性"三废"处理设施运行。

g. 放射性废物在专用贮存容器内分类贮存，容器必须标有放射性标识和详细情况的标签：放射性核素名称、物理形态、批号、出厂活度及存放日期等。放置十个半衰期经监测满足要求后，作为一般医疗废物处置，并有处置监测记录。

h. 放射性废液应有衰变池或专门容器贮存，放置十个半衰期后经监测满足要求后，作为医疗废水进行统一处理，并有监测报告。

⑦　使用数字减影血管造影（DSA）X 射线装置场所

a. 装置操作位应有铅防护吊屏、床下铅围裙等局部屏蔽防护设施。

b. 医护人员还应配置铅衣、铅围脖、铅眼镜等个人防护用品。

c. 加强医护人员个人剂量的监督检查。对每季度剂量检测数据超过 1.25 mSv 的，核技术利用单位要进一步调查明确原因，并由当事人在情况调查报告上签字确认。

⑧　使用Ⅲ类射线装置场所

a. 设备或场所应有屏蔽、隔离防护措施。

b. 场所入口处应有电离辐射警示标志。

c. 设备或场所入口处有工作状态显示。

d. 辐射工作人员应正确佩戴个人剂量计。

⑨　固定式Ⅲ、Ⅳ、Ⅴ类放射源使用场所

a. 放射源编码应与源一一对应。

b. 场所和源容器均应有电离辐射警示标志。

c. 放射源具有固定可靠的安装方式和防盗装置。

d. 含源设备具有屏蔽防护措施，对于Ⅲ类放射源还应实行场所分区管理。

e. 辐射工作人员佩戴有个人剂量计和个人剂量报警仪。

f. 有定期的巡检和日常自我监测，并有检查和监测记录。

g. 具有检修期间对放射源的安全保管措施。

（6）监督检查报告

各级环保部门应采取逐级上报的形式报告监督检查情况。本年度开展的监督检查情况汇总报告于次年 2 月 15 日前上报上一级环保部门。

各市（州）环保局应及时将对核技术利用单位的监督检查情况上传录入至国家核技术利用辐射安全监管系统。

附件：1. ××省核技术利用单位辐射安全现场监督检查表

2. 核技术利用单位辐射工作场所 X–γ 辐射剂量率现场检查监测记录表

3. ××省野外（室外）使用放射源与射线装置单位辐射安全现场监督检查表

附件 1

××省核技术利用单位辐射安全现场监督检查表

受检单位：_____ 辐射安全许可证编号：_____

许可范围和种类：_____ 有效日期：_____

单位地址：_____ 辐射工作场所地址：_____

受检日期：_____ 辐射安全专（兼）职负责人：_____ 联系电话：_____

1. 设备检查

类别	序号	检查项目	检查结果
含放射源装置	1	含放射源设备名称	
	2	含放射源设备数量	
	3	是否安装放射源在线监测设备	
	4	1）放射源数量	
		2）核素名称	
		3）是否有放射源编码	
		4）管理类别	
射线装置	1	射线装置名称（型号）	
	2	射线装置数量	
	3	管理类别：	
非密封放射性物质	1	核素名称	
	2	场所等级（甲、乙、丙）	
	3	作业使用量/Bq	
放射源库或放射性废物库	1	设计贮存总容量/m³［或总量/枚］	
	2	目前库存放射源总数/枚	
	3	目前放射性废物总量/m³	

2. 辐射工作场所现场检查

类别	序号	检查项目	检查结果
放射源和射线装置工作场所	1	场所数量	
	2	分区管理	
	3	场所外电离辐射警示标志	
	4	出入口工作状态显示	
	5	声音、光电等警示	
	6	屏蔽措施	门□　　窗□　　墙体□　　操作位局部□

类别	序号	检查项目	检查结果
放射源和射线装置工作场所	7	含源设备自带屏蔽措施	
	8	辐射设备自带安全措施	
	9	操作台控制	
	10	钥匙控制	
	11	安全联锁	门–灯联锁□　　门–机联锁□ 固定式辐射剂量仪与门联锁□
	12	紧急停止开关	
	13	门内紧急开门按钮（指示、说明）	
	14	固定式辐射剂量仪	
	15	电视监控装置	
	16	暂存场所"六防"措施	防火□　　防水□　　防盗□　　防丢失□ 防破坏□　　防射线泄漏□
	17	室内通风	
非密封放射性物质使用场所	1	分区管理	
	2	场所外电离辐射警示标志	
	3	独立通风设施	
	4	有负压和过滤的工作箱/通风柜（乙级以上场所）	
	5	注射或口服取药屏蔽措施	
	6	治疗病房病人之间的防护（屏蔽、通风）	
	7	防止放射性污染措施	
	8	病人专用卫生间	
放射源库及放射性废物库	1	场所外电离辐射警示标志	
	2	含源场所"六防"措施	防火□　　防水□　　防盗□　　防丢失□ 防破坏□　　防射线泄漏□
	3	库坑分区（半衰期、挥发性等）	
	4	双人双锁	
	5	非法入侵报警装置（至少2重）	
	6	电视监控装置	
	7	通风系统（进风、排风、过滤）	
	8	车辆去污及废水收集设施（废物库）	
监测设备和防护用品	1	监测设备和防护用品清单	
	2	便携式辐射剂量监测仪	数量：　　　　　是否正常使用□
	3	个人剂量计	数量：　　　　　是否正常使用□
	4	个人剂量报警仪	数量：　　　　　是否正常使用□
	5	防护用品（如铅衣、铅帽和铅眼镜、移动铅屏风等）	

续表

类别	序号	检查项目	检查结果
应急物资	1	使用放射源应急处理工具（如长柄夹具等）	
	2	放射源应急屏蔽材料或容器	
	3	灭火器材	
放射性废液和放射性废物	1	放射性下水系统及标识（衰变池、衰变桶）	
	2	放射性固体废物贮存间（设施）	
	3	放射性固体废物收集容器和放射性标识、标识标签	
废显影液、定影液	1	暂存场所防渗、防漏和防雨水等"三防"措施	
	2	标示标牌	
	3	台账记录	

3. 辐射环境安全管理检查

类别	序号	检查内容	检查结果
综合	1	许可证是否有效	在有效期限内□ 名称、地址、法定代表人一致□ 未改变或超出所从事活动的种类或者范围□
	2	辐射工作人员	数量：　　　名单□
	3	持有上岗证数量	
	4	是否正确使用全国核技术利用辐射安全申报系统（网址 http://rr.mep.gov.cn）	
	5	是否有效使用放射源在线监控系统	
	6	单位核安全文化建设情况	
档案资料	1	档案管理是否规范	制度完善□　　制度及时更新□ 落实各类制度的记录齐全□
	2 许可证	1）许可证正副本	
		2）许可证核发、延续、变更资料	
		3）安全和防护年度自查评估报告	
	3 环评资料	1）核技术应用项目环评文件	
		2）核技术应用项目验收文件	
		3）辐射安全分析报告	
	4 制度文件	1）辐射安全与环境保护管理机构文件	
		2）辐射安全管理规定（综合性文件）	
		3）辐射工作设备操作规程	
		4）辐射安全和防护设施维护维修制度	

类别	序号	检查内容	检查结果
	4 制度文件	5）辐射工作人员岗位职责	
		6）放射源与射线装置台账管理制度	
		7）辐射工作场所和环境辐射水平监测方案	
		8）监测仪表使用与校验管理制度	
		9）辐射工作人员培训制度（培训计划）	
		10）辐射工作人员个人剂量管理制度	
		11）质量保证大纲和质量控制检测计划（使用放射性同位素和射线装置开展诊断和治疗的单位）	
	5 野外探伤一事一档	1）已完成和正在完成野外作业项目清单	
		2）是否对实施项目实现有效的辐射安全管控	
		3）每个作业项目的辐射安全管理档案	提交当地环保部门证明材料（使用计划和作业方案、辐射安全评估报告）□ 环保部门现场检查记录□ 辐射环境监测记录□ 现场公告、公示（影像资料）□ 辐射防护措施和安全保障措施（影像资料）□
档案资料	6 台账	1）放射性物质与射线装置台账	
		2）放射源生产、销售、购买、暂存、领取、使用、归还、收贮登记记录	
		3）非密封放射性物质生产、销售、购买、暂存、领取、使用、归还登记记录	
		4）射线装置生产、销售、购买、暂存、使用、归还、报废登记记录	
		5）放射性同位素购买审批证明	放射性同位素转让审批表□ 非密封放射性物质转让审批表□ 放射性药品及其原料转让审批表□ 放射源进、出口审批表□ 非密封放射性物质进、出口审批表□ 放射性药品及其原料进、出口审批表□
		6）放射源异地作业使用备案表（跨省转移）	
	7 监测检查	1）辐射工作场所和环境辐射水平监测记录	
		2）监测仪器比对记录或刻度档案	
		3）衰变池排放前记录和废水监测报告	
		4）短寿命放射性废物贮存十个半衰期后进行处置前监测记录	
		5）辐射安全和防护设施维护、检修记录（包括检查时间、检查人员、检查项目、检查方法、检查结果、处理情况）	
		6）历次接受环保行政部门现场检查记录和整改记录	

续表

类别	序号	检查内容	检查结果
档案资料	8 个人剂量	1）个人剂量检测报告	
		2）剂量检测数值异常或超标的情况调查	
		3）辐射工作人员个人剂量计发放、回收记录	
	9 培训	从业人员辐射安全与防护培训/复训档案	
	10 应急	1）辐射事故应急预案	
		2）辐射应急演习记录	
	11 废物处置	1）废旧放射源、放射性废物送有资质的单位收贮	
		2）废旧放射源、放射性回收（收贮）备案表	
		3）危险废物送交有相应资质的单位处置	
		4）危险废物转移联单	
		5）射线装置报废处置的资料	

注：满足要求的或未见异常的划√，没有的或不正常的划×，不适用的均划/，不能详尽的在检查结果中说明。

4. 上次检查改进的情况

5. 检查意见

受检单位（签字）：_____　　联系电话：_____

省环保厅（签字）：_____　　联系电话：_____

市环保局（签字）：_____　　联系电话：_____

县环保局（签字）：_____　　联系电话：_____

附件 2

核技术利用单位辐射工作场所 X–γ 辐射剂量率现场检查监测记录表

受检单位：_____   监测场所名称：_____

监测单位：_____   资质编号：_____

监测仪器名称及编号：_____   监测仪器检定有效期：_____

监测结果

序号	测量位置	工况描述	读数值（单位： ）	读数均值

监测布点示意图

注：1. 工况描述：本底，工作状态，非工作状态。

  2. 以上监测数据均未扣除监测仪器宇宙射线响应值。

监测人员签字：_____   监测日期：_____年_____月_____日

附件 3

××省野外（室外）使用放射源与射线装置单位辐射安全现场监督检查表

受检单位：_____　辐射安全许可证编号：_____

许可范围和种类：_____　有效日期：_____

单位地址：_____　野外（室外）作业地址：_____

受检日期：_____　辐射安全专（兼）职负责人：_____　联系电话：_____

1. 设备检查

类别	序号	检查项目	检查结果
含放射源装置	1	在用含放射源设备名称	
	2	在用含放射源设备数量	
	3	野外作业的含源设备名称	
	4	野外作业的含源设备数量	
	5	1）核素名称	
		2）是否有放射源编码	
		3）管理类别	
	6	是否安装放射源在线监控系统	
	7	未使用的含源设备暂存地点	
	8 γ射线探伤机	1）源容器电离辐射标志	
		2）放射源编码与装置对应	
		3）安全锁和专用钥匙	
		4）安全锁与源联锁	
		5）遥控装置与源联锁	
		6）源位指示器（源容器内外和距离）	
		7）紧急回源装置（电动式）	
	9 移动式Ⅲ、Ⅳ、Ⅴ类含源装置	1）源容器电离辐射标志	
		2）放射源编码与装置对应	
		3）带源闸的源容器（源容器有明显的开关状态显示、放射源位置能锁定）	
		4）装置设有安全锁（Ⅲ类源装置）	
		5）安全锁与源联锁（电控Ⅲ类源装置）	
		6）放射源回位自锁装置（电控Ⅲ类源装置）	
		7）源位指示器（Ⅲ类源装置）	

类别	序号	检查项目	检查结果
射线装置	1	在用射线装置名称（型号）	
	2	在用射线装置数量	
	3	野外作业的射线装置名称（型号）	
	4	野外作业的射线装置数量	
	5	管理类别	
	6 X射线探伤机	1）控制台有钥匙控制	
		2）钥匙由专人管理	
		3）控制台上紧急停机按钮	
	7	未使用的射线装置暂存地点	
非密封放射性物质	1	野外作业的核素名称	
	2	场所等级（甲、乙、丙）	
	3	野外作业使用量/Bq	
	4	未使用的射线装置暂存地点	

2. 野外（室外）辐射工作场所现场检查

类别	序号	检查项目	检查结果
工作场所	1	作业公告（野外探伤）	适应野外工作需要□ 公告主要内容：作业时间□ 作业地点□　作业内容□ 拟采取辐射防护措施□
	2	安全信息公示牌（野外探伤）	适应野外工作需要（具备防风、防水等抵御外界影响能力）□ 面积不小于2平方米□ 公示主要内容：辐射安全许可证□ 公司法人姓名□ 环保监督举报电话□ 辐射安全负责人姓名、照片□ 操作人员姓名、照片、资质证书□ 现场安全员姓名、照片、资质证书□
	3	场所分区	
	4	放射性警示标志和警戒线	
	5	场所边界文字说明、声音、光电等警示（野外探伤）	
	6	专人看守、巡查	
	7	移动屏蔽措施（铅屏风等）	

续表

类别	序号	检查项目	检查结果
工作场所	8	含源设备或放射性物质暂存场所防护措施	防火□　防水□　防盗□　防丢失□ 防破坏□　防射线泄漏□
	9	符合国家放射性同位素运输要求的运输工具、容器（有运输要求的）	
个人监测和防护设备	1	便携式辐射剂量监测仪	
	2	个人剂量计	
	3	个人剂量报警仪	
	4	个人防护用品（如铅衣、铅帽和铅眼镜等）	
应急物资	1	使用放射源应急处理工具（如长柄夹具等）	
	2	放射源应急屏蔽材料或容器	
	3	灭火器材	
废显影液、定影液	1	暂存措施	
	2	标示标牌	
	3	台账记录	
文件资料	1	许可证是否在有效期限内	
	2	是否改变或超出所从事活动的种类或者范围	
	3	人员辐射防护培训上岗证	
	4	野外跨省、跨市（州）转移使用放射性同位素和Ⅱ类射线装置的单位使用前是否到转入地市级环保部门报告	
	5	放射源异地作业使用备案表（跨省转移）	
	6	野外探伤的使用计划和作业方案	
	7	辐射事故应急预案（方案）	
	8	野外探伤作业进行了影像记录	
	9	探伤作业的各项监测记录	1）γ探伤机出、入库前源容器表面剂量监测记录□ 2）γ探伤机工作前后容器表面剂量监测记录□ 3）作业警戒线边界巡测监测记录□ 4）工作位监测记录□ 5）有资质监测单位监测报告（每年不至少一次）□
	10	含源设备和射线装置从暂存场所领取和归还的记录	

注：满足要求的或未见异常的划√，没有的或不正常的划×，不适用的均划/，不能详尽的在检查结果中说明。

3. 检查意见

_____

_____

_____

_____

_____

_____

受检单位（签字）：_____   联系电话：_____

市环保局（签字）：_____   联系电话：_____

县环保局（签字）：_____   联系电话：_____

9.6　监督检查计划

按照《放射性同位素与射线装置安全和防护管理办法》监督检查的规定，县级以上人民政府环境保护主管部门应当根据放射性同位素与射线装置生产、销售、使用活动的类别，制定本行政区域的监督检查计划。监督检查计划应当按照辐射安全风险大小，规定不同的监督检查频次。

9.6.1　某区核技术利用辐射安全监督检查计划案例

一、工作职责

负责对辖区内核技术利用单位进行监督检查。

1. 编制辖区内被监管单位的年度监督检查计划，每年 12 月 31 日前报市局备案；

2. 负责组织辖区内被监管单位的例行监督检查、非例行监督检查和专项监督检查；

3. 参与省、市级生态环境部门组织的各类监督检查；

4. 编制监督报告，按要求向市局报告监督检查情况。

二、监督检查的实施

（一）监督检查的内容和模式

对核技术利用单位的辐射安全和防护监督检查内容主要包括：辐射安全和防护设施的运行情况；管理制度及执行情况；法规执行情况（活动与许可相符情况、场所监测情况、个人剂量档案、人员培训记录等）；应急准备情况；国家核技术利用辐射安全管理系统使用情况等。

监督检查的模式主要分为三类：例行监督检查、非例行监督检查和专项监督检查。

（二）例行监督检查

例行监督检查是对于取得辐射安全许可证的单位进行的有计划的综合性检查。开展现场检查内容包括：辐射安全和防护设施运行情况；管理制度及执行情况；法规执行情况；上次监督检查提出的整改意见落实情况。需要时进行关键点的剂量核实或者采样。检查组对检查中发现的问题提出整改要求，并明确整改完成时限，对严重违反法规情况或造成及可能造成辐射环境污染严重后果的重大问题交由相关执法部门进行立案处罚，督促被检查单位的整改落实。

（三）非例行监督检查

非例行监督检查是根据实际需要进行的计划外的检查，包括突发（或举报）事件的监督检查、异常情况的监督检查和抽查式监督检查，由省级生态环境部门组织实施。

非例行监督检查应根据检查对象和内容制定检查方案，必要时可制作现场监督检查表，检查流程可参考例行监督检查。可视情况决定检查前是否通知被检查单位。

（四）专项监督检查

专项监督检查是针对某类安全重大活动（如多枚放射源安装或倒源）或为达到某种目的而专门组织的监督检查，以及发放许可证前的检查和退役检查。

监督检查流程可参考例行监督检查、使用生态环境部（国家核安全局）《辐射安全与防护监督检查技术程序》（2020年发布版），现场填写检查表并由双方签字确认，检查后不专门编制监督检查报告。

其他专项检查由省级生态环境部门或市级生态环境部门组织实施，根据检查对象和检查目的制定检查方案，必要时可制作现场监督检查表，检查流程可参考例行监督检查。

9.6.2　某省核技术利用辐射安全监督检查计划案例

一、检查对象

（一）省环保厅发证核技术利用单位；
（二）部分市（州）环保局发证的涉源核技术利用单位；
（三）省外来川从事辐射作业活动的核技术利用单位。

二、检查内容及安排

本年度的监督检查内容包括：
（一）按照上年度"全省放射源安全检查专项行动"安排，继续开展核技术利用单位的放射源安全现场监督检查；
（二）申请核技术利用项目环保"三同时"验收的单位辐射安全与防护现场监督检查；
（三）申请许可证核发、延续、增项等核技术利用单位辐射安全与防护现场监督检查；
（四）涉及信访投诉核技术利用单位的现场监督检查；
（五）依法开展的核技术利用单位年度监督检查；
（六）根据上级部门安排及特殊时期需要开展的其他专项检查。

三、工作要求

××年度核技术利用单位辐射安全监督检查工作要紧紧围绕全省核与辐射安全监管

工作目标，以严格辐射安全监督执法、大力查处各类辐射安全违法行为主要内容，进一步强化对重点场所、重点行业的辐射安全监管，切实抓好以下工作。

（一）把握主线，督促落实辐射安全主体责任

监督检查中，要加强对核技术利用单位辐射安全主体责任情况，特别是单位第一责任人落实辐射安全主体责任情况的监督检查，督促核技术利用单位建立健全辐射安全长效机制，并与本单位的安全生产责任制协同推进，不断提高单位内部的辐射安全管理水平。

（二）突出重点，深入开展辐射安全执法检查

要针对核技术利用重点区域、重点场所和重点部位，采取切实有效的方式，集中时间，集中力量，认真组织开展辐射安全现场监督检查。对检查中发现的问题和隐患必须依法予以处理，要责令相关单位建立整改档案并按要求立即或限期进行整改，需要采取强制措施的依法采取强制措施。对发现的违法行为要依法处罚，做到"有法必依、执法必严，违法必究"。

（三）强化措施，加强对危险点源的监控管理

完善危险点源特别是高危放射源的监控措施，落实危险源点监控责任。加强监督检查，发现监控措施不落实或者存在隐患的必须责令责任单位进行整改，未按要求进行整改或者存在违法行为的，要依法给予行政处罚，确保不发生事故。

（四）狠抓落实，继续深化辐射安全专项整治

继续深入开展辐射安全专项整治。切实解决核技术利用场所存在的突出问题，严厉打击弄虚作假和违规操作等违法行为，确保核技术利用单位管理人员依法管理、从业人员规范操作。

（五）强化责任，依法查处各类辐射安全事故

按照"四不放过"原则，依法查处各类辐射安全事故，加强事故查处情况的跟踪执法，督促予以落实。对事故单位，要进行跟踪检查，落实防范措施，严防同类事故发生。

10　核技术利用监督检查

10.1　核技术利用监督检查基本要求

10.1.1　监督检查的实施

（1）监督检查的内容和模式

对核技术利用单位的辐射安全和防护监督检查内容主要包括：辐射安全和防护设施的运行情况；管理制度及执行情况；法规执行情况（活动与许可相符情况、场所监测情况、个人剂量档案、人员培训记录等）；应急准备情况；国家核技术利用辐射安全管理系统使用情况等。

监督检查的模式主要分为三类：例行监督检查、非例行监督检查和专项监督检查。

（2）例行监督检查

例行监督检查是对于取得辐射安全许可证的单位进行的有计划的综合性检查，由地区监督站组织实施，需要时聘请技术专家。

① 检查频次

对不同核技术利用单位，监督检查频次见表 10-1。

表 10-1　不同核技术利用单位的监督检查频次

单位类型	检查频次
放射性同位素生产单位	4 次/年
非医用 I 类放射源使用单位、I 类射线装置、甲级非密封放射性物质工作场所单位	2 次/年
放射性药品生产单位	甲级 2 次/年，乙级或丙级 1 次/年
放射性同位素收贮/暂存单位	1 次/年
销售 I 类放射源单位	1 次/年
其他生态环境部颁发许可证的单位	1 次/年

同时，地区监督站可结合以往监督检查情况，对各被监管单位的安全管理水平和安全状况进行评价，对评价结果相对较差的单位适当增加检查频次，对相对较好的单位适当减少检查频次。对于取得辐射安全许可证但未开展相关活动的单位可适当减少检查频次。

② 检查流程

监督检查包括准备、实施以及结果报告和后续处理等。

a. 准备

确定检查组、检查日期和安排等，并起草检查通知。检查组成员中至少有两名辐射安全监督员。检查通知于检查前向被检查单位发出，并抄送有关单位。查阅被检查单位的许可信息，确定该次检查的场所（设施）和应使用的技术程序，准备适当的监测或防护仪器。

b. 实施

到达被检查单位后，召开检查前会议，向被检查单位介绍检查组成员，说明检查目的、检查内容和程序，由被检查单位介绍本单位辐射安全与防护的基本情况，包括核技术利用项目运行、管理和辐射安全与防护工作现状以及上次监督检查后的整改情况（同时提供书面材料）。

检查前会议结束后，开展现场检查，内容包括：辐射安全和防护设施运行情况；管理制度及执行情况；法规执行情况；上次监督检查提出的整改意见落实情况。需要时进行关键点的剂量核实或者采样。

现场检查后，召开检查后会议，双方在会议中对监督检查情况进行充分交流，检查组向被检查单位宣布现场检查意见，被检查单位代表无异议后，双方分别在现场检查表上签字。

c. 报告

根据现场检查表编写监督检查报告，并于检查结束后两周内发送被检查单位，同时抄送有关单位。

重大问题的管理：

地区监督站对监督检查发现的重大问题（包括严重违反法规的情况以及可能导致严重后果的安全隐患），应立即要求被检查单位采取有效控制措施，并按照报告制度上报部机关，同时建议处理措施。地区监督站应持续跟踪重大问题的处理情况，直至问题解决。

（3）非例行监督检查

非例行监督检查是根据实际需要进行的计划外的检查，包括突发（或举报）事件的监督检查、异常情况的监督检查和抽查式监督检查，由部机关或地区监督站组织实施。

非例行监督检查应根据检查对象和内容制定检查方案，必要时可制作现场监督检查表，检查流程可参考例行监督检查。可视情况决定检查前是否通知被检查单位。事先不通知的检查，可采用"四不两直"（不发通知、不打招呼、不听汇报、不用陪同接待、直奔基层、直插现场）的方式。

（4）专项监督检查

专项监督检查是针对某类安全重大活动（如 γ 辐照装置单位倒源）或为达到某目的而专门组织的监督检查，以及发放许可证前的检查和退役的检查。

γ 辐照装置倒源监督检查由地区监督站组织实施。监督检查流程可参考例行监督检查，使用《γ 辐照装置倒源活动监督检查技术程序》，现场填写检查表并由双方签字确认，检查后不专门编制监督检查报告。

其他专项检查由部机关或地区监督站组织实施，根据检查对象和检查目的制定检查方案，必要时可制作现场监督检查表，检查流程可参考例行监督检查。

10.1.2　监督检查程序

监督检查程序主要分为两大类。

（1）辐射安全与防护监督检查技术程序，由部机关负责组织编制，部机关领导审核同意后批准后，即时生效。技术程序的内容由监督检查目的、检查程序适用范围、依据的主要标准和文件、监督检查表和监督检查意见几部分组成，并针对每个程序配套使用说明。技术程序清单见附录。

（2）辐射安全与防护监督检查管理程序，由各地区监督站编制，站领导批准后生效实施，并报部机关备案。

10.1.3　监督计划与监督报告

1. 监督计划

地区监督站于每年 12 月 31 日前制定下一年度辖区内生态环境部已颁发辐射安全许可证的核技术利用单位辐射安全与防护年度监督检查计划，报部机关备案并通报辖区内相关省级环保部门。

2. 监督报告

地区监督站应将监督检查情况按时报告部机关。报告的形式有：

（1）监督检查报告：监督检查结束后 2 周内向被监督单位出具监督检查报告，同时抄送部机关、所在地省级环保部门；

（2）月报：监督站应在下月 10 日之内将上月的监督检查活动情况报告部机关；

（3）年度报告：年度报告主要需将本年度开展的监督情况汇总，总结出本年度监督的特点和今后应注意的方面，并于每年 3 月 31 日前上报部机关；

（4）重要情况通报：对于监督检查中发现的重大问题，及时上报部机关；

（5）专题报告：对专项检查以及其他监督检查中发现的一些普遍性的涉及辐射安全和防护的重大问题，形成报告上报部机关。

10.2　辐射监管分级隐患现场检查评分表

为便于监管，按照辐射安全隐患的潜在危险对辐射工作单位进行风险分级，分为高风险、中风险和低风险。具体分级由打分得出（见表 10-2）。

生产放射性同位素、使用Ⅰ类放射源、使用移动探伤用Ⅱ类放射源、拥有甲级非密封放射性物质工作场所、移动探伤用Ⅱ类射线装置、销售（含建造）或使用Ⅰ类射线装置和的单位，风险等级不低于中风险。

存在以下情况之一的辐射工作单位，风险等级不低于中风险。

（一）两个连续自然年内发生辐射事故的；

（二）存在违法行为，未整改到位的。

表 10-2 辐射安全隐患现场检查、评分表

单位名称：　　　　涉及核技术利用项目：　　　　　　检查日期：

类别	检查/评估项目	适应核技术利用项目范围	涉及项目	有无隐患问题	分值	得分
一、辐射安全与防护设施运行和管理	设置电离辐射警示标识	①②③④⑤⑥⑦⑧⑨⑩⑫⑬⑯			2	
	屏蔽防护到位	①②③④⑤⑥⑦⑧⑨⑩⑫⑬⑯			5	
	分区管理符合要求	①②③④⑤⑥⑦⑧⑨⑩⑬			3	
	放射性同位素贮存管理符合要求	①②③⑤⑥⑦⑨⑩⑫⑬			10	
	固定式放射源的安装方式固定可靠	①⑥⑦⑫			10	
	源容器完好	①⑥⑦⑫			10	
	配备辐射监测仪	①②③④⑤⑥⑦⑧⑨⑩⑫⑬			5	
	辐射工作人员佩戴个人剂量片	①②③④⑤⑥⑦⑧⑨⑩⑫⑬⑯			2	
	配备个人剂量报警仪	①②③④⑤⑥⑦⑧⑨⑩			5	
	配备固定式辐射监测仪器	①②③④⑤⑥⑦⑧			10	
	设置安全联锁、装置工作信号指示	①②③④⑤⑥⑦⑧⑨⑬⑯			5	
	设置通风设施	①②③④⑤⑥⑦⑧⑨⑬			5	
	设置迷道	①②③④⑤、直线加速器			5	
	设置紧急停止按钮	①②③④⑤⑥⑦⑧			10	
	配备工作人员辐射防护设备	①②③④⑤⑥⑦⑧⑨⑩⑫⑬			5	
	设置安全锁和专用钥匙控制	①②④⑤⑥⑦⑧			5	
	配备现场安全员	γ射线移动探伤作业			5	
	设置安全信息公示牌	γ射线移动探伤作业			2	
	设置场所视频监控设施	①②④⑤⑥⑧			10	
	小计					
二、高风险移动放射源在线监控要求落实情况	伽马射线移动探伤单位落实在线监控要求	γ射线移动探伤作业			5	
三、辐射事故应急响应和处理能力	辐射事故应急预案编制符合要求	①②③④⑤⑥⑦⑧⑨⑩⑫⑬⑯			2	
	定期开展辐射事故应急演练，并建立演练资料档案	①②③④⑤⑥⑦⑧⑨⑩⑬⑯			2	
	配备辐射事故处理现场的应急物资	①②③④⑤⑥⑦⑧⑨⑩⑫⑬			2	
	小计					

续表

类别	检查/评估项目	适应核技术利用项目范围	涉及项目	有无隐患问题	分值	得分
四、国家核技术利用辐射安全管理系统数据准确性	国家系统信息完善,与实际使用情况一致,定期对国家系统信息进行维护管理	①②③④⑤⑥⑦⑧⑨⑩⑪⑫⑬⑭⑮⑯			2	
五、法律法规执行及整改要求落实情况	环境影响评价手续	①②③④⑤⑥⑦⑧⑨⑩⑪⑫⑬⑭⑮⑯			10	
	竣工环境保护验收手续	①②③④⑤⑥⑦⑧⑨⑩⑪⑫⑬⑭⑮⑯			10	
	《辐射安全许可证》	①②③④⑤⑥⑦⑧⑨⑩⑪⑫⑬⑭⑮⑯			10	
	放射性同位素转让审批手续	①③⑥⑦⑨⑩⑪⑫⑬⑭			5	
	异地使用备案、注销手续	①⑦⑩⑫			5	
	辐射工作场所退役	①②③⑤⑥⑦⑨			5	
	放射源回收备案手续	①⑥⑦⑫			5	
	编制年度评估报告,并按要求报送	①②③④⑤⑥⑦⑧⑨⑩⑪⑫⑬⑭⑮⑯			2	
	及时对监督检查提出的问题落实整改	①②③④⑤⑥⑦⑧⑨⑩⑪⑫⑬⑭⑮⑯			10	
	小计					
六、废旧放射源和放射性"三废"管理	无废旧放射源	①⑥⑦⑫			5	
	放射性废物按规定处理	仅限生产、使用放射性同位素和可产生放射性污染的Ⅱ类及以上射线装置的单位			5	
	小计					
七、辐射安全管理	辐射安全管理意识调查	①②③④⑤⑥⑦⑧⑨⑩⑪⑫⑬⑭⑮⑯			2	
	辐射安全负责人定期开会了解单位辐射安全管理情况,研究解决涉及辐射安全管理的问题	①②③④⑤⑥⑦⑧⑨⑩⑪⑫⑬⑭⑮⑯			5	
	核技术利用单位定期开展辐射安全相关培训,对辐射安全管理相关制度、应急预案进行宣贯	①②③④⑤⑥⑦⑧⑨⑩⑪⑫⑬⑭⑮⑯			2	
	核技术利用单位辐射安全管理制度执行到位,辐射安全管理机构定期对相关制度的落实情况进行检查	①②③④⑤⑥⑦⑧⑨⑩⑪⑫⑬⑭⑮⑯			2	
	制定工作场所及环境监测方案	①②③④⑤⑥⑦⑧⑨⑩⑫⑬⑯			2	
	台账清晰、准确	①②③④⑤⑥⑦⑧⑨⑩⑪⑫⑬⑭⑮⑯			2	
	辐射工作人员个人剂量管理制度与落实	①②③④⑤⑥⑦⑧⑨⑩⑫⑬⑯			2	

续表

类别	检查/评估项目	适应核技术利用项目范围	涉及项目	有无隐患问题	分值	得分
七、辐射安全管理	制定辐射工作人员培训/再培训管理制度	①②③④⑤⑥⑦⑧⑨⑩⑪⑫⑬⑭⑮⑯			2	
	辐射工作人员全员培训	①②③④⑤⑥⑦⑧⑨⑩⑪⑫⑬⑭⑮⑯			2	
	设立专职负责辐射安全与环境保护管理岗位	①②③④⑤⑥⑦⑧⑨⑩⑪⑫⑬⑭⑮⑯			2	
	小计					
八	两个连续自然年内发生辐射事故				15	
九	开展辐射安全风险系数较高的核技术利用项目				15	
评估结果	高风险/中风险/低风险			总分		

适用核技术项目： ① 使用Ⅰ、Ⅱ类放射源的（医疗使用的除外）；② 生产放射性同位素的（制备 PET 用放射性药物的除外）；③ 甲级非密封放射性物质工作场所；④ 销售（含建造）、使用Ⅰ类射线装置的；⑤ 制备 PET 用放射性药物的；⑥ 医疗使用Ⅰ、Ⅱ类放射源的；⑦ 使用Ⅲ类放射源的；⑧ 生产、使用Ⅱ类射线装置的；⑨ 乙、丙级非密封放射性物质工作场所（医疗机构使用植入治疗用放射性粒子源的除外）；⑩ 在野外进行放射性同位素示踪试验的；⑪销售Ⅰ类、Ⅱ类、Ⅲ类、Ⅳ类、Ⅴ类放射源的；⑫使用Ⅳ类、Ⅴ类放射源的；⑬医疗机构使用植入治疗用放射性粒子源的；⑭销售非密封放射性物质的；⑮销售Ⅱ、Ⅲ类射线装置的；⑯生产、使用Ⅲ类射线装置的。

填表说明：

1. 表头"涉及核技术利用项目"根据备注填写序号。

2. 表中"涉及项目"一列对照检查对象"检查项目"和"适应核技术利用项目范围"打"√"，如检查对象开展的核技术利用项目为⑯，则根据"适应核技术利用项目范围"有⑯的打"√"，现场检查时只对打"√"的"检查项目"进行检查。

3. 表中"有无隐患问题"一列，根据检查情况填写"有""无"，如检查对象的某检查项目存在风险隐患则填写"有"。

打分说明：

1. 若辐射工作单位检查结果为"无"隐患，该项得分为 0 分，若"有"隐患，则填写相应的负分值，如：设置电离辐射警示标识，检查结果为"无"隐患，该项得分为 0 分；若"有"隐患，该项得分为 −2 分。

2. 第一至第七项设计了"小计"，小计为该项基础分与各评估项目得分的和。

3. 第八、第九项，如果符合评估内容，得分为 −15 分，如不符合评估内容，得分为 0 分。

10.3　电子辐照加速器专项检查案例

按照《关于在核与辐射安全隐患排查工作中做好电子辐照加速器专项监督检查工作的函》（辐射函〔2021〕27 号）、《关于印发〈2022 年生态环境工作要点〉的通知》（环办综合〔2022〕4 号）有关要求，为进一步贯彻落实《全国安全生产专项整治三年行动计划》，深入排查化解工业电子辐照领域辐射安全隐患，保护工作人员健康和环境安全，我厅组织甘肃省核与辐射安全中心、市生态环境局，对辖区内电子辐照加速器开展专项监督检查工作（以下简称"专项检查工作"）。现将督查检查情况汇报如下：

为全面贯彻总体国家安全观和习近平总书记关于做好核安全工作的重要指示批示精神，始终坚持"发展和安全并重、权利和义务并重、自主和协作并重、治标和治本并重"的核安全观，传达并汲取"天津电子辐照加速器致工作人员放射性损伤"事故经验教训，成立专项督查检查组，组织开展辖区内使用电子辐照加速器的核技术利用单位（以下简称"被检查单位"）辐射安全隐患督查检查工作，杜绝电子辐照加速器带"病"运行，严防类似辐射事故发生。检查组严格按照《电子辐照加速器辐照装置辐射安全监督检查技术要求》《电子辐照加速器辐照装置辐射安全监督检查表》相关要求"深查、细查"，消除辐射安全隐患，提升工业辐照领域加速器整体辐射安全水平。

为确保专项检查工作做到"全覆盖、无遗漏"，督查检查组通过"国家核技术利用辐射安全管理系统"对涉及本次专项检查的核技术利用单位进行筛查，全省共有 3 家使用电子加速器辐照的核技术利用单位，均为省级生态监管部门发证，共计 5 台电子辐照加速器装置（见附件 1）。

检查组主要对辐射安全与防护设施与运行、法规执行情况、管理制度与执行情况三个方面进行重点检查（见附件 2），通过验证辐射工作场所有关安全防护设施（联锁）是否齐备、合理、有效，检查各项辐射安全规章制度是否健全并有效执行，全面检查核技术利用单位的主体责任落实情况。

（一）辐射安全防护设施运行情况

1. 安全标识。被检查单位均在电子加速器辐照装置厂房入口和其他必要的位置（一般为货物进出口、辐照室及主机室门口）设置了符合 GB 18871—2002 要求的电离辐射警告标志。

2. 紧急出口指示。甘肃普安康药业有限公司、甘肃（武威）国际陆港辐照科技有限公司在电子加速器辐照装置厂房内、辐照室及主机室出口处设置了紧急出口指示标志，使人员在紧急情况下及时识别疏散位置和方向，指引人员顺利离开；兰州众邦电线电缆集团有限公司未按照要求设置紧急出口指示标志。

3. 应急照明。甘肃普安康药业有限公司设置有应急照明系统；兰州众邦电线电缆集团有限公司、甘肃（武威）国际陆港辐照科技有限公司未设置应急照明系统，不能满足在停电及应急情况下及时、稳定达到照明的效果的要求。

4. 安全联锁。兰州众邦电线电缆集团有限公司 2 台辐照加速器均设有门机联锁、信号警示装置、防人误入装置（2 道）、急停装置等辐射安全与防护设施、措施，但未按照

《电子辐照加速器辐照装置辐射安全监督检查技术要求》设置钥匙控制、束下装置联锁、巡检按钮、剂量联锁、通风联锁、烟雾联锁等辐射安全与防护设施、措施；甘肃普安康药业有限公司1台辐照加速器设有门机联锁、信号警示装置、防人误入装置（2道）、束下装置联锁、巡检按钮、急停装置、通风联锁等辐射安全与防护设施、措施，但未按照《电子辐照加速器辐照装置辐射安全监督检查技术要求》设钥匙控制、剂量联锁、烟雾联锁等辐射安全与防护设施、措施；甘肃（武威）国际陆港辐照科技有限公司2台辐照加速器，其中1台停用、1台故障，安全联锁无法验证。

5. 监测设备。被检查单位均配备有与从事的核技术利用项目相适应的固定式辐射剂量监测仪、个人剂量报警仪、个人剂量计及便携式辐射监测仪等监测设备。

（二）法规执行情况

3家单位均已通过建设项目环境影响评价审批，取得了辐射安全许可证，按照法律法规要求，在国家核技术利用辐射管理系统提交了年度评估报告，开展了建设项目竣工环境保护验收工作。兰州众邦电线电缆集团有限公司国家核技术利用辐射安全系统部分信息未及时维护更新；截至目前，3家单位均未发生辐射事故发生。

（三）管理制度与执行情况

通过核查3家单位的辐射安全防护管理制度、安全防护设施维护与维修制度、场所分区管理规定、加速器操作规程、监测制度、人员培训制度以及辐射事故应急预案等相关管理制度与执行情况，3家单位均不同程度存在部分管理制度与现行法规和从事的核技术利用项目不相适应、不完善的情况，如：辐射事故应急预案等辐射安全与防护规章制度与现行法规和从事的核技术利用项目不相适应，部分辐射安全与防护规章制度未有效执行。

通过专项督查检查，我省辖区内3家使用电子加速器辐照的核技术利用单位辐射安全防护设施设置仍不同程度存在辐射安全隐患，部分单位存在固定式辐射剂量监测仪未与门联锁，未有效设置烟雾联锁和清场巡检按钮、控制台、主机室门、辐照室门钥匙未与便携式辐射监测报警仪牢固相连，辐射安全与防护规章制度与现行法规和从事的核技术利用项目不相适应、竣工环境保护验收不及时等问题。

针对检查中发现的问题，结合"天津市某电子加速器辐照企业"发生人员受照事故，检查组现场开展"以案释法"警示教育，并就相关法律法规及辐射安全防护要求进行宣贯，对存在的问题下达限期整改要求，并要求被检查单位提交整改报告及相应支持性材料。

附件：1. 甘肃省辖区内使用电子辐照加速器的单位一览表

　　　2. 电子加速器辐照装置辐射安全监督检查表

附件1

甘肃省辖区内使用电子辐照加速器的单位一览表

序号	行政区域	单位名称	许可的种类和范围	数量/台	备注
1	甘肃省兰州市	兰州众邦电线电缆集团有限公司	使用Ⅱ类射线装置	2	-
2	甘肃省兰州新区	甘肃普安康药业有限公司	使用Ⅱ类射线装置	1	-
3	甘肃省武威市	甘肃（武威）国际陆港辐照科技有限公司	使用Ⅱ类射线装置	2	1台故障、1台停用

附件2

电子加速器辐照装置辐射安全监督检查表

一、辐射安全防护设施运行情况

序号	检查项目		检查结果			备注
			兰州众邦电线电缆集团有限公司	甘肃普安康药业有限公司	甘肃（武威）国际陆港辐照科技有限公司	
1	安全标识	入口电离辐射警告标志	√	√	√	
2	紧急出口指示	紧急出口指示标识	×	√	√	
3	应急照明	应急照明设备	×	√	×	
4	安全联锁	钥匙联锁	×	×	/	
5		门机联锁	√	√	/	
6		束下装置联锁	×	√	/	
7		信号警示装置	√	√	/	
8		巡检按钮	×	√	/	
9		防人误入装置	√	√	/	
10	安全联锁	急停装置	√	√	/	
11		剂量联锁	×	×	/	
12		通风联锁	×	√	/	
13		烟雾报警	×	√	/	
14	监测设备	固定辐射剂量检测仪	√	√	√	
15		个人剂量报警仪	√	√	√	
16		个人剂量计	√	√	√	
17		便携式辐射检测仪	√	√	√	

注：检查合格划√，不合格划×；不适用或无法验证划/。不能详尽的在备注中说明。

二、法规执行情况					
序号	检查项目		检查结果		备注
			兰州众邦电线电缆集团有限公司	甘肃普安康药业有限公司	甘肃（武威）国际陆港辐照科技有限公司	
1	辐射安全许可证	持证单位名称、地址、法定代表人是否进行了变更，如有：变更后是否办理许可证变更手续	否	否	否	
2		持证单位是否改变或超出所规定活动的种类或范围，如有：是否按原申请程序重新申领许可证	否	否	否	
3		持证单位是否有新建、改建、扩建使用设施或场所，如有：是否按原申请程序重新申领许可证	否	否	否	
4		许可证是否在有效期限内，如超出：是否办理许可证延续手续	是	是	是	
5	建设项目环境影响评价审批	是否有新建、改建、扩建使用设施或者场所，如有：是否通过环境影响评价审批	否	否	否	
6	建设项目竣工环境保护验收	是否按规定的程序和标准进行了验收，如是：是否向社会公开了验收报告	是	是	是	
9	辐射安全管理	工作区域和环境辐射水平测量档案	有	有	有	
10	辐射安全管理	个人剂量监测记录监测	有	有	无	
11		仪器比对或刻度档案	有	有	有	
12		辐射安全设施管理安全防护设施维护与维修工作记录	有	有	有	
13		调机或检修机器时若旁路联锁系统，是否有旁路运行方案及审批备案联锁系统旁路消除后，是否进行核查并记录备案	否	否	否	
14	辐射应急	是否有辐射事故/事件，如有辐射事故/事件是否按规定报告	否	否	否	

三、管理制度与执行情况					
序号	检查项目		检查结果		备注
			兰州众邦电线电缆集团有限公司	甘肃普安康药业有限公司	甘肃（武威）国际陆港辐照科技有限公司	
1	辐射安全与防护规章制度	工作场所及周围环境监测方案	√	√	√	需修订
2		监测仪表使用与校验管理制度	√	√	√	需修订

序号	检查项目		检查结果			备注
			兰州众邦电线电缆集团有限公司	甘肃普安康药业有限公司	甘肃（武威）国际陆港辐照科技有限公司	
3	辐射安全与防护规章制度	辐射工作人员培训管理制度	√	√	√	需修订
4		辐射工作人员个人剂量管理制度	√	√	√	需修订
5		辐射事故应急预案	√	√	√	需修订
6		辐射安全防护管理规定	√	√	√	需修订
7		操作规程	√	√	√	需修订
8		维修维护规程	√	√	√	需修订

10.4　城市放射性废物库检查案例

一、检查内容

1. 辐射安全与防护设施运行情况；

2. 管理制度及执行情况；

3. 法规执行情况；

4. 安全隐患排查情况；

5. 上次检查整改意见的落实情况。

二、检查概况

2022 年 9 月 2 日，我站会同甘肃省生态环境厅对甘肃省核与辐射安全中心负责运行的甘肃省城市放射性废物库进行了辐射安全与防护例行监督检查。

检查组听取了该单位关于甘肃省城市放射性废物库的辐射安全与防护设施运行、管理制度执行、法规执行、安全隐患排查、整改工作等情况的汇报，并对有关问题进行了讨论。检查组对辐射安全管理制度、放射源台账、国家核技术利用辐射安全管理系统使用情况、个人剂量监测情况、个人剂量档案、人员培训情况、放射源收贮记录、环境监测记录等文件进行了检查；对安全隐患排查情况进行了检查；对 2021 年监督检查问题整改落实情况进行了核查；对甘肃省城市放射性废物库进行了现场检查。

检查后会议上，检查组向甘肃省核与辐射安全中心通报了此次检查结果，并形成了双方签字确认的检查记录，作为本检查报告的编制依据。

三、检查结果

1. 甘肃省核与辐射安全中心辐射安全组织机构健全。开展了辐射环境监测、个人剂量监测等工作。

2. 业主汇报：截至 2022 年 8 月 31 日，甘肃省城市放射性废物库共贮存废放射源 1 696 枚。

3. 上次监督检查提出整改意见 5 条，整改完成 4 条。

四、存在问题

（一）上次检查未整改完成问题

1. 入侵探测装置与视频监控不能联动。

（二）本次检查发现问题

2. 抽查 2022 年 8 月 30 日视频监控，部分废旧放射源收贮人员未取得辐射安全与防护培训合格证。

3.《核技术利用放射性废物库选址、设计与建造技术规范》（HJ 1258—2022）已于 2022 年 7 月 1 日实施，甘肃省城市放射性废物库尚不满足相关要求，如起重装置电源未设置切断装置；安防系统、应急照明未设置相互独立的备用电源；行车电源装置未设置在监控中心；库房、监控中心外未设置声光报警装置；未设置声音复核系统等。

五、整改要求

1. 应加强系统维护，确保入侵探测装置与视频监控联动。

2. 放射源收贮人员应取得与放射源收贮工作相适应的辐射安全培训合格证。

3. 应按照《核技术利用放射性废物库选址、设计与建造技术规范》（HJ 1258—2022）要求，起重装置电源应设置切断装置，与入侵报警系统联锁切断；安防系统、应急照明应设置相互独立的备用电源；行车电源装置应设置在监控中心，且应双人双锁管理；库房、监控中心外应设置声光报警装置，应设置声音复核系统等。

甘肃省核与辐射安全中心应切实落实国家核安全管理部门所提出的整改要求，针对检查中发现的问题，认真查找原因，并根据原因进行整改；因本次监督检查为抽样检查，你单位应对发现的问题举一反三，对照检查各项辐射安全管理制度，提高辐射安全管理水平，确保核与辐射安全。

10.5 某近地表处置场检查案例

一、监督检查内容

1. 生态环境部西北核与辐射安全监督站（以下简称西北监督站）以往提出问题的整改落实情况；

2. 环境影响报告书批复及运行许可证条件、环境影响报告书及最终安全分析报告承诺落实情况；

3. 核设施质量保证、运行管理、辐射防护及废物管理、环境监测与场所辐射监测、实物保护、应急准备等方面的工作情况。

二、监督检查依据

1.《中华人民共和国核安全法》；

2.《中华人民共和国放射性污染防治法》；

3.《中华人民共和国民用核设施安全监督管理条例》及其实施细则；

4.《放射性废物安全管理条例》；

5.《核电厂质量保证安全规定》（HAF 003）；

6.《放射性废物安全监督管理规定》（HAF 401）；

7.《放射性固体废物贮存和处置许可管理办法》（HAF 402）；

8.《低、中水平放射性固体废物近地表处置安全规定》（GB 9132—2018）；

9. 生态环境部（国家核安全局）批准或认可的《龙和近地表处置场一期一阶段建设项目环境影响报告书》（运行阶段）及《龙和近地表处置场一期一阶段建设项目最终安全分析报告》；

10. 生态环境部（国家核安全局）认可的其他法律法规、标准、导则、技术文件等。

三、监督检查活动

2023 年 7 月 26 日至 28 日，西北监督站对甘肃龙和环保科技有限公司（以下简称"营运单位"）龙和近地表处置场（一期一阶段）（以下简称"龙和处置场"）开展了例行核与辐射安全监督检查。龙和处置场的运行支持单位为中核清原环境技术工程有限责任公司（以下简称"运行支持单位"）。

在检查前会议上，检查组说明了本次检查的目的和内容，听取了营运单位的汇报。随后，检查组开展了文件记录抽查和现场巡查，并访谈了相关人员。在检查后会议上，检查组向营运单位通报了此次检查的初步意见和建议，双方就检查意见进行了充分的交流和沟通。

四、监督检查结果及整改要求

（一）以往检查未完成整改问题

1. 西北监督站在 2023 年 5 月 30 日的日常监督检查中提出，根据《龙和近地表处置场一期一阶段建设项目最终安全分析报告》第 4.2.1 节描述，"03 子项设置废物处置计算机信息管理系统，用于废物接收、废物贮存、废物处置、废物外送的全流程跟踪"，目前计算机信息管理系统不能完全实现上述功能。截至本次检查时，该问题尚未完成整改。

2. 西北监督站在 2022 年 12 月的例行监督检查中提出，营运单位尚未开展 03 子项常规（定期）气溶胶监测，与运行阶段环境影响报告书中"使用便携式气溶胶取样器在 03 子项贮存库绿区、橙区（红区）排风系统进行取样，以及处置单元上下风向进行取样……"要求不符。截至本次检查时，该问题尚未完成整改。

整改要求：针对问题 1 和问题 2，营运单位应及时优化完善计算机信息管理系统，在整改报告中承诺完成整改时限；及时按环境影响报告书要求开展工作场所常规气溶胶监测。

（二）核与辐射安全相关排查未完成整改问题

3. 2023 年，营运单位根据国家核安全局和西北监督站要求开展自查发现，《龙和近地表处置场一期一阶段建设项目最终安全分析报告》第 5.3.3.1 节中要求"贮存井用于码放表面剂量率 2～10 mSv/h 的废物桶，单个贮存井中单层放置 4 个废物桶，码放 4 层"，但因受吊车结构限制，废物桶目前无法吊入贮存井内。

整改要求：营运单位应积极推进该问题整改，解决许可申请文件描述与现场实际情况不一致的问题。

（三）质量保证体系管理

4. （1）现行有效的部分运行规程名称与最终安全分析报告表 6.11-1 所列不一致，且营运单位未对运行支持单位编制的运行规　程进行审批；（2）《龙和项目部废物接收抽检工艺规程》（QY-LHXMB-YX-CZGC.A.02-2022）第 5.2.4 节描述"打开 SepctralinGP 能谱分析软件……"，但营运单位目前并无此能谱分析软件。

整改要求：营运单位应按照最终安全分析报告要求，编制影响设施运行安全和质量的文件，确保文件规程适用、有效，符合实际情况。

5. （1）巡查 03 子项实验室发现，实验室内放置的《龙和项目部 RED-100G 环境级 X、γ 剂量率仪器操作规程》《龙和项目部 CoMo 表面污染检测仪操作规程》等操作规程未加盖受控章；（2）营运单位提供的《辐射监测值班室应急物资台账》《2023 年度龙和辐射测量检定台账》《龙和项目部程序文件清单》等均无编审批人员签字；（3）2023 年 7 月 20 日的"工作场所气溶胶活度检测记录表"中有涂改情况，但无人签字确认。以上做法与《核电厂质量保证安全规定》第 4 节相关要求不符。

整改要求：营运单位应严格落实文件控制要求，确保文件的有效性，并采取培训等措施加强文件、记录管理，提升文件、记录管理水平。

6. 现场查看 03 子项实验室监测设备及《2023 年度龙和辐射测量检定台账》发现，监测设备未按照设备分类进行管理，且 03 子项监测设备未张贴检定合格标识，与最终安全分析报告第 12.10.2 节相关要求不符。

整改要求：营运单位应严格落实最终安全分析报告中的要求，对监测设备进行分类分级管理，并张贴检定合格标识。

7. （1）《龙和近地表处置场运行阶段质量保证大纲》第 2.2.1 条规定"龙和环保的管理评审由安全质量环保主管领导主持"，但配套的《龙和近地表处置场管理部门审查程序》中要求总经理主持龙和近地表处置场管理部门审查，以上文件内容不自洽；（2）《龙和近地表处置场运行阶段质量保证大纲》第 3.3 节中，综合管理部的职责缺少"物项控制"相关内容；营运单位未在《龙和近地表处置场物项控制程序》（LHEP-CZC-YX-QAP.B.O3-2022）中对物项进行分类分级管理。以上做法与最终安全分析报告第 12.9 节相关要求不符。

整改要求：营运单位应统一质量保证大纲及其配套程序中的职责描述；严格落实最终安全分析报告及物项控制程序要求，确保运行过程中的物项受控。

8. 查看《甘肃龙和环保科技有限公司 2023 年度重点培训计划》及相关培训记录发现，已实施的放射性废物处置及辐射防护、辐射事故及生产安全事故案例培训中，实际培训人数不到计划培训人数的 40%，1 次培训组织了线上考试（共 12 题），1 次未考试，且《甘肃龙和环保科技有限公司员工教育培训管理办法》中也未对培训后实施考核进行规定，该做法与《放射性废物安全管理条例》第三十一条相关要求不符。

整改要求：营运单位应按照法规及质量保证体系要求，做好从事放射性废物贮存和处置活动人员的培训和考核工作。

9. 抽查《龙和近地表处置场物项控制程序》《龙和项目部门式数控吊车操作规程》《龙和处置场桥式数控吊车操作规程》发现：（1）营运单位未按物项控制程序中的要求对数控龙门吊车和数控双梁桥式起重机进行半年一次的质量监督检查；（2）操作规程中定期检查项目缺少吊具的性能检查，如抓斗、电磁吸盘等部位的性能检查，与《起重机械检查与维护规程第 5 部分：桥式和门式起重机》（GB/T 31052.5—2015）附录 A 相关要求不符。

整改要求：营运单位应按照物项控制程序和相关标准要求，完善检查项目，定期对起重设备进行检查。

（四）运行安全管理

10. 营运单位目前尚未开展 03 子项过滤器工作效率现场试验，与最终安全分析报告第 4.3.3.1 节要求不符。

整改要求：营运单位应严格落实最终安全分析报告中的要求，定期开展过滤器工作效率的现场试验。

11. 设计单位签发的《关于"01 子项处置单元分格和封顶施工设计图"审查意见及技术要求澄清的回复》中要求"按照贵部建议取消新增底板后，隔墙钢筋将植入单元格底板。请贵部告知环评单位并评估单元格底板植筋对核素迁移的影响，根据评价结果选择分格施工方案"，目前营运单位已开展 3#处置单元的植筋施工，但营运单位未能提供相关的评价结果。

整改要求：营运单位应加强设计变更控制，及时根据设计单位给出的审查意见开展相关工作，完成该问题整改后方可开展相关处置工作。

12. 抽查《处置单元内部分格及顶板结构图》及设计变更附图发现，其中无处置单元外墙与隔墙之间植筋深度的要求，但目前现场已开展植筋。

整改要求：营运单位应对该问题进行澄清说明。

13. 现场观察处置单元发现，处置单元外墙有一定量的裂纹，部分处置单元积水井中积满泥浆，未及时清理；抽查处置单元隔墙施工方案发现，营运单位对 3#处置单元进行 4 分格，但未考虑分格后的雨水收集措施（分格后只有 1 个分格有原设计的集水井）。

整改要求：营运单位应定期对处置单元外墙裂纹进行监测，及时对积水井中的泥浆进行处理，并定期开展排查，消除安全隐患；充分考虑处置单元分格后的雨水收集措施，避免出现积水无法排出的现象。

14. 抽查《田湾核电站水泥固化体性能试验报告》发现：（1）该报告为 2002 年 7 月编制，报告内参照的标准包括已于 2011 年被替代的标准《低、中水平放射性废物固化体性能要求——水泥固化体》（GB 14569.1—93），且该批次废物整备时间为 2006 年 12 月至 2017 年 12 月，该报告不能适用于 2011 年 9 月 1 日后整备的水泥固化体；（2）该报告所附抗压强度检测记录为英文版，其可追溯的信息缺失且内容不完整（如其中无检测依据、检测日期、检测章等内容）。

整改要求：营运单位应及时核实并补充收集相关资料，加强废物接收过程中的资料检查和现场核查工作，督促废物产生单位提供合适、完整的质量证明文件。

15. 文件抽查发现：（1）《龙和近地表处置场核实认定细则》（LHEP-CZC-YZ-HSRD-A.O1-2022）第 7.3.2.2 节规定抽查"放射性核素种类及其活度浓度"，但在"废物包现场核实记录表"中没有设置"活度浓度"栏；（2）废物包特性鉴定、接收准则和核实认定表中要求对"废物包内游离液体"进行核实认定，但已接收废物包的"四书一表"中没有"废物包内游离液体"的相关数据。

整改要求：营运单位应对现场核实记录表进行修订，完善相关内容；按程序对废物包内游离液体进行核实认定，并对未开展此项工作的原因进行澄清说明。

（五）应急管理体系

16. 巡查 03 子项发现，二楼实验室门口消防器材存在连续 2 个月未检查的情况；应急指挥室文件柜缺少场内辐射事故应急预案，与《龙和近地表处置场场内辐射事故应急预案》第 5.1 节要求不符。

整改要求：营运单位应举一反三，加强对消防器材的检查工作，确保消防器材安全可用；严格按照应急预案的要求在应急指挥室存放相关文件。

（六）辐射防护及废物管理

17. 抽查文件资料发现，手脚污染监测仪、剂量率仪、个人剂量计等大多数仪表只有校准证书，没有检定证书，与最终安全分析报告第 12.10.2 节相关要求不符。

整改要求：营运单位应严格落实最终安全分析报告中的要求，对设备和工器具进行定期检定。

18. 抽查文件资料发现，废物桶 γ 无损检测设备没有进行放射性核素活度浓度测量的检定；用于个人剂量监测的热释光测量系统没有提供检定文件，无法证明测量溯源符合相关计量管理规定。以上做法与最终安全分析报告的第 12.10.2 节相关要求不符。

整改要求：营运单位应认真分析未能对废物 γ 无损测量装置进行检定的原因，合理采取针对性纠正措施，确保实际做法与安全分析报告要求的一致性；按照最终安全分析报告的要求，对个人剂量监测相关计量仪表进行检定。

19. 现场检查发现，03 子项"绿区警示牌"中的"电离辐射标志"颜色与《电离辐射防护与辐射源安全基本标准》（GB 18871—2002）要求不符；现场的"辐射水平、污染水平"警告标识不完善，缺少表面污染、空气污染的监测数据；辐射区告知牌中，监测值非范围值且未标明控制值标准。

整改要求：营运单位应进一步规范、完善电离辐射标志等各类标识。

20. 现场检查发现，操作人员不能将表面污染仪的测量单位由 cps 调整为 Bq/cm^2；废物包抽检记录表中表面污染水平的数据单位填写为 cps，而未换算为 Bq/cm^2。

整改要求：营运单位应加强辐射监测仪表的操作培训，提升技能，规范、正确填写记录。通过本次例行监督检查发现，营运单位及运行支持单位的质量保证体系运行中仍存在质量保证管理不到位、质量保证大纲及相关程序文件指导性和可操作性不够、运行管理操作规程适用性和有效性不足等问题，营运单位及运行支持单位应按照《核电厂质量保证安全规定》及相关导则中的规定，加强质量保证体系建设，梳理、补充、完善质量保证文件及相关程序。

本次检查为抽样检查，营运单位应针对本次检查发现的问题举一反三，深刻剖析问题根本原因，提出针对性纠正措施，制定切实可行的整改方案和实施计划，明确负责人和完成时限，做好问题整改落实，并严防同类问题再次发生，西北监督站将根据双方签字确认的检查记录单及整改报告核实问题整改落实情况。

10.6 某重离子医院检查案例

一、持证单位信息

甘肃重离子医院股份有限公司位于甘肃省武威市凉州区清源镇。公司于 2023 年 3 月 30 日取得生态环境部发放的辐射安全许可证（国环辐证〔00473〕），许可的种类和范围为使用 I 类、III 类射线装置。

二、检查依据

1.《中华人民共和国放射性污染防治法》；

2.《放射性同位素与射线装置安全和防护条例》；

3.《放射性废物安全管理条例》；

4.《放射性同位素与射线装置安全许可管理办法》；

5.《放射性同位素与射线装置安全和防护管理办法》；

6. 其他相关法规和标准及生态环境部（国家核安全局）批复的文件。

三、检查内容

1. 辐射安全与防护设施运行情况；

2. 管理制度及执行情况；

3. 法规执行情况；

4. 上次检查整改意见的落实情况。

四、检查概况

2024 年 3 月 26—27 日，我站会同甘肃省生态环境厅对甘肃重离子医院股份有限公司进行了辐射安全与防护例行监督检查。

检查组听取了该公司关于辐射安全与防护设施运行、管理制度执行、法规执行、整改工作落实等情况的汇报，并对有关问题进行了讨论。检查组对公司管理制度、环境和工作场所监测、个人剂量档案、日常自查记录、设备运行记录、设备维护维修记录、监测仪器检定报告、人员培训记录及国家核技术利用辐射安全管理系统中的相关信息等进行了检查；对上次监督检查问题整改落实情况进行了核查；对重离子加速器装置、CT 机房进行了现场检查。

检查后会议上，检查组向甘肃重离子医院股份有限公司通报了此次检查结果，并形成了双方签字确认的检查记录，作为本检查报告的编制依据。

五、检查结果

1. 该公司辐射安全与防护管理机构较为健全，开展了个人剂量监测和辐射环境监测。

2. 现场检查时，重离子加速器装置正在维修，未对重离子加速器装置的安全联锁进行试验。

3. 上次监督检查提出整改意见 5 条，整改完成 4 条。

六、存在问题

（一）上次检查未整改完成问题

1. 查看 3 月 22 日视频监控，重离子加速器装置治疗室工作人员进入治疗室仍未佩戴个人剂量报警仪。

（二）本次检查发现问题

2. 现场检查发现，部分维修人员进入加速器大厅维修期间未佩戴个人剂量报警仪。

3. 现场检查时，加速器大厅区域卡放置在加速器大厅门口，无人保管。

4. 现场检查时重离子加速器装置正在维修，加速器大厅大门处于打开状态无人值守。

未见公司辐射安全与防护管理制度中"安装调试及维修情况下，任何联锁旁路应通过单位辐射安全管理机构的批准与见证"相关记录。

5. 公司《辐射安全与防护规章制度》《辐射安全与防护三废处理》中对重离子加速器冷却水排放规定不一致，与实际运行情况不符。

七、检查意见

1. 辐射工作人员进入重离子加速器装置治疗室时，应佩戴个人剂量计，携带个人剂量报警仪；应做好举一反三，加强辐射工作人员管理。

2. 应按照公司辐射安全与防护管理制度要求，加强对加速器大厅区域卡的管理。

3. 应落实公司制度要求，重离子加速器装置安装调试及维修期间，任何联锁旁路应通过单位辐射安全管理机构的批准与见证。

4. 应按照公司实际运行情况修订完善重离子加速器装置冷却水排放管理制度。

甘肃重离子医院股份有限公司应切实落实国家核安全管理部门所提出的整改要求，针对检查中发现的问题，认真查找原因，并根据原因进行整改；因本次监督检查为抽样检查，你公司应对发现的问题举一反三，对照检查各项辐射安全管理制度，提高辐射安全管理水平，确保核与辐射安全。

10.7 北山地下实验室检查案例

一、监督检查内容

1. 核设施环境影响报告书批复及承诺落实情况；
2. 核设施建造的质量保证。

二、监督检查依据

1.《中华人民共和国核安全法》；
2.《中华人民共和国放射性污染防治法》；
3.《中华人民共和国民用核设施安全监督管理条例》及其实施细则；
4.《放射性废物安全管理条例》；
5.《核电厂质量保证安全规定》；
6. 生态环境部批复文件及《中国北山地下实验室建设工程环境影响报告书》。

三、监督检查活动

2022 年 8 月 29 日至 30 日，生态环境部西北核与辐射安全监督站（以下简称"西北监督站"）对核工业北京地质研究院（以下简称"核地研院"）中国北山地下实验室建设工程（以下简称"北山实验室"）进行了例行核安全监督检查。

北山实验室建设单位为核地研院，EPC 总承包单位为中核第四研究设计工程有限公司（以下简称"核四院"），地下工程监理单位为甘肃蓝野建设监理有限公司（以下简称"甘肃蓝野"），竖井、平巷及硐室施工单位为中国核工业华兴建设有限公司（以下简称"中核华兴"），斜坡道施工单位为中铁十八局集团有限公司（以下简称"中铁十八局"）。

在检查前会议上，检查组说明了检查的目的和内容，听取了营运单位及相关单位的汇报。随后，检查组进行了文件和记录抽查，现场查看了地下掘砌工程施工工地，访谈了相关人员。在检查后会议上，检查组向营运单位及相关单位通报了此次检查的初步意见和建议，双方就检查意见进行了充分的交流和沟通。

四、监督检查结果及要求

（一）质量保证大纲

1. 甘肃蓝野尚未制定北山实验室建造阶段的质量保证分大纲及配套的程序文件。

整改要求：核地研院应要求为本工程提供服务的单位建立并有效实施质量保证体系，以保证工程质量。

（二）文件控制

2. 抽查核地研院《中国高水平放射性废物地质处置地下实验室建设工程设计和建造质量保证大纲》（以下简称《质保大纲》）及核四院《中国高水平放射性废物地质处置地下实验室建设工程设计和建造阶段总承包质量保证大纲》（以下简称《总包质保大纲》）

和配套的程序发现，部分内容不自洽。如：

（1）《质保大纲》中规定核地研院项目控制部的职责包括"负责组织施工图审查、设计交底、施工图会审等工作"，而在设计控制章节又规定"总包单位组织建设单位、监理单位、施工单位进行设计交底与图纸会审"；

（2）《质保大纲》中设计变更分为两类，而《总承包设计修改/变更管理程序》中设计变更分为三类；

（3）《总包质保大纲》职责分工部分设有"财务与资本运营部"，但附件3总承包单位质量保证组织机构图中无此部门；

（4）《总包质保大纲》职责分工部分将部门"设计管理部"误写成"铀矿冶所"；

（5）《总包质保大纲》程序清单中所列《接口控制程序》（HSY-LT-QA-001）与实际配套程序《单位间和部门间的接口管理程序》名称不一致；

（6）《总包质保大纲》内引用的《重要物项维护管理程序》和《场地和环境控制程序》的文件编号相同，实际未编制《重要物项维护管理程序》。

整改要求：核地研院和核四院应梳理质量保证大纲及配套的程序中类似问题，进行必要的修订和升版工作，保证文件内容自洽，便于实施。

3.《总包质保大纲》配套的程序为受控文件，但未装订并加盖受控章。

整改要求：核地研院应督促核四院按照质量保证要求管理受控文件，保证参与活动的人员使用正确合适的文件。

4. 抽查甘肃蓝野《监理规划》发现：

（1）《监理规划》由甘肃蓝野单位技术负责人审批，但未加盖单位公章，实际盖项目监理部章；

（2）《监理规划》的依据文件未包括核地研院《质保大纲》，与《质保大纲》中"监理单位依托建设单位质保大纲制定监理规划、监理实施细则"的要求不符。

整改要求：核地研院应督促甘肃蓝野完善《监理规划》的相关内容和审批程序，确保《监理规划》能有效地指导监理工作。

（三）组织

5. 核四院人员培训质量有待提高。如存在个别培训会议记录中培训时间与签到表时间不一致，个别人员培训试卷笔迹与签到表笔迹不一致，部分试卷未批改、评分，个别人员考试得分低于60分但未见补训相关要求等情况。

整改要求：核地研院应督促核四院加强培训管理，提升培训质量，保证承担相关工作的人员具备与岗位相适应的能力和水平。

6. 抽查中核华兴《爆破作业管理制度》《爆破作业许可审批单》发现：

（1）《爆破作业许可审批单》所附人员资质与《爆破作业管理制度》第6.1节人员配置要求不符；

（2）编号为G.21-LT-BP006-2022和G.21-LT-BP008-2022的两份《爆破作业许可审批单》后附的技术（安全）交底记录中被交底人员签到表为同一复印件，且被交底人员均未能覆盖当次爆破作业人员。

整改要求：核地研院应重视爆破作业人员的资质和培训的监督，甘肃蓝野和核四院应严格审验爆破作业人员的资格，中核华兴应配备满足要求的组织机构和人员，认真做好作业人员的技术安全交底工作，确保工作能够严格按管理制度要求开展。

（四）设计控制

7. 抽查核四院《设计变更控制程序》发现，按照第 4.5.1.2 节，变更分为设计变更、工程变更和现场变更，但附录 1《工程变更单》的适用范围不明确。

整改要求：核四院应梳理《设计变更控制程序》的规定，针对不同分类的变更设计相应的变更记录表单，确保设计变更文件齐全。

（五）物项控制

8. 抽查核四院《中国北山地下实验室建设工程物项（服务）质量保证分级清单》发现：

（1）缺少核地研院项目管理部审查认可该清单的书面记录，与核地研院《质保大纲》第 2.5.1 条要求不一致；

（2）该质量保证分级清单中仅列出了人员竖井、斜坡道、进风井等 9 项主体工程和实验数据采集、传输及存储系统等 9 项配套系统，未对设备、材料、部件等物项进行识别和分级。

整改要求：核地研院应组织相关单位做好物项识别和分级，并按《质保大纲》及配套的质量保证程序要求做好物项管理，保证工程建造质量。

9. 查看施工现场发现，中铁十八局项目部钢筋加工区缺少钢筋加工成品区及半成品区的标识标牌，中核华兴项目部混凝土原材料贮存区缺少标识标牌，且未进行原材料的覆盖及地面硬化处理。

整改要求：核地研院及核四院应督促中核华兴和中铁十八局做好物项的标识工作，做好混凝土骨料贮存区的场地硬化及排水、防雨、防尘等措施。

（六）检查与试验控制

10. 抽查中核华兴和中铁十八局的质量保证分大纲及相关质量计划发现：

（1）中核华兴和中铁十八局均未按照其质量保证分大纲管理程序清单编制相应的质量计划管理程序。

（2）中核华兴和中铁十八局在质量计划实施过程中，未按质量保证程序中"在活动开始前一个工作日将需要检查、见证的控制点以'质量计划控制点通知单'形式书面通知各相关方"的要求开展相关工作，且中核华兴在质量计划的实施过程中使用的《H/W放行记录》表格中有 R（记录审查点）点的相关记录。

整改要求：核地研院及核四院应要求中核华兴和中铁十八局做好质量计划的管理工作，及时编制相关程序并纳入质量保证程序管理。中核华兴和中铁十八局应按照审查认可的质量计划管理程序实施相关工作，梳理已完工程质量情况，加强质量记录控制保证质量计划工作具有可追溯性。

（七）质量保证记录

11. 抽查施工报审表及监理文件资料发现：

（1）核四院在地下工程开工前未将北山实验室项目部管理人员资格报甘肃蓝野审查，与《建设工程监理规范》（GB/T 50319—2013）第 5.2.1 条不符；

（2）中铁十八局项目部混凝土搅拌站报审表尚未经核四院及甘肃蓝野审核签字；

（3）甘肃蓝野7月份的《监理月报》中记录的质量问题与2022年7月13日开具的《监理通知单》（BS4-LYTZ-2022-0713）中提出的质量问题有差异，内容不齐全。

整改要求：核地研院应督促甘肃蓝野落实好对总承包单位及分包单位施工活动的监督审核工作，核四院及中铁十八局应在甘肃蓝野审核认可后开展下一步工序。甘肃蓝野应加强质量保证记录的控制，确保质量记录准确、完整。

西北监督站本次检查为抽样检查，核地研院应结合本次检查发现的问题，举一反三，要求各相关单位建立并有效实施质量保证体系，按质量保证要求开展好监查及管理部门审查，加强人员资格的核查及培训管理，做好设计控制、物项控制、检查和试验控制等工作，并提高对质量保证记录的认识，积极培育核安全文化，确保该设施建造质量受控。针对本次检查提出的问题，核地研院及各相关单位应深刻剖析问题根本原因，提出针对性纠正措施，制定切实可行的整改方案和实施计划，明确负责人和完成时限，做好问题整改落实，并严防同类问题再次发生，西北监督站将根据双方签字确认的检查记录单及整改报告核实问题整改落实情况。

10.8　钍基熔盐堆检查案例

一、检查依据

（一）《中华人民共和国核安全法》；

（二）《中华人民共和国放射性污染防治法》；

（三）《中华人民共和国民用核设施安全监督管理条例》及其实施细则；

（四）《核电厂核事故应急管理条例》；

（五）《核电厂质量保证安全规定》；

（六）《研究堆运行安全规定》；

（七）生态环境部（国家核安全局）批准或认可的其他文件。

二、检查内容

（一）首次临界前调试项目完成情况；

（二）意外事件单、设计变更申请情况；

（三）首次临界前的准备工作情况；

（四）运行后技术规格书的执行情况；

（五）定期试验的执行情况；

（六）相关核安全管理要求的落实情况。

三、检查活动

2023年9月25日至27日，生态环境部西北核与辐射安全监督站（以下简称"西北监督站"）组织检查组对中国科学院上海应用物理研究所（以下简称"营运单位"）2 MWt

液态燃料钍基熔盐实验堆（以下简称"熔盐堆"）进行了首次趋近临界控制点释放前的例行核安全监督检查。

检查组听取了营运单位关于熔盐堆调试总体进展、装料与首次临界试验、首次临界前准备工作自查等情况的汇报。检查组对质量保证、系统调试与移交、首次临界前准备与技术规格书执行、核安全管理要求落实等情况开展了检查，对调试和运行的相关记录文件进行了抽查，与有关技术人员和管理人员进行了对话，并对熔盐堆主控室、反应堆厂房、电气厂房、保卫控制中心及实物保护周界、放射性废物处理中心等进行了现场核查和确认。营运单位对检查给予了积极配合，检查达到了预期目标。

四、检查结论和要求

通过检查，检查组认为熔盐堆与核安全有关的活动处于受控状态，首次装料后调试项目按计划开展，调试期间出现的异常基本得到处理，装料后的运行工作能够遵守技术规格书的要求，临界前应完成的定期试验项目基本完成，历次检查中提出的整改要求基本得到落实，首次临界前的准备工作正在有序进行。

本次检查共形成了39份检查记录单，并提出了下述6个方面的检查意见和整改要求。检查组认为，营运单位在完成相应的整改工作后，首次临界前的准备工作是可以接受的。

（一）因熔盐堆燃料盐回路真空系统间吊装孔屏蔽结构方案调整，需将吊装孔三块混凝土盖板中的一块 GB-1 由 LF1105 房间转运到 LF1106 房间。9 月 26 日，安装单位上海建工集团股份有限公司在 LF1105 房间完成了混凝土盖板 GB-1 屏蔽块外形模拟件的转运试验。因未能对混凝土盖板 GB-1 屏蔽块转运方案中的"4.1 混凝土盖板转向：由东西方向转向南北方向"和"4.2 混凝土盖板由转角 1 至转角 2"进行模拟，同时模拟件仅模拟了 GB-1 屏蔽块的外形尺寸，未能模拟混凝土盖板的重量和转运过程中盖板自身对视野的影响，因此混凝土盖板在后续转运过程仍存在对周围设备一定的磕碰风险。此外，添加盐管道原贯穿孔以及变更后的添加盐管道贯穿孔尚未完成屏蔽封堵。

整改要求：营运单位在后续的-8 米层混凝土盖板 GB-1 转运过程中应充分考虑混凝土盖板模拟件转运试验中未能模拟到的因素，严格控制转运速度，注意与周围设备保持空间距离，在首次趋近临界控制点释放前严格按照《恢复安装方案》完成混凝土盖板 GB-1 转运、屏蔽钢板安装、地坪层钢盖板的安装、原加载贯穿孔封堵及其他相关恢复工作。

（二）营运单位尚未建立书面的系统移交工作计划，不满足《研究堆调试》（HAD202/05）第 6.1.2 节的要求。

整改要求：营运单位应建立书面的移交计划，确定各阶段的系统移交清单。

（三）环境监测、流出物排放和实验室管理等文件的编制和执行不规范，例如：《2 MWt 液态燃料钍基熔盐实验堆环境监测大纲》未明确环境样品送上海市嘉定园区实验室分析测量的质量控制措施；《2 MWt 液态燃料钍基熔盐实验堆放射性流出物排放控制与监测管理细则》的流出物核素分析表未按本工程烟囱、熔盐/空气换热器出风口和非能动余热排出系统出风口分别统计再汇总；《2 MWt 液态燃料钍基熔盐实验堆辐射监测实验室作业指导书》缺少空气 ^{14}C 的采样、制样和测量相关内容。

整改要求：营运单位应保证所有影响质量的活动都得到考虑而无遗漏，及时补充完善相关程序，严格按文件执行，并增加相关设备，确保监测有效性。

（四）部分应急器材、物资的放置或安装地点与《2 MWt 液态燃料钍基熔盐实验堆场内核事故应急预案》表 6.5-1 中的描述不符，例如：部分电子式 γ 个人剂量报警仪实际放置在现场辐射防护办公室；部分压缩空气呼吸器、气衣及配套空压机实际放置在卫生通道。

整改要求：营运单位应加强应急器材和物资的管理，确保放置或安装地点与应急预案中的描述一致。

（五）放射性废物及辐射防护管理需要进一步规范，例如：放射性固体废物管理台账信息记录不完整，未包括剂量率水平、废物来源信息；辐射防护的程序和规程中缺少关于调查水平、管理水平的具体要求；卫生出入口人员在通过全身表面污染监测仪（C2 门）之后脱除纸帽、鞋套、口罩，存在交叉污染的风险。

整改要求：营运单位应修改完善相关管理文件，补充放射性固体废物台账信息，优化控制区出入管理。

（六）质量保证体系文件执行及运行管理需要进一步规范，例如：《TMSR-LF1 运行值交接班表》中填写的实验堆模式有"空堆""停堆""燃料盐在堆腔"，不符合技术规格书对运行模式的定义；部分测温仪、电磁辐射仪等计量器具无检定标签和编码。

整改要求：营运单位应对检查中暴露的技术规格书、计量管理、记录规范等问题进行培训和反馈，严格执行计量器具的相关管理规定，规范填写记录。

营运单位应认真落实检查组提出的整改要求，针对检查组提出的其他有关问题和不足，应举一反三，开展自查，并将整改方案和落实情况及时报告西北监督站。

11 伴生放射性矿及铀矿监督检查

11.1 非铀矿产资源监督检查规定

第十九条 （监督检查单位）负责审批辐射环境影响评价专篇文件的部门及其派出机构，依照本办法对批准的矿产资源开发利用活动辐射安全实施定期监督检查。

第二十条 （监督检查重点）辐射安全监督检查的重点是：

（一）辐射环境保护审批手续；

（二）辐射安全管理制度建设及执行情况；

（三）辐射环境影响专篇和环境影响评价文件批复意见中辐射安全措施及要求的落实情况；

（四）放射性污染防治法规和标准的执行情况；

（五）以往检查发现问题的整改情况。

第二十一条 （监督检查的权利）环境保护行政主管部门实施监督检查时，有权采取如下措施：

（一）向被检查单位的法定代表人和其他有关人员调查、了解情况；

（二）进入被检查单位进行现场调查或者核查；

（三）查阅、复制相关文件、记录以及其他有关资料；

（四）要求被检查单位提交有关情况说明或者后续处理报告。被检查单位应当予以配合，如实反映情况，提供必要资料，不得拒绝和阻碍。监督检查人员进行监督检查时应出具证件，并为被检查单位保守技术和商业秘密。

第二十二条 （监督检查报告）环境保护行政主管部门进行监督检查时，应如实记录检查内容和发现的问题，并由监督检查人员和被检查单位相关负责人确认签字。

监督检查活动结束后 10 个工作日内，监督检查单位应出具书面监督检查报告。

第二十三条 （监督性监测）负责审批辐射环境影响评价专篇文件的环境保护行政主管部门应定期组织对纳入监督管理范围的矿产资源开发利用活动单位的辐射环境质量进行监督性监测。监督性监测应由有资质的辐射监测单位承担，所需经费纳入环境保护行政主管部门预算。矿产资源开发利用单位应为监督性监测提供便利。

11.2 矿产资源开发利用辐射环境监督检查要求

11.2.1 矿产资源开发利用辐射环境监督检查范围

根据关于发布《矿产资源开发利用辐射环境监督管理名录（第一批）》的通知，已纳入《矿产资源开发利用辐射环境监督管理名录（第一批）》，并且原矿、中间产品、尾矿（渣）或者其他残留物中铀（钍）系单个核素含量超过 1 贝可/克（1 Bq/g）的矿产资源开发利用项目，建设单位应当委托具有核工业类评价范围的环境影响评价机构编制辐射环境影响评价专篇和辐射环境竣工验收专篇。

辐射环境影响评价专篇应当纳入环境影响评价文件，与该项目的环境影响评价文件同步编制，一并申报，评价类别按环境保护部颁布的《建设项目环境影响评价分类管理名录》执行（见下表）。环评及验收阶段的辐射监测工作应当委托辖区内具有相应资质的监测单位实施。

表 11-1　矿产资源开发利用辐射环境监督管理名录（第一批）

序号	行业	工业活动
1	稀土	各类稀土矿（包括独居石、氟碳铈矿、磷钇矿和离子型稀土矿）的开采、选矿和冶炼
2	铌、钽	含铌、钽矿石的开采、选矿和冶炼
3	锆及氧化锆	锆英石（砂）、斜锆石的开采、选矿和冶炼
4	钒	钒矿的开采和冶炼
5	石煤	石煤的开采和使用

11.2.2　加强伴生放射性矿开发利用辐射环境管理工作要求案例

××省生态环境厅关于进一步加强伴生放射性矿
开发利用辐射环境管理工作的通知

各州、市生态环境局，省辐射环境监督站、省生态环境工程评估中心、省生态环境信息中心，各伴生放射性矿开发利用企业：

2020 年 3 月，省生态环境厅发布了××省第一批伴生放射性矿开发利用企业名录，共有伴生放射性矿开发利用企业 27 家。为进一步落实全国辐射安全监管工作座谈会精神以及生态环境部《关于发布〈伴生放射性矿开发利用企业环境辐射监测及信息公开办法（试行）〉的公告》（见附件 1）的有关要求，加强我省伴生放射性矿开发利用企业的辐射环境管理，确保辐射环境安全，现将有关工作事宜通知如下：

一、省生态环境厅对伴生放射性矿开发利用企业名录实行动态管理。各州（市）生态环境局在开展矿产资源开发利用环境监管过程中，发现企业任一批次原矿、中间产品、尾矿（渣）或者其他残留物中铀（钍）系单个核素含量超过 1 贝可/克（Bq/g）时，应及时报告省生态环境厅。经具备检验检测机构资质认定（CMA）的单位监测确认超过 1 贝可/克（Bq/g）后，列入伴生放射性矿开发利用企业名录管理。

二、各级生态环境主管部门在审批矿产资源开发利用项目环评文件时，应按照生态环境部公告 2020 年第 54 号《矿产资源开发利用辐射环境监督管理名录》（见附件 2）要求，仔细甄别，属于伴生放射性矿开发利用项目的，应要求建设单位依法办理环境影响评价手续。同时，及时将审批情况报送省生态环境厅，所涉及的企业将被列入伴生放射性矿开发利用企业名录管理。

三、各州（市）生态环境局应根据生态环境部《重点排污单位名录管理规定（试行）》（环办监测〔2017〕86号），将辖区内伴生放射性矿企业纳入重点排污单位名录，加强伴生放射性矿开发利用企业的监督检查，督促指导伴生放射性矿企业开展环境辐射监测和有关信息公开工作。对拒不开展环境辐射监测、不公开环境辐射监测信息和信息公开过程中有弄虚作假行为，或者开展相关工作存在问题且整改不到位的企业，依照有关法律法规及《关于深化环境监测改革提高环境监测数据质量的意见》等有关规定采取环境管理措施，对发现的违法违规行为予以责任追究。

四、各伴生放射性矿开发利用企业应严格按照生态环境部《伴生放射性矿开发利用企业环境辐射监测及信息公开办法（试行）》有关要求，开展环境辐射自主监测，在国家重点监控企业污染源监测信息公开平台上公开环境辐射监测信息；环境辐射监测发现流出物排放超标时，应立即停止排放，分析原因，并及时向所在地州（市）生态环境局和省生态环境厅报告。

五、省辐射环境监督站要做好伴生放射性矿开发利用企业环境辐射监督性监测工作。省生态环境工程评估中心要开展伴生放射矿开发利用相关政策研究，做好省级审批矿产资源开发利用项目环评文件技术评估环节的伴生放射性矿甄别工作，为伴生放射性矿开发利用监管提供技术支持。省生态环境信息中心要配合做好伴生放射性矿开发利用企业环境辐射监测信息公开相关工作。

六、请各州（市）生态环境局及时将本通知转送辖区内伴生放射性矿开发利用企业。

11.3 铀矿监督检查案例

11.3.1 沽源铀业检查案例

一、检查内容

（一）上次监督检查整改要求的落实情况；

（二）环境影响评价和"三同时"制度的执行情况及相关批复文件中各项要求的落实情况，各项环境保护法规标准的执行情况；

（三）辐射环境质量、流出物及个人剂量的监测计划、监测方法、监测设备及监测记录等；

（四）三废处理设施运行情况，重点是工艺废水是否实现槽式排放，尾渣（矿）库渗水回收和处理设施是否正常运行；

（五）辐射环境事故应急预案，应急设施设备配置，应急演练记录，以往辐射事故（事件）的处置记录；

（六）铀矿冶产品、矿石和尾渣的运输安全；

（七）与辐射环境安全相关的其他问题。

二、检查活动

××年×月×日至×日，环境保护部（国家核安全局）辐射源安全监管司组织检查组对中核沽源铀业有限责任公司进行了非例行辐射环境安全检查。检查组由环境保护部（国家核安全局）、环境保护部华北核与辐射安全监督站、河北省环境保护厅、河北省辐射环境管理站、张家口市环境保护局、沽源县环境保护局等有关单位的代表和专家组成。

检查组听取了受检单位辐射环境安全工作汇报，查阅了相关文档和记录，进行了对话沟通，现场检查了沽源铀矿的露天采场、尾矿库、生产车间、危化品仓库和废水处理车间。受检单位对检查给予了积极配合，检查达到了预期目的。

三、检查结论和要求

（一）总体评价

1. 受检单位安防环保组织机构健全，制度基本完善，质量保证体系运转基本正常。

2. 受检单位基本落实了环境影响评价文件及其批复要求，落实了上次检查提出的整改要求。

（二）存在的主要问题

1. 辐射监测设备检定存在空档期。

2. 液氮储罐液位计已失效，液氨储罐围挡存在裂隙。

3. 事故应急池中存在积水，堆矿场外拦矿墙破损。

（三）整改要求

1. 对以上问题进行有针对性的改进。

2. 增强辐射事故应急预案的针对性和可操作性，补充事故后洗消水及残留物的处置措施等内容。

3. 加强科普宣传，处理好睦邻关系。

11.3.2 本溪铀矿检查案例

一、检查内容

（一）上次监督检查整改要求的落实情况；

（二）环境影响评价和"三同时"制度的执行情况及相关批复文件中各项要求的落实情况，各项环境保护法规标准的执行情况；

（三）辐射环境质量、流出物及个人剂量的监测计划、监测方法、监测设备及监测记录等；

（四）三废处理设施运行情况；

（五）各类有毒有害危险品、易燃易爆危险品的储存、使用、管理等情况；

（六）有关信访投诉和舆情处置情况；

（七）与辐射安全相关的其他问题。

二、检查活动

××年×月×日至×日，环境保护部（国家核安全局）对中核北方铀业有限公司本溪铀矿进行了辐射安全检查。参加检查的人员来自环境保护部（国家核安全局）、环境保护部东北核与辐射安全监督站、辽宁省核安全局、本溪市环境保护局、南芬区环境保护局等单位。

检查组听取了受检单位辐射安全工作汇报，查阅了相关文档和记录，进行了对话沟通，现场检查了本溪铀矿的环保设施、危化品仓库和生产车间。受检单位（名单见附2）对检查给予了积极配合，检查达到了预期目的。

三、检查结论和要求

（一）总体评价

1. 受检单位安防环保组织机构健全，制度基本完善。

2. 受检单位基本落实了环境影响评价文件及其批复要求，落实了上次检查提出的整改要求。

（二）存在的主要问题

1. 监测报告中个别数据计量单位有误。

2. 存在周边群众信访投诉。

（三）整改要求

1. 核实监测报告数据，加强分析测试的质量保证管理。

2. 加强公众沟通和科普宣传，配合地方政府做好周边群众的息访工作，保证良好的睦邻关系。

11.3.3 铀矿冶项目辐射环境安全监督检查综合案例

本案例为综合检查案例。

一、单位及项目概况

西安中核蓝天铀业有限公司（以下简称"蓝天铀业"）位于陕西省西安市蓝田县工业园区。铀矿项目有4个，分别为陕西省蓝田铀矿和陈家庄铀矿、甘肃省706铀矿、四川省若尔盖龙江铀矿（西南站监管）；退役治理项目2个，分别为陕西省高山寺退役治理项目和甘肃省龙首山项目。

二、检查内容

1. 铀矿停运退役治理、监护情况，辐射环境安全组织机构情况；

2. 铀矿辐射环境安全及环保治理情况；

3. 废水处理设施运行情况；

4. 上次监督检查问题整改落实情况。

三、检查活动

2023 年 8 月 30 日，对 706 铀矿进行了辐射环境安全例行监督检查；10 月 31 日—11 月 1 日，我站对蓝田铀矿、陈家庄铀矿、高山寺退役治理项目进行了辐射环境安全例行监督检查。检查组听取了该公司对法规标准执行、三废处理设施运行、流出物监测及排放、上次监督检查问题整改意见落实等情况的汇报，并对相关问题进行了讨论。对尾矿（渣）库、废石堆（场）及渗出水处理车间、挡墙、截排洪沟、蒸发池、通风井等环保设施进行了现场检查；对环境监测数据、个人剂量监测数据、放射性废物台账、辐射事故预防与应急管理等文件资料进行了检查。

对上次监督检查问题整改落实情况进行了核查。

四、检查结论

1. 蓝田铀矿目前处于关停待退役阶段，尾渣渗出水进行了收集，处理合格后，经监测槽式排放。

2. 高山寺退役治理项目目前处于退役后监护阶段，对尾渣渗出水进行了收集，处理合格后，经监测槽式排放。

3. 陈家庄铀矿处于待退役阶段。

4. 706 铀矿目前处于关停待退役阶段，尾渣渗出水已收集暂存，暂未外排。

5. 根据《铀矿冶设施辐射环境安全监督检查大纲》的监督检查频次要求，本次未对龙首山项目开展检查。

6. 现场未见发生地质自然灾害的迹象，未见地质自然灾害造成的辐射环境安全隐患。

7. 2023 年上半年提出监督检查问题 8 条，已完成整改 7 条。

五、存在问题及整改要求

（一）上次检查未整改完成问题及检查意见

1. 蓝田铀矿、陈家庄铀矿、706 铀矿均处于停运待退役状态，尚未开展现场退役工作。

检查意见：应加快推进开展现场退役工作。

（二）本次检查发现的问题及检查意见

2. 现场检查时，《706 铀矿废水处理系统试运行记录》与《工业废水槽式排放监测分析原始记录》中外排水 U 浓度不一致。如：7 月 4 日《706 铀矿废水处理系统试运行记录》当天两次外排 U 浓度记录为 58 μg/L、60 μg/L，《工业废水槽式排放监测分析原始记录》为 0.58 μg/L、0.60 μg/L。现场检查时，未见《废水排放通知单》。

检查意见：应开展调查，查明外排水 U 浓度在不同记录中不一致的原因；应落实公司规章制度，按照操作规程开展废水排放及处理工作；应加强质量保证体系建设，严禁弄虚作假，在外排废水的监测、排放等各环节加强管理，督促所有工作人员提高认识、履行职责。

3. 蓝田铀矿地下水监测对照点样品为"生活区水源"，但该水源为地表水。

检查意见：应按照《铀矿冶辐射环境监测规定》（GB 23726—2009）要求，开展地下水监测时应采用厂址上游地带地下水采样井井水为对照样本。

4. 查看视频监控回放，蓝田铀矿废水排放样本取样结束后，仍有废水排入待排放废水收集池。

检查意见：应加强废水排放管理，合理设置废水排放取样时间，使得监测样本的监测结果具有代表性，监测结果达标后方可排放。

5. 蓝田铀矿危险废物暂存间不符合相关标准。

检查意见：应按照《危险废物贮存污染控制标准》（GB 18597—2023）相关要求建设危险废物暂存间，对产生的危险废物进行管理。

6. 现场检查时，高山寺退役治理项目1#应急池已基本满池。

检查意见：应加强对应急池的管理，查明应急池池水来源并在监测后达标排放；应确保应急池处于有效状态，在应急状态下收集泄漏的含铀溶液，防止流入外环境。

7. 蓝天铀业《突发环境事件应急预案》（预案编号：LTYY-HJ-2022）缺少应急组织体系及职责、事件分级等内容。

检查意见：应及时完善应急预案，确保应急预案的有效性。

蓝天铀业应切实落实各级核与辐射安全监管部门要求，认真查找上述问题的根本原因，提出整改措施并逐项落实。因本次监督检查为抽样检查，你公司应对发现的问题举一反三，对照自查各项核与辐射安全管理制度，进一步提高核与辐射安全管理水平，确保辐射环境安全。

11.4 伴生放射性固体废物环境风险隐患排查

11.4.1 排查对象及范围

排查对象初步确定为甘肃稀土新材料股份有限公司、甘肃易阳煤碳有限责任公司、甘肃陇原露天煤业有限公司、民勤县青苔泉煤业有限公司青苔泉煤矿、敦煌市鄂鑫钒业有限责任公司、肃北蒙古族自治县西矿钒科技有限公司、成县华锐冶金有限公司等七家企业。

11.4.2 排查内容

（一）伴生放射性矿开发利用企业基本情况

企业基本情况主要包括：单位名称、统一社会信用代码、位置信息、联系方式、企业规模、矿产种类、原料来源、废水排放、自行监测情况以及环境管理现状。无主企业基本情况主要包括：原单位名称、位置信息、当地监管单位联系方式、矿产种类、遗留伴生放射性固体废物贮存现状等。

（二）企业及周边环境现状

调查企业周边辐射环境现状。对于有主企业，可采用年度自行监测报告数据。对于无主企业，应监测厂区内 γ 辐射空气吸收剂量率、土壤放射性水平和重金属含量；如发生过环境污染事件，还应巡测企业周边 γ 辐射空气吸收剂量率，并根据巡测结果以及环境污染事件的影响范围确定地表水、土壤等环境介质的监测范围和点位。

环境监测项目：

1. 陆地 γ：γ 辐射空气吸收剂量率；

2. 地表水：$U_{天然}$、^{226}Ra、Th；

3. 土壤：^{238}U、^{226}Ra、^{232}Th、pH、Cd、Hg、As、Pb、Cr、Cr^{6+}、Tl、Sb。

（三）伴生放射性固体废物情况

伴生放射性固体废物是指非铀（钍）矿产资源开发利用活动中产生的铀（钍）系单个核素活度浓度超过 1 Bq/g 的固体废物。排查内容包括：企业伴生放射性固体废物种类、数量、放射性水平以及贮存、综合利用、处置现状；无主企业遗留的伴生放射性固体废物现状、放射性水平和重金属水浸毒性。

伴生放射性固体废物监测项目：^{238}U、^{226}Ra、^{232}Th、pH，Cd、Hg、As、Pb、Cr、Cr^{6+}、Tl、Sb 的水浸毒性。

（四）伴生放射性固体废物贮存、处置设施情况

伴生放射性固体废物贮存设施是指暂时存放伴生放射性固体废物的设施；处置设施是指通过填埋等方式解决伴生放射性固体废物去向的设施。排查内容包括：贮存/处置设施建设时间、启用时间、库容记录，与最近水源地（取水点）、环境敏感目标距离等信息，选址、设计、运行是否满足《伴生放射性物料贮存及固体废物填埋辐射环境保护技术规范（试行）》（HJ 1114—2020）相关要求。贮存/处置设施（含无主企业遗留设施）渗滤液处理、排放情况以及放射性水平和重金属含量，对于已开展自行监测的，可采用年度自行监测报告数据。

渗滤液监测项目：$U_{天然}$、^{226}Ra、Th、总 α、总 β、pH、Cd、Hg、As、Pb、Cr、Cr^{6+}、Tl、Sb。

11.4.3 排查工作

排查工作包括现场排查、样品采集和分析、数据填报、质量控制、成果报告和数据汇总分析、成果应用等。

（一）现场排查

各伴生矿企业对照企业基本情况表先进行自查，提供企业基本情况、监测报告等基本资料。

市州生态环境局按照确定的排查名单和方案组织排查工作组进行现场排查，填报伴生矿隐患排查相关表格，对于排查中发现的环境风险隐患，各级生态环境主管部门应督促企业及时整改，对于短期无法完成整改的，应给出整改计划，有关市级生态环境部门将环境风险隐患以及相应的整改情况或计划报送省生态环境厅。

省生态环境厅将本行政区域环境风险隐患以及相应的整改情况或计划报送至生态环境部。

（二）样品采集和分析

有关市级生态环境部门按照确定的排查方案组织开展现场监测、样品采集，样品采集后分别送往省核与辐射安全中心和驻市生态环境监测中心分析。样品采集和分析应按照相关标准要求执行，采集和分析过程应做好质量控制，确保采样的代表性和分析测量结果的准确性。如果企业原矿、中间产品、尾矿、尾渣或者其他残留物主要含伴生铀系核素，分析时关注铀系核素；如果主要含伴生钍系核素，分析时关注钍系核素；如果难以判断核素类型，应同时分析铀系、钍系核素。

（三）数据填报

省生态环境厅组织有关市州生态环境局完成数据填报。市州排查人员在现场排查时，通过现场查看、资料查阅、问询企业或当地监管部门等方式；完成分析测量后，将数据补充填入相关表格（见表 11-2～表 11-9）。

（四）质量控制

质量控制应贯穿于排查工作各阶段。省核与辐射安全中心负责本行政区域排查工作的质量控制，确保填报数据的真实性、可靠性。

省核与辐射安全中心对填报的表格进行审核。

（五）成果报告和数据汇总分析

省厅按照要求完成伴生放射性固体废物环境风险隐患排查工作报告，报送至生态环境部。

（六）成果应用

省厅及市州生态环境局应充分利用本次排查成果，督促企业落实污染防治主体责任，加快推动解决发现的环境风险隐患。对于企业运行管理中的环境风险隐患，应提出整改要求并督促及时整改；对于短期无法解决的伴生放射性固体废物处置去向等问题，结合地方实际情况，提出管理要求；对于无主企业遗留的伴生放射性固体废物污染和处置问题，在全面分析排查结果的基础上，协助地方政府制定污染治理计划，加快推动解决历史遗留问题。此外，排查中应加强宣传引导，避免出现舆情。

表 11-2　有主企业基本情况统计表

填报单位：			填报时间：	
1. 企业名称：				
2. 统一社会信用代码：				
3. 运行状态：□运行　□停产　□关闭				
4. 矿产类别：□稀土　□锆及氧化锆　□铌/钽　□锡　□铝　□铅/锌　□铜　□铁　□钒　□钼　□镍　□锗　□钛　□金　□磷酸盐　□煤				
5. 工艺类型：□开采　□选矿　□冶炼　□采选联合　□选冶联合　□采选冶联合				
6. 企业规模：□大型　□中型　□小型　□微型				
7. 原料来源：□企业自身开采　□国外采购（国家：）□国内采购（出售单位：　　）				

8. 详细地址：_____省（自治区、直辖市）_____地市（市、州、盟）_____县（区、市、旗）_____乡（镇）_____村_____

9. 地理坐标：经度：_____   纬度：_____

10. 联系人：_____   电话：_____

11. 流出物情况	车间排放口	U 天然 /（mg/L）：	²²⁶Ra /（Bq/L）：	Th /（mg/L）：	总 α /（Bq/L）：	总 β /（Bq/L）：
	总排口	U 天然 /（mg/L）：	²²⁶Ra /（Bq/L）：	Th /（mg/L）：	总 α /（Bq/L）：	总 β /（Bq/L）：
	尾矿（渣）库渗滤液排放口	U 天然 /（mg/L）：	²²⁶Ra /（Bq/L）：	Th /（mg/L）：	总 α /（Bq/L）：	总 β /（Bq/L）：

12. 周边环境状况	空气中氡浓度（范围）				
	对照点				
	γ辐射空气吸收剂量率（范围）				
	对照点				
	土壤（范围）	²³⁸U /（Bq/g）：	²²⁶Ra /（Bq/g）：	²³²Th /（Bq/g）：	其他监测项目：
	对照点	²³⁸U /（Bq/g）：	²²⁶Ra /（Bq/g）：	²³²Th /（Bq/g）：	其他监测项目：
	地表水（范围）	U 天然 /（mg/L）：	²²⁶Ra /（Bq/L）：	Th /（mg/L）：	其他监测项目：
	对照点	U 天然 /（mg/L）：	²²⁶Ra /（Bq/L）：	Th /（mg/L）：	其他监测项目：
	地下水（范围）	U 天然 /（mg/L）：	²²⁶Ra /（Bq/L）：	Th /（mg/L）：	其他监测项目：
	对照点	U 天然 /（mg/L）：	²²⁶Ra /（Bq/L）：	Th /（mg/L）：	其他监测项目：
	底泥（范围）	²³⁸U /（Bq/g）：	²²⁶Ra /（Bq/g）：	²³²Th /（Bq/g）：	其他监测项目：
	对照点	²³⁸U /（Bq/g）：	²²⁶Ra /（Bq/g）：	²³²Th /（Bq/g）：	其他监测项目：

13. 环境应急	□制定企业突发环境事件应急预案	是否包含辐射应急措施的内容□是　□否
	□未制定企业突发环境事件应急预案	

14. 环境管理机构	□建立辐射环境管理机构	是否配备专业技术人员与管理人员□是　□否
	□未建立辐射环境管理机构	
	是否建立辐射环境管理岗位责任制度、教育培训制度、报告制度等：□是　□否	

15. 环境风险隐患	废水是否存在超标排放现象：□是　□否
	巡查企业各类管道，是否有"跑冒滴漏"现象：□是　□否
	固体废物是否存在露天无序堆存现象：□是　□否

审核人：_____   填表人：_____

表 11-3　有主伴生放射性固体废物数量和放射性水平统计表

填报单位:		填报时间:	

企业名称:			

伴生放射性固体废物基本情况

1. 伴生放射性固体废物种类:

□废石　□尾矿　□冶炼废渣　□炉渣　□煤矸石　□赤泥　□其他:

2. 年产生量:

综合利用

3. 综合利用量/t:

4.自行综合利用量/t:	利用方式:	
5. 送外综合利用量/t:	利用方式:	去向:

处置

6. 处置量/t:

7. 自行处置量/t:	处置方式:	
8. 外送处置量/t:	处置方式:	去向:

9. 截至目前贮存量/t:

伴生放射性固体废物放射性水平

10. 放射性核素活度浓度

^{238}U / (Bq/g):	^{226}Ra / (Bq/g):	^{232}Th / (Bq/g):

审核人:　　　　　　　　　填表人:

表 11-4　伴生放射性固体废物贮存设施情况表

填报单位:		填报时间:	

企业名称:			

基本情况

1. 设施名称:

2. 贮存废物种类及接收来源

(1) 名称:	贮存量/t	接收来源:
(2) 名称:	贮存量/t	接收来源:
(3) 名称:	贮存量/t	接收来源:
(4) 名称:	贮存量/t	接收来源:
(5) 名称:	贮存量/t	接收来源:

3. 建设时间 (a):

4. 启用时间 (a):

5. 设计总库容/m³：

6. 已用库容/m³：

7. 与最近饮用水源地（取水点）距离/m：

8. 与最近环境敏感目标的距离/m：

选址、设计、运行

9. 是否采取实体隔离措施：□是　□否

10. 是否设置清污分流：□是　□否

11. 是否设计防渗：□是　□否（若选否，无需填写 12 项）

12. 防渗是否按照 HJ 1114 规定的防渗要求设计：□是　□否

13. 边界明显部位是否设置电离辐射标志：□是　□否

14. 是否有明确标识（注明废物的名称、数量、放射性核素活度浓度等）：□是　□否

15. 是否建立贮存档案（含名称、来源、数量、放射性核素活度浓度、入库日期、出库日期及接收单位名称等信息）：□是　□否

16. 是否采取防尘、抑尘措施：□是　□否

17. 固体废物含水率：

18. 包装形式：

19. pH：

渗滤液情况

20. 是否有渗滤液：□是　□否（若选否，无须填写 21、22、23、24、25 项）

21. 渗滤液年产生量（t）：

22. 是否设置渗滤液收集系统：□是　□否

23. 渗滤液处理方式：□回收利用　□处理设施处理后排放　□直接排放到外环境

24. 渗滤液放射性水平

伴生铀	伴生钍
U 天然 /（mg/L）：	Th /（mg/L）：
^{226}Ra /（Bq/L）：	总 α /（Bq/L）：
总 α /（Bq/L）：	总 β /（Bq/L）：
总 β /（Bq/L）：	

25. 渗滤液重金属含量

pH：	Cr /（mg/L）：
Cd /（mg/L）：	Cr^{6+} /（mg/L）：
Hg /（mg/L）：	Tl /（mg/L）：
As /（mg/L）：	Sb /（mg/L）：
Pb /（mg/L）：	

审核人：　　　　　　　　　填表人：

表 11-5 伴生放射性固体废物处置设施情况表

填报单位：	填报时间：

企业名称：

基本情况

1. 设施名称：

2. 设施种类：□尾矿（渣）库　□尾矿（渣）库以外的其他处置设施（如选尾矿（渣）库，则需填写 38、39、40、41、42、43 项）

3. 处置废物种类及接收来源

（1）名称	处置量/t	接收来源：
（2）名称	处置量/t	接收来源：
（3）名称	处置量/t	接收来源：
（4）名称	处置量/t	接收来源：
（5）名称	处置量/t	接收来源：
（6）名称	处置量/t	接收来源：

4. 是否封场：□是　□否（如选择"否"，无须填写 32、33、34、35、36、37）

5. 建设时间/a：

6. 启用时间/a：

7. 设计总库容/m³：

8. 已使用库容/m³：

9. 与最近饮用水源地（取水点）距离/m：

10. 与最近环境敏感目标的距离/m：

选址、设计、运行

11. 场址是否位于重现期不小于百年一遇洪水水位之上，并在规划中的水利设施淹没区和保护区之外：
□是　□否

12. 场址基础层底部与地下水有记录以来的最高水位保持是否能保证 3 m 以上的距离：
□是　□否（若选"是"，则无须填写 13）

13. 是否设置地下水导排系统：□是　□否

14. 是否设置防渗系统：□是　□否（若选否，则无须填写 15、16、17、18 项）

15. 设施的防渗系统包含：□天然基础层□天然材料防渗层□双人工防渗衬层（若不选天然基础层，则无须填写 16 项；若不选天然材料防渗层，则无须填写 17 项；若不选双人工防渗衬层，则无须填写 18、23 项。）

16. 天然基础层防渗系数：　　　　　　□不清楚（如无法调查到防渗系数，则勾选"不清楚"）

17. 天然材料防渗层防渗系数：　　　　□不清楚（如无法调查到防渗系数，则勾选"不清楚"）

18. 双人工防渗衬层是否按照 HJ 1114 防渗要求设计：□是　□否

19. 现有防渗措施及防渗材料（如 16、17 项均选择"不清楚"且 18 项选择"否"，则需填写该项）

防渗措施：

防渗材料：

20. 是否设置渗滤液导排系统：□是　□否（若选否，则无须填写 21、22 项）

21. 渗滤液导排系统包含：□渗滤液导排层□集排水管道□集水井（若不选渗滤液导排层，则无须填写 22 项）

22. 导排层是否满足 HJ1114 要求：□是　□否

23. 双人工防渗衬层之间是否设置渗漏检测层（兼做排水层）：　□是　□否

24. 设施上游是否设置地下水监测井：□是　□否

25. 设施下游是否设置地下水监测井：□是　□否

26. 设施两侧是否设置地下水监测井：□是　□否

27. 地下水监测数据（如 24、25、26 项任一项选择"是"，则在该项填报具体监测井数据，如有两个监测井及以上，复印该表进行填报）

$U_{天然}$ / （mg/L）：	^{226}Ra / （Bq/L）：
Th / （mg/L）：	总 α / （Bq/L）：
总 β / （Bq/L）：	其他监测项目：

28. 是否设置截排洪系统：□是　□否

29. 设施边界明显部位是否设置电离辐射标志：□是　□否

30. 是否建立处置档案（含名称、来源、数量、放射性核素活度浓度、入库日期、出库日期及接收单位名称等信息）：□是　□否

31. 是否采取防尘、抑尘措施：□是　□否

封场要求

32. 设施封场结构包括：□氡（钍）屏蔽层（兼做天然防渗层）　□人工防渗衬层　□排水层　□防生物侵扰层　□植被恢复层（若不选氡（钍）屏蔽层，则不须填写 33 项；若不选人工防渗衬层，则无须填写 34 项；若不选排水层，则无须填写 35 项；若不选防生物侵扰层，则无须填写 36 项；若不选植被恢复层，则无须填写 37 项）

33. 氡（钍）屏蔽层是否满足 HJ 1114 要求：□是　□否

34. 人工防渗衬层是否满足 HJ 1114 要求：□是　□否

35. 排水层是否满足 HJ 1114 要求：　□是　□否

36. 防生物侵扰层是否满足 HJ 1114 要求：　□是　□否

37. 植被恢复层是否满足 HJ 1114 要求：　□是　□否

尾矿（渣）库补充信息

38. 尾矿（渣）库型式：□山谷型　□傍山型　□平地型　□截河型　□其他

39. 尾矿（渣）入库形式：□干法　□湿法　□混合类型

40. 坝体类型：□透水　□不透水

41. 生产状况：□正在使用　□停用　□闭库　□废弃　□在建

42. 设计总坝高/m：

43. 现状坝高/m：

渗滤液情况

44. 是否有渗滤液：□是　□否（若选否，无需填写 45、46、47、48、49 项）

45. 渗滤液年产生量/t：

46. 是否设置渗滤液收集系统：□是　□否

47. 渗滤液处理方式：□回收利用　□处理设施处理后排放　□直接排放到外环境

48. 渗滤液放射性水平

伴生铀	伴生钍
$U_{天然}$ /（mg/L）：	Th /（mg/L）：
^{226}Ra /（Bq/L）：	总 α /（Bq/L）：
总 α /（Bq/L）：	总 β /（Bq/L）：
总 β /（Bq/L）：	

49. 渗滤液重金属含量

pH：	Cr /（mg/L）：
Cd /（mg/L）：	Cr^{6+} /（mg/L）：
Hg /（mg/L）：	Tl /（mg/L）：
As /（mg/L）：	Sb /（mg/L）：
Pb /（mg/L）：	

审核人：　　　　　　　　　填表人：

表 11-6　无主企业现状及历史遗留伴生放射性固体废物调查表

填报单位：	填报时间：

企业基本情况

1. 企业名称：

2. 矿产类别：□稀土　□锆及氧化锆　□铌/钽　□锡　□铝　□铅/锌　□铜　□铁　□钒　□钼　□镍　□锗　□钛　□金　□磷酸盐　□煤

3. 土地所有者：□国有　□集体

4. 土地使用权归属：

5. 土地规划用途：

6. 详细地址：_____省（自治区、直辖市）_____地市（市、州、盟）_____县（区、市、旗）_____乡（镇）_____村_____

7. 地理坐标：经度：　　　　纬度：

8. 当地监管单位联系人： 电话：	
9. 是否有专人看管：□是 □否（如选否，则无需填写 10 项）	
10. 看管人： 电话：	
11. 遗留伴生放射性固体废物量/t：	
12. 遗留伴生放射性固体废物贮存现状（附照片）	

伴生放射性固体废物放射性水平及重金属水浸毒性

13. 放射性水平（范围）

^{238}U /（Bq/g）：	^{226}Ra /（Bq/g）：	^{232}Th /（Bq/g）：

14. 重金属水浸毒性（范围）

pH：	Cr /（mg/L）：
Cd /（mg/L）：	Cr^{6+} /（mg/L）：
Hg /（mg/L）：	Tl /（mg/L）：
As /（mg/L）：	Sb /（mg/L）：
Pb /（mg/L）：	

遗留伴生放射性固体废物存放场地情况

15. 遗留伴生放射性固体废物存放场地形式：□尾矿（渣）库 □尾矿（渣）库以外的其他贮存、处置设施 □简易露天堆放（如选择简易露天堆放，则无需填写 16、17、18、19、20 项）

16. 是否封场：□是 □否

17. 建设时间/a：

18. 启用时间/a：

19. 设计总库容/m³：

20. 已使用库容/m³：

21. 是否设置截排洪系统：□是 □否

22. 与最近饮用水源地（取水点）距离/m：

23. 与最近环境敏感目标的距离/m：

24. 场地上游是否设置地下水监测井：□是 □否

25. 场地下游是否设置地下水监测井：□是 □否

26. 场地两侧是否设置地下水监测井：□是 □否

27. 是否采取防尘、抑尘措施：□是 □否

遗留伴生放射性固体废物场地渗滤液情况

28. 是否有渗滤液：□是 □否（若选否，则无需填写 29、30、31、32、33 项）

29. 是否设置防渗系统：□是 □否

30. 是否设置渗滤液收集系统： □是 □否

31. 渗滤液处理方式：□回收利用　□处理设施处理后排放　□直接排放到外环境

32. 渗滤液放射性水平

伴生铀（范围）	伴生钍（范围）
$U_{天然}$ / （mg/L）：	Th / （mg/L）：
^{226}Ra / （Bq/L）：	总 α / （Bq/L）：
总 α / （Bq/L）：	总 β / （Bq/L）：
总 β / （Bq/L）：	

33. 渗滤液重金属含量（范围）

pH：	Cr / （mg/L）：
Cd / （mg/L）：	Cr^{6+} / （mg/L）：
Hg / （mg/L）：	Tl / （mg/L）：
As / （mg/L）：	Sb / （mg/L）：
Pb / （mg/L）：	

厂区环境现状

34. 陆地 γ

γ 辐射空气吸收剂量率（范围）：

35. 土壤

伴生铀（范围）	重金属含量（范围）
^{238}U / （Bq/g）：	pH：
^{226}Ra / （Bq/g）：	Cd / （mg/kg）：
伴生钍（范围）	Hg / （mg/kg）：
^{232}Th / （Bq/g）：	As / （mg/kg）：
	Pb / （mg/kg）：
	Cr / （mg/kg）：
	Cr^{6+} / （mg/kg）：
	Tl / （mg/kg）：
	Sb / （mg/kg）：

周边环境现状

36. 陆地 γ

γ 辐射空气吸收剂量率（范围）：

对照点：

如有异常数据，补充填报异常数据：

37. 土壤

续表

伴生铀（范围）	重金属含量（范围）
^{238}U /（Bq/g）：	pH：
^{226}Ra /（Bq/g）：	Cd /（mg/kg）：
伴生钍（范围）	Hg /（mg/kg）：
^{232}Th /（Bq/g）：	As /（mg/kg）：
对照点	Pb /（mg/kg）：
^{238}U /（Bq/g）：	Cr /（mg/kg）：
^{226}Ra /（Bq/g）：	Cr^{6+} /（mg/kg）：
^{232}Th /（Bq/g）：	Tl /（mg/kg）：
	Sb /（mg/kg）：
如有异常数据，补充填报异常数据：	

38. 地表水

伴生铀（范围）	伴生钍（范围）
$U_{天然}$ /（mg/L）：	Th /（mg/L）：
^{226}Ra /（Bq/L）：	
对照点	
$U_{天然}$ /（mg/L）：	Th /（mg/L）：
^{226}Ra /（Bq/L）：	
如有异常数据，补充填报异常数据：	

39. 地下水

伴生铀（范围）	伴生钍（范围）
$U_{天然}$ /（mg/L）：	Th /（mg/L）：
^{226}Ra /（Bq/L）：	
对照点	
$U_{天然}$ /（mg/L）：	Th /（mg/L）：
^{226}Ra /（Bq/L）：	
如有异常数据，补充填报异常数据：	

审核人：　　　　　　　　　　　　填表人：

表 11-7　不同排查对象的采样、监测要求

企业类型	采样、监测内容及要求		
	流出物和环境监测	伴生放射性固体废物及渗滤液监测	
		伴生放射性固体废物	伴生放射性固体废物贮存设施、处置设施渗滤液
有主企业	可采用伴生放射性矿开发利用企业年度自行监测报告数据。如未开展自行监测,应进行补充监测。	现场采集各类伴生放射性固体废物样品,分析 ^{238}U、^{226}Ra、^{232}Th。	现场采集未经处理直接外排的渗滤液,分析 U 天然、^{226}Ra、Th、总 α、总 β、pH、Cd、Hg、As、Pb、Cr、Cr^{6+}、Tl、Sb。经处理设施处理后排入外环境的渗滤液,可采用企业自行监测报告数据
无主企业	监测厂区内 γ 辐射空气吸收剂量率,采样分析土壤中 ^{238}U、^{226}Ra、^{232}Th、pH、Cd、Hg、As、Pb、Cr、Cr^{6+}、Tl、Sb。如发生过环境污染事件,还应巡测企业周边 γ 辐射空气吸收剂量率,并根据巡测结果以及环境污染事件的影响范围确定地表水、土壤等环境介质的监测范围和点位,开展采样分析	现场采集各类伴生放射性固体废物样品,分析 ^{238}U、^{226}Ra、^{232}Th、pH,以及 Cd、Hg、As、Pb、Cr、Cr^{6+}、Tl、Sb 的水浸毒性	遗留伴生放射性固体废物场地未经处理直接外排的渗滤液,分析 U 天然、^{226}Ra、Th、总 α、总 β、pH、Cd、Hg、As、Pb、Cr、Cr^{6+}、Tl、Sb

表 11-8　有主企业伴生放射性固体废物统计汇总表

_____省(自治区、直辖市)

序号	企业名称	运行状态	地市	矿种	联系人	联系电话	废物名称	放射性水平/(Bq/g)			产生量(t/a)	贮存情况		综合利用情况		处置情况		
								^{238}U	^{232}Th	^{226}Ra		是否有贮存设施	截至目前贮存量/t	自行综合利用量/t	送外综合利用量/t	是否有处置设施	自行处置量/t	送外处置量/t
1																		
2																		
3																		
4																		
5																		
6																		
7																		
8																		
⋮																		
	合计																	

审核人:　　　　　　　　　　填表人:

表 11-9 无主企业伴生放射性固体废物统计汇总表

_____省（自治区、直辖市）

序号	企业名称	地市	矿种	当地监管部门		废物名称	遗留量/t	放射性水平（Bq/g）			pH 及重金属水浸毒性								
				联系人	联系电话			^{238}U	^{232}Th	^{226}Ra	pH	Cd/（mg/L）	Hg/（mg/L）	As/（mg/L）	Pb/（mg/L）	Cr/（mg/L）	Cr^{6+}/（mg/L）	Tl/（mg/L）	Sb/（mg/L）
1																			
2																			
3																			
4																			
5																			
6																			
7																			
8																			
⋮																			
合计																			

审核人：   填表人：

12　电磁类建设项目监督检查

12.1　监督检查的实施

1. 监督检查流程

例行/日常监督检查按照流程执行，非例行监督检查可根据需要调整。

（1）检查前准备

1）资料和仪器准备，确定监督检查重点

通过分析被监督检查单位的相关材料，包括建设项目的概况、周围的环境敏感目标、环境影响评价文件及审批意见、电磁环境/声环境监测报告、历次监督检查报告、公众投诉等，确定监督检查重点，并准备必要的监测仪器。

2）确定人员，下发监督检查通知

根据监督检查重点，确定监督检查组成员和人员分工，必要时请技术支持单位参加。确定检查组，成员不少于两人。

检查前一周向被监督单位发出检查通知。

（2）现场检查

1）检查前会议

召开检查组内部会议，确定具体检查要求、方式和分工。召开检查前会议，向被监督检查单位介绍监督检查目的、监督检查内容和程序，听取被监督检查单位介绍本单位环境保护设施、措施基本情况，包括环境保护组织机构、管理制度、电磁环境、生态环境、声环境、固体废物管理情况、周围环境监测结果及上次要求整改问题的落实情况等。

2）现场检查

根据检查的目的，开展文件检查和现场察看。

3）检查后会议

现场监督检查结束后，召开检查后会议。双方就监督检查情况充分交换意见，检查组组长向被监督检查单位代表宣布现场监督检查意见。监督检查组组长与被监督检查单位代表分别在现场监督检查意见上签字，存档备查。

（3）报告编制与报送

1）报告编制

现场监督检查结束后，监督检查的实施单位编制监督检查报告。按照报告制度的要求印发并主送被监督检查单位、抄送相关单位。

2）落实监管

各相关单位根据职责分工落实监管要求，并跟踪落实。

2. 例行监督检查

电磁类建设项目例行监督检查主要针对建设阶段，由省级环保部门组织开展，必要时也可由辐射源安全监管司直接组织开展。按照规定的程序和频次对电磁类建设项目建设阶段的环境保护工作进行现场监督检查。根据例行监督检查实际工作需要，可请技术支持单位参加。

（1）监督检查频次

电磁类建设项目每年进行一次建设阶段例行监督检查。

（2）监督检查内容

1）文件检查

a. 企业环境保护组织机构；

b. 环境保护行政审批文件；

c. 被检查单位的环境保护管理制度、程序文件等；

d. 环境保护相关人员培训记录；

e. 环境保护设施运行记录；

f. 电磁环境、声环境监测记录；

g. 上述程序制度的适用性和执行情况，文件、资料等档案的完整性。

2）现场检查

a. 环境保护设施与主体工程是否符合"三同时"要求：建设项目的初步设计，是否按照环境保护设计规范的要求，编制环境保护篇章，落实防治环境污染和生态破坏的措施以及环境保护设施投资概算。

b. 环境保护设施建设是否纳入施工合同；

c. 项目建设过程中对环境影响评价文件及批复意见中提出的各项环境保护设施、措施和要求的落实情况；

d. 建设过程中，建设项目的性质、规模、地点、采用的生产工艺或者防治污染、防治生态破坏的措施是否发生变更；涉及重大变动的，是否依法履行审批手续；

e. 施工期环境监测是否达标；

f. 上次检查发现问题的整改意见落实情况。

3. 非例行监督检查

由辐射源安全监管司组织开展，必要时请技术支持单位参加。按照本大纲规定的程序对电磁类建设项目环评阶段、竣工环保验收阶段的环境保护工作进行现场监督检查，并根据需要开展特定目的的专项监督检查。

（1）监督检查流程

非例行监督检查的流程参照例行监督检查的规定执行。

（2）监督检查内容

▸环评阶段

a. 现场察看环境影响评价文件提供材料的符合性；

b. 核实总体布置方案是否符合环境保护原则；

c. 现场核实建设项目选址、选线的合理性；

d. 建设项目与环境敏感区的位置是否符合相关法规标准的要求。

▸竣工环保验收阶段

a. 建设单位是否按国务院环境保护行政主管部门规定的标准和程序，编制验收调查（监测）报告；

b. 建设项目的初步设计，是否按照环境保护设计规范的要求，编制环境保护篇章，落实防治环境污染和生态破坏的措施以及环境保护设施投资概算；

c. 环境保护设施建设是否纳入施工合同；

d. 核查建设项目环境保护设施与环境影响评价文件的符合性；

e. 环境保护设施与主体工程是否符合"三同时"要求；

f. 项目建设过程中对环境影响评价文件及批复意见中提出的各项环境保护设施、措施和要求的落实情况。

（3）特定目的专项监督检查

为达到特定目的，或为保障某项活动的开展，针对电磁类建设项目环境保护工作中存在的问题由生态环境部（国家核安全局）专门组织的监督检查。

4. 日常监督检查

日常检查是指省级环保部门根据需要开展的现场巡查、抽查式监督检查、信访投诉办理、隐蔽工程检查、会议参与等日常性活动，必要时也可由辐射源安全监管司直接组织开展。

省级环保部门可以通过日常监管措施向监管对象反馈监督发现，提出监管要求。

省级环保部门通过定期监督报告（如周报、月报、年报等）以及重要监管信息向生态环境部（国家核安全局）汇报日常检查情况，总结监督发现，提出监管建议。

12.2　监督计划与报告

1. 监督计划

省级环保部门组织实施的例行监督检查或日常监督检查，应制定监督检查计划，报辐射源安全监管司备案并抄送环境保护部核与辐射安全中心。

2. 监督报告

省级环保部门应将监督检查情况及时报告辐射源安全监管司。报告的形式有：例行/日常监督检查报告、例行监督检查年度报告和重要情况通报。

（1）例行/日常监督检查报告：在现场监督检查结束后 15 个工作日内，向被监督检查单位出具监督检查报告，同时报辐射源安全监管司备案并抄送环境保护部核与辐射安全中心。

（2）例行监督检查年度报告：省级环保部门必须在每年 1 月 20 日以前，根据年度监督检查计划，将上一年若干电磁类建设项目例行监督检查活动情况综合成一份年度报告，同时报辐射源安全监管司备案并抄送环境保护部核与辐射安全中心。

（3）重要情况通报：在各类监督检查活动中，若发现有违法、违规和重大环境隐患，应该按相关报告制度及时报告生态环境部（国家核安全局）。

13 放射性物品运输监督检查

13.1 放射性物品运输监督检查实施

13.1.1 监督检查流程

1. 制定监督检查计划

（1）运输容器设计监督检查计划

放射性物品运输容器设计单位对其设计的放射性物品运输容器进行试验验证的，应当在验证开始前至少二十个工作日提请国家核安全局进行试验见证，并提交下列文件：

① 初步设计说明书和计算报告；

② 试验验证方式和试验大纲；

③ 试验验证计划。

这些文件原则上不需经国家核安全局审查批复，但设计单位应就文件中所采用的标准以及试验大纲中的试验试样、试验项目、试验顺序、验收准则等技术问题与技术审评单位基本达成一致。

国家核安全局根据设计单位上报的最终设计验证试验大纲和试验验证计划，组织检查组对试验过程进行抽查并选点见证。

（2）运输容器制造活动监督的监督检查计划

一类放射性物品运输容器制造单位应当在每次制造活动开始前至少三十日，向国务院核安全监管部门提交制造质量计划。国务院核安全监管部门应当根据制造活动的特点选取检查点并通知制造单位。

一类放射性物品运输容器制造单位应当根据制造活动的实际进度，在国务院核安全监管部门选取的检查点制造活动开始前，至少提前十个工作日书面报告国务院核安全监管部门。

（3）采购境外单位制造容器的监督检查计划

采购境外单位制造的一类放射性物品运输容器的使用单位，应当在相应制造活动开始前至三个月通知国务院核安全监管部门，提交制造质量计划等相关文件。国家核安全局根据质量计划选择检查点进行现场监督检查。

（4）放射性物品运输活动的监督检查计划

一类放射性物品启运前，托运人应将一类放射性物品运输辐射监测备案表、一类放射性物品运输的核与辐射安全分析报告批准书复印件以及辐射监测报告报启运地的省级环境保护主管部门备案；启运地的省级环境保护主管部门在一类放射性物品运输启运前对托运人的运输准备情况进行监督检查。托运二类、三类放射性物品的，托运人对其表面污染和辐射水平实施监测，并编制辐射监测报告，存档备查。省级环境保护主管部门根据实际情况对二、三类放射性物品运输实施抽查。生态环境部（国家核安全局）组织对从事重大运输活动单位的监督检查；组织对有重大影响的活动、省级环境保护主管部门监督检查中发现重大问题的活动以及其他生态环境部（国家核安全局）认为有必要进行监督的活动进行检查；地区监督站根据工作需要，对乏燃料、新燃料的启运和到达、秦山三期钴源启运和到达进行抽检。

2. 检查前准备

检查的方法包括文件查阅、现场观察、记录确认、座谈和采访。检查前应准备：

（1）查阅资料，准备监督检查表；

（2）确定检查组，发检查通知，检查通知应明确检查目的、检查依据、检查内容、检查时间、检查人员等。

3. 现场检查

监督检查的过程一般分为检查前会议、现场监督检查和检查后会议。

（1）检查前会议

召开检查组内部会议，确定具体检查要求、方式和分工。召开检查前会议，向被监督检查单位介绍监督检查目的、监督检查内容和程序，听取被监督检查单位介绍本单位放射性物品运输相关情况。

（2）现场检查

根据检查的目的，开展文件检查和现场察看。

（3）检查后会议

现场监督检查结束后，召开检查后会议，双方就监督检查情况充分交换意见，检查组组长向被监督检查单位代表宣布监督检查意见，被监督检查单位代表无异议后，监督检查组组长与被监督检查单位代表分别在监督检查意见上签字。

4. 报告编制及报送

（1）报告编制

现场监督检查结束后，监督检查的实施单位编制监督检查报告。按照报告制度的要求印发并抄送相关单位。

（2）落实监管

各相关单位根据职责分工落实监管要求，并跟踪落实。

13.1.2 监督检查的模式及频度

1. 监督检查模式

（1）例行监督检查

是生态环境部（国家核安全局）及省级环境保护主管部门按本大纲规定的监督检查内容和频次进行的监督检查，包括对从事重大运输活动单位的监督检查，以及启运前的现场监督检查等（发生特殊情况时可对运输途中或抵达地进行现场检查）。

（2）非例行监督检查

是生态环境部（国家核安全局）根据需要，对有重大影响的活动、省级环境保护主管部门监督检查中发现重大问题的活动以及其他认为有必要进行监督的活动进行的监督检查；非例行检查应根据检查目的确定检查项目、检查内容、检查方法和检查程序。

2. 监督检查频次

（1）设计监督

原则上应当对每一型号一类放射性物品运输容器设计活动（试验）进行一次现场检查。

（2）容器制造监督检查频次

对一类放射性物品运输容器的制造活动应当至少组织一次现场检查；对二类放射性物品运输容器的制造，应当对制造过程进行不定期抽查；对三类放射性物品运输容器的制造，应当根据每年的备案情况进行不定期抽查。

（3）进口容器监督检查频次

原则上应当对新制造的进口一类放射性物品运输容器制造活动进行一次现场检查。

（4）运输活动的监督检查频次

1）生态环境部（国家核安全局）对从事重大运输活动单位的监督检查原则上一年一次，可视具体情况适当增加或减少；

2）对一类放射性物品运输，启运地的省、自治区、直辖市环境保护主管部门应当在启运前对放射性物品运输托运人的运输准备情况进行监督检查。对运输频次比较高、运输活动比较集中的地区，可以根据实际情况制定监督检查计划，原则上检查频次每月不少于一次。

3. 监督检查内容

▶容器设计监督检查要点。

（1）文件检查

1）放射性物品运输容器的试验大纲；

2）试验容器制造出厂验收文件；

3）试验仪器仪表的标定记录；

4）试验场地验收文件；

5）试验分包供方评价记录；

6）其他相关文件。

（2）现场检查

1）核实试验容器是否有缺陷或损坏，模拟内容物及其他替代物项等。

2）对试验设施/设备检查符合情况进行检查。

3）对试验过程进行见证，并核实整个试验过程是否按照试验大纲执行。

4）对试验结果记录

▶容器制造监督检查要点。

（1）一类放射性物品运输容器制造单位遵守制造许可证的情况；

（2）质量保证体系的运行情况；

（3）人员资格情况；

（4）生产条件和检测手段与所从事制造活动的适应情况；

（5）编制的工艺文件与采用的技术标准以及有关技术文件的符合情况；

（6）工艺过程的实施情况以及零部件采购过程中的质量保证情况；

（7）制造过程记录；

（8）重大质量问题的调查和处理，以及整改要求的落实情况等。

▶进口容器监督检查要点。

结合选取的检查点，与国内容器制造活动监督检查要点一致

▶放射性物品运输监督检查要点。

（1）运输容器及放射性内容物：检查运输容器的日常维修和维护记录、定期安全性能评价记录（限一类放射性物品运输容器）、编码（限一类、二类放射性物品运输容器）等，确保运输容器及内容物均符合设计的要求；

（2）放射性物品运输活动资质，包括从事放射性物品运输活动的单位和人员资质、运输活动的许可、启运前的批复和备案文件等；

（3）启运前的准备情况，包括货包的装载和拴系情况；表面污染和辐射水平；标记、标志和标牌是否符合要求等；

（4）托运人向承运人提交相关运输信息和指导文件，包括运输说明书、装卸操作方法、安全防护指南、核与辐射应急响应指南以及必要的运输线路指示等；

（5）放射性物品运输辐射防护管理情况；

（6）放射性物品运输辐射监测情况；

（7）放射性物品运输活动应急准备情况；

（8）放射性物品运输活动安保落实情况；

（9）特殊安排中采取的安全措施的落实情况；

（10）质量保证大纲的执行情况；

（11）其他必要的监督内容。

4. 监督检查报告

（1）运输容器设计试验鉴证报告

现场见证人员应按照《放射性物品运输安全监督管理办法》的规定做好记录，并形成试验见证报告，提交国家核安全局辐射源安全监管司存档。

（2）运输容器制造活动检查报告

地区监督站人员应按照《放射性物品运输安全监督管理办法》的规定做好记录，并形成制作活动现场监督检查报告，由地区监督站负责存档。

（3）境外单位容器制造活动检查报告

现场见证人员应按照《放射性物品运输安全监督管理办法》的规定，形成境外单位容器制造活动检查报告，提交国家核安全局辐射源安全监管司存档。

（4）生态环境部（国家核安全局）组织的例行、非例行监督检查，应在20个工作日内向被监督单位出具监督检查报告。

5. 监督检查不符合处理

（1）监督检查中发现经批准的一类放射性物品运输容器设计确有重大设计安全缺陷

的，由国务院核安全监管部门责令停止该型号运输容器的制造或者使用，撤销一类放射性物品运输容器设计批准书。

（2）监督检查中发现放射性物品运输活动有不符合国家放射性物品运输安全标准情形的，或者一类放射性物品运输容器制造单位有不符合制造许可证规定条件情形的，应当责令限期整改；发现放射性物品运输活动可能对人体健康和环境造成核与辐射危害的，应当责令停止运输。

13.2　放射性物品运输监督检查要求

13.2.1　监督检查通知案例1

关于加强放射性物品运输监督检查的通知

各省、自治区、直辖市环境保护厅（局）：

为了落实《放射性物品运输安全管理条例》有关规定，加强放射性物品运输监督检查，规范托运人和承运人行为，提高放射性物品运输安全水平，现将放射性物品运输监督检查要求通知如下：

一、启运前辐射监测

托运一类放射性物品运输的，托运人应当委托有资质的辐射监测机构对其表面污染和辐射水平实施监测。在放射性污染监测机构实行资质管理实施前，暂由各省、自治区和直辖市辐射环境监测机构承担辐射监测任务。托运人应按照《放射性物品运输安全许可管理办法》（环境保护部令第11号）办理辐射监测备案手续。

托运二类、三类放射性物品运输的，托运人应当对货包、外包装或货物集装箱表面污染和辐射水平实施监测，并编制监测报告存档备查。不具备监测能力的托运人应当委托有资质的辐射监测机构实施监测。

二、省、自治区、直辖市环境保护厅（局）负责辖区内放射性物品运输活动的监督检查。对一类放射性物品运输，启运地的省、自治区、直辖市环境保护厅（局）应当在每次启运前进行现场检查；对二类、三类放射性物品运输根据实际情况实施抽查，原则上每季度不低于一次。

三、放射性物品启运前的监督检查一般包括以下内容：

（一）运输容器及放射性内容物：检查运输容器的日常维护和维修纪录、定期安全评价纪录（限一类放射性物品运输容器）、编码（限一类、二类放射性物品运输容器）等，确保运输容器及内容物均符合设计的要求。

（二）辐射监测，包括监测仪器状态、人员资质、监测活动情况以及监测记录等；省、自治区、直辖市环境保护厅（局）应对放射性物品运输辐射监测记录进行抽查，并根据实际情况实施监督性监测。监督性监测不得收费。

（三）运输指数、临界安全指数（限易裂变材料）和辐射水平的限值。

（四）标记、标志和标牌。

（五）运输说明书，包括特殊的装卸作业要求、安全防护指南、放射性物品的品名、数量、物理化学形态、危害风险以及必要的运输路线的指示等。

（六）核与辐射事故应急响应指南。

（七）各种证书的持有，例如运输容器设计批准书和备案证明、核与辐射安全分析报告批准书、特殊形式放射性物品设计批准书等。

（八）抽查直接从事放射性物品运输的工作人员的运输安全和应急响应知识的培训和考核情况。

（九）抽查直接从事放射性物品运输的工作人员的辐射防护管理情况。

四、各省、自治区、直辖市环境保护厅（局）应加强放射性物品运输监督检查，按程序办理辐射监测备案手续，履行通报途经地和抵达地省、自治区、直辖市环境保护厅（局）的责任。

各省、自治区、直辖市环境保护厅（局）应将放射性物品运输活动纳入本地区的辐射事故应急预案中。

放射性物品运输途经地和抵达地省、自治区、直辖市环境保护厅（局）一般不在中途拦截检查。

13.2.2　监督检查通知案例 2

关于进一步做好闲置废弃放射源送贮工作的通知

各县（市、区）分局：

近年来，我市个别企业长期停产，放射源处于闲置状态，且停产企业对闲置放射源的安全管理存在制度落实不到位、管理人员不定岗、监控设施不运行等情况，产生较大的安全隐患。为尽快消除隐患，确保安全，我局拟对全市闲置放射源进行全面清理，现就相关工作通知如下：

一、要认真梳理，尽快统计辖区内闲置放射源数量

本次统计的闲置放射源情况统计表内容，认真核查填写，并于 8 月 15 日前将统计情况报送市局，并将电子版发送至邮箱射源包括闲置三个月以上的放射源、废旧放射源等。

二、要加强协调，督促企业尽快做好闲置放射源的送贮工作

依据《放射性同位素与射线装置安全许可管理办法》第三十八条的要求，闲置三个月以上放射源应交回生产单位或者返回原出口方。确实无法交回生产单位或者返回原出口方的，送交有相应资质的放射性废物集中贮存单位贮存。各分局要深入了解存有闲置放射源的企业，了解其长期闲置而未送贮情况的原因，对能送交的，尽快督促其送贮我省城市放射性废物库。对暂时无法送贮的，要分析原因，有针对性地制定管理措施，加强日常管理。对不愿送贮的，要做好政策宣贯，督促其尽快送交。对送贮困难的，要尽快帮助协调解决，需要当地政府协助解决的，要尽快将情况报送当地政府。

三、要增强安全意识，切实加强对闲置放射源的安全监管

停产企业对各项管理制度的落实较为困难，闲置放射源存在较大的安全隐患，各分局务必高度重视，提高安全意识，强化落实安全责任，在闲置放射源尚未送贮期间，要采取针对性的监管措施，确保不发生盗抢等丢源事件及辐射污染事故。辐射工作单位应当对尚未送贮的闲置放射源暂存场所采取，双人双锁，防火、防水、防盗、防丢失、防破坏、防泄漏等安全措施。对闲置放射源应当单独存放，不得与易燃、易爆、易腐蚀性物品等一起存放，并指定专人保管。对存有可移动闲置放射源的库房应安排专人 24 小时值守和视频监控。同时要严格落实值班执勤、巡查、登记等日常管理制度。

13.3　放射性物品运输监督检查案例

一、检查活动

根据《放射性物品运输安全管理条例》和《放射性物品运输安全监督管理办法》的规定，国家核安全局组织检查组于 2021 年 4 月 7—8 日对受检单位的六氟化铀运输核与辐射安全进行了监督检查。

检查组听取了受检单位关于六氟化铀运输工作的介绍，抽查了受检单位六氟化铀运输规章管理制度和程序、运输容器管理情况、运输文件的准备情况、相关人员培训考核情况、运输人员个人剂量监测管理情况、质量保证以及六氟化铀运输容器制造验收等文件记录，并现场查看了 XN3000　空容器铁路运输启运情况以及运输容器编码情况。

受检单位有关人员参加了检查活动，就有关情况进行了详细汇报，并给予了积极配合，检查达到了预期目的。

二、检查结果及整改要求

检查组认为，受检单位六氟化铀运输相关管理制度运转有效，核与辐射安全风险可控。检查中发现的问题及整改要求如下：

（一）受检单位在将六氟化铀原料从中核四０四有限公司（以下简称"404"）运输至本单位的活动中，启运前仅有 404 的监测记录，未委托有资质的辐射监测机构进行监测并出具报告。受检单位应严格落实托运人责任，加强六氟化铀启运前货包表面污染和辐射水平监测管理。

（二）受检单位在开展六氟化铀原料运输时，未将放射性物品运输的核与辐射安全分析报告批准书、辐射监测报告，报启运　地的省人民政府生态环境主管部门备案。受检单位应加强六氟化铀运输启运前管理，依法履行启运前备案要求。

（三）六氟化铀运输管理体系不完善，部分程序内容不全，部分内容比较笼统，可操作性不强。如缺少放射性物品运输相关　质量保证文件，六氟化铀运输过程控制程序不完善；《放射性物质运输规程》中未规定将运输文件随车存放；《核容器装卸作业规程》缺少针对 XN3000 运输容器的装卸载操作流程；运输文件中缺少运输说明书；核与辐射

事故应急响应指南和装卸作业方法针对性不强等。受检单位应全面梳理六氟化铀运输管理体系，细化或编制运输相关程序文件并认真实施。

（四）部分程序要求未落实。如空容器从受检单位到 404 运输启运时，仅栓接对角两套 U 形螺栓，运输托架和车厢钢底板连接螺栓有多个未安装，与容器装卸作业规程（Q/FHJ 2115—2020）要求不符。受检单位应自查并修订相应运输程序文件，并严格执行。

（五）辐射监测和培训记录不合理不完善。如 404 与受检单位的《放射性物品货包表面污染及辐射水平检查证明书》，运输指数均填写 1，未按要求通过实测值进行换算，且超过容器设计安全分析报告运输指数的设计值（0.4），货包类型填写为"B"，与容器设计批准书不符；未提供标准要求的培训记录。受检单位应严格按照法规标准的要求，做好培训、辐射水平监测，并做好记录工作。

（六）未将六氟化铀空容器运输活动纳入运输管理体系，缺少针对空容器运输过程的程序文件。受检单位应加强六氟化铀空容器的运输管理，将其纳入运输管理体系。

（七）根据受检单位介绍的运输流程，每三个 XN3000 六氟化铀运输容器对应有 1 个 2S 样品罐。该样品罐未按法规要求取得设计批准书，未包含在运输核与辐射安全分析报告中。受检单位应加强对 2S 样品罐的管理，使用合规的运输容器，依法开展运输活动。

（八）受检单位未严格落实运输容器设计安全分析报告中的维护保养要求和操作要求，如设计要求残余料＞22 kg 时，应对容器进行清洗，目前受检单位未对实际残余料重量如实记录，残余料记录均为 0，空容器称重均为容器净重；设计要求空容器运输前应安装好隔热罩，内容器的阀门保护罩必须可靠关闭，但《六氟化铀容器管理规定》中第七十五条规定只要其残余料重量不超过规定的极限值，就可以不使用保护性外包装进行运输。受检单位应加强对六氟化铀运输容器的维护和操作控制，将设计要求予以落实。

（九）抽查发现容器制造质量计划管理不规范，如容器编号为 LY21-041 的 XN3000 六氟化铀运输容器制造质量计划中无损检测的 W 点（现场见证点）的签点时间（2021 年 2 月 10 日）滞后于对应工序的操作日期（2021 年 2 月 7 日），未进行现场见证；容器编号为 LY20-01 的质量计划中，漏签 2021 年 8 月 19 日的封头（包括顶封头和底封头）工序 4 的 R 点。受检单位应加强制造过程中质量计划的实施，严格按照选取的控制点进行控制。

14　核与辐射安全隐患排查及整改

本章为生态环境部核与辐射安全隐患排查及整改案例。

14.1　核与辐射安全隐患综合排查案例

核与辐射安全隐患排查实施方案如下所述。

一、排查对象及排查重点

（一）核动力厂及民用研究性反应堆营运单位

1. 审查职能落实情况。重点排查核设施安全相关运行活动中的审查和监查控制，包括现场审查、独立审查评价、监查等的具体实施情况。

2. 经验反馈及体系有效性。重点排查经验反馈体系建设及运转情况，包括对内外部经验的分析及本设施所采取的纠正措施。

3. 2019 年以来建造事件、运行事件及纠正行动落实情况。重点排查蜂窝、孔洞、露筋等混凝土浇筑质量缺陷建造事件，人员走错间隔、操纵员偏离规程、违反技术规格书、海生物导致核电厂取水系统堵塞等运行事件的原因分析、所采取的纠正措施。

4. 重大不符合项处理。重点排查 BOSS 焊缝处理进展和处理结果等。

5. 核设施防火防爆安全及自然灾害隐患。重点排查火灾、危险化学品及自然灾害对核安全影响的评估，以表明核设施相关应对措施的充分性。

6. 辐射防护、辐射环境及流出物和三废管理。重点排查放射性沾污事件处置、人员剂量管理，放射性废物处理、贮存设施的运行情况，放射性固体废物的产生、处理和贮存情况，放射性废物信息核对与管理情况，排放合法依规情况，环境监测的程序和记录，周边辐射环境水平及放射性气态、液态流出物监测实施情况。

7. 核安全特种人员（操纵人员、焊接人员、无损检验人员）管理。重点排查人员总体配备、培训考核、岗位授权、活动管理、异常情况处理等。

8. 实体保卫、核材料衡算及核与辐射事故应急。重点排查实体保卫设施设备有效性，实体保卫突发事件处置方案制定与演练，核材料平衡区管理，应急人员对岗位职责、预案、程序的熟悉程度，应急中的辐射防护管理，应急设施设备可用性，应急物资储备，2019 年以来相关检查发现问题的整改落实情况。

（二）民用核燃料循环设施及专门设立的放射性废物处理贮存处置设施单位

1. 设施的运行安全情况。重点排查运行限值和条件的执行情况，与核与辐射相关的化学安全过程参数设置及控制措施的有效性，与临界安全相关参数设置及控制措施的有效性，重要安全设备的维修维护和运行管理情况，涉及六氟化铀操作的还要检查六氟化铀操作过程中的安全等问题。

2. 经验反馈体系建设情况。重点排查经验反馈体系建设情况，督促营运单位建立规范的经验反馈体系，对运行事件的调查、整改情况进行跟踪检查。

3. 防范外部自然事件能力。重点排查对暴雨、地震等外部自然灾害及周边社会环境变化对核安全影响的评估，以表明核设施相关应对措施的充分性。

4. 实体保卫、核材料衡算及核与辐射事故应急。排查重点同核动力厂及民用研究性反应堆营运单位第 8 项内容。

（三）铀矿冶单位

1. 环境应急预案制修订、应急能力及维持情况。重点排查应急预案的制修订情况，应急能力是否满足应急需要，是否定期组织应急演练，并做好记录和及时总结等。

2. 废水处理设施运行及排放情况。重点排查放射性废水处理情况，废水处理设施运行情况，废水排放监测与记录，是否按照要求达标排放等。

3. 环境监测能力及开展情况。重点排查监测方案或计划编制和修订情况，是否按照要求开展环境监测和流出物监测，监测能力是否满足需要，监测记录和报告是否完整规范等。

4. 汛期安全准备情况。重点排查营运单位应急预案中是否有应对汛期确保安全的相关内容，汛期自查及整改落实情况，汛期应对安排和物资准备情况等。

5. 其他安全隐患排查和处理情况。

（四）核技术利用单位

1. 辐射安全与防护设施运行和管理，高风险移动放射源在线监控要求落实情况。重点排查安全防护设施日常运行维护管理情况，检查其设置是否符合相关法规标准要求并核实其有效性（同一单位多个同类装置/设施的现场核查可实行抽检的方式）。对伽玛射线移动探伤单位还应结合省级高风险移动放射源在线监控平台建设工作，检查在线监控要求落实情况，并根据《关于进一步加强 γ 射线移动探伤辐射安全管理的通知》（环办函〔2014〕1293 号）检查现场作业安全管理要求落实情况。

2. 辐射事故应急响应和处理能力。重点排查辐射事故应急方案的合理性和可操作性，通讯方式的可用性，应急物资准备及演练情况。对Ⅲ类射线装置使用等辐射事故风险很低的单位，相关要求可适当简化。

3. 国家核技术利用辐射安全管理系统数据准确性。结合生态环境部（国家核安全局）已开展的系统数据核查工作，重点核实系统内的单位信息、许可信息、台账信息、人员信息等各类信息与实际情况的一致性。

4. 法律法规执行及整改要求落实情况。重点排查法律法规要求的许可证是否申领、是否过期，审批、备案、环评、验收等手续履行情况，以及之前监督检查、行政处罚等提出问题和要求的整改落实情况。

5. 废旧放射源和放射性"三废"管理。重点排查是否存在闲置、废弃放射源；放射性"三废"是否按规定处理（仅限生产、使用放射性同位素和可产生放射性污染的Ⅱ类以上射线装置的单位）。

对于生态环境部直接监管的核技术利用单位以及涉及Ⅲ类以上放射源、Ⅱ类以上射线装置和非密封放射性物质应用的核技术利用单位（以下简称重点核技术利用单位），应全覆盖现场核查以上所有重点内容（无现场安全风险的纯销售类单位除外）。对于其他核技术利用单位，可根据情况抽取一定比例开展现场核查，并对第 3～5 项内容实现全覆盖核查，相关核查工作可通过非现场的方式实施。

（五）核安全设备持证单位

1. 2019 年至今重大不符合项处理。重点排查是否已经建立并严格执行重大不符合项处理程序，2019 年以来重大不符合项开启、处理、报告以及经验反馈等总体情况。

2. 报告和备案制度履行情况。重点排查是否按照核安全法规要求建立并严格执行报告备案制度，是否存在漏报、瞒报、谎报、迟报等问题。

3. 特种工艺活动管理实施情况。重点排查特种工艺人员配备和活动质量控制情况，加强对特种工艺活动报告及操作结果的复核。

4. 监督检查发现问题整改落实情况。重点排查核安全法规和许可证条件的遵守情况，对历次核安全监督检查提出问题的整改落实情况，对核安全处罚的整改落实情况等。

（六）地方生态环境部门辐射监测与应急工作评估

重点排查辐射环境监测与应急能力建设情况、国控网及监督性监测系统运行维护情况、质量保证体系运转情况，应急预案制修订情况、应急设施设备运行维护情况、应急培训及演习情况，核与辐射监测应急相关信息系统建设情况。

二、排查分工

生态环境部核设施安全监管司负责协调、督促核安全设备持证单位安全隐患排查和地方生态环境部门辐射监测与应急工作评估检查工作。核电安全监管司负责协调、督促核动力厂和研究堆营运单位安全隐患排查工作。辐射源安全监管司负责协调、督促核燃料循环设施、放射性废物处理、贮存、处置设施营运单位、生态环境部直接监管的核技术利用单位和铀矿冶单位安全隐患排查工作，指导各省（区、市）生态环境厅（局）开展行政区域内其他核技术利用单位的安全隐患排查工作。

各地区核与辐射安全监督站负责督促辖区内省级生态环境部门、民用核设施营运单位、铀矿冶单位、生态环境部直接监管的核技术利用单位和核安全设备持证单位做好自查，代表生态环境部（国家核安全局）对相关单位存在的重点问题实施现场核查。核与辐射安全中心、辐射环境监测技术中心按照职责分工提供全方位技术支持。

各省（区、市）生态环境厅（局）负责按照本方案要求组织开展行政区域内生态环境部门辐射监测、核与辐射事故应急工作自评估，负责制定行政区域内省管（含委托管理）核技术利用单位 3 年排查实施方案和年度排查安排（3 年内完成所有重点核技术利用单位安全隐患排查，其中 2020 年的现场核查应包括伽马射线移动探伤和 X 射线移动探伤单位），组织核技术利用单位开展自查并实施现场核查。

三、排查方式及进度安排

本次安全隐患排查 2020 年 5 月 6 日启动，2022 年 12 月 31 日结束，每年依次开展单位自查、现场核查和工作总结，2020 年安排如下。

（一）受检单位自查

民用核设施营运单位、铀矿冶单位、生态环境部直接监管的核技术利用单位和核安全设备持证单位严格按照本方案要求，制定细化的自查方案，对照核安全法规标准和许可证条件，并结合以往检查发现的安全隐患，认真开展全面自查，彻查各类安全隐患及应急准备和响应薄弱环节，认真总结和分析发现的问题，制定整改措施，形成自查报告于2020年6月30日前报送相关地区核与辐射安全监督站，并抄送生态环境部（国家核安全局）。各省（区、市）生态环境主管部门监管的核技术利用单位的自查报告，按要求报送负责监管的生态环境主管部门。

关于地方生态环境部门辐射监测与应急工作评估检查工作，各省（区、市）生态环境厅（局）要按照本方案要求，组织对本地区省级及地市级生态环境部门辐射监测与应急工作开展自评估，形成自评估报告后于2020年9月30日前报送所在地区核与辐射安全监督站，并抄送生态环境部（国家核安全局）。

（二）现场核查

各地区核与辐射安全监督站、各省（区、市）生态环境厅（局）对营运单位自查报告进行审查，结合日常监管中发现的安全隐患和薄弱环节，对重点问题开展现场核查，必要时，由核设施安全监管司、核电安全监管司、辐射源安全监管司组织对重点问题开展现场核查。核查方式为听取汇报、查阅资料、座谈质询、实地核查等。根据疫情防控需要，针对风险较小的单位的核查可通过"互联网+"形式开展。所有核查均应形成核查记录，由核查人员和受检单位负责人签字认可。现场核查可结合核与辐射安全日常检查、例行检查、非例行检查、行政许可前现场检查等工作开展。针对省管核技术利用单位的现场核查，未自行制定监督检查程序的省级生态环境部门可参照生态环境部（国家核安全局）制定的核技术利用辐射安全与防护监督检查技术程序开展排查工作，并推荐使用国家核技术利用辐射安全管理系统及手机APP端的监督检查模块功能，将检查表格或检查报告上传至管理系统。本年度已检查的内容，可不再重复检查。

关于地方生态环境部门辐射监测与应急工作评估检查工作，各地区核与辐射安全监督站结合辖区内各省（区、市）生态环境厅（局）辐射监测与应急工作自评估报告制定检查计划，在2022年底前完成对辖区内省级生态环境部门相关工作的现场检查。

（三）工作总结

各地区核与辐射安全监督站、各省（区、市）生态环境厅（局）汇总所监管的辖区内各单位排查结果，研判本辖区内相关涉核风险点，提出应对措施，撰写排查总结报告（报告格式与内容附后），于2020年11月30日前报送生态环境部（国家核安全局）。核设施安全监管司、核电安全监管司、辐射源安全监管司分别于12月10日前形成各自领域安全隐患排查总结报告，并于12月31日前汇总形成年度安全隐患排查总结报告，经国家核安全局局长办公会审议后按程序上报。核设施安全监管司汇总地方生态环境部门辐射监测与应急工作评估检查情况、核安全设备持证单位排查情况、民用核设施营运单位特种人员管理、核材料管制及应急等方面排查情况，汇总涉核风险点情况；核电安全监管司汇总核动力厂、研究堆营运单位排查情况；辐射源安全监管司汇总核燃料循环设施、放射性废物处理、贮存、处置设施营运单位、核技术利用单位和铀矿冶单位排查情况。

2021年、2022年安全隐患排查工作按照上述方式开展。各民用核设施营运单位、铀矿冶单位、核技术利用单位和核安全设备持证单位结合上一年度安全隐患排查情况开展全面自查，于每年第一季度完成并上报自查报告。各地区核与辐射安全监督站、各省（区、市）生态环境厅（局）于每年 11 月 30 日前向生态环境部报送年度安全隐患排查总结报告。年度安全隐患排查重点内容和现场核查安排由核设施安全监管司、核电安全监管司、辐射源安全监管司结合年度监督计划分别下达。

四、工作要求

（一）强化组织领导

各单位要高度重视，进一步提高站位，统一思想，强化认识，切实加强组织领导，明确责任分工，制定周密排查方案，细化工作措施，对照实施方案认真开展排查工作，及时报送排查重要信息，按时提交总结材料。各单位要统筹做好现场排查期间的疫情防控工作，切实保障本次排查的人力安排。核设施安全监管司、核电安全监管司、辐射源安全监管司根据工作需要分别制定各领域年度安全隐患监督检查方案，加强指导。

（二）突出检查重点

各地区核与辐射安全监督站、各省（区、市）生态环境厅（局）要结合日常监管情况和上年度检查发现的重点问题，研判被检查单位安全状况，围绕排查重点内容，组织人员对风险点和薄弱环节逐一核查，及时消除隐患。

（三）严格整改落实

针对排查发现问题，各地区核与辐射安全监督站、各省（区、市）生态环境厅（局）要督促营运单位制定有效整改措施并严格落实，强化日常监督，定期组织"回头看"，确保整改措施落实到位。

（四）加强宣传引导

各地区核与辐射安全监督站、各省（区、市）生态环境厅（局）根据安全隐患排查实施情况，按照生态环境部（国家核安全局）和本地区、本部门信息发布相关要求，加大正面宣传，提升公众信心，推动工作，确保安全隐患排查达到防风险、补短板、强管理、提能力、保安全的效果。

附件

202X 年核与辐射安全隐患排查及风险评估报告
（格式与内容）

一、工作组织情况

综述本年度核与辐射安全隐患排查工作开展情况。包括但不限于各单位工作部署、做法、检查实施的次数和人次等。

二、总体安全状况

（一）民用核设施营运单位

简要介绍总体安全状况，安全隐患排查总体情况，自查报告及自查情况，现场核查实施情况。包括但不限于设施的数量、类别、安全运行状态，排查依据、范围、内容、发现问题及排查基本结论。

（二）铀矿冶单位

同上。

（三）核技术利用单位

同上。其中省级生态环境部门的报告应明确给出行政区域内核技术利用单位、放射源、射线装置的类别、数量的排查结果。

（四）核安全设备持证单位

同民用核设施营运单位相关内容。

（五）地方生态环境部门

行政区域内生态环境部门辐射监测和应急工作总体状况，自评估开展情况及地区核与辐射安全监督站检查情况。

三、发现的主要问题及整改措施

（一）民用核设施营运单位

介绍营运单位存在的主要核与辐射安全问题、共性安全问题（含潜在问题）、威胁核与辐射安全的常规安全问题等（含问题描述、相关法规标准依据），改进要求、整改措施及其落实情况。核查发现主要问题要形成台账并作为报告附件。

（二）铀矿冶单位

同上。

（三）核技术利用单位

按照排查重点中 5 个方面的要求，分别介绍排查发现问题的主要类型、问题单位数量、整改要求和落实情况。其中地区监督站排查发现的主要问题还应形成台账并作为报告附件。

（四）核安全设备持证单位

同民用核设施营运单位相关内容。

（五）地方生态环境部门

简述行政区域内生态环境部门辐射监测和应急工作中的主要问题、共性问题、整改要求和整改措施。

四、风险研判

分析预测下一年度年本行政区域核安全形势发展的总体态势；明确下一年度本行政区域核安全可能面临的主要风险点，按后果的严重性和应对的紧迫性综合排序（简要阐明做出判断的理由、依据）。除主要风险外，列出重要的小概率、但可能对全局产生影响的事件。针对风险点和重要小概率事件，提出下一年度的应对策略和具体建议。策略和建议要有针对性、指导性、操作性，能落地。

五、意见和建议

针对核与辐射安全隐患排查工作期间的良好实践、经验教训、重大问题及风险隐患等进行总结并提出整改措施和改进建议，对下一年度核与辐射安全隐患排查工作安排提出建议。

14.2 辐射安全隐患限期整改通知案例

关于××省卫生厅卫生监督局辐射安全隐患限期整改的通知

××省卫生厅卫生监督局：

2008 年 5 月，我部对你单位的辐照装置进行了现场检查，发现在辐射安全及放射性污染防治等方面存在严重安全隐患。根据《放射性同位素与射线装置安全和防护条例》的有关规定，你单位应立即进行限期整改。现通知如下：

一、你单位的辐照装置存在下列严重安全隐患，请于 2008 年 7 月 15 日前制订限期整改计划，并提交我部。

1. 原控制台已报废，辐照装置无任何安全连锁设施；

2. 校验源没有固定在装置出入口附近；

3. 升源状态指示灯失效；

4. 烟雾报警器失效；

5. 没有制定有效的管理制度、事故应急预案等。

二、2008 年 11 月 30 日前，将已过使用寿期的废旧放射源送贮具有资质的放射源收贮单位。

三、应尽快向我部申请辐射安全许可证。

四、对贮源井水、辐照室内壁表面等工作场所及周围环境进行监测，发现放射性污染时应净化或去污，并治理达标。

五、在完成限期整改并取得辐射安全许可证前，不得启用该辐照装置。如果违反规定，按照《放射性同位素与射线装置安全和防护条例》的有关规定，将对你单位进行处罚。

六、我部委托河北省环境保护局协同北方核与辐射安全监督站对你单位整改情况进行监督检查。

15　综合督查检查

15.1　某综合监督检查要求

为深入贯彻落实习近平总书记、李克强总理等中央领导同志近期重要批示精神和国务院关于加强安全生产工作的一系列重大决策部署，认真汲取天津港"8.12"瑞海公司危险品仓库特别重大火灾爆炸事故教训，按照国务院安委会办公室《关于全面开展安全生产大检查深化"打非治违"和专项整治工作的通知》（安委办明电〔2015〕20号）和8月15日全国安全生产电视电话会议精神，以及《关于做好2015年汛期及抗日战争胜利70周年纪念活动期间核与辐射应急管理工作的通知》（环办函〔2015〕1292号）要求，我部决定于2015年8—11月在全国集中开展针对核设施、核技术利用、核设备制造、铀矿冶设施的核与辐射安全大检查及综合督查，现就有关要求通知如下：

一、涉核企业要坚持"安全第一、质量第一"根本方针，强化安全生产责任体系建设，加强组织领导，逐级落实安全责任，严格遵守核安全法规及各项安全规章制度；强化对从业人员安全教育与培训，切实提高安全生产意识和核安全文化理念；加强本单位安全管理，认真安排好运行、防火、防爆、危化品管控、应急、保卫、通信等各项工作，确保核设施、核技术利用装置、核设备、铀矿冶设施安全受控。自即日起，全面组织开展本单位核与辐射安全相关活动自查，排除安全隐患。

二、各地区核与辐射安全监督站要按照核与辐射安全大检查及综合督查实施方案和各专项方案（以下简称"检查方案"，见附件），根据行政区内核设施、核设备制造单位、铀矿冶设施和环境保护部直接监管的核技术利用单位分布特点，结合例行工作有针对性地制定检查工作方案，深入开展对所监管设施的排查和检查工作。对查出的安全隐患实行"零容忍"，对检查提出的整改要求，不甩项、不漏项，列出清单，限期督促整改，并于2015年10月15日前将检查报告按程序上报。

三、各省（区、市）环境保护厅（局）要高度重视核与辐射安全工作，切实加强组织领导，着力构建辐射安全隐患排查整治的常态化机制，深入落实各项核与辐射安全监管措施，做好核与辐射应急准备。参照检查方案，对行政区内许可管理的各核技术利用单位做好检查，严格监管射线装置使用与放射源使用、贮存和运输等活动，严查并排除易燃易爆、危化品对核技术利用设施安全运行的隐患，确保射线装置和放射源安全受控。自觉接受我部组织实施的综合督查，并做好后续改进工作。

四、将按照检查方案相关要求，对重点核设备制造单位、民用核设施营运单位、核技术利用单位、铀矿冶设施进行核与辐射安全大检查，对重点省级环境保护主管部门进行综合督查。推动相关部门和单位高度重视核与辐射安全工作，加强资源保障，健全责任体系，切实把各项核与辐射安全生产措施落到实处。

15.2　综合监督检查方案案例

15.2.1　综合督查检查要求

一、组织领导

为切实加强此次核与辐射安全大检查工作领导，统筹协调检查进度，确保检查取得实质效果，成立环境保护部（国家核安全局）核与辐射安全大检查及综合督查领导小组，下设办公室、检查组、督查组。

领导小组构成：

组　　长：×××

副组长：×××

成　　员：×××、×××、×××、×××

领导小组职责（实行组长负责制）：

（一）全面领导核与辐射安全大检查及综合督查工作；

（二）审议审批环境保护部（国家核安全局）相关检查方案、整改方案、总结报告等文件；

（三）审查或授权发布环境保护部（国家核安全局）大检查行动相关新闻和信息。

核设施安全监管司、核电安全监管司、辐射源安全监管司（以下简称核一、二、三司）联合成立办公室。

办公室构成：

主　　任：×××

副主任：×××　×××　×××

成　　员：×××　×××　×××

办公室职责（实行主任负责制）：

（一）落实领导小组要求，完成其交办工作任务；

（二）统筹协调核一、二、三司及各地区监督站检查活动有效有序实施；

（三）编制环境保护部（国家核安全局）核与辐射安全检查行动相关新闻稿件；

（四）编制、报批核与辐射安全大检查及综合督查实施方案；

（五）汇总报批核与辐射安全大检查及综合督查总结报告。

核设施安全监管司（以下简称核一司）成立核设备制造单位检查组（以下简称"检查一组"）。

组长：×××

成员：×××　×××　×××（可根据检查实际临时调配）。

检查一组职责：

（一）完成领导小组交办工作任务；

（二）组织实施核设备制造单位检查；

（三）编制核设备制造单位检查专项实施方案及总结报告。

核电安全监管司（以下简称核二司）成立核电厂和研究堆检查组（以下简称"检查二组"）。

组长：×××

副组长：×××

成员：××× ××× ×××（可根据检查实际临时调配）。

检查二组职责：

（一）完成领导小组交办工作任务；

（二）组织实施核电厂、研究堆营运单位检查；

（三）牵头负责清华大学、中国核动力研究设计院核与辐射安全大检查；

（四）编制核电厂、研究堆营运单位检查专项实施方案及总结报告。

辐射源安全监管司（以下简称"核三司"）成立核燃料循环、核技术利用、铀矿冶等设施检查组（简称"检查三组"）。

组长：×××

副组长：××× ××× ×××

成员：××× ××× ×××（可根据检查实际临时调配）。

检查三组职责：

（一）完成领导小组交办工作任务；

（二）组织实施核燃料循环、铀矿冶设施、国家监管的核技术利用单位检查，指导省级环保部门开展对核技术利用单位的检查；

（三）牵头负责中国原子能科学研究院、中核八二一厂、中核四０四、中国工程物理研究院核与辐射安全大检查；

（四）编制全国核燃料循环、核技术利用、铀矿冶设施检查专项实施方案及总结报告。

环境保护部各地区核与辐射安全监督站（以下简称"各地区监督站"）分别成立检查工作组。

检查工作组构成：

组　　长：由各地区监督站主要负责同志担任

副组长：站分管领导、站总工

成　　员：根据各地区监督站工作需要配设。

检查工作组职责（实行组长负责制）：

（一）制定行政区内核与辐射安全大检查实施方案；

（二）负责行政区内核设施和环境保护部直接监管的其他涉核单位核与辐射安全大检查；

（三）制定行政区内核与辐射安全大检查限期整改行动清单；

（四）参与由核一、二、三司组织实施的核与辐射安全大检查及对省级环保部门的综合督查；

（五）编制行政区内核与辐射安全大检查工作总结报告；

（六）监督行政区内核设施和环境保护部直接监管的涉核单位完成核与辐射安全自查

和后续改进行动，落实整改要求。

各省级环保部门分别成立检查组：

检查组构成：

组　　长：由各省级环保部门主要负责同志担任

副组长：分管副厅（局）长、核安全总工

成　　员：根据各省级环保部门工作需要配设。

检查组职责（实行组长负责制）：

（一）制定行政区内辐射安全大检查实施方案；

（二）负责行政区内所监管的核技术利用单位辐射安全大检查；

（三）制定行政区内辐射安全大检查限期整改行动清单；

（四）编制行政区内辐射安全大检查工作总结报告；

（五）监督行政区内核技术利用单位完成辐射安全自查和后续改进行动，落实整改要求。

核一、二、三司联合成立督查组。

督查组构成：

组　　长：×××

副组长：×××、×××、×××

成　　员：××× ××× ×××（可根据督查工作实际临时调配）。

督查组职责（实行组长负责制）：

（一）组织制定核与辐射安全综合督查工作专项实施方案；

（二）督查省级环保部门在核与辐射安全领域履职尽责情况及落实安全生产大检查工作情况；

（三）组织编制督查工作总结报告。

二、检查范围

（一）民用核设施；

（二）放射性废物贮存处置设施；

（三）重点核技术利用单位；

（四）重点核设备制造单位；

（五）铀矿冶设施。

三、检查内容

检查重点内容：

（一）福岛核事故后核与辐射安全改进行动落实情况；

（二）核安全文化宣贯推进和"两个杜绝"落实情况；

（三）核安全"十二五"规划重点项目落实情况；

（四）核电厂及其他核设施大宗材料采购管理；

（五）各类核设施、核技术利用、核设备制造单位近年来发生的重大建造事件、运行事件、质量事件、不符合项处理情况；

（六）以往核与辐射安全检查发现的薄弱环节及存在问题整改落实情况；

（七）易燃易爆品等其他风险源对设施核与辐射安全影响。

检查其他内容：

（一）民用核设施营运单位、核设备制造单位核质保与核安全；

（二）环境保护部和国家核安全局颁发的各类核安全与辐射安全许可证的相关许可条件落实情况；

（三）放射性废物安全管理与铀矿冶辐射环境安全管理；

（四）核与辐射应急准备和辐射环境监测；

（五）核与辐射信息公开、公众宣传和舆情应对；

（六）核设施、核技术利用安保情况。

四、督查范围

重点地区、敏感地区省级环境保护主管部门。

五、督查内容

（一）传达学习贯彻党中央、国务院领导同志重要指示批示和全国安全生产电视电话会议等有关精神，部署加强核与辐射安全监管工作；

（二）省级环境保护主管部门在辐射安全监管业务领域履职尽责及开展核与辐射安全大检查情况；

（三）2015 年上半年核与辐射安全督察工作座谈会议成果落实执行情况；

（四）重点核设施周边监督性监测系统运维等环境保护部委托事项的落实情况。

六、检查方式

（一）全面排查

根据业务分工，在核一、二、三司指导下，各地区监督站、各省环保部门组成的检查工作组，由领导带队，采取听取汇报、查阅资料、座谈质询、实地核查等方式，结合例行或非例行核与辐射安检查，对行政区内监管的核设施、铀矿冶、重点核设备单位、核技术利用单位等进行现场检查，于 2015 年 10 月 15 日前将检查情况并附检查限期整改行动清单按程序上报。所有检查均应形成检查记录，由检查人员和被检查单位负责人签字认可。

（二）重点抽查

核一、二、三司结合核安全文化宣贯，年度例行安全检查、专项检查等活动，重点抽查部分核设施和重点核技术利用单位。严格履行审批程序，依法依规严管严抓，保持监管高压态势，严格监管核设施建造、运行、大修，以及射线装置使用与放射源使用、贮存和运输等活动，有效防范遏制重特大核与辐射事故发生，确保核与辐射安全。充分利用检查发现的典型案例或典型问题，强化警示教育，真正做到处理一家，震慑一片，教育一方，警戒全行业。达到两个"杜绝"、两个"覆盖"要求。于 2015 年 11 月 6 日前提交各专项大检查总结报告。

（三）综合督查

由核一司牵头，会同核二、三司分别对重点省级环保部门辐射安全监管工作及部署落实安全生产大检查工作情况进行督查。督查组可结合省级环保部门开展的现场检查活动，组织对现场检查的程序方法、检查效果、工作纪律等进行督查，如发现检查不到位、整改不到位，措施未落实情况，及时督促省级环保部门依法处置。于 2015 年 11 月 6 日前提交督查总结报告。

15.2.2　核燃料、放废、核技术利用和铀矿冶等专项检查要求

一、检查原则

（一）全面覆盖。以下对象全排查。

1. 所有核燃料循环设施；

2. 环境保护部管理的历史遗留军工核设施退役治理项目与放射性废物处理处置设施；

3. 所有天然铀生产单位；

4. 全国Ⅲ类以上放射源（含城市放射性废物库）以及Ⅱ类以上射线装置利用的单位（不含医院和放射性药品生产企业），甲级非密封放射性场所。

（二）突出重点。城市放射性废物库等敏感对象，京津冀、新疆、西藏等敏感地区重点检查。其中京津冀地区的检查须在 9 月 3 日前完成。

（三）分级实施。核三司负责对职责范围内的敏感点以及敏感地区进行检查，其中特别重要对象由核三司司领导带队检查；一般重要对象由核三司业务处带队检查。各监督站负责对职责范围内的其他对象进行检查。各省级环保部门负责对省级监管的核技术利用单位进行检查，切实消除各类安全隐患。

（四）统筹协调。同一地区、同一单位，相关领域联合检查，其中综合性核基地与核一司、二司联合组织。专项检查要与业务工作结合，与例行监督结合。

二、标准和依据

（一）《放射性污染防治法》；

（二）《民用核设施安全监督管理条例》及其实施细则；

（三）《放射性同位素与射线装置安全和防护条例》；

（四）《放射性废物安全管理条例》；

（五）《民用核燃料循环设施的安全规定》；

（六）《放射性废物安全监督管理规定》以及《放射性固体废物贮存和处置许可管理办法》；

（七）《放射性同位素与射线装置安全和许可管理办法》以及《放射性同位素与射线装置安全和防护管理办法》；

（八）《电离辐射防护与辐射源安全基本标准》；

（九）核燃料循环、铀矿冶、核技术利用以及放射性废物管理领域的标准、大纲、程序及各项管理要求；

（十）《全国核与辐射安全大检查及综合督查实施方案》。

三、内容和要求

本次核与辐射安全大检查重点针对重大不符合项的处理，核安全文化宣贯推进专项行动"两个杜绝"等要求的落实，福岛后改进项以及"十二五"规划的落实等情况进行检查核实。核三司、各监督站、各省级环保部门要认真落实"三严三实"要求，积极贯彻"严慎细实"的作风，高度重视，认真组织；抓好整改落实，消除安全隐患；及时分析总结，做好经验反馈。

各领域的具体检查内容如下。

（一）核燃料循环设施

根据核与辐射安全相关的法律、法规和部门规章全面排查各类核燃料循环设施的安全状况。本次检查从铀纯化转化、铀浓缩、核燃料元件制造、乏燃料贮存和后处理设施等核燃料循环各个环节全面开展。主要对中核二七二铀业有限公司、中核陕西铀浓缩有限公司、中核兰州铀浓缩有限公司、四川红华实业有限公司、中核建中核燃料元件有限公司、中核北方核燃料元件有限公司、秦山第三核电有限公司、中核四〇四有限公司、中国原子能科学研究院及重点放射性物品运输单位等进行检查。检查重点包括：

1. 各类核燃料循环设施管理的组织机构和质量保证体系运转的有效性。

2. 环境保护部（国家核安全局）颁发给各营运单位的各类核安全许可证件的相关核燃料循环设施的运行和在建情况，以及许可证条件落实情况。

3. 福岛核事故后的安全改进行动落实情况。

4. 各类核燃料循环设施一年来发生的运行事件和处理的情况。

（二）退役治理项目和放射性废物处理处置设施

退役治理项目方面，全面检查中核四川环保工程有限责任公司、中核四〇四有限公司和中国工程物理研究院在核设施退役与放射性废物管理方面的工作，检查重点包括：

1. 各类放射性废液、放射性固体废物、其他危险废物的贮存管理情况，主要包括废物台账、日常管理、辐射环境监测、应急准备等。

2. 环境保护部（国家核安全局）各类批复的执行情况，环境保护部（国家核安全局）及地区监督站历次监督检查的落实情况。

3. 检查各单位运行设施的维持维护情况，运行中使用的各类危险化学品、易燃易爆品、腐蚀品的管理、贮存、使用情况。

4. 检查各单位在建项目的安全管理设施及措施，检查退役项目的实施和管理情况。

放射性废物处理处置设施方面，主要包括环境保护部发放许可证的三个中低放废物处置场以及神仙洞废物库，检查重点包括以下几点。

1. 西北处置场和北龙处置场（运行阶段）

检查处置场日常管理情况，包括废物的接收、检测、处置；日常监测、应急准备，废物接收台账，运行安全管理等。

2. 飞凤山放射性废物处置设施（建造阶段）

检查处置场的安全管理情况，尤其是汛期中的各类工程准备、应急响应、地质勘测等。

3. 神仙洞废物库（其他）

检查神仙洞废物库退役工作的开展情况，协调浙江省、上海市有关部门推动退役工作，检查退役实施中环境保护的落实情况。

（三）铀矿冶设施

核三司、各监督站以及各省级环保部门按照《铀矿冶辐射环境安全监督检查大纲（试行）》的有关规定，对所有铀矿冶企业进行辐射环境安全排查。核三司将重点对存在安全隐患或有群众信访投诉的铀矿冶企业（矿点）进行抽查。检查重点包括：

1. 上次监督检查整改要求的落实情况；

2. 环境影响评价和"三同时"制度的执行情况及相关批复文件中各项要求的落实情况，各项环境保护法规标准的执行情况；

3. 辐射环境质量、流出物及个人剂量的监测计划、监测方法、监测设备及监测记录等；

4. 三废处理设施运行状况，重点是工艺废水是否实现槽式排放，尾渣（矿）库渗水回收和处理设施是否正常运行；

5. 辐射环境事故应急预案，应急设施设备配置，应急演练记录，以往辐射事故（事件）的处置记录；

6. 铀矿冶产品、矿石和尾渣的运输安全；

7. 与辐射环境安全相关的其他问题。

（四）核技术利用单位

核三司、各监督站以及各省级环保部门按照各自的监管职责，参照《环境保护部辐射安全与防护监督检查技术程序》（36类核技术利用项目）全面排查工业、农业、科研、社会服务等领域生产、销售、使用（含收贮）Ⅰ、Ⅱ、Ⅲ类放射源，甲级非密封放射性场所，Ⅰ、Ⅱ类射线装置核技术利用单位的辐射安全情况。对各省（区、市）城市放射性废物库，放射性同位素生产、销售、进出口和射线装置、含源设备生产（包括设计调试、维修）、销售单位以及在日常监督检查中存在安全隐患的单位进行重点检查。

1. 法规标准执行情况，包括规范许可证管理，环评审批，竣工环保验收，退役终态验收，放射性同位素进出口、转让转移审批，场所、环境及人员的辐射监测，职业人员的辐射安全培训等。

2. 辐射安全与防护设施运行管理情况，包括装置及场所的分区布局，辐射防护设施，放射源安保设施、辐射防护监测仪器和用品，警示标志和工作状态标识，放射性废物暂存或处理处置设施，以及必要的应急装备和物资等。

3. 规章制度制定及落实情况，包括单位的辐射安全管理办法（制度），放射性同位素利用设施运行操作规程、安全防护设施定期检查和维护制度，辐射工作场所、环境及个人的辐射监测制度，辐射工作人员培训管理规定，辐射事故应急管理制度，废旧放射源及放射性废物管理制度，放射性同位素（射线装置）销售、使用管理制度等。

4. 历史上发生的辐射事件或事故应急响应和处理情况。

15.2.3 全国核与辐射安全大检查综合督查要求

一、督查范围

各省级环保部门，重点督查核能与核技术利用大省、2014 年督查中存在问题较多及能力评估不达标省份。

综合考虑，拟重点督查辽宁、河南、湖南、江西、广东、海南、贵州、甘肃等 8 个省。

二、督查依据

（一）《国务院安委会关于全面开展安全生产大检查深化"打非治违"和专项整治工作的通知》；

（二）2015 年 8 月 15 日全国安全生产电视电话会议精神；

（三）《关于开展核与辐射安全大检查及综合督查的通知》；

（四）《2015 年辐射环境管理督查工作要点》；

（五）李干杰副部长在辐射环境管理督查工作座谈会上的讲话；

（六）关于开展核安全文化宣贯推进专项行动的通知（环办函〔2014〕1099 号）。

三、督查内容

（一）核与辐射安全大检查开展情况

1. 贯彻落实习近平总书记、李克强总理等中央领导同志关于加强安全生产工作的重要指示批示精神和全国安全生产电视电话会议要求，部署加强核与辐射安全管理工作情况；

2. 贯彻落实环境保护部关于开展全国核与辐射安全大检查要求，部署行政区内开展核与辐射安全大检查情况，组织企业开展自查、全面排查安全隐患、严厉打击违法违规行为情况。

（二）核与辐射安全监管重点任务完成情况

1. 党中央、国务院决策部署和中央领导同志批示批办事项完成情况；

2. 核安全文化宣贯推进专项行动开展情况；

3. 环境保护部支持的核与辐射有关能力建设等重点项目完成情况。

（三）核与辐射安全监管情况

1. 履行核与辐射安全监管职能情况；

2. 环境保护部下达的年度预算项目、委托进行的辐射监测项目等相关工作开展情况；

3. 落实《关于加强全国环保系统核与辐射事故应急预案制修订工作的通知》（环办函〔2014〕425 号）情况，应急计划与演练、应急能力保持与提高等事项开展情况。

（四）以往督查工作中发现问题与不足的整改落实情况

四、督查组组成

本次督查设四个督查组，由环境保护部核安全总工程师、核安全三个司、各地区监督站、核与辐射安全中心及辐射环境监测技术中心派员组成。现场督查自 2015 年 10 月 9 日至 10 月 30 日开展，督查组在一个省（区、市）工作 3～5 天，具体行程由各督查组自行安排。

15.3　督查报告案例

一、督查内容

（一）核与辐射安全大检查开展情况

1. 贯彻落实习近平总书记、李克强总理等中央领导同志关于加强安全生产工作的重要指示批示精神和全国安全生产电视电话会议要求，部署加强核与辐射安全管理工作情况。

2. 贯彻落实环境保护部关于开展全国核与辐射安全大检查要求，部署行政区内开展核与辐射安全大检查情况，组织企业开展自查、全面排查安全隐患、严厉打击违法违规行为情况。

（二）核与辐射安全监管重点任务完成情况

1. 党中央、国务院决策部署和中央领导同志批示批办事项完成情况。

2. 核安全文化宣贯专项行动开展情况。

3. 环境保护部支持的核与辐射有关能力建设等重点项目完成情况。

（三）核与辐射安全监管情况

1. 履行核与辐射安全监管职能情况。

2. 环境保护部下达的年度预算项目、委托进行的辐射监测项目等相关工作开展情况。

3. 落实《关于加强全国环保系统核与辐射事故应急预案修订工作的通知》（环办函〔2014〕425 号）情况，应急计划与演练、应急能力保持与提高等事项开展情况。

（四）以往督查工作中发现问题与不足的整改落实情况

二、督查活动

本次综合督查由国家核安全局组织实施，督查组人员名单附后。综合督查活动主要内容包括如下三个方面。

（一）文件检查

1. 查阅了辽宁省厅放射源转让审批程序、放射源转让审批表、辐射安全许可证延续审批文件，抽查了辽宁省厅环境行政处罚案件卷宗和核技术利用单位现场检查记录。

2. 查阅了辽宁省厅《关于加强我省辐射环境安全监管工作的紧急通知》《关于开展

核与辐射安全人检查及综合督查的通知》和省级计划检查企业清单（24家）及检查记录。

3. 查阅了2015年核与辐射安全监督（辽宁省局和辽宁监测中心）项目任务合同书（JD201510和JD201509）、2015年核设施和核基地放射性污染防治（辽宁）项目（DC201505）的实施方案、项目进展及资金执行情况。

4. 查阅了2015年核与辐射安全监测（辽宁省监测中心）项目任务合同书（JC201521）的实施方案、项目进展、资金执行情况及监测报告。

5. 核实了2011年中央财政主要污染物减排专项资金重点省市核与辐射应急监测调度平台及车载快速响应平台项目建设验收情况。

6. 查阅了《辽宁省环保厅关于印发辐射事故应急预案的通知》、辽宁省辐射应急预案及行政区内各地市应急预案、辽宁省厅参与吉林省2015年辐射事件综合应急演练总结及相关资料、辽宁省东北边境及周边地区环境辐射应急监测实施程序。

7. 查阅了《辽宁省核安全文化宣贯推进专项行动核技术利用实施案》、部分地市的宣贯方案及专项行动过程中的培训资料，抽查了部分地市的专项行动总结。

（二）现场查看

1. 查看了辽宁省厅污染源自动监测站的全国辐射环境监测系统实时报送数据平台。

2. 查看了辽宁省厅应急调度平台和应急仪器设备整备室现场情况。

3. 现场观察了辽宁省厅自主研发的电磁辐射移动监测车及工作情况。

4. 抽查了国控自动站（浑南站）运转情况。

（三）座谈交流

督查组听取了辽宁省厅对该省核与辐射安全管理情况的介绍，对本次督查所涉及工作的完成和进展情况进行了交流，并就工作中存在的有关问题和面临的困难与辽宁省厅领导、辽宁省核安全局和辽宁核与辐射监测中心相关人员进行了座谈。

三、督查意见

（一）辽宁省辐射环境监管工作取得积极进展

经过文件检查、现场查看、座谈交流，督查组认为辽宁省政府与省环境保护厅高度重视辐射安全监管工作；辽宁省厅在辐射安全监管工作过程中科学统筹、创新思路，推动辐射安全监管工作扎实有效开展；辽宁省厅针对年度辐射环境监管和监测重点工作，制定了任务实施计划和方案，并认真组织实施，完成了相关工作。

1. 辽宁省厅核技术利用和辐射安全监管的相关制度建设规范、完备，完成了所承担的监督检查工作，并在工作中有所创新。

例如，为加强放射源管理，研发了重点放射源的在线监控系统和放射源条形码识别系统，可实时查询到核技术利用单位基本情况及放射源基本信息，有助于进一步提高辐射环境动态监管水平；为加强行业监管，开发了车载移动式电磁辐射连续监测分析系统，在日常监测和公众宣传中，取得了良好的效果。

2. 按照2015年核与辐射安全监督（辽宁省局和辽宁监测中心）项目任务合同书（JD201510和JD201509）要求，完成了任务书中的科普宣传和培训工作。

按照全国辐射环境监测（辽宁）项目任务合同书（编号JC201506）的要求，完成了前三季度国控点、红沿河核电厂监督性监测等相关监测工作。按照 2011 年中央减排专项项目要求，已完成建设和初步验收工作。

3. 辽宁省厅《辐射事故应急预案》已修订完成。辽宁省全部地级市和省管县的辐射应急预案已完成编制，并在辽宁省厅备案。辽宁省厅应急监测设备台账完整，定期开展了维护和检定工作，人员操作规范，应急能力保持良好。2015 年全省应急培训拟于 11 月开展，相关准备工作已就绪。

4. 辽宁省厅认真推动核安全文化宣贯专项行动，编制了实施方案，并积极开展核安全文化的宣传教育，已编制完成总结报告，并报送环境保护部。

5. 辽宁省厅及时部署全省核与辐射安全大检查工作，成立了领导小组，编制了检查方案，分级开展了全面排查和重点抽查，取得了有效进展，目前已完成省级检查工作。

6. 辽宁省厅积极落实东北核与辐射安全监督站 2014 年度督查工作中提出的整改要求，如：拓展了核与辐射监测能力、取得了国家级计量认证等。

（二）需要进一步加强和改进的方面

1. 辽宁省厅尚未全部完成环境保护部下达的 2015 年度核设施、核基地放射性污染防治项目。

2. 辽宁省核与辐射监测中心部分实验分析设备及监测设备服役时间较长，个别已到使用寿期，设备故障频率较高。

3. 辽宁省厅核安全文化宣贯推进专项行动的检查和督导部分记录不完整，部分地市未按照实施方案的时间节点要求提交总结报告。

（三）建议

1. 随着核与辐射安全监管任务的增加，辽宁省厅要积极争取支持，加强人员队伍和设备能力建设，以与逐年增加的工作量相适应。

2. 辽宁省厅要积极争取财政资金支持，及时对辽宁省核与辐射监测中心的实验分析设备及监测设备予以更新和维护。

3. 辽宁省厅要抓紧完成环境保护部下达的 2015 年度核设施、核基地放射性污染防治项目的相关工作。

15.4　整改方案案例

（一）关于核与辐射安全隐患排查

存在问题：核与辐射安全隐患排查工作针对性、实效性不强。对隐患整改工作重视不够，措施不严，部分单位隐患整改效果不好。

整改措施：向各市州下发《甘肃省生态环境厅关于开展全省核与辐射安全隐患排查、整治工作现场检查的通知》，明确检查时间、检查对象和检查内容等，要求各市州要高度重视，突出重点，查清问题，提出整改措施，严格问题整改，确保隐患排查取得实效。省厅计划于 9 月中旬组成督查小组，进行现场核查检查，进一步推动各核技术利用单位存在问题整改。

整改时限：2022 年底。

责任单位：省厅核安全处、省核与辐射安全中心、各市级生态环境局。

（二）关于辐射安全监管

存在问题：

1. 对市级生态环境部门技术指导帮扶不够，市级生态环境部门辐射环境监测能力普遍较弱；

2. 市级监督检查人员专业技术、监管能力不足，监督执法水平参差不齐；

3. 监督检查时很少携带辐射监测仪器设备，执法效果和个人防护无法保证。市级以下生态环境部门辐射安全监管人员未开展个人剂量监测。

整改措施：

1. 进一步加大对市级生态环境部门指导帮扶力度。一是加大培训力度，在每年组织开展业务培训的基础上，在工作检查中，对州生态环境局辐射安全监管人员进行"传帮带"，结合检查中存在的问题，对市级生态环境部门工作人员实地讲解相关法律法规要求、监管及检查要点和重点工作关注点，以提升其业务水平和监管能力。二是加强辐射环境能力建设，计划在 2023 年省生态环境专项资金中申请辐射环境监测能力建设资金 500 万元，用于购买辐射环境监测仪器，配套委托市州开展监测工作，并于 2023 年开展市级生态环境部门辐射环境监测培训班，提高市级生态环境部门辐射环境监测能力。各市州也积极争取财务支持，进一步加强辐射环境监测能力建设。

2. 结合辐射安全隐患排查工作，向各市级生态环境局下发反馈意见，要求各市级生态环境局结合职能配置、内设机构和人员编制的规定，落实行政审批、执法监管和辐射监测职责，进一步强化辐射管监管力量，形成监管合力。积极组织市、县级辐射安全监管人员参加国家、省上举办的各类辐射安全管理业务培训班，提升监管人员的业务水平。省厅每年举办辐射安全监管业务培训班，培训各市州、各县区及重点核技术利用单位工作人员 200 人左右。并积极组织省、市及各县区辐射安全管理人员参加部里举办的各类培训班。

3. 进一步规范核与辐射安全监督检查工作程序，要求辐射工作人员携带辐射监测仪器设备开展监督检查，确保检查结果真实、准确。加强核与辐射安全监管工作人员个人防护，现场检查时配备必要的防护设备，佩戴个人剂量计，做好工作人员日常健康监测。

整改时限：立行立改并长期坚持。

责任单位：核安全处、省核与辐射安全中心、各市级生态环境局。

（三）关于自动站运行管理

存在问题：

1. 对自动站运行管理重视不够，自动站运行管理权责不明确，工作开展不规范，履职尽责意识欠缺。

2. 2022 年 1 月至 5 月，甘肃矿区核预警点数据异常，未按要求对异常数据分析、调查、上报。嘉峪关市嘉北工业园站、金昌市公园路站、兰州市金昌路站、临夏州 G213 国道站等 4 座自动站和运行管理维护不及时不到位，2022 年 1 月至 4 月存在网络传输异常情况。

3. 酒泉市金塔县站、玉门市广场路站、临夏州 G213 国道站、临夏州红柳台站等 4

个自动站未能提供月巡查记录。

整改措施：

1. 进一步提高对自动站运行的重视程度，强化责任担当，加强自动站运维培训，规范自动站各项工作。

2. 委托专业的第三方运维单位对我省所有自动站进行专业化和系统化运维管理。

3. 压实市州环保局责任，市州每月对运维单位工作进行考核，省核与辐射安全中心不定期对自动站数据、记录和安全等相关工作进行抽查，积极做好我省国控点自动站运维工作，全力保证我省自动站数据获取率达到90%以上。

整改时限：2022年底；

责任单位：省核与辐射安全中心，兰州市、酒泉市、临夏州、嘉峪关市、金昌市生态环境局

（四）关于辐射环境监测

存在问题：

1. 市级生态环境部门辐射环境监测能力普遍较薄弱，难以满足工作的需要；

2. 市级辐射环境监测仪器设备管理不规范，未按期检定、校准。

整改措施：

1. 省核安全中心牵头，督促各市级生态环境部门对现有辐射环境监测仪器设备进行清点，结合日常工作，列出需新增仪器设备清单，购置一批现场监督检查防护设备和监测仪器，将所需采购的仪器设备列入2023年度预算，积极申请资金落实采购事项，并组织开展业务培训；

2. 省核安全中心牵头，督促各市级生态环境部门规范管理辐射环境监测仪器设备，全面梳理、清点现有监测仪器设备数量，建立辐射环境监测仪器设备清单，对无法正常使用的设备进行淘汰。联系相关有资质机构对辐射环境监测仪器设备进行检定、校准，确保监测设备正常使用，监测结果真实、准确。

整改时限：立行立改并长期坚持；

责任单位：省核与辐射安全中心，各市级生态环境局。

（五）关于核技术利用单位

存在问题：

1. 部分核技术利用单位学习贯彻落实习近平生态文明思想和中国核安全观不到位，政治站位不高。

2. 部分核技术利用单位辐射安全主体责任意识不到位，核与辐射安全隐患排查工作不彻底，发现风险隐患能力不足，整改意识不强，整改效果不好，存在缺位盲区。酒钢集团有限责任公司碳钢热轧车间6号轧机对面约15 m处走廊上γ空气吸收剂量率异常。甘肃银光聚银化工有限公司未能提供核与辐射安全隐患排查方案或记录，未开展相关工作。

3. 部分核技术利用单位辐射安全管理体系不健全不完善。甘肃省人民医院政治站位不高、辐射安全管理体系不健全不完善和未按要求开展监测。

整改措施：

1. 省、市环境管理部门在日常监督检查中有效落实习近平生态文明思想和中国核安全观内容宣贯工作，督促核技术利用单位将核安全文化理念融入日常工作之中，进一步提升管理层和辐射操作人员的安全意识、责任意识和守法意识，营造良好的核与辐射安全氛围。

2. 加强隐患排查和日常监督检查力度，督促企业完善辐射安全管理体系，充分发挥辐射安全管理机构职能。加强企业管理人员和辐射工作人员辐射安全与防护日常培训工作，提高企业履行主体责任能力。跟踪监督核技术利用单位及时完成发现问题整改，有效消除风险隐患，确保核技术利用活动安全开展。

3. 针对酒钢集团公司存在问题，嘉峪关生态环境局下发了整改通知，要求尽快查明酒钢宏兴股份公司碳钢薄板厂热轧轧机射线装置辐射剂量监测数值异常问题，采取有效措施降低射线对工作人员的健康影响。同时，举一反三，对所有放射源和射线装置使用场所开展全面监测排查，发现问题及时整改。为避免此类问题再次发生，要求酒钢集团公司尽快采购符合标准要求的辐射环境监测设备，并与开展辐射工作场所监测的第三方检测公司加强沟通，确认所有监测点位设置是否合理，督促第三方检测公司规范点位设置，确保监测结果全面、准确。

4. 针对甘肃银光聚银化工有限公司存在问题，白银市生态环境局督促企业针对反馈问题，制定整改方案，按照整改方案要求，对全厂核与辐射安全工作进行全面自查，对自查发现的问题，建立工作台账，积极进行整改，市局将加大督促检查力度，确保核与辐射环境安全。

5. 针对甘肃省人民医院存在问题，兰州市已责成该企业设置专门的辐射安全和环境保护管理机构，明确相关部门和辐射管理人员职责，加强从业人员培训，提高辐射工作能力。

整改时限：立行立改并长期坚持。

责任单位：核安全处、各市级生态环境局。

16　核与辐射事故应急演习监督检查

16.1　某研究院演习检查案例

一、监督检查过程

2008 年 6 月 11 日，国家核安全局监督检查组对中国原子能科学研究院场内综合应急演习进行了现场监督。监督检查组查阅了相关技术文件、记录，现场检查了主要的应急设施和设备，同时对场内综合应急演习的全过程进行了监督。

二、监督检查结果及整改要求

通过相关文件、现场检查及应急演习现场监督，监督检查组认为中国原子能科学研究院应急组织机构合理，基本满足法规要求；应急计划及相关程序等文件完整；主要应急设施和设备基本有效；综合应急演习场景设计基本合理。演习过程应急指挥有力、决策正确、组织合理、有序，各应急组织启动迅速、人员到位及时；应急岗位人员反应迅速，操作熟练，基本达到了演习的目的。存在的主要问题是：

（一）49-2 游泳池反应堆应急行动水平存在缺项，部分内容缺乏可操作性；

（二）应急设施和设备不能充分满足要求，如应急指挥中心过于狭小、主控室缺少必要的监测和防护设备等；

（三）应急组织中部分岗位职责不够明确，如技术支持组（B）、应急值班员未充分起到其应有的作用；

（四）应急演习中记录不够完善，如应急监测人员在演习中没有对监测数据进行记录，49-2 游泳池反应堆主控室未对演习过程进行记录；

（五）应急演习中报告不够规范，事故源项发生变化时未及时向国家核安全局报告。

针对以上问题提出整改要求如下：

（一）2009 年 3 月底前完成应急行动水平的修订，并报国家核安全局；

（二）尽快加快新应急技术中心的建设工作，及时将建设的进度情况上报国家核安全局；

（三）完善应急设施、设备的配置，加强应急设备的维护；

（四）加强应急演习中记录的规范性；

（五）加强应急值班，特别做好奥运期间的应急准备与响应工作。

16.2　某核电机组演习检查案例

一、检查内容

（一）场内核事故应急预案及执行程序的有效性；

（二）核应急体系运作和应急人员响应能力；

（三）应急通知、通告和报告能力；

（四）应急人员间和组织间的沟通交流和配合协调；

（五）应急响应行动；

（六）应急设施、设备和物资情况；

（七）应急资源及支援；

（八）应急演习情景；

（九）问题识别和纠正行动；

（十）其他应急相关事项。

二、检查情况

在听取汇报的基础上，检查组通过查阅文件、人员访谈、观察评估、现场核查等方式对广西防城港核电厂 3 号机组的应急准备情况进行了检查。同时，对 3 号机组场内综合应急演习进行了评估，重点考察了营运单位在各应急状态下的应急响应能力，检查了应急组织启动、运行控制、技术支持、应急抢修、照射控制、辐射监测、防护行动等主要内容。

三、检查结论和整改要求

检查组认为，营运单位广西防城港核电厂 3 号机组应急组织机构的岗位职责基本明确，应急相关程序文件基本齐备，应急物资配备基本到位，应急响应及培训管理基本有效。在本次演习中，营运单位及时启动应急组织，应急指挥部和各应急响应组能够按要求开展应急响应行动，履行应急职责。

根据本次检查情况，检查组共发现 9 个方面问题，并提出相应整改要求。

（一）检查发现问题

1. 场内核事故应急预案（报批版）（以下简称"应急预案"）及部分配套文件不完善。如应急预案中，场区边界与场外核事故应急预案不一致；应急预案缺少福岛改进项的具体内容和邻近核电厂间相互支援的内容；3 号机组应急行动水平部分条款和反恐临时指挥部组成等未按照应急预案审评承诺及时修订；《化学试剂泄漏事故专项应急预案》未包含 3 号机组内容；部分程序存在不自洽、与应急预案不符等问题。

2. 部分应急设施设备调试试验尚未完成。如主控室碘通风试验、主控室内漏试验未开展，核电厂辐射监测系统（以下简称 KRT）未完成调试，部分 KRT 通道尚未完成安装向调试的移交。

3. 部分影响应急相关系统可用性的缺陷尚未处理完毕。如 3 号机组设备冷却水系统阀门间（3BSB2026ZRM）有线广播、声响警报系统声音且有回音，3 号机组设备冷却水系统热交换器间（3BSA2023ZRM）无线通信系统终端天线（3DTW5669ED）外壳脱落等。

4. 部分应急响应行动存在不足。如安全技术顾问执行机组状态连续监视程序（SPE100）时未及时核对协调员规程；技术支持组未按照指令单要求的频度发送气象参数记录表、厂区辐射和气象监测系统（KRS）监测子站的环境 γ 剂量率监测报告。

5. 部分应急响应行动执行不规范。如应急指挥部个别应急通告未填写通告发出时间；向场外应急组织提出防护行动建议时，未同时发送事故后果评价结果和辐射监测结果；运行控制组未及时在白板记录 B 列 SBO 柴油机不可用的信息；技术支持组未按指令单要求进行事故后果精细评价和记录个别应急响应行动。

6. 个别应急人员之间和应急组织之间的沟通与协调有待加强。如全厂失去电源时，低压安注系统流量（RIS1292KM）显示错误，运行控制组未联系维修服务组处理；当班值长在事故发生初期未通知相关人员加强主变区域巡检，未发出禁止执行第五台应急柴油机相关检修活动的通知。

7. 部分应急响应人员辐射防护技能不足。如进入场区应急状态后，部分人员在进入应急指挥中心时脱除防护用品动作不规范，部分人员进出应急指挥中心时同时打开内外屏蔽门。

8. 部分应急设施设备的设置不满足应急响应需求。如气象塔区域的应急广播及警报存在盲区。

9. 演习情景设计存在不足。如未设置 3 号机组一回路发生大破口后安全壳剂量率参数，出现了 KRT 显示数据与实际不符的情况；设置了 1 号机组出现一回路破口叠加安注泵（1RISOO1PO）故障场景，但未设置相应事故参数等信息。

（二）整改要求

针对检查发现的问题，营运单位应积极采取措施予以改进，同时注重经验反馈、举一反三，查找梳理应急准备和响应中的薄弱环节，提升应急预案及其执行文件质量，完善应急准备工作，提升应急人员能力和协同性，加强演习情景库的动态管理，提高实战性和检验性，加强应急文件、设施设备、物资管理维护，确保应急设施设备的可用性。上述问题应在 3 号机组装料前完成排查整改，并采取有效方式，验证整改成效。

营运单位在后续应急工作中，应当持续优化演习情景库，加强应急培训和实战化演习，加强应急文件、物资、设施设备的配备和检查维护，加强承包商应急管理，持续提升核事故应急响应与处置能力。

第三篇　辐射环境监测

17 辐射环境监测基础

辐射监测是核与辐射安全监管的基础性工作，是核与辐射应急工作的技术支撑，是确保国家核安全的重要组成部分。通过建立和实施辐射监测工作体系，全面掌握我国辐射环境质量状况，监控核与辐射设施放射性污染物排放情况，加强核应急监测技术力量和响应水平，了解我国职业照射个人剂量情况，为环境执法和放射污染防治提供科学依据，为保障核能与核技术利用事业健康发展保驾护航，进而为构建和谐社会发挥积极作用。

深入贯彻落实《生态环境监测网络建设方案》（国办发〔2015〕56 号）以及《核安全与放射性污染防治"十三五"规划及 2025 年远景目标》等文件精神，结合核与辐射安全现状、问题和监管需求，统筹谋划好国家辐射监测各项工作。在国家核安全局总部机关的统一监督管理下，对监测监管职能进行合理划分，涵盖辐射环境质量监测、监督性监测、应急监测和职业照射监测，填补监管空位，细化职责分配，使其各负其职、各尽其责，充分发挥各辐射监测机构合力，形成适合我国国情的辐射监测和监管联动机制，保障辐射环境安全。

辐射环境监测是环境监测的重要组成部分。我国的辐射环境监测工作起步于 20 世纪80 年代，经过近三十多年的发展，已基本建成了由国家、省级、部分地市级组成的三级监测机构，建立了具有相当水平和能力的应急监测队伍。全国辐射环境监测网络是以环境保护部（国家核安全局）为中心，以各省辐射环境监测机构为主体，涵盖部分地市级辐射监测机构的监测网络。

在日常工作中，辐射环境监测网络最主要的内容是开展全国辐射环境质量监测、重点核与辐射设施监督性监测、核与辐射事故预警监测和应急监测，以便说清污染源现状、说清环境质量现状及其变化趋势、说清潜在的辐射环境危险。

监测方式有连续测量和定期测量，除了环境 γ 辐射水平外，其他环境样品主要测量一些与核设施运行有关的关键核素，如 ^3H、^{14}C、^{90}Sr、^{137}Cs 等。监测内容或采样样品包括：

（1）环境 γ 辐射：连续 γ 辐射空气吸收剂量率的测量，通过固定的监测站自动测量。

（2）空气：在大气环境中采集空气样品以及气溶胶、沉降物、降水等。

（3）水：包括地表水、地下水、饮用水和海水等。

（4）水生生物：包括鱼、虾类、螺蛳类、牡蛎、海蜇等。

（5）陆生生物：主要是食物链上的食品，如大米、蔬菜、鲜奶、肉类等，采样时会参考当地的膳食结构来选取。

（6）土壤及岸边沉积物等。

截止到目前，我国辐射环境质量监测国控点包括：151 个辐射环境自动站、328 个陆地辐射点、474 个水样监测点、359 个土壤监测点、85 个电磁辐射环境监测点，基本覆盖了中国大陆主要地级及以上城市、主要江河湖泊、重要的国际河流（界河）和近海海域等。

17.1 辐射环境质量监测

辐射环境质量监测主要是获取区域内辐射背景水平，积累辐射环境质量历史监测数据；掌握区域辐射环境质量状况和变化趋势；判断环境中放射性污染及其来源；报告辐射环境质量状况。

持续开展定时、定点的环境质量监测，掌握区域内辐射环境背景数据，可以为环境辐射水平和公众剂量提供评价依据，在评判核或辐射突发事故/事件（包括境外事故/事件）对公众和环境影响时提供必不可少的对比参考依据。

辐射环境质量监测一般由政府主导实施。辐射环境质量监测是一项长期的持续性的工作，监测方案应保持相对稳定，监测点位应选择不易受自然破坏和人为干扰的固定地点。

全国辐射环境质量监测包括空气吸收剂量率监测、空气监测、水体监测、土壤监测和电磁辐射等监测，详细要求参见《全国辐射环境监测方案》，主要工作内容包括：

▶制订和印发《全国辐射环境监测方案》；

▶建立和运行国家辐射环境质量数据库，收集、汇总国控网数据；

▶对省级环境保护部门实施的国控辐射环境质量监测分析、数据报送、质量管理等监测工作和自动站选址、建设及运维管理进行监督检查；

▶开展必要的国家辐射环境样品抽样复测，复核国家辐射环境质量监测数据，评价全国辐射环境质量状况；

▶编制、审核和发布全国年度辐射环境质量报告。

辐射环境质量监测包括陆地辐射环境质量监测和海洋辐射环境质量监测。

17.1.1 陆地辐射环境质量监测

（1）陆地 γ 辐射

陆地 γ 辐射监测有 γ 辐射空气吸收剂量率连续监测和 γ 辐射累积剂量监测。还应测量 γ 辐射空气吸收剂量率和 γ 辐射累积剂量监测中的宇宙射线响应。

γ 辐射空气吸收剂量率连续监测通常在某一重点区域具有代表性的环境点位，布点侧重人口聚集地，如城市环境，可设置自动监测站，实施不间断 γ 辐射空气吸收剂量率连续监测，重点关注剂量率的变化，特别是异常升高的情况。

（2）空气

空气监测主要包括空气中的 ^{131}I、^3H（HTO）、^{14}C、^{222}Rn，以及气溶胶和沉降物中放射性核素等。采样点要选择在周围没有高大树木、没有建筑物影响的开阔地，或者没有高大建筑物影响的建筑物无遮盖平台上。

a）^{131}I：监测用复合取样器收集的空气微粒碘、无机碘和有机碘。

b）沉降物：分别监测干沉降和湿沉降中的放射性核素活度浓度，干沉降即空气中自然降落于地面上的尘埃，湿沉降包括雨、雪、雹等降水。干、湿沉降物应分开采样和测量。

c）气溶胶：主要是监测悬浮在空气中微粒态固体或液体中的放射性核素活度浓度，通常选在与沉降物同点开展监测。采样频次可以连续采样或每个月（或每季）的某个时间段连续采样，必要时，可设置连续监测点。

d）^{3}H（HTO）：主要是监测空气中氚化水蒸气中氚的活度浓度，通常选在与气溶胶同点开展监测。

e）^{14}C：主要是监测空气中 ^{14}C 的活度浓度，通常选在与气溶胶同点开展监测。

f）^{222}Rn：主要是监测环境空气中 ^{222}Rn 的活度浓度，通常布设累积采样器监测，若需要掌握短时间内的变化，可采用连续测量监测。

（3）土壤

监测辖区内典型类别的土壤，常选择无水土流失的原野或田间。若采集农田土，应采样至耕种深度或根系深度。土壤监测点应相对固定。

（4）陆地水

陆地水环境的监测类别包括江、河、湖泊、水库地表水，以及地下水等，对饮用水水源地水可开展专门监测。监测点位应远离污染源，避免受到人为干扰。

（5）生物

包括陆生生物和陆地水生物。通常根据区域内农、林、渔、牧业的具体情况，设定一个相对固定的原产生物监测点。应调查监测点所在地的规划情况，以保证样品采集的持续性。采集的谷类和蔬菜样品均应选择当地居民摄入量较多且种植面积大的种类。应在成熟期采样，监测频次可根据生长周期长短确定，一般每年一次，对于生长周期较短的，如蔬菜等，可适当增加监测频次。

陆地水生物采样点应尽量和陆地水的监测采样区域一致，不可采集饵料喂养为主的水产品。

监测时应另外确定若干个条件与设定的监测点类似的地点，作为备选监测点。

17.1.2 海洋辐射环境质量监测

海洋辐射环境质量监测范围为我国管辖海域，必要时也应监测我国邻近的国际公共海域。监测对象包括海水、沉积物、生物。可通过浮标（漂流或固定）监测、船舶定点监测与船舶走航监测相结合的方式实施。监测点位应远离核设施等大型辐射源。

（1）海水

海水定点监测采样层次可根据实际情况，可选择为 0.1～1 m、100 m、200 m、300 m、500 m、1 000 m，视实际需要，部分点位加采 1 500 m 和 2 000 m，海水船舶走航监测采样层次为表层。

（2）海洋沉积物

沉积物样品在海水取样区域采集，一般采集表层沉积物，可参照 GB 17378.3 的相关规定进行。

（3）海洋生物

海洋生物采样区域应尽量和海水取样区域一致，采集方法可参照 GB 17378.3 的相关规定进行（见表 17-1）。不可采集饵料喂养为主的海产品。

表 17-1　辐射环境质量监测对象、项目及频次

监测对象		监测项目	监测频次
陆地环境	陆地 γ 辐射	γ 辐射空气吸收剂量率	连续监测
		γ 辐射累积剂量	1 次/季
		宇宙射线响应（剂量率、累积剂量）	1 次/年
	（室外）环境氡	^{222}Rn 浓度	累积测量，1 次/季
	空气中碘	^{131}I	1 次/季
	气溶胶	总 β、γ 能谱 [a]	连续监测，每天测一次总 β，当总 β 活度浓度大于该站点周平均值的 10 倍，进行 γ 能谱分析
		γ 能谱 [a]、^{210}Po、^{210}Pb	1 次/月或 1 次/季
		^{90}Sr、^{137}Cs[b]	1 次/年（1 季采集 1 次，每次采样体积应不低于 10 000 m³，累积全年测量）
	沉降物	γ 能谱 [a]	累积样/季
		^{90}Sr、^{137}Cs[b]	1 次/年（1 季采集 1 次，累积全年测量）
	降水（雨、雪、雹）	^{3}H	累积样/季
	空气中氚、碳-14	氚化水蒸气（HTO）、^{14}C	1 次/年
	地表水	总 α、总 β[c]、U、Th、^{226}Ra、^{210}Po、^{210}Pb、^{90}Sr、^{137}Cs[b]	2 次/年（枯水期、平水期各 1 次）
	饮用水源地水	省会城市：总 α、总 β[c]、^{210}Po、^{210}Pb、^{90}Sr、^{137}Cs[b]	1 次/半年
		其他地市级城市：总 α、总 β[c]，有核设施的地市级城市加测 ^{90}Sr、^{137}Cs[b]	
	地下水	总 α、总 β[c]、U、Th、^{226}Ra、^{210}Po、^{210}Pb	1 次/年
	生物	^{90}Sr、^{210}Po、^{210}Pb、γ 能谱 [a]	1 次/年
	土壤	γ 能谱 [a]、^{90}Sr	1 次/年
海洋环境	海水	U、Th、^{90}Sr、^{3}H、γ 能谱 [a]	1 次/年
	沉积物	^{90}Sr、γ 能谱 [a]	
	生物（藻类、软体类、甲壳类、鱼类）	^{90}Sr、^{210}Po、^{210}Pb、^{14}C、^{3}H（TFWT，OBT）[d]、γ 能谱 [a]	

a. 气溶胶、沉降物 γ 能谱分析项目一般包括 ^{7}Be、^{238}U（^{234}Th）、^{232}Th（^{228}Ac）、^{226}Ra、^{137}Cs、^{134}Cs、^{131}I 等放射性核素；陆地环境生物和土壤 γ 能谱分析项目一般包括 ^{238}U（^{234}Th）、^{232}Th（^{228}Ac）、^{226}Ra、^{40}K、^{137}Cs 等放射性核素；海水 γ 能谱分析项目一般包括 ^{226}Ra、^{40}K、^{54}Mn、^{58}Co、^{60}Co、^{65}Zn、^{95}Zr、^{110m}Ag、^{124}Sb、^{137}Cs、^{134}Cs、^{144}Ce 等放射性核素；海洋沉积物和海洋生物 γ 能谱分析项目一般包括 ^{238}U、^{232}Th、^{226}Ra、^{40}K、^{54}Mn、^{58}Co、^{60}Co、^{95}Zr、^{110}Agm、^{137}Cs、^{134}Cs、^{144}Ce 等放射性核素；人工核素不限于上述所列。

b. ^{137}Cs 应采用放化分析方法进行测量分析。

c. 若总 α、总 β 超过 GB 5749 规定的饮用水指导值，则加测 γ 能谱，地表水、饮用水源地水再加测 ^{228}Ra。

d. TFWT 表示为组织自由水氚，OBT 表示为有机结合氚，余表同。

17.2　辐射源环境监测

辐射源环境监测是为了评判特定辐射源或伴有辐射活动对周围环境是否造成影响及影响程度而进行的监测，目的是为环境监督管理提供依据，为公众提供环境信息，监测辐射源排放情况，核验排放量，检查辐射源营运单位的环境管理效能，评价排放对环境的影响，检查和证实环境影响评价中的假设和结论。

辐射源环境监测通常在设施外围的环境中实施，用以查明公众照射和环境中辐射水平增加值。监测前应制定环境监测方案，环境监测方案包括辐射场测量和环境样品中放射性核素活度浓度测量，监测和样品的种类要覆盖辐射源对公众的主要照射途径，并选择可以浓集放射性核素指示生物，用以强化监视放射性水平变化趋势。

辐射源环境监测需要考虑辐射源的放射性总量、组分以及预计排放量和排放速率；需要考虑排放途径、排放方式、照射途径、现场的环境特性、周围居民的特点与习惯，以及来自邻近任何其他辐射源或活动的可能贡献。

辐射源环境监测方案应重点关注关键人群组位置、关键途径和关键放射性核素。监测方案的内容应随设施运行的不同阶段而改变。监测方案应定期开展回顾性评价，以确保监测方案始终和其监测目的保持相适应，以及重要的排放或环境迁移途径、重要的照射途径不被忽略。应充分考虑设施所在地（厂址）的地域特征，监测方案应与厂址周围的地理特征、气候特征、社会环境以及居民生活习惯相适应。对于大型核与辐射设施，应制定适合厂址当地特征的监测方案，原则上应"一址一方案"。在实施监测方案时，采用的监测技术方法也应与厂址周围的特征相适应，如空气中水汽氚的采集方法，北方寒冷干燥地区和南方暖湿地区应分别采用适合于当地气候特点的采样技术方法。

辐射源环境监测按实施主体分为政府主管部门实施的监督性监测和辐射源业主（或营运单位）实施的自行监测，两种监测的目的有所不同，监督性监测的目的主要是：监控辐射源的环境排放，为辐射环境监管提供科学依据；监测辐射源周围环境质量，为公众提供环境安全信息；预警核与辐射事件/事故，确保公众安全和环境安全。自行监测的目的主要是：检验和评价营运设施对放射性物质包容的安全性和流出物排放控制的有效性，反馈有利于优化或改进三废排放和辐射防护设施的信息；对流出物或环境中的异常或意外情况提供报警，在合适的时候启动专门程序；检验排放对环境影响程度是否控制在目标值内；评价公众受到的实际照射及潜在剂量，证明设施对环境的影响是否符合国家标准。虽然两种监测的目的有所不同，监测方案各有侧重，但监测内容总体上基本一致，监测数据经过比对认可后可以互补，但两种监测不能互相替代。营运单位的自主监测方案应当系统全面，而政府主管部门实施的监督性监测方案在满足监测目的的条件下可以适当优化。

（1）放射性流出物监督性监测

放射性流出物监督性监测主要针对核电厂等国家重点监管核设施开展监督性监测，包括气态、液态流出物的在线监测和取样分析，详见《核电厂辐射环境现场监督性监测系统建设规范（试行）》（环发〔2012〕16 号）和《核电厂辐射环境监督性监测方案审评大纲》（环核设函〔2014〕10 号）中的相关要求，主要工作内容包括：

▶建立国家重点监管核设施流出物信息系统，运行国家重要核设施流出物数据库；

▶开展核电厂等国家重点监管核设施放射性流出物现场监督性监测系统建设审评监督；

▶实施对国家重点监管核设施放射性流出物监测工作的现场监督，开展必要的现场监督性监测、取样和分析；

▶展核设施放射性流出物监测方案和报告的技术审评；

▶编制、审核年度国家重点监管核设施放射性流出物监测和剂量评价报告。

（2）辐射环境监督性监测

辐射环境监督性监测，包括核电基地、研究堆、综合核基地、核燃料加工处理和铀离心工程设施、铀矿冶、放射性伴生矿、核技术利用、国家放射性废物处置场和放射性污染物填埋场，详细要求参见《全国辐射环境监测方案》《辐射环境监测技术规范》（HJ/61—2001）等技术规范，其中《核电厂辐射环境监督性监测方案审评大纲》（环核设函〔2014〕10 号）专门针对核电厂辐射环境监督性监测工作提出了明确要求。

辐射环境监督性监测主要工作内容包括：

▶制订和印发《全国辐射环境监测方案》；

▶建立和运行核电厂及其他重要核设施辐射环境监督性监测数据库，收集、汇总核设施辐射环境监督性监测数据；

▶对核电厂及其他重要核设施（国控 21 点）监督性监测系统运行管理及数据报送情况等进行抽查，开展必要的现场监督性监测、取样和分析；

▶开展核设施、铀（钍）矿和伴生放射性矿辐射环境监督性监测方案和报告的技术审评，核技术利用单位辐射环境监督性监测内容参见《辐射环境监测技术规范》（HJ/61—2001）；

▶编制、审核和发布全国年度辐射环境监测报告（包括国家重点监管核设施辐射环境监督性监测）。

17.2.1 核设施

核设施周围辐射环境监测包括运行前环境辐射水平调查、运行期间环境监测和流出物监测、事故场外应急监测和退役监测。

（1）**核动力厂**

▶**运行前环境辐射水平调查监测（本底/现状调查）**

a）调查内容

调查环境 γ 辐射水平和主要环境介质中重要放射性核素的活度浓度。

b）调查时间

环境辐射水平调查的时段不得少于连续两年，并应在核动力厂运行前完成。对于同一场址后续建造机组的，调查时段不得少于 1 年，并应在续建机组运行前完成。

c）调查范围

环境 γ 辐射空气吸收剂量率水平及其他项目的调查范围以核动力厂为中心、半径 50 km 内，其余项目调查范围半径为 20～30 km 内。对照点和个别敏感地区，如居民集中点、学校、医院、饮用水源、自然保护区等，可以适当超过上述范围。

d）调查监测内容与频次

监测内容与频次可参照 HJ 969 执行。由于各核动力厂的自然环境、气象及所选堆型不同，监测内容与频次可相应调整。

▶**运行期间辐射环境监测**

a）监测内容

监测内容一般包括：环境 γ 辐射水平和核动力厂放射性排放有关的主要放射性核素的活度浓度。运行期间辐射环境监测的环境介质、监测内容原则上与运行前本底/现状调查相同（见表 17-2）。

b）监测时间

核动力厂运行后开始监测。

c）监测范围

环境 γ 辐射水平的监测范围一般为厂区半径 20 km，其余项目监测范围为半径 5～10 km 范围内区域。运行期间的环境监测范围、点位、项目和频次在运行前环境辐射水平调查的基础上确定，在取得足够的运行经验和环境监测数据后，通常为 5 年后，可适当调整监测范围、项目和频次。

d）监测/采样介质和布点原则

1）γ 辐射

i）γ 辐射空气吸收剂量率（连续）

以核动力厂反应堆为中心，在核动力厂周围 16 个方位陆地（岛屿）上布设自动监测站（含前沿站），每个方位考虑布设 1 个自动监测站，滨海核动力厂，靠海一侧可根据监管需要设立自动监测站。在核动力厂各反应堆气态排放口主导风下风向、次下风向和居民密集区应适当增加自动监测站。原则上，除对照点外，自动监测站应建在核动力厂烟羽应急计划区范围内。自动监测站建设要考虑事故、灾害的影响。

每个自动监测站应按指定间隔记录，一般每 30 秒或 1 分钟记录一次 γ 辐射空气吸收剂量率数据，实行全天 24 小时连续监测，报送 5 分钟均值或小时均值。部分关键站点可设置能甄别核素的固定式能谱探测系统，对周围环境进行实时的 γ 能谱数据采集，并将能谱数据传送回数据处理中心。

ii）γ 辐射累积剂量

在厂界外，以反应堆为中心，8 个方位半径为 2 km、5 km、10 km、20 km 的圆所形成的各扇形区域内陆地（岛屿）上布点测量。

2）空气

i）气溶胶、沉降物

原则上在厂区边界处、厂外烟羽最大浓度落点处、半径 10 km 内的居民区或敏感区设 3～5 个采样点，点位设置与该方位角的 γ 辐射空气吸收剂量率连续监测点位一致，

与 γ 辐射空气吸收剂量率连续监测自动站共站选择其中一个点（优先考虑厂外烟羽最大浓度落点处或关键居民点）设置空气气溶胶 24 小时连续采样，至少每周测量一次总 β 或/和 γ 能谱，向监测机构传输一次数据。当总 β 活度浓度大于该站点周平均值的 10 倍或 γ 能谱中发现人工放射性核素异常升高，则将滤膜样品取回实验室进行 γ 能谱等分析。

对照点设 1～2 个。气溶胶采样每月一次，采样体积应不低于 10 000 m³。沉降物累积每季收集 1 次样品。样品蒸干保存，气溶胶、沉降物年度混合样分析 ⁹⁰Sr。

ii）空气中 ³H（HTO）、¹⁴C 和 ¹³¹I

采样点设置同气溶胶、沉降物，点位数可适当减少。³H（HTO）应开展连续采样，每月分析累积样品，根据历史监测数据，可选择其中 1～2 个采样点，每周分析一个累积样品或开展在线监测。¹⁴C 的采样体积一般应大于 3 m³，¹³¹I 累积采样体积大于 100 m³。设置 1 个对照点位。

iii）降水

原则上在厂区边界处、厂外烟羽最大浓度落点处、半径 10 km 内的居民区或敏感区设 3～5 个，对照点设 1 个。

3）表层土壤

在核动力厂反应堆为中心 10 km 范围内采集陆地表层土。应考虑没有水土流失的陆地原野土壤表面土样，以了解当地大气沉降导致的人工放射性核素的分布情况；也应在农作物采样点采集表层土壤。

4）陆地水

i）地表水

选取预计受影响的地表水 5～10 个（地表水稀少的地区，可根据实际情况确定），对照点设在不可能受到核动力厂所释放放射性物质影响的水源处。对于内陆厂址受纳水体，则在取水口、总排水口、总排水口下游 1 km 处、排放口下游混合均匀处断面各选取一个点位。

ii）地下水、饮用水

考虑可能受影响的地下水源和饮用水源处采样，内陆厂址适当增加采样点位。可利用厂内监测井，根据实际情况也可以设置厂外环境监测井。

5）地表水沉积物

监测江、河、湖及水库沉积物中的放射性核素含量，在核动力厂运行后气态或液态流出物可能影响到的地表水体进行采样，根据当地的地理环境决定采样点数，尽可能包括所有的 10 km 范围内的地表水体。

6）陆生生物

10 km 范围内的粮食、蔬菜水果、牛（羊）奶、禽畜产品、牧草等中的放射性核素含量。

i）牛（羊）奶

根据环境资料确定是否开展监测。在半径 20 km 范围内寻找奶牛（羊）牧场，并确认以当地饲料为主。

ii）植物

原则上采集关键人群组食用主要农作物，如谷类 1～2 种，蔬菜类 2～4 种，水果类 1～2 种。如有牧场，还需要采集牧草。

iii）动物

采集关键人群组食用的当地禽、畜 1～2 种。

7）陆地水生物

监测陆地水养殖产品鱼类（注意不可采集以饵料喂养为主的水产品）、藻类和其他水生生物中的放射性核素含量。

8）海水

监测排污口附近沿海海域海水中放射性核素，对照点设在 50 km 外海域。

9）海洋沉积物

与海水采样点相同。

10）海洋生物

主要包括鱼类、藻类、软体类以及甲壳类海洋生物，采样点一般应包括核动力厂附近野生类或当地渔民的养殖场或放养场（注意不可采集以饵料喂养为主的海产品）。每类生物采集地点不少于 3 个。

11）指示生物

选择能够高水平或快速富集（富集时间短于采样周期）环境中的放射性物质的生物，通过测量可以容易地了解环境中放射性浓度的时间性和空间性变化。陆地上的松叶、杉叶、艾蒿、苔藓、菌菇等富集铯同位素，海洋环境的藻类、软体类、甲壳类富集 ^{60}Co、^{58}Co、^{54}Mn、^{99}Tc 等核素，鱼骨和贝类富集锶和钚同位素等。

表 17-2　核动力厂运行期间监测对象、项目及频次

监测对象		布点原则	监测项目	监测频次	
				采样	分析
γ 辐射	γ 辐射空气吸收剂量率	设置连续监测自动站，原则上在烟羽应急计划区范围内 16 个方位布设监测站点，沿海核动力厂，靠海一侧可根据需要布设监测站点；对照点	γ 辐射空气吸收剂量率	连续	连续
	γ 辐射累积剂量	厂外烟羽最大浓度落点处；厂界周围 8 个方位角按半径 2 km、5 km、10 km、20 km 的圆所形成的各扇形区域内陆地（岛屿）布点；对照点	γ 辐射累积剂量	连续	1 次/季
空气	气溶胶[a]	尽量选择主导风下风向处设置点位，也可在厂区边界、厂外烟羽最大浓度落点处、主导风下风向距厂区边界＜10 km 的居民区任选其中一个点	24 小时连续采样，每天测量一次总 β 或/和每周测量一次 γ 能谱，当总 β 活度浓度大于该站点周平均值的 10 倍或 γ 能谱中发现人工放射性核素异常升高，则将滤膜样品取回实验室进行 γ 能谱等分析	连续	总 β：1 次/日　γ 能谱：1 次/周

监测对象		布点原则	监测项目	监测频次	
				采样	分析
空气	气溶胶 [a]	厂区边界、厂外烟羽最大浓度落点处、主导风下风向距厂区边界<10 km 的居民区；对照点	γ 能谱 年度混合样品分析 ^{90}Sr	累积采样，1次/月，采样体积不低于10 000 m³	1 次/月
	沉降物 [a]	厂区边界、厂外烟羽最大浓度落点处、主导风下风向距厂区边界<10 km 的居民区；对照点	γ 能谱 年度混合样品分析 ^{90}Sr	累积采样，1次/季	1 次/季
	气体	厂区边界、厂外烟羽最大浓度落点处，主导风下风向距厂区边界<10 km 的居民区；对照点	^{3}H（HTO）、^{14}C、^{131}I	累积采样，1次/月	1 次/月
		厂区边界、厂外烟羽最大浓度落点处、主导风下风向距厂区边界<10 km 的居民区任选其中 1～2 个点	^{3}H（HTO）	连续	1 次/周或在线监测
	降水	厂区边界、厂外烟羽最大浓度落点处、主导风下风向距厂区边界<10 km 的居民区；对照点	^{3}H	累积采样，有雨、雪或冰雹时	混合样品1 次/月
陆地	表层土壤	<10 km，16 个方位角内（主导风下风向适当加密），部分点位可同农作物采样点；对照点	^{90}Sr、γ 能谱，每个方位最近的 1 个点加测 $^{239+240}$Pu	1 次/年	1 次/年
	植物 [b] 农作物	主导风下风向厂外最近的村镇；对照点	^{3}H（TFWT，OBT）、^{14}C、γ 能谱、每类至少选择一个样品进行 ^{90}Sr 分析	收获期	1 次/年
	动物 [b] 禽、畜	主导风下风向厂外最近的村镇；对照点	^{3}H（TFWT，OBT）、^{14}C、γ 能谱、每类至少选择一个样品进行 ^{90}Sr 分析	1 次/年	1 次/年
	动物 [b] 牛（羊）奶	主导风下风向厂外最近的奶场；对照点	^{131}I	每季采样	1 次/季
	指示生物	尽量选择厂外烟羽最大浓度落点处	根据指示生物浓集特性确定监测核素种类	收获期	1 次/年
	地表水 [c]	预计受沉降影响的地表水；上游对照点，可选择部分点位分析 ^{14}C	总 β、γ 能谱、^{3}H、^{14}C	平水期、枯水期	平、枯水期各 1 次
	地表水（受纳水体）[c]	在取水口、总排水口、总排水口下游1 km 处，排放口下游混合均匀处	总 α、总 β、γ 能谱、^{131}I、^{90}Sr、^{3}H、^{14}C	1 次/半年	1 次/半年
	地表水沉积物	同地表水	^{90}Sr、γ 能谱，10 km 范围内的水体加测 $^{239+240}$Pu	1 次/年	1 次/年
	地下水 [c]	厂内监测井	γ 能谱、^{90}Sr、^{3}H，可选择部分点位分析 ^{14}C	1 次/月，抽测	1 次/月
	地下水 [c]	可能受影响的地下水、对照点		平水期、枯水期	平、枯水期各 1 次
	饮用水 [c]	关键人群组饮水及可能受影响的水源	^{3}H、γ 能谱、总 α、总 β，可选择部分点位分析 ^{90}Sr、^{14}C	平水期、枯水期	平、枯水期各 1 次

续表

监测对象			布点原则	监测项目	监测频次	
					采样	分析
陆地	陆地水生物 b	植物	受纳水体排放口附近；主导风下风向厂外或流域覆盖厂址区域面积最大的水体；对照点	^{90}Sr、^{14}C、γ 能谱，受纳水体则增加 ^{3}H（TFWT，OBT）	收获期	1 次/年
		动物	受纳水体排放口附近；主导风下风向厂外或流域覆盖厂址区域面积最大的水体；对照点	^{90}Sr、^{14}C、γ 能谱，受纳水体则增加 ^{3}H（TFWT，OBT）	1 次/年	1 次/年
		指示生物	受纳水体排放口附近	根据指示生物浓集特性确定监测核素种类	1 次/年	1 次/年
海洋	海水 c		排放口附近海域；对照点	^{3}H、总 β、^{40}K，可选择部分点位分析 ^{14}C、^{90}Sr、γ 能谱	1 次/半年	1 次/半年
	海洋沉积物		同海水采样点，包括潮间带土、潮下带土和海底沉积物；对照点	^{90}Sr、γ 能谱，在排放口方位 5 km 范围内选择点位加测 $^{239+240}$Pu	1 次/年	1 次/年
	海洋生物 b	植物	排放口附近海域藻类等植物（含指示生物）	^{3}H（TFWT，OBT）、^{14}C、^{90}Sr、γ 能谱（包括 ^{131}I）	收获期	1 次/年
		动物	排放口附近海域鱼类、海藻、软体类以及甲壳类生物（含指示生物）	^{3}H（TFWT，OBT）、^{14}C、^{90}Sr、γ 能谱（包括 ^{131}I）	1 次/年	1 次/年

a. γ 能谱分析应重点关注核设施排放的特征核素，可根据核设施排放的特征核素来选择分析的核素，气溶胶及沉降物 γ 能谱分析项目一般可选择但不限于 ^{7}Be（质控用）、^{54}Mn、^{58}Co、^{60}Co、^{95}Zr、^{131}I、^{137}Cs、^{134}Cs、^{144}Ce 等放射性核素。
b. 生物、土壤、沉积物中 γ 能谱分析项目一般可选择但不限于 ^{54}Mn、^{58}Co、^{60}Co、^{95}Zr、^{110}Agm、^{137}Cs、^{134}Cs、^{144}Ce 等放射性核素。
c. 水中 γ 能谱分析项目一般可选择但不限于 ^{54}Mn、^{58}Co、^{60}Co、^{106}Ru、^{65}Zn、^{95}Zr、^{110}Agm、^{124}Sb、^{137}Cs、^{134}Cs、^{144}Ce 等放射性核素。

▶运行期间流出物监测

核动力厂运行期间流出物监督性监测内容要求可参考表 17-3、表 17-4，监督性监测样品数量根据核动力厂营运单位流出物自行监测样品总量，按一定的比例进行抽测。放射性流出物采样与监测项目应根据不同堆型和不同燃料产生的流出物源项特点进行选择。

表 17-3 核动力厂气载流出物监督性监测

监测项目	取样方式	测量方式
惰性气体 a	连续、抽样	连续在线 b、样品测量
颗粒物总 β/总 γ	连续	连续在线 b
颗粒物 γ 能谱 c	累积	定期
颗粒物混合样 d ^{89}Sr、^{90}Sr	累积	定期
颗粒物混合样 d ^{238}Pu、^{239}Pu、^{240}Pu、^{241}Am、^{242}Cm、^{244}Cm	累积	定期

续表

监测项目	取样方式	测量方式
^{131}I、^{133}I	连续、累积	定期
^{3}H	累积	定期
^{14}C	累积	定期

a. 惰性气体一般可选择但不限于 ^{41}Ar、^{85}Kr、^{131}Xem、^{133}Xe、^{133}Xem、^{135}Xe。根据流出物源项确定测量核素。
b. 可同步共享核动力厂的数据。
c. γ 能谱分析核素一般可选择但不限于 ^{51}Cr、^{54}Mn、^{57}Co、^{58}Co、^{59}Fe、^{60}Co、^{65}Zn、^{95}Zr、^{95}Nb、^{103}Ru、^{106}Ru、^{110}Agm、^{124}Sb、^{134}Cs、^{137}Cs、^{140}Ba、^{140}La、^{141}Ce、^{144}Ce。根据流出物实际源项确定测量核素。
d. 颗粒物混合样根据流出物实际源项选择测量核素。

表 17-4　核动力厂液态流出物监督性监测

监测对象	采样方式	监测项目	测量方式
储存罐	排放前采样	^{3}H、^{14}C、总 α、总 $β^a$ 及 γ 能谱 ^{b} 等	抽样测量
排放口	定期采样（或等比采样）		抽样测量

a. 若总 α、总 β 放射性浓度超过设定值，根据流出物实际源项选择测量核素，一般可选择但不限于 ^{89}Sr、^{90}Sr、^{55}Fe、^{63}Ni 或 ^{238}Pu、^{239}Pu、^{240}Pu、^{241}Am、^{242}Cm、^{244}Cm。
b. 根据流出物实际源项选择测量核素，一般可选择但不限于 ^{51}Cr、^{54}Mn、^{57}Co、^{58}Co、^{59}Fe、^{60}Co、^{65}Zn、^{95}Zr、^{95}Nb、^{103}Ru、^{106}Ru、^{110}Agm、^{124}Sb、^{131}I、^{133}I、^{134}Cs、^{137}Cs、^{140}Ba、^{140}La、^{141}Ce、^{144}Ce。

▶核事故场外应急监测

核事故场外应急监测分早期、中期和晚期监测，根据事先制定的应急监测计划，实施应急监测。具体技术要求参照 HJ 1128 执行。

▶退役监测

根据核动力厂退役时的放射性废物源项调查，退役过程的辐射环境影响，相应调整监测范围、项目和频次。

17.2.2　放射性废物暂存库和中低放射性处置场、处理设施

17.2.2.1　放射性废物暂存库

▶运行前的辐射环境监测

a）监测内容：陆地 γ 辐射空气吸收剂量率与主要环境介质中的暂存废物所含的主要放射性核素。

b）监测范围：以库为中心半径 1～3 km 以内。

c）监测方案：参照表 17-5，监测频次均为 1 次。

▶运行期间的辐射环境监测

运行期间的辐射环境监测参照表 17-5 执行

表 17-5　放射性废物暂存库辐射环境监测对象、点位、项目及频次

监测对象	监测点位	监测项目	监测频次/（次/年）
γ 辐射	库房墙壁外 [a]、库区周围四个方位、库区界外主要居民点	γ 辐射空气吸收剂量率	2
气溶胶	主导风下风向	总 α、总 β	1
土壤	库区四个方位主要居民点	γ 能谱	1
地下水 [b]	库区监视井水、主要居民点饮用井水	总 α、总 β	1
地表水 [b]	上下游各取 1 点	总 α、总 β	1
废水 [b]	贮存池	总 α、总 β	1
生物	同土壤	γ 能谱	收获期

a. 墙壁外 30 cm 位置。
b. 如总 α 超过 0.5 Bq/L，总 β 超过 1.0 Bq/L，则测量暂存废物所含的主要放射性核素。

17.2.2.2　中低放射性废物处置场

中低放射性废物主要包括核燃料循环和核动力厂正常运行产生的、核技术利用和核研究活动产生的中低放射性废物。中低放射性废物处置场在运行前、运行期间及关闭后都应进行辐射环境监测。

监测应以处置场设施区为主，以处置场为中心，半径 3～5 km 以内。启用前，辐射环境本底调查范围一般取 5 km。重点关注地下水等环境介质，并根据处置场所在环境特点，适当调整。

1）运行前辐射环境本底调查

应获取处置场运行前最近连续两年的场址周围环境辐射本底水平，作为处置场运行期间和关闭后环境影响评价的基础数据。调查内容包括环境 γ 辐射水平和环境介质中与处置场运行有关的主要放射性核素活度浓度。调查方案参照表 17-6 进行。

2）运行期间的辐射环境监测可参考表 17-6 执行。增加中子剂量当量率、渗析水和指示生物的测量。监测项目可根据核安全导则 HAD 401/09 和处置场涉及的主要放射性核素情况、场址特征和监测方法成熟性适当调整。

表 17-6　中低放射性废物处置场辐射环境监测对象、布点原则、监测项目及频次

监测对象	布点原则	监测项目	监测频次
γ 辐射	按设施周围 4～16 个方位布设 γ 辐射空气吸收剂量率连续监测点；对照点	γ 辐射空气吸收剂量率	连续
	场内设置点位；场外以处置场为中心，测量范围内 16 个方位角布设点位；对照点	γ 辐射累积剂量	1 次/季
气溶胶、沉降物	场内设置点位；场外在主导风下风向、可能的关键人群组、环境敏感点等设置点位；对照点	总 α、总 β、^{90}Sr、^{99}Tc[b]、$^{239+240}$Pu、γ 能谱[c]	1 次/半年
空气	与气溶胶点位重合；对照点	^{3}H（HTO）、^{14}C、^{129}I[b]	1 次/半年
中子剂量[a]	处置场边界外，四个方位	中子剂量当量率	1 次/半年

监测对象	布点原则	监测项目	监测频次
土壤	场内设置点位；场外在 γ 辐射空气吸收剂量率测点中选择点位；设置在无水土流失的原野或田间；对照点	总 α、总 β、^{90}Sr、$^{239+240}$Pu、γ 能谱 c	1 次/年
地表水	调查范围内河流上游、下游、水库/池塘、集中用水点各设置点位；对照点	总 α、总 β、γ 能谱 c	1 次/半年
沉积物	与地表水点位重合；对照点	总 α、总 β、^{99}Tc、^{129}Ib、^{90}Sr、$^{239+240}$Pu、γ 能谱 c	1 次/年
地下水	厂址范围及周边地下水下游监测井、附近主要居民点设置点位；对照点	总 α、总 β、^{90}Sr、^{99}Tc、^{129}Ib、$^{239+240}$Pu、γ 能谱 c、^{3}H、^{14}C	1 次/半年
生物	选择当地居民摄入量较多、种植面积大的谷物、蔬菜、家禽、家畜各设置 1~2 个采样点；牧草（如果有）、水生生物（如果有）设置点位；对照点	γ 能谱 c、^{90}Sr、^{99}Tc、^{129}Ib、$^{239+240}$Pu	1 次/年
指示生物 a	设置 1~2 个点位	根据指示生物浓集特性确定监测核素种类	1 次/年
渗析水 a	渗析水收集处	总 α、总 β、γ 能谱 c	1 次/半年

a. 运行期间开展监测。
b. 根据废物的来源，如有来自后处理设施的废物，则应监测 ^{99}Tc、^{129}I。
c. 根据废物的来源，参考核动力厂、后处理设施等的实际源项选择测量核素。

3）关闭期间监测

应开展处置场关闭期间监测，为关闭活动和后续关闭后监测提供支持。关闭期间监测计划应根据需求在运行阶段辐射环境监测方案基础上进行，如关闭活动可能造成环境影响的增加，应适当增加相应的监测点位和频次。

4）关闭后监测

处置场关闭后，应根据处置场的运行历史以及关闭和稳定化情况保留合适的环境监测功能，为处置废物中放射性核素异常释放提供早期预警。

环境监测介质应以场区的监测井样品为主，保留一个运行期间设置的环境 γ 辐射空气吸收剂量率连续监测点位继续开展连续监测，适当保留部分环境 γ 辐射水平和植物样品监测。

17.2.2.3 中低放射性废物处理设施

中低放射性废物处理设施的运行前调查和运行期间的监测方案可参考表 6 执行。处理设施运行后重点关注气态途径的监测，特别是易挥发的放射性核素，如碘、铯的同位素。如不涉及废水的排放，可简化地下水、地表水和沉积物的监测内容。

17.2.2.4 放射性固体废物近地表处置场

▶运行前阶段

（1）辐射环境本底初步调查

处置场在选址阶段需开展辐射环境本底初步调查。新场址选址阶段的辐射环境本底初步调查应进行一次必要的现场监测，监测内容包括瞬时环境 γ 辐射剂量率和环境介质（气溶胶、土壤、沉积物、地表水、地下水）中的放射性核素活度浓度水平，监测项目和布点要求参考表17-7。如果在初步调查中发现上述环境介质中人工放射性核素活度浓度异常，应考虑补充生物介质的调查或在运行前调查时予以重点关注。若场址位于其他核设施环境监测范围内，可直接使用其他核设施的环境监测数据作为本底初步调查数据。

（2）辐射环境本底调查

应获取处置场运行前最近连续两年的场址周围辐射环境本底数据，作为处置场运行期间和关闭后环境影响评价和安全分析的基础数据。调查内容包括环境γ辐射水平和环境介质中与处置场运行有关的主要放射性核素活度浓度。辐射环境本底的调查范围为以处置场为中心，半径一般取 5 km。

辐射环境本底调查应遵循如下布点原则：

a）应遵循相关标准规范的规定，并结合调查范围内环境特征综合考虑点位布设；

b）近密远疏、兼顾各方位；

c）在主要居民点、农牧渔业集中区、环境敏感区（除主要居民点外）、主导风下风向布点；

d）人口稀少且交通不便的区域可适当减少监测点位；

e）尽可能选择未来被扰动和破坏可能性小的位置，以便运行阶段及关闭后长期使用；

f）所选点位应具有代表性，尽量避免受到干扰因素影响；

g）在受处置场影响可以忽略且能长期保持原有环境特征的区域，至少设置 1 个对照点。

处置场运行前阶段辐射环境本底调查方案参考表17-7 执行。监测项目可根据处置场涉及的主要放射性核素情况、场址特征和监测方法成熟性适当调整。

表 17-7　运行前阶段辐射环境本底调查方案

监测对象	监测项目	监测频次	布点及其他要求
地表环境贯穿辐射	γ辐射空气吸收剂量率	连续	设置不少于 4 个点位，获取 1 年以上连续监测数据，点位尽可能选择运行阶段可延续进行连续监测的位置
		1 次/季度	场内设置点位；场外以处置场为中心，测量范围内 16 个方位角布设点位； 在主要居民点、环境敏感区等适当增加针对性点位；对照点
	累积剂量	1 次/季度	在每季度测量的 γ 辐射空气吸收剂量率点位中选取不少于 1/2 的点位开展累积剂量测量。优先选取场内、主导风下风向、主要居民点、环境敏感点等点位，并覆盖不同方位和距离；对照点
土壤	γ谱核素分析、^{90}Sr	1 次/年	场内设置点位； 场外在 γ 辐射空气吸收剂量率测点中选择点位，重点关注主要居民点、环境敏感区； 设置在无水土流失的原野或田间； 对照点

监测对象	监测项目	监测频次	布点及其他要求
气溶胶	总 α、总 β、γ 谱核素分析、^{90}Sr	1 次/季度	场内设置点位； 场外在主导风下风向、主要居民点、环境敏感区等设置点位； 对照点
地表水	总 α、总 β、γ 谱核素分析、^{3}H	1 次/半年	仅适用于调查范围内存在河流、湖泊/水库的场址；调查范围内河流上游、下游各设置点位； 调查范围内湖泊/水库设置点位； 调查时间上丰水期和枯水期各测量一次； 对照点
沉积物	总 α、总 β、γ 谱核素分析、^{90}Sr	1 次/年	与地表水点位重合；对照点
地下水	总 α、总 β、^{90}Sr、^{3}H、^{14}C、γ 谱核素分析、pH、电导率、硝酸盐、氟化物、总有机碳	1 次/半年	场址范围及周边设置点位； 上游及下游至少各设置 1 个点位； 附近主要居民点设置点位； 对照点
生物	γ 谱核素分析、^{90}Sr	1 次/年	应选择当地居民摄入量较多、种植面积大的物种，包括谷物、蔬菜、家禽、家畜等动植物，各设置 1～2 个采样点； 主要草本植物（如果有）设置点位； 水生生物（如果有）设置点位； 指示生物设置采样点； 对照点
海洋介质	γ 谱核素分析、^{90}Sr	1 次/年	仅适用于滨海场址； 在场址附近可能受影响的海域设置近岸海水和海洋沉积物采样点位

若场址位于周边核设施影响范围内，还需考虑增加该核设施释放主要人工放射性核素的监测。处置场运行前阶段辐射环境本底调查中，γ 谱核素分析需关注的核素应按照处置废物的源项设置，至少包括 ^{137}Cs、^{60}Co、^{134}Cs、^{54}Mn 等。土壤和底泥中还需关注 ^{238}U、^{232}Th、^{226}Ra、^{40}K 的活度浓度。

指示生物布点可参考 EJ 527 的推荐进行设置。如处置场所在地区无推荐范围内的物种，宜通过行前环境本底调查推荐可能的指示生物，以便在运行期间开展监测。

▶运行阶段

辐射环境监测应重点考虑处置场的主要排放源项、调查范围内的环境敏感点及潜在泄漏的相关途径，还应充分结合运行前辐射环境本底调查的结论。

为了使运行阶段采样和监测点的选取具有充分的代表性，采样和监测点的布设应考虑以下原则：

a）满足相关标准及技术规范要求；

b）重点监测场址附近的区域，重点关注调查范围内的主要居民点和其他环境敏感点，对居民密集地区适当增加监测点；

c）充分结合运行前辐射环境本底调查的布点方案，并根据调查结论适当调整；

d）应设置环境对照点，宜与本底调查时设置在同一点位；

e）除以上要求外，还应满足表 17-8 中的有关要求。

地下水监测是处置场辐射环境监测的重点内容。用于地下水采样的监测井一般不少于 4 口，其中上游设置 1 口作为对比井，其余设置在下游。监测井的分布应按照地下水流向呈扇形分布。监测井需进行长期监测，并适当考虑地下水径流的变化。

表 17-8　运行阶段辐射环境监测方案

监测对象	监测项目	监测频次	布点及其他要求
地表环境贯穿辐射	γ 辐射空气吸收剂量率	连续	设置不少于 4 个点位
		1 次/半年	场内按照设施分布设置点位； 场外以处置场为中心，测量范围内 16 个方位布点； 在主要居民点、环境敏感区等适当增加针对性点位； 在满足上述要求的情况下监测点位尽量延续辐射环境本底调查选取的点位； 对照点
	累积剂量	1 次/半年	在每半年测量的 γ 辐射空气吸收剂量率点位中选取不少于 1/2 的点位开展累积剂量测量； 对照点
土壤	γ 谱核素分析	1 次/半年	场内：在场内 γ 辐射空气吸收剂量率测点中选择点位；在最大影响区域、废物处置操作区进行布点
		1 次/年	场外：场外 γ 辐射空气吸收剂量率测点中选择点位，重点主要居民点、环境敏感区； 设置在无水土流失的原野或田间； 对照点
气溶胶	总 α、总 β、γ 谱核素分析、^{90}Sr	1 次/半年	场内设置点位； 场外在主导风下风向、主要居民点、环境敏感点等设置点位； 对照点
地表水	总 α、总 β、γ 谱核素分析、^{3}H	1 次/半年	仅适用于调查范围内存在河流、湖泊/水库的场址；调查范围内河流上游、下游各设置点位； 调查范围内湖泊/水库设置点位； 调查时间上丰水期和枯水期各测量一次； 对照点
沉积物	总 α、总 β、γ 谱核素分析	1 次/年	与地表水点位重合； 对照点
地下水	总 α、总 β、^{90}Sr、^{3}H、^{14}C、γ 谱核素分析、pH、电导率、硝酸盐、氟化物、总有机碳	1 次/半年	
渗析水（如有）	总 α、总 β、γ 谱核素分析	1 次/半年	
生物	γ 谱核素分析	1 次/年	在处置场内设置草类样品监测点
			应选择当地居民摄入量较多、种植面积大的物种，包括蔬菜、家禽、家畜等动植物，各设置 1~2 个采样点； 主要草本植物（如果有）设置点位； 水生生物（如果有）设置点位； 对照点
指示生物	γ 谱核素分析、^{90}Sr	1 次/年	设置 1~2 个点位
海洋介质	γ 谱核素分析、^{90}Sr	1 次/年	仅适用滨海场址； 在场址附近可能受影响的海域设置海水采样点位； 在海水重合点位采集海洋沉积物； 如有可能受处置场运行影响的海洋生物，应考虑设置点位，频次 1 次/年

▸关闭后阶段

（1）主动监护期监测

主动监护期的环境监测介质应以场区的监测井地下水样品为主，适当保留部分环境 γ 辐射水平和植物样品监测，对处置场的地表运动和土壤侵蚀也应持续关注。

1）地下水和植物样品

在场址关闭后的初期，应继续开展地下水监测，分析是否含有可能来自处置场的放射性物质，从而间接判断工程屏障的完整性。如经一段时期监测确认没有潜在问题，可逐渐减少地下水监测频率。

主动监护期应定期采集处置场范围内（重点是处置单元区域）的植物样品（特别是深根植物），分析样品中是否含有可能来自处置场的放射性物质，判断环境影响。

2）环境 γ 辐射水平

保留一个运行期间设置的环境 γ 辐射空气吸收剂量率连续监测点位继续开展连续监测，保留部分点位的定期 γ 辐射空气吸收剂量率瞬时测量。

3）其他监测

对处置场的地表运动和土壤侵蚀开展定期监测或检查，发现明显变化时应及时分析变化对处置单元可能造成的影响，判断是否需要开展工程措施。

（2）被动监护期的监测

可根据主动监护期的监测结果情况确定被动监护期是否继续开展辐射环境监测。如需继续开展辐射环境监测，被动监护期的监测大纲可在主动监护期监测大纲基础上适当简化。

17.2.3 核燃料后处理设施

▸运行前环境辐射水平调查

a）调查内容

调查环境 γ 辐射水平及主要环境介质中关键放射性核素的活度浓度。

b）调查范围

环境 γ 辐射水平调查范围以后处理厂为中心，半径 50 km。环境介质中放射性活度浓度调查范围以后处理厂为中心，半径 30 km。

c）调查时间

在核燃料后处理设施投入正式运行之前，至少取得连续两年的运行前环境本底调查资料。对于同一厂址后续扩建的处理设施，调查时间不得少于 1 年，并应在续建设施正式投运之前完成。

d）监测布点原则

监测布点主要为 30 km 之内的近区和厂区下风方向，以上风向的远区作为对照点。

e）监测内容

1）γ 辐射

i）γ 辐射空气吸收剂量率（连续）

以设施为中心，在 10 km 范围内，按设施周围 16 个方位布设自动监测站，每个方位考虑布设 1 个自动监测站，沿海（湖、河）的设施，靠海（湖、河）一侧可根据监管需要设立自动监测站。在设施气态排放口主导下风向、次下风向和居民密集区应建立自动监测站。每个自动监测站应按指定间隔记录，一般每 30 秒或 1 分钟记录一次 γ 辐射空气吸收剂量率数据，实行全天 24 小时连续监测，报送 5 分钟均值或小时均值。部分关键站点可设置能甄别核素的固定式能谱探测系统，对周围环境进行实时的 γ 能谱数据采集并将能谱数据传送回数据处理中心。

ⅱ）γ 辐射累积剂量

在厂界外，以设施为中心，8 个方位半径为 2 km、5 km、10 km、20 km 的圆所形成的各扇形区域内陆地（岛屿）上布点测量。

2）空气

包括气溶胶、沉降物和气体。采样点主要布设在主导风下风向，厂外烟羽最大浓度落点处及关键人群组。点位设置与该方位角的 γ 辐射空气吸收剂量率连续监测点位一致，与 γ 辐射空气吸收剂量率连续监测自动站共站。

3）表层土壤

每季度采集设施下风向处的表层土壤。

4）水

ⅰ）地下水

每季采集设施的监测井和设施周围的地下水，重点监测排放口附近区域。

ⅱ）地表水

每季对设施周围的地表水进行监测，重点监测排放口附近区域。

ⅲ）饮用水

每季采集设施周围及关键人群组的饮用水。

ⅳ）海水

每季采集设施周围的海水进行监测，重点监测排放口附近区域海水。

5）沉积物

ⅰ）地表水沉积物：每半年对设施周围的地表水沉积物进行监测，重点监测排放口附近区域。

ⅱ）海水沉积物：每半年对设施排放口附近区域及近岸海域的潮间带土进行监测。

6）生物样品

ⅰ）植物：每月采集设施边界周围的几个植物样。

ⅱ）农产品：每年采集设施主导风下风向及设施边界附近的当季农产品，包括水果、蔬菜、肉和蛋等。

ⅲ）牧草：每月采集设施边界周围牧场的牧草。

ⅳ）牛（羊）奶：每月在设施周围的牧场采集牛（羊）奶。

ⅴ）水生生物：每季度采集设施排放口附近海域和附近养殖区的鱼类、软体类、甲壳类生物。

ⅵ）指示生物：在设施周围采集。

运行前监测方案可参考表 17-9。环境介质中关键放射性核素的测量可适当降低监测频次，土壤为 1 次/年，水体可在每年枯水期和平水期各监测 1 次。

表 17-9　核燃料后处理设施辐射环境监测对象、布点原则、监测项目及频次

监测对象		布点原则	监测项目 [a]	监测频次
γ 辐射		10 km 范围内的 16 个方位角内，主要包括主导风下风向，最大浓度落点处，关键人群组，设施周围（1 km）边界等；对照点	γ 辐射空气吸收剂量率	连续
		8 个方位半径为 2 km、5 km、10 km、20 km 的圆所形成的各扇形区域内陆地（岛屿）上布点测量；对照点	γ 辐射累积剂量（TLD）	1 次/季
空气	气溶胶	主导风下风向厂区边界，最大浓度落点处，关键人群组；对照点	总 α、总 β、^{90}Sr、^{234}U、^{235}U、^{236}U、^{238}U、^{238}Pu、$^{239+240}$Pu、γ 能谱 [b]	1 次/月（累积），采样体积应不低于 10 000 m^3
	沉降物			1 次/季（累积）
	气体		^{3}H（HTO）、^{14}C、^{85}Kr、^{129}I、^{131}I	1 次/月（累积）
土壤	表层土壤	<5 km，8 个方位角内（主导风下风向适当加密）；对照点	^{90}Sr、^{238}Pu、$^{239+240}$Pu 和 γ 能谱 [b]	1 次/年
水	地表水	排放口附近水域、排放口下游厂外第 1 取水点；上游对照点	总 α、总 β、^{3}H、γ 能谱 [b]，受纳水体加测 ^{14}C、^{90}Sr、^{99}Tc、^{129}I、^{238}Pu、$^{239+240}$Pu	1 次/季
	地下水	设施的监测井及设施周围地下水；对照点		1 次/季
	饮用水	设施周围及关键人群组饮用水；对照点	总 α、总 β、^{3}H 和 γ 能谱 [b]	1 次/季
	海水	设施周围的海水，重点监测排放口附近区域海水；对照点	总 α、总 β、^{40}K、^{3}H、^{14}C、^{90}Sr、^{99}Tc、^{129}I、$^{239+240}$Pu 和 γ 能谱 [b]	1 次/季
沉积物	地表水沉积物	同地表水	^{90}Sr、^{99}Tc、^{129}I、^{234}U、^{235}U、^{236}U、^{238}U、^{238}Pu、$^{239+240}$Pu、^{237}Np、^{241}Am、^{244}Cm 及 γ 能谱 [b]	1 次/半年
	海洋沉积物	同海水		
生物	植物（含指示生物）	厂区边界附近就地生长的植物样	^{3}H（OBT）、^{14}C、γ 能谱 [b]	1 次/月
			^{90}Sr、^{99}Tc、^{129}I、^{238}Pu、$^{239+240}$Pu、^{241}Am、^{244}Cm	1 次/年（每月采集，分析年度累积样）
	农产品	厂区边界附近就地生长的蔬菜、水果谷物及饲养畜类；对照点	^{3}H（OBT）、^{14}C、γ 能谱 [b]，个别样品测量 ^{90}Sr、^{99}Tc、^{129}I 及 ^{238}Pu、$^{239+240}$Pu	1 次/年
	牧草	设施边界周围牧场	^{3}H（OBT）、^{14}C、^{129}I、γ 能谱 [b]	1 次/月
			^{241}Am、^{244}Cm、^{238}Pu、$^{239+240}$Pu	1 次/年（每月采集，分析年度累积样）
	牛（羊）奶	设施边界周围牧场，以上述牧草为主要饲料	^{3}H、^{14}C、γ 能谱 [b]，个别样品测量 ^{90}Sr、^{129}I	1 次/月

续表

监测对象		布点原则	监测项目 a	监测频次
生物	水生生物（含指示生物）	设施排放口附近海域和附近养殖区	^{3}H（OBT）、^{14}C、^{90}Sr、^{99}Tc、^{129}I、^{238}Pu、$^{239+240}$Pu、^{237}Np、^{241}Am、^{244}Cm 和 γ 能谱 b	1 次/季

a. 不同堆型的核燃料后处理过程中产生的放射性核素组分差别悬殊，可选择实际需要的核素监测。

b. γ 能谱分析应重点关注设施排放的特征核素，气溶胶、沉降物 γ 能谱分析项目一般可选择但不限于 ^{60}Co、^{134}Cs、^{137}Cs、^{106}Ru、^{125}Sb、^{154}Eu 等；土壤 γ 能谱分析项目一般可选择但不限于 ^{137}Cs、^{134}Cs、^{125}Sb、^{60}Co、^{106}Ru 等；沉积物 γ 能谱分析项目一般可选择但不限于 ^{137}Cs、^{134}Cs、^{125}Sb、^{60}Co、^{106}Ru 等；水 γ 能谱分析项目一般可选择但不限于 ^{60}Co、^{134}Cs、^{137}Cs、^{106}Ru、^{125}Sb、^{154}Eu 等；牛奶、生物 γ 能谱分析项目一般可选择但不限于 ^{137}Cs、^{106}Ru、^{134}Cs、^{125}Sb、^{60}Co 等。

▶运行期间辐射环境监测

设施运行期间的监测方案参考表 17-9。必要时，在可能受中子辐射影响的地点开展中子剂量当量率监测。对于短寿命的碘同位素如 ^{131}I 可以不必监测。在后处理厂开始运行 3～5 年，取得足够运行经验，并且环境监测数据基本稳定后，可适当调整监测范围、项目和频次。

▶流出物监测

处理的燃料不同、处理工艺不同的核燃料后处理过程中产生的放射性核素组分可能差别悬殊，可选择理论和实际源项中的核素开展监测。运行期间流出物监测内容一般包括：

a）气载流出物监测

监测点设在废气排放口，后处理厂主要监测项目一般包括：^{3}H、^{14}C、^{85}Kr、^{60}Co、^{90}Sr、^{99}Tc（必要时）、^{106}Ru、^{125}Sb、^{129}I、^{131}I、^{134}Cs、^{137}Cs、^{154}Eu、^{237}Np、^{238}Pu、$^{239+240}$Pu、^{241}Pu、^{241}Am、^{242}Cm、^{244}Cm、^{234}U、^{235}U、^{236}U、^{238}U、总 α、总 β。监测方式为连续在线监测或采样监测，其中 ^{3}H、^{14}C 连续采样，累积样每月分析一次。

b）液态流出物监测

监测点设在废水排放口，后处理厂主要监测项目一般包括：^{3}H、^{14}C、^{60}Co、^{63}Ni、^{90}Sr、^{95}Zr、^{95}Nb、^{99}Tc、^{106}Ru、^{125}Sb、^{129}I、^{134}Cs、^{137}Cs、^{154}Eu、^{237}Np、^{238}Pu、$^{239+240}$Pu、^{241}Pu、^{241}Am、^{242}Cm、^{234}U、^{235}U、^{236}U、^{238}U、总 α、总 β 等。

▶应急监测

根据事故类型，按事故应急机构制定的应急预案进行监测。具体技术要求另行规定。

▶退役监测

根据核燃料后处理厂退役时的放射性废物源项调查，确定监测对象和频次。

17.2.4 铀转化、浓缩及元件制造设施

▶运行前环境辐射水平调查

a）调查内容

调查环境 γ 辐射空气吸收剂量率及主要环境介质中关键放射性核素的活度浓度。

b）调查范围

环境 γ 辐射空气吸收剂量率调查范围以设施为中心，半径 30 km。环境介质中放射性活度浓度调查范围以设施为中心，半径 10 km。

c）调查时间

在铀转化、浓缩及元件制造设施投入正式运行之前，取得至少 1 年的运行前环境本底调查资料。

d）监测布点原则

监测布点主要为 10 km 之内的近区和厂区下风方向，上风向的远区作为对照点。

e）监测内容

1）γ 辐射空气吸收剂量率

γ 辐射空气吸收剂量率连续监测点主要布设在 10 km 范围内 4～8 个方位角，通常包含主导风下风向，最大浓度落点处，关键人群组，每个自动监测站应按指定间隔记录，一般每 30 秒或 1 分钟记录一次 γ 辐射空气吸收剂量率数据，实行全天 24 小时连续监测，报送 5 分钟均值或小时均值。可选择设置能甄别核素的固定式 γ 能谱探测系统。

2）气溶胶和沉降物

气溶胶和沉降物采样点主要布设在主导风下风向、厂外烟羽最大浓度落点处、关键人群组。通常可以与 γ 辐射空气吸收剂量率连续监测自动站共站。

3）表层土壤

采集设施主导风下风向处的表层土壤。

4）水

i）地表水：采集设施周围地表水，重点监测排放口附近区域。

ii）海水：采集排放口附近海域海水。

iii）饮用水：采集设施周围及关键人群组的饮用水。

5）沉积物

地表水沉积物：对设施周围的地表水沉积物进行监测，重点监测排放口附近区域。

海水沉积物：对设施排放口附近区域及近岸海域的潮间带土进行监测。

6）生物

i）植物：采集设施当季最大风频下风向及设施边界附近的当季叶菜等农产品。

ii）水生生物：采集设施排放口混合充分处水域的鱼类和植物类。主导风下风向当地居民主要食用的水生生物来源水体，选择有代表性的 1～2 种水生生物。

铀转化、浓缩及元件制造设施运行前周围辐射环境监测方案可参考表 17-10。运行前监测可适当减少监测频次。

表 17-10　铀转化、浓缩及元件制造设施周围辐射环境监测对象、点位项目及频次

监测对象	监测点位	监测项目 [a]	监测频次
γ 辐射	设施周围 10 km 范围内 4～8 个不同方位角选点，通常设在主导风下风向、最大浓度落点处、关键人群组	γ 辐射空气吸收剂量率	连续

续表

监测对象		监测点位	监测项目 [a]	监测频次
空气	气溶胶	主导风下风向、最大浓度落点处、关键人群组	U [b]、总 α、总 β	1 次/月
	沉降物	主导风下风向、最大浓度落点处、关键人群组	U [b]、总 α、总 β	累积样/季
土壤	表层土	主导风下风向厂区边界	U [b]、γ 能谱	1 次/年
水	地表水	排放口附近区域、排放口下游均匀混合处、排放口下游厂外第一取水点，上游对照点	U [b]、γ 能谱	2 次/年（枯水期和平水期）
	海水	排放口附近海域	U [b]、γ 能谱	1 次/半年
	饮用水	关键人群组的饮用水	U [b]、总 α、总 β	1 次/年
沉积物	地表水沉积物	同地表水	U [b]、γ 能谱	1 次/年
	海洋沉积物	同海水		
生物	叶菜等农作物	厂区边界附近就地生长的植物样	U [b]、γ 能谱	1 次/年
	水生生物	设施排放口混合充分处水域、主导风下风向当地居民主要食用的水生生物来源水体	U [b]、γ 能谱	1 次/年

a. 使用堆后料不但要考虑铀同位素（^{234}U、^{235}U、^{236}U、^{238}U），还要考虑超铀元素（Pu、Np 等）和裂变核素（如 ^{99}Tc 和 ^{106}Ru），燃料元件为钍的，则进行 Th 同位素分析。
b. 根据总 α、总 β 和 U 的结果，视情分析 U 的各种同位素。

▸运行期间辐射环境监测

运行期间的辐射环境监测方案见表 17-11。在铀转化、浓缩及元件制造设施开始运行的 3～5 年并取得足够的运行经验，并且环境监测数据基本稳定后，可适当调整监测范围、项目和频次。

▸流出物监测

气溶胶、废气、废水、废渣中主要对 ^{234}U、^{235}U、^{236}U、^{238}U 分析测量。废弃物测量中还应注意对铀的氟化物测量。

根据燃料元件的不同类型，还要考虑增加对相关核素的测量，生产 MOX 元件的要增加对 ^{232}U、^{239}Pu、^{240}Pu、^{237}Np、^{241}Am、^{242}Cm、^{244}Cm 测量，燃料元件为钍的，要增加 ^{228}Th、^{230}Th、^{232}Th 的测量。

应急监测：

根据事故类型，按事故应急机构制定的应急预案进行监测。具体技术要求另行规定。

退役监测：

根据铀转化、浓缩及元件制造设施退役时的放射性废物源项调查，酌情确定监测内容。

17.2.5　核技术利用辐射环境监测

17.2.5.1　应用非密封放射性物质

▸应用前的辐射环境监测

a）监测时间：启用前。

b）监测范围：以工作场所为中心，半径 50～500 m 以内。

c）监测对象与项目：见表 17-11 中监测方案的前四项，且只需监测 1 次。

▶**应用期间的辐射环境监测**

a）监测目的

对应用非密封放射性物质项目进行辐射环境水平监测，评价项目的辐射安全管理情况和对周围环境的影响情况，根据监测、检查结果编制监测报告，为企业、生态环境主管部门提供技术支持。

b）监测内容

应用非密封放射性物质项目监测包括 γ 辐射、土壤、地表水、底泥、废水、废气、放射性固体废物等项目。监测方案见表 17-11，具体监测内容如下：

1）γ辐射

以工作场所为中心，半径 50～300 m 以内布点，测量点应覆盖控制区的每个区域（如放射性核素贮存室、给药室等）、监督区的每个区域（如检查室、治疗室、病房等）、衰变池上方、放射性废物暂存库内，同时覆盖非密封放射性物质利用场所周围环境及敏感点。监测项目为 γ 辐射空气吸收剂量率。

2）土壤

以工作场所为中心，半径 50～300 m 以内布点。监测核素与应用的核素一致。

3）地表水

废水排放口上、下游 500 m 处采集水样。监测核素与应用的核素一致。

4）废水

在废水贮存池或废水排放口采集废水进行核素分析。监测核素与应用的核素一致。

5）底泥

废水排放口上、下游 500 m 处采集底泥。监测核素与应用的核素一致。

6）废气

在废气排放口，开展废气监测。监测核素与应用的核素一致。

7）放射性固体废物

在放射性废物贮存室或贮存容器外面，监测 γ 辐射空气吸收剂量率和 α、β 表面污染。

c）监测方案

监测方案见表 17-11。

表 17-11　应用非密封放射性物质环境监测方案

监测对象	采样（监测）布点	监测项目	监测频次/（次/年）
γ 辐射	以工作场所为中心，半径 50～300 m 以内	γ 辐射空气吸收剂量率	1～4[a]
土壤	以工作场所为中心，半径 50～300 m 以内	应用核素[b]	1
地表水[c]	废水排放口上、下游 500 m 处	应用核素[b]	1～2
底泥[c]	废水排放口上、下游 500 m 处	应用核素[b]	1

监测对象	采样（监测）布点	监测项目	监测频次/（次/年）
废水 c	废水贮存池或排放口	总 α、总 β，如总 α>0.5 Bq/L，总 β>1.0 Bq/L，分析应用核素 b	1～2
废气 c	排放口	应用核素 b	1
放射性固体废物	贮存室或贮存容器外表面	γ 辐射空气吸收剂量率和 α、β 表面污染	1～2

a. 甲级工作场所 1 次/季，乙级、丙级工作场所 1 次/年。
b. 只关注可能对环境有影响的应用核素，监测应有针对性，如应用核素难以分析，可用总放替代。
c. 不对外排放且无泄漏的，则不需监测。

> **流出物监测**

主要为放射性同位素生产和应用设施运行期间流出物监测，主要内容为：

a）气载流出物监测

监测点设在废气排放口。主要监测项目由应用活动涉及的工艺和主要放射性同位素种类决定。

b）液态流出物监测

监测点设在废水总排放口。主要监测项目由应用活动涉及的工艺和主要放射性同位素种类决定。

> **工作场所退役监测**

参照上表进行，并增加监测场所和设备的污染水平。

17.2.5.2　应用型密封放射源

17.2.5.2.1　γ 辐照装置辐射环境监测

a）运行前环境辐射水平调查

1）调查时间：装源前。

2）调查范围：以辐照室为中心，半径 50～500 m 以内。

3）调查内容：γ 辐照装置监测包括环境 γ 辐射、贮源井水、地表水、地下水、大气、土壤等项目。调查监测计划见表 17-12，具体监测内容如下：

i）环境 γ 辐射测量点应覆盖防护设施周围和厂区外围环境。包括但不限于以下监测点：防护设施、控制室、迷道出口、迷道进口、风机口（风机房）、制水间、辐照室四周屏蔽墙表面、辐照室顶、贮源井上方、辐照室内、仓库以及厂界四周、厂大门口、500 m 范围内居住区等。监测项目为 γ 辐射空气吸收剂量率。

ii）贮源井水。定期采集贮源井水进行应用核素分析。

iii）地表水。废水排放口上、下游 500 m 处采集水样，监测核素与应用的核素一致。

iv）地下水。辐照装置附近饮用水井采集水样，监测核素与应用的核素一致。

v）土壤。辐照装置建筑物外围 10～30 cm 土壤，监测核素与应用的核素一致。

表 17-12 为 γ 辐照装置监测方案。

表 17-12　辐照装置辐射环境监测对象、布点原则、监测项目及频次

监测对象	采样（监测）布点	监测项目	监测频次/（次/年）
γ 辐射	辐照室四周的建筑物内外(升降放射源时对辐照室四周屏蔽墙外，控制室及工作人员办公室进行监测，加强辐照室薄弱环节风机口、迷道进出口、源室顶和水处理装置的监测，对环境四周 8～10 个点和公众敏感点)	γ 辐射空气吸收剂量率、γ 辐射累积剂量	1[a]
贮源井水	贮源井	应用核素	2[b]
地表水[c]	废水排放口上下游 500 m 处	应用核素	1
地下水[c]	辐照装置附近饮用水井	应用核素	1
土壤[c]	辐照装置建筑物外围 10～30 cm 土壤	应用核素	1

a. 源增加时，应重新监测；累积剂量 1 年内也可分 2～4 个时间段监测。
b. 贮源井水排放前和辐照装置安装（更换）放射源前、后及贮源井清洗前后要进行监测。正常运行时，不少于每半年一次。
c. 对不向环境排放贮源井水且无泄漏的，则不需监测。

辐射源使用前后要对辐照室内的空气进行臭氧、氮氧化物监测。贮源井水还要考虑电导率、总氯离子、pH 值的监测。

b）运行期间环境监测

按表 17-12 监测，其中换装源前后增加贮源井水所用核素的浓度测定。如贮源井水排放纳入城市污水管网的，则只需进行前两项监测。

c）辐射源泄漏监测

一旦发现贮源井水受所用核素的污染，应禁止排水，防止井水泄漏污染环境，分层取样测定所用核素的浓度，针对污染原因，及时进行事故处理。

d）辐照装置退役监测

参照表 17-12，并增加贮源水井沉积物、废水处理树脂中辐照装置所用的核素监测，以及工作场所和可能受污染的设备、工具表面污染监测。设施运行期间发生过放射性泄漏事故的，应分析周围土壤、水体中的应用核素。

17.2.5.2.2　其他含密封源设施的环境监测

a）使用前环境辐射水平调查

1）调查时间：装源前监测 1 次。

2）调查范围：以密封源安装位置为中心，半径 30～300 m 以内。

3）监测对象：环境 γ 辐射。

4）监测布点：密封源安装位置周围室内、外。

5）监测项目：γ 辐射空气吸收剂量率。

b）使用期间辐射环境监测

按本 a）进行，其中含中子放射源的设施增加中子剂量当量率监测。

c）含密封源设施的污染事故监测

密封源破坏造成环境污染时，进行如下监测：

1）污染区及其周围 γ 辐射空气吸收剂量率、α、β 表面污染。

2）污染区及其周围相关环境介质中使用源放射性核素含量。

3）仪器设备放射性污染水平。

4）事故处理过程产生的液体和固体污染物的放射性污染水平。

d）工作场所退役终态监测

使用 I 类、II 类、III 类放射源的场所辐射环境终态监测项目：γ 辐射空气吸收剂量率、α、β 表面污染。设施运行期间发生过放射性泄漏事故的，应分析周围土壤、水体中的应用核素。

17.2.5.3 射线装置

17.2.5.3.1 应用粒子加速器的辐射环境监测

粒子加速器按射线能量和在应用中辐射风险程度或安全防护的难易程度分低能加速器（II、III 类射线装置）和中高能加速器（I 类射线装置）两大类。应用粒子加速器的辐射环境监测方案见表 17-13 和表 17-14。

表 17-13 应用低能电子加速器的辐射环境监测

监测对象	点位布设	监测项目	监测频次	
			运行前/次	运行期间/（次/年）
外照射	屏蔽墙外 30 cm 处	γ 辐射空气吸收剂量率	1	1～2
		中子剂量当量率（电子加速器能量>10 MeV）	—	1～2
循环冷却水 a	—	总 α、总 β	1	1～2
固体废物	废物包装表面	γ 辐射空气吸收剂量率	—	收集及送贮时

a. 不对外排放且无泄漏的，则不需监测。

表 17-14 应用中高能电子加速器和质子、α 粒子、重离子加速器的辐射环境监测

监测对象	点位布设	监测项目	监测频次	
			运行前/次	运行期间/（次/年）
外照射 a	环境敏感点	γ 辐射空气吸收剂量率	1	连续
		中子剂量当量率	—	1～2
	加速器主体建筑墙外 30 cm 处开展巡测，选择主体建筑墙外、楼顶及厂界相应的关注点开展定点监测	γ 辐射空气吸收剂量率	1	1～2
		中子剂量当量率		1～2
空气 b	加速器主体建筑物楼顶，环境敏感点	^{3}H、^{14}C	1	1～2
气溶胶 b	厂内建筑物楼顶，厂外敏感点	感生放射性核素、γ 能谱 c	1	1～2
土壤 d	厂界四周，厂外敏感点	总 β、感生放射性核素、γ 能谱 c	1	1～2
地表水、地下水 d	厂区周边地下水和地表水	总 β、感生放射性核素、γ 能谱 c	1	1～2

监测对象	点位布设	监测项目	监测频次	
			运行前/次	运行期间/（次/年）
生物 d	厂区周边	总 β、感生放射性核素、γ 能谱 c	1	1～2
循环冷却水 d	—	总 β、感生放射性核素、γ 能谱 c	1	1～2
固体废物外表面	—	γ 辐射空气吸收剂量率	—	1～2
	—	感生放射性核素、γ 能谱 c	—	收集及送贮时

a. 可行时，增加开机前的监测。
b. 根据感生放射性物质气态排放的情况决定是否开展监测。
c. 感生放射性核素可根据加速器类型和靶材料的实际情况进行分析。
d. 不对外排放且无泄漏的，则运行期间不需监测。

17.2.5.3.2　X 射线机的辐射环境监测

X 射线机（包括 CT 机）在运行前对屏蔽墙或自屏蔽体外 30 cm 处的 X-γ 辐射空气吸收剂量率进行一次监测；运行中，对屏蔽墙或自屏蔽体外 30 cm 处的 X-γ 辐射空气吸收剂量率进行巡测，并选择部分关注点位开展 γ 辐射空气吸收剂量率（开关机时各测量一次）或累积剂量监测，每年 1～2 次。

17.2.6　伴生放射性矿开发利用

▶采选及冶炼过程的辐射环境监测

除铀（钍）矿外所有矿产资源开发利用活动中原矿、中间产品、尾矿（渣）或者其他残留物中铀（钍）系单个核素含量超过 1 Bq/g 的需要开展辐射环境监测。

▶采选前的辐射环境监测

监测方案见表 17-15 前四项，监测时间为 1 年。

表 17-15　伴生放射性矿采选期间的辐射环境监测对象、点位、项目及频次

监测对象	监测点位	监测项目 a	监测频次/（次/年）
γ 辐射	矿区周围 3～5 km 以内	γ 辐射空气吸收剂量率	1～2
空气	矿区边界、矿区周围最近居民点	^{222}Rn 及其子体（伴生铀）、^{220}Rn 子体（伴生钍）	1～2
气溶胶	矿区周围 3～5 km 以内	总 α、总 β、^{210}Po、^{210}Pb	1～2
地表水	受纳水体上、下游各 1～3 km 范围内	总 α、总 β、U、Th、^{226}Ra、^{210}Po、^{210}Pb	1～2
地下水	最近居民点井水水源	总 α、总 β、U、Th、^{226}Ra、^{210}Po、^{210}Pb	1～2
土壤	矿区周围 3～5 km 以内	U、Th、^{226}Ra	1
底泥	同地表水	U、Th、^{226}Ra	1～2
废碴	堆放场	^{222}Rn、U、Th、^{210}Po、^{210}Pb、γ 辐射空气吸收剂量率	1～2

a. 视情况适当开展受纳水体中 ^{224}Ra 或/和 ^{228}Ra 的监测。

▶**采选期间的辐射环境监测**

辐射环境监测按表 17-16 进行。流出物监测参照表 17-17，并结合环境影响评价文件制定。

表 17-16 伴生放射性矿采选期间的流出物监测对象、点位、项目及频次

监测对象	监测点位	监测项目	监测频次/（次/年）
废水	总排放口、尾矿（渣）库渗出水排放口	伴生铀：U、^{226}Ra、总 α、总 β、^{210}Po、^{210}Pb 伴生钍：Th、^{228}Ra、总 α、总 β、^{210}Po、^{210}Pb	1～2
废气	排风井	^{222}Rn 及其子体（伴生铀）、^{220}Rn 子体（伴生钍）	2[a] 或连续监测
	其他有放射性物质排放的排气口	U、Th	2[a]

a. 两次监测的间隔时间应不少于 3 个月。

▶**冶炼过程的辐射环境监测**

监测方案参照表 17-16 和表 17-17，增测原料库和成品库的 γ 辐射空气吸收剂量率，必要时对原料和成品取样监测天然放射性核素含量。

▶**矿物资源利用中的辐射环境监测**

对原料和产品测量其表面 γ 辐射空气吸收剂量率，必要时，测量其天然放射性核素含量。频次为 1～2 次/年。在厂界周围测量 γ 辐射空气吸收剂量率。涉及废水排放的，监测废水中的总 α、总 β。

17.2.7 放射性物质运输

▶**运输过程中的辐射环境监测**

出发地、中转站、到达地均须进行辐射环境监测，一般包括运输工具、货包、工作场所等 α、β 表面污染和 γ 辐射空气吸收剂量率。

▶**放射性物质运输中的事故监测**

监测对象

a）运输容器，运输工具。

b）事故地段现场的地表和其他物品。

c）事故处理过程中所用的工具和产生的废物、废水等。

监测项目

a）γ 辐射空气吸收剂量率。

b）α、β 表面污染。

c）当出现或怀疑货包发生泄漏时，可视需要适当增加对货包中放射性核素对周围环境介质污染水平的取样和监测。

17.2.8 铀矿山及水冶系统

▶**本底调查**

a）本底调查测量的采样点或测量点、测量分析项目见下表。增加拟建厂址 ^{222}Rn 析出率，地下水测量项目酌情而定。

b）本底调查应不少于一年，监测频次不少于两次；

c）大气中 ^{222}Rn 的变化规律不少于 2 测点，每个点至少测 3 天，每天连续监测 24 小时。

▶环境监测

a）运行期间环境监测方案见表 17-17，地浸和地下堆浸地下水监测增加酸（或碱）、pH 等。

b）运行期间监测频次见表，地下水监测频次为 1 次/季。

表 17-17　环境监测介质、监测点位、频次及分析项目

序号	监测介质	采样点或测量点	采样期及频次	测量分析项目
1	空气	尾矿（渣）库，废石场，排风井的下风向设施边界处；设施周围最近居民点；对照点	1 次/季	^{222}Rn 及其子体
2	气溶胶	排风井外下风向边界处；设施周围最近居民点；对照点	1 次/半年	U 天然、总 α
3	陆地 γ	空气采样布点处；尾矿（渣）库；废石场；易洒落矿物的公路	1 次/半年	γ 辐射空气吸收剂量率
4	地表水	排放口下游第一个取水点；下游主要居民点；对照点	1 次/半年	U 天然、^{226}Ra、^{210}Po、^{210}Pb、总 α、总 β、pH；有毒有害物质如 Cd、As、Mn 等
5	地下水	尾矿坝下游地下水；矿井水；地浸、地下堆浸含水层水；矿周围饮用水井；对照点	1 次/半年	U 天然、^{226}Ra、^{210}Po、^{210}Pb
6	土壤	污染的农田或土壤；对照点	1 次/半年或植物生长期	U 天然、^{226}Ra 等；有毒有害物质如 Cd、As 等
7	底泥	同地表水	1 次/年	U 天然、^{226}Ra 等
8	陆生生物	受废水污染区；对照点	根据实际情况确定	U 天然、^{226}Ra、^{210}Po、^{210}Pb
9	水生生物	受废水地表径流影响的湖泊、河流；对照点	1 次/年或捕捞期	U 天然、^{226}Ra、^{210}Po、^{210}Pb

▶应急监测

a）应急监测准备包括资源保障、设备与器材等；配备应急救援、事故处理措施；

b）应急监测仪器设备及灵敏度应满足监测要求；

c）监测范围追踪到环境本底数值处。

▶退役监测

a）退役治理前监测

退役治理前监测方案见表 17-18。

表 17-18　退役监测对象、点位及项目

序号	监测介质	监测点或采样点	测量分析项目
1	废石	废石场	^{222}Rn 析出率、γ 辐射空气吸收剂量率；U 天然、^{226}Ra 比活度
2	尾矿（渣）	尾矿（渣）库	^{222}Rn 析出率、γ 辐射空气吸收剂量率；U 天然、^{226}Ra 比活度
		渗出水	U 天然、^{226}Ra、pH
		尾矿（渣）库边界外	^{222}Rn 及其子体、γ 辐射空气吸收剂量率
3	地下水	矿井水、饮用水井	U 天然、^{226}Ra
		地浸场、地下堆浸场	U 天然、^{226}Ra；酸或碱、pH 等
4	地表水	排放口下游第一取水点、下游主要居民点	U 天然、^{226}Ra、总 α、总 β；As 或 Cd、pH 等
5	土壤、底泥	土壤；底泥同地表水	U 天然、^{226}Ra；As 或 Cd 等
6	生物	同土壤、地表水	U 天然、^{226}Ra；As 或 Cd 等
7	设备、建（构）筑物	建（构）筑物、设备表面	表面 α、β 放射性
8	工业场地	测量点不少于 3 个	U 天然、^{226}Ra、γ 辐射空气吸收剂量率
9	废钢铁、车辆	表面	表面 α、β 放射性
10	可燃废物	表面或实物	表面 α、β 放射性或 U 天然、^{226}Ra

b）退役终态后评估监测

退役终态后评估监测方案见上表，但监测介质、项目可酌情减少。

c）监护期监测

监测介质：主要监测废石场、尾矿（渣）库；矿井或尾矿库流出水等；

监测项目：U 天然、^{226}Ra、^{222}Rn 析出率、γ 辐射空气吸收剂量率等；

监测频次：退役治理竣工后前 2 年监测频次为 1 次/年；以后每年降低监测频次。

e）流出物监测

流出物监测书要是监测污染物排放浓度及排放量，检验污染物处理设施效果。

流出物监测具体方案可参照下表，对于选冶厂，吸附尾液、沉淀母液、尾矿渗出水采用槽式排放，废水中 U 天然、pH 值监测频次为每槽排放前监测一次，^{226}Ra 每两周监测一次，其他废水排放监测频次按表 17-19 中执行。

表 17-19　流出物监测介质、监测点、频次及分析项目

序号	监测介质	采样点或监测点	频次	测量分析项目
1	废气	矿山：排风井 选冶厂：排气口	1 次/季	^{222}Rn 及其子体、U 天然
		废石、尾矿（渣）	1 次/半年	^{222}Rn 析出率

序号	监测介质	采样点或监测点	频次	测量分析项目
2	气溶胶	矿山：排风井 选冶厂：排气口	1 次/季	长寿命核素 α 放射性
3	废水	排放口	1 次/月	U 天然、^{226}Ra、^{210}Po；^{210}Pb、pH （重金属、化学有毒有害物质等选择性测量）
4	废石、尾矿（渣）	场（库）边界外	1 次/半年	^{222}Rn

17.3 核与辐射事故应急监测

事故状态下，做好辐射环境应急监测，确保能及时了解事故对环境影响情况，为进行事故状态和事故后果分析、防护行动决策建议以及采取其他必要和适当的应急响应行动提供依据，详细要求参见《生态环境保护部（国家核安全局）核事故应急预案》《生态环境部（国家核安全局）辐射事故应急预案》及应急监测相关方案、实施程序，主要工作内容包括：

① 制定生态环境部核与辐射事故应急监测方案和实施程序；

② 建立和运行生态环境部应急监测数据平台；

③ 组织开展国家重点监管核设施应急演习、核与辐射恐怖袭击事件应急监测；

④ 事故状态下，按照环境保护部应急预案、实施程序和监测指令，组织开展核设施场外及重要敏感地区进行辐射环境应急监测；

⑤ 编制核与辐射应急监测报告，为应急指挥决策提供技术支持。

17.3.1 核事故应急监测

1. 应急监测响应

（1）厂房应急状态下的监测

应急监测人员做好应急待命，确保各类应急监测装备及辅助设备、物资随时可用。密切关注核动力厂周围固定式自动站的环境监测数据。根据事故情况，密切关注流出物在线监测数据，如有流出物向环境排放，应开展流出物排放的取样和测量。

（2）场区应急状态下的监测

30 km 范围内固定式自动站转入应急运行状态，每分钟获取一个 γ 辐射水平值。10 km 范围内开始车载巡测，并进行大气采样分析。做好在更大范围内开展监测的准备。

（3）场外应急状态下的监测

继续实施场区应急时的监测，根据布点原则和释放情况确定监测范围，并根据需要布设投放式自动装置。根据不同阶段的监测方案进行应急监测工作。应急监测实施过程中，应做好应急监测人员的防护。

2. 应急状态下的监测范围和布点原则

（1）应急监测范围

原则上，在早期阶段，陆地重点监测范围为 30 km，根据放射性污染情况，监测范围可逐步扩大至 50 km；对热功率≥1 000 MW 的反应堆严重事故引起的大量放射性释放，监测范围可能需要扩展至 80 km 甚至更远距离。如发生海洋放射性污染，在早期阶段，海上重点监测范围为 5 km，根据放射性污染情况，监测半径可逐步扩大至 30 km；对热功率≥1 000 MW 的反应堆严重事故引起的大量放射性释放的情况，应根据实际情况重点关注沿岸海域监测，中、后期阶段的监测范围考虑扩展至可能受污染的更远海域。实际应急监测范围应根据监测数据、核动力厂核事故放射性物质释放情况、气象条件以及核事故后果预测评价结果进行调整。

（2）应急监测布点原则

▶环境 γ 辐射水平

a）原则上，30 km 范围内按 16 个方位划定的每个陆地扇区至少布设一个 γ 辐射连续自动监测点，并应在 10 km 范围内主导风向的下风向、居民密集区适当增加布点。在释放前，可根据核事故后果预测评价在下风向预计会产生撤离和隐蔽的高辐射水平地区，预先补充布设投放式自动装置。发生放射性物质释放后，根据核动力厂核事故放射性物质释放情况、气象条件以及核事故后果预测评价结果，在拟实施或者已经实施撤离或隐蔽的下风向和侧风向区域补充投放式自动装置，至少使该陆地扇区 10 km、10～20 km、20～30 km 范围均有 γ 辐射连续自动监测点。

b）在 30～50 km 范围内，原则上县级以上城市均应布设一个 γ 辐射连续自动监测站，在没有固定式自动站时，条件允许时采用投放式自动装置补充。

c）在 50～80 km 范围内，原则上地级以上城市均应布设一个 γ 辐射连续自动监测站，在没有固定式自动站时，必要及条件允许时，采用投放式自动装置补充，也可采用人工、车载巡测的手段实施机动监测布点；在该范围根据监测数据，核动力厂核事故放射性物质释放情况、气象条件以及核事故后果预测评价结果，自然和社会环境状况，经综合研判可适当减少 γ 辐射测量的点位和频次。

d）原则上应及时获取 300 km 范围内的地市级以上城市固定式自动站的环境监测数据。

e）核安全监管部门的监督性监测方案中设定的监测点位均应作为应急监测点，除非出现不可实施的情况，如路况、气候和 γ 辐射水平等使人工测量不可实施。

f）不应改变已确定的 γ 辐射测量点位或者巡测路线，除非出现不可实施的情况，如路况、气候和 γ 辐射水平等使人工测量不可实施。考虑可能存在的放射性烟羽扩散方向的改变，可根据实际情况适当调整巡测路线。

g）居民已经撤离的区域，在早期阶段取消 γ 辐射人工测量点位。

h）γ 辐射测量点应尽量选择在露天开阔地面，即原则上应满足 GB/T 14583 监测技术要求；如无法满足要求，应在报告数据的同时描述测量点的环境特征。

i）10 km 范围内的海域方向，有人居住的海岛、放射性烟羽扩散方向或敏感区域，应实施 γ 辐射水平监测。

▶大气及沉降物

a）在厂区边界处、厂外烟羽最大浓度落地点处、半径 10 km 范围内的居民区或者敏感区域设置 3～5 个点位，进行气溶胶、气态碘等监测；在主导风向下风向，设置沉降物采集点。

b）根据应急响应的需要，在认为有必要的地区进行监测。

▶土壤、地表水和陆生生物

a）在已采取撤离行动之外的环境 γ 辐射水平超过 OIL3 的地区应采集陆地表层土壤、表层水和陆生生物。

b）在 80 km 范围内所有湖库类集中式供水水源地及江河类中型以上集中式供水水源地进行采样。

c）根据应急响应的需要，在认为有必要的地区进行采样。

▶海洋

a）在开始早期阶段监测时，应根据污染物排放情况，在 5 km 监测范围内按近密远疏的原则，扇形布点，进行海水监测；根据污染情况，监测范围扩展至 30 km，按 16 个方位划定的每个海上扇区至少布设一个海水采样分析点位，必要时在海水采样同点位进行沉积物采样。

b）在进入中、后期阶段监测时，应综合各种情况，监测范围有必要向可能受污染的更远海域扩展，并增加代表性海洋生物监测。

▶地面放射性沉积

必要时，在中、后期阶段监测，通过网格式布点加密环境 γ 辐射水平或土壤放射性监测，以掌握详细的地面放射性沉积水平。根据早期阶段监测结果、释放情况及环境情况确定网格的密度。

▶指示生物

中、后期阶段监测，应根据实际情况，对指示生物每天到每周采样分析。

3．应急状态下的监测内容

场外应急状态下按下述监测内容实施。场区应急和厂房应急状态下，应根据事故潜在影响，进行简化和缩小。

（1）应急监测方案

▶ 早期阶段监测方案

早期阶段监测，优先实施针对 OIL 的监测，监测的要点如下：

a）优先采用 γ 辐射连续自动测量的方式，固定式自动站发生故障或方位距离无法满足监测要求时，应布设投放式自动装置，或采用车载或航空巡测，条件允许的情况下，优先推荐航空测量；

b）原则上，对要采取 OIL1 对应防护行动的区域至少要有一个自动站点，应预想由于自然灾害导致测量困难的情况，选择备选测量点，并设置优先顺序。

早期阶段监测还应关注大气放射性水平。沉降物、土壤和生物等按要求采样，必要时进行分析。早期阶段监测方案见表 17-21。

表 17-21　早期阶段监测方案

监测对象	分析项目/核素	分析或采样频次
环境 γ 辐射水平 （早期阶段监测的重点）	周围剂量当量	连续定点监测，否则每天一次
大气	γ 能谱（^{131}I，^{137}Cs，^{134}Cs，惰性气体等），其他*	连续采样，每天换样分析
沉降物	γ 能谱（^{131}I，^{137}Cs，^{134}Cs 等）	采集每次沉降（湿沉降）
土壤活度浓度 或表面沉积密度	γ 能谱（^{131}I，^{137}Cs，^{134}Cs 等）	每天采集一次，必要时分析
饮用水水源	γ 能谱（^{131}I，^{137}Cs，^{134}Cs 等），其他*	中型以上集中式地表供水工程每天采集和分析一次，小型集中式地表供水工程根据情况确定监测频次
表层水、陆生生物	γ 能谱（^{131}I，^{137}Cs，^{134}Cs 等），其他*	每天到每周采集，必要时分析
鱼、沉积物、水生植物	γ 能谱（^{131}I，^{137}Cs，^{134}Cs 等）	每天到每周采集，必要时分析
排放口海水	γ 能谱（^{131}I，^{137}Cs，^{134}Cs 等），总 α，总 β	每天采集和分析一次

注：* 重水堆核电站增加 ^{3}H、^{14}C 的采样分析。

▶中期、后期阶段监测方案

中期阶段监测从早期阶段监测结束至应急响应行动终止，监测方案见表 17-22。后期阶段辐射环境监测方案见表 17-23，需进行环境恢复地区的监测按照环境恢复相关要求制定监测方案。

表 17-22　中期阶段监测方案

监测对象	分析项目/核素	分析或采样频次
环境 γ 辐射水平	周围剂量当量	连续定点监测，否则每天一次
大气	γ 能谱（^{131}I，^{137}Cs，^{134}Cs 等），^{89}Sr，^{90}Sr，钚同位素，其他*	连续采样，每天换样分析
沉降物	γ 能谱（^{131}I，^{137}Cs，^{134}Cs 等）	采集每次沉降， 分析每月混合样
土壤活度浓度	γ 能谱（^{131}I，^{137}Cs，^{134}Cs 等），	每周到每月采集一次
或表面沉积密度	^{90}Sr，钚同位素	
饮用水水源、表层水、陆生生物	γ 能谱（^{131}I，^{137}Cs，^{134}Cs 等），^{90}Sr，钚同位素，其他*	每天到每周采样分析
鱼、沉积物、水生植物	γ 能谱（^{131}I，^{137}Cs，^{134}Cs 等），^{90}Sr	每天到每周采样分析
海水、海底泥、代表性海洋生物	γ 能谱（^{131}I，^{137}Cs，^{134}Cs 等），^{90}Sr	每周或每月采样分析
指示生物	γ 能谱（^{131}I，^{137}Cs，^{134}Cs 等），^{90}Sr，其他*	每天到每周采样分析，取决于实际情况

表 17-23　后期阶段监测方案

监测对象	分析项目/核素	分析或采样频次
环境 γ 辐射水平	周围剂量当量	恢复到常规监测
大气	γ 能谱（^{137}Cs，^{134}Cs 等），^{90}Sr，钚，其他*	恢复到常规监测
土壤活度浓度或表面沉积密度	γ 能谱（^{137}Cs，^{134}Cs 等），^{90}Sr，钚同位素	恢复到常规监测
沉降物	γ 能谱（^{137}Cs，^{134}Cs 等）	恢复到常规监测
饮用水水源、表层水、陆生生物	γ 能谱（^{137}Cs，^{134}Cs 等），^{90}Sr，钚同位素，其他*	恢复到常规监测
鱼、沉积物、水生植物	γ 能谱（^{137}Cs，^{134}Cs 等），^{90}Sr，钚同位素，其他*	恢复到常规监测
海水、海底泥、代表性海洋生物	γ 能谱（^{137}Cs，^{134}Cs 等），^{90}Sr	恢复到常规监测
指示生物	γ 能谱（^{137}Cs，^{134}Cs 等），^{90}Sr，其他*	恢复到常规监测

注：* 重水堆核电站增加 ^{3}H、^{14}C 的采样分析。

（2）环境 γ 辐射水平

早期阶段监测应重点关注环境 γ 辐射水平测量，尽可能快速获得监测数据。环境 γ 辐射水平的测量可采用固定式自动站、投放式自动装置、车载巡测和航空测量的方式。固定式自动站、投放式自动装置应具备 7 天以上环境 γ 辐射水平连续监测的自供电能力。应急监测中的地表 γ 辐射测量，没有特别要求时（如针对幼儿的外照射评价），监测对象为探测器中心离地表 1 m 处的周围剂量当量率（H*（10）），如测量高度不等于 1 m 时，应将监测结果修正到 1 m 处的值，并在监测报告中注明实际测量高度。不同监测阶段的环境 γ 辐射水平测量设备应具备合适的灵敏度和量程，用于早期阶段监测的 γ 辐射测量仪量程应高于 100 mSv/h。早期阶段监测 30 km 范围内的环境 γ 辐射水平测量结果应结合核事故后果预测评价，在地图上显示一段时间的积分剂量或者某个时间的周围剂量当量率分布。对其他阶段及范围的测量结果也应尽量提供剂量或周围剂量当量率分布图。

（3）大气

应急监测各阶段，采用固定点和移动点两种方式采集气溶胶和气态碘，固定点采样利用固定式自动站进行，移动点采样利用车载、船载采样系统进行，必要时采用航测手段。测量的核素主要是事故释放的 ^{137}Cs、^{134}Cs 和 ^{131}I 等裂变产物。测量方法采用在线测量和实验室（或者移动实验室）分析两种方法，利用 γ 能谱确定样品活度。早期阶段监测中，应同时关注短寿命核素。采样量和测量时间要根据现场实际情况，满足时效性要求。

必要时应利用监督性监测系统现场谱仪监测系统对惰性气体进行定性识别，并在下风向大气采样点用低流量活性炭吸附采集或气瓶直接收集空气，利用 γ 能谱确定样品活度，测量的核素主要是 ^{133}Xe。

（4）土壤及沉降物

在早期阶段监测中，首先对超过 OIL2 的测量点周围的土壤及沉降物进行迅速采样，其次对大气监测点周围土壤及沉降物进行采样，必要时进行核素分析。其他备选采样分析点应根据地理位置（可到达）、社会状况设定。

在早期阶段监测中，土壤样品采集对象为表层土壤，在中后期阶段监测中，应根据工作目标确定采样对象。

应急监测各阶段，土壤及沉降物放射性分析的方法除采用实验室（或者移动实验室）γ 能谱分析外，也可以采用高纯锗就地 γ 能谱的方法实施测量。

（5）饮用水水源

应急监测各阶段，为掌握饮用水受污染的情况，在确认放射性物质释放后，应迅速在 80 km 范围内所有湖库类集中式供水水源地及江河类中型以上集中式供水水源地进行采样。重要水体至少每天采样。

（6）陆生生物

应急监测各阶段，对周围剂量当量率超过 1 μSv/h 的地区的陆生生物进行放射性核素分析。

（7）海洋

应急监测各阶段，对海水样品测量的核素主要是事故释放的 ^{137}Cs、^{134}Cs 和 ^{131}I 等裂变产物。对海底泥样品测量的核素主要是事故释放的 ^{137}Cs、^{134}Cs 和 ^{131}I 等裂变产物。

对核动力厂排放口海水，至少每天采样，进行总 α、总 β 和 γ 能谱分析，在早期应尽量获得实时监测数据。条件允许时可考虑布设水体放射性自动监测系统。

对代表性海洋生物样品测量的核素主要是事故释放的 ^{137}Cs、^{134}Cs 和 ^{131}I 等裂变产物。

对污染区域的定性界定，可采用船载巡测或航测手段，进行辐射水平测量。

4. 应急监测人员的防护

应急监测人员应建立个人健康监护档案，在整个应急响应过程中所受到的剂量不得超过应急指挥部根据辐射防护国家标准设定的最高值，该值为综合外部剂量，并假定采取了所有必要的措施防止内照射。

应急监测人员应根据指令服用碘片，佩戴个人剂量计和个人剂量报警仪，每次执行完监测后，应进行表面污染检查。已怀孕或可能已怀孕的女性职工不得从事现场应急监测工作。

如果某区域周围剂量当量率超过 100 mSv/h 时：

a）仅在执行救生行动时方可进入；

b）总停留时间控制在 30 分钟内。

除非必要，不可进入周围剂量当量率超过 1 Sv/h 的区域。

在仅限于生命救助行动时，才可以在以下范围执行操作：

a）可疑危险放射性物质/源的 1 m 范围内；

b）火灾或爆炸的 100 m 范围内。

当怀疑或确认放射性物质（烟/尘）扩散或污染时，应该采取以下防护措施：

a）根据指令使用呼吸防护器具，如遇突发状态，应迅速用口罩或手帕捂住嘴，快速撤离；

b）双手不能触碰口腔、不抽烟、不饮食，定期洗手。

5. 操作干预水平（OIL）初始设定值

操作干预水平（OIL）初始设定值见表 17-24。

表 17-24　操作干预水平（OIL）初始设定值

种类	描述	初始设定值	
OIL1	居民在数小时内撤离和室内隐蔽	地面以上 1 米处的周围剂量当量率：1 000 μSv/h	
OIL2	居民在一周左右时间内暂时避迁；停止消费本地农产品	地面以上 1 米处的周围剂量当量率：100 μSv/h（停堆 10 天内） 地面以上 1 米处的周围剂量当量率：25 μSv/h（停堆 10 天后）	
OIL3（食物控制筛查基准）	确定实施食物核素分析地区	地面以上 1 米处的周围剂量当量率：1 μSv/h	
OIL7	食物摄入控制基准	放射性核素	食物、奶和水等
		^{131}I	1 000 Bq/kg
		^{137}Cs	200 Bq/kg

注 1：这些 OIL 初始值适用于轻水堆或者 RBMK 堆芯或者乏燃料池释放。

注 2：表 B.1 数据引自 Actions to Protect the Public in An Emergency due to Severe Conditions at A Light Water Reactor, IAEA EPR-NPP PUBLIC PROTECTIVE ACTIONS〔2013〕。

6. 不同阶段各类样品放射性水平测量要求

不同阶段各类样品放射性水平测量见表 17-25～表 17-28。

表 17-25　大气样品测量要求

监测阶段	监测对象	分析项目/核素	探测限/Bq/m³
早期阶段	气溶胶活度浓度	γ 能谱（^{131}I，^{137}Cs，^{134}Cs 等）	10
	气体活度浓度	γ 能谱（碘、氪、氙同位素）	10
中期阶段	气溶胶活度浓度	γ 能谱（^{131}I，^{137}Cs，^{134}Cs 等）	0.05
		^{89}Sr、^{90}Sr	0.5
		钚同位素	0.001
后期阶段	气溶胶活度浓度	γ 能谱（^{137}Cs，^{134}Cs 等）	0.2
		^{90}Sr	0.5
		钚同位素	0.000 2

表 17-26　沉降物样品测量要求

监测阶段	监测对象	分析项目/核素	探测限
早期阶段	活度浓度	γ 能谱（^{131}I，^{137}Cs，^{134}Cs 等）	20 Bq/kg
	沉积密度		100 000 Bq/m²

续表

监测阶段	监测对象	分析项目/核素	探测限
中期阶段	活度浓度	γ 能谱（^{131}I，^{137}Cs，^{134}Cs 等）	10 Bq/kg
	沉积密度		1 000 Bq/m^2
后期阶段	活度浓度	γ 能谱（^{137}Cs，^{134}Cs 等）	1 Bq/kg

表 17-27　土壤和表面沉积样品的测量要求

监测阶段	监测对象	分析项目/核素	探测限
早期阶段	土壤中活度浓度	γ 能谱（^{131}I，^{137}Cs，^{134}Cs 等）	10 000 Bq/kg
	表面沉积密度		750 000 Bq/m^2
中期阶段	土壤中的活度浓度	γ 能谱（^{131}I，^{137}Cs，^{134}Cs 等）	50 Bq/kg
		^{90}Sr	30 000 Bq/kg
		钚同位素	5 000 Bq/kg
	表面沉积密度	γ 能谱（^{131}I，^{137}Cs，^{134}Cs 等）	1 500 Bq/m^2
		^{90}Sr	900 000 Bq/m^2
		钚同位素	150 000 Bq/m^2
后期阶段	土壤中活度浓度	γ 能谱（^{137}Cs，^{134}Cs 等）	100 Bq/kg
		^{90}Sr	5 000 Bq/kg
		钚同位素	1 000 Bq/kg

表 17-28　食物、饮用水、陆生和水生生物样品的测量要求

监测阶段	监测对象	分析项目/核素	探测限
早期和中期阶段	比活度	γ 能谱（^{131}I，^{137}Cs，^{134}Cs 等）	10 Bq/kg
		^{90}Sr	2 Bq/kg
		钚同位素	0.5 Bq/kg
后期阶段	比活度	γ 能谱（^{137}Cs，^{134}Cs 等）	1 Bq/kg
		^{90}Sr	0.2 Bq/kg
		钚同位素	0.05 Bq/kg

注 1：表参考来源：Radiation Monitoring for Protection of the Public after Major Release of Radionuclides to theEnvironment，ICRU Report 92，2015.

注 2：表中后期阶段中各分析项目/核素的探测限，均指环境恢复地区的监测要求，其他地区的监测要求按照 HJ/T 61 的规定。

17.3.2　辐射事故应急监测

1. 总体要求

通过对事故相关人员（如管理、技术和使用人员及出现放射病的病人等）的询问、有关资料的调查等多种途径收集事故信息，尽可能掌握源的类型、状态、核素种类、射线类别、活度大小、屏蔽情况、数量、来源、生产或使用单位等信息，以及事故现场和周围环境状况。根据源项和现场环境状况进行应急监测方案设计。应急监测方案应以快速确定源的特性、位置及现场环境辐射水平为目的，内容应包括事故概况、监测任务或目标、监测范围、监测项目、监测仪器与方法、采样布点、安全防护和质量保证等。应急监测以 X/γ 辐射周围剂量当量（率）、中子辐射周围剂量当量（率）、α/β 表面污染水平和就地 γ 核素能谱分析等现场监测为主，必要时开展采样分析。

应保证监测仪器的量程满足应急监测要求，通常 X/γ 辐射水平监测仪的高量程应不低于 100 mSv/h。应使用长杆并具备声光报警功能的监测仪器，以保证监测人员与潜在源保持尽量大的安全距离，并及时获得声光报警信息。保证应急监测过程中监测仪器的有效性和可靠性，同时有一定数量的冗余或备份。应急人员在应急监测全过程都应做好个人安全防护工作。

2. 现场监测

（1）源的搜寻

通过对事故信息的分析和判断，估计源的潜在位置和影响范围，确定搜寻方案。一般以源的潜在位置为中心，从多方位、由外及内逐步靠近的测量方法进行搜寻。搜寻的移动速度应满足仪器的响应时间要求，路线间隔距离应满足覆盖监测的区域，仪器探头应避免与待测物体表面接触。在大范围内搜寻 γ/中子源时，可采用车载巡测、航空测量、远程遥控测量以及综合运用多种测量方法。

搜寻中应密切关注辐射监测仪读数和声光报警信息，一旦监测到辐射水平异常升高的区域，应增加监测点位和监测频次进行测量确认。根据事故信息、现场环境状况和搜寻测量结果确定警戒区。在内警戒区，通过 X/γ 辐射水平、中子辐射水平或表面污染测量，进一步确定源的位置。也可辅助以金属探测、摄影摄像辨识等方法确定源的位置。

内警戒区内剂量率水平超过 100 mSv/h 的危险区域，应采用远程遥控测量方法确定源的位置。对于 γ 源，可根据 γ 辐射水平监测结果估算源的距离。源的位置确定后，应监测确认源是否破损、裸露、泄漏以及源容器的准直口是否处于关闭状态。

（2）源特征识别

通过测量获得源的核素种类、射线类别和活度大小等信息，判断和确认源的特征信息。对于 γ 源，一般使用便携式高纯锗 γ 谱仪进行源的核素识别和半定量或定量分析，也可根据 γ 辐射空气吸收剂量率结果估算源的活度。采用便携式高纯锗 γ 谱仪无法识别源的核素特征时，应使用 α/β 表面污染仪进行 α/β 源的识别和确认，用中子辐射监测仪进行中子源的识别和确认。

（3）环境污染监测

根据调查结论选定合适的监测仪器，对事故现场及周围环境进行测量，必要时，对可能受到污染的空气、土壤、水体等环境介质进行采样分析，监测结果与历史数据或对照点监测数据进行比较，分析环境污染水平及范围。γ 面状污染源可通过辐射成像的方法，分析环境污染水平及范围。

为了掌握事故发生后的环境污染水平、范围及变化趋势，一般需要扩大监测范围，在污染物扩散方向开展监测，并对可能或已受污染的环境进行连续跟踪监测，直至环境污染得到控制且恢复至本底水平或满足相关标准要求。

（4）人员污染监测

▶个人体表监测

应急人员在进入和离开事故现场前应进行个人体表监测，通常采用直接测量法进行测量，重点测量脚、臀部、肘、手、脸和头发等暴露部位。应对可能受污染的个人物品进行表面污染监测，个人物品包括手表、钱包和个人剂量计等。若发现个人物品已经污染的，应把已污染物品密封包装，做好登记并注明处置方式。

尽可能采用灵敏窗面积不小于 $20\,cm^2$ 的全身 α/β 表面污染监测仪，快速开展个人体表监测。个人体表监测面积一般皮肤和衣服平均取 $100\,cm^2$，手部平均取 $30\,cm^2$，手指平均取 $3\,cm^2$。当个人体表污染两倍于天然本底以上者，应视为放射性核素污染人员，可按照 GBZ/T 216 进一步测量和去污处理。

▶个人内照射监测

若发生应急人员因食入、吸入或通过伤口渗入放射性物质的情况，应进行个人内照射监测。

可用 X/γ 辐射监测仪对沉积于人体（如甲状腺）内的放射性物质所发射的 γ 或 X 射线（包括轫致辐射）在体外直接测量；对于不发射 γ 或 X 射线（包括轫致辐射）的放射性核素，应对可能受到污染的个人有关生物学样品（包括：尿、粪便、呼气、血液、鼻涕、组织样品）或者实物样品（如气溶胶样品、表面样品）采样分析。

（5）环境恢复确认

对于放射源事故，完成放射源的处置后，应对恢复后的事故现场及周围环境进行监测，确认环境是否污染及污染情况。

对于产生环境污染的，去污后，应对现场环境进行表面污染监测，确认读数小于 GB 18871 中表 B11 的放射性表面污染控制水平。同时，对污染区域的环境介质进行采样分析，确认现场及周围环境辐射水平已处于环境辐射本底水平或满足相关标准要求。现场应急人员及所用的工具和设备均应进行表面污染监测，一旦发现受污染，应及时开展去污工作，直至确认完成去污。

3. 采样分析

（1）采样布点

除非已经确认事故源是放射源且未发生破损和污染环境，应根据事故的影响，对可能受到污染的空气、土壤、水体等环境介质采样进行总 α、总 β 及核素测量分析。应设置采样对照点，考虑辐射防护和采样可行性，以尽可能少的样品表征现场环境状况。对发生放射性物质弥散的事故，应进行大气采样分析。采样点布设应以事故现场为中心，在下风向按一定间隔的扇形或圆形布点；在可能受污染影响的居民住宅区或人群活动区等敏感点必须布设采样点，采样过程中应注意风向变化，及时调整采样点位置。

应关注事故对现场饮用水水源污染的风险或造成的影响，对可能受影响的饮用水水源和末端饮用水进行总 α、总 β 测量，如异常进行核素分析。对现场污染的土壤或地表，采样点布设应以事故现场为中心，按一定间隔的扇形或圆形布点，并根据污染物的特性在不同深度采样，同时采集对照样品，必要时在现场周围采集生物样品。土壤或地表的 γ 核素污染监测，采用便携式高纯锗 γ 谱仪按 HJ 1129 进行测量。

环境样品的 γ 核素污染监测，参照 HJ 1127 执行。

（2）样品采集

根据应急监测方案制订采样计划，必要时，根据事故现场情况做出调整。样品采集应快速，并按一定比例采集平行双样。必要时，用 γ 辐射水平或者表面污染水平对样品进行筛查。

根据事故造成环境影响的可能性大小排出采样顺序。存在大气或水体扩散的，一般先进行空气或水体采样，以便确定污染物的特性、位置、走向以及环境的污染程度；其次是对反映污染沉积程度的介质（如沉积物、地表土等）采样。采集的样品信息应记录完整，标识清晰。

（3）样品处理

在事故现场，采集的样品一般不作水洗、烘干、灰化、蒸发和浓缩等前处理，直接封装测量。需进一步实验室分析时，按核素种类、活度水平选择处理方法。

（4）样品管理

样品的采集、保存、运输、接收、分析、处置等工作应有序进行，防止交叉污染，确保样品在传递过程中始终处于受控状态。

对 γ 辐射水平或者表面污染水平筛查结果异常的样品，应进行密封和屏蔽，用明显标识加以注明，并告知接样人员或实验室人员，保证人员安全，防止污染实验室环境和仪器设备。

4. 应急人员的安全防护

应急人员应配备必要的防护设备，在应急监测全过程做好安全防护工作，减少一切不必要的照射。应急人员在进入现场监测前，应佩戴个人剂量计和具有声光报警功能的直读式个人剂量计，除非已经确认事故源是放射源且未发生破损和污染环境，都应穿戴全身防沾污防护服，并做好仪器设备的防沾污措施，以防人员和设备受到沾污和不必要的照射。

用于监测个人剂量的剂量计应佩戴在胸前防护服内，用于报警的直读式个人剂量计应佩戴在防护服外便于观察的地方，并确保个人剂量计在现场停留期间一直保持开启状态。应急人员在进入及离开现场前应进行个人体表监测，并对前后数据进行比较，确认是否存在沾污。在进入内警戒区开展工作前，应对应急人员的受照剂量进行评估，未经许可，不得进入内警戒区。应急监测过程中应密切关注应急人员的个人受照剂量情况，保证应急人员的受照剂量低于指导值。

5. 放射源辐射事故应急情况下内警戒区的建议范围

放射源辐射事故应急情况下警戒区建议范围如表 17-29 和图 17-1 所示。

表 17-29　放射源辐射事故应急情况下内警戒区的建议范围

辐射事故状况	内警戒区范围
内警戒区——建筑物外部	
放射源未屏蔽或破损	源周围半径 30 m
放射源发生重大泄漏	源周围半径 100 m
涉及放射源的火灾、爆炸和烟羽	半径 300 m 的区域
疑似放射性爆炸装置已爆炸或未爆炸	为防止爆炸，不小于 400 m 半径区域
内警戒区——建筑物内部	
放射源破损、丢失、泄漏	受影响的房间及邻近区域（包括上、下楼层）
放射性爆炸装置，或与放射源有关的火灾等可以导致材料在建筑物内扩散（例如由通风系统引起的内部扩散）的其他事件	整个建筑物及外部适当区域
内警戒区——基于辐射监测结果	
剂量率大于 100 μSv/h、β/γ 表面污染大于 1 000 Bq/cm² 或 α 表面污染大于 100 Bq/cm² 的区域	

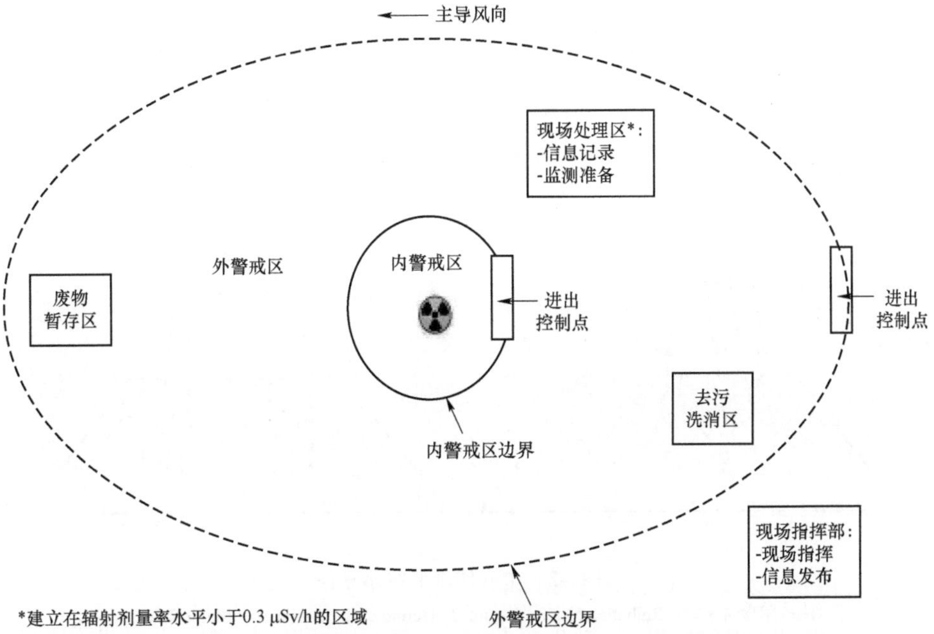

图 17-1　放射源辐射事故现场应急建立的工作区域示意图

内警戒区为搜寻、监测和处置事故源的作业区。内警戒区一般以潜在事故源为中心，参照上表初步划定，随着应急监测开展，应根据监测结果进行调整。

外警戒区为搜寻、监测和处置事故源的准备区。外警戒区根据需要可设置现场处理区、废物暂存区、去污洗消区等应急功能区，其外边界可借用道路等实体边界或设立醒目标志物，以方便辨认，具体范围可根据事故现场的环境状况划定。

注：表和图参考来源：Arrangements for Preparedness for a Nuclear or Radiological Emergency，IAEA Safety Guide No.GS-G-2.1.

6. 个人体表监测方法

个人体表监测通常采用直接测量法。先开机检查仪器工作状态，确认仪器正常后再开始测量。

应控制好监测仪探头与被测个人体表的距离，在可行的情况下保持尽可能小，但不可触碰到被测个人体表，以免仪器被沾污。个人体表监测可按图 17-2 所示，待测人员以直立、四肢和手指张开的姿势站在干净的垫子上，按照先上后下，先前后背的顺序进行监测：先从正面头顶开始，自上而下依次为头颈、衣领、肩膀、手臂、腕、手、腋窝、肋、腿、裤口直到鞋，再依次监测腿的内侧和身体的其他部位，最后监测身体的前面和背面。应控制好监测仪探头的移动速度，使其与所用监测仪的读数响应时间相匹配。

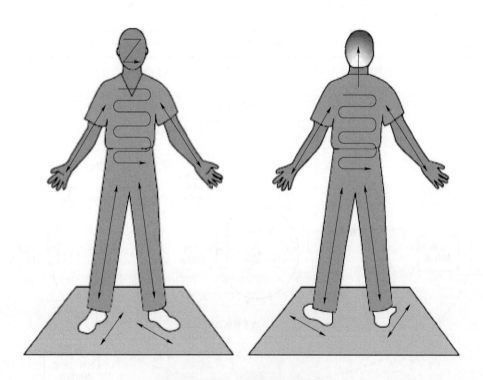

图 17-2　个人体表监测示意图

注：图参考来源：Radiation Monitoring for Protection of the Public after Major Releases of Radionuclides to the Environment，ICRU Report 92，2015.

7. 控制应急人员受照剂量的指导值

表 17-30 控制应急人员受照剂量的指导值

应急响应任务	推荐值（1）Hp（10）
抢救生命行动	＜500 mSv[2]
防止人员受到严重确定性效应[3] 防止可能对人和环境产生重大影响的灾难情况发生	＜500 mSv
避免大的集体剂量[4]	＜100 mSv

注 1：（1）此数值为外照射剂量。对摄入性内照射或皮肤污染的受照剂量，需采取一切努力加以防止。如此目的达不到，应限制器官所受的有效剂量和当量剂量，最大程度地减少与本表给出的推荐值相关联的个人健康风险。

（2）在给他人带来的预期利益明显大于应急工作人员自身的健康危险，而且应急工作人员是自愿采取行动并了解和接受这些健康危险的情况下，可超出这一数值。

（3）诸如：撤离或保护公众；在人口密集区域进行环境监测；营救处于潜在威胁中的严重受伤人员；人员的紧急去污；失控放射源的收贮。

（4）诸如：为在人口密集的区域开展环境监测而进行的环境样品采集；为保护公众需要而进行的区域放射性去污；搜寻放射源。

注 2：表参考来源：

［1］IAEA Safety Standards No.GSR Part 3 Radiation Protection and Safety of Radiation Sources：International Basic Safety Standards；

［2］《核或辐射应急准备与响应通用准则》（GBZ/T 271—2016）。

17.4 电磁辐射环境监测

17.4.1 一般要求

电磁辐射的测量按测量场所分为作业环境、特定公众暴露环境、一般公众暴露环境测量。按测量参数分为电场强度、磁场强度和电磁场功率通量密度等的测量。对于不同的测量应选用不同类型的仪器，以期获取最佳的测量结果。测量仪器根据测量目的分为非选频式宽带辐射测量仪和选频式辐射测量仪。

对典型辐射体，比如某个电视发射塔周围环境实施监测时，监测时以辐射体为中心，按间隔 450 的八个方位为测量线，每条测量线上选取距场源分别 30 m，50 m，100 m 等不同距离定点测量，测量范围根据实际情况确定。

对一般环境，比如整个城市电磁辐射测量时，根据城市测绘地图，将全区划分为 1 km×1 km 或 2 km×2 km 方格，取方格中心为测量位置。测量时对实际测点进行考察。考虑地形地物影响，实际测点应避开高层建筑物、树木、高压线以及金属结构等，尽量选择空旷地方测试。允许对规定测点调整，测点调整最大为方格边长的 1/4，对特殊地区方格允许不进行测量。需要对高层建筑测量时，应在各层阳台或室内选点测量。

17.4.2 交流输变电工程

（1）监测因子

交流输变电工程电磁环境的监测因子为工频电场和工频磁场，监测指标分别为工频电场强度和工频磁感应强度（或磁场强度）。

（2）监测仪器

工频电场和磁场的监测应使用专用的探头或工频电场、磁场监测仪器。工频电场监测仪器和工频磁场监测仪器可以是单独的探头，也可以是将两者合成的仪器。

工频电场和磁场监测仪器的探头可为一维或三维。一维探头一次只能监测空间某点一个方向的电场或磁场强度；三维探头可以同时测出空间某一点三个相互垂直方向（X、Y、Z）的电场、磁场强度分量。探头通过光纤与主机（手持机）连接时，光纤长度不应小于 2.5 m。监测仪器应用电池供电。工频电场监测仪器探头支架应采用不易受潮的非导电材质。

（3）监测方法

监测点应选择在地势平坦、远离树木且没有其他电力线路、通信线路及广播线路的空地上。监测仪器的探头应架设在地面（或立足平面）上方 1.5 m 高度处。也可根据需要在其他高度监测，

并在监测报告中注明。监测工频电场时，监测人员与监测仪器探头的距离应不小于 2.5 m。监测仪器探头与固定物体的距离应不小于 1 m。监测工频磁场时，监测探头可以用一个小的电介质手柄支撑，并可由监测人员手持。采用一维探头监测工频磁场时，应调整探头使其位置在监测最大值的方向。

（4）监测布点

▶架空输电线路

断面监测路径应选择在以导线档距中央弧垂最低位置的横截面方向上。单回输电线路应以弧垂最低位置处中相导线对地投影点为起点，同塔多回输电线路应以弧垂最低位置处档距对应两杆

塔中央连线对地投影为起点，监测点应均匀分布在边相导线两侧的横断面方向上。对于挂线方式以杆塔对称排列的输电线路，只需在杆塔一侧的横断面方向上布置监测点。监测点间距一般为 5 m，顺序测至距离边导线对地投影外 50 m 处为止。在测量最大值时，两相邻监测点的距离应不大于 1 m。除在线路横断面监测外，也可在线路其他位置监测，应记录监测点与线路的相对位置关系以及周围的环境情况。

▶地下输电电缆

断面监测路径是以地下输电电缆线路中心正上方的地面为起点，沿垂直于线路方向进行，监测点间距为 1 m，顺序测至电缆管廊两侧边缘各外延 5 m 处为止。对于以电缆管廊中心对称排列的地下输电电缆，只需在管廊一侧的横断面方向上布置监测点。除在电缆横断面监测外，也可在线路其他位置监测，应记录监测点与电缆管廊的相对位置关

系以及周围的环境情况。

▶变电站（开关站、串补站）

监测点应选择在无进出线或远离进出线（距离边导线地面投影不少于 20 m）的围墙外且距离围墙 5 m 处布置。如在其他位置监测，应记录监测点与围墙的相对位置关系以及周围的环境情况。

断面监测路径应以变电站围墙周围的工频电场和工频磁场监测最大值处为起点，在垂直于围墙的方向上布置，监测点间距为 5 m，顺序测至距离围墙 50 m 处为止。

▶建（构）筑物

在建（构）筑物外监测，应选择在建筑物靠近输变电工程的一侧，且距离建筑物不小于 1 m 处布点。在建（构）筑物内监测，应在距离墙壁或其他固定物体 1.5 m 外的区域处布点。如不能满足上述距离要求，则取房屋立足平面中心位置作为监测点，但监测点与周围固定物体（如墙壁）间的距离不小于 1 m。在建（构）筑物的阳台或平台监测，应在距离墙壁或其他固定物体（如护栏）1.5 m 外的区域布点。如不能满足上述距离要求，则取阳台或平台立足平面中心位置作为监测点。

17.4.3　5G 移动通信基站

（1）基本要求

开展监测工作前，应收集被测 5G 移动通信基站的基本信息，包括：基站名称、运营单位、建设地点、发射频率范围、天线支架类型、天线数量、运行状态和天线离地高度等。根据监测性质和目的，还可收集其他信息，包括：经纬度坐标、发射机型号、标称功率、实际发射功率、天线增益、平均负载、天线下倾角（机械下倾角＋电子下倾角）、天线波瓣宽度（水平宽度、垂直宽度）和天线方向图等参数。对同一站址存在其他网络制式的移动通信基站也应收集同样基本信息。

（2）监测因子

移动通信基站电磁辐射环境的监测因子为射频电磁场，监测参数为功率密度。

（3）监测布点

监测点位应布设在移动通信基站天线覆盖范围内的电磁辐射环境敏感目标处，并优先布设在公众居住、工作或学习距离天线最近处，但不宜布设在需借助工具（如梯子）或采取特殊方式（如攀爬）到达的位置。建筑物内监测时，监测点位可布设在朝向基站天线的窗口（阳台）位置，监测仪器探头（天线）尖端应在窗框（阳台）界面以内，也可布设室内其他位置。监测仪器探头（天线）与家用电器等设备之间距离不少于 1 m。

监测仪器探头（天线）距地面（或立足平面）1.7 m。也可根据不同目的，选择监测高度，并在监测报告中注明。

（4）监测工况及 5G 终端设备

监测时，被监测的移动通信基站应为正常工作状态，5G 终端设备应与被监测的 5G 移动通信基站建立连接并至少处于一种典型应用场景。

监测时，监测仪器探头（天线）置于监测仪器支架上，探头（天线）尖端与操作人员躯干之间距离不少于 0.5 m，并与 5G 终端设备保持在 1～3 m 范围内；避免或尽量减少周边偶发的其他电磁辐射源的干扰及监测仪器支架泄漏电流等影响。

17.4.4 短波广播发射台

（1）监测仪器要求

短波广播发射台工作时，监测仪器的工作性能应满足待测电磁场要求，工作频率能够覆盖所监测的短波广播发射台的发射频率。监测仪器应采用选频式电磁辐射监测仪，监测频率与带宽选取被测对象正常工作状态时的发射频率与带宽。监测仪器应选用具有各向同性响应的探头（天线），监测仪器支架使用不易受潮的非导电材质支架。监测仪器的检波方式应为方均根值检波方式，监测仪器的读数为任意连续 6 分钟内的平均值。

（2）监测工况

短波广播发射台监测应在发射天线正常运行工况下进行。

（3）监测因子

短波广播发射台电磁辐射环境监测因子为射频电磁场，监测参数为电场强度（或功率密度）、磁场强度。在远场区，监测参数为电场强度或功率密度或磁场强度；在近场区，需同时监测电场强度、磁场强度。

（4）监测布点

▶电磁辐射环境敏感目标监测

在建筑物外监测时，点位优先布设在公众日常生活或工作距离天线最近处，不宜布设在需借助工具（如梯子）或采取特殊方式（如攀爬）到达的位置。在建筑物内监测时，点位优先布设在朝向短波天线的窗口（阳台）位置，探头（天线）应在窗框（阳台）界面以内，也可选取房间中央位置。探头（天线）与家用电器等设备之间距离不少于 1 m。监测点位的布设应考虑面向发射天线侧不同楼层的电磁场分布情况。当短波天线发射方向可变时，应对其不同发射方向评价范围内的电磁辐射环境敏感目标进行监测。

▶断面监测

全向天线：以天线地面投影几何中心点为起点，监测路径沿天线最大辐射场强方向进行。监测点位间距一般为 10 m，也可根据现场条件设定监测点位间距，顺序监测至评价范围。定向天线：以大线地面投影几何中心点为起点，监测路径沿天线波瓣（主瓣、副瓣或后瓣）最大辐射场强方向进行。监测点位间距一般为 10 m，也可根据现场条件设定监测点位间距，顺序监测至评价范围。监测点位应选择在地势平坦、空旷处，并避开建筑物、树木、金属构件（如铁丝网、铁架等）、输电线路等。

（5）监测高度

监测时，监测仪器探头（天线）距地面（或立足平面）1.7 m。

17.4.5 中波广播发射台

（1）监测仪器要求

监测仪器工作性能应满足待测电磁场的要求，工作频率能够覆盖所监测的中波广播发射台的发射频率。监测仪器采用选频式电磁辐射监测仪；另根据监测目的，可同时采用非选频式宽带电磁辐射监测仪。监测仪器应选用具有各向同性响应探头（天线），监测仪器支架使用不易受潮的非导电材质支架。使用非选频式宽带电磁辐射监测仪监测时，探头应水平放置。监测仪器的检波方式应为方均根检波方式，监测仪器的读数为任意连续 6 分钟内的平均值。

（2）监测工况

中波广播发射台监测应在正常播音时段内进行，覆盖被测天线对应发射机的不同工作状况。

（3）监测因子

中波广播发射台电磁辐射环境监测因子为射频电磁场，监测参数为电场强度（或功率密度）、磁场强度。在远场区，可以只监测电场强度（或功率密度）；在近场区，需同时监测电场强度、磁场强度。

（4）监测布点

▶电磁环境敏感目标

在建筑物外监测时，点位优先布设在公众日常生活或工作距离天线最近处，不宜布设在需借助工具（如梯子）或采取特殊方式（如攀爬）到达的位置。在建筑物内监测时，点位优先布设在朝向天线的窗口（阳台）位置，探头（天线）应在窗框（阳台）界面以内，也可选取房间中央位置。探头（天线）与家用电器等设备之间距离不少于 1 m。电磁辐射环境敏感目标为多层建筑物时，监测点位的设置应考虑电磁场在不同楼层的分布情况。

▶中波发射台天线最大场强断面

全向天线断面监测路径应选择在以天线地面投影点为起点，沿天线波瓣最大辐射方向上，监测点间距一般为 10 m，也可根据现场情况设定间距，一般监测至评价范围处。当评价范围大于 500 m 时，可适当增大间距。多个天线应综合考虑其电磁辐射环境影响。定向天线断面监测路径应选择在以天线地面投影几何中心点为起点，沿天线波瓣最大辐射方向上，监测点间距一般为 10 m，也可根据现场情况设定间距，一般监测至评价范围处。当评价范围大于 500 m 时，可适当增大间距。多个天线应综合考虑其电磁辐射环境影响。监测点位应选择地势平坦、空旷处，并避开建筑物、树木、输电线路等。

（5）监测高度

监测仪器探头（天线）距地面（或立足平面）1.7 m。

17.4.6 直流输电工程

（1）监测仪器要求

合成电场的监测仪器应能同时测量出合成电场的大小和极性，并具备自动连续测量和记录功能。

一般采用场磨来监测合成电场，场磨应使用面积为 1 m×1 m 的正方形且导电性能良好的金属平板作为接地参考平面，并需可靠接地。

（2）监测方法及频次

监测点应选在地势平坦、无障碍物遮挡处，场磨应直接放置在地面上，上表面与地面间的距离应小于 200 mm，其上表面放置面积为 1 m×1 m 的正方形且导电性能良好的金属平板，场磨外壳和金属板应良好接地。监测报告应清楚标明具体位置。场磨与监测人员的距离应不小于 2.5 m，且与固定物体的距离应不小于 1 m。

监测频次为各监测点位监测一次。

（3）监测布点

▶直流输电线路

直流架空输电线路正负极两侧合成电场监测点应选择在档距间极导线弧垂最低位置的横截面投影线上。监测时两相邻监测点间的距离一般取 5 m，在监测最大值时，两相邻监测点间的距离可取 2 m。一般监测至距离极导线对地投影外 50 m 处即可。除在线路横截面投影线上监测外，也可根据监测需要在极导线下其他位置进行监测。对敷设于地面以下或水体中的直流电缆输电线路可不监测合成电场。

▶换流站

合成电场监测点应布置在各侧围墙外（含进出线线下）距离围墙 5 m 处。合成电场衰减监测以距离换流站围墙外 5 m 处为起点，在垂直于围墙的方向上布置。两相邻监测点间的距离可取 5 m，一般监测至距离围墙 50 m 处。

▶建筑物

在建筑物外监测，合成电场监测点应布置在建筑物靠近直流输电工程侧，且距离建筑物不小于 1 m 处。在建筑物的阳台或用于居住、工作或学习的平台处监测，应在距离墙壁或其他固定物体（如护栏）不小于 1 m 的区域内布点，但不宜布设在需借助工具（如梯子）或采取特殊方式（如攀爬）到达的位置。

17.5 职业照射监测

建立和运行国家辐射职业照射信息系统，开展全国民用核设施、铀矿冶、核技术利用单位以及生态环境系统从事辐射安全监管人员职业照射监测，掌握工作人员辐射照射状况，积极推进现场辐射防护的有效改进和最优化，详细要求参见《电离辐射防护与辐射源安全基本标准》GB 18871—2002，主要工作内容包括：

① 建立国家辐射职业照射信息系统；

② 开展民用核设施、铀矿冶、核技术利用单位以及生态环境系统从事辐射安全监管人员职业照射监测工作的现场监督；

③ 汇总职业照射监测数据；

④ 编制、审核和发布全国辐射职业照射年度评估报告。

17.6 辐射环境监测相关标准规范

17.6.1 我国辐射环境监测标准体系

辐射环境监测法规、标准是顺利开展辐射环境监测作的重要基础，它对辐射环境监测工作中管理和技术的各个方面强制或推荐性地提出了要求，具有很强的约束性、规范性和指导性，它是开展辐射环境监测管理和技术工作的重要依据，也是提高环境质量，推动环境科学技术进步的动力。辐射环境监测工作的开展必须符合相关法规、标准的要求，这样才能够保证工作过程正当、合理，得到的数据准确、可靠，才能够准确评价一个地区的辐射水平，从而保障居民和环境的健康安全

辐射环境法规标准体系健全，才能保证辐射环境监测工作有法可依，有据可循，才能保证辐射环境监测工作规范开展。

具体说来，我国辐射环境标准分为三个层级、五个类别。三个层级分别为：国家标准（GB、GB/T）、行业标准和地方标准（DB）。其中，国家标准分为强制性标准（GB）和推荐性标准（GB/T）两种；行业标准又包括环保标准（HJ）、核行业标准（EJ）、卫生标准（GBZ、WS）、能源标准（NB）、检验检疫标准（SN）、计量技术规范（JJF）、电力标准（DL）、海洋标准（HY）、石油天然气标准（SY）、铁路标准（TB）、通信标准（YD）、医药标准（YY）、气象标准（QX）、公安标准（GA）、煤炭标准（MT）、电子标准（SJ）、地质矿产标准（DZ）以及实验室认可规范（CNAS）。五大类分别为：辐射环境质量标准、排放（控制）限值标准、辐射环境监测规范、辐射环境基础标准以及辐射环境标准样品标准。其中，辐射环境监测规范进一步分为 12 个小类：综合通用、监测方法、仪器类、应急监测、个人剂量监测、测量不确定度评估、数据处理及报告、监测信息管理、剂量评价、质量保证/控制、实验室资质管理以及其他辐射环境监测相关标准。

国内辐射环境监测技术方法的有关标准有国家标准（GB 或 GBZ）、环境保护行业标准（HJ）、核工业行业标准（EJ）、卫生行业标准（WS）和出入境检验检疫行业标准（SN）等累计约有 145 项标准，对辐射环境质量监测从技术和管理方面提出了基本要求，《核辐射环境质量评价的一般规定（GB 11215—1989）》等辐射环境质量标准、《核电厂放射性液态流出物排放技术要求》（GB 14587—2011）等污染物排放标准、《电离辐射防护与辐射源安全基本标准》（GB 18871—2002）等辐射环境监测技术标准、《辐射环境监测技术规范》等辐射环境监测管理标准，形成了结构相对比较合理、内容较为完善的辐射环境监测标准体系。但现行辐射环境监测标准体系在适用性和完整性方面存在一些问题，需开展修制订的工作。

我国现行的辐射环境监测标准部分见表 17-31。

表 17-31 我国现行辐射环境监测标准

序号	标准名称	备注
1	《辐射环境监测技术规范》HJ 61—2021	
2	《铀矿冶辐射环境监测规定》GB 23726—2009	
3	《辐射事故应急监测技术规范》HJ 1155—2020	
4	《核设施水质监测采样规定》HJ/T 21—1998	
5	《电离辐射监测质量保证通用要求》GB 8999—2021	
6	《核设施流出物监测的一般规定》GB 11217—1989	
7	《应急监测中环境样品 γ 核素测量技术规范》HJ 1127—2020	
8	《核动力厂核事故环境应急监测技术规范》HJ 1128—2020	
9	《短波广播发射台电磁辐射环境监测方法》HJ 1199—2021	
10	《交流输变电工程电磁环境监测方法（试行）》HJ 681—2013	
11	《中波广播发射台电磁辐射环境监测方法》HJ 1136—2020	
12	《直流输电工程合成电场限值及其监测方法》GB 39220—2020	
13	《5G 移动通信基站电磁辐射环境监测方法（试行）》HJ 1151—2020	
14	《辐射环境保护管理导则电磁辐射监测仪器和方法》HJ/T 10.2—1996	
15	《铀加工及核燃料制造设施流出物的放射性活度监测规定》GB/T 15444—1995	
16	《伴生放射性矿开发利用项目竣工辐射环境保护验收监测报告的格式与内容》HJ 1148—2020	
17	《辐射环境空气自动监测站运行技术规范》HJ 1009—2019	
18	《环境地表 γ 辐射剂量率测定规范》GB/T 14583—93	
19	《个人和环境监测用热释光剂量测量系统》GB/T 10264—2014	
20	《环境空气中氡的标准测量方法》GB/T 14582—93	
21	《水质总 α 放射性的测定厚源法》HJ 898—2017	
22	《水质总 β 放射性的测定厚源法》HJ 899—2017	
23	《生活饮用水标准检验方法放射性指标》GB/T 5750.13—2006	
24	《水中氚的分析方法》GB/T 12375—1990	
25	《核动力厂液态流出物中 ^{14}C 分析方法－湿法氧化法》HJ 1056—2019	
26	《水中钾-40 的分析方法》GB 11338—89	
27	《水中钋-210 的分析方法》HJ 813—2016	
28	《水和生物样品灰中铯-137 的放射化学分析方法》HJ 816—2016	
29	《水、牛奶、植物、动物甲状腺中碘-131 的分析方法》HJ 841—2017	
30	《水、牛奶、植物、动物甲状腺中碘-131 的分析方法》WS/T184—1999	
31	《牛奶中碘-131 的分析方法》GB/T 14674—1993	
32	《空气中碘-131 的取样与测定》GB/T 14584—1993	
33	《水和生物样品灰中锶-90 的放射化学分析方法》HJ 815—2016	

序号	标准名称	备注
34	《生物样品灰中锶-90 的放射化学分析方法离子交换法》GB 11222.2—89	
35	《水中铅-210 的分析方法》EJ/T 859—94	
36	《水中镭-226 的分析测定》GB 11214—89	
37	《水中镭的 α 放射性核素的测定》GB 11218—89	
38	《环境样品中微量铀的分析方法》HJ 840—2017	
39	《水中钍的分析测定》GB 11224—89	
40	《水和土壤样品中钚的放射化学分析方法》HJ 814—2016	
41	《高纯锗 γ 能谱分析通用方法》GB/T 11713—2015	
42	《空气中放射性核素的 γ 能谱分析方法》WS/T 184—2017	
43	《空气中碘-131 的取样与测定》GB/T 14584—1993	
44	《水中放射性核素的 γ 能谱分析方法》GB/T 16140—2018	
45	《土壤中放射性核素的 γ 能谱分析方法》GB/T 11743—2013	
46	《生物样品中放射性核素的 γ 能谱分析方法》GB/T 16145—2020	
47	《ICNIRP 限制电磁场曝露导则（2020）》100 kHz-300 GHz	
48	《电磁环境控制限值》GB 8702—2014	
49	《直流输电工程合成电场限值及其监测方法》GB 39220—2020	
50	《辐射环境保护管理导则电磁辐射监测仪器和方法》HJ/T 10.2—1996	
51	《交流输变电工程电磁环境监测方法》HJ 681—2013	
52	《移动通信基站电磁辐射环境监测方法》HJ 972—2018	
53	《中波广播发射台电磁辐射环境监测方法》HJ 1136—2020	
54	《5G 移动通信基站电磁辐射环境监测方法（试行）》HJ 1151—2020	
55	《电磁辐射环境影响评价方法与标准》HJ/T 10.3—1996	
56	《表面污染测定第 1 部分 β 发射体（$E_{\beta max}$＞0.15 MeV）和 α 发射体》GB/T 14056.1—2008	

我国现行辐射环境监测标准缺项严重：大部分环境质量标准和限值标准缺少放射性核素指标，核与辐射设施监督性监测标准急需制定，部分核与辐射设施辐射环境监测的技术要求有待制定，应急监测方面相关标准严重缺项，现有辐射环境监测标准无法覆盖现行各项监测方案的项目。

17.6.2　美国辐射环境监测标准体系

美国辐射环境监测相关标准包括美国国家标准协会（ANSI）标准、材料与试验协会（ASTM）标准、标准方法（SM）标准、环境保护署（EPA）标准以及 HASL-300 分析手册等，对辐射监测全过程（样品采集及制备、测量仪器、监测技术规范、分析方法、数据处理及报告、测量不确定度以及质量保证等）均有详细规定，且分析项目全面。其中，

ANSI 系列标准中的核能部分与环境辐射监测相关的约 156 项；EPA 在辐射环境监测方面主要制定了饮用水中放射性核素监测方法（EPA 600/4-80-032、EPA600/4-75-008）和环境介质中放射性核素监测方法（EPA 520/5-84-006、EMSL-LV—0539-17）；SM 系列中的 9 个实验室水质放射性项目已全部被 EPA 认可；HASL-300 手册则几乎涵盖辐射环境监测的所有项目，被多个国家的辐射环境监测机构所采纳，已成为全球环境辐射监测的标准。及时更新和适用性强是美国辐射环境监测标准的另一显著特点。美国标准制定机构均制定有标准制修订制度，定期对其标准进行复核，以确保标准的适用性。以 ASTM 标准为例，修订期限一般为 5 年，第 4 年开始审核，第 5 年开始投票决定是否需要修订、撤销或重新认可。截至 2014 年 4 月，ASTM 现行有效的辐射环境监测相关标准中，ASTM D7283—2006《用液体闪烁计数法测定水中 α 和 β 放射性的标准试验方法》和 ASTM D3649—2006《水的高分辩率 γ 射线光谱测定法的试验方法》的标龄均为 8 年，为标龄最长的放射性核素分析方法类标准。

18　辐射环境监测方案案例

18.1　全国辐射环境监测方案

18.1.1　辐射环境质量监测

2022 年全国辐射环境质量监测方案详见表 18-1。国控网辐射环境质量监测应保证监测点位的稳定性及合理性、监测项目的延续性和监测数据的真、准、全，监测结果应客观反映我国辐射环境质量现状和变化趋势，监测信息应及时公开，以满足社会和公众关切。

表 18-1　辐射环境质量监测方案

监测对象	监测项目	点位数	监测频次
陆地 γ 辐射和宇宙射线	γ 辐射空气吸收剂量率（自动站）	500（2 个研究性监测核素自动站）	连续监测
	γ 辐射累积剂量	328	1 次/季
	宇宙射线响应（监测仪器）	31	1 次/年
空气中氡	室外氡（^{222}Rn）	31	1 次/季
气溶胶	γ 核素	31	连续采样监测
		31	1 次/月
		331	1 次/季
	^{210}Po、^{210}Pb（可用 γ 能谱法）	31	1 次/月
	^{90}Sr、^{137}Cs	31	1 次/年（每月选取一个样品，累积全年测量）
		331	1 次/年（每季采集 1 次，累积全年测量）
空气中碘	^{131}I	31	1 次/季
		331	1 次/年
沉降物	γ 核素、^{90}Sr、^{137}Cs	362	1 次/年（每季度采集 1 次，累积 1 年测量）
降水（雨、雪、雹）	^{3}H	32	累积样/季
空气中氚	氚化水蒸气（HTO）	32	1 次/季
地表水	U、Th、^{226}Ra、总 α、总 β、^{90}Sr、^{137}Cs，若总 α、总 β 异常则加测 γ 核素（含 ^{228}Ra）	102	2 次/年（枯水期、平水期各 1 次）

续表

监测对象	监测项目	点位数	监测频次
饮用水 水源地水	总 α、总 β、^{90}Sr、^{137}Cs，若总 α、总 β 异常则加测 γ 核素（含 ^{228}Ra）	344	2 次/年（直辖市、省会城市） 1 次/年（青岛、有核设施地级市）
	总 α、总 β，若有异常则加测 γ 核素 4)（含 ^{228}Ra）		1 次/年（其他地级市）
地下水	U、Th、^{226}Ra、总 α、总 β、^{210}Po、^{210}Pb，若总 α、总 β 异常则加测 γ 核素（含 ^{228}Ra）	31	1 次/年

18.1.2　国家重点监管核与辐射设施监督性监测

结合自动监测、采样分析等多种监测手段，对国家重点监管核与辐射设施开展监督性监测，全面及时地掌握我国境内核与辐射设施外围辐射环境水平。

2023 年，对全国 46 个国家重点监管核与辐射设施开展监督性监测，包括 13 个核电基地，2 个研究堆，5 个综合核基地，5 个铀转化、浓缩及元件制造设施，18 个铀矿冶，2 个放射性废物处置场和 1 个放射性污染物填埋坑；其中，新增山东石岛湾核电基地 1 个，减少内蒙古白云鄂博伴生矿 1 个，具体见表 18-2。

表 18-2　国家重点监管核与辐射设施监督性监测点位信息

省份	设施类型	监测点位名称	数量
北京	综合核基地	中国原子能科学研究院，清华大学核能与新能源技术研究院	2
河北	铀矿冶	中核青龙铀业有限责任公司，中核沽源铀业有限责任公司	2
内蒙古	铀转化、浓缩及元件制造设施	中核北方核燃料元件有限公司	1
辽宁	铀矿冶	中核北方铀业有限公司本溪铀矿	1
	核电基地	红沿河核电基地	1
江苏	核电基地	田湾核电基地	1
浙江	铀矿冶	771 矿	1
	核电基地	秦山核电基地，三门核电基地	2
福建	核电基地	宁德核电基地，福清核电基地	2
江西	铀矿冶	中核抚州金安铀业有限公司，中核赣州金瑞铀业有限公司	2
山东	核电基地	海阳核电基地，石岛湾核电基地	2
湖南	铀转化、浓缩及元件制造设施	中核 272 铀业有限责任公司	1
广东	铀矿冶	中核韶关金宏铀业有限责任公司，中核韶关锦原铀业有限公司	2
	核电基地	大亚湾核电基地，阳江核电基地，台山核电基地	3
	研究堆	深圳大学微堆	1
	放射性废物处置场	北龙处置场	1

续表

省份	设施类型	监测点位名称	数量
广西	铀矿冶	中核韶关锦原铀业有限公司 703-1 矿，广西南宁新原核工业有限公司 701 矿，中核韶关锦原铀业有限公司新村铀矿	3
	核电基地	防城港核电基地	1
海南	核电基地	昌江核电基地	1
四川	铀矿冶	中核蓝天铀业有限公司龙江铀矿	1
	综合核基地	中国核动力研究设计院，中核四川环保有限责任公司	2
	铀转化、浓缩及元件制造设施	中核建中核燃料元件有限公司	1
陕西	铀矿冶	西安中核蓝天铀业有限公司	1
	研究堆	西北核技术研究所	1
	铀转化、浓缩及元件制造设施	中核陕西铀浓缩有限公司	1
甘肃	铀矿冶	中核蓝天铀业有限公司 706 矿	1
	综合核基地	中核四〇四有限公司	1
	放射性废物处置场	西北低中放固体废物处置场	1
	铀转化、浓缩及元件制造设施	中核兰州铀浓缩有限公司	1
青海	放射性污染物填埋坑	原国营 221 厂放射性填埋坑	1
新疆	铀矿冶	中核天山铀业有限公司 737、739、738 厂、513 矿	4
合计	46		

　　国家重点监管核与辐射设施的监督性监测，原则上实行一设施一方案，监测对象、项目、点位及频次按照生态环境部审查后的监测方案执行。

18.1.3　核电基地周边海域海洋辐射环境监测

　　核电基地周边海域海洋辐射环境监测为地方事权，由核电基地所在地省级生态环境部门统筹实施。在红沿河、海阳、石岛湾、田湾、秦山、三门、宁德、福清、大亚湾、阳江、台山、昌江、防城港等 13 个核电基地周边海域开展海洋辐射环境监测，监测方案见表 18-3。

表 18-3　核电基地周边海域海洋辐射环境监测方案

监测对象	监测项目	点位数	监测频次
海水	^3H、^{90}Sr、γ 核素	78	1 次/年

监测对象	监测项目	点位数	监测频次
沉积物	^{90}Sr、γ 核素	78	1 次/年
生物	^{90}Sr、γ 核素、^{14}C、^3H（TFWT，OBT）	26～52	1 次/年

注：1）依据《"十四五"海洋生态环境质量监测网络布设方案》（环办监测函〔2020〕151 号）布点原则，在每个核电基地周边海域布设 6 个海水、6 个沉积物和 2～4 个生物点位，具体点位信息详见表 18-4。

2）海水 γ 核素分析项目一般包括但不限于 ^{54}Mn、^{58}Co、^{60}Co、^{106}Ru、^{110m}Ag、^{124}Sb、^{125}Sb、^{134}Cs、^{137}Cs 等放射性核素，为降低 γ 核素 ^{137}Cs 的探测下限，需加大取样体积和延长测量时间；沉积物和生物 γ 核素分析项目一般包括但不限于 ^{40}K、^{54}Mn、^{58}Co、^{60}Co、^{106}Ru、^{110m}Ag、^{124}Sb、^{125}Sb、^{134}Cs、^{137}Cs 等放射性核素。

18.1.4　应急监测

根据生态环境部（国家核安全局）核与辐射事故应急相关预案和实施方案，以及各省（区、市）生态环境部门组织制定的预案及监测方案，定期开展应急监测自查自检、演练和培训，做好应急准备工作。根据事故应急、重大活动安保或其他特殊情况，做好相关的应急监测。

18.1.5　研究性监测

各省、自治区、直辖市及青岛市各选取 1 个合适点位开展室外空气中 ^{222}Rn 的定期连续监测，频次为 1 次/季，每季连续测量 7 天以上，每天连续 24 小时开展，报送小时均值（见表 18-4）。可采用便携式测量仪器或其他适用设备每季度连续测量 7 天以上，测量仪器可在室外无人值守条件下长期工作，测量数据可从仪器中导出、实时传输到计算机或移动终端，无须更换干燥剂等运维操作。各省、自治区、直辖市各选取 1 个自动站开展空气中 ^{14}C 研究性监测，频次为 1 次/年，空气采样体积不小于 3 m^3。采样设备可采用 ^{14}C 专用采样仪器，也可自行搭建采样装置。当监测结果出现异常时，分析异常原因。

表 18-4　核电基地周边海域海洋放射性监测点位表

行政区域	序号	点位名称	点位编号	点位性质
辽宁省	1	红沿河核电周边海域 01	0314E07	海水
			0314K01	沉积物
	2	红沿河核电周边海域 02	0314E08	海水
			0314K02	沉积物
	3	红沿河核电周边海域 03	0314E09	海水
			0314K03	沉积物
	4	红沿河核电周边海域 04	0314E10	海水
			0314K04	沉积物

行政区域	序号	点位名称	点位编号	点位性质
辽宁省	5	红沿河核电周边海域 05	0314E11	海水
			0314K05	沉积物
	6	红沿河核电周边海域 06	0314E12	海水
			0314K06	沉积物
山东省	1	海阳核电周边海域 01	1004E08	海水
			1004K01	沉积物
	2	海阳核电周边海域 02	1004E09	海水
			1004K02	沉积物
	3	海阳核电周边海域 03	1004E10	海水
			1004K03	沉积物
	4	海阳核电周边海域 04	1004E11	海水
			1004K04	沉积物
	5	海阳核电周边海域 05	1004E12	海水
			1004K05	沉积物
	6	海阳核电周边海域 06	1004E13	海水
			1004K06	沉积物
	7	石岛湾核电周边海域 01	1005E14	海水
			1005K07	沉积物
	8	石岛湾核电周边海域 02	1005E15	海水
			1005K08	沉积物
	9	石岛湾核电周边海域 03	1005E16	海水
			1005K09	沉积物
	10	石岛湾核电周边海域 04	1005E17	海水
			1005K10	沉积物
	11	石岛湾核电周边海域 05	1005E18	海水
			1005K11	沉积物
	12	石岛湾核电周边海域 06	1005E19	海水
			1005K12	沉积物
江苏省	1	田湾核电周边海域 01	1101E04	海水
			1101K01	沉积物
	2	田湾核电周边海域 02	1101E05	海水
			1101K02	沉积物

行政区域	序号	点位名称	点位编号	点位性质
江苏省	3	田湾核电周边海域 03	1101E06	海水
			1101K03	沉积物
	4	田湾核电周边海域 04	1101E07	海水
			1101K04	沉积物
	5	田湾核电周边海域 05	1101E08	海水
			1101K05	沉积物
	6	田湾核电周边海域 06	1101E09	海水
			1101K06	沉积物
浙江省	1	秦山核电周边海域 01	1202E06	海水
			1202K01	沉积物
	2	秦山核电周边海域 02	1202E07	海水
			1202K02	沉积物
	3	秦山核电周边海域 03	1202E08	海水
			1202K03	沉积物
	4	秦山核电周边海域 04	1202E09	海水
			1202K04	沉积物
	5	秦山核电周边海域 05	1202E10	海水
			1202K05	沉积物
	6	秦山核电周边海域 06	1202E11	海水
			1202K06	沉积物
	7	三门核电周边海域 01	1209E12	海水
			1209K07	沉积物
	8	三门核电周边海域 02	1209E13	海水
			1209K08	沉积物
	9	三门核电周边海域 03	1209E14	海水
			1209K09	沉积物
	10	三门核电周边海域 04	1209E15	海水
			1209K10	沉积物
	11	三门核电周边海域 05	1209E16	海水
			1209K11	沉积物
	12	三门核电周边海域 06	1209E17	海水
			1209K12	沉积物

续表

行政区域	序号	点位名称	点位编号	点位性质
福建省	1	宁德核电周边海域 01	1601E08	海水
			1601K01	沉积物
	2	宁德核电周边海域 02	1601E09	海水
			1601K02	沉积物
	3	宁德核电周边海域 03	1601E10	海水
			1601K03	沉积物
	4	宁德核电周边海域 04	1601E11	海水
			1601K04	沉积物
	5	宁德核电周边海域 05	1601E12	海水
			1601K05	沉积物
	6	宁德核电周边海域 06	1601E13	海水
			1601K06	沉积物
	7	福清核电周边海域 01	1604E14	海水
			1604K07	沉积物
	8	福清核电周边海域 02	1604E15	海水
			1604K08	沉积物
	9	福清核电周边海域 03	1604E16	海水
			1604K09	沉积物
	10	福清核电周边海域 04	1604E17	海水
			1604K10	沉积物
	11	福清核电周边海域 05	1604E18	海水
			1604K11	沉积物
	12	福清核电周边海域 06	1604E19	海水
			1604K12	沉积物
广东省	1	大亚湾核电周边海域 01	1916E08	海水
			1916K01	沉积物
	2	大亚湾核电周边海域 02	1916E09	海水
			1916K02	沉积物
	3	大亚湾核电周边海域 03	1916E10	海水
			1916K03	沉积物
	4	大亚湾核电周边海域 04	1916E11	海水
			1916K04	沉积物

行政区域	序号	点位名称	点位编号	点位性质
广东省	5	大亚湾核电周边海域 05	1916E12	海水
			1916K05	沉积物
	6	大亚湾核电周边海域 06	1916E13	海水
			1916K06	沉积物
	7	阳江核电周边海域 01	1919E14	海水
			1919K07	沉积物
	8	阳江核电周边海域 02	1919E15	海水
			1919K08	沉积物
	9	阳江核电周边海域 03	1919E16	海水
			1919K09	沉积物
	10	阳江核电周边海域 04	1919E17	海水
			1919K10	沉积物
	11	阳江核电周边海域 05	1919E18	海水
			1919K11	沉积物
	12	阳江核电周边海域 06	1919E19	海水
			1919K12	沉积物
	13	台山核电周边海域 01	1915E20	海水
			1915K13	沉积物
	14	台山核电周边海域 02	1915E21	海水
			1915K14	沉积物
	15	台山核电周边海域 03	1915E22	海水
			1915K15	沉积物
	16	台山核电周边海域 04	1915E23	海水
			1915K16	沉积物
	17	台山核电周边海域 05	1915E24	海水
			1915K17	沉积物
	18	台山核电周边海域 06	1915E25	海水
			1915K18	沉积物
广西壮族自治区	1	防城港核电周边海域 01	2013E04	海水
			2013K01	沉积物
	2	防城港核电周边海域 02	2013E05	海水
			2013K02	沉积物

续表

行政区域	序号	点位名称	点位编号	点位性质
广西壮族自治区	3	防城港核电周边海域 03	2013E06	海水
			2013K03	沉积物
	4	防城港核电周边海域 04	2013E07	海水
			2013K04	沉积物
	5	防城港核电周边海域 05	2013E08	海水
			2013K05	沉积物
	6	防城港核电周边海域 06	2013E09	海水
			2013K06	沉积物
海南省	1	昌江核电周边海域 01	2017E04	海水
			2017K01	沉积物
	2	昌江核电周边海域 02	2017E05	海水
			2017K02	沉积物
	3	昌江核电周边海域 03	2017E06	海水
			2017K03	沉积物
	4	昌江核电周边海域 04	2017E07	海水
			2017K04	沉积物
	5	昌江核电周边海域 05	2017E08	海水
			2017K05	沉积物
	6	昌江核电周边海域 06	2017E09	海水
			2017K06	沉积物

注：1）点位具体定位信息参照《"十四五"海洋生态环境质量监测网络布设方案》（环办监测函〔2020〕151 号）。
2）每个核电基地外围海域选取 2～4 个点位开展海洋生物监测。

18.2　某省辐射环境监测方案

18.2.1　陆域辐射环境质量监测

1. 陆地 γ 辐射和辐射环境空气质量监测

（1）监测范围

包括 24 个国控辐射环境空气自动监测站（简称自动站）和 3 个省控辐射环境空气自动监测站，14 个陆地 γ 辐射累积剂量监测点，3 个省控陆地 γ 辐射瞬时监测点，1 个宇宙射线响应监测点。

（2）监测项目

γ辐射空气吸收剂量率，γ辐射累积剂量，γ辐射瞬时剂量，空气中氡，气溶胶中γ核素、^{90}Sr、^{137}Cs、^{210}Po和^{210}Pb，空气中碘（^{131}I），空气中^{3}H（HTO），降水中^{3}H，沉降物中γ核素、^{90}Sr、^{137}Cs（放化）。

（3）监测频次

γ辐射空气吸收剂量率：自动站监测频次为每日24小时连续监测，宇宙射线响应监测频次为1次/年。

γ辐射累积剂量：1次/季度。

空气中氡：14个自动站（各市州1个自动站）开展空气中氡的监测，监测频次为1次/季（累积测量）。

气溶胶中γ核素：1个自动站监测频次为每日24小时连续监测，其余具备采样功能的自动站监测频次为1次/季度。

气溶胶中^{90}Sr和^{137}Cs：1个自动站每月采集1次样品，全年样品合并测量；其余具备采样功能的自动站每季度采集1次样品，全年样品合并测量。

气溶胶中^{210}Po和^{210}Pb：1个自动站，监测频次为1次/月，^{210}Pb可用γ能谱法分析测量。

空气中碘（^{131}I）：21个自动站开展空气中碘（^{131}I）监测，监测频次为1次/季。

空气中^{3}H（HTO）：1个自动站开展空气中^{3}H（HTO）监测，监测频次为1次/季度。

降水中^{3}H：1个自动站开展降水中^{3}H监测，监测频次为1次/季度（累积样）。

沉降物中γ核素：1个自动站开展沉降物中γ核素监测，监测频次为1次/季度（累积样）；20个自动站开展沉降物中γ核素监测，每季度采集1次累积样，全年样品合并测量。

沉降物中^{90}Sr、^{137}Cs：21个自动站开展沉降物中^{90}Sr、^{137}Cs监测，监测频次为1次/年（每季度采集1次累积样，全年样品合并测量）。

2. 陆地水体辐射环境质量监测

（1）监测范围

现有点位包括19个国控水体监测点，40个省控水体监测点，15个省控水体放射性在线自动监测站。

（2）监测项目

国控地表水：U、Th、^{226}Ra、总α、总β、^{90}Sr、^{137}Cs，若总α、总β异常则加测γ核素和^{228}Ra。

国控饮用水水源地水：总α、总β、^{90}Sr、^{137}Cs（省会城市及有核设施地级市）；总α、总β（其他地级市）；若总α、总β异常则加测γ核素和^{228}Ra。

国控地下水：U、Th、^{226}Ra、总α、总β、^{210}Po、^{210}Pb，若总α、总β异常则加测γ核素。

省控水体监测点：U、Th、^{226}Ra、总 α、总 β、^{90}Sr、^{137}Cs。

省控水体放射性在线自动监测站：总 α、总 β。

（3）监测频次

国控和省控地表水：2 次/年（枯水期、平水期各 1 次）。

国控饮用水水源地水：1 次/半年（省会城市及有核设施地级市），其余点位 1 次/年。

地下水：1 次/年。

其余省控水体：1 次/年。

省控水体放射性在线自动监测站：自动站监测频次为每日 24 小时连续监测。

3. 土壤辐射环境质量监测

（1）监测范围

现有点位包括 15 个国控土壤监测点，81 个省控土壤监测点。

（2）监测项目

国控土壤：γ 核素分析、^{90}Sr。

省控土壤：γ 核素分析。

（3）监测频次

1 次/年。

4. 电磁辐射监测

（1）监测范围

现有 2 个国控监测点，16 个省控监测点，16 个电磁辐射在线自动监测站。

（2）监测项目

国控监测点：功率密度、工频电场强度、工频磁感应强度。

省控监测点：综合场强。

电磁辐射在线自动监测站：综合场强。

（3）监测频次

电磁手工监测点：1 次/年。

电磁辐射在线自动监测站：自动站监测频次为每日 24 小时连续监测。

18.2.2 国家重点监管核与辐射设施监督性监测

1. 监测范围

对全省 4 个国家重点监管核与辐射设施开展监督性监测，包括：1 个综合核基地，1 个铀转化、浓缩及元件制造设施，1 个铀矿冶，1 个放射性废物处置场。

2. 监测项目及频次

国家重点监管核与辐射设施监督性监测方案，原则上一设施一方案，设施监测项目及频次按照生态环境部审查后的监测方案执行。

国家重点监管核与辐射设施开展监督性监测方案见表 18-5～表 18-10。

表 18-5　中核兰州铀浓缩有限公司厂监测内容

监测对象	监测项目	监测点位或点数	监测频次
陆地	γ辐射空气吸收剂量率	厂招待所、厂教育楼、西卡、18#厂房、气象站、北山根、工总、东卡、厂办、岸门村设置10个监测点，对照点为岸门村	2次/年
气溶胶	总α、总β、U	东卡、西卡、教育楼（主导下风向厂区边界）、气象站四个监测点，对照点为东卡	2次/年
沉降物	总α、总β、U		2次/年
地表水	总α、总β、U	工总下水、黄河504厂桥、岸门桥（排放口第一取水点），对照点设在黄河新城桥	2次/年
植物	总α、总β、U	三段外（枣、白菜）、达川（白菜），对照点为达川	1次/年
土壤	总α、总β、U	工总、气象站、北山根、东卡、教育楼（主导下风向厂区边界）布设5个监测点，对照点设在北山根	2次/年

表 18-6　中核四〇四有限公司监测内容

监测对象	监测项目	监测点位或点数	监测频次
空气	γ辐射空气吸收剂量率	一、二、三公司、生产下水口、矿区分站实验室	连续
		以34号烟囱为中心：W、E、N、EN、ES、WN、WS、S：8、9、10 km（北方向8 km刚出404公司实保范围），其中E加密及延伸至10 km（天津卫）、30 km（花海乡）；W延伸至20 km（下东号）、30 km（玉门镇）；S（赤金）；主导风向下风向加密布点：711水厂、福利区公园、福利区实验室；对照点：花海；共设32个监测点	2次/年
气溶胶	总α、总β、^{90}Sr、Pu、γ核素	福利区、天津卫、花海、下东号、玉门镇；对照点：花海；共设5个监测点	2次/年
沉降灰	总α、总β、^{90}Sr、Pu、γ核素	福利区、天津卫、花海、下东号、玉门镇；对照点：花海；共设5个监测点	2次/年
地表水	总α、总β、^{90}Sr、Pu、γ核素、^{137}Cs、^{3}H、U	石油河（赤金峡水库）、石油河（天津卫断面）（排放口下游厂外第1取水点）、石油河（花海断面）、疏勒（昌马大坝）共设4个监测点，对照点为疏勒河（昌马大坝）（404公司西北方向55 km处）	2次/年
地下水	总α、总β、^{90}Sr、Pu、γ核素、^{137}Cs、^{3}H、U	花海地下水井、天津卫地下水井（排放口下游厂外第1取水点）、下东号地下水井共设3个监测点，对照点为下东号地下水井	2次/年
土壤	^{90}Sr、Pu、^{137}Cs、U	以34号烟囱为中心：W、E、N、EN、ES、WN、WS、S：8、9、10 km（北方向8 km刚出四〇四公司实保范围），其中E加密及延伸至10 km（天津卫）、30 km（花海乡）；W延伸至20 km（下东号）、30 km（玉门镇）；S（赤金）；主导风向下风向加密布点：711水厂、福利区公园、福利区实验室；对照点：花海；共设32个监测点	2次/年
动物（羊）	^{90}Sr、Pu、^{137}Cs、U	天津卫、花海、下东号、赤金共设4个监测点，对照点为花海	2次/年
植物（小麦）	^{90}Sr、Pu、^{137}Cs、U	天津卫、花海、下东号、赤金共设4个监测点，对照点为花海	1次/年
空气	气碘、^{3}H	福利区、天津卫、赤金共设3个点，对照点为天津卫	2次/年

表 18-7 西北处置场监测内容

监测对象	监测项目	监测点位或点数	监测频次
γ辐射剂量	γ辐射空气吸收剂量率	以西北处置场为中心，场址周围四个方向，分别在 200 m、800 m、1 000 m、2 000 m、4 000 m 处布设一个监测点位，对照点为天津卫	2 次/年
气溶胶	总α、总β	东、西（下风向）围墙处各 1 点，共设 2 个监测点，对照点为东围墙处	2 次/年
土壤	γ核素分析	以西北处置场为中心，场址周围四个方向，分别在 200 m、800 m、1 000 m、2 000 m、4 000 m 处布设一个采样点位，对照点为天津卫	2 次/年
地下水	总α、总β	C69、C85、C87、C89、C91、C93、C95、碱泉子，对照点为C87	2 次/年
废水	总α、总β	贮存池	2 次/年
生物	γ核素分析	东 500 m、西 500 m 骆驼草共设 2 个监测点，对照点为东 500 m	1 次/年

表 18-8 706 矿辐射环境监测内容

监测对象	监测项目	监测点位	监测频次
空气	^{222}Rn 及其子体	尾矿（渣）库、废石场、排风井的下风向设施边界处、生活区招待所、对照点	4 次/年
气溶胶	U、总α	排风井外下风向边界处、生活区招待所、对照点	2 次/年
陆地γ	γ辐射空气吸收剂量率	尾矿（渣）库、废石场、排风井的下风向设施边界处、生活区招待所、对照点、易洒落矿物的公路	2 次/年
地表水	U、^{226}Ra、^{210}Po、^{210}Pb、总α、总β；pH；有毒有害物质如 Cd、As、Mn 等	金川峡水库下游	2 次/年
地下水	U、^{226}Ra、^{210}Po、^{210}Pb	红崖子、枯水井、对照点	2 次/年
土壤	U、^{226}Ra 等；有毒有害物质如 Cd、As 等	污染的农田或土壤、对照点	2 次/年
底泥	U、^{226}Ra 等	排放口下游、对照点	2 次/年
植物	U、^{226}Ra、$_{210}Po$、^{210}Pb	受废水污染区；对照点	1 次/年

表 18-9 TMSR-LF1 辐射环境监测内容

监测对象		监测点位	监测项目	监测频次
环境γ辐射	γ辐射空气吸收剂量率（即时）	ESE 方位厂界、E 方位监测点、NNE 方位监测点、N 方位监测点、NNW 方位监测点、N 方位监测点、NNW 方位监测点（红砂岗镇工业园区供水点）、W 方位监测点、WSW 方位监测点（金仓公司）、S 方位监测点、红砂岗镇、花儿园社区、对照点（金昌）	γ辐射空气吸收剂量率	1 次/季
	γ辐射累积剂量		γ辐射累积剂量	1 次/季
	γ辐射空气吸收剂量率（连续）	ESE 方位厂界、金仓公司、对照点（金昌）	γ辐射空气吸收剂量率	连续

续表

监测对象		监测点位	监测项目	监测频次
空气	气溶胶	ESE方位厂界、金仓公司，对照点（金昌）	γ能谱 [2)]，^{90}Sr	1次/月（机组运行、维护期间），累积采样，采样体积应不低于10 000 m³
	沉降物			累积样/季
	空气 ^{3}H		总氚（HTO，HT）	
	空气 ^{14}C		$^{14}CO_2$	1次/月（机组运行、维护期间）
	空气中碘		^{131}I	
	降水		^{3}H	降雨期间
陆地水	地下水	红砂岗工业园区供水点，对照点（金昌）	^{3}H、γ能谱 [3)]、^{90}Sr	1次/月（机组运行、维护期间）
	饮用水	红砂岗镇管委会，对照点（金昌）	^{3}H	1次/季
			γ能谱 [3)]、总α、总β、^{90}Sr	1次/半年
土壤	土壤	同γ辐射累积剂量监测点	γ能谱 [4)]、^{90}Sr	1次/年
流出物	气载流出物	排放口	^{3}H、^{14}C、^{131}I、γ能谱	1次/月（运行、维护期间）

18.2.3　重点监管核技术利用单位监督性监测

甘肃省内重点监管的核技术利用单位有甘肃天辰辐照科技有限责任公司、甘肃省城市放射性废物库、中科院近代物理研究所、甘肃重离子医院股份有限公司等，2023年省生态环境厅根据单位源项制定有针对性的监测方案，开展每年1次监测。

甘肃省省管企业有近120家核技术利用单位以及7家伴生放射性矿企业，2023年选取其中探伤企业、测井企业、医院、辐照企业、研究单位、放射性废物处置企业、伴生矿企业、铀矿尾矿库等代表性的40家单位开展辐射环境监督性监测。由省核与辐射安全中心开展现场监测、采样、实验室样品分析，数据报送省生态环境厅。

18.2.4　研究性监测

1. 氡的连续监测

（1）监测范围

兰州市东岗站（2808A02）。

（2）监测项目

氡的定期连续监测（24 小时连续监测，报送小时均值）。

（3）监测频次

1 次/季度。

2. ^{14}C 的监测

（1）监测范围

兰州市东岗站（2808A02）。

（2）监测项目

空气中 ^{14}C 研究性监测，与气溶胶 γ 核素连续监测采样时间同步。采样设备可采用 ^{14}C 专用采样仪器，也可自行搭建采样装置。当监测结果出现异常时，分析异常原因。

（3）监测频次

1 次/季度。

（四）饮用水源地辐射环境专项监测

按照《2023 年国家生态环境监测方案》中要求集中式生活饮用水地下水水源地常规监测执行《地下水质量标准》（GB/T 14848—2017）表 1 的 39 项常规指标开展例行监测工作，需开展总 α、总 β 放射性监测。

地级城市、县级城镇地下饮用水水源地水质监测由各驻市州监测中心按照"（十五）集中式生活饮用水源地水质监测（2）地下水水源地"要求开展样品采集、统一送样，省核与辐射安全中心开展样品分析，数据报送省厅和各驻市州监测中心。

根据生态环境部等九部委《关于开展饮用水放射性监测与应急处置工作的通知》（环办〔2014〕45 号），2023 年我厅开展全省各县区饮用水放射性调查工作，具体监测点位由各市州、兰州新区、甘肃矿区生态环境局根据调查方案自行确定，原则上选取本县区最主要的饮用水源地且和非放环境监测站采样点位一致。

18.2.5　质量保证与质量控制

依据《电离辐射监测质量保证通用要求》（GB 8999—2021）、《辐射环境监测技术规范》（HJ 61—2021）、《生态环境监测技术人员持证上岗考核规定》（环监测〔2021〕80 号）、《全国辐射环境监测样品外检作业指导书（试行）》（国环辐〔2015〕12 号）、《辐射环境监测标准物质配置项目标准物质使用管理办法》（国环辐〔2017〕15 号）、《辐射环境空气自动监测站空气吸收剂量率仪期间核查实施细则（试行）》（国环辐〔2019〕18 号）、《辐射环境空气自动监测站运行技术规范》（HJ 1009—2019）和全国辐射环境监测质量保证方案的要求开展质量保证与质量控制工作，具体要求由省核与辐射安全中心另行制定印发。

18.2.6　数据审核与报送

按照《国家辐射环境监测网自动监测数据实时发布实施细则（试行）》（国环辐〔2015〕33 号）和《国家辐射环境监测网辐射环境监测数据管理实施细则》（国环辐〔2016〕15 号）的要求对数据进行有效性审核，国控数据通过全国辐射环境监测系统按时报送至辐射监测技术中心，省控数据每年年底统一报送省生态环境厅。

19 辐射环境监测质量保证

19.1 辐射环境监测质量保证要求

19.1.1 质量管理体系

质量管理体系是辐射监测机构为实施质量管理，实现和达到质量方针和质量目标，而建立的由组织机构、程序、过程和资源构成，且具有一定活动规律的体系。建立质量管理体系时应参照 GB/T 19001，并遵循相关法规，结合机构自身特点和质量管理七项原则。质量管理七项原则详见 GB/T 19001。质量管理体系应覆盖辐射监测活动所涉及的全部场所，包括固定场所、离开固定设施的现场、临时场所、可移动场所。质量管理体系主要包含组织、文件控制、监测的分包、人员、设施和环境条件、设备、计量溯源性、服务和供给品采购、服务客户、投诉、不符合监测工作的控制、纠正措施和风险管控、改进、内部审核、管理评审、合同评审、监测方法及方法的验证和确认、抽样、监测样品的处置、记录控制、监测结果的有效性、结果报告、数据控制和信息管理等要素。应建立质量管理体系文件，主要包括质量手册、程序文件、作业指导书、记录表格等文件。辐射监测机构应当定期进行内部审核、管理评审，不断完善质量管理体系，保证其基本条件和技术能力能够持续符合 RB/T 214 的相关规定和本单位质量保证要求，并确保质量管理体系有效运行。

19.1.2 质量保证计划

针对某项监测项目编制质量保证计划时应满足本单位质量管理体系的要求，应将质量保证贯穿于从监测方案制定到监测结果评价的全过程。监测机构应根据监测类型和监测对象制订质量保证计划。质量保证计划应当对与质量保证有关的各种因素明确规定控制方法。在制订质量保证计划时，一般包括以下方面：

a）建立健全的辐射监测和质量保证机构，明确其职责；

b）对监测（包括采样）依据的技术性文件和有关资料进行控制，以确保所使用的文件资料均为现行有效；

c）人员的选择、培训、监督、能力持续监控；

d）监测仪器、试剂、标准物质和消耗性材料等的采购、验收、贮存和管理，以及对监测工作质量有影响的支持服务的控制；

e）仪器和装备的质量及其维护和校准的频率；

f）标准方法、标准器具和标准物质的应用与保持；

g）监测过程中的质量保证措施；

h）对监测过程中出现的不符合工作进行识别、评价、控制和改进的程序；

i）必须证明监测结果与客观实际符合的程度已经达到和保持所要求的质量。

19.1.3　组织机构和人员

针对辐射监测特点，建立组织机构，明确本单位质量管理体系建立、运行、维护和持续改进方面的责任、权力和工作程序。

在设置机构和规定职责时，必须考虑到：

a）辐射监测质量保证工作需覆盖监测过程中每个环节、所有工作人员；

b）必须对监测机构或人员在贯彻执行质量保证计划时承担的责任和义务作明确规定；

c）当某项监测任务涉及多个部门或单位、个人时，必须明确规定各方的责任和义务，并形成文件；

d）现场监测应不少于 2 名监测人员共同开展。

监测机构应对从事辐射监测和质量管理的人员培训、资格确认、任用、授权和能力等进行规范管理，确保这些工作人员达到并保持与其承担的工作相适应的水平。

19.1.4　计量器具

监测机构必须采用与监测目标要求相适应的测量仪器和设备。应对电离辐射监测计量器具定期实行检定或校准。放射性标准物质应是一种均匀、稳定、具有放射性计量特性的物质，其基体应与样品基体相同或相近，其放射性活度应与待测样品中的活度相近。各种计量器具需进行定期维护、期间核查和（或）稳定性控制，使其计量学特性维持在规定限度内。自动监测站的监测设备、采样设备、气象设备按要求进行期间核查。使用自动监测设备进行监测时，自动监测设备应具备数据保存功能。检验仪器工作状态的检验源应具有良好的长期稳定性，对流出物直接连续测量系统的定期检验尽可能使用遥控检验源。定期对各类低本底计数装置进行泊松分布检验，该类装置的计数须满足泊松分布。用低本底测量装置的本底计数率和（或）标准物质的计数效率按 GB/T 17989.2 的要求绘制质量控制图，检验分析测量装置性能的长期稳定性。

19.1.5　样品的质量控制

采集样品时应满足相应的规范要求。依据相关技术规范和标准制定采样计划，包括选择合适的采样地点和位置，避开一些有干扰的、代表性差的地点，选择合理的采样时间、采样频率和采样方式。采样计划和程序主要是要保证采集到具有代表性的样品并保持样品稳定。对于水样，只有分析方法中有明确规定时，才能向清液或过滤后的样品中按 HJ 493 的规定加入化学稳定剂。对于流出物样品，除在物理、化学特性上要与所排放的流出物相同以外，在数量上也要正比于流出物中放射性的含量，即使在特殊释放条件下，也要保证样品的代表性。

必须制定和严格遵守各类样品的采样、包装、运输、交接、验收、贮存和领用的详细操作程序。该程序除了规定技术方法、要求以外，还应包括具体的操作步骤、记录内容、格式、标签设置等。样品在采集和运输过程中应防止样品被污染或样品对环境造成污染。运输中应采取必要的防震、防漏、防雨、防尘、防爆等措施，以保证人员和样品的安全。采取预防措施，避免样品中放射性物质通过化学、物理或生物作用产生损失或沾污等。

采样装置应以文件形式说明其对放射性物质的收集效率。一般应根据使用的实际条件通过实验测定收集效率，如果使用条件与采样装置的生产厂家的测定条件相同或相近，也可采用厂家给出的数据。采集的样品量应满足测量的需求，包括质量控制样品和留样。只要样品可获得，应采集不少于每批次样品总数 10%的平行双样。当样品总数少于 10 个时，至少取 1 个样品的平行双样。应有一定比例的留样备查，实验室应明确规定不同类型留样的保存期。环境质量监测的生物灰、土壤等固态样品应长期保存。

当样品是指一次观测或者是一个定性或定量的观测值时，如现场监测、γ 辐射连续测量等，布点应严格遵循相关的标准和规范的要求。测量设备应具备良好的抗干扰能力和稳定性，防止恶劣环境对连续监测系统的破坏和干扰。

19.1.6　分析测量中的质量控制

样品的预处理和分析测量方法必须有完备的程序文件。样品的预处理和分析测量方法应采用标准方法，或者经过验证过的其他方法。如有必要，可制定相应的作业指导书，任何操作人员均不得擅自修改。在分析测量操作过程中应该注意防止样品之间交叉污染。分析测量实验室和仪器设备应按样品中放射性核素种类及活度浓度大小分级使用。

为评定分析测量过程中产生的不确定度，了解测量结果的分散性，在条件许可的情况下应多分析测量质量控制样品。为确定分析测量的精密度，应分析测量平行样品，平行样品由尽可能均匀的样品来制备。为确定分析测量的准确度，应使用与待测样品相同的操作程序分析测量相应的基准物质或加标样品。分析测量中已确定的系统误差必须进行修正。

为发现和度量样品在预处理、分析过程中的沾污以及提供适当扣除本底的资料，应分析测量空白样品。空白样品与待测样品同时进行预处理和化学分析。分析测量的每种质量控制样品数不低于分析测量总样品数的 5%，而且应该均匀地分布在每批样品之中。若测量方法没有规定，监测机构应根据样品中放射性核素特性、水平等确定本监测机构平行样品测量的相对偏差控制值和加标回收率控制值，平行样品测量的相对平均偏差一般应控制在 40%以内，加标回收率一般应在 80%～120%，已知参考值质量控制样品测量值归一化偏差 E_n 的绝对值应不大于 1。准确配制载体和标准溶液，并根据其稳定性确定使用期限。在采购、领用试剂时，要注意检查质量，不合格者一律不得使用。

监测机构应参加能力验证或实验室之间分析测量比对活动，对存疑和不满意结果应该分析、查明原因并采取纠正措施。对分析测量装置的性能定期进行核查，操作步骤应严格按作业指导书实施，分析测量装置性能稳定性检验的结果应予以记录。对流出物开展现场放射性活度连续测量的，还应定期从流出物中取样，在实验室里进行分析测量，并以此来验证流出物连续测量系统的测量结果。

19.1.7 原始记录

原始记录应满足记录控制程序的要求。应确保所有质量活动和监测过程的技术活动记录信息的完整性、充分性和可追溯性，包括合同评审、监测方案和质量控制计划的编审、质量监督、监测点位地理信息、环境条件、样品描述、监测的方法依据、测量仪器、监测人员等必要信息。纸质记录和电子记录应安全储存。每个样品从采样、预处理到分析测量、结果计算全过程中的每一步均需清晰、详细、准确记录，对每个操作步骤的记录内容和格式、记录的修改都应有明确、具体的规定。每个样品上都应贴上相应的不易脱落或不易损坏的标签或标记。为了追踪和控制每个样品的流动情况，还应该有随样品一起转移的样品转移记录单，记录每个操作步骤的有关情况，有关工作人员也应在记录单上签名。海洋监测的样品采样、运输、贮存记录按 GB 17378.3 要求执行。采用计算机或自动设备对监测数据进行采集、处理时，对于手抄数据，应加以核查；对于光敏、热敏纸打印的数据，应复印后作为原始记录保存和管理；对于保存在仪器中的数据记录，需定期备份至另外的数据储存设备中安全保存，对备份的完整性应当进行检查。

应分类建立监测资料档案和保管、使用等制度。对不同类型监测的原始记录以及监测结果，应规定保存期限。常规监测和应急监测的原始记录应永久保存，核查报告等质量保证记录应至少保存 6 年。重要纸质数据和资料应复制分地保存，重要数字信息应当采用双机备份技术保存。

19.1.8 数据处理和监测报告

监测人员应正确理解监测方法中的计算公式，保证监测数据的计算和转换不出差错。计算结果应进行校核。如果监测结果用回收率进行校准，应在原始记录的结果中明确说明并记录校准公式。数字修约应遵守 GB/T 8170 的规定。监测结果的有效位数应与监测方法中的规定相符，计算中间所得数据的有效位数应多保留一位。小于探测下限数值的处理方法应编制文件进行规定。监测结果应使用法定计量单位。对数据处理，其计算中的假设、计算方法、原始数据、计算结果的合理性、一致性和准确性必须进行复核。对计算结果的复核，可以由两人独立地进行计算或者由未参加计算的人员进行核算。采用计算机或自动化设备进行监测数据的采集、处理、记录、结果打印、储存、检索时，应建立和执行计算机数据控制程序，在数据的采集、转换、输入、输出、储存等过程中，保证信息的完整性、数据处理过程的可溯性。数据处理的软件在投入使用前或修改后继续使用前需进行测试验证或检查，确认满足使用要求后方可使用。

向社会出具具有证明作用的数据和结果的，监测机构应当在其资质认定证书规定的监测能力范围内出具监测数据、结果。需给出测量不确定度时，应按 GB/T 27418 评定测量不确定度。依据的测量标准或者技术规范中对监测报告有格式、内容要求时应予满足。

19.1.9　质量保证核查

应以文件规定内部和外部核查制度，定期检查质量管理体系运行情况、质量保证计划执行情况，以便更好地实现质量管理"计划、执行、检查、处理"的 PDCA 循环。这种核查可以是有计划地进行，也可以是随机抽查；可以是本监测机构组织的内部核查，也可以是行业主管部门或客户组织的外部核查；可以是对质量管理体系运行情况的全面核查，也可以是针对某一特定项目、特定领域的核查。

内部核查时，可参照 RB/T 214 有关内部审核的相关规定制定并实施内部核查程序，这种内部核查不同于资质认定的内部审核，它主要是由内部资深人员通过过程方法来提高监测数据的质量，查找监测过程中存在的不符合项并给出核查报告。选择核查人员时需考虑下列几方面：

a）所核查领域内的专业知识、技术水平和工作经验；

b）有关法规、标准、工作程序和监测过程等方面的知识；

c）与所核查的监测工作没有直接关系。

接受外部核查时，应要求核查人员给出书面核查报告。针对内外部核查报告中的问题开展原因分析，采取整改措施，及时落实，并确认整改的有效性。

19.2　辐射监测技术人员持证上岗考核

为进一步做好辐射环境监测技术人员持证上岗考核工作，确保考核工作的规范化、程序化和制度化，依据生态环境　部《生态环境监测技术人员持证上岗考核规定》（环监测〔2021〕80 号）（以下简称《考核规定》），制定《辐射环境监测技术人员持证上岗考核实施细则》，适用于生态环境部辐射环境监测技术中心（以下简称"监测技术中心"）对受生态环境部委托开展的生态环境部各地区核与辐射安全监督站、核与辐射安全中心、各省级生态环境主管部门所属辐射环境监测机构（不含独立法人的驻市监测机构）及其分支机构（非独立法人机构）辐射环境监测技术人员的考核。有关规定如下。

19.2.1　考核程序

监测技术中心负责制定年度考核计划；负责组建持证上岗考核组（以下简称"考核组"）、指定考核组长；指导和监督考核组按计划实施考核；负责审核考核申请材料及考核结果，并按规定核发上岗合格证（以下简称"合格证"）。申请持证上岗考核的单位（以下简称"被考核单位"）应在每年 2 月底前向监测技术中心报送考核申请，监测技术中心根据考核申请情况，在第一季度制定并印发年度考核计划，按计划组织实施持证上岗考核。原则上不开展计划外考核。

考核方式分为集中考核和监测机构实地考核。集中考核由监测技术中心组织实施，考核内容覆盖所有项目，考核地点设在杭州；监测机构实地考核由监测技术中心根据区域内考核申请情况组建考核组并委派实施，考核内容覆盖所有项目，考核地点由监测技术中心按照就近（同区域邻近省份）和包含（实验室条件可满足考核要求）原则统筹安排，原则上考核人数应不低于 30 人。

考核专家应严格按本细则和考核方案实施考核，并将现场考核情况记录于《持证上岗实地考核记录表》中。考核工作结束后 5 个工作日内，考核组长应在考核系统中填写考核意见并向监测技术中心提交《辐射环境监测人员持证上岗考核报告》（需签字）和考核相关资料。监测技术中心收到纸质考核报告后 15 个工作日内，完成报告的审批和合格证的发放工作。

19.2.2　自认定要求

被考核单位应成立自认定工作组负责持证上岗考核的自认定工作。根据持证上岗考核的申报安排，制定自认定计划，组织技术人员进行相关知识、技术、技能等培训，完成自认定工作。被考核单位应当将自认定的相关材料完整保存，自认定材料包括单位和个人两部分，单位部分主要包括：自认定计划、《辐射环境监测技术人员自认定结果确认汇总表》等；个人部分主要包括：考核记录表、相关的监测原始记录（或复印件）、自认定理论考试试卷、符合免考条件的项目证明材料等，要求一人一档。被考核单位在申请持证上岗考核时一并提交《辐射环境监测技术人员自认定结果确认汇总表》。

19.2.3　考核内容、方式和结果评定

根据被考核人员的工作性质和岗位，考核分为监测分析类（包括样品采集、现场测试、实验室分析以及自动监测运维等）、质量管理类（包括质量保证和质量控制等）二类。监测分析类人员的考核分为理论考试、现场操作考核。理论考试内容包括辐射环境监测与辐射防护相关基础知识、辐射　环境监测相关安全和防护标准、辐射环境监测技术方法及技术规范、质量保证与质量控制知识、辐射环境监测数据综合分析与评价技术方法等。现场操作考核范围由考核项目分类表确定（考核项目分类表实施动态管理，定期更新）。质量管理类人员进行理论考试，考核内容包括生态环境保护的基本知识、辐射环境监测基本知识、辐射环境监测技术方法和技术规范、质量管理相关规章制度、实验室分析和现场监测的基本知识和质控技术、数理统计知识、计量基础知识、量值溯源及案例分析等。

理论考试成绩达到试卷总分数的 60% 为合格，否则为不合格。基本技能考核以每个项目的操作过程达到基本要求和回答问题正确为合格，否则视为不合格。样品分析考核依据测量结果进行判定，分为合格和不合格。监测分析类人员理论考试、现场操作考核均合格，则评定为该项目考核合格，否则评定为该项目不合格。质量管理类人员理论考试合格即评定为合格。

19.3　辐射环境监测质量保证案例

以《2024 年全国辐射环境监测质量保证方案》为例，对辐射环境监测质量保证方案进行介绍。

19.3.1　资质认定

监测机构及其从事监测活动的分支机构应按照《检验检测机构资质认定评审准则》（总局公告 2023 年第 21 号）和《检验检测机构资质认定生态环境监测机构评审补充要求》的规定，在资质认定证书或实验室认可证书允许的地点及监测能力范围内从事国控网相关监测活动并报送数据。前期经过资质认定的非标方法亦可报送数据。

除不具备监测能力的监测项目外，监测机构原则上不得将国控网监测工作委托给其他单位。如确有需要，受委托单位（以下简称外委单位）应通过检验检测机构资质认定或实验室认可，监测机构应对外委单位资质和能力进行确认，对外委单位监测质量进行监督或验证，制定并执行外委单位数据审核制度，对外委单位出具的数据负责。外委单位应参加由生态环境部辐射环境监测技术中心（以下简称"监测技术中心"）组织的质量考核，考核不合格则相关外委项目的监测结果无效。

监测机构应有序推进《环境及生物样品中放射性核素的 γ 能谱分析方法》（GB/T 16145—2022）等新标准方法的扩项和变更工作，原则上标准方法变更应于新标准实施日期前完成，标准方法扩项应于新标准实施日期起 2 年内完成。

根据历年国控网数据报送情况，2024 年监测技术中心计划继续开展国控网监测资质检查，抽取部分监测机构检查其是否在资质认定允许范围内报送国控网监测数据。检查内容包括资质范围、有效期及监测标准方法的适用性和有效性。

19.3.2　人员管理

根据《辐射环境监测技术人员持证上岗考核实施细则》（环辐监〔2023〕5 号）的规定，监测技术中心组织实施 2024 年辐射环境监测技术人员持证上岗考核，考核范围为生态环境部各地区核与辐射安全监督站、核与辐射安全中心、各省级生态环境主管部门所属辐射环境监测机构及其非独立法人的分支机构（不含独立法人的驻市监测机构）。

监测技术中心按计划在杭州组织实施 2 次集中持证上岗考核，考核内容覆盖所有项目。根据全国辐射环境监测方案、全国质量考核结果及国控网报送数据质量，针对辐射环境监测领域的新技术和新标准，组织开展技术培训及交流研讨，具体内容详见生态环境部发布的 2024 年培训计划及辐射监测技术中心发布的 2024 年技术交流会计划。

19.3.3　监测方法

应选择能满足国控网监测工作需求和质量管理要求的监测方法，包括现行有效的标准方法或前期经过资质认定的非标方法。优先选择国家生态环境标准；若无，可选择国家标准、其他部门行业标准或国际标准；使用非标方法，应将作业指导书上传全国辐射环境监测系统。监测标准方法原则上应满足附件一国控网监测样品和测量要求。

19.3.4　量值溯源

对监测结果的准确性或有效性有影响的仪器设备，包括辅助测量仪器等，均应制订量值溯源计划并定期实施，确保在有效期内使用。仪器设备可采用以下检定/校准方式：（1）满足要求、政府有关部门授权的计量技术机构提供的检定/校准服务；（2）获得 CNAS 认可的校准机构提供的校准服务；（3）按照相关校准规程要求进行内部校准，优先采用标准校准方法，若没有标准方法，可自编方法。校准结果应进行内部确认，校准产生的修正因子应确保其得到正确应用。

仪器设备历次校准结果的误差远小于允许误差，或内部质量控制结果表明稳定性好，可适当延长校准周期，但最长不宜超过 3 年。

气溶胶采样器应按照《辐射环境空气自动监测站运行技术规范》（HJ 1009—2019）和《环境空气气溶胶中 γ 放射性核素的测定滤膜压片/γ 能谱法》（HJ 1149—2020）的规定，每年至少校准或比对一次，采样器内部校准和比对方法见《环境空气气溶胶中 γ 放射性核素的测定滤膜压片/γ 能谱法》（HJ 1149—2020）附录 B 和附录 C。

使用标准物质建立溯源性时，应选择：（1）经国家计量主管部门发放或认定的放射性标准物质；（2）具备相应能力的标准物质生产者提供并声明计量溯源至国际标准（SI）的放射性标准物质；（3）某些天然放射性核素标准物质可通过高纯度化学物质制备。

2024 年监测技术中心计划通过流转的方式提供树脂模拟水样（马林杯）、沉降物、活性炭盒、超大流量采样器气溶胶滤膜、碘采样器气溶胶滤膜、二氧化锰、土壤、植物灰和动物灰 γ 能谱分析标准物质，监测机构可采用上述标准进行效率刻度或检验。

19.3.5 样品采集与处理

监测机构应制订采样计划，须使用地理信息定位、照相或录像等辅助手段，保证采样过程客观、真实和可追溯。采样时应至少有 2 名。监测人员在场。监测机构还应对外委单位的现场样品采集进行监督。

监测机构应执行《辐射环境监测技术规范》（HJ 61—2021）以及相关监测标准方法中的样品采集与处理规定，执行已颁布的国控网样品采集和处理技术规范。

19.3.5.1 空气样品

气溶胶样品的采集，滤膜性能、采样期间流量稳定性控制等采样过程质量保证和质量控制、样品的制备应执行《环境空气气溶胶中 γ 放射性核素的测定滤膜压片/γ 能谱法》（HJ 1149—2020）5.1、12.1 和 7.4 条款要求，并且压片后的样品尺寸与效率刻度源相近。每个样品的采样体积一般不小于 50 000 m³，采用可调节流量的超大流量采样器，可适当调低采样流量，因空气污染等原因导致阻力增大影响采样时可适当减少采样体积并及时更换滤膜，西藏等个别高海拔地区因气压原因导致标况体积偏低时可酌情按工况采样体积满足 50 000 m³ 的要求实施，单张滤膜连续采样不超过 7 天。若发现滤膜夹具无法牢固夹紧滤膜或经常性出现滤膜受尘面边缘轮廓模糊、不完整的情况，需对滤膜夹具进行维修或更换。按季采集的样品，根据全年合并样品测量要求，均匀分配每季度样品的采样体积。

气碘样品的采集，建议与气溶胶样品同步采样，每个样品的采样体积不少于 200 m³。用滤膜收集空气中微粒碘，用活性炭盒收集空气中元素碘、非元素无机碘和有机碘。应根据活性炭盒吸附效率的特性，控制采样流量，若采用 TC-45 活性炭盒，控制采样流量不高于 100 L/min，每次采样前应检查采样器是否漏气，滤膜安装是否正确，防止滤膜破裂。

空气中碳-14 样品的采集，采样体积为 3～4 m³，采集时长一般不少于 7 天，采样流量不大于 1 L/min。空气中氚样品的采集，若前期数次监测到高于本底水平的设施，建议后续连续采集样品，测定月累积样品。

沉降物样品的采集和处理见附件二，降水样品的采集见附件三，累积剂量、沉降物和降水等累积样品的采集，全年须连续不间断采样，因换样而中断采样的时间应控制在 1 日之内，每季度连续采样时长应满足（90±10）天的要求，可根据数据报送要求安排采样时间。

19.3.5.2 水样

水样的采集按《辐射环境监测技术规范》（HJ 61—2021）条款 6.2.3、《地表水环境质量监测技术规范》（HJ 91.2—2022）条款 4 执行，不同年份的采样时间应尽量保持一致，一般情况下，不允许采集岸边水样，尽量选择在连续两天无降雨之后采样。

江河水一般采集河川水流中心部位（流速最大处）表层水，当水面宽度≥10 m，应左、中、右分别采集表层水并等量混合，潮汐河流应采集盐度小于 2‰ 的退潮水样；湖库和池塘水一般采集中心部位水面下 0.5 m 处样品，当水深＞10 m，应上层、中层分别采集样品并等量混合，分层采样时应自上而下进行，避免不同层次水体混扰；地下水样品采集，水泵规格和采样深度等采样条件应固定不变，应避免受大气沉降影响，建议可参照《地下水环境监测技术规范》（HJ 164—2020）条款 6.3 采集样品；自来水采集自来水管网末梢水；泉水采自水量大的泉眼；海水采集潮间带外的表层水。

除氚（HTO）、碳-14 和碘-131 外，其他监测项目取样后立即加酸。采集的水样中混有悬浮物、沉淀、藻类及其他微生物时，应在加酸处理前进行过滤或用沉降法等去除杂质。样本应尽早处理和分析测量，保存期一般不超过 2 个月。

沉积物样品的采集，一般取表层的沉积物。采样点应尽量与水质采样点一致，通常为水质采样垂线的正下方，当正下方无法采样时，可略作移动，移动的情况应在采样记录表上详细注明。

19.3.5.3 土壤样品

土壤样品的采集，在设定的采样区域内多点取土，根据地形采用梅花形法或蛇形法，其中梅花形法采点不少于 5 个，蛇形法采点 10～30 个。采样点位确定后，一般设定 10 m×10 m 为采样区（也可根据现场情况适当扩大），在设定的采样区域内采集分点样品，采样深度为 0～10 cm，考虑到土壤中铯-137 等核素存在分层效应，采样时应尽可能做到不同深度上下取样量一致，避免斜向切割。将所有分点采集的土壤，平铺去除杂物，烘干后等量混合成一份土壤样品。

19.3.5.4 生物样品

生物样品的采集和处理，按《辐射环境监测技术规范》（HJ 61—2021）条款 6.2.6～

6.2.14 和《近岸海域环境监测技术规范第五部分近岸海域生物质量监测》（HJ 442.5—2020）条款 5 的规定执行，不同年份的采样时间应保持一致，在未发生变质前，取可食部分进行测量，如贻贝类的软组织、甲壳类和鱼类的肌肉组织等。测量碘-131 的样品，按《环境及生物样品中放射性核素的 γ 能谱分析方法》（GB/T 16145—2022）附录 G 条款 3.2 干样制备法或 3.3 灰样制备法执行，推荐采用干样制备法的冷冻干燥。

19.3.6　内部质量控制

监测机构应执行监测标准方法规定的质量保证与质量控制措施，此外，还应制订并执行以下内部质量控制计划。

19.3.6.1　自动站空气吸收剂量率连续测量

按照《辐射环境空气自动监测站运行技术规范》（HJ 1009—2019）的规定，剂量率仪（不包括 NaI 谱仪）每年用校验源进行至少 1 次期间核查。一旦发现排除自然现象、周围环境状况以及核与辐射设施运行等影响，小时均值持续出现与剂量率仪校准后首次本底测量值的相对偏差超过 8%，需立即进行核查。期间核查方法见《辐射环境空气自动监测站空气吸收剂量率仪期间核查实施细则（试行）》（国环辐〔2019〕18 号），推荐采用全国辐射环境监测标准物质配置项目统一配置的放射源和固定装置。

核查的相对变化率大于 10%，剂量率仪应立即检修并重新校准，同时对仪器失准时所出具的数据进行评定和追溯，其中与校准后首次本底测量值相对偏差超过 10% 的小时均值及其相应的 5 分钟均值和原始值为无效数据，评定和追溯时适当考虑自然现象和周围环境状况的影响。

19.3.6.2　环境 γ 辐射剂量率即时测量

1. 按照《环境 γ 辐射剂量率测量技术规范》（HJ 1157—2021）的规定，定期在室内外稳定辐射场测量，每月至少 1 次，绘制稳定辐射场测量值质控图，每台仪器质控图至少应累积历年正常工作条件下 20 个以上测量值（以下质控图的绘制与此规定同）。

2. 每年用校验源（可采用全国辐射环境监测标准物质配置项目统一配置的放射源）至少进行 1 次期间核查，期间核查方法参见《辐射环境空气自动监测站空气吸收剂量率仪期间核查实施细则（试行）》（国环辐〔2019〕18 号）。

19.3.6.3　γ 辐射累积剂量

1. 按照《个人和环境监测用 X、γ 辐射热释光剂量测量系统》（JJG 593—2016）量值检验的规定，定期测定指定剂量为 0.1～10 mGy 或 H^*（10）0.1～10 mSv 辐照的热释光探测器，每年至少 1 次，与指定剂量的相对误差应不大于 10%。

2. 定期测定稳定剂量辐照或指定剂量辐照的热释光探测器，每季度至少 1 次。指定剂量辐照可采用辐照器或委托计量技术机构定量照射，与指定剂量的相对误差应不大于 10%。稳定剂量辐照可采用辐照器辐照、放射源定时定距离辐照或在无人为活动影响环境条件比较稳定的室内固定点获取，室内固定点建议选择多个。稳定剂量辐照可绘制测定值质控图，在测量值不满 20 个时可与校准后的首次测量值比较，当相对偏差大于10%时需核查原因。

3. 每个累积剂量监测点至少采用 4 个热释光探测器，为减少读数的不确定度，可增加热释光探测器个数。

4. 热释光探测器更换时，应对其进行均匀性检验和挑选后重新校准或刻度，并在测量值上报时备注更换情况。

19.3.6.4　空气中氡及其子体测量

仪器比对或人员比对，每年至少 1 次，可采用 T 检验、E_n 值等方法对比对结果进行评价。

19.3.6.5　放化与 γ 能谱分析

1. 仪器本底长期可靠性检验

高纯锗 γ 能谱仪、液闪谱仪和 α/β 测量仪，每月至少测定一次本底，测量时长与样品典型测量时间一致。其中，高纯锗 γ 能谱仪测定全谱本底计数，液闪谱仪测定无淬灭本底源全谱本底计数，α/β 测量仪测定每道 α 本底计数和 β 本底计数，绘制本底质控图。

2. 仪器效率长期可靠性检验

高纯锗 γ 能谱仪，效率刻度后立即测定检验源（可采用全国辐射环境监测标准物质配置项目统一配置的放射源），此后每季度至少测定一次检验源，按照《环境空气气溶胶中 γ 放射性核素的测定滤膜压片/γ 能谱法》（HJ 1149—2020）条款 12.2.2 计算的钴-60 1 332.5 keV γ 射线效率相对偏差应不大于 6%，否则应重做效率刻度，检查 γ 能谱内钴-60 1 332.5 keV 能量分辨率（半高宽 FWHM）。每次样品测量结束，检查 γ 能谱内钾-40 1 460.8 keV 等特征 γ 射线全吸收峰峰位变化，与能量刻度相比如果峰位变化超过0.5 keV，应重做能量刻度。

液闪谱仪，效率刻度后立刻测定氚或碳-14 无淬灭检验源，此后每季度至少测定一次检验源，与效率刻度后首次测量值进行比较，发现异常应查找原因或重新效率刻度 α 谱仪和 α/β 测量仪的每道探头，每季度至少测定一次检验源，绘制效率质控图。

3. 仪器短期可靠性检验

高纯锗 γ 能谱仪、液闪谱仪、α 谱仪和 α/β 测量仪的每道探头，每年至少用检验源进行一次泊松分布检验，其中液闪谱仪测定氚或碳-14 无淬灭检验源，新购置或维修后的仪器启用前也应进行泊松分布检验。

4. 空白样测定

每六个月至少制备并测定一个空白样品（一般为实验室空白），测量时间与样品相同。此外，新购置或维修后的测量仪器启用前、更换试剂或滤膜、样品盒等材料时应至少制备并测定一个空白样品，发现异常及时查找原因。其中采用 α/β 测量仪测量的项目空白样品计数率应保持在仪器本底平均计数率的 3 倍标准差范围内，《水中镭的 α 放射性核素的测定》（GB 11218—1989）的空白样除外。

5. 平行样测定

平行样测定包括现场平行样和实验室平行样测定，现场平行样是在同等采样条件下，采集平行双样并在完全相同的条件下同步分析。实验室平行样是采集后的样品分成两份在完全相同的条件下同步分析。国控网平行样测定土壤为现场平行样，其他环境介质为实验室平行样。

2024 年国控网平行样测定计划见附件四表 19-1～表 19-4，平行样相对偏差控制指标（试行）见附件四表 19-5。若平行双样符合控制指标，取双样的统计值报告测定结果；否则，在样品允许的保存期内，再加测一次，取符合控制指标的双样统计值报告测定结果。若加测的平行双样仍不符合控制指标，则该批次监测数据失控，应予以重测。

6. 加标回收率测定

加标回收率测定是在样品处理前，向样品中添加标准物质，加标量一般为样品活度的 0.5～3 倍，加标后总活度不得超出分析方法的测定上限，在与样品完全相同的条件下同步分析。

2024 年国控网加标样测定计划见附件四表 19-1～表 19-4，加标回收率控制在80%～120%。国控网监测加标样若加标回收率在控制指标内，表示该批次监测数据受控；若加标回收率超控制指标，再加测一次，加测的加标回收率若仍超控制指标，则该批次监测数据失控，应予以重测。

注意：氚加标样测定，样品视仪器情况进行电解浓缩处理，防止仪器污染。

7. 重复测定

重复测定是对稳定的、测定过的样品保存一段时间后，将原来制备好的样品再次测定，其中气溶胶等环境介质中铍-7 测定，样品重复测定时间间隔不大于 10 天。

2024 年国控网样品重复测定计划见附件四表 19-1～表 19-4，重复测定相对偏差控制指标（试行）见附件四表 4-5。若两次测定的相对偏差在控制指标内，取两次测定的统计值报告测定结果；若两次测定的相对偏差超控制指标，在样品允许的保存期内，再加测一次，取符合相对偏差控制指标的两次测定的统计值报告测定结果；否则，该批次监测数据失控，应予以重测。

8. 密码质控样与密码加标样测定

密码质控样与密码加标样测定是质量管理人员使用有证标准样品作为密码质控样，或在随机抽取的常规样品中加入适量标准物质（可参照加标回收率测定）制成密码加标样，由监测人员进行测定。其中密码质控样主要用于固体类总放和 γ 能谱分析，一般用 E_n 值进行评价；密码加标样主要用于核素放化分析和溶液类总放和 γ 能谱分析，一般用加标回收率进行评价。

2024 年，密码质控样或密码加标样的监测项目至少应包括铀、钍、锶-90、铯-137 和镭-226。密码质控样或密码加标样的介质可由监测机构自行选择。参加 IAEA 或国家级能力验证项目且结果满意者，在下一年度可免于相关项目的密码质控样与密码加标样考核。

9. 放化分析其他要求

气溶胶和沉降物中锶-90 和铯-137 放化分析，推荐采用联合测量方法。环境质量监测海水中氚放化分析，采用电解浓缩法进行前处理。

10. γ 能谱分析其他要求

气溶胶中碘-131 等短半衰期核素测定，应参照《环境空气气溶胶中 γ 放射性核素的测定滤膜压片/γ 能谱法》（HJ 1149—2020），在氡子体衰变后（氡子体的衰变时间一般为 3～5 天）立即测量，气溶胶样品采样结束至开始测量的时间间隔不大于 10 天，个别受运输条件影响的可放宽至 15 天，必要时须采用不同时间多次测量的方法。铍-7 应作为质量控制核素进行测量。

空气中碘-131 测定，活性炭盒应尽快测量，活性炭盒和滤纸采样结束至开始测量的时间间隔不大于 10 天，个别受运输条件影响的可放宽至 15 天。浓度低的样品可待滤纸在氡子体衰变后与活性炭盒合并测量，若大于判断限，分别单独测量活性炭盒收集的气态碘和滤纸收集的微粒碘。若气碘与气溶胶同步采样，微粒碘可采用气溶胶 γ 能谱分析结果。

生物中碘-131 测定，生物采样结束至开始测量的时间间隔不大于 8 天。海洋生物中铅-210 若采用 γ 能谱法测定，探测下限应与历年放化分析法 0.1 Bq/kg（鲜）一致。

19.3.6.6　电磁辐射测量

仪器比对或人员比对，每年至少 1 次，可采用 T 检验、E_n 值等方法对比对结果进行评价。

19.3.6.7　流出物监督性监测

1. 参照内部质量控制章节，开展流出物监测相关的高纯锗 γ 能谱仪、液闪谱仪、α/β 测量仪等仪器长期可靠性和短期可靠性检验。

2. 抽取部分液态流出物样品，对核电厂营运单位的现场样品采集进行见证。

3. 气溶胶、气碘和惰性气体 γ 能谱分析对核电厂营运单位采集的流出物样品进行复测或自行采集的流出物样品进行测量；气载流出物中氚和碳-14 分析，液态流出物总 β（或总 γ）、γ 能谱和氚分析统一分取核电厂营运单位采集的流出物样品进行测量（或直接测量自主采集的流出物样品）。

4. 气溶胶、气碘、惰性气体、液态流出物中总 γ 和 γ 能谱分析的实验室内部质控措施为重复测定；气载流出物中氚和碳-14 分析，液态流出物中总 β 和氚分析的实验室内部质控措施为平行样测定。重复测定样品、平行样测定样品的数量均应不少于全年样品数的 5%（向上取整）。

5. 流出物样品采集结束至监督性监测开始测量的时间间隔一般不大于 10 天。

19.3.6.8　应急监测日常保障

1. 环境 γ 辐射剂量率自动监测和即时监测、γ 辐射累积剂量监测、γ 能谱分析等，参照内部质量控制章节做好日常质量保证工作。

2. 每年应对应急监测 γ 能谱仪进行有源效率刻度，包括外径 75 mm 圆柱型样品盒和 2 L 马林杯样品、气溶胶和活性炭盒等典型样品刻度，根据需要，外径 75 mm 圆柱型样品盒样品、气溶胶和活性炭盒还应分别进行与探测器不同间距的刻度。若采用无源效率刻度软件等方法进行效率模拟，需对几种常见介质（如水等）样品进行有源效率刻度值和无源效率刻度值的比较，已知能量段效率值的最大相对偏差不得超过 15%。

3. 一般情况下，各类环境介质样品均应独立测量。若受时间和测量仪器的限制，可将多个气溶胶（或气碘）样品依次叠加后进行 γ 能谱分析，原则上叠加测量的样品不得超过三个，单独计算每个样品的探测下限，且应满足相关应急监测实施方案中探测下限的要求。样品叠加后目标核素测量结果若大于判断限，每个样品应独立测量。

4. 沉降物、水和陆生食物样品，一般采用《环境及生物样品中放射性核素的 γ 能谱分析方法》（GB/T 16145—2022）中规定的 2 L 马林杯装样测量。对于活度较高的样品，当 2 L 马林杯装样测量导致 γ 能谱仪的死时间和峰形畸变不可接受时，可采用外径 75 mm 圆柱型样品盒装样测量，必要时通过使用样品测量架，调节样品与探测器的间距满足测量要求。

19.3.7　外部质量控制

19.3.7.1　质量考核

2024 年生态环境部组织开展大比武活动，具体内容详见后续通知。

2023 年全国辐射环境监测质量考核中存在不合格项目的监测机构，结合监测全过程质量管理，从"人、机、料、环、法"五大要素对存在的问题开展自查，查找问题产生的原因，提出具体整改纠正措施，并跟踪验证纠正措施的有效性，形成自查资料后报送监测技术中心。

19.3.7.2　能力验证和比对

监测机构应积极参加国际和国内权威机构组织的能力验证和比对活动，各监测机构之间及与其他实验室之间应积极开展比对活动。北京、江苏、山东、广东、广西、重庆、四川等省级监测机构可根据本方案组织全国或区域性的比对活动，并协助监测技术中心对相关监测机构的质量管理工作提供技术指导。

19.3.7.3　样品外检

样品外检是监测机构开展样品基本分析，并将一定数量相同样品送至外检监测机构进行检查分析。样品外检测量结果应出具符合资质认定或实验室认可的监测报告，作为持证上岗考核免考依据。

对于国控网历年高于全国背景水平等监测结果，2024 年技术中心组织开展外检专项行动，外检计划见附件五表 5-1。

送检监测机构按照《全国辐射环境监测样品外检作业指导书（试行）》（国环辐〔2015〕12 号）的规定，将样品和本单位测定结果送外检监测机构，其中：

气溶胶样品 6 月份报送监测报告。γ 能谱分析的样品量不小于 50 000 m³，由送检监测机构制备样品并测量后将该样品于 5 月前送外检监测机构复测。钋-210 分析，由送检监测机构将样品烘干后，分为两份，送检监测机构和承检监测机构分别测量。

水样品应在 6 月前完成样品采集，8 月份报送监测报告。

生物和土壤样品应在 9 月前完成样品采集，11 月份报送监测报告。

国控网样品外检相对平均偏差控制指标为在平行样和重复测定控制指标的基础上再放宽 5%。若双方测量结果的相对偏差超控制指标，分析原因后，由送检监测机构重新采样送检。若补测结果仍超控制指标，说明两家监测机构测量结果存在显著性差异，承检监测机构应立即报送监测技术中心，并采取现场技术指导等方式帮助送检监测机构查找原因，纠正后由监测技术中心发放密码样或密码加标样考核。

19.3.8　数据审核与报送

（一）监测机构应建立"谁出数谁负责、谁签字谁负责"的责任追溯制度，监测机构及其负责人对其监测数据的真实性和准确性负责，采样与分析人员、审核与授权签字人分别对原始监测数据、监测报告的真实性终身负责。

（二）监测机构应按照《检验检测机构资质认定评审准则》（总局公告 2023 年第 21 号）、《检验检测机构资质认定生态环境监测机构评审补充要求》、《国家辐射环境监测网自动监测数据实时发布实施细则（试行）》（国环辐〔2015〕33 号）和《国家辐射环境监测网辐射环境监测数据管理实施细则》（国环辐〔2016〕15 号）的要求，对数据进行有效性审核后，在规定的时间内，通过全国辐射环境监测系统按时报送至监测技术中心。

（三）根据《辐射环境监测技术规范》（HJ 61—2021）和全国辐射环境监测方案，监测机构在报送数据时，应满足以下要求：

1. 若监测结果大于判断限，应同时报送探测下限、实际测量值；若监测结果小于判断限，应报送探测下限。若判断限/探测下限 ≠ 1/2，则在报送探测下限时还应同时报送判断限。气碘在合并测量时监测结果小于判断限，可不报送探测下限和判断限。

2. 环境介质中氚测量，应同时报送样品介质和所含水分中氚活度浓度及其相关参数。如空气中氚测量，应同时报送单位为 mBq/m³、Bq/L 的监测结果；生物中氚（TFWT）测量，应同时报送单位为 Bq/kg、Bq/L 的监测结果、鲜样含水率；生物中氚（OBT）测量，应同时报送单位为 Bq/kg、Bq/L 的监测结果、燃烧干样含氢率或燃烧干样重、燃烧得水重。

3. 环境介质中碳-14 测量，应同时报送样品介质和所含碳中碳-14 活度浓度及其相关参数。如空气中碳-14 测量，应同时报送单位为 mBq/m³、Bq/g-碳的监测结果；生物中碳-14 测量，应同时报送单位为 Bq/kg、Bq/g-碳的监测结果、干鲜比、燃烧干样含碳率。

4. 生物样品应报送鲜样活度浓度，需经烘干、灰化后测量的项目同时应报送干鲜比或灰鲜比。

5. 气溶胶、气碘、惰性气体和沉降物 γ 能谱分析，应参照《环境空气气溶胶中 γ 放射性核素的测定滤膜压片/γ 能谱法》（HJ 1149—2020）的要求，对待测核素活度浓度（或探测下限）的计算进行三段式衰变修正，报送经衰变修正后的监测结果。土壤、生物和水 γ 能谱分析，应根据相关标准，对待测核素活度浓度（或探测下限）的计算进行二段式衰变修正至采样时刻，报送经衰变修正后的监测结果。

6. 流出物监测中，氩-41、氙-133、氙-133m、氙-135、碘-133 等半衰期特别短的核素，一般不进行监测机构监督性监测结果与核电厂营运单位自行监测结果的对比评价。

7. 当测量不确定度影响监测结果有关评价标准（如本底水平、评价限值、导出限值、参考水平等）评判时，需报送测量不确定度。环境质量监测海水和海洋生物监测结果若大于判断限时，需报送测量值的计数不确定度。流出物监测，当监测机构监督性监测结果与核电厂营运单位自行监测结果存在显著性差异时，需报送探测限和测量不确定度。其他监测结果鼓励监测机构在可能的情况下报送测量不确定度。

8. 室外空气中氡-222 的连续监测结果，原则上应将一个小时连续测量结果作为该小时值，基于小时值报送每日的日均值、标准偏差、小时最大值和最小值及测得的时间。

9. 样品及其平行、加标和复测等内部质控数据须在同一季度报送，若数据经季报发布后再报送其对应的平行、加标和复测等内部质控数据，则质控数据为无效。外部质控数据须在下一季度报送。

10. 环境质量电磁监测的测量频率范围为 0.1～3 000 MHz，有监测能力的省份同步报送频率范围为 0.1～6 000 MHz 的监测结果；环境质量电磁监测结果及广播电视发射设施、移动通信基站周围辐射环境监测结果应报送单位为 μW/cm^2 的功率密度。

（四）监测机构应加强数据分析，发现数据可疑时应查找原因，判定数据是否有效，必要时可采取以下措施验证数据有效性：① 留存样品再测量；② 重新采样复测；③ 质控样品测量；④ 样品外检；⑤ 人员比对、仪器比对或方法比对等。判定为有效的可疑数据，则进一步对自然现象和周围环境变化的影响进行调查。排除上述影响后，则判定为异常数据。监测机构应及时将异常数据上报至省级生态环境主管部门，并同时抄送生态环境部和地区监督站。

监测技术中心根据国控网数据报送情况，结合外检和质量考核结果，对监测机构开展质量保证监督检查。检查内容包括人员资质、仪器设备、监测方法、样品采集与管理、实验室分析质量控制和数据审核等，检查方式包括问询、查阅文件档案、现场测量以及密码质控样和密码加标样考核等（见表 19-1～表 19-8）。

表 19-1　国控网放化分析样品和测量要求

监测项目	监测对象 1)	样品要求 2)（不少于）	测量时间 2)（不小于）
总 α 和总 β	陆地水	2 L，残渣量偏低的建议增加样品量；残渣量高的样品在满足铺盘要求的基础上可减少样品量至 1 L	1 000 min
	气溶胶	10 000 m^3，残渣量偏低的建议增加样品量	
	沉降物	季度累积，收集面积 0.25 m^2，收集天数 90±10 天	
	生物、土壤	0.2 g（灰）	
U	陆地水	—	—
	气溶胶	10 m^3，单独采样或对已采集样品进行均匀选取，注意选取 U 含量低的滤膜	

续表

监测项目	监测对象 1)	样品要求 2)（不少于）	测量时间 2)（不小于）
U	土壤、沉积物	0.05 g（干），取样前研磨均匀	
	生物、沉降物	0.05 g（灰），取样前研磨均匀	
Th	水	5 L	—
^{226}Ra	水	5 L	1 000 min（低本底 α 测量仪）
			30 min（氡钍分析仪）
^{90}Sr	水	30 L	1 000 min
	气溶胶	10 000 m³，连续监测点位每月选取 1 个采样体积相近的样品合并，其他点位均匀合并每季度的样品	
	沉降物	若采用 ^{90}Sr 和 ^{137}Cs 联合测量方法，选取监测频次时间段（季度或年度）内累积的全部样品，否则为一半样品	
	生物	20 g（灰），松针和茶叶可根据净计数率酌情减少，但不少于 10 g（灰）	
	土壤、沉积物、潮间带土	100 g（干）	
^{137}Cs	水	40 L	1 000 min
	气溶胶	100 000 m³，连续监测点位每月选取 1 个采样体积相近的样品合并，其他点位均匀合并每季度的样品	
	沉降物	若采用 ^{90}Sr 和 ^{137}Cs 联合测量方法，选取监测频次时间段（季度或年度）内累积的全部样品，否则为一半样品	
^{131}I	牛奶	4 L	1 000 min
^{3}H	降水、水蒸汽、水、生物	加闪烁液制备后 20 mL 或 100 mL，其中电解浓缩法需 600 ml 水样	1 000 min
^{14}C	空气	3～4 m³	600 min（悬浮法）
	生物	—	悬浮法，测量样品中碳酸钙沉淀 2 g；吸收法，测量样品中吸收的二氧化碳 0.8 g	300 min（吸收法）
	水	20 L	
^{210}Po	陆地水	5 L	48 h
	气溶胶	1 000 m³，冬季样品可根据净计数率酌情减少，但不少于 500 m³ 单独采样或对已采集样品进行均匀选取	
	生物	5 g（干），牡蛎可根据净计数率酌情减少，但不少于 2 g（干）	
^{210}Pb	陆地水	5 L	1 000 min
	生物	5 g（灰）	

注：1）未列入表中其他监测项目视情况酌情处理，下表同。

　　2）流出物监督性监测可根据净计数率酌情减少；若采用电感耦合等离子体质谱法等非常规方法的可不执行本样品量和测量时间要求。

表 19-2　国控网 HPGeγ 能谱分析样品和测量要求

监测对象	样品要求 （不小于）	采样结束至测量开始 （不大于）	测量时间 2) （不小于）
气溶胶	50 000 m³ （连续采样的自动站）	10 天	24 h
	50 000 m³ （每季采样 1 次的 331 个自动站）	10 天	
	其余自动站超大流量采样器 50 000 m³，大流量采样器 10 000 m³	10 天	
气碘	200 m³	10 天	24 h
沉降物	季度累积，收集面积 0.25 m²，收集天数 90±10 天，可选用流转沉降物标准物质的 φ42 mm×22 mm 样品盒	60 天	24 h
	年度累积，可根据样品量选用流转沉降物标准物质的 φ42 mm×22 mm 样品盒或 φ75 mm×35 mm 样品盒 1)	---	24 h
水	60 L	60 天	24 h
土壤、沉积物等	干样装满 φ75 mm×70 mm 样品盒 1)	60 天	24 h
生物	灰样装满 φ75 mm×35 mm 样品盒 1)	60 天	24 h
生物中碘-131	干样粉碎后装满 2 L 马林杯 1)	8 天	24 h
	灰样装满 φ75 mm×35 mm 样品盒 1)		

表 19-3　全国辐射环境质量监测平行样、加标样等分析计划

监测对象	监测项目	质控措施 1)	监测频次	质控样品分析频次	每次质控样品数
气溶胶	γ 能谱分析	◆	连续监测、1 次/季	1 次/季	季度样品数的 10%（向上取整）
	⁹⁰Sr、¹³⁷Cs（放化）	◎和●	全年样品合并测量	1 次/年	1 个 2)
	²¹⁰Po	●	1 次/月	1 次/半年	1 个
	²¹⁰Pb（γ 能谱）	◆	1 次/月	1 次/半年	1 个
沉降物	γ 能谱分析	◆	累积样/年	1 次/年	1 个
降水	³H		累积样/季	1 次/年	1 个
空气	³H	◎	1 次/季	1 次/年	1 个
地表水	总 α、总 β、U、Th、²²⁶Ra、⁹⁰Sr、¹³⁷Cs	◎	2 次/年	1 次/半年	半年样品数的 10%（向上取整）
饮用水水源地水	总 α、总 β	◎	1 次/年（青岛、有核设施地级市及其他地级市）、2 次/年（直辖市、省会城市）	1 次/年	全年样品数的 10%（向上取整）
地下水	U、Th、²²⁶Ra、总 α、总 β、²¹⁰Po、²¹⁰Pb	◎	1 次/年	1 次/年	1 个

续表

监测对象	监测项目	质控措施1)	监测频次	质控样品分析频次	每次质控样品数
海水	^{90}Sr，^3H（电解浓缩法）	◎和●3)	1次/年	1次/年	1个
	γ能谱分析	●4)	1次/年	1次/年	1个
	^{14}C	◎	1次/年	1次/年	1个
海洋生物	^{210}Pb、^{210}Po、^{90}Sr、^{14}C	◎	1次/年	1次/年	1个
土壤	γ能谱分析	◎	1次/年	1次/年	全年样品数的10%（向上取整）

注：1) 质控措施，其中"◎"表示平行样测定；"●"表示加标回收率测定；"◆"表示重复测定。

2) 气溶胶连续监测点位，每月选取一个样品，全年样品合并测量。

3) 氚加标样测定，样品视仪器情况进行电解浓缩处理，防止仪器污染。

4) 加标核素为 ^{241}Am、^{137}Cs。

表 19-4　核电基地（含核电基地周边海洋辐射环境监测）和民用研究堆周围辐射环境监督性监测平行样、加标样等分析计划[1]

监测对象	监测项目	质控措施	监测频次	质控样品分析频次	每次质控样品数
气溶胶	γ能谱分析	◆	1次/月	1次/半年	半年样品数的10%（向上取整）
	总α、总β	◎	1次/月	1次/半年	半年样品数的10%（向上取整）
沉降物	γ能谱分析	◆	累积样/季	1次/半年	半年样品数的10%（向上取整）
空气	^3H、^{14}C	◎	1次/月	1次/半年	半年样品数的10%（向上取整）
地表水、饮用水、地下水	^3H、总α、总β	◎	地表水、地下水：1次/半年；饮用水：1次/季	1次/半年	半年样品数的10%（向上取整）
	γ能谱分析	●2)		1次/半年	半年样品数的10%（向上取整）
海水	^3H、^{90}Sr	◎	1次/半年（核电基地周边海洋辐射环境监测1次/年）	1次/半年	半年样品数的10%（向上取整）
	γ能谱分析	●2)		1次/半年	
牛奶	^{131}I	◎	1次/半年	1次/年	全年样品数的10%（向上取整）
土壤、岸边沉积物、沉积物、潮间带土	^{90}Sr	◎	1次/年	1次/年	全年样品数的10%（向上取整）
	γ能谱分析	◎	1次/年	1次/年	
生物	^{90}Sr、^3H（TFWT，OBT）	◎	1次/年	1次/年	
	γ能谱分析	◆	1次/年	1次/年	

注：1) 对照点的质控数据不得同时参与环境质量监测和监督性监测的质量保证数据获取率统计；不得同时参与多个核与辐射设施监督性监测的质量保证数据获取率统计。

2) 加标核素为 ^{241}Am、^{137}Cs。

表 19-5　民用核燃料循环设施周围辐射环境监督性监测平行样、加标样等分析计划 [1]

监测对象	监测项目	质控措施	监测频次	质控样品分析频次	每次质控样品数
气溶胶	总 α、总 β、U [2]	◎			
沉降物	总 α、总 β、U [2]	◎			
地表水	U	●	2 次/年	1 次/半年	半年样品数的10%（向上取整）
动植物	U	●			
土壤	U	◎			

注：1）对照点的质控数据不得同时参与环境质量监测和监督性监测的质量保证数据获取率统计；不得同时参与多个核与辐射设施监督性监测的质量保证数据获取率统计。

2）监测方案包括该项目的设施需开展测量。

表 19-6　铀矿冶周围辐射环境监督性监测平行样、加标样等分析计划 [1]

监测对象	监测项目	质控措施	监测频次	质控样品分析频次	每次质控样品数
气溶胶	U	◎	1 次/半年		
	总 α	◎	1 次/半年		
地表水、地下水	U、^{226}Ra、^{210}Po、^{210}Pb	●	1 次/半年	1 次/半年	半年样品数的10%（向上取整）
土壤、底泥	U	◎和●	土壤：1 次/半年或植物生长期；底泥：1 次/年		
	γ 能谱分析（^{226}Ra）	◎			
生物	U、^{210}Po、^{210}Pb（放化）	◎	1 次/年或根据实际情况确定	1 次/年	全年样品数的10%（向上取整）
	^{226}Ra、^{210}Pb（γ 能谱）	令			

注：1）对照点的质控数据不得同时参与环境质量监测和监督性监测的质量保证数据获取率统计；不得同时参与多个核与辐射设施监督性监测的质量保证数据获取率统计。

表 19-7　国控网平行样和重复测定相对偏差控制指标（试行）

质控措施	分析方法	监测项目	监测对象	样品活度浓度	相对平均偏差控制指标 [1)2)]	单位
平行样	放化分析	总 α	水	≤0.1	40%	Bq/L
				>0.1	30%	
			气溶胶	≤0.05	30%	mBq/m³
				>0.05	20%	
			沉降物	≤0.1	30%	Bq/（m²·d）
				>0.1	20%	
		总 β	水	≤0.1	30%	Bq/L
				>0.1	20%	

续表

质控措施	分析方法	监测项目	监测对象	样品活度浓度	相对平均偏差控制指标[1][2]	单位
平行样	放化分析	总 β	气溶胶	—	20%	mBq/m³
			沉降物	—	20%	Bq/(m²·d)
		U	水	≤1	30%	μg/L
				>1	20%	
			土壤和沉积物	≤0.2	30%	μg/g（干）
				>0.2	20%	
			气溶胶、沉降物和生物	≤0.2	30%	μg/g（灰）
				>0.2	20%	
		Th	水	—	30%	μg/L
		²²⁶Ra	水	≤8	30%	mBq/L
				>8	20%	
		⁹⁰Sr	水	≤1.5	30%	mBq/L
				>1.5	20%	
			土壤及沉积物	≤0.5	30%	Bq/kg（干）
				>0.5	20%	
			气溶胶	≤0.5	30%	μBq/m³
				>0.5	20%	
			生物	≤20	40%	mBq/kg（鲜）
				>20	30%	
		¹³⁷Cs	水	—	40%	mBq/L
			气溶胶	≤0.8	30%	μBq/m³
				>0.8	20%	
		³H	水、水蒸汽、生物（组织自由水）	≤3	30%	Bq/L
				>3	20%	
		³H 电解浓缩	水、水蒸汽、生物（组织自由水）	≤0.3	30%	Bq/L
				>0.3	20%	
		¹⁴C	水	—	20%	mBq/L
			空气	—	20%	Bq/g（碳）
			生物	—	20%	Bq/g（碳）
		²¹⁰Po	水	≤1	30%	mBq/L
				>1	20%	

345

质控措施	分析方法	监测项目	监测对象	样品活度浓度	相对平均偏差控制指标 [1)2)]	单位
		^{210}Po	气溶胶	—	20%	mBq/m³
			生物	—	20%	Bq/kg（鲜）
		^{210}Pb	水	≤6	30%	mBq/L
				>6	20%	
			生物	—	20%	Bq/kg（鲜）
		^{238}U	土壤及沉积物	≤50	40%	Bq/kg（干）
				>50	30%	
	γ能谱分析	^{226}Ra	土壤及沉积物	—	20%	Bq/kg（干）
			生物	≤0.15	40%	Bq/kg（鲜）
				0.15~0.3	30%	
				>0.3	20%	
		^{137}Cs	土壤及沉积物	≤1	40%	Bq/kg（干）
				1~2	30%	
				>2	20%	
		^{40}K	土壤及沉积物	—	20%	Bq/kg（干）
		^{232}Th	土壤及沉积物	—	20%	Bq/kg（干）
留样复测	γ能谱分析	^{7}Be	气溶胶	≤0.5	15%	mBq/m³
				>0.5	10%	
			沉降物	—	20%[3)]	Bq/(m²·d)
		^{40}K	气溶胶	≤50	30%[4)]	μBq/m³
				>50	20%	

注：1）相对平均偏差（%）$=\dfrac{|C_A-C_B|}{|C_A+C_B|}\times100\%$，式中：$C_A$、$C_B$分别为两次测量结果。

2）表中控制指标适用于两个测量结果均大于探测下限，若两个测量结果不在同一浓度范围，取最大相对偏差作为控制指标。若两个测量结果均小于探测下限，则判定符合控制指标；若一个测量结果大于探测下限，另一个测量结果大于判断限且小于探测下限，则根据两个测量结果的不确定度采用E_n值进行判定；若一个测量结果大于探测下限，另一个测量结果小于判断限，则判定不符合控制指标。

3）适用于季度累积样测量。

4）适用于气溶胶样品量约为50 000 m³。

表 19-8 国控网样品外检计划

省份	监测类别	监测对象	点位 1)	监测项目	承检单位
北京	环境质量	地下水	水源五厂	铀	技术中心
天津	环境质量	江河水	京山铁路桥	锶-90	北京站
天津	环境质量	江河水	京山铁路桥	镭-226（放化）	北京站
河北	环境质量	海水	沧州黄骅港	锶-90	山东站
河北	环境质量	江河水	怀来 8 号桥	铀	北京站
河北	环境质量	地下水	石家庄市环境监测中心	铀	北京站
河北	环境质量	地下水	石家庄市环境监测中心	铅-210（放化）	北京站
河南	环境质量	江河水	郑州花园口	铀	北京站
山西	环境质量	地下水	晋中市委宿舍井	铀	北京站
山西	环境质量	江河水	小店桥	钍	北京站
内蒙古	环境质量	江河水	包头昭君坟	铀	北京站
内蒙古	环境质量	江河水	包头昭君坟	钍	北京站
内蒙古	环境质量	地下水	阿嘎如泰苏木井	镭-226（放化）	北京站
内蒙古	环境质量	地下水	阿嘎如泰苏木井	铅-210（放化）	北京站
内蒙古	北方公司	草	公司南侧	铀	北京站
吉林	环境质量	土壤	延吉帽儿山公园	锶-90	山东站
黑龙江	环境质量	江河水	肇源	锶-90	山东站
黑龙江	环境质量	土壤	哈尔滨市东	锶-90	山东站
黑龙江	环境质量	地下水	哈尔滨市宾县英杰村	铀	山东站
江苏	环境质量	地下水	连云港市青口镇	铀	技术中心
江苏	田湾	井水	高公岛	锶-90	技术中心
江苏	环境质量	鲳鱼肉	南通市启东大洋港	OBT	技术中心
江苏	环境质量	鲳鱼肉	南通市启东大洋港	TFWT	技术中心
上海	环境质量	江河水	黄浦江	锶-90	江苏站
上海	环境质量	江河水	黄浦江	钍	江苏站
上海	环境质量	地下水	静安	镭-226（放化）	江苏站
浙江	环境质量	江河水	京杭运河五杭大桥	钍	江苏站
安徽	环境质量	江河水	阜阳市王家坝	钍	江苏站
福建	宁德	井水	渔井	锶-90	江苏站
福建	福清	松针	三山镇	锶-90	江苏站
福建	环境质量	牡蛎肉	莆田平海湾	TFWT	技术中心
福建	环境质量	牡蛎肉	莆田平海湾	OBT	技术中心
山东	环境质量	江河水	济南泺口	铀	技术中心

省份	监测类别	监测对象	点位[1)	监测项目	承检单位
湖南	272 公司	土壤	朱家塘、新塘埠村（对照点）	铀	广东站
湖南	272 公司	草鱼肉	西眉糖	铀	广东站
湖南	环境质量	地下水	长沙白沙井	镭-226（放化）	广东站
广东	环境质量	地下水	河源紫金温泉水	镭-226（放化）	技术中心
广西	环境质量	气溶胶	广西辐射站	铅-210（γ谱）	技术中心
广西	环境质量	气溶胶	广西辐射站	钋-210	技术中心
海南	环境质量	地下水	海口市江东新区	镭-226（放化）	广东站
四川	核动力院	土壤	综合楼、南坝、木城、歇马乡、千佛岩、龙沱乡（对照点）	锶-90	技术中心
四川	环境质量	江河水	苴国村	镭-226（放化）	技术中心
四川	龙江铀矿	草	木材检测站、温泉沟与中长沟交汇上游地区	铀	广东站
四川	龙江铀矿	草	木材检测站、温泉沟与中长沟交汇上游地区	镭-226	广东站
四川	龙江铀矿	草	木材检测站、温泉沟与中长沟交汇上游地区	铅-210（放化）	广东站
四川	龙江铀矿	草	木材检测站、温泉沟与中长沟交汇上游地区	钋-210	广东站
云南	环境质量	江河水	保山红旗桥	钍	四川站
云南	环境质量	江河水	橄榄坝	镭-226（放化）	四川站
西藏	环境质量	地下水	区辐射站院内	铀	四川站
陕西	环境质量	江河水	胜利桥	铀	重庆站
陕西	环境质量	江河水	胜利桥	锶-90	重庆站
陕西	西北所	空气	文涛家、生活区（对照点）	碳-14	广西站
甘肃	404 综合基地	土壤	东方向 9 km、西北方向 9 km、西北方向 10 km	锶-90	重庆站
甘肃	环境质量	水库水	金川峡水库	铀	重庆站
甘肃	西北处置场	地下水（监测井）	C69、C85、C89/91/93/95，碱泉子、C87（对照点）	总α	重庆站
甘肃	西北处置场	地下水（监测井）	C69、C85、C89/91/93/95，碱泉子、C87（对照点）	总β	重庆站
青海	环境质量	江河水	直门达	锶-90	重庆站
青海	环境质量	湖泊水	青海湖	铯-137（放化）	广西站
青海	环境质量	湖泊水	青海湖	铀	广西站
宁夏	环境质量	江河水	银古公路桥	锶-90	重庆站
新疆	环境质量	江河水	塔里木河	锶-90	重庆站
新疆	环境质量	江河水	哈巴河县奎干	铀	重庆站

省份	监测类别	监测对象	点位 1)	监测项目	承检单位
新疆	环境质量	江河水	哈巴河县奎干	镭-226（放化）	重庆站
新疆	新疆 737	地下水（监测井）	伊宁市喀尔墩乡（对照点）	铀	广西站
新疆	新疆 739	地下水（监测井）	J43	镭-226（放化）	广西站
新疆	新疆 513	地下水（监测井）	J1、J14	铅-210（放化）	广西站
新疆	新疆 738	地下水（监测井）	J11、J12	钋-210	广西站

注：1）点位中有多个点位名字的可选择其中一个点位采集样品。

19.3.9　国控网沉降物采集和处理方法

1. 采集样品时，向采样器内注入深度超过 1 cm 的去离子水，记录采样起始时间（年、月、日、时），为防止冰冻，可参照《环境空气降尘的测定重量法》（HJ 1221—2021）加入乙二醇。采样期间应随时保持采样器内水深在 1 cm 以上，必要时可采用自动补水装置。

2. 在月巡检时，观察收集情况，用光洁的镊子将落入采样器内的树叶、昆虫等异物取出，并用去离子水将附着在异物上的尘埃冲洗下来，弃去异物。采样期间，所有有关样品代表性和有效性的因素，如沙尘暴等异常气象条件、异常建设活动、植被变化等均应详细记录。

3. 在夏季多雨或冬季多雪季节，应注意采样器内积水或积雪情况，为防止水或雪满溢出，应在采样器内残留少量样品，将大部分样品转移至采样容器内，待采样结束后合并处理。

4. 收集样品时，记录采样结束时间。用光洁的镊子将落入采样器内的树叶、昆虫等异物取出，并用去离子水将附着在异物上的尘埃冲洗下来，弃去异物。将采样器内溶液和尘埃全部转移至样品容器内，并用橡胶/软质硅胶刮刀等将采样器内壁附着的尘埃刮洗干净，用去离子水反复冲洗采样器内壁、采样桶和刮刀，清洗液并入样品容器，在不测量碘的情况下在样品中加酸使 pH<2。

5. 样品运至实验室，将样品转移至蒸发容器（如大型瓷蒸发皿或 5 L 烧杯），在电热板上蒸发。当液体量减少一半时，依次加入剩余样品，继续浓缩，注意留出少量上层清液样品用于洗涤样品容器。

6. 当浓缩液很少时，冷却后，将浓缩后的样品转移至小型瓷蒸发皿中浓缩。蒸发容器用少量去离子水洗涤，并加入浓缩液中，遇到器壁上有悬浮物等吸附时，可用淀帚仔细擦洗，洗涤合并入浓缩液，继续浓缩至约 20 ml。

7. 用烘箱、红外灯和电热板等对小型瓷蒸发皿内的样品加热（不超过 105 ℃，防止崩溅）至水相消失，用碾杵将样品磨细。

8. 测量样品总重量，充分混合后根据待测项目的要求准确称取部分或全部样品进行分析。

19.3.10 国控网降水采集方法

1. 降水样品采集可采用以下两种方法，一用降雨自动采样器收集；二为用雨量传感器连接足够容量的储水瓶收集，寒冷地区可使用具有加热功能的雨量传感器。

2. 在月巡检时，擦拭和清理降雨自动采样器或雨量传感器的受水凹面和底部过滤网，除去落在上面的尘埃及树叶等杂物。

3. 在夏季多雨或冬季多雪季节，储水瓶装满降水后应随时更换，以防止发生外溢。

4. 采样完毕，储水瓶用去离子水充分清洗，供下次使用。

5. 降水样品采集后，应于棕色玻璃瓶中加盖密封保存，测量氚的水样不酸化，保存期不宜过长，应尽快分析测定。

6. 用雨量传感器记录采样期间降雨量，雨量传感器应每年至少进行一次量值传递、检定或校准。

19.4 2023年国家辐射环境监测网样品外检案例

样品外检是外部质量保证的一种重要措施，主要用于检查监测机构实验室分析的系统误差。为切实保障国家辐射环境监测网（以下简称"国控网"）监测数据的准确性、可靠性和可比性，贯彻"内部质控为主、外部监督为辅"的质量管理总方针，由生态环境部辐射环境监测技术中心（以下简称"技术中心"）牵头，依托北京、四川、重庆、江苏、广东、广西等监测水平较高的省级辐射环境监测机构，组织开展国控网样品外检活动。

根据《2023年全国辐射环境监测质量保证方案》（环辐监〔2023〕9号），本年度国控网监测外检项目共计4个，分别为水中铀、水中钍、气溶胶中锶-90放化分析，以及气溶胶γ能谱分析。《国家辐射环境监测网样品外检工作总结》以2023年国控网样品外检监测数据为基础，对2023年样品外检工作进行了分析和总结，为全国辐射环境监测质量管理提供科学依据和技术支撑。

19.4.1 样品外检点位和体系

以提升监测能力为目的，结合国控网监测数据质量实施年度样品外检工作，外检项目重点为新开展项目和薄弱项目。2023年国控网样品外检项目共计4个，分别为水中铀、水中钍和气溶胶中锶-90放化分析以及气溶胶γ能谱分析，其中气溶胶γ能谱分析包括钾-40、铅-210、镭-226、镭-228和铯-137共5个核素。

水样品外检，送检机构按照《全国辐射环境监测样品外检作业指导书（试行）》的要求，将规定样品量的样品经预处理和包装后寄送至承检机构。

气溶胶样品外检，选取连续监测点位采集的样品γ。能谱分析样品量不小于50 000 m³，按照《环境空气气溶胶中γ放射性核素的测定滤膜压片/γ能谱法》（HJ 1149—2020）要求进行样品制备并测量后将该样品送承检机构复测；锶-90放化分析，采集的样品体积不小于 200 000 m³，由送检机构作灰化、混匀预处理后，等量均分，双方分别测量。

送检机构采集《2023 年全国辐射环境监测质量保证方案》中规定点位样品，其中河北省水样点位更换为石家庄市环境监测中心，内蒙古气溶胶点位更换为包头市青山区丰产道站、湖北省气溶胶点位更换为武汉市公正路站、四川省气溶胶点位更换为花土路站，在规定时间内将样品和本单位测定结果报告一并送承检监测机构，送检和承检监测机构均需对外检工作出具监测报告（见表 19-9）。

表 19-9　2023 年样品外检点位

省份	水		气溶胶	承检单位
	点位	类别	点位	
北京	三家店	江河水	万柳中路站	监测技术中心
天津	滨海新区海河外滩	江河水	南开复康路站	北京站、广西站[1]
河北	永定河怀来 8 号桥	江河水	石家庄槐岭站	北京站、广西站[1]
河南	郑州花园口	江河水	郑州大王庄站	北京站
山西	太原市小店桥	江河水	太原长治路站	北京站
内蒙古	黄河昭君坟	江河水	包头市标准站	北京站
广西	随滩	江河水	广西辐射站	监测技术中心
辽宁	丹东市鸭绿江河口断面	江河水	沈阳市东陵站	广西站
吉林	松花江松林断面	江河水	长春青年路站	广西站
黑龙江	黑河段面	江河水	哈尔滨南直路站	广西站
江苏	徐州市蔺家坝	江河水	南京新城科技园站	监测技术中心
上海	黄浦江	江河水	普陀沪太路站	江苏站
浙江	杭州市钱塘江干流七堡	江河水	杭州三义村站	江苏站
安徽	安庆市皖河口	江河水	合肥怀宁路站	江苏站
福建	闽江流域（南平市段）	江河水	福州连江站	江苏站
江西	南昌市赣江滁搓	江河水	南昌洪都北大道站	江苏站
山东	济南市历下亭	江河水	济南经十路站	江苏站
青岛	青岛市棘洪滩水库	水库水	崂山区登瀛站	江苏站
广东	珠江中大码头河段	江河水	广州大道站	监测技术中心
湖北	三峡大坝	江河水	武汉东湖风景区站	广东站
湖南	暮云镇	江河水	长沙万家丽中路站	广东站
海南	海口市江东新区	地下水	海口红旗镇站	广东站
四川	泸州市沙溪口	江河水	成都熊猫基地站	监测技术中心
贵州	遵义市乌江大桥	江河水	贵阳青云路站	四川站

续表

| 省份 | 水 | | 气溶胶 | 承检单位 |
	点位	类别	点位	
云南	保山红旗桥	江河水	昆明环城西路站	四川站
西藏	雅鲁藏布江大桥	江河水	拉萨东嘎镇站	四川站
重庆	大渡口区丰收坝水厂	江河水	白市驿站	监测技术中心
陕西	咸阳城区一水厂	江河水	西安北郊污水处理厂站	重庆站
甘肃	包兰桥	江河水	兰州东岗站	重庆站
青海	直门达	江河水	西宁南山路站	重庆站
宁夏	银古公路桥	江河水	银川市环保局西夏分局站	重庆站
新疆	乌鲁木齐河	江河水	乌鲁木齐北京中路站	重庆站

注：1）天津市和河北省的水样品由广西站承检，气溶胶样品由北京站承检。

　　监测技术中心根据"能力为先，兼顾区域"的原则组建国控网三级样品外检体系，作为承检单位，北京、四川、重庆、江苏、广东、广西等省级辐射环境监测机构分别承担华北、东北、华东、华南、西南和西北地区监测机构的样品外检工作，由监测技术中心承担承检单位的样品外检工作，外检体系架构如图19-1所示。

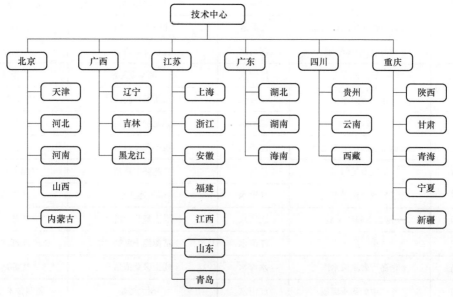

图19-1　国控网样品外检体系架构图

19.4.2　样品外检结果

（1）水中铀

水中铀放化分析样品外检，除青岛站因国控网无该项目监测任务无须参加、西藏站未报送结果外，30家监测机构均报送了外检结果，其中，湖南站、陕西站、辽宁站、吉林站、海南站、河北站、新疆站、宁夏站、安徽站共9家监测机构在规定时间内通过全国辐射环境监测数据管理及应用平台（以下简称"平台"）报送了外检结果。

结果表明，30家送检机构与承检机构水中铀放化分析外检样品的相对平均偏差范围为0.0%～16.9%，均满足控制指标，双方测量结果无显著性差异。其中1家监测机构首次外检与承检机构的相对平均偏差略超控制指标，重新采样送检，补测结果符合控制指标。

（2）水中钍

水中钍放化分析样品外检，除青岛站因国控网无该项目监测任务无需参加、西藏站未报送结果外，30家监测机构均报送外检结果。其中，湖南站、辽宁站、海南站、河北站、安徽站共5家监测机构在规定时间内通过平台报送了外检结果。

结果表明，30家送检机构中，29家送检机构水中钍的测量结果与承检机构无显著性差异，其中28家送检机构与承检机构的相对平均偏差为0.0%～27.2%，满足控制指标；1家监测机构与承检机构的测量结果均小于探测下限。新疆站与承检机构的相对平均偏差为33.6%，略超控制指标（见表19-10）。

表19-10　水中铀和水中钍外检结果

单位：测值/（μg/L）；偏差/%；样品体积/L

序号	监测机构	点位	水中U		水中Th		
			测值	偏差	样品体积	测值	偏差
1	北京站	三家店	6.21	4.0	5	0.34	15.3
	监测技术中心（承检）		5.73		5	0.25	
2	天津站	滨海新区海河外滩	1.57	3.8	5	0.077	16.4
	广西站（承检）		1.45		5	0.055	
3	河北站	永定河怀来8号桥	8.12	2.9	5	0.058	16.8
	广西站（承检）		7.67		5	0.041	
4	河南站	郑州花园口	6.80	1.0	5	0.067	23.4
	北京站（承检）		6.93		5	0.11	
5	山西站	太原市小店桥	2.30	5.0	10	0.069	27.2
	北京站（承检）		2.54		10	0.12	
6	内蒙古站	黄河昭君坟	4.18	4.4	5	0.48	25.7
	北京站（承检）		4.56		5	0.28	
7	广西站	随滩	0.41	0.0	5	0.059	12.4
	监测技术中心（承检）		0.41		5	0.046	
8	辽宁站	丹东市鸭绿江河口断面	0.12	9.3	5	0.12	4.1
	广西站（承检）		0.10		5	0.11	

序号	监测机构	点位	水中 U		水中 Th		
			测值	偏差	样品体积	测值	偏差
9	吉林站	松花江松林断面	0.21	2.4	5	0.070	3.7
	广西站（承检）		0.20		5	0.065	
10	黑龙江站	黑河段面	1.64	2.5	5	0.058	18.4
	广西站（承检）		1.72		5	0.040	
11	江苏站	徐州市蔺家坝	3.11	15.4	5	0.11	20.5
	监测技术中心（承检）		4.24		5	0.070	
12	上海站	黄浦江	0.93	7.0	5	0.60	12.6
	江苏站（承检）		1.07		5	0.77	
13	浙江站	杭州市钱塘江干流七堡	0.24	9.1	5	0.09	5.3
	江苏站（承检）		0.20		5	0.10	
14	安徽站	安庆市皖河口	0.66	14.8	5	<0.050	符合
	江苏站（承检）		0.89		5	<0.050	
15	福建站	闽江流域（南平市段）	0.21	1.2	5	0.10	0.0
	江苏站（承检）		0.20		5	0.10	
16	江西站	南昌市赣江滁槎	0.20	1.1	5	0.16	4.7
	江苏站（承检）		0.20		5	0.14	
17	山东站	济南市历下亭	0.64	16.9	5	0.14	22.0
	江苏站（承检）		0.90		5	0.087	
18	广东站	珠江中大码头河段	0.69	8.4	5	0.060	3.2
	监测技术中心（承检）		0.81		5	0.064	
19	湖北站	三峡大坝	1.19	6.0	5	0.030	25.0
	广东站（承检）		1.05		5	0.018	
20	湖南站	暮云镇	0.54	0.5	10	0.015	13.7
	广东站（承检）		0.54		0.05（ICP-MS）	0.011	
21	海南站	海口市江东新区	0.025	9.1	5	0.025	4.2
	广东站（承检）		0.030		5	0.023	
22	四川站	泸州市沙溪口	0.98	5.3	5	0.058	11.7
	监测技术中心（承检）		1.09		5	0.046	
23	贵州站	遵义市乌江大桥	0.65	0.0	5	0.079	0.7
	四川站（承检）		0.65		5	0.080	
24	云南站	保山红旗桥	2.07	6.7	5	0.28	6.5
	四川站（承检）		2.36		5	0.25	

续表

序号	监测机构	点位	水中 U		水中 Th		
			测值	偏差	样品体积	测值	偏差
25	重庆站	大渡口区丰收坝水厂	0.97	11.0	5	0.077	14.9
	监测技术中心（承检）		1.21		5	0.057	
26	陕西站	咸阳城区一水厂	3.10	7.1	5	0.082	4.9
	重庆站（承检）		3.57		10	0.075	
27	甘肃站	包兰桥	2.98	9.5	25	0.20	10.2
	重庆站（承检）		2.46		25	0.16	
28	青海站	直门达（二次采样送检）	3.70	9.8	5	0.040	9.9
	重庆站（承检）		3.04		5	0.049	
29	宁夏站	银古公路桥	2.05	16.3	5	0.075	1.3
	重庆站（承检）		2.85		10	0.073	
30	新疆站	乌鲁木齐河	4.11	6.3	5	0.17	33.6
	重庆站（承检）		3.62		10	0.086	

（3）气溶胶中锶-90

气溶胶中锶-90 放化分析样品外检，除西藏站未报送结果外，31 家监测机构均报送了外检结果。其中，海南站、山西站、青海站、河北站共 4 家监测机构在规定时间内通过平台报送了外检结果。

结果表明，31 家送检机构气溶胶中锶-90 的测量结果与承检机构均无显著性差异，其中，27 家送检机构与承检机构的相对平均偏差为（0.2～39.1）%，满足控制指标；4 家送检机构与承检机构的测量结果均小于探测下限（见表 19-11）。

表 19-11　气溶胶中锶-90 外检结果

单位：采样体积、样品体积/m³；单位尘量/（μg/m³）；测值/（μBq/m³）；偏差/%

序号	测量单位	点位	采样体积	单位尘量	样品体积	测值	偏差
1	北京站	北京万柳中路站	200 000	75.5	100 000	0.43	22.3
	监测技术中心（承检）				100 000	0.68	
2	天津站	南开复康路站	201 216	44.7	100 608	0.22	3.1
	北京站（承检）				100 608	0.24	
3	河北站	石家庄槐岭站	200 000	75.0	100 000	0.24	2.2
	北京站（承检）				100 000	0.26	
4	河南站	郑州大王庄站	283 787	89.9	172 498	1.1	15.7
	北京站（承检）				111 289	0.80	

序号	测量单位	点位	采样体积	单位尘量	样品体积	测值	偏差
5	山西站	太原长治路站	200 028	123.0	24 668	0.61	39.1
	北京站（承检）				82 265	0.27	
6	内蒙古站	包头市标准站	216 000	233.3	43 120	0.74	10.4
	北京站（承检）				52 636	0.60	
7	广西站	广西辐射站	231 488	83.8	44 403	0.21	21.6
	监测技术中心（承检）				29 949	0.33	
8	辽宁站	沈阳市东陵站	215 017	55.3	108 257	0.50	24.3
	广西站（承检）				106 150	0.31	
9	吉林站	长春青年路站	215 829	118.1	25 512	1.5	33.3
	广西站（承检）				85 077	0.75	
10	黑龙江站	哈尔滨南直路站	337 292	27.6	168 646	0.10	19.4
	广西站（承检）				168 646	0.15	
11	江苏站	南京新城科技园站	417 011	76.0	106 089	0.12	28.2
	监测技术中心（承检）				106 089	0.21	
12	上海站	普陀沪太路站	217 218	38.7	108 596	<0.068	符合
	江苏站（承检）				108 622	<0.055	
13	浙江站	杭州三义村站	205 879	97.6	102 979	0.17	3.0
	江苏站（承检）				102 432	0.16	
14	安徽站	合肥怀宁路站	336 072	27.4	105 121	<0.40	符合
	江苏站（承检）				109 151	<0.40	
15	福建站	福州连江站	281 420	52.2	106 590	<0.060	符合
	江苏站（承检）				132 485	<0.055	
16	江西站	南昌洪都北大道站	200 000	82.2	100 000	0.034	10.6
	江苏站（承检）				100 000	0.037	
17	山东站	济南经十路站	200 000	52.0	92 308	0.14	4.0
	江苏站（承检）				100 000	0.13	
18	青岛站	崂山区登瀛站	205 766	104.0	25 863	0.36	37.7
	江苏站（承检）				102 530	0.16	
19	广东站	广州大道站	203 662	76.6	101 831	0.10	23.6
	监测技术中心（承检）				59 510	0.17	
20	湖北站	武汉东湖风景区站	250 682	69.0	50 756	0.14	2.5
	广东站（承检）				125 346	0.14	

续表

序号	测量单位	点位	采样体积	单位尘量	样品体积	测值	偏差
21	湖南站	长沙标准站	200 833	36.8	48 081	<0.17	符合
	广东站（承检）				100 417	<0.047	
22	海南站	海口红旗镇站	265 717	44.8	66 429	0.070	6.7
	广东站（承检）				132 858	0.080	
23	四川站	花土路站	212 543	45.6	104 962	1.8	25.0
	监测技术中心（承检）				54 554	1.1	
24	贵州站	贵阳青云路站	237 878	32.8	50 721	1.5	5.6
	四川站（承检）				121 865	1.7	
25	云南站	昆明环城西路站	226 117	31.4	31 937	1.3	0.2
	四川站（承检）				124 556	1.3	
26	重庆站	白市驿站	201 118	91.5	100 824	0.29	16.0
	监测技术中心（承检）				61 491	0.39	
27	陕西站	西安北郊 污水处理厂站	200 000	77.5	27 352	0.69	35.3
	重庆站（承检）				97 615	0.33	
28	甘肃站	兰州东岗站	200 028	262.5	11 432	0.70	15.0
	重庆站（承检）				47 659	0.52	
29	青海站	西宁南山路站	218 560	243.0	44 752	0.40	4.3
	重庆站（承检）				44 752	0.37	
30	宁夏站	银川市环保局西夏分局站	264 135	158.6	18 928	0.70	13.6
	重庆站（承检）				33 372	0.53	
31	新疆站	乌鲁木齐北京中路站	196 106	32.1	98 058	0.88	10.5
	重庆站（承检）				98 053	0.71	

（4）气溶胶γ能谱分析

气溶胶γ能谱分析样品外检，除西藏站未报送结果外，31家监测机构均报送了外检结果。其中，山西站、河南站、河北站、湖北站、天津站、安徽站、陕西站、吉林站、辽宁站、新疆站共10家监测机构在规定时间内通过平台报送了外检结果。

结果表明，31家送检机构中，30家送检机构气溶胶中γ能谱分析的钾-40、铅-210、镭-226和镭-228的结果与承检机构无显著差异，湖南站的测量结果与承检机构存在不同程度的差异（见表19-12）。各核素外检结果分别为：

钾-40，31家送检机构与承检机构的相对平均偏差为0.5%～23.3%，均满足控制指标，双方测量结果无显著性差异。

铅-210，31家送检机构与承检机构的相对平均偏差为0.3%～18.5%，均满足控制指标，双方测量结果无显著性差异。

镭-226，31 家送检机构中，30 家送检机构的结果与承检机构无显著差异，其中，24 家送检机构与承检机构的相对平均偏差为 0.2%～19.8%，满足控制指标；5 家送检机构与承检机构的测量结果均小于探测下限；1 家送检机构与承检机构的测量结果分别为大于探测下限、大于判断限且小于探测下限，根据不确定度计算 $|E_n| \leq 1$。湖南站与承检单位的相对偏差为 54.9%，超控制指标。

镭-228，31 家送检机构中，30 家送检机构的结果与承检机构无显著差异，其中，21 家送检机构与承检机构的相对平均偏差为 1.5%～19.2%，满足控制指标；8 家送检机构与承检机构的测量结果均小于探测下限；1 家送检机构与承检机构的测量结果分别为大于探测下限、大于判断限且小于探测下限，根据不确定度计算 $|E_n| \leq 1$。湖南站与承检机构的测量结果分别为大于探测下限、小于判断限，双方测量结果存在显著性差异。

铯-137，《全国辐射环境监测质量保证方案》未规定相对平均偏差控制指标。31 家送检机构中，11 家送检机构与承检机构的相对平均偏差为 0.3%～22.9%；18 家送检机构与承检机构的测量结果均小于探测下限；1 家送检机构与承检机构的测量结果分别为大于探测下限、大于判断限且小于探测下限，根据不确定度计算 $|E_n| \leq 1$；青海站与承检机构的测量结果分别为大于探测下限、小于判断限。

气溶胶 γ 能谱分析的铯-137 相对平均偏差控制指标暂不做规定。

表 19-12　气溶胶 γ 能谱外检结果

单位：样品体积/m³；单位尘量/（μg/m³）；²¹⁰Pb/（mBq/m³）；其他核素/（μBq/m³）

序号	测量单位	点位	样品体积	单位尘量	^{40}K 测值	偏差	^{210}Pb 测值	偏差	^{226}Ra 测值	偏差	^{228}Ra 测值	偏差	^{137}Cs 测值	偏差
1	北京站	北京万柳中路站	100 258	24.9	49.1	14.7	0.794	11.3	2.55	12.6	2.36	10.1	0.871	21.1
	监测技术中心（承检）				36.5		0.997		1.98		2.89		0.568	
2	天津站	南开复康路站	100 397	65.7	48.9	0.7	1.86	12.1	15.4	16.5	15.8	6.0	<0.290	符合
	北京站（承检）				48.2		2.41		11.0		17.8		<0.274	
3	河北站	石家庄槐岭站	100 000	110.0	80.0	0.9	1.23	2.4	3.26	8.9	4.25	12.7	0.520	1.0
	北京站（承检）				81.4		1.29		2.73		5.49		0.510	
4	河南站	郑州大王庄站	93 507	171.1	70.8	6.7	1.89	11.4	1.83	18.3	4.98	15.4	0.411	$|E_n| \leq 1$
	北京站（承检）				61.9		1.50		2.65		3.65		<0.249	
5	山西站	太原长治路站	101 236	106.7	27.4	10.6	1.62	3.9	1.59	17.2	2.84	9.0	<0.195	符合
	北京站（承检）				33.9		1.50		2.25		2.37		<0.317	
6	内蒙古站	包头市标准站	84 545	158.5	43.2	4.8	2.32	3.5	1.85	8.2	4.64	1.5	<0.340	符合
	北京站（承检）				47.6		2.16		2.18		4.50		<0.345	

续表

序号	测量单位	点位	样品体积	单位尘量	40K 测值	偏差	210Pb 测值	偏差	226Ra 测值	偏差	228Ra 测值	偏差	137Cs 测值	偏差
7	广西站	广西辐射站	52 722	161.1	11.5	1.3	1.25	1.6	<1.15	符合	<1.45	符合	<0.349	符合
	监测技术中心（承检）				11.2		1.29		<0.590		<1.20		<0.420	
8	辽宁站	沈阳市东陵站	104 238	95.0	48.6	1.3	0.478	5.7	2.04	10.5	2.35	10.1	0.675	5.0
	广西站（承检）				47.3		0.426		2.52		2.87		0.746	
9	吉林站	长春青年路站	70 961	101.5	88.5	2.6	0.935	3.4	2.28	0.2	4.37	3.2	0.740	12.4
	广西站（承检）				84.0		1.00		2.27		4.66		0.577	
10	黑龙江站	哈尔滨南直路站	50 000	58.0	26.9	5.6	0.436	13.8	2.59	5.5	<1.52	符合	<0.280	符合
	广西站（承检）				30.1		0.576		2.32		<2.06		<0.451	
11	江苏站	南京新城科技园站	101 447	74.9	29.1	5.2	1.69	5.6	1.16	11.5	0.992	12.7	<0.335	符合
	监测技术中心（承检）				26.2		1.51		1.46		1.28		<0.260	
12	上海站	普陀沪太路站	100 827	61.5	35.0	5.4	1.40	8.5	<0.630	符合	2.30	19.2	<0.150	符合
	江苏站（承检）				31.4		1.18		<0.674		1.56		<0.117	
13	浙江站	杭州三义村站	90 770	244.6	126	2.3	1.02	10.1	7.05	3.5	8.04	14.7	3.08	0.3
	江苏站（承检）				132		1.25		6.57		10.8		3.06	
14	安徽站	合肥怀宁路站	96 952	71.2	7.00	3.1	0.330	0.3	<5.50	符合	<1.13	符合	<0.250	符合
	江苏站（承检）				7.45		0.332		<1.52		<2.51		<0.756	
15	福建站	福州连江站	96 019	54.2	18.6	0.5	0.584	0.9	0.969	2.3	1.75	10.8	0.499	22.9
	江苏站（承检）				18.4		0.594		0.925		1.41		0.313	
16	江西站	南昌洪都北大道站	101 011	95.0	33.9	2.0	1.16	2.9	<0.894	符合	<1.12	$|E_n| \leqslant 1$	<0.280	符合
	江苏站（承检）				32.6		1.23		<0.619		1.51		<0.304	
17	山东站	济南经十路站	50 000	186.0	86.3	9.3	0.579	0.9	2.75	1.1	9.58	2.6	2.33	5.7
	江苏站（承检）				104		0.569		2.81		10.1		2.61	
18	青岛站	崂山区登瀛站	50 974	370.8	47.0	1.9	1.64	9.7	3.00	7.5	5.00	3.0	<0.703	符合
	江苏站（承检）				48.8		1.35		2.58		4.71		<0.618	
19	广东站	广州大道站	50 112	69.8	30.5	15.1	0.611	11.0	1.11	8.1	2.38	5.7	<0.110	符合
	监测技术中心（承检）				22.5		0.762		0.944		2.67		<0.340	
20	湖北站	武汉东湖	70 920	73.3	41.0	7.0	1.19	1.5	1.17	18.2	2.22	3.4	0.227	2.8

续表

序号	测量单位	点位	样品体积	单位尘量	⁴⁰K		²¹⁰Pb		²²⁶Ra		²²⁸Ra		¹³⁷Cs	
					测值	偏差	测值	偏差	测值	偏差	测值	偏差	测值	偏差
	广东站（承检）	风景区站			35.6		1.15		1.69		2.07		0.240	
21	湖南站	长沙标准站	100 800	36.7	16.8	20.4	0.583	15.2	1.10	54.9	<0.366	不符合	<0.165	符合
	广东站（承检）				11.1		0.429		0.320		0.211		<0.044	
22	海南站	海口红旗镇站	90 605	15.5	8.85	23.3	0.530	18.5	<0.487	|Eₙ|≤1	<0.973	符合	<0.215	符合
	广东站（承检）				5.50		0.770		0.270		<0.270		<0.083	
23	四川站	花土路站	62 157	70.8	13.7	5.8	0.926	1.0	0.590	8.2	<2.54	符合	<1.79	符合
	监测技术中心（承检）				12.2		0.908		0.696		<1.10		<0.320	
24	贵州站	贵阳青云路站	45 531	52.7	17.7	12.4	0.841	7.1	<1.31	符合	<1.81	符合	<0.456	符合
	四川站（承检）				13.8		0.730		<0.680		<1.13		<0.342	
25	云南站	云南省辐射环境监督站	156 584	6.4	4.38	2.0	0.330	3.0	0.490	10.5	<0.900	符合	<0.100	符合
	四川站（承检）				4.21		0.311		0.397		<0.309		<0.103	
26	重庆站	白市驿站	98 454	208.2	8.16	5.8	2.05	2.8	0.567	1.2	1.08	4.7	<0.251	符合
	监测技术中心（承检）				7.26		1.94		0.554		0.984		<0.210	
27	陕西站	西安北郊污水处理厂站	86 828	88.7	89.2	8.1	2.01	9.3	3.97	11.5	7.23	3.5	2.46	7.3
	重庆站（承检）				105		2.42		5.00		7.75		2.85	
28	甘肃站	兰州东岗站	50 040	291.8	173	5.0	0.780	12.0	7.50	4.9	19.1	1.6	2.12	1.9
	重庆站（承检）				191		0.992		6.80		18.5		2.04	
29	青海站	西宁南山路站	50 000	212.0	73.4	18.9	1.54	14.2	3.42	19.8	4.08	2.9	<0.245	不符合
	重庆站（承检）				50.1		2.05		2.29		4.32		0.291	
30	宁夏站	银川市环保局西夏分局站	52 091	124.8	103	15.6	0.810	0.3	7.10	8.5	8.00	17.5	1.40	3.8
	重庆站（承检）				141		0.815		8.42		11.4		1.51	
31	新疆站	乌鲁木齐北京中路站	50 000	224.0	25.3	1.2	3.71	0.9	2.00	4.8	<1.30	符合	<0.350	符合
	重庆站（承检）				25.9		3.78		2.20		<1.98		<0.456	

19.4.3 样品外检存在问题及结果建议

2023 年样品外检结果表明，国控网监测数据的质量总体可控，其中：

水中铀和气溶胶中锶-90，外检双方测量结果均无显著差异。水中钍，外检双方测量结果无显著性差异占 96.7%。气溶胶 γ 能谱分析，钾-40 和铅-210，外检双方测量结果均无显著性差异；镭-226 和镭-228，外检双方测量结果无显著差异分别占 96.8%。

（1）存在问题

① 2023 年样品外检虽然总体结果较好，但也存在时间要求执行不到位的问题。如：水中铀、水中钍、气溶胶中锶-90 和气溶胶 γ 能谱在规定时间内通过平台报送外检数据的监测机构分别仅占 30%、17%、13%和 32%；个别送检机构送样不及时，或未能将本单位测定结果报告与样品一并送承检机构；个别监测机构外检样品的样品量不符合《2023 年全国辐射环境监测质量保证方案》要求，导致外检双方测量结果的相对偏差过大。

② 个别送检机构样品外检结果与日常监测结果存在明显差异，气溶胶 γ 能谱测量结果与样品滤膜载尘量不相符合，说明外检测量结果真实性存疑，未能认识样品外检工作对发现实验室系统误差的重要意义，仍停留在走走过场的形式阶段。

③ 样品外检一般为江河水等环境质量样品，点位相对固定，干扰因素少，样品中放射性核素活度浓度较为稳定，加之各监测机构对外检结果的重视，一般由经验丰富的监测人员使用性能较好的仪器完成，导致外检结果不能有效反映监测机构的能力。

（2）结果建议

① 监测机构应充分重视样品外检的作用和意义，以提高监测数据质量为目标导向，杜绝"有外检数据就行"的应付现象，将质保方案和外检作业指导书内容要求落实落细，严格规范样品外检工作流程，提升样品外检工作的实效性。

② 通过全面梳理国控网历年数据，尤其是常年高于环境背景水平自查原因模糊的数据，监测技术中心将进一步完善样品外检工作管理，坚持问题导向，组织开展该类点位样品外检，验证数据的有效性，加强工作针对性和精准性，持续提升国控网监测数据准确性和可比性。

③ 在《全国辐射环境监测质量保证方案》中明确样品外检测量结果应出具符合资质认定或实验室认可要求的监测报告；补充送检机构样品寄送时限要求。超规定时限报送或出具的监测报告不符合要求的外检数据不再纳入 2024 年国控网质量保证数据获取率的统计。

④ 由于辐射监测的标准方法体系日益健全，质量保证要求日渐严格，若样品外检结果不满足控制指标要求，原因一般为监测人员业务能力和综合分析上存在短板，送检机构应及时开展原因自查和纠正整，加强监测技术交流和人员培训，采取重新采样外检等措施跟踪验证整改结果。

⑤ 承检机构应积极发挥监测能力优势，加强双方测定结果的分析，在收到送检机构的测定报告后，方可出具测量结果，提升问题发现能力。

⑥ 针对我国地域辽阔，环境复杂的特点，监测技术中心与各承检机构应充分利用质控实验室资源，对样品外检中遇到的特殊、复杂、疑难问题开展深入研究，提升监测技术人员应对复杂情况的处理能力。

19.5　2023 年全国辐射环境监测质量考核和比对案例

为贯彻落实中共中央办公厅、国务院办公厅印发的《关于深化环境监测改革提高环境监测数据质量的意见》，逐步建立与核工业强国相匹配的监测能力，切实保障辐射环境监测数据质量，提高辐射环境监测数据公信力和权威性，满足核与辐射安全监管的需要，按照《辐射环境监测技术中心关于发布 2023 年全国辐射环境监测质量保证方案的通知》（环辐监〔2023〕19 号）的要求，生态环境部辐射环境监测技术中心（以下简称"监测技术中心"）组织开展 2023 年全国辐射环境监测质量考核和比对。

本年度质量考核和比对项目共计 4 个，分别为水中氚放化分析、水中总 α 放化分析、水中总 β 放化分析、水 γ 能谱分析；考核内容覆盖辐射环境质量监测、监督性监测、海洋专项监测；考核方式为质控密码样分散考核，参加考核单位可自主选择测量方法，考核结果评价方法采用基于迭代稳健统计的稳健平均值和相对偏差法。

考核和比对结果表明，二十大以来，党中央、国务院高度重视生态环境监测工作，大力指导推动生态环境监测工作迅速发展，全国辐射系统提升了对质量保证工作的认识高度和推进力度，严格落实监测数据质量责任，优化完善辐射环境监测培训体系，培养一批综合素质强的辐射环境监测技术人员队伍，监测能力有了较明显提高，但个别监测机构的监测能力有待继续提升。

19.5.1　前期准备

基于 2022 年全国辐射环境监测数据质量，结合国家辐射环境监测网（以下简称"国控网"）近年新增监测任务，借鉴国际原子能机构全球能力验证活动项目内容，开展预选监测项目前期实验，综合上述各项结果，最终确定 2023 年全国辐射环境监测质量考核的四个项目：

项目一：水中氚放化分析；

项目二：水中总 α 放化分析；

项目三：水中总 β 放化分析；

项目四：水 γ 能谱分析。

四个项目均为辐射环境监测实验室分析测量项目，包括核物理测量和放射化学分析。其中，项目一是国控网常规监测项目，又是海洋放射性监测、流出物监督性监测项目和核电运营企业自主监测项目考察各单位对氚测量分析的准确性。考核样品由监测技术中心制备。为贴近监测工作实际，使用未受污染影响的地表水为样品基材，地表水过滤后，添加可溯源至美国 NIST（美国国家计量标准）的氚标准物质制备而成；项目二和项目三是国控网常规监测项目，主要考察各单位对水中总 α、总 β 测量分析的准确性；项目四是国控网常规监测项目，也是流出物监督性监测项目，考察各单位对 γ 能谱分析技能的掌握和 γ 谱仪刻度的准确性。项目二、三、四为同一考核样品，由监测技术中心制备，使用未受污染影响的自来水为基材，将多种放射性溶液加入基材中，用硝酸调节 pH 约为 2，搅拌均匀。

根据上述四个考核项目的特点，监测技术中心开展了前期条件实验和均匀性检测实验，并依据实验结果，确定了考核样品的活度水平、准确度和均匀性要求，考核样定制方案，考核结果评价方法和要求，编写作业指导书。

根据全国辐射系统各单位监测任务，以及核电企业自行监测大纲内容，确定考核和比对范围（见表 19-13）。水中氚放化分析、水 γ 能谱分析参加单位为全国辐射监测系统各单位、各运行核电企业、中核四 0 四；水中总 α 放化分析、水中总 β 放化分析参加单位为全国辐射系统各单位，各运行核电企业、中核四 0 四按照生态环境部审批的监测大纲项目内容确定参加情况。承担国控网监测任务的外委单位须参加相应外委项目考核。

表 19-13　考核和比对样品信息

序号	项目名称	核素活度（浓度）范围/（Bq/L）	样品量/g	样品形态
1	水中氚放化分析	1～10	约 500	液体，样品基材为澄清、透明、未受污染影响地表水。地表水经过滤后，用重量法将可溯源至美国 NIST（美国国家计量标准）的氚标准溶液加入基材中搅拌均匀，按照 CNAS-GL003 要求开展均匀性检测
2	水中总 α 放化分析、水中总 β 放化分析、水能谱分析	1～20	约 500	液体，样品基材为澄清、透明、未受污染影响的自来水。自来水经过滤后，用重量法将多种放射性溶液加入基材中，用硝酸调节 pH 约为 2，搅拌均匀，按照 CNAS-GL003 要求开展均匀性检测

样品 1 和样品 2 的均匀性检验步骤包括：从制备好的液体样品中，在不同深度、不同位置随机取 10 个样品，根据特性量值的均匀性与最小取样量的相关性，样品 1 和样品 2 均匀性检验的取样量分别为 10 g 和 500 g。样品 1 和样品 2 按标准物质活度浓度不同均分为 A、B 两组，对样品 1 每组抽取的 10 个样品，用检定过的分析天平称量后置于低本底液闪谱仪测量 500 分钟，在重复条件下测量 2 次，一共测试 20 次。对样品 2 每组抽取 10 个样品，装入样品盒后置于 γ 能谱仪中测量 24 小时，在重复条件下测量 2 次，一共测试 20 次。每次样品测量完毕后都取出样品重新放置，监测结果均校正至每组第一个样品的测量时刻。重复测试的样品均分别单独取样，为减小测试中定向变化的影响，样品所有重复测试按随机次序进行。

2023 年 7 月，监测技术中心向全国辐射监测系统成员单位、各运行核电公司、中核四 0 四印发《辐射环境监测技术中心关于开展 2023 年全国辐射环境监测质量考核和比对的通知》（环辐监〔2023〕19 号），通知本次质量考核内容、各单位考核项目、时间安排、考核要求及联系方式。

截至 2023 年 7 月，共计 51 家单位报名参加考核，包括全国辐射监测系统 32 家单位及 5 家分站、13 家核工业企业和 1 家国控网外委单位。

19.5.2　考核和比对实施

（1）考核和比对方式及要求

本年度质量考核和比对采取质控密码样分散考核方式进行，四个考核和比对项目由监测技术中心向参加单位按批次发放样品。

监测技术中心编制的作业指导书与样品同时发放，作业指导书内容包括考核样品形态、活度范围、规格/包装；分析测量要求；日程安排、结果报告等。

为确保样品的安全配送，每个样品均经安全固定和包装。参加单位收到样品后首先确认样品状态（允许异常情况下向监测技术中心申请更换样品），在作业指导书要求时间内通过"全国辐射环境监测数据管理及应用平台"上传"考核样品接收确认表"，核工业企业通过 E-mail 报送。按照考核作业指导书的要求开展分析测量，全国辐射系 统单位还需编制监测报告，盖章后的测量结果报告单（和监测报告）扫描件在规定时间内通过"全国辐射环境监测数据管理及应用平台" 报送，核工业企业通过 E-mail 报送，四个项目的测量时间为 30 个工作日。数据逾期上报或未上报的视为不参加考核。

（2）保障措施

为高质量、高水平地完成考核和比对工作，确保本次考核和比对客观、公平、公正、有效，采取了以下保障措施：

① 考核和比对样品均可溯源至国际或国家计量基准，监测技术中心抽取部分样品，进行了复核测量。

② 监测技术中心随机抽取样品，进行了均匀性检测，保证样品均匀性满足要求。

③ 通过考核和比对通知等相关文件，强调参加单位完成项目考核和比对的独立性，禁止各单位之间互相交流考核和比对相关信息，一经发现，将视同不合格处理。

④ 参加单位在规定时间内向监测技术中心报送分析测量结果。

⑤ 参加单位每个项目检测人员不得超过 2 人。

（3）评价方法

本次质量考核的结果评价，按照《利用实验室间比对进行能力验证的统计方法》（GB/T 28043—2019）和《能力验证结果的统计处理和能力评价指南》（CNAS-GL002：2018）的要求，采用迭代稳健统计方法，得到参加单位单个项目数据总体的稳健平均值，用相对偏差评价方法，综合考虑检测方法、核素放射性水平和分析的复杂性确定最大允许相对偏差（the Maximum Acceptable Relative Bias，MARB）。

19.5.3 考核和比对结果

（1）水中氚放化分析

31 个省站、连云港分站、粤西分部、海阳前沿站、荣成前沿站、浙江国辐、12 个运行核电企业、中核四 0 四共 49 家单位报名参加了本项目考核和比对，除宁德核电、阳江核电、西藏站（因分析人员抽调问题，样品存放时间超出水样保存 2 个月要求）外，其他 46 家单位均按要求报送了结果。根据考核和比对结果评价方法，报送考核和比对结果的 46 家单位中，40 家单位的考核结果为合格，占 87%；6 家单位考核结果为不合格，占 13%。其中，承担国控网该项监测工作的有 35 家单位，30 家单位的考核结果为合格；11 家核工业企业，10 家单位的比对结果合格。

水中氚放化分析考核，各单位采用的测量方法为《水中氚的分析方法》（HJ 1126—2020）《Water quality-Carbon 14-Test method using liquid scintillation counting》（ISO13162—2021），其中《水中氚的分析方法》（HJ 1126—2020）为主要测量方法。

（2）水中总 α 放化分析

全国有 31 个省站、青岛站、连云港分站、粤西分部、深圳分部、海阳前沿站、荣成前沿站、浙江国辐、3 个运行核电企业、中核四 0 四共 42 家单位报名参加了本项目考核和比对，42 家报名参加单位均提交结果。根据考核和比对结果评价方法，报送考核和比对结果的 42 家单位中，41 家单位的结果为合格，占 98%；1 家单位的结果为不合格，占 2%。其中，承担国控网该项监测工作的有 37 家单位，36 家单位的考核结果为合格；4 家核工业企业，比对结果均合格。

水中总 α 放化分析考核，各单位采用的测量方法为《水质总 α 放射性的测定厚源法》（HJ 898—2017）、《Measurement of radioactivity in the environment-Soil》（BS ISO 18589-6：2019），其中，《水质总 α 放射性的测定厚源法》（HJ 898—2017）为主要测量方法。

（3）水中总 β 放化分析

全国 31 个省站、青岛站、连云港分站、粤西分部、深圳分部、海阳前沿站、荣成前沿站、浙江国辐、11 个运行核电企业、中核四 0 四共 50 家单位报名参加了本项目考核，除宁德核电、阳江核电外，48 家报名参加考核单位均提交结果。根据考核和比对结果评价方法，报送结果的 48 家单位中，47 家单位的结果为合格，占 98%；1 家单位的结果为不合格，占 2%。其中，承担国控网该项监测工作的有 37 家单位，考核结果均合格；10 家核工业企业，9 家单位的比对结果合格。

水中总 β 放化分析考核，各单位所采用的测量方法为《水质总 β 放射性的测定厚源法》（HJ 899—2017）《Measurement of radioactivity in the environment-Soil》（BS ISO 18589-6：2019）其中，《水质总 β 放射性的测定厚源法》（HJ 899—2017）为主要测量方法。

（4）水中 γ 能谱分析

全国除西藏站外 30 个省站、青岛站、连云港分站、粤西分部、海阳前沿站、荣成前沿站、浙江国辐、11 个运行核电企业、中核四 0 四共 48 家单位报名参加了本项目考核和比对，除阳江核电未提交结果，宁德核电提交部分结果，其余 46 家报名参加单位均按作业指导书要求提交所有结果。根据考核和比对结果评价方法，报送结果的 47 家单位中，43 家单位的 4 个核素考核结果均为合格；4 家单位 3 个核素的考核结果为合格；各核素分别为：

● 放射性核素镅-241，45 家单位的结果为合格，占 98%；1 家单位的结果为不合格，占 2%。其中承担国控网监测工作有 35 家单位，结果均合格；10 家核工业企业，9 家单位结果合格。

● 放射性核素钴-57，47 家单位的结果均合格，合格率 100%，其中承担国控网监测工作的 35 家，核工业企业 11 家。

● 放射性核素铯-134，45 家单位的结果为合格，占 96%；2 家单位的结果为不合格，占 4%。其中，承担国控网监测工作的有 35 家单位，33 家单位的结果为合格；11 家核工业企业，结果均合格。

● 放射性核素铯-137，47 家单位的结果均合格，合格 100%，其中承担国控网监测工作的 35 家，核工业企业 11 家。

水 γ 能谱分析项目考核和比对，各单位所采用的测量方法为《环境及生物样品中放射性核素的 γ 能谱分析方法》（GB/T 16145—2022）《高纯锗 γ 能谱分析通用方法》（GB/T

11713—2015）《水中放射性核素的γ能谱分析方法》（GB/T 16140—2018），其中，《环境及生物样品中放射性核素的γ能谱分析方法》（GB/T 16145—2022）为主要测量方法。

2023年全国辐射环境监测质量考核和比对评价结果汇总如下。

1）水中氚放化分析项目共有49家单位报名参加，其中全国辐射监测系统有36家。除宁德核电、阳江核电、西藏站外，共46家单位报送了结果，合格率为87%，全国辐射系统参加考核的36家单位中，合格率为86%。

2）水中总α放化分析项目共有42家单位报名参加，其中全国辐射监测系统有38家。42家报名单位均报送结果，合格率为98%；全国辐射系统参加考核的37家单位中，合格率为97%。

3）水中总β放化分析项目共有50家单位报名参加，其中全国辐射监测系统有38家。除宁德核电、阳江核电外，其余48家单位报送了结果，合格率为98%；全国辐射系统参加考核的38家单位中，合格率为100%。

4）水γ能谱分析考核项目共有48家单位报名参加，其中全国辐射监测系统有36家。除阳江核电外，其余47家单位报送了结果，镅-241、钴-57、铯-134、铯-137的合格率分别为98%、100%、96%、100%，全国辐射系统参加考核的36家单位中，镅-241、钴-57、铯-134、铯-137的合格率分别为100%、100%、96%、100%。

5）按照监测任务参加所有应考核和比对项目并提交结果的共有45家单位，其中全国辐射监测系统单位有35家（除青岛站、西藏站），考核项目均合格的有29家，分别是北京站、天津站、河北站、山西站、内蒙古站、辽宁站、黑龙江站、江苏站、浙江站、安徽站、福建站、江西站、山东站、湖北站、广东站、广西站、海南站、重庆站、四川站、贵州站、云南站、陕西站、青海站、宁夏站、新疆站、粤西分部、连云港分站、海阳前沿站和荣成前沿站；核工业企业有10家，比对项目均合格的有8家，分别是红沿河核电、秦山核电、福清核电、山东核电、海南核电、台山核电、防城港核电和中核404（见表19-14）。

表19-14 2023年质量考核和比对结果评价汇总表

序号	单位	水中氚放化分析	水中总α放化分析	水中总β放化分析	水γ能谱分析			
					镅-241	钴-57	铯-134	铯-137
1	北京站	合格	合格	合格	合格	合格	合格	合格
2	天津站	合格	合格	合格	合格	合格	合格	合格
3	河北站	合格	合格	合格	合格	合格	合格	合格
4	山西站	合格	合格	合格	合格	合格	合格	合格
5	内蒙古站	合格	合格	合格	合格	合格	合格	合格
6	辽宁站	合格	合格	合格	合格	合格	合格	合格
7	吉林站	不合格	合格	合格	合格	合格	合格	合格
8	黑龙江站	合格	合格	合格	合格	合格	合格	合格
9	上海站	不合格	合格	合格	合格	合格	合格	合格
10	江苏站	合格	合格	合格	合格	合格	合格	合格

序号	单位	水中氚放化分析	水中总α放化分析	水中总β放化分析	水γ能谱分析			
					镅-241	钴-57	铯-134	铯-137
11	浙江站	合格	合格	合格	合格	合格	合格	合格
12	安徽站	合格	合格	合格	合格	合格	合格	合格
13	福建站	合格	合格	合格	合格	合格	合格	合格
14	江西站	合格	合格	合格	合格	合格	合格	合格
15	山东站	合格	合格	合格	合格	合格	合格	合格
16	青岛站	*	合格	合格	合格	合格	不合格	合格
17	河南站	不合格	合格	合格	合格	合格	合格	合格
18	湖北站	合格	合格	合格	合格	合格	合格	合格
19	湖南站	合格	合格	合格	合格	合格	不合格	合格
20	广东站	合格	合格	合格	合格	合格	合格	合格
21	广西站	合格	合格	合格	合格	合格	合格	合格
22	海南站	合格	合格	合格	合格	合格	合格	合格
23	重庆站	合格	合格	合格	合格	合格	合格	合格
24	四川站	合格	合格	合格	合格	合格	合格	合格
25	贵州站	合格	合格	合格	合格	合格	合格	合格
26	云南站	合格	合格	合格	合格	合格	合格	合格
27	西藏站	/	不合格	合格	*	*	*	*
28	陕西站	合格	合格	合格	合格	合格	合格	合格
29	甘肃站	不合格	合格	合格	合格	合格	合格	合格
30	青海站	合格	合格	合格	合格	合格	合格	合格
31	宁夏站	合格	合格	合格	合格	合格	合格	合格
32	新疆站	合格	合格	合格	合格	合格	合格	合格
33	粤西分部	合格	合格	合格	合格	合格	合格	合格
34	深圳分部		合格	合格			—	
35	连云港分站	合格	合格	合格	合格	合格	合格	合格
36	海阳前沿站	合格	合格	合格	合格	合格	合格	合格
37	荣成前沿站	合格	合格	合格	合格	合格	合格	合格
38	浙江国辐	不合格	合格	合格	合格	合格	合格	合格
39	红沿河核电	合格	合格	合格	合格	合格	合格	合格
40	江苏核电	不合格	合格	合格	合格	合格	合格	合格
41	秦山核电	合格		合格	合格	合格	合格	合格
42	三门核电	合格	×	不合格	×	×	×	×

续表

序号	单位	水中氚 放化分析	水中总α 放化分析	水中总β 放化分析	水γ能谱分析			
					镅-241	钴-57	铯-134	铯-137
43	宁德核电	/		/	/	合格	合格	合格
44	福清核电	合格		合格	合格	合格	合格	合格
45	山东核电	合格	合格	合格	合格	合格	合格	合格
46	大亚湾核电	合格		合格	不合格	合格	合格	合格
47	阳江核电	/		/	/	/	/	/
48	台山核电	合格		合格	合格	合格	合格	合格
49	防城港核电	合格		合格	合格	合格	合格	合格
50	海南核电	合格		—	合格	合格	合格	合格
51	中核404	合格	合格	合格	合格	合格	合格	合格

19.5.4　结论与建议

（1）结论

1. 在本次质量考核和比对中，全国辐射监测系统各单位，水中氚放化分析的考核合格率为87%，水中总α放化分析的考核合格率为98%，水中总β放化分析的考核合格率为98%，水γ能谱分析中γ放射性核素镅-241、钴-57、铯-134、铯-137的合格率分别为98%、100%、96%、100%。上述结果表明，辐射环境监测标准物质配置项目和年度γ能谱分析标准物质流转刻度项目为全国辐射监测系统建立了统一的量值溯源体系，尤其是2023年应急监测首次纳入标准物质流转刻度范围，全系统监测水平有了显著的提高，对于常规监测项目，应进一步完善内部质控措施，强化质保执行力度。

2. 水中氚放化分析是辐射环境质量监测常规监测项目，也是海洋放射性监测和流出物监督性监测项目。全国辐射监测系统普遍采用水样蒸馏后测量，本年度全国辐射环境监测质量考核，参加水中氚放化分析考核合格率为87%，说明仍有少数单位需提高水中氚放化分析水平。

3. 水中总α放化分析和水中总β放化分析是国控网常规监测项目和核电运营企业自主监测项目，水中总α放化分析按照生态环境部审批的监测大纲项目内容应参加而未报名参加考核和比对的单位有1家，为核电企业，参加考核单位合格率为98%，水中总β放化分析未提交结果的有2家，均为核电企业，参加考核单位合格率为98%，结果表明，核电企业应进一步提高参加全国辐射环境质量考核和比对的积极性，确保核电"双轨制"监测数据的可比性，为核能发展打好舆情应对的科学基础。

4. 水γ能谱分析是国控网常规监测项目，除了熟练掌握γ能谱分析技能外，γ谱仪的准确刻度对测量结果也有较大影响。本年度考核和比对的4个核素，合格率均高于90%，该结果表明，通过标准物质流转刻度γ谱仪的方式在节约大量人力成本、时间成本和资金成本的同时，能有效统一量值溯源，保障全国辐射监测系统γ能谱测量数据的科学性、可比性。

（2）建议

① 质量考核和比对不合格的单位，应成立质量负责人为组长的自查工作领导小组，针对考核中存在的问题开展相应项目的自查，查找问题产生的原因，提出具体的整改纠正措施，并跟踪验证纠正措施的有效性。监测技术中心将组成专家组对部分单位的整改落实情况进行现场技术指导。

② 部分单位应重视常规监测任务的监测能力建设，重视低水平辐射环境监测中存在的重难点问题，开展有针对性的技术人员培训，加强技术交流，提高监测数据质量。

③ 根据《2023 年全国辐射环境监测质量保证方案》（环辐监〔2023〕9 号）要求，监测机构应对外委单位资质和能力进行确认对外委单位监测质量进行监督或验证，制定并执行外委单位数据审核制度，对外委单位出具的数据负责。

20　辐射环境监测报告制度及案例

20.1　环境监测报告制度及环境质量报告书编写要求

20.1.1　环境监测报告制度

为了加强环境监测工作的管理，完善环境监测报告制度，根据《中华人民共和国环境保护法》第十一条的规定，于 1996 年 11 月 17 日发布《环境监测报告制度》，有关内容如下。

环境监测报告分为数据型和文字型两种；数据型报告是指根据监测原始数据编制的各种报表、软盘等；文字型报告是指依据各种监测数据及综合计算结果进行文字表述为主的报告。环境监测报告按内容和周期分为环境监测快报、简报、月报、季报、年报、环境质量报告书及污染源监测报告。

地方各级环境保护局负责组织、协调本辖区各类环境监测报告的编制和审定；并向上一级环境保护局和同级人民政府报出各类文字型环境监测报告。市级以上环境保护局有权要求本辖区下一级环境保护局、环境监测站向其报告监测数据和其他有关资料；市级以上环境监测站有权要求本辖区下一级环境监测站向其报告监测数据和其他有关资料。各类环境监测报告的编写内容、数据处理与评价方法等，执行《国家环境监测报告编写技术规定》的规定。

（1）环境监测快报

环境监测快报是指采用文字型一事一报的方式，报告重大污染事故、突发性污染事故和对环境造成重大影响的自然灾害等事件的应急监测情况，以及在环境质量监测、污染源监测过程中发现的异常情况及其原因分析和对策建议。环境监测快报由地方各级环境保护局负责组织编写并报出，报送范围是：主送上级环境保护局、同级人民政府有关部门，同时直接以传送计算机文本方式上报国家环境保护局，并通报可能影响到的有关省、市环境保护局。污染事故发生后 24 h 内应报出第一期环境监测快报，并应在污染事故影响期间内连续编制各期快报，编报周期由当地环境保护局根据污染事故情况确定。国家或地方各级环境保护局确定的环境敏感地区，在污染事故易发期间，地方各级环境监测站应在定期组织开展有关环境监测工作的基础上，负责编制文字型环境监测快报，并在每次监测任务完成后五日内将本次监测快报报到同级环境保护局，同时抄报上一级环境保护局。

（2）环境监测季报、月报

环境质量监测网基层站、"专业网"基层站应于每季度第一个月的十五日前将上一季度数据型环境监测季报报到各省、自治区、直辖市环境监测站。各省、自治区、直辖市环境监测站以及全球环境监测系统中国网站成员单位负责编制本辖区环境监测数据型季报，并于每季度第一个月三十日前将上一季度的季报报到同级环境保护局、中国环境监测总站。中国环境监测总站负责于每季度的第二个月二十日前将上一季度全国环境质量状况和全球环境监测系统（中国站）数据型报告报到国家环境保护局。

中国环境监测总站应于每一季度的第一个月底前编制完成上一季度全国重点城市环境质量文字型季报并报到国家环境保护局。各流域环境监测网络成员单位应于每年的二月底、五月底和九月底前分别将当年枯水期、平水期、丰水期的数据型监测季报报到组长或副组长单位。近岸海域环境监测网成员单位应于每年五月底、十月底前将当年枯水期、丰水期的数据型监测季报报到组长或副组长单位。各流域监测网组长单位负责编制本流域各类文字型环境监测季报或期报，并于三月底、六月底、十月底前分别将当年枯水期、平水期、丰水期监测期报报到网络领导小组成员单位和中国环境监测总站。

（3）环境质量年报、报告书

环境质量年报属数据型报告，国家环境质量监测网成员单位应自一九九七年一月一日起，正式开始实行微机有线联网；同时以微机网络有线传输方式，逐级上报环境质量年报。国家环境质量监测网成员单位应于每年一月二十日前将上年度的环境质量年报报到本省、自治区、直辖市环境监测中心站。

"专业网"成员单位应于每年一月二十日前将本单位年报报到网络组长单位。各省、自治区、直辖市环境监测中心站和专业网组长单位，应于每年二月二十日之前将本地区、本"专业网"年报报到中国环境监测总站。

《环境质量报告书》属文字型报告。《环境质量报告书》按内容和管理的需要，分年度环境质量报告书和五年环境质量报告书两种。为了提高环境质量报告书的及时性和针对性，按其形式分为公众版、简本和详本三种。五年环境质量报告书的起始年为一九九一年，五年环境质量报告书只编详本，在其编写年度不再编写年度环境质量报告书详本。地方各级环境保护局应于每年三月底和六月底前，组织所属环境监测站完成上一年度《环境质量报告书》简本和详本的编制，并报到同级人民政府和上一级环境保护局；五月底完成环境质量报告书公众版。

地方各级环境保护局应于五年环境质量报告书编写年的八月底前，将五年环境质量报告书报到同级人民政府和上一级环境保护局；中国环境监测总站亦应于八月底前将全国五年环境质量报告书报到国家环境保护局。

（4）报告的管理

环境监测站的各类监测报告、数据、资料、成果均为国家所有，任何个人不得占有；属于保密范围的监测数据、资料必须严格按照国家保密制度进行管理，监测数据资料的密级划分及解密时间按国家环境保护局的有关规定执行；未经市级以上环境保护行政主管部门许可，任何单位和个人不得向外单位提供、引用和发表尚未正式公布的监测报告、监测数据和相关资料。

地方各级环境保护局、环境监测站和中国环境监测总站需要向本制度确定的范围以外的任何单位提供监测报告、监测数据和资料时，应当履行以下审批手续。

① 由需求单位向市级以上环境监测站提交申请报告，写明需求报告、数据、资料的用途、名称和数量。

② 环境监测站填写报告、数据、资料出站报告单，报同级环境保护局核批后提供。

③ 县级环境保护局、环境监测站不得向本制度确定的报送范围以外的任何单位直接提供本制度规定的各类环境监测报告，确因工作需要必须提供的，必须经上级环境保护局核批后才能提供。

④ 应用监测报告和数据的单位不得超出申报范围使用环境监测站提供的监测数据和资料；根据环境监测站提供的监测数据对环境质量、污染源排污状况所作出的评价结论，必须征询提供数据的环境保护局的意见。

⑤ 经市级以上环境保护局批准，环境监测站在向本制度规定范围以外的任何单位提供监测报告、监测数据、资料时，可根据具体情况并参照地方财政部门批准的收费标准，适当收取成本费用。

凡属有偿服务性监测、国际合作项目监测，各级环境监测站在向委托方提供监测资料或报告时，必须附有监测数据、报告使用范围的限定，并报同级环境保护局备案；凡有偿提供监测报告、数据和资料的，应执行地方财政部门批准的收费标准。

为了保证环境监测报告的准确性和严肃性，各级环境监测站应按计量认证的有关规定实行三级审核；各级环境监测站应指定专人负责监测报告的收、发、登记工作，以便随时查询和考核。

20.1.2　环境质量报告书编写要求

环境质量报告书应着眼于法定环境整体，以系统理论为指导，采用科学的方法，以定量评估为重点，兼顾定性评估；全面客观地分析和描述环境质量状况，剖析环境质量变化趋势。表征结果应具有良好的科学性、完整性、逻辑性、准确性、可读性、可比性和及时性。报告书内容要求层次清晰、文字精炼、结论严谨，术语表述规范、统一。正文中的文字、数字、图、表、编排格式等参照要求执行，量和单位参照 GB 3100～3102 及其他相关规定要求执行。五年环境质量报告书编写格式可根据实际情况适当调整。环境质量报告书的数据和资料的来源，除环境监测部门的监测数据和资料外，还需要收集调研其他权威部门的相关自然环境要素和社会经济的监测数据和资料。环境质量状况采用环境监测部门的数据，污染源采用环境监测部门监督性监测数据和环境统计数据，社会、自然、经济数据采用住房与建设、水利、农业、统计、林业、气象等主管部门发布的数据。对收集调研的监测数据和资料应根据环境质量报告书的编写目的进行分析和处理，做到环境监测数据与权威统计数据相结合，环境质量变化与社会经济发展相结合。环境质量报告书编写过程中涉及的环境监测数据处理、评价标准及方法、规律和趋势分析、报告项目及图表运用等方法均执行各环境要素的相关技术要求。

（1）年度环境质量报告书辐射部分编写提纲

① 监测结果及现状评价

说明评价方法、评价因子、评价标准。全面系统分析电离辐射和电磁辐射各项目统计结果，并运用各种图表，辅以简明扼要的文字说明，形象表征现状评价结果。

② 年度对比分析

全面对比分析本年度和上年辐射环境质量变化状况，并运用各种图表，辅以简明扼要的文字说明，形象表征分析结果。

③ 结论及原因分析

对各部分分析结果进行全面、准确的总结。辐射环境质量结论应包括评价结果（约束标准评价）、存在的主要问题等。结合具体的环保措施、发生的环境事件等分析辐射环境质量结论。说清辐射环境质量状况、变化情况和变化原因。

（2）五年环境质量报告书辐射部分编写提纲

编写提纲同年度环境质量报告书，不同内容如下。

① 概况中增加"自然环境概况"和"社会经济概况"的内容，"自然环境概况"主要说明地理位置、地质地貌、水文、气象、土地面积及构成，森林、草原、水力、矿藏等自然资源及开发利用情况，重大自然灾害情况。"社会经济概况"主要说明行政区划，人口、经济结构，国民经济和社会发展的综合、工业和农业、交通和建筑、城市发展及基础设施建设、能源构成等统计数据，分别说明与环境质量相关的各项自然环境和社会经济指标五年的变化情况。

② 概况中"环境保护工作概况"说明五年期间为改善环境质量和解决环境问题的目标、任务、重点工作和政策措施，以及"五年环境保护规划"主要指标完成情况。"环境监测工作概况"说明五年期间各环境要素监测点位布设变化情况；新增监测领域技术路线、监测项目和监测点位布点情况；各环境要素的采样方法及频率、分析方法、实验室质量控制措施变化情况等。

③ "污染排放"和"环境质量状况"章节中要进行五年变化趋势分析及与上个五年的对比分析。要求说清环境质量的变化情况、典型事件对环境质量的影响情况、污染物的排放情况等。

④ "总结"一章中增加"五年环境质量变化原因分析"和"环境质量预测"两节内容。"五年环境质量变化原因分析"要求结合社会、经济、自然、人口、能源、环境保护政策措施及重要工作、重大环境事件、污染物排放等相关因素的五年变化进行合理的原因分析；"环境质量预测"要求在综合分析的基础上，应用合适的模型对环境质量进行预测并说明潜在的环境风险问题。

20.2　某市辐射环境监测质量报告

20.2.1　重庆市相关概况

重庆市位于中国西南部、长江上游三峡库区及四川盆地东南部，地跨东经 105°11′～110°11′ 和北纬 28°10′～32°13′ 之间的青藏高原与长江中下游平原的过渡地带。东邻湖北、湖南，南靠贵州，西接四川，北连陕西，是长江上游最大的经济中、西南地区水路交通枢纽。辖区东西长 470 km，南北宽 450 km，幅员面积 8.24 万 km²，是我国面积最大的直辖市。重庆市境内河流纵横，长江自西南向东北横贯市境，北有嘉陵江，南有乌江汇入，形成向心不对称的网状水系。重庆市地貌类型复杂多样，有山地、丘陵、台地和平坝等，其中以山地和丘陵为主，素有"山城"之称。

重庆市境内无铀矿山和核设施，但重庆市毗邻四川和贵州，主要水源长江和嘉陵江经四川入境，乌江经贵州入境。水体有可能因为上游核设施运行或核设施事故和伴生矿的开发和利用等受到放射性污染。

截至 2021 年底，重庆市核技术利用单位共有 2 257 家，在用放射源 2 062 枚，射线装置 5 170 台，主要涉及医疗、辐照、矿产开采和冶炼等行业。在核技术的利用过程中，可能会在局部环境中检出人工放射性物质，或因辐射事故导致人员异常受照或造成局部环境污染。

20.2.2 辐射环境质量监测概况

20.2.2.1 监测目的和监测内容

辐射环境质量监测的目的主要为：1）获取区域内辐射背景水平，积累辐射环境质量历史监测数据；2）掌握区域辐射环境质量状况和变化趋势；3）判断环境中放射性污染及其来源；4）报告辐射环境质量状况。

持续开展定时、定点的辐射环境质量监测，掌握区域内辐射环境状况，可以为环境辐射水平和公众剂量提供评价依据，在评判核或辐射突发事故/事件（包括境外事故/事件）对公众和环境影响时提供必不可少的对比参考依据。

根据辐射环境质量监测的目的，辐射环境监测包括电离辐射环境监测和电磁辐射环境监测，其中电离辐射环境质量监测又包含陆地辐射环境质量监测和海洋辐射环境质量监测。各地区应根据所处的环境对相应内容开展监测，重庆市辐射环境质量监测内容示意图见图 20-1。

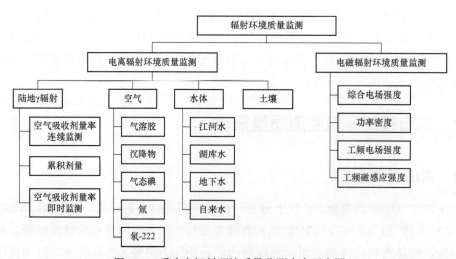

图 20-1　重庆市辐射环境质量监测内容示意图

20.2.2.2　监测方案

辐射环境质量监测要能够准确、及时、全面客观地反映辐射环境质量现状，因此监测计划应保持连续，以反映环境质量的变化趋势。监测方案必须是综合性的，能够提供分析和评估公众有效剂量所需的数据，要充分考虑公众各种重要环境照射途径，并关注现场环境特性、居民特点和生活习惯。在现有监测技术条件下应能探测到环境中主要剂量贡献的放射性核素。

2021 年重庆市辐射环境监测方案见表 20-1。

表 20-1　2021 年重庆市辐射环境监测方案

监测对象		监测项目	点位数量	点位级别	监测频次
陆地 γ 辐射和宇宙射线		γ 辐射空气吸收剂量率（自动站）	4	国控	连续监测
		γ 辐射空气吸收剂量率（自动站）	9[2)]	国控	连续监测
		γ 辐射空气吸收剂量率（即时测量）	52	市控	1 次/半年
		γ 辐射累积剂量	11	国控	累积样/季
		宇宙射线响应	1	国控	1 次/年
空气	氡-222	氡浓度累积测量	1	国控	累积样/季
		氡浓度瞬时测量	51	市控	1 次/半年
	气溶胶	γ 能谱分析[1)]、钋-210、铅-210	1	国控	1 次/月
		γ 能谱分析[1)]	3	国控	1 次/季
		γ 能谱分析[1)]	9[2)]	国控	1 次/月
		锶-90、铯-137（放化）	3	国控	1 次/年（每季采集 1 次，累积全年样品测量）
		锶-90、铯-137（放化）	1	国控	1 次/年（每月采集 1 次，累积全年样品测量）
	气态碘	碘-131	1	国控	1 次/季
	沉降物	γ 能谱分析[1)]	1	国控	累积样/季
		锶-90、铯-137（放化）	1	国控	1 次/年（每季采集 1 次，累积全年样品测量）
	降水	氚	1	国控	累积样/季
	水蒸气	氚（HTO）	1	国控	1 次/年
陆地水	地表水	总 α、总 β、铀、钍、镭-226、钾-40、锶-90、铯-137（放化）	4	国控	2 次/年（枯、平水期各 1 次）
		总 α、总 β、铀、钍、镭-226、钾-40、锶-90、铯-137（放化）	10	市控	2 次/年（枯、平水期各 1 次）
	饮用水水源地水	总 α、总 β、铀、钍、镭-226、钾-40、锶-90、铯-137（放化）	1	国控	1 次/半年
	地下水	总 α、总 β、铀、钍、镭-226、钾-40	1	国控	1 次/年
	自来水	总 α、总 β、铀、钍、镭-226、钾-40、锶-90、铯-137（放化）	1	市控	1 次/半年

续表

监测对象	监测项目	点位数量	点位级别	监测频次
表层土壤	γ能谱分析[1]	6	国控	1次/年
	γ能谱分析[1]	27	市控	1次/年
环境电磁辐射	综合电场强度、工频电场强度、工频磁感应强度	2[3]	市控	自动连续监测
	综合电场强度、功率密度、工频电场强度、工频磁感应强度	56	市控	1次/半年
	综合电场强度、功率密度、工频电场强度、工频磁感应强度	1	国控	1次/年

注：① 气溶胶和沉降物γ能谱分析包括：铍-7、钾-40、碘-131、铯-134、铯-137等核素；土壤γ能谱分析包括：铀-238、钍-232、镭-226、钾-40、铯-137等核素。

② 指2021年新建的9个试运行自动站。

③ 为2021年试运行点位。

1. 陆地γ辐射

陆地γ辐射监测有γ辐射空气吸收剂量率连续监测、γ辐射累积剂量监测和γ辐射空气吸收剂量率即时监测。

γ辐射空气吸收剂量率连续监测是通过辐射环境自动监测站（以下简称"自动站"）来实现的。自动站配备高压电离室探测器，可连续监测环境空气吸收剂量率。此外，自动站同时配备有自动气象观测装置，可对风向、风速、温度、湿度、气压、雨量、感雨等进行连续监测。

γ辐射累积剂量监测每季度布放热释光剂量计，回收后进行实验室分析，测量一个季度内环境辐射场的累积剂量值，并依据热释光剂量计布放的时间间隔计算出此区域内该段时间的平均空气吸收剂量率。

γ辐射空气吸收剂量率即时监测是指使用便携式设备直接测量出点位上的γ辐射空气吸收剂量率即时值，测得的值应扣除仪器对宇宙射线的响应部分。

2. 空气

空气监测主要包括气溶胶和沉降物中放射性核素，以及空气中的碘-131、氚（氚化水蒸气）、氡-222等。

气溶胶监测主要是监测悬浮在空气中微粒态固体或液体中的放射性核素活度浓度。气溶胶的采样通常由自动站配备的大流量或超大流量采样器进行连续采样，采集的样品送回实验室后开展γ核素分析。此外，累积全年采集的气溶胶γ能谱分析样品开展锶-90和铯-137（放化）分析。

沉降物包括干沉降和湿沉降，干沉降即空气中自然降落于地面上的尘埃，湿沉降包括雨、雪、雹等降水。沉降物通常每季度连续采样，取样后进行实验室分析，分析的项目为γ核素、降水中氚。此外，累积全年采集的沉降物γ能谱分析样品开展锶-90和铯-137（放化）分析。

空气中气态碘同位素的监测，主要是用复合取样器收集空气微粒碘、无机碘和有机碘，通常通过自动站配备的气碘采样器进行连续采样，取样后进行实验室 γ 能谱分析，分析的核素为碘-131。

环境中大于 99% 的氚是以氚化水（HTO）的形态存在。空气中氚化水蒸气的监测主要是通过冷冻或吸附等方法，使空气中的水蒸汽凝结为水，连续采样收集后，样品送实验室分析其中氚的活度浓度。

氡-222 是天然铀系的衰变产物，且是一种放射性气体，因此天然环境空气中氡-222 浓度与土壤中母核含量、土壤状况、气象环境因素等有较大关系。重庆市通过两种方式对空气中氡-222 开展监测：一是累积测量，每季度布设累积采样器，监测结果代表采样期间氡-222 浓度的平均值；二是瞬时测量，采用便携式设备进行现场测量，采样时间间隔少于 1 小时，监测结果代表采样地点在采样时刻的空气中氡-222 浓度。

3．陆地水

陆地水的监测类别包括江、河、湖泊、水库地表水，以及地下水等。分析项目为总 α 和总 β、铀、钍、镭-226、钾-40、锶-90、铯-137（放化）。

重庆市水体监测大致可分为江河水和饮用水。江河水监测一般在断面有明显水流处采集表层水，取样后进行实验室分析。饮用水监测包括饮用水水源地水、自来水和地下水，其中饮用水水源地水采集自湖库，采样时在湖库的中心位置采集表层水；自来水采集自水管末梢；地下水采集自泉水。

4．土壤

土壤点位应相对固定，常选择无水土流失的原野或田间，采样频次为 1 次/年，一般采集表层 0～10 cm 的土壤样品，采样后送实验室进行 γ 能谱分析。

5．环境电磁辐射

环境电磁辐射即时监测点位一般布设在城市广场、公园等空旷地，避开高层建筑物、树木、高压线及金属结构，在城市环境电磁辐射的高峰期（5:00～9:00、11:00～14:00、18:00～23:00）进行测量。

20.2.3　监测结果

20.2.3.1　陆地 γ 辐射

（1）γ 辐射空气吸收剂量率连续监测（自动站空气吸收剂量率）

2021 年，重庆市共运行 13 个辐射环境空气自动监测站，监测结果见表 20-2。

监测结果表明，自动站空气吸收剂量率处于本底涨落范围内，点位年均值范围为 57.0～87.6 nGy/h。

表 20-2　2021 年重庆市自动站空气吸收剂量率监测结果

序号	自动站名称及所在区县	γ 辐射空气吸收剂量率 [1]/（nGy/h）			
		小时均值范围	日均值范围	年均值	
				2021 年	2020 年
1	渝中区大礼堂站	73.0～140.0	74.2～105.7	77.6	78.8

序号	自动站名称及所在区县	γ辐射空气吸收剂量率 1)/（nGy/h）			
		小时均值范围	日均值范围	年均值	
				2021年	2020年
2	九龙坡区白市驿站	71.2～204.5	72.1～125.5	77.2	78.7
3	万州区天城大道站	63.7～134.7	64.5～93.0	69.9	70.1
4	涪陵区李渡站	81.7～200.9	82.5～116.7	87.6	88.8
5	荣昌区双河站	55.9～144.0	58.4～96.1	63.3	—
6	大足区五星大道站	62.8～112.5	64.4～88.8	67.8	—
7	永川区人民东路站	52.1～109.2	53.1～73.4	57.0	—
8	江津区鼎山大道站	81.3～133.5	83.4～111.8	86.6	—
9	北碚区缙云村站	56.2～148.8	59.1～89.1	63.5	—
10	合川区212国道站	57.5～158.7	60.2～101.7	65.4	—
11	綦江区登瀛大道站	72.4～149.1	74.6～109.1	78.6	—
12	黔江区桐坪路站	73.8～173.6	76.6～99.8	84.0	—
13	巴南区龙海大道站	68.6～161.8	69.8～113.2	74.7	—

注：1）序号5～16的辐射环境空气自动监测站为2021年新建，2021年03月开始试运行。

（2）γ辐射空气吸收剂量率即时测量

2021年，重庆市γ辐射空气吸收剂量率即时测量结果见表20-3和图20-2。

监测结果表明，即时测得的γ辐射空气吸收剂量率处于本底涨落范围内。全市点位年均值范围为41.0～90.6 nGy/h，全市年均值为67.2 nGy/h。

表20-3   γ辐射空气吸收剂量率即时测量结果

监测项目	测量方式	单位	点位数	全市范围	全市年均值	
					2021年	2020年
γ辐射空气吸收剂量率	即时测量	nGy/h	51	41.0～90.6	67.2	67.7

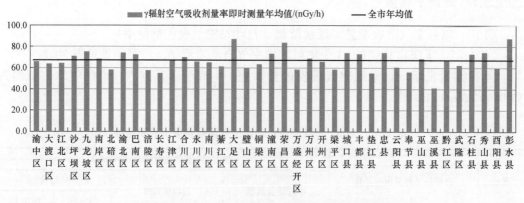

图20-2   重庆市各区县γ辐射空气吸收剂量率即时测量结果

（3）γ辐射累积剂量

2021年，重庆市γ辐射累积剂量监测结果见表20-4。

监测结果表明，累积剂量测得的γ辐射空气吸收剂量率处于本底涨落范围内。全市点位年均值范围为87.4～108 nGy/h，全市年均值为94.0 nGy/h。

表 20-4　累积剂量监测结果

监测项目	测量方式	单位	点位数	全市范围	全市年均值	
					2021 年	2020 年
空气吸收剂量率	累积测量	nGy/h	11	87.4～108	94.0	95.9

20.2.3.2　空气

（1）气溶胶

2021年，重庆市气溶胶监测结果见表20-5。

监测结果表明，气溶胶中天然放射性核素铍-7、钾-40、铅-210和钋-210活度浓度处于本底涨落范围内；人工放射性核素铯-134、铯-137和锶-90活度浓度未见异常。

表 20-5　气溶胶监测结果

监测项目	单位	点位数 2)	n/m 1)	测值范围	MDC 范围	年均值
铍-7	mBq/m³	4	24/24	0.335～14.1	—	4.89
铅-210	mBq/m³	4	12/12	0.783～4.83	—	1.98
钋-210	mBq/m³	4	12/12	0.082～0.309	—	0.172
钾-40	µBq/m³	4	21/24	9.86～63.5	8.16～13.3	35.1
钌-103	µBq/m³	4	0/18	＜MDC	0.565～2.52	—
铯-134	µBq/m³	4	0/24	＜MDC	0.582～2.47	—
铯-137（γ能谱分析）	µBq/m³	4	0/24	＜MDC	0.579～2.88	—
铋-214	µBq/m³	4	10/24	1.85～6.18	1.71～5.78	4.45
镭-228	µBq/m³	4	0/24	＜MDC	2.06～10.4	—
钍-234	µBq/m³	4	0/24	＜MDC	7.28～51.7	—
铯-137（放化分析）	µBq/m³	4	4/4	0.429～0.724		0.565
锶-90	µBq/m³	4	4/4	0.800～5.74		2.78

注：1) n：高于 MDC 测值数，m：测值总数。

2) 因 2021 年新增的 9 个气溶胶点位为试运行，监测值未计入统计，各点位监测结果详情见附表 15。

（2）气态碘

2021年，重庆市空气中气态碘监测结果见表20-6。

监测结果表明，空气中气态放射性核素碘-131活度浓度未见异常。

表 20-6　气态碘监测结果

监测项目	单位	点位数	$n/m^{1)}$	测值范围	MDC 范围	年均值
碘-131	mBq/m³	1	0/4	＜MDC	0.046 5～0.055 4	—

注：1) n：高于 MDC 测值数，m：测值总数。

（3）沉降物

2021 年，重庆市沉降物（总沉降）监测结果见表 20-7，降水监测结果见表 20-8。

监测结果表明，沉降物（总沉降）中天然放射性核素铍-7 和钾-40 日沉降量处于本底涨落范围内；人工放射性核素碘-131、铯-134、铯-137 和锶-90 日沉降量未见异常。降水中氚活度浓度未见异常。

表 20-7　沉降物（总沉降）监测结果

监测项目	单位	点位数	$n/m^{1)}$	测值范围	MDC 范围	年均值
铍-7	Bq/m²·天	1	4/4	2.32～5.38	—	4.09
钾-40	mBq/m²·天	1	4/4	19.2～40.8	8.16～13.3	31.1
碘-131	mBq/m²·天	1	0/4	＜MDC	0.316～0.658	—
铯-134	mBq/m²·天	1	0/4	＜MDC	0.205～0.477	—
铯-137（γ 能谱分析）	mBq/m²·天	1	0/4	＜MDC	0.303～0.685	—
铋-214	mBq/m²·天	1	2/4	1.88～2.47	1.18～1.62	2.18
镭-228	mBq/m²·天	1	2/4	1.29～3.68	1.96～2.35	2.48
钍-234	mBq/m²·天	1	0/4	＜MDC	4.58～8.91	—
铯-137（放化分析）	mBq/m²·天	1	1/1	1.00	—	1.00
锶-90	mBq/m²·天	1	1/1	3.80	—	3.80

注：1) n：高于 MDC 测值数，m：测值总数。

表 20-8　降水中氚监测结果

监测项目	单位	点位数	$n/m^{1)}$	测值范围	MDC 范围	年均值
氚	Bq/L	1	3/4	1.02～1.96	0.829	1.44

注：1) n：高于 MDC 测值数，m：测值总数。

（4）氚（氚化水蒸汽）

2021 年，重庆市空气（水蒸汽）中氚监测结果见表 20-9。

监测结果表明，空气（水蒸汽）中氚的活度浓度未见异常。

表 20-9　空气（水蒸汽）中氚监测结果

监测项目	单位	点位数	$n/m^{1)}$	测值范围	MDC 范围	年均值
氚	mBq/m³-空气	1	0/1	＜MDC	13.9	—

注：1) n：高于 MDC 测值数，m：测值总数。

（5）氡-222

2021 年，重庆市空气中氡-222 浓度监测结果见表 20-10，全市瞬时氡浓度监测结果见图 20-3。

监测结果表明，空气中氡-222 浓度处于本底涨落范围内。瞬时氡浓度受监测时段、天气条件影响较大。

表 20-10　空气中氡浓度监测结果

监测项目	监测方式	单位	点位数	n/m[1)	测值范围	MDC 范围	年均值
空气中氡浓度	累积测量	Bq/m³	1	4/4	12.9～22.2	—	16.3
	瞬时测量	Bq/m³	51	89/102	5.48～87.8	3.70	23.5

注：1）n：高于 MDC 测值数，m：测值总数。

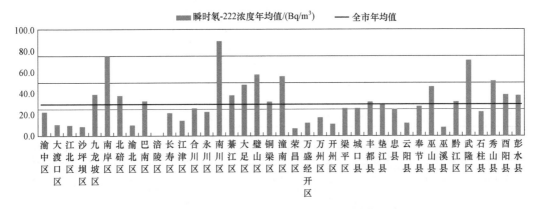

图 20-3　重庆市各区县空气中氡-222 浓度瞬时监测结果

20.2.3.3　水体

（1）江河水

2021 年，重庆市在长江干流和支流的出入境设置断面，监测水系放射性水平变化情况，监测结果见表 20-11 和图 20-4。

监测结果表明，江河水中总 α 和总 β 活度浓度、天然放射性核素铀和钍浓度、镭-226 和钾-40 活度浓度处于本底涨落范围内；人工放射性核素锶-90 和铯-137 活度浓度未见异常。

表 20-11　江河水监测结果

监测项目	单位	流域	断面数	n/m[1)	测值范围	MDC 范围	年均值
总 α	Bq/L	长江	7	14/14	0.016～0.035	—	0.026
		嘉陵江	4	8/8	0.024～0.042	—	0.031
		乌江	2	4/4	0.013～0.039	—	0.023
		涪江	1	2/2	0.019～0.051	—	0.035
		全市	14	28/28	0.013～0.051	—	0.028

续表

监测项目	单位	流域	断面数	n/m[1]	测值范围	MDC 范围	年均值
总 β	Bq/L	长江	7	14/14	0.077～0.113	—	0.094
		嘉陵江	4	8/8	0.075～0.105	—	0.092
		乌江	2	4/4	0.063～0.113	—	0.089
		涪江	1	2/2	0.080～0.106	—	0.093
		全市	14	28/28	0.063～0.182	—	0.092
铀	μg/L	长江	7	14/14	0.60～1.50	—	1.11
		嘉陵江	4	8/8	0.85～1.80	—	1.14
		乌江	2	4/4	0.32～0.68	—	0.48
		涪江	1	2/2	0.88～1.52	—	1.20
		全市	14	28/28	0.32～1.80	—	1.04
钍	μg/L	长江	7	14/14	0.053 6～0.143	—	0.091 5
		嘉陵江	4	7/8	0.057 0～0.098 2	0.05	0.079 5
		乌江	2	4/4	0.069 6～0.108	—	0.093 5
		涪江	1	2/2	0.050 6～0.053 6	—	0.052 1
		全市	14	27/28	0.050 6～0.143	0.05	0.085 5
镭-226	mBq/L	长江	7	14/14	2.33～5.73	—	3.88
		嘉陵江	4	8/8	3.26～6.87	—	4 77
		乌江	2	4/4	1.94～3.80	—	2.91
		涪江	1	2/2	2.18～4.86	—	3.52
		全市	14	28/28	1.94～6.87	—	3.97
钾-40	mBq/L	长江	7	14/14	43.5～90.7	—	72.1
		嘉陵江	4	8/8	46.3～98.1	—	76.0
		乌江	2	4/4	38.6～76.2	—	62.3
		涪江	1	2/2	72.6～84.7	—	78.7
		全市	14	28/28	38.6～98.1	—	72.3
锶-90	mBq/L	长江	7	14/14	0.826～2.67	—	1.91
		嘉陵江	4	8/8	1.67～3.87	—	3.12
		乌江	2	4/4	2.11～2.83	—	2.47
		涪江	1	2/2	2.51～3.35	—	2.93
		全市	14	28/28	0.826～3.87	—	2.41
铯-137	mBq/L	长江	7	0/14	<MDC	0.248～0.537	—
		嘉陵江	4	0/8	<MDC	0.241～0.410	—
		乌江	2	0/4	<MDC	0.261～0.319	—
		涪江	1	0/2	<MDC	0.295～0.320	—
		全市	14	0/28	<MDC	0.241～0.537	—

注：1) n：高于 MDC 测值数，m：测值总数。

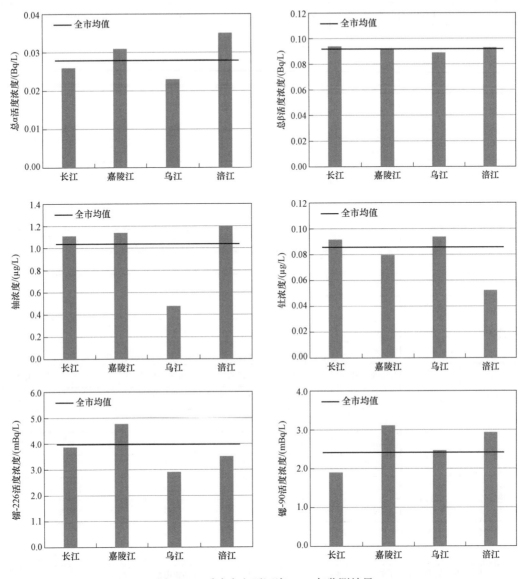

图 20-4 重庆市主要河流 2021 年监测结果

（2）饮用水

2021 年，重庆市设置 3 个饮用水放射性水平监测点，包括地下水、水库水和自来水（末梢水）各 1 处，监测结果见表 20-12 和图 20-5。

监测结果表明，饮用水中总 α 和总 β 活度浓度、天然放射性核素铀和钍浓度、镭-226和钾-40 活度浓度处于本底涨落范围内；人工放射性核素锶-90 和铯-137 活度浓度未见异常。且总 α 和总 β 活度浓度低于《生活饮用水卫生标准》（GB 5749—2006）规定的放射性指标指导值。

表 20-12　饮用水监测结果

监测项目	单位	水源类型	点位数	$n/m^{1)}$	测值范围	MDC 范围	年均值
总 α	Bq/L	水库水	1	2/2	0.014～0.022	—	0.001 8
		自来水	1	2/2	0.010～0.022	—	0.016
		地下水	1	1/1	0.010	—	0.010
总 β	Bq/L	水库水	1	2/2	0.170～0.180	—	0.175
		自来水	1	2/2	0.078～0.088	—	0.083
		地下水	1	1/1	0.046	—	0.046
铀	μg/L	水库水	1	2/2	0.12～0.29	—	0.20
		自来水	1	2/2	0.40～0.80	—	0.60
		地下水	1	1/1	0.34	—	0.34
钍	μg/L	水库水	1	1/2	0.106	0.050	0.106
		自来水	1	2/2	0.062～0.127	—	0.095
		地下水	1	1/1	0.108	—	0.108
镭-226	mBq/L	水库水	1	2/2	2.58～4.05	—	3.32
		自来水	1	2/2	5.45～5.51	—	5.48
		地下水	1	1/1	2.15	—	2.15
钾-40	mBq/L	水库水	1	2/2	108－152	—	130
		自来水	1	2/2	58.3～65.2	—	61.8
		地下水	1	1/1	45.4	—	45.4
锶-90	mBq/L	水库水	1	2/2	3.12～4.58	—	3.85
		自来水	1	2/2	2.75～4.03	—	3.39
铯-137	mBq/L	水库水	1	1/2	0.301	0.241	0.301
		自来水	1	0/2	＜MDC	0.269～0.309	—

注：1）n：高于 MDC 测值数，m：测值总数。

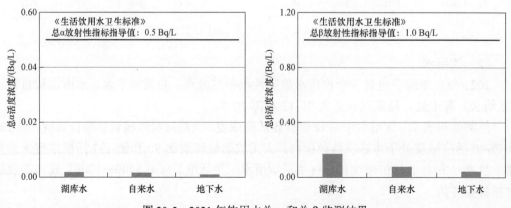

图 20-5　2021 年饮用水总 α 和总 β 监测结果

20.2.3.4　土壤

2021 年，重庆市土壤监测结果见表 20-13、图 20-6～图 20-10。

监测结果表明，土壤中天然放射性核素铀-238、钍-232、镭-226 和钾-40 活度浓度处于本底涨落范围内；人工放射性核素铯-137 活度浓度未见异常。

表 20-13　土壤监测结果

监测项目	单位	点位数	n/m[1)	测值范围	MDC 范围	年均值
铀-238	Bq/kg-干	33	33/33	24.5～104	—	42.2
钍-232	Bq/kg-干	33	33/33	38.2～73.9	—	54.7
镭-226	Bq/kg-干	33	33/33	27.2～104	—	39.7
钾-40	Bq/kg-干	33	33/33	318～1 094	—	668
铯-137	Bq/kg-干	33	17/33	0.322～1.81	0.419～1.21	0.895

注：1）n：高于 MDC 测值数，m：测值总数。

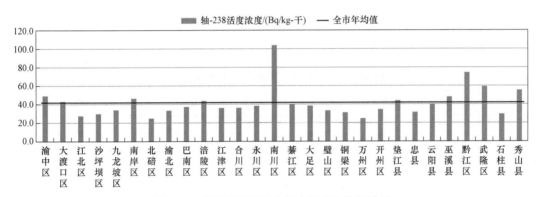

图 20-6　重庆市各区县土壤中铀-238 监测结果

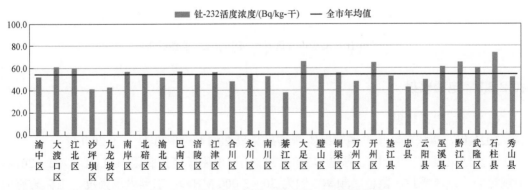

图 20-7　重庆市各区县土壤中钍-232 监测结果

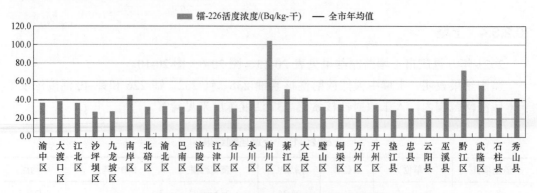

图 20-8　重庆市各区县土壤中镭-226 监测结果

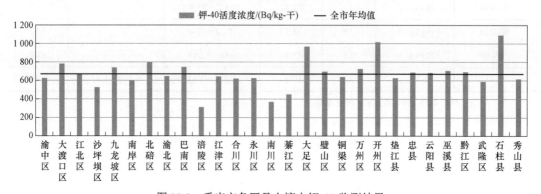

图 20-9　重庆市各区县土壤中钾-40 监测结果

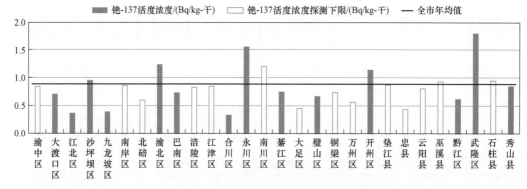

图 20-10　重庆市各区县土壤中铯-137 监测结果

20.2.3.5　电磁辐射

（1）环境电磁辐射

2021 年，重庆市环境电磁辐射监测结果见表 20-14、图 20-11～图 20-14。

监测结果表明，综合电场强度、功率密度低于《电磁环境控制限值》（GB 8702—2014）中规定的公众曝露控制限值（频率范围为 30～3 000 MHz）；工频电场强度、工频磁感应强度低于《电磁环境控制限值》（GB 8702—2014）中规定的公众曝露控制限值（频率范围为 0.025～1.2 kHz）。

表 20-14　环境电磁辐射结果统计

监测项目	单位	监测频段	点位数	测值范围	全市年均值	
					2021 年	2020 年
综合电场强度	V/m	0.1~3 000 MHz	52	0.14~4.88	0.84	0.86
功率密度	W/m²		52	0.000 0~0.041 0	0.002 9	0.004 3
工频电场强度	V/m	6~500 Hz	52	0.082~1.964	0.402	0.300
工频磁感应强度	μT		52	0.006 6~0.444 7	0.030 8	0.049 7

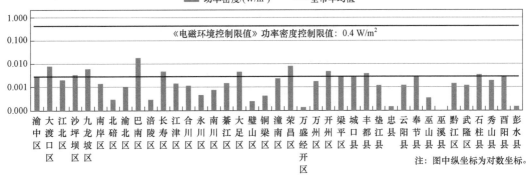

图 20-11　重庆市各区县功率密度监测结果

图 20-12　重庆市各区县工频电场强度监测结果

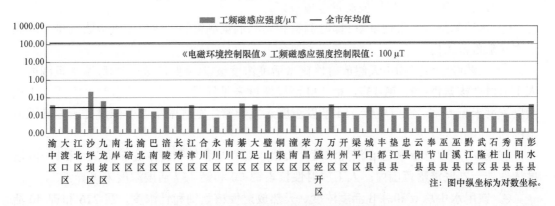

图 20-13　重庆市各区县工频磁感应强度监测结果

（2）商圈电磁辐射

2021年，重庆市在渝中区、江北区、九龙坡区、沙坪坝区和南岸区的商圈设置监测点位，开展电磁辐射监测，监测结果见表20-15、图20-14。

监测结果表明，重庆市五大商圈综合电场强度、功率密度低于《电磁环境控制限值》（GB 8702—2014）中规定的公众曝露控制限值（频率范围为30～3 000 MHz）；工频电场强度、工频磁感应强度低于《电磁环境控制限值》（GB 8702—2014）中规定的公众曝露控制限值（频率范围为0.025～1.2 kHz）。

表20-15　商圈电磁辐射结果统计

监测项目	单位	监测频段	点位数	测值范围	全市年均值
综合电场强度	V/m	0.1～3 000 MHz	5	1.76～4.86	3.28
功率密度	W/m²		5	0.008 4～0.066 9	0.032 5
工频电场强度	V/m	6～500 Hz	5	0.12～2.13	0.434
工频磁感应强度	μT		5	0.011 3～0.225 5	0.054 9

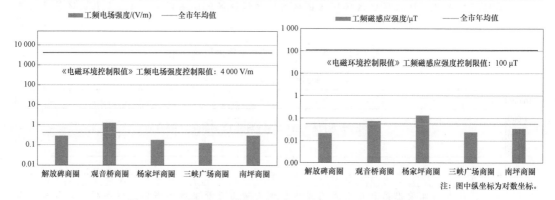

图20-14　重庆市各商圈综合电场强度和功率密度监测结果

20.2.4　结论

2021年，重庆市辐射环境质量总体良好。

① 自动站空气吸收剂量率、即时测量和累积剂量测得的γ辐射空气吸收剂量率均处于本底涨落范围内。

② 气溶胶、沉降物中天然放射性核素活度浓度铍-7、钾-40处于本底涨落范围内；人工放射性核素锶-90、铯-137、铯-134活度浓度未见异常。空气（水蒸汽）和降水中氚活度浓度未见异常。空气中碘-131活度浓度未见异常。空气中氡-222浓度处于本底涨落范围内。

③ 江河水中总α和总β活度浓度、天然放射性核素铀和钍浓度、镭-226和钾-40活度浓度处于本底涨落范围内；人工放射性核素锶-90和铯-137活度浓度未见异常。

④ 饮用水中总α和总β活度浓度、天然放射性核素铀和钍浓度、镭-226和钾-40活

度浓度处于本底涨落范围内；人工放射性核素锶-90 和铯-137 活度浓度未见异常。且总 α 和总 β 活度浓度均低于《生活饮用水卫生标准》（GB 5749—2006）规定的放射性指标指导值。

⑤ 土壤中天然放射性核素铀-238、钍-232、镭-226 和钾-40 活度浓度处于本底涨落范围内；人工放射性核素铯-137 活度浓度未见异常。

⑥ 综合电场强度、功率密度低于《电磁环境控制限值》（GB 8702—2014）中规定的公众曝露控制限值（频率范围为 30～3 000 MHz）；工频电场强度、工频磁感应强度低于《电磁环境控制限值》（GB 8702—2014）中规定的公众曝露控制限值（频率范围为 0.025～1.2 kHz）。

20.3　甘肃省"十三五"辐射环境质量报告

20.3.1　甘肃省辐射环境概况

甘肃省是国家最早的核工业和核试验基地，辖区内核工业和核技术应用项目按照国家核事业发展的整体布局，起步早、发展快。目前全省有中核 504 厂、中核 404 有限公司、中低放固体废物西北处置场等核设施，706 矿、792 矿、219 矿等铀矿开采单位，甘肃省城市放射性废物库等放射性废物的处置单位，形成了除核电外的从核燃料循环链前端的核地质勘探、铀矿开采、水冶到铀浓缩、铀转化、反应堆、乏燃料后处理以及核废料、放射性废物处理处置等多个环节完整体系。

近年来，中核甘肃核技术产业园开工建设、高放核废料地下实验室拟选址酒泉市北山地区、钍基熔盐堆已进入选址阶段、省政府与中核集团已签署在核技术产业园、核燃料、科研机构、装备制造等多领域进一步深化合作的战略协议，兰州、武威重离子治癌项目已基本建成并将陆续投入运行。同时，依托国家"西电东送"战略实施和我省河西新能源基地、陇东煤电基地的建立，能源配套送出 750 kV 主干网、±800 kV 及 ±1 100 kV 特高压直流外送工程等重点项目的建设步伐不断加快，以"宽带中国"、"互联网＋"为代表的通信基础设施加快在我省布局和建设，与民众生活息息相关的电磁辐射类设备（设施）迅速增加，如电视塔、雷达、通信设施、电网建设等，目前，省内有各类伴有电磁辐射的设备（设施）28 000 多台（套），涉及广播电视发射塔台、中波广播电台、卫星地球站，移动通信基站、高压输变电工程等项目。

省内核技术利用产业发展迅速，截至 2020 年 12 月 31 日，全省有核技术利用单位 1 738 家（其中停业 126 家），射线装置共有 4 056 台（其中 Ⅰ 类射线装置 3 台、Ⅱ 类射线装置 590 台、Ⅲ 类射线装置 3 463 台）；在用放射源单位 83 家（其中省管 80 家，部管 3 家，其中高风险放射源使用单位 7 家），在用放射源 2 363 枚，（其中 Ⅰ 类放射源 35 枚、Ⅱ 类放射源 92 枚、Ⅲ 类放射源 21 枚、Ⅳ 类放射源 1 122 枚、Ⅴ 类放射源 1 093 枚），涉及伴生放射性矿开发利用企业 10 家。

20.3.2　2016 年至 2020 年辐射环境质量状况

甘肃省辐射环境监测工作包括电离辐射环境监测和电磁辐射环境监测。电离辐射环境监测包括放射环境水平监测、放射性污染源的监督性监测；电磁辐射环境监测主要是对电磁辐射环境进行电场强度、磁场强度和无线电干扰的监测。

甘肃省辐射环境质量监测分为国控点监测和省控点监测两部分。

（1）国控点监测

为了确保公众健康和甘肃省辐射环境安全，2007 年甘肃省建立甘肃省辐射环境监测网，开展的监测覆盖了辐射环境质量监测和国家重点监管的核与辐射设施监督性监测。截至 2020 年，甘肃省国控点布设了 52 个监测点。52 个辐射环境监测点主要是 4 个辐射环境自动监测点、4 个核环境安全预警监测点、8 个陆地 γ 辐射监测点、19 个水体监测点、15 个土壤监测点和 2 个电磁辐射监测点。

甘肃省国控点点位情况见表 20-16。

（2）省控点监测

为全面掌握甘肃省辐射环境质量，加强辐射环境管理和监测，2020 年在原有国控监测点位的基础上，在全省新增 65 个点位，截至 2020 年，省控点布设 100 个监测点位，包括 3 个大气辐射环境自动监测点、2 个电磁辐射在线监测站、9 个环境 γ 辐射监测点、40 个水体监测点，42 个土壤监测点和 4 个电磁辐射监测点。

甘肃省省控点点位情况见表 20-17。

表 20-16　甘肃省国控点点位情况一览表

监测对象	序号	点位编号	点位名称	经度	纬度	采样/监测时间
辐射环境自动监测点	1	2808A01	兰州市金昌南路站	103°49′52″	36°02′48″	1 次/5 分钟
	2	2808A02	兰州市东岗站	103°54′36″	36°02′47″	1 次/5 分钟
	3	2804A03	金昌市公园路	102°11′18	38°31′01	1 次/5 分钟
	4	2801A04	嘉峪关市南市区工业园站	98°19′12″	39°48′34″	1 次/5 分钟
核环境安全预警监测点	1	2808F01	坡底下（504 厂）	—	—	2 次/年
	2	2815F02	404 厂	—	—	2 次/年
	3	2815F03	西北处置场	—	—	2 次/年
	4	2804F04	706 矿	—	—	2 次/年
环境累积剂量测得的 γ 辐射	1	2801B01	嘉峪关市农泵站	98°13′40″	39°49′48″	4 次/年
	2	2802B02	敦煌市电视台发射站	94°38′12″	40°08′06″	4 次/年
	3	2803B03	张掖市农科所	100°22′10″	38°54′37″	4 次/年
	4	2804B04	金川公司运输部	102°10′05″	38°29′43″	4 次/年
	5	2805B05	武威市海藏村	102°37′8″	37°57′21″	4 次/年
	6	2806B06	白银市四龙镇	104°23′53″	36°26′14″	4 次/年
	7	2808B07	兰州市雁儿湾	103°54′36″	36°02′47″	4 次/年
	8	2814B08	陇南市汉王镇	105°04′50″	33°19′38″	4 次/年

监测对象	序号	点位编号	点位名称	经度	纬度	采样/监测时间
水体	1	2808D01	包兰桥	103°56′44″	36°03′14″	2次/年
	2	2808D02	金川峡水库	102°00′43″	38°19′54″	2次/年
	3	2801D03	嘉峪关市黑山湖水库	98°08′17″	39°48′34″	2次/年
	4	2808D04	岸门桥	103°33′48″	36°06′55″	2次/年
	5	2808D05	崔家滩	103°40′40″	36°5′51″	1次/年
	6	2813D17	天水市慕滩水源地2号井	105°55′22″	34°33′10″	2次/年
	7	2807D12	庆阳市巴家咀水库	107°29′57″	35°41′13″	2次/年
	8	2814D18	陇南市武都区钟楼滩饮用水源地	104°54′36″	33°24′12″	2次/年
	9	2809D13	平凉市养子寨集中式饮用水水源保护区	106°36′45″	35°33′02″	2次/年
	10	2810D14	定西市安定区内官水厂	104°24′26″	35°28′31″	2次/年
	11	2812D16	合作市格河水源地	102°54′48″	34°56′49″	2次/年
	12	2802D07	酒泉市第二水厂	98°46′25″	39°31′02″	2次/年
	13	2801D06	嘉峪关自来水厂	98°15′06″	39°45′22″	2次/年
	14	2806D11	白银东涧沟武川自来水厂	105°05′34″	36°36′50″	2次/年
	15	2805D10	武威市石岭净水厂	102°36′34″	37°52′9″	2次/年
	16	2803D08	张掖市二水厂	100°22′27″	38°56′05″	2次/年
	17	2811D15	临夏市太子山水库（槐树关水库）	103°2′20″	35°18′31″	2次/年
	18	2804D09	金昌市永昌县东大河渠首水源地	102°00′29″	38°06′48″	2次/年
	19	2804D19	甘肃矿区711水库	—	—	2次/年
土壤	1	2802C01	敦煌市电视台发射站	94°38′12″	40°08′06″	1次/年
	2	2808C02	兰州市雁儿湾	103°54′36″	36°02′47″	1次/年
	3	2807C08	庆阳市巴家咀水库	107°29′57″	35°41′13″	1次/年
	4	2812C12	甘南藏族自治州合作市森林公园	102°54′43″	34°57′27″	1次/年
	5	2811C11	临夏市东区折桥镇东郊公园	103°14′52″	35°36′55″	1次/年
	6	2809C09	平凉市太统山自然保护区	106°35′35″	35°29′23″	1次/年
	7	2813C13	天水市秦州区人民公园	105°43′14″	34°34′41″	1次/年
	8	2810C10	定西市生态园	104°36′24″	35°35′36″	1次/年
	9	2801C03	嘉峪关市农泵站	98°13′40″	39°49′48″	1次/年
	10	2803C04	张掖市农科所	100°22′10″	38°54′37″	1次/年
	11	2805C06	武威市海藏村	102°37′8″	37°57′21″	1次/年
	12	2806C07	白银东涧沟武川自来水厂	105°05′34″	36°36′50″	1次/年
	13	2804C05	金昌市金川区北部防护林	102°11′24″	38°33′42″	1次/年
	14	2814C14	陇南市成县鸡峰山森林公园	105°43′28″	33°42′16″	1次/年
	15	2814C15	甘肃矿区711水库	/	/	1次/年
电磁辐射	1	2808H01	兰州市东方红广场	103°50′20″	36°03′08″	1次/年
	2	2808H02	兰州市高新技术开发区	103°52′48″	36°03′45″	1次/年

表 20-17　甘肃省省控点点位情况一览表

环境介质	序号	点位名称	经度	纬度	采样/监测时间
陆地 γ 辐射	1	定西市安定区玉湖公园	104°36′46″	35°34′20″	1 次/半年
	2	平凉市崆峒区柳湖公园	106°40′14″	35°32′44″	1 次/半年
	3	庆阳市西峰区经济开发区	107°38′09″	35°42′23″	1 次/半年
	4	天水市秦州区人民公园	105°43′14″	34°34′41″	1 次/半年
	5	临夏市东区折桥镇东郊公园	103°14′52″	35°36′55″	1 次/半年
	6	甘南藏族自治州合作市森林公园	102°54′42″	34°57′26″	1 次/半年
	7	东方红广场体育馆门前	103°50′20″	36°03′08″	1 次/半年
	8	仁寿山果园	103°41′02″	36°08′14″	1 次/半年
	9	兰州市皋兰县城北 3 km	103°53′51″	36°22′52″	1 次/半年
水体	1	白银市景泰县五佛寺	104°17′37″	37°10′15″	2 次/年（枯水期/平水期）
	2	白银市平川区虎头嘴	104°41′41″	36°42′50″	1 次/年
	3	临洮县洮园桥断面	103°47′9″	35°34′54″	1 次/年
	4	渭源县城居民饮用水水源地峡口水库	104°05′03″	35°02′14″	1 次/年
	5	平凉市韩家沟饮用水	106°33′56″	35°33′05″	1 次/年
	6	平凉市景家庄饮用水	106°37′03″	35°34′20″	1 次/年
	7	平凉市西郊崆峒水库	106°32′17″	35°32′41″	2 次/年（枯水期/平水期）
	8	平凉市泾河饮用水（聚仙桥）泾河水系	106°33′01″	35°32′52″	1 次/年
	9	庆阳市合水县新村饮用水源地	108°15′39″	35°51′01″	1 次/年
	10	庆阳市华池县东沟饮用水源地	108°01′09″	36°27′40″	1 次/年
	11	庆阳市巴家咀水库	107°29′57″	35°41′13″	2 次/年（枯水期/平水期）
	12	陇南市白龙江	105°04′50″	33°19′38″	2 次/年（枯水期/平水期）
	13	陇南市宕昌县城区缸沟集中式饮用水水源地	104°16′46″	34°00′35″	1 次/年
	14	陇南市成县抛沙镇净水厂	105°40′37″	33°44′09″	1 次/年
	15	天水市麦积区元龙镇处渭河	106°06′48″	34°32′43″	2 次/年（枯水期/平水期）
	16	天水市甘谷县城区饮用水	105°17′24″	34°44′41″	1 次/年
	17	天水市武山县城区饮用水	104°44′42″	34°45′40″	1 次/年
	18	天水市秦安县城区饮用水	105°39′07″	34°55′59″	1 次/年
	19	和政县海眼泉水源地饮用水监测点	103°9′10″	35°17′29″	1 次/年
	20	临夏县城区（关滩）水源地取水口	102°51′59″	35°31′39″	1 次/年
	21	卓尼县木耳沟集中式饮用水源地	103°29′31″	34°32′30″	1 次/年
	22	玛曲县黄河老渡口饮用水源地	102°3′48″	33°58′20″	1 次/年
	23	迭部县哇坝河集中式饮用水源地	103°12′32″	34°03′52″	1 次/年

续表

环境介质	序号	点位名称	经度	纬度	采样/监测时间
水体	24	甘南藏族自治州夏河县桑科水库	102°27′04″	35°08′10″	2次/年（枯水期/平水期）
	25	湟水桥（湟水系）	103°20′53″	36°07′20″	1次/年
	26	兰州市忠和曹家沟水库水源	103°47′24″	36°13′26″	1次/年
	27	兰州市永登县石门沟水库	103°42′39″	36°42′39″	1次/年
	28	兰州市皋兰县山字墩水库	103°43′9″	36°33′7″	1次/年
	29	武威市杂木河渠首饮用水水源	102°34′31″	37°42′3″	1次/年
	30	武威市民勤县蔡旗镇蔡旗大桥	102°45′12″	38°12′56″	1次/年
	31	金昌市永昌县北海子公园	101°58′23″	38°15′37″	1次/年
	32	金昌市金川峡水库	102°00′43″	38°19′54″	1次/年
	33	张掖市临泽县黄家湾滩集中式饮用水源地	100°7′24″	39°4′30″	1次/年
	34	张掖市黑河莺落峡断面	100°10′16″	38°48′10″	1次/年
	35	张掖市高台县饮用水源地	99°49′30″	39°15′38″	1次/年
	36	酒泉市金塔县拦河湾饮用水源地（北河湾）	98°51′22″	39°58′30″	1次/年
	37	瓜州县双塔水库（疏勒河水系）	96°20′34″	40°31′53″	1次/年
	38	玉门市河西林场饮用水源地	97°00′00″	40°14′29″	1次/年
	39	嘉峪关市水源地	98°13′40″	39°47′51″	1次/年
	40	嘉峪关市双泉水源地	98°17′07″	39°43′51″	1次/年
土壤	1	白银市四龙镇	104°23′53″	36°26′14″	1次/年
	2	白银市景泰县五佛寺	104°17′37″	37°10′15″	1次/年
	3	白银市平川区虎头嘴	104°41′42″	36°42′51″	1次/年
	4	临洮县岳麓山	103°52′36″	35°22′46″	1次/年
	5	漳县贵清山	104°30′40″	34°39′59″	1次/年
	6	渭源县老君山	104°13′08″	35°07′52″	1次/年
	7	定西市安定区玉湖公园	104°36′46″	35°34′20″	1次/年
	8	平凉市西沟村青年林	106°31′59″	35°33′39″	1次/年
	9	平凉养子寨集中式饮用水水源保护区	106°36′45″	35°33′02″	1次/年
	10	平凉市崆峒区柳湖公园	106°40′14″	35°32′44″	1次/年
	11	庆阳市合水县新村	108°15′39″	35°51′01″	1次/年
	12	庆阳市华池县东沟	108°01′09″	36°27′40″	1次/年
	13	庆阳市西峰区后官寨乡路堡村	107°33′10″	35°43′29″	1次/年
	14	陇南市武都区固水子山监测点位（汉王镇白龙江）	105°04′50″	33°19′38″	1次/年
	15	陇南市武都区北山监测点位	104°56′07″	33°23′55″	1次/年
	16	天水市秦州区人民公园	105°43′14″	34°34′41″	1次/年

续表

环境介质	序号	点位名称	经度	纬度	采样/监测时间
土壤	17	广和县广通湖公园	103°33′30″	35°28′59″	1 次/年
	18	临夏市积石山县尕阴屲村（小关乡小关村）	102°53′04″	35°35′57″	1 次/年
	19	临夏市东区折桥镇东郊公园	103°14′52″	35°36′55″	1 次/年
	20	甘南藏族自治州合作市森林公园	102°54′43″	34°57′27″	1 次/年
	21	临潭县洮州公园	103°21′33″	34°40′25″	1 次/年
	22	舟曲县峰迭镇杜坝川	104°18′26″	33°46′32″	1 次/年
	23	碌曲县粮站沟	102°30′43″	34°36′24″	1 次/年
	24	仁寿山果园	103°41′02″	36°08′14″	1 次/年
	25	兰州市皋兰县石洞镇丰水村西南方向约 2.51 km 处	103°58′14″	36°27′47″	1 次/年
	26	兰州市新区文曲湖公园	103°44′47″	36°32′2″	1 次/年
	27	兰州市新区栖霞湖广场	103°40′31″	36°28′14″	1 次/年
	28	武威市天祝县石门镇跑马滩	102°55′58″	36°59′7″	1 次/年
	29	武威市海藏村	102°37′8″	37°57′21″	1 次/年
	30	武威市古浪县泗水镇周庄村	102°56′45″	37°36′24″	1 次/年
	31	武威市民勤县沙漠公园	103°6′8″	38°37′33″	1 次/年
	32	金昌市永昌县东寨镇下三坝村	102°04′20″	38°13′10″	1 次/年
	33	金昌市永昌县北海子公园	101°58′23″	38°15′37″	1 次/年
	34	张掖市农科所	100°22′10″	38°54′37″	1 次/年
	35	张掖市祁连山滑雪场	99°55′1″	38°49′54″	1 次/年
	36	张掖市高台县湿地新区湿地公园	99°49′52″	39°23′16″	1 次/年
	37	酒泉市金塔县沙枣园子自然保护区	98°28′39″	40°19′17″	1 次/年
	38	肃州区美溪公园	98°28′17″	39°44′00″	1 次/年
	39	玉门市新市区东出口	99°04′51″	40°16′52″	1 次/年
	40	嘉峪关市黄草营 330 kV 变电站向西北 3 000 m	98°11′47″	39°55′29″	1 次/年
	41	嘉峪关市新城林场向南约 1 000 m	98°22′54.75	39°57′4.25″	1 次/年
	42	嘉峪关市农泵站	98°13′40″	39°49′48″	1 次/年
电磁辐射	1	白银市金鱼公园	104°10′40″	36°32′44″	1 次/年
	2	白银市广播电影电视局	104°08′08″	36°32′29″	1 次/年
	3	定西市安定区玉湖公园	104°36′46″	35°34′20″	1 次/年
	4	定西转播广播台	104°35′56″	35°33′34″	1 次/年
辐射环境自动监测站	1	庆阳市生态环境局自动站	107°38′09″	35°42′23″	连续
	2	甘南迭部县自动站（辐射环境自动监测点位）	103°14′16″	34°03′12″	连续
	3	酒泉市生态环境局自动站	98°29′45″	39°44′01″	连续

续表

环境介质	序号	点位名称	经度	纬度	采样/监测时间
电磁辐射 在线监测 站	1	甘肃省兰州市城关区雁儿湾路 环保科技大厦（18011009）	103°54′46″	36°2′46″	连续
	2	甘肃省兰州市安宁区西北师范大学 （18131010）	103°44′4″	36°6′31″	连续

20.3.3　辐射环境质量监测结果

20.3.3.1　辐射环境自动监测站

（一）γ辐射空气吸收剂量率

2016—2020年甘肃省辐射环境自动监测站测得的环境γ辐射空气吸收剂量率（含宇宙射线响应值）见表20-18。

甘肃省辐射环境自动监测站测得的γ辐射空气吸收剂量率水平范围为 73.8～134.0 nGy/h（未扣除宇宙射线响应值），与近几年监测结果相比无明显变化。

（二）空气

1. 气溶胶

2016—2020 年甘肃省辐射环境自动监测站气溶胶放射性核素活度浓度监测结果见表 20-19。

2016—2020 年甘肃省各辐射环境自动监测站气溶胶监测结果与近几年相比，为同一水平。

2. 沉降物

2016—2020 年甘肃省辐射环境自动监测站沉降物（总）放射性核素活度浓度监测结果见表 20-20。

2016—2020 年甘肃省辐射环境自动监测站沉降物监测结果与近几年监测结果相比，为同一水平。

表 20-18　2016—2020 年甘肃省辐射环境自动监测站测得的 γ 辐射空气吸收剂量率
（未扣除宇宙射线响应值）

自动站 所在地 及编号	年份	运行时 间/天	5分钟均 值数据 获取率/ %	γ辐射空气吸收剂量率/（nGy/h）						
				小时平均值				年均值		
				最大 值	最大值测得 时间	最小 值	最小时测得 时间	日均值范 围	平均 值	标准差
甘肃兰州市 金昌南路 （2808A01）	2020 年	335	91.9	207.7	04 月 23 日 11 时	87.1	02 月 15 日 10 时	89.5～ 109.0	92.7	0.7
	2019 年	365	95.9	151.5	08 月 26 日 05 时	79.0	08 月 09 日 13 时	87.4～ 108.2	94.5	1.6
	2018 年	365	84.7	149.6	09 月 01 日 10 时	90.8	04 月 06 日 06 时	91.9～ 109.6	95.8	0.4

自动站所在地及编号	年份	运行时间/天	5分钟均值数据获取率/%	γ辐射空气吸收剂量率/（nGy/h）							
				小时平均值					年均值		
				最大值	最大值测得时间	最小值	最小时测得时间		日均值范围	平均值	标准差
甘肃兰州市金昌南路（2808A01）	2017年	365	99.4	121.3	06月09日09时	91.0	07月21日20时		92.9～103.7	96.2	1.1
	2016年	335	85.8	133.0	08月23日05时	91.9	10月28日01时		95.7～99.4	97.7	1.0
兰州市东岗站（2808A02）	2020年	248	98.3	201.6	04月23日10时	93.8	05月17日19时		96.3～107.9	99.2	0.7
	2019年	365	81.7	187.6	08月26日05时	105.3	09月17日12时		106.3～134.0	110.2	1.1
	2018年	365	98.2	162.5	09月01日10时	104.3	04月06日04时		105.9～114.7	110.2	0.5
	2017年	365	99.2	155.2	08月12日22时	102.3	10月10日02时		104.5～120.6	110.3	0.7
	2016年	366	100.0	178.0	07月18日05时	103.7	01月24日03时		109.6～112.0	110.4	0.6
金昌市公园路站（2804A03）	2020年	338	98.7	118.7	09月28日03时	93.3	02月14日24时		95.3～103.6	98.2	0.6
	2019年	365	90.2	400.1	11月26日15时	93.5	11月13日00时		94.9～116.7	98.2	0.4
	2018年	365	98.7	164.6	12月03日15时	93.3	12月28日05时		94.3～102.8	97.9	0.4
	2017年	365	97.0	115.1	08月01日16时	93.6	10月09日09时		95.0～102.6	97.6	0.4
	2016年	366	99.1	111.9	10月03日22时	91.2	01月23日22时		96.4～98.8	97.4	0.6
嘉峪关市南市区工业园站（2801A04）	2020年	198	98.5	150.4	08月22日06时	113.2	12月12日24时		115.3～125.1	118.3	0.5
	2019年	365	66.5	146.2	06月20日19时	101.9	08月30日17时		105.3～119.8	110.6	3.4
	2018年	365	98.5	187.9	12月04日16时	102.0	08月16日19时		104.8～120.5	110.9	3.0
	2017年	365	99.4	129.3	07月02日03时	100.7	07月27日21时		104.5～119.1	110.4	3.0
	2016年	366	99.5	142.6	08月21日08时	102.1	07月11日15时		107.5～115.9	110.6	2.8
庆阳市环保局（093401）	2020年	359	99	127	2020-12-31 05:33:00	61.3	2020-01-01 10:16:00		73.8～94.8	81.2	3.4
	2019年	360	98	353	2019-12-31 13:17:00	59.6	2019-01-01 02:12:30		78.2～95.2	81.6	3.5
	2018年	359	99	143.7	2018-12-31 18:54:30	66.8	2018-01-29 05:13:40		77.4～97.1	81.3	3.4
	2017年	61	99	109.5	2017-12-31 12:40:00	68.3	2017-11-01 21:12:40		79.0～83.9	81.1	3.0

续表

自动站所在地及编号	年份	运行时间/天	5分钟均值数据获取率/%	γ辐射空气吸收剂量率/(nGy/h)							
				小时平均值				年均值			
				最大值	最大值测得时间	最小值	最小时测得时间	日均值范围	平均值	标准差	
甘南市环保局（094101）	2020年	357	97	215.5	2020-12-31 09:08:00	74	2020-01-01 17:05:00	80.5～123.2	109.5	6.2	
	2019年	361	96	224.3	2019-12-31 07:03:00	90.2	2019-01-01 16:54:00	100.6～124.8	110.1	6.4	
	2018年	353	98	182.2	2018-12-31 10:56:30	83.2	2018-01-06 23:17:00	100.3～124.5	111.3	6.3	
	2017年	49	87	165.6	2017-12-30 09:14:30	91.1	2017-11-01 15:53:00	105.9～123.7	114.3	6.6	
酒泉市环保局（093701）	2020年	363	99	204.1	2020-12-31 18:07:30	68.3	2020-01-01 23:24:30	83.6～91.1	86.6	3.2	
	2019年	356	97	215.5	2019-12-31 09:11:00	70.1	2019-01-01 16:52:00	83.0～94.9	86.0	3.2	
	2018年	315	91	118.3	2018-12-30 14:43:00	67.5	2018-10-01 18:41:00	83.1～90.8	86.4	3.2	
	2017年	61	99	110.4	2017-12-31 02:57:00	72.7	2017-11-01 23:48:30	84.6～90.6	87.0	3.2	
甘肃省								73.8～134.0	99.5	11.4	

表 20-19　2016—2020 年甘肃省辐射环境自动监测站气溶胶放射性核素活度浓度

省份	年份	放射性活度浓度/（μBq/m³）											
		228Ac	7Be (mBq/m³)	134Cs	137Cs	131I	40K	210Pb (mBq/m³)	210Po (mBq/m³)	226Ra	228Ra	232Th	234Th	238U
甘肃省	2020年	16.9	9.44	<LLD	<LLD	<LLD	146	1.53	0.422	<LLD	22.3	23.3	<LLD	<LLD
	2019年	13.0	7.78	<LLD	<LLD	<LLD	143	1.69	0.238	<LLD	13.0	13.0	<LLD	<LLD
	2018年	22.8	8.15	<LLD	<LLD	<LLD	184	2.07	0.439	20.3	23.5	23.5	<LLD	<LLD
	2017年	17.4	6.35	<LLD	1.22	<LLD	138	2.04	0.169	22.5	17.4	17.4	<LLD	<LLD
	2016年	15.0	4.50	<LLD	0.49	<LLD	157	1.80	<LLD	14.0	15.0	15.0	<LLD	<LLD
高于探测下限	测值范围	13.0～22.8	4.50～9.44	/	0.49～1.22	/	138～184	1.53～2.07	0.169～0.439	14.0～22.5	13.0～23.5	13.0～23.5	/	/
	平均值	17.02	7.24	/	0.86	/	154	1.826 8	0.317	18.9	18.2	18.4	/	/

表 20-20　2016—2020 年甘肃省辐射环境自动监测站沉降物（总）放射性核素活度浓度

自动站所在地及编号	年份	放射性活度浓度/（mBq/m² · d）										
		²²⁸Ac	⁷Be（Bq/ m² · d）	¹³⁴Cs	¹³⁷Cs	¹³¹I	⁴⁰K	²¹⁰Pb	²²⁶Ra	²²⁸Ra	²³²Th	²³⁴Th	²³⁸U
兰州市东岗（2808A01）	2020年	21.2	4.21	0.112	1.38	<LLD	257	593	11.5	21.2	21.2	21.6	21.6
	2019年	26.8	5.62	<LLD	3.16	<LLD	331	917	16.6	26.8	26.8	25.0	25.0
	2018年	25.3	4.91	<LLD	2.88	<LLD	329	674	16.3	25.3	25.3	26.3	26.3
	2017年	34.8	22.0	<LLD	2.01	<LLD	495	1201	30.9	40.1	40.1	34.8	34.8
	2016年	32.3	6.38	<LLD	2.63	<LLD	415.3	442.5	23.7	32.3	32.3	27.3	27.3
高于探测下限	测值范围	21.2～34.8	4.21～22.0	/	1.38～3.16	/	257～495	442.5～1201	11.5～30.9	21.2～40.1	21.2～40.1	21.6～34.8	21.6～34.8
	平均值	28.1	8.62	0.112	2.41	/	365.5	765.5	19.8	29.1	29.1	27.0	27.0

3. 空气氡浓度

2016—2020 年甘肃省兰州市雁儿湾气体氡活度浓度监测结果见表 20-21。

2016—2020 年甘肃省兰州市雁儿湾气体氡活度浓度监测结果与近几年监测结果相比，为同一水平。

表 20-21　2016—2020 年甘肃省兰州市雁儿湾气体氡活度浓度

监测点位	年份	氡浓度/（Bq/m³）
兰州市雁儿湾	2020 年	16.0
	2019 年	16.3
	2018 年	16.9
	2017 年	11.7
	2016 年	19.0
测值范围		11.7～19.0
平均值		16.0

20.3.3.2　γ 辐射空气吸收剂量率

2016—2020 年甘肃省累积剂量测得的陆地 γ 辐射空气吸收剂量率（含宇宙射线响应值）监测结果见表 20-22。

全省布设 14 个陆地 γ 辐射监测点，分别位于兰州、嘉峪关、敦煌、张掖、金昌、武威、白银、陇南、定西、天水、临夏、甘南、庆阳、平凉。2016—2020 年甘肃省累积剂量测得的γ辐射空气吸收剂量率（含宇宙射线响应值）监测结果为 84.2～161 nGy/h，平均值为 112 nGy/h，与γ辐射空气吸收剂量率范围值 20.1～166.6 nGy/h 相比，在其范围内。

表 20-22　2016—2020 年甘肃省环境 γ 辐射空气吸收剂量率

省份	年份	γ辐射空气吸收剂量率范围/（nGy/h）	γ辐射空气吸收剂量率/（nGy/h）
甘肃省	2020 年	85.5～140	104
	2019 年	86.0～118	101
	2018 年	84.2～158	113
	2017 年	92.0～161	123
	2016 年	94.0～158	118
	2016—2020 年	84.2～161	112

20.3.3.3　水体

（1）江河水系

2016—2020 年甘肃省主要江河水系断面放射性核素浓度监测结果参照表 20-23。

表 20-23　2016—2020 年甘肃省主要江河水系断面放射性核素活度浓度

省份	年份	放射性核素活度浓度						
		U/（μg/L）	Th/（μg/L）	^{226}Ra/（mBq/L）	总 α/（Bq/L）	总 β/（Bq/L）	^{90}Sr/（mBq/L）	^{137}Cs/（mBq/L）
甘肃省	2020 年	3.21	0.079 7	5.58	0.119	0.143	2.91	＜LLD
	2019 年	2.86	0.193	6.48	0.079 1	0.133	3.12	＜LLD
	2018 年	2.61	0.422	5.32	0.068 3	0.126	3.72	＜LLD
	2017 年	2.96	0.306	4.81	0.089 2	0.110	10.1	＜LLD
	2016 年	5.04	0.867	7.39	0.097 4	0.159	4.79	＜LLD
高于探测下限	测值范围	2.61～5.04	0.079 7～0.867	4.81～7.39	0.068 3～0.119	0.110～0.159	2.91～10.1	/
	平均值	3.34	0.374	5.92	0.090 6	0.134	4.93	/

全省布设包兰桥、白银五佛寺、天水市麦积区元龙镇渭河、洮源桥断面、湟水桥、泾河饮用水、陇南市武都区白龙江、黑河莺落峡断面、民勤县蔡旗镇蔡旗大桥、瓜州县双塔水库等监测点位，覆盖黄河、长江、洮河、湟水、泾河、黑河、石羊河、疏勒河等地表水系。甘肃省主要江河水系断面放射性核素的活度为：U 为 2.61～5.04 μg/L，Th 为 0.079 7～0.867 μg/L，^{226}Ra 为 4.81～7.39 mBq/L，总 α 为 0.068 3～0.119 Bq/L，总 β 为 0.110～0.159 Bq/L，^{90}Sr 为 2.91～10.1 mBq/L，^{137}Cs 未检出。主要江河水系断面放射性核素浓度监测数据在甘肃省地表水体放射性核素环境本底值范围内，属正常环境水平。

（2）湖泊、水库

2016—2020 年甘肃省主要湖泊、水库放射性核素活度浓度监测结果见表 20-24。

表 20-24　2016—2020 年甘肃省主要湖泊、水库放射性核素活度浓度

省份	年份	放射性核素活度浓度						
		U/ (μg/L)	Th/ (μg/L)	^{226}Ra/ (mBq/L)	总 α/ (Bq/L)	总 β/ (Bq/L)	^{90}Sr/ (mBq/L)	^{137}Cs/ (mBq/L)
甘肃省	2020 年	5.03	0.056 0	3.53	0.158	0.101	3.01	<LLD
	2019 年	4.96	0.305	3.75	0.141	0.133	3.45	<LLD
	2018 年	5.15	0.540	4.41	0.140	0.143	3.71	<LLD
	2017 年	5.77	0.201	5.89	0.133	0.130	7.48	<LLD
	2016 年	4.76	0.891	5.02	0.160	0.130	3.06	<LLD
高于探测下限	测值范围	4.76～5.77	0.056 0～0.891	3.53～5.89	0.133～0.160	0.101～0.143	3.01～7.48	/
	平均值	5.13	0.399	4.52	0.146	0.127	4.142	/

全省布设黑山湖水库、金川峡水库、巴家咀水库、桑科水库、崆峒水库等监测点位。甘肃省各水库各监测项目活度浓度分别为：U 为 4.76～5.77 μg/L，Th 为 0.056 0～0.891 μg/L，^{226}Ra 为 3.53～5.89 mBq/L，总 α 为 0.133～0.160 Bq/L，总 β 为 0.101～0.143 Bq/L，^{90}Sr 为 3.01～7.48 mBq/L，^{137}Cs 未检出。主要湖泊、水库放射性核素浓度监测数据在甘肃省地表水体放射性核素环境本底值范围内，属正常环境水平。

20.3.3.4　地下水

2016—2020 年甘肃省兰州市地下水放射性核素活度浓度监测结果见表 20-25。

表 20-25　2016—2020 年甘肃省地下水放射性核素活度浓度

地区（市）名称	年份	放射性核素活度浓度				
		U/ (μg/L)	Th/ (μg/L)	^{226}Ra/ (mBq/L)	总 α/ (Bq/L)	总 β/ (Bq/L)
甘肃省	2020 年	4.50	0.063 5	2.90	0.092 6	0.113
	2019 年	6.18	<LLD	9.80	0.128	0.123
	2018 年	3.73	0.325	3.20	0.115	0.132
	2017 年	5.29	<LLD	4.50	0.051 0	0.073 0
	2016 年	4.39	1.21	5.30	0.032 9	0.096 3
高于探测下限	测值范围	3.73～6.18	0.032 5～1.21	2.90～9.80	0.032 9～0.128	0.073 0～0.132
	平均值	4.82	0.533	5.14	0.083 9	0.107

甘肃省兰州市崔家滩地下水各监测项目活度浓度分别为：U 为 3.73～6.18 μg/L，Th 为 0.032 5～1.21 μg/L，^{226}Ra 为 2.90～9.80 mBq/L，总 α 为 0.032 9～0.128 Bq/L，总 β

为 0.073 0～0.132 Bq/L，属正常环境水平。

20.3.3.5　水源地饮用水

2016—2020 年甘肃省水源地饮用水放射性核素活度浓度监测结果见表 20-26。

表 20-26　2016—2020 年甘肃省水源地饮用水国控点放射性核素活度浓度

省份	年份	放射性核素活度浓度						
		U/ (μg/L)	Th/ (μg/L)	226Ra/ (mBq/L)	总 α/ (Bq/L)	总 β/ (Bq/L)	90Sr/ (mBq/L)	137Cs/ (mBq/L)
甘肃省	2020 年	3.71	0.050 8	4.29	0.111	0.116	2.96	<LLD
	2019 年	3.67	0.226	5.18	0.108	0.120	3.51	<LLD
	2018 年	3.68	0.485	4.41	0.094	0.116	4.55	<LLD
	2017 年	3.90	0.206	5.23	0.106	0.122	5.78	<LLD
	2016 年	3.75	0.797	7.19	0.121	0.109	3.72	<LLD
高于探测 下限	测值范围	3.67～3.90	0.050 8～ 0.797	4.29～7.19	0.094～ 0.121	0.109～ 0.122	2.96～5.78	/
	平均值	3.74	0.353	5.26	0.108	0.117	4.10	/

全省布设兰州威立雅水务集团公司一水厂（岸门桥断面）、白银东涧沟武川自来水厂、定西市安定区内官水厂、合作市格河水源地、嘉峪关自来水厂、酒泉市第三水厂（南石滩）、临夏市太子山水库（槐树关水库）、平凉市养子寨集中式饮用水水源保护区、庆阳市巴家咀水库、天水市慕滩水源地 2 号井、陇南市武都区钟楼滩饮用水源地、张掖第三水厂（滨河）、武威石岭净水厂、永昌县东大渠、711 水库、平川区虎头嘴、渭源县城居民饮用水水源地峡口水库、卓尼县木耳沟集中式饮用水源地、玛曲县黄河老渡口水源地、迭部县哇坝河集中式饮用水源地、嘉峪关水源地、双泉水源地、金塔县北河湾饮用水源地、玉门河西林场、忠和曹家沟水库水源、石门沟水库、山字墩水库、和政县海眼泉水源地饮用水、临夏城区（官滩）水源地、韩家沟饮用水、景家庄饮用水、甘谷县城区饮用水、武山县城区饮用水、秦安县城区饮用水、宕昌县城区缸沟集中式饮用水源地、成县抛沙镇净水厂、高台县饮用水源地、临泽县黄家湾滩集中式饮用水源地、杂木河渠首饮用水源、北海子、华池县东沟饮用水源地、合水县新村饮用水源地等监测点位，覆盖全省各市州。甘肃省水源地饮用水各监测项目活度浓度分别为：U 为 3.67～3.90 μg/L，Th 为 0.050 8～0.797 μg/L，226Ra 为 4.29～7.19 mBq/L，总 α 为 0.094～0.121 Bq/L，总 β 为 0.109～0.122 Bq/L，90Sr 为 2.96～5.78 mBq/L，137Cs 未检出。全省主要水源地饮用水放射性核素浓度监测数据在甘肃省地表水体放射性核素环境本底值范围内，属正常环境水平。

20.3.3.6　土壤

2016—2020 年甘肃省各市州土壤放射性核素含量监测结果见表 20-27。

表 20-27 2016—2020 年甘肃省土壤放射性核素活度浓度

所在地区	年份	放射性核素活度浓度/（Bq/kg·干）				
		^{40}K	^{137}Cs	^{226}Ra	^{232}Th	^{238}U
甘肃省	2020 年	603	2.93	33.3	44.3	36.6
	2019 年	581	2.48	31.4	43.8	36.7
	2018 年	567	1.38	31.2	44.5	42.7
	2017 年	606	1.91	36.0	44.3	39.0
	2016 年	585	2.30	37.0	46.0	42.0
高于探测下限	测值范围	567～606	1.38～2.93	31.2～37.0	43.8～46.0	36.6～42.7
	均值	588	2.20	33.8	44.6	39.4

全省布设皋兰县石洞镇丰水村西南 2.51 km、兰州市雁儿湾、栖霞湖广场、文曲湖公园、仁寿山、黄草营 330 kV 变电站向西北 3 000 m、新城林场向南 1 000 m、嘉峪关农泵站、永昌县东寨镇下三坝村、永昌县北海子公园、金昌市金川区北部防护林、景泰县五佛寺、平川区虎头嘴、白银市东涧沟武山水库、白银市四龙镇、天水市秦州区人民公园、古浪县辐射环境监测点、天祝县石门镇跑马滩（红崖子滩）、民勤县辐射环境监测点、武威海藏寺、祁连山滑雪场、高台县新区湿地公园、张掖市农科所、崆峒区养子寨一级水源地、西沟村青年林、平凉市太统山自然保护区、平凉柳湖公园、金塔县沙枣园子自然保护区、玉门新市区东出口、敦煌市电视台发射站、肃州区美溪公园、华池县柔远镇东沟、合水县古城乡新村、庆阳市巴家咀水库、庆阳市西峰区后官寨乡路堡村、定西玉湖公园、临洮县岳麓山、漳县贵清山、定西市安定区生态园、渭源县老君山、武都区水子山监测点位、陇南市成县鸡峰山森林公园、武都区北山监测点位、广通湖公园、积石山县小关乡小关村、临夏市东区折桥镇东郊公园、甘南藏族自治州合作市森林公园、临潭县洮州公园、舟曲县峰迭镇杜坝川、碌曲县粮站沟、711 水库等监测点位，覆盖全省各市州。甘肃省各市州土壤样品中 ^{238}U 为 36.6～42.7 Bq/kg，^{232}Th 为 43.8～46.0 Bq/kg，^{226}Ra 为 31.2～37.0 Bq/kg，^{40}K 为 567～606 Bq/kg，^{137}Cs 为 1.38～2.93 Bq/kg。土壤放射性核素监测数据在甘肃省土壤放射性核素环境本底值中，属正常环境水平。

20.3.3.7 环境电磁辐射水平

（1）环境中电场强度

2016—2020 年甘肃省环境中电场强度监测结果见表 20-28。

表 20-28 2016—2020 年甘肃省环境中电场强度

地区（市）	点位类别（选择）	点位名	仪器（选择）	仪器频率响应	频次/（次/年）	测量高度/m	监测项目（选择）	测量频率	年份	测量日期/（月/日/时）	电磁辐射水平		单位（选择）
											平均值	标准差	
兰州市	商业区	东方红广场	非选频式测量仪	5 Hz～40 GHz	2	1.7	场强	100 kHz～3 GHz	2020	06/04/11	1.59	0.63	V/m
										11/27/11	1.01	0.35	

续表

地区（市）	点位类别（选择）	点位名	仪器（选择）	仪器频率响应	频次/（次/年）	测量高度/m	监测项目（选择）	测量频率	年份	测量日期/（月/日/时）	电磁辐射水平		单位（选择）
											平均值	标准差	
兰州市	商业区	东方红广场	非选频式测量仪	5 Hz～40 GHz	2	1.7	场强	100 kHz～3 GHz	2019	6/18/10	1.56	0.20	
										11/4/11	1.59	0.37	
									2018	5/17/13	0.32	0.06	
										9/29/10	0.33	0.17	
									2017	3/24/10	1.05	0.11	
										12/6/10	1.29	0.13	
									2016	3/24/10	1.13	0.04	
										9/20/10	1.04	0.13	
白银市	商业区	白银市金鱼公园	非选频式测量仪	5 Hz～40 GHz	2	1.7	场强	100 kHz～3 GHz	2020	6/2/15	1.24	0.22	V/m
										11/27/15	1.28	0.20	
									2019	6/19/15	1.16	0.17	
										12/10/15	1.10	0.14	
									2018	5/16/11	1.17	0.17	
										12/21/15	1.14	0.16	
									2017	5/24/12	0.79	0.03	
										11/14/10	1.21	0.12	
									2016	4/20/16	0.75	0.13	
										10/20/15	0.50	0.08	
定西市	商业区	玉湖公园	非选频式测量仪	5 Hz～40 GHz	2	1.7	场强	100 kHz～3 GHz	2020	6/19/10	0.66	0.11	
										11/20/11	0.67	0.10	
									2019	6/19/10	0.56	0.15	
										12/10/11	0.76	0.26	
									2018	5/17/10	0.59	0.15	
										12/21/10	0.862	0.29	
									2017	4/13/10	0.64	0.14	
										12/5/10	0.64	0.15	
									2016	6/3/10	0.43	0.03	
										9/27/10	0.46	0.06	
全省	2016—2020 年（按测量次数统计）										0.92	0.37	

全省布设兰州市东方红广场、白银市金鱼公园、定西市玉湖公园等监测点位。甘肃省兰州市、白银市、定西市电磁辐射环境质量监测均值范围为 0.321～1.59 V/m，低于《电磁环境控制限值》（GB 8702—2014）中有关公众曝露控制限值 12 V/m（频率范围为 30 MHz～3 GHz）。电磁环境质量状况良好。

（2）电磁辐射设施周围综合场强

2016—2020 年甘肃省电磁辐射污染源周围电磁环境质量监测结果见表 20-29。

表 20-29　2016—2020 年甘肃省电磁辐射污染源监测点周围环境电磁辐射水平

地区（市）	地址	仪器（选择）	仪器频率响应	频次/（次/年）	测量高度/m	监测项目（选择）	测量频率	年份	测量日期/（月/日/时）	电磁辐射水平		单位（选择）
										平均值	标准差	
兰州市	兰州市高新开发区	非选频式测量仪	5 Hz～40 GHz	2	1.7	综合场强	100 kHz～3 GHz	2020	06/04/11	0.119	0.35	
									11/27/12	0.187	0.09	
								2019	6/18/10	0.331	0.547	
									11/4/10	0.333	0.534	
								2018	5/17/14	0.347	0.626	
									9/29/10	0.104	0.089 2	
								2017	3/24/11	0.324	0.007	
									12/6/11	0.335	0.158	
								2016	3/24/11	0.180	0.019	
									9/20/11	0.225	0.312	
白银市	白银市广播电影电视局	非选频式测量仪	5 Hz～40 GHz	2	1.7	综合场强	100 kHz～3 GHz	2020	6/2/15	0.581	0.65	μW/cm²
									11/27/15	0.581	0.48	
								2019	6/19/14	0.738	0.469	
									12/10/15	0.603	0.567	
								2018	5/16/11	0.740	0.470	
									12/21/15	0.366	0.180	
								2017	5/24/11	0.733	0.418	
									11/14/11	0.741	0.446	
								2016	4/21/10	0.052	0.010	
									10/20/11	0.752	0.022	
定西市	定西市广播电影电视局	非选频式测量仪	5 Hz～40 GHz	2	1.7	综合场强	100 kHz～3 GHz	2020	6/19/11	0.605	0.55	
									11/20/11	0.879	0.03	
								2019	6/19/11	0.139	0.116	
									12/10/11	4.756	2.880	
								2018	5/17/11	0.152	0.125	
									12/21/16	0.158	0.137	
								2017	4/13/10	0.144	0.114	
									12/5/10	0.155	0.130	
								2016	6/3/11	0.820	0.03	
									10/13/16	0.242	0.027	
全省	2016—2020 年（按测量次数统计）									0.547	0.835	

　　全省布设兰州市高新开发区、白银市广播电影电视局、定西市广播电影电视局等监测点位。甘肃省兰州市、白银市、定西市电磁辐射污染源周围电磁环境质量监测均值范围为 0.052～4.756 μW/cm²，低于《电磁辐射防护规定》（GB 8702—2014）中有关公众曝露控制限值 40 μW/cm²（频率范围为 30 MHz～3 GHz）。电磁环境质量状况良好。

（3）电磁辐射在线监测站电场强度

2016—2020 年甘肃省环境中电磁辐射在线监测站监测结果见表 20-30。

表 20-30　2016—2020 年甘肃省电磁辐射在线监测站监测数据

自动站所在地及编号	年份	监测频段	频率范围	单位	最大值	平均值	平均值偏差
甘肃省兰州市城关区雁儿湾路环保科技大厦（18011009）	2020 年	射频电场	100 kHz～6 GHz	V/m	1.474	0.728	0.106
	2019 年	射频电场	100 kHz～6 GHz	V/m	1.225	0.735	0.087
	2018 年	射频电场	100 kHz～6 GHz	V/m	0.977	0.803	0.069
甘肃省兰州市安宁区西北师范大学（18131010）	2020 年	射频电场	100 kHz～6 GHz	V/m	2.391	1.367	0.184
	2019 年	射频电场	100 kHz～6 GHz	V/m	2.898	1.480	0.297
	2018 年	射频电场	100 kHz～6 GHz	V/m	2.669	1.901	0.324

全省布设甘肃省兰州市城关区雁儿湾路环保科技大厦、甘肃省兰州市安宁区西北师范大学等电磁在线自动监测点位。甘肃省电磁辐射在线监测站测得的电场强度均值范围为 0.728～1.901 V/m，低于《电磁环境控制限值》（GB 8702—2014）中有关公众曝露控制限值 12 V/m（频率范围为 30 MHz～3 GHz）。电磁环境质量状况良好。

20.3.4　辐射污染源监督性监测状况

2016—2020 年甘肃省核与辐射安全中心对全省核设施、放射性同位素与射线装置应用、伴生放射性矿开发利用、放射性废物暂存库、电磁辐射设施等辐射污染源进行了监督性监测，监测结果表明各辐射污染源周围辐射环境相比往年无明显变化，辐射污染源运行处于可控状态。

20.3.5　小结

"十三五"期间，甘肃省核与辐射安全中心对全省的辐射环境质量进行了常规监测，监测表明：甘肃省陆地 γ 辐射剂量率水平在甘肃省环境本底水平范围内；甘肃省主要江河、水库、地下水水体中天然放射性核素的活度浓度与甘肃省环境天然放射性水平监测值相比，无显著变化，并在环境本底水平范围内波动；甘肃省土壤中天然放射性核素的比活度与甘肃省环境天然放射性水平监测值相比，无显著变化，属环境正常水平；甘肃省兰州市、白银市、定西市电磁辐射环境质量及电磁辐射污染源周围电磁辐射水平在国家相应标准范围内，电磁环境质量状况良好。同时，甘肃省核与辐射安全中心对全省的辐射污染源进行监督性监测，监测表明：全省主要放射性污染源周围环境的 γ 辐射剂量率、水体与土壤中放射性核素活度浓度（比活度）处于一个稳定的状态，无显著性的变化，辐射污染源运行处于可控状态。

"十三五"期间，甘肃核与辐射监测能力进一步加强，目前基本能说清核设施周围辐射环境状况、主要水体的辐射环境质量、陆地、土壤、植物、空气中辐射环境质量变化水平。

20.4 某地级市辐射环境质量报告

2022 年，X 市辐射环境质量总体良好，与 2021 年相比保持稳定。环境 γ 辐射剂量率处于本底水平，环境的天然放射性核素活度浓度处于本底水平，人工放射性核素活度浓度未见异常，环境电磁辐射水平低于国家电磁环境控制限值。

（1）环境 γ 辐射剂量率

X 市累积剂量测得的空气吸收剂量率（含宇宙射线响应值）测值范围分别 82～102 nGy/h，监测结果均处于本底水平。

（2）空气

2022 年，X 市气溶胶点位天然放射性核素铍-7、钾-40 和钋-210 等活度浓度均处于本底水平，人工放射性核素锶-90、碘-131 和铯-137 等活度浓度未见异常。徐州市空气点位碘-131 活度浓度均未见异常。徐州市总沉降物点位天然放射性核素铍-7 和钾-40 等日沉降量均处于本底水平，人工放射性核素锶-90、碘-131 和铯-137 等日沉降量未见异常。

（3）水体

2022 年，X 市总 α、总 β 活度浓度和天然放射性核素活度浓度均处于本底水平，人工放射性核素活度浓度未见异常。重点饮用水水源地水总 α、总 β 活度浓度均低于《生活饮用水卫生标准》（GB 5749—2006）中规定的放射性指标指导值。

（4）土壤

2022 年，X 市环境土壤点位天然放射性核素铀-238、钍-232、镭-226 和钾-40 活度浓度均处于本底水平，人工放射性核素铯-137 活度浓度未见异常。

（5）环境电磁辐射

2022 年，X 市 3 个环境电磁辐射点位在频率范围 0.1～3 000 MHz 的监测结果均低于《电磁环境控制限值》（GB 8702—2014）规定的相应频率范围公众曝露控制限值。

20.5 辐射环境监测质量季报

（1）前言

广东省是核电和核技术利用大省，辐射环境监测是核与辐射安全状况评价的重要手段，是确保核与辐射安全的重要支撑。目前我省除了对核电、铀矿山、微堆、伴生放射性矿、电磁通信基站等核与辐射设施进行辐射源监测外，还对区域内空气、土壤、饮用水等介质的放射性水平和电磁辐射水平进行环境质量监测。辐射环境质量监测是为了获得我省区域内辐射背景水平，积累辐射环境质量历史监测数据；掌握辐射环境质量状况和变化趋势，提供科学、准确、可靠的辐射环境监测信息；提高判断辐射环境风险能力；向公众提供信息，保障公众对核与辐射安全的知情权。

（2）监测内容

2023 年第 2 季度广东省辐射环境质量监测内容主要包括了 21 个辐射环境自动监测站（以下简称自动站）环境 γ 辐射空气吸收剂量率（连续）监测、21 个地级市电磁辐射监测以及 21 个地级市饮用水源水中放射性水平监测。

（3）评价方法

自动站环境 γ 辐射空气吸收剂量率监测结果在历史范围值内视为正常；电磁辐射监测结果执行《电磁环境控制限值》（GB 8702—2014）相关要求；饮用水源水总 α、总 β 放射性指标执行《生活饮用水卫生标准》（GB 5749—2022）相关要求。

（4）监测结果

2023 年第 2 季度辐射环境质量监测结果见附表 1～附表 3。

自动站环境 γ 辐射空气吸收剂量率月均值范围为 63.8～140.2 nGy/h，监测结果均在各站点历史范围值内，未见异常。

通信基站周围地面电磁辐射监测点位射频电场强度范围为＜0.20～11.5 V/m，监测结果均小于《电磁环境控制限值》（GB 8702—2014）规定的相应频段公众曝露控制限值。

饮用水源水中总 α 活度浓度高于探测限范围为 0.014～0.057 Bq/L，总 β 活度浓度范围为 0.039～0.217 Bq/L，监测结果均低于《生活饮用水卫生标准》（GB 5749—2022）规定的放射性指标指导值。

（5）小结

21 个自动站环境 γ 辐射空气吸收剂量率在历史范围值内，属于正常水平；21 个地级市通信基站射频电场强度监测结果符合《电磁环境控制限值》（GB 8702—2014）要求；21 个地级市饮用水源水中总 α 和总 β 放射性指标符合《生活饮用水卫生标准》（GB 5749—2022）要求。

2023 年第 2 季度广东省辐射环境质量监测结果未见异常。

21 辐射环境监测案例

21.1 兰州重离子肿瘤治疗中心环评现状监测

21.1.1 监测目的

了解项目拟建地的环境质量现状，为该拟建场地的环境现状评价提供基础数据并通过对该区域环境质量的现状分析，预测分析该项目建成投入运行后对周围环境的影响。

21.1.2 监测内容

（1）监测范围

项目拟建址及其周边。

（2）监测对象和项目

根据国家的规范要求，结合木项目的特点和主要污染因子，监测的对象和项目主要有：

γ辐射：γ辐射空气吸收剂量率；

中子：中子辐射剂量率

植物：总α、总β、γ核素放射性比活度；

地表水：总α、总β；

土壤：γ核素放射性比活度；

21.1.3 监测方法

采样（监测）布点：

γ辐射：项目拟建址及其周围；

中子：项目拟建址及其周围；

地表水：该项目所在地的地表水主要集中在项目周围的河流，因此水样监测点位选取为拟建医院旁边的黄河；

土壤：项目拟建址及其周围；

植物：项目拟建址及周围。

21.1.4 地表γ辐射剂量率

（1）点位布设原则

根据评价范围，本项目采用网格布设γ辐射剂量率监测点。监测时，分别对项目周围的道路（泛指水泥地面）和原野等处的γ辐射剂量率进行现场测量。评价范围内共布设 65 个测量点，其中拟建场地内布设点位 40 个，拟建场地外布设点位 25 个。原野测点选择在田地等较开阔场所，距周围建筑物 20 m 以上；道路测点选择在路面中心线上或水泥地面中央，测点均在距离地面 1 m 高处测量。

（2）测量仪器与方法

测量仪器为 FHZ672E-10 γ 剂量率仪测量方法满足 GB/T 14583—93《环境地表γ辐射水平剂量率测定规范》的要求。测量条件如下：

1）仪器在使用过程中，每天用检验源检验其效率，对变化在±5%～±15%之间的，均作了效率修正；

2）仪器的探头离地高 1 m，无关人员尽量远离仪器；

3）仪器在使用过程中，测量前预热 10 分钟左右，每个测点读十个测量数据，每两个测量数据之间相隔 10 秒，并以 10 个读数的平均值作为该点的测量值；

4）数据采用统一的表格记录。

21.1.5 土壤中放射性比活度分析

（1）点位布设、样品采集原则

对项目拟建地 50 m×50 m 范围内采用梅花形进行布点，采集 50 cm×50 cm 的土样，在现场充分混合，去除石头草根等杂物，取 2～3 kg 装于双层塑料袋中。

（2）分析测量方法

采集的土壤样品在 105 ℃以下烘至衡重，经粉碎机粉碎后，过筛，样品颗粒小于 80 目，取 300 g 左右装入 $\phi 75 \times 50$ mm 聚乙烯样品盒内，装满压实后密封 20 天以上，以保证 ^{226}Ra 及其子体平衡。样品在测量前经过多次表面去污，最后采用 HPGe γ 谱仪系统进行 ^{238}U、^{226}Ra、^{232}Th 和 ^{40}K 等含量的测量分析。

21.1.6 地表水和土壤中总α、总β放射性比活度

（1）点位布设、样品采集原则

本项目地表水样取自项目拟建地周围取雁滩黄河大桥、包兰桥、城关黄河大桥、周围居民饮用水。样品采集时，避免水面浮游物，采集表层水约 25 L，并用硝酸酸化至 pH<2。

（2）样品测量及计算方法

水样过滤后，先取 1 000 mL 水样倒入 2 L 烧杯中，缓慢加热至近沸，蒸发浓缩至约 30 mL。如此反复直至水样中残渣量足够制样品源为止。接着将烧杯中少量浓缩液连沉淀一并转入已灼烧称量的瓷坩埚中，在红外灯下蒸干，然后将瓷坩埚置于马福炉中，在 450 ℃下灼烧后，得到残渣总量。残渣在均匀后称取 100 mg 并与无水乙醇均匀放入不锈钢测量盘内，最后制成样品源。样品源置于低本底β测量仪上测量其总α、总β放射性浓度。

21.1.7　监测和分析测量方法依据

本次调查所采用的采样与分析测量方法，均按照国家有关的规定执行，其主要内容见表 21-1。

表 21-1　测量仪器及分析测量方法

项目（介质与核素）		测量仪器	测量（分析）方法	探测下限（LLD）
陆地 γ 辐射吸收剂量率		FHZ672E-10　γ 剂量率仪	GB/T 14583—93《环境地表 γ 辐射水平剂量率测定规范》	1 nSv/h
中子辐射剂量率		FHT612 中子剂量率仪	/	1 nSv/h
土壤、植物	^{238}U	ADCAM100 型 HPGe γ 谱仪系统	GB 11743—89《土壤中放射性核素的 γ 能谱分析方法》	7.45 Bq/kg
	^{232}Th			1.08 Bq/kg
	^{226}Ra			2.89 Bq/kg
	^{40}K			9.65 Bq/kg
	^{137}Cs			0.42 Bq/kg
	^{60}Co			0.49 Bq/kg
水样	总 α	MPC9604 型低本底 α、β 测量装置	EJ/T 1075—1998《水中总 α 放射性浓度的测定厚源法》	0.009 75 Bq/L
	总 β		EJ/T 900—94《水中总 β 放射性测定蒸发法》	0.018 6 Bq/L

21.1.8　质量保证

甘肃省核与辐射安全局为通过省级计量认证和环保部能力评估的监测单位，获《计量认证合格证书》，证书编号分别为：（2005）量认（国）字（U1279），其监测数据具有法律效力。因此，监测中特别注重质量保证体系的运作。质量保证是对监测结果提供足够置信度所必须的有计划和有系统的措施，是整个监测过程中的全面质量管理，是保证样品具有代表性和完整性，测量结果具有良好的重复性和再现性的管理过程。

（1）质量保证体系

甘肃省核与辐射安全局在执行环境放射性监测中，严格执行国家或主管部门颁发的监测方法标准与技术规范，执行本中心《质量管理手册》中所规定的质量保证措施，保证监测数据准确完整、真实可靠。

（2）量值可追溯至国家计量标准

量值可追溯性是现代核测量保证措施中最重要一环，为了保证测量结果的量值可追溯至国家计量标准，参加调查的仪器，除出厂时刻度外，在以后使用期间每年至少需重新刻度一次，刻度单位均为国家认可的有颁发刻度证书权限的刻度室。

（3）主要质量控制措施

1）监测人员与仪器

参加本次调查的采样监测人员均经培训考核、持证上岗。所采用仪器设备的性能均符合测试项目的要求，测量时的环境条件均满足测试工作的要求。

甘肃省核与辐射安全局的标准器具，包括标准物质、仪器、仪表、容器等定期进行检定或校验，保证其量值可直接溯源到国家认可的国际机构或国家授权的计量标准机构。

2）γ辐射剂量率测量

每次测量前后均采用 ^{137}Cs 校验源检验仪器的效率并作记录，变化在±5%～±15%之间的按测得的效率作校正，效率变化大于 15%的仪器停止使用；调查用的监测仪器定期在稳定环境辐射场内检查仪器的可靠性。

3）γ能谱分析

凡要求分析 ^{226}Ra 核素的样品，一般密封保存 20 天以上测量，以达到放射性平衡；测量前探测器在液氮中冷却 6 小时以上，仪器预热 8 小时以上，测量期间室内环境温度短期变化小于±1.5 ℃，谱仪道漂在 0.3‰以内，在测量中随机抽取 5%～10%样品复测，并用 4 个不同水平含量已知的参考源检查分析结果可靠性。

4）放射化学核素分析

对每批试剂测定试剂空白；定期测量仪器的本底和效率，每次测量前后均用参考源检查仪器的稳定性，在分析的样品中抽取 10%作为平行双样；每年均安排两次加标的分析，检验测量结果的精确性。

21.1.9　监测结果与评价

（1）环境γ辐射剂量率

本次评价范围内各测点的γ辐射剂量率现场测量于 2011 年 9 月 13 日进行，由监测结果可知，兰州重离子肿瘤治疗中心（兰州肿瘤医院）项目拟建场址周围环境本底γ辐射剂量率为 54.8～80.0 nSv/h，与甘肃省道路辐射剂量率范围值 20.1～129.7 nSv/h 相比，无显著性差异，属正常环境本底范围值。

（2）土壤中天然放射性核素

监测项目拟建地土壤中天然放射性核素 ^{238}U、^{226}Ra、^{232}Th、^{40}K、^{137}Cs、^{60}Co、总 α 和总 β 含量，由测量结果可知，兰州重离子肿瘤治疗中心（兰州肿瘤医院）项目拟建场址周围环境土壤中 ^{238}U 为 30.3～55.4 Bq/kg·干，^{232}Th 为 29.4～44.3 Bq/kg·干，^{226}Ra 为 20.7～30.9 Bq/kg·干，^{40}K 为 356～449 Bq/kg·干，与甘肃省土壤中天然放射性核素范围值铀-238、钍-232、镭-226、钾-40 含量分别为 17.82～200.01 Bq/kg、16.43～105.52 Bq/kg、14.40～65.27 Bq/kg、115.51～807.32 Bq/kg 相比，无显著性差异；土壤中 ^{137}Cs 为＜0.13～0.2.15 Bq/kg·干，^{60}Co 为＜0.05 Bq/kg·干，总 α 为 286～710 Bq/kg·干，总 β 为 614～1 006 Bq/kg·干。

该项目拟建地土壤中天然放射性核素含量均未见异常。

（3）地表水的总 α、总 β

由监测结果可知：兰州重离子肿瘤治疗中心（兰州肿瘤医院）项目拟建场址周围居民饮用水中总 α 比活度为 0.05 Bq/L，总 β 比活度为 0.10 Bq/L；城关大桥黄河断面水体中总 α 比活度为 0.05 Bq/L，总 β 比活度为 0.11 Bq/L；雁滩大桥黄河断面水体中总 α 比活度为 0.06 Bq/L，总 β 比活度为 0.13 Bq/L；包兰桥黄河断面水体中总 α 比活度为

0.06 Bq/L，总 β 比活度为 0.12 Bq/L。

该项目拟建场址水体中总 α、总 β 比活度未见异常。

（4）植物中天然放射性核素

由监测结果可知：兰州重离子肿瘤治疗中心（兰州肿瘤医院）项目拟建场址周围环境植物（柳枝）中总 α 比活度为 0.01 Bq/kg·鲜，总 β 比活度为 0.24 Bq/kg·鲜，^{232}Th 为 0.33 Bq/kg·鲜，^{226}Ra 为 0.22 Bq/kg·鲜，^{40}K 为 93 Bq/kg·鲜；场址周围环境植物（灰条）中总 α 比活度为 0.02 Bq/kg·鲜，总 β 比活度为 0.70 Bq/kg·鲜，^{232}Th 为 0.44 Bq/kg·鲜，^{226}Ra 为 0.35 Bq/kg·鲜，^{40}K 为 123 Bq/kg·鲜。

（5）中子辐射剂量率

本次评价范围内各测点的中子辐射剂量率现场测量于 2011 年 9 月 13 日进行，由监测结果可知：兰州重离子肿瘤治疗中心（兰州肿瘤医院）项目拟建场址周围环境本底中子辐射剂量率为 17.9～60.6 nSv/h。

21.2 某市通信基站电磁辐射环境检测核查工作情况报告

一、总体情况

中国电信股份有限公司 XX 分公司、中国移动通信集团 XX 分公司、中国联合网络通信有限公司 XX 分公司（以下统称三大运营商）建设的通信基站在省环保厅网站上依法备案率均达 100%，备案内容规范，无未备案及行政处罚情况。内部流程方面，三大运营商在基站建设前，设计会审时均对其环境影响做出评估，确保开通基站均符合环保要求。

二、核查情况

（一）通信基站建设和运行情况

2021 年以来全市范围三大运营商共建设开通逻辑基站 2 433 个，其中联通公司建设开通逻辑 271 个，电信公司建设开通逻辑基站 629 个，移动公司建设开通逻辑基站 1 533 个，全部依法进行建设项目环境影响登记表备案，目前站点已全部开通正常运行。

（二）无线电台执照办理情况

经核查，三大运营商所开通的基站均已如期上报无线电台执照申请资料。其中 XX 移动公司 700 M 无线电台执照申请工作由江苏广电负责。

（三）电磁辐射环境监测

三大运营商都在本系统内按照省公司统一部署开展电磁辐射监测工作。XX 联通公司电磁辐射监测招标工作在联通智慧供应链系统进行询价招标，每年一次。XX 联通公司对接入围检测单位开展工作。其中 2020 年监测数量 96 个，费用约 4.6 万元，监测单位为 XX 环境监测技术有限公司；2021 年监测基站 160 个，费用约 5.5 万元，监测单位为 XX 建设科技有限公司，2022 年基站监测目前在询价中。XX 电信公司电磁辐射监测招标工作统一由省公司牵头，两年一次。招标结束后会将结果录入进内部系统，淮安电信公司对接入围检测单位开展工作。2021 年 1 月 1 日起至今共开通的逻辑基站数 629 个，需开展电磁辐射监测逻辑站数(任一天线地面投影点为圆心、半径 50 m 范围内有公众居住、工作或学习的建筑物的通信基站)629 个,完成电磁辐射监测 619 个,电磁辐射监测发生费用合计 14.79 万元。XX 移动公司电磁辐射监测招标工作统一由省公司牵头,每年一次。招标结束后会将结果录入进内部系统,淮安移动公司对接入围检测单位开展工作。淮安移动公司按月进行开展环评工作,由系统 EPMS 推送代办至环评管理员处,提醒处理,省公司每月对地市公司完成情况予以进度通报。其中 2020 年采购物理站点 33 393 个,合同金额 1 339 万元,2021 年采购物理站点 51 834 个,合同金额为 1 698 万元,2022 年采购物理站点 38 508 个,合同金额为 1 320 万元。

(四)建立健全保障监测数据科学、真实的质量管理体系

监测报告纳入通信工程验收,XX 联通已建立省、市两级监测质量管理检查体系。省公司进行制度及培训工作的开展,淮安公司按要求开展现场检查及报告抽查工作。项目环评监测完成后,在项目终验前完成整体项目的环评监测工作,并将监测结果纳入正式竣工验收报告,该流程已在公司工程项目管理系统中固化。中国电信 XX 公司已建立省、市两级监测质量管理检查体系。省公司进行制度及培训工作的开展,淮安公司按要求开展现场检查及报告抽查工作。XX 移动已建立省、市两级监测质量管理检查体系。省公司进行制度及培训工作的开展,XX 公司按要求开展现场检查及报告抽查工作。项目环评监测完成后,在项目终验前完成整体项目的环评监测工作,并将监测结果纳入正式竣工验收报告,该流程已在 EPMS 系统中固化。

(五)采信的监测机构(机构资质情况)和监测报告公示情况

XX 联通自 2021 年以来监测工作委托招标入围单位陕西中塔建设科技有限公司开展,该单位具备相关检验检测机构资质认定证书等。检测工作完成后,公司在建设项目环境影响登记表备案网站上进行环境检测信息公开。

中国电信 XX 分公司自 2021 年以来监测工作委托招标入围单位 XX 科诚节能环保检测技术有限公司开展,该单位具备相关检验检测机构资质认定证书等。检测工作完成后,公司均在 https://js.189.cn/umall/homc/index 网站上进行环境检测信息公开。

XX 移动自 2021 年以来监测工作委托招标入围单位江苏核众环境监测技术有限公司开展,该单位具备相关检验检测机构资质认定证书等。检测工作完成后,淮安移动公司在 http://www.100 86.cn/aboutus/news/pannounce/js/index_250_527.html 网站上进行环境检测信息公开。

三、存在问题

根据通知要求,市生态环境局联合市市场监管局、市通信行业管理办公室对三大运营商基站检测报告等情况进行核查,并邀请 3 名技术专家对每个运营商抽查 10 个基站的检测报告进行技术把关。在核查 3 家监测机构发现如下问题:XX 核众环境监测技术有限公司(XX 移动)人员监测表格缺少部门签字,效果较为含糊,现场照片标识不充分,主要没有标注时间和地点;XX 中塔建设科技有限公司(XX 联通)未见检测报告相对应的原始记录,未见监测人员的技术培训记录,未见监测仪器确认材料和检查记录,未见监测仪器使用记录,报告中人员签字非手写,报告中日期与提供照片时间不符;XX 科诚节能环保检测技术有限公司（淮安电信）未见报告对应的原始记录，未见仪器校准、使用记录，质量体系文件（电子版）未体现是否受控，人员能力证明不全，未见技术培训记录。

四、建议

（一）因三大运营商事权均在省级公司，检测机构招投标均由省级公司确定，基站检测费用较低，很难保障监测数据准确性，需加强省级部门协调，及时跟踪相关问题整改。

（二）三大运营商作为基站环境保护工作的责任主体，要高度重视基站电磁辐射监测工作，对检测机构提供的监测报告要严格把控质量，指定专人整理台账资料，特别是原始数据、照片等，确保提供数据真实可靠，有根有据可查。

（三）三大运营商要及时向省公司汇报工作中遇到的疑难点问题，建议必要时增加相关工作经费，规范检测机构招投标机制，提升监测报告质量。

22　辐射环境监测能力建设

22.1　全国辐射环境监测能力建设标准

根据《全国辐射环境监测监察机构建设标准》，省级、地市级辐射环境监测与监察机构人员编制标准及结构、工作经费、业务用房、基本仪器设备配置、核与辐射事故应急专用设备配置、专项辐射环境监测仪器配置具体情况见表22-1。

22.1.1　人员编制及人员结构

表 22-1　人员编制及人员结构

机构级别	适用范围	人员编制	技术人员比例	高、中级专业技术人员比例
省级	有核设施的省份	不少于 60 人	不低于 85%	高级技术人员占技术人员总数比例不低于 25%，中级不低于 45%
	无核设施的省份	不少于 40 人	不低于 85%	高级技术人员占技术人员总数比例不低于 20%，中级不低于 50%
地市级		不少于 10 人	不低于 75%	中级以上技术人员占技术人员总数比例不低于 50%

22.1.2　工作经费

根据国家有关法律法规的规定以及环保总局、中央编办、发展改革委、财政部、科技部五部委关于加强核与辐射安全监管能力建设的意见，各级政府应给本地区环保部门在相关人员编制和经费保障方面提供必要的条件，提高监管能力，使之有效履行职能，切实管好放射性同位素与射线装置，保障核与辐射安全，其中要重点保障辐射环境监测与监察运行经费，支持各项业务正常稳定运行，对仪器设备更新维护等开展辐射环境监测与监察业务的基础条件应予以支持。

辐射环境监测与监察机构业务费、仪器设备更新维护费、自动监测系统运行费及信息系统运行维护费标准见表22-2。

表 22-2　工作经费

机构级别	适用范围	业务费/（万元/人年）	仪器设备维护费/（万元/年）	自动监测、信息系统运行费/（万元/年）
省级	有核设施的省份	不低于 7.0	按上一年仪器设备总值的 10%计	1. 每个辐射自动监测子站运行费用 10.0 万元/年；2. 信息系统运行维护费每年按建设总经费的 10%计
	无核设施的省份	不低于 7.0		
地市级		不低于 5.0		

注：业务费包括常规监测、质量保证、报告编写、信息统计等费用。

22.1.3 业务用房

业务用房是开展辐射环境监测工作必备的基础之一,特别是监测实验用房、辐射自动监测系统用房是开展辐射环境监测工作的基础条件,应予以重点保证。辐射环境监测机构业务用房面积及要求见表22-3。

表 22-3 业务用房

机构级别	适用范围	监测实验室用房/m²	行政办公用房/m²	用房要求
省级	有核设施的省份	不低于 2 500	不低于人均 15	1. 监测实验室用房要严格按照国家有关实验室建设要求,做好水、电、通风、防腐蚀、紧急救援、恒温等设施; 2. 行政办公用房配备桌、椅、柜等办公设施,配备传真机、复印机、互联网登陆设备等
	无核设施的省份	不低于 1 500		
地市级		不低于 500		

注:表中所列实验室用房面积不包括辐射自动监测站的站房面积。

22.1.4 基本仪器设备配置

基本仪器设备是保障辐射环境监测与监察机构开展辐射环境质量监测(包括土壤、空气、水体、生物样品、陆地、口岸、海洋、电磁等项目的环境质量监测)、核设施和辐射源监督性监测(包括各类核设施、铀矿冶、放射性废物处理处置设施、电磁辐射设施、放射性同位素与射线装置、伴生放射性矿等)、日常核与辐射安全监督检查和执法的基础条件。辐射环境监测与监察机构必须配置的仪器设备的最低配备标准见表22-4。

表 22-4 仪器设备配置

	序号	指标内容	建设标准		
			省级		地市级
			有核设施的省份	无核设施的省份	
监测	1	便携式环境 X、γ 剂量率监测仪	8 台	6 台	2 台
	2	高量程 X、γ 剂量率监测仪	3 台	2 台	1 台
仪器	3	α、β 表面污染仪	3 台	2 台	1 台
	4	个人剂量报警仪	15 台	8 台	2 台
	5	高压电离室(含数据分析软件和数据传输装置)	2 台	1 台	自定
	6	氡及氡子体测量设备	2 套	1 套	自定
	7	氡析出率仪	1 台	1 台	自定
	8	便携式 γ 谱仪测量系统	1 套	1 套	自定
	9	热释光读出装置(含退火装置)	1 套	自定	自定
	10	射频辐射监测仪	3 台	3 台	自定
	11	工频电场监测仪	2 台	2 台	自定

续表

序号		指标内容	建设标准		
			省级		地市级
			有核设施的省份	无核设施的省份	
仪器	12	工频磁场监测仪	2 台	2 台	自定
	13	频谱仪	1 台	1 台	自定
	14	无线电干扰测量仪	2 台	2 台	自定
	15	γ 辐射剂量率连续自动监测系统	4 套	2 套	自定
	16	气溶胶连续监测系统	2 套	1 套	自定
	17	气溶胶大流量采样器	3 台	3 台	自定
监测仪器	18	标准采样设备	5 套	5 套	2 套
	19	现场气象测量仪	3 套	3 套	自定
	20	激光测距仪	3 台	3 台	自定
	21	γ 能谱仪系统	2 套	1 套	自定
	22	低本底液闪谱仪	1 台	自定	自定
	23	低本底α、β 计数器	2 台	1 台	自定
	24	激光铀测量仪	1 台	1 台	自定
	25	中子剂量率仪	1 台	1 台	自定
	26	分析天平	3 台	3 台	自定
	27	声级计	1 台	1 台	自定
	28	样品前处理装置	2 套	1 套	自定
	29	标准源、标准物质	1 套	自定	自定
录音录像设备	30	摄像机	4 部	4 部	1 部
	31	照相机	1 部/4 人	1 部/4 人	1 部/5 人
	32	录音设备	4 部	4 部	1 部
	33	影像设备	1 套	1 套	1 套
移动监测、废源收贮及交通工具	34	执法、监督、监察、监测用车	1 辆/5 人	1 辆/6 人	1~3 辆
	35	放射性自动监测车（含车载监测设备）	2 辆（套）	1 辆（套）	自定
	36	应急指挥车	1 辆	1 辆	1 辆
	37	放射源收贮专用车	1 辆	1 辆	——
	38	车载样品保存设备	5 套	3 套	2 套
	39	车载 GPS 卫星定位仪	每车 1 台	每车 1 台	每车 1 台

序号		指标内容	建设标准		
			省级		地市级
			有核设施的省份	无核设施的省份	
办公设备	40	复印机	2 台	2 台	1 台
	41	传真机	2 台	2 台	1 台
	42	台式计算机（含打印机）	1 台/1 人	1 台/1 人	1 台/2 人
	43	笔记本电脑	10 台	6 台	2 台
信息化设备	44	辐射源监测数据管理系统	1 套	1 套	1 套
	45	辐射环境质量监测数据管理系统	1 套	1 套	自定
	46	放射源安全管理系统	1 套	1 套	自定
	47	电磁环境管理系统	1 套	1 套	自定
	48	服务器	1 台	1 台	自定
	49	数据传输与处理系统	1 套	1 套	1 套
应急设备	50	应急指挥信息调度平台	1 套	1 套	自定
	51	车载通信、办公设备	4 套	2 套	1 套
	52	应急防护设备	8 套	4 套	1 套
	53	应急监测实时更新地理信息系统	1 套	1 套	自定

注：① 第 22 项"标准采样设备"包括：水质标准采样设备、大气标准采样设备和土壤标准采样设备等；

② 第 23 项"现场气象测量仪"包括：气温、湿度、风向、风速、气压、降水等测量仪；

③ 第 32 项"样品前处理装置"包括：大容量烘箱、电热板、生物样品灰化装置、球磨粉碎机、大型离心机等；

④ 第 33 项"标准源、标准物质"包括：谱仪标准源、矿粉标准源，天然铀、钍-232、镭-226、铯-137、锶-90 等标准样品；

⑤ 第 35 项中"车载监测设备"包括：X、γ 剂量率仪，高量程 γ 剂量率仪，α、β 表面污染仪，土壤、水、空气便携式采样装置，便携式 γ 谱仪等；

⑥ 第 44～49 项"信息化设备"包括：独立的能承担 24 小时监控工作需要的监控中心用房、服务器、用于监控指挥的大屏幕、实时监控报警接收设备和联网通信设备等硬件，以及基于电子地图、实现对污染源现场排放情况在线、实时、自动地监控和报警，并可对有关数据进行汇总、分析及应用的软件；

⑦ 第 51 项"车载通信、办公设备"包括：军用笔记本电脑、无线上网卡、便携式打印机、传真机、GPS 卫星定位仪、数码相机、胶卷相机、摄像机，对讲机、车载电话等；

⑧ 第 52 项"应急防护设备"包括：应急防护服，单独的防护手套、铅背心、铅眼镜，呼吸防护面具（包括防气溶胶口罩、防护面具两种），放射性个人剂量报警器等。

22.1.5 核与辐射事故应急专用设备配置

应急设备是开展核与辐射事故应急工作的基础条件，能够为处理处置核与辐射事故提供技术支持和为政府决策提供依据。辐射环境监测与监察机构必须配置的应急专用设备的最低配备标准见表 22-5。

表 22-5　设区市辐射监测仪器及装备配置

序号	设备			必配标准/（台/套）	选配标准/（台/套）	参考单价/万元	
	类别	名称	功能及性能参数			国产	进口
	环境监测仪器	便携式 X-γ 辐射剂量率仪	测定环境中 X-γ 辐射剂量率，量程范围 10 nSv/h～1 Sv/h；能量响应范围 36 keV～1.3 MeV；剂量率、报警阈值剂量 0～999 mSv/h	≥2		9	18
		便携式 α/β 表面沾污仪	测定表面污染范围，满足监测人员、设备和场所表面污染要求	≥1		2.5	5
		中子测量仪	测定中子剂量要求，量程范围 1 nSv/h～0.4 Sv/h；能量响应范围 0.025 eV～20 MeV	≥1		12	15
		综合场强仪	测量环境中综合场强，测量频带 300 kHz～50 GHz；量程范围 0.5～274.4 V/m	≥1		13	18
		电磁辐射选频测量装置	根据需求测量某频段内场强，频段可设置，频率范围 700 MHz～5 GHz；探头下检出限 ≤7×10⁻⁶ W/m²	≥1		25	25
		工频场强仪	测量电力设施周围环境中工频电场和工频磁场，频率响应 50 Hz～60 Hz；电场强度量程范围 1 V/m～199 kV/m；磁场强度量程范围 8 mA/m～1 600 A/m	≥1		5	8
		多功能声级计	测量厂届环境噪声，频率范围 20 Hz～12.5 kHz；测量范围 35～130 dB（A），40～130 dB（C），45～130 dB（L）	≥1		2	/
		测高测距仪	测量高度、距离	≥1		1	2.5
		空气中氡浓度测量设备	测量空气中氡浓度		≥1	25	30
		累积剂量测量装置	用于个人和环境样品中 X-γ 累积辐射剂量的测量		≥1	15	45
		高纯锗 γ 谱仪	用于测量环境样品的 γ 能谱，以确定样品中放射性核素及放射性水平		≥1	90	130
		低本底 α/β 测量装置	用于测量环境样品中 α/β 放射性水平		≥1	45	60
	应急监测仪器	便携式长杆高剂量 γ 巡测仪	利用可伸缩式长杆监测，避免人员受到高剂量照射，伸缩范围 1 m～4 m，量程范围 0.1 μSv/h～10 Sv/h	≥1		5	7
		便携式 γ 能谱测量仪	快速进行放射性核素识别	≥1		15	30
		γ 射线成像系统	允许运行在高本底现场，可实时准确提供高空间分辨率 γ 射线的二维空间图像		≥1	100	170
		车载大晶体 NaI 巡测系统	量程范围 10 nGy/h-10 Gy/h，数据能及时传输		≥1	20	40
	辅助设备	现场气象测量仪	能够进行分速、风向、温度、湿度、雨量、气压等气象参数测量	≥1		0.9	1.5
		土壤、气溶胶、气碘、水、生物等采样器材	满足辐射事故应急监测中环境样品采集要求	≥1		6	15
		金属探测器	满足手持金属探测需求	≥1		0.5	1
		源容器	能够满足Ⅲ类及以下放射源收容要求	≥1		6	
		边界标识（警戒绳等）	满足拉警戒区要求	≥1		0.1	/

419

续表

序号	设备			必配标准/（台/套）	选配标准/（台/套）	参考单价/万元	
	类别	名称	功能及性能参数			国产	进口
	防护装备	个人剂量报警仪	能够实现超剂量阈值声光报警，阈值可调，量程范围 10 nGy/h-10 Gy/h	每人 1 台		2.5	4
		中子个人剂量报警仪			≥1	4	5
		个人辐射防护器材（个人防护服、防护面罩、防护手套、防毒面具等）	对工作人员能够提供从头到脚的辐射防护	≥2		8	12
	保障装备	应急通信设备	满足辐射应急时通信需求	≥5		0.2	0.5
		应急办公设备（电脑、打印机、传真机、地图等）	满足野外工作需求	≥1		3	/
		照明设备	提供光源	≥2		0.1	0.1
		应急监测用车	满足现场监测人员进行监测、采样需求		≥1	30	/
		轻重型防化服	对工作人员能够提供从头到脚的辐射防护		≥1	10	15
		移动充电电源	提供电源		≥1	1	2
		长距离电线盘	提供电源		≥1	0.5	
		帐篷及便携式工作台等	满足野外工作需求		≥1	0.5	1
		摄像器材	满足应急时摄影留存需求		≥1	1	/
		急救药箱	提供必需的药品及救治药物		≥1	0.5	0.5

22.1.6　专项辐射环境监测仪器配置

专项辐射环境监测仪器是为开展放射性同位素示踪、核爆等环境监测所必须配备的。开展专项辐射环境监测工作所需仪器根据需要配置。

22.2　江苏省市级辐射环境监测能力建设标准

2020 年，江苏省印发《江苏省核与辐射安全治理体系和治理能力现代化建设方案》，专门下发《关于加强设区市辐射监测能力建设的指导意见》对设区市辐射环境监测能力建设提出要求，具体如下。

为贯彻落实中央办公厅、国务院办公厅《关于省以下环保机构监测监察执法垂直管理制度改革试点工作的指导意见》（中办发〔2016〕63 号）中"继续强化核与辐射安全监测执法能力建设"、原环保部《关于加强核与辐射安全监管能力建设工作的通知》（环办辐射函〔2017〕1593 号）及省委办公厅、省政府办公厅《关于印发〈江苏省环保机构监测监察执法垂直管理制度改革实施方案〉的通知》（苏办发〔2017〕31 号）要求，结合我省实际，现就设区市辐射监测能力建设提出如下意见。

一、建设目标

指导各设区市生态环境局强化辐射监测能力，配备满足辐射环境质量监测、执法监测、应急监测等工作所需的人员及装备。理顺省、市辐射监测工作机制，梳理事权清单、责任清单，进一步完善全省辐射环境监测网络，建立与监测任务相适应的质量管理体系，确保监测数据真准全。

二、设区市辐射监测机构及职责

各设区市生态环境局应设立辐射监测机构或部门，承担辖区内辐射执法监测、辐射应急监测等任务，配合省厅开展辐射环境质量监测工作。辐射监测机构或部门应配备专职在岗人员不少于 3 人，人员具有辐射、监测相关专业本科以上学历或辐射监测工作经验，通过省厅辐射监测上岗考核，具备仪器测量、样品采集、自动站运维及信息化管理等能力。

三、监测能力

各设区市生态环境局应根据职责和任务，形成 X-γ 辐射剂量率、中子剂量率、α/β 表面污染、综合场强、选频场强、工频电场、工频磁场、厂界环境噪声等必备的现场监测能力，同时通过以上项目的计量认证，配备相应的仪器设备及装备。各地可根据本辖区辐射污染源的类型、数量、规模、特点及发展需求，配备其他辐射环境监测仪器和应急装备。

四、能力保障

各设区市辐射监测业务用房应满足实际监测及仪器设备存放需求；行政用房面积参照《党政机关办公用房建设标准》（发改投资〔2014〕2674 号）中市级机关标准执行。各设区市生态环境局应积极争取地方政府和财政、发改等部门的支持，主动协调建立辐射监测业务运行与能力建设经费长效保障机制，确保设区市尽快具备辐射监测能力。

22.3　辐射环境监测能力评估

辐射环境监测能力评估由评估组进行评估。评估组由环境保护部核安全管理司、评估专家组和浙江省辐射环境监测站等有关单位的人员组成。环境保护部核安全管理司在各省（区、市）推荐专家的基础上组建辐射环境监测能力评估专家库。每次评估活动前，根据监测专业需要，从不同省（区、市）选取专家组成评估专家组。评估专家组实行组长召集下的个人负责制，专家对评估结论有不同意见，可以书面保留。专家采取回避制，不参加本单位的评估。评估组的职责主要是环境保护部核安全管理司人员负责评估工作的监督、负责现场核查、操作考核、理论考试、现场评议、技术评审等工作；编写《XX省（区、市）辐射环境监测能力评估报告》（以下简称"评估报告"）、评估组秘书负责实地评估各类文档整理，协助专家组开展工作。

22.3.1　评估程序

一、评估内容主要针对监测机构的技术队伍及人员素质、仪器设备、实验环境和条件、质量管理、监测项目等方面。评估分为前期调查、实地评估、综合评议三个阶段（见图22-1）。

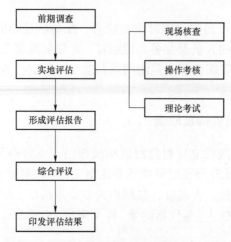

图 22-1　辐射环境监测机构监测能力评估程序

（1）前期调查

根据环境保护部的统一部署，辐射环境监测机构如实填写《辐射环境监测能力评估调查表》（以下简称"调查表"）一式十二份，经主管部门签署同意后报环境保护部核安全管理司及其委托的评估组织机构，评估组织机构对上报的《调查表》进行形式审查。

（2）实地评估

通过形式审查的监测机构的材料递交给相应的评估专家组组长，专家组组长组织对《调查表》及其他相关支持材料进行审核，制定实地评估计划。在实地评估前3个工作日将实地评估计划通知被评估单位。实地评估包括现场核查、操作考核和理论考试等内容。

六、现场核查

（1）核实《调查表》中相关内容，具体包括下列内容。

1）申报单位基本情况

单位编制、组织机构、人员结构与素质、持证上岗、工作经验、实验室环境及条件、工作经费以及发展概况等情况。

2）质量保证体系

提供质量保证体系、计量认证的正文和附件、质量手册和程序文件的电子件、单位参加部级比对/考核/能力验证情况、监测标准方法。

3）辖区内核设施、重点污染源情况。

4）辐射环境监测人员情况。

5）辐射环境监测仪器设备情况。

6）近3年的辐射环境监测工作业绩。

7）申报的辐射环境监测项目及其基本要素。

8）其他支持性文档。

（2）现场核查评分

通过查阅文档、现场踏勘实验室环境及条件、核查仪器设备配置、检查管理体系运行情况及审核人员资质以及现场询问等手段，对申报项目进行核查，得出核查结果。

二、操作考核

采用人员比对、仪器比对、测量审核/盲样试验等方式，通过场景模拟、现场提问等手段，考核技术人员操作水平、仪器校准、质量控制和质量保证措施，数据的记录、处理和报出等技能。

实际考试内容为便携式仪表测量操作、物理测量操作、化学分析操作、采样操作、监测报告编写。可由单位推荐持证上岗人员参加操作考试，每人最多参加 4 项实际操作考试。由评估专家通过现场观察、提问、结果审核等方式对操作的规范度、结果的准确度、掌握的熟练度等方面进行评估。

操作考核项目数不得少于申报项目的 20%，且至少一项。下列情形之一的项目必须经现场测试或测量审核/盲样试验：

（1）未通过国家计量认证的项目；

（2）未参加环境保护部委托组织的实验室间比对（或能力验证）或比对（验证）结果中出现不满意结果的项目；

（3）数据在全国年报、季报中有未被采用的项目；

（4）未采用国标、行标，由单位自定监测方法的项目。

三、理论考试

理论考试试题从试题库中随机抽取，内容包括基础知识和专业知识。试题库在网上公开，网址：www.rmtc.org.cn。

基础知识：包括核与辐射探测、样品采集、分析测试、质量控制与质量保证、计量知识、辐射防护、监测方案等基本概念，应急监测预案、程序，相关法律法规、标准等内容。

专业知识：包括监测方法及原理、操作过程、主要仪器工作原理、干扰的产生与消除、数据处理及监测过程中应注意的技术问题等。

理论考试人数不少于该单位辐射环境监测技术人员（不含免考人员）的 50%，且考试人员的上岗证项目应覆盖本单位申报的监测项目。

下列人员可免考：

（1）持有注册核安全工程师资格的人员；

（2）男同志年满 50 周岁、女同志年满 45 周岁且从事辐射监测工作 10 年以上。

四、现场评议

专家组根据现场核查、操作考核和理论考试的结果，对监测机构申报的监测项目是否通过进行评估，编制《评估报告》。

评估组秘书将《评估报告》、与现场评议结果有关的原始证据、评估过程中的问题和建议等材料汇总交评估组织机构，由评估组织机构建档保存。

五、综合评议

环境保护部核安全管理司组织专家根据各省（区、市）辐射环境监测机构监测能力的

《评估报告》，对其具备的第二、第一层次进行综合评议和认定，形成各省（区、市）辐射环境监测机构监测能力评估结果，并向各省、自治区、直辖市环境保护厅（局）通报。

22.3.2　评估准则

1. 分级评估

评估辐射监测能力以《辐射环境监测技术规范》及《全国辐射环境监测方案（暂行）》为依据。为了清晰明了，监测能力分成三个层次。

第一层次能力是指具备承担辐射监测某一领域任务的能力，包括辐射环境质量监测、监督性监测和应急监测。

第二层次能力是指具备承担指定辐射监测工作任务的能力，共有 13 类别，如对辐射环境空气质量监测的能力、对核电厂的监测能力、对铀矿山的监测能力等等，它是评估的主要目标，也是评估后给予各省（区、市）监测能力肯定或监测资质的主要依据，其评估得分由第三层次能力评估的结果得出。每个第二层次能力由若干个第三层次能力（即具体的监测项目）构成。

第三层次能力是指具备完成具体辐射监测项目的能力，共有 159 项，是评估的主体和核心。为了简化，对一些重叠的监测项目予以合并。暂不考虑尚未开展的监测项目，重点评估 60 个监测项目。

2. 监测能力与监测能力符合率

评估引入监测能力和监测能力符合率两个概念。

（1）监测能力：监测能力是指单位实际能做的项目总数，是衡量一个监测机构监测能力大小的指标，是一个绝对指标，它不考虑监测机构应承担的任务需要。监测机构实际能做的监测项目数愈多，认为其具备的监测能力愈强。监测能力以通过的第三层次项目核算。

（2）监测能力符合率：衡量一个省（区、市）的监测能力是否满足本省（区、市）的需求，可以监测能力符合率表示。监测能力符合率＝[通过的监测项目数/本省（区、市）实际所需监测项目数]×100%。

本省实际所需监测项目是根据各省所面临的污染源种类的不同，对应所包含的第三层次的监测项目总和。相对地，第二层次的监测能力符合率＝通过的隶属该类的监测项目数/该类包含的监测项目总数（见表 22-6）。

表 22-6　各层次监测领域及其具体项目数

第一层次	第二层次及项目数	第三层次具体监测项数
辐射环境质量监测	空气环境质量监测（包含 11 项具体项目）	11
	陆地（含生物）环境质量监测（包含 4 项具体项目）	4
	水环境质量监测（包含 11 项具体项目）	11
监督性监测（重点核与辐射设施监测）	核电厂及研究堆周围辐射环境监测（包含 29 项具体项目）	29
	重点核设施和同位素生产设施气载和液态流出物辐射环境监测（包含 19 项具体项目）	19

续表

第一层次	第二层次及项目数	第三层次具体监测项数
监督性监测（重点核与辐射设施监测）	核燃料后处理系统周围辐射环境监测（包含22项具体项目）	22
	铀矿山水冶系统周围辐射环境监测（包含22项具体项目）	22
	铀转化、浓缩及元件制造前处理设施周围辐射环境监测（包含5项具体项目）	5
	产生电、磁场和伴生电磁辐射设施周围辐射环境监测（包含4项具体项目）	4
	同位素应用与射线装置设施周围辐射环境监测（包含8项具体项目）	8
	伴生放射性矿物采选利用设施周围辐射环境监测（包含14项具体项目）	14
核与辐射应急监测	基本应急能力（包含7项具体项目）	7
	增强应急能力（包含3项具体项目）	3
3大项	13项	159项

3. 第三层次监测能力认定准则

第三层次监测项目是否通过评估由现场核查、理论考试、操作考核结果认定，必须分别通过这三部分现场核查的项目才认为具备该项能力。以实地评估时间为基准年，在两个考核年度内过国家计量认证/复审现场考核合格或通过环境保护部委托机构所组织能力验证的项目，监测机构按质量管理体系运行，技术人员业务熟练，该次评估原则上认为其具备该项目监测能力，只需现场核查该监测项目的有关支持性材料即可。

4. 第二层次监测能力认定准则

第二层次能力认定准则见表22-7。

表22-7 第二层次能力认定准则

能力水平	认定准则
具备	具备图4.1中带*号的第三层次监测项目，同时具备该层次所包含80%第三层次监测项目
基本具备	具备该层次所包含60%第三层次监测项目
部分开展	具备该层所包含60%以下第三层次监测项目
不具备	（1）操作考核出现不满意结果； （2）承担该监测项目的所有监测技术人员均未通过理论考试

5. 监测能力评分准则

能力评分着眼于基本的辐射环境监测能力，先定量后定性，突出重点，有层次，有权重。评估采用专家打分制和符合制相结合的原则。对具体项目的现场核查和操作考核，采用符合制原则。对达到要求的项目，则认为符合条件，具备承担该项目的监测能力。对单位整体能力和理论考试，采用专家打分制。

22.3.3　评估流程

（1）评估组内部会议。

（2）首次会议。核安全管理司领导或受权人主持，评估组和被评估单位相关人员参加。介绍评估组人员，宣布专家组长和评估纪律。专家组长介绍评估计划、内容和程序。被评估单位汇报。确定参加理论考试和操作考核的人员。

（3）实地评估。专家组长主持，评估组和被评估单位相关人员参加。专家组开展现场核查、理论考试和操作考核。

（4）评估组内部会议。专家组长主持。完成理论考试和操作考核结果统计，讨论核查情况，形成初步评估意见。

（5）末次会议。核安全管理司领导或受权人主持，评估组和被评估单位相关人员参加。交流初步评估意见，被评估单位领导讲话，核安全管理司领导或受权人讲话。

22.4　某典型辐射环境机构能力建设存在问题及改进建议

（1）存在的问题

① 实验室面积不足，高放和环境级实验室设施及场所无法实现有效隔离

依据 RB/T 214—2017 对检测实验室分析环境的要求，有影响的设施及环境需进行有效隔离，避免交叉污染。目前中心所在的雁儿湾实验室仅满足环境级样品的分析，若发生高放应急事故情况下，无法对现有的样品保存环境、样品前处理环境及仪器分析环境进行有效隔离。

② 设备最终技术验收手段欠缺

某些待开展项目、新仪器、新技术、新方法所使用的仪器设备，在到货后，技术人员无法充分掌握设备性能及参数，不能对仪器设备的技术性能进行充分的到货性能验证。只能通过仪器供应商的培训及讲解掌握，无法通过其他有效的途径去论证该设备是否满足日后的检测技术活动要求。

③ 质量保证工作没有形成全员参与的观念

实验室的质量保证工作是一个全员参与，共同促进，不断满足评审准则、检测方法、技术要求的过程。是每一个技术人员、管理人员不断寻求改进的过程，而非一个人或一个部门的事情。目前中心质量保证工作还需进一步优化和提升。

④ 工作落实不能责任到人，职责分配不明确

目前中心存在责任落实不明确，工作分配不均的问题。科室负责人及相关项目负责人承担了大量的管理及业务性工作，同时还要督促各业务工作的细化落实。信息化手段与实际工作的衔接存在断档，没有在有效地促进工作落实上提出明确的解决方案。

⑤ 信息化建设无专业的计算机专业人员负责，没有形成良好的统筹格局

目前中心的信息化建设工作较分散，没有一个统筹的科室去管理、去运营。而且管理业务系统的为非计算机、网络相关的专业技术人员，很多工作无法充分去推进。

⑥ 课题研究统筹性程度不高

目前各科室要做项目、课题及相关研究，存在政策掌握不明确，研究进度不清，无项目领头人的角色去统筹这部分工作。造成中心整体的项目科研工作零散，没有形成良好的科研氛围。

（2）改进的建议

① 建议争取增加目前 2 倍的实验室面积，用以实现高放及环境级样品的管理、实验环境隔离；

② 新型设备的技术验收要充分考虑设备的可比性，不建议选择孤本。因设备投产是一个非常成熟的东西，应该有同型号或同水平的可参考设备进行充分的技术验证。这样才能做到技术验收不抓瞎，有参照。

③ 充分利用好这次国家级 CMA 申请的机会，加大关键岗位人员的责任宣贯及工作落实。形成一个健康良好的实验室管理运行体系。

④ 信息化的工作进度展示不单单是群里一个通知，钉钉一个进度计划这么简单。这里涉及到项目任务分配、全员工作职责细化、工作绩效考核的综合体系建设。建议在这部分多下功夫，体系建设不是一蹴而就的。类似于质量管理体系建设一样，工作责任落实涉及到行政管理体系建设的问题，是值得用一个 5 年计划去不断努力整合和细化的过程。中心的辐射环境监测没有形成一个特色的文化氛围，我们应该心往一处想去解决这个问题。

⑤ 建议招聘 1～2 位网络工程、计算机相关专业的技术人员去承担中心整体的系统信息化建设，去管理整个分系统。其是管理人员，同时也是运维人员，更是系统与业务、系统与人员之间沟通的桥梁，承载的作用是不言而喻的。

⑥ 建议由 1 位或多位科研能力强的同志组成中心课题组，去统筹管理中心的科研工作。提出有效的科研计划、促进各分项目的实施及成果申报工作。中心现在的业务能力不弱，但缺少拿得出手的业务成果。同时，在职称晋升和成果奖励方面的欠缺，相信大家已经有所认识，但苦于没有学术带头人。

22.5　辐射环境现场监督性监测系统实例

22.5.1　站址选址

（1）场址位置

乏燃料后处理工业示范厂南距嘉峪关市（直线距离，下同）约 63 km，距酒泉市约 66 km，东南距金塔县约 52 km，西距玉门市约 99 km，西南距昌马水库约 150 km。

（2）三关键信息

根据《乏燃料后处理工业示范厂二期工程环境影响报告书（建造阶段）》，关键居民组为厂址 ESE 方位 15.6 km 处的常家岗村村民中的青少年组，其所受到的最大个人有效剂量为 1.05×10^{-6} Sv/a。主要途径为食入农产品和动物产品造成的内照射途径，约占总剂量的 83.02%；其次为吸入内照射途径，约占总剂量的 12.64%；空气浸没外照射约占总剂量的 4.07%。各核素中主要核素为 ^3H，它所致的剂量约占总剂量的 79.34%。设施气载流出物中的放射性核素经大气弥散作用后，在厂址半径 80 km 范围内各子区空气中的年均放射性活度浓度分布情况如下：^{85}Kr 年均放射性活度浓度的最大值为 9.00×10^2 Bq/m³，出现在厂址 E 方位 0～1 km 处；^{129}I 年均放射性活度浓度的最大值为 6.13×10^{-6} Bq/m³，出现在厂址 E 方位 0～1 km 处；^{137}Cs 年均放射性活度浓度的最大值为 1.33×10^{-4} Bq/m³，出现在厂址 WSW 方位 0～1 km 处。

（3）站址位置

根据乏燃料后处理工业示范厂厂址的特点，选择具有良好交通、通信、电力及工程地质等基础条件的位置，为满足参考标准中规定前沿站应在烟羽应急计划区外这一要求，经综合分析考虑，前沿站址拟选在距厂区约 10 km 的金瑞科创城。该地点位于厂址 ESE 方位，避开了年主导风向和次主导风向的下风向，在烟羽计划区以外。金瑞科创城是厂址半径 15 km 范围内唯一具有良好规划的区域，供水供电及污水处理设施较为齐全，交通通信便利，符合标准规范对前沿站选址要求。

监督性监测子站的选址位置需综合考虑人口分布情况、主导风向、周围环境、交通、电力、通信条件等因素。本厂址风玫瑰图具有显著的东西风向为主的特点，厂址四周以戈壁滩为主，5 km 范围内无常住人口、水体、农林畜牧业等。厂址东部区域为大面积戈壁滩，是主导风下风向，包含进场道路；北部为戈壁、丘陵和荒山；西部为戈壁和荒山，是次主导风下风向，包含应急道路；南部为戈壁和沙枣园子保护区，厂址地貌非常单一。根据环评报告中计算的 ^{85}Kr、^{129}I 和 ^{137}Cs 年均放射性活度浓度分布图如下：

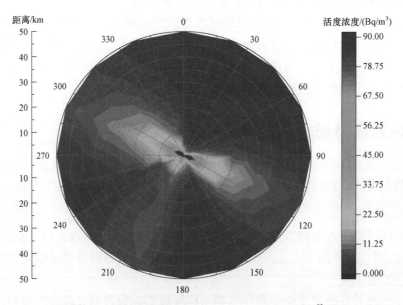

厂址半径50 km范围内各子区空气中的年均放射性活度浓度（核素：^{85}Kr）

图22-2　^{85}Kr 分布图

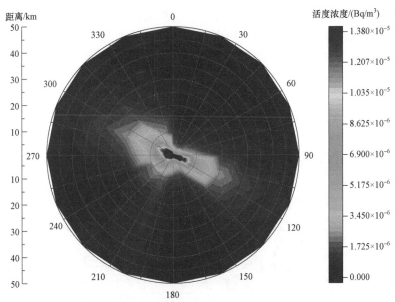

厂址半径50 km范围内各子区空气中的年均放射性活度浓度（核素：^{137}Cs）

图 22-3　^{137}Cs 分布图

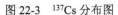

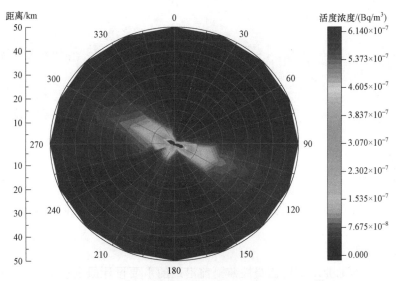

厂址半径50 km范围内各子区空气中的年均放射性活度浓度（核素：^{129}I）

图 22-4　^{129}I 分布图

　　综合考虑各种条件，本设施一期工程监督性监测子站的拟选 9 个子站，位置详见图 22-5。下图中红色区域为主导风下风向，在不同距离上设置了两个子站开展重点监测，黄色区域为次主导风下风向，设置了一个监测子站，绿色区域为其他可能会受较大影响或相同污染条件下影响效果较大的区域（例如包含应急撤离路线的区域），此区域在除 W 方位外每个区域设置一个监测子站，W 方位属于厂址的扩建预留用地，目前由于条件较差未设计监测子站，而未标注颜色的区域均属于受影响后果很小和监测价值不大的方位。

另外参考 ^{129}I 和 ^{137}Cs 在南部 SSW 方位有一定的扩散，因此在 SSW 方位邻近厂区边界的应急道路旁边考虑设置一个监测站，初步确定的 9 个监督性监测子站已经满足厂址一期工程的监测需求。监督性监测子站后续可根据厂址范围内设施扩建或其他新建核设施的建设进行调整。

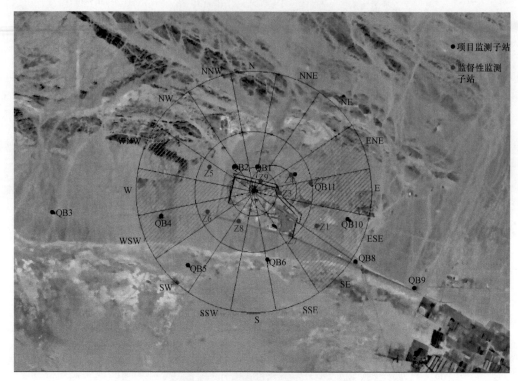

图 22-5　监测子站拟选址位置

22.5.2　前沿站

根据相关标准规范要求，并且考虑后处理厂址条件和监督性监测需求，前沿站与流出物实验室共建，独立运行。

（1）设计原则

乏燃料后处理工业示范厂监督性监测前沿站的主要设计原则包括：

1）乏燃料后处理工业示范厂前沿站的设计应满足辐射环境监测相关标准规范的要求；

2）乏燃料后处理工业示范厂前沿站的设计体现监督性监测系统运行的独立性；

3）乏燃料后处理工业示范厂前沿站的工艺房间及辅助设施按功能进行分区设置。

（2）功能定位

监督性监测前沿站的功能定位为：

1）乏燃料后处理工业示范厂正常运行情况下，能完成厂区周围环境介质样品采样、制样、测量及分析；

2）在乏燃料后处理工业示范厂发生核事故情况下，可进行应急测量；

3）为乏燃料后处理工业示范厂监督性监测子站提供数据处理和数据存储设备及安装位置。

（3）工程概况

前沿站选址考虑厂区 ESE 方向约 10 km 处的金瑞科创城。前沿站建筑面积为 1 390 m²，为三层建筑，结构形式为钢筋混凝土框架结构，前沿站和流出物实验室为主要建筑物，并形成一个独立小区。

金瑞科创城为金塔县政府统一规划的科技小镇，前沿站位于综合服务中心右侧，下图黑框范围内，场地平整，目前北侧和东侧有建成道路，交通方便。

（4）前沿站功能分区

前沿站各功能分区详见图 22-6，在设计上主要分以下几个分区：

1）低本底测量区：经过制样处理的环境介质样品在低本底测量区进行介质中 γ 谱、总 α、总 β、³H、¹⁴C 以及环境 γ 累积剂量的测量及分析。由于物理测量设备对结构载荷有一定要求，因此低本底物理测量区主要设置在前沿站一层。主要的工艺房间包括环境样品 α 谱仪测量室、环境样品液闪测量室、环境样品低本底 α/β 测量室及 TLD 测量室、环境样品 γ 谱仪测量室、便携式仪表存放间。

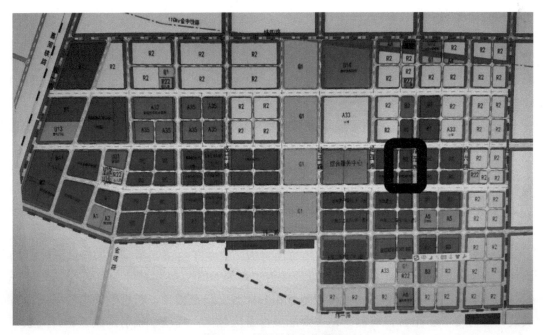

图 22-6　前沿站初步位置图

2）制样区：在该区内进行环境介质样品的制备和包装、放化分析、非放分析及标准溶液配置等工作。该区集中分布在前沿站三层，主要工艺房间包括化学实验室 1～2、碳化间、灰化间、鲜样存放处置、标准物质准备间、样品制备间、天平室。

3）监测子站数据管理区，主要环境 γ 监测子站测数据的接受、存储、传输及控制，房间为汇总处理传输室、监控室、维护室。

4）用品存放房间：主要为已测样品的永久保存、归档提供场所；为实验用品和化学试剂的存放等。主要房间包括：物品存放间、已测样品存放间、化学试剂间、工具存放间。

5）辅助设施区：辅助设施区集中在前沿站一层，包括配电间、空调机房、电信间等辅助设施位于该区。

6）其他房间：门厅、值班室、卫生间、楼梯间、办公室、会议与公众接待中心等。

7）室外建筑：前沿站室外建设有独立围墙、警卫室和车棚。

22.5.3 监督性监测子站

（1）设计原则

辐射环境监督性监测子站在设计上主要考虑如下原则：

1）应满足辐射环境监测相关标准规范的要求；

2）体现监督性监测系统运行的独立性；

3）监测子站布置在乏燃料后处理工业示范厂的外围，在完成环境监督性监测功能的同时，与乏燃料后处理工业示范厂监测站互为补充；

4）满足应急期间的监测要求。

（2）功能定位

辐射环境监督性监测子站的主要功能是：

1）通过连续监测乏燃料后处理工业示范厂周围地区的 γ 辐射剂量率、气象参数和定期取样分析空气中气溶胶、碘、沉降灰和雨水的放射性，对乏燃料后处理工业示范厂的放射性排放影响进行监督性监测；

2）为监督乏燃料后处理工业示范厂向环境排放的放射性物质符合管理限值和法规与标准的要求提供数据；

3）及时发现异常排放情况，为在必要时实施的应急监测和采取的应急措施提供监测数据；

4）为监督和甄别由于其他来源引起的环境辐射污染提供依据。

（3）用房设计

从厂外监测子站的安全性和永久性方面考虑，监测子站采用专用建筑形式。子站结构形式为钢筋混凝土框架结构，结构设计使用年限为 50 年。外形尺寸为 6.6 m（长）×6 m（宽）×5.4 m（高），为两层。主要探测器和取样器安装在楼顶，机柜及配电等附属设施安装在楼内 2.7 m 平台。监测子站主要配置设备应包括：环境 γ 辐射连续监测、气象参数测量、环境空气介质采样、数据采集以及环境监测车与介质采样车辆等设备。

子站工艺设备主要包括环境 γ 剂量率监测仪、能谱型环境 γ 剂量率监测仪、超大流量气溶胶取样器、碘取样器、^{3}H 取样器、^{14}C 取样器、雨水/沉降灰收集器、风速/风向传感器、雨量计、视频监控设备、就地数据处理计算机及通信设备等。周界 γ 辐射监测站的设备为能谱型环境 γ 剂量率监测仪，环境 γ 辐射监测站的设备分布详见表 20.3-1，各主要设备的功能主要为：

　　环境γ剂量率监测仪：采用高压电离室探测器，实时测量环境γ剂量率信息，并通过有线或无线方式将相关信息传送至前沿站；

　　能谱型环境γ剂量率监测仪：探测器采用 3″×3″NaI（TI）闪烁探测器＋GM 管，可以测得γ能谱信息，并可通过有线或无线方式将相关信息传送至前沿站；

　　超大流量气溶胶取样器：取样流量为 600 m³/h，定期将气溶胶样品送至前沿站测量分析；

　　碘取样器：用于空气中碘的取样，定期将碘样品送至前沿站测量分析；

　　^{3}H 取样器：采用冷凝法对空气中 ^{3}H 取样，定期将 ^{3}H 样品送至前沿站测量分析；

　　^{14}C 取样器：用于空气中 ^{14}C 的取样，定期将 ^{14}C 样品送至前沿站测量分析；

　　^{85}Kr 采样器：用于空气中 ^{85}Kr 的取样，定期将 ^{85}Kr 样品送至前沿站测量分析；

　　雨水/沉降灰收集器：用于空气中雨水/沉降灰的收集，定期将雨水/沉降灰样品送至前沿站测量分析；

　　风速/风向传感器：用于对周围环境风速/风向的测量，测量信息可通过有线或无线方式传送至前沿站；

　　雨量计：所有监测站均配置雨量计，用于对厂址周围雨量的测量，测量信息可通过有线或无线方式传送至前沿站。

　　在辐射环境监督性监测子站均考虑气象参数的测量，包括风速、风向、雨量气象要素的测量，并在各个子站设置一套感雨器。具体设备性能指标见表 22-8。

　　（4）数据采集传输

　　① 数据采集子系统：

　　各监测子站的前端仪器包括连续γ剂量率仪、连续γ能谱仪、碘取样器、超大流量气溶胶取样器、碳-14 取样器、氚取样器、雨水/沉降灰收集器、气象参数测量设备、有线无线传输装置、就地显示控制单元等。

　　此外，在前沿站中配置 2 台数据采集服务器相互热备，保证监测数据的获取率。2 台备份的数据采集服务器同时连接在局域网中，运行相同的系统软件，软件启动后自动查询双机运行情况，先启动的为主机，后启动的为从机；主机采集数据，从机只显示；当主机故障时，从机自动升级成主机完成数据的采集工作；当故障机恢复正常时，作为从机进行工作。前沿站内监测数据处理中心设备配备情况见表 22-9。

　　② 数据传输子系统：

　　有线网络：

　　各子站采用点对点接入光纤形式连接到前沿站数据汇总中心进行数据传输。

　　无线网络：

　　在各个子站中配置无线 4G 模块，同时在前沿站中配置一台路由器，通过数字专线接入 4G 网络。

　　组网方式：

　　有线与无线均通过 VPN 进行组网。有线与无线互为冗余，能够保证各子站的数据获取率维持在较高水平。在各子站得到良好的维护与管理的情况下，预计获取率可以达到 99%以上。

③ 数据安全子系统：

数据安全子系统配置防火墙、网络入侵检测系统、病毒防治；采用漏洞扫描等安全检测技术定期对安全域的安全性进行检查；配置安全管理平台管理代理点，对网络安全时间进行审计；采用 VPN 技术实现安全域之间的远程安全传输。

④ 数据展示子系统：

在前沿站设置了显示屏幕，显示各子站的测量数据，在大屏上以分屏切换的方式分别以表格、图形、地图的形式显示实时数据/历史数据。

22.5.4 监督性监测流出物实验室

（1）设计原则

辐射环境监督性流出物实验室在设计上主要考虑如下原则：

1）乏燃料后处理工业示范厂流出物实验室的设计应满足流出物监督性监测相关标准规范的要求；

2）乏燃料后处理工业示范厂流出物实验室的设计体现监督性监测系统运行的独立性；

3）乏燃料后处理工业示范厂流出物实验室的工艺房间及辅助设施按功能进行分区设置。

（2）功能定位

监督性流出物实验室的功能定位为：为气载和液态流出物样品提供测量场所，以确定后处理厂排放的流出物的放射性水平，测量结果为评价后处理厂流出物排放达标情况提供依据。

（3）工程概况

流出物实验室选址考虑与前沿站同楼分区建设，流出物实验室与环境监测样品运转及测量流程独立，所有设备分开设置。

流出物实验室建筑基底面积约为 900 m²，共三层。结构形式为钢筋混凝土框架结构。

（4）分区及工艺房间设置

流出物实验室一层为物理测量区（流出物 α 谱仪测量室、流出物低本底 α/β 测量室、流出物液闪测量室、流出物 γ 谱仪测量室）和样品接收及管理区（流出物样品接收及管理间），二层为办公区和样品存放区（办公室、存放间、储存间、洗涤室），三层为样品制备区（放化实验室 1～4 和天平室等）（见表 22-8～表 22-13）。

表 22-8　前沿站主要工艺设备

序号	设备名称	数量	型号规格或主要参数
1	高纯锗 γ 谱仪系统	1 套	◆ 测量能量范围：50 keV～10 MeV ◆ 能量分辨率：≤2.1 keV（在 1.33 MeV 处） ◆ 本底在 3 cps 以下
2	低本底 α/β 测量仪	2 套	◆ 探头个数：4 个测量通道 ◆ 有效探测面积为 φ50 mm
3	低本底液体闪烁谱仪	1 套	◆ 测量对象：β 射线 ◆ 能量范围：0～2 MeV ◆ 探测效率：³H：>55%，¹⁴C：>90%

434

续表

序号	设备名称	数量	型号规格或主要参数
4	热释光剂量测量系统	1 套	◆ 能量范围：γ 射线：30 keV～3 MeV 　　　　　　β 射线：150 keV～3 MeV ◆ 单片测量 ◆ 含退火炉
5	α 谱仪	1 套	◆ 2 通道或以上 ◆ 能量分辨率（FWHM）：≤20 KeV（^{241}Am） ◆ 探测效率：≥25%（探测器到源的距离为 10 mm） ◆ 本底：在 3 MeV 以上，每小时计数≤1 ◆ 真空计：10 mTorr 到 20 Torr
6	微量铀分析仪	1 套	◆ 检测下限：≤0.02 ng/mL（三倍标准偏差） ◆ 测铀量程：0～20 ng/mL，对于更高浓度的样品需要适当稀释 ◆ 精度：<5%（1 ng/mL 测量） ◆ 线性相关系数：r≥0.998
7	标准物质	1 套	◆ 介质种类分为模拟土壤、植物灰、生物灰、河底底泥、沉降灰、二氧化锰、水体、滤纸八种，包括 ^{241}Am、^{155}Eu、^{57}Co、^{123m}Te、^{113}Sn、^{85}Sr、^{137}Cs、^{54}Mn、^{65}Zn、^{60}Co、^{88}Y 等核素，每种核素活度为 500～900 Bq ◆ ^{131}I 标准溶液，活度约为 $5×10^5$ Bq ◆ ^{90}Sr-^{90}Y 标准溶液，活度 3 000～6 000 Bq ◆ ^{137}Cs 标准溶液，活度 5 000～9 000 Bq ◆ ^{40}K 标准粉末源，活度 300～1 000 Bq ◆ ^{241}Am 标准粉末源，活度 5 000～9 000 Bq ◆ ^{14}C 标准粉末源，活度 37 000～185 000 Bq ◆ ^{3}H 标准溶液，活度 1 000～50 000 Bq ◆ ^{133}Ba、^{137}Cs 碘盒，^{133}Ba 活度 6 000 Bq，^{137}Cs 活度 6 000 Bq ◆ U、Pu 标准源
8	程控烘箱	1 台	◆ 容积>200 L ◆ 温度范围：室温～210 ℃ ◆ 精度小于 2 ℃
9	程控马福炉	2 台	◆ 温度范围：100～1 100 ℃ ◆ 容积（内腔）约为：40 L ◆ 升温至 1 100 ℃不超过 60 分钟
10	加热套	2 套	◆ 采用耐高温无碱玻璃纤维作绝缘材料 ◆ 升温快、温度均匀 ◆ 使用温度：0～380 ℃
11	电子天平	1 台	◆ 精度：0.1 g
12	电子分析天平	1 台	◆ 最小读数：0.1 mg ◆ 最大读数：220 g
13	电导率仪	1 台	◆ 可测电导、盐度、温度等 ◆ 电导率测量范围：0.000～3 000 mS/cm ◆ 电导率相对精度：0.01 μS/cm ◆ 温度自动/手动补偿，并具有温度校正能力 ◆ 包括手提式主机、常规水电导电极、常规水电导标准溶液、携带箱
14	便携式酸度计	1 台	◆ 用于酸度测量，具有数字显示 ◆ 包括手提式主机，pH 电极、温度传感器、标准缓冲溶液、纯水 pH 缓冲液套件，电极支架等 ◆ 测量范围：pH：－2.000～19.999 ◆ 相对精度：pH：±0.002 pH ◆ 温度自动/手动补偿，并具有温度校正能力

序号	设备名称	数量	型号规格或主要参数
15	土壤采样器	1 台	◆ 土壤采样深度：≥3 m ◆ 采淤泥器（水下沉积物）：采样深度 0～30 m，采样面积大于 200 cm²
16	水浴锅	1 台	◆ 6 孔水槽，每孔可加热 500 mL 烧杯 ◆ 水浴体积：≥5 L ◆ 温度范围：RT＋5～99.9 ℃ ◆ 温度均匀性：±0.2 ℃ ◆ 数字温度控制
17	大体积水样搅拌器	2 台	◆ 水样体积：≥40 L ◆ 扭矩：60 N·m ◆ 搅拌速率：50～2 000 r/min ◆ 自带搅拌头固定支架
18	压片机	1 台	◆ 用于制备固体样品 ◆ 压力范围：0～25 t ◆ 工作活塞直径：0～100 mm ◆ 冲程：0～25 mm
19	抽滤泵	2 台	◆ 极限真空：≤7 mbar ◆ 极限真空，使用气镇：≤12 mbar ◆ 220 VAC，单相 ◆ 无油操作 ◆ 重量≤5 kg
20	电热板	1 台	◆ 加热区域 φ200 mm，加热板区域 280 mm×280 mm ◆ 加热板材质：陶瓷玻璃 ◆ 最高温度约 600 ℃，温控精度±2～±5 ℃ ◆ 数字 LED 显示火力
21	可调式电炉	4 台	◆ 温度、功率可调 ◆ 炉盘直径：100 mm ◆ 方便拆卸更换内部电阻丝
22	电动切碎机	1 台	◆ 用于碾磨沙类等较硬样品粗粉碎 ◆ 双速按钮控制（18 000 r/min 或 22 000 r/min） ◆ 机械式 60 秒计时，可自动停止操作
23	切丝机	1 台	◆ 用于切各种蔬菜类样品
24	绞肉机	1 台	◆ 用于切细肉类样品
25	筛分仪	1 台	◆ 用于对分散的固体物质的粒径大小和分布进行分离、分级和确定粒径 ◆ 筛分粒度范围：20 μm～125 mm ◆ 最大筛分级数：9
26	球磨机	1 台	◆ 转速：280 r/min ◆ 容量 4 L ◆ 最终出料粒度：≤5 μm ◆ 具有干磨和湿磨功能
27	冷藏冰柜	1 台	◆ 清洗池外形尺寸：1.2 m×0.8 m×0.4 m（长×宽×高） ◆ 清洗池总高 0.91 m ◆ 材料：316 不锈钢 ◆ 自带支架 ◆ 预留下水口

序号	设备名称	数量	型号规格或主要参数
28	冰箱	1 台	◆ 温度范围：−18～4 ℃ ◆ 容积不小于 300 L ◆ 数字显示
29	超纯水制备装置	1 套	◆ 实验室专用纯水制备装置 ◆ 出水量：可达 2 L/min
30	普通型通风柜	6 台	◆ 最大排风量：1 800 m³/h ◆ 外形尺寸约为：1.5 m×0.9 m×2.3 m（宽×深×高）
31	固定通风罩	2 台	◆ 排风量：800 m³/h ◆ 外形尺寸：0.90 m×0.60 m（长×宽） ◆ 罩体材料：不锈钢
32	分析实验台	按实际	◆ 外形尺寸：高度约为 0.90 m；宽度约为 0.75 m ◆ 柜体承重：不小于 800 kg/m² ◆ 工作台面：环氧树脂材料，厚度 25.4 mm ◆ 底柜：钢板材料，静电喷涂环氧树脂涂层 ◆ 配件选择：化验盆、水龙头、洗眼器、下水管

表 22-9　环境监测车辆主要设备

序号	设备名称	数量	型号规格或主要参数
1	环境介质采样车车体	1 辆	◆ 经改装的四驱皮卡 ◆ 发动机功率 120 kw ◆ 后厢内设固定件以固定取样装置柜及取样容器
2	环境监测车车体	1 辆	◆ 经改装的大功率中巴车（约 17 座） ◆ 设有后车厢开门 ◆ 监测车车内提供可容纳至少 5 个工作人员工作和活动的空间（包括驾驶员）
3	车载 NaI 谱仪探测器	1 台	◆ 探测器：3″×3″NaI（Tl）闪烁探测器＋GM 管 ◆ NaI（Tl）能量范围：50 keV～3 MeV ◆ 测量范围：10 nSv/h～100 μSv/h，GM 管上限为 1 Sv/h ◆ NaI（Tl）能量分辨率：＜7%（¹³⁷Cs） ◆ 多道：4 096
4	便携式高气压电离室	1 台	◆ 测量范围：$1×10^{-8}$～0.1 Sv/h ◆ 能量响应：60 keV～3 MeV ◆ 温度范围：−25～50 ℃
5	便携式 γ 剂量率仪	1 台	◆ 测量范围：$1×10^{-8}$～0.1 Sv/h ◆ 能量响应：36 keV～3 MeV ◆ 测量误差：±10%
6	便携式表面 α/β 污染仪	1 台	◆ 测量范围：0～$5×10^4$ cps ◆ 探测效率：＞40%（2π）对 ⁹⁰Sr＋⁹⁰Y ◆ 测量误差：±15% ◆ 探测窗面积：＞100 cm²（可更换）
7	便携式气溶胶、碘取样器	1 台	◆ 溶胶滤纸有效直径：50 mm ◆ 气溶胶过滤效率：99% ◆ 活性碳盒有效直径：50 mm
8	手持式风速风向仪	1 台	◆ 测量范围：0.8～30 m/s，0°～360° ◆ 精度：±0.5 m/s（风速＜3 m/s 时），±5°
9	激光测距仪	1 台	◆ 用于物体间距离测量、角度测量和高差测量 ◆ 测距量程：0～1 000 m ◆ 倾斜度：±90°
10	卫星定位系统	1 套	◆ 精度：10 m

表 22-10　监测子站设备配置表

设备名称 ＼ 监测子站	Z1	Z2	Z3	Z4	Z5	Z6	Z7	Z8	Z9	合计
环境 γ 剂量率监测仪	✓	✓	✓	✓	✓	✓	✓	✓	✓	9
能谱型环境 γ 剂量率监测仪	✓	✓	✓	✓	✓	✓	✓	✓	✓	9
超大流量气溶胶取样器						✓	✓			3
大气 ^{85}Kr 采样器			✓			✓	✓			3
碘取样器			✓			✓	✓			3
^{3}H 取样器			✓			✓	✓			3
^{14}C 取样器			✓			✓	✓			3
雨水/沉降灰收集器						✓	✓			3
风速/风向传感器	✓	✓	✓	✓	✓	✓	✓	✓	✓	9
雨量计	✓	✓	✓	✓	✓	✓	✓	✓	✓	9
视频监控设备	✓	✓	✓	✓	✓	✓	✓	✓	✓	9
有线通信设备	✓	✓	✓	✓	✓	✓	✓	✓	✓	9

表 22-11　监测子站设备主要性能参数

序号	设备名称	设备参数	数量（实用）	数量（备用）	单位
1	γ 剂量率监测仪	测量射线：γ 射线 测量范围：10 nGy/h～1 Gy/h 能量范围：50 keV～3 MeV 饱和剂量率：>10 Gy/h	9	1	套
2	NaI（TI）谱仪	探测器：3″×3″NaI（TI）闪烁探测器 能量范围：50 keV～3 MeV 测量范围：10 nSv/h～100 μSv/h NaI（TI）能量分辨率：≤7%，^{137}Cs 多道：≥1 024 工作环境：−25～50 ℃（需出具证书） IP 等级：IP68（需出具证书） 能自动稳谱，消除峰飘影响	9	1	套
3	雨量计	承水口直径：Φ159.6 0＋0.6 mm 分辨率：0.1 mm 测量范围雨强：0～4 mm/min 雨量：大于 0.1 mm 最大允许误差：±0.4 mm（≤10 mm） ±4%（>10 mm）； 环境温度：−40～60 ℃ 输出方式：开关信号脉冲宽度≥30 ms	9	1	套
4	风速/风向仪	风速： 测量范围：0～75 m/s 分辨率：0.1 m/s 起动风速：不大于 0.5 m/s 精度：±（0.3＋0.03 V） 抗风强度：75 m/s 风向： 测量范围：0～360° 分辨率：2.5° 精确度：±5° 抗风强度：75 m/s	9	1	套

序号	设备名称	设备参数	数量 实用	数量 备用	单位
5	有线无线通信设备	有线：电话线调制解调器； 无线：GPRS	9	1	套
6	雨水/沉降灰采集器	雨水收集桶直径：300±1.5 mm 沉降灰收集桶直径：300±1.5 mm	3	1	套
7	超大流量气溶胶取样器	气溶胶流量：≥600 m³/h，采样流量可调 过滤效率：≥99%	3	0	套
8	碘取样器	流量范围：0～12 m³/h，采样流量可调 吸附效率：元素碘≥99% 甲基碘≥95% （湿度≤80%，温度≤30 ℃） 可显示瞬时流量和累积流量	3	0	套
9	空气中氚取样器	气体流量：0～1 L/min 捕集效率：气氚>95% 氚化水>95%	3	0	套
10	空气中碳-14 取样器	气体流量：0～1 L/min 捕集效率：空气碳>90% 有机碳>95%	3	0	套
11	大气 ^{85}Kr 采样器	流量：0～50 L/min 单次取样时间：≤24 h 分离浓缩后样品：≤50 mL 回收率：≥50%	3	0	套
12	就地设备集中控制平台（包括软件系统）	主流配置工业计算机 安装专用软件	9	1	套
13	备用电源	电池容量可以满足 γ 剂量率监测仪、 NaI（TI）谱仪以及就地处理显示单元、 及通信设备连续工作 72 小时以上	9	0	套

表 22-12　监测数据处理中心设备配置表

序号	设备名称	型号规格或主要参数	数量
1	环境数据中央计算机	硬件配置：设备采购时主流配置工业计算机不低于以下配置：CPU主频：3.2 GHz；内存：8 GB；硬盘：1 TB；显示器：32 寸 负责采集监督性监测子站设备的所有数据数据采集率不低于 99%	1 台
2	气象数据中央计算机	不低于以下配置：CPU 主频：3.2 GHz；内存：8 GB；硬盘：1 TB；显示器：32 寸 负责采集监督性监测子站和气象观测场的所有数据	1 台
3	数据监测工作站	配置2 台 60 寸 LED 显示器 查询系统所有信息 用户权限管理 具有安全登录和权限管理功能，防止非授权的使用。对站点进行参数设置，并对用户修改设置和数据等操作保留日志记录	1 台
4	中央数据服务器	不低于以下配置：CPU 主频：2.3 GHz；内存：16 GB；硬盘：1 TB 支持 RAID 磁盘阵列，机箱含至少 2 个热拔插硬盘 两台中央数据服务器互为热备份	2 台
5	磁盘阵列	存储架构：集成 IPSAN/NAS/CVR 存储系统，提供文件级跨平台数据共享 2 个千兆数据接口：可扩展至 6 个，并提供独立的管理接口 容量配置：监测数据不少于 1 TB，视频数据不少于 8 TB	1 套

续表

序号	设备名称	型号规格或主要参数	数量
6	网络及安全设备	本系统所需的所有网络设备，包括但不限于标准机柜、网络交换机、集线器、单向隔离网闸、防火墙、加密机、光电转换器、入侵检测设备等 标准机柜尺寸约 800 mm×1 000 mm，采用下进线方式 设置单向安全隔离装置和入侵检测装置主网采用 ETHERNET，配置交换机连接系统内的所有工作站	1 套
7	通信设备	包括有线通信和无线通信设备 数据传输的误码率小于 10^{-4}	1 套

表 22-13　流出物实验室主要工艺设备列表

序号	设备名称	数量	型号规格或主要参数
1	高纯锗 γ 谱仪系统	2 套	◆ 测量能量范围：50 keV～10 MeV ◆ 相对测量效率：35% ◆ 能量分辨率：≤2.1 keV（在 1.33 MeV 处） ◆ 本底在 3 cps 以下
2	低本底 α/β 测量仪	2 套	◆ 探头个数：2 个测量通道 ◆ 有效探测面积为 Φ50 mm
3	低本底液体闪烁谱仪	1 套	◆ 测量对象：β 射线 ◆ 能量范围：0～2 MeV ◆ 探测效率：^{3}H：>55%，^{14}C：>90%
4	α 谱仪	1 套	◆ 单通道 ◆ 能量分辨率（FWHM）：≤20 keV（^{241}Am） ◆ 探测效率：≥25%（探测器到源的距离为 10 mm） ◆ 本底：在 3 MeV 以上，每小时计数≤1 ◆ 真空计：10 mTorr 到 20 Torr
5	微量铀分析仪	1 套	◆ 检测下限：≤0.02 ng/mL（三倍标准偏差） ◆ 测铀量程：0～20 ng/mL，对于更高浓度的样品需要适当稀释 ◆ 精度：<5%（1 ng/mL 测量） ◆ 线性相关系数：r≥0.998
6	电子天平	1 台	◆ 精度：0.1 g
7	电子分析天平	1 台	◆ 最小读数：0.1 mg ◆ 最大读数：220 g
8	普通型通风柜	2 台	◆ 最大排风量：1 800 m^3/h ◆ 外形尺寸约为：1.5 m×0.9 m×2.3 m（宽×深×高）
9	分析实验台	按实际	◆ 外形尺寸：高度约为 0.90 m；宽度约为 0.75 m ◆ 柜体承重：不小于 800 kg/m^2 ◆ 工作台面：环氧树脂材料，厚度 25.4 mm ◆ 底柜：钢板材料，静电喷涂环氧树脂涂层 ◆ 配件选择：化验盆、水龙头、洗眼器、下水管

23　辐射环境监测网络运行管理

23.1　辐射环境监测网络建设方案

23.1.1　国家层面

1. 生态环境监测网络建设方案

生态环境监测是生态环境保护的基础，是生态文明建设的重要支撑。目前，我国生态环境监测网络存在范围和要素覆盖不全，建设规划、标准规范与信息发布不统一，信息化水平和共享程度不高，监测与监管结合不紧密，监测数据质量有待提高等突出问题，难以满足生态文明建设需要，影响了监测的科学性、权威性和政府公信力，必须加快推进生态环境监测网络建设。

一、总体要求

（一）指导思想。全面贯彻落实党的十八大和十八届二中、三中、四中全会精神，按照党中央、国务院决策部署，落实《中华人民共和国环境保护法》和《中共中央国务院关于加快推进生态文明建设的意见》要求，坚持全面设点、全国联网、自动预警、依法追责，形成政府主导、部门协同、社会参与、公众监督的生态环境监测新格局，为加快推进生态文明建设提供有力保障。

（二）基本原则

明晰事权、落实责任。依法明确各方生态环境监测事权，推进部门分工合作，强化监测质量监管，落实政府、企业、社会责任和权利。

健全制度、统筹规划。健全生态环境监测法律法规、标准和技术规范体系，统一规划布局监测网络。

科学监测、创新驱动。依靠科技创新与技术进步，加强监测科研和综合分析，强化卫星遥感等高新技术、先进装备与系统的应用，提高生态环境监测立体化、自动化、智能化水平。

综合集成、测管协同。推进全国生态环境监测数据联网和共享，开展监测大数据分析，实现生态环境监测与监管有效联动。

（三）主要目标。到 2020 年，全国生态环境监测网络基本实现环境质量、重点污染源、生态状况监测全覆盖，各级各类监测数据系统互联共享，监测预报预警、信息化能力和保障水平明显提升，监测与监管协同联动，初步建成陆海统筹、天地一体、上下协同、信息共享的生态环境监测网络，使生态环境监测能力与生态文明建设要求相适应。

二、全面设点，完善生态环境监测网络

（四）建立统一的环境质量监测网络。环境保护部会同有关部门统一规划、整合优化环境质量监测点位，建设涵盖大气、水、土壤、噪声、辐射等要素，布局合理、功能完善的全国环境质量监测网络，按照统一的标准规范开展监测和评价，客观、准确反映环境质量状况。

（五）健全重点污染源监测制度。各级环境保护部门确定的重点排污单位必须落实污染物排放自行监测及信息公开的法定责任，严格执行排放标准和相关法律法规的监测要求。国家重点监控排污单位要建设稳定运行的污染物排放在线监测系统。各级环境保护部门要依法开展监督性监测，组织开展面源、移动源等监测与统计工作。

（六）加强生态监测系统建设。建立天地一体化的生态遥感监测系统，研制、发射系列化的大气环境监测卫星和环境卫星后续星并组网运行；加强无人机遥感监测和地面生态监测，实现对重要生态功能区、自然保护区等大范围、全天候监测。

三、全国联网，实现生态环境监测信息集成共享

（七）建立生态环境监测数据集成共享机制。各级环境保护部门以及国土资源、住房城乡建设、交通运输、水利、农业、卫生、林业、气象、海洋等部门和单位获取的环境质量、污染源、生态状况监测数据要实现有效集成、互联共享。国家和地方建立重点污染源监测数据共享与发布机制，重点排污单位要按照环境保护部门要求将自行监测结果及时上传。

（八）构建生态环境监测大数据平台。加快生态环境监测信息传输网络与大数据平台建设，加强生态环境监测数据资源开发与应用，开展大数据关联分析，为生态环境保护决策、管理和执法提供数据支持。

（九）统一发布生态环境监测信息。依法建立统一的生态环境监测信息发布机制，规范发布内容、流程、权限、渠道等，及时准确发布全国环境质量、重点污染源及生态状况监测信息，提高政府环境信息发布的权威性和公信力，保障公众知情权。

四、自动预警，科学引导环境管理与风险防范

（十）加强环境质量监测预报预警。提高空气质量预报和污染预警水平，强化污染源追踪与解析。加强重要水体、水源地、源头区、水源涵养区等水质监测与预报预警。加强土壤中持久性、生物富集性和对人体健康危害大的污染物监测。提高辐射自动监测预警能力。

（十一）严密监控企业污染排放。完善重点排污单位污染排放自动监测与异常报警机制，提高污染物超标排放、在线监测设备运行和重要核设施流出物异常等信息追踪、捕获与报警能力以及企业排污状况智能化监控水平。增强工业园区环境风险预警与处置能力。

（十二）提升生态环境风险监测评估与预警能力。定期开展全国生态状况调查与评估，建立生态保护红线监管平台，对重要生态功能区人类干扰、生态破坏等活动进行监测、评估与预警。开展化学品、持久性有机污染物、新型特征污染物及危险废物等环境健康危害因素监测，提高环境风险防控和突发事件应急监测能力。

五、依法追责，建立生态环境监测与监管联动机制

（十三）为考核问责提供技术支撑。完善生态环境质量监测与评估指标体系，利用监测与评价结果，为考核问责地方政府落实本行政区域环境质量改善、污染防治、主要污

染物排放总量控制、生态保护、核与辐射安全监管等职责任务提供科学依据和技术支撑。

（十四）实现生态环境监测与执法同步。各级环境保护部门依法履行对排污单位的环境监管职责，依托污染源监测开展监管执法，建立监测与监管执法联动快速响应机制，根据污染物排放和自动报警信息，实施现场同步监测与执法。

（十五）加强生态环境监测机构监管。各级相关部门所属生态环境监测机构、环境监测设备运营维护机构、社会环境监测机构及其负责人要严格按照法律法规要求和技术规范开展监测，健全并落实监测数据质量控制与管理制度，对监测数据的真实性和准确性负责。环境保护部依法建立健全对不同类型生态环境监测机构及环境监测设备运营维护机构的监管制度，制定环境监测数据弄虚作假行为处理办法等规定。各级环境保护部门要加大监测质量核查巡查力度，严肃查处故意违反环境监测技术规范，篡改、伪造监测数据的行为。党政领导干部指使篡改、伪造监测数据的，按照《党政领导干部生态环境损害责任追究办法（试行）》等有关规定严肃处理。

六、健全生态环境监测制度与保障体系

（十六）健全生态环境监测法律法规及标准规范体系。研究制定环境监测条例、生态环境质量监测网络管理办法、生态环境监测信息发布管理规定等法规、规章。统一大气、地表水、地下水、土壤、海洋、生态、污染源、噪声、振动、辐射等监测布点、监测和评价技术标准规范，并根据工作需要及时修订完善。增强各部门生态环境监测数据的可比性，确保排污单位、各类监测机构的监测活动执行统一的技术标准规范。

（十七）明确生态环境监测事权。各级环境保护部门主要承担生态环境质量监测、重点污染源监督性监测、环境执法监测、环境应急监测与预报预警等职能。环境保护部适度上收生态环境质量监测事权，准确掌握、客观评价全国生态环境质量总体状况。重点污染源监督性监测和监管重心下移，加强对地方重点污染源监督性监测的管理。地方各级环境保护部门相应上收生态环境质量监测事权，逐级承担重点污染源监督性监测及环境应急监测等职能。

（十八）积极培育生态环境监测市场。开放服务性监测市场，鼓励社会环境监测机构参与排污单位污染源自行监测、污染源自动监测设施运行维护、生态环境损害评估监测、环境影响评价现状监测、清洁生产审核、企事业单位自主调查等环境监测活动。在基础公益性监测领域积极推进政府购买服务，包括环境质量自动监测站运行维护等。环境保护部要制定相关政策和办法，有序推进环境监测服务社会化、制度化、规范化。

（十九）强化监测科技创新能力。推进环境监测新技术和新方法研究，健全生态环境监测技术体系，促进和鼓励高科技产品与技术手段在环境监测领域的推广应用。鼓励国内科研部门和相关企业研发具有自主知识产权的环境监测仪器设备，推进监测仪器设备国产化；在满足需求的条件下优先使用国产设备，促进国产监测仪器产业发展。积极开展国际合作，借鉴监测科技先进经验，提升我国技术创新能力。

（二十）提升生态环境监测综合能力。研究制定环境监测机构编制标准，加强环境监测队伍建设。加快实施生态环境保护人才发展相关规划，不断提高监测人员综合素质和能力水平。完善与生态环境监测网络发展需求相适应的财政保障机制，重点加强生态环境质量监测、监测数据质量控制、卫星和无人机遥感监测、环境应急监测、核与辐射监测等能力建设，提高样品采集、实验室测试分析及现场快速分析测试能力。完善环境保护监测岗位津贴政策。根据生态环境监测事权，将所需经费纳入各级财政预算重点保障。

地方各级人民政府要加强对生态环境监测网络建设的组织领导，制定具体工作方案，明确职责分工，落实各项任务。

2. 生态环境监测规划纲要（2020—2035）要求

围绕为民服务和风险防范，推进辐射和应急预警监测

深化辐射环境监测。按照"融合共通、资源共享、补齐短板、维护安全"的思路，加快推进辐射环境质量监测体系建设。通过整体布局、共用站房、改造新建等方式，深入融合辐射监测和常规监测网络，依托现有常规大气监测自动站，搭载小型化电离辐射和电磁辐射监测设备，形成约 300 个大气环境综合监测站点。在人群密集区增设局部环境电离辐射和电磁辐射水平自动监测站。新建 50 个水体辐射自动监测站，提升重点区域（流域、海域）、饮用水水源地、重点地下水开采城市、岛礁区域等辐射环境自动监测能力。组织有条件的地方建设 5 个大气辐射环境监测背景站和 15 个辐射环境监测超级站，增加氡、电磁、惰性气体等群众关心的监测项目，形成综合性辐射环境监测网络。建设 6 套移动式区域核与辐射安全保障、预警监测系统。针对新建核设施配套建设监督性监测系统，加强气态、液态流出物在线监测；对国家重点监管核与辐射设施外围辐射环境监督性监测系统进行升级改造，强化对核设施、伴生矿、核技术利用等辐射监测。在全国范围内合理布局，以同时应对 1 起重大核事故和 1 起重大辐射事故为目标，建设 6 个应急监测装备库。

国家层面按照"一总多专、分区布局"模式，优化整合监测资源，逐步健全和理顺"总"（监测总站）与"专"（海洋、辐射专业监测机构、卫星遥感专业技术机构）之间的业务统筹、分工合作与协同发展机制。充分发挥流域（海域）生态环境监测机构作用，利用其专业技术和人员队伍优势，分区承担流域（海域）生态环境监测评价、预警应急、质量控制、网络建设等工作。结合各流域机构实际情况，逐步拓展大气、土壤、生态等方面监测能力，集中优势资源，形成综合性区域监测机构与创新基地，打造带动全国监测业务技术发展的新增长极。发挥地区核与辐射安全监督站作用，提升地区核与辐射安全监督站应急监测和监督监测能力。

地方层面通过协同推进省以下垂直管理改革、综合行政执法改革、地方机构改革，强化省-市-县三级生态环境监测体系，推动出台关于生态环境监测机构编制标准的指导意见，进一步明晰各级监测机构职责定位。修订省级及以下核与辐射监测机构建设标准，建立与核设施、核技术利用安全监管和辐射环境监测任务相适应的省级和市级辐射监测机构。鼓励有条件省份建立区域辐射环境监测机构。

实施中央本级生态环境监测基础能力建设工程。实施国家辐射环境监测能力建设专项，建设国家环境保护辐射监测质量控制重点实验室、辐射监测装备工程技术基地、辐射监测技术标准推广验证平台、国家核与辐射应急监测技术实验室、电磁辐射安全独立校核计算验证实验室、海洋放射性监测实验室和核与辐射应急监测快速响应装备库。

3. "十四五"生态环境监测规划要求

加强辐射环境监测。完善国家、省、市三级辐射环境监测体系，分类推进地市级基

本辐射监测能力全覆盖。优化辐射环境监测网络，推动水体辐射环境自动监测站建设，升级改造早期建设的国控辐射环境质量监测站，强化核设施周围环境及流出物监督性监测，加强核设施周围环境应急监测演练。提升地方核设施监督性监测和周围环境应急监测能力水平。鼓励有条件的地区建设大气辐射环境监测背景站和辐射环境监测超级站，稳妥探索常规监测与辐射监测融合布局。

实施辐射环境监测能力建设项目，研究建设辐射环境监测质量控制、海洋放射性监测等科技研发平台，建设锦屏极低本底辐射环境监测实验室、兴城辐射环境监测实验室和南海辐射环境监测实验室，中央和地方共同推动三个区域核与辐射事故应急监测物资储备库建设，提升国家和区域辐射环境监测能力。

23.1.2 地方层面

以全国部分省市生态环境监测网络建设实施方案为例，辐射环境监测网络建设方案具体如下。

（1）甘肃省

建立辐射环境监测网。到2020年，基本实现辐射环境质量、污染源监测全覆盖，监测网络立体化、自动化、智能化水平明显提高。新增12套辐射环境自动监测站，使辐射环境自动监测站扩展至各市州。新增6个地表水辐射环境监测断面，扩展至全省各地表水系及主要水库。新增1个饮用水水源地辐射环境监测点位、1个土壤辐射环境监测点位，使饮用水水源地、土壤辐射环境监测扩展至各市州。（省环保厅负责）

（2）上海市

完善辐射应急及在线监测网络，提升辐射预警监测和应急能力。建立部门联合会商机制，加强生态环境监测信息共享与技术协作，提升环境风险联合预警和管控水平。完善辐射应急及在线监测网络，提升辐射预警监测和应急能力。建立部门联合会商机制，加强生态环境监测信息共享与技术协作，提升环境风险联合预警和管控水平。

加强辐射环境监测能力建设，满足国家的要求和本市实际需要；扩充在线监测网，完善预警监测点的布局，增设辐射环境质量在线监测点，实施主要饮用水源地水体放射性含量在线监控；开展航空放射性监测试验，试点重点敏感源的在线监测。加强辐射应急能力建设，提高机动、快速监测能力和应急处置能力。

（3）湖南省

根据国家辐射环境监测总体要求，在城市建成区、重点流域、水库（湖泊）、重要集中式饮用水源地、地下水、土壤等区域开展辐射环境质量监测。加强辐射自动站建设。到2020年底，基本建成点位布设合理、监测内容齐全、能够满足全省核与辐射安全监管需求的辐射环境监测网络。（省环保厅负责）

（4）浙江省

完善辐射环境监测网络。建设省级辐射监测区域分中心及区域性分站，推进空气辐射自动监测站建设，完善主要河流水系辐射常规监测、设区市主要饮用水水源地饮用水放射性水平监测和土壤放射性监测。开展海洋环境放射性水平监测，点位涵盖核电或重大放射源邻近海域。（省环保厅牵头，省海洋与渔业局参与）

（5）广东省

辐射环境监测网络。深入推进国控点水体和空气 γ 辐射环境监测，在梅州、揭阳、云浮等市新建空气 γ 辐射环境自动监测站。加强全省电磁辐射环境质量监测，选择部分地级以上市建设电磁辐射自动监测示范点。在重要农产品基地、饮用水水源保护区等重点区域及其周边地区开展土壤放射性污染状况调查。

辐射环境预警体系。建立会商机制，以环境辐射监测系统和应急监测系统为基础，以重点流域和重要区域为重点，开展核辐射安全预警监测。建设全省范围内重大辐射源监测预警平台系统，强化对监测、气象等数据的综合分析。建立核电站周围区域核辐射安全预警平台系统。开展针对全省放射性风险源及敏感目标的详细调查，建立分级、分类、分段的突发核与辐射环境事件应急监测预案体系。以核设施和核利用源为重点，加强核与辐射环境风险源数据库建设，实现动态更新。

（6）山东省

辐射环境质量监测。在核电厂周边陆域及海域、市县级城市建成区、重点流域、重要集中式饮用水水源地等开展辐射环境质量监测，逐步开展辐射自动监测。（省环保厅牵头，省经济和信息化委、省住房城乡建设厅、省水利厅、省农业厅、海洋与渔业厅、省林业厅、省卫生计生委配合）

23.2　环境 γ 辐射剂量率自动监测技术要求

环境 γ 辐射剂量率自动监测系统由现场监测子站和数据处理中心组成。数据处理中心分省级和国家级两类。现场监测子站的主要任务：对环境 γ 辐射剂量率进行连续监测；存储监测数据；通过有线或无线通信设备向数据处理中心实时传输数据。省级数据处理中心的主要任务：收集各现场监测子站的监测数据和设备工作状态信息，并对所收取得监测数据进行判别、检查和存储；对采集的监测数据进行统计处理、分析、显示、报表；向国家级数据处理中心发送监测数据。国家级数据处理中心的主要任务：收集各省级数据处理中心的监测数据并对所收取得监测数据进行判别、检查和存储；对监测数据进行统计处理、分析、显示、报表。

23.2.1　现场监测子站技术要求

现场监测子站主要是由辐射监测仪器、气象仪器、数据采集器、数据传输设备及其配套设备等组成。在选择环境 γ 辐射剂量率自动监测设备时，应考虑如下原则。

1）选购的仪器设备的各项技术指标应符合监测性能指标的有关要求。

2）应具有数据采集及传输设备，用于数据记录及向数据处理中心传输数据。

3）数据采集方式应考虑扩展性，便于其他辐射监测设备的联网接入。

4）全天后结构，结构牢固可靠，便于搬运和安装。

5）应便于保养维护、故障诊断和零部件更换及维修。

6）长期运行安全可靠，故障率低。

7）仪器设备厂家应有良好的售后服务，能及时向客户提供所需的备品备件、易损易耗件和技术支持。

23.2.2　省级数据处理中心技术要求

（1）设备配置

1）省级数据处理中心应配置服务器、数据处理应用工作站、数据备份设备、网络通信设备、网络安全设备。

2）应配置打印机和 UPS。

3）省级数据处理中心与各现场监测子站的通信采用有线或无线通信方式。数据传输速率应在 2 400 b/s 以上，误码率为 10^{-6} 以下；省级数据处理中心与国家级数据处理中心的通信采用宽带专线通信方式。数据传输速率应在 1 Mb/s 以上，误码率为 10^{-6} 以下。

（2）系统软件

系统软件应具有以下功能：

1）采用 Windows 操作系统；

2）采用大型关系数据库软件，建立自动监测数据库；

3）应具备实时获取各现场监测子站监测数据并进行储存和自动备份功能；具有数据处理、分析和管理等功能；

4）具有良好的用户操作界面；

5）自动采集测量数据；

6）实时显示 γ 辐射剂量率，能以图形实时显示剂量率值；实时显示气象参数；

7）实时显示 γ 辐射监测仪的工作状况；

8）可设置辐射剂量率自动报警阈值并进行声音提示报警；

9）可按需要对任意时间段的测量结果进行查询，并以表单形式自动生成输出结果。

23.2.3　国家级数据处理中心

（1）设备配置

1）国家级数据处理中心应配置服务器、数据处理应用工作站、数据备份设备、网络通信设备、网络安全设备。

2）应配置打印机和 UPS。

3）国家级数据处理中心与省级数据处理中心的通信采用宽带专线通信方式。数据传输速率应在 1 Mb/s 以上，误码率为 10^{-6} 以下。

（2）系统软件

系统软件应具有以下功能：

1）采用 Windows 操作系统；

2）采用大型关系数据库软件，建立自动监测数据库；

3）配置 GIS 系统；

4）应具备实时获取各省级数据处理中心监测数据并进行储存及自动备份的功能；具有数据处理、分析和管理等功能；

5）具有良好的用户操作界面；

6）实时显示 γ 辐射剂量率，能以图形实时显示剂量率值；实时显示气象参数；

7）可设置辐射剂量率自动报警阈值并进行声音提示报警；

8）可按需要对任意时间段的测量结果进行查询，并以表单形式自动生成输出结果。

23.3 辐射环境自动监测系统技术要求

辐射环境空气自动监测站一般由一种或多种辐射环境监测设备（剂量率监测仪、γ 能谱仪等）、采样设备（气溶胶、沉降物、空气中碘等采样器）、气象监测设备、控制设备、数据采集处理和传输设备及基础设施等组成。采样设备和气象监测设备可根据需要选配。

辐射环境空气自动监测站的主要功能是对环境 γ 辐射水平和气象状况进行自动连续监测，实时采集、处理和存储监测数据，通过有线或无线网络实时向数据汇总中心传输监测数据、设备运行状况等信息，了解辐射环境质量状况及变化趋势，并可对外发布监测数据。配有采样设备的辐射环境空气自动监测站，对空气中的气溶胶、沉降物和碘进行采集，采集后的样品送实验室分析。

（1）空气吸收剂量率监测

空气吸收剂量率连续监测的全年小时数据获取率应达到 90%以上。原始数据从剂量率监测仪读取后，不得进行平滑、极大值和极小值删除等技术处理。应按指定的时间间隔记录并计算空气吸收剂量率均值，均值应为有效采集间隔内的算术平均。空气吸收剂量率的采集频率根据实际需要设定，一般监测采集间隔可设置为 5 分钟当监测结果发生异常时应及时报警。报警阈值一般设定为本底加 n 倍标准偏差，本底可取空气吸收剂量率 5 分钟均值或小时均值，n 一般取 3～5；报警阈值也可根据历年运行经验设定为单一剂量率。在计算本底均值时，应剔除因自然因素以外原因引起的异常数据，若发生点位变动或周围环境变化，应重新计算。报警阈值可按全时段设置，或按降水时段和非降水时段分别设置。

（2）γ 放射性核素识别

根据需要设置若干（4～10）感兴趣区，每个感兴趣区应包含一种或多种关注核素的主要特征能量峰。按设定的时间间隔对各感兴趣区计数进行统计，并与本底值进行比较，发生异常时进行预警。当发生环境放射性异常时，应对核素类别做出初步判断，其中天然核素包括但不限于 ^{232}Th、^{226}Ra、^{40}K，人工核素包括但不限于 ^{60}Co、^{137}Cs、^{131}I、^{192}Ir、^{75}Se 样品采集。

（3）气溶胶

（4）采样设备与滤膜

采样设备：超大流量采样器流量不小于 600 m³/h，流量示值误差≤±5%；大流量采样器流量不小于 60 m³/h，流量示值误差≤±2%。采样前应确认采样器性能良好、稳定。

滤膜：采样滤膜应符合 HJ/T 22 要求。根据核素分析方法，选择合适的滤膜，超大流量采样器使用不同型号滤膜前应确定收集效率。采样前，应检查滤膜是否有针孔、缺陷或破损，滤膜绒面应朝上置于支持网上，拧紧滤膜夹使之不漏气，设置采样流量、采样时间等。采样总体积换算至标准状态体积。

（5）采样方法

根据采样目的、预计浓度及核素的探测下限设置采样体积，采样体积一般应大于10 000 m³，尽量采用超大流量采样器采样。若采用大流量采样器采样，采样总时间为 8 天（即 192 小时），每 48 小时更换一次滤膜。若滤膜收集的灰尘量较大，阻力增大影响流量时，应及时更换滤膜。

（6）沉降物

采用双采样盘（A、B）模式采集沉降物。采样盘 A 在无降水时开启收集沉降物，应在其中注入蒸馏水（对于极寒地区，采样器没有加热装置的，可加防冻液，防冻液应经过辐射水平测量），水深经常保持在 1～2 cm；也可在其表面及底部涂一薄层硅油（或甘油）。采样盘 B 在降水时开启收集沉降物。收集样品时，用蒸馏水冲洗采样盘壁和采集桶三次，收入预先洗净的塑料或玻璃容器中封存。采样盘 A 和 B 的样品分别收集。采集期间，每月应至少观察一次收集情况，清除落在采样盘内的树叶、昆虫等杂物。定期观察采集桶内的积水情况，当降水量大时，为防止沉降物随水溢出，应及时收集样品，待采样结束后合并处理。

（7）空气中碘

（8）采样设备与过滤介质

采样设备：流量 0～250 L/min，流量示值误差≤±5%。

过滤介质：包括滤纸和碘盒。滤纸收集空气中微粒碘；碘盒收集元素碘、非元素无机碘和有机碘。

（9）采样方法

根据采样目的、预计浓度及核素的探测下限设置采样体积，采样体积一般应大于100 m³，采样流量应控制在 20～200 L/min。采样总体积应换算到标准状态的体积。

（10）巡检要求

（11）站房

1）检查站房及周围环境是否遭受雷击、水淹等自然或人为破坏情况；检查站房外观以及锈蚀、风化、密封等情况；检查外部供电电缆、通信线缆的完整性和老化情况；检查防雷接地体的锈蚀、松脱等情况。

2）检查站房内是否有异常的噪声或气味，设备是否齐备，有无丢失和损坏，各固定的仪器设备有否损坏、积尘、锈蚀、松动或其他异常；排除安全隐患，检查安防设备、照明系统和排风排气装置运行是否正常，检查灭火器的有效期和可用性。

3）检查站房供配电系统，检查不间断电源主机和蓄电池工作情况，检查信号防雷设备的运行情况。

4）检查站房内温度、湿度是否维持在合理区间。对站房空调机的过滤网进行清洁，防止尘土阻塞过滤网。

5）检查站房周围环境卫生情况，对仪器设备和站房内外进行清洁工作，保持站房内部物品摆放统一有序、整洁美观。

（12）数据采集处理和传输系统

1）观察各类电缆和数据连接线是否正常。

2）检查软件系统中仪器设备（包括采样设备）的参数设置、数据采集存储等情况。检查门禁、烟雾、浸水等系统软件功能。

3）对各仪器设备进行重新启动，检查运行是否正常，通过软件对气溶胶采样器、碘采样器进行开关和采样控制，检查功能是否正常。

4）检查加密网关工作是否正常。检查有线和无线链路连通情况，分别断开有线链路和无线路由器，在软件系统和数据中心查看数据是否连通。

5）重启软件，检查是否报错，各项监测内容是否显示正常；在数据中心查看站点数据是否联通且完整，检查计算机系统资源占用、安全防护等情况，对现场存储数据进行备份。

（13）监测设备

1）检查监测设备的监测数据和运行参数，判断运行是否正常。

2）检查监测设备是否积尘，接口是否破损、锈蚀，连接线是否破损、老化，支架及百叶箱是否锈蚀或破损，检查连接和螺丝是否松动。

（14）采样设备

1）检查外观是否积尘、破损、锈蚀，对采样有影响的，应及时进行处理。

2）对采样管路进行清洁和气密性检查，及时清除管路和采样口的杂物和积水等。

3）对沉降物采样器进行管路检查（包括漏水检查）及对干湿传感器灵敏度测试，冬季应检查加热装置。

4）对气溶胶和碘采样器进行开机运行测试，运行时间为半小时以上，检查运行过程中设备是否异常。

5）若采样设备出现冷凝水，应及时调节站房温度或对采样管路采取适当的控制措施，防止冷凝现象。检查耗材使用和库存情况。

（15）其他运行巡检与维护要求

发生极端恶劣天气后应及时进行全面检查维护。日常运行和维护时，应做好记录，并作为运行维护档案存档。

（16）数据处理

空气吸收剂量率 5 分钟均值：由测量时段 3/4 以上连续监测数据（测量时间间隔为 30 s）的算术平均值得出。时间标签为测量截止时间，数据为此刻前 5 分钟测量均值。

小时均值：由每小时内 3/4 以上的 5 分钟均值算术平均值得出。时间标签为测量截止时间，数据为此刻前 1 小时测量均值。

日均值：由每日内 3/4 以上的小时均值算术平均值得出。日均值的统计时段为北京时间 00:00 至 24:00。

月均值：每月 20 个以上日均值的算术平均值得出。

年均值：每年 3/4 以上月均值的算术平均值得出

当空气吸收剂量率、样品测量结果与历年值相比有明显变化时，应对以下引起监测数据异常的原因进行调查：仪器是否故障，样品的采集与保存、分析和测量是否正确；自然因素的影响；周围环境的变化；核设施运行过程中放射性物质的排放；核事故和辐射事故应急预案中规定的各类情况；核试验、医疗照射、核技术应用等其他人为活动；其他因素影响。

（17）质量保证

检定和校准运行期间，测量设备应定期检定/校准或通过量值传递的方式，保证量值可追溯至国家计量标准。

监测设备：原则上每3～5年对其主要性能进行复测。剂量率监测仪主要性能至少包括：剂量率线性、响应时间和过载特性等。γ能谱仪主要性能至少包括：能量分辨率、能量响应和稳定性等。对仪器进行可能影响其性能的维护维修后，仪器须重新检定/校准，同时对其主要性能进行测试。

采样设备：采样设备的流量计、温湿度计等应定期检定/校准或量值传递。气体采样设备每年至少一次用传递设备进行量值传递。对用于传递的设备，其性能应优于测试设备，流量示值误差≤±3%。

气象设备：现场气象设备中的气压、气温、相对湿度、风向、风速和降水量等气象参数，用传递设备每年应至少进行一次量值传递。对用于传递的气象设备（包括温度计、湿度计、气压表、风向风速仪和雨量计等）每年应至少一次送国家有关部门进行质量检验或标准传递，其性能应优于测试设备，其中温度精度不低于±0.2 ℃，湿度精度不低于±4%（≤80%）、±8%（＞80%），气压精度不低于±0.3 hPa。

（18）期间核查

（19）辐射环境监测设备

（20）剂量率监测仪

每年至少一次用检验源（^{137}Cs或^{60}Co）检查剂量率监测仪k值，$k=\left|A/A_0-1\right|$（A、A_0分别为期间核查和检定/校准时仪器对检验源的净响应值）。$k\leq0.1$，为合格；$k>0.1$，应对仪器进行检修，并重新检定/校准。

（21）γ能谱仪

1）检查仪器稳定性，每年至少一次对γ能谱仪使用^{241}Am、^{137}Cs、^{60}Co等源进行识别分析，检查其是否满足性能要求。

2）能量分辨率：每年至少一次用^{137}Cs检验源测量分辨率（661.66 keV全能峰的半高宽除以峰位）。NaI（Tl）γ能谱仪（$\phi3"\times3"$）能量分辨率一般应优于9%（相对于^{137}Cs源）。

3）其他性能指标应不低于出厂时的指标。

采样设备和气象设备

采样设备和气象设备每年至少进行一次期间核查。

（22）档案管理

仪器设备的产品说明书、质量合格检定证明文件、保修服务卡、安装手册、用户操作指南、使用说明书（含软件）、维护手册和安全操作手册等随机附带的文件。

仪器设备硬件接口、软件协议或库函数的说明文件，数据格式的说明文件。仪器设备装配图和电气原理图等。仪器设备的检定、校准、传递标定和性能测试等质量保证记录。仪器设备生产、到货、安装、运行调试和验收等记录文件。日常检查和维护检修记录，易耗品的定期更换记录。管理和维护人员的资质档案，包括培训证明、上岗证书等。发布的辐射环境空气自动监测报告。自动监测原始数据每年以光盘、磁带或其他介质进行备份，并长期保存。其他应该归档的资料、文件。

23.4 辐射环境监测网络运行管理要求

国家辐射环境监测网由国家环境保护总局辐射环境监测技术中心（以下简称"监测技术中心"）、核与辐射事故应急技术中心、地区核与辐射监督站、省（自治区、直辖市）辐射监测机构及其他国家环境保护总局认可的从事辐射环境监测的机构等单位组成。国家辐射环境监测网的主要任务是完成全国辐射环境监测项目，包括全国辐射环境质量监测、重点监管的核与辐射设施周围环境监测、核与辐射事故应急监测。全国辐射环境监测项目主要设置重点城市辐射环境自动监测站，重点核设施周围核环境安全预警监测站点，重要流域、国际河流、饮用水、地下水、海水等水体监测点，空气、陆地、土壤、生物样品和口岸辐射监测点以及电磁辐射监测点等站点。

国家辐射环境监测网的建设目标是：建立组织网络化、管理程序化、技术规范化、方法标准化、装备现代化、质量保证系统化的全国核与辐射环境监测体系。

国家辐射环境监测项目由国家辐射环境监测网成员单位共同完成。国家辐射环境监测项目的运行按照"分清责任，加强管理、保障运行"的原则，建立健全辐射环境监测项目运行管理机制。

（一）国家辐射环境监测项目实行法人单位负责制；

（二）分级管理、下管一级、分类指导、条块结合；

（三）项目管理与项目运行分开；

（四）各成员单位应保证投入相应的人力、物力资源；

（五）各成员单位有稳定的技术支持队伍，具备相应的软硬件条件，能够满足工作的需要。

（1）生态环境部（国家核安全局）职责

国家环境保护总局是国家辐射环境监测网管理单位，负责编制网络建设的总体规划，提出阶段性的监测任务和非常规监测任务，编制、发布项目年度要点，检查、督促网络工作的开展，总结表彰先进。

（2）辐射环境监测技术中心职责

监测技术中心主要职责

（一）负责国家辐射环境监测网的具体运行管理、质量控制与质量监督，信息管理、技术培训；

（二）组织监测方法的研究，制定监测技术规范，研究和制备参考物质和标准参考物质；

（三）审查成员单位报送的监测报告，编制全国辐射环境质量季报、年报；

（四）指导、协调国控站点紧急抢险及设施配件更新；

（五）负责建立和运行全国辐射环境监测数据库；

（六）协助总局对成员单位进行监督检查和考核；

（七）建立网络的质保体系，指导和检查网络成员单位的质保工作，组织网络内部的业务培训、考核、比对；

（八）指导、协助成员单位开展辐射环境监测能力建设；

（九）组织国内外学术交流活动。

其他成员单位职责

（一）负责本地区内的辐射监测国控网的建设和运行管理；

（二）履行全国辐射环境监测方案所赋予的监测任务，并及时向监测技术中心上报监测数据；

（三）编写分项目的具体实施计划，具体实施日常质量管理工作；提交分项目监测报告及运行报告；

（四）执行总局或受其委托单位下达的任务；

（五）汇交成果资料及规定的原始资料，保管原始资料；

（六）参加本网络组织的学术活动和业务培训活动；

（七）承接本网络提出的监测科研任务。

23.5　辐射环境监测网络数据发布要求

23.5.1　数据管理与报送

省级辐射环境监测机构应按季度及时汇总本行政区自动站监测数据，对数据进行有效性审核后报送辐射监测技术中心。应急情况下，应按照应急指令的要求报送自动站监测数据。省级辐射环境监测机构应加强自动站监测数据的分析，当发现数据异常时，及时上报省级生态环境主管部门、生态环境部和地区监督站，并开展调查。根据调查结果，不能反映辐射水平的异常数据，不参与监测结果评价。

自动站 γ 辐射剂量率实时监测数据通过生态环境部和辐射监测技术中心官网实时对外公开发布，测试分析数据纳入全国辐射环境质量年报对外发布。各级生态环境主管部门发布本行政区自动站监测数据的，其发布内容应与生态环境部保持一致。任何组织和个人不得篡改、伪造、指使他人篡改或伪造辐射环境监测数据，对违法违规操作或直接篡改、伪造监测数据的，依纪依法追究相关人员责任。

省级辐射环境监测机构应定期离线备份保存本行政区自动站自动监测数据，并按规定保存自动站样品采集和分析原始记录。辐射监测技术中心应定期离线备份保存全国自动站自动监测数据，保证数据可追溯、可读取，防止数据丢失；按照"一站一档"要求，组织各省（区、市）做好自动站档案管理工作。自动站运行管理档案保存期限为30年。

23.5.2　数据实时发布要求

生态环境部于 2015 年发布《关于实时发布国家辐射环境监测网自动监测数据的通知》（环办函〔2015〕1362 号），对国家辐射环境监测网自动监测数据实时发布提出具体要求。

一、发布范围、内容及方式

（一）发布范围

国控辐射环境质量监测自动站和运行核电厂外围监督性监测系统自动监测站。

（二）发布内容

自动站空气吸收剂量率 12 小时均值和季度简报，其中自动站空气吸收剂量率 12 小时均值为实时监测数据，审核分析后的数据将通过空气吸收剂量率季度简报予以发布。

（三）发布方式

利用国家辐射监测信息发布系统，通过环境保护部（国家核安全局）和环境保护部辐射环境监测技术中心（以下简称监测技术中心）网站对外发布。

二、有关要求

（一）各省级环境保护主管部门及其辐射环境监测机构、监测技术中心要按照《关于加强国控辐射环境自动监测站运行管理的通知》（环办函〔2015〕48 号）的要求，各负其责，通力合作，切实加强对自动站、数据汇总中心的运行维护和实时监控。发生故障时应及时修复，同时采用人工监测、人工上报数据的方式，确保发布监测数据的完整和准确。

（二）各省级辐射环境监测机构应做好自动监测数据的管理工作。当发现监测数据异常时，应及时核查原因，分析评估后在规定的时间内上报监测技术中心，由监测技术中心对已发布的数据予以说明。

（三）国控自动站站址应保持长期固定，原则上不变动，确需迁址或撤销时，由省级环境保护主管部门提出书面申请，报我部批准后实施。

（四）监测技术中心应定期总结分析国控自动站运维和自动监测数据公开情况，并报送我部，抄送各地区核与辐射安全监督站。我部将定期向各省级环境保护主管部门通报结果。

（五）各省级环境保护主管部门应进一步加强辐射环境信息公开工作，定期发布本行政区内的辐射环境质量状况，其中国控网监测数据应与我部发布的保持一致。

23.6　某省辐射环境自动监测系统社会化运维管理办法

一、总则

为进一步规范国控大气辐射环境自动监测站、省控大气辐射环境自动监测站、饮用水源辐射环境自动监测站、电磁辐射环境自动监测站、放射源在线监控等自动监测、监控系统社会化运维机构的管理与考核，确保全省辐射环境自动系统运行正常，监测数据真实、准确，充分发挥自动监测系统的实时监控作用，依据相关技术规范和我省具体情况，制定本办法。

本办法依据《辐射环境空气自动监测站运行技术规范》（HJ 1009—2019）、《关于印发〈国控辐射环境空气自动监测站运行管理办法〉的通知》（环办核设〔2020〕26 号）等标准规范制定。

本办法规定了甘肃省级、市级辐射监测机构及社会化运维机构的职责，自动监测、监控系统的运维要求、质量管理、考核、责任追究等方面的管理要求。

二、职责

1. 省级辐射监测机构主要职责

（1）省级辐射监测机构主要负责制定全省自动站运行管理制度；

（2）负责全省自动站的质控抽查工作；

（3）监督社会化运维机构开展运维工作，对自动站运行状况进行实时监督；

（4）组织开展运维单位绩效考核。

（5）组织开展运维单位运维保障能力检查，运维质量"双随机"抽查等专项检查，制定省、市两级辐射监测机构现场检查任务。

2. 市级辐射监测机构主要职责

（1）负责自动站电力、通信、运维人员正常出入等保障工作。

（2）按月开展辖区内自动站运维情况审核，对运维考核提供重要依据。

（3）对辖区内辐射监测网所有自动站运行情况应实时掌握；

（4）及时向省级辐射监测机构通报自动站运维问题和设备安全问题；

3. 社会化运维机构主要职责

（1）运维单位负责自动站设备正常稳定运行、故障维修、样品采集、电网费缴纳、防雷防汛以及站房内外的卫生清洁等工作，保证仪器设备状态参数设置准确并及时上传，保证自动站实时监测数据的全年小时获取率应达到95%以上。

（2）严格按照有关技术规范开展"日监视"和"月巡检"，及时发现问题、排查问题并解决问题。做好数据审核及按时报送月、季、年度报告；

（3）按照国家有关规定和要求，做好自动监测数据质量保证、期间核查、仪器校准等质控工作；

（4）严格按照《辐射环境空气自动监测站运行技术规范》（HJ 1009—2019）和《关于印发〈国控辐射环境空气自动监测站运行管理办法〉的通知》（环办核设〔2020〕26号）等相关标准规范中有关要求执行，制定设备维修计划，对于主要部件、易损部件均严格按照相关要求，定期及时更换备品备件，并做好相应记录。

（5）运维机构保证满足环保部门对自动站故障的响应时间要求,每日6:00时至23:00时出现故障时，应在发现故障的1小时之内响应，24小时内到达现场排除故障，若仪器故障无法排除，运维机构必须在36小时内提供并更换相应的备机，保证自动站正常运行（通信和电力线路故障除外，但应及时与相关部门联系解决）。对于重大的事故，严重影响系统运行或无法运行时应及时上报，并组织有关人员到现场进行实地考察，制定解决方案。

三、运维要求

1. 总体要求

社会化运维机构负责承担的自动站的运行、维护、质量保证和设备维修等工作，并严格按照相关要求，不断提高自动监测系统的运维能力，切实加强自动监测系统的管理，保证自动站的正常连续运行和监测数据的及时准确。

2. 运维保障

（1）运维机构须按照合同有关要求，配备足够数量专业技术人员、专用巡检车辆和备品备件库等，确保自动站的正常运行维护工作。

（2）运维机构应具备判断系统运行情况的方法和手段，随时掌握各站运行情况，按照标准规范进行自动站运行故障分析、判断与维护。

（3）运维机构应对监测系统状况和数据严格保密，不得对外泄漏或公开任何内容。不得私自更改仪器参数设置或降低标准要求。

（4）运维机构应建立工作日志，记录有关自动站运行和维护、维修、质保等工作内容。按要求及时填写，并按时提交并存档。

（5）运维机构应保证自动站 24 小时连续运行，保证监测数据质量达到考核要求。

（6）运维机构应保证备机处于良好的工作状态，以满足紧急情况的使用，保证系统的连续运行。

（7）运维机构应保证并提交自动站仪器设备配件及耗材的来源途径，保证所维护的系统仪器设备满足相应要求。

（8）运维机构应协助完成与自动站运维有关的临时性工作。

（9）在运维管理期间，运维机构应按安全生产有关规定，建立安全生产制度，切实消除安全隐患。

（10）运维机构应按照采样规范，按时完成所有自动站样品采集和送样工作。

四、考核标准

1. 考核方式

（1）获取率考核

省级辐射监测机构每月开展单个站点数据有效性和监测数据获取率考核。由于停电、自然灾害等人力不可抗拒原因造成的数据缺失，运维机构应及时上报，做好相应的证明材料。

（2）现场检查考核

省级辐射监测机构组织定期、不定期的现场检查考核，市州根据运维单位现场运维情况进行打分，总体得分作为自动站运维费用是否全额支付的重要依据。

2. 有效性计算

（1）考核时段内单个站点有效数据获取率应满足必须高于 95% 以上。

（2）运维单位在每月考核中出现 10% 的站点未达到数据获取率要求的，给予警告，不予支付相应站点当月运维费；连续 2 次考核出现 10% 站点未达到数据获取率要求的，或者单次考核 20% 以上站点未达到要求的，终止运维合同并全省通报，列入招标采购黑名单。

（3）同一站点连续两个月未达到数据有效性要求的，扣除履约保证金的 25%；连续 3 个月未达到数据获取率要求的，扣除履约保证金的 50%；连续 4 次未达到数据获取率要求的，终止运维合同。

3. 考核评分

考核按照百分制计算，考核总分为两率得分与运维得分之和，具体计算办法如下：

考核总分＝市级辐射监测机构考核得分（100 分）×40%＋省级辐射监测机构考核得

分（100 分）×60%。

（1）数据获取率考核得分

单站数据获取率不合格者扣 10 分。

（2）运行维护得分

运行维护部分每月由市级辐射监测机构组织检查核实，核查内容包括日常运维任务完成情况、异常情况处理情况、安全生产情况、站房环境保障效果、采样系统维护效果、仪器日常维护效果、质量控制效果、通信系统维护效果、人员与档案记录管理情况等，每季度得分为 3 个月的算数平均值。

4. 运维费用核算

运维费用支付采用月度考核核算、季度付款方式。

省级辐射监测机构组织的现场检查考核得分低于 70 分（含），不予支付该站点当月全部运维费用，得分在 70～80 分（含）扣除该站点当月 50%运维费用，高于 80 分按市、州考核得分计入考核总分支付站点运维费用。对出现重大运维失当的给予通报批评。

考核总分低于 70 分（含）的，不予支付该站点当月运维费；得分在 70～80 分（含）支付该站点当月 50%运维费用，绩效考核总分 90 分以上的，支付该站点当季度全额运维费；绩效考核总分在 80～90 分（含）的，该站点当期运维费＝（实际考核总分/100）×单站点当期全额运维费。

签订多年连续运维合同的，合同期限内每年（不含合同期最后一年）4 季度运维费用按照合同季度中标价预先支付，待下年 1 月按最终考核结果在 1 季度运维费用中补齐差额。连续多年合同最后一年 4 季度待下年 1 月份考核结束后支付运维费用。

五、责任追究

违反本办法规定，有下列行为之一的，自动站考核以零分计，对有关责任人员，由任免机关或监察机关按照管理权限给予行政处分；情节严重，构成犯罪的，依法追究刑事责任。

1. 剔除正常监测数据；

2. 编造数据或更改原始监测数据；

3. 故意出具虚假监测数据；

4. 擅自修改自动监测系统关键参数；

5. 未经行政主管部门批准，擅自对外公布环境监测信息；

6. 故意遮挡自动监测系统采样系统；

7. 故意损坏自动监测系统部件。

23.7　国控辐射环境空气自动监测站年检

23.7.1　监测和采样设备

（一）高气压电离室和 NaI（Tl）γ 谱仪

1. 原则上每 3 年委托有资质的计量机构进行检定/校准，或者按规程开展自行校准。

2. 在两次检定/校准周期内，每年开展 1 次期间核查，第 3 年应每半年开展 1 次期间核查。期间核查结果不符合指标要求的，应开展检修；涉及重大修理的，应重新检定/校准或自行校准。

3. 每次检定/校准完成后，高气压电离室应于稳定的室内辐 射场或室外环境场中开展测量值对比，检定/校准前后示值变化≤10%的，建议不做修正；其余情况下，应作效率因子修正。

4. 每年开展 1 次预防性检修：更换达到使用期限的易损件，并开展连续 24 小时的仪器运行考核，确认工作正常后方可投入使用。

5. 每 3 年开展 1 次定期维护检修：对照仪器说明书或操作规程，对仪器开展 1 次全面检查和维护。

6. 至少选择 1 个站点，每 5 年开展 1 次主要性能复测：高气压电离室主要性能至少包括剂量率线性和过载特性等；NaI（Tl）γ谱仪主要性能至少包括能量分辨率和稳定性等。

（二）气溶胶和气碘采样器

1. 每 2 年委托有资质的计量机构进行检定/校准，或者按规程开展自行校准。

2. 在两次检定/校准周期内，每年开展 1 次期间核查，期间核查结果不符合指标要求的，应开展检修；涉及重大修理的，应重新检定/校准或自行校准。

3. 每年开展 1 次预防性检修：在定时采样或定量采样等模式下，开展连续 24 小时运行实验，确认工作正常后方可投入使用。

4. 每 3 年开展 1 次定期维修检修：对照仪器说明书或操作规程，进行 1 次全面维护保养，包括但不限于除锈、采样泵添加润滑油等。

（三）其他设备

1. 对于自动气象站，每年开展 1 次期间核查，期间核查结果不符合指标要求的，应开展检修；涉及重大修理的，应重新检定/校准或自行校准。

2. 对于自动气象站和沉降物采样器，每 3 年开展 1 次定期维修检修：对照仪器说明书或操作规程，进行一次全面维护保养。

23.7.2　数据采集和传输系统

1. 软件系统：每 3 年进行 1 次技术评估，必要时升级软件系统。

2. 数据采集传输设备：每 5 年进行 1 次技术评估，对故障率高的设备进行更换。

23.7.3　站房和基础设施

1. 每 2 年开展 1 次接地电阻测试，测试接地电阻应低于 4 欧姆，不符合要求的应及时检修。对雷爆频繁地区，可缩短为 1 年 1 次。

2. 对空调每年夏天前开展 1 次测试，确保空调效果良好。对站房各种接头及插座等，每年开展 1 次全面检查。

3. 每年测试 1 次不间断电源的效能，原则上每 5 年应更换 1 次蓄电池。

4. 每年检查 1 次舱房密封封条。

23.7.4　文档、数据和记录

针对以下条目，每年开展 1 次检查。

1. 与国控自动站运行维护相关内容。

2. 样品采集记录填写和归档情况。

3. 自动站自动监测数据离线备份及保存情况。

4. 自动站日监视、月巡检开展情况。

23.7.5　其他

1. 年检工作是对国控自动站年度运行维护情况的全面检查，除按规定周期开展的检定、校准和期间核查等工作外，各省级辐射环境监测机构应于每年年底集中时间开展本细则中所列各项年检工作，并如实详细填写"国控辐射环境空气自动监测站年检记录表"（附表）。

2. 各省级辐射环境监测机构应该将年检记录表及支撑材料，存入自动站运行维护档案并妥善保存，档案保存期限为 30 年。

3. 本细则中列明开展频次为 1 次/3 年或 1 次/5 年的项目，第 1 次实施时间统一自 2024年起计算。

国控辐射环境空气自动监测站年检记录表

自动站名称：　　　　　　　　　　　　站点编号：

集中年检时间：　　　　　年　　月　　日—　　月　　日

年检人员：　　　　　　　　　　　　　自动站运行部门负责人：

序号	对象（内容）	内容	是否开展		情况描述以及上一次开展时间
一、监测和采样设备					
（一）高气压电离室和 NaI（TI）γ 谱仪					
1	检定/校准（1 次/3 年）	委托有资质的计量机构进行检定/校准，或者按规程开展自行校准	□是	□否	
2	期间核查（1 次/年）	两次检定/校准周期内开展，结果不符合指标要求的应开展检修；涉及重大修理的，应重新检定/校准或自行校准。	□是	□否	
3	稳定辐射场测量（高气压电离室）	送计量院校准/检定后测量，示值变化≤10%的，建议不做修正；其余情况下，应作效率因子修正。	□是	□否	
4	预防性检修（1 次/年）	更换达到使用期限的易损件，并开展连续24 h 的仪器运行考核，确认工作正常后方可投入使用。	□是	□否	
5	定期维护检修（1 次/3 年）	对照仪器说明书或操作规程，对仪器开展一次全面检查和维护。	□是	□否	
6	主要性能复测（1 次/5 年）	高气压电离室：剂量率线性、过载特性等；NaI（T1）γ 谱仪：能量分辨率、稳定性等。	□是	□否	

序号	对象（内容）	内容	是否开展		情况描述以及上一次开展时间
	（二）气溶胶和气碘采样器				
1	检定/校准（1次/2年）	委托有资质的计量机构进行检定/校准，或者按规程开展自行校准。	□是	□否	
2	期间核查（1次/年）	两次检定/校准周期内开展，结果不符合指标要求的应开展检修；涉及重大修理的，应重新检定/校准或自行校准	□是	□否	
3	预防性检修（1次/年）	在定时采样或定量采样等模式下，开展连续24 h运行实验，确认工作正常后方可投入使用	□是	□否	
4	定期维护检修（1次/3年）	对照仪器说明书或操作规程，进行一次全面维护保养，包括但不限于除锈、采样泵添加润滑油等。	□是	□否	
	（三）其他设备				
1	期间核查（1次/年）	期间核查结果不符合指标要求的，应开展检修；涉及重大修理的，应重新检定/校准或自行校准。	□是	□否	
2	定期维护检修（1次/3年）	对照仪器说明书或操作规程，进行一次全面维护保养。（自动气象站和沉降物采样器）	□是	□否	
	二、数据采集和传输系统				
1	技术评估（1次/3年）	开展评估，必要时升级。（软件系统）	□是	□否	
2	技术评估（1次/5年）	开展评估，对故障率高的设备进行更换。（数据采集传输设备）	□是	□否	
	三、站房和基础设施				
1	接地电阻测试（1次/2年）	测试接地电阻是否低于4欧姆，不符合要求的应及时检修。	□是	□否	
2	用电全面检查（1次/年）	对空调每年夏天前开展1次测试，确保空调效果良好。对站房各种接头及插座等，开展全面检查，	□是	□否	
3	不间断电源效能测试（1次/5年）	每年测试一次不间断电源的效能，原则上每5年更换一次蓄电池。	□是	□否	
4	舱房密封（1次/年）	每年检查一次舱房密封封条是否正常。	□是	□否	
	四、文档、数据和记录				
1	纳入质量管理体系情况（1次/年）	与国控自动站运行维护相关内容。	□是	□否	
2	原始记录（1次/年）	样品采集记录填写和归档情况。	□是	□否	
3	数据备份（1次/年）	自动站自动监测数据离线备份及保存情况。	□是	□否	
4	档案（1次/年）	日监视、月巡检以及其他运行档案归档情况。	□是	□否	

年度总结（按本细则所列条款逐条展开，可附页）　　　　单位公章日期：

24 辐射环境监测大比武

为深入贯彻党的二十大精神和全国生态环境保护大会精神，落实 2024 年全国生态环境保护工作会议要求，牢固树立人才是第一资源理念，大力弘扬劳模精神、劳动精神、工匠精神，努力建设一支政治强、本领高、作风硬、敢担当的生态环境保护队伍，培养造就一批素质优良、技术过硬、本领高强的生态环境监测人才，生态环境部、人力资源社会保障部、全国总工会、共青团中央、全国妇联和市场监管总局决定共同举办第三届全国生态环境监测专业技术人员大比武活动

24.1 辐射环境监测大比武有关要求

（1）组织机构

本届大比武活动由生态环境部、人力资源社会保障部、全国总工会、共青团中央、全国妇联和市场监管总局共同主办，中国环境监测总站和辐射环境监测技术中心具体承办，江苏省生态环境厅等单位协办，由主办单位共同成立大比武活动组委会及办公室，同时组建专家委员会和监督委员会。

组委会办公室设在生态环境部生态环境监测司，负责大比武活动的组织协调和日常管理工作；专家委员会负责审定大比武活动的各项技术工作；监督委员会负责对大比武活动全过程的公正性进行监督。

（2）内容和形式

本届大比武活动分为生态环境监测综合比武（以下简称综合比武）和辐射监测专项比武（以下简称专项比武）。

综合比武设实验分析、污染源监测、应急监测、环境空气质量自动监测四个小组，专项比武设放射化学实验分析、辐射应急监测两个小组，选手分组参加对应项目比赛。重点考核参赛人员的理论知识、分析测试、仪器运维和综合评价等能力。

（3）实施安排

1. 参赛要求

（1）省级赛。

在生态环境及其他部门所属监测机构工作满一年以上，且近三年无违法违规违纪行为的生态环境监测专业技术人员均可参赛。

（2）决赛。每个省级代表队包括 8 名综合比武选手和 4 名专项比武选手。综合比武选手分为 4 组，每组 2 人，其中污染源监测组参赛选手须包括县级生态环境监测机构人员。专项比武选手分为 2 组，每组 2 人。每个代表队原则上须有女性选手和 35 周岁以下青年选手（1989 年 1 月以后出生）。

2. 决赛安排

2024 年 10 月 21—22 日，全国决赛在江苏省南通市举行，赛程为 1 天半。

决赛包括理论知识考试（综合比武公共题目、专业题目各占 50%）和实际操作竞赛两部分，理论知识考试采用上机考试方式进行，实际操作竞赛分组进行，所需监测分析仪器设备等物品由各参赛代表队自行携带和管理。决赛期间，邀请香港、澳门有关监测人员现场观摩。

21 日上午：报到，下午：理论知识考试；

22 日上午：开幕式，实际操作竞赛，下午：实际操作竞赛。

理论知识考试和实际操作竞赛按照 3:7 的分值比重计算个人总成绩。综合比武和专项比武小组名次按照个人总成绩确定。综合比武 4 个小组第一名决出后，以理论知识考试公共题目分数高者为综合比武第一名；专项比武以理论知识考试分数高者为第一名。根据参加全国决赛选手的个人成绩总和，分别计算综合比武和专项比武的团体总成绩。

24.2 国家决赛技术方案

24.2.1 理论知识考试

（一）考试要求及重点内容

1. 基本要求

考查生态环境保护形势与政策，辐射环境监测技术、流出物监测技术、质量保证与质量控制、综合评价、辐射防护等方面的基本概念、基础知识和基本技能，比武选手对理论知识的综合运用和实际应用能力。

2. 重点内容

（1）基础知识

党中央、国务院以及生态环境部对生态环境保护、生态环境监测和核与辐射安全监管的有关要求，电离辐射与辐射防护基础知识，实验室基本知识，电磁辐射基础知识。

（2）监测分析技术方法

掌握 γ 谱仪、低本底 α/β 测量仪、液闪谱仪、α 谱仪和热释光探测器的基本原理及其应用；γ 辐射空气吸收剂量率、表面污染、空气中氡等现场监测技术方法；辐射环境监测的布点，样品采集、保存、运输和制备等；辐射环境质量监测、辐射设施监督性监测、流出物监测和辐射环境应急监测方案的制定。熟悉辐射环境应急监测技术方法；辐射环境空气自动监测技术方法；电离辐射环境监测中放射性物质的化学分离方法；辐射环境监测数据处理与评价方法。了解放射性流出物的监测技术方法；航空放射性监测技术方法；电磁辐射环境监测技术方法。

（3）质量管理技术要求

掌握质量管理规章制度、标准规范和基本要求；质量管理体系基本概念和基础知识。熟悉检验检测机构资质认定评审准则和生态环境监测机构补充要求；辐射环境监测全过程中质量保证和质量控制技术措施及应用。了解常用数理统计基础知识。

（4）辐射环境监测综合分析与评价

掌握辐射环境监测报告的基本内容。熟悉综合评价适用的相关标准；辐射事件辐射后果评价方法。了解报告管理的基本程序和要求。

（二）考试形式和题型

考试采取闭卷方式，参赛选手上机考试答题。考试时间为 150 分钟，总分 100 分。题型包括：填空题、选择题、判断题、简答题、计算题、综合分析和论述题等。

（三）评分方法

考试结束后，由阅卷人员根据试题答案和评分细则，在监督委员会的监督下，对每名参赛选手的答卷进行统一评判。考试期间，现场设有监督员，参赛人员一经发现有违纪行为，由监督员带离比赛现场，该违纪人员的成绩按零分计算。

24.2.2 实际操作

（一）竞赛项目

以突出日常实际工作重点或难点，能切实反映人员的技术水平为原则，设置放射化学实验分析、辐射应急监测两个组，各组实际操作竞赛具体内容如下。

1. 放射化学实验分析组

拟设置一项现场操作项目和两项前置分析项目。

现场操作项目：水中钍的定量测量。依据为《水中钍的分析方法》（GB/T 11224—1989）（三正辛胺或 N235 萃取法）。前置分析项目：一是水中锶-90 的定量测量。依据为《水和生物样品灰中锶-90 的放射化学分析方法》（HJ 815—2016）。二是水中氚的定量测量。依据为《水中氚的分析方法》（HJ 1126—2020）。参赛选手根据规定要求完成考核样品测定，结果密封后由专人送至指定地点，具体规定要求另行通知。

2. 辐射应急监测组

拟设置三项现场操作项目。一是辐射事故应急现场调查监测；二是核素定量分析；三是监测方案和应急监测报告编制。依据为《辐射事故应急监测技术规范》（HJ 1155—2020）、《辐射环境监测技术规范》（HJ 61—2021）、《核医学辐射防护与安全要求》（HJ 1188—2021）、《核医学放射防护要求》（GBZ 120—2020）、《环境 γ 辐射剂量率测量技术规范》（HJ 1157—2021）、《表面污染测定 第 1 部分：β 发射体（$E_{\beta max}>0.15\ \text{MeV}$）和 α 发射体》（GB/T 14056.1—2008）、《高纯锗 γ 能谱分析通用方法》（GB/T 11713—2015）、《环境及生物样品中放射性核素的 γ 能谱分析方法》（GB/T 16145—2022）、《应急监测中环境样品 γ 核素测量技术规范》（HJ 1127—2020）等现行标准和技术规范。

（二）竞赛时间

放射化学实验分析组现场操作时间为 210 分钟。辐射应急监测组时间合计为 420 分钟。其中辐射事故现场调查监测、核素定量分析项目时间合计为 240 分钟，监测方案和应急监测报告编制项目时间为 180 分钟。

（三）评分方法

实际操作竞赛评分依据主要以样品（数据）分析结果的准确性为主，辅以考查比武人员的操作规范性及原始记录、分析报告的规范性。具体评分细则另行规定。

（四）物资准备

竞赛现场所需场地、电力、网络保障、比武考核样品（数据）、考试系统由组委会提供，其余物资由各代表队自行准备。

24.3 甘肃省辐射专项比武技术方案

24.3.1 理论知识考试

（1）基础知识

全面考查辐射环境监测专业技术人员政治意识、法治观念、社会责任和业务能力，包括习近平生态文明思想、全国生态环境保护大会精神、《关于深化环境监测改革提高环境监测数据质量的意见》等重要文件、环境保护法和放射性污染防治法等法律法规、刑法修正案（十一）及《关于办理环境污染刑事案件适用法律若干问题的解释》有关环境监测内容；党中央、国务院以及生态环境部对核与辐射安全监管的有关要求；辐射环境监测技术、质量保证与质量控制、综合评价、辐射防护等基本概念、基础知识；生态环境监测机构管理体系的建设与运行要求；电离辐射与辐射防护基础知识、电磁辐射基础知识。

（2）监测分析技术方法

1）电离辐射

γ谱仪、低本底α/β测量仪、液闪谱仪、α谱仪和热释光探测器的基本原理及其应用；γ辐射空气吸收剂量率、表面污染、空气中氡等现场监测技术方法；辐射环境监测布点，样品采集、保存、运输和制备等；辐射环境质量监测、辐射设施监督性监测、辐射环境应急监测方案的制定；辐射环境应急监测技术方法；辐射环境空气自动监测技术方法；电离辐射环境监测中放射性物质的化学分离方法；辐射环境监测数据处理与评价方法。

2）电磁辐射

工频电磁辐射分析仪、射频综合场强仪、多功能声级计等检测设备的基本原理及应用；移动通信基站、中短波广播发射台、输变电工程监测方法；电磁辐射监测设备自校准方法；电磁辐射自校设备原理；投诉监测处理方法；电磁环境监测数据处理与评价方法。

（3）质量管理技术要求

质量管理规章制度、标准规范和基本要求；质量管理体系基本概念和基础知识；检验测机构资质认定评审准则和生态环境监测机构补充要求；辐射环境监测全过程中质量保证和质量控制技术措施及应用；常用数理统计基础知识。

（4）辐射环境监测综合分析与评价

辐射环境监测报告的基本内容；综合评价适用的相关标准；辐射事件辐射后果评价方法；报告管理的基本程序和要求。

（5）考试形式和题型

考试采取闭卷方式，考试时间为 150 分钟，总分 100 分。题型包括：填空题、选择题、判断题、简答题、计算题、综合分析和论述题等。

（6）评分方法

考试结束后，由阅卷人员根据试题答案和评分细则，在监督委员会的监督下，对每名参赛选手的答卷进行统一评判。考试期间，现场设有监督员，参赛人员一经发现有违纪行为，由监督员带离比赛现场，该违纪人员的成绩按零分计算。每支代表队的全体正式参赛人员均要参加理论知识考试，且全体参赛人员个人成绩均会计入各代表队团体成绩。

24.3.2　实际操作

结合常规和应急监测方法，以突出日常实际工作重点或难点、能切实反映人员的技术水平、所需各种条件易于保障、对现场人员和环境影响小等为原则，设置电离辐射环境现场监测、电磁辐射环境现场监测两个组，每组设置两个项目。每个参赛队分两组参加竞赛，每个小组 2 人、共 4 人，各组需轮流完成该组竞赛项目。

（1）电离辐射环境现场监测组（总分 100 分）

1）γ 辐射剂量率测定

竞赛内容：在规定时间内完成模拟辐射场环境 γ 辐射剂量率测定，填写原始记录，上报结果等过程。

方法依据：《环境 γ 辐射剂量率测量技术规范》（HJ 1157—2021）；《辐射环境监测技术规范》（HJ 61—2021）。

竞赛时长：30 min/组。

物资准备：竞赛现场所需场地、电力、网络保障、模拟辐射场由组委会提供。监测设备原则上由各代表队自行准备，也可使用组委会提供的设备。

分值：50 分。

2）放射性表面污染测量

竞赛内容：在规定时间内完成标准源放射性表面污染测定，填写原始记录，上报结果等过程。

方法依据：《表面污染测定》第 1 部分：β 发射体（$E_{\beta max} > 0.15$ MeV）和 α 发射体（GB/T 14056.1—2008）；《辐射环境监测技术规范》（HJ 61—2021）。

竞赛时长：30 min/组。

物资准备：竞赛现场所需场地、电力、网络保障、工作标准源由组委会提供。监测设备原则上由各代表队自行准备，也可使用组委会提供的设备。

分值：50 分。

（2）电磁辐射环境现场监测监测组（总分 100 分）

1）移动通信基站射频综合场强测量

竞赛内容：在规定时间内完成移动通信基站射频综合场强测量，填写原始记录，上报结果等过程。

方法依据：《辐射环境保护管理导则 电磁辐射监测仪器和方法》（HJ/T 10.2—1996）；《移动通信基站电磁辐射环境监测方法》（HJ 972—2018）；《5G 移动通信基站电磁辐射环境监测方法（试行）》（HJ 1151—2020）。

竞赛时长：30 min/组。

物资准备：竞赛现场所需场地、电力、网络保障等由组委会提供。监测设备原则上由各代表队自行准备，也可使用组委会提供的设备。

分值：50 分。

2）输变电工频电场强度及磁感应强度测量

竞赛内容：在规定时间内完成标准电磁场工频电场强度及磁感应强度测量，填写原始记录，上报结果等过程。

方法依据：《交流输变电工程电磁环境监测方法（试行）》（HJ 681—2013）。

竞赛时长：30 min/组。

物资准备：竞赛现场所需场地、电力、网络保障、标准电磁场由组委会提供。监测设备原则上由各代表队自行准备，也可使用组委会提供的设备。

分值：50 分。

（3）评分方法

实际操作竞赛评分依据主要以操作的规范性、测量结果的准确性为主，辅以考查原始记录、结果报告的规范性。具体评分细则另行规定。竞赛期间，现场设有监督员，参赛人员一经发现有违纪行为，由监督员带离比武现场，该违纪人员的本项竞赛成绩按零分计算。

第四篇　核与辐射事故应急

25 辐射事故应急基础知识

25.1 核与辐射事故分类

（1）核事故分类

核事故是指在各类核设施中很少发生的意外事件，使放射性物质的释放可能或已经失去应有的控制，达到不可接受的水平。核事故可分为核反应堆事故、核临界事故、核材料运输和存储事故、核燃料循环设施事故、核武器事故等。国际原子能机构和经济合作与发展组织核能机构共同制定了国际核事件分级表（INES）。INES 根据核事件对人和环境的影响、对辐射屏蔽和控制设备的影响、对纵深防御能力的影响将核事故分为 7 级，较低级别（1～3）称为事件，较高级别（4～7）称为事故，不具有安全意义的事件称为"偏差"，归为 0 级。

国际核事件标准（INES）制定于 1990 年。这个标准是由国际原子能机构（IAEA）和联合国经济合作与发展组织核能机构共同组织国际专家组设计的，我国也采用和国际核事件分级表。核动力厂事件分为 7 级，具体如下：

1 级：异常，核动力厂偏离规定的功能范围；

2 级：事件，核动力厂运行中发生具有潜在安全后果的事件；

3 级：严重事件，核动力厂的纵深防御措施受到损害，厂内严重污染，工作人员受到过度的辐照，向厂外环境释放放射性物质，公众受到的照射于规定限值；

4 级：主要在核设施内的事故，核动力厂反应堆堆芯部分损坏，对工作人员严重的健康影响。向厂外环境释放少量放射性物质，公众受到规定限值量级的照射；

5 级：厂外风险的事故，核动力厂反应堆堆芯严重损坏。向厂外环境有限度地释放放射性物质，需要部分实施当地应急计划；

6 级：严重事故，核动力厂向厂外明显地释放放射性物质，需要全面实施当地应急计划；

7 级：极严重事故，核动力厂向厂外大量释放放射性物质，产生广泛的健康和环境影响。

（2）辐射事故分类

辐射事故分为特别重大、重大、较大、一般辐射事故，具体如下所述。

1）特别重大辐射事故

凡符合下列情形之一的，为特别重大辐射事故：

① Ⅰ、Ⅱ类放射源丢失、被盗、失控并造成大范围严重辐射污染后果；

② 放射性同位素和射线装置失控导致 3 人及以上急性死亡；

③ 放射性物质泄漏，造成大范围辐射污染后果；

④ 对我市可能或已经造成较大范围辐射环境影响的涉核航天器坠落事件。

2）重大辐射事故

凡符合下列情形之一的，为重大辐射事故：

① Ⅰ、Ⅱ类放射源丢失、被盗、失控；

② 放射性同位素和射线装置失控导致 3 人以下急性死亡或者 10 人及以上急性重度放射病、局部器官残疾；

③ 放射性物质泄漏，造成较大范围辐射污染后果。

3）较大辐射事故

凡符合下列情形之一的，为较大辐射事故：

① Ⅲ类放射源丢失、被盗、失控；

② 放射性同位素和射线装置失控导致 10 人以下急性重度放射病、局部器官残疾；

③ 放射性物质泄漏，造成小范围辐射污染后果。

4）一般辐射事故

凡符合下列情形之一的，为一般辐射事故：

① Ⅳ、Ⅴ类放射源丢失、被盗、失控；

② 放射性同位素和射线装置失控导致人员受到超过年剂量限值的照射；

③ 放射性物质泄漏，造成局部辐射污染后果；

④ 铀（钍）矿开发利用超标排放，造成环境辐射污染后果；

⑤ 测井用放射源落井，打捞不成功进行封井处理。

25.2 核与辐射事故应急组织机构

中国实行由一个部门牵头、多个部门参与的核应急组织协调机制。国家建立全国统一的核应急能力体系，部署军队和地方两个工作系统，区分国家级、省级、核设施营运单位级三个能力层次，推进核应急领域的各种力量建设。在国家层面，设立国家核事故应急协调委员会，由政府和军队相关部门组成，主要职责是：贯彻国家核应急工作方针，拟定国家核应急工作政策，统一协调全国核事故应急，决策、组织、指挥应急支援响应行动。同时设立国家核事故应急办公室，承担国家核事故应急协调委员会日常工作。在省（区、市）层面，设立核应急协调机构。核设施营运单位设立核应急组织。国家和各相关省（区、市）以及核设施营运单位建立专家委员会或支撑机构，为核应急准备与响应提供决策咨询和建议。

我国核应急有关力量如下。

国家核应急专业技术支持中心。建设辐射监测、辐射防护、航空监测、医学救援、海洋辐射监测、气象监测预报、辅助决策、响应行动等 8 类国家级核应急专业技术支持中心以及 3 个国家级核应急培训基地，基本形成专业齐全、功能完备、支撑有效的核应急技术支持和培训体系。

国家级核应急救援力量。经过多年努力，中国形成了规模适度、功能衔接、布局合理的核应急救援专业力量体系。适应核电站建设布局需要，按照区域部署、模块设置、专业配套原则，组建 30 余支国家级专业救援分队，承担核事故应急处置各类专业救援任务。军队是国家级核应急救援力量的重要组成部分，担负支援地方核事故应急的职责使命，近年来核应急力量建设成效显著。为应对可能发生的严重核事故，依托现有能力基础，中国将组建一支 300 余人的国家核应急救援队，主要承担复杂条件下重特大核事故突击抢险和紧急处置任务，并参与国际核应急救援行动。

省级核应急力量。中国设立核电站的省（区、市）均建立了相应的核应急力量，包括核应急指挥中心、应急辐射监测网、医学救治网、气象监测网、洗消点、撤离道路、撤离人员安置点等，以及专业技术支持能力和救援分队，基本满足本区域核应急准备与响应需要。省（区、市）核应急指挥中心与本级行政区域内核设施实现互联互通。

核设施营运单位核应急力量。按照国家要求，参照国际标准，中国各核设施营运单位均建立相关的核应急设施及力量，包括应急指挥中心、应急通讯设施、应急监测和后果评价设施；配备应对处置紧急情况的应急电源等急需装备、设备和仪器；组建辐射监测、事故控制、去污洗消等场内核应急救援队伍。核设施营运单位所属涉核集团之间建立核应急相互支援合作机制，形成核应急资源储备和调配等支援能力，实现优势互补、相互协调。

25.3　核与辐射事故应急响应

25.3.1　核设施核事故应急响应

（一）响应行动

核事故发生后，各级核应急组织根据事故的性质和严重程度，实施以下全部或部分响应行动。

1. 事故缓解和控制

迅速组织专业力量、装备和物资等开展工程抢险，缓解并控制事故，使核设施恢复到安全状态，最大程度防止、减少放射性物质向环境释放。

2. 辐射监测和后果评价

开展事故现场和周边环境（包括空中、陆地、水体、大气、农作物、食品和饮水等）放射性监测，以及应急工作人员和公众受照剂量的监测等。实时开展气象、水文、地质、地震等观（监）测预报；开展事故工况诊断和释放源项分析，研判事故发展趋势，评价辐射后果，判定受影响区域范围，为应急决策提供技术支持。

3. 人员辐射照射防护

当事故已经或可能导致碘放射性同位素释放的情况下，按照辐射防护原则及管理程序，及时组织有关工作人员和公众服用稳定碘，减少甲状腺的受照剂量。根据公众可能接受的辐射剂量和保护公众的需要，组织放射性烟羽区有关人员隐蔽；组织受影响地区居民向安全地区撤离。根据受污染地区实际情况，组织居民从受污染地区临时迁出或永久迁出，异地安置，避免或减少地面放射性沉积物的长期照射。

4. 去污洗消和医疗救治

去除或降低人员、设备、场所、环境等的放射性污染；组织对辐射损伤人员和非辐射损伤人员实施医学诊断及救治，包括现场救治、地方救治和专科救治。

5. 出入通道和口岸控制

根据受事故影响区域具体情况，划定警戒区，设定出入通道，严格控制各类人员、车辆、设备和物资出入。对出入境人员、交通工具、集装箱、货物、行李物品、邮包快件等实施放射性污染检测与控制。

6. 市场监管和调控

针对受事故影响地区市场供应及公众心理状况，及时进行重要生活必需品的市场监管和调控。禁止或限制受污染食品和饮水的生产、加工、流通和食用，避免或减少放射性物质摄入。

7. 维护社会治安

严厉打击借机传播谣言制造恐慌等违法犯罪行为；在群众安置点、抢险救援物资存放点等重点地区，增设临时警务站，加强治安巡逻；强化核事故现场等重要场所警戒保卫，根据需要做好周边地区交通管制等工作。

8. 信息报告和发布

按照核事故应急报告制度的有关规定，核设施营运单位及时向国家核应急办、省核应急办、核电主管部门、核安全监管部门、所属集团公司（院）报告、通报有关核事故及核应急响应情况；接到核事故报告后，国家核应急协调委、核事故发生地省级人民政府要及时、持续向国务院报告有关情况。第一时间发布准确、权威信息。核事故信息发布办法由国家核应急协调委另行制订，报国务院批准后实施。

9. 国际通报和援助

国家核应急协调委统筹协调核应急国际通报与国际援助工作。按照《及早通报核事故公约》的要求，当核事故造成或可能造成超越国界的辐射影响时，国家核应急协调委通过核应急国家联络点向国际原子能机构通报。向有关国家和地区的通报工作，由外交部按照双边或多边核应急合作协议办理。

必要时，国家核应急协调委提出请求国际援助的建议，报请国务院批准后，由国家原子能机构会同外交部按照《核事故或辐射紧急情况援助公约》的有关规定办理。

（二）指挥和协调

根据核事故性质、严重程度及辐射后果影响范围，核设施核事故应急状态分为应急待命、厂房应急、场区应急、场外应急（总体应急），分别对应Ⅳ级响应、Ⅲ级响应、Ⅱ级响应、Ⅰ级响应。

1. Ⅳ级响应

1.1 启动条件

当出现可能危及核设施安全运行的工况或事件，核设施进入应急待命状态，启动Ⅳ级响应。

1.2 应急处置

（1）核设施营运单位进入戒备状态，采取预防或缓解措施，使核设施保持或恢复到安全状态，并及时向国家核应急办、省核应急办、核电主管部门、核安全监管部门、所属集团公司（院）提出相关建议；对事故的性质及后果进行评价。

（2）省核应急组织密切关注事态发展，保持核应急通信渠道畅通；做好公众沟通工作，视情组织本省部分核应急专业力量进入待命状态。

（3）国家核应急办研究决定启动国家层面Ⅳ级响应，加强与相关省核应急组织和核设施营运单位及其所属集团公司（院）的联络沟通，密切关注事态发展，及时向国家核应急协调委成员单位通报情况。各成员单位做好相关应急准备。

1.3　响应终止

核设施营运单位组织评估，确认核设施已处于安全状态后，提出终止应急响应建议报国家和省核应急办，国家核应急办研究决定终止Ⅳ级响应。

2．Ⅲ级响应

2.1　启动条件

当核设施出现或可能出现放射性物质释放，事故后果影响范围仅限于核设施场区局部区域，核设施进入厂房应急状态，启动Ⅲ级响应。

2.2　应急处置

在Ⅳ级响应的基础上，加强以下应急措施：

（1）核设施营运单位采取控制事故措施，开展应急辐射监测和气象观测，采取保护工作人员的辐射防护措施；加强信息报告工作，及时提出相关建议；做好公众沟通工作。

（2）省核应急委组织相关成员单位、专家组会商，研究核应急工作措施；视情组织本省核应急专业力量开展辐射监测和气象观测。

（3）国家核应急协调委研究决定启动国家层面Ⅲ级响应，组织国家核应急协调委有关成员单位及专家委员会开展趋势研判、公众沟通等工作；协调、指导地方和核设施营运单位做好核应急有关工作。

2.3　响应终止

核设施营运单位组织评估，确认核设施已处于安全状态后，提出终止应急响应建议报国家核应急协调委和省核应急委，国家核应急协调委研究决定终止Ⅲ级响应。

3．Ⅱ级响应

3.1　启动条件

当核设施出现或可能出现放射性物质释放，事故后果影响扩大到整个场址区域（场内），但尚未对场址区域外公众和环境造成严重影响，核设施进入场区应急状态，启动Ⅱ级响应。

3.2　应急处置

在Ⅲ级响应的基础上，加强以下应急措施：

（1）核设施营运单位组织开展工程抢险；撤离非应急人员，控制应急人员辐射照射；进行污染区标识或场区警戒，对出入场区人员、车辆等进行污染监测；做好与外部救援力量的协同准备。

（2）省核应急委组织实施气象观测预报、辐射监测，组织专家分析研判趋势；及时发布通告，视情采取交通管制、控制出入通道、心理援助等措施；根据信息发布办法的有关规定，做好信息发布工作，协调调配本行政区域核应急资源给予核设施营运单位必要的支援，做好医疗救治准备等工作。

（3）国家核应急协调委研究决定启动国家层面Ⅱ级响应，组织国家核应急协调委相关成员单位、专家委员会会商，开展综合研判；按照有关规定组织权威信息发布，稳定社会秩序；根据有关省级人民政府、省核应急委或核设施营运单位的请求，为事故缓解和救援行动提供必要的支持；视情组织国家核应急力量指导开展辐射监测、气象观测预报、医疗救治等工作。

3.3 响应终止

核设施营运单位组织评估，确认核设施已处于安全状态后，提出终止应急响应建议报国家核应急协调委和省核应急委，国家核应急协调委研究决定终止Ⅱ级响应。

4. Ⅰ级响应

4.1 启动条件

当核设施出现或可能出现向环境释放大量放射性物质，事故后果超越场区边界，可能严重危及公众健康和环境安全，进入场外应急状态，启动Ⅰ级响应。

4.2 应急处置

（1）核设施营运单位组织工程抢险，缓解、控制事故，开展事故工况诊断、应急辐射监测；采取保护场内工作人员的防护措施，撤离非应急人员，控制应急人员辐射照射，对受伤或受照人员进行医疗救治；标识污染区，实施场区警戒，对出入场区人员、车辆等进行放射性污染监测；及时提出公众防护行动建议；对事故的性质及后果进行评价；协同外部救援力量做好抢险救援等工作；配合国家核应急协调委和省核应急委做好公众沟通和信息发布等工作。

（2）省核应急委组织实施场外应急辐射监测、气象观测预报，组织专家进行趋势分析研判，协调、调配本行政区域内核应急资源，向核设施营运单位提供必要的交通、电力、水源、通信等保障条件支援；及时发布通告，视情采取交通管制、发放稳定碘、控制出入通道、控制食品和饮水、医疗救治、心理援助、去污洗消等措施，适时组织实施受影响区域公众的隐蔽、撤离、临时避迁、永久再定居；根据信息发布办法的有关规定，做好信息发布工作，组织开展公众沟通等工作；及时向事故后果影响或可能影响的邻近省（自治区、直辖市）通报事故情况，提出相应建议。

（3）国家核应急协调委向国务院提出启动Ⅰ级响应建议，国务院决定启动Ⅰ级响应。国家核应急协调委组织协调核应急处置工作。必要时，国务院成立国家核事故应急指挥部，统一领导、组织、协调全国核应急处置工作。国家核事故应急指挥部根据工作需要设立事故抢险、辐射监测、医学救援、放射性污染物处置、群众生活保障、信息发布和宣传报道、涉外事务、社会稳定、综合协调等工作组。

国家核事故应急指挥部或国家核应急协调委对以下任务进行部署，并组织协调有关地区和部门实施：

① 组织国家核应急协调委相关成员单位、专家委员会会商，开展事故工况诊断、释放源项分析、辐射后果预测评价等，科学研判趋势，决定核应急对策措施。

② 派遣国家核应急专业救援队伍，调配专业核应急装备参与事故抢险工作，抑制或缓解事故、防止或控制放射性污染等。

③ 组织协调国家和地方辐射监测力量对已经或可能受核辐射影响区域的环境（包括

空中、陆地、水体、大气、农作物、食品和饮水等）进行放射性监测。

④ 组织协调国家和地方医疗卫生力量和资源，指导和支援受影响地区开展辐射损伤人员医疗救治、心理援助，以及去污洗消、污染物处置等工作。

⑤ 统一组织核应急信息发布。

⑥ 跟踪重要生活必需品的市场供求信息，开展市场监管和调控。

⑦ 组织实施农产品出口管制，对出境人员、交通工具、集装箱、货物、行李物品、邮包快件等进行放射性沾污检测与控制。

⑧ 按照有关规定和国际公约的要求，做好向国际原子能机构、有关国家和地区的国际通报工作；根据需要提出国际援助请求。

⑨ 其他重要事项。

4.3 响应终止

当核事故已得到有效控制，放射性物质的释放已经停止或者已经控制到可接受的水平，核设施基本恢复到安全状态，由国家核应急协调委提出终止Ⅰ级响应建议，报国务院批准。视情成立的国家核事故应急指挥部在应急响应终止后自动撤销。

25.3.2 其他核事故应急响应

对乏燃料运输事故、涉核航天器坠落事故等，根据其可能产生的辐射后果及影响范围，国家和受影响省（自治区、直辖市）核应急组织及营运单位进行必要的响应。

1. 乏燃料运输事故

乏燃料运输事故发生后，营运单位应在第一时间报告所属集团公司（院）、事故发生地省级人民政府有关部门和县级以上人民政府环境保护部门、国家核应急协调委，并按照本预案和乏燃料运输事故应急预案立即组织开展应急处置工作。必要时，国家核应急协调委组织有关成员单位予以支援。

2. 其他国家核事故

其他国家发生核事故已经或可能对我国产生影响时，由国家核应急协调委参照本预案统一组织开展信息收集与发布、辐射监测、部门会商、分析研判、口岸控制、市场调控、国际通报及援助等工作。必要时，成立国家核事故应急指挥部，统一领导、组织、协调核应急响应工作。

3. 涉核航天器坠落事故

涉核航天器坠落事故已经或可能对我国局部区域产生辐射影响时，由国家核应急协调委参照本预案组织开展涉核航天器污染碎片搜寻与收集、辐射监测、环境去污、分析研判、信息通报等工作。

25.3.3 辐射事故应急准备与响应

1. 应急行动

（1）通知与启动

辐射事故应急响应坚持属地为主的原则，实行分级响应，由生态环境部负责指挥特别重大辐射事故（一级）的处理，由事故所在地省级生态环境部门负责二级及以下事故

the应急响应工作。

当发生辐射事故时，省级生态环境部门应按照规定向生态环境部总值班室进行电话和书面报告。部总值班室值班员在接到电话报告并记录后，立即通知应急办主任。应急办主任根据事故等级通知应急办应急值班员按照表 25-1 进行启动。当发生因重大自然灾害造成的特别重大辐射事故或可能对我国环境造成辐射影响的境外核试验、核事故及辐射事故时，在了解情况后，可以由应急办主任临时决定应急组织的启动范围并通知值班员启动。

具体启动程序见表 25-1。

表 25-1　辐射事故应急状态下生态环境部系统应急组织的启动

辐射事故等级	响应级别	应急领导小组	核与辐射事故应急办公室								
			主任/副主任	协调组	事故分析与评价组	监测组	舆情信息组	专家咨询组	后勤组	现场监督组	现场监测组
一般事故	四级	—	—	—	—	—	—	—	—	*	—
较大事故	三级	—	—	○	○	—	○	—	—	*	—
重大事故	二级	○	○	√	√	○	√	○	—	*	○
特别重大事故	一级	√	√	√	√	√	√	√	√	√	√

注：—表示不启动，○表示待命，√表示应急响应人员启动并到达责任岗位，*表示生态环境部直接监管的辐射事故责任单位发生一般或较大事故，现场监督组启动。

（2）联络与信息交换

应急办按照相关实施程序负责与生态环境部核与辐射事故应急组织体系、国务院、有关部委办和单位、省级生态环境部门及辐射事故单位的联络与信息交换工作。应急期间联络原则是：

1）各岗位任务明确、尽职尽责，联络渠道明确、固定；

2）联络用语规范，严格执行记录制度；

3）对外渠道和口径统一。

（3）指挥和协调

特别重大辐射事故应急响应时，生态环境部成立应急指挥部，由应急指挥部负责指挥生态环境部辐射事故应急组织体系中各部门进行辐射事故应急行动，综合协调生态环境部辐射事故应急组织体系与其他相关部门、单位的接口与行动。主要内容有：

1）提出现场应急行动原则要求；

2）派出有关专家参与现场应急指挥部的指挥工作；

3）协调各级、各专业力量实施应急支援行动；

4）协调受威胁的周边地区危险源的监控工作；

5）协调建立现场警戒区和交通管制区域，确定重点防护区域；

6）根据现场监测结果，建议转移、疏散群众范围以及确定被转移、疏散群众返回时间；

7）及时向国务院报告应急行动的进展情况。

（4）应急监测

省级生态环境部门负责组织辐射事故现场的应急监测工作，确定污染范围，提供监测数据，为辐射事故应急决策提供依据。必要时生态环境部指派辐射环境监测技术中心及其他技术后援单位对事故发生地的省级生态环境部门提供辐射环境应急监测技术支援，或组织力量直接负责辐射事故的辐射环境应急监测工作。

（5）安全防护

现场应急工作人员应根据不同类型辐射事故的特点，配戴相应的专业防护装备，采取安全防护措施。各级生态环境部门负责现场公众的安全防护工作，根据事故特点开展相关工作：

1）根据辐射事故的性质与特点，向本级政府提出公众安全防护措施；

2）根据事发时当地的气象、地理环境、人员密集度等，提出污染控制范围建议，确定公众疏散的方式，协助有关部门组织群众安全疏散撤离；

3）在事发地安全边界以外，协助有关部门设立紧急避难场所；

4）必要时，将易失控放射源暂时收贮

2. 应急状态终止和恢复措施

（1）应急状态终止的条件

同时符合下列条件，即满足应急状态终止条件：

1）辐射污染源的泄漏或释放已降至规定限值以内；

2）事故所造成的危害已经被彻底消除或可控；

3）事故现场的各种专业应急处置行动已无继续的必要

（2）应急状态终止后的行动

应急状态终止后，经应急总指挥批准，进入应急总结及事故后恢复工作，应急办承担应急指挥部的日常工作，指挥各应急响应组协同开展下列工作：

1）评价事故造成的影响，指导有关部门和事故责任单位查出原因，防止类似事故的重复出现；

2）评价应急期间所采取的行动；

3）根据实践经验，及时对应急预案及相关实施程序进行修订；

4）对造成环境污染的辐射事故，省级生态环境部门要组织有计划的辐射环境监测，审批、管理必要的区域去污计划和因事故及去污产生的放射性废物的处理和处置计划并监督实施。

（3）总结报告

应急状态终止后，生态环境部各应急响应组应在两周内向应急办提交本组的总结报告，应急办协调组负责汇总，并在事故后一个月内向应急领导小组提交总结报告。

3. 应急能力维持

为保证辐射事故应急响应能力，生态环境部辐射事故应急组织体系各相关单位应：

1）按照本预案的要求做好应急准备工作，定期修订本部门的辐射故应急预案及实施程序；

2）制定本部门辐射事故应急人员的应急培训和应急演习实施方案，并组织实施；

3）积极开展辐射事故应急准备、应急响应及应急监测技术的研究与开发工作；

4）保证应急设备和物资始终处于良好备用状态，定期保养、检验和清点应急设备和物资。

（1）人员能力

① 应急培训

应急培训旨在使应急人员熟悉和掌握应急预案基本内容，具有完成特定应急任务的基本知识、专业技能和响应能力。

生态环境部核与辐射事故应急领导小组，生态环境部应急办，生态环境部核与辐射安全中心，生态环境部核与辐射安全监督站，生态环境部辐射环境监测技术中心，省级生态环境部门应急组织及其所属辐射环境监测机构等生态环境部应急组织体系所有成员均应接受培训。

生态环境部辐射事故应急培训由应急办组织实施，应急办每年制定年度应急培训计划，培训计划报应急领导小组批准后实施。培训内容、培训周期、培训方式等按该预案配套的生态环境部核与辐射事故应急人员培训制度执行。

② 应急演习

应急演习旨在检验应急预案及其配套实施程序的有效性、应急准备的完备性、应急设施设备的可用性、应急能力的适应性和应急人员的协同性，同时为修订应急预案提供实践依据。

应急演习分为综合演习和专项演习。综合演习是为了全面检验、巩固和提高生态环境部核与辐射应急组织体系内各应急组织之间的相互协调和配合，同时检查应急预案和程序的有效性而举行的演习。专项演习是为了检验、巩固和提高应急组织或应急响应人员执行某一特定应急响应技能而进行的演习。

综合演习每两年举行一次。专项演习应按应急响应组织类别和具体响应任务定期举行。

综合演习和专项演习按该预案配套的生态环境部辐射事故应急演习实施程序执行。

③ 应急值守

应急值守包括应急值班及出差报备。

应急值班包括二十四小时手机值班制度、应急指挥中心日常值班。生态环境部辐射事故的事故接报由部总值班室负责，辐射事故应急响应组织人员的启动由应急办应急值班人员负责通知。

出差报备是指生态环境部全体辐射事故应急响应人员离京出差时需向应急值班手机报备，值班人员把报备结果填入应急值班记录。

（2）应急保障

① 应急资金

生态环境部辐射事故应急组织体系各相关单位应根据本预案规定的职责，结合辐射事故准备与响应实际工作需要，提出项目支出预算报财政部门审批后执行，确保日常应急准备与应急响应期间的资金需要。

② 应急响应场所

生态环境部辐射事故应急组织体系各相关单位应根据本预案规定的职责，配套用于应急响应期间工作人员指挥和办公的应急响应场所及附属设施、设备。

生态环境部核与辐射事故应急指挥中心设在生态环境部核与辐射安全中心，包括指挥大厅、专家会商室、事故分析室、后果评价室、接待室等响应场所及配套设施、设备。低级别应急响应状态时，可启用设在生态环境部机关的核与辐射应急指挥室。

③ 应急设施设备

生态环境部辐射事故应急组织体系各相关单位应根据本预案规定的职责，结合实际需要，建设能够互联互通的、统一配套、用于应急准备与响应的设施、设备，包括指挥设施、通讯设备、交通工具、辐射监测设备、辐射评价软件等。

生态环境部核与辐射事故应急指挥中心应急设施设备包括应急指挥系统、应急通信视频系统、应急决策支持系统、后果评价与决策支持、辐射环境监测、信息管理系统等系统。

④ 应急物资器材

生态环境部辐射事故应急组织体系各相关单位应根据本预案规定的职责，结合辐射事故准备与响应工作需要，配套一定必需数量的应急物资及相关器材，包括应急办公用品、应急通讯器材、应急处置用品、个人防护用品、应急后勤保障用品等。

⑤ 应急文件

生态环境部辐射事故应急组织体系各相关单位应根据本预案规定的职责，配备辐射事故准备与响应工作所需的文件资料，并加强对辐射事故响应期间文件的分类、归档、更新和管理。

25.4　核与辐射事故实施程序清单

（1）核事故实施程序清单

核事故实施程序由应急管理制度和应急响应程序两部分组成，分别如下。

一、应急管理制度

NNSA/M/001 生态环境部（国家核安全局）《核与辐射事故应急人员培训制度》；

NNSA/M/002 生态环境部（国家核安全局）《核与辐射事故应急演习管理规定》；

NNSA/M/003 生态环境部（国家核安全局）《核与辐射事故应急设施、设备及物资器材、文件管理制度》；

NNSA/M/004 生态环境部（国家核安全局）《核与辐射事故应急响应人员管理办法》。

二、应急响应程序

NNSA/N/001-1 生态环境部（国家核安全局）《应急办协调组核事故实施程序》；

NNSA/N/001-2 生态环境部（国家核安全局）《应急办事故分析与评价一组核事故实施程序》；

NNSA/N/001-3 生态环境部（国家核安全局）《应急办事故分析与评价二组核事故实施程序》；

NNSA/N/001-4 生态环境部（国家核安全局）《应急办监测组核事故实施程序》；

NNSA/N/001-5 生态环境部（国家核安全局）《应急办舆情信息组核事故实施程序》；

NNSA/N/001-6 生态环境部（国家核安全局）《应急办后勤组核事故实施程序》；

NNSA/N/001-7 生态环境部（国家核安全局）《应急办现场监督组核事故实施程序》；

NNSA/N/001-8 生态环境部（国家核安全局）《应急办现场监测组核事故实施程序》。

（2）辐射事故实施程序清单

辐射事故实施程序由应急管理制度和应急响应程序两部分组成，分别如下。

一、应急管理制度

NNSA/M/001 生态环境部（国家核安全局）《核与辐射事故应急人员培训制度》；

NNSA/M/002 生态环境部（国家核安全局）《核与辐射事故应急演习管理规定》；

NNSA/M/003 生态环境部（国家核安全局）《核与辐射事故应急设施、设备和物资器材管理制度》；

NNSA/M/004 生态环境部（国家核安全局）《核与辐射事故应急响应人员管理办法》。

二、应急响应程序

NNSA/R/001-1 生态环境部（国家核安全局）《应急办协调组辐射事故实施程序》；

NNSA/R/001-2 生态环境部（国家核安全局）《应急办事故分析与评价组辐射事故实施程序》；

NNSA/R/001-3 生态环境部（国家核安全局）《应急办监测组辐射事故实施程序》；

NNSA/R/001-4 生态环境部（国家核安全局）《应急办舆情信息组辐射事故实施程序》；

NNSA/R/001-5 生态环境部（国家核安全局）《应急办后勤组辐射事故实施程序》；

NNSA/R/001-6 生态环境部（国家核安全局）《应急办现场监督组辐射事故实施程序》；

NNSA/R/001-7 生态环境部（国家核安全局）《应急办现场监测组辐射事故实施程序》。

26　核与辐射事故应急相关标准及知识产权情况

26.1　相关标准、管理导则和技术文件

（1）核电厂应急计划与准备系列国家标准

《核电厂应急计划与准备准则应急计划区的划分》GB/T 17680.1—2008

《核电厂应急计划与准备准则场外应急职能与组织》GB/T 17680.2—2008

《核电厂应急计划与准备准则场外应急设施功能与特性》GB/T 17680.3—2008

《核电厂应急计划与准备准则场外应急计划与执行程序》GB/T 17680.4—2008

《核电厂应急计划与准备准则场外应急响应能力的保持》GB/T 17680.5—2008

《核电厂应急计划与准备准则场外应急响应职能与组织机构》GB/T 17680.6—2008

《核电厂应急计划与准备准则场外应急响应能力的保持》GB/T 17680.7—2008

《核电厂应急计划与准备准则核电厂营运单位野外辐射监测、取样与分析准则》GB/T 17680.8—2008

《核电厂应急计划与准备准则应急响应时的场外放射评价准则》GB/T 17680.9—2008

《核电厂应急计划与准备准则核应急联系与演习的计划、准备、实施与评估》GB/T 17680.10—2008

（2）国家核安全局发布的应急相关核安全导则

①　通用系列规章

《核电厂核事故应急管理条例实施细则之一——核电厂营运单位的应急准备和应急响应》HAF 002/01—1998

②　通用系列导则

《核动力厂营运单位的应急准备和应急响应》HAD 002/01—2010

《地方政府对核动力厂的应急准备》HAD 002/02—1990

《核事故辐射应急时对公众防护的干预原则和水平》HAD 002/03—1991

《核事故辐射应急时对公众防护的导出干预水平》HAD 002/04—1991

《核事故医学应急准备和响应》HAD 002/05—1992

《研究对象应急计划和准备》HAD 002/06—1991

《核燃料循环设施营运单位的应急准备和应急响应》HAD 002/07—2010

（3）核与辐射应急监测

《辐射事故应急监测技术规范》HJ 1155—2020

《核动力厂核事故环境应急监测技术规范》HJ 1128—2020

（4）其他相关技术文件

《核与辐射应急准备与响应通用准则》GB/T 271—2016

《核事故应急情况下公众受照剂量估算的模式和参数》GB/T 17982—2000
《应急情况下放射性核素的 γ 能谱快速分析方法》WS/T 614—2018
《核和辐射事故医学应急演练导则》WS/T 636—2018

26.2　国内专利、软件著作权及成果情况

（1）相关软著情况

序号	著作权名称	著作权人	备注
1	榕基辐射事故应急平台	福建榕基软件股份有限公司	
2	核与辐射事故情景仿真系统	中国人民解放军军事科学院军事医学研究院	
3	辐射事故预测预警与模拟仿真系统	浙江省辐射环境监测站	
4	超敏核和辐射事故伤员标签分类系统	江苏超敏仪器有限公司	
5	UF$_6$泄漏事故所致指定距离典型时间段急性辐射剂量及化学毒性快速计算软件	环境保护部核与辐射安全中心	
6	内陆核设施事故后水生食物链剂量分析软件	生态环境部核与辐射安全中心	
7	一种关于多事故情景下频率后果的统计分析软件	生态环境部核与辐射安全中心（生态环境部核安全设备监管技术中心）	
8	适用于高频小静风厂址的核电厂事故释放大气扩散评价软件	生态环境部核与辐射安全中心	

（2）相关专利情况

序号	专利名称	申请（专利权）人	专利类型	备注
1	辐射事故中放射源的无人处置系统	广东省环境辐射监测中心	实用新型	
2	一种用于辐射事故下搜寻放射源和划定警戒区的无人机	广东省环境辐射监测中心	实用新型	
3	一种用于辐射事故下处置放射源的无人机	广东省环境辐射监测中心	实用新型	
4	核事故与辐射事故应急救援个体防护装备集成装置	广东省环境辐射监测中心	实用新型	
5	一种用于辐射事故下放射源收储的无人车	广东省环境辐射监测中心	实用新型	
6	伽玛辐射临界事故报警仪	北京中合宏信科技有限公司	实用新型	
7	一种事故剂量率辐射试验装置	武汉市双博机械制造有限责任公司	实用新型	
8	一种辐射事故应急演习评估方法	核工业航测遥感中心	发明公布	
9	一种辐射事故救援用降温马甲	中国人民解放军 96603 部队医院	发明授权	
10	核与辐射事故应急指挥调度系统	浙江核芯监测科技有限公司	实用新型	
11	基于辐射场的流程化核事故辐射防护对策生成方法及系统	中国人民解放军海军工程大学	发明公布	
12	一种核事故后果评估方法及系统	孔祥松	发明公布	
13	一种事故后高量程区域辐射监测电离室	陕西卫峰核电子有限公司	实用新型	
14	一种事故后高量程区域辐射监测电离室充气装置	陕西卫峰核电子有限公司	实用新型	

序号	专利名称	申请（专利权）人	专利类型	备注
15	一种压水堆核电厂失水事故放射性源项评估方法	环境保护部核与辐射安全中心	发明授权	
16	用于核应急处置的应急模拟演练一体机	清华大学中广核（北京）仿真技术有限公司	发明授权	
17	核辐射应急监测飞行器	安徽泽众安全科技有限公司	实用新型	
18	一种基于支持向量机的核事故释放类别反演方法	中国辐射防护研究院	发明公开	
19	核与辐射事故应急指挥调度系统	浙江核芯监测科技有限公司	实用新型	

（3）相关成果情况

序号	成果名称	第一完成单位	备注
1	中朝边境地区核和辐射事故医学应急对策研究	福建榕基软件股份有限公司	
2	核事故辐射污染关键监测技术研究	浙江省辐射环境监测站	
3	环境保护部核与辐射事故应急决策技术支持系统	环境保护部核与辐射安全中心	
4	核和辐射事故公众防护与医学应急科学知识普及与宣传	中国疾病预防控制中心辐射防护与核安全医学所	
5	气载放射性污染物长距离迁移辐射后果评价软件	环境保护部核与辐射安全中心	
6	放射性事故应急处置辐射监测技术	黑龙江省科学院技术物理研究所	
7	甘肃省核和辐射应急医学资源调查研究	甘肃省疾病预防控制中心	
8	核与辐射事故应急数据传输与采集软件和专用数据库开发	环境保护部核与辐射安全中心	
9	核辐射事故受照人员生物剂量估算的研究与应用	卫生部工业卫生实验所	
10	甘肃省环保局核事故和辐射应急响应计划研究	甘肃省环境保护研究所	
11	核事故后果评价与辅助决策一体化平台	苏州热工研究院有限公司	
12	核事故应急放射性惰性气体氡监测技术研究	浙江省辐射环境监测站	
13	突发涉核事件地面环境剂量监测与应急系统	黑龙江省科学院技术物理研究所	
14	核设施的大气扩散规律分析、工程气象参数分析及核事故应急系统的研发	北京大学	
15	核事故后果预测和评价决策系统	环境保护部核与辐射安全中心	
16	核及放射性突发事件的危机管理	苏州大学	
17	核安全与放射性污染防治"十二五"规划及2020年远景目标研究与评估	环境保护部核与辐射安全中心	
18	广西防城港核电厂外围核应急预警系统研究及应用	广西壮族自治区辐射环境监督管理站	
19	核电集团核电厂应急资源信息管理系统	苏州热工研究院有限公司	
20	江苏省场外核应急指挥信息系统	江苏省核应急办公室	

26.3 IAEA 核应急相关出版物简介

IAEA 的法定职能之一是制定或通过安全标准，以保护公众生命、健康和财产。根据

《核事故或辐射紧急情况援助公约》，IAEA 的职能之一是收集并向缔约国和会员国传播与应对此类紧急情况有关的方法、技术和现有研究结果的信息。IAEA 履行这些职能的部分方式是在 EPR 中公布安全标准、技术准则和工具。IAEA 关于应急准备和反应的安全标准，以及一系列技术指导文件和工具，为建立健全的应急准备和有效的应急反应水平提供了要求、建议、指导方针和良好做法。

IAEA《核或放射应急准备和响应：安全要求》(*Preparedness and Response for a Nuclear or Radiological Emergency: Safety Requirements*)于 2015 年发布，规定了核或放射应急事件的要求，扩展、补充、归纳了《国际电离辐射防护与辐射源安全基本安全标准》(BSS115)中制定的应急管理要求。本出版物取代 2002 年出版的老版本《应急准备和响应的安全要求》(安全标准丛书：GS-R-2)，考虑了最新的经验和进展，规定了不论起因如何足以保证足够水平的核或放射应急准备和响应的要求。这些安全要求的供给对象是政府部门、应急响应组织，以及地方、区域和国家相关主管部门、营运组织和监管部门以及相关国际机构。

IAEA 安全标准丛书 No.SSG-65《放射性物质运输的核或辐射应急准备和响应》发布于 2022 年，为放射性物质运输应急准备阶段需要做出的安排提供指导和建议。本出版物中提供的指导和建议针对任何国家及其政府、监管机构和其他响应组织，包括托运人、承运人和收货人。本出版物支持实施 IAEA 安全标准丛书 No.GSR Part 7、《IAEA 运输条例》和 IAEA 安全标准丛书 SSR-6 中规定的关于应急的要求。

IAEA 新版《事件和应急情况通信操作手册》详细说明了国家当局和国际组织为将事件通知其他国家和国际原子能机构需要采取的步骤，以及在核或放射应急情况下如何请求援助。书中的信息适用于所有成员国和相关国际组织，而且对于那些签署了《核事故早期通报公约》或《核事故或放射应急情况下援助公约》的国家有特别重要的意义。这些签约国约占到 IAEA 171 个成员国的四分之三。

27　辐射事故应急监管

27.1　辐射事故应急预案

27.1.1　辐射事故应急预案（核技术利用单位）

27.1.1.1　辐射事故应急预案的内容和格式（核技术利用单位）

辐射事故应急预案应是核技术利用单位独立、完整、正式的文件，要求文字精练、重点突出，合理采用图表来表达所要说明的问题。应急预案主要包含以下部分：总则、可能发生的辐射事故及分级、应急组织机构及职责、概况及报警信息、应急响应、应急状态终止和恢复措施、应急能力维持、附件。

（一）总则

编制目的。应简述编制本应急预案的目的，是明确作为核技术利用单位，为做好辐射事故应急准备和响应工作，确保在发生辐射事故或者可能引发辐射事故的运行故障时，依据本应急预案做出正确判断，确认辐射事故等级，及时采取必要和适当的响应行动，并按照相关规定向当地生态环境主管部门报告。

编制依据。编制依据包括《放射性同位素与射线装置安全和防护条例》《放射性同位素与射线装置安全和防护管理办法》，以及当地人民政府批准发布的辐射事故应急预案、行业主管部门应急预案等。

应急原则。应明确预案的实施将认真贯彻执行"以人为本、预防为主，统一领导、分类管理，属地为主、分级响应，专兼结合、充分利用现有资源"的原则。

适用范围。应明确应急预案适用于本单位核技术利用活动中发生的辐射事故或者可能引发辐射事故的运行故障。

应急预案架构。应明确本应急预案与当地人民政府批准发布的辐射事故应急预案、行业主管部门应急预案的衔接关系；对于涉及多种行业门类的综合性单位，还应明确辐射事故应急预案与本单位总体应急预案的关系与衔接；可用框图形式表述。

（二）可能发生的辐射事故及分级

按照《放射性同位素与射线装置安全和防护条例》中规定的辐射事故分级原则，结合本单位核技术利用项目的实际情况，分析可能发生的辐射事故或可能引发辐射事故的运行故障，描述发生的可能场景、部位与原因，以及事故或故障的探测与报警手段，同时对发生事故或故障后可能的影响也应进行必要的描述，并对可能发生事故进行分级。

（三）应急组织机构及职责

应明确本单位的应急组织机构及体系，以结构图形式表示。

应急组织机构通常由应急指挥部（日常为应急领导小组）和若干应急响应小组构成。

应急指挥部应明确岗位和相应职责，总指挥及其替代人；应急响应小组根据事故类型和应急工作需要设置，应明确相应岗位的工作任务和职责；应列明所有应急人员的应急联系方式。

（四）概况及报警信息

概况。应概述本单位核技术利用项目，必要时附平面布局图进行说明。

报警信息。应明确与启动应急预案相关的报警信息内容。

（五）应急响应

启动。应明确当发生辐射事故或可能引发辐射事故的运行故障时，值班人员应向本单位应急值班负责人报告，应急值班负责人依据应急预案相关内容对事故或故障进行分析判断，并启动相应的应急响应小组和响应行动。

报告。应明确在发生辐射事故或可能引发辐射事故的运行故障两小时内填写初始报告，向当地生态环境主管部门书面报告；发生辐射事故的，还应同时向当地公安部门报告；造成或可能造成人员超剂量照射的，还应同时向当地卫健行政部门报告；制定本单位辐射事故报告程序，并列明当地生态环境部门、公安部门、卫健主管部门的应急值班电话等信息。

响应行动。明确对每种可能事故或故障，计划采取的应急行动或措施；明确须在当地人民政府和辐射安全许可证发证机关的监督、指导下实施具体处置工作；明确须配合当地或上级生态环境主管部门可能采取的临时控制措施；根据应急工作实际需要，针对重点岗位可单独编制现场处置行动方案或实施程序，作为应急预案的附件，在技术上进一步细化响应行动。

（六）应急状态终止和恢复措施

应急状态终止条件。应明确应急状态终止的基本条件和要求。

应急状态终止后的行动。终止后的行动一般指经应急总指挥批准，进入应急总结及事故后恢复工作，指挥各应急响应小组开展下列工作：

a）查阅并整理所有应急工作日志、记录、书面信息等；

b）评价事故造成的影响，查找原因，防止类似事故再次出现；

c）评价应急期间所采取的行动；

d）根据实践经验，及时对应急预案及相关实施程序进行修订；

e）对造成环境污染的辐射事故，制定去污计划和因事故及去污产生的放射性废物处理和处置计划。

总结报告。应明确形成总结报告报送当地生态环境主管部门。

（七）应急能力维持

应急培训。应明确对本单位人员开展应急预案培训的计划、方式和要求，制定应急培训程序，使应急人员熟悉和掌握应急预案基本内容，具有完成特定应急任务的基本知识、专业技能和响应能力。

应急演练。应明确本单位应急演练频次、演练评估、总结等内容，制定应急演练程序。应急演练分为综合演练和专项演练：

a）综合演练是为了检验、巩固和提高应急组织体系内各应急组织之间的相互协调和配合，同时检查应急预案和程序的有效性而举行的演练；

b）专项演练是为了检验、巩固和提高应急组织或应急响应人员执行某一特定应急响应技能而进行的演练。

应急物资装备保障。应结合辐射事故准备与响应工作需要，配备一定数量必需的应急物资及相关器材，包括应急办公用品、应急通信器材、应急处置用品、个人防护用品、应急后勤保障用品等，并保障物资装备的有效性和可用性；应制定应急物资装备清单，明确应急物资和装备的类型、数量、性能、有效日期、存放位置、运输及使用条件、管理责任人及其联系方式等内容。

预案和程序的修订。应明确应急预案和程序修订的具体要求，如应急组织机构相关负责人发生变化、法规标准发生变化、应急演练结束、本单位或同行业发生事故后，需根据情况及时修订更新。

（八）附件

执行程序清单。包括应急组织机构成员联络方式、辐射事故报告程序、应急培训程序、应急演练程序、物资装备清单等。

规范化格式文本。包括辐射事故初始报告表、总结报告等规范化格式文本。

27.1.1.2　辐射事故应急预案案例（核技术利用单位版）

<h3 style="text-align:center">XX 医院辐射事故应急预案</h3>

为提高本院对突发辐射事故的处理能力，最大程度地预防和减少突发辐射事故的损害，保护环境，保障工作人员和公众的生命安全，维护社会稳定，特制定本预案。

一、编制依据

《中华人民共和国污染防治法》《放射性同位素与射线装置安全和防护条例》《放射性同位素与射线装置安全许可管理办法》《放射性同位素与射线装置安全和防护管理办法》《郑州市人民政府突发公共事件总体应急预案》、环保部《突发环境事件应急预案管理暂行办法》等。

二、辐射事故分级

根据《放射性同位素与射线装置安全和防护条例》第四十条和《射线装置分类办法》规定，结合我院使用射线装置为Ⅲ类装置，发生事故时，定性为一般辐射事故，即Ⅳ类、Ⅴ类放射源丢失、被盗、失控，或者放射性同位素和射线装置失控导致人员受到超过年剂量限值的照射。

三、本预案适应范围

凡本院发生射线装置失控导致人员受到超过年剂量限值的照射所致辐射事故适用本应急预案。

四、工作原则

以人为本、快速反应、预防为主、常备不懈。

五、组织机构及职能

1. 辐射事故应急处理领导小组

组长：XXX　　　　　电话：XXXXX

副组长：XXX　　　　电话：XXXXX

成员：XXX　　　　　电话：XXXXX

应急值班电话：XXXXXX

2. 应急处理领导小组职责

（1）组织制定医院辐射事故应急处理预案。

（2）负责组织协调辐射事故应急处理工作。

（3）组织辐射事故应急人员的培训；

（4）负责与上级主管部门和当地环保部门的联络、报告应急处理工作，配合做好事故调查和审定；

（5）负责辐射事故应急处理期间的后勤保障工作；

（6）采取各种快速有效措施，做好善后处理，最大限度地消除对医院的负面影响。

3. 小组职责分工

组长：全面负责小组工作，现场指挥工作。

副组长：具体负责小组工作，收集有关工作信息，各科室之间的协调，管理全院辐射工作人员的健康工作，辐射事故应急处理期间的后勤保障工作。

成员：负责事发现场安全保卫工作，负责对辐射操作人员和维修人员的日常管理，人员培训工作。

六、预防事故措施

1. 健全辐射管理的各项规章制度，机器旁悬挂或放置操作规程卡片；

2. 加强辐射工作人员的机器操作规程和辐射防护应急培训，持证上岗；

3. 定期检查维修机器，使用处于正常工作状态；

4. 加装应急开关或电源总开关。

七、应急处理措施

严格遵守射线装置的操作规程，一旦发现控制台上的监视器不能停止、按钮不能复位或其他情况，造成射线装置一直出射线时：

1. 立即按下应急开关或切断主控电源，保护好事故现场，及时上报；

2. 医院启动应急预案；

3. 控制现场，积极主动调查事故原因；

4. 及时报告当地环保部门和卫生部门，并在2小时内填写《辐射事故初始报告表》；

5. 协助环保、卫生部门调查事故原因。

6. 协助卫生专业人员对受照射人员进行受照剂量估算，并进行身体检查和医学观察；

7. 及时向公众发布消息，消除公众疑虑；

八、辐射事故的报告

发生辐射事故的科室，必须立即向医院值班室报告。医院值班室应立即向应急处理领导小组报告，应急处理领导小组及时收集整理相关处理情况向区环保局和区卫生局报告，最迟不得超过2小时。

医院值班电话：XXXXX

应急小组值班电话：XXXX

区环保局电话：XXXXX

区卫生局电话：XXXXX

公安部门：XXXX

九、善后处理

1. 保存好受照人员的体检资料，做好医学跟踪观察；

2. 请专业维修人员检查维修，确认正常后方可继续使用；

3. 总结经验教训，防止类似事故再发生。

十、预案管理

1. 本预案自发布之日起实施；

2. 本预案二年修订一次。

27.1.1.3　化工企业辐射事故应急预案格式和内容

1. 适用范围

说明辐射事故应急预案的适用范围。化工企业辐射事故应急预案的适用范围主要包括放射源（如用于料位计、液位计等同位素仪表）、射线装置发生辐射事故时的应对工作，以及使用放射源仪表的生产装置（简称涉源装置）发生安全生产事故或受重大自然灾害影响导致火灾、爆炸时，针对可能发生辐射事故时的应对工作。

说明辐射事故应急预案与综合应急预案、其他相关专项应急预案（如突发环境事件应急预案）的衔接关系。

2. 应急组织机构及职责

明确辐射事故应急组织机构及体系，可以用应急组织机构图表示。辐射事故应急组织机构应当置于企业统一的领导、管理和指挥之下。应急组织机构应设置若干应急工作小组，明确各应急工作小组的构成单位（部门）及人员（包括替代人员）、职责分工。应急组织机构图和应急工作小组设置可列入附件。

明确应急情况下的指挥机制。在企业开展前期处置的基础上，明确政府及其有关部门介入后，企业应急组织机构在指挥、协调、配合、保障等方面的任务和职责。

3. 辐射事故风险分析

列出放射源、射线装置的清单和详细信息，可列入预案附件。

全面分析各类辐射事故风险，包括但不限于以下内容。

（1）本单位使用的放射源和射线装置可能发生的辐射事故。典型事故情景包括放射源丢失、被盗、失控，放射性同位素和射线装置失控导致人员受到超过年剂量限值的异常照射等。

（2）涉源装置发生安全生产事故、或受重大自然灾害影响导致火灾、爆炸时，造成的放射源损坏、丢失、熔化、失控等情形。涉源装置可分别说明其使用放射源的详细信息和安装位置，必要时附图进行说明。

（3）其他辐射事故风险，包括外来移动探伤装置在本单位作业发生的辐射事故等。

4. 响应启动

4.1 启动

说明发生或可能发生辐射事故时，辐射事故应急预案的启动程序。

明确以下内容：本单位的辐射事故应急值班机构和应急值班电话，向本单位应急值班机构报告的形式和内容，本单位内部的通知、启动流程。

4.2 报告

发生或可能发生辐射事故时，明确向相关政府部门报告的流程和内容，包括但不限于以下方面。

（1）本单位负责进行事故报告的机构或人员、相关政府部门的联络方式。

（2）发生辐射事故时，在 2 小时内填写《辐射事故初始报告表》，向当地生态环境部门和公安部门报告。情况特别紧急时，可用电话口头初报，随后再书面报告。

（3）造成或可能造成人员超剂量限值照射的，同时向当地卫生健康部门报告。

（4）涉源装置发生火灾、爆炸后，应按照有关规定及时向安全生产事故应急主管部门、突发环境事件应急主管部门、应急救援力量报告，同时报告现场放射源类别、数量及位置等信息，并尽快确认火灾、爆炸影响范围内放射源的安全状态，及时续报。涉及辐射事故的，按要求进行事故报告。

5. 处置措施

发生或可能发生辐射事故时，明确企业为消除辐射安全风险、减轻辐射事故后果的处置措施。针对第 3 节分析的各类辐射事故，明确相应的应急处置方案。

可参考附 4 的要求，制定详细的应急处置方案。

6. 应急终止和恢复措施

6.1 应急终止

明确终止应急的条件和流程。包括但不限于以下条件。

（1）放射源或射线装置得到有效控制。

（2）辐射安全风险经过排查被彻底消除。

（3）事故未造成场所和环境辐射污染，或事故造成的场所和环境辐射污染已消除。

（4）人员得到有效救治。

（5）现场的应急响应措施无继续的必要。

（6）政府主管部门启动应急的，由政府主管部门宣布应急处置终止。

6.2 恢复措施

应急终止后，明确需采取的恢复措施，包括但不限于以下措施。

（1）分析总结事故概况、事故原因、事故处理过程、事故后果、经验教训、改进行动、措施及跟踪等，形成总结报告，必要时报送当地生态环境主管部门。

（2）如发生造成场所和环境污染的辐射事故，应制定去污计划和因事故及去污产生的放射性废物处理和处置计划。

（3）在应急终止后，企业应当对现场放射源的安全状态进行确认，对场所辐射水平进行监测，确认安全后方可继续使用。

（4）根据应急实践经验，及时对应急预案及相关实施程序进行修订。

7. 应急保障

7.1　应急培训

明确对本单位应急组织工作人员开展应急培训的计划、方式和要求，制定应急培训程序，使应急组织工作人员熟悉和掌握应急预案基本内容，具有采取辐射事故处置措施的基本知识、专业技能和响应能力。

7.2　应急演练

明确辐射事故应急演练的频次和要求。

7.3　应急物资装备保障

说明辐射事故处置所需的应急物资及相关器材，包括应急办公用品、应急通信器材、应急监测设备、应急处置用品、个人防护用品、应急后勤保障用品等。列出应急物资装备清单，明确应急物资和装备的类型、数量、性能、有效日期、存放位置、运输及使用条件、管理和维护责任人及其联系方式等内容，可以列入附件。

7.4　预案和程序的修订

明确应急预案和程序修订的具体要求。

（1）辐射事故应急组织机构及职责分工

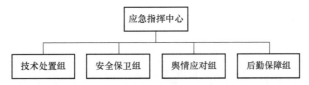

化工企业辐射事故应急组织机构可以参考上图，由应急指挥中心及下设的若干专业应急工作小组组成。

应急指挥中心的职责包括下达应急预案启动和终止指令、指挥协调应急处置工作、向相关政府部门报告事故情况等。

技术处置组的职责包括根据事故情景制定现场应急处置方案、开展事故处置措施等。

安全保卫组的职责包括现场警戒区划定、警戒安保等。

舆情应对组的职责包括信息公开和舆论宣传等。

后勤保障组的职责包括提供应急响应行动所需交通、联络、通信等后勤保障。

（2）放射源、射线装置清单

放射源清单

单位	位置	放射源类别	放射源用途	核素	编码	出厂日期	出厂活度	告家
XX厂	XX生产线	IV类	料位计	^{137}Cs	XXXXX	2021/01/01	0.7 GBq	XX公司

射线装置清单

单位	位置	射线装置名称	射线装置类别	射线装置用途	电压	电流	生产厂家
XX厂	XX生产线	XX型探伤机	Ⅱ类	工业探伤	250 kV	5 mA	XX公司

（3）辐射事故应急报告

报告表见表

辐射事故初始报告表

事故单位名称	（公章）				
法定代表人		地址		邮编	
电话		传真		联系人	
许可证号		许可证审批机关			
事故发生时间		事故发生地点			
事故类型	人员受照　人员污染		受照人数	受污染人数	
	丢失　被盗　失控		事故源数量		
	放射性污染		污染面积/m²		

序号	事故源核素名称	出厂活度/Bq	出厂日期	放射源编码	事故时活度/Bq	非密封放射性物质状态（固/液态）

序号	射线装置名称	型号	生产厂家	设备编号	所在场所	主要参数

事故情况	包括但不限于以下内容： （1）事故发生的原因和过程； （2）事故现场是否有火灾等其他事故情况，是否有人员伤亡； （3）已经采取的措施和效果； （4）事故可能造成的后果和影响范围（包括对周边自然环境和社会人员的影响）； （5）是否有舆情产生，如有舆情，还应报告舆情应对及处置情况。
报告人签字	报告时间　　　　　年　月　日　时　分

注：射线装置的"主要参数"是指X射线机的电流（mA）和电压（kV）、加速器线束能量等主要性能参数。

（4）应急处置方案原则

制定应急处置方案的基本原则如下。

① 涉源装置发生火灾、爆炸时，应坚持救人第一、防止灾害，保护环境、减少污染的原则，迅速救人抢险，并及时向消防部门报 告火情和放射源情况。现场所有人员远离放射源及火灾产生的烟雾，尽可能在上风向开展工作，尽早开展辐射环境监测。待现场情况稳定后对放射源的安全状态进行全面排查，发生辐射事故时开展响应工作。

② 收集事故相关信息，根据有关规定向生态环境部门、公安部门、卫生健康部门报告。必要时联络放射源（含放射源的同位素仪表）、射线装置生产维护单位寻求支持。

③ 及时控制事故现场，初步确定放射源的位置，判断屏蔽容器是否完好，放射源是否裸露、脱落、损毁，无关人员不应进入警戒区。

④ 发现放射源裸露、脱落时，使用长柄式监测仪器在事故现场开展辐射监测，对放射源进行搜寻、定位和收贮，判断放射源包壳是否损坏，是否造成放射性污染。

⑤ 发现放射源损坏或泄漏时，开展辐射监测判断放射性污染的范围和程度。做好放射性污染的处置和去污，并将放射性污染物统一收贮。

⑥ 登记直接接触过放射源的人员、设备，开展辐射监测判断是否受到放射性污染，必要时对受到放射性污染的人员和设备去污。

⑦ 因放射源、射线装置故障或操作不当导致人员受到超过年剂量限值的照射时，及时采取关停、屏蔽、隔离等措施控制辐射照射，并协助受到异常照射的人员接受医学检查和处理。

⑧ 处置过程中随时收集相关信息，做好信息公开和舆论宣传。

27.1.2 辐射事故应急预案（省级政府版）

27.1.2.1 辐射事故应急预案的内容和格式

政府部门应基于相关法律、法规和预案编制《辐射事故应急预案》，并按预案开展辐射应急准备和响应的工作。《辐射事故应急预案》编制格式与内容主要分为如下八部分：总则、应急组织与职责、辐射事故分级、应急行动、应急状态调整、终止和恢复措施、应急能力维持、应急保障、辐射事故应急预案实施程序。

27.1.2.2 辐射事故应急预案案例摘要

一、总则
（一）适用范围
本预案适用全省行政区域内发生的辐射事故的应对工作。
辐射事故主要指除核设施事故以外，放射性物质丢失、被盗、失控，或者放射性物质造成人员受到意外的异常照射或环境
放射性污染的事件。主要包括：
（1）核技术利用中发生的辐射事故；
（2）放射性物品运输中发生的辐射事故；
（3）放射性废物的处理、贮存和处置中发生的辐射事故；
（4）铀（钍）矿及伴生矿开发利用中发生的环境辐射污染事故；

（5）可能对我省环境造成辐射影响的省外、境外辐射事故；

（6）国内外涉核航天器在我省境内坠落造成环境辐射污染事故；

（7）各种重大自然灾害引发的次生辐射事故。

乏燃料运输相关活动不属于本预案适用范畴，可参照相关核事故应急预案处理。

（二）应急原则

坚持"以人为本、预防为主，统一领导、分类管理，属地为主、分级响应，专兼结合、充分利用现有资源"的工作原则。

二、事故分级

根据辐射事故的性质、严重程度、可控性和影响范围等因素，将辐射事故分为特别重大、重大、较大和一般四个等级。

（一）特别重大辐射事故

凡符合下列情形之一的，为特别重大辐射事故：

（1） I、II类放射源丢失、被盗、失控并造成大范围严重辐射污染后果；

（2）放射性同位素和射线装置失控导致3人及以上急性死亡；

（3）放射性物质泄漏，造成大范围辐射污染后果；

（4）对我省境内可能或已经造成大范围辐射污染的航天器坠落事件或境外发生的辐射事故。

（二）重大辐射事故

凡符合下列情形之一的，为重大辐射事故：

（1） I、II类放射源丢失、被盗、失控；

（2）放射性同位素和射线装置失控导致3人以下急性死亡或者10人及以上急性重度放射病、局部器官残疾；

（3）放射性物质泄漏，造成较大范围辐射污染后果。

（三）较大辐射事故

凡符合下列情形之一的，为较大辐射事故：

（1） III类放射源丢失、被盗、失控；

（2）放射性同位素和射线装置失控导致10人以下急性重度放射病、局部器官残疾；

（3）放射性物质泄漏，造成小范围辐射污染后果。

（四）一般辐射事故

凡符合下列情形之一的，为一般辐射事故：

（1） IV、V类放射源丢失、被盗、失控；

（2）放射性同位素和射线装置失控导致人员受到超过年剂量限值的照射；

（3）放射性物质泄漏，造成局部辐射污染后果；

（4）铀（钍）矿开发利用超标排放，造成环境辐射污染后果；

（5）测井用放射源落井，打捞不成功进行封井处理。

三、组织指挥体系

（一）省辐射事故应急指挥部

设立省辐射事故应急指挥部（以下简称"省应急指挥部"），负责指挥协调和组织全省辐射事故应对处置工作。省政府分管副省长任总指挥，省政府分管副秘书长、省生态环境厅厅长、省应急厅厅长任副总指挥，省委宣传部、省委网信办、省公安厅、省财政厅、省生态环境厅（省核安全局）、省卫生健康委、省应急厅等部门和单位负责同志为成员；根据辐射事故处置需要，可视情增加省委军民融合办（省国防科工局）、省自然资源厅、省交通运输厅、省水利厅、省政府国资委、省消防救援总队、省气象局、省地震局、省通信管理局、兰州海关等有关部门和单位负责同志参加。

省应急指挥部办公室（以下简称"省辐射事故应急办"）设在省生态环境厅（省核安全局），负责辐射事故应急处置的日常工作，省生态环境厅分管副厅长兼任办公室主任。省辐射事故应急办下设综合协调组、监测处置组、专家咨询组、安全保卫组、医疗救护组、舆情信息组、后勤保障组，由指挥部相关成员单位牵头组成，负责具体落实应急期间的响应行动。

1. 省应急指挥部职责

（1）领导、指挥和协调全省辐射事故应急准备与响应工作；

（2）贯彻执行党中央、国务院和省委、省政府有关辐射事故应急指示和要求；

（3）负责向省政府和国家相关部门及时报告应急信息，批准向省政府和国家相关部门报告应急工作情况；

（4）负责指挥省内特别重大、重大、涉及跨省或跨市州区域辐射事故的应急响应工作；

（5）批准特别重大、重大、涉及跨省或跨市州区域辐射事故应急响应行动的启动和终止；

（6）对影响范围较大的辐射事故，决定采取有效的公众防护和处置措施；

（7）负责辐射事故信息公开，做好社会维稳工作；

（8）必要时负责统一领导超出事故属地市州政府处置能力的较大事故应对工作，指导全省其他辐射事故应对工作；

（9）根据实际需要，建议省政府向国务院和生态环境部、驻甘解放军、武警部队及外省（区、市）请求支援。

2. 省应急指挥部成员单位职责

（1）省委宣传部：负责组织、协调辐射事故应急相关的科普宣传、社会宣传、新闻报道等工作，承担应急响应中舆情信息组职责；负责组织辐射事故应急相关信息发布工作；指导地方政府发布信息，做好宣传报道；按照职责要求，制订本部门应急行动方案。

（2）省委网信办：配合指导做好网络舆情监测和舆论引导工作。

（3）省公安厅：负责组织、协调地方公安部门承担辐射事故应急响应中安全保卫组职责；应急响应期间视情提升社会治安和安保级别，依法处置谣言传播、扰乱社会秩序等违法行为；负责丢失、被盗、失控放射源等违法犯罪案件的侦办工作，必要时负责放射性物质运输的安保工作；参与辐射事故应急调查处理和处置工作，涉嫌犯罪的负责对犯罪嫌疑人依法采取强制措施；配合辐射事故应急相关的宣传和新闻发布工作；按照职责要求，制订本部门应急行动方案。

（4）省财政厅：负责由省级承担的辐射事故应急准备、能力建设、应急响应等经费保障工作，包括辐射事故应急演练、业务培训、应急物资储备、事故调查、监测、评估处置等项目经费保障。

（5）省生态环境厅（省核安全局）：承担制、修订省级辐射事故应急预案任务，牵头做好本省辐射事故应急监测能力建设及各项应急准备工作；承担省辐射事故应急办职责，负责辐射事故应急管理的日常工作；应急响应时承担综合协调组、监测处置组职责，负责组织相关部门专家成立专家咨询组，配合舆情信息组工作，协调开展后勤保障工作；负责组织协调省内特别重大、重大、涉及跨省或跨市州区域辐射事故的辐射环境监测，牵头联合相关部门做好事故处理及原因调查工作；负责向省应急指挥部提出保护公众和保护环境的措施建议；配合公安部门做好丢失、被盗、失控放射源的追缴工作；配合辐射事故应急相关的宣传和新闻发布工作；监督检查全省辐射事故应急管理及辐射应急能力建设工作，必要时指导市州生态环境部门开展辐射事故应急监测和应对行动；组织开展辐射事故应急培训与演练工作。

（6）省卫生健康委：负责组织、协调地方卫生健康部门开展辐射事故应急医疗救治及后期受照人员的观察、治疗，承担应急响应中医疗救护组职责；负责组织开展公众防护工作，提出保护公众健康的措施建议，必要时开展对饮用水、食品的放射性监测；组织开展对受到辐射影响的公众提供心理咨询服务等工作；配合做好新闻发布工作，提供辐射事故医疗救治相关数据；按照职责要求，制订本部门应急行动方案。

（7）省应急厅：配合做好由生产安全事故引发的辐射事故应急响应工作；参与辐射事故应急处置工作；按照职责要求，制订本部门应急行动方案。

（8）其他相关部门和单位根据辐射事故应急响应和事故处置需要，其他有关部门和单位按照省应急指挥部指令并结合自身业务范围开展相应工作。

3. 省辐射事故应急办职责

（1）承担省应急指挥部日常工作，贯彻执行省应急指挥部的决策与指令，综合协调省应急指挥部各成员单位的应急响应行动及应急期间后勤保障工作；

（2）签署向省应急指挥部报送的文件及建议，审核向省政府、生态环境部提交的报告和向社会公开的信息；

（3）组织开展对应急响应、事故处理措施的监督、跟踪和评价；负责处理辐射事故应急响应期间的信息和应急响应终止后各专业组上报的总结报告的汇总，并负责应急响应总结报告编制、报送等工作；

（4）根据辐射事故实际情况，必要时指导省内较大、一般辐射事故的应急响应工作；

（5）承办省应急指挥部交办的其他事项。

4. 省辐射事故应急办各组职责

（1）综合协调组：由省生态环境厅（省核安全局）牵头，其他相关部门配合组成。

主要职责：具体承担省辐射事故应急办文件处理、信息报送、通信联络和组织协调等工作；应急响应终止后，负责总结报告汇总、编制、报送等工作；负责组织辐射事故调查工作，汇总相关单位调查处理报告，向指挥部报送事故调查报告。

（2）监测处置组：由省生态环境厅（省核安全局）牵头组成，省公安厅、省应急厅、省消防救援总队、地方政府相关部门等必要时作为成员单位参与辐射事故处置工作。

主要职责：制定辐射事故应急监测方案，负责开展事故期间现场调查及应急监测工作；负责辐射事故的危害评价、影响范围划定、结果分析等方面的预判工作，确定应急响应终止的监测指标；监督事故处置过程，必要时经省应急指挥部批准直接组织开展辐射事故处置工作；根据现场事故处置实际情况，必要时提出申请属地第三方相关社会技术力量支援的建议，并根据指令协调属地政府落实；根据需要完成放射性物质收贮工作；必要时根据指令，可直接支援、指导市州较大、一般辐射事故的应急监测及处置工作。

（3）专家咨询组：由省生态环境厅（省核安全局）牵头，组织相关部门或聘请科研单位专家组成。

主要职责：为省应急指挥部提供技术咨询，为应急指挥决策提供科学依据，配合做好公众宣传和专家解读工作；为全省辐射事故应急准备、应急响应、现场处置、抢险救援、现场防护及善后处理等提供技术支持；根据监测结果，研判事故后果；审查各专业组应急方案并提出意见；指导、审定事故责任单位事故处置方案。

（4）安全保卫组：由省公安厅牵头组成。

主要职责：承担现场保护、警戒、隔离、交通管制等任务，负责维护现场治安秩序；配合开展对辐射事故原因和相关人员的现场调查取证工作，涉及违法犯罪的依法采取强制措施；配合相关部门组织受事故影响群体的疏散工作；必要时负责做好放射性物质运输的安保工作。

（5）医疗救护组：由省卫生健康委牵头组成。

主要职责：负责组织确定辐射事故导致健康危害的性质、程度及其影响人数和范围；根据发生辐射事故的辐射物品种类、危害特性、影响范围、处置方式方法等，制定并组织实施应急救护措施，指导现场应急工作人员和受事故影响群体的辐射防护，发放所需药品和防护用品；负责对事故造成的放射病、超剂量照射人员的医疗救护；指导和协助开展对现场受污染人员的去污洗消工作。

（6）舆情信息组：由省委宣传部牵头，省委网信办、省生态环境厅（省核安全局）配合组成。

主要职责：负责应急期间科普宣传、社会宣传和专家解读工作，保障媒体采访和公众咨询；负责起草向社会公众公开的信息文稿和有关辐射事故的新闻发布稿件；负责组织开展应急响应中相关信息发布工作，指导地方政府发布信息；负责组织开展应急期间的舆论引导工作。

（7）后勤保障组：由省生态环境厅（省核安全局）、属地政府联合组成。

主要职责：根据总指挥指令，由省生态环境厅（省核安全局）负责协调落实总指挥部后勤保障工作；属地政府负责落实现场指挥部后勤保障工作。

（二）市州辐射事故应急指挥机构

各市州政府应建立健全相应的辐射事故应急指挥机构。

主要职责：

（1）贯彻执行国家和甘肃省有关辐射事故应急的法律法规、政策及省应急指挥部的指示要求；落实应急响应期间的后勤保障和善后处理工作，配合省辐射事故应急办各组做好应急响应、处置等工作；

（2）组织制定本行政区域内的辐射事故应急预案，做好应急准备；

（3）负责本行政区域内较大、一般辐射事故的应急响应和信息发布及辐射事故调查处理工作，协助配合本行政区域内其他辐射事故的调查处理工作；

（4）完成省应急指挥部下达的其他应急任务。

四、应急响应

（一）事故报告

辐射事故发生后，事故单位应立即启动本单位辐射事故应急预案或方案，控制现场并采取有效措施积极处置，同时立即向当地人民政府、生态环境、公安和卫生主管部门报告，并在事故发生 1 小时内填写辐射事故初始报告表上报县级人民政府和当地生态环境主管部门。

当地生态环境主管部门接到辐射事故报告后应立即报告本级人民政府，并逐级上报至省级生态环境主管部门。同时立即组织对辐射事故进行核实，确认后按规定及时报告。

省级生态环境主管部门接到辐射事故报告，属于特别重大或者重大辐射事故的，应按规定立即报告省级人民政府，同时通报省级公安和卫生主管部门、上报生态环境部。市、县级人民政府接到报告后，按规定及时向省政府报告有关情况。

发生特别重大或重大辐射事故后，省级人民政府应在 4 小时内报告国务院；特殊情况下，事故发生地市、县级人民政府可以直接向国务院报告，并同时报告上级人民政府。应急响应终止后，当地辐射事故应急指挥机构应继续逐级报告事故后续处置的相关情况。

（二）应急启动

特别重大、重大、涉及跨省或跨市州区域辐射事故的应急响应工作，由省应急指挥部组织实施；较大、一般辐射事故的应急响应工作由市州应急指挥机构组织实施，市州事故处置能力不足时可请求省应急指挥部派相关专业组支援。

应急响应启动指令由各级辐射事故应急指挥机构办公室报请同级辐射事故应急指挥机构批准后发布。响应过程中，可根据事故损失情况及其发展趋势及时调整响应级别，避免响应能力不足或响应过度。

省应急指挥部启动应急响应后，根据总指挥指令，相关成员单位派员赴总指挥部开展响应工作；省辐射事故应急办及综合协调组、专家咨询组、舆情信息组、后勤保障组等各专业组在总指挥部开展响应工作，监测处置组、安全保卫组、医疗救护组赶赴现场开展响应工作；事故现场根据需要成立现场指挥部，根据总指挥指令结合现场实际，统一协调指挥现场各应急组织的响应行动，现场指挥员由总指挥确定，通常由属地政府主要领导担任，必要时可由监测处置组组长临时替代。

（三）主要响应行动

省应急指挥部应急响应行动主要包括指令下达、协调联络、事故研判、舆情分析、信息报送等内容，由省辐射事故应急办相关专业组根据各自职责实施；省应急指挥部其他相关成员单位可根据事故进展需要和总指挥指令，及时派出相关应急人员参与应急响应工作。

现场应急响应行动主要包括应急监测、事故处置、安全保卫、医疗救护、人员防护、应急疏散等内容，由现场各专业组根据各自职责分别组织实施，现场指挥员负责对现场行动的统一指挥和协调。必要时，总指挥部可派遣专家咨询组有关专家赶赴现场，参与现场应急响应工作。

1. 事故处置

辐射事故责任单位为事故处置的第一责任主体，事故发生后，责任单位应立即开展事故处置工作，采取应急相关措施，切断和控制污染源，防止污染蔓延扩散。

在下列情况下，省、市州政府应急机构应及时介入，在省应急指挥部统一领导下，由监测处置组具体实施，阻断污染源头、控制污染范围，完成事故处置工作：

（1）辐射事故不能在第一时间落实到责任单位或无责任单位；

（2）辐射事故责任单位事故处置能力不足或完全不具备处置能力；

（3）辐射事故责任单位出于自身利益考虑，事故处置措施不能满足保护环境和公众健康要求。事故处置结束后，各级政府应及时组织开展事故调查，按照法律法规要求，追究相关单位及人员责任，落实相关损害赔偿。

2. 应急防护与疏散

根据辐射事故性质与特点等实际情况，现场指挥部应依据监测数据在第一时间划分监督区和控制区，明确应急人员和公众安全防护区域，向总指挥部提出公众安全防护措施。现场应急工作人员应根据不同类型辐射事故的特点，配戴相应专业防护装备，采取安全防护措施。

当研判辐射事故影响范围较大时，现场指挥部应及时上报总指挥部，根据指令协调当地政府开展应急疏散工作。

疏散时应结合事故影响及事发当地的气象、地理环境、人员密集度等，建立现场警戒区、交通管制区和重点防护区，确定受威胁人员疏散的方式和途径，有组织、有秩序地及时疏散转移受威胁人员和可能受影响地区居民，并在事发地安全边界以外设立紧急避难场所，妥善做好转移人员安置工作，提供基本生活保障和必要医疗条件，确保人民生命安全。

3. 信息公开与社会维稳

辐射事故发生后，为避免造成社会恐慌，应根据需要及时做好相关信息公开工作，通过政府授权发布、发新闻稿、接受记者采访、举行新闻发布会、组织专家解读等方式，借助电视、广播、报纸、互联网等多种途径，主动、及时、准确、客观向社会发布事故情况和应对工作信息，回应社会关切，澄清不实信息，正确引导社会舆论。

信息发布内容包括事件原因、污染程度、影响范围、应对措施、需要公众配合采取的措施、公众防范常识和事件调查处理进展情况等。

信息公开的同时，应加强受影响地区社会治安管理，严厉打击借机传播谣言制造社会恐慌、哄抢救灾物资等违法犯罪行为；加强转移人员安置点、救灾物资存放点等重点地区治安管控；做好受影响人员与涉事单位、地方人民政府及有关部门矛盾纠纷化解和法律服务工作，防止出现群体性事件，维护社会稳定。

（四）应急状态的终止和程序

同时符合以下条件，即满足应急状态终止条件：

（1）确认事故所造成的危害已经被彻底消除或可控；

（2）辐射污染源的泄漏或释放已降至规定限值以内；

（3）事故现场的各种专业应急处置行动已无继续的必要。

达到应急状态终止条件后，由原发布启动应急响应的辐射事故应急指挥机构批准，由总指挥下达应急响应终止指令，进入应急总结及事故后恢复工作。

如在事故发生地，丢失放射源始终无法找到或无法回收，辐射环境影响需经长期处置方能消除等特殊情况发生，事发地政府应上报省应急指挥部，由总指挥批准可视情适时终止应急响应，对放射源的后续查找及辐射环境影响控制等任务转入属地政府日常工作中开展，相关事故信息应视情及时向公众发布，避免产生社会恐慌。

（五）终止后的行动

应急状态终止后，相关单位和部门应根据省应急指挥部的指示和实际情况，协同开展以下工作：

（1）评价事故对环境和公众造成的影响，对造成环境污染的辐射事故，省级生态环境部门要组织有计划的辐射环境监测，审批、管理必要的区域去污计划和因事故及去污产生的放射性废物的处理和处置计划并监督实施；

（2）评价应急期间所采取的行动；

（3）组织开展事故调查，指导有关部门和事故责任单位调查原因，提出整改防范措施和处理建议，防止类似事故的再次发生；

（4）根据实践经验，适时对应急预案及相关实施程序进行修订。

（六）总结报告

应急状态终止后，各应急组应在 2 周内向省辐射事故应急办提交本组的总结报告。省辐射事故应急办在 1 个月内向省应急指挥部提交总结报告。省应急指挥部在收到省辐射事故应急办总结报告后，2 周内向国家生态环境部门和省政府提交总结报告。

五、应急准备和保障措施

（一）技术准备

省应急指挥部各相关单位应根据本预案规定的职责，结合辐射事故应急准备与响应实际工作需要，积极通过能力建设、项目申报、横向合作等多种方式，加强辐射事故应急专业技术研究和储备工作，进一步加强相关应急指挥技术平台等信息化建设，提升各类专业技术的智能化和数字化水平，确保技术能力能够满足我省辐射事故应急需求。

（二）队伍准备

省应急指挥部各相关单位应根据本预案规定的职责，组建或落实担负相关职责任务的专业人员队伍，加强队伍管理、明确职责分工、强化能力建设，确保响应时能够按照辐射事故的具体情况和省应急指挥部的要求，开展相关应急处置工作。

（三）资金保障

省应急指挥部各相关单位应根据本预案规定的职责，结合辐射事故应急准备与响应实际工作需要，提出项目支出预算报财政部门审批后执行，确保日常应急准备与响应期间的资金需要，监管和评估应急保障资金的使用和效果。

（四）物资保障

省应急指挥部各相关单位应根据本预案规定的职责，结合辐射事故应急准备与响应工作需要，配套一定数量的应急物资及相关器材，包括但不局限于以下内容：应急办公用品、应急通信器材、应急处置用品、个人防护用品、应急后勤保障用品等，确保应急所需物资和生活用品及时供应，并加强对物资储备的监督管理，及时予以补充和更新。

（五）设施设备保障

省应急指挥部各相关单位应根据本预案规定的职责，做好设施设备的运行维护，包括指挥设施、通信设备、应急车辆、辐射监测设备、辐射后果评价软件等。保证应急设施设备始终处于良好备用状态，定期保养、检验和清点应急设施设备和物资。

（六）制度建设

省、市州各级辐射事故应急指挥机构应完善应急仪器设备和物资装备日常维护和保养相关制度，确保能随时应对可能发生的辐射事故。

六、应急能力维持

（一）应急培训

省应急指挥部各相关单位工作人员均应接受辐射事故应急培训。各级生态环境部门每年应制定辐射事故年度应急培训计划并具体组织落实，针对不同类型响应人员，及时开展熟悉预案基本内容、具备完成应急任务的基本知识、专业技能和响应能力等方面的培训工作。

（二）应急演练

省、市州辐射事故应急组织应根据需要，统筹规划辐射事故应急演练工作，定期开展应急演练。各成员单位应当根据本预案中规定的职责和任务，明确辐射事故应急预案演练的组织机构和责任人。各成员单位主要负责人为辐射事故应急预案演练的第一责任人，分管负责人为辐射事故应急预案演练的直接责任人。

原则上省级综合性辐射事故应急演练每5年组织一次，各市州每5年组织一次，各成员单位单项演练每年组织一次。省辐射事故应急办每年12月30日前汇总各级政府辐射事故应急演练计划，报省应急指挥部备案，并督促落实。

演练结束后，应及时总结评估演练成果，必要时根据演练经验反馈，对应急预案做出修改和完善。

（三）应急值守

辐射事故接报，由省生态环境厅（省核安全局）应急值班室24小时值守人员统一受理，省辐射事故应急办各级应急响应人员通信设备应随时保持畅通。

辐射事故应急响应期间，省辐射事故应急办实行24小时专人在岗值班。

七、附则

（一）奖励和责任

对辐射事故应急管理及响应工作中做出突出贡献的先进集体和个人按规定给予表扬。

在应急管理和响应工作中有失职、渎职行为的，依法依规对有关责任人追究责任。

（二）预案管理、解释及实施

本预案根据应急工作需要适时修订，由省生态环境厅（省核安全局）组织修订并报省人民政府审批；各市州政府应当根据本预案，结合本地实际，及时制、修订本辖区辐射事故应急预案。

27.2 辐射事故应急实施程序

辐射应急实施程序，主要包括：辐射事故应急响应实施程序、辐射事故后果评价实施程序、辐射事故辐射环境应急监测实施程序、辐射事故联络与信息交换实施程序、辐射事故应急人员培训实施程序、辐射事故应急演习实施程序、辐射事故应急信息公开实施程序。

1. 辐射事故应急响应实施程序

辐射事故应急响应实施程序应包括：

（1）应急响应流程图；

（2）应急人员名单，关键岗位人员资质、职务、电话；

（3）下属各级应急组织和应急人员在各应急状态下应急响应待命、启动情况，应急职责；

（4）应急人员签到表；

2. 辐射事故后果评价实施程序

辐射事故后果评价实施程序规定政府部门在辐射事故应急情况下开展后果评价的内容及方法，应包括：

（1）明确现场应急人员或指挥人员需掌握并提交的辐射事故的基本情况、已采取的初始处理行动和相关记录要求，给出省级环境保护部门辐射事故后果评价人员与现场应急人员或指挥人员的人员接口及程序；

（2）现场应急人员、指挥人员及承担后果评价应急人员名单，关键岗位人员资质、职务、电话，明确在特别重大辐射事故（Ⅰ级）和重大辐射事故（Ⅱ级）情况下配合环境保护部应急后果评价组织的人员接口及程序；

（3）参照环境保护部相关辐射事故实施程序，给出初步判断各类辐射事故的可能严重程度的方法；

（4）给出确定人员污染情况及潜在污染的可能性和预测受照人员辐射后果的方法和程序；

（5）给出估计现场可能的扩散污染的途径并迅速采取措施控制和隔离污染区域和防止其他人员不断被污染受照的方法和程序。

应急人员需掌握的辐射事故基本情况

事故类型	需掌握的基本情况
放射性同位素和射线装置丢失、被盗、失控事故	放射性同位素应用领域、核素、活度、物理化学形态等基本信息，人员误照射或污染人数、受照时间、距离、屏蔽、受照部位或工作位，射线装置射线种类、能量、电压、电流等参数
铀、钍矿冶及伴生矿事故	核素、活度、物理化学形态、泄漏区域、污染面积，事发地气象、地理、水文、人口、工农业生产等条件
放射性物质运输和泄漏事故	放射性物质核素、活度、物理化学形态、泄漏数量、泄漏区域、污染面积，事发地气象、地理、水文、人口、工农业生产等条件

事故类型	需掌握的基本情况
放射性废物处理/处置设施事故	事故设施的气象、地理、水文、人口、工农业生产等条件，放射性物质核素、活度、物理化学形态、泄漏数量、泄漏区域、污染面积
国外核事故造成我国环境辐射污染的事故	放射性污染的基本信息如核素、活度、物理化学形态、污染面积，国外核事故相关的基本信息、气象信息等
国外航天器在我国境内坠落造成环境放射性污染的事故	放射性污染的基本信息如核素、活度、物理化学形态、污染面积，事发地气象、地理、水文、人口、工农业生产等条件

3. 辐射事故辐射环境应急监测实施程序

辐射事故辐射环境应急监测实施程序应包括如下内容：

（1）按照辐射事故应急办公室指令，对事故发生地应急监测提供技术支援和人员支持；

（2）针对可能受污染的区域，组织开展环境放射性监测；

（3）在应急监测工作结束后向辐射事故应急办公室提交应急监测总结报告提纲的内容；

（4）给出应急监测组织及接口、人员名单（包括：姓名、手机、办公电话、所属应急小组）、关键岗位人员资质、职务，应急监测队伍应分现场监测组、实验室分析组、后勤保障组、质量保证组4个小组；

（5）给出一般辐射事故（Ⅳ级）、较大辐射事故（Ⅲ级）、重大辐射事故（Ⅱ级）情况下组织应急监测响应人员迅速到达责任岗位的流程与时间要求，实施应急监测流程、程序，向环境保护部核与辐射事故应急办公室报告监测数据及事故情况、请求支援的接口与流程；

（6）给出特别重大辐射事故（Ⅰ级）情况下组织应急监测响应人员迅速到达责任岗位的流程与时间要求，协助环境保护部核与辐射事故应急技术中心和辐射环境应急监测技术中心进行事故现场的辐射环境应急监测工作的人员接口及程序，提供后勤保障的程序；邻近省（直辖市/自治区）发生重大辐射事故（Ⅰ级）情况下，给出按照环境保护部核与辐射事故应急办公室指令，对现场辐射环境应急监测进行技术支持和人员支持的程序；

（7）参照环境保护部相关辐射事故实施程序，给出初步判断各类辐射事故的可能严重程度的方法。

应急监测队伍各小组的任务分工如下。

（1）现场监测组

① 平时，根据辐射事故应急监测项目及可能监测核素的需要，准备应急时现场监测仪器、设备、工具和技术资料；

② 应急时，接通知后，准时到达工作岗位，做好出发前的准备工作；

③ 现场监测人员对上报的数据质量负责。

（2）实验室分析组

① 平时，根据需求，准备实验室监测仪器，同时应积极开展分析方法的研究，并将研究成果用于实践；

② 应急时，接通知后，准备到达工作岗位，做好分析测量前的准备；

③ 测试分析人员对上报的数据质量负责。

（3）后勤保障组

① 平时做好应急监测车的保养和维护，随时准备有 2 名专职司机能随车行动；

② 落实与相关的联系，保证应急时能将应急监测人员和设备按时运往现场；

③ 按要求准备后勤保障物品；

④ 应急时，准时到达工作岗位，积极配合各工作组的工作。

（4）质量保证组

应急时，审核应急监测数据质量。

记录及归档如下。

（1）自环境保护部核与辐射事故应急办公室通知应急响应启动时，固定电话应开启自动磁记录装置，如无此装置或移动通信电话，通话双方均应记录通知时间、对象、内容等；

（2）监测人员应认真填写原始记录，监测点位描述、现场地图、字迹要清晰，并使用统一的法定计量单位；

（3）以上记录文件、信息传输过程中的传真单以及应急响应中所有文件资料均由各单位以内部资料要求归档。

应急监测项目及可能监测的核素（示例）

（一）应急监测项目

（1）γ-β 剂量率；

（2）α、β 表面污染监测；

（3）地表 γ 核素巡测；

（4）现场 γ 能谱测量；

（5）中子剂量监测。

（二）预估的待测核素

待测核素见下表。

预估的待测核素

污染源类型	拟待测核素
医疗照射类	^{60}Co、^{131}I、^{125}I、^{226}Ra、^{99}Mo、^{192}Ir
其他人工辐射源（如 RDD）	^{226}Ra、^{60}Co、^{137}Cs 等
中子类源	^{238}Pu、^{241}Am、^{226}Ra、^{210}Po、^{7}Be
铀矿冶及核燃料加工	^{238}U、^{235}U

应急时现场监测仪器设备工具清单及技术资料清单（示例）

序号	名称	数量	技术资料
1	高量程 γ 剂量率仪	2 台	刻度证书、说明书
2	低量程 γ 剂量率仪	2 台	刻度证书、说明书

续表

序号	名称	数量	技术资料
3	γ-β 剂量率仪	2 台	刻度证书、说明书
4	便携式 γ 能谱仪	2 台	刻度证书、说明书、操作说明、注意事项
5	α、β 表面污染仪	2 台	刻度证书、说明书
6	中子监测仪;	2 台	刻度证书、说明书
7	便携式大流量空气采样器*	2 台	刻度证书、说明书
8	便携式空气及碘采样器	2 台	刻度证书、说明书
9	便携式气象仪表	各 1	说明书
10	地图、指南针、GPS	各 1	说明书
11	便携式计算机	2 台	注意事项
12	汽油发电机	2 台	说明书
13	仪器用放射源	—	说明书
14	通讯工具及应急联系电话	—	—
15	环境介质采样工具和容器	若干	—
16	辐射防护用品	包括剂量计、工作服、防护面罩、手套等	
17	应急工具	包括仪器修理工具、接线板、电线、药箱、照明工具	

* 根据应急事件的类型备选。

测试分析仪器设备清单及技术资料清单（示例）

序号	名称	数量	技术资料
1	HPGe γ谱仪	一台	刻度证书、说明书、操作说明、注意事项
2	NaI 便携式 γ谱仪	一台	刻度证书、说明书、操作说明、注意事项
3	井型 γ谱仪	一台	刻度证书、说明书、操作说明、注意事项
4	α谱仪（包括制样装置）	一套	刻度证书、说明书、操作说明、注意事项
5	液体闪烁计数装置/谱仪	各一台	刻度证书、说明书、操作说明、注意事项
6	α、β 计数装置	两台	刻度证书、说明书、操作说明、注意事项
7	α、β 表面污染仪	一台	刻度证书、说明书、操作说明、注意事项
8	采样设备	若干	
9	马福炉	两台	说明书
10	不间断电源（UPS）	四台	说明书
11	实验室级专用超纯水机	一台	说明书
12	原子吸收分光光度计	一台	刻度证书、说明书、操作说明、注意事项
13	球磨粉碎机	一台	说明书
14	液氮暂贮灌	一台	说明书
15	振荡器	一台	说明书
16	加热蒸馏装置	若干套	—

序号	名称	数量	技术资料
17	温湿度自动记录仪	四套	说明书
18	低温冷冻干燥设备、氧弹燃烧装置	各一套	说明书
19	除湿机	二台	说明书
20	测铀仪	二台	刻度证书、说明书、操作说明、注意事项
21	辐射防护用品		包括剂量计、工作服、防护面罩、手套等
22	应急工具		包括仪器修理工具、接线板、电线、照明工具

应急监测时后勤保障物品清单（示例）

（1）任务指令

（2）身份证明文件（环境保护部或有关部门的介绍信）

（3）车辆（配备驾驶员）

（4）食品及饮水

（5）御寒衣服（冬天或寒冷地区用）

（6）雨具

（7）汽车及发电机用燃料、机油及防冻液

（8）人民币

4. 总结报告

辐射事故应急监测工作结束后，由参加应急监测的各相关单位负责编写总结分报告，并在两周内向环境保护部核与辐射事故应急办公室提交分报告。环境保护部核与辐射事故应急办公室负责汇总、编写总报告，找出问题、总结经验。

5. 辐射事故联络与信息交换实施程序

辐射事故联络与信息交换实施程序规定政府部门在辐射事故应急响应期间各应急响应组织间的联络及信息交换方式。应给出各类信息交换方式与信息交换内容。联络与信息交换人员、电话、到岗流程、到岗时间、轮班情况，报告起草、批准与提交流程。

A　应急初报

在发生事故并进入应急状态 1 小时内，向上级辐射事故应急办公室发出应急通告，通告的主要内容包括：

（1）辐射事故单位；

（2）联系人及联系电话；

（3）事故发生的时间，地点，初步原因；

（4）事故类型；

（5）人员情况等，

B　应急续报

在辐射事故的势态得到控制后，按上级辐射事故应急办公室发出应急续报，应急续报的主要内容包括：

（1）事故发展概况；

（2）事故起因；

（3）已采取的和需要立即采取的应急措施等。

C 处理结果报告

在辐射事故应急状态终止时，向环境保护部核与辐射事故应急办公室发出应急状态终止报告，终止报告的主要内容包括：

（1）辐射事故单位；

（2）联系人及联系电话；

（3）事故发生的时间，地点；事故概况；

（4）事故处理；

（5）事故原因；

（6）事故后果；

（7）经验教训等。

在退出应急状态以后30天内向上级政府辐射事故应急办公室提交辐射事故评价报告。

6. 辐射事故应急人员培训实施程序

辐射事故应急人员培训实施程序应包括：描述应接受培训的各类人员，说明对他们培训和再培训的内容和计划安排；给出培训记录表。

7. 辐射事故应急人员培训实施程序

辐射事故应急人员培训实施程序应包括：描述演习类型、参演人员、评价方法与结果；给出演习评价表和人员响应情况原始记录表。

8. 辐射事故应急信息公开实施程序

辐射事故应急信息公开实施程序应包括：概述、辐射事故应急信息公开范围、公开方式、信息公开与舆论引导实施步骤与程序，并给出应急状态的信息公开文稿模板。

"概述"部分应介绍编制依据的国家、部委和所在省（直辖市/自治区）法律、法规、预案和文件。

"辐射事故应急信息公开范围"应包括：向环境保护部、省级核应急委等报告的信息内容，对社会公开的信息内容，应急信息公开文稿的内容，舆情监测与应对技术报告的内容。

"辐射事故应急信息公开方式"应描述辐射事故应急信息公开方式，一般应包括：省级环保部门门户网站，省级环保部门辐射事故应急新闻发布会，省级环保部门行政受理大厅，电视、广播、报纸等其他便于公众及时获得政府信息的形式。

"信息公开与舆论引导实施步骤与程序"应包括：对社会公开的程序、流程图及时限，召开辐射事故应急新闻发布会程序、流程图，辐射事故应急舆论引导程序、流程图。

27.3 辐射事故应急演练

27.3.1 辐射事故应急演练基本内容

一、一般要求

核技术利用单位应按照辐射风险大小开展桌面演练和实战演练。Ⅰ、Ⅱ、Ⅲ类放射源、甲级及乙级非密封放射性物质工作场所、Ⅰ、Ⅱ类射线装置的生产、销售、使用及运输应按照辐射事故应急预案要求开展实战演练和桌面演练，并按照先桌面演练后实战演练的顺序实施；Ⅳ、Ⅴ类放射源、丙级非密封放射性物质工作场所、Ⅲ类射线装置生产、销售、使用及运输应按照应急预案要求开展桌面演练。核技术利用单位应制定年度辐射事故应急演练计划，对演练目标、规模、频次、内容和组织实施等进行安排。核技术利用单位可利用实际发生过的事故（事件），以使演练情景保持高度的真实性。

核技术利用单位应开展辐射事故应急演练培训，包括但不限于以下内容：

A）辐射事故应急法律法规、标准规范；

b）辐射事故应急预案；

c）辐射事故处理、处置措施；

d）辐射事故应急演练相关内容。

1. 频次

核技术利用单位应每 2 年至少组织一次辐射事故应急演练，辐射作业与管理相应人员变动频繁的单位应增加演练频次；高风险移动放射源单位应每年开展一次辐射事故应急演练；油（气）田测井用放射源运输和使用单位应组织相关方每年开展一次辐射事故应急演练。有放射源暂存库的单位应组织相关方每年开展一次辐射事故应急演练。

2. 演练内容

核技术利用单位应根据放射性同位素及射线装置特点、工作场所特性，包括辐射防护设施、环境敏感点、人员、辐射安全与防护教育培训等条件确定辐射事故应急演练的内容。

1）桌面演练

桌面演练包括但不限于以下内容：

a）讨论或模拟信息报告；

b）辐射防护；

c）现场处置；

d）应急监测；

e）演练流程；

f）应急保障。

2）实战演练

实战演练包括但不限于以下内容：

a）不同辐射事故应急情景下的事故分析；

b）事故处理、处置措施；

c）个人辐射防护；

d）辐射事故应急设施与器材的操作使用；

e）信息报告与报警；

f）应急指挥与协调；

g）辐射场所监测和评价；

h）通讯和保障措施。

核技术利用单位实战演练可根据需要选用以下内容：个人剂量监测和剂量估算，应急队伍拉练，应急疏散组织，公众舆情应对，医疗救援与现场救治。

3. 组织与实施

（1）基本要求

核技术利用单位在实施辐射事故应急演练前，应成立演练组织机构，组织协调参演部门和人员，编制演练方案，聘请专业人员指导。两个或两个以上单位参与辐射事故应急演练时，应确定一个牵头单位组织，明确每个单位职责及其在演练中的重点任务。核技术利用单位在组织与实施辐射事故应急演练时，应为各相关方合理预留接口，并根据实际情况组织实施。演练实施过程中，应安排专门人员采用文字、照片和音像手段记录演练过程。演练结束后，演练组织单位应编写演练总结报告，并将演练资料归档。演练总结报告包括但不限于以下内容：

a）演练基本概况；

b）评估应急能力演练发现的问题；

c）取得的经验和教训；

d）改进核与辐射应急管理的建议。

核技术利用单位可委托第三方进行演练评估与总结。

1）桌面演练

核技术利用单位应组织各参演单位和参演人员熟悉各自参演任务和角色，熟悉演练实施过程的各个环节，并组织开展相应的演练准备工作。核技术利用单位发出控制信息，参演人员接收到事件信息后，通过角色扮演或模拟操作，完成辐射事故应急演练活动。

2）实战演练

准备工作。核技术利用单位参演单位和人员应熟悉辐射事故应急演练任务和角色，按演练方案开展准备工作。在开放或半开放环境开展辐射事故应急演练时，应通过公众易于获取的方式（如警示牌，应急演练告知语音等）知悉为演练活动。

组织预演。应按照演练方案组织预演，熟悉演练实施环节。

安全检查。应急演练前应确认所需的设备设施完好，应急物资充足，应急演练单位人员全部到位。

演练开始。下达演练开始指令，明确告知参演人员为辐射事故应急演练活动。

现场解说。解说内容主要包括演练背景描述、过程讲解、案例介绍、环境渲染等。

应急指挥与协调组织。演练组织机构按照演练方案，有序推进各个场景。各参演单位和人员根据信息和指令，依据应急演练方案流程，按照发生真实事件时的应急处置程序，采取相应的应急处置行动，作出信息反馈。

辐射环境监测。应制定辐射事故应急监测方案并开展监测工作。辐射事故应急监测方案应明确监测范围、监测点位、监测项目、监测频次、监测方法、采样与分析、监测结果与数据处理等内容。

辐射事故现场处置。根据辐射事故应急情景，按照应急预案和演练方案对现场进行控制和处理，包括安全警戒、辐射源控制、放射源收贮等。

演练结束。应急演练完毕后下达应急演练结束指令。应急演练结束后应做好现场恢复工作，包括：组织参演人员有序返回、对场地进行清理恢复及回收整理演练物资装备等。

应急演练评估。核技术利用单位应采取自评等方式组织进行现场评估，可聘请专业人员评估演练中存在不足并提出改进意见。

在应急演练实施过程中，出现特殊或意外情况，不能妥善处理或解决时，应中断应急演练。

4. 持续改进

核技术利用单位应当根据应急演练工作开展情况对应急预案、演练方案和脚本等提出改进建议，并按相关程序进行修订完善。核技术利用单位应当根据演练评估及总结中提出的问题和建议，制定整改计划，明确整改目标，落实整改措施，持续改进。

27.3.2 辐射事故应急演练实施方案案例

一、演练目的

为检验《××市辐射事故应急预案》的有效性、实战性适应性，磨合应急指挥体系，锻炼应急队伍，有效应对和处置影响辐射环境安全的突发事件，全面提升白银市应对突发辐射事故的应急响应、组织协调及协同作战能力，根据白银市政府工作安排，由白银市人民政府主办，白银市生态环境局和甘肃银光聚银化工有限公司具体承办，组织开展"核安铜城——白银市 2023 年辐射事故综合应急演练"。

二、演练活动组织机构

2.1 组织领导

为保障演练工作的有序开展，特成立白银市辐射事故应急演练工作领导小组。

组　　长：×××市政府副市长

副组长：×××市政府副秘书长

　　　　×××市生态环境局局长

成员：×××市委宣传部常务副部长

　　　×××市生态环境局二级调研员

　　　×××市公安局副局长

　　　×××市卫生健康委副主任

　　　×××市应急管理局副局长

　　　×××甘肃银光聚银化工有限公司副总经理

职责：负责应急演练活动全过程的组织领导，负责部署、检查、指导和协调应急演练各项筹备工作，审批决定应急演练重大事项。

领导小组下设办公室，办公室设在市生态环境局，×××同志任办公室主任。办公室职责是，贯彻执行白银市辐射事故应急演练工作领导小组的决策与指令，负责应急演练准备和各相关部门协调工作。

2.2 演练单位

主办单位：白银市人民政府

承办单位：白银市生态环境局、甘肃银光聚银化工有限公司

协办单位：市委宣传部、市公安局、市卫生健康委员会、市应急管理局

指导单位：甘肃省生态环境厅、甘肃省核与辐射安全中心

技术支持单位：×××有限公司

2.3　参演单位职责

根据《白银市辐射事故应急预案》，结合演练工作实际，确定各参演单位职责如下：

市生态环境局：组织开展应急演练工作；负责应急演练的组织、协调以及准备、导控、实施等工作；负责组织编制应急演练实施方案等文件；协调组织相关人员，牵头成立应急监测组、应急处置组及专家咨询组，指导各组开展演练前内部培训及演练；根据演练情景需要，必要时协调其他应急处置力量支援；负责与省生态环境厅的沟通、联络、报告。

市委宣传部：在应急演练中负责舆情应对和宣传报道工作，正确引导社会舆论。演习过程中履行舆情信息组职责。

市公安局：按照应急演练要求完成人员、设施的准备工作，参与应急演练相关前期视频拍摄，演练过程中负责事故发生地的现场警戒和车辆疏导。演练过程中履行安全保卫组职责。

市卫生健康委：按照应急演练要求完成人员、设施的准备工作，参与应急演练相关前期视频拍摄，演练过程中负责现场医疗救援工作。演练过程中履行应急救援组职责。

市应急管理局：按照应急演练要求负责事故调查工作。演练过程中履行现场调查组职责。

甘肃银光聚银化工有限公司：参与厂内应急相关前期视频拍摄，全程做好演练场地、人员等协调和配合工作，参与应急监测组和应急处置组工作。

白银市环境保护产业协会：参与应急演练中应急监测组和应急处置组相关工作。

2.4　指导单位

甘肃省生态环境厅、省核与辐射安全中心对演练工作全过程进行技术指导和技术支持。

2.5　技术支持单位

×××有限公司：负责演练方案、脚本编制、演练现场搭建、前期视频拍摄、影像数据传输、现场导控等演练工作，参与演练监测处置工作。

三、演练内容

3.1　演练名称

此次演练的全称为"核安铜城——2023年白银市辐射事故综合应急演练"。

3.2　演练级别

根据《甘肃省辐射事故应急预案》及《白银市辐射事故应急预案》规定，结合演练目的和要求，确定本次演练事故级别为一般辐射事故，响应级别为四级。

3.3　演练依据

《生态环境部（国家核安全局）辐射事故应急预案》（2020）；

《甘肃省辐射事故应急预案》（2021年修订）；

《白银市辐射事故应急预案》（2022年修订）；

《核技术利用单位辐射事故应急演练基本规范》（DB62/T 4536—2022）。

3.4 演练原则

本次应急演练的原则是：

（1）针对性。针对白银市核技术利用单位实际情况，加强政府和企业联动，使应急演练具有针对性和实用性。

（2）检验性。重点检验白银市辐射事故应急预案和相关单位预案的可操作性以及白银市辐射事故应急响应能力。

（3）综合性。体现应急指挥与行动的综合协调与联动，辐射事故应急组织体系协同响应，相关部门、单位的响应与行动。

3.5 演练时间

2023 年××月××日。

3.6 演练地点

（1）总指挥部：白银市生态环境局应急指挥大厅作为本次演练总指挥部和应急专家组的行动场所，同时作为演练观摩场所。

（2）现场应急指挥部：甘肃银光聚银化工有限公司调度大厅作为现场应急指挥部的行动场所。

（3）演练现场：甘肃银光聚银化工有限公司调度大厅楼前空地（拟设模拟放射源检修转运导致放射源失控事故现场）。

演练现场将作为事故发生、现场调查、应急监测和事故处置场所，是现场调查组、舆情信息组、安全保卫组、应急救援组、应急监测组、应急处置组的行动场所。

3.7 应急响应组织体系及职责

总指挥部：

组　　长：×××市政府副市长

副组长：×××市政府副秘书长

　　　　×××市生态环境局局长

成员：×××市委宣传部常务副部长

　　　　×××市生态环境局二级调研员

　　　　×××市公安局副局长

　　　　×××市卫生健康委副主任

　　　　×××市应急管理局副局长

职　　责：研究确定应急响应的重大决策和指导意见；领导、组织、协调整个应急响应行动，审核、批准应急响应中提交的方案和信息。

现场指挥部：

现场指挥长：×××市生态环境局二级调研员

成　　员：市生态环境局、市委宣传部、市公安局、市卫生健康委、市应急管理局相关科室副主任

职　　责：对辐射事故现场进行统一指挥协调；向总指挥部报告事故现场情况和处理处置进展情况；执行总指挥部命令。

专家咨询组：

组长单位：由市生态环境局邀请专家

成　　员：特邀专家

职　　责：对应急演练全过程进行技术指导，根据应急演练进展情况向应急总指挥部、现场指挥部适时提供建议和策略，对现场应急监测、事故处置等提供技术指导。参与演练结束后演练效果评估工作。

舆情信息组：

组　长：×××市委宣传部对外发布科科长

职　　责：负责事故舆情应对及新闻发布工作。

现场调查组：

组　　长：×××市应急指挥中心主任

职　　责：负责事故现场调查工作。

安全保卫组：

组　　长：×××市治安支队综合科科长

组成部门：市公安局、甘肃银光聚银化工有限公司

职　　责：负责对事故发生地执行现场警戒和车辆疏导，防止无关人员进入。

应急救援组：

组　　长：×××市紧急医疗救援指挥中心主任

职　　责：负责现场医疗救护支援工作。

应急监测组：

组　　长：×××省核与辐射安全中心

组成部门：白银市辐射监理站、甘肃银光聚银化工有限公司、白银市环保产业协会应急救援队

职　　责：承担演练中辐射事故应急监测工作；负责辐射事故的危害评价、影响范围划定、后果预测等工作，确定应急响应终止的监测指标。

应急处置组：

组　　长：×××省核与辐射安全中心

组成部门：白银市辐射监理站、甘肃银光聚银化工有限公司

职　　责：负责放射源回收处置工作。

3.8 情景设计

2023年3月某日上午，某核技术利用单位料位计检修时，维修人员将料位计放射源部分拆卸，运往放射源暂存库，到达暂存库后，发现一枚Ⅳ类放射源丢失。通过对该料位计运输沿途及周边环境进行辐射监测，初步确定放射源于运输途中掉落。该公司启动辐射事故应急预案，对事故场所进行了初步巡测和警戒，并报告白银市生态环境局白银分局、市公安局白银分局，白银市生态环境局白银分局向白银市生态环境局报告，白银市生态环境局经初步研判为一般辐射事故，立即上报白银市辐射事故应急指挥部，白银市辐射事故应急指挥部立即启动白银市辐射事故应急预案，开展了放射源丢失后的一系列应急响应行动。

3.9 应急演练程序

（一）事故发生、厂内应急

（1）2023年3月某日上午8时，某核技术利用单位对料位计进行检修，维修人员将料位计放射源部分拆卸运往放射源暂存库后，发现一枚Ⅳ类放射源丢失。该单位立即启动应急预案，立即向白银市生态环境局白银分局和市公安局白银分局进行了上报，同时对事故场所进行了警戒和初步巡测，通过对运输沿途及周边环境进行辐射监测，初步确定放射源掉落范围，但无法找到掉落的放射源。

（二）接报、上报

（2）2022年3月××日上午9时，某放射源使用单位向白银市生态环境局白银分局、白银市公安局白银分局报告，该厂放射源检修转运过程中发生放射源掉落丢失。

（3）白银市生态环境局白银分局接到报告后，立即向市生态环境局报告，市生态环境局立即指示白银市生态环境局白银分局先期赶赴现场调查核实情况，并召集市辐射站人员组建应急监测组赶赴现场，同时上报省生态环境厅及市辐射事故应急指挥部。

（三）启动应急预案

（4）市生态环境局对调查情况进行分析研判，按照辐射事故分级判定此次事故属于一般辐射事故，立即报告白银市辐射事故应急指挥部。

按照辐射事故分级原则，Ⅳ类放射源失控属于一般辐射事故。

（5）市辐射事故应急指挥部决定立即启动《白银市辐射事故应急预案》，启动一般辐射事故应急响应。

白银市生态环境局向省生态环境厅进行正式始报。

（6）市辐射事故应急指挥部启动应急响应，由市人民政府副市长冯汉颐任总指挥，市政府副秘书长杨成谋、市生态环境局局长杨永胜任副总指挥，成员包括各有关单位负责人，应急指挥部到达白银市生态环境局应急指挥大厅，指挥各应急小组的响应行动。

应急指挥部成立现场指挥部，由市生态环境局×××任现场指挥长，全面负责事故现场各专业小组的行动指挥，现场指挥部设置在甘肃银光聚银公司调度大厅；

应急指挥部根据应急预案，立即组织有关人员组成专家组，紧急赶赴现场；

市生态环境局紧急抽调有关人员组建应急监测组和应急处置组立即赶赴现场；

市公安局组建安全保卫组，派遣警力赶赴现场；

市卫生健康委组建应急救援组，赶赴现场做好应急待命；

市委宣传部组建舆情信息组，赶赴事故现场；

市应急管理局派人赶赴现场开展事故调查，了解现场事故的发生过程，对放射源失控的原因进行初步调查。

（四）现场警戒

（8）现场指挥部综合组织、协调各组开展应急响应工作，并报告现场情况。

（9）安全保卫组确定外部安保警戒区域，同时进行人员疏散和交通管制。

（五）现场监测

（10）应急监测组制定"应急监测方案（一）"，上报应急指挥部，专家组审核后，应急指挥部下达开展监测指令。

（11）按照"应急监测方案（一）"对事故现场及周围进行监测，初步确定了放射源掉落地点。

（12）现场指挥部指示应急救援组立即赶赴现场进行医疗应急处置；指示公安交警对现场四周扩大警戒范围，设立警戒线。

应急救援组对现场可能受照人员进行了筛查，排除了人员受到辐照伤害的可能。

（13）应急指挥部要求应急监测组制定下一步监测方案并上报审核。

应急监测组制定"应急监测方案（二）"，（具体由应急监测组进行数据分析、测算、评估，确定监测数据方法与步骤）上传指挥部，专家组审核后，应急指挥部下达开展监测指令，进一步明确放射源掉落位置。

安全保卫组按照指挥部的要求，根据专家组的意见，以事故现场为中心，约 30 米为半径的现场进行警戒，设置控制区。

（14）启用无人机对警戒区进行巡查，监测组按照"应急监测方案（二）"利用核素识别仪和无人机确定放射源位置，将现场监测及放射源搜寻结果上传应急指挥部，专家组对上报情况进行分析，提出评估意见，应急指挥部确认监测结论，应急监测组按照监测方案，经过科学的监测，发现放射源的准确位置。

（15）舆情信息组利用网络公布事故情况，消除群众对周围环境可能造成辐射危害等疑虑。

（六）现场处置

（16）应急处置组制定"处置方案"，上传应急指挥部，专家组审核后，应急指挥部下达处置指令。

应急专家组现场指导，由应急处置组的专业人员将脱落的放射源安全回收至屏蔽容器，应急监测组对容器的表面剂量率进行了监测和确认。

（17）现场指挥组将处置情况上报应急指挥部，应急监测组制定"应急监测方案（三）"，请示下一步指令。

按照"应急监测方案（三）"应急监测组对放射源遗留地进行了监测，确认该地面周围剂量率达到本底值。同时对周围的土样进行取样监测，确认对地表土样没有污染。

（七）应急终止

（18）对参与辐射应急监测处置的所有人员进行表面污染监测，确认每个人未受到放射性污染。

（19）专家组根据上报情况研判后，认为放射源未发生破损，不会对周围环境造成放射性污染，向应急指挥部提出终止应急响应的建议。

（20）舆情信息组对本次事故开展舆情应对和新闻发布。

市生态环境局向省生态环境厅进行终报。

应急指挥部宣布应急终止，演练结束。

3.10　演练导控

演练过程节奏控制和引导由导控员来承担。导控人员由市生态环境局人员组成，设为总导控 1 名，现场指挥部导控员 1 名、演练现场导控员 1 名。

总导控的任务是掌握导控节点和步骤，启动演练，及时引导现场指挥部和各专业组按程序引导演练过程。

3.11 应急演练评估

演练当天下午 2:30，市应急指挥部组织召开此次演练的评估总结会议。

3.12 观摩安排

拟邀请以下单位领导观摩演练，生态环境部核与辐射西北监督站、省生态环境厅、兄弟市州生态环境局、市生态环境局各县（区）分局、相关核技术利用单位。观摩地点位于白银市生态环境局应急指挥大厅。预计总人数 30～40 人。

四、演练准备

4.1 参演人员的培训

本次应急演练参演人员预计 40 人。在演练前需要对参演应急演练人员进行培训，培训内容包括：

—白银市辐射事故应急预案；

—辐射应急监测程序；

—演练情景培训。

4.2 应急设施设备的准备

确保下列应急设施设备在演练前可用：

（1）快速应急监测系统：监测车 1 辆、便携式监测设备；

（2）防护用品：防护服、警戒线、剂量计等；

（3）视频采集、通讯设备：包括对讲机、耳麦、照相机、摄像机（4 台）、无人机、现场大屏、音响等器材；

（4）其他器材：手套、鞋套、口罩、桌椅、横幅、公告牌、标志、座签等。

其中市生态环境局负责快速响应车辆、便携式监测设备、防护用品等的准备；市公安局负责内部通信工具、警戒标志的准备；市卫生健康委负责医疗检查及救治器具的准备；技术支持单位负责横幅、应急演练区域划分标志、电离辐射警示标志、录像、照相器材、座签、应急演练现场布置（包括会场、显示屏、音响设备等）及模拟事故场景和放射源模型的准备。

4.3 应急文件的准备

可能用到的应急文件包括：

（1）各类与辐射评价相关的法律法规标准和技术文件；

（2）生态环境部、甘肃省生态环境厅、白银市与本次演练事故相关的应急预案；

（3）有关放射源相关知识及辐射防护常识；

（4）白银市演练区域地形地图（电子版和纸质版）等。

4.4 演练专用文件

需要准备下列专用文件：

1）一套带有"应急演练"标识的应急数据表格，重复使用的表格需要复制多份；

2）一套模拟的辐射监测数据；

3）一套带有"应急演练"标识的接警记录、初报、续报表格，重复使用的表格需要复制多份；

4）应急演练现场平面图；

5）演练通讯录，具体应包括：

所有应急参演人员的手机号码；

应急指挥部内设置的报告专用电话。

4.5 演练期间的安排

（1）演练前会议及预演

为了很好地完成对演练的监控引导和评价，在演练开始前三日，由白银市生态环境局主持召开演练前会议，检查最后的准备情况。演练前一日，在现场开展 1～2 次预演。

（2）正式演练

正式演练计划从 10:00 开始，约 11:30 结束，总时长约 1 小时 30 分。

（3）演练总结评估会

在演练结束后，当天下午 2:30，应急指挥部组织召开此次演练的评估总结会议。

五、演练工作计划

（1）第一阶段

2022 年 10～12 月：完成演练实施方案、脚本编制，组织专家评估工作。

（2）第二阶段

2023 年 1 月下旬：成立演练领导小组，明确演练组织机构及职能职责。

（3）第三阶段

2023 年 2 月上旬：召开应急演练工作宣贯会，了解应急演练方案和应急演练实施计划，明确职责。

（4）第四阶段

2023 年 3 月下旬：进行演练准备，开展演练预演。

27.3.3 辐射事故应急演练自评估

27.3.3.1 演练场景设计及基本情况

本次演习根据我省"核大省"特点和核与辐射安全监管工作现状，对未来核与辐射安全风险进行了分析研判，结合现有核与辐射事故应急能力，在此基础上制定了《"陇原行动"——甘肃 2020 年核与辐射事故综合应急演习情景设计暨实施方案》。事故模拟 2020 年 11 月 18 日，甘肃省发生 6.0 级地震，中核兰州铀浓缩有限公司（以下简称"兰铀公司"）位于距震中 50 公里范围内，该处地震烈度达到 7 度。受地震影响，兰铀公司场区第三方公司正在作业的一枚 Ⅱ 类移动探伤放射源失控。同时该单位受地震影响发生了六氟化铀（UF_6）泄漏核事故，且场区内铀气溶胶浓度达到核事故场区应急行动水平。事故发生后，兰铀公司和第三方公司立即启动本单位应急预案，并向当地生态环境部门、公安部门报告辐射事故情况，向甘肃省核应急办、国家核安全局、西北监督站、中核集团报告核事故情况。接报后，甘肃省核应急办启动二级核事故应急响应；国家核安全局启动部核事故二级应急响应，下达甘肃省开展核设施外围辐射环境应急监测指令。省政府依据甘肃省辐射事故应急预案启动二级响应，成立应急总指挥部和现场指挥部，生态环境、公安、卫生等部门赶赴事故现场。各成员单位按职责分工积极开展工作。在收到国家核安全局终止部核事故二级响应指令后，总指挥部组织开展辐射事故处置工作，最终将失控放射源安全收贮。及时向媒体发布应急处置情况，圆满完成各项应急处置工作后结束演习。

演习活动中，环境保护部西北核与辐射安全监督站邀请华北、西南、华东、东北站的领导和专家，组成两个小组分别参加指导省应急演练指挥大厅和模拟事故现场的应急演习活动，对启动实施辐射事故应急预案和应急响应的全过程进行了观摩。省生态环境厅、省委宣传部、省委军民融合办、省委国安办、省工信厅、省委网信办、省应急厅、省公安厅、省卫健委、省气象局、省地震局，兰州新区管委会、兰州市生态环境局、兰州新区生态环境局和兰州亚太工贸集团有限公司的相关领导和各市州生态环境局分管领导及工作人员分别在应急指挥大厅和模拟事故现场进行了观摩。

27.3.3.2　本次演习的主要做法与特点

甘肃省政府高度重视本次演习工作，省委常委、常务副省长专门作出批示。甘肃省生态环境厅成立了演习工作领导小组，作为牵头部门，厅领导多次召开会议专题研究部署演习工作，协调解决具体问题，要求演习紧贴实战、周密组织。生态环境部（国家核安全局）、西北监督站对本次演习给予积极指导，组织专家对演习方案进行深入讨论，提出了很多宝贵意见，郭承站司长通过视频会议对演习工作提出了具体要求。各级领导的重视和指导，为本次演习的圆满成功提供了强有力的支持。

（一）演习宗旨明确

演习遵循了以下原则。

一是实战性原则。实景启动了甘肃省及省生态环境厅、兰州新区辐射应急预案及相关部门和模拟辐射事故单位应急预案，力求做到实地、实兵、实装、实效。演习规模大、涉及单位广、参与人员多，省、兰州市、兰州新区政府及其相关部门、兰州铀浓缩有限公司参与演习和保障的人员近200人，出动特种车辆十多辆，动用监测仪器20台（套），摄像设备10多部（台），利用省辐射应急监测调度平台进行多系统多点位的互联互通。

二是检验性原则。重点检验了省辐射应急监测调度平台与应急快速响应能力建设，及各层级、各部门辐射应急预案的可操作性。演习严格依照辐射专项应急预案规定的程序有序实施，市、区政府领导在第一时间赶赴现场先期处置，公安部门及时出动维持秩序、控制事态，生态环境部门及时实施监测和统一协调指挥，企业全力配合，专业处置队伍安全处置回收放射源，卫健部门及时开展受照人员排查和医疗救治等，体现了决策果断、配合默契、调度有方、规范有序和科学高效，形成了整体合力。

三是特色性原则。根据甘肃省核与辐射安全监管工作现状，突出甘肃"核大省"的特点，设计核事故与辐射事故叠加的特点，使应急演习具有针对性和实用性。

四是综合性原则。体现应急指挥与行动的综合协调，辐射事故应急组织体系协同响应，相关部门、单位的响应与行动。从背景设计、方案制定、脚本策划、动员协调到组织实施，省、新区政府及应急、生态环境、公安、卫健等部门和企业，均做了大量的沟通协调与联动配合工作，保障了演习顺利进行。

五是节俭性原则。坚决贯彻党风廉政建设和勤俭要求，体现节俭、务实、高效的特色，确保尽可能节约降低成本，不影响演习地区（单位）经济环境、社会生活，保证演习参与人员、公众和环境的安全。

（二）演习特点显著

一是情景设计考虑核与辐射事故叠加，充分体现了当地面临的实际风险。演习工作人员克服疫情影响，多次深入核设施和核技术利用单位调研，熟悉相关单位核事故、辐射事故应急预案。在此基础上，将演习情景设计为受地震影响，兰铀公司场内同时发生核事故和辐射事故。方案确定后，西北监督站组织专家进行了审查讨论，并根据专家意见梳理了核与辐射事故叠加的应急响应流程，重点突出了核设施外围辐射环境监测和辐射事故应急响应工作，情景设计合理、体现甘肃特色。

二是相关单位积极筹划、周密组织，确保演习工作准备充分、有效实施。为组织好本次核与辐射事故综合演习，省生态环境厅成立应急演习领导小组，明确了人员结构与职责，制定了演习计划时间轴。方案制定方面，组织开展演习情景设计调研 3 次、演习方案会议讨论研究 4 次、修改演习方案 5 次，最终通过方案评审。场地准备方面，考察应急演习模拟场地 3 次、多部门协调会议 2 次，最终将演习总指挥部和模拟场地确定在兰州新区。演习培训方面，组织应急监测单项训练 10 余次、应急培训和桌面推演 3 次、多部门联合预演 2 次。通信保障方面，协调中国电信等相关单位实现了事故现场和辐射应急监测调度平台、应急指挥中心的音视频互联互通，做到了信息传输顺畅清晰。后勤保障方面，调动生态环境、公安、卫生、气象、地震等部门专用车辆 10 余台，演习及保障人员 100 余人。安全保障方面，结合当前秋冬季疫情防控要求，专门为本次演习制定了疫情防控方案，组织专人落实。

三是多部门协同、联动作战，充分发挥整体合力。此次演习规模大、涉及单位广、参与人员多、动用装备多，参演单位按照预案统一指挥、有序实施、无缝衔接，圆满完成演习任务。应急指挥部有关领导在第一时间带队赶赴现场，成立现场指挥部；应急监测组及时开展核设施外围辐射环境监测并实施放射源搜寻定位，应急处置组安全收贮放射源。公安部门及时出动维持秩序、控制事态；卫健部门及时开展受照人员排查和医疗救治；省委宣传部及时开展舆情监测、公众沟通；另外，基于省 2016 版预案、结合事故特点，演习将省气象局、省地震局、省应急厅等纳入成员单位并履行其职责。事故企业及时启动预案并积极配合开展人员清场、警戒、事故处置等工作。各参演单位配合默契、动作规范，形成了整体合力，体现出较强的协同联动作战能力。

四是应急装备先进、监测规范，突出了应急响应信息化水平。本次演习应急监测与日常监测平战结合，事故发生后，第一时间调取大气辐射环境自动站和水质在线监测数据，了解区域辐射环境水平及变化情况；结合兰铀公司实际情况，优化监测点位布设，制定了准确、有效的应急监测方案。监测人员动作标准、操作规范，在传统应急监测的基础上，突出使用应急监测车巡测、伽马相机定位、无人机航测、机器人清障和处置等现代化高科技手段，全面检验了应急队伍的响应能力。演习通过应急监测调度平台传送应急指令、监测数据、响应实况，并和城市大数据中心相结合，利用多种资源快速有效应对核与辐射事故，进一步提升了信息化水平。

27.3.3.3 演习取得的主要成效

这次较大辐射事故应急演习行动，既是对《甘肃省辐射事故应急预案》的实践检验，也对各级政府、各相关部门、各核技术利用单位及应急救援与处置队伍应对处置突发核与辐射事故能力有了促进提高，主要取得了五个方面的成效。

一是检验了预案。通过开展应急演练，查找出应急预案中存在的问题，特别是根据当前生态环境安全新形势，对照生态环境部今年修订的《生态环境部（国家核安全局）辐射事故应急预案》，为进一步修订完善我省辐射事故应急预案，提高应急预案的实用性和可操作性积累了经验。

二是完善了准备。通过实战检查辐射事故应急人员、物资、装备、技术等方面的准备情况，发现了一些不足及时予以调整补充，有利于改进应急准备工作。

三是规范了程序。全面检验了各应急组织应急响应程序的规范性、合理性，对存在的问题进行调整。

四是锻炼了队伍。增强了演习单位和人员对应急预案、应急程序的熟悉程度，提高了省级核与辐射事故应急队伍的应急响应能力。

五是磨合了机制。演习检验了甘肃省及兰州新区生态环境、公安、卫健和政府应急办等部门对核与辐射事故的应急响应、组织协调和协同作战能力，进一步协调了与相关部门、单位的接口与行动，理顺了工作关系，提高了协作能力。

27.3.3.4 存在问题及下一步工作重点

本次演习取得以上成效的同时，也暴露出一些问题。

一是应急预案亟待修订。随着近几年来机构改革不断深化，国家相关法律法规不断修订完善，现行的2016版《甘肃省辐射事故应急预案》与我省辐射事故应急工作实际不相适应，需开展应急预案修订工作，调整增加应急指挥机构、完善改进指挥体系、优化明确相关职责。

二是应急装备亟待补充。受省情所限，省级现代化应急装备仍有较大缺口，特别是市州及以下辐射应急能力薄弱，应急设施设备运维、物资保障需进一步加强。

三是专项应急演习需进一步加强。演习中还存在个别人员对预案职责不够熟悉、协调联络不够顺畅等问题，应通过进一步加强日常专项应急演习和应急培训，磨合多部门接口，确保信息收集和联络渠道畅通，进一步提升响应能力。

下一步，我们将从以下几个方面予以改进加强。

（一）持续加强核与辐射安全监管机构建设。认真贯彻"三严三实"要求和"严慎细实"方针，发扬求真务实精神，不断增强队伍向心力、凝聚力、战斗力，进一步健全核与辐射安全监管机构建设，切实履行核与辐射安全监管特别是应急工作职责，加强业务技能培训，全力打造一支在任何情况下都能"喊得应、拉得出、叫得响、测得准、打得赢"的监管队伍，确保辐射环境安全和保障人民群众健康。

（二）不断夯实应急能力基础。一是采取有效措施加强辐射应急监测装备建设；二是定期修订应急预案及程序。结合生态环境保护特别是辐射环境安全出现的新形势、新特点、新问题，进一步完善、细化应急预案；三是要定期开展应急演练。结合我省辐射安全特点，立足实战要求，采取多种方式，适时组织各类突发辐射事故的应急演练，做到常态化和制度化；四是定期开展应急培训。使各类应急人员清楚岗位职责，掌握所需的应急知识与技能。

（三）进一步完善联动机制。按照"统一领导、分级负责、条块结合、属地管理"的应急要求，建立健全核与辐射应急指挥协调机制，信息共享、处理和反馈机制，工作联动机制，信息发布和舆论引导机制，全面构建各项应急工作长效机制。

（四）进一步强化核与辐射安全宣传教育。结合核安全文化宣贯活动和《甘肃省辐射污染防治条例》（2020 年修订）的宣贯，广泛开展核与辐射安全知识宣传，增强公众对核技术利用安全的了解以及对我省应急保障能力的信心。

27.3.4 辐射事故应急演练评估

为全面提升甘肃省辐射事故应急体系的响应能力，2020 年 11 月 18 日，甘肃省在兰州新区组织开展了"陇原行动"—甘肃 2020 年核与辐射事故综合应急演习。根据要求，生态环境部西北核与辐射安全监督站联合生态环境部华北、华东、西南、东北核与辐射安全监督站组成了演习评估组。

评估组依据《生态环境部（国家核安全局）辐射事故应急预案》《甘肃省辐射事故应急预案》《中核兰州铀浓缩有限公司辐射事故应急预案》等文件资料，对本次演习进行了综合评估，现将评估意见报告如下。

27.3.4.1 评估内容

本次评估主要涉及以下六个方面：
（一）应急预案及相关实施程序的执行情况；
（二）应急响应体系的启动、应急行动的开展和应急行动的终止等应急响应流程开展；
（三）应急指挥部的决策能力以及各应急小组成员的应急响应能力和意识；
（四）各应急小组的应急行动及其相互之间的协调与配合；
（五）应急装备的完备性及使用情况，特别是应急监测调度平台、快速监测系统等应急仪器设备的使用情况；
（六）应急信息的接收、处置、报送及舆情的应对和引导。

27.3.4.2 总体评价

本次演习得到了甘肃省政府和省生态环境厅及相关部门高度重视，整个演习组织政治站位高、部署周密，演习方案科学，情景设置贴合实际，是将自然灾害、核事故和辐射事故巧妙结合的一次高水平辐射事故应急演习。演习中，参演人员态度认真，仪器设备使用正确，参演各要素配合密切，指挥调度有序，充分利用了无人机、爬行机器人等先进设备，人机结合充分，应急响应行动迅速，部门有效联动。演习体现了"统一领导、分类管理、属地为主、分级响应、充分利用现有资源"的原则，达到了检验各级应急预案、检验应急设施设备、检验应急响应能力的既定目的。

27.3.4.3 主要特点

（一）高度重视、有效联动

本次演习得到了甘肃省政府、兰州新区政府的高度重视，极大地调动了应急响应资源。演习有效地启动了国家、甘肃和事故企业的三级应急预案体系，检验了应急预案之间的衔接性。生态环境、宣传部、卫健委、地震、气象、公安等多个部门联演联动、各司其职、密切配合，使演习取得了良好的效果。

（二）情景设计，紧贴实际

演习立足甘肃省核与辐射安全监管工作实际，抓住了核与辐射安全风险关键。演习将地震和核与辐射事故巧妙结合，既有意暴露管理工作短板，对辐射工作人员起到警示作用，又磨合和强化了省级辐射事故应急协调机制。同时，自然灾害引起的核与辐射事故不可忽视，提升了省级辐射事故应急协调机制覆盖面，具有较强的现实意义。

（三）突出特色，突出实战

演习选择的是一枚正在生产用探伤 II 类放射源在地震中失控，放射源无法正常收回。这种高危放射源在工业中得到了广泛的应用，体现了甘肃的实际情况，具有较强的针对性。演习过程中使用了放射源模型，提升了演习真实性，充分检验了监测与处置应急队伍，具有较强的实战性。

（四）处置新颖，展示充分

针对存储的放射性物料发生泄漏、II 类放射源难以回收以及对人体危害大的特点，演习突出了放射源的回收处置，充分展示了高危源精准定位跟踪，无人机巡测、放射源定位，爬行机器人近距离精准回收等先进设备的高效利用，同时展示了手持式、长杆式等各种便携式监测设备，进一步缩小放射源丢失范围，使用高纯锗 γ 谱仪设备核素识别，提升了演习的技术含量，展示了回收处置能力。

（五）应急得当，配合密切

参加应急响应的各应急小组成员态度认真，基本按照应急预案和具体实施程序开展应急响应行动。应急响应启动后，各小组行动迅速，能够在第一时间赶赴现场开展应急工作，应急监测组、应急处置组能够根据事故的实际情况，合理开展工作。应急处置中人机结合熟练，事故现场采样、监测、人员去污等程序合理，操作动作规范，处置程序连贯，体现了核与辐射应急人员的专业素养。

27.3.4.4 不足与改进建议

评估组认为此次演习还存在一些不足，提出以下改进建议。

（一）修订完善应急预案及实施程序。

生态环境部于 2020 年 10 月已经发布了新版的应急预案及实施方案，甘肃省应对应急预案及实施程序及时修订。演习方案设计与甘肃省现行辐射事故应急预案不完全一致。

（二）进一步完善舆情应对与应急救援等环节。

演习过程中舆情应对、应急救援等情节简单、参与度不高，演练效果没有得到充分展现。

（三）演习动作细节还不够规范，有待进一步提高。

如控制区与监督区的划分应根据监测结果逐层推进，合理设置；现场应急监测组、处置组与现场指挥部的信息传递应进一步优化；人员撤出作业区域解除防护动作不规范，机器人未监测沾污情况。

最后，评估组认为甘肃省人民政府和生态环境厅高度重视本次应急演习，演习工作准备充分，情景设计科学合理，应急救援组织有序，后勤保障有力，参演人员态度认真、专业素养高，验证了甘肃省核与辐射应急体系完整性和有效性，达到了演习的预期目的。通过本次演习，强化了核与辐射应急的组织领导、应急预案、核与辐射管理、能力保障、联防联控和风险防范的六大体系，也发现了存在的问题和不足，应认真分析、积极改进，持续修改完善应急预案、应急执行程序，不断加强应急能力建设和人员队伍建设，切实保障核与辐射环境安全。

27.4　核与辐射事故应急队伍建设

27.4.1　我国核事故应急救援队伍建设

中国坚持积极兼容、资源整合、专业配套、军民融合的思路，建设并保持与核能事业安全高效发展相适应的国家核应急能力，形成有效应对核事故的国家核应急能力体系。

（一）国家核应急组织

国家核应急协调委负责组织协调全国核事故应急准备和应急处置工作。国家核应急协调委主任委员由工业和信息化部部长担任。日常工作由国家核事故应急办公室（以下简称"国家核应急办"）承担。必要时，成立国家核事故应急指挥部，统一领导、组织、协调全国的核事故应对工作。指挥部总指挥由国务院领导同志担任。视情成立前方工作组，在国家核事故应急指挥部的领导下开展工作。

国家核应急协调委设立专家委员会，由核工程与核技术、核安全、辐射监测、辐射防护、环境保护、交通运输、医学、气象学、海洋学、应急管理、公共宣传等方面专家组成，为国家核应急工作重大决策和重要规划以及核事故应对工作提供咨询和建议。建设辐射监测、辐射防护、航空监测、医学救援、海洋辐射监测、气象监测预报、辅助决策、响应行动等 8 类国家级核应急专业技术支持中心，以及 3 个国家级核应急培训基地，基本形成专业齐全、功能完备、支撑有效的核应急技术支持和培训体系。

国家核应急协调委设立联络员组，由成员单位司、处级和核设施营运单位所属集团公司（院）负责同志组成，承担国家核应急协调委交办的事项。

经过多年努力，中国形成规模适度、功能衔接、布局合理的核应急救援专业力量体系。适应核电站建设布局需要，按照区域部署、模块设置、专业配套原则，建设了 30 多支国家级专业救援分队，具体承担核事故应急处置各类专业救援任务。军队是国家级核应急救援力量的重要组成部分，承担着支援地方核事故应急的职责使命，近年来核应急力量建设成效显著。为应对可能发生的严重核事故，依托现有能力基础，中国将组建一支 300 余人的国家核应急救援队，主要承担复杂条件下重特大核事故突击抢险和紧急处置任务，并可参与国际核应急救援行动。

（二）省（自治区、直辖市）核应急组织

省级人民政府根据有关规定和工作需要成立省（自治区、直辖市）核应急委员会（以下简称省核应急委），由有关职能部门、相关市县、核设施营运单位的负责同志组成，负责本行政区域核事故应急准备与应急处置工作，统一指挥本行政区域核事故场外应急响应行动。省核应急委设立专家组，提供决策咨询；设立省核事故应急办公室（以下称省核应急办），承担省核应急委的日常工作。

未成立核应急委的省级人民政府指定部门负责本行政区域核事故应急准备与应急处置工作。

必要时，由省级人民政府直接领导、组织、协调本行政区域场外核应急工作，支援核事故场内核应急响应行动。

中国设立核电站的省（区、市）均建立了相应的核应急力量，包括核应急指挥中心、应急辐射监测网、医学救治网、气象监测网、洗消点、撤离道路、撤离人员安置点等，以及一批专业技术支持能力和救援分队，基本满足本区域核应急准备与响应需要。省（区、市）核应急指挥中心与本级行政区域内核设施实现互联互通。

（三）核设施营运单位核应急组织

核设施营运单位核应急指挥部负责组织场内核应急准备与应急处置工作，统一指挥本单位的核应急响应行动，配合和协助做好场外核应急准备与响应工作，及时提出进入场外应急状态和采取场外应急防护措施的建议。核设施营运单位所属集团公司（院）负责领导协调核设施营运单位核应急准备工作，事故情况下负责调配其应急资源和力量，支援核设施营运单位的响应行动。

按照国家要求，参照国际标准，中国各核设施营运单位均建立相关的核应急设施及力量，包括应急指挥中心、应急通讯设施、应急监测和后果评价设施；配备应对处置紧急情况的应急电源等急需装备、设备和仪器；组建辐射监测、事故控制、去污洗消等场内核应急救援队伍。核设施营运单位所属涉核集团之间建立核应急相互支援合作机制，形成核应急资源储备和调配等支援能力，实现优势互补、相互协调。

按照积极兼容原则，围绕各自职责，中国各级政府有关部门依据《国家核应急预案》明确的任务，分别建立并加强可服务保障于核应急的能力体系。

按照国家、相关省（区、市）和各核设施营运单位制定的核应急预案，在国家核应急体制机制框架下，各级各类核应急力量统一调配、联动使用，共同承担核事故应急处置任务。

27.4.2 辐射事故应急预案队伍建设案例

××生态环境厅为贯彻落实《自治区应急管理指挥办公室安委会办公室关于印发〈贯彻落实《自治区人民政府办公厅关于加强应急救援队伍建设管理的若干意见》实施方案〉的通知》要求，自治区生态环境厅成立自治区核与辐射应急专业救援队伍。

27.4.2.1 工作目标

根据《中华人民共和国突发事件应对法》《自治区突发事件应对条例》等相关法规及《自治区辐射事故应急预案》《自治区生态环境厅辐射事故应急预案》，建立自治区生态环境厅核与辐射应急专业救援队伍，强化队伍体系建设，加强人员装备力量配备、明确任务分工、完善应急保障，强化应急演练，提升应急救援能力。

27.4.2.2 职责分工

自治区生态环境厅核与辐射应急专业救援队伍职责为：当自治区范围内发生辐射事故时，进行应急搜寻、监测及应急收贮工作，具体职责如下：

（一）负责自治区范围内重大及以上辐射事故应急响应、处置和专业救援；

（二）负责对自治区范围内一般及较大辐射事故发生地辐射应急系统进行技术支持和专业救援。

27.4.2.3 组织体系

依据《宁夏回族自治区辐射事故应急预案》《宁夏回族自治区环境保护厅辐射事故应急预案》，按照辐射事故应急分级响应的要求，自治区核与辐射应急专业救援队伍在自治区生态环境厅领导下开展应急救援工作，并为地级市辐射事故应急提供必要的技术支援。

自治区核与辐射应急专业救援队伍设队长 1 名，副队长 2 名，内设 4 个专业救援组，具体如下：

队长：自治区核与辐射安全中心主任

副队长：自治区核与辐射安全中心副主任

（一）现场协调组。

组长：×××

成员：×××、×××、×××、×××

职责：负责协调制定现场应急监测、寻源和处置方案，协调事故现场监测和放射源的处置工作；做好事故救援现场通信、网络信号传输保障及相应设施设备的保障工作。

（二）应急监测组。

组长：×××

成员：×××、×××、×××、×××、×××、×××、×××；×××、×××；×××、×××；×××。

职责：负责制定辐射事故应急监测方案并组织实施；负责汇总、校核监测数据，起草待发布监测数据报告；承担辐射事故现场丢失放射源精确定位、确认等工作。

（三）应急处置组。

组长：×××

成员：×××、×××、×××

职责：负责制定辐射事故应急处置方案并组织实施；负责组织丢失放射源的收贮工作。

（四）救援保障组。

组长：×××

成员：×××、×××、×××

职责：负责应急救援物资、经费、装备保障工作。

27.4.2.4　设施设备

（一）应急救援指挥系统。

包括自治区生态环境厅辐射事故应急指挥中心会议系统和自治区核与辐射应急监测调度平台系统。

（二）快速应急监测系统。

快 1 应急监测系统：移动监测车 1 辆、便携式 γ 谱仪、γ 连续测量系统、便携式表面污染测量仪、气象六参数测量仪、数据传输系统。

快 2 应急监测系统：监测车 1 辆、便携式 γ 谱仪、便携式 X-γ 剂量仪 1 台、便携式监测取样设备。

（三）仪器设备。

便携式 X-γ 剂量仪、便携式 γ 谱仪、高压电离室、NaI 谱仪、αβ 表面污染测量仪等 120 台（套）。

（四）防护用品。

个人剂量报警仪 20 台、个人剂量计 20 个、防护服等。

（五）通信设备。

对讲机 10 部。

（六）收贮装备。

收源车 1 辆、放射源收贮罐、长柄收贮工具、放射性废物桶等。

（七）其他器材。

手套、鞋套、口罩、警示标识、警戒线、保鲜膜等。

27.4.2.5　应急救援保障

（一）应急救援资金保障。将辐射事故应急准备与响应工作经费纳入核与辐射应急中心预算，确保日常应急准备、应急响应和应急救援的资金需要。

（二）应急救援物资器材。根据辐射事故应急准备与响应实际工作，配套必要的应急物资及相关器材，主要包括应急办公用品、应急通信设备、应急监测设备、个人防护用品、应急处置用品、应急后勤保障用品等，并定期检查和维护保养。

（三）应急救援能力保持。

1. 制定年度辐射应急响应和救援培训计划，组织实施培训，提升辐射应急救援人员的专业技能；

2. 落实辐射应急响应和应急救援演练制度，不断提高辐射事故应急救援能力和实战水平，始终保持应急设施设备的应急状态。

27.5　辐射事故应急监测

辐射事故应急监测是指在辐射事故应急情况下，为查明放射性物质的核素、位置、状态以及场所或环境放射性污染情况和辐射水平而进行的监测。辐射事故应急监测案例如下

27.5.1　巡测方案

目的：搜寻丢失放射源大致区域

1. 4 个巡测小组沿指定巡测路线进行巡测。巡测路线见下表。

监测小组	人员	使用车辆及设备	监测内容	巡测路线
陆地巡测一分队	××	车辆：快一 设备：高压电离室、NaI 谱仪	γ 辐射剂量率巡测，γ 能谱巡测	沿企沙大道（新围路和企沙大道交界处）→中一重工右转→广西越洋化工集团→沙港街→企沙大道→向企沙工业园方向
陆地巡测二分队	××	车辆：快一 设备：高压电离室、NaI 谱仪	γ 辐射剂量率，γ 能谱巡测	沿大西南临港工业园→沙企路→新围路→公车大街→企沙大道→新围路→沙企路→沙龙派出所→王府异地安置处→企沙大道→企沙工业园方向
陆地巡测三分队	××	车辆：快二 设备：FH40G＋FHZ672E-10 γ 剂量率仪	γ 辐射剂量率	沿企沙大道→东湾大道→沙企路→滨港大道→沙企路→小龙门街→越洋化工→恒港化工→企沙大道→企沙工业园方向
陆地巡测四分队（防城港市应监测队）	××、××	车辆：快二 设备：FH40G＋FHZ672E-10 γ 剂量率仪	γ 辐射剂量率	企沙大道右转→昌雄建材市场→沙企路→新兴路→右转公车大街回到昌雄建材市场→企沙大道→佛子坝→横岭咀→沙企路→葛青→企沙大道→企沙工业园方向

2. 当发现监测数值异常时应减慢速度

3. 巡测过程中监测数据异常时分 2 种情况进行处理

（1）情况 1：当监测数值增大后继续前进，若剂量率前进一段距离后下降，则应原路返回再进行重新确认升高区域，找到最大点并记录。

所在车上的监测小组下车使用剂量率仪，通过在道路剂量率较大处位置两侧分别测量剂量率，比较大小。剂量率较大一侧则为放射源丢失方向。监测小组原路返回车上，车辆原路返回至安全位置待命，报告异常情况及具体位置。

（2）情况 2：当监测数值增大后继续前进，若剂量率持续增大，则应立即停车，监测小组下车通过视线法确认放射源方向，上车后原路返回至剂量率正常位置。报告异常情况及具体位置。

27.5.2　初步监测方案

目的：初步定位放射源，收集现场信息，等待其他监测小组到达支援

1. 由发现异常的巡测小组下车进行初步监测，透过仪器确定放射源的大致方向，（具

体方法为：原地站立不动，握住剂量率仪器向前伸出远离人体，人原地旋转，当背后正对放射源时，其度数最小，则划出一条由仪器至人体重心的直线，它给出了近似放射源的方向），之后向放射源方向缓慢前进搜索，观察前进方向的两侧地形，是否有较大空旷区域。

2. 观察该区域是否有其他入口或通道。

3. 初步测量入口处辐射剂量率，用便携式 γ 谱仪识别核素。

4. 向指挥部上报现场情况，根据具体情况协助外围警戒人员进行监测。

当观察场地较为宽阔，有多个入口时，协助外围警戒人员选择剂量率小于 1 μGy/h 处进行外围警戒。若场地周围不平坦或高低起伏等环境复杂情况，则根据实际情况协助监测。

5. 根据现场情况监测周边剂量率情况。

6. 返回车内待命。

27.5.3 搜寻污染源方案

目的：寻找并确定丢失放射源较确切位置

1. 监测小组集结完毕后，监测带仪器下车，监测三分队先使用手提式巡测 γ 谱仪靠近进行核素识别，识别完毕后放回车上。由 3 个应急监测分队从东南侧边缘前进至接近厂房，在前进过程中，根据具体情况，监测小组之间根据现场情况选定一个较低的剂量率值，寻找剂量率相同的点，每隔 5～15 m 做好标记，最后分散于污染源影响区域每组相隔 15～25 m 进行搜索监测，具体分工如下表及下图。

序号	监测小组	仪器	监测内容	监测点位
1	监测一分队	FH40G＋FHZ672E-10 γ 剂量率仪	γ 辐射剂量率	负责场地南侧空地
2	监测二分队	FH40G＋FHZ672E-10 γ 剂量率仪	γ 辐射剂量率	负责场地东南侧空地
3	监测三分队	FH40G＋FHZ672E-10 γ 剂量率仪	γ 辐射剂量率	负责场地东侧空地

2. 当每组人员距离较大且监测数值都不大时，每个小组 1 人持便携式 γ 剂量率仪在定位处做好标记并监测数值。另 1 人持平板及记录夹记录该点的剂量率大小。

3. 在每一组自己所在位置用便携式 γ 剂量率仪通过仪器读数找到放射源所在方向直线（具体方法为：原地站立不动，握住剂量率仪器向前伸出远离人体，人原地旋转，当背后正对放射源时，其度数最小，则划出一条由仪器至人体重心的直线，它给出了放射源的方向），用标记物标注自己及仪器所在位置。

4. 在面对放射源的直线方向上前进 5～10 m，并拉皮尺，前进过程中便携式 γ 剂量率仪先行，若发现辐射升高，则记录该点的数值并标记位置。若发现读数异常升高，则立即停止前进，标记完毕后向后原路返回。

注：所有队员不应停留于剂量率过高的地方，若剂量率异常升高，则应立即返回至低剂量率处。

27.5.4　环境复测方案

目的：放射源收贮后验证是否有残留放射性物质。

3 个监测分队分工进行复测，放射源收贮车辆需远离事故区域，监测点位如表和图所示。

监测小组	监测内容	监测点位
监测一分队	γ 辐射剂量率	以收贮点为中心，东西向为 X 轴，南北向为 Y 轴，以 10 m 作为网格间距进行监测，监测区域需覆盖放射源位置 50 m 范围内事故区域。记录数据。若巡测中发现监测数值异常升高则应立即停止前进，上报指挥部异常位置
监测二分队	γ 辐射剂量率	
监测三分队	γ 辐射剂量率	

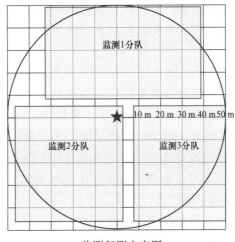

监测复测方案图

28　辐射事故应急处理处置实例

28.1　γ射线探伤作业违法违规造成辐射事故案件

因放射源活度高、易丢失，作业场所复杂，从业人员素质参差不齐、流动性大等特点，γ射线探伤作业一直是辐射安全监管重点领域。近期，宁夏回族自治区生态环境厅严厉查处了一起γ射线探伤作业违法违规造成辐射事故的案件。该案中涉事单位和人员无视法律法规要求，通过借用资质、许可证、放射源方式承揽项目，并雇用未经培训人员进行操作，最终造成三名工作人员受辐射损伤，性质极为恶劣。

28.1.1　事故经过

李某某借用宁夏冠唯工程检测技术有限公司探伤资质和辐射安全许可证，借用宁夏志杰检测工程有限公司γ射线探伤机（内含一枚Ⅱ类铱-192放射源），并通过互联网雇佣未受任何辐射安全培训的陈某某、刘某某和樊某某，为宁夏钢铁集团有限责任公司炼铁厂3#高炉富氧管道改造项目进行探伤。2020年6月14日13时起陈某某、刘某某及樊某某进行探伤作业，15日凌晨6时结束作业整备探伤机时发现放射源源辫不在探伤机中，刘某某随即用手钳将源辫安装回探伤机。

6月15日开始，陈某某、刘某某感到身体不适，出现恶心、呕吐及乏力症状，樊某某无明显症状。24日左右，3人均出现手部红肿、疼痛等症状。29日开始，受照3人分别在宁夏、河北及北京进行检查治疗。诊断结论为：三人受照剂量均严重超过国家标准规定的剂量限值；陈某某左手急性放射性皮肤损伤Ⅲ度；刘某某左手拇指、食指急性放射性皮肤损伤Ⅳ度，左手中指、无名指及小指急性放射性皮肤损伤Ⅲ度；樊某某左手急性放射性皮肤损伤Ⅰ-Ⅱ度。

28.1.2　调查处理情况

接到宁夏回族自治区疾病预防控制中心关于3名探伤人员意外受照报告后，自治区生态环境部门会同公安机关对该事故中涉事单位及个人违法行为进行调查，并根据《放射性同位素与射线装置安全和防护条例》有关规定，于2020年11月对宁夏志杰检测工程有限公司、宁夏冠唯工程检测技术有限公司两家单位作出吊销辐射安全许可证并处罚款7万元的行政处罚。

28.1.3　工作要求

各γ射线移动探伤单位应深刻汲取此次事故的经验教训，认真排查并切实杜绝借用许可资质、出借探伤机、使用未经培训人员作业等违法违规问题，严格按照相关法律法规和《关于 γ 射线探伤装置的辐射安全要求》（环发〔2007〕8 号）、《关于进一步加强 γ 射线移动探伤辐射安全管理的通知》（环办函〔2014〕1293 号）有关要求开展探伤作业。

28.2 放射源超剂量事故案例

28.2.1 事故基本情况

济宁市金乡华光辐照厂位于济宁市金乡县高河乡，是一私营企业。该辐照厂始建于 1994 年，为自行建造的静态堆码式辐照装置，辐照源为钴-60，1994 年加源 7.2 万 Ci，1999 年 5 月又加源 4.4 万 Ci，现活度为 3.8 万 Ci。

2004 年 10 月 21 日下午，由于该辐照装置的铁网门安全联锁、降源限位开关、踏板降源装置、三道防人员误入辐照室的光电联锁等六个安全装置及拉线开关全部失灵，放射源未正常回落到井下安全位置，2 名工作人员未经监测进入辐照室工作。待发现撤出辐照室时，两名工作人员前后受照时间达 10 分钟左右，受照人员距离放射源 0.8～1.7 米，造成两人受超剂量误照射。受照后不久便出现呕吐症状，受照剂量较大者目前全身红肿、口干、腹部疼痛、视物不清，白细胞下降明显，临床初步判断受照剂量大于 10 戈瑞。

28.2.2 事故发生原因

1. 辐照装置未按国家标准《γ 辐照装置设计建造和使用规范》（GB 17568—1998）的要求设计，达不到安全要求，在安全联锁装置失效、人员误入等意外情况发生时，放射源不能自动回落到井下安全位置。

2. 运营单位管理不严，规章制度和操作规程不健全。

3. 操作人员缺乏必要的安全防护知识，进入辐照室前未进行剂量监测，违章操作。

28.2.3 事故处理情况

1. 由山东省环境保护局责令该辐照厂停止生产，查封辐照室，并吊销其放射性同位素工作许可证（卫监放证字（鲁）015）。

2. 由山东省环境保护局查清原因，查处责任人。

我国小型辐照装置（设计装源活度小于 10 万 Ci）始建于 20 世纪 70 年代初期，普遍存在上述安全隐患。为防止类似事故的发生，各省、自治区、直辖市环境保护局（厅）应结合"清查放射源，让百姓放心"专项行动，加强对辐照装置的现场检查，严格执法，对存在安全隐患或规章制度不健全的单位，责令停止使用进行整改。经验收符合要求后，方能继续使用。

29 辐射应急监测物资储备库建设

29.1 区域核与辐射应急监测物资储备库建设

29.1.1 华东、华南地区

华东和华南沿海地区核电厂数量众多，源项相同，建议建设一座区域核与辐射应急监测物资储备库。

浙江省位于中国东南沿海，长江三角洲南翼，我国大陆海岸线地理中部，也位于我国沿海核电基地分布的中间位置。浙江省对外交通便利，沿海高速公路和沿海高速铁路均穿境而过，杭州萧山国际机场航线覆盖国内各大中城市。在核与辐射应急监测工作中，从浙江省杭州市出发，应急监测物资可以以最短的路径和最快的速度抵达华东、华南区域事故现场。在现有工作基础方面，生态环境部辐射环境监测技术中心（以下简称"技术中心"）位于浙江省杭州市，是生态环境部在辐射环境监测领域主要的技术支持单位，承担国家辐射环境监测网络的建设、管理和技术支持，负责全国辐射环境监测系统的质量保证管理工作，承担全国辐射环境监测系统数据中心的建设、运行与管理。技术中心在核与辐射应急监测方面承担全国核事故、特别重大辐射环境事故、核与辐射恐怖袭击事件的应急监测技术支撑工作，具有丰富的核与辐应急监测工作经验。技术中心现建成"国家环境保护辐射环境监测重点实验室"，拥有全国辐射环境监测网络、全国辐射环境监测数据库，核设施外围辐射环境在线监测系统、核与辐射环境移动监测系统、低本底辐射环境实验室以及各类高精尖辐射分析仪等科研监测设备。技术中心已配备了各类应急监测专用仪器设备 60 余台（套），总价值超 5 000 万元。现已具备惰性气体快速监测、航空监测、车载巡测、移动实验室应急监测等国内先进监测技术能力，还有各类便携式应急监测、采样和防护设备等。浙江省海洋生态环境监测中心是我国专业海洋生态环境监测一级站，拥有一艘 498 t 的"浙海环监"科学调查船，船上配有 3 个海洋环境调查监测实验室。2020 年启动了 800 t 级新"浙海环监"科学调查船更新改造。浙江海洋监测中心具备饮用水等 109 项全项目监测分析能力及全面开展海洋生态环境调查监测、进行海洋生态环境监测研究和参与国际合作项目的条件和能力，可以在海域核与辐射应急监测和采样中发挥重要作用。在场地条件优势方面，生态环境部辐射环境监测技术中心现有本部实验室面积 10 000 m^2，还有杭州半山实验基地约 3 000 m^2，以及秦山、三门前沿站及流出物实验室约 5 000 m^2。技术中心正规划央地共建康桥生态环境科创基地，拟在电磁环境验证校准、辐射监测质量控制、海洋辐射监测、监测大数据应用、国际交流合作以及科普宣传等方面发挥基础支撑作用，将华东区域核与辐射应急监测物资储备库设立在浙江省杭州市康桥生态环境科创基地，具有优越的地理位置、成熟的工作基础、良好的运维保管场地条件等优势条件。

广东省既是展示我国改革开放成就的"重要窗口"，也是国际社会观察我国改革开放的"重要窗口"，两个"重要窗口"赋予了广东先行先试的厚望，也赋予了广东成功典范的希望。广东各级政府历来高度重视核能的利用和发展，对于核能事业的发展均有较大的支持力度。建设区域核与辐射应急监测物资储备库，对保障华东、华南地区的核与辐射安全具有重要意义，各级政府在物资储备库的建设和运维上定能给予最大的政策优惠。其次是市场化程度高，广东是全国市场化程度较高的地区之一，对于应急物资储备库的建设、运维等方面，具有天然的市场优势。各类应急物资的采购、仓储、流转、使用等方面，均有很强的市场优势。

福建省建设核与辐射应急监测物资储备库的优势主要有以下几点：一是地方政府大力支持，选址问题已解决。二是补足短板，提升能力。储备库建成后，将显著提升华东、华南核与辐射应急监测和处置能力，满足福建尤其是漳州核电及周边厦门、泉州等核技术利用单位集中区域的核与辐射事故应急工作需要。三是有效应对周边核与辐射安全问题。"十四五"期间，福建省将面临应对日本核污水排放以及海峡两岸可能出现的核与辐射事件等相关课题，有必要加强核与辐射应急监测物资储备，提升华东和华南地区核与辐射应急和监测、处置能力。

广西壮族自治区现有核电厂位于防城港市，规划建设的白龙核电也位于防城港市，同时防城港市距离广东湛江市3个小时车程，距离阳江6个小时车程，在广西建库可以有效覆盖粤西、广西的核设施。此外，广西防城港核电厂监督性监测系统前沿站占地40亩，已使用10亩，还剩30亩地。为提升广西核与辐射应急能力，广西生态环境厅计划在前沿站建设广西核应急响应技术中心，集核应急前沿指挥所、应急物资储备库、核电厂备用指挥中心以及生态环境科普教育和公众沟通中心为一体，快速响应钦北防地区核与环境应急突发事件。区域核与辐射应急监测物资储备库与广西正在规划建设的核应急响应技术中心可以有效衔接，同时防城港前沿站有专人值守，可以定期对仪器设备进行维护保养，以及清点。

综上所述，建议在浙江省杭州市、广东省、广西壮族自治区防城港市、选取一地建立华东、华南区域核与辐射应急监测物资储备库。

29.1.2　西南地区

四川省是核工业重要基地，拥有核燃料勘探、采冶、转化、浓缩及放射性废物处理等环节的完整核工业体系，国家区域核与辐射应急监测物资储备库选址四川，能极大地强化区域核与辐射事故应急能力，提升核与辐射事故应急有效性。二是四川处于中国西南腹地，地理位置优越，成都市位于西藏、重庆、贵州、云南的中心节点，区域交通十分便利，铁路、公路等交通网络发达，一旦发生核与辐射事故能够迅速启动应急响应流程，缩短应急监测物质投放时间和降低救援成本。三是核与辐射监测能力强劲，四川有中国工程物理研究院、中国核动力研究设计院、四川大学、四川原子能院等一批科研院所和高校，核与辐射专业力量雄厚；同时，四川省核与辐射应急监测队伍专业技术较强，具备丰富的实战经验，依托现有机构和人员，可极大提高核与辐射应急响应效率。四是四川省城市放射性废物库库房占地面积约 30 亩，具备约 3 000 枚放射源、1 000 t 放射性废渣的收贮能力，在四川省建设区域核与辐射应急监测物资储备库，可依托城市放射性废物库现有土地及部分建设设施，降低建设成本。

建议在四川省成都市建设一座区域核与辐射应急监测物资储备库。

29.1.3 西北地区

（1）在甘肃省兰州市建立物资储备总库，在嘉峪关依托企业建立物资储备分库

首先，甘肃省是国家最早的核工业和核试验基地，辖区内核工业和核技术利用单位数量多，涉及范围广。近年来，核产业在甘肃境内快速布局发展，核与辐射安全风险日益增加，为满足核与辐射监测及应急的需要，建设应急监测物资储备库非常必要。其次，甘肃省位于中国版图几何中心，兰州市交通相对发达，在甘肃省建设区域核与辐射应急物资储备库可以辐射宁夏、青海、陕西等省份，地理位置优越。最后，甘肃省级核与辐射应急监测机构位于兰州，具备较为成熟的监测应急队伍，依托现有机构及人员优势，保障区域核与辐射应急监测物资储备总库的建设及运行。

在分库建设方面，甘肃省生态环境厅拟与中核四 0 四有限公司开展政企合作，资源共享，依托企业的人员和装备优势，在甘肃省核与辐射安全风险最高的地区建立分库，同时能够兼顾新疆核与辐射事故应急监测支援。

因此，建议充分考虑西北核产业发展现状及地理信息，将西北区域核与辐射应急监测物资储备库选址甘肃兰州和嘉峪关，强化甘肃及西北核与辐射监测应急能力。

（2）在甘肃省兰州市建立物资储备总库，在新疆乌鲁木齐市建立物资储备分库

新疆地处我国西北边陲，与印度、俄罗斯、哈萨克斯坦、巴基斯坦等 8 个国家接壤，现有陆路口岸 18 个，其中印度、巴基斯坦、俄罗斯都是有核国家，近年周边国家局势动荡，安全形势堪忧。在新疆乌鲁木齐市建立分库，可以依托新疆核与辐射监测机构人员优势，兼顾核与辐射安全风险较高的陆路口岸应急监测工作，缩短支援时间，对维护新疆社会稳定具有重要作用。同时，能够与兰州总库共同对嘉峪关等高风险地区开展应急监测支援。

结合西北特点，建议在以上方式中选择建设一座区域核与辐射应急监测物资储备库。

29.2 辐射事故应急监测调度平台

辐射事故应急监测调度平台是核与辐射事故应急的重要内容，下面以某核与辐射应急监测调度平台为例进行介绍。

29.2.1 建设情况

利用 2011—2012 年中央财政主要污染物减排专项资金完成了 1 套快 1（快速应急响应系统 1）、3 套快 2（快速应急响应系统 2）和 14 套快 3（快速应急响应系统 3）系统建设，同时完成了核与辐射应急监测调度平台建设，快速反应系统设备及车辆配备。应急监测调度平台于 2014 年 3 月 4 日建设完成并通过专家组验收，正式投入使用。全省快速

反应系统设备由省财政统一招标采购，于 2014 年 3 月全部配发到各市（地），车辆由各市（地）完成采购。目前，应急监测系统已运行 6 年，省级应急监测调度平台运行状态良好。

29.2.2　管理运维情况

一是加强检定比对，确保数据准确有效。严格按照规定的检定周期，对监测仪器按时检定，每年举办一次全省范围的监测仪器比对，对所有应急监测仪器开展比对实验，同时组织相关市（地）积极参加东北核与辐射监督站举办的应急监测设备比对活动，2019 年甘肃省还举办了全省生态环境监测专业技术人员大比武活动，对所有市（地）的仪器设备进行了检验，通过检定比对保证了数据准确有效。

二是加强培训，提升人员技能。每年举办一次全省辐射环境监测人员业务培训，保证监测人员能够熟练使用仪器，高效完成相关工作任务。

三是严格管理，做好车辆维护保养。完成应急监测车辆的配备工作，并制定了《应急车辆使用管理制度》，对应急监测车辆统一喷涂应急标识，加强车辆的定期保养与维护，并由专人负责管理，确保车辆状况良好。随着公车改革，各市（地）配备的应急监测车辆使用状况发生较大改变，各市（地）实际使用情况略有不同，但基本能够保证执行辐射事故应急监测任务。

四是组织专项演习，检验应急检测系统。每年不定期组织全省应急监测系统应急演练工作，通过演练，及时发现解决系统出现的问题，保证应急监测系统的有效运行。同时我省还加强同重点市的不定期联调联试，检验市级应急监测系统的应急能力。

30　辐射事故应急督查检查

30.1　辐射环境监测与应急工作评估指标

根据《生态环境监测网络建设方案》（国办发〔2015〕56号），生态环境部（国家核安全局）制定了《辐射环境监测与应急工作评估指标》（试行），并要求各地区监督站结合辐射环境管理工作，每年对本区域内各省（区、市）生态环境部门相关工作进行调度指导至少1次。

辐射环境监测与应急工作评估指标如下。

30.1.1　监测能力建设情况

1. 监测能力符合率

监测能力符合率是衡量一个省（区、市）的监测能力满足本省（区、市）辐射环境监测职责与任务的指标。

监测能力符合率 =（通过计量认证的需要的监测项目数/本省（区、市）实际所需监测项目数）×100%。

2. 财政保障情况

各省（区、市）根据生态环境监测事权，将辐射环境监测所需经费纳入各级财政预算予以重点保障。

财政保障率 =（财政拨付金额/预算额）×100%。

30.1.2　国控网运行情况

1. 自动站实时数据获取率

自动站实时数据获取率指各省（区、市）行政区内辐射环境自动监测站在考核时间段内小时均值数据获取率的算术平均值。因不可抗力导致数据缺失不计入考核。计算方法如下：

$$G = \frac{\sum_{i=1}^{n} C_i}{n} \times 100\%$$

其中：G——待考核地区自动站实时数据获取率；

n——待考核地区参加考核的自动站数量；

C——考核时段内第i个自动站小时均值的数据获取率。

2. 现场监测和实验室分析有效数据获取率

现场监测和实验室分析有效数据获取率指在考核时间段内通过数据平台报送并经审核确认的有效数据数与全国辐射环境监测方案规定需报送的监测数据数的比值。因不可抗力导致数据缺失不计入考核。计算方法如下：

$$A = \frac{X}{Y} \frac{\sum\limits_{i=1}^{n}\sum\limits_{j=1}^{m} X_{ij}}{\sum\limits_{i=1}^{n}\sum\limits_{j=1}^{m} S_{ij}F_{ij}} \times 100\%$$

其中：A——现场监测和实验室分析有效数据获取率；

$\quad\quad$ X——考核时间段内通过数据平台报送并经审核确认的有效数据数；

$\quad\quad$ Y——按照监测方案规定需报送的监测数据数；

$\quad\quad$ S——监测方案规定的监测点位数；

$\quad\quad$ F——监测方案规定的监测频次；

$\quad\quad$ i——监测方案规定的监测对象，如气溶胶、沉降物等；

$\quad\quad$ j——监测方案规定的监测项目，如总 α、锶-90、γ 能谱分析等。若监测项目为 γ 能谱分析，则每个待测核素按权重因子 $1/m$ 参与统计（m 为监测方案规定的 γ 能谱分析待测核素总数）。

3. 质量保证有效数据获取率

质量保证有效数据获取率指在考核时间段内通过数据平台报送并经审核确认的质量保证有效数据数与全国辐射环境监测质量保证方案规定需报送的质量保证数据数的比值。计算方法如下：

$$W = \frac{\sum\limits_{i=1}^{n} D_i}{\sum\limits_{i=1}^{n} M_i} \times 100\%$$

其中：W——质量保证有效数据获取率；

$\quad\quad$ D——规定考核时间段内通过数据平台报送并经审核确认的第 i 种质保措施有效数据数；

$\quad\quad$ M——按照全国辐射环境监测质量保证方案统计第 i 种质保措施需报送的数据数。

30.1.3　监测数据共享及公开情况

1. 大数据平台建设情况

各省（区、市）核与辐射监测相关信息系统建设与整合情况，是否纳入各省（区、市）生态环境大数据平台建设。

2. 信息公开情况

各省（区、市）辐射环境监测相关信息发布及公开情况。

30.1.4　核与辐射应急情况

1. 应急预案制修订情况

各省（区、市）是否制定并定期修订核与辐射事故应急预案，有重大变化时是否及时修订。能否按照预案执行应急报告制度，开展应急准备与响应工作。

2. 应急培训与演习情况

各省（区、市）是否制定年度应急培训与演习计划，是否有效实施应急培训与演习工作。

3. 应急设施设备运行维护情况

各省（区、市）对应急设施设备是否进行定期检查、测试，有关记录是否完备。

30.2　辐射环境监测与应急自查评估报告

以甘肃省为例，介绍辐射环境监测与应急自查评估情况。

30.2.1　2020 年度辐射环境监测与应急工作评估整改情况

（一）对于监测应急存在的问题。年初制定年度培训计划，按计划有步骤进行培训工作。组织省市县核与辐射安全监管人员积极参加生态环境部举办的各类业务培训。采取"请进来、送出去"培训模式，组织开展持证上岗培训考核及省际间监测技术交流。坚持每年举办全省核与辐射安全监管业务培训班，持续提升监管人员能力素质。中心安排上岗考核 1 人，九月参加自动站运维培训，十月参加中国辐射防护研究院组织实验室比对线上总结会。按计划积极开展累积氡项目准备工作。

（二）对于核技术利用系统存在的问题。向核三司提出申请，变更了法人代表信息，对核技术利用系统收贮台账进行了一致性自查，查出了系统台账上有出入的部分，通过省级管理员进行系统台账的修改录入，目前此项工作已整改完成。

（三）对于甘肃城市放射性废物库安全防范系统的问题。进一步细化完善项目实施方案，对视频画面入侵联动、一键报警、备用电源等进行升级改造。待方案通过批准后实施招标采购。

30.2.2　辐射环境监测与应急监管情况

（一）不断加强核安全文化建设。加强宣传教育，促进核安全文化理念巩固深化。联合西北核与辐射安全监督站，开展"4·15"全民国家安全教育日宣传活动。利用"6·5"世界环境日系列宣传活动平台，通过省内多家主流媒体积极向公众宣贯核安全文化。

（二）持续推进"放管服"工作。先后向市州生态环境主管部门下放或者委托下放环评审批权限及辐射安全许可审批权限共计 16 项。做好对市州许可审批工作的指导、帮助和监督，不断提升审批权下放后市州的承接能力。

（三）推动全省核安全工作协调机制科学顺畅运行。制定印发《2021 年甘肃省核安全工作协调机制工作要点》，梳理汇总了各成员单位人员调整变化情况，组织召开相关工作推进会议，起草上报了《2021 年甘肃省核安全工作协调机制上半年工作总结》。

30.2.3　辐射环境监测能力建设情况

按照生态环境部《全国辐射环境监测方案（2021 版）》和《2021 年度生态环境部项目任务合同书》要求，结合甘肃省实际，下发《2021 年甘肃省辐射环境监测方案》，对全省 72 个辐射环境监测国控点和 129 个省控点开展了监测分析工作。

（一）国控网辐射环境监测能力符合率情况。省核安全中心编制了《质量手册》(F/5)、《程序文件》(F/1)、《作业指导书》及《质量、技术记录》等系列文件，进一步健全了质量管理体系。中心省级资质认定能力范围维持 4 大类 34 项，其中 2020 年完成 γ 放射性核素、^{3}H、土壤中氡析出率变更 3 项。2020 年 8 月完成实验室认可复评审工作，共 7 大类 35 项，并完成中子剂量当量率、土壤中氡浓度、土壤中氡析出率、水中 ^{3}H、生物 γ 核素项目方法变更共计 5 项。2021 年 3 月完成中心 CMA 资质法人变更，5 月份完成 HJ1157 标准变更。6 月完成 CNAS 体系标准变更 1 项。中心现具有的监测能力能够满足生态环境部要求辐射环境监测项目需求，监测能力符合率为 100%。

（二）财政保障情况。2021 年，生态环境部为甘肃省安排中央财政专项国控辐射环境监测资金 293 万元；同时，积极争取到省级环境监测业务经费 258 万元、核与辐射环境应急监测能力建设项目专项资金 400 万元、氡监测系列能力建设专项资金 400 万元、省控点大气辐射自动站运维专项资金 60 万元、省控饮用水源辐射环境在线监测系统运维专项资金 60 万元、高风险移动放射源在线监控系统运维专项资金 20 万元、甘肃城市放射性废物库安全防范系统运维专项资金 15 万元、核与辐射监测专项资金 230 万元、甘肃城市放射性废物库安保系统和辐射实时系统提标完善专项资金 40 万元、环评文件技术评估和辐射安全许可证技术审查专项资金 85 万元、第三方辐射环境监测质量考核专项资金 25 万元、省辐射工作人员在线考核专项资金 17 万元，有效保障了甘肃省辐射环境质量监测工作的顺利开展，财政保障率 100%。

30.2.4　国控网运行情况

今年，在生态环境部和西北核与辐射安全监督站的关心支持下，甘肃省开展了新建 20 个、原有 4 个大气辐射环境监测自动站的监测运行工作，监测项目涉及到空气 γ 辐射剂量率，气溶胶、沉降灰、气碘等环境介质中核素活度浓度分析。目前，运行的甘肃省国控监测网主要有 24 个辐射环境自动监测点、8 个环境 γ 辐射监测点、4 个核环境安全预警监测点、19 个水体监测点、15 个土壤监测点和 2 个电磁辐射监测点的采样分析工作。前三个季度国控网监测项目数据已通过数据报送平台上报。监测分析结果与历年监测分析结果基本一致。

（一）国控大气辐射环境自动监测站实时数据获取率情况。甘肃省目前运行的 24 个国控大气辐射环境自动监测站，均由省核与辐射安全中心负责日常运行管理。为高质量地保障自动站长久正常运行，提供可靠的监测数据，省核与辐射安全中心制定了《甘肃省辐射环境自动监测站运行与管理办法》，建立了《辐射自动监测站检查记录表》《标准型辐射自动监测站检查报告》《基本型辐射自动监测站检查报告》《省级数据中心系统检查报告》《甘肃省核与辐射安全中心辐射环境自动监测站监测方案》《甘肃省辐射环境自动监测站运维人员通讯录》《自动站期间核查》等，并委托第三方做好运维。按照原环境保护部《关于加强国控辐射环境自动监测站运行管理的通知》（环办〔2015〕148号）要求，对国控点自动站开展全面核查，排除安全隐患，完善了自动站的运维、管理、监测采样和期间核查工作，并按照《辐射环境空气自动监测站运行技术规范》（HJ 1009—2019），坚持做到"日监视、月巡检"，发现异常及时处理，保证了国控点自动站的正常运行。2020 年自动站小时数据获取率大于 90%、样品采集率为 100%。

（二）现场监测和实验室分析有效数据获取率情况。按照生态环境部《全国辐射环境监测方案（2021 版）》要求，按时间节点完成了前三个季度全部项目的现场监测和实验室分析工作，监测数据均已上报数据汇总中心，国控网监测点数据均通过国家审核入库，现场监测和实验室分析数据获取率为 100%，通过技术中心审核入库的数据获取率为 95%。根据生态环境部《2020 年国家辐射环境监测网数据报送总结报告》可知，甘肃省 2020 年全年现场监测和实验室分析有效数据获取率为 95.4%。

（三）质量保证有效数据获取率情况。甘肃省核与辐射安全中心严格按照生态环境部《辐射环境监测技术中心关于印发 2021 年全国辐射环境监测质量保证方案的通知》要求，一是加强辐射环境监测仪器设备管理。根据我省年度测量溯源计划，共实施 182 台（套）大、小型仪器量值溯源，均取得了相应的检定、校准证书，确保所有关键仪器设备溯源率达到 100%。二是严格执行持证上岗制度。根据《辐射环境监测人员持证上岗考核实施细则》（2019 年修订版），每年组织 2 个批次人员赴浙江站参加考核并取得上岗证，有效提升了我省技术人员的监测技能水平，确保了全省辐射环境监测工作顺利实施，截至 2021 年 11 月，中心持证上岗人数为 31 人，均在有效期内。三是强化实验室内部和外部质量控制。严格落实中心实验室质量管理评定和生态环境部质量保证要求，通过开展实验室内空白样、平行样、加标回收率、密码样以及质控考核和比对、样品外检和实验室间的比对等方式控制监测数据质量，提高实验室监测分析水平。根据生态环境部《2020 年国家辐射环境监测网数据报送总结报告》可知，甘肃省 2020 年实验室项目分析质量保证有效数据获取率为 98.4%。2021 年参加部核与辐射安全中心组织的水样中总 α、β 比对，参加中国辐射防护研究院组织的气溶胶锶 90、水中铀的比对，全部项目为合格，目前正在开展生态环境部组织的全国质量考核比对工作。参加浙江站组织的水中 U、水中 Th、降水 ^{3}H、气溶胶 ^{90}Sr、土壤 γ 核素样品外检工作。

30.2.5　监测数据共享及公开情况

（一）大数据平台建设情况。按照大数据平台建设要求，正着手将八大系统实现整合，其中环境监测综合管理平台（省控大气）已完成系统改造，实现 10 s 一次的数据实时解析，已完成数据对接工作。废物库视频及监测监控系统已实现系统改造，其中涉及库房区域的 9 路视频，已完成接入工作。核减省核安全中心应急监测调度平台及视频会商、宝利通视频会议系统已完成内网和专网的割接工作，实现中心应急监测调度平台在厅应急指挥大厅的实时访问。辐射与环境监测实验室业务管理系统正在优化完善阶段，待完成后给核安中心部署使用。电磁环境监测网络云平台、甘肃饮用水源放射性核素在线检测系统、甘肃饮用水源 α、β 自动监测系统、高风险源在线监控系统已完成系统功能改造。待数据对接完成后，届时实现全省辐射监测数据互联共享。

（二）信息公开情况。甘肃省每年通过辐射环境监测技术中心公开发布全省辐射环境质量报告；每年编制甘肃省生态环境质量状况公报，并通过甘肃省生态环境厅网站公开发布，甘肃省国控点辐射环境自动监测站测得的小时空气吸收剂量率数据通过全国空气吸收剂量率发布系统实时公开。

30.2.6　核与辐射应急工作开展情况

（一）应急预案编制修订情况。依据环境保护部（国家核安全局）辐射事故应急预案要求，并依托省级辐射事故应急演练经验反馈，自 2015 年起组织着手修订省级辐射事故应急预案，于 2016 年 11 月 15 日由省政府办公厅印发实施《甘肃省辐射事故应急预案》。同时，各市州均制定了辐射事故应急预案，并结合实际情况予以修订完善。2021 年已完成省级辐射事故应急预案修订初稿，正在开展征求意见及完善工作。《甘肃省核与辐射安全中心辐射事故应急预案》已于 2021 年 7 月 27 日修订完善后发布实施。

（二）综合性辐射应急演习及专项应急演习情况。2015 年，省政府应急办、省生态环境厅、省公安厅、省卫计委和兰州新区管委会联合组织开展了针对探伤用放射源无法收回的省级辐射事故应急演练。2016 年以来，省核安全中心分别联合西北站、清源公司开展了模拟放射源丢失被盗、放射性废物运输事故等两次应急演练，并针对放射性废物库安保工作开展了专项应急演练。同时，落实省级"十三五"规划要求，坚持"每年 3 个市州、5 年实现全覆盖"的既定目标，按照"每年 3 个市州、5 年实现全覆盖"的既定目标，2016—2020 年组织 14 个市州完成市一级辐射事故应急演练。2020 年，按照生态环境部核设施安全监管司和西北核与辐射安全监督站工作任务安排，在省人民政府统一领导下，在国家核安全局、西北核与辐射安全监督站的具体指导和相关技术支撑单位的大力支持下，根据甘肃省核与辐射安全监管工作现状和"核大省"特点，结合现有核与辐射事故应急能力，对未来核与辐射安全风险进行了分析研判，在此基础上完成了"陇原行动"——甘肃 2020 年核与辐射事故综合应急演习。

（三）应急监测调度平台及应急能力建设情况。应急监测调度平台建设情况。依托 2011 污染减排专项资金核与辐射应急调度平台及快速响应能力建设项目，省一级建设完成省级应急监测调度平台，配备快速应急监测系统 1 两套、快速应急监测系统 2 两套，11 个市（州）配备快速应急监测系统 3 各一套，并于 2014 年 9 月通过了生态环境部验收，省核与辐射安全中心及各市州生态环境局分别负责省级、市级应急监测调度平台和快速应急监测系统的运行与维护，有效提升了省市两级核与辐射事故应急监测能力。

为加强核与辐射快速应急监测系统的运行管理工作，落实《关于加强核与辐射快速应急监测系统运行管理的通知》（环办核设函〔2016〕1000 号）要求，省生态环境厅下发了《关于做好核与辐射快速应急监测系统管理工作的通知》，要求各市（州）生态环境局加强对本单位快速应急监测系统的管理维护工作，按照本通知的要求，保证快速应急监测系统在应急情况下能正常使用。2018—2019 年我厅争取中央资金，对甘肃省应急监测系统及应急调度平台进行升级改造；2020 年对全省各市州应急监测系统及应急调度平台进行维护和对人员进行了培训工作。

辐射事故应急能力建设情况。2021 年甘肃省生态环境厅大力提升我省辐射事故应急响应能力建设，一是完成生态网络建设项目——饮用水源放射性在线监测系统 14 个市州建设工作。完成生态网络建设项目——电磁辐射自动监测系统 14 个市州建设工作，实现全省市州全覆盖。二是按计划有序实施 2020 年度核与辐射环境应急监测能力建设项目，完成对 2020 年能力建设项目采购的便携式设备、实验室测量设备、实验室样品前处理设备共计 10 台套的验收工作。三是积极向省财政申请专项经费 400 万元，开展 2021 年度核与辐射环境应急监测能力建设项目，购置相关仪器设备；申请专项经费 400 万元，开展省核与辐射安全中心氡监测系列能力建设项目，提升中心监测能力。四是开展了甘肃省"十四五"核与辐射安全规划编制工作。

30.2.7 存在问题和应对措施

自甘肃省辐射环境监测国控网运行以来，甘肃省国控辐射环境监测工作取得了积极进展，但也存在薄弱环节。由于甘肃地域广，国控网辐射环境监测任务重，日常监测监管人员不能满足工作的需要，尤其是机构改革后，省市县核与辐射安全监管力量进一步减弱，日常监管、行政执法检查等工作不能有效开展，监测技术人员与全省监测工作任务严重不匹配，存在技术力量不足等问题。

下一步，省生态环境厅将持续组织辐射环境监测分析人员积极参加国家培训，赴兄弟省份学习借鉴，加强与各省站的监测技术经验的交流，不断提高辐射环境监测能力。同时，进一步争取国家支持，不断加强辐射环境监测能力建设，完善辐射环境监测网络，为甘肃省辐射环境监管工作提供有力的数据支持。

30.3 辐射环境监测与应急工作评估反馈问题整改方案

以甘肃省为例，介绍辐射环境监测与应急工作评估反馈问题整改方案。

30.3.1 整改目标

认真落实生态环境部关于辐射环境监测与应急工作的部署要求，坚持问题导向，强化责任担当，靠实工作责任，对照《西北地区辐射监测与应急工作评估报告》中反馈的具体问题清单，认真研究，细化措施，保质保量按时完成整改任务，确保全省辐射环境安全。

30.3.2 整改措施

（一）持续推进质量管理体系有效运行

针对评估报告中指出"监测工作相关质保文件执行落实不到位，如个别原始记录不完整、受控记录不完整、无质保标签等"问题，提出以下整改措施。

1. 强化培训，提高认识，深入做好质量体系宣贯工作

加强实验室人员质量管理体系培训。严格按照制定的年度培训计划，对实验室人员、

内审员、监督员进行培训，提高认识，清楚质量管理体系框架结构，熟悉体系日常监督程序，掌握中心质量体系运行要求。

2. 全面考核，定期抽查，认真做好质量体系内审工作

严格落实质量体系文件要求，认真做好质量管理体系内审，以刮骨疗毒的决心推进不符合项改进与纠正，推行年内定期抽查、年终全面考核模式，全面提升内审工作质量，确保体系持续重要环节有效运行。

（二）加强实验室基础建设，提升监测能力

针对评估报告中指出"累积氚的测量尚未通过计量认证，累积氚委托南华大学测量""个别监测项目持证上岗人员数少于 3 人（^{210}Pb）"问题，我省核查实验室监测设备、能力，提出以下整改措施。

1. 增加基础建设，优化配置，稳步提升监测能力

按照国控网监测要求，依照《全国辐射环境监测方案》上规定监测项目，增加相应仪器设备，积极开展未覆盖项目，稳步推进实验室监测能力提升，推进认证项目全面覆盖监测要求。落实项目责任，积极开展累积氚项目准备工作，尽快达标完成剂量认证工作。

2. 落实人才培养，重点关注，提升技术人员素质

采取请进来、送出去、老带新等多手段相结合的方式，加强对实验室技术人员培养力度，积极组织实验室人员自学、交流等方式扩展自身业务范畴，增加技术能手对其他项目的认识和掌握。同时参加生态环境部辐射环境监测技术中心组织的全国辐射环境监测人员持证上岗考核，调整岗位结构，确保各项目人员上岗证满足要求。

（三）夯实基础提高数据获取率

针对评估报告中指出的"数据获取率较低"等问题，提出以下整改措施。

1. 积极反馈，维护调试自动站硬件设备

国控 100 点辐射环境监测自动站运行多年，硬件、网路等设备老化宕机情况较为普遍，严重影响自动站数据获取率，我中心积极与自动站质保单位沟通协调，形成框架协议，维护调试硬件设备，确保 2021 年数据获取率达标。

2. 严控数据全过程，提升数据质量

通过多种方式，严格控制手工数据分析全流程。从采样、样品前处理、分析测试、数据出具上报严格按照相应国标、行标进行，严把质量关，严把获取率关，做到稳步提升数据获取率。

（四）积极推动辐射事故应急预案修订工作

针对评估报告中指出的"辐射事故应急预案修订工作滞后"的问题，提出以下整改措施：

将《甘肃省辐射事故应急预案》及《甘肃省生态环境厅辐射事故应急实施程序》的修订工作纳入 2021 年全省辐射安全监管工作要点，并积极申请省级生态环境专项经费，计划于 2021 年完成修订工作。

30.3.3　工作要求

（一）思想高度重视。各责任单位要高度重视，把反馈问题整改作为当前一项重要任

务，切实承担起工作责任，坚持高标准、严要求、实举措，保质保量完成整改任务。

（二）精心安排部署。各责任单位要认真落实整改工作部署，细化工作安排，明确责任分工，抓好问题整改落实的指导督办，确保取得实效。

（三）有效落实整改。各责任单位要坚决扛起评估反馈问题整改的主体责任，紧紧围绕问题清单，建立整改台账，制定整改措施，逐一落实整改，确保我省辐射监测与应急工作存在问题全面彻底整改。

30.4　辐射环境监测与应急工作专项检查

30.4.1　专项检查概况

2021年10月至12月，××核与辐射安全监督站组织专项检查组，对××省、××省、××省、××自治区四省（区）辐射环境监测与应急工作进行了专项检查，对辐射环境自动监测站进行了抽查。专项检查组通过资料核查、现场核实、访谈等方式，对四省（区）辐射环境监测与应急工作进行了检查，发现了一批工作亮点和一些短板弱项，并针对问题提出了要求和建议。

30.4.2　工作成绩

（一）总体情况

四省（区）生态环境厅高度重视辐射环境监测与应急工作，能够按照生态环境部相关要求，认真扎实开展工作，在监测能力建设、国控网运行维护、监测数据共享及公开、核与辐射应急预案制修订、应急培训与演习、应急设施设备运维、应急响应与事故调查等7个方面，能够满足工作需要，整体情况良好。

（二）工作亮点

1. ××省

（1）省级财政保障率达到100%。监测能力符合率达到100%，具备自行开展累积氡及子体监测的能力。

（2）分析监测能力可靠。2020年第四季度及2021年第一、第二季度辐射环境监测有效数据获取率分别达到92.8%、100%、99.7%。2021年全国自动站日监控微信群签到率排名位居前10，得到生态环境部辐射环境监测技术中心通报表扬。

（3）2021年1月，修订发布新版陕西省辐射事故应急预案。2021年9月，印发《XX省生态环境监测工作绩效评估办法（试行）》，将辐射环境监测工作纳入对市地生态环境保护部门能力评估和考核工作。2021年10月，组织工作专班，全力保障第十四届全运会核与辐射安全，保障成效突出。2021年底，11个地市中有9个已修订发布了新版市级辐射事故应急预案。

2. ××省

（1）省级财政保障率达到100%，2020年取得了CNAS实验室认可，CMA、CNAS双体系运行良好。2021年主动争取资金，积极实施监测能力建设项目，实现饮用水源放射性在线监测系统、电磁辐射自动监测系统全省市州全覆盖，开展氚监测系列能力建设项目，对应急监测调度平台、自动站监测仪器等设施设备进行了改造升级，提升辐射事故应急响应能力建设。

（2）分析监测能力可靠。2020 年第四季度及 2021 年前三季度辐射环境质量监测有效数据获取率分别达到 100%、98.3%、98.0%、93.6%。2021 年全国自动站日监控微信群签到率排名位居前 10，得到生态环境部辐射环境监测技术中心通报表扬。

（3）2021 年 7 月，印发《关于开展省级生态环境保护督察核与辐射安全监管情况督察的通知》，将核与辐射安全监管纳入省级环保督察，结合隐患排查专项行动对甘南等 5 个市州开展了督察。

3．××省

（1）省级财政保障率、国家配套经费执行率均达到 100%。通过合理调配人员，2021 年底 12 名监测人员通过上岗证考核项目 229 项，满足持证上岗人员数要求。2020 年第四季度及 2021 年第一、第二季度辐射环境质量监测有效数据获取率分别达到 94.1%、91.7%、94.9%。

（2）2021 年克服困难，做好疫情防控的同时，成功举办"平安高原—2021"辐射事故综合应急演习。演习贴合实战、突出实效，验证了省级辐射事故应急体系的完整性和有效性，是在新冠疫情防控背景下一次较高水平应急演习。2021 年 12 月发布新修订的《青海省辐射事故应急预案》。2021 年将应急平台连通率列入对市州生态环境部门年度目标考核指标。

（3）2020 年 12 月，省放射性废物库废旧放射源收贮车辆取得放射性物品自用运输资质。

4．××省

（1）省级财政保障率、国家配套经费执行率均达到 100%。

（2）辐射环境监测相关指标名列前茅，2020 年第四季度及 2021 年前三季度辐射环境质量监测有效数据获取率分别达到 98.1%、100%、100%、98.9%。2021 年全国自动站日监控微信群签到率排名位居前 10，得到生态环境部辐射环境监测技术中心通报表扬。2021 年启动黄河流域宁夏段水环境放射性水平研究性调查，已完成黄河流域 14 个点位丰（平）水期水样采集和数据分析。

（3）2021 年 9 月，印发《关于深入推进核与辐射环境安全监管工作的通知》，明确了自治区、市、县核与辐射安全监管责任、监管内容和监管对象，积极完善核与辐射安全三级监管体系。此项工作得到生态环境部的认可，并以《关于转发江苏、浙江和宁夏三省（自治区）加强辐射安全监管有关文件的函（环办转发函〔2021〕21 号）》的形式予以转发，号召全国各省（区）生态环境厅（局）结合本地工作实际学习借鉴。2021 年 9 月，组织工作专班，有效保障第五届中国——阿拉伯国家博览会核与辐射安全。

30.4.3　存在的问题

（一）共性问题

1. 监管力量不能满足形势需要。从工作需求层面看，省市核与辐射安全监管力量薄弱，与核工业的发展势头、速度不匹配。大多数市地州生态环境保护部门未单独设立核与辐射安全监管机构，日常工作一般由1~2名兼职人员负责，缺少专业的执法、监测人员和监测设备。

2. 监测能力有待提高。四省（区）省级辐射环境实验室虽然

通过了相关部门的认证认可，但与核工业及相关产业发展趋势、生态环境保护要求相比还有差距，还不能满足工作要求。市地级及以下辐射环境监管机构没有辐射环境监测手段，影响了日常监管职责的有效履行。此外，四省（区）开展全国气溶胶研究性监测工作较为滞后，2021年第二、第三季度有效数据获取率偏低。

3. 应急能力有待提高。地市级应急预案修订进度滞后（陕西除外），辐射事故应急监测能力不足，应急平台、应急监测车不能随时适用。西北地区只有陕西建立了省级核与辐射应急救援专业队伍，其他省（区）均未建立省级专业应急救援队伍，市地州基本没有核与辐射事故应急救援能力。

（二）个性问题

1. ××省

（1）2021年第三季度辐射环境质量监测有效数据获取率达到87.6%，2021年民用核燃料循环设施、铀矿冶周围辐射环境监督性监测有效数据获取率偏低（如中核陕铀公司监测点第二季度有效数据获取率达到75%、中核蓝天铀业有限公司监测点第三季度有效数据获取率达到75%），均未达到90%的要求。

（2）多道低本底α/β测量仪等低本底测量仪冗余不够，导致2021年气溶胶研究性监测工作数据获取率偏低。

2. ××省

（1）累积氡检测项目未通过计量认证。

（2）钾-40、铅-210、总钍检测项目持证人员数少于3人。

（3）2021年民用核燃料循环设施、废物处置场设施周围辐射环境监督性监测有效数据获取率偏低（如中核四0四有限公司监测点第二季度有效数据获取率达到61.7%，西北中低放固体废物处置场监测点第二季度有效数据获取率达到67.7%），均未达到90%的要求。

（1）（2）两个问题在2020年专项检查中已指出。

3. ××省

（1）累积氡监测项目未通过计量认证。

（2）低本底α/β测量仪仅检验了1套，该套还发生故障，影响了监测分析工作。

（3）2021年第三季度辐射环境质量监测有效数据获取率为87.4%，2021年废物处置场设施周围辐射环境监督性监测有效数据获取率偏低（如青海原国营221厂填埋坑监测点第二季度有效数据获取率达到71.7%），均未达到90%的要求。

问题（1）在2020年专项检查中已指出。

4. ××省

（1）累积氡检测项目未通过计量认证。

（2）钍监测项目持证人员数少于3人。

问题（1）在 2020 年专项检查中已指出。

30.4.4　工作要求

四省（区）生态环境厅要按照生态环境部相关工作要求，逐一查找问题原因，提出整改措施，制定整改方案，尽快补齐短板。特别是对于 2020 年专项检查已经指出的问题，要加大工作力度，尽快予以解决，确保辐射环境监测、应急能力满足工作需要。

30.4.5　工作建议

（一）持续推进核与辐射安全监管队伍建设

面对核工业及相关产业的加速发展、生态环境保护要求逐步提高、核与辐射安全监管压力持续增大的局面，加强核与辐射安全监管队伍建设已成为一项重要而紧急的任务。四省（区）生态环境厅要着眼于本辖区核工业发展和核与辐射安全监管工作需要，把队伍建设作为基础性工程，特别是要加强专业人才队伍建设，加大专业人才的培养，不断提高人员技术能力和职业素养。

（二）持续加强辐射环境监测能力建设

四省（区）生态环境厅要高度重视辐射环境监测工作，持续加强辐射环境监测能力的建设，有效利用已形成的监测能力，抓紧补齐工作短板，加强民用核燃料循环设施、废物处置场设施等关键点位周围辐射环境监督性监测工作，切实做好辐射环境监测和辐射事故应急监测，充分发挥监测的"耳目"作用。

（三）常备不懈做好辐射环境应急"底线工程"

××、××要加快推进省（区）级辐射事故应急预案修订工作。四省（区）生态环境厅要提高应急能力建设，保障应急平台、应急监测车随时可用，不断提高省级辐射事故应急能力水平。督促地（市）级辐射事故应急预案修订工作开展，推进地市级应急能力建设。立足实战进一步加强培训和开展应急演习，确保辐射环境风险可控。

30.5　核与辐射应急通信测试情况通报

30.5.1　基本情况

本次核与辐射事故应急通信测试包括下列单位：陕西省生态环境厅、甘肃省生态环境厅、青海省生态环境厅、宁夏回族自治区生态环境厅、新疆维吾尔自治区生态环境厅、陕西省核与辐射安全监督站、甘肃省核与辐射安全中心、青海省辐射环境工作站、宁夏回族自治区核与辐射安全中心、新疆维吾尔自治区辐射环境监督站、陕西省放射性废物收贮管理中心，以及 6 家民用核设施单位、3 家铀矿冶单位、13 家核技术利用单位，共计 33 家。

本次核与辐射事故应急通信测试，大部分单位应急值班电话通畅、有效，但还有一些单位存在应急电话不通畅，应急联系人职责不清、业务不熟等情况。

30.5.2　存在问题

（一）应急值班电话不通畅

1. 陕西省放射性废物收贮管理中心的座机不通，提示故障。

2. 青海省辐射环境工作站的座机未接通，也未回复。

3. 上海应用物理研究所钍基熔盐堆应急手机畅通，座机未接通，也未回复。

4. 陕西方圆高科实业有限公司的座机未接通，也未回复。

5. 西安中核蓝天铀业有限公司的座机未能接通，提示无信号，也未回复。

（二）应急值班电话信号弱

甘肃东方瑞龙环境治理有限公司、中核清源环境技术工程责任有限公司西北处置场应急值班电话信号弱，不能有效交流。

（三）应急值班电话不规范、应急联系人发生变更未报备、非应急值班人员接听电话等情况

1. 新疆中核天山铀业有限公司的应急值班座机为门卫值班室电话。

2. 西北机器有限公司、兰州科近泰基新技术有限公司的应急联系人发生了变更，未报备。

3. 宝鸡市金桥辐照科技有限公司的应急值班电话是由普通值班人员接听，该人员不具备应急能力。

30.5.3　工作要求

结合工作实际，对下一步工作提出以下要求：

（一）请各省级生态环境部门，各民用核设施、铀矿冶、核技术利用单位进一步加强核与辐射事故应急通信管理，确保应急通信通畅、有效。

（二）请各相关单位针对问题查找原因，提出有效措施并尽快整改落实，严禁应急通信设备出现故障、信号不通畅、无人接听、接听不及时、接听人员应急工作不熟悉等问题的发生。请将整改报告于×年×月×日前报送我站，并发至联系人邮箱。

（三）请各单位将最新应急值班联系方式于×年×月×日前报送我站，并发至联系人邮箱。

第五篇　辐射类建设项目环境影响评价审评及辐射安全许可评估

31　辐射类建设项目环境影响评价分类及变动情形

31.1　辐射类建设项目环境影响评价分类

辐射类建设项目属于建设项目范畴，根据建设项目特征和所在区域的环境敏感程度，综合考虑建设项目可能对环境产生的影响，对建设项目的环境影响评价实行分类管理，建设单位应当按照《环境影响评价分类管理名录》的规定，分别组织编制建设项目环境影响报告书、环境影响报告表或者填报环境影响登记表。按照《建设项目环境影响评价分类管理名录》（2021 年版），建设项目环境影响评价类别如表 31-1。

31.2　辐射类建设项目重大变动情形

建设项目重大变动是指建设项目的环境影响评价文件经批准后，建设项目的性质、规模、地点、采用的生产工艺或者防治污染、防止生态破坏的措施发生重大变动的，建设单位应当按现行分级审批规定，向有审批权的环境保护部门报批项目重大变动环境影响评价文件。

（1）输变电类建设项目重大变动

2016 年，生态环境部以环办辐射〔2016〕84 号印发了输变电建设项目重大变动清单（试行）。根据《环境影响评价法》和《建设项目环境保护管理条例》有关规定，输变电建设项目发生清单中一项或一项以上，且可能导致不利环境影响显著加重的，界定为重大变动，其他变更界定为一般变动。

输变电建设项目重大变动清单（试行）

1. 电压等级升高。

2. 主变压器、换流变压器、高压电抗器等主要设备总数量增加超过原数量的 30%。

3. 输电线路路径长度增加超过原路径长度的 30%。

4. 变电站、换流站、开关站、串补站站址位移超过 500 m。

5. 输电线路横向位移超出 500 m 的累计长度超过原路径长度的 30%。

6. 因输变电工程路径、站址等发生变化，导致进入新的自然保护区、风景名胜区、饮用水水源保护区等生态敏感区。

7. 因输变电工程路径、站址等发生变化，导致新增的电磁和声环境敏感目标超过原数量的 30%。

8. 变电站由户内布置变为户外布置。

9. 输电线路由地下电缆改为架空线路。

10. 输电线路同塔多回架设改为多条线路架设累计长度超过原路径长度的 30%。

按照生态环境部要求，建设单位在项目开工建设前应当对工程最终设计方案与环评方案进行梳理对比，构成重大变动的应当对变动内容进行环境影响评价并重新报批，一般变动只需备案。项目建设过程中如发生重大变动，应当在实施前对变动内容进行环境影响评价并重新报批。建设单位应对照清单对在建且尚未通过竣工环保验收的输变电建设项目及时梳理，并按现行分级审批规定，将变动情况报有审批权的环境保护主管部门。环评阶段，环境影响评价范围内明确属于工程拆迁的建筑物不列为环境敏感目标，不进行环境影响评价。竣工环保验收阶段，验收调查范围内有公众居住、工作或学习的建筑物都应列为环境敏感目标，确保满足有关环境标准要求。各级环境保护主管部门在清单试行过程中如发现新问题、新情况，请以书面形式反馈意见和建议，我部将根据实际情况进一步补充、调整和完善清单。

（2）铀矿冶建设项目重大变动

为进一步规范铀矿冶建设项目环境影响评价管理，根据《中华人民共和国环境影响评价法》和《建设项目环境保护管理条例》的有关规定，结合铀矿冶建设项目环境影响特点，生态环境部制定了《铀矿冶建设项目重大变动清单（试行）》，具体如下。

铀矿冶建设项目重大变动清单（试行）

适用于铀矿冶建设项目环境影响评价管理。

一、铀矿冶

规模：

1. 铀矿石开采量增加 20% 及以上。

2. 地浸采铀浸出液抽出量增加 20% 及以上。

3. 水冶生产能力增加 20% 及以上。

建设地点：

4. 项目重新选址。

5. 采矿回风井、尾矿（渣）库、废石场、堆浸场、地浸集液池（罐）、蒸发池和水冶厂房等设施在原厂址附近调整建设地点，导致辐射防护距离内新增环境敏感点。

生产工艺：

6. 采矿工艺发生改变。

7. 地下开采通风方式由压入式改为抽出式。

8. 矿石浸出工艺在地表堆浸、原地爆破堆浸和常规搅拌浸出之间改变。

9. 堆浸工艺和地浸工艺的浸出剂发生改变。

10. 浸出液收集方式在集液罐和集液池之间改变。

11. 分离工艺发生改变。

12. 沉淀工艺的沉淀剂发生改变。

环境保护措施：

13. 废水由循环利用改为处理后排放。

14. 废气、废水处理工艺或处理能力改变导致新增污染物种类或污染物排放量增加（废气由无组织排放改为有组织排放除外）。

15. 抽注比改变 0.1% 及以上。

16. 地下水监测井的数量减少 10% 及以上。

17. 排气筒高度降低 10% 及以上。

18. 新增废水排放口。

19. 废水排放口的位置改变导致不利环境影响加重。

20. 尾矿（渣）库和废石场的数量增加。

21. 尾矿（渣）库的设计库容和废石场的设计堆放量增加 20% 及以上。

22. 尾矿（渣）库存放其他种类矿山尾矿（渣）。

23. 主要生态保护措施或者环境风险防范措施弱化或降低。

24. 特殊敏感目标（生态保护红线、自然保护地、饮用水水源保护区）保护措施发生变化。

二、铀矿冶退役

退役治理目标：

1. 退役治理目标发生改变，即由无限制开放或使用改为有限制开放或使用，或者由有限制开放或使用改为无限制开放或使用。

源项：

2. 新增退役治理范围（源项）。

退役治理方案：

3. 新增长期监护设施或废水处理设施。

4. 尾矿（渣）、废石或者其他固体废物改变集中处置地点。

5. 新增尾矿（渣）库或尾矿（渣）库重新选址。

环境保护措施：

6. 废水排放口的位置改变导致不利环境影响加重。

7. 主要生态保护措施或者环境风险防范措施弱化或降低。

8. 特殊敏感目标（生态保护红线、自然保护地、饮用水水源保护区）保护措施发生变化。

三、其他核与辐射类建设项目重大变动清单

除输变电类、铀矿冶类外，其他核与辐类项目变动情况界定如下。

附件：

建设项目（核与辐射类）重大变动清单（2022 年版）

一、适用范围

本清单适用于以核与辐射影响为主的建设项目（不含输变电项目）。

二、重大变动清单

（一）核技术利用项目

1. 实质性变化：环评对应申请《辐射安全许可证》的活动种类和范围发生变化（扩大或者升级）。

2. 放射性同位素核素种类、射线装置参数发生变化后使环境影响因子发生变化导致不利环境影响增加的。

3. 使用场所位置变更（不含自屏蔽射线装置在原工作场所内位置变化）或新增使用场所。

4. 辐射安全防护设施变化或者工艺流程变化导致不利环境影响增加的。

（二）广电类项目

1. 实质性变化：项目发射波段发生变化，电磁波方向和极化方式发生变化。

2. 等效辐射功率增加30%及以上。

3. 项目中的辐射源位置发生变化。

表 31-1　辐射类建设项目环境影响评价分类管理名录

项目类别 ＼ 环评类别	报告书	报告表	登记表	本栏目环境敏感区含义
输变电工程	500kV 及以上的；涉及环境敏感区的 330kV 及以上的	其他（100kV 以下除外）	/	第三条（一）中的全部区域；第三条（三）中的以居住、医疗卫生、文化教育、科研、行政办公等为主要功能的区域
广播电台、差转台	中波 50kW 及以上的；短波 100kW 及以上的；涉及环境敏感区的	其他	/	
电视塔台	涉及环境敏感区的 100kW 及以上的	其他	/	
卫星地球上行站	涉及环境敏感区的	其他	/	
雷达	涉及环境敏感区的	其他	/	
无线通讯	/	/	全部	
核动力厂（核电厂、核热电厂、核供汽供热厂等）；反应堆（研究堆、实验堆、临界装置等）；核燃料生产、加工、贮存、后处理设施；放射性污染治理项目	新建、扩建、退役	主生产工艺或安全重要构筑物的重大变更，但源项不显著增加；次临界装置的新建、扩建、退役	核设施控制区范围内新增的不带放射性的实验室、试验装置、维修车间、仓库、办公设施等	
放射性废物贮存、处理、处置设施	新建、扩建、退役；放射性废物处置设施的关闭	独立的放射性废物贮存设施	/	
铀矿开采、冶炼；其他方式提铀	新建、扩建、退役	其他（含工业试验）	/	
铀矿地质勘查、退役治理	/	全部	/	
伴生放射性矿	采选、冶炼	其他（含放射性污染治理）		

续表

项目类别＼环评类别	报告书	报告表	登记表	本栏目环境敏感区含义
核技术利用建设项目	生产放射性同位素的(制备 PET 用放射性药物的除外)；使用 I 类放射源的(医疗使用的除外)；销售（含建造）、使用 I 类射线装置的；甲级非密封放射性物质工作场所；以上项目的改、扩建(不含在已许可场所增加不超出已许可活动种类和不高于已许可范围等级的核素或射线装置，且新增规模不超过原环评规模的50%)	制备 PET 用放射性药物的；医疗使用 I 类放射源的；使用 II 类、III 类放射源的；生产、使用 II 类射线装置的；乙、丙级非密封放射性物质工作场所(医疗机构使用植入治疗用放射性粒子源的除外)；在野外进行放射性同位素示踪试验的；以上项目的改、扩建(不含在已许可场所增加不超出已许可活动种类和不高于已许可范围等级的核素或射线装置的)	销售 I 类、II 类、III 类、IV 类、V 类放射源的；使用 IV 类、V 类放射源的；医疗机构使用植入治疗用放射性粒子源的；销售非密封放射性物质的；销售 II 类射线装置的；生产、销售、使用 III 类射线装置的	

32 典型核与辐射类建设项目环境影响评价评估

32.1 核技术利用类建设项目

32.1.1 审评依据

（1）法律法规

《中华人民共和国环境保护法》

《中华人民共和国放射性污染防治法》

《中华人民共和国环境影响评价法》

《放射性同位素与射线装置安全和防护条例》

《放射性废物安全管理条例》

《建设项目环境保护管理条例》

《放射性同位素与射线装置安全许可管理办法》

《放射性同位素与射线装置安全和防护管理办法》

《建设项目环境影响评价分类管理名录》

（2）相关标准、导则和技术规范

《电离辐射防护与辐射源安全基本标准》（GB 18871—2002）

《核技术利用建设项目环境影响评价文件的内容和格式》（HJ 10.1—2016）

《拟开放场址土壤中剩余放射性可接受水平规定（暂行）》（HJ 53—2000）

《放射性废物管理规定》（GB 14500—2002）

《辐射环境监测技术规范》（HJ/T 61—2001）

《操作非密封源的辐射防护规定》（GB 11930—2010）

《密封放射源一般要求和分级》（GB 4075—2009）

《γ辐照装置设计建造和使用规范》（GB 17568—2008）

《γ辐照装置的辐射防护与安全规范》（GB 10252—2009）

《γ辐照装置退役》（HAD 401/07—2013）

《工业 X 射线探伤室辐射屏蔽规范》（GBZ/T 250—2014）

《工业 X 射线探伤放射防护要求》（GBZ 117—2015）

《电子直线加速器工业 CT 辐射安全技术规范》（HJ 785—2016）

《γ射线探伤机》（GB/T 14058—2008）

《工业 γ射线探伤放射防护标准》（GBZ 132—2008）

《γ射线工业 CT 放射卫生防护标准》（GBZ 175—2006）

《油（气）田非密封型放射源测井卫生防护标准》（GBZ 118—2002）

《油（气）田测井用密封型放射源卫生防护标准》（GBZ 142—2002）

《货物/车辆辐射检查系统的放射防护要求》（GBZ 143—2015）

《X 射线行李包检查系统卫生防护标准》（GBZ 127—2002）

《安装在设备上的同位素仪表的辐射安全性能要求》（GB 14052—1993）

《含密封源仪表的卫生防护标准》（GBZ 125—2009）

《医用γ射束远距治疗防护与安全标准》（GBZ 161—2004）

《X、γ射线头部立体定向外科治疗放射卫生防护标准》（GBZ 168—2005）

《后装γ源近距离治疗放射防护要求》（GBZ 121—2017）

《医用 X 射线治疗放射防护要求》（GBZ 131—2017）

《电子加速器放射治疗放射防护要求》（GBZ 126—2011）

《移动式电子加速器术中放射治疗的放射防护要求》（GBZ/T 257—2014）

《放射性核素敷贴治疗卫生防护标准》（GBZ 134—2002）

《粒籽源永久性植入治疗放射防护要求》（GBZ 178—2017）

《放射治疗机房的辐射屏蔽规范 第 1 部分一般原则》（GBZ/T 201.1—2007）

《放射治疗机房的辐射屏蔽规范 第 2 部分电子直线加速器放射治疗机房》（GBZ/T 201.2—2011）

《放射治疗机房的辐射屏蔽规范 第 3 部分γ射线源放射治疗机房》（GBZ/T 201.3—2014）

《放射治疗机房的辐射屏蔽规范 第 4 部分：锎-252 中子后装放射治疗机房》（GBZ/T 201.4—2015）

《放射治疗机房的辐射屏蔽规范 第 5 部分：质子加速器放射治疗机房》（GBZ/T 201.5—2015）

《X 射线计算机断层摄影放射防护要求》（GBZ 165—2012）

《医用 X 射线 CT 机房的辐射屏蔽规范》（GBZ/T 180—2006）

《医用 X 射线诊断放射防护要求》（GBZ 130—2013）

《车载式医用 X 射线诊断系统的放射防护要求》（GBZ 264—2015）

《临床核医学放射卫生防护标准》（GBZ 120—2006）

《开放型放射性物质实验室辐射防护设计规范》（EJ 380—1989）

《医学与生物学实验室使用非密封放射性物质的放射卫生防护基本要求》（WS 457—2014）

《临床核医学患者防护要求》（WS 533—2017）

《医用放射性废物的卫生防护管理》（GBZ 133—2009）

（3）相关技术文件

《关于发布放射源分类办法的公告》公告 2005 第 62 号

《关于发布射线装置分类办法的公告》公告 2006 年第 26 号

关于印发《关于γ射线探伤装置的辐射安全要求》的通知环发〔2007〕8 号

《关于进一步加强γ射线移动探伤辐射安全管理的通知》（环办函〔2014〕1293 号）

关于印发《辐照装置卡源故障专项整治技术要求（试行）》等两个文件的通知环办函〔2010〕662 号

《关于规范核技术利用领域辐射安全关键岗位从业人员管理的通知》（国核安发

〔2015〕40 号）

32.1.2 审评原则、基本要求和方法

（1）审评原则

依法依规的原则。审评应该依据国家或地方现行有效的法律、法规、部门规章、技术规范和标准，法规标准没有规定的，应提出审评见解，必要时咨询专家的意见。

公正客观的原则。审评必须本着实事求是的态度，依据法规、标准，客观公正地开展审评工作。

公开透明的原则。审评是为环境保护主管部门决策提供科学依据而进行的活动，审评活动应该公开透明，审评过程中应与项目建设单位和环境影响评价文件编制单位充分交流沟通。

广泛参与的原则。审评可以综合考虑相关学科和行业专家的意见，并听取项目所在地地区核与辐射安全监督站和环境保护主管部门的意见。

突出重点的原则。审评应全面考虑核技术利用项目辐射产生的环境影响因素，同时应重点审评污染源项、辐射安全与防护措施、辐射环境影响、工作人员和公众辐射影响、放射性三废管理、污染防治措施的有效性等方面，明确重大环境影响的审评结论。

（2）审评基本要求

与法律法规和规划的相符性。审评建设项目与我国环境保护相关法律法规及所涉地区相关规划（包括城乡环境保护规划等）的相符性。

环境现状调查的客观性、可靠性。根据环境影响评价技术导则、辐射环境监测技术规范等相关要求，审评环境现状调查的客观性和可靠性。

环境影响预测的科学性、准确性。根据建设项目辐射源项特点，结合辐射环境保护管理导则等相关要求，审评采用的预测参数、估算模式、估算方法、潜在辐射事故分析的科学性和准确性。

环境保护设施、措施的可行性、有效性。按照环境质量达标、污染物排放达标的要求和可靠、可达、经济合理的原则，审评建设项目实施各阶段所采取的环境保护和辐射安全设施、措施的可行性和有效性。

环境影响评价文件的规范性。根据辐射环境保护管理导则等相关要求，审评环境影响评价文件编制的规范性，包括术语、格式、图件、表格等信息。

（3）审评方法

可采用现场调查、专家咨询、资料对比分析、专题调研与研究、独立校核或复核计算等方法。

32.1.3 审评内容、要点和接收准则

32.1.3.1 核技术利用类项目环境影响报告书的审评

1. 概述

（1）项目名称、地点

审评内容：

给出建设项目名称、地点以及地理位置图，并做简要说明。

审评要点：

项目名称，建设地点，建设地点应具体到路号。

接受准则：

要求项目名称准确，建设地点具体，建设单位注册地址和建设地点不一致，应分别说明。

（2）项目概况

审评内容：

简要介绍建设单位情况，说明建设项目性质，提出的背景、意义、土地性质、占地面积和规模，明确项目是否属于国家有关区域规划、产业政策允许范围。

简述项目所在地的周边环境条件，并附项目的周边环境关系图。

改、扩建项目还应说明原有项目履行环保手续情况，附相关文件等。

审评要点：

是否简要介绍建设单位基本情况，建设单位发展历程及主要从业领域；建设项目性质是否说明是新建或改扩建；是否说明项目建设的必要性，项目用地的土地性质、占地面积；是否符合相关产业政策，与当地的相关规划是否兼容；是否说明项目周边居民、学校、企业、村庄等有人员居留的场所；改扩建项目是否说明原有项目环境影响评价和验收手续履行情况。

接受准则：

建设单位基本情况介绍简明扼要，说明建设单位发展背景及从业领域；建设项目性质清晰明确；建设项目在工、农、医、科研行业发挥重要意义，符合相关产业政策，与当地的相关规划兼容；项目周边敏感点清楚，距离明确；附原有项目环境影响评价批准或备案文件及验收手续办理及通过的相关证明文件。

（3）编制依据

审评内容：

列出评价的依据，包括评价使用的国家法律、法规、标准和技术规范，建设项目的立项文件，影响环境的辐射源或设备的技术参数文件以及环境影响评价的委托书等。当项目涉及非放射性环境影响的，还应给非放射性污染相应的评价依据。

审评要点：

审评建设项目环评文件编制依据的法规标准是否全面准确适用，是否是现行有效的最新版本；相关文件是否齐全。

接受准则：

依据的法规标准准确、全面，且为现行有效版本，适用于评价项目；附项目设计文件以及其他与项目有关的文件等。

（4）评价标准

审评内容：

给出国家标准及本项目的辐射工作人员和公众的辐射剂量约束值，工作场所表面污染、污染物浓度（比活度）、工作场所剂量率等控制水平。当项目涉及非放射性环境影响的应列出相应的评价标准。

审评要点：

1）核技术利用项目辐射工作人员和公众剂量限值是否按照 GB 18871 附录 B 提出，辐射工作人员和公众剂量约束值是否为限值的一个份额；

2）工作场所表面污染控制水平是否按照附录 B 表 11 控制；

3）放射性液态流出物活度限值是否按照 GB 18871 附录表 B3 导出工作人员职业照射食入和吸入 ALI 值中较小者 ALI_{min} 控制；

4）放射性气态流出物是否按照 GB 18871 第 8.6.6 款的规定估计排放的可能引起的关键人群组的受照剂量；

5）屏蔽体外剂量率控制水平是否满足屏蔽设计控制值和相关标准的要求；

6）建设项目是否根据具体工程实践，综合考虑生产操作的实际源项、辐射防护措施以及厂址周围环境特征，对工作人员和公众剂量约束值进行合理优化，放射性废物进行最小化；

7）项目辐射源产生的非放射性环境质量执行标准是否根据核技术利用项目所在地区的环境功能区划执行相应环境要素的国家环境质量标准。

接受准则：

1）一般项目职业照射剂量约束值取 GB 18871 附录 B 职业照射剂量限值的 1/4，不大于 5 mSv/a，公众的剂量约束值按照 GB 18871 附录 B 公众照射剂量限值的 1/10～3/10 取值，通常取值 0.1 mSv/a；对于个别项目，根据项目辐射源项特点选取最优化的工作人员和公众剂量约束值；

2）工作场所表面污染控制水平按照附录 B 表 11 控制。

3）排放液态流出物含有的核素有明确的标准规定排放限值，参照相关标准，否则按照 GB 18871 附录表 B3 导出工作人员职业照射食入和吸入 ALI 值中较小者 ALI_{min}，每一次排放的放射性液态流出物活度不超过 $1ALI_{min}$，每月排放的总活度不超过 $10ALI_{min}$；对于活度超过 ALI_{min} 的放射性废液不得直接排入普通下水道；

4）按照 GB 18871 第 8.6.3 款的规定确定放射性气态流出物排放的活度、可能引起的公众照射的途径、可能引起的关键人群组的受照剂量，受照剂量应低于公众剂量约束值；

5）工作场所剂量率控制水平满足屏蔽设计控制值和相关标准的要求；

6）辐射产生的非放射性环境质量执行的标准根据核技术利用项目所在地区的环境功能区划执行相应环境要素的国家环境质量标准。

（5）评价范围和保护目标

审评内容：

描述评价范围内人员或敏感点的情况。

审评要点：

1）放射性同位素生产项目（放射性药物生产除外）评价范围是否不小于 3 km；

2）放射性药物生产及其他非密封放射性物质工作场所项目的评价范围，对于甲级工作场所，评价范围是否取 500 m，乙级、丙级工作场所，评价范围是否取 50 m；

3）Ⅰ、Ⅱ、Ⅲ类放射源和Ⅰ、Ⅱ类射线装置应用项目，评价范围是否取装置所在场所实体屏蔽物边界外 50 m，没有实体边界视项目的具体情况而定，是否不低于 100 m，对于Ⅰ类放射源或Ⅰ类射线装置可根据环境影响的范围适当扩大；

4）实施放射性野外示踪的项目是否视地下水情况以及可能潜在影响的范围确定评价范围；对于固定的示踪剂配置场所，是否按照非密封工作场所的级别确定评价范围；对于示踪现场，是否按照核素在环境中的迁移情况确定评价范围。

接受准则：

1）放射性同位素生产项目（放射性药物生产除外）调查了项目 3 km 范围内环境敏感目标，如居民点、医院、学校、科研院所等，其中居民点给出人口分布、规模及人口分布地；

2）对于放射性药物生产及其他非密封放射性物质甲级工作场所项目，调查了 500 m 范围内人口分布、规模及人口分布地；对于乙级、丙级工作场所，调查了 50 m 范围内人口分布、规模及人口分布地；

3）对于Ⅰ、Ⅱ、Ⅲ类放射源和Ⅰ、Ⅱ类射线装置项目，调查了场所实体屏蔽体边界外 50 m 范围内人口分布、规模及人口分布地；没有实体边界视项目的具体情况而定，应调查不低于 100 m 范围内人口分布、规模及人口分布地，对于Ⅰ类放射源或Ⅰ类射线装置，调查了场所实体屏蔽外 100 m 范围内人口分布、规模及人口分布；

4）放射性野外示踪的项目辐射环境保护目标考虑周边情况以及可能潜在影响的范围；对于固定的示踪剂配置场所，甲级场所考虑 500 m 范围内的环境保护目标，乙级、丙级场所考虑 50 m 范围内的环境保护目标；对于示踪现场，考虑核素在环境中的迁移情况内的环境保护目标；

5）以表格的形式描述评价范围内的环境保护目标与建设项目的方位、距离以及人口规模和名称等内容，以图的形式表示环境保护目标与建设项目的方位和距离。

2. 自然环境与社会环境状况

（1）自然环境状况

审评内容：

概要给出建设项目所在地地形、地貌、地质和地震（涉及非密封放射性物质工作场所的还需简要说明所在地的土壤、水文、气象）等自然情况。附建设项目所在地的地理位置图，并在地理位置图上标明评价范围内的环境敏感点。

审评要点：

1）是否给出项目所在地理位置，是否具体到路、给出地理坐标、交通位置等；

2）是否准确描述建设项目所在地地形、地貌、地质、地震情况，包括海拔高度、地形特征、地貌类型等，所在区域地质稳定性及地震基本烈度描述的完整性，应给出所在区域地震动峰值加速度区划图；

3）对于非密封放射性物质工作场所，是否说明土壤、水文、气象等资料，是否给出土壤类别及特性，是否给出评价范围内地面水体的类型和基本特征，是否给出平均风速、主导风向等气象资料。

接受准则：

1）附建设项目所在地的地理位置图，并在地理位置图上标明评价范围内的环境敏感点；

2）建设项目地形、地貌、地质、地震情况参考正式出版物，描述详细准确，所在的区域地质稳定性和地震基本烈度等描述清晰完整；

3）非密封放射性物质工作场所建设项目，土壤、水文、气象等资料参考正式出版物，描述详细准确。

（2）社会经济状况

审评内容：

简要给出项目评价区域内的人口数量及其分布情况，对于评价范围内的居民聚集区须重点叙述。

审评要点：

是否调查评价区域内人口数量及其分布，重点叙述居民聚集区。

接受准则：

评价区域内人口数量及分布，与项目所在地功能规划相符，居民聚集区叙述充分。

（3）环境质量和辐射现状

审评内容：

给出评价范围内的辐射水平现状。对甲级、乙级非密封放射性物质工作场所、Ⅰ类射线装置等核技术利用建设项目还需给出大气、水体（含地下水、地表水）、土壤等环境介质中与该项目相关的放射性核素含量及贯穿辐射现状水平；对其他射线装置、放射源应用项目及非密封放射性物质工作场所，应提供评价范围内贯穿辐射水平。

审评要点：

是否给出评价范围内的贯穿辐射水平现状；对于甲级非密封放射性物质工作场所、Ⅰ类射线装置项目，是否依据评价项目使用或产生的核素，给出大气、水体（地下水、地表水）、土壤中相关核素的含量。

接受准则：

1）给出评价范围内γ剂量率监测结果，监测点位覆盖项目所在区域；

2）甲级非密封放射性物质工作场所、Ⅰ类射线装置项目，给出大气、水体和土壤中项目使用或产生的核素的本底值。

3．工程分析和源项

（1）项目规模与基本参数

审评内容：

说明项目建设的规模与基本参数。

审评要点：

1）是否给出放射源核素名称、活度、数量、辐射特性；

2）非密封放射性物质是否说明核素名称、活度/比活度、物理状态（气态、液态、固态）、操作时间、日最大操作量，是否给出操作核素毒性因子、操作方式以及计算的日等效操作量，是否说明暂存方式及年操作量；对于可能造成大气、水体和土壤污染的情况，是否说明放射性核素向大气、水土或土壤转移的路径和概率，是否说明在环境介质中的转移情况；

3）是否说明射线装置名称、型号、类型、数量、射线种类（X、电子、中子、质子、重离子等）、电压、束流强度、能量、束流损失，有用线束范围、额定辐射输出剂量率和泄漏射线剂量率等技术参数。

接受准则：

1）放射源核素、活度、预期最大使用放射源数量明确，放射源生产单位生产放射源的工艺和泄漏监测方法描述清晰；

2）非密封放射性核素名称明确，说明所含的总活度或比活度，操作核素的物理状态，如气态、液态、固态描述准确清晰，明确核素每天的操作时间以及一年中操作核素的天数、每天操作核素的最大活度，符合 GB 18871—2002 附录 D 规定的核素毒性及辐射防护手册定义的操作方式；非密封放射性核素贮存容器和贮存场所描述清楚，年操作核素活度与前述每天操作核素活度和天数乘积一致；对于挥发性和易产生气溶胶的操作，释放到大气中的核素份额数据明确可信，对于可能向水体和土壤污染的核素，向水体和土壤迁移的份额数据明确可信，并评价项目运行期间累积迁移总量；

3）射线装置名称、型号、类型、数量明确，说明射线装置为 X、电子、中子、质子、重离子或几种射线组合的射线装置，给出射线装置相关参数。

（2）工程设备与工艺分析

审评内容：

描述建设项目包含的设备组成及工作方式，叙述项目的工作原理及工艺流程，明确工艺流程中的涉源环节及各个环节的岗位设置及人员配备、工艺操作方式和操作时间等内容，叙述并图示项目涉及的人流和物流的路径规划，对有放射性三废排放或可能有放射性潜在影响的工作流程要重点阐述。改、扩建项目还须对原有工艺及其可能存在的问题或不足、工艺的改进情况进行分析。

审评要点：

1）审评项目包含的系统、设备、组件是否完整，系统是否包括产生射线的系统、控制系统及其他辅助系统，是否说明设备和部件的作用；

2）是否说明项目工作原理，对于放射性同位素应用项目，是否说明应用放射性同位素实现工作目的的原理，叙述项目工艺流程；对于射线装置项目，是否说明射线产生工作原理及射线应用实现工作目的的原理，说明射线产生和实现工作目的的工艺流程。是否重点说明涉及到辐射源项的工艺流程及该流程的岗位设置、人员配备、操作方式和操作时间，说明涉及放射性三废产生和潜在放射性影响的工作流程；

3）是否给出项目设计的人流和物流路径规划，是否给出人流物流路径示意图；

4）是否说明改扩建项目原有工艺与改进工艺的不同，是给说明改进工艺的优点。

接受准则：

1）建设项目所包含的系统、设备和部件描述详细完整；

2）建设项目应用射线的工作原理准确清楚，产生射线的过程原理理论和实践可行，涉及到辐射源的环节（如放射性同位素操作、加速器维修、过滤器更换等）岗位设置明确，操作方式详细，工作人员配备和操作时间合理；

3）人流和物流路径规划清楚，人流物流路径示意图清楚，人流和物流分开，走向合理，符合辐射防护最优化的要求；

4）改扩建项目改进工艺较原有工艺优势明显，不增加对人员和环境的辐射影响。

（3）污染源项

审评内容：

识别和分析环境影响因子，并给出可能对环境造成影响的、对辐射工作人员和公众存在潜在危害的源项（放射性的和非放射性的）相关数据。重点对运行期的污染源项进行分析。

审评要点：

1）项目建设期间是否对环境影响的污染源项进行分析，是否评价大气、水和噪声等的污染源项分析；

2）项目运行期间是否对污染源项进行分析，识别对辐射工作人员和公众存在潜在辐射影响的外照射影响因子，如 X-γ 剂量率、中子剂量当量率，识别对辐射工作人员和公众存在潜在辐射危害的内照射影响因子，排放到环境中气态、液态放射性核素的活度和活度浓度及年产生总量。

接受准则：

1）建设期间大气、水、噪声污染源项符合项目实际，分析科学合理；

2）项目运行期间贯穿辐射剂量率分析以辐射源项基本参数为依据，分析可能存在的 X-γ、中子贯穿辐射或两者同时存在的外照射污染，分析科学合理；开放性场所、可产生感生放射性的项目释放到工作场所、环境的气态、液态放射性核素活度、活度浓度和总量分析科学合理。

（4）废弃物

审评内容：

叙述废弃物（气态、液态、固体）的种类、来源、产生量，含放射性的还应给出活度浓度、排放总量等。

审评要点：

是否说明项目工艺流程特点，是否结合工艺流程分析产生的固体、液态、气态放射性废弃物，是否分析废弃物中含有的放射性核素、总活度、活度浓度（比活度），是否分析产生的废弃物的重量、体积。

接受准则：

分别分析了固体、液态、气体放射性废弃物的产生量（重量、体积），分析了废弃物中含有的放射性核素、活度、活度浓度（比活度），分析科学、合理。

4. 辐射安全与防护

（1）场所布局与防护

审评内容：

描述项目的布局情况，给出项目的平面布局图、剖面图以及周围毗邻关系图，并说明各场所的用途及功能、工作区域的分区原则及其区域划分。说明项目的屏蔽设计情况，在附图中标注相关参数。

审评要点：

1）是否说明项目的布局设计，给出平面布局图、剖面图以及周围毗邻关系图，是否说明各场所的用途和功能，是否说明工作区域的分区（控制区和监督区）；

2）是否给出项目的屏蔽设计情况，说明屏蔽材料及相应的厚度，是否给出屏蔽设计图。

接受准则：

1）项目布局设计描述准确清晰，给出平面布局图和剖面布局图，图示各场所名称与描述一致，并说明各场所的功能和用途，控制区和监督区划分符合 GB 18871 及相关标准的要求；

2）屏蔽设计情况描述清晰，给出屏蔽设计图，描述工作场所的建筑物/屏蔽体的建造规格，标注工作场所空间尺寸，说明建筑物/屏蔽体（包括四周墙壁、屋顶、门窗、工艺设备的屏蔽体等）的材料性质和几何尺寸等相关参数，并在平面图和剖面图中予以标注，或以表格形式列出。

（2）辐射安全与防护措施

审评内容：

说明项目的辐射安全与防护、环保相关设施及其功能，包括设施组成、位置（安全设施位置应标于平面布局图上）、安全保护功能及实现过程，并给出辐射安全联锁的逻辑关系图。对非密封放射性物质工作场所和项目可能产生感生放射性气体的场所还应该叙述工作区域的气流组织，卫生通过间及其防止或清除污染措施的设置或设计（标于平面布局图上）。评价这些设施设置的多元性、冗余性、独立性以及它们在运行过程中对辐射工作人员和公众辐射安全所起到的效用。

审评要点：

1）是否说明辐射安全与防护设施的设备、组成，是否给出辐射安全与防护设计图，是否说明辐射安全与防护设备安全保护功能及其实现过程，是否给出辐射安全联锁的逻辑关系图；

2）涉及开放性场所和放射性气体的项目，是否给出工作区域的气流组织，是否说明卫生通过间的设计、手套箱、通风橱、热室等防止或清除污染的设计和设备；

3）对辐射安全与防护设施设备的多元性、冗余性和独立性是否评价，是否分析辐射安全与防护设备在运行过程中如何发挥保护辐射工作人员和公众的效果和作用。

接受准则：

辐射安全和防护设施的设备、组成描述详细完整，安全设施位置标于平面布局图上，辐射安全与防护设备安全保护功能及实现功能易于理解，附有安全联锁逻辑关系图。

A. 放射源

固定工作场所使用Ⅲ类以上放射源的，应设置包括出入口控制（门和源联锁、防人光电、剂量联锁等）、防人滞留（清场巡检、急停、紧急开门等）等安全联锁设施和工作状态警示、警告标示等安全措施。非固定工作场所使用Ⅲ类以上放射源（工业探伤、测井等）的，应明确放射源运输和临时储存期间的安保措施，按照标准和规范要求制定安全操作规程，合理划定工作场所分区，明确作业和回取放射源两个环节的安全责任和警戒、监测、检查、确认等安全措施以及事故应急处理措施，防止放射源丢失、失控。使用Ⅳ、Ⅴ类放射源的，重点关注放射源使用和储存期间的安保措施和放射源领取、使用和归还的登记管理制度。

B. 射线装置

生产、使用加速器等Ⅱ类以上射线装置（包括中子发生器）的，应设置门机联锁、急停按钮、紧急开门、工作状态指示、警示标识、声音报警等安全措施。对于工业辐照加速器，应参考γ辐照装置设置钥匙控制、出入口控制和防人滞留等安全联锁设施。对于质子/重离子放射治疗系统、大型科研用途的加速器等Ⅰ类射线装置，除上述必要安全和防护措施外，还应重点关注加速器正常运行和维修维护两阶段工作场所分区域的出入口控制和防人滞留安全联锁功能及其逻辑关系、中子防护及中子活化、剂量监测及联锁等问题。对于Ⅲ类射线装置，重点关注机房外及防护门处的辐射剂量率水平，或所致年有效剂量（DR、CR）是否满足相关标准要求。

C. 非密封放射性物质

对于非密封放射性物质场所，首先应关注辐射工作场所分区是否合理、日等效最大量核算是否准确，可参考《关于明确核技术利用辐射安全监管有关事项的通知》（环办辐射函〔2016〕430）文件的要求来判断其工作场所划分和场所等级划定来进行评估。其次，应关注工作场所的人流、物流路径规划是否合理，应尽量独立，减少交叉。最后，应关注污染防治措施特别是涉及放射性废物排放的通风、下水系统满足要求，通风系统独立并遵循气流组织从低活性区向高活性区的要求，依据其操作的辐射源项和规模设有相应的过滤装置，放射性废水有独立的收集系统。

（3）三废的治理

审评内容：

叙述三废治理的设施或三废的处理、处置方案，并对其效果和可行性进行评估。给出废旧放射源的处理方案或送贮计划安排。

审评要点：

1）固体放射性废物，包括废旧密封放射源，其临时贮存设备/设施的容量及屏蔽防护能力能否满足要求，废物是否有符合法规要求的去向。

2）液体放射性废物是否有专门的存储容器和存储场所，废水输送、收集、贮存系统和处理放射性废水的能力和效率是否与其源项规模相适应，采用贮存衰变模式处理的，其衰变池的容积能否满足设定的排放前静止衰变期间所接纳的废水产生量。

3）放射性气体废物，是否说明气载流出物的污染控制措施、净化措施和排放方式，是否给出排放高度、排放速率、核素种类、排放浓度、年排放时间、年排放量等。

接受准则：

各种污染物排放满足相关标准控制要求。

1）废物储存容器容量、屏蔽以及储存场所满足相关标准要求，按照相关标准包装整备后送城市放射性废物库，满足解控水平的固体废物向监管部门申请解控。对于废旧密封放射源的处置，明确Ⅰ、Ⅱ、Ⅲ类返回生产厂家或出口国，Ⅳ、Ⅴ类可送至城市放射性废物库。

2）废液应有专门的储存容器，对于液体产生量较大的项目，应设计输送、收集和贮存系统，必要时应配备放射性废水处理系统，收集系统容积及处理系统处理能力与产生的废液规模相符；对于可经过贮存时间衰变处置的放射性废液，其衰变池的容积能满足设定的排放前贮存衰变期间所接纳的废水产生量。

3）对于产生放射性气体的项目，应设置防止放射性气体扩散的包容设施，污染物排放前经过有效的过滤并保证过滤措施有效，排放的污染物对公众所引起的有效剂量不超过公众照射剂量约束值。

（4）服务期满后的环境保护措施

审评内容：

对达到使用寿期依法应实施退役的核技术利用建设项目，说明服务期满后场所退役和物料解控等计划。

审评要点：

生产放射性同位素的场所，甲、乙级非密封放射性物质工作场所，水井式γ辐照装置，使用Ⅰ类、Ⅱ类、Ⅲ类放射源的场所，以及使用Ⅰ类、Ⅱ类射线装置的场所，是否提出退役计划，是否说明在设计、运行时期确保尽量减少放射性污染的产生，是否明确在终结运行后按照相关法规标准规定依法实施退役。

接受准则：

生产放射性同位素的场所（制备 PET 用放射性药物的除外）；甲级非密封放射性物质工作场所；制备 PET 用放射性药物的；乙级非密封放射性物质工作场所；水井式γ辐照装置；除水井式γ辐照装置外使用Ⅰ类、Ⅱ类、Ⅲ类放射源场所存在污染的；使用Ⅰ类、Ⅱ类射线装置存在污染的；上述场所环评文件应明确在设计、运行时期减少放射性污染产生的手段，明确在终结运行后按照相关法规标准规定依法实施退役。

5. 环境影响分析

（1）建设阶段对环境的影响

审评内容：

阐述项目在施工建设阶段噪声、扬尘、废水等因素对环境可能造成的影响以及采取的环境保护措施，并分别进行评价。

审评要点：

审评在施工建设阶段噪声、扬尘、废水等因素是否得到分析考虑，对环境可能造成的影响以及采取的环境保护措施分析是否全面阐述。

接受准则：

施工建设阶段噪声、扬尘、废水等因素应充分考虑，对环境可能造成的影响以及采取的环境保护措施分析应参照一般项目的污染物环境影响分析方法进行全面阐述。

（2）运行阶段对环境的影响

审评内容：

建设项目正常运行阶段对环境的影响。

审评要点：

1）重点审评污染防治措施运行后项目对辐射工作人员、公众和环境的影响，审评改、扩建项目是否考虑原有项目对环境的影响，是否考虑与新评价项目的辐射剂量叠加效果等问题。

2）对于实施放射性物质野外示踪的项目，审评是否按照实际应用情况分析其环境影响情况。对固定的示踪剂配置场所,是否分析非密封工作场所级别并分析其环境影响情况;对示踪现场,是否按照放射性核素在环境中的迁移情况等分析其对环境的影响。

接受准则:

1)具体分析了污染防治措施,项目运行后对辐射工作人员、公众和环境影响分析全面、准确,改、扩建项目考虑了原有项目对环境的影响,考虑了与新评价项目的辐射剂量叠加效果等问题。

2)对于实施放射性物质野外示踪的项目,按照实际应用情况分析了其环境影响情况。对固定的示踪剂配置场所,按照合理的非密封工作场所级别分析其环境影响情况;对示踪现场,按照核素在环境中的迁移情况分析了其对环境的影响。

(3)场所辐射水平

审评内容:

审评场所辐射水平情况。

审评要点:

1)根据建设项目的特点和报告书编制时的实际情况,审评项目运行可能产生的辐射照射途径,如贯穿外照射、气态以及液态等途径分析是否准确、全面。根据辐射照射途径、场所屏蔽和污染防治情况,审评计算模式、计算方法依据、计算公式、参数以及必要的示意图是否正确、全面,审评项目工作场所及周围主要关注点的辐射水平估算是否准确,审评理论计算结果是否满足确定的工作场所表面污染、污染物浓度(比活度)、剂量率等控制水平的要求。

2)如果建设项目如与已建成运行的项目具有类比条件时,审评类比实测方法的合理性分析是否充分。比如在安全设施、项目布局、实体屏蔽、三废排放等方面与类比项目是否同等规模、同类性质或优于类比项目,审评实测数据是否为有资质单位出具。

3)如为改、扩建项目,审评有资质单位出具的辐射工作场所监测报告。审评根据实测数据推算项目工作场所及周围主要关注点的辐射水平情况是否合理。

接受准则:

1)正确给出了项目运行可能产生的辐射照射途径,如贯穿外照射、气态以及液态等途径分析全面。根据辐射照射途径、场所屏蔽和污染防治情况,正确选用了计算模式,计算方法依据充分,计算公式正确,有具体参数以及必要的示意图。核准工作场所及周围主要关注点的辐射水平估算准确,对于Ⅰ类放射源、Ⅰ类射线装置,技术审评单位应进行独立校核计算,理论计算结果与确定的工作场所表面污染、污染物浓度(比活度)、剂量率等控制水平进行了比较,给出了结果。

2)如采用类比分析方法时,在安全设施、项目布局、实体屏蔽、三废排放等方面给出了类比方法的合理性对比分析;并提交了有资质单位出具的实测数据。

3)如为改、扩建项目,提交了有资质单位出具的辐射工作场所监测报告。根据实测数据推算了项目工作场所及周围主要关注点的辐射水平情况,结果正确。

(4)人员受照剂量情况

审评内容:

审评人员受照剂量情况。

审评要点：

1）审评运行时产生的辐射照射途径（如外照射、气态途径以及液态途径等）是否考虑全面，审评是否结合项目工艺流程涉源操作环节、工艺操作方式、操作时间、工作人员岗位设置及人员配备等因素，估算辐射工作人员和项目周围关注点人员所受最大年有效剂量情况，审评项目所致辐射剂量是否满足确定的剂量约束值。

2）如为改、扩建项目，审评有资质单位出具的辐射工作人员个人剂量监测数据等资料推算人员和项目周围关注点人员所受最大年有效剂量情况，审评与理论计算结果对比、验证情况。

接受准则：

1）运行时产生的辐射照射途径（如外照射、气态途径以及液态途径等）考虑全面，并结合项目工艺流程涉源操作环节、工艺操作方式、操作时间、工作人员岗位设置及人员配备等因素，正确估算了辐射工作人员和项目周围关注点人员所受最大年有效剂量，给出了项目所致辐射剂量是否满足确定的剂量约束值的结论。

2）如为改、扩建项目，提交了有资质单位出具的辐射工作人员个人剂量监测数据等资料，推算了人员和项目周围关注点人员所受最大年有效剂量，并与理论计算结果进行了对比。

（5）可能发生的事故情况

审评内容：

分析项目运行中可能发生的辐射事故，说明预防措施。

审评要点：

审评是否给出并全面考虑运行中可能发生的辐射事故，是否阐述预防措施。

接受准则：

给出了较详细的可能发生的事故情况，并分析了可能的后果，基本准确阐述了应采取的预防措施。

6. 辐射安全管理

审评内容：

主要对核技术利用项目建设单位从事相应辐射活动的技术能力分析进行审评，重点是项目实施需要落实的人员、机构、规章制度和辐射监测要求等方面。

（1）机构与人员

审评要点：

审评环境管理机构与人员是否健全，职责是否明确，资源配置是否得到有效保证，机构、关键岗位等是否能够有效运转。

接受准则：

辐射环境管理机构健全，职责明确，资源配置能够保证机构有效运转。

（2）辐射安全管理规章制度

审评要点：

审评辐射安全管理规章制度是否健全、有效，是否对这些制度的适宜性进行评价。有关的辐射安全规章制度名录包括辐射防护制度、操作规程、岗位职责、安全保卫制度、设备检修维护制度、人员培训制度、台帐管理制度、三废处理等。对于改、扩建项目，还应说明规章制度的执行与落实情况，并评价各项规章制度的可行性。

接受准则：

新建项目应提出了环境管理机构的设置、人员的配置、管理制度的制定，改扩建项目应分析了其依托现有环境管理机构及制度、监测计划的可行性和执行性。

（3）辐射监测

审评要点：

1）审评辐射监测制度和计划的可操作性。审评辐射监测方案是否根据项目特点制定了相应的监测方案，如工作场所、流出物、环境、个人剂量监测方案，从监测因子、时间、频次、方法和程序以及控制水平和超过控制水平时应采取的行动等方面。如果项目运行还产生非放射性的流出物，则应当增加对非放射性流出物监测的情况分析。对改、扩建项目，审评现有核技术利用项目辐射监测的开展情况，审评上一年度个人剂量、工作场所和周围环境的辐射监测报告。

2）是否配备了工作场所、流出物、环境、个人剂量监测所需要的监测仪表。

接受准则：

1）监测计划应包括工作场所、流出物、环境、个人剂量监测和应急监测等。监测计划应结合了环境敏感目标的分布、污染源的特征和分布、项目的特点和区域环境的特点；运行期的流出物监测方案和环境监测方案包含了监测点位、监测因子、监测频次，监测能力能够保证监测方案有效实施；应急监测能够满足事故应急状态下对污染物和环境质量紧急判断的要求。

2）配备的监测仪表与项目的规模和辐射类型相适应，至少配备便携式 X-γ 剂量率监测仪、个人剂量计；对于非密封放射性物质场所，至少配备 1 台表面污染监测仪。

（4）辐射事故应急

审评要点：

审评辐射事故应急情况。审评辐射事故应急响应机构的设置、辐射事故应急预案和应急人员的培训演习等情况。对改、扩建项目，审评现有项目应急预案、应急演练以及应急措施的执行情况。

接受准则：

设置了辐射事故应急响应机构、建立了辐射事故应急预案和应急人员的培训演习等计划，做出的分析评价内容较全面。对改、扩建项目，说明了现有核技术利用项目应急预案、应急演练以及应急措施的执行情况。

7. 代价利益分析

审评内容：

社会、经济、环境损益分析。主要根据建设项目产生的环境影响，通过分析建设项目带来的各方利益和代价，评价项目的正当性。

审评要点：

1）核技术利用建设项目的利益代价分析应从经济效益、社会效益和环境影响等方面进行分析，可以用定性或定量的方式，估算项目带来的直接、间接经济价值，并将其纳入建设项目的费用效益分析，作为判断项目环境可行性的依据之一；分析建设项目在环境利益代价上是否合理。

2）以建设项目实施后的影响预测与环境现状进行比较，从经济、社会和环境、资源等各方面说明项目实施付出的代价。从代价和利益方面分析项目的正当性。

接受准则：

1）计划建设项目对受照个人、社会及环境的影响能够产生净利益，以抵消项目带来的辐射危害，建设项目具有正当性。

2）给出的环保设施或措施具有可核查性。

8. 公众参与

按有关规定不纳入审评范围。

9. 结论与建议

审评内容：

对建设项目可能造成的环境影响以及项目的辐射安全与防护情况做出的结论性意见。查看是否从实践的正当性、辐射防护的效能和评价标准等方面给出结论性评价，是否指出还存在的问题及主要的改进措施和承诺。

审评要点：

1）建设项目环境影响评价的结论应简要明了，表达准确，与各章节的结论保持一致。一般应包括项目建设的必要性、实践的正当性、项目工程概况、环境现状与主要问题、主要污染源及拟采取的主要辐射安全防护措施、环境影响预测分析、辐射安全管理等内容，概括反映环境影响评价的基础上，从环境保护的角度，明确项目建设是否可行。

2）审评评价单位提出的建议的可行性。

3）审评建设单位对现阶段环保方面存在的未解决的问题，提出拟采取的措施做出承诺原因，不纳入现阶段解决的原因是否合理，承诺的措施的可行性。

接受准则：

1）环评结论叙述的语言简洁明了，各部分的内容与各章节的评价一致，项目实施后环境影响能否接受的结论明确。

2）提出的建议合理，暂不能实施的理由可接受。

3）建设单位承诺的环保措施不能纳入现阶段解决的理由充分，承诺的措施具有可行性，能够监督。

32.1.3.2　核技术利用环境影响报告表的审评

1. 表 32-1 项目基本情况

审评内容：

项目概述。

审评要点：

是否给出建设项目名称、建设单位、建设单位注册地址和项目建设地址，是否给出放射源、非密封放射性物质、射线装置活动种类和类别，是否简要介绍建设单位基本情况，项目建设的规模；是否说明项目周边居民、学校、企业、村庄等有人员居留的场所；

改扩建项目是否说明原有项目辐射安全许可履行情况。

接受准则：

项目名称准确，建设地点具体，建设单位注册地址和建设地点不一致，应分别说明；明确生产、使用、销售活动种类，明确放射源类别、非密封放射性物质场所等级、射线装置类别；建设单位基本情况介绍简洁明了；项目周边敏感点清楚，距离明确；附原有项目辐射安全许可证复印件。

2. 放射源

审评内容：

核素名称、活度、总活度、类别、活动种类、用途、使用场所、贮存方式与地点。

审评要点：

是否给出核素名称、活度、总活度、类别、活动种类、用途、使用场所、贮存方式与地点。

接受准则：

核素名称、活度明确，单枚放射源使用，给出单枚源活度及枚数，对于源聚集使用，给出源总活度，单枚源活度或聚集源活度类别准确，活动种类为生产、使用、销售或其组合，用途清楚，使用场所、贮存方式与地点明确具体到操作间。

3. 非密封放射性物质

审评内容：

核素名称、理化性质、活度种类、实际日最大操作量（Bq）、日等效最大操作量（Bq）、年最大用量（Bq）、用途、使用场所、贮存方式与地点。

审评要点：

是否给出核素名称，是否给出固态、液态、气态物理性质，是否给出单体或者化合物的化学性质，是否说明活动种类，是否给出实际日最大操作量（Bq）、日等效最大操作量（Bq）、年最大用量（Bq）、用途、使用场所、贮存方式与地点。

接受准则：

核素名称、物理和化学性质明确，活动种类为生产、使用、销售或者其组合，实际日最大操作量明确，日等效最大操作量依据《电离辐射防护与辐射源安全基本标准》（GB 18871—2002）附录 C 计算给出，年最大用量不超过实际日最大操作量与使用天数之积，使用场所、贮存方式与地点明确详细到使用操作间。

4. 射线装置

审评内容：

加速器、X 射线机、中子发生器项目的规模、设备参数、使用场所。

审评要点：

是否给出射线装置的名称、类别、数量、型号、用途、工作场所，加速器是否给出加速粒子种类、最大能量、额度电流，对于 X 射线机，是否给出最大管电压和最大管电流，对于中子发生器，是否给出最大管电压、最大靶电流、中子强度和氚靶等情况。

接受准则：

射线装置名称、类别、数量、型号、用途、工作场所明确，工作场所明确到操作间，加速器、X 射线机、中子发生器参数详细明确。

5. 废弃物

审评内容：

污染物的种类、状态、含有核素、月排放量、年排放总量、排放口浓度、暂存情况、最终去向。

审评要点：

是否给出固态、液态、气态放射性废弃物，是否给出废弃物中含有的放射性核素、总活度、活度浓度（比活度），月排放量和年排放量（重量、体积），是否说明暂存情况和最终去向。

接受准则：

分别给出固态、液态、气态放射性废弃物的产生量（重量、体积），给出废弃物中含有的放射性核素、活度，月排放量和年排放总量（重量、体积、活度）与项目规模相符，排放口浓度明确，固体和液态废弃物设置有暂存场所，最终去向符合相关法规要求。

6. 评价依据

审评内容：

环评文件编制依据的法律、法规、标准和技术规范，以及建设项目的设计文件等相关文件。

审评要点：

审评建设项目环评文件编制依据的法规标准是否全面准确适用，是否是现行有效的最新版本；相关文件是否齐全。

接受准则：

依据的法规标准准确、全面，且均为现行有效版本，适用于评价项目；附项目设计文件以及其他与项目有关的文件等。

7. 保护目标与评价标准

审评内容：

评价范围和保护目标，满足环境影响和安全的评价标准。

审评要点：

1）是否给出环境影响评价文件的评价范围，乙级、丙级放射性药物生产和其他非密封放射性物质工作场所项目评价范围是否取 50 m；Ⅱ、Ⅲ类放射源和Ⅱ类射线装置应用项目，评价范围是否取装置所在场所实体屏蔽体边界外 50 m，没有实体边界视项目的具体情况而定，是否不低于 100 m；实施放射性野外示踪的项目是否视周边情况以及可能潜在影响的范围确定评价范围；对于固定的示踪剂配置场所，是否按照非密封工作场所的级别确定评价范围；对于示踪现场，是否按照核素在环境中的迁移情况确定评价范围。

2）是否给出评价范围内的敏感点名称、规模和分布，是否给出环境保护目标与建设项目的方位和距离。

3）是否给出辐射工作人员和公众辐射剂量约束值，是否给出工作场所表面污染控制水平、污染物浓度/比活度、剂量率控制水平。

接受准则：

1）建设项目评价范围取 50 m，对于没有实体屏蔽体的项目，评价范围不低于 100 m，对于示踪项目，评价范围与项目规模及对周边情况、在环境迁移情况确定。

2）以表格的形式描述评价范围内的环境保护目标与建设项目的方位、距离、人口规模和名称等内容，以图的形式表示环境保护目标与建设项目的方位和距离。

3）辐射工作人员和公众职业照射剂量约束值合理；工作场所表面污染控制水平按照附录 B 表 11 控制；液态污染物排放浓度按照 GB 18871 第 8.6.2 条执行，气态流出物排放的活度引起的公众剂量低于 0.1 mSv/a；屏蔽体外剂量率控制水平满足屏蔽设计控制值和相关标准的要求。

8. 环境质量和辐射现状

审评内容：

评价范围内的环境质量和辐射水平现状。

审评要点：

1）是否给出项目地理和场所位置说明及相关附图；

2）是否说明环境现状评价的对象、监测因子和监测点位；

3）是否描述监测方案、质量保证措施、监测结果等内容；

4）是否对环境现状调查结果进行评价。

接受准则

1）给出项目地理和场所位置说明，每个源项涉及的场所应具体到使用房间，相关附图图示及说明清楚可见。

2）根据项目情况说明环境贯穿辐射及土壤、大气、水等对象的本底辐射水平，明确 X-γ 剂量率等监测因子，说明环境现状监测点位并附相应的图表。

3）给出现状监测结果。

4）对现状监测结果进行评价，未引入人工辐射源项前的本底水平。

9. 项目工程分析与源项

（1）工程设备与工艺分析

审评内容：

描述项目所含设备组成及工作方式，项目的工作原理及工艺流程，详述工艺流程中涉及污染物排放的环节，叙述并图示项目涉及的人流和物流的路径规划，对有三废排放或可能有放射性潜在影响的工作流程要重点阐述；改、扩建项目要对原有工艺不足及改进情况进行分析。

审评要点：

1）审评项目包含的系统、设备、组件是否完整，是否说明射线产生系统、控制系统及其他辅助系统，是否说明项目应用的主要设备，是否说明设备和部件的作用。

2）是否说明项目工作原理，对于射线装置项目，是否还说明射线产生工作原理，是否说明应用射线达到工作目的的工艺流程。是否重点说明涉及辐射源项的工艺流程及该流程的岗位设置、人员配备、操作方式和操作时间，工艺流程中可能产生气体、液体或固体放射性废物的工艺流程是否详细，可能产生潜在放射性影响的工作流程（如出入控制、辐射工作场所巡检等）是否详细说明。

　　3）是否给出项目设计的人流和物流路径规划，是否给出人流物流路径示意图。

　　4）是否说明改扩建项目原有工艺与改进工艺的不同，是否说明改进工艺的优点。

　　接受准则：

　　1）建设项目所包含的系统、设备和部件描述详细完整，重点描述射线产生、射线利用设备和部件。

　　2）建设项目应用射线的工作原理准确清楚，产生射线的过程原理理论和实践可行，涉及到辐射源的环节（如放射性同位素操作、加速器维修、过滤器更换等）岗位设置明确，操作方式详细，工作人员配备和操作时间合理。

　　3）人流和物流路径规划清楚，人流和物流路径示意图清楚，人流和物流分开，走向合理，符合辐射防护最优化的要求。

　　4）改扩建项目改进工艺较原有工艺优势明显，不增加对人员和环境的辐射影响。

　　（2）污染源项

　　审评内容：

　　识别和分析环境影响因子，并给出可能对环境影响的源项（放射性的和非放射性的）相关数据，包括外照射源的强度、三废的组成、活度/活度浓度及产生量等。

　　审评要点：

　　1）项目建设期间是否对环境影响的污染源项进行分析，是否评价大气、水和噪声等的污染源项分析。

　　2）项目运行期间是否对污染源项进行分析，识别对环境、辐射工作人员和公众存在潜在辐射危险的外照射影响因子，根据源的活度或射线装置参数给出 X-γ 剂量率、中子剂量当量率水平，识别对辐射工作人员和公众存在潜在辐射危害的内照射影响因子，排放到环境中气态、液态放射性核素的活度和活度浓度及年产生总量。

　　接受准则：

　　1）建设期间大气、水、噪声污染源项符合项目实际，分析科学合理。

　　2）项目运行期间贯穿辐射剂量率分析以辐射源项基本参数为依据，分析可能存在的 X-γ、中子贯穿辐射或两者同时存在的外照射水平，分析科学合理；开放性场所、可能产生感生放射性的项目释放到工作场所、环境的液态、气态放射性核素活度、活度浓度和总活度分析科学合理，产生的固体放射性废物活度、比活度和总量分析科学合理。

　　10．辐射安全与防护

　　（1）项目安全设施

　　审评内容：

　　工作场所布局、分区原则和区域划分情况；辐射防护屏蔽设计；场所设置的辐射安全和防护、环保相关设施及其功能；非密封放射性物质工作场所和可能产生感生放射性气体项目工作区域的气流组织、卫生通过间及防止或清除污染的设计。

　　审评要点：

　　1）是否说明项目的布局设计，给出平面布局图和剖面布局图，是否说明各场所的用途和功能，是否说明工作区域的分区（控制区和监督区）。

2）是否给出项目的屏蔽设计情况，说明屏蔽材料及相应的厚度，是否给出屏蔽设计图。

3）是否说明辐射安全与防护设施的设备、组成，是否给出辐射安全与防护设计图，是否说明辐射安全与防护设备安全保护功能及其实现过程。

4）涉及开放性场所和放射性气体的项目，是否给出工作区域的气流组织，是否说明卫生通过间的设计、手套箱、通风橱、热室等防止或清除污染的设计和设备。

接受准则：

1）项目布局设计描述准确清晰，给出平面布局图和剖面布局图，图示各场所名称与描述一致，并说明各场所的功能和用途，控制区和监督区划分符合 GB 18871 及相关标准的要求。

2）屏蔽设计情况描述清晰，给出屏蔽设计图，描述工作场所的建筑物/屏蔽体的建造规格，说明建筑物/屏蔽体（包括四周墙壁、屋顶、门窗、工艺设备的屏蔽体等）的材料性质和几何尺寸等相关参数，标注工作场所空间尺寸，并在平面图和剖面图中予以标注，或以表格形式列出。

3）辐射安全和防护设施的设备、组成描述详细完整，安全设施位置标于平面布局图上，辐射安全与防护设备安全保护功能及实现功能易于理解。

① 放射源

固定工作场所使用Ⅲ类以上放射源的，应设置包括出入口控制（门和源联锁、防人光电、剂量联锁等）、防人滞留（清场巡检、急停、紧急开门等）等安全联锁设施和工作状态警示、警告标示等安全措施。非固定工作场所使用Ⅲ类以上放射源（工业探伤、测井等）的，应明确放射源运输和临时储存期间的安保措施，按照标准和规范要求制定安全操作规程，合理划定工作场所分区，明确作业和回取放射源两个环节的安全责任和警戒、监测、检查、确认等安全措施以及事故应急处理措施，防止放射源丢失、失控。使用Ⅳ、Ⅴ类放射源的，重点关注放射源使用和储存期间的安保措施和放射源领取、使用和归还的登记管理制度。

② 射线装置

生产、使用加速器等Ⅱ类以上射线装置（包括中子发生器）的，应设置门机联锁、急停按钮、紧急开门、工作状态指示、警示标识、声音报警等安全措施。对于工业辐照加速器，应参考γ辐照装置设置钥匙控制、出入口控制和防人滞留等安全联锁设施。对于Ⅲ类射线装置，重点关注机房外及防护门处的辐射剂量率水平，或所致年有效剂量（DR、CR）是否满足相关标准要求。

③ 非密封放射性物质

对于非密封放射性物质场所，首先应关注辐射工作场所分区是否合理、日等效最大量核算是否准确，可参考《关于明确核技术利用辐射安全监管有关事项的通知》（环办辐射函〔2016〕430）文件的要求来判断其工作场所划分和场所等级划定来进行评估。其次，应关注工作场所的人流、物流路径规划是否合理，应尽量独立，减少交叉。最后，应关注污染防治措施特别是涉及放射性废物排放的通风、下水系统满足要求，通风系统独立并遵循气流组织从低活性区向高活性区的要求、依据其操作的辐射源项和规模设有相应的过滤装置，放射性废水有独立的收集系统。

（2）三废的治理

审评内容：

三废治理的设施、方案、预期效果；有废旧放射源的给出处理方案。

审评要点：

1）固体放射性废物，包括废旧密封放射源，其临时贮存设备/设施的容量及屏蔽防护能力能否满足要求，废物是否有符合法规要求的去向。

2）液体放射性废物是否有专门的存储容器和存储场所，废水输送、收集、贮存系统和处理放射性废水的能力和效率是否与其源项规模相适应，采用贮存衰变模式处理的，其衰变池的容积能否满足设定的排放前静止衰变期间所接纳的废水产生量。

3）放射性气体废物，是否说明气载流出物的污染控制措施、净化措施和排放方式，是否给出排放高度、排放速率、核素种类、排放浓度、年排放时间、年排放量等。

接受准则：

各种污染物排放满足相关标准控制要求。

1）废物储存容器容量、屏蔽以及储存场所满足相关标准要求，按照相关标准包装整备后送城市放射性废物库，满足解控水平的固体废物向监管部门申请解控。对于废旧密封放射源的处置，Ⅰ、Ⅱ、Ⅲ类返回生产厂家或出口国，Ⅳ、Ⅴ类可送至城市放射性废物库。

2）废液应有专门的储存容器，对于液体产生量较大的项目，应设计输送、收集和贮存系统，必要时应配备放射性废水处理系统，收集系统容积及处理系统处理能力与产生的废液规模相符；对于可经过贮存时间衰变处置的放射性废液，其衰变池的容积能满足设定的排放前贮存衰变期间所接纳的废水产生量。

3）对于产生放射性气体的项目，应设置防止放射性气体扩散的包容设施，污染物排放前经过有效的过滤并保证过滤措施有效，排放前有必要的监测手段，排放的污染物对公众所引起的有效剂量是否不超过 0.1 mSv/a。

11. 环境影响分析

（1）建设阶段对环境的影响

审评内容：

对项目建设阶段对环境的影响情况进行审评。

审评要点：

审评在施工建设阶段噪声、扬尘、废水等因素是否得到分析考虑，对环境可能造成的影响以及采取的环境保护措施分析是否全面阐述。

接受准则：

施工建设阶段噪声、扬尘、废水等因素应充分考虑，对环境可能造成的影响以及采取的环境保护措施分析应参照一般项目的污染物环境影响分析方法进行全面阐述。

（2）运行阶段对环境的影响

审评内容：

对项目运行致工作人员和项目周围关注点造成的辐射影响进行分析和评估。

审评要点：

1）根据建设项目污染源项的分析，审评项目运行可能产生的辐射照射途径，根据辐射照射途径、场所屏蔽和污染防治情况，审评计算模式、计算方法依据、计算公式、参数以及必要的示意图是否正确、全面，审评项目工作场所及周围主要关注点的辐射水平估算是否准确，审评理论计算结果是否满足确定的工作场所表面污染、污染物浓度（比活度）、剂量率等控制水平的要求。如果建设项目与已建成运行的项目具有类比条件时，审评类比实测方法的合理性分析是否充分。比如在安全设施、项目布局、实体屏蔽、三废排放等方面与类比项目是否同等规模、同类性质或优于类比项目，审评实测数据是否为有资质单位出具。如为改、扩建项目，审评有资质单位出具的辐射工作场所监测报告。审评根据实测数据推算项目工作场所及周围主要关注点的辐射水平情况是否合理。

2）审评运行时对工作人员和公众产生的辐射照射途径（如外照射、气态途径以及液态途径等）是否考虑全面，审评是否结合项目工艺流程涉源操作环节、工艺操作方式、操作时间、工作人员岗位设置及人员配备等因素，估算辐射工作人员和项目周围关注点人员所受最大年有效剂量情况，审评项目所致辐射剂量是否满足确定的剂量约束值。如为改、扩建项目，审评有资质单位出具的辐射工作人员个人剂量监测数据等资料推算人员和项目周围关注点人员所受最大年有效剂量情况，审评与理论计算结果对比、验证情况。

接受准则：

1）正确给出了项目运行可能产生的辐射照射途径，根据辐射照射途径、场所屏蔽和污染防治情况，正确选用了计算模式，计算方法依据充分，计算公式正确，有具体参数以及必要的示意图。核查工作场所及周围主要关注点的辐射水平估算准确，理论计算结果与确定的工作场所表面污染、污染物浓度（比活度）、剂量率等控制水平进行了比较，给出了结果。如采用类比分析方法时，在安全设施、项目布局、实体屏蔽、三废排放等方面给出了类比方法的合理性对比分析；并提交了有资质单位出具的实测数据。如为改、扩建项目，提交了有资质单位出具的辐射工作场所监测报告。据实测数据推算了项目工作场所及周围主要关注点的辐射水平情况，结果正确。

2）项目运行时产生的辐射照射途径（如外照射、气态途径以及液态途径等）考虑全面，并结合项目工艺流程涉源操作环节、工艺操作方式、操作时间、工作人员岗位设置及人员配备等因素，正确估算了辐射工作人员和项目周围关注点人员所受最大年有效剂量，给出了项目所致辐射剂量是否满足确定的剂量约束值的结论。如为改、扩建项目，提交了有资质单位出具的辐射工作人员个人剂量监测数据等资料，推算了人员和项目周围关注点人员所受最大年有效剂量，并与理论计算结果进行了对比。

（3）事故影响分析

审评内容：

分析项目运行中可能发生的辐射事故，并说明预防措施。

审评要点：

审评是否结合项目工艺流程涉源操作考虑运行中可能发生的辐射事故，是否结合安全和防护设施的设置阐述预防措施，审评预防措施的可操作和可行性。

接受准则：

给出了较详细的可能发生的事故情况，并分析了可能的后果，基本准确阐述了应采取的预防措施。

12. 辐射安全管理

（1）辐射安全与环境保护管理机构的设置

审评要点：

审评环境管理机构与人员是否健全，职责是否明确，是否配备关键岗位注册核安全工程师。

接受准则：

辐射环境管理机构健全，职责明确，需配置注册核安全工程师的岗位按照要求配备。

（2）辐射安全管理规章制度

审评要点：

审评辐射安全管理规章制度是否健全、有效，是否对这些制度的适宜性进行评价。有关的辐射安全规章制度名录包括辐射防护制度、操作规程、岗位职责、安全保卫制度、设备检修维护制度、人员培训制度、台帐管理制度、三废处理等。对于改、扩建项目，还应说明规章制度的执行与落实情况，并评价各项规章制度的可行性。

接受准则：

新建项目应提出了环境管理机构的设置、人员的配置、管理制度的制定，以及环境监测机构的设置、人员和设备配置，改扩建项目应分析了其依托现有环境管理机构及制度、监测计划的可行性和执行性。

（3）辐射监测

审评要点：

审评辐射监测制度和计划的可操作性。审评辐射监测方案是否根据项目特点制定了相应的监测方案，如工作场所、流出物、环境、个人剂量监测方案，从监测因子、时间、频次、方法和程序以及控制水平和超过控制水平时应采取的行动等方面。如果项目运行还产生非放射性的流出物，则应当增加对非放射性流出物监测的情况分析。对改、扩建项目，审评现有核技术利用项目辐射监测的开展情况，审评上一年度个人剂量、工作场所和周围环境的辐射监测报告。

接受准则：

监测计划应包括工作场所、流出物、环境、个人剂量监测和应急监测等。监测计划应结合了环境敏感目标的分布、污染源的特征和分布、项目的特点和区域环境的特点；运行期的流出物监测方案和环境监测方案包含了监测点位、监测因子、监测频次，监测能力能够保证监测方案有效实施；应急监测能够满足事故应急状态下对污染物和环境质量紧急判断的要求。

（4）辐射事故应急

审评要点：

审评辐射事故应急响应机构和预案制定情况。审评辐射事故应急响应机构的设置、辐射事故应急预案和应急人员的培训演习等情况。对改、扩建项目，审评现有项目应急预案、应急演练以及应急措施的执行情况。

接受准则：

设置了辐射事故应急响应机构、建立了辐射事故应急预案和应急人员的培训演习等计划，做出的分析评价内容较全面。对改、扩建项目，说明了现有核技术利用项目应急预案、应急演练以及应急措施的执行情况。

13. 结论与建议

审评内容：

对建设项目可能造成的环境影响做出结论性意见。

审评要点：

（1）是否做出辐射安全与防护分析结论，一般应包括项目建设的必要性、实践的正当性、项目工程概况、环境现状与主要问题、主要污染源及拟采取的主要辐射安全防护措施、辐射安全管理等内容，概括反映环境影响评价的基础上，从辐射安全与防护的角度，明确项目建设是否可行。

（2）是否做出环境影响分析结论，包括项目环境影响、主要污染源、环境保护措施等内容，明确建设项目对环境的影响，污染物是否达标排放，是否满足相关标准控制要求。

（3）是否做出可行性分析结论，说明符合产业政策与否、代价利益分析。

接受准则：

（1）环评结论叙述的语言简洁明了，各部分的内容与各章节的评价一致，项目实施后环境影响能否接受的结论明确。

（2）提出的建议合理，暂不能实施的理由可接受。

（3）建设单位承诺的环保措施不能纳入现阶段解决的理由充分，承诺的措施具有可行性，能够监督。

32.1.4 审评报告的编制

技术审评单位对建设单位提交的环境影响评价文件进行技术审评，编写技术审评报告，报告主要包括以下内容。

1. 审评过程

简要介绍技术审评单位接受审评任务单要求，以及与建设单位就环境影响评价文件相关问题交流情况。

2. 审评依据

根据核技术利用项目特点，列出适用于项目审评现行有效的法律法规、标准及相关技术文件

3. 审评意见

（1）项目概况

简要说明建设项目基本情况，包括项目名称、建设单位、建设地点、建设规模、环境影响评价单位及其资质。

（2）环境保护目标和剂量约束值

说明建设项目评价的环境保护目标及设定的剂量约束值，与适用的相应标准比较，给出审评结论，评价的环境保护目标范围及设定的剂量约束值是否满足要求。

（3）辐射安全与防护措施

概括说明建设项目设计的辐射安全与防护措施，给出评价结论，辐射安全与防护措施是否与项目规模相适应，满足其安全和防护要求。

（4）环境影响分析

说明建设项目环境影响评价估算或实测的项目周围关注点剂量率、工作场所表面污染水平，放射性固态、液态、气态废物活度及产生量，放射性液态、气态废物排放浓度、排放量；辐射工作人员和周围关注人群受项目所致附加照射剂量。给出审评结论，项目工作场所屏蔽体外剂量率水平、表面污染水平及辐射工作人员和公众照射剂量是否满足评价标准。

（5）辐射安全管理

说明建设单位辐射安全管理机构、人员配备、辐射安全与防护制度制定、辐射监测、辐射事故应急管理等情况。

4．审评结论

针对审评情况作出明确的审评结论，根据建设项目的特点及环境影响评价分析，明确建设项目在落实环境影响评价文件提出的措施和要求的情况下，项目所致工作人员、公众及环境的辐射影响是可以接受或不满足相关标准要求。

32.1.5　典型案例

32.1.5.1　工程概况

1．项目背景

2014 年，肃北县博伦矿业开发有限公司脱碳余热发电系统建设竣工；项目设计总规模为：利用肃北县博伦矿业开发有限公司自产石煤钒矿石，建成一条年处理含钒石煤 50 万吨的提钒生产线，采用循环流化床锅炉脱碳＋隧道窑焙烧＋湿法浸出净化工艺，脱碳余热经 2×55 t/h 循环流化床锅炉＋一套 25 MW 汽轮发电机组利用；项目年产 98%偏钒酸铵 3 850 t/a，脱碳余热发电量 17 500 kWh。2014 年 2 月，原甘肃省环境保护厅印发了《甘肃省环境保护厅关于肃北县博伦矿业开发有限责任公司石煤提钒一期工程项目辐射环境影响评价专篇的审查意见》。2015 年 7 月，原甘肃省环境保护厅以《甘肃省环境保护厅关于肃北县博伦矿业开发有限责任公司七角井石煤提钒带余热发电项目环境影响报告书的批复》（甘环审发〔2015〕54 号）对本项目予以批复。

2020 年 1 月，肃北县发展和改革局以肃北发改备字〔2020〕01 号文同意变更原"肃北县博伦矿业开发有限责任公司七角井石煤提钒带余热发电项目"，原项目建设单位变更为"肃北蒙古族自治县西矿钒科技有限公司"。2020 年 5 月，肃北蒙古族自治县西矿钒科技有限公司进行试生产，发现本项目实际年处理含钒石煤 18 万 t、偏钒酸铵实际产能约 700 t/a；产能未达到年处理 50 万 t 石煤钒矿石和年产偏钒酸铵 3 850 t/a 的设计规模。因此需扩建一条生产线。

2021 年 3 月，肃北蒙古族自治县西矿钒科技有限公司组织对前期项目开展竣工环境保护验收调查（含尾矿库），编制了《肃北蒙古族自治县西矿钒科技有限公司七角井石煤提钒带余热发电项目竣工环境保护验收监测报告》，形成项目阶段性竣工环境保护验收意见。

2. 工程内容

肃北蒙古族自治县西矿钒科技有限公司拟开展肃北蒙古族自治县西矿钒科技公司石煤提钒扩建工程，本次扩建工程拟在现有工程的基础上增加一条石煤提钒生产线，产能钒酸铵 1 300 t/a。扩建工程主要包括新增立磨车间、焙烧车间、浸出车间、氧化、中和、陈化车间、离子交换车间、净化沉钒车间各 1 座，同时新建 5 座浓硫酸储罐，扩建废水处理站等配套工程；破碎筛分车间、脱碳发电车间、煤气发生站和尾渣库依托现有工程。扩建工程提钒工艺采用脱碳→空白焙烧→浓硫酸浸出→氧化中和→离子交换→净化→沉钒→偏钒酸铵（产品）。

扩建工程完成后，将形成年处理石煤钒矿石量约 39.96 万 t/a、年产偏钒酸铵 2 000 t/a 的生产规模（其中现有工程年产偏钒酸铵 700 t/a），项目总投资为 23 527.4 万元，环保投资共计 2 300 万元，项目环保投资占总投资的 9.78%。

3. 扩建工程履行环境影响评价手续情况

建设单位委托中煤科工重庆设计研究院甘肃分院编制了《肃北蒙古族自治县西矿钒科技有限公司石煤提钒扩建工程环境影响报告书》，已报酒泉市生态环境局进行审批。同时委托甘肃秦洲核与辐射安全技术有限公司开展了辐射环境监测，监测结果表明，本工程石煤（原料）、浸出渣和净化渣中 ^{238}U、^{226}Ra 的放射性比活度超过 1 Bq/g；因此委托甘肃核创环保科技有限公司编制了《肃北蒙古族自治县西矿钒科技有限公司石煤提钒扩建工程辐射环境影响评价专篇》。

评估认为，建设单位应按照中华人民共和国生态环境部公告 2020 第 54 号的要求，将本项目辐射环境影响评价专篇纳入本项目环境影响报告书同步审批；在竣工环境保护验收时，组织对配套建设的辐射环境保护设施同进行验收，组织编制辐射环境保护验收监测报告并纳入验收监测报告。

32.1.5.2 控制指标与评价核素

1. 控制指标

根据《专篇》分析，提出本项目正常工况的公众剂量约束值为 0.1 mSv/a，非正常工况的公众剂量控制值为 0.10 mSv/次。

根据《专篇》分析，当前国家暂未出台与本项目相关的伴生放射性矿流出物排放限值标准，因此本项目不设置气载流出物的放射性控制指标，建设单位可参照《稀土工业污染物排放标准》（GB 26451—2011）中的有关大气污染物排放浓度限值要求排放。

根据《专篇》分析，本项目所有工艺环节的产生的废水均进入废水处理站处理后回用，无废水排放；尾矿库渗滤液全部回用用于尾矿库场地抑尘；因此不设置液态流出物的放射性控制指标。

评估认为，项目在验收和后续运行管理中应按照国家最新发布的相关限值标准执行流出物排放标准。若审评部门批准参照《稀土工业污染物排放标准》（GB 26451—2011）执行，应落实"企业车间或生产设施排气筒大气污染物排放铀钍总量浓度限值为 0.10 mg/m³；企业边界铀钍总量 1 h 平均浓度限值为 0.002 5 mg/m³"的控制限值要求。

2. 评价核素

根据辐射环境源项调查，本项目石煤（原料）、浸出渣和净化渣中 ^{238}U、^{226}Ra 的放射性比活度超过 1Bq/g，《专篇》确定本项目辐射环境影响评价关键核素为铀系核素，主要是 ^{238}U、^{226}Ra、^{222}Rn。

32.1.5.3　放射性源项分析

根据《专篇》放射性源项分析：本项目石煤（原料）、浸出渣和净化渣中 ^{238}U、^{226}Ra 的放射性比活度超过 1 Bq/g；本项目气载流出物主要为脱碳车间、物料仓、焙烧车间等烟囱或排气筒排放的烟气（尘）和尾矿库排放的氡；放射性固体废物主要为浸出渣和净化渣；无液态流出物排放。

1. 可能产生放射性污染的建设子项

根据《专篇》工艺流程分析，本次石煤提钒扩建工程和现有工程涉及放射性污染的建设子项主要有：石煤堆场、破碎/筛分车间、脱碳发电车间、焙烧车间、尾矿库和各类储灰仓、矿仓、料仓（以上料仓均设有排气筒）等，涉及的污染类型主要是有组织排放的气态流出物、无组织排放的粉尘和析出的氡以及外照射。具体情况见表 32-1。

表 32-1　涉及的放射性污染建设子项情况一览表

工程类别	建设子项工程名称	放射性污染类型	流出物排放点	备注
主体工程	破碎、筛分车间	有组织排放，粉尘，外照射、氡	—	依托
	脱碳发电车间	有组织排放，粉尘、氡	气态流出物	依托
	磨矿车间	有组织排放，粉尘，外照射、氡	—	新增
	焙烧车间	有组织排放，气体、粉尘，外照射、氡	气态流出物	新增
储运工程	石煤堆场	无组织排放，粉尘，外照射、氡	—	依托
	尾矿库	无组织排放，粉尘，外照射、氡	渗滤液收集回用，不外排	依托
	原矿仓	有组织排放，粉尘，外照射、氡	—	依托
	粗矿仓	有组织排放，粉尘，外照射、氡	—	依托
	发电渣料仓	有组织排放，粉尘，外照射、氡	—	新建
	缓冲料仓	有组织排放，粉尘，外照射、氡	—	新建
	成型料仓	有组织排放，粉尘，外照射、氡	—	新建
	储灰仓	有组织排放，粉尘，外照射、氡	—	依托
	粉尘料仓	有组织排放，粉尘，外照射、氡	—	新建
	球磨机缓冲料仓	有组织排放，粉尘，外照射、氡	—	新建
	粉料仓	有组织排放，粉尘，外照射、氡	—	新建
	废水处理站	—	废水、污水经处理后全部回用，无液态流出物。	依托/扩建

2. 核素走向

根据《专篇》评价，项目委托具备相应检测能力的甘肃秦洲核与辐射安全技术有限公司、中核化学计量检测中心（核工业北京化工冶金研究院分析测试中心）对本项目主要工艺流程环节的各环境要素进行了采样检测。由工艺流程和监测结果可知，本项目为伴生铀系（U）的伴生放射性矿开发利用项目，铀系衰变链中的各放射性核素贯穿在原矿石破碎、脱碳、磨矿、焙烧、浸出、沉钒等环节。

根据铀系核素的理化特性，在破碎、脱碳、磨矿、焙烧等环节不会被气化，放射性核素在物料中的放射性活度浓度基本无变化，仅在这些环节中随烟尘和粉尘少量排放，并释放少量氡及子体。在浸出过滤、氧化中和、陈化环节，大部分放射性核素进入到浸出渣和中和渣中；另一部分进入水相中，经沉钒车间沉钒净化后进入净化渣中，剩余的放射性核素随沉钒母液一起进入废水处理车间，经处理后进入沉淀物中。工艺环节中产生的渣和沉淀物传送至尾矿库存贮。

3. 主要核素平衡

根据《专篇》分析，本次扩建项目采用类比法进行放射性核素衡算分析，类比监测数据来源于建设单位已运行的生产线（一期）样品。主要物料中的放射性核素含量监测结果见表 32-2，本项目核素平衡分析见表 32-3。

因扩建工程原料与一期工程来源一致，工艺环节基本一致，根据表 32-2 结果可知，本项目原料、浸出渣、净化渣中 ^{238}U、^{226}Ra 超过放射性活度浓度超过 1 Bq/g。

表 32-2　一期工程各物料中的核素含量（Bq/kg）

核素	石煤原矿	脱碳仓（脱碳渣）	焙烧前成型原料	焙烧后成型原料	废渣（浸出渣）	净化渣	尾矿库废渣	成品偏钒酸铵	水处理（沉淀）
^{238}U	1 186	1 724	1 506	1 578	1 245	55 000	425.8	689.2	582.4
^{232}Th	33.3	46.62	39.18	10.176	31.3	2	30.52	0.73	38.46
^{226}Ra	1 216	1 272	987.4	1 334	1 160	8.55	1 246	4	19.26

表 32-3　本项目放射性核素平衡表

投入				产出				
项目	核素	比活度/（Bq/kg）	总活度/（Bq/a）	项目	核素	比活度/（Bq/kg）	总活度/（Bq/a）	比例/%
石煤原矿（219 600 t/a）	^{238}U	1.19×10^3	2.60×10^{11}	焙烧尾气粉尘（26.68 t/a）	^{238}U	1.72×10^3	4.60×10^7	0.02%
	^{226}Ra	1.22×10^3	2.67×10^{11}		^{226}Ra	1.28×10^3	3.42×10^7	0.01%
				浸出渣（145 350 t/a）	^{238}U	1.25×10^3	1.81×10^{11}	69.48%
					^{226}Ra	1.16×10^3	1.69×10^{11}	63.14%
				净化渣（1 257.75 t/a）	^{238}U	5.50×10^4	6.92×10^{10}	26.56%
					^{226}Ra	8.55	1.08×10^7	0.00%
				水处理底泥沉淀物（21 677 t/a）	^{238}U	5.82×10^2	1.26×10^{10}	4.85%
					^{226}Ra	1.93×10	4.17×10^8	0.16%
				产品（975 t/a）	^{238}U	645.12	6.29×10^8	0.24%
					^{226}Ra	4	3.90×10^6	0.00%
合计	^{238}U		2.60×10^{11}	合计	^{238}U		2.63×10^{11}	101.15%
	^{226}Ra		2.67×10^{11}		^{226}Ra		1.69×10^{11}	63.31%

4. 废物管理及排放源项

根据《专篇》评价，本项目可能涉及的放射性污染源项包括气载流出物和固体废物。

（1）气载流出物

根据《专篇》分析，本项目可能产生气载流出物的脱碳车间和焙烧车间排放的烟尘、破碎磨矿等车间和料仓排放的粉尘。焙烧车间采用脉冲袋式除尘器，除尘效率 99.5%，烟尘排放量为 1.14 t/a；破碎、筛分车间集气罩+脉冲布袋除尘器，集气效率 90%，除尘效率 99.5%，粉尘分别通过一根 30 m 排气筒排放，排放量合计 2.97 t/a；粗矿仓、储灰仓在仓顶设置除尘器，除尘效率 99.5%，排放量合计 0.682 t/a；立磨车间粉尘经引风管引至脉冲袋式除尘器除尘，除尘效率 99.5%，排放量为 0.756 t/a；其他料仓如发电渣料仓、缓冲料仓、成型料仓、粉尘料仓等均设置仓顶除尘器，除尘效率 99.5%，排放量合计 3.9 t/a。这些车间和料仓排气筒高度仅为 15～30 m、内径为 0.3～1 m，烟气流速在 10.0 m/s 以内，烟气产生量极小。

从以上分析可知，其排放的放射性气载流出物排放量极低，相比脱碳车间烟囱排放可忽略。因此，《专篇》评价主要考虑脱碳车间烟囱排放的气载流出物。

经《专篇》分析，脱碳车间烟囱中 ^{238}U、^{226}Ra 的排放浓度为 5.81×10^{-2} Bq/m³、4.29×10^{-2} Bq/m³；^{238}U、^{226}Ra、^{222}Rn 的排放量为 4.60×10^{7} Bq/a、3.39×10^{7} Bq/a、2.67×10^{10} Bq/a。

经《专篇》分析，尾矿库渣释放的 ^{222}Rn 的年最大排放量为 4.51×10^{11} Bq/a。

（2）固体废物

根据《专篇》分析，本项目产出的含放射性固体废物主要为浸出渣和净化渣，其中浸出渣产生量为 145 350 t/a（浸出渣量 171 000 t/a，含水率 25%），净化渣产生量为 1 257.75 t/a（净化渣 1 677 t/a，含水率 25%）。由监测数据可知浸出渣（145 350 t/a）中 ^{238}U 的比活度为 1.25×10^{3} Bq/kg，总活度为 1.81×10^{11} Bq/a；^{226}Ra 的比活度为 1.16×10^{3} Bq/kg，总活度为 1.69×10^{11} Bq/a。净化渣 ^{238}U 的比活度为 5.5×10^{4} Bq/kg，总活度为 6.92×10^{10} Bq/a；^{226}Ra 的比活度为 8.55 Bq/kg，总活度为 1.08×10^{7} Bq/a。水处理底泥沉淀物（21 677 t/a）中 ^{238}U 的比活度为 5.82×10^{2} Bq/kg，总活度为 1.26×10^{10} Bq/a；^{226}Ra 的比活度为 1.93×10 Bq/kg，总活度为 4.17×10^{8} Bq/a。产生的固体废物全部运至现有的尾矿库堆存。

32.1.5.4　辐射环境质量现状

根据《专篇》现状调查，本项目矿区周围 3 km 以内的 γ 辐射空气吸收剂量率为 55.9～130 nGy/h，土壤中 ^{238}U、^{232}Th、^{226}Ra 的含量水平分别为 32.9～68.9 Bq/kg·干、28.2～65.0 Bq/kg·干、13.2～52.6 Bq/kg·干，气溶胶中的总 α 浓度为 1.37～1.85 mBq/m³，总 β 为 0.995～1.38 mBq/m³，^{210}Pb 为 0.143～0.309 mBq/m³，^{210}Po 为 0.145～0.319 mBq/m³；厂界空气中氡浓度为 16.8～68.6 Bq/m³。与《中国环境天然放射性水平》中甘肃省本底和《肃北县博伦矿业开发有限责任公司石煤提钒一期工程项目辐射环境影响评价（专章）》（2013 年）中相关现状调查结果相比无显著变化。

32.1.5.5 辐射环境影响分析

1. 正常工况气载流出物辐射环境影响分析

根据《专篇》评价，在正常运行情况下，分别对 5 km 范围内 ^{238}U、^{234}U、^{226}Ra、^{222}Rn 通过吸入内照射、地面沉积和空气浸没外照射途径所致公众个人有效剂量进行了计算。计算结果表明，有人子区（福利区）的最大个人有效剂量出现在 0~1 km 处的 WSW 子区，婴儿组、幼儿组、少年组和成人组的最大个人有效剂量值分别为：5.91×10^{-11} Sv/a、1.96×10^{-10} Sv/a、2.32×10^{-10} Sv/a、3.55×10^{-10} Sv/a，均远小于本工程正常工况的剂量约束值 0.1 mSv/a，关键居民组为成人组。

根据《专篇》评价，在各照射途径中，关键照射途径为吸入内照射，关键居民组为成人组，其所致剂量为 3.55×10^{-10} Sv/a，占总剂量的约 100%，地表沉积外照射和空气浸没外照射所占份额可忽略不计。

2. 正常工况下地表水辐射环境影响分析

根据《专篇》评价，本项目工艺废水经水处理车间处理后全部回用，不外排；尾矿库渣产生的渗滤液依托渣库内现有排水涵管被收集至尾矿库坝下的渗滤液收集池，项目区所在地地处内陆腹地，气候极端干旱，蒸发量远远大于降雨量，一期投运以来未收集到渗滤液；本次扩建后产生的渗滤液全部回喷尾矿库洒水降尘。评价范围内也无地表水，因此本项目不再考虑地表水辐射环境影响分析。

3. 地下水辐射环境影响分析

根据《专篇》评价，本项目可能含放射性的废水向地下水迁移的途径主要考虑尾矿库渗滤液因防渗系统失效进入地下水，尾矿库渗滤液主要来自浸出渣、净化渣及废水处理站沉淀物含水量，以及降雨期间收集的渗沥液。建设单位采取将尾矿库产生的渗滤液全部回用于尾矿库降尘措施、对厂区各生产功能单元采取防渗等措施从源头控制地下水污染，并设置了 3 个地下水观测井、通过开展地下水辐射环境监测的措施对地下水进行监控。

4. "三关键"分析

根据《专篇》评价，本项目关键核素为 ^{222}Rn，其对关键居民组成人组所致剂量为 3.548×10^{-10} Sv/a，贡献值额占总剂量的约 99.97%。本项目关键居民组是位于烟囱排放点 0~1 km 处的 WSW 方位（福利区）的成人组，该居民组在项目正常运行工况下所致最大个人有效剂量为 3.55×10^{-10} Sv/a，满足《专篇》提出的 "0.1 mSv/a 的剂量约束值"的要求；关键途径为吸入内照射，关键核素为 ^{222}Rn。

5. 非正常工况辐射环境影响分析

根据《专篇》评价，本项目非正常排放主要为脱碳锅炉烟囱尾气除尘系统发生故障等情景，根据分析，非正常工况所致公众最大个人剂量为 1.98×10^{-12} Sv/a，远低于非正常工况下公众最大个人剂量控制指标 0.1 mSv/次，不会对周围公众产生明显辐射影响。

6. 固体废物辐射环境影响分析

（1）放射性固体废物核素活度浓度

本项目可能含放射性的固体废物主要包括浸出渣、中和氧化渣、净化渣和废水处理站沉淀物，类比一期工程确定扩建工程产生的各类放射性固体废物的核素放射性活度浓度见表 32-4。

表 32-4　放射性固体废物中核素活度浓度　　　　　　单位：Bq/kg

核素	废渣（浸出渣）	净化渣	水处理（沉淀）	尾矿库废渣
^{238}U	1 245	55 000	582.4	425.8
^{232}Th	31.3	2	38.46	30.52
^{226}Ra	1 160	8.55	19.26	1 246

根据现状监测结果，本项目浸出渣中 ^{238}U 的活度浓度 1 245 Bq/kg、^{226}Ra 的活度浓度 1 160 Bq/kg，净化渣中 ^{238}U 的活度浓度 55 000 Bq/kg，超过 1 000 Bq/kg 的免管限值，因此属于伴生放射性固体废物。水处理车间产生的沉淀放射性核素活度浓度低于 1 000 Bq/kg，按照放射性废物最小化的原则，应作为一般废物管理。

（2）放射固体废物管理与处置

根据《专篇》评价：本项目放射性固体废物处置依托现有尾矿库，该库按一般工业固体废物Ⅱ类场地建设，于 2019 年 8 月 30 日完成竣工验收；经查阅验收及设计资料，认为该尾矿库基本符合《伴生放射性物料贮存及固体废物填埋辐射环境保护技术规范（试行）》（HJ 1114—2020）的要求；建设单位在本项目实施后将该尾矿库按照伴生放射性固体废物填埋设施管理，落实其运行、关闭、监护、监测的要求。

评估认为，建设单位应对现有尾矿库处置伴生放射性废物的安全性和有效性进一步评估，确保选址、设计和建设完全满足《伴生放射性物料贮存及固体废物填埋辐射环境保护技术规范（试行）》（HJ 1114—2020）要求，并落实《专篇》提出的整改要求。建设单位应落实 HJ 1114—2020 中伴生放射性固体废物填埋设施的要求加强对尾矿库的管理，通过在边界设置电离辐射标志、建立固体废物贮存台账、采取废水处理和防尘/抑尘措施、开展辐射环境监测等加强尾矿库运行管理。

7. 服务期满辐射环境影响分析

根据《专篇》评价，项目服务期满后建设单位应再次进行放射性源项调查，根据《电离辐射防护与辐射源安全基本标准》（GB 18871—2002），对于厂区表面污染满足解控水平的设备和构筑物可按要求解控再利用，对于表面污染较重的设备和构筑物应进行拆除和去污处理。

评估认为，建设单位应在服务期满后对尾矿库按伴生放射性固体废物填埋设施进行关闭，开展封场治理，设置永久性标志；同时安排对设施的安全稳定性和辐射防护有效性进行监护，监护期为 30 年。监护期间定期巡视，维护相关设施，防止无关人员闯入，定期开展辐射监测工作；监测方案参照 HJ 1114—2020 有关要求执行。

32.1.5.6　辐射环境管理与辐射监测

根据《专篇》评价：本项目建设单位成立辐射安全与环境保护领导小组负责辐射环境管理工作，按照《伴生放射性矿开发利用企业环境辐射监测及信息公开办法》和《辐射环境监测技术规范》制定流出物监测计划和辐射环境监测计划，并按要求公开环境辐射监测相关信息。

评估认为，建设单位应参照《专篇》要求并结合实际制定切实可行的辐射环境管理制度、辐射事故应急预案；落实辐射环境监测计划，发现流出物排放超标应立即停止排放、分析原因，并向省级生态环境主管部门报告；每年 2 月 1 日前编制环境辐射监测年度报告，并按要求公开环境辐射监测信息。

32.1.5.7　技术评估结论

由甘肃核创环保科技有限公司编制完成的《肃北蒙古族自治县西矿钒科技有限公司石煤提钒扩建工程辐射环境影响评价专篇》，符合《矿产资源开发利用辐射环境影响评价专篇格式与内容》的要求，编制规范，内容全面，评价范围适当，评价重点突出，提出的环保措施和辐射安全防护措施具有可行性，评价结论可信。

32.2　铀矿冶建设项目环境影响评价文件审评

32.2.1　审评依据

1. 国家相关法律法规
《中华人民共和国环境保护法》
《中华人民共和国放射性污染防治法》
《中华人民共和国大气污染防治法》
《中华人民共和国水污染防治法》
《中华人民共和国固体废物污染环境防治法》
《中华人民共和国环境噪声污染防治法》
《中华人民共和国环境影响评价法》
《建设项目环境保护管理条例》
《国家危险废物名录》
《建设项目环境影响评价分类管理名录》
2. 相关标准、导则和技术规范
《环境空气质量标准》GB 3095
《声环境质量标准》GB 3096
《地面水环境质量标准》GB 3838
《污水综合排放标准》GB 8978
《工业企业厂界环境噪声排放标准》GB 12348
《建筑施工场界环境噪声排放标准》GB 12523
《地下水环境质量标准》GB/T 14848
《危险化学品重大危险源辨识》GB 18218
《危险废物贮存污染控制标准》GB 18597

《一般工业固体废物贮存、处置场污染控制标准》GB 18599

《电离辐射防护与辐射源安全基本标准》GB 18871

《铀矿冶辐射环境监测规定》GB 23726

《铀矿冶辐射防护与环境保护规定》GB 23727

《铀矿冶辐射环境影响评价规定》GB/T 23728

《建设项目环境影响评价技术导则　总纲》HJ 2.1

《环境影响评价技术导则　大气环境》HJ 2.2

《环境影响评价技术导则　地面水环境》HJ/T 2.3

《环境影响评价技术导则　地下水环境》HJ 610

《环境影响评价技术导则　声环境》HJ 2.4

《环境影响评价技术导则　生态影响》HJ 19

《建设项目环境风险评价技术导则》HJ/T 169

《辐射环境监测技术规范》HJ/T 61

3. 相关技术文件

建设项目的立项报告及批复文件、可行性研究报告、环境影响评价执行标准的批复函等。

32.2.2　审评方法与工作内容

1. 审评方法

审评采用文件阅、现场调查、专家咨询、专题研究、类比和校核计算等方法。

2. 工作内容

1）与法律法规和规划的相符性

审评铀矿冶建设项目与我国环境保护相关法律法规的符合性，与国家及地方、行业规划的兼容性。

2）数据资料的科学性、客观性和实效性

审评铀矿冶环境影响评价文件采用的各类基础性数据的科学性和客观性，引用的数据的时效性是否符合相关标准的要求。

3）环境影响预测的科学性、准确性

根据铀矿冶建设项目行业特点和所在区域环境特点，审评采用的预测参数、预测模式、预测范围、预测工况及环境条件的科学性和准确性。

4）环境保护措施的可行性、有效性

按照环境质量达标、污染物排放达标、资源综合利用、生态保护的要求和可靠、可达、经济合理的原则，审评建设项目实施各阶段所采取的环境保护措施的可行性和有效性。

5）环境影响评价文件的规范性

根据环境影响评价技术导则等相关要求，审评环境影响评价文件编制的规范性，包括术语、格式、图件、表格等信息。

32.2.3 审评内容、要点和接受准则

1. 概述

（1）项目基本情况

审查范围：

项目名称、性质、服务年限、营运单位、建设地点、总投资额及环保投资等基本信息。

审查要点：

给出项目的基本信息，包括项目名称、性质、服务年限、营运单位、建设地点、总投资额及环保投资，建设地点具体到村。

接受准则：

要求描述的内容清晰、完整，项目性质准确，建设地点具体，总投资额及环保投资信息准确。

（2）主要建设内容及规划

审查范围：

项目建设的主要内容和总体规划。

审查要点：

应简要给出主要建设内容，包括规模和生产能力，对于改扩建项目应给出原有设施的基本情况；分期建设项目应给出该厂址的总体规划，本项目建设模式，以及各期工程与总体规划之间的相互关系。

接受准则：

项目的建设规模和生产能力描述清晰，改扩建项目的描述了原有实施的基本情况，分期建设的项目本工程和总体规划之间的关系描述准确清楚。

（3）编制依据

审查范围：

环评文件编制依据的法规标准和相关文件。

审查要点：

审查给出的法规标准应是现行有效的最新版本；应核实建设项目所在地是否有相关地方的环境质量和排放标准；相关文件齐全。

接受准则：

依据的法规标准准确，无遗漏，均为现行有效版本；有地方标准均执行地方标准；相关文件包括立项文件、项目批文以及其他与项目有关的文件等。

（4）评价范围

审查范围：

辐射环境影响范围和非放射性环境影响评价范围。

审查要点：

1）大气的辐射环境影响评价评价范围为 20 km 的圆形区域，应明确评价中心，评价中心原则应以对环境影响最大的源项为评价中心，如果建设项目的子项间距离超出了

20 km，则应划分为多个评价中心，单独评价；每个独立的评价区域内应单独划分 96 个子区。

2）一般以该项目液态流出物排放口为起点至大气环境影响评价范围边界，重点关注最近饮用水取水点。

3）非放射性的大气环境、地面水环境、声环境分别按照 HJ/T 2.3、HJ 2.4、HJ 19 的技术导则确定；大气环境影响评价范围应考虑周围的环境敏感程度，地面水的评价范围应考虑水环境敏感问题和水环境保护目标。

4）地下水评价范围应按照 HJ 610 的原则确定，必要时询问申请者确定地下水评价范围的依据。

接受准则：

1）辐射环境影响的评价范围符合 GB 23727 的规定，非放射环境影响的评价范围与 HJ/T 2.3、HJ 2.4、HJ 19 中评价等级的要求一致。

2）大气环境影响评价范围考虑了周围的环境敏感程度和环境保护目标，地面水的评价范围考虑了水环境敏感问题和水环境保护目标，声环境的评价范围包括了厂界 200 m 范围内的敏感点。

3）地下水的评价范围符合 HJ 610 的确定原则，确定的依据合理。

（5）评价因子

审查范围：

大气、地面水和地下水辐射环境影响预测因子，大气、地面水、地下水非放射性环境影响预测因子，噪声和振动（必要时）评价因子。

审查要点：

1）审查辐射环境影响评价因子的完整性和准确性，辐射环境影响评价的评价因子与 GB 23728 的规定一致。

2）大气环境影响评价因子应符合工程分析中确定的排入大气的特征污染物；地面水环境影响评价因子应符合工程分析确定的废水中排入地面水的特征污染物，同时需要考虑受纳水体水质已经超标和建设项目建成后可能对环境敏感保护目标产生明显影响的因素；地下水环境影响评价因子应符合工程分析确定的浸出液中或尾矿库渗虑水主要的污染因子。

接受准则：

1）大气辐射环境评价因子至少应包括：^{238}U、^{234}U、^{230}Th、^{226}Ra、^{222}Rn、^{210}Po、^{210}Pb；地面水辐射环境评价因子至少应包括应 ^{238}U、^{234}U、^{230}Th、^{226}Ra、^{210}Po、^{210}Pb；地下水辐射环境影响评价因子应包括 U 天然、^{230}Th、^{226}Ra、^{210}Po、^{210}Pb。

2）非放射性环境影响评价因子与建设项目的特征污染物一致，地下水评价因子考虑了尾矿库渗虑水的主要非放射性污染物，地面水评价因子考虑了受纳水体水质已经超标或和建设项目建成后可能对环境敏感保护目标产生明显影响的因素。

（6）评价控制指标

审查范围：

正常工况下的公众剂量约束值、事故工况下的公众剂量控制值、液态流出物中放射性污染物的排放限值、非放射性污染物的排放标准和环境质量执行标准。

审查要点：

1）正常工况下公众的剂量约束值是否符合 GB 23727 中的规定，并根据具体工程实践，综合考虑生产操作的实际源项、辐射防护措施以及厂址周围环境特征，对剂量约束值进行合理优化。

2）事故工况下公众个人有效剂量控制值原则上应不超过 1 mSv/次。

3）审查废水中放射性核素的种类和浓度是否符合 GB 23727 中的规定，非放射性污染因子的排放浓度与相关功能区划或批复的排放等级的符合性。

4）非放射性环境质量执行标准应根据铀矿冶设施所在地区的环境功能区划执行相应环境要素的国家环境质量标准。在未统一划分环境功能区划时，应向地方环保部门提出申请，并以地方环保部门的批复为准。

接受准则：

1）正常工况下公众的剂量约束值符合 GB 23727 中的规定，不大于 0.5 mSv/a，并进行了优化。

2）单次非正常排放造成公众个人有效剂量控制值不超过 1 mSv。

3）废水中放射性核素的种类和浓度符合 GB 23727 中表 4 的规定，排入蒸发池中的吸附尾液中铀的浓度不超过 1 mg/L；非放射性污染因子的排放浓度批复的排放等级或与环境功能区划规定的等级一致。

4）非放射性环境质量执行的标准符合所在地区的环境功能区划的要求，没有划分功能区划的有环境保护主管部门的批复文件。

（7）主要环境保护目标

审查范围：

大气、水、声、生态等环境保护目标。

审查要点：

根据场址环境和环境质量标准，结合各环境影响评价要素章节，审查环境保护目标是否全面；必要时现场查勘核实重要的环境保护目标。

接受准则：

各类环境保护目标识别全面、准确，列出了 5 km 范围内的大气、水、生态环境保护目标，200 m 范围内的声环境保护目标

2. 场址环境

（1）地理位置

审查范围：

项目所在地的地理位置。

审查要点：

应给出项目所在地理位置（省、市、县、乡、村），给出交通位置等，并提供地理位置图和以厂址为中心半径 5 km、20 km 的子区分布图。

接受准则：

项目所在的地理位置描述的信息准确、全面，图件规范清晰。

（2）地形地貌

审查范围：

项目所在地区域的地形地貌特征。

审查要点：

应准确描述项目所在区域的地貌特征，包括海拔高度、地形特征、地貌类型等，给出地貌图。

接受准则：

地形地貌描述准确，图件清晰。

（3）地质

审查范围：

建设项目所在地的区域地质和场址地质的主要特征，地震烈度级别、区域断裂和稳定性的基本结论，区域地质灾害等。

审查要点：

1）审查厂址所在区域地质稳定性及厂址地震基本烈度描述的完整性，应给出厂址区域地震加速度值。

2）应给出历史上有记录曾经发生过的地震、沉降、隆起、崩塌、滑坡、泥石流、冻土等可能会危害场址安全的地质现象或潜在因素，分析对场址的影响。

接受准则：

厂址所在的区域地质稳定性和地震基本烈度等描述清晰完整，各种不良地质灾害对厂址的影响结论明确。

（4）气候与气象

审查范围：

项目所在区域的主要气候类型、特征，常规气象数据，厂址区域的灾害性气象以及对厂址的影响情况。

审查要点：

1）审查项目所在区域的主要气候类型、特征等，应调查区域 20 年以上的主要气象统计资料，包括年平均风速和风向玫瑰图、最大风速、年平均气温、极端气温、年平均相对湿度、年均降水量，降水量极值、年均蒸发量、日照等，重点审查区域风向玫瑰图和主导风向。

2）审查厂址气候特征，说明气象观测台站的情况，常规调查项目：时间（年、月、日、时）、风向（以角度或按 16 个方位表示）、风速、干球温度、低云量、总云量。从气象观测数据的来源和气象站的类别审查气象数据的翔实性，审查气象数据应用于本项目的可行性。

接受准则：

1）气象资料满足 HJ 2.2 的要求，气象资料的详细程度与大气环境影响评价等级相符，一级评价需要近 5 年内连续 3 年的常规地面气象资料，二级评价的需要提供近 3 年内连续 1 年的常规地面气象资料。

2）引用的气象站的数据与厂址所在地的气象数据基本相关。

（5）水文

审查范围：

地面水水文特征，地下水水文地质条件。

审查要点：

▶水文

审查评价范围内地面水体的类型和基本特征，包括水体大小、流动方式及流域概况、与厂址的相对位置，地面水水系图，重点审查受纳水体的水环境功能区划。应列表给出受纳水体 1—12 月的月均流量、流速、河宽、河深、水力坡度等参数，并说明季节变化情况。

▶水文地质

1）对于不需要进行地下水环境影响评价的项目，审查项目所在区域的水文地质条件描述的完整性，应该包括包气带、含水层、隔水层的主要特征；地下水类型、水位、流速、补给、径流和排泄条件等。

2）对于需进行地下水环境影响评价的项目，需要详细描述以上资料，同时还需审查不同含水层之间的水力联系，隔水层的特性与分布、地下水的物理化学特性等资料。

3）对于井下开采工程，应重点审查矿床地下水类型、水文地质特征、矿坑涌水等情况。

4）对于地浸采铀工程，应重点审查含矿含水层的水文地质条件及地下水弥散特征、水文地球化学特征、含矿含水层与上下含水层之间的水力联系、地下水的出露点以及含水层对铀矿开采的影响等。

接受准则：

▶水文

1）地面水的水文特征描述满足 HJ/T 2.3 对地面水评价的资料要求，地下水水文特征描述满足 HJ 610 对地下水描述的要求。

2）废水的受纳水体的环境功能不能是饮用水源保护区。

▶水文地质

1）对于井下开采工程，除基本的地下水水文资料外，矿床地下水类型、水文地质特征、矿坑涌水等情况描述清晰。

2）地浸采铀项目的含水层的水文地质条件及地下水弥散特征、水文地球化学特征、含矿含水层与上下含水层之间的水力联系、地下水的出露点等水文资料描述完整，资料的来源可靠。

（6）土地和水体的利用

审查范围：

评价范围内土地和水体的利用现状。

审查要点：

1）土地和水体利用现状，应重点审查厂址半径 5 km 范围内（包括厂址所在区域）的土地、表面水体和地下水利用的现状及发展规划情况。审查资料的时效性和来源的可靠性。

2）对土地利用的审查，应审查土地类型，给出主要农作物、蔬菜及其他经济作物的种类和种植面积等。

3）对水体利用的审查，应审查设施废水排放口和下游的受纳水体使用情况，下游有饮用水取水口的，应说明取水口与排放口的距离及相对位置、饮用水量和饮用居民数量。灌溉用水应说明灌溉面积和水量、灌溉方式、灌溉作物的品种及产量等。

4）对地下水的水体利用的审查，应审查集中式工农业生产用水、生活饮用水取水点位置，取水量，取水层位，生活、生产等用水与工程相关地下水体之间的相互关系。

接受准则：

1）各种土地和水体利用的资料描述全面、清晰、完整，图件规范。

2）土地和水体利用的资料应该是来源于实地调查和官方有效途径发布的数据,资料不应该超过5年。

（7）生态和资源开发利用

审查范围：

项目所在地区的生态功能区划、陆生和水生生态情况，以及生态敏感目标与厂址的相对位置和距离。评价区域内重要文物与珍贵景观的基本情况以及国家或当地政府的保护政策和规定，与项目的相对位置和距离。

审查要点：

1）审查建设项目所在地区的生态功能区划及所在分区特征,生态脆弱区应说明植被变化、荒漠化、沙漠化、土地生产力变化、工程建设可能导致的生态环境变化情况。

2）审查厂址半径20 km范围内自然保护区、历史古迹、重要文物、风景名胜区以及湿地等生态敏感区的时效性和完整性，重点审查厂址半径5 km范围内生态敏感区的现状及其规划情况的有效性和完整性，应给出分布图。

接受准则：

1）生态功能区划描述清晰，说明了项目建设对生态的影响。

2）厂址半径20 km范围内自然保护区、历史古迹、重要文物、风景名胜区以及湿地等生态敏感区现状的资料时限不超过5年，各类生态敏感区描述完整；厂址半径5 km范围内生态敏感区的现状的资料获取应通过实地考察或资料调研，资料的时效性不应超过2年。

（8）人口分布

审查范围：

评价区域内人口分布、人口自然增长率、各年龄组的比例及人口数，环境敏感居民点。

审查要点：

1）应列表给出评价区域内各子区的人口数，评价区域内各年龄组的人口数或比例，应给出近年评价区域的人口自然增长率，并预测评价年份的人口数。审查人口数据的获取方式。

2）应列表给出评价中心半径5 km范围内的居民点与厂址的距离、方位和人口数。说明5 km范围内学校、医院、疗养院、企事业单位的人口数。

接受准则：

1）评价范围内人口数据应是最新的全国人口普查的数据，应该通过实地调查获得5 km范围内人口的最新数据。年龄组的分组应符合GB 18871的要求，分为4个年龄组。

2）给出了5 km范围内学校、医院、疗养院、企事业单位等敏感人群的人口数。各类图件、表格规范清晰。

（9）居民生活习性与饮食结构

审查范围：

各年龄组的食谱、年消费量及其来自评价区域的份额，居民生活习性。

审查要点：

审查食谱、年消费量及其来自评价区域份额的获得方式和合理性。

接受准则：

居民的生活习性和饮食结构等数据的来源具有权威性，来自统计部门或经过实地调查，数据合理，无明显不合理数据。

3. 建设项目工程分析

（1）工程概况

审查范围：

项目建设规模、主要建设内容、矿床分布情况和利旧设施情况。

审查要点：

审查建设内容、矿床分布和利旧设施的描述情况。

接受准则：

项目的建设内容和铀矿床的分布情况描述清晰、完整，应包括主体工程、辅助工程、公用工程和环保工程，依托工程的利旧设施情况描述到位。

（2）总平面布置与运输

审查范围：

厂区总平面布置及不同功能区的规划情况，建筑设施的平面布置及建设项目各子项的厂房布置情况，有矿石、废石等物料的厂内外运输的需审查运输路线。

审查要点：

1）审查厂区的平面布置和功能区划是否符合辐射防护和环境保护的要求，布局是否合理，应标明废气和废水排放点。

2）矿石、废石等物料的厂内外运输方案和线路是否符合辐射防护最优化原则。

接受准则：

1）厂区的平面布置和功能区划符合辐射防护的要求，布局合理。三废排放点标识清晰。

2）矿石、废石等物料的厂内外运输方案和线路尽可能避开了居民等环境敏感区域。

（3）工艺流程

审查范围：

建设项目的工艺流程，物料平衡和水平衡，主要设施、设备。

审查要点：

1）应详细说明建设项目的工艺流程及三废产生和处理等环节，包括矿山开采工艺、地表生产工艺等。应给出主要工艺流程图。地浸项目应给出抽注比。

2）审查主要水冶过程物料平衡图和水平衡图，审查堆浸项目的工艺水循环利用率。

接受准则：

1）建设项目工艺流程的描述准确清晰，物料和水的走向清楚。地浸项目给出的抽注比不小于 0.3%。

2）物料平衡、水平衡数据符合项目的特点，数据可信、准确。堆浸的工艺水循环使用率不小于 75%。

3）主要设施、设备描述清楚，表格和图件清晰规范。

4．主要辅助设施

审查范围：

主工艺外的辅助系统和设施。

审查要点：

审查项目其他辅助系统，如通风系统、给排水系统、循环水系统、供配电、通信及监控系统、地下水污染防治系统、场地防洪措施等相关情况。

接受准则：

辅助设施描述完整、清晰，能满足本项目的实际需求。

5．主要原辅材料来源、消耗

审查范围：

项目运行所需要的原辅材料来源、用量等。

审查要点：

应详细描述原辅材料的种类和用量。

接受准则：

项目所需要的原辅材料的种类和用量清楚，分析了原辅材料中的有害物质的含量。

6．正常运行过程中的污染物产生及治理

一、含放射性污染物的产生及治理

审查范围：

各类放射性污染物的产生来源、产生过程和处理措施，污染物的产生量和排放量。改扩建项目改造前污染物的产生、处理和排放情况，污染物的"三本账"及"以新带老"措施。

审查要点：

1）审查污染物的种类、浓度和数量合理性和准确性，处理措施的有效性。

2）改扩建项目还要审查污染物的"三本账"及"以新带老"措施的有效性。

▶ 放射性废气

1）审查气载流出物处理系统，正常运行过程中气载流出物的产生、处理和排放情况；

2）对有组织排放的情况，应说明气载流出物的污染控制措施、净化措施和排放方式，给出排放高度、排放速率、核素种类、排放浓度、年排放时间、年排放量等。

3）对无组织排放的情况，应给出排放源特征、排放的放射性核素种类、排放浓度（析出率）、年排放量等。

▶ 放射性废水

1）审查各种来源的放射性废水的体积和活度浓度（浓度），应详细说明各种废水的回用情况、排放方式、排放口位置、放射性核素种类、排放浓度及年排放量等。

2）审查放射性废水处理系统，说明在正常运行过程中系统收集、输送、贮存和处理放射性废水的能力和效率，工艺废水应采用槽式排放，重点审查废水池的容积、排放的监测和管理是否满足槽式排放的要求。

3）审查蒸发池的防渗措施和检漏措施的有效性、蒸发池面积的保守性。

▶ 放射性固体废物

1）审查正常运行过程中各类放射性固体废物的产生、收集、贮存及处置方案。应列表给出放射性固体废物的种类、数量（体积）、比活度和处置方式。

2）放射性固体废物贮存、处置设施，尾矿库的容积、防渗措施的有效性等。

接受准则：

1）污染物的种类、浓度和数量的描述准确、合理，处理措施有效。

2）改扩建项目污染物的"三本账"描述清晰、准确，"以新带老"措施有效。

3）各种污染物排放满足相关标准控制要求。

▶ 放射性废气：

1）常规采冶项目应包括矿井通风井氡的浓度及年排放量、尾矿库和废石堆氡的析出率及年排放量、破碎厂房和水冶厂房氡的浓度及年排放量；破碎厂房粉尘中铀、镭的浓度及年排放量，除尘设施的效率。

2）堆浸采冶项目应包括矿井通风井氡的浓度及年排放量，堆浸场、尾矿库和废石堆氡的释出率及年排放量，破碎厂房和水冶厂房氡的浓度及年排放量；破碎厂房粉尘中铀、镭的浓度及年排放量，除尘设施的效率。

3）地浸项目应包括浸出液中氡的浓度及年排放量。

▶ 放射性废水：

1）常规采冶和堆浸项目详细描述了坑道水、工艺废水和尾矿库渗水的产生量，U 和 ^{226}Ra、^{210}Po、^{210}Pb 的活度浓度，处理措施和年排放量。工艺废水采用槽式排放，废水池的容积满足槽式排放的要求，并有一定的保守性，废水处理设施的处理能力和效率满足达标排放。

2）有受纳水体的地浸项目给出了工艺废水处理措施和年排放量，废水中 U 和 ^{226}Ra、^{210}Po、^{210}Pb 的活度浓度；工艺废水采用槽式排放，废水池的容积满足槽式排放的要求，并有一定的保守性，废水处理设施的处理能力和效率满足达标排放。没有受纳水体的地浸项目排放到蒸发池的应该描述废水的年排放量和 U 的排放浓度。

3）蒸发池的防渗措施和检漏措施有效，蒸发池面积有一定保守性。

▶ 放射性固体废物：

1）废物的管理符合 GB 23727 的规定。给出了尾矿（渣）和废石中 U、^{226}Ra 的浓度和年产生量，受污染的设备设施的表面污染的水平、预估的年产生量、暂存的条件和最终的去向，劳保用品的年生产量和去向。

2）废物暂存库和尾矿库的设施满足相关标准的要求，暂存库、尾矿库的容积满足项目运行期内废物暂存的要求，防渗措施有效。

3）地浸的钻孔泥浆管理符合 GB 23727 等标准的要求。

二、非放射性污染物的产生及处理

审查范围：

放射性污染物的产生来源、产生过程和处理措施，污染物的产生、排放及达标情况，应包括废气、废水、固体废物、噪声和振动。

审查要点：

1）非放射性废气应该审查破碎厂房的粉尘，水冶车间和堆浸场的酸雾，溶矿工序尾气中的污染物以及各类辅助工程如锅炉、食堂产生的污染物。

2）坑道水、工艺废水和尾矿库渗水中的重金属等特征污染因子，重点审查污染因子的确定依据的合理性，污染因子的确定可以采用类比和分析矿石或浸出液中的重金属离子的含量确定。

3）生活废水的污染物应该包括 COD、BOD、氨氮等常规污染物，审查生活污水处理措施的有效性。

4）固体废物应该包括生活垃圾，辅助工程产生的固体废物如煤渣、餐饮废物等，对固体废物的处理方式符合相关法规标准的要求。

5）审查是否有危险废物，危险废物的暂存和处理处置方式。

6）审查主要噪声声源的位置、强度，源强估算和确定的方法。

7）审查矿山采矿爆破的振动源强。

接受准则：

1）各类非放射性污染物描述完整、清晰、无遗漏。源强的确定合理、有据可依。处理措施有效。

2）运行期废气包含了粉尘、溶解的尾气或酸雾、锅炉废气和食堂油烟。施工期应该包含施工机械尾气和扬尘等。

3）运行期的特征污染因子的确定方式合理有效。

4）危险废物包括废化学试剂和化学试剂的容器。

5）噪声源的位置、强度描述清晰，源强估算和确定的方法合理。

6）振动源强的确定方法合理。

三、三本账

审查范围：

改扩建和技术改造前后污染物排放"三本账"。

审查要点：

审查改扩建、技术改造前后污染物排放的种类、方式和排放量的变化。

接收准则：

1）改造前后污染物排放种类、方式和排放量的变化描述准确；

2）"三本账"的表格规范，计算结果准确。

7. 改造过程中的污染物产生和处理

审查范围：

改造过程中产生的污染物的种类、数量、处理方式。

审查要点:

1）改造过程中产生的污染物的种类和数量描述是否准确。

2）污染物的处理方式是否合理,是否能够达标排放。

接受准则:

1）改造过程中产生的污染物的种类、数量描述准确,无遗漏。

2）放射性废物和非放射性废物能分类科学、合理。

3）各类污染物处理方式合理,达标排放。

8. 废物最小化

审查范围:

废物最小化的措施。

审查要点:

从设计、管理等方面对放射性废物最小化的考虑,审查措施的有效性。

接受准则:

从设计和管理方面考虑的放射性废物最小化措施是有效的。

9. 退役治理计划

审查范围:

项目在设计和运行时为最终退役所考虑的有利措施,退役治理方案。

审查要点:

1）审查是否从设计上考虑到退役治理的废物最小化、退役的便利性和经济性,运行时是否在组织和管理上采取便于退役的措施,组织是合健全并是否能够有效运转,管理措施是否得当。

2）应简要介绍项目退役时拟采取的退役治理方案,分析治理方案的可行性。

3）审查退役治理是否时间的合理性。

接受准则:

设计考虑的有利于退役治理的措施有效,管理措施得当,组织机构健全,退役治理方案可行,退役治理的时间安排符合 GB 23727 和 GB 14586 的要求,符合退役条件的能尽快安排退役,满足"边运行、边治理"的要求。

10. 选址合理性分析

审查范围:

尾矿（渣）库、废石场等的选址。

审查要点:

从当地发展规划、环境敏感程度、资源利用、工程地质条件和环境保护角度等方面审查尾矿（渣）库和废石场的选址的合理性。

接受准则:

尾矿库和废石场的选址分析全面,结论明确。

11. 环境质量状况

（1）监测方案

审查范围:

环境本底调查和环境质量现状调查的监测方案。

审查要点：

1）新建项目应给出环境本底调查的方案，改扩建项目应进行辐射环境质量现状的调查方案，并说明厂址所在区域的环境本底，如果没有厂址的环境本底，可以提供厂址所在地区的环境本底作为参照；最近三年的环境监测数据可以作为环境质量现状。

2）审查环境本底和环境质量现状的调查方案的完整性，应该包括监测项目、取样和监测方法、监测仪器、监测频次，监测方法应该优先采用国家、行业和地方标准，并说明方法的监测下限。

3）委托监测的要提供监测单位的资质。提供监测方案及布点图。

接受准则：

1）辐射环境的本底或现状监测方案符合 GB 23726 和 HJ 61 的要求，方案中各要素齐全。非放射性监测项目包含本项目的特征污染因子。

2）采用的监测标准为国家、行业或地方的标准方法，监测布点图件清晰；监测时间为一年，频次为 2 次；委托监测的单位通过计量认证，认证范围包括委托监测的项目。

（2）监测结果与分析

审查范围：

环境本底和环境质量性状监测结果及评价。

审查要点：

新建项目审查环境本底监测数据的合理性，改扩建项目对采用的环境监测数据或本次调查监测的数据进行分析，并与本底值或对照点进行比较，说明环境质量的水平和变化趋势。

接受准则：

1）环境本底或现状监测的数据齐全、规范，对异常数据的原因分析合理。

2）环境质量的水平和趋势变化评价结论明确。

12. **施工期环境影响**

（1）环境影响因子

审查范围：

施工过程中环境影响因子。

审查要点：

审查污染因子是否分析完整到位。

接受准则：

施工过程中的污染物的分析应该包括施工废水、施工机械废气、扬尘、噪声、固体废物等，施工过程中如涉及爆破的，还应该包括震动。

（2）环境影响分析和评价

审查范围：

施工期环境影响评价。

审查要点：

审查施工期在采取了环境保护措施后，废气、废水、固体废物和施工噪声对环境的影响，振动对当地居民的影响。

接受准则：

各类环境影响评价的结论明确，施工噪声的环境影响满足 GB 12523 的要求，施工废水回用或经处理后满足 GB 8978 的要求。

13. 正常工况下的环境影响

（1）辐射环境影响

审查范围：

正常运行状况下的排放源项，辐射环境影响的途径，气载流出物、液态流出物和地下水途径的剂量估算，辐射环境影响"三关键"。

审查要点：

1）结合工程分析审查正常运行工况下气载流出物和液态流出物的排放源项。包括排放量、核素组成、排放浓度、排放方式及其参数。

2）审查气载流出物和液态流出物辐射剂量估算以及地下水途径所致辐射剂量估算模式中的照射途径的合理性，包括污染过程、污染介质、照射方式、环境利用因子等。

3）审查气载流出物辐射剂量估算、液态流出物辐射剂量估算的过程，评价范围内有地下水使用功能的审查地下水途径剂量评估过程，剂量估算模式参数的正确性。

4）应列表给出各子区不同年龄组不同照射途径叠加的公众个人有效剂量和集体剂量。审查关键居民组、关键核素和关键照射途径"三关键"确定的准确性。

5）评估计算结果的正确性，当项目所致的公众最大剂量达到本项目分配的剂量约束值的 90%或本项目建成后，厂址所有项目对公众所致最大剂量达到 0.45 mSv 时，应根据评价单位提供资料进行复核验算。

接受准则：

1）源项的排放量、核素组成、排放浓度、排放方式及其参数正确。

2）气载流出物辐射剂量估算模式考虑了地表沉积外照射、空气浸没外照射、吸入内照射和食入内照射等照射途径；液态流出物辐射剂量的估算途径考虑了食入内照射途径和饮用水途径以及游泳和岸边活动的外照射；评价范围内地下水有灌溉或饮用功能，地下水剂量估算考虑了食入污染植物途径和饮用水途径。

3）估算气载流出物剂量时列表给出了各子区的空气中核素年均浓度、各年龄组年个人有效剂量和集体剂量；估算液态流出物辐射剂量时列表给出了排放口下游不同距离的河段中核素年均浓度、相关子区各年龄组年个人有效剂量和集体剂量；地下水评价列表给出了评价范围内的核素年均浓度分布，在地下水评价范围内下游有水体利用时，给出了评价范围内下游最近取水点的最大核素浓度及所致个人剂量。各途径剂量估算的模式和参数正确。

4）列表给出了各子区不同年龄组不同照射途径叠加的公众个人有效剂量和集体剂量。关键居民组、关键核素和关键照射途径的结论准确。公众个人最大有效剂量低于剂量约束值。

（2）非放射性污染物环境影响

一、大气环境影响评价

审查范围：

大气环境影响评价等级、评价范围、评价因子，环境空气环境敏感区，大气环境影响预测，大气环境保护措施。

审查要点：

1）根据项目排放的最大污染物浓度的最大环境影响以及项目评价区域内环境敏感区的分布和大气的污染程度，审查大气环境影响评价等级和评价范围的正确性，对评价等级和范围进行复核。

2）大气环境影响评价因子应该包括项目排放的常规因子和特征因子，核实环境空气敏感区的大气环境功能区划级别、与项目的相对距离、方位，以及受保护对象的范围和数量。

3）审查大气环境影响预测的内容与评价等级的符合性。对环境空气敏感区的环境影响分析，应考虑其预测值叠加最大背景值，对最大地面浓度点的环境影响，可考虑预测值叠加背景值的平均值；如评价区还有其他在建拟建项目，应考虑其建成后对评价区的叠加影响。

4）对于叠加背景值后超标的，应结合环境影响评价报告对超标程度、超标范围、超标位置以及最大持续发生时间等预测环境影响评价结论，来确定项目对环境影响可接受的程度。

5）审查大气环境保护措施的有效性，废气处理措施符合行业污染防治政策，技术经济可行，污染物能稳定达标排放，满足总量控制指标。

接受准则：

1）大气环境影响评价等级和评价范围的判定方式和结论正确。

2）大气环境影响评价因子包括项目排放的常规因子和特征因子，环境空气敏感区的大气环境功能区划级别、与项目的相对距离、方位，以及受保护对象的范围和数量与实际相符。

3）大气环境影响预测的内容符合评价等级的要求。预测的浓度应该包括小时平均浓度、日平均浓度和年平均浓度；环境空气敏感区的环境影响分析，考虑了预测值叠加最大背景值，对最大地面浓度点的环境影响，考虑了预测值叠加背景值的平均值；评价区还有其他在建拟建项目的，考虑了其建成后对评价区的叠加影响。

4）对于叠加背景值后超标的，结合了环境影响评价报告对超标程度、超标范围、超标位置以及最大持续发生时间等预测环境影响评价结论，来确定项目对环境影响可接受的程度。

5）大气环境保护措施有效，废气处理措施符合行业污染防治政策，技术经济可行，污染物能稳定达标排放，满足总量控制指标。

二、地面水环境影响评价

审查范围：

地面水环境影响评价的评价等级、评价范围、评价因子、水环境保护目标、地面水环境影响预测和地面水环境保护措施的有效性。

审查要点：

1）审查地面水环境影响评价等级以及判定评价等级所采用的数据的合理性。

2）从水环境敏感问题和环境保护目标的影响，审查评价范围的合理性。

3）审查水环境保护目标识别的全面性和准确性。重点审查关注水环境敏感问题涉及的主要因子、总量控制因子是否达标、是否满足水质控制目标和排污总量控制的要求。

4）审查预测方法的适用性和合理性，预测模型的适用性，模型参数获取方法与参数值选取的合理性和代表性。

接受准则：

1）评价等级的确定符合 HJ/T 2.3 的要求。所采用的污染因子的种类及受纳水体的参数选用合理。

2）评价范围满足评价等级的要求，评价范围边界临近敏感水域时，将敏感水域包含在评价范围内。

3）水环境保护目标应该包括 GB 3838 中属于Ⅲ类水域功能的水域、饮用水源保护区和取水口，水环境保护目标的基本情况应包括名称、相对位置、水功能及水环境区划、保护规划与相关要求、实际使用功能、水质现状及存在的环境问题等。

4）水环境影响评价的预测时段应该枯水期，水质预测结果包括水质现状值与建设项目的贡献值，贡献值应包括评价范围内同一纳污水域在建项目、拟建项目的水质影响问题，应评价水质达标和总量控制要求两个方面内容。

三、声环境影响评价

审查范围：

声环境影响评价的评价等级、评价范围、评价因子、声环境敏感区、噪声污染源、声环境影响预测和声环境保护措施。

审查要点：

1）审查评价等级确定的合理性，评价范围是否符合 HJ 2.4 的要求。

2）审查声环境保护目标的全面性和准确性。

3）审查噪声源强描述的完整性，预测点位的准确性，预测模式的正确性和预测结果的准确性，必要时验算预算结果。

4）审查工程拟采取的声环境保护措施的针对性和可操作性，分析采取措施后降噪效果。

接受准则：

1）声环境影响评价等级和评价范围的确定符合 HJ 2.4 的要求。将工程附近的声环境敏感点纳入了评价范围。

2）环境保护目标包括了学校、医院、机关、科研单位和居民住宅等，描述了环境保护目标与工程的方位距离、高差关系、所处的声环境功能区级和人口分布。相关图件清晰、规范。

3）噪声源源强的描述包括噪声源种类、分布位置、数量、噪声级等参数；噪声预测点位的选取与评价工作的等级的要求一致，预测点位包括全面的环境保护目标；预测模式正确，预测结果准确，一级和二级评价给出了等声级曲线图。

（4）工程拟采取的声环境保护措施有效，采取措施后降噪效果满足 GB 12348 的要求。

四、固体废物环境影响评价

审查范围：

固体废物的种类、数量和处理处置方式，危险废物的种类、数量、暂存和处理处置方式。

审查要点：

1）审查固体废物的种类和数量，固体废物的处理处置方式是否可行，符合法规标准的要求。

2）审查危险废物的种类和数量判定准确，危险废物的暂存符合 GB 14586 的要求，危险废物的处置符合法规的要求。委托处置单位的资质。

接受准则：

1）固体废物的种类数量与工程分析一致，处理处置可行，符合 GB 18599 的要求。

2）危险废物的种类和数量判定准确，与工程分析一致。危险废物的暂存符合 GB 18597 的要求，危险废物的处置交有资质的单位处理。

五、生态环境影响评价

审查范围：

生态环境影响的评价等级、评价范围、生态敏感区、生态环境现状、生态环境影响预测和生态恢复方案和保护措施。

审查要点：

1）审查生态环境影响评价等级的判定是否准确；评价范围是否涵盖工程实施全部活动的直接影响和间接影响区域。

2）审查生态敏感区的判定是否准确，特殊生态敏感区、重要生态敏感区和一般区域的划分应符合 HJ 19 的要求。

3）生态环境现状的描述全面，应该包括地形地貌、土壤、地表植被、动物分布、土地利用等几个方面的内容，应给出生态环境现状评价的结论。

4）应分析生态环境影响途径，生态环境影响预测应从项目建设对土地利用格局、动植物、土壤结构、地表塌陷、生态系统的稳定性和完整性以及景观的影响等方面进行预测，审查生态影响预测的完整性和准确性。

5）生态环境恢复和保护措施应该包括预防措施、工程措施、施工期措施和管理措施等几个方面。审查措施的有效性。

接受准则：

1）评价等级的确定依据是生态敏感性和工程的占地范围，符合 HJ 19 的要求，评价等级判定准确；评价范围涵盖工程实施全部活动的直接影响和间接影响区域。

2）特殊生态敏感区、重要生态敏感区和一般区域的划分准确，符合 HJ 19 的要求。

3）生态环境现状的描述全面，生态环境现状评价的结论明确。

4）生态环境影响途径的分析全面，生态环境影响预测的结论明确，项目实施后不会对生态环境造成不可逆转的影响。

5）生态环境恢复和保护措施有效。

7. 事故工况下的环境影响

（1）事故工况下环境影响

审评范围：

事故景象分析、事故释放源项、事故后果计算和事故后果。

审查要点：

1）审查各类可能造成辐射环境影响的事故情景分析是否合理，事故的预防和缓解措施是否有效，通过各类事故情景的分析，应得出对环境辐射影响最大的事故的结论。

2）审查最大事故释放源项，应包括释放量、核素种类及形态、释放方式、释放的时间特征等参数。审查源项确定的假定条件、模式及其依据。

3）审查剂量估算模式和参数合理性；审查事故情况下非放射性化学污染物的估算结果的准确性，对事故后果进行复核。

接受准则：

1）各类事故分析全面，事故情景分析科学合理，事故的预防和缓解措施有效，可能造成最大辐射环境影响的事故类型判断正确。

2）事故源项的计算正确，源项计算的假定条件合理，采用的模式有依据。

3）事故工况下公众的个人剂量估算的模式和参数选择合理，结果低于事故工况下剂量控制值。

（2）环境风险评价

审查范围：

重大危险源辨识、环境敏感性判别、环境风险评价等级和范围、环境风险分析、风险防范减缓措施和应急预案的要求。

审查要点：

1）审查物质风险识别的完整性，在线量估算的科学性和合理性，审查识别资料是否完整，应给出重大危险源分布图。

2）审查 5 km 范围内的环境敏感目标的完整性和正确性。

3）审查火灾、爆炸和泄漏三种事故类型及污染物产生量和释放转移途径分析的正确性，包括二次污染分析；审查最大可信事故源强和概率确定的合理性，模式预测、参数选择的科学性和合理性。

4）审查半致死浓度（LC50）和立即危害生命和健康浓度（IDLH）计算结果的准确性，必要时进行验算，LC50 和 IDLH 曲线图的范围，是否超过厂界，范围内是否有常住人口；审查环境风险是否可防、可控结论的科学合理性。

5）审查环境风险防范和减缓措施的可行性。

6）审查对环境风险应急预案（包括应急体系、相应级别、相应联动合应急监测等）提出的要求的可操作性和有效性。

接受准则：

1）物质风险的识别完整，种类涵盖 GB 18218 中所有的物品，并包括原辅料、中间产品和产品，在线量估算科学合理，给出了重大危险源分布图。

2）5 km 范围内的环境敏感目标包括居民点、重要的社会关注区（学校、医院、文教、党政机关等）、饮用水源等。

3）事故的情景和污染物释放途径分析正确，最大可信事故源强和概率确定合理，模式预测、参数选择科学合理。

4）LC50 和 IDLH 结果计算准确，给出了 LC50 和 IDLH 曲线图；环境风险可防、可控。

5）风险防范体系完整，具有可操作性，污染防治措施有效，风险防范区域要求明确。

8. 环境保护措施及其可行性论证

审查范围：

施工期和运行期环境保护措施。

审查要点：

1）审查施工期拟采取的污染防治和生态保护措施及其可行性。

2）审查运行期拟采取的污染防治、生态保护和环境风险防范措施及其可行性。污染防治措施的设计处理能力和处理效率，描述放射性固体废物贮存、处理和处置设施，并分析其能力。包括与其他工程共用的污染防治设施的废物贮存、处理和处置能力。给出其他为防止工程运行污染环境及保护生态环境而采取的环境保护措施，包括事故收集池、监测防控、生态保护及修复等方面。

3）审查废水处理工艺的政策符合性，处理工艺的先进性，达标排放的可能性。对于废水零排放的项目，应从技术和经济角度审查零排放的可行性。

接受准则：

1）施工期污染防治和生态保护措施全面有效，并从技术可行性、经济合理性、稳定运行和达标排放的可靠性、满足生态保护和恢复效果的可达性等方面进行论证其可行性。

2）运行期的污染防治、生态保护和环境风险防范措施全面有效，污染防治设施的废物贮存、处理和处置能力满足工程需求，并从技术可行性、经济合理性、长期稳定运行和达标排放的可靠性、满足生态保护和恢复效果的可达性等方面进行可行性论证。其他的防止工程运行污染环境及保护生态环境而采取的环境保护措施有效。

3）废水处理工艺应符合行业污染防治技术政策，生活污水的收集、处理工艺有效可行，废水能稳定达标排放，特征污染物满足总量控制要求。

9. 环境影响经济损益分析

审查范围：

环境影响经济损益分析和环保投资分析。

审查要点：

1）铀矿冶建设项目的环境影响经济损益分析应从经济效益、社会效益和环境效益等方面进行分析，可以用定性或定量的方式，简要分析铀矿冶建设项目在环境经济上是否合理。

2）应给出各项环保措施及投资估算一览表，说明环保措施及投资分配情况，计算环保投资占工程总投资的比例，简要分析环保投资的合理性。审查环保设施或措施是否完全，环保投资比例是否正确。

接受准则：

1）环境影响经济效益分析方法合理，项目的环境影响经济效益为正。

2）给出的环保设施或措施具有可核查性。

10. 环境管理与监测计划

审查范围：

项目建设单位的环境管理机构、污染物和环境管理计划、监测计划、监测的质量保证措施。

审查要点：

1）审查环境管理机构是否健全，职责是否明确，资源配置是否得到有效保证，机构是否能够有效运转。

2）审查施工期和运行期污染物排放管理和环境管理计划的有效性，污染物排放管理包括污染物排放清单和管理要求，包括拟采取的环境保护措施及主要运行参数，排放的污染物种类、排放浓度、放射性水平，排污口信息，执行的环境标准，环境风险防范措施以及环境监测等。环境管理计划包括不同工况、不同环境影响和环境风险特征的环境管理要求，明确各项环境保护设施和措施可行有效。

3）审查监测计划的可操作性，与 GB 23726 和 HJ 61 的符合性，结合环境风险和事故审查应急监测方案的合理性。给出施工期环境监测方案，以及运行期的环境监测、流出物监测、应急监测的方案。

4）审查监测方法是否优先采用的是国家、地方或行业的标准，没有标准的监测方法应审查方法的成熟可靠性；审查监测方法下限、监测仪器探测下限的科学合理性。给出与监测方案一致的监测布点图。

5）从机构设置、人员资格、仪器的校准与检定、管理制度、实验室质控措施等方面审查监测的质量保证措施的有效性。

接受准则：

1）环境管理机构健全，职责明确，资源配置能够保证机构有效运转。

2）污染物排放和环境管理计划有效。给出的污染物排放清单全面、管理措施合理可行且有效，环境管理要求明确，环保设施和措施有效。

3）给出的各类监测方案全面、可行、有效。施工期环境监测计划应结合了环境敏感目标的分布、污染源的特征和分布、项目的特点和区域环境的特点；运行期的流出物监测方案和环境监测方案包含了监测点位、监测因子、监测频次，监测能力能够保证监测方案有效实施；应急监测能够满足事故应急状态下对污染物扩散和环境质量紧急判断的要求。

4）监测方法优先采用的是国家、地方或行业的标准，没有标准的监测方法也经过了验证；监测方法下限、监测仪器探测下限的科学合理。监测布点图应清晰，与监测方案一致。

5）监测质量保证措施有效。

11. 结论

审查范围：

项目实施过程中和项目实施后对环境影响的结论性意见，环境影响评价单位对建设单位在环境保护方面提出的建议和措施，建设单位就现阶段环保问题拟采取的措施及对公众意见的反馈情况。

审查要点：

1）铀矿冶建设项目施工过程和运行后环境影响评价的结论应简要明了，表达准确，与各章节的结论保持一致。一般应包括项目基本情况、环境质量现状与存在的环境问题、施工期和运行期的主要污染源及拟采取的主要污染控制措施、环境影响预测评价结论、公众意见采纳情况、环境管理与监测计划等内容，结合环境影响评价的结论，从环境保护的角度，明确建设项目的环境是否可行。

2）审查评价单位提出的建议的可行性和建议不直接纳入实施的原因。

3）审查建设单位对现阶段环保方面存在的未解决的问题，不纳入现阶段解决的原因是否合理，对未解决问题承诺解决的时限和拟采取措施的合理性和可行性。

接受准则：

1）环评结论文字描述简要明了，环评结论与各章节的评价结论一致，项目实施后环境影响能否接受的结论明确。

2）环评单位提出的建议合理，暂不能直接实施的理由可以接受。

3）建设单位承诺的环保措施不能纳入现阶段解决的理由充分，承诺的时限合理可实现，承诺的措施具有可行性，能够监督。

32.2.4　环评审查识别问题的报告与处理

审查过程中发现的问题，应提出问题单，问题单应形成正式文件上报行政审批部门。建设单位对问题进行解释，形成问题回答单。技术审评单位根据问题回答单与建设单位进行沟通，必要时组织对话会。技术审评单位在审评过程中发现可能影响到环评文件审批问题时，应及时行政审批闭门汇报，必要时组织专家咨询会对问题进行讨论。

32.2.5　环评审评计划、审查记录与报告

1. 审评计划

技术审评单位接收审评任务后，应制定审评计划，确定项目经理、审评参与人员、审评时间安排等。审评时间应符合在相关法规的规定。

2. 审评记录

审评记录包括辐射源安全监管司下发的工作单、问题单、问题回答单、技术审评意见和专家咨询会会议纪要等，审评产生的记录由技术审评单位负责归档。

3. 报告

审评过程中识别的问题按照上一章的要求进行报告，审评意见经审评单位审核、批准后正式提交到行政审批部门。

32.3 电磁类建设项目环境影响评价文件审评

32.3.1 审评依据

1. 环境保护相关法律法规

《中华人民共和国环境保护法》

《中华人民共和国核安全法》

《中华人民共和国环境影响评价法》

《中华人民共和国环境噪声污染防治法》

《中华人民共和国大气污染防治法》

《中华人民共和国水污染防治法》

《中华人民共和国固体废物污染环境防治法》

《中华人民共和国自然保护区条例》

《建设项目环境保护管理条例》

2. 环境保护相关部门规章

《建设项目环境影响评价分类管理名录》（环境保护部令第 44 号）

《建设项目环境影响评价资质管理办法》（环境保护部令第 36 号）

3. 环境保护相关规范性文件

《关于进一步加强环境影响评价管理防范环境风险的通知》（环发〔2012〕77 号）

《关于切实加强风险防范　严格环境影响评价管理的通知》（环发〔2012〕98 号）

《关于进一步加强输变电类建设项目环境保护监管工作的通知》（环办〔2012〕131 号）

《输变电建设项目重大变动清单（试行）》（环办辐射〔2016〕84 号）

4. 环境保护相关标准、导则、技术规范

电磁环境控制限值（GB 8702—2014）

《关于〈±800 kV 云广直流特高压输电工程电磁环境指标〉的专家审查意见声环境质量标准》（GB 3096—2008）

《工业企业厂界环境噪声排放标准》（GB 12348—2008）

《建筑施工场界环境噪声排放标准》（GB 12523—2011）

《污水综合排放标准》（GB 8978—1996）

《建设项目环境影响评价技术导则　总纲》（HJ 2.1—2016）

《环境影响评价技术导则　大气环境》（HJ 2.2—2008）

《环境影响评价技术导则　地面水环境》（HJ/T 2.3—1993）

《环境影响评价技术导则　声环境》（HJ 2.4—2009）

《环境影响评价技术导则　生态影响》（HJ 19—2011）

《环境影响评价技术导则　输变电工程》（HJ 24—2014）

《建设项目环境风险评价技术导则》（HJ/T 169—2004）

《辐射环境保护管理导则　电磁辐射监测仪器和方法》（HJ/T 10.2—1996）

《辐射环境保护管理导则　电磁辐射环境影响评价方法与标准》（HJ/T10.3—1996）

《交流输变电工程电磁环境监测方法（试行）》（HJ 681—2013）

《直流换流站与线路合成场强、离子流密度测试方法》（DL/T 1089—2008）（参照执行）

5. 其他相关文件

电磁类建设项目的城乡规划相关资料、项目规划或规划环境影响评价报告及其审查意见（如有）、可行性研究报告、初步设计研究报告、环境影响评价执行标准的批复函、相关部门关于选址/选线的意见等。

32.3.2　环境影响评价文件审评的要点

32.3.2.1　输变电建设项目

1. 工程概况

（1）新建工程

◆审评内容

建设项目工程概况。

◆ 审评要点

建设项目工程概况应包括：工程名称、建设性质、建设地点、建设内容、建设规模、线路路径、站址、电压、电流、布局、塔形、线型、设备容量、跨越/并行情况、工作人员数量等工程基本信息，投资额、建设周期、环保投资等主要经济技术指标。

◆ 接受准则

1）工程内容介绍应完整，不存在漏项，相关装置、公用工程、辅助设施等。

与工程建设直接相关的工程内容应作说明。直流工程还应说明接地极系统情况。

2）通过环境条件和工程条件的比选，能说明工程选址的环境合理性，工程选址选线应尽量避让：① 自然保护区、风景名胜区、世界文化和自然遗产地、海洋特别保护区、饮用水水源保护区；② 以居住、医疗卫生、文化教育、科研、行政办公等为主要功能的区域，选址、选线替代方案应具有可行性。

3）应附当地有关部门关于同意选址选线的意见，当工程方案涉及生态类环境敏感区时，应有相应政府行政主管部门的意见。

4）环评单位和监测单位应具有相应资质。

（2）改扩建工程

◆ 审评内容

建设项目工程概况。

◆ 审评要点

1）建设项目工程概况应包括：工程名称、建设性质、建设地点、建设内容、建设规模、线路路径、站址、电压、电流、布局、塔形、线型、设备容量、跨越/并行情况、工作人员数量等工程基本信息，投资额、建设周期、环保投资等主要经济技术指标。

2）改扩建前已有设备、设施基本信息及运行情况，已采取的环保措施及污染物排放情况，改扩建项目与已有工程的依托关系及依托可行性。

◆ 接受准则

1）已有工程情况介绍完整，简明扼要。

2）明确现有工程是否存在环保遗留问题，且"以新带老"措施可行。

3）环评单位和监测单位应具有相应资质。

2. 政策相符性

◆ 审评内容

项目建设与法律、法规、政策、规划相符性。

◆ 审评要点

1）审评项目与环境保护法律、法规以及规范性文件的相符性。

2）审评项目建设与国家和地方环境保护政策的相符性；与国家和地方生态保护规划的符合性，包括项目的环境影响与生态保护规划所确定的目标、措施的符合性，项目是否满足所在地区环境功能区划的要求。

◆ 接受准则

1）项目建设与法律、法规、政策、规划要求相符。

2）对于确实无法避让的生态类环境敏感区，在取得相关行政主管部门意见的前提下，可仅作意见符合性分析。

3. 编制依据

◆ 审评内容

环境影响评价文件编制依据的法律法规、标准、行业规范、工程资料等相关文件。

◆ 审评要点

编制依据应是现行有效的最新版本且引用准确；应核实建设项目所在地是否有相关地方的环境质量和排放标准；相关文件齐备。

◆ 接受准则

依据的文件准确、无遗漏，且均为现行有效版本；相关文件包括立项文件、项目批文以及其他与项目有关的文件等。

4. 评价因子

◆ 审评内容

项目主要环境影响评价因子，包括：现状评价因子和预测评价因子。

◆ 审评要点

1）审评工程施工期和运行期主要环境影响评价因子的完整性和准确性，应与 HJ 24 的规定一致。

2）各环境影响评价因子应由工程分析确定

◆ 接受准则

1）施工期声环境影响评价因子应包括：昼间、夜间等效声级（L_{eq}）。

2）运行期电磁环境影响评价因子应包括：工频电场、工频磁场（交流输变电工程）或合成电场（直流输电工程）；声环境影响评价因子应包括：昼间、夜间等效声级（L_{eq}）；地面水环境影响评价因子应包括：pH、COD、BOD_5、$NH_3\text{-}N$、石油类。

5. 评价标准

◆ 审评内容

环境质量标准、污染物排放标准和控制限值。

◆ 审评要点

1）环境质量评价的标准应根据建设项目所在地区的要求执行相应环境要素的国家环境质量标准或地方环境质量标准。

2）污染物排放标准应执行相应的国家或者地方污染物排放标准,应优先执行地方污染物排放标准。

3）当建设项目执行的环境保护标准国内尚未制定,在经环境保护行政主管部门同意后可参照执行国际通用标准或国外相关标准。

◆ 接受准则

1）根据工程建设所在区域的环境特点和环境质量功能区分类,相应环境要素的国家或地方标准、控制限值选择适当。对于工程沿线未划定环境功能区的,需附当地环境保护行政主管部门确认适用标准的相关文件。

2）电磁环境控制限值满足 GB 8702 或《关于〈±800 kV 云广直流特高压输电工程电磁环境指标〉的专家审查意见》中的规定：交流输变电工程公众曝露工频电场强度 E 的控制限值为 4 000 V/m,架空输电线路线下的耕地、园地、牧草地、畜禽养殖地、养殖水面、道路等场所,工频电场强度 E 的控制限值为 10 kV/m;公众曝露工频磁感应强度 B 的控制限值为 100。直流输电工程换流站、输电线路下方最大地面合成电场强度的控制限值为 30 kV/m;换流站周围、输电线路沿线电磁环境敏感目标处地面合成电场强度的控制限值为 25 kV/m,且 80%的测量值不得超过 15 kV/m。实际环境影响评价中,换流站周围、输电线路沿线电磁环境敏感目标处地面合成电场强度预测值均不得超过 15 kV/m。

3）声环境、地表水环境质量标准或排放标准执行地方标准的,其执行标准符合地方环境保护行政主管部门的要求。

6. 评价工作等级

◆ 审评内容

环境影响评价中各评价因子评价工作等级的划分依据、评价基本要求、评价重点、评价工作等级调整理由等内容。

◆ 审评要点

▶ 电磁环境影响工作等级

1）电磁环境影响评价工作等级划分为三级,按照 HJ 24 表 32-2 执行。一级评价对电磁环境影响进行全面、详细、深入评价;二级评价对电磁环境影响进行较为详细、深入评价;三级评价可只进行电磁环境影响分析。

2）站址电磁环境影响评价等级根据 HJ 24 表 32-2 中同电压等级的变电站确定;换流站电磁环境影响评价等级以直流侧电压为准,依照 HJ 24 表 32-2 中的直流工程确定。

3）进行电磁环境影响评价工作等级划分时,如工程涉及多个电压等级或涉及到交、直流的组合时,应以相应的最高工作等级进行评价。

▸ 生态影响评价工作等级

1）生态环境影响评价工作等级划分参照 HJ 19 中生态环境影响评价工作等级的划分。

2）输变电工程中架空线路工程对生态类环境敏感区的影响为点位间隔式，架空线路工程（含间隔）生态影响评价工作等级可在依据 HJ 19 判断的基础上，结合 HJ 2.1 中有关评价工作等级调整的原则，评价等级向下调整不超过一个级别，并说明调整的具体理由。

▸ 声环境影响评价工作等级

声环境影响评价工作等级划分按照 HJ 2.4 的规定执行。

◆ 接受准则

1）评价因子工作等级的划分、内容符合相关导则要求。

2）评价工作等级调整的理由合理、充分。

7. 评价范围

◆ 审评内容

环境影响评价中各评价因子的评价范围。

◆ 审评要点

▸ 电磁环境影响评价范围

电磁环境影响评价范围按照 HJ 24 表 32-3 执行。

▸ 生态环境影响评价范围

站址生态环境影响评价范围为站址围墙外 500 m 内；不涉及生态类环境敏感区的输电线路段生态环境影响评价范围为线路边导线地面投影外两侧各 300 m 内的带状区域，涉及生态类环境敏感区的输电线路段生态环境影响评价范围为线路边导线地面投影外两侧各 1 000 m 内的带状区域。

▸ 声环境影响评价范围

站址声环境影响评价范围应按照 HJ 2.4 的相关规定确定；架空输电线路工程的声环境影响评价范围参照 HJ 24 表 32-3 中相应电压等级线路的评价范围；地下电缆可不进行声环境影响评价。

◆ 接受准则

1）根据环境影响评价文件提供的参数，电磁环境影响的评价范围符合 HJ 24 的规定，声环境影响的评价范围与 HJ 2.4、HJ 24 要求一致，生态环境影响的评价范围符合 HJ 24 的规定，确定的依据合理。

2）电磁环境、声环境、生态环境影响评价范围考虑了周围环境敏感程度和环境敏感目标。

8. 环境保护目标

◆ 审评内容

评价范围内电磁环境、声环境、生态环境敏感目标的情况。

◆ 审评要点

1）附图并列表说明评价范围内电磁环境、声环境、生态环境敏感目标的名称、功能、与工程的位置关系以及应达到的保护要求。

2）应给出电磁环境敏感目标的分布、数量、建筑物楼层、高度、与工程相对位置等情况。

3）应给出生态环境敏感目标的级别、审批情况、分布、规模、保护范围，说明与本工程的位置关系，并附生态环境敏感目标的功能区划图。

◆ 接受准则

1）环境保护目标识别全面、准确，体现了各区域执行的环境功能区类别。环境影响评价范围内明确属于工程拆迁的建筑物不列为环境敏感目标，不进行环境影响评价。

2）环境保护目标的基本情况应介绍清楚，包括名称、性质、与工程相对位置关系、需要达到的保护要求及存在的环境问题等。

3）相关图件清晰、列表内容清楚

9. 环境现状调查与评价

◆ 审评内容

区域环境、自然环境等概况；电磁环境、声环境、生态、地面水环境现状。

◆ 审评要点

▶ 区域环境

应包括行政区划、地理位置、区域地势、交通等，并附地理位置图。

▶ 自然环境

应包括地形地貌、地质、水文特征、气候气象特征等内容。

▶ 电磁环境

重点关注现状监测能否反映评价范围内电磁环境水平，尤其是在评价范围内有产生电磁影响的其他在建项目。

▶ 声环境

重点关注现状监测能否反映评价范围内声环境水平，尤其是评价区内有产生噪声的其他在建项目。改扩建项目应明确前期工程噪声防护措施（如增高围墙、加装声屏障等）。

▶ 生态环境

重点关注项目所涉及的自然保护区、饮用水水源保护区、生态保护红线等环境敏感区，调查内容应包括敏感区的成立时间、级别、范围、保护内容、项目与敏感区的位置关系、工程路径（选址）的合理性分析、法规相符性分析。

▶ 地面水环境

应明确项目涉及的河流、湖泊、水库等，重点关注改扩建项目中变电站前期工程（换流站、开关站、串补站）污水处理措施，明确其是否正常运行及是否存在环境问题。拟建线路跨越水体情况。

◆ 接受准则

▶ 区域环境

项目所在地行政区划、地理位置、区域地势、交通等信息叙述清楚，并附相应地理位置图。

▶ 自然环境

项目所在地地形地貌、地质、水文特征、气候气象特征等内容叙述清楚，参考文献为正式出版物。

▶ 电磁环境

现状监测的监测因子、监测点位、布点方法、监测频次、监测方法、监测仪器的选择正确、有代表性，监测结果和评价结论准确、可信。

▶ 声环境

现状调查和评价的内容、方法、监测布点满足 HJ 2.4 中声环境现状调查和评价工作要求。现状监测的方法满足 GB 3096、GB 12348 中的规定。

▶ 生态环境

生态现状调查和评价的评价等级、范围、内容、方法满足 HJ 24、HJ 19 中的规定。

▶ 地面水环境

线路工程涉及水体、站址污水受纳水体的环境功能及现状描述清楚，参考文献为正式出版物。改扩建项目前期污水处理设施运行状况描述清晰完整。

10. 施工期环境影响评价

◆ 审评内容

生态环境、声环境、施工扬尘、固体废物、污水排放等内容。

◆ 审评要点

▶ 生态环境

应按照 HJ 19、HJ 24 的规定，根据所确定的评价等级和范围，开展生态环境影响评价。

▶ 声环境

应按照 HJ 2.4 的规定，从对周边噪声敏感目标产生的不利影响的时间分布、时间长度及控制作业时段、优化施工机械布置等方面进行分析。

▶ 施工扬尘

主要从文明施工、防止物料裸露、合理堆料、定期洒水等施工管理及临时预防措施方面进行分析。

▶ 固体废物

主要从弃渣、施工垃圾、生活垃圾等处理措施方面进行分析。

▶ 污水排放

主要从文明施工、合理排水、防止漫排等施工管理及临时预防措施方面进行分析。

◆ 接受准则

▶ 生态环境

环境影响评价满足 HJ 24、HJ 19 中的规定。

▶ 声环境

环境影响评价满足 HJ 2.4 中的规定，明确了对周边噪声敏感目标产生的不利影响的时间分布、时间长度及控制作业时段，提出的优化施工机械布置等减缓施工期噪声影响的措施描述清楚且合理可行。

▶ 施工扬尘

施工管理措施和临时预防措施描述清楚且合理可行。

▶ 固体废物

弃渣、施工垃圾、生活垃圾等固体废物处理措施描述清楚且合理可行。

▶ 污水排放

施工管理措施和临时预防措施描述清楚且合理可行

11. 运行期环境影响评价

◆ 审评内容

电磁环境、声环境预测与评价；地表水环境、固体废物影响分析；环境风险分析。

◆ 审评要点

电磁环境影响预测与评价

1）类比评价

① 类比对象的建设规模、电压等级、容量、总平面布置、占地面积、架线型式、架线高度、电气形式、母线形式、环境条件及运行工况应与拟建工程

相类似。

② 交流工程类比监测因子为：工频电场、工频磁场；直流线路工程类比监测因子为：合成电场；换流站工程类比监测因子为：工频电场、工频磁场、合成电场。

③ 类比监测方法及仪器的选择执行 HJ 681、DL/T 1089 的规定。

④ 类比监测布点应能反映主要源项的影响。给出监测布点图，并给出监测现场照片。对于类比对象涉及的电磁环境敏感目标，可进行定点监测，定量说明其对敏感目标的影响程度。

⑤ 分析类比结果的规律性、类比对象与本工程的差异；分析预测输变电工程电磁环境的影响范围、满足对应标准或要求的范围、最大值出现的区域范围。对于架空输电线路的类比监测结果，必要时进行模式复核并分析。

2）架空线路工程模式预测

① 交流线路工程预测因子为：工频电场、工频磁场；直流线路工程预测因子为：合成电场。

② 模式预测应针对电磁环境敏感目标和特定的工程条件及环境条件，合理选择典型情况进行预测。塔型选择时，可主要考虑线路经过居民区时的塔型，也可按保守原则选择电磁环境影响最大的塔型。

③ 根据交流架空输电线路的架线型式、架设高度、相序、线间距、导线结构、额定工况等参数，计算其周围工频电场、工频磁场的分布及对敏感目标的贡献。交流架空输电线路工频电场强度按照 HJ 24 附录 C 进行计算；交流架空输电线路工频磁场强度按照 HJ 24 附录 D 进行计算。根据直流架空线路工程的架线型式、架设高度、线间距、导线结构、额定工况等参数，计算其周围合成电场的分布及对敏感目标的贡献。双极直流架空线路合成电场强度按照 HJ 24 附录 E 进行计算。

④ 预测结果应给出最大值，给出最大值、符合 GB 8702 限值的对应位置，给出典型线路段的电磁环境预测达标等值线图。对于电磁环境敏感目标，应根据建筑高度，给出不同楼层的预测结果。

⑤ 通过对照评价标准，评价预测结果，提出治理、减缓电磁环境影响的工程措施，

必要时提出避让敏感目标的措施。

▸ 声环境影响预测与评价

1）线路工程类比评价

① 对于线路工程的噪声源强可采取类比监测的方法确定，并以此为基础进行类比评价。类比对象应选择类似本工程建设规模、电压等级、容量、架线型式、线高、环境条件及运行工况的工程。

② 类比监测方法及仪器的选择执行 GB 12348 的规定。

③ 类比对象应以导线弧垂最大处线路中心的地面投影点为监测原点，沿垂直于线路方向进行，测点间距 5 m，依次监测至评价范围边界处。各监测值需扣除该环境背景值，得出不同距离的线路工程噪声源强值。在类比对象周边的环境噪声敏感目标适当布点进行定点监测，并记录监测点与类比对象的相对位置。

④ 应以表格或图线等方式分析线路工程噪声源强，预测线路工程噪声的影响范围、满足对应标准的范围、最大值出现的区域范围。分析预测工程对周边环境噪声敏感目标的影响程度及可以采取的减缓和避让措施。

2）模式预测

① 对于变电站、换流站、开关站、串补站的声环境影响预测，可采用 HJ 2.4 中的工业声环境影响预测计算模式预测其声环境影响。主要声源的源强可选用设计值，也可通过类比监测确定。

② 进行厂界声环境影响评价时，新建建设项目以工程噪声贡献值作为评价量；改扩建建设项目以工程噪声贡献值与受到现有工程影响的厂界噪声值叠加后的预测值作为评价量。

③ 进行敏感目标声环境影响评价时，以敏感目标所受的噪声贡献值与背景噪声值叠加后的预测值作为评价量。

④ 应以表格和等声级图的方式，对照标准评价预测结果。

▸ 地表水环境影响分析

根据评价工作等级的要求和现场调查、收集资料以及区域水体功能区划，主要从水量、处理方式、排放去向、受纳水体以及处理达标情况等方面对站址地表水环境影响进行分析评价。

▸ 固体废物影响分析

对站址内废旧蓄电池、生活垃圾等固体废物来源、数量进行分析，提出贮存条件，并明确处置、处理要求。

▸ 环境风险分析

对变压器、高压电抗器、换流变等事故情况下漏油时可能的环境风险进行简要分析，主要分析事故油坑、油池设置要求，事故油污水的处置要求。

▸ 独立校核或复核计算

当线路环境敏感目标电场强度预测值大于限值的 90%时或厂界噪声预测值与限值相差小于 0.5 dB 时，应进行独立校核或复核计算。

◆ 接受准则

▸ 电磁环境影响预测与评价

1）类比评价

① 类比对象选择正确、合理，具有可比性。

② 类比监测因子选择正确。必要时进行的线路工程类比监测结果模式复核，可说明其预测模型的保守性。

③ 类比监测方法及仪器的选择满足 HJ 681、DL/T 1089 的规定。

④ 监测布点能说明主要源项的影响，并定量说明了类比对象对其电磁敏感目标的影响程度。

⑤ 附监测布点图和监测现场照片。

⑥ 输变电工程电磁环境的影响范围、满足对应标准或要求的范围、最大值出现的区域范围描述清楚。

⑦ 对于 330 kV 及以上电压等级的输电线路工程出现交叉跨越或并行，可采用模式预测或类比监测的方法，从跨越净空距离、跨越方式、并行线路间距、环境敏感特性等方面，对主要电磁评价因子进行分析。并行线路中心线间距小于 100 m 时，应重点分析其对环境敏感目标的综合影响，并给出对应的环境保护措施。

2）架空线路工程模式预测

① 预测因子选择正确。

② 预测范围、预测因子、预测点位、预测工况、预测方法符合 HJ 24 中的规定，预测模型参数、计算步长选取合理，具有代表性和保守性。

③ 交流线路预测结果包括不同预测线高对应的工频电场强度最大值及最大值点位置，不同线高对应的工频电场强度值降至 4 kV/m 时与线路的水平距离，在工程拆迁范围之外工频电场强度全部低于 4 kV/m 所对应的导线高度，线路经过耕地、园地、牧草地、畜禽饲养地、养殖水面、道路等场所时工频电场强度低于 10 kV/m 所对应的导线高度等内容；工频磁感应强度可按照工频电场强度计算的线高，进行相应的计算，且预测值小于 0.1 mT。直流线路预测结果应包括不同线高对应的合成电场最大值，确保不超过 30 kV/m；线路邻近居民区时，预测结果应包括不同线高对应的合成电场强度降至 15 kV/m 时与线路的水平距离。

④ 预测结果以表格、等值线图、趋势线图等方式给出最大值，并给出最大值、符合 GB 8702 限值的对应位置，给出典型线路段的电磁环境预测达标等值线图。对于多层建筑的电磁环境敏感目标，给出不同楼层的预测结果。

⑤ 提出治理、减缓电磁环境影响的工程措施合理可行。

⑥ 330 kV 及以上电压等级的输电线路工程交叉跨越或并行时，采用的预测模式合适或类比监测对象有可比性。并行线路中心线间距小于 100 m 时，评价范围应包括本工程线路评价范围、并行线路间区域和并行侧线路评价范围，对周围环境敏感目标的综合影响分析清楚，提出的环境保护措施可行。

▶ 声环境影响预测与评价

1）线路工程类比评价

① 类比对象选择正确、合理，具有可比性。

② 类比监测方法及仪器的选择满足 GB 12348 的规定。

③ 监测布点能说明主要源项的影响和对其电磁敏感目标的影响程度，监测路径、布点间距满足 HJ 24 的规定，监测点与类比对象的相对位置关系记录清楚。

④ 线路工程噪声的影响范围、满足对应标准的范围、最大值出现的区域范围、对周边环境噪声敏感目标的影响程度描述清楚。采取的减缓和避让措施合理可行。

2）模式预测

① 预测范围、预测方法符合 HJ 2.4 中的规定，预测模型和预测参数的具有代表性和保守性。给出变电站（换流站、开关站、串补站）等声级线图。

② 新建/改扩建建设项目厂界噪声、环境敏感目标声环境评价量正确。

③ 预测结果包括噪声预测值最大值及最大值点位置，确保线路沿线所经区域和站址厂界周围声环境满足 GB 3096 中的规定；在采取相应噪声防治措施后，站址厂界噪声排放满足 GB 12348 中的规定。

④ 提出的噪声治理、减缓措施合理可行。

▶ 地表水环境影响分析

地表水体收资参考正式出版物。工作人员生活污水主要评价因子包括 pH、COD、BOD_5、NH_3-N、石油类。换流站存在冷却水外排时，主要影响因子对受纳水体的影响分析清楚。

▶ 固体废物影响分析

站址内固体废物来源、数量描述清楚，贮存条件明确，处置、处理要求合理可行。

▶ 环境风险分析

变压器、高压电抗器、换流变环境风险描述清楚，事故油坑、油池设置、事故油污水处置满足设计规范要求。

▶ 独立校核或复核计算

独立校核或复核计算结果满足 HJ 24、GB 8702 中的规定。

12. 环境保护设施、措施及其可行性论证

◆ 审评内容

环境保护设施/措施及其经济、技术可行性分析等内容。

◆ 审评要点

1）针对环境影响或工程内容提出明确、具体的环境保护设施和环境保护措施，并列出环境保护设施清单及环境保护措施清单。生态保护措施和恢复措施应落实到具体时段和具体点位上，并特别注意施工建设期的环保措施。对站址产生的危险废物（如废旧蓄电池、废变压器油等）的收集、管理和处置，应提出相应的环保措施。

2）输变电工程环境保护设施/措施应按照技术先进、可行和经济合理的原则，进行方案比选，推荐最佳方案。

3）应指出可能存在的潜在环保问题，并给出对策措施。对工程的环境保护措施给出补充建议。

4）按工程实施的不同时段，分别列出其环保投资额，并分析其合理性。给出各项设施/措施及投资估算一览表，计算环保投资占工程总投资的比例。

◆ 接受准则

1）工程在建设阶段、运行阶段拟采取的电磁环境、声环境、水环境以及生态环境保护设施/措施明确、具体；环境保护设施及环境保护措施清单内容清晰、准确；站址产生的危险废物有相应收集、管理和处置的设备/措施。

2）拟采取设施/措施技术可行、经济合理、能长期稳定运行和可靠达标，能满足环境质量要求，生态保护和恢复效果可实现。

3）给出各项环境保护设施/措施和环境风险防范设施/措施的具体内容、责任主体、实施时段，估算环境保护投入，明确资金来源。环境保护投资包括预防、减缓建设项目不利环境影响而采取的绿化费用、避让环保敏感目标增加的工程费用、噪声治理费用、生态恢复补偿费用、污水处理设施费用等，以及直接为建设项目服务的环境管理与监测费用、相关科研费用等。

13. 环境管理与监测计划

◆ 审评内容

环境管理和环境监测等内容。

◆ 审评要点

1）环境管理应包括环境管理机构、施工期环境管理与环境监理、环境保护设施竣工验收、运行期环境管理、环境保护培训、与相关公众的协调等内容。环境管理的任务应包括：环境保护法规、政策的执行，环境管理计划的编制，环境保护措施的实施管理，提出设计、招投标文件的环境保护内容及要求，环境质量分析与评价以及环境保护科研和技术管理等。

2）环境监测应包括监测计划、监测任务、监测点位布设和监测技术要求。其中，监测点位布设应针对建设阶段和运行阶段受影响的主要环境要素及因子。监测频次应根据监测数据的代表性、生态质量的特征、变化和环境影响评价、环境保护设施竣工验收的要求确定。

◆ 接受准则

1）环境管理内容描述详细完整；建设单位根据工程管理体制与环境管理任务设有环境管理体制、管理机构和人员。

2）近线路工程（330 kV 及以上）时，提出具体应对机制减低或减缓由静电引起的电场刺激等。

3）监测方案合理性，监测范围合适，监测点位、监测频次具有代表性，满足 HJ 681、DL/T 1089 中的规定，并优先选择已有监测点位。监测报告满足质保体系要求。

4）环境监测计划能监测工程建设阶段和运行阶段环境要素及评价因子的动态变化；对工程突发性环境时间能跟踪监测调查。

14. 环境影响评价结论

◆ 审评内容

建设项目的建设概况、环境质量现状、各环境要素影响分析、公众意见采纳情况、环境保护设施/措施及其技术、经济论证、环境管理与监测计划等内容的概括总结，以及建设项目的环境影响是否可行的结论。目前存在的环境问题及主要改进设施/措施和承诺。

◆ 审评要点

1）工程环境影响评价结论应与各章节评价结论一致，并结合环境质量目标要求，明确给出建设项目的环境影响可行性结论。

2）环评机构提出的建议的可行性。

3）建设单位对现阶段环保方面存在的未解决的问题，提出改进设施/措施并做出承诺。不纳入现阶段解决的应分析原因。

◆ 接受准则

1）环境影响评价结论简洁明了、表达准确，与各章节评价结论一致，项目实施后环境影响是否可行的结论明确。

2）环评机构提出的建议可行。

3）建设单位做出的承诺可行，或暂不能实施改进设施/措施的理由可接受。

4）对存在重大环境制约因素、环境影响不可接受或环境风险不可控、环境问题突出且整治计划不落实或不能满足环境质量改善目标的工程，应明确环境影响不可行的结论。

32.3.2.2 发射设施类建设项目

1. 工程概况

（1）新建项目

◆ 审评内容

建设项目工程概况。

◆ 审评要点

建设项目工程概况应包括：工程名称、建设性质、建设地点、建设内容、建设规模、布局、发射功率、频率范围、天线参数、周围环境特征及相关图件等基本信息，投资额、建设周期、环保投资等主要经济技术指标。

◆ 接受准则

1）工程内容介绍应完整，不存在漏项，相关装置、公用工程、辅助设施等与工程建设直接相关的工程内容需作说明。

2）通过环境条件和工程条件的比选，审评工程选址的环境合理性，工程应尽量避让以居住、医疗卫生、文化教育、科研、行政办公等为主要功能的区域，关注选址替代方案的可行性。

3）应附当地有关部门关于同意选址的意见。

4）环评单位和监测单位应具有相应资质。

（2）改扩建项目

◆ 审评内容

建设项目工程概况。

◆ 审评要点

1）建设项目工程概况应包括：工程名称、建设性质、建设地点、建设内容、建设规模、布局、发射功率、频率范围、天线参数、周围环境特征及相关图件等基本信息，投资额、建设周期、环保投资等主要经济技术指标。

2）改扩建前已有设备、设施基本信息及运行情况，已采取的环保措施及污染物排放情况，改扩建项目与已有工程的依托关系及依托可行性。

◆ 审评要点

1）已有工程情况介绍完整，简明扼要。

2）明确现有工程是否存在环保遗留问题，且"以新带老"措施可行。

3）环评单位和监测单位应具有相应资质。

2. 政策相符性

◆ 审评内容

工程建设与国家和地方环境保护、产业结构相关政策的相符性。

◆ 审评要点

1）审评项目与环境保护法律、法规以及规范性文件的相符性。

2）审评项目建设与国家和地方环境保护政策的相符性；项目是否满足所在地区环境功能区划的要求。

◆ 接受准则

项目建设与法律、法规、政策、规划要求相符。

3. 编制依据

◆ 审评内容

环境影响评价文件编制依据的法律法规、标准、行业规范、工程资料等相关文件。

◆ 审评要点

编制依据应是现行有效的最新版本且引用准确；应核实建设项目所在地是否有相关地方的环境质量和排放标准；相关文件齐备。

◆ 接受准则

依据的文件准确、无遗漏，且均为现行有效版本；相关文件包括立项文件、项目批文以及其他与项目有关的文件等。

4. 评价因子

◆ 审评内容

工程施工期、运行期主要环境影响因素分析及评价因子筛选。

◆ 审评要点

1）筛选评价因子，明确评价参数。

2）将电磁环境影响因子作为审评重点。

3）明确环境影响因素的产生、排放、控制等情况。

◆ 接受准则

1）施工期声环境影响评价因子应包括：昼间、夜间等效声级（L_{eq}）；水环境影响评价因子应包括主要水质参数。

2）运行期电磁环境影响评价因子应包括：电场强度、磁场强度、等效平面波功率密度。100 kHz 以下频率，需同时限制电场强度和磁感应强度；100 kHz 以上频率，在远场区，可以只限制电场强度或磁场强度或等效平面波功率密度，在近场区，需同时限制电场强度和磁场强度。目前，对于卫星地球站等建设项目，限于现有技术水平，在近场区可以仅用等效平面波功率密度作为电磁环境影响评价因子。

3）运行期水环境影响评价因子应包括主要水质参数。

5. 评价标准

◆ 审评内容

环境影响评价依据的环境质量标准、污染物排放标准和控制限值。

◆ 审评要点

1）环境质量评价的标准应根据建设项目所在地区的要求执行相应环境要素的国家环境质量标准或地方环境质量标准。

2）污染物排放标准应执行相应的国家或者地方污染物排放标准，应优先执行地方污染物排放标准。

3）当建设项目执行的环境保护标准国内尚未制定，在经环境保护行政主管部门同意后可参照执行国际通用标准或国外相关标准。

◆ 接受准则

1）根据工程建设所在区域的环境特点和环境质量功能区分类，相应环境要素的国家或地方标准、控制限值选择适当。对于工程沿线未划定环境功能区的，需附当地环境保护行政主管部门确认适用标准的相关文件。

2）电磁环境控制限值满足 GB 8702 中的规定。

3）声环境、地表水环境质量标准或排放标准执行地方标准的，其执行标准符合地方环境保护行政主管部门的要求。

6. 评价工作等级

◆ 审评内容

环境影响评价中各评价因子评价工作等级的划分依据、评价基本要求、评价重点、评价工作等级调整理由等内容。

◆ 审评要点

▶ 电磁环境影响工作等级

电磁环境影响评价工作等级划分为两级，新建工程电磁环境影响评价工作等级为一级，改、扩建工程电磁环境影响评价工作等级为二级。一级评价对电磁环境影响进行全面、详细、深入评价；二级评价可只对电磁环境影响进行简单评价。

▶ 声环境影响评价工作等级

声环境影响评价工作等级划分按照 HJ 2.4 的规定执行。

▶ 地面水环境影响评价工作等级

地面水环境影响评价工作等级划分按照 HJ/T 2.3 的规定执行。

◆ 接受准则

1）评价因子工作等级的划分、内容符合相关导则要求。

2）评价工作等级调整的理由合理、充分。

7. 评价范围

◆ 审评内容

环境影响评价中各评价因子的评价范围。

◆ 审评要点

▶ 电磁环境影响评价范围

根据天线类型审评电磁环境影响评价范围的合理性，应特别关注评价范围内电磁环境敏感目标的影响。

1）对于无方向性天线

评价范围以发射天线为中心呈圆形：发射功率＞100 kW 时，其半径为 1 km，如辐射场强最大处的距离超过 1 km，则应在选定方向评价到最大场强处和低于标准限值处；发射功率≤100 kW 时，其半径为 0.5 km。

2）对于有方向性天线

评价范围以发射天线为中心呈扇形，以天线辐射主瓣的半功率角为圆心角：发射功率＞100 kW 时，其半径为 1 km，如辐射场强最大处的距离超过 1 km，则应在选定方向评价到最大场强处和低于标准限值处；发射功率≤100 kW 时，其半径为 0.5 km。

▶ 声环境影响评价范围

声环境影响评价范围应按照 HJ 2.4 的相关规定确定。

◆ 接受准则

1）根据环境影响评价文件提供的参数，电磁环境影响的评价范围准确，声环境影响的评价范围与 HJ 2.4 要求一致，确定的依据合理。

2）电磁环境影响评价范围考虑了周围环境敏感程度和环境敏感目标。

8. 环境保护目标

◆ 审评内容

评价范围内电磁环境敏感目标的情况。

◆ 审评要点

附图并列表说明评价范围内电磁环境敏感目标的名称、功能、分布、数量、建筑物楼层、高度、与工程相对位置及应达到的保护要求。

◆ 接受准则

1）环境保护目标识别全面、准确。环境影响评价范围内明确属于工程拆迁的建筑物不列为环境敏感目标，不进行环境影响评价。

2）环境保护目标的基本情况应介绍清楚，包括名称、性质、与工程相对位置关系、需要达到的保护要求及存在的环境问题等。

3）相关图件清晰、列表内容清楚。

9. 环境现状调查与评价

◆ 审评内容

区域环境、自然环境等概况；电磁环境、声环境、地面水环境现状。

◆ 审评要点

▶ 区域环境

应包括行政区划、地理位置、区域地势、交通等，并附地理位置图和工程所涉区域照片。

▶ 自然环境

根据现有资料，概要说明工程所涉区域的地形特征、地貌类型。若无可查资料，应做必要的现场调查。

▶ 电磁环境

电磁环境现状评价应作为审评重点，现状监测应包括电磁环境敏感目标和站址。重点关注现状监测能否反映评价范围内电磁环境水平，尤其是在评价范围内有产生电磁影响的其他在建项目。

▶ 声环境

声环境现状调查和评价的内容、方法、监测布点原则按 HJ 2.4 中声环境现状调查和评价工作要求进行。声环境现状监测的方法按照 GB 3096、GB 12348 中的规定。

▶ 地面水环境

概要说明广播电视工程污水受纳水体的环境功能及现状。

◆ 接受准则

▶ 区域环境

项目所在地行政区划、地理位置、区域地势、交通等信息叙述清楚，并附相应地理位置图

▶ 自然环境

项目所在地地形地貌、地质、水文特征、气候气象特征等内容叙述清楚，参考文献为正式出版物。

▶ 电磁环境

采用的标准、方法、调查方案和监测内容具有代表性和合理性，重点突出环境敏感目标环境现状。

1）监测方法规范，监测点位布设符合 HJ/T 10.2、HJ2.4、GB 3096 和 GB 12348 的要求，监测条件清楚，监测项目和监测时段符合评价目的。

2）环境敏感目标的布点方法以定点监测为主；站址的布点方法以围墙四周八个方向呈"米"字形均匀布点监测为主，如新建站址附近无其他发射设施，则布点可简化，视情况在围墙四周布点或仅在站址中心布点监测。

3）监测点位附近如有影响监测结果的其他源强存在时，应说明其存在情况并分析其对监测结果的影响。

4）有竣工环境保护验收资料的发射设施改扩建工程，可仅在改扩建天线处补充测点；如竣工验收中改扩建天线已进行监测，则可不再设测点；若运行后尚未进行工程竣工环境保护验收，则应以围墙四周八个方向呈"米"字形均匀布点监测为主，并给出原有工程的运行工况。

5）环境质量现状存在超标时能分析清楚原因。

▶ 声环境

现状调查和评价的内容、方法、监测布点满足 HJ 2.4 中声环境现状调查和评价工作要求。现状监测的方法满足 GB 3096、GB 12348 中的规定。

▶ 地面水环境

工程污水受纳水体的环境功能及现状描述清楚。改扩建项目前期污水处理设施运行状况描述清晰完整。

10. 施工期环境影响评价

◆ 审评内容

声环境、施工扬尘、固体废物、污水排放等内容。

◆ 审评要点

▶ 声环境

应按照 HJ 2.4 的规定，从对周边噪声敏感目标产生的不利影响的时间分布、时间长度及控制作业时段、优化施工机械布置等方面进行分析。

▶ 施工扬尘

主要从文明施工、防止物料裸露、合理堆料、定期洒水等施工管理及临时预防措施方面进行分析。

▶ 固体废物

主要从弃渣、施工垃圾、生活垃圾等处理措施方面进行分析。

▶ 污水排放

主要从文明施工、合理排水、防止漫排等施工管理及临时预防措施方面进行分析。

◆ 接受准则

▶ 声环境

环境影响评价满足 HJ 2.4 中的规定，明确了对周边噪声敏感目标产生的不利影响的时间分布、时间长度及控制作业时段，提出的优化施工机械布置等减缓施工期噪声影响的措施描述清楚且合理可行。

▶ 施工扬尘

施工管理措施和临时预防措施描述清楚且合理可行。

▶ 固体废物

弃渣、施工垃圾、生活垃圾等固体废物处理措施描述清楚且合理可行。

▶ 污水排放

施工管理措施和临时预防措施描述清楚且合理可行。

11. 运行期环境影响评价

◆ 审评内容

电磁环境影响预测与评价；地面水、固体废物环境影响分析；环境风险分析。

◆ 审评要点

电磁环境影响预测与评价

1）类比监测

① 类比对象的建设规模、功率、天线参数、总平面布置、环境条件及运行工况应与拟建工程相类似且有可比性。

② 近场区类比监测因子为电场强度和磁场强度，远场区类比监测因子为功率密度。

③ 类比监测布点应能反映主要源项的影响。给出监测布点图，并给出监测现场照片。对于类比对象涉及的电磁环境敏感目标，可进行定点监测，定量说明其对敏感目标的影响程度。

④ 分析类比结果的规律性、类比对象与本工程的差异；分析预测工程电磁环境的影

响范围、满足对应标准或要求的范围、最大值出现的区域范围。必要时进行模式复核并分析。

2）模式预测

① 根据工程的建设规模、布局、发射功率、频率范围、天线参数、运行工况等信息，选择合适的预测模式计算工程周围远场区电磁辐射的分布情况及对敏感目标的贡献。

② 模式预测应给出预测工况及环境条件，应考虑针对电磁环境敏感目标和特定的工程条件及环境条件，合理选择典型情况进行预测。当存在多个发射天线时，应考虑其对电磁环境敏感目标的综合影响，并提出对应的环境保护设施、措施。

③ 选取预测模式时应有必要的模式验证和参数调整说明。

④ 预测结果应给出最大值、符合标准的值及其对应位置和站界预测值。

⑤ 预测结果应包括电磁环境影响评价范围内全部环境敏感目标。若环境保护目标为多层建筑，应根据建筑高度和使用功能，给出不同楼层的预测结果。

⑥ 通过对照评价标准，评价预测结果，提出治理、减缓电磁环境影响的工程措施，必要时提出避让敏感目标的措施。

▶ 地表水环境影响分析

根据评价工作等级的要求和现场调查、收集资料以及区域水体功能区划，主要从水量、处理方式、排放去向、受纳水体以及处理达标情况等方面对站址地表水环境影响进行分析评价。

▶ 固体废物影响分析

对站址内生活垃圾等固体废物来源、数量进行分析，提出贮存条件，并明确处置、处理要求。

▶ 环境风险分析

对广播电视工程事故情况下电磁辐射可能的环境风险进行简要分析，主要是分析影响区域和处置要求，并提出环境风险应急预案。

▶ 独立校核或复核计算

应进行独立校核或复核计算。

◆ 接受准则

电磁环境影响预测与评价

1）类比评价

① 类比对象选择正确、合理，具有可比性。

② 类比监测因子选择正确。必要时进行类比监测结果模式复核，可说明其预测模型的保守性。

③ 监测布点能说明主要源项的影响，并定量说明了类比对象对其电磁敏感目标的影响程度。

④ 附监测布点图和监测现场照片。

⑤ 工程电磁环境的影响范围、满足对应标准或要求的范围、最大值出现的区域范围描述清楚。

2）模式预测

① 预测因子选择正确。

② 预测范围、预测因子、预测点位、预测工况、预测方法描述清楚，预测模型参数、计算步长选取合理，具有代表性和保守性。

③ 预测结果以表格、等值线图、趋势线图等方式给出最大值，并给出最大值、符合 GB 8702 限值的对应位置。对于多层建筑的电磁环境敏感目标，给出不同楼层的预测结果。

④ 提出治理、减缓电磁环境影响的工程措施合理可行。

▶ 地表水环境影响分析

地表水体收资参考正式出版物。工作人员生活污水主要评价因子包括 pH、COD、BOD_5、NH_3-N、石油类。

▶ 固体废物影响分析

站址内固体废物来源、数量描述清楚，贮存条件明确，处置、处理要求合理可行。

▶ 环境风险分析

工程事故情况下电磁辐射可能的环境风险描述清楚，有环境风险应急预案等。

▶ 独立校核或复核计算

独立校核或复核计算结果满足 GB 8702 中的规定。

12. 环境保护设施、措施及其可行性论证

◆ 审评内容

环境保护设施/措施及其经济、技术可行性分析等内容。

◆ 审评要点

1）针对环境影响或工程内容提出明确、具体环境保护设施/措施；列出环境保护设施清单和环境保护措施清单。

2）工程环境保护设施/措施应按照技术先进、可行和经济合理的原则，进行方案比选，推荐最佳方案。

3）应指出可能存在的潜在环保问题，并给出对策措施。对工程的环境保护措施给出补充建议。

4）按工程实施的不同时段，分别列出其环保投资额，并分析其合理性。给出各项设施/措施及投资估算一览表，计算环保投资占工程总投资的比例。

◆ 接受准则

1）工程在建设阶段、运行阶段拟采取的电磁环境、声环境、水环境保护设施/措施、环境风险防范设施/措施明确、具体；环境保护设施清单和环境保护措施清单清晰、准确；站址产生的危险废物有相应收集、管理和处置的设备/措施。

2）拟采取设施/措施技术可行、经济合理、能长期稳定运行和可靠达标，能满足环境质量要求。

3）给出各项环境保护设施/措施和环境风险防范设施/措施的具体内容、责任主体、实施时段，估算环境保护投入，明确资金来源。环境保护投资包括预防、减缓建设项目不利环境影响而采取设施/措施的费用，以及直接为建设项目服务的环境管理与监测费用、相关科研费用等。

13. **环境管理与监测计划**

◆ 审评内容

环境管理和环境监测等内容。

◆ 审评要点

1）环境管理应包括环境管理机构、施工期环境管理与环境监理、环境保护设施竣工验收、运行期环境管理、环境保护培训、与相关公众的协调等内容。环境管理的任务应包括：环境保护法规、政策的执行，环境管理计划的编制，环境保护措施的实施管理，提出设计、招投标文件的环境保护内容及要求，环境质量分析与评价以及环境保护科研和技术管理等。

2）环境监测应包括监测计划、监测任务、监测点位布设和监测技术要求。其中，监测点位布设应针对建设阶段和运行阶段受影响的主要环境要素及因子。监测频次应根据监测数据的代表性、生态质量的特征、变化和环境影响评价、环境保护设施验收的要求确定。

◆ 接受准则

1）环境管理内容描述详细完整；建设单位根据工程管理体制与环境管理任务设有环境管理体制、管理机构和人员。

2）监测方案合理性，监测范围合适，监测点位、监测频次具有代表性，并优先选择已有监测点位。监测报告满足质保体系要求。

3）环境监测计划能监测工程建设阶段和运行阶段环境要素及评价因子的动态变化；对工程突发性环境时间能跟踪监测调查。

14. **环境影响评价结论**

◆ 审评内容

建设项目的建设概况、环境质量现状、各环境要素影响分析、公众意见采纳情况、环境保护设施/措施及其技术、经济论证、环境管理与监测计划等内容的概括总结，以及建设项目的环境影响是否可行的结论。目前存在的环境问题及主要改进设施/措施和承诺。

◆ 审评要点

1）工程环境影响评价结论应与各章节评价结论一致，并结合环境质量目标要求，明确给出建设项目的环境影响可行性结论。

2）环评机构提出的建议的可行性。

3）建设单位对现阶段环保方面存在的未解决的问题，提出改进设施/措施并做出承诺。不纳入现阶段解决的应分析原因。

◆ 接受准则

1）环境影响评价结论简洁明了、表达准确，与各章节评价结论一致，项目实施后环境影响是否可行的结论明确。

2）环评机构提出的建议可行。

3）建设单位做出的承诺可行，或暂不能实施改进设施/措施的理由可接受。

4）对存在重大环境制约因素、环境影响不可接受或环境风险不可控、环境问题突出且整治计划不落实或不能满足环境质量改善目标的工程，应明确环境影响不可行的结论。

32.3.3　审评报告的编制

1. 编制原则

审评报告应实事求是，突出工程特点和区域环境特点，体现客观、公正、科学、准确的原则。

2. 编制要求

审评报告可根据建设项目和环境影响的特点、环境保护行政主管部门的要求进行编写。要求语言通畅、文字简洁，建设项目概况和主要环境问题交代清楚，审评所提意见依据充分、客观可行，审评结论明确、可信。具体可以参照如下格式。

电磁类建设项目环境影响评价文件审评报告的格式与内容
《××工程环境影响报告书（表）》技术审评报告

一、审评过程

二、审评依据

三、审评意见

（一）工程概况

审评意见及报告书（表）修改完善情况

（二）环境质量现状与环境保护目标

1. 电磁环境质量现状

2. 声环境质量现状

3. 生态环境质量现状

4. 水环境质量现状

5. 环境保护目标

审评意见及报告书（表）修改完善情况

（三）环境影响分析

1. 评价标准

2. 电磁环境影响分析

3. 声环境影响分析

4. 水环境影响分析

5. 生态环境影响分析

6. 固体废物环境影响分析

7. 其他环境影响分析

审评意见及报告书（表）修改完善情况

（四）环境保护设施与措施

（五）需要进一步完善的工作（初审）

或专家咨询审议意见及报告书（表）修改落实情况（终审）

（六）技术审评结论

附件　《××工程环境影响报告书（表）》专家咨询审议意见（终审）

32.3.4 典型案例

32.3.4.1 工程概况

1. 工程建设内容

本工程包括新建甘肃电投张掖电厂 2×1 000 MW 燃煤机组扩建工程配套 750 kV 升压站工程、张掖电厂一期工程配套 330 kV 升压站 330 kV 出线间隔扩建工程、新建 330 kV 启备变电源线路工程；本次环评不包括扩建电厂送出线路工程。项目建设地点在张掖经济技术开发区循环经济示范园，位于甘肃省张掖市甘州区靖安乡境内；该工程总投资 7 342.37 万元，环保投资 265.5 万元，环保投资占项目总投资的 3.6%。工程基本组成一览表见表 32-5。

表 32-5　工程基本组成一览表

项目名称	甘肃电投张掖电厂 2×1 000 MW 燃煤机组扩建工程配套 750 kV 升压站建设项目			
建设管理单位	甘肃电投张掖发电有限责任公司			
设计单位	中国电力工程顾问集团西北电力设计院有限公司			
建设地点	甘肃省张掖市甘州区张掖经济技术开发区循环经济示范园甘肃电投张掖电厂 2×1 000 MW 燃煤机组扩建工程西侧预留场地			
建设性质	新建			
系统组成	① 新建 750 kV 升压站； ② 张掖电厂一期工程配套 330 kV 升压站 330 kV 间隔扩建工程； ③ 新建 330 kV 启备变电源线路。			
新建 750 kV 升压站	站址	项目	本期	终期
	主体工程 主变	750 kV 主变	2×1 140 MVA	—
		750 kV 出线	2 回	—
		750 kV 高压电抗器	总容量 180 Mvar/三相分体	—
		750 kV 出线间隔	2 回	—
	启备变	330 kV 启备变	1 台，84 MVA	—
		330 kV 出线	1 回	—
		330 kV 出线间隔	1 回	—
	环保工程 事故油池	本项目带油设备有主变、高抗、高厂变、启备变等，总事故油池容量按其接入的油量最大的一台设备确定为 130 m³。本项目主变、高抗、高厂变、启备变等底部均设地下钢筋混凝土贮油坑，容积大于各设备油量的 20%，贮油坑四周设挡油坎，高出地面 100 mm。坑内铺设卵石，坑底设有排油管，能将事故油排至事故油池中。		
	依托工程 办公生活	升压站运维人员办公生活由张掖电厂统一调配，站内无生活污水、生活垃圾产生。		
	危废暂存间	升压站内更换的铅蓄电池及带油设备检修及事故情况下产生的油污水，由张掖电厂厂区东侧一间 430 m² 的危废暂存间集中收集后交有资质单位外运处置。该危废暂存间不在本次评价范围内。		
	工程隶属	甘肃电投张掖电厂 2×1 000 MW 燃煤机组扩建工程		
	环评批复	甘环审发〔2023〕5 号		
	占地面积	7.9 hm²，本期在张掖电厂扩建项目已征占地范围内建设，不新征占地。		

站址		项目	一期	二期（本期）	本期扩建后规模
张掖电厂一期工程配套330 kV升压站330 kV间隔扩建工程	建设规模	主变	2×370 MVA	—	2×370 MVA
		330 kV 出线	2 回（西侧出线）	1 回（北侧出线）	3 回
		20 kV 出线	2 回	—	2 回
	工程隶属		甘肃张掖电厂一期工程 2×300 MW 机组新建工程		
	环评批复		原国家环境保护总局 环审〔2004〕171 号		
	环保验收		原国家环境保护总局 环验〔2007〕163 号		
	占地面积		0.94 hm²，本次在升压站北侧现有空地扩建 1 回路出线间隔，不新征占地。		
电源线路	电压等级（kV）		330		
	线路长度（km）		0.24		
	涉及行政区		张掖市甘州区		
	导线型式		架空线路导线采用 2×LGJ-400/35 双分裂钢芯铝绞线		
	地线		采用 2 根 GJ-100 镀锌钢绞线		
	杆塔型式		门型构架		
	杆塔数量		5 基		
	交叉跨越		0 处		
	占地面积		共计约 0.075 hm²，位于张掖电厂厂区范围内，不新征占地。		
土石方量			总挖方为 5 600 m³，填方 5 400 m³，外购砂石料 2 100 m³，利用方 2 300 m³		
总占地面积			8.915 hm²		
静态总投资（万元）			7 342.37		
环保投资（万元）			265.5		
预计投运时间			2025 年 11 月		

2. 工程占地

本工程占地总面积为占地 8.915 hm²，占地类型为工业用地，其中新建升压站占地 7.9 hm²，张掖电厂一期工程配套 330 kV 升压站 330 kV 间隔扩建工程占地 0.94 hm²，330 kV 启备变电源线路占地 0.075 hm²，均为永久占地，属于张掖电厂用地红线范围内。

3. 工程土石方

总挖方为 5 600 m³，填方 5 400 m³，外购砂石料 2 100 m³，利用方 2 300 m³ 用于升压站周边场地平整。

32.3.4.2　前期工程内容环保手续情况

现有张掖电厂一期主体工程于 2004 年 5 月 13 日取得原国家环境保护总局《关于甘肃张掖电厂一期工程环境影响报告书审查意见的复函》（环审〔2004〕171 号）。2007 年 9 月 3 日，原国家环境保护总局以环验〔2007〕163 号文件通过了甘肃张掖电厂一期工程竣工环境保护验收。

本项目依托的"甘肃电投张掖电厂 2×1 000 MW 燃煤机组扩建工程"项目已于 2023 年 4 月 4 日经《甘肃省生态环境厅关于甘肃电投张掖电厂 2×1 000 MW 燃煤机组扩建工程环境影响报告书的批复》（甘环审发〔2023〕5 号文）予以批复。

32.3.4.3　选址选线环境合理性

根据《报告书》描述，本项目建设地点位于甘肃省张掖市甘州区靖安乡境内，属于张掖经济技术开发区循环经济示范园内甘肃电投张掖电厂 2×1 000 MW 燃煤机组扩建工程西侧预留场地，所在区域为重点管控单元，管控单元编码 ZH62070220002，不涉及生态保护红线。根据《报告书》分析，该工程与甘肃省"三线一单"（生态保护红线、环境质量底线、资源利用上线和生态环境准入清单）及《输变电建设项目环境保护技术要求》（HJ 1113—2020）等相关要求是相符的。

甘肃电投张掖电厂 2×1 000 MW 燃煤机组扩建工程已于 2022 年 11 月 7 日取得甘肃省自然资源厅颁发的建设项目用地预审与选址意见书（用字第 620000202200069 号）；本项目不涉及永久基本农田、生态保护红线、城镇开发边界，符合《张掖市国土空间总体规划（2020—2035）》；经政府、国土、规划、环保、文物保护等部门确认与地方其他规划无冲突，并取得了规划、国土、环保、文物保护部门原则同意工程选址的文件。

32.3.4.4　环境保护目标和环境质量现状

1. 环境保护目标调查

根据《报告书》调查，本项目评价范围内无电磁及声环境保护目标。

2. 电磁环境质量现状

根据《报告书》现状调查监测结果可知，本项目 750 kV 升压站站界外各监测点的工频电场强度监测结果为 2.804～3.930 V/m，工频磁感应强度为 0.570～0.653 μT；电厂一期工程配套 330 kV 升压站站界外各监测点的工频电场强度监测结果为 360.758～2 904.357 V/m，工频磁感应强度为 1.596～3.589 μT；330 kV 启备变电源线路沿线环境现状监测点的工频电场强度监测结果为 6.160 V/m，工频磁感应强度为 1.127 1 μT。均满足《电磁环境控制限值》（GB 8702—2014）中工频电场强度 4 000 V/m、工频磁感应强度 100 μT 的控制限值要求。

3. 声环境质量现状

根据《报告书》引用的《甘肃电投张掖电厂 2×1 000 MW 燃煤机组扩建项目环境影响报告书》声环境现状监测结果可知，2×1 000 MW 扩建工程项目昼间噪声在 38.5～43.1 dB（A），夜间噪声在 36.0～38.9 dB（A）；根据《报告书》现状调查监测结果可知，本项目 750 kV 升压站厂界四周、张掖电厂一期配套 330 kV 升压站厂界四周、电源线路沿线各监测点噪声监测结果昼间在 45～57 dB（A），夜间在 40～53 dB（A），均满足《声环境质量标准》（GB 3096—2008）3 类标准。

4. 生态环境现状

本项目生态环境现状调查引用《甘肃电投常乐电厂 2×1 000 WM 燃煤机组扩建项目环境影响报告书报批版》相关结论。

生态功能区划：根据《甘肃省生态功能区划》，本项目所在地分属于内蒙古中西部干旱荒漠生态区-腾格里沙漠生态亚区-30 龙首山山前牧业及防风固沙生态功能区。

土地利用现状：本期工程位于张掖经济技术开发区循环经济示范园，占地范围内园区规划土地类型为三类工业用地。

植被调查：本期工程位于张掖经济技术开发区循环经济示范园内张掖电厂工程用地范围内，现状为已平整的工业场地，场地内无植被覆盖。

动物资源：根据现场调查及分析相关资料，厂区位于张掖经济技术开发区循环经济示范园，由于受人类活动的干扰，区域内野生动物的种类及数量都很少，以爬行类、小型哺乳类及部分常见鸟类为主。

生态保护目标及生态保护单元：根据《报告书》调查，本工程电厂厂址所处区域为荒漠戈壁，本工程评价范围内无生态敏感区和生态保护目标，不属于自然保护区、风景名胜区和饮用水源地保护区；评价区内无其他需特殊保护地区。

根据《报告书》描述，在开展环境现状调查期间，未在评价范围内发现有重点保护动植物，亦未见有濒危的植物分布和珍稀濒危动物。

32.3.4.5　环境影响分析及环境保护措施

工程在落实《报告书》提出的措施后可以有效减缓施工期和运行期造成的环境影响。

1. 施工期影响及保护措施

（1）生态环境

拟建升压站在拟建设张掖电厂扩建工程永久占地场地内，不新增用地。本工程施工期应采取报告书提出的相应保护措施，以减少对周围环境产生的影响。升压站外设置截排水沟，站内其他区域硬化处理。施工期严格控制施工作业范围，严禁随意开辟施工场地；加强土石方的调配力度，减少弃土弃渣量。施工结束后，对站外临时占地予以土地整治，尽量恢复原地貌形态。

（2）声环境

施工期噪声主要是施工现场的各类机械设备噪声。升压站施工先建设围墙，以减缓施工噪声对周围环境的影响；应尽量使用低噪声的施工方法、工艺和设备，将噪声影响控制到最低限度；严格控制夜间施工和夜间行车。确保施工期噪声满足《建筑施工场界环境噪声排放标准》（GB 12523—2011）。

（3）大气环境

施工期大气影响主要来自工程施工和汽车运输过程中产生的二次扬尘。合理组织施工，尽量避免扬尘二次污染。施工临时堆土、余方应集中、合理堆放，遇天气干燥、大风时应进行洒水，并用防尘网苫盖；遇降雨天气时用彩条布苫盖，并在周围设置排水沟。在施工现场周围建筑防护围墙，进出场地的车辆应限制车速。

（4）固体废物

施工期的固体废物主要是生活垃圾、多余土石方和建筑垃圾。生活垃圾、建筑垃圾集中收集、统一处理；多余土石方就地平衡。

（5）地表水环境

施工期间的废污水包括施工生产废水和施工人员生活污水。在施工场地附近设置施工废水沉淀池，回用不外排，施工结束后对沉淀池进行迹地恢复，恢复原有土地功能。施工期生活污水经化粪池预处理后进入张掖电厂现有生活污水处理站处理，再进入工业废水处理系统处理后回用不外排。工程施工期采取《报告书》提出的相应水环境保护措施后对周围环境影响较小。

2. 运行期环境影响及防治措施

（1）电磁环境

A. 750 kV 升压站

《报告书》选取了与本项目具有类比可行性的常乐一期电厂 750 kV 升压站进行电磁环境影响类比，由监测结果可知，常乐一期 750 kV 升压站厂界外 5 m 处电场强度为 164～1 596 V/m，磁感应强度为 0.079～1.19 μT，类比分析本项目升压站工程建成投运后厂界工频电场强度、工频磁感应强度均满足《电磁环境控制限值》（GB 8702—2014）中"工频电场强度 4 000 V/m、工频磁感应强度 100 μT"的公众曝露控制限值要求。

B. 张掖电厂一期配套 330 kV 升压站 330 kV 间隔扩建

根据张掖电厂一期配套 330 kV 升压站现有间隔侧（东侧、2 回 330 kV 出线）电磁环境现状监测值，工频电场强度为 1 170.083～2 904.357 V/m，工频磁感应强度为 3.381～3.589 μT，《报告书》预测本次 330 kV 间隔扩建（北侧，1 回 330 kV 出线）后，厂界工频电场强度、工频磁感应强度均满足《电磁环境控制限值》（GB 8702—2014）中"工频电场强度 4 000 V/m、工频磁感应强度 100 μT"的公众曝露控制限值要求。

C. 330 kV 启备变电源线路工程

根据《报告书》预测分析，330 kV 启备变电源线路采用门型塔、架线高度 18 m，项目建成运行后，线下 1.5 m 高处最大工频电场强度为 1.223 kV/m，最大工频磁感应强度为 2.640 μT，均能够满足《电磁环境控制限值》（GB 8702—2014）中"工频电场强度 4 000 V/m、工频磁感应强度 100 μT"的公众曝露控制限值要求。

（2）噪声

根据《报告书》预测结果可知，本期 750 kV 升压站建成投运后，张掖电厂 2×1 000 MW 燃煤机组扩建工程厂界噪声贡献值为 40.47～47.59 dB（A），厂界噪声能满足《工业企业厂界环境噪声排放标准》（GB 12348—2008）中的 3 类标准要求。

张掖电厂一期配套 330 kV 升压站本期仅增加 1 回 330 kV 出线间隔，不新增声源设备，扩建完成后厂界噪声能满足《工业企业厂界环境噪声排放标准》（GB 12348—2008）中的 3 类标准要求。

《报告书》选取了与本项目具有类比可行性的 330 kV 广梁～红柳变输电线路进行了声环境影响类比，由监测结果可知，330 kV 广梁～红柳变输电线路昼间噪声为 31.2～36.5 dB（A），夜间噪声为 30.4～34.5 dB（A），类比分析 330 kV 启备变电源线路运行后噪声水平满足《声环境质量标准》（GB 3096—2008）相应标准要求。

（3）废水、固体废物

升压站运行期间无人值守，无废水排放。本项目废铅蓄电池依托张掖电厂扩建项目配套的危废暂存间（430 m²）暂存后，及时交由有资质单位处置。

（4）环境风险

本项目 750 kV 升压站设有事故排油系统和足够容量的事故油池。主变、高抗、高厂变、启备变等底部设地下钢筋混凝土贮油坑（容积分别为 30 m³、9 m³、6 m³、12 m³），容积大于变压器含油量的 20%。本工程项目设计一座 130 m³ 的总事故油池，可确保满足本期最大 1 台含油设备（115 t、128.4 m³）100% 事故排油需要。废油、含油废水分别集中收集并交有资质单位处置，不外排。

32.3.4.6　公众参与

该工程按照《环境影响评价公众参与办法》（生态环境部令第 4 号）相关要求，开展了环境影响评价信息公开以及环境影响报告书征求意见稿公示，公示方式包括网络公示、报纸公示、现场张贴信息公告。截至公众意见反馈截止日期，未收到与本工程环境影响和环境保护措施有关的建议和意见。

32.3.4.7　评估建议

建议建设单位加强公众沟通和科普宣传，及时解决公众提出的合理环境诉求，及时公开项目建设与环境保护信息，主动接受社会监督。《报告书》经批准后，工程若发生《输变电建设项目重大变动清单（试行）》中规定的一项或一项以上变动，且可能导致不利环境影响显著加重的，应界定为重大变动，其他变更界定为一般变动。构成重大变动的应当对变动内容进行环境影响评价并重新报省生态环境厅审批，一般变动应报省生态环境厅备案。

32.3.4.8　评估结论

技术评估组主要从环境现状调查的可靠性、环境影响分析的科学性、环保保护设施、措施的可行性等方面进行了评估，结合专家组评估意见，认为由甘肃陇美环境科技有限公司编制完成的《报告书》符合相关法律法规和环评导则要求，编制较规范，评价内容较全面，工程概况介绍基本清楚，评价因子设置总体恰当，电磁、声、生态、地表水等各要素评价工作等级、评价范围适当，环境现状调查较清楚，环境影响分析较全面，环保措施可行，评价结论可信。在落实《报告书》和本次技术评估意见后，工程建设和运行对环境产生的影响可以满足评价标准要求。

从技术评估角度分析，工程建设可行，建议省厅予以批复。

32.4　环境影响评价文件批复案例

案例 1：

关于地浸矿山大通量提铀装置工程化研究环境影响报告表的批复

中国铀业有限公司：

你公司《关于审查地浸矿山大通量提铀装置工程化研究环境影响报告表的请示》（中铀发〔2020〕5号）收悉。经研究，批复如下。

一、该项目位于新疆维吾尔自治区伊犁哈萨克自治州境内，主要建设内容包括在新疆中核天山铀业有限公司蒙其古尔铀矿床集液池西侧新建一座轻钢试验厂房，并开展吸附参数研究小型试验、吸附参数研究扩大试验、半工业试验和工程样机试验等。

该项目在落实报告表提出的各项环境保护措施和下列工作后，可以满足国家环境保护相关法规和标准的要求。我部同意该环境影响报告表。

二、项目建设过程中应加强施工期的环境管理工作，采取洒水、遮盖等减少扬尘的措施，生活污水全部收集并由新疆中核天山铀业有限公司七三五厂现有生活污水处理设施处理后，用于厂区和生活区的绿化，不得外排。

三、项目建设必须严格执行环境保护设施与主体工程同时设计、同时施工、同时投产使用的环境保护"三同时"制度。项目竣工后，应按照有关规定进行竣工环境保护验收。

四、我部委托新疆维吾尔自治区生态环境厅协同西北核与辐射安全监督站，负责该项目的环境保护监督检查工作。

五、你公司应在收到本批复后20个工作日内，将环境影响报告表分送我部西北核与辐射安全监督站和新疆维吾尔自治区生态环境厅，并按照规定接受其监督检查。

案例2：

关于钱家店铀矿床钱 IV 块地浸采铀工程环境影响报告书的批复

中国铀业有限公司：

你公司《关于审查中核通辽铀业有限责任公司钱家店铀矿床钱 IV 块地浸采铀工程环境影响报告书的请示》（中铀发〔2020〕4号）收悉。经研究，批复如下：

一、该项目位于内蒙古自治区通辽市，主要建设内容包括井场、水冶厂、蒸发池、生活区和场外工程等子项，采用 CO_2+O_2 中性浸出工艺，共布置29个分采区。

该项目在落实报告书提出的各项环境保护措施和下列工作后，可以满足国家环境保护相关法规和标准的要求。我部同意该环境影响报告书。

二、项目在建设和运行过程中应重点做好的工作

（一）加强施工期的环境管理。合理安排施工计划，避免在大风天气下进行开挖作业，施工场地应采取洒水、围挡等防尘措施；建设蒸发池、泥饼池等设施剥离的表层土应单独堆存，用于植被恢复。

（二）切实做好水环境保护工作。合理安排开采顺序，按照地下水流方向从上游往下游方向顺序开采。各抽注单元的抽液量应超过注液量的0.3%，边界抽注单元的抽液量至少应超过注液量的0.5%；关停期间，仍需采取抽大于注和地下水监测措施，确保浸出液迁移扩散在控制范围内。蒸发池池底及边坡应进行防渗漏处理，设置渗漏在线检测装置，防止污染地下水。

（三）严格按照监测方案开展环境监测。在井场外围和矿床上下含水层合理布设监测

井，加强自主监测能力，开展环境监测工作，并按规定及时提交环境监测报告。

（四）做好突发环境事件应急工作。制定突发环境事件应急预案并定期开展演练，储备必要的环境应急装备和物资，加强对各种池、管道、阀门的运行管理，及时发现并消除环境安全隐患。

（五）贯彻"边生产、边治理"的原则，将退役治理和环境整治纳入日常生产管理。制订和执行退役计划，各分采区终采后及时开展退役，修复地下水；泥饼池应及时覆土掩埋，并恢复植被。

三、项目建设必须严格执行环境保护设施与主体工程同时设计、同时施工、同时投产使用的环境保护"三同时"制度。项目竣工后，应按照有关规定进行竣工环境保护验收。

四、我部委托内蒙古自治区生态环境厅协同华北核与辐射安全监督站，负责本项目的环境保护监督检查工作。

五、你公司应在收到本批复 20 个工作日内，将批准后的报告书分送我部华北核与辐射安全监督站和内蒙古自治区生态环境厅，并按照规定接受其监督检查。

33 核技术利用项目辐射安全审评

33.1 审查依据

1. 相关法律法规

《中华人民共和国放射性污染防治法》

《放射性同位素与射线装置安全和防护条例》

《放射性同位素与射线装置安全许可管理办法》

《放射性同位素与射线装置安全和防护管理办法》

《建设项目环境影响评价分类管理名录》

2. 相关标准、导则和技术规范

《电离辐射防护与辐射源安全基本标准》（GB 1887—2002）

《密封放射源一般要求和分级》（GB 4075—2009）

《使用密封放射源的放射卫生防护要求》（GB 16354—1996）

《密封放射源及密封γ放射源容器的放射卫生防护标准》（GBZ 114—2006）

《放射性废物管理规定》（GB 14500—2002）

《γ辐照装置的辐射防护与安全规范》（GB 10252—2009）

《γ辐照装置设计建造和使用规范》（GB 17568—2008）

《电子直线加速器工业 CT 辐射安全技术规范》（HJ 785—2016）

《辐射加工用电子加速器工程通用规范》（GBT 25306—2010）

《γ射线和电子束辐照装置防护检测规范》（GBZ 141—2002）

《工业 X 射线探伤放射防护要求》（GBZ 117—2015）

《工业伽玛射线探伤放射卫生防护标准》（GBZ 132—2008）

《γ射线工业 CT 放射卫生防护标准》（GBZ 175—2006）

《便携式 X 射线检查系统放射卫生防护标准》（GBZ 177—2006）

《医用γ射束远距治疗防护与安全标准》（GBZ 161—2004）

《γ远距离治疗室设计防护标准》（GBZ 152—2002）

《医用 X 射线 CT 机房的辐射屏蔽规范》（GBZ/T 180—2006）

《医用 X 射线诊断放射防护标准》（GBZ 130—2013）

《医用 X 射线治疗放射防护标准》（GBZ 131—2017）

《医用放射性废物管理卫生防护标准》（GBZ 133—2009）

《含密封源仪表的放射卫生防护要求》（GBZ 125—2009）

《操作非密封源的辐射防护规定》（GB 11930—2010）

《粒子加速器工程设施辐射防护设计规范》（EJ 346—1988）

《粒子加速器辐射防护规定》（GB 5172—1985）

3. 监管要求

《关于开展环境保护部辐射安全许可证延续和换发工作的函》（环办函〔2011〕62号）

《关于印发2011年度辐射安全经验交流会会议纪要的函》（国核安函〔2011〕122号）

《关于明确核技术利用辐射安全监管有关事项的通知》（环办辐射函〔2016〕430号）

《关于进一步加强γ射线移动探伤辐射安全管理的通知》（环办函〔2014〕1293号）

关于印发《辐照装置卡源故障专项整治技术要求（试行）》等两个文件的通知（环办函〔2010〕662号）

33.2 审评原则

（1）依法依规原则

审评应依据国家或地方现行的法律、法规、部门规章、技术规范和标准，审评依据的法规标准应与现有的法规标准一致。法规标准没有规定的，应提出审评见解，必要时咨询专家的意见。

（2）客观公正原则

审评必须本着实事求是的态度，做到客观公正，审评的范围仅限于技术评估。

（3）充分交流原则

审评过程中应与辐射源安全监管司及申请单位充分交流沟通。

（4）广泛参与原则

可以综合考虑相关学科和行业专家的意见，并听取项目所在地地区核与辐射安全监督站和环境保护主管部门的意见。

（5）突出重点原则

审评应全面考虑申请单位的辐射安全管理，同时应重点审查污染源项、放射性三废管理、污染防治措施、风险源和风险防范措施等方面，明确重大问题的审查结论。

33.3 审评方法

审评方法包括文件记录审查、专家咨询、现场检查。文件记录的审查主要是依据现有的管理文件要求对申请单位提供的材料进行文件审查，必要时进行专家咨询，一般对于辐射安全许可证新申领和重新申领（增项）项目需进行现场检查，对申请项目的辐射安全防护措施及管理情况进行现场核查。

33.4 辐射安全许可证审评的内容和要点

1. 辐射安全许可证新申请

（1）审评内容

生产放射性同位素、销售放射性同位素、生产或销售射线装置以及使用放射性同位素、射线装置的核技术利用单位向生态环境部申请领取辐射安全许可证。

（2）申请文件资料清单

1）辐射安全许可证申请表，包括单位基本情况、活动种类和范围、台账明细、监测仪器和辐射防护用品登记表、辐射安全与环境保护管理机构人员表和辐射工作人员登记表等。

2）环境保护主管部门批复的环境影响评价文件。

3）辐射安全分析材料。

4）辐射安全与防护规章制度，包括操作规程、岗位职责、辐射防护制度、安全保卫制度、设备检修维护制度、台账管理制度、人员培训制度、辐射事故应急预案、辐射监测方案和放射性三废处理等。

5）企业营业执照以及法人身份证复印件。

（3）审评要点

1）申请单位是否在国家核技术利用管理系统上进行了申报（网址 http://rr.mep.gov.cn/），填写并导出辐射安全许可证申请表，包括单位基本信息、活动种类和范围、台账信息、辐射工作人员登记表、辐射安全与环境保护管理机构人员表和辐射监测设备等登记表等内容。

具体内容包括是否设置辐射安全与环境保护管理机构并明确辐射安全专职管理人员及相关人员的岗位职责，是否提交辐射安全专职管理人员专科、本科及以上学历证书、辐射安全与防护培训证书、辐射防护相关工作经历等证明文件复印件，专职人员的学历和培训情况是否满足相关要求。

辐射工作人员是否满足以下要求：① 需设置辐射安全关键岗位的单位，需提交关键岗位注册核安全工程师执业资格证书和注册证明等材料（具体参见附件 1）；② 辐射工作人员登记表包括姓名、身份证号、工作岗位、学历和有效的辐射安全与防护培训证书（中级或初级）复印件。人员培训级别的要求参见《放射性同位素与射线装置安全和防护管理办法》第十八条：使用Ⅰ类射线装置的；生产、使用、销售Ⅰ类放射源的、在甲级非密封放射性工作场所操作放射性同位素的；使用伽玛射线移动探伤设备的；上述辐射防护负责人，以及从事前面所列装置、设备和场所设计、安装、调试、倒源、维修以及其他与辐射安全相关技术服务活动的人员，应当接受生态环境部推荐机构组织的辐射安全与防护中级培训，其余辐射工作人员需参加环保部门认可机构组织的辐射安全与防护初级培训，培训证书需在有效期内。

辐射监测仪器及防护用品是否满足所申请辐射工作的要求，是否配备了与辐射类型和辐射水平相适应的防护用品和监测仪器列表，包括个人剂量计、个人剂量报警仪、X-γ剂量率仪、中子剂量率仪、表面污染仪和个人防护用品等，仪器设备的性能和数量应与辐射工作场所的源项是否匹配。

2）所申请核技术利用项目的环境影响评价文件是否获得环境保护主管部门的批复，包括批准部门、批准文号、批准时间、申请源项、场所、活动种类和范围等内容。生产、销售、使用的活动种类和范围应全面，无漏项；非密封放射性工作场所的等级、最大日等效操作量、年最大用量的核算应准确；放射源的核素、活度、数量以及使用场所，射线装置的射线能量、装置数量不高于环评材料和环评批复中能量和数量。

3）针对所申请的辐射项目，其辐射安全分析材料应包括以下内容：

① 项目概况，包括项目的基本情况、平面布局、场地适宜性分析等内容；

② 源项分析，包括项目的源项、工程设备与工艺分析、污染源项等内容；

③ 辐射安全与防护，包括项目的屏蔽情况、辐射工作场所分区、辐射安全防护设施和安保措施以及放射性三废等内容，辐射工作场所应满足防止误操作、防止工作人员和公众受到意外照射的安全要求；

④ 辐射影响分析，应对项目运行致工作人员和项目周围关注点造成的辐射影响进行分析和评估；

⑤ 辐射事故分析，应对项目运行可能发生的辐射事故或可能引发辐射事故的事件以及潜在危险进行分析，为减轻可能发生的事故/事件后果，提出所采取的方法或预防措施。

4）是否根据操作源项制定了辐射安全与防护规章制度,应包括操作规程、岗位职责、辐射防护制度、安全保卫制度、设备检修维护制度、台账管理制度、人员培训制度、辐射监测方案和辐射工作人员个人剂量监测制度等。

重点关注制度之一辐射事故应急预案：应包括应急机构和职责分工；应急人员的组织、培训及应急救助的物资准备；事故报告和处理程序；可能发生的辐射事故及应急响应措施；可能引发辐射事故的运行故障的应急相应措施；通畅、可行的联络网络。

重点关注制度之二辐射工作场所及周围环境辐射监测方案：应包括监测对象（空气、水、土壤、流出物等）、监测项目、监测点位、监测频次和监测仪器、监测仪表使用与校验管理制度等内容，对于辐照装置或有贮源水井的单位还需监测贮源井水。

重点关注制度之三放射性三废管理制度：应分别对放射性固体废物、液体废物和气态废物的处理处置方式做出明确的规定，符合实际情况。包括固体废物应有分类存放及时送贮的措施；液体废物应有暂存及处理措施；废气的排放应有过滤及排放方式的管理。

5）其他要求:对于生产放射性同位素的核技术利用单位还需提供放射性同位素生产场所和生产设施的所有权证明材料。

（4）接受准则

1）辐射安全许可证申请表的信息全面、完整，具备开展所申请的辐射活动的能力。

2）辐射安全与防护规章制度符合申请单位的实际情况和源项要求,满足相关法律法规的要求。

3）环评批复的内容与申请项目环评要求一致，涵盖了所申请的内容，并与现有的法律法规或规范性文件的要求一致。

4）辐射安全分析材料的内容全面、分析方法准确、结论可信。

5）企业营业执照以及法人身份证的信息准确。

2.辐射安全许可证重新申领

（1）审评内容

有下列情形之一的，持证单位应当按照原申请程序，重新申请领取辐射安全许可证（增项项目）：

（一）改变所从事活动的种类或者范围的；

（二）新建或者改建、扩建生产、销售、使用设施或者场所的。

（2）申请文件资料清单

1）提交并导出辐射安全许可证申请表，包括新申请项目的基本情况。

2）新增核技术利用项目的环境保护主管部门批复的环境影响评价文件和辐射安全分析材料或免于技术审查的说明。

3）与新增项目相关辐射安全与防护规章制度。

4）与新增项目相关的监测报告。

（3）审评要点

1）在辐射安全许可证申请表中是否给出了已获许可及新增核技术利用项目（包括放射源、非密封放射性物质以及射线装置）的基本情况；新增项目辐射工作人员是否参加了相应级别的辐射安全防护培训，是否配备了与新增项目相关、与辐射类型和辐射水平相适应的防护用品和监测仪器列表。

2）新增申请项目是否属于免于技术审查的范围，如需技术审查是否提交了相关环评批复证明材料和辐射安全分析说明材料。

以下新增项目可免于技术审查：

① 已取得销售许可的核技术利用单位，在不涉及放射性物质贮存场所或射线装置调试场所（含上门调试）的情况下，申请增加销售不高于原许可类别的放射源、射线装置或增加销售非密封放射性物质；

② 已许可使用放射源的场所，申请增加（或变更）使用教学科研、校准、校验等用途的Ⅳ、Ⅴ类放射源（其操作不涉及重新制定操作规程和人员培训）；已许可的教学科研用非密封放射性物质工作场所，申请增加使用核素（新增核素日等效最大操作量不高于 $2 \times 10^7 \, Bq$，且增加后原场所级别不变）；已许可使用射线装置的场所，申请变更使用不高于原许可类别的同种用途、同种辐射类型的射线装置。

对于已编制环境影响评价文件的项目是否提交了新增项目的环评批复和辐射安全分析材料：批复内容是否涵盖新申请的核技术利用项目；辐射安全分析报告是否说明了辐射工作场所满足防止误操作、防止工作人员和公众受到意外照射的安全要求对于免于编制环境影响评价文件的核技术利用项目是否提交了辐射安全分析材料。不需要编制环境影响评价文件的核技术利用项目以及辐射安全分析材料的审评要点可直接参考相关文件（具体参见附件二）。

3）辐射安全管理的内容同新申领的要求一致，新增项目相关的人员、监测仪器、辐射安全管理规章制度、应急预案、三废处理等内容应符合相关要求。

4）除了新增Ⅳ、Ⅴ类放射源和Ⅲ类射线装置的项目，其余新增项目需提交至少最近一年辐射监测报告，包括个人剂量监测报告、辐射工作场所及周围环境监测报告、其他与项目相关的监测报告。

（4）接受准则

1）新申请项目源项情况清晰、明确，具备开展新申请的辐射相关活动的能力。

2）环境保护主管部门批复的环境影响评价文件涵盖了新增项目的内容或且新增项目安全分析材料的分析方法准确、结论可信。

3）新增项目相关辐射安全与防护规章制度满足相关要求，包括操作规程、设备检修维护制度、放射性三废处理和辐射事故应急预案等。

4）提交的监测报告符合相关标准要求，监测单位具有相应的监测资质，监测结果满足相关标准要求。

3. 辐射安全许可证延续

（1）审评内容

辐射许可证有效期届满，需要延续的，应当于许可证有效期届满 30 日前向生态环境部提出延续申请。

（2）申请文件资料清单

1）辐射安全许可证延续申请表。

2）持证期间至少最近一年的辐射监测报告，包括个人剂量监测报告、辐射工作场所及周围环境监测报告、其他与项目相关的监测报告。

3）许可证有效期内的辐射安全防护工作总结。

4）辐射安全许可证正、副本复印件及单位台账。

（3）审评要点

1）应提交至少最近一年的个人剂量监测报告、辐射工作场所及周围环境监测报告、其他与项目相关的监测报告。

① 应提交最近一年辐射工作人员个人剂量监测报告复印件，并汇总持证期间全部辐射工作人员的个人剂量监测数据，内容包括监测年份、监测单位、监测频次、监测结果范围等。

② 应提交最近一年辐射工作场所及周围环境监测报告并进行汇总，内容包括监测年份、监测单位、监测项目、监测频次、监测结果范围等。

③ 其他与项目相关的监测报告，如辐照装置贮源井水水质监测报告，工作场所流出物监测报告等。

个人剂量监测中有超个人剂量约束值、工作场所墙外 30 cm 处剂量率超 2.5 μSv/h 或表面污染超出管理目标值等各种监测结果异常时，应提交调查报告，说明结果异常的原因及采取的措施。

2）许可证有效期内的辐射安全防护工作总结应包括：

① 辐射安全与防护设施的运行与维护情况；

② 辐射工作人员变动及辐射安全和防护知识教育培训情况；

③ 放射性同位素、射线装置的最新台账；

④ 辐射安全与防护制度及措施的制定与落实情况；

⑤ 辐射事故/事件的应急管理情况，包括辐射事故应急预案的内容是否及时更新；持证期间有无出现辐射事故或辐射安全运行事件，是否采取了应急响应措施及处理结果；是否进行应急演练；

⑥ 监管部门提出整改要求及落实情况，包括持证期间的整改要求落实情况的汇总以

及处罚情况说明。

3）申请单位的源项台账是否清楚明确，并与辐射安全许可证的信息一致。放射源核素、活度，种类，非密封放射性物质日等效操作量、场所级别，射线装置的参数和数量等已获许可的源项与延续申请项目是否一致。

4）辐射安全与防护规章制度是否根据人员、项目变化等情况及时修订和更新。产生放射性废气、废液、固体废物的，是否说明了持证期间放射性废物的产生量及处理措施并提交了相关证明材料，对于放射性三废制度的执行情况提交了相关的送贮或监测记录。

（4）接受准则

1）辐射安全防护工作总结的内容全面，资料齐全，相关证明材料充分可信。

2）监测报告及结果满足相关标准要求。

3）源项清晰，账物相符。

4）辐射安全与防护规章制度完善并具备可操作性。

33.5 有条件豁免的审评内容和要点

1. 审评内容

高于《电离辐射防护与辐射源安全基本标准》（GB 18871—2002）规定豁免水平的含放射源设备或射线装置申请有条件豁免管理。豁免对象为设备最终用户的使用豁免。

2. 含源设备有条件豁免的审评

（1）含源设备有条件豁免的审评

一、含源设备有条件豁免的审评要点

1）辐射安全分析材料

正当性分析：分析了设备中使用放射源活动的正当性，说明设备使用的主要用途、领域及可能用户。

放射源情况：描述放射源辐射特性、加工工艺、处置方式及放射源在设备中的安装情况等，并给出必要的示意图。

设备的固有安全性：给出结构示意图及剖面图，说明设备结构情况及防拆卸等安全防护设施，标注放射源位置，能防止与放射性物质的任何接触或者放射性物质的泄漏。说明了设备的使用条件、采取的防护管理措施和可能的辐射风险。

2）有相应资质单位出具的证明设备符合《电离辐射防护与辐射源安全基本标准》有条件豁免要求的辐射水平检测报告，分析监测结果满足标准中附录 A 中豁免准则。

3）提供豁免管理相关的规章制度，应包含以下内容：含源设备生产标准；放射源台账管理制度；销售管理制度；设备售后跟踪回访制度；用户的培训制度；废旧放射源处理方案。

4）提供产品说明书样本和销售合同样本，条款中应明确该设备含有放射源及放射源信息，用户不能私自拆卸及处理含源设备，不再使用的含源设备必须由设备生产/销售单位负责处理，不得随意丢弃和转让他人。

5）其他材料：辐射安全许可证正、副本复印件；设备生产厂家证明文件或进口设备国内总代理授权文件。

二、接受准则

1）安全分析材料的结论可信，申请有条件豁免的含源设备具有正当性和固有安全性。

2）监测结果符合相关标准要求。

3）废旧放射源的处理措施满足相关要求。

3. 射线装置有条件豁免的审评

一、审评要点

1）辐射安全分析材料

分析设备使用的正当性，说明设备使用的主要用途、领域及可能用户。豁免对象为设备最终用户的使用豁免。

设备结构：描述设备的结构情况，给出设备结构示意图，说明射线产生过程及使用情况，分析安全防护设施等情况。

辐射安全分析：说明设备使用条件、采取的防护管理措施和可能的辐射风险。

2）有相应资质单位出具的证明设备符合《电离辐射防护与辐射源安全基本标准》有条件豁免要求的辐射水平检测报告，分析监测结果满足标准中附录 A 中豁免准则。

3）其他材料：辐射安全许可证正、副本复印件；设备生产厂家证明文件或进口设备国内总代理授权文件。

二、接受准则

1）安全分析材料的结论可信，申请有条件豁免的射线装置具有正当性和固有安全性。

2）监测结果符合相关标准要求。

33.6　审评人员资质

技术审评单位应为核技术利用项目安全技术审评人员保持技术审评能力做出安排，为技术审评人员提供适当的培训，确保技术审评人员具备相应的知识和能力。承担核技术利用项目安全技术审评工作的人员应定期参加包含以下方面的培训。

（1）全面学习核技术利用项目安全审评所依据的法律法规、规范性管理文件、技术标准和技术准则，重点学习新颁布以及最新修订的内容。

（2）承担核技术利用项目安全审评任务的人员应学习本大纲，熟悉核技术利用项目安全审评的格式和内容，熟悉审查内容，理解和把握接受准则。

（3）案例分析与经验反馈，参与核技术利用项目安全审评工作的人员应通过审评过程的经验分享以及经验反馈，掌握审评要点和重点，对申请单位的相关材料做出客观公正合理的判断。

国家核安全局文件
关于规范核技术利用领域辐射安全关键岗位
从业人员管理的通知

国核安发〔2015〕40号

各相关核技术利用单位，环境保护部各地区核与辐射安全监督站：

为了贯彻落实党的十八届四中全会精神，提升核技术利用领域从业人员的守法意识、安全意识和诚信意识，按照国务院在经济发展方面降低准入门槛、激发市场活力、推动简政放权和加强事中事后监管的总体要求，我局将进一步规范核技术利用领域的关键岗位从业人员管理，推动核技术利用领域的辐射安全管理进一步科学化、规范化，促进行业安全、健康、有序发展。现将有关要求通知如下：

一、明确核技术利用单位辐射安全关键岗位及最少在岗人数要求

（一）生产放射性同位素（放射性药物除外）的单位，辐射安全关键岗位四个，分别为辐射防护负责人、辐射防护专职人员、质量保证专职人员和辐射环境监测与评价专职人员，每岗最少在岗人数1名；

（二）使用半衰期大于60天的放射性同位素且场所等级达到甲级的单位，辐射安全关键岗位两个，分别为辐射防护负责人、辐射环境监测与评价专职人员，每岗最少在岗人数1名；

（三）生产、使用放射性药物且场所等级达到甲级的单位，非医疗使用Ⅰ类源单位，销售（含建造）、使用Ⅰ类射线装置单位，辐射安全关键岗位一个，为辐射防护负责人，最少在岗人数1名。同一单位从事以上多种类型工作时，岗位设置和最少在岗人数以其中要求高的为准。

二、全面推进关键岗位注册核安全工程师配备工作

本通知发布之日起，新申领辐射安全许可证（以下简称"许可证"）单位的辐射安全关键岗位在取证前必须按本通知要求由注册核安全工程师（以下简称"注核"）担任；已取得辐射安全许可证单位（以下简称"持证单位"）的辐射安全关键岗位必须在2016年6月30日前由注核担任。

各持证单位应限期于2016年6月30日前完成注核配备工作，如到期仍不能满足要求，将按规定暂扣或吊销许可证。2015年12月31日前许可证到期而注核在岗人数不足的单位，将在换发延续许可证时明确"2016年6月30日前应满足注核在岗人数要求，逾期仍不符合要求的该许可证失效"；自2016年1月1日起，不符合注核在岗人数要求的单位，其许可证不予延续。

已满足最少在岗人数要求的持证单位在其关键岗位注核离职离岗前，应提前安排其他具有注核资格的人员接替其工作，并及时注册。如因人员离职离岗导致注核人数不足，应当立即进行限期不超过1年的整改，经整改仍不符合要求的，将按规定暂扣或吊销许可证。

许可证被暂扣、失效或未予延续的单位，不得继续从事辐射工作。

三、严格落实辐射安全关键岗位职责

相关核技术利用单位应全面培植核安全文化素养，提高守法意识，高度重视辐射安全关键岗位人员的管理工作，加强注核的培养，并制定本单位辐射安全关键岗位的具体职责，于 2015 年 3 月 31 日前将岗位职责书面报环境保护部地区核与辐射安全监督站（以下简称地区监督站）备案。地区监督站将根据各单位报送的材料对关键岗位职责落实情况进行监督检查。

各单位应采取有效措施，确保关键岗位注核切实履行职责，避免"有岗无责"、"在岗不履责"等现象，杜绝人员"挂靠"等弄虚作假行为。注核离职、离岗或关键岗位职责发生变化的，应当在变动后 1 个月内书面告知地区监督站。

四、切实加强辐射安全关键岗位人员的监督管理

各地区监督站在日常监督检查中要加强对辐射安全关键岗位注核的核查，对关键岗位人员资质和数量不合要求，以及岗位职责不制定、不明确、不报告、不落实的单位，要提出相应整改要求。

对关键岗位人员资质管理中存在弄虚作假、人员"挂靠"等不守法规、不讲诚信行为的单位，一经查实，将按规定对涉事单位和责任人予以严厉查处，并进行通报。

五、《关于发布〈注册核安全工程师执业资格关键岗位名录〉（第一批）的通知》

（国核安发〔2010〕25 号）中对核技术利用单位的要求与本文件不一致的，以本文件为准。

国家核安全局

2015 年 2 月 26 日

抄送：各省、自治区、直辖市环境保护厅（局），环境保护部核与辐射安全中心、辐射环境监测技术中心。

关于《建设项目环境影响评价分类管理名录》中免于编制环境影响评价文件的核技术利用项目有关说明的函

环办函〔2015〕1758 号

各省、自治区、直辖市环境保护厅（局），环境保护部各核与辐射安全监督站，各有关单位：

《建设项目环境影响评价分类管理名录》（环境保护部令第 33 号，以下简称《名录》）于 2015 年 4 月 9 日颁布，并于 2015 年 6 月 1 日起实施，其中规定"在已许可场所增加不超出已许可活动种类和不高于已许可范围等级的核素或射线装置"的核技术利用项目，不需要编制环境影响评价文件。为了进一步贯彻落实《名录》，规范核技术利用领域的监督管理工作，现对有关问题说明如下：

一、免于编制环境影响评价文件的核技术利用项目的范围

《名录》中"已许可的场所"是指已经纳入辐射安全许可证管理的辐射工作场所（该

辐射工作场已取得环境影响评价文件的批复）；"活动种类"是指放射性同位素与射线装置的生产、销售、使用；"活动范围等级"指的是：Ⅰ类、Ⅱ类、Ⅲ类、Ⅳ类和Ⅴ类放射源，Ⅰ类、Ⅱ类、Ⅲ类射线装置，甲级、乙级、丙级非密封放射性物质工作场所。

根据以上界定，不需要编制环境影响评价文件的核技术利用项目具体如下：

（一）在已许可的生产、使用高类别放射源或射线装置的场所，不改变已许可的活动种类的前提下，增加生产、使用同类别或低类别放射源或射线装置，包括增加与原许可内容相同或不同的核素种类，增加同种或不同型号、参数的射线装置。

（二）在已许可的非密封放射性物质工作场所，增加操作的核素种类或核素操作量，且增加后不提高场所的级别。

（三）已经取得销售放射性同位素或射线装置许可的，增加销售不高于原许可类别的放射性同位素或射线装置，销售行为不涉及新增放射性同位素贮存场所和射线调试场所的（不进行贮存、调试，或在原许可的贮存、调试场所内进行）。

二、免于编制环境影响评价文件的核技术利用项目的监督管理

符合上述规定的核技术利用项目（例如因工作需要可能需要少量的增加核素类别、活度或改变射线装置的型号、增加数量等），不应涉及施工建设，而是在原辐射工作场所内，利用原有的辐射安全屏蔽、防护和联锁设施直接开展项目（或对原有设施进行简单的改造即能满足辐射安全与防护要求）。由于原工作场所已经履行了环境影响评价手续并取得辐射安全许可证，具有符合许可证要求的辐射安全与防护设施，且新增项目不超过原许可的范围和等级，因此基本不会在原许可项目的基础上对外部环境和公众造成更大的辐射影响。鉴于以上因素，《名录》规定此类项目不需要再次编制环境影响评价文件，而是可以直接申请辐射安全许可证，其事前审批和事后监管应按以下方式操作：

（一）事前审批环节

核技术利用单位在提交辐射安全许可证有关申请时，应当提供新增项目的辐射安全分析材料，以证明各项辐射安全与防护设施、措施满足新增项目后的工作要求，以及新增项目和原有项目合并后对环境的影响仍是可接受的。该材料可以由核技术利用单位自行编制，也可以委托其他机构编制，由许可证发证机关进行审查。发证机关如认为有必要，可以委托技术评估单位对许可证申请材料进行技术评估，或组织对项目进行现场核查。

（二）事后监管环节

此类项目在取得辐射安全许可证并投入使用后，有监督管理职责的环境保护部门应当结合日常监督检查和场所辐射监测、个人剂量监测等手段对新增项目实施监督检查。如在监督发现不符合发证条件的情况，或出现监测结果超标等问题，应要求核技术利用单位停止辐射工作并进行整改，经整改仍无法达标的，发证机关可以撤销新增项目的许可。

三、其他需要说明的问题

（一）如核技术利用单位拟申请增加的项目中一部分符合免于编制环境影响评价文件的条件，另一部分不符合条件（即需要履行环境影响评价手续），核技术利用单位可以选择先行申请不需要编制环境影响评价文件的部分项目的辐射安全许可证，也可以将全部

项目一并进行环境影响评价，在取得环评批复后一并申请辐射安全许可证。如核技术利用单位选择一并进行环境影响评价，申请辐射安全许可证时提交经审批的环境影响评价文件即可，不必重复提供辐射安全分析材料。

（二）对免于编制环境影响评价文件的项目，许可证技术审查的内容主要包括源项情况、辐射安全分析和辐射安全管理三个方面，关注的重点可参考附件。

（三）为进一步方便各单位理解免于编制环境影响评价文件项目的具体范围，我部将另行编制实际审批的有关案例及解释，印发给各单位参考。

附件：免于编制环境影响评价文件的核技术利用项目辐射安全许可证审查的内容和重点

一、源项情况

关注新增项目源项情况，确认新增项目不超过已许可的活动种类和不高于已许可范围等级。

（一）项目规模与基本参数：审核新增建设项目涉及的源项相关参数，如放射源核素名称、活度、数量；非密封放射性物质的核素名称、活度（比活度）、物理状态、日等效最大操作量、操作时间、年操作量、毒性因子和操作方式；射线装置名称、型号、类型、射线种类、电压、束流强度、能量、有用线束范围、额定辐射输出剂量率和泄漏射线剂量率等技术参数。

（二）工程设备与工艺分析：关注新增项目所含的设备组成、工作方式、工作原理、工艺流程，明确涉源环节、各环节的岗位设置及人员配备、工艺操作方式和操作时间等内容。

二、辐射安全分析

（一）辐射安全与防护：关注新增项目布局情况、屏蔽情况、辐射工作场所分区及辐射安全防护设施（包括三废处理）和安保措施等内容。

（二）辐射影响：关注新增项目运行致工作人员和项目周围关注点的附加辐射影响，考虑该场所原有项目的叠加影响。

三、辐射安全管理

按照辐射安全许可证审查要求，重点审查与新增项目相关的内容，关注原有各项目的执行情况。

（一）辐射安全与环境保护管理机构及专职管理人员：审核辐射安全管理机构的设置与职能，明确辐射安全专职管理人员的职责，关注专职管理人员资格及培训情况。

（二）辐射工作人员：重点关注新增项目涉及的辐射工作人员，审查辐射安全与防护培训情况。

（三）辐射防护与监测设备：审查辐射监测设备的配置情况，重点关注与新增项目相关的辐射防护与监测设备。

（四）辐射安全管理规章制度：重点审查与新增项目相关的规章制度，如操作规程、岗位职责等，其他涉及的规章制度经过修订应涵盖新增项目相关内容。关注辐射安全规章制度的执行与落实情况。

（五）辐射事故应急：审查应急预案是否能够涵盖新增项目相关内容，同时关注应急演练以及应急措施的执行情况。

（六）辐射监测：审查辐射监测方案是否能够涵盖新增项目，包括个人剂量、工作场所等。关注现有核技术利用项目辐射监测的开展情况与监测结果。

（七）放射性三废处理：审查新增项目放射性三废的产生及处理情况。

33.7 辐射安全许可审评案例

33.7.1 审评过程

受甘肃省生态环境厅委托，省核安全中心于×年×月×日组织专家对申请单位辐射安全许可重新申请和延续申请事项进行了技术审评现场检查，形成了技术审评现场踏勘意见表；按照辐射安全许可技术审评相关要求与深化"放管服"改革优化营商环境决策部署和"为民办实事"的有关要求，省核安全中心对现有问题进行进一步的梳理并提出《兰州大学第二医院辐射安全许可证延续事项现场核查存在问题的整改建议》。

省核安全中心于×年×月×日在兰州市（会议同步在小鱼易连召开：9018182805）组织召开了兰州大学第二医院辐射安全许可证重新申请和延续申请技术审评会，由 3 位专家组成专家组，参加会议的单位有甘肃省生态环境厅、兰州市生态环境局。

专家审评组听取了申请单位对×年×月×日专家现场踏勘期间发现问题的整改情况及辐射安全许可证重新申请和延续申请有关情况介绍，审阅了申请材料，经与会专家认真审查与评议，形成专家组审评意见。

申请单位根据专家组审评意见对存在的问题进行了整改，于×年×月×日正式提交了申请材料，我中心依据申请材料、专家审评意见及其他相关资料，现形成技术审评报告如下。

33.7.2 项目概况

33.7.2.1 申请单位情况

兰州大学第二医院注册地址为甘肃省兰州市城关区萃英门 82 号，因原辐射安全许可证已到期，且需新增使用射线装置和非密封放射性物质等，现拟办理《辐射安全许可证》重新申请。

33.7.2.2 重新申请的核技术利用项目情况

1. 放射源

截至 2023 年 12 月 27 日，该单位原许可使用 2 枚 ^{192}Ir 放射源，规模为 3.7×10^2 Bq×2 枚，属于Ⅲ类放射源，用于后装治疗，已购置 1 枚编码为 0123IR000383 的 ^{192}Ir 放射源；原许可使用 2 枚 ^{90}Sr（^{90}Y）放射源，规模为 1.74×10^9 Bq×2 枚，属于Ⅴ类放射源，用于敷贴治疗，已购置 2 枚编码分别为 0401SYD64965、0499SYD64955 的 ^{90}Sr（^{90}Y）放射源；原许可使用 2 枚 ^{68}Ge 放射源，规模为 1.85×10^7 Bq×2 枚，属于Ⅴ类放射源，用于

PET/CT 校准刻度，已购置 1 枚编码为 US23GE000755 的 ^{68}Ge 放射源。

2. 非密封放射性物质

截至 2023 年 12 月 27 日，该单位原许可使用生产和使用 ^{11}C、^{18}F、^{13}N、^{68}Ga、^{89}Zr、^{64}Cu 等 6 种非密封放射性物质，使用 ^{225}Ac、^{211}At、^{213}Bi、^{14}C、^{68}Ge（^{68}Ga）、^{125}I、^{125}I（粒子源）、^{131}I、^{177}Lu、^{32}P、^{223}Ra、^{153}Sm、^{89}Sr、^{99m}Tc、^{99}Mo（^{99m}Tc）、^{90}Y 等 16 种非密封放射性物质，用于放射诊断与核素治疗以及科学实验研究等，日等效最大操作量为 2.40×10^9 Bq，为乙级非密封放射性物质工作场所；本次拟申请新增使用 ^{188}Re、^{212}Pb 等 2 种非密封放射性物质，日等效最大操作量分别为 1.11×10^7 Bq 和 7.40×10^4 Bq，用于放射治疗，终止使用 ^{213}Bi、^{32}P 等 2 种非密封放射性物质，^{14}C（用于呼气实验）、^{125}I（用于放免分析）因豁免可不予许可；调整后该场所日等效最大操作量合计为 1.48×10^9 Bq，仍为乙级非密封放射性物质工作场所。该核技术利用项目，已依据《关于〈建设项目环境影响评价分类管理名录〉中免于编制环境影响评价文件的核技术利用项目有关说明的函》（环办函〔2015〕1758 号），编制了《辐射安全分析报告》。

3. 射线装置

截至 2023 年 12 月 27 日，该单位原许可使用Ⅱ类射线装置 8 台（其中回旋加速器 1 台，医用直线加速器 1 台，血管造影用 X 射线装置 6 台），Ⅲ类射线装置 34 台。本次拟新增Ⅱ类射线装置 1 台，为 VITALBEAM 型号的医用直线加速器，用于放射治疗，该项目已经甘肃省生态环境厅以"甘环核表〔2020〕08 号"予以批复；新增Ⅲ类射线装置 9 台，用于放射诊断，已分别履行环评登记表手续（202462010200000005、202362010200000040、202362010200000215、202262010200000138）。另外，本次申请将 5 台Ⅲ类射线装置调整为"非在用"状态。

33.7.2.3　申请的种类和范围

申请单位辐射工作场所主要包括住院部 1 号楼负 3 楼放疗科、住院部 1 号楼负 1 楼核医学科、住院部 1 号楼 4 楼介入科、住院部 1 号楼 1 楼放射科等场所，申请活动的种类和范围为：使用Ⅲ类、Ⅴ类放射源；使用Ⅱ类、Ⅲ类射线装置；生产、使用非密封放射性物质，乙级非密封放射性物质工作场所。

33.7.2.4　原辐射安全许可证情况

申请单位于 2022 年 7 月 4 日取得甘肃省生态环境厅核发的辐射安全许可证（甘环辐证〔A0104〕），有效期至 2023 年 12 月 27 日。因原辐射安全许可证已到期，且需新增使用射线装置和非密封放射性物质等，因此提出办理《辐射安全许可证》重新申请。

33.7.3　审评中关注的主要问题

33.7.3.1　环评批复及落实情况

申请单位新增使用 1 台医用直线加速器（属于Ⅱ类射线装置）项目已经兰州市生态

环境局以"兰环核表〔2020〕08 号"予以批复；新增 9 台Ⅲ类射线装置项目，已分别履行环评登记表手续（202462010200000005、202362010200000040、202362010200000215、202262010200000138）；新增和调整使用非密封放射性物质核技术利用项目，已依据《关于〈建设项目环境影响评价分类管理名录〉中免于编制环境影响评价文件的核技术利用项目有关说明的函》（环办函〔2015〕1758 号），编制了《辐射安全分析报告》。

申请单位原许可使用的放射源、非密封放射性物质和射线装置等核技术利用项目，均已取得相应生态环境主管部门的批复（甘环核表〔2014〕11 号、甘环核表〔2015〕10 号、甘环核表〔2019〕12 号、兰环核表〔2020〕08 号）。

经审评认为，申请单位已基本对照环评文件及批复落实了相关辐射安全和防护设施、措施，配备了与核技术利用活动相适应的报警仪器和辐射防护用品。

33.7.3.2 辐射安全与环境保护管理机构

申请单位按照《放射性同位素与射线装置安全许可管理办法》第十六条（一）有关要求成立了核与辐射安全防护管理委员会，并于 2022 年 12 月 23 日以《关于调整兰州大学第二医院核与辐射安全防护管理委员会的通知》（院发〔2022〕151 号）的文件形式予以明确相关人员岗位职责，由刘一凡专职负责辐射安全管理工作，该同志具有本科学历，在医务科工作，于 2024 年××月××日取得"辐射安全管理"类别辐射安全与防护考核成绩合格单（FS22GS2200005）。

33.7.3.3 辐射工作人员

申请单位现有辐射工作人员 287 人，其中 118 人已按照《放射性同位素与射线装置安全许可管理办法》第十六条（二）有关要求，取得了相应类别的辐射安全与防护考核成绩合格单；仅使用Ⅲ类射线装置的 54 人由申请单位自行组织了培训考核；另有 xx 人员已列入培训计划、暂未通过辐射安全与防护考核。

经审评认为，该单位应细化人员培训计划，对新从事辐射活动的人员、原持有的辐射安全与防护考核合格证到期的人员等，应按照《关于核技术利用辐射安全与防护培训和考核有关事项的公告》、《核技术利用辐射安全考核专业分类参考目录》（2021 年版）中的相关要求，及时安排培训并组织参加辐射安全与防护考核，考核不合格的，不得上岗，确保满足《放射性同位素与射线装置安全和防护管理办法》等相关要求。

33.7.3.4 辐射安全与防护设施、措施落实情况

申请单位辐射工作场所按照《放射性同位素与射线装置安全许可管理办法》第十六条（三、四）等有关要求，设置有铅防护门、警示标识、工作状态指示灯、安全连锁、两区管理等防止工作人员和公众受到意外照射的安全措施。

经审评认为，申请单位应定期开展辐射安全与防护设施、措施的维护、检查，确保各辐射工作场所防止误操作、防止工作人员和公众受到意外照射的安全措施切实有效。

33.7.3.5　防护用品与监测设备

申请单位已按照《放射性同位素与射线装置安全许可管理办法》第十六条（五）等有关要求，配备有铅衣 92 套、铅帽 4 套、铅眼镜 2 副、铅手套 2 副、铅围裙 4 套、铅围脖 23 套、铅屏风 20 套等辐射防护用品，另外配备有个人剂量报警仪、便携式 X-γ 辐射巡检仪、表面污染监测仪等必要的辐射监测仪器，加速器室和后装机治疗室、核医学科设置有固定式 X-γ 剂量率仪等，并为工作人员配发了个人剂量计，建立辐射工作人员个人剂量档案。

经审评认为，申请单位应加强辐射工作人员业务培训，掌握监测仪器设备使用和监测方法，切实强化自主监测；个人剂量监测结果应按期录入核技术利用申报系统。

33.7.3.6　辐射安全管理制度

申请单位结合本次技术审评，按照《放射性同位素与射线装置安全许可管理办法》第十六条（六）等有关要求，制定和修订了辐射防护与安全保卫制度、岗位职责、安全操作规程、设备检修维护制度、台账管理制度、辐射工作人员培训计划、辐射监测方案、放射性废物处理制度、辐射事故应急预案等制度和规定。

经审评认为，申请单位应根据实际运行情况进一步优化辐射安全与防护相关规章制度，并在运行过程中严格执行，确保满足辐射安全管理及相应技术标准的相关要求。

33.7.3.7　辐射事故应急

申请单位按照《放射性同位素与射线装置安全许可管理办法》第十六条（七）有关要求，并结合本次技术审评修订了《辐射事故应急预案》，明确了应急组织机构和职责分工，考虑了潜在事故情形，规定了辐射事故报告、处理程序并附有机构及人员联系方式。

经审评认为，申请单位应定期开展辐射事故应急演练，结合演练评估修订完善辐射事故应急预案。

33.7.3.8　三废处理

申请单位按照《放射性同位素与射线装置安全许可管理办法》第十六条（八）等有关要求，制定了放射性三废处理方案。核医学科设置有衰变池系统、独立通风系统、铅废物桶（箱）、废物暂存间等必要的三废处理设施、措施。

经审评认为，申请单位应进一步完善放射性三废处理方案，严格按照《核医学辐射防护与安全要求》（HJ 1188—2021）、《放射治疗辐射安全与防护要求》（HJ 1198—2021）、《关于核医学标准相关条款咨询的复函》等要求加强放射性三废管理，做好核医学科放射性固废、废液的分类收集、贮存和处理/排放，并建立三废处理处置台账；废旧放射源应按法律法规要求返回放射源生产厂家；若产生活化的废加速器靶件、用于科学研究的小动物尸体等应纳入放射性固废管理。针对核医学科使用核素种类较多的实际情况，应结合不同核素的物理化学特性、半衰期等，切实加强放射性三废的日常管理，确保满足相应技术标准要求后处置/排放。

33.7.3.9　辐射安全防护工作总结情况

申请单位按照《放射性同位素与射线装置安全许可管理办法》第二十四条（三）等有关要求，从辐射安全和防护设施的运行与维护情况、辐射安全和防护制度及措施的制定与落实情况、辐射工作人员变动及接受辐射安全和防护知识教育培训情况、放射源和射线装置的最新台账、辐射事故/事件的应急管理、监管部门提出整改要求的落实情况等方面对许可证有效期内的辐射安全防护工作进行了总结。

经审评认为，申请单位应于每年1月31日前通过"全国核技术利用辐射安全监管系统"上报辐射安全和防护状况年度评估报告。若发现安全隐患的，应当立即整改。

33.7.3.10　辐射监测

申请单位按照《放射性同位素与射线装置安全许可管理办法》第二十四条（二）的要求，制定了辐射监测方案并委托有资质的单位对辐射活动场所的辐射剂量进行了监测，均满足技术标准中相应的限值要求。该单位委托有资质的单位进行个人剂量监测（4次/年）并建立了个人剂量档案。

经审评认为，申请单位应结合核技术利用项目实际并对照相关法规和技术标准要求，细化辐射监测方案，切实加强辐射工作场所自主监测，特别是核医学科放射性固废和放射性废液的处置/排放监测。

33.7.3.11　监督检查意见的整改落实情况

省核安全中心针对本次许可事项进行了现场核查，结合专家审批会共提出7个方面的问题，申请单位针对核查意见对加速器机房和后装机房急停按钮未覆盖四周墙壁、视频监控系统不能有效覆盖治疗室和迷道、部分辐射工作场所未开展两区划分并设置明显标识、放射性三废管理不规范、辐射工作场所监测不规范等问题进行了整改，并向专家审评会汇报了整改计划，申请单位对现场核查提出的问题予以整改，并提交了整改报告，并完善了工作总结、细化修订了辐射安全管理规章制度，技术审评组对其予以确认。

经审评认为，申请单位应定期开展辐射安全与防护自查工作，及时发现和消除辐射安全隐患。

33.7.4　审评结论

本次技术审评结合辐射工作场所现场踏勘意见表和专家组审评意见以及整改落实情况，经审评认为兰州大学第二医院辐射安全许可重新申请项目环境影响评价文件已经审批、备案或编制了辐射安全分析材料，源项清晰、账物相符，上一个许可期内的辐射安全防护工作总结的内容全面、资料齐全、相关证明材料充分可信，监测报告及结果满足相关标准要求，具备开展重新申请的辐射相关活动的能力，辐射安全与防护规章制度完善并具备可操作性，提交的申请材料基本符合《放射性同位素与射线装置安全许可管理办法》中辐射安全许可证重新申请和延续申请的相关要求。技术审评建议省生态环境厅予以核发。

34　辐射类建设项目环评文件质量评估及机构核查

34.1　核与辐射建设项目环境影响报告书（表）质量评估

根据《建设项目环境影响评价资质管理办法》有关质量问题的规定，环境影响报告书（表）的质量评估主要关注以下方面内容。

（一）建设项目概况，工程分析与辐射源项、现状监测情况；

（二）评价范围与等级、评价因子的确定，评价标准的选用和环境保护目标、周围环境状况及敏感点的描述；

（三）主要环境问题分析、辐射安全分析，环境预测与评价模式，基础数据、辐射剂量估算方法与结果；

（四）主要环境保护措施，辐射屏蔽、分区管理、安全联锁、制度管理等安全防护措施；

（五）项目选址、选线合理性以及环境影响评价结论；

（六）文件及附图、附件的规范性。

按核设施与铀矿冶、核技术利用、电磁辐射等领域分类设置环境影响报告书（表）质量评估表，主要内容涵盖环境影响评价要点的质量评估。具体见表34-1。

表 34-1　核设施和铀矿冶建设项目环境影响报告书（表）质量评估表

序号	评估内容	满分	评分
一、项目基本概况和环境影响评价基础的完整性和符合性（12）			
1	项目基本情况（名称、性质、规模、经费、必要性、工程进展等）描述是否清晰，评价对象（主体工程和配套工程的组成等）是否明确	2	
2	编制依据是否完整	2	
3	环境影响因素及其评价指标的筛选是否全面、准确	4	
4	评价范围和评价标准（放射性和非放射性）是否明确和合适	4	
二、厂址与环境特征描述的完整性和适宜性（12）			
5	厂址地理位置、设施各类边界的划定和落实情况	2	
6	人口分布和饮食习惯描述的适宜性和时效性	3	
7	土地利用、陆生资源、水生资源及其他环境特征描述的完整性和时效性	3	
8	气象、水文参数描述的完整性和时效性	4	
三、环境质量现状描述的适宜性（8）			
9	辐射环境本底（现状）描述的完整性和合理性	4	
10	非放射性环境质量现状调查和评价的完整性和合理性	4	

续表

序号	评估内容	满分	评分
四、项目工程分析的合理性（12）			
11	建设项目（含配套工程或设施）的工程分析是否全面	3	
12	放射性废物管理系统及其源项识别和分析是否合理	6	
13	非放射性废物管理系统及其源项识别和分析是否合理	3	
五、环境影响预测与评价的合理性（22）			
14	施工建设过程环境影响的预测与评价是否充分、合理	4	
15	正常运行时环境影响的预测与评价是否充分、合理	9	
16	事故工况下的环境影响和环境风险的预测与评价，以及事故预防和缓解措施是否充分、合理	9	
六、主要环境保护措施的有效性（8）			
17	施工期间环境保护措施的有效性	3	
18	流出物监测与环境监测的设施和设备是否充分、满足要求	5	
七、公众参与和信息公开的有效性（10）			
19	项目公众参与实施计划的合理性	5	
20	项目公众参与工作的广泛性、代表性和有效性	5	
八、评价结论的合理性（8）			
21	评价结论是否明确、合理	5	
22	所提建议是否全面、合理	3	
九、其他（8）			
23	项目建议书（可研报告）及其批复文件、前期工程的环境影响报告书（表）批复文件等支持性材料是否完善	3	
24	图表、附件是否规范、清晰，文字是否严谨、简练	2	
25	对遗留问题的解决是否落实	3	
	合计	100	
	评估等级	/	

表34-2 核技术利用建设项目环境影响报告书（表）质量评估表

序号	评估内容	满分		评分
		报告书	报告表	
一、项目概况、工程分析与源项、现状监测情况（20分）				
1	项目概况、工程分析是否全面、清楚	10	10	
2	污染源项识别和分析是否准确；废弃物调查分析是否准确	5	5	
3	环境质量现状的调查、监测与评价是否全面、准确	5	5	
二、评价因子、评价标准和环境保护目标（10分）				
4	评价因子及指标筛选是否全面、准确	2	2	
5	环境影响评价执行标准是否全面、量化、适用	3	3	
6	环境保护目标、周围环境条件及敏感点描述是否清楚	5	5	

续表

序号	评估内容	满分		评分
		报告书	报告表	
三、辐射安全与防护及环保措施（报告书 25 分，报告表 30 分）				
7	是否阐明辐射工作场所布局与屏蔽情况、安全与防护措施是否贯彻了辐射防护三原则、对策与措施是否有针对性	15	20	
8	是否明确给出产生三废的处理措施	5	5	
9	是否给出项目建设所需的管理规章制度、监测方案等措施	5	5	
四、环境影响预测与分析（报告书 25 分，报告表 30 分）				
10	工作场所及周围环境辐射水平估算模式是否有误 人员受照剂量估算是否准确 对三废产生预测、事故影响分析与措施分析是否全面	15	20	
11	对建设、运行阶段的环境影响预测是否充分	5	5	
12	环境影响分析结果是否支持评价结论	5	5	
五、公众参与（报告书 10 分，报告表 0 分）				
13	是否按规定开展了必要的公众参与	5	0	
14	公众参与是否客观，内容是否符合要求，对公众不同意见的处理是否有效	5	0	
六、评价结论与建议（5 分）				
15	评价结论是否明确、合理可信，所提建议或承诺是否全面、合理	5	5	
七、其他（5 分）				
16	文本结构是否符合环评导则的格式规范，图表及附件是否齐全、清晰、规范。计量单位使用是否正确，语言文字表述是否清楚准确	5	5	
	合计	100	100	
	评估等级	/	/	

表 34-3　电磁类建设项目环境影响报告书（表）质量评估表

序号	评估内容	满分	评分
一、建设项目工程分析或引入的现状监测数据（20 分）			
1	工程内容的描述是否正确	5	
2	工程总平面布置示意图、线路路径示意图等是否齐全	5	
3	工程环境现状监测报告是否齐全有效	5	
4	工程环境现状监测数据引用是否准确	5	
二、主要环境保护目标或主要评价因子（15 分）			
5	居民类环境保护目标名称、功能、分布、数量、与工程相对位置关系等情况是否全部说明或前后文相关信息是否一致	5	
6	生态类环境保护目标名称、功能、级别、分布、规模、保护范围、与工程相对位置关系等情况是否全部说明或前后文相关信息是否一致	5	
7	环境影响评价因子是否遗漏	5	

序号	评估内容	满分	评分
三、评价等级或环境标准（10分）			
8	电磁环境、声环境或生态环境影响评价等级是否正确	5	
9	电磁环境或声环境影响评价执行标准是否正确	5	
四、环境影响预测与评价方法（10分）			
10	环境影响类比对象及分析是否符合环境影响评价技术导则要求	5	
11	环境影响预测模式是否符合环境影响评价技术导则要求	5	
五、主要环境保护措施（15分）			
12	工程设计阶段是否提出了明确、具体的环境保护措施	5	
13	工程施工阶段是否提出了明确、具体的环境保护措施	5	
14	工程运行阶段是否提出了明确、具体的环境保护措施	5	
六、其他（共30分）			
15	工程是否具备投资主管部门同意开展前期工作的意见	4	
16	工程选址选线是否征得规划等相应主管部门的同意	4	
17	工程方案涉及自然保护区等生态敏感区时，是否取得相应的主管部门意见	4	
18	是否按照《环境影响评价公众参与暂行办法》要求进行信息公示、公众参与，并对公众参与调查结果进行统计分析	10	
19	正文内容是否存在较多文字、图件错误，以及在文字、图件上的相关信息是否存在较多矛盾之处	8	
	合计	100	
	评估等级	/	

按照质量评估表的评估内容及相应赋值，多名评估人分别评分，累计后取平均值为原始得分（百分制）的方式进行评估。

评估结果按分值分为优秀（90～100分）、良好（80～89分）、合格（60～79分）和不合格（0～59分）4个等级。

同一环境影响报告书（表）评分分差大于15分或评定等级存在差异的，由评估负责人组织评估人员通过会议讨论的形式进行复核，复核分数为该报告书（表）评估的最终得分。

34.2 辐射类环评文件核查典型案例

关于辐射类建设项目环境影响评价文件专项核查情况的通报

各市生态环境局、有关单位和人员：

为进一步提高全省辐射类建设项目环境影响评价文件质量，规范各市辐射类建设项目环境影响评价文件审批，提升全省辐射环境管理水平，我厅组织开展了辐射类建设项目环境影响评价文件专项核查工作。现将有关情况通报如下：

一、总体情况

本次核查从各市生态环境局、行政审批局共抽取辐射类建设项目环境影响报告书（表）34 本，其中，生态环境部门和行政审批部门各审批 17 本；项目内容主要为医疗机构核技术利用、工业 X 射线探伤以及输变电工程等；涉及环境影响评价机构共 28 家，其中省内环境影响评价机构 10 家，省外环境影响评价机构 18 家。

本次核查重点是环境影响评价文件编写质量和审批规范性。从核查结果看，环境影响评价文件编制质量总体较好，基本符合国家有关法律法规和环评导则的技术要求，各市生态环境局、行政审批局能够依法依规开展环境影响评价文件审批工作，环评文件的技术评估、审批总体把握较好。同时，也发现个别项目环境影响评价文件存在问题，需进一步加强对环评机构管理，规范从业人员的行为。

二、存在问题及处理意见

经核查，《××中医院新增数字减影机（DSA）核技术利用项目环境影响报告表》存在建设项目主体工程、重要参数、防护措施、污染物排放等内容描述前后不一致、不完整等情况，环境质量现状监测数据存在较严重问题。该项目建设单位为××中医院，环评文件编制单位为××有限公司，编制主持人为谭艳来，审批单位为××市行政审批局。

根据《建设项目环境影响报告书（表）编制监督管理办法》（生态环境部部令第 9 号）第二十六条以及《建设项目环境影响报告书（表）编制单位和编制人员失信行为记分办法（试行）》（生态环境部公告〔2019〕第 38 号）第七条的相关规定，分别给予××公司和编制主持人××通报批评并失信记分 5 分。有关单位和人员对处理意见有异议的，可在收到本通报之日起 60 日内向生态环境部或河北省人民政府申请行政复议，也可在收到本通报之日起 6 个月内依法提起行政诉讼。

三、有关要求

1. 各市生态环境局、行政审批局要加强对辐射类建设项目环境影响评价文件的审核，规范审批行为，切实提升辐射安全监管业务水平。

2. ××中医院要切实履行辐射安全责任，及时对新增数字减影机周围环境进行辐射监测；××市生态环境局要加强对该医院的指导和检查，确保辐射安全。